Helmut Prinz

Abriß der Ingenieurgeologie

mit Grundlagen der Boden- und Felsmechanik,
des Erd-, Grund- und Tunnelbaus sowie der
Abfalldeponien

3., neu bearbeitete und erweiterte Auflage
415 Einzelabbildungen, 84 Tabellen

D1663530

Ferdinand Enke Verlag Stuttgart 1997

Professor Dr. HELMUT PRINZ
Honorarprofessor für Ingenieurgeologie
Philipps-Universität Marburg
FB Geowissenschaften (1969–1997)
Universität/Gesamthochschule Kassel
FB Bauingenieurwesen (1986–1996)

Anschrift:
55411 Bingen
Stromberger Straße 38

Die Deutsche Bibliothek – CIP-Einheitsaufnahme

Prinz, Helmut:
Abriß der Ingenieurgeologie : mit Grundlagen der Boden- und
Felsmechanik, des Erd-, Grund- und Tunnelbaus sowie der
Abfalldeponien / Helmut Prinz. – 3., neu bearb. und
erw. Aufl. – Stuttgart : Enke, 1997
   ISBN 3-432-92333-3

„Auszüge aus DIN-Normen, wiedergegeben mit Erlaubnis des DIN Deutsches Institut für Normung e.V.
Maßgebend für das Anwenden der Normen ist deren Fassung mit dem neuesten Ausgabedatum, die bei
der Beuth Verlag GmbH, Burggrafenstraße 6, 10772 Berlin, erhältlich sind".

© 1982, 1997 Ferdinand Enke Verlag, P.O.Box 300366, D-70443 Stuttgart – Printed in Germany

Satz und Druck: Druckhaus Götz GmbH, D-71636 Ludwigsburg

Schrift: 9/10 Times, CCS-Textline (Linotronic 630)   5 4 3 2 1

Vorwort zur 3. Auflage

In der vorliegenden dritten Auflage habe ich mich bemüht, die zwischenzeitig neuen Erkenntnisse über naturwissenschaftlich/geotechnische Wechselwirkungen aufzunehmen. Dies betrifft besonders den Abschnitt 16, Abfalldeponien und Altlasten, aber auch zahlreiche andere Denkansätze.

Die dritte Auflage erscheint darüber hinaus in einer Phase zunehmender grenzüberschreitender Aktivitäten und zwar nicht nur hinsichtlich der Euronormen, sondern auch der Arbeit anderer internationaler Arbeitskreise, wie z. B. das Multilingual Landslide Glossary (s. Abschn. 15.2). Diese Umstellungsphase erfordert teilweise eine Doppelbehandlung, sowohl nach den bisherigen nationalen Regelwerken als auch dem Partialsicherheitskonzept der neuen Normen.

Bei den Normwerten für die Gefährdungsabschätzung von Kontaminationen in den Umweltmedien Wasser, Boden, Bodenluft und ihre biologische Verfügbarkeit zeichnen sich im Vorgriff auf das lange erwartete Bundesbodenschutzgesetz nicht nur eine Verbesserung der Risikobewertung ab (s. Abschn. 15.5.2.1), sondern zunehmend auch länderübergreifende nutzungs- und schutzgutbezogene Prüfwerte.

Die große Resonanz und die zahlreichen Anregungen zu den beiden vorangegangenen Auflagen haben den Informationsbedarf auf diesem Fachgebiet bestätigt. Dieses Buch soll auch in der dritten Auflage sowohl Studierenden als auch im Beruf stehenden Geowissenschaftlern und Bauingenieuren ein praxisnahes Wissen vermitteln aber auch anderen, an beruflicher Weiterbildung interessierten Lesern als Einführung in die ingenieurgeologisch-geotechnischen Untersuchungsmethoden und Problemlösungen sowie die speziellen Bauweisen dienen. Wer sich intensiver mit speziellen Problemen befassen muß, findet entsprechende Literaturhinweise.

Für die zahlreichen Anregungen möchte ich mich bedanken. Ich habe mich bemüht, die bisherigen Fehler im Text und in den Bildern auszumerzen. Mein besonderer Dank gilt meiner Frau, die meinen Zeitaufwand für diese Überarbeitung nicht nur mit bewundernswerter Geduld ertragen, sondern mich bei Reisen und am Schreibcomputer aktiv unterstützt hat.

Bingen, im Frühjahr 1997   HELMUT PRINZ

Inhalt

3   Beschreibung und Klassifikation von Boden und Fels für bautechnische Zwecke

4   Erkundungsmethoden

6   Ursachen von Setzungen, zulässige Setzungsunterschiede, Risseschäden 170

7   Flachgründung, Baugrundverbesserung 180

8   Pfahlgründung 193

9   Schutz der Bauwerke vor Grundwasser 208

10   Baugruben 217

11   Wasserhaltung 230

12   Erderbeiten 239

13   Standsicherheit von Böschungen 256

14   Standsicherheit und Verformungen von Dämmen 269

15   Rutschungen 276

16   Abfalldeponien und Altlasten 319

18   Talsperrengeologie 429

19   Bauen in Erdfallgebieten 452

1 Einleitung

Ingenieurgeologie ist eine komplexe, interdisziplinäre Wissenschaft, die das Verhalten von Locker- und Festgesteinen einzeln und im Gebirgsverband entsprechend den genetisch bedingten Materialeigenschaften und ihrer erdgeschichtlichen Entwicklung im Hinblick auf eine ganzheitliche Lösung von Ingenieur- und Umweltproblemen im Rahmen der Geotechnik erforscht. Dabei handelt es sich im zunehmendem Maße um Aufgaben, die einen Generalisten mit Problemlösungskompetenz und weitreichenden naturwissenschaftlichen technischen Kenntnissen sowie die Bereitschaft zu einer interdisziplinären Kooperation erfordern. Von einem Ingenieurgeologen moderner Prägung werden daher nicht nur fundierte Kenntnisse in den Natur- und Geowissenschaften gefordert, sondern auch die Fähigkeit zu Kommunikation und einer qualifizierten Teamarbeit mit anderen Fachgebieten wie Chemie, Tonmineralogie, Bodenkunde und Hydrogeologie auf der einen und Geophysik sowie Boden- und Felsmechanik auf der anderen Seite. Unter Teamarbeit wird dabei eine offene und von wechselseitigem Respekt für unterschiedliche Denkansätze geprägte Zusammenarbeit verstanden, die möglichst schon bei den Vorarbeiten beginnen sollte, um die verschiedenen, spezifischen Ansätze zur Problemlösung von vornherein berücksichtigen zu können.

1.1 Aufgabenstellung der Ingenieurgeologie

Die Arbeit des Ingenieurgeologen beginnt bereits in der Voruntersuchungsphase und setzt sich während der ganzen Bearbeitungszeit und teilweise auch in der Betriebsphase (Langzeitsicherheit/Kontrolleinrichtungen) fort. Dabei ist es nötig, die erforderlichen Erkundungsmaßnahmen aufgrund von Feldbeobachtungen oder Erfahrungen von Aufgaben in vergleichbarer geologischer Situation vorab einzugrenzen. In einer frühen Phase der Projektbearbeitung erkennt der Ingenieurgeologe am besten, auf welche geotechnischen Einzelheiten und Zusammenhänge es bei der Beurteilung des Untergrundes bzw. des Gebirges mit seinen erdgeschichtlich bedingten Problembereichen und Schwachstellen ankommt. Er muß auch bemüht sein, sich einen Überblick über den Stand der wissenschaftlichen Diskussion zu verschaffen und beurteilen, welche geowissenschaftlichen Spezialdisziplinen zur Lösung bestimmter Probleme beitragen können.

Um die kausalen Zusammenhänge und die mechanische und kinematische Funktion der Reaktionen des Untergrundes bei Beanspruchung erkennen zu können, muß der Ingenieurgeologe über Grundlagenkenntnisse in der technischen Mechanik, der Boden- und Felsmechanik verfügen. Er muß versuchen, seine Ergebnisse exakt und verständlich auszudrücken und zu quantifizieren. Außer der üblichen Labortechnik sollten in verstärktem Maße Feldversuche, in situ-Messungen und andere Diagnoseverfahren eingesetzt werden. Der Ingenieurgeologe muß versuchen, auf der Basis des Bekannten und seiner Erfahrungen bzw. aus sich abzeichnenden Trends intuitive Voraussagen über das Gebirgsverhalten zu machen, nötigenfalls auch ohne rechnerische Hilfsmittel. Genau so wichtig ist es, Daten und Meßgeräte schwachstellenbewußt zu interpretieren und die Erkenntnisse umzusetzten. Bei Anwendung von Rechenmodellen muß der Ingenieurgeologe eine entsprechende Realitätsnähe der Modellvorstellung und ihrer rechnerischen Behandlung beachten und darauf drängen, daß diese durch baubegleitende Messungen und Rückrechnungen überprüft wird.

Die Ingenieurgeologie ist in zunehmendem Maße auch bei Aufgaben aus dem Bereich des Umweltschutzes gefordert, einschließlich der Bewertung und Sanierung von Altlasten, der Prüfung von Deponiestandorten sowie der Umweltverträglichkeit und der Technikfolgen bei größeren Baumaßnahmen. Auch die Fragen des Schutzes von Bauwerken vor dem Grundwasser werden heute in ihrer Bedeutung häufig von der Frage des Schutzes des Grundwassers vor den Auswirkungen der Bautätigkeit übertroffen.

Die Ingenieurgeologie steht damit heute vor erheblichen Veränderungen nicht nur hinsichtlich verschiedener Arbeitsgebiete sondern auch in der Konzeption. Erwähnt seien hier nur die Datenverarbeitung, der schnelle technische Wandel und die Internationalisierung der Arbeit, aber auch die wachsende Flut von neuen Erkenntnissen über naturwissenschaftlich/geotechnische Wechselwirkungen sowie ein Umdenken in der ökologischen Verantwortung.

Diese Aufgaben erfordern von einem Ingenieurgeologen nicht nur ein lineares, dem Prinzip von Ursache und Wirkung geltendes Denken, sondern eine rationale und intuitive Denkweise entsprechend der Vernetzung und dem z. T. scheinbaren Chaos natürlicher Zusammenhänge. Treten in den Lösungsansätzen bei der Suche nach dem kausalen Zusammenhang Widersprüche auf, so muß geprüft werden, ob es sich hierbei einfach um Fehler handelt, die es zu beseitigen gilt, oder um eine Chance für Neuerkenntnisse.

Die Anwendung der elektronischen Datenverarbeitung macht in vielen Fällen erst die Darstellung und Auswertung von Meßdaten und der funktionalen Zusammenhänge zwischen Projekt und Untergrund möglich. Mit Rechnerunterstützung können zwar Auswertungen erleichtert und Berechnungen optimiert werden, für grundsätzliche Ideen und analytisch-naturwissenschaftliches Überdenken der Zusammenhänge ist man aber nach wie vor auf das Denkvermögen der Bearbeiter angewiesen, wobei der Zufall oft eine große Rolle spielt.

Um diesem Aufgabenspektrum einigermaßen gerecht zu werden, wird nicht nur auf abgesicherte naturwissenschaftliche und geotechnische Zusammenhänge eingegangen, sondern vielfach auch auf die wissenschaftliche Diskussion geowissenschaftlicher Fragestellungen. Die Anwendung solcher Hypothesen erfordert im Einzelfall vertiefendes Literaturstudium und sorgfältiges Abwägen der Zusammenhänge.

Ingenieurmäßige Berechnungsansätze werden nur einführend zum Verständnis der Zusammenhänge gebracht. Darüber hinaus wird auf die einschlägigen Normen und besonders auf das Grundbau-Taschenbuch, Teil 1 bis 3, verwiesen. Im Vordergrund der ingenieurgeologischen Arbeit stehen die Parameter und ihre Abhängigkeiten, nicht die Berechnungsverfahren selbst. Besonderer Wert wird auch auf die Kenntnis der einschlägigen Klassifikationen, Normen und Richtlinien gelegt.

Da der begrenzte Umfang des Buches eine strenge Beschränkung erfordert, wird geologisches Grundlagenwissen vorausgesetzt.. Ebenso wird auf Rechenbeispiele verzichtet, und auch die ver-

schiedenen Versuche können nur im Grundsatz, nicht aber in der Versuchsdurchführung und Auswertung besprochen werden. Dieser Verzicht wird kompensiert durch ein reichhaltiges Angebot an weiterführenden Literaturhinweisen.

1.2 Verbindlichkeit von Normen und Richtlinien, Baugrundrisiko

Die nationalen Normen (DIN, ÖNORM) werden in den nächsten Jahren zunehmend durch **Euronormen** des Europäischen Komitees für Normung (CEN) ersetzt. Die ursprünglich EUROCODES (EC) genannten Europanormen für das Bauwesen werden heute als EN bzw. ENV (Vornorm) bezeichnet. Der deutsche Text der EC 7 für Gründungen, später für Geotechnik, wurde 1986 in der Geotechnik im Entwurf veröffentlicht. Der EC 7 wird seit 1991 als ENV 1997 – 1 geführt. In Deutschland ist die ENV 1997 – 1, „Geotechnical design – general rules bzw. Entwurf, Berechnung und Bemessung in der Geotechnik, Teil 1: Allgemeine Regeln (1994)" mit einem nationalen Anwendungsdokument (NAD) gleichzeitig mit den auf Teilsicherheitsbeiwerten basierenden Vornormen der Serie 100, der DIN 1054 – 100, DIN 4017 – 100, DIN 4019 – 100, DIN 4084 – 100, DIN 4085 – 100 und DIN 4126 – 100 im Mai 1996 veröffentlicht worden. Ein Großteil der normativen Festlegungen der ENV 1997 – 1 (EC 7) entspricht den Regelungen der DIN 1054 – 100 und der fünf Berechnungsnormen. Ein Nationales Anwendungsdokument (NAD) regelt den Zusammenhang zwischen den ENV 1997 – 1 und den nationalen Bezugsnormen (EITNER 1995). Die Vornormen der Serie 100 sind Bestandteil des nationalen Anwendungsdokuments NAD. Es ist beabsichtigt, daß die Vornorm ENV 1997 – 1 nach einer Erprobungszeit überarbeitet und dann etwa 2000 verbindlich eingeführt wird. Da während der Erprobungsphase der neuen Normen auch die Anwendung des bisherigen globalen Sicherheitskonzepts zugelassen ist, müssen derzeit beide Konzepte nebeneinander dargestellt werden. Neben der ENV 1997-Teil 1 sind derzeit die Teile 2 und 3 betreffend Labor und Feldversuche in Bearbeitung.

Bei den internationalen Regelwerken sind außerdem die **ISO-Normen** der International Organisation für Standardization zu beachten.

Normen sind zunächst privatrechtliche, allgemein anerkannte Regeln der Technik, die durch Einführungserlasse der Obersten Bau- oder Bauaufsichtsbehörden zu öffentlich-rechtlichen Regeln werden. Normen schließen aber auch dann eine andere Form der Bauausführung nicht aus, wenn dies durch Gutachten anerkannter Wissenschaftler belegt wird.

Normen entsprechen nur zum Zeitpunkt der jeweiligen Ausgabe dem Stand der Technik. Der Anwender handelt darüber hinaus immer in eigener Verantwortung.

Außer den Normen gibt es noch eine Reihe weiterer **privatrechtlicher Vorschriften und Richtlinien**, die in der Ingenieurgeologie zu beachten sind, z. B.: VOB-Verdingungsordnung für Bauleistungen, Teil C: Allgemeine technische Vertragsbedingungen für Bauleistungen (ATV), die z. B. als DIN 18 300 (Erdarbeiten), DIN 18 301 (Bohrarbeiten) und DIN 18 308 (Dränarbeiten) fast alle Bauleistungen betreffen.

Zusätzliche Technische Vertragsbedingungen im Straßenbau sind z. B. ZTVE-StB 94 für Erdarbeiten und ZTVT-StB 95 für Tragschichten. Außerdem sei auf weitere technische Regelwerke (Richtlinien und Merkblätter) für das Straßenwesen (s. d. Straßenbau von A-Z, Verzeichnis der Veröffentlichungen der Forschungsgesellschaft für das Straßen- und Verkehrswesen-FGSV) und in den Mitteilungen der Länderarbeitsgemeinschaft Abfall (LAGA) verwiesen (s. Anhang).

Bei den **allgemein anerkannten Regeln der Technik** handelt es sich um solche Regeln, die in der Wissenschaft als theoretisch richtig bewertet sind und bei geschulten Technikern generell bekannt und aufgrund fortdauernder praktischer Erfahrung als richtig und praktikabel anerkannt sind. Im Konfliktfall bedarf es zur Rechtsprechung der Aufklärung durch einen anerkannten Sachverständigen.

Ein Baugrundgutachten ist eine sachverständige Stellungnahme, welche die Vielgestaltigkeit des Baugrundes in eine Modellvorstellung bringen soll, mit der im Rahmen der anerkannten technischen Regeln und einem gewissen Ermessensspielraum eine hinreichend gesicherte technische Bearbeitung einer Bauaufgabe erfolgen kann (SMOLTCZYK 1990). Eine Baugrundberatung ist dann optimal, wenn das Bauwerk gleichzeitig so sicher wie erforderlich und so wirtschaftlich wie möglich errichtet werden kann.

Das **Baugrundrisiko** liegt in Deutschland nach allgemeiner Rechtsauffassung beim Bauherrn (HEIERMANN 1996; ENGLERT 1996).

Der Baugrundgutachter muß aber die nötigen Informationen, z. B. von Fachbehörden oder aus der Literatur einholen, die für eine ordnungsgemäße Bewertung des Baugrundes benötigt werden. Eine Baugrunderkundung muß außerdem die geologischen Gegebenheiten berücksichtigen und den im Laufe der Untersuchung gewonnenen Ergebnissen angepaßt werden (ESCHENFELDER (1996).

Dem Baugrundgutachter kann wider fachlicher Erwarten und zwischen sorgfältig angesetzten und ausgewerteten Aufschlüssen (DIN 4020) angetroffener problematischer Baugrund nicht angelastet werden.

Der Gutachter muß aber klar zu erkennen geben, welche seiner Aussagen zweifelsfrei belegt oder nur auf sachverständigen Annahmen beruhen (SMOLTCZYK 1980: 12). Der Ingenieurgeologe ist in der Praxis sehr oft auf solche Annahmen angewiesen, er sollte aber ihre Aussagekraft aufzeigen und allgemein verständlich darlegen (s. a. DIN 4020 und HORST 1995).

In den Ländern der Europäischen Union ist die Behandlung des Baugrundrisikos sehr unterschiedlich. Die deutsche Rechtsordnung findet sich nur mittelbar im österreichischen Recht und im Recht der Niederlande wieder. In Ländern wie Frankreich, Spanien, Belgien und England steht das Baugrundrisiko primär im Verantwortungsbereich des Auftragnehmers und bedarf einer vertraglichen Regelung.

Die **Berufsbezeichnung Sachverständiger** ist in Deutschland weder rechtlich geschützt noch in Rechtsnormen präzisiert. Unterschieden werden nur die in speziellen Bereichen Anerkannten Sachverständigen gem. § 24c GWO bzw. nach Bau SVO, den öffentlich bestellten und vereidigten Sachverständigen gem. § 38 GWO sowie der Anerkannten Institute für Erd- und Grundbau gem. Verzeichnis DIB - Berlin. Die letztgenannten Institute können von den Bauaufsichtsbehörden für geotechnische Standsicherheitsüberprüfungen herangezogen werden. Es handelt sich um qualifizierte Institute für Baugrundfragen, die seit 1976 als Institute für Erd- und Grundbau in einem Verzeichnis des Institutes für Bautechnik in Berlin, neuerdings als Deutsches Institut für Bautechnik bezeichnet, geführt werden. Die Anerkennung im einzelnen erfolgt durch die oberste Bauaufsichtsbehörde der Länder. Der verantwortliche Fachmann muß Qualifikationen nachweisen, welche denen des Prüfungsingenieurs für Baustatik ähnlich sind.

1.3 Formelzeichen, Einheiten

In der vorliegenden Ausgabe werden die in DIN 1080, Teil 6, vereinheitlichten Begriffe, Formelzeichen und Einheiten in der Bodenmechanik und im Grundbau verwendet, die weitestgehend den internationalen Vereinbarungen der SI (Système International d'Unites), der ISO (International Organization for Standardization) und der ISSMFE (International Society for Soil Mechanics and Foundation Engineering) entsprechen. Für eine Umrechnung aus alten Einheiten und Dimensionen dient die Tabelle 1.1.

Die Tabelle 1.2 gibt eine Übersicht über die Verhältniszahlen der mit den heutigen Analysemethoden feststellbaren Spuren umweltrelevanter chemischer Stoffe.

Tabelle 1.1   Umrechnung aus alten Einheiten für Flächenlasten, Spannungen, Festigkeiten und Drucke (DIN 1080, T 1).

| bisherige Einheiten | | | | gesetzliche Einheiten | | | |
kp/m^2 mm WS	Mp/m^2 m WS	kp/cm^2 at	kp/mm^2	N/m^2 Pa	kN/m^2 kPa	MN/m^2 N/mm^2 MPa	(bar)
0,1				1,0			
1				10			
10				100	0,10		
100				1000	1,0		
1000	1				10		(0, 10)
	10	1			100	0,10	(1, 0)
	100	10			1000	1,0	(10)
	1000	100	1			10	(100)
		1000	10			100	(1000)
			100			1000	
			1000				

N = Newton, Pa = Pascal

Tabelle 1.2 Verhältniszahlen und Beispiele der mit den hochempfindlichen Analysemethoden der Chemie feststellbaren Massenbruchteile umweltrelevanter Stoffe (aus Sicherheitsbeauftragter 4/95).

			Beispiel: Der Gehalt eines Zuckerwürfels, aufgelöst in
1 Prozent ist 1 Teil von hundert Teilen	10 Gramm pro Kilogramm	10 g/kg	0,27 Litern Tassen
1 Promille ist 1 Teil von Tausend Teilen	1 Gramm pro Kilogramm	1 g/kg	2,7 Litern Flaschen
1 ppm (part per million) ist 1 Teil von 1 Million Teilen	1 Milligramm pro Kilogramm	0,001 g/kg (10^{-3})	2.700 Litern Tankzug
1 ppb (part per billion) ist 1 Teil von 1 Milliarde Teilen (b = billion, engl. für Milliarde)	1 Mikro- gramm pro Kilogramm	0,000 001 g/kg (10^{-6})	2,7 Millionen Litern Tanker
1 ppt (part per trillion) ist 1 Teil von 1 Billion Teilen (t = trillion, engl. für Billion)	1 Nano- gramm pro Kilogramm	0,000 000 001 g/kg (10^{-9})	 2,7 Milliarden Litern Talsperre Östertal Sauerland
1 ppq (part per quadrillion) ist 1 Teil von einer Billiarde Teilen (q = quadrillion, engl. für Billiarde)	1 Pico- gramm pro Kilogramm	0,000 000 000 001 g/kg (10^{-12})	 2,7 Billionen Litern Starnberger See

2 Boden- und felsmechanische Kennwerte, ihre Ermittlung und Bedeutung

Für bautechnische Zwecke werden Festgestein und Lockergestein bzw. Fels und Boden unterschieden. Zwischen beiden treten, bedingt durch unterschiedliche Verwitterung oder gelegentliche Verfestigung, zahlreiche Übergänge auf (s. Abschn. 3.2.1).

Der Begriff **„Boden"** wird hier im bautechnischen Sinn gebraucht als branchenübliche Sammelbezeichnung aller Lockergesteine und von lockergesteinsartig verwitterten Festgesteinen. Dieser von der bodenkundlichen Begriffswelt abweichenden Definition steht heute auch noch die umfassende Definition im Sinne des „Bodenschutzes" gegenüber, nach der alle Bereiche der Erdoberfläche und der oberen Erdkruste, in die der Mensch durch seine Tätigkeit eingreift, als Boden bezeichnet werden.

Bei der Behandlung von **Festgesteinen** muß streng unterschieden werden zwischen Gestein und Fels bzw. Gebirge. Das Gestein in der Größenordnung einzelner Kluftkörper besitzt ganz andere Eigenschaften als der Fels im Gebirgsverband. Nach DIN 4020 (1990) ist Fels der Teil der Erdkruste, in dem die Festigkeitseigenschaften durch die Art des Gesteins, die mineralische Bindung der Teilchen sowie durch Systeme von Trennflächen bestimmt sind. Nach anderen Definitionen ist Fels ein natürlicher, durch Trennflächen in Kluftkörper verschiedener Form und Größe zerlegter Festgesteinsverband (s.a. SCHWINGENSCHLÖGL & WEISS 1985: 221).

Fels ist in der Regel **inhomogen**, d.h. er hat nicht in jedem Punkt die gleichen Eigenschaften, und er ist in hohem Maße **anisotrop**, was bedeutet, daß diese auch richtungsabhängig sind.

Die **boden- und gesteinsphysikalischen Eigenschaften** werden in weitgehend genormten Labor- oder Feldversuchen ermittelt und zahlenmäßig durch Kennzahlen ausgedrückt. Das Untersuchungsprogramm ist darauf abzustellen, daß die wesentlichen Kennwerte, die den Entwurf, die Baugrubensicherung und die Bauverfahren sowie die Kosten beeinflussen in den Baugrundgutachten angegeben werden können. Dabei können vier Hauptgruppen von Versuchen unterschieden werden, nämlich Versuche

zur Bestimmung der **Bodenart**
Korngröße, Kornverteilung
Fließgrenze, Ausrollgrenze, Schrumpfgrenze
Plastizitätszahl
Wasseraufnahmevermögen
Kalkgehalt, organische und andere Beimengungen
Tonmineralogie

zur Bestimmung der **Zustandsform**
Wassergehalt
Dichte
Porenanteil, Porenzahl
Konsistenz
Lagerungsdichte

zur Bestimmung des **Verhaltens bei mechanischer Beanspruchung**
Verformbarkeit
Druckfestigkeit, Zugfestigkeit, Sprödigkeit
Scherfestigkeit

zur Bestimmung des **Verhaltens bei hydraulischer Beanspruchung**
Durchlässigkeit

Die Untersuchung der Kornverteilung, der Korndichte, des Wassergehaltes, der Konsistenzzahlen, des Wasseraufnahmevermögens, des Kalkgehaltes und des Glühverlustes erfolgt an gestörten Proben. Zur Ermittlung der Dichte, des Porenanteils bzw. der Porenzahl, der Verformbarkeit, und der Festigkeit sowie der Durchlässigkeit und der kapillaren Steighöhe sind ungestörte Sonderproben bzw. rissefreie Kernstücke erforderlich.

Bei der Ermittlung der Eigenschaften und Kennwerte von Lockergesteinen sind zahlreiche **Richtlinien und Normen** zu beachten. Für die Versuche an Festgesteinen und im Fels arbeitet seit 1976 ein Arbeitskreis „Versuchstechnik im Fels" der DGEG an Empfehlungen für eine Vereinheitlichung der Versuchsmethoden und deren Auswertung. Diese Empfehlungen erscheinen in zwangloser Reihenfolge (1979 bis 1995 die Nr. 1 bis 17) in der Fachzeitschrift „Die Bautechnik" (s. d. PAUL 1996 und Anhang). Die Loseblattsammlung „Technische Prüfvorschriften für Boden und Fels im Straßenbau" (TP BF StB 88) enthält sowohl die fachbezogenen Normen als auch die Empfehlungen „Versuchstechnik im Fels" sowie darüber hinausgehende spezielle Prüfverfahren des Erdbaus. Eine Zusammenstellung der darin enthaltenen Vorschriften ist im Anhang abgedruckt. In den folgenden Abschnitten wird darauf nicht immer verwiesen. Eine Zusammenstellung felsmechanischer Untersuchungsmethoden findet sich auch im Tunnelbautaschenbuch 1977 (S. 49–80) und 1981 (S. 51–122), eine solche von Bohrlochversuchen zur Ermittlung der Gebirgsdurchlässigkeit im Jahrgang 1994 (S. 23–70). Als weitere Grundlage für gesteinstechnische Versuche können die ISRM-Empfehlungen (Zusammenstellung in Felsbau 1990, S. 143) herangezogen werden sowie WITTKE (1984, Teil D). Außerdem wird auf die Prüfnormen von Natursteinen DIN 52 101 bis 52 106 verwiesen.

Im Zusammenhang mit der europäischen Normung ist auch eine europaweite Kodifizierung der Bestimmungsmethoden der charakteristischen Kennwerte für Boden und Fels vorgesehen (ENV 1997–2 und –3).

Laborversuche können die Bedingungen, wie sie in der Natur anzutreffen sind in vielen Fällen, so besonders im Fels, nicht oder nur unvollständig erfassen. Die Ergebnisse von Laborversuchen sind in solchen Fällen durch entsprechende Feldversuche unter natürlichen Bedingungen oder großräumige 1:1-Versuche in Schächten oder Stollen zu überprüfen. Diese Arbeiten verlangen von allen Beteiligten ein hohes Maß an technischer Kreativität. Selbst bei gut geplanten Feldversuchen muß fast immer improvisiert werden, weil Theorie und Praxis nicht immer übereinstimmen. Verbleibende Unsicherheiten über die Größenordnung einzelner Vesuchsergebnisse müssen dabei klar zum Ausdruck gebracht werden und es muß deutlich erkennbar sein, welche Parameter zuverlässig, wahrscheinlich oder unsicher sind.

2.1 Korngröße, Kornverteilung

Die Korngröße (d) und Kornverteilung sind ein Maßstab für die Einteilung und Benennung der mineralischen Lockergesteine. Der Anteil der Korngrößen wird in Prozent der Gesamttrockenmasse angegeben.

Die Verfahren und Geräte zur Ermittlung der Korngrößenverteilung sind in DIN 18 123, Korngrößenverteilung (1983), festgelegt. Korngrößen über 0,063 mm (Sand, Kies) werden durch Siebung, Korngrößen unter 0,125 mm durch Sedimentation ermittelt.

2.1.1 Siebanalyse

Die Probenmengen für die Siebanalyse betragen je nach geschätztem Größtkorn 150 g bis 2 kg (Richtmaß 1 l Sand ~ 1,5 kg).

Bei Böden ohne Anteile < 0,063 mm wird die sog. Trockensiebung angewandt, und zwar von Hand oder mit einer Siebmaschine. Bei Böden mit Ton- und Schluffanteilen wird nach dem Trocknen und Wiegen die Probe aufgeschlämmt und die Feinanteile durch ein Feinsieb mit Maschenweite 0,063 mm (oder 0,125 mm) gewaschen (Naßsiebung). Der Siebrückstand wird getrocknet und normal gesiebt; vom Siebdurchgang wird entweder nur die Trockenmasse bestimmt, oder es wird eine Sedimentationsanalyse angeschlossen.

2.1.2 Sedimentationsanalyse

Die Korngrößenverteilung der Kornanteile unter 0,125 mm erfolgt in der Bodenmechanik nach dem **Aräometerverfahren** nach CASAGRANDE (1934). Das Prinzip beruht darauf, daß verschieden große Körner in einer Aufschlämmung (Abb. 2.1) mit unterschiedlicher Geschwindigkeit absinken (Sedimentation). Der Zusammenhang zwischen Korngröße, Kornwichte und Sinkgeschwindigkeit wird durch das Stokesche Gesetz angegeben. Die Methode bringt keine Trennung nach Korngrößen,

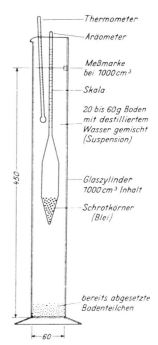

Abb. 2.1 Meßzylinder für Sedimentationsanalysen (aus BENTZ & MARTINI 1969).

Thermometer

Aräometer

Meßmarke bei 1000 cm³

Skala

20 bis 60 g Boden mit destilliertem Wasser gemischt (Suspension)

Glaszylinder 1000 cm³ Inhalt

Schrotkörner (Blei)

bereits abgesetzte Bodenteilchen

450

60

sondern nach „gleichwertigen Korndurchmessern" in Kugelform.

Versuchsdurchführung und Auswertung erfolgen nach DIN 18 123. Die Probemengen betragen bei sandhaltigen Böden rd. 75 g, sonst 30 bis 50 g. Zur Verhinderung von Koagulation (Flockenbildung) bei der Sedimentation wird als Dispergierungsmittel 0,5 g Natriumpyrophosphat ($Na_4P_2O_7 \cdot 10\,H_2O$) zugegeben. Besonders anfällig für Flockenbildung sind gelhaltige Böden vulkanischer Herkunft und solche mit Humusanteilen. Bei Humusgehalten über 1,5 % müssen die organischen Bestandteile vorab durch Oxidation mit 15 %igem H_2O_2 zerstört werden. Ab Humusgehalten von etwa 15 % versagt auch dieses Verfahren. Um Fehlbestimmungen der Korngrößenverteilung durch Karbonatfällung zu vermeiden, wird das Probenmaterial bei Karbonatgehalten > 10 % 1 N Hcl-Lösung entkarbonatet.

Die Bestimmung der Trockenmasse darf bei bindigen Böden nicht durch Trocknen vor dem Versuch erfolgen, sondern durch vorherige Probenteilung. Bei Trocknungstemperaturen über 100 °C kommt es besonders bei Montmorillonit-Mixed-Layer-Tonmineralen zu einer Teilchenagglomeration und es ist nachher kaum noch möglich, eine Dispergierung bis hin zur Primärkornverteilung zu erreichen. Man erhält einen erhöhten Schluffkornanteil bis > 0,06 mm, wobei deutlich unzerteilte Tonaggregate zu beobachten sind.

Der bei der Sedimentationsanalyse physikalisch-mechanisch bestimmte Feinstkornanteil < 0,002 mm (2 µm) entspricht häufig nicht dem röntgendiffraktometrisch ermittelten Tonmineralanteil, da sich nur die chemisch aktiven Tonminerale, wie z. B. Montmorillonit und auch Illit in der Fraktion < 0,002 mm wiederfinden, während sich viele Primärkristallite, wie glimmerähnliche Illite, z. T. auch Kaolinit, Chlorit und besonders Feldspäte in der Fraktion zwischen 0,002 und 0,0063 mm anreichern (Abb. 2.2).

Für Kornverteilungsanalysen von **Tongesteinen** besteht keine einheitliche Regelung. Die schonende Naßsiebung nach EINSELE & WALLRAUCH (1964) gibt mehr einen Anhalt über den Verwitterungsgrad als eine Aussage über den Feinkornanteil des Gesteins. In der Laborpraxis sind folgende Aufbereitungsmethoden üblich

- 24 Stunden Einweichen und schonendes Zerdrücken von Tonsteinbröckchen und gegebenenfalls 6 bis 8 Stunden Schütteln oder Rühren
- 2 Wochen Einweichen und Behandlung wie vor
- Mörsern der Tonsteinproben, mehrtägiges Einweichen und schonendes Zerdrücken oder Rühren

Je nach Festigkeit bzw. Bindemittel der Tonsteinproben ergeben sich hierbei sehr unterschiedliche Körnungslinien und Tongehalte. Untersuchungen mit dem Rasterelektronenmikroskop (REM) haben gezeigt, daß in vielen Fällen ein hoher Anteil von

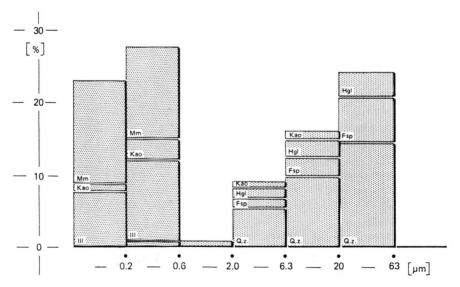

Abb. 2.2 Korngrößenverteilung und Mineralbestand eines montmorilloit-illitreichen Tons (aus USTRICH 1961).

nicht zerlegten Tonmineralaggregaten in der Schluff- und Sandfraktion verbleibt. Diese Aggregate lassen sich durch eine 10 bis 30 Minuten lange Behandlung mit dem Ultraschall-Schwingstab weitgehend zerlegen. Um zu vermeiden, daß hierbei schon eine Zerstörung größerer Tonminerale stattfindet, sind Versuchsreihen und eine Kontrolle mit dem REM zweckmäßig. Hierbei zeigt sich auch, ob längeres Einweichen erforderlich ist. Je nach Festigkeit des Ausgangsmaterials ergibt sich durch eine 10- bis 30minütige Ultraschallbehandlung (MATTIAT 1962 und RAABE 1984) eine Erhöhung des Tonanteils um 10 bis 30 % und des Feinschluffanteils um 15 bis 50 %. Bei harten Tonsteinen mit sehr fester Kornbindung ist die Wirkung der Ultraschallbehandlung begrenzt.

Inwieweit es zweckmäßig ist, karbonatische Bindemittel durch Säurebehandlung zu „zerstören", hängt letztlich von der Aufgabenstellung ab. Als schonende Säurebehandlung empfehlen KOHLER & WEWER (1980) mehrmalige Behandlung mit 0,1 molaren Lösungen Ethylendiamintetraessigsäure (EDTE, Titripley o. a.). Durch Auflösung des Bindemittels wird das Ausgangsgestein verändert.

Um eine Kornverteilungsanalyse eines Tonsteinmaterials bewerten zu können, muß auf jeden Fall die Probenaufbereitung angegeben werden.

2.1.3 Sieb- und Sedimentationsanalyse

Beträgt der Sandanteil einer bindigen Bodenprobe weniger als 20 %, so wird eine normale Sedimentationsanalyse, gegebenenfalls mit anschließender Siebung der groben Kornanteile vorgenommen. Ist dagegen der Anteil der Körner $> 0,063$ mm (Sand) größer als 20 % der Trockenmasse, so müssen die groben Kornanteile vor der Sedimentation durch Naßsieben abgetrennt werden (vgl. oben).

2.1.4 Darstellung und Beschreibung der Kornfraktionen

Die Korngrößenverteilung wird in der Regel als **Körnungslinie** (Summenkurve) in einfach logarithmischem Maßstab dargestellt, wodurch auch die kleinen Kornfraktionen entsprechend zur Geltung kommen (Abb. 2.3). Die prozentualen Anteile der Korngruppen der Körnungslinie ergeben auf 10 % aufgerundet und durch 10 dividiert die Kornkennziffer. Als Beispiel seien hier zwei Bodenarten aus Abb. 2.3 angeführt:

Schluff, stark tonig, leicht feinsandig mit 30 % Ton, 60 % Schluff, 10 % Sand und 0 % Kies = 3610 (bzw. weiter unterteilt in 3.321.100.0).

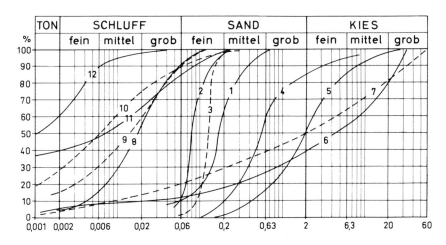

Abb. 2.3 Beispiele von Körnungslinien typischer Bodenarten
(1) Fein-/Mittelsand (Tertiär)
(2) Feinsand (Tertiär)
(3) Flugsand (Holozän)
(4) Flußsand, naß gebaggert
(5) Kiessand
(6) Hochterrassenkiese (Pleistozän)
(7) Verwitterungslehm, steinig-sandig (ähnlich auch Geschiebelehm)
(8) Löß
(9) Lößlehm
(10) Lehm, tonig (Schluff, stark tonig, leicht feinsandig)
(11) Ton, stark schluffig (Tertiär)
(12) Ton, schluffig (Tertiär)

Kiessand mit 0% Ton, 0% Schluff, 50% Sand und 50% Kies = 0055 (0.0.023.410).

Die Neigung der Körnungslinie gibt die Gleichförmigkeit bzw. Ungleichförmigkeit eines Bodens an, die für verschiedene Bodeneigenschaften, z. B. die Verdichtbarkeit, von Bedeutung ist (s. Abschn. 12.2).

Der zahlenmäßige Ausdruck dafür ist

die Ungleichförmigkeitszahl $\quad U = \dfrac{d_{60}}{d_{10}}$

Dabei sind d_{60} und d_{10} die Korngrößen in mm, bei denen die Summenkurve die 60%- bzw. 10%-Linie schneidet.

Als Grenzwerte gelten nach

DIN 4017 (1990)

gleichförmig	$U < 3$
ungleichförmig	$U = 3...15$
sehr ungleichförmig	$U > 15$

Grundbautaschenbuch (1980 : 68)

gleichförmig	$U < 5$
ungleichförmig	$U = 5...15$
sehr ungleichförmig	$U > 15$

DIN 18 196 (1988)

gleichförmig	$U < 6$
ungleichförmig	$U > 6$

Die Benennung der mineralischen Lockergesteine erfolgt nach DIN 4022, T 1, nur nach Korngrößen, unabhängig vom Material und der Kornform. Die reinen Bodenarten sind:

Steine (Gerölle)		über 63 mm	
Kies	grob	20 bis 63 mm	
	mittel	6,3 bis 20 mm	
	fein	2 bis 6,3 mm	über Streichholzkopfgröße
Sand	grob	0,6 bis 2 mm	über Grobgrießgröße
	mittel	0,2 bis 0,6 mm	Grießgröße
	fein	0,06 bis 0,2 mm	Einzelkörner noch erkennbar
Schluff	grob	0,02 bis 0,06 mm	Einzelkörner mit bloßem Auge nicht mehr erkennbar
	mittel	0,006 bis 0,02 mm	
	fein	0,002 bis 0,006 mm	
Ton		unter 0,002 mm	

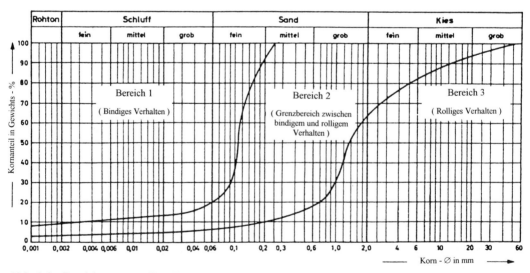

Abb. 2.4   Bereichsgrenzen für rolliges bzw. bindiges Verhalten (nach Leussink et al. 1964).

Die geologischen Begriffe Psephite für die Korngrößengruppe 20 bis 200 mm, Psammite für 0,06 – 2,0 mm und Pelite für < 0,06 mm sowie Silt anstelle von Schluff werden im Bauwesen nicht verwendet.

Zusammenfassend werden drei verschiedene Bodenarten unterschieden (Abb. 2.4):

Sand und Kies sind rollige oder **nichtbindige Bodenarten**. Sie werden bis zu einer Beimengung von 5 % Schluff und Ton noch als reine Sande und Kiese bezeichnet (DIN 18 196). Zwischen den einzelnen Körnern treten normalerweise keine Anziehungskräfte auf. Der Übergang von den nichtbindigen zu den bindigen Böden liegt im Schluffbereich und zwar hauptsächlich bei den Korngrößen 0,02 bis 0,006 mm (Mittelschluff). Hier beginnt sich das Wasserbindevermögen stark bemerkbar zu machen, obwohl es sich bei der gesamten Schlufffraktion noch weitgehend um zerkleinerte Gesteinskörner, meist Quarz und Feldspat, handelt.

Bindige Bodenarten bestehen immer aus einer Mischung der Ton- und Schlufffraktionen mit sehr unterschiedlichem Anteil gröberer Kornfraktionen. Bereits ein Anteil von nur 5 % bis 10 % Ton- und Feinschluff gibt einem Boden leicht bindige Eigenschaften, wie z. B. eine merkbare Wasserempfindlichkeit bei Verdichtungsarbeiten (s. Abschn. 12.2). Ab 15 % bis 20 % Ton und Schluff zeigen Böden deutlich bindiges Verhalten. Ab diesem Grenzwert besteht in der Regel kein Korn-auf-Korn-Stützgerüst der Grobfraktion mehr, was sich auf die Eigenschaften des Bodens mehr oder weniger deutlich auswirkt.

Die Ton- und Schlufffraktion besteht i. d. R. aus Quarz, Feldspat, Glimmer, Tonmineralien und löslichen Komponenten, wie Karbonaten. Das Verhalten hochprozentiger Tone wird bestimmt von der ausgeprägten Plastizität, der geringen Durchlässigkeit, den Schrumpf- und Quelleigenschaften, ihrem Rückhaltepotential sowie dem Konsolidierungsverhalten und der Fähigkeit, eine Vorbelastung quasi zu speichern.

Böden mit einem Anteil von 5 % bis 40 % Ton und Schluff werden nach DIN 18 196 in die Hauptgruppe der **gemischtkörnigen Böden** eingeteilt. Je nach Anteil der einzelnen Kornfraktionen ist das bautechnische Verhalten solcher Mischböden vorwiegend rollig oder bindig (LEUSSINK et al. 1964 und Abschn. 2.7.4).

Mischböden sind weit verbreitet. Typische Mischböden sind Verwitterungs- bzw. Solifluktions- bzw. Hangschuttbildungen der verschiedenen Formationen, wie sie in Tab. 2.1 für die Buntsandsteinfolgen beispielhaft zusammengestellt sind und vor allen Dingen Geschiebemergel und Geschiebelehme.

Tabelle 2.1 Einteilung des Buntsandstein-Hangschutts nach bodenmechanischen bzw. ingenieurgeologischen Gesichtspunkten.

Ausgangsgestein	Stratigraphische Einheit	Einteilung des Buntsandstein-Hangschutts
Sandstein, einzelne Tonsteinlagen (Tst < 10 %)	Teile der Solling-Folge (S), des Hardegsener Sandsteins (H,s), des Detfurther Sandsteins (D,s) und des Volpriehausener Sandsteins (V,s)	sandig-kiesig-steiniger Mischboden bzw. Hangschutt (Ton- und Schluffanteil < 8 %)
sandsteinreiche Wechselfolge (Tst < 30 %)	Teile der S-Folge, der Basissandsteine und der Wechselfolgen (insbesondere H,st; D,st)	schwach oder stark tonig-schluffiger, gemischtkörniger Sand- und Kiesboden mit Steinen bzw. schwach oder stark tonig-schluffiger, sandig-kiesiger Hangschutt mit Steinen (Ton-und Schluffanteil 8 – 20 % oder 20 – 40 %)
tonsteinreiche Wechselfolge (Tst > 30 %)	Teile der Wechselfolgen, insbesondere H,st; D,st; V,st; Salmünster-Folge (suSA)	
Tonstein, wenig Sandsteinlagen	Detfurth-Ton (D,t), Röt-Folge (Rö), Bröckelschiefer-Folge (suB)	bindige (feinkörnige) Mischböden bzw. tonig-schluffig-sandiger Hangschutt mit Ton- und Sandsteinbröckchen (Ton- und Schluffanteil > 40 %)

Tst = Tonsteinanteil

2.1.5 Körnungen als Handelsbegriff

Die Lieferkörnungen des Baustoffhandels sind i. d. R. auf die Technischen Lieferbedingungen für Mineralstoffe im Straßenbau (TL Min 1994) abgestimmt, die für ungebrochene Mineralstoffe auch mit DIN 4226, Zuschlag für Beton, übereinstimmen. Folgende natürlichen Mineralstoffe werden unterschieden (s. auch Tab. 2.2):

- ungebrochene Mineralstoffe (Natursand und Kies)
- gebrochene Mineralstoffe (Brechsand, Splitt und Schotter).

Weiterhin werden unterschieden:

- Lieferkörnungen nach einzelnen Korngruppen bzw. Korngemischen aus zwei oder mehreren benachbarten Korngruppen und
- Grubensand bzw. -kies oder Flußsand bzw. -kies (Material, wie es bei der Gewinnung anfällt; nicht in TL Min-StB enthalten)
- Recycling-Baustoffe aus Hochbauschutt und Betonbruch (RC-Baustoffe)

Für die Güteüberwachung gelten die DIN 1045, die „Technischen Prüfvorschriften für Mineralstoffe im Straßenbau" (TP Min-StB) bzw. die „Richtlinien für die Güteüberwachung von Mineralstoffen im Straßenbau" (RG Min-StB 93). Der Anteil $< 0,063$ darf bei Kies bzw. Splitt je nach Korngruppe 1 bis 3 % nicht überschreiten (TL Min-StB 94). Recycling-Baustoffe und andere industrielle Nebenprodukte sind ebenfalls in entsprechenden Regelwerken des Straßenbaus erfaßt.

Die gebräuchlichen Lieferprogramme der Kies- und Sandgruben sind:

Filterkies für Dränmaßnahmen

0– 8	2– 8	8–16
0–16	2–16	8–32
0–32	2–32	16–32

Frostschutzkies gemäß der ZTVE/StB 94 geprüft nach RG Min 83
0–32
0–45

Kiessand für Planumsschutzschichten gemäß Rahmenvertrag mit der Deutschen Bundesbahn
0–56
0–32

Zuschlag für Beton nach DIN 4226

0–2	8–16
0–4	16–32
2–8	

Werkgemischter Beton-Kiessand nach den Sieblinien der DIN 1045 (Beton- und Stahlbetonbau)
0– 8
0–16
0–32

Die im Abfallgesetz von 1986 (s. Abschn. 16.1) erstmals festgeschriebenen Ziele einer umweltschonenden Wiederverwertung von Baureststoffen und industriellen Nebenprodukten (Recyclingmaterial) setzt voraus den

– Nachweis bautechnischer Eignung und den
– Nachweis wasserwirtschaftlicher Verträglichkeit.

Der Nachweis bautechnischer Eignung ist je nach Verwendungszweck nach den einschlägigen Richtlinien und Lieferbedingungen unter besonderer Berücksichtigung der Raumbeständigkeit zu füh-

Tabelle 2.2   Korngruppen nach TL Min-Stb (1994) sowie von Recyclingmaterial. Die Zahlen geben die Korngrößen in mm an.

Natursand, Kies		Schotter, Splitt, Brechsand		Edelsplitt, Edelbrechsand, Füller		Recycling-Baustoffe (RC-Baustoffe)	
Natursand	0/2	Splitt	5/11	Füller	0/0,09	Frostschutz-	0/16
Kies	2/4	Splitt	11/22	Edelbrechsand	0/2	material	0/32
Kies	4/8	Splitt	22/32	Edelsplitt	2/5	Schottermaterial	32/Überkorn
Kies	8/16	Schotter	32/45	Edelsplitt	5/8		
Kies	16/32	Schotter	45/56	Edelsplitt	8/11		
Kies	32/63	Brechsand-Splitt-Gemisch	0/5	Edelsplitt	11/16		
		Gemisch	0/32	Edelsplitt	16/22		
		Gemisch	0/56				
		Schotter-Gemisch	32/56				

ren. Außerdem ist zu belegen, daß keine Beeinträchtigung von Boden und Grundwasser zu besorgen sein darf (s. Abschn. 6.4.2 und 12.2 sowie HECKÖTTER & SCHWALB 1994).

Für die Körnung von **Gleisschotter** der Deutschen Bahn AG gelten deren Technische Lieferbedingungen Gleisschotter (s. Abschn. 12.4.3). Die Körnungen von Gleisschotter werden mit entsprechenden Rundlochsieben ermittelt. Die Lieferkörnung 25/65 ist aus Abb. 2.5 ersichtlich. Erlaubt sind Abweichungen der einzelnen Kornklassen bzw. Über- oder Unterkornanteile bis zu 5 %. In den Unterkornteilen < 25 mm darf der Kornanteil < 10 mm nur mit 2 % und der Kornanteil < 0,063 mm mit max. 1 % vertreten sein. Bei gebrauchtem Gleisschotter gilt der Unterkornanteil als Verschmutzungsgrad.

2.1.6 Filtermaterial für Dränmaßnahmen

Als Filtermaterial werden Sand, Kies, Splitt und Schotter verwendet. Dabei soll der Anteil des Korns < 0,08 mm (mittlerer Feinsandbereich) 5 % nicht überschreiten (DIN 19 700). Dies ist bei naß gebaggertem Material praktisch immer gewährleistet, bei dem Kornanteile < 0,1 mm fast nicht vertreten sind (s. Abb. 12.2). Bei einstufigem Filtermaterial sind folgende Lieferkörnungen üblich, Kiessand 0/32 bzw. Brechsand-Splitt-Schotter-Gemische 0/32, 0/56. Bei Einbau von Filtervliesen (s. Abschn. 9.1) wird häufig Filterkies 16/32 verwendet.

Für eine genaue Bemessung ist der Kornaufbau des Filters auf die Körnungslinie des zu entwässernden Bodens (Basiserdstoff) abzustimmen. Die üblichen **Filterregeln** sind entweder theoretisch von Kugelmodellen abgeleitet oder empirisch mittels hydraulischer Filterversuche mit bestimmten Kornverteilungen ermittelt und haben deshalb begrenzte Gültigkeit. Die theoretischen Grundlagen sind bei WITTMANN (1980) ausführlich behandelt.

Für die in der Praxis am häufigsten angewandte Filterregel von TERZAGHI ist Voraussetzung, daß das Filtermaterial gleichkörnig gestuft (U < 2) und

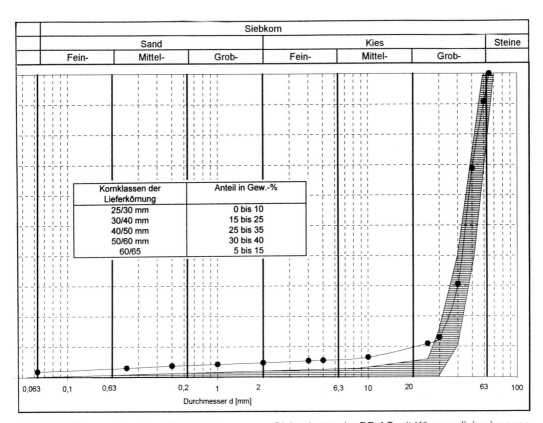

Abb. 2.5 Körnungsband und Lieferkörnungen von Gleisschotter der DB AG mit Körnungslinie eines verschmutzten Gleisschotters.

der Verlauf der Körnungslinie der des abzufilternden Bodens ähnlich ist. Damit ist ihre Gültigkeit auf relativ steile Körnungslinien beschränkt.

Filterregel nach TERZAGHI:

$$\frac{D_{15}}{d_{85}} < 4 < \frac{D_{15}}{d_{15}}, \text{ wobei}$$

$$\frac{D_{15}}{d_{85}} < 4 \qquad \text{die Regel zur Sicherheit gegenüber Erosion und}$$

$$\frac{D_{15}}{d_{85}} > 4 \qquad \text{die Durchlässigkeitsregel}$$

bedeuten und D_{15} sich auf das Filtermaterial und d_{15} und d_{85} sich auf das Material des abzufilternden Bodens beziehen (Abb. 2.6).

Eine gewisse Berücksichtigung der Ungleichförmigkeit des Filtermaterials erfolgt bei der in der Praxis gebräuchlichen sog. erweiterten Filterregel von TERZAGHI (TERZAGHI & PECK 1948: 50).

$$\frac{D_{15}}{d_{85}} \leq 4, \ \frac{D_{15}}{d_{15}} \geq 4, \ \frac{D_{50}}{d_{50}} \sim 10.$$

Viele Filterregeln, z. B. von SICHARD (1952) bzw. des US Bureau of Reclamation (USBR 1960), gehen allein vom Abstand der Körnungslinie des abzufilternden Basiserdstoffes und des Filtermaterials als Durchmesserverhältnis D_{50}/d_{50} aus, ebenfalls ohne direkte Berücksichtigung der Ungleichförmigkeit:

Für gleichförmige Feinsande

$$\frac{D_{50}}{d_{50}} = 5 \text{ bis } 10,$$

für ungleichförmigen Feinsand bis Schluff (USBR 1953 aus GÜNTHER 1970: 48)

$$\frac{D_{50}}{d_{50}} = 12 \text{ bis } 58 \qquad \frac{D_{15}}{d_{15}} = 12 \text{ bis } 40$$

Weitere Filterregeln siehe besonders STRIEGLER u. WERNER (1969: 221), GÜNTHER (1970: 48), WEHNER, SIEDEK u. SCHULZE (1977: 20), FLOSS (1979: 389) und WITTMANN (1980: 17). Für ungleichförmige Basiserdstoffe wird auch das Filterkriterium nach CIŠTIN/ZIEMS empfohlen (STRIEGLER u. WERNER 1969: 225; BUSH & LUCKNER 1974; WITTMANN 1982: 147; WOLF 1983: 34, WITTMANN & WITT 1983: 96 sowie das Kornfiltermerkblatt der BAW 1989).

Die Kornverteilungen der Lieferkörnungen des Filtermaterials (0/32, 0/2, 0/4, 2/8 usw.) sind im Einzelfall auf ihre Eignung zu überprüfen. Falls sie nicht den Anforderungen der Filterregeln entsprechen, kann die geeignete Kornverteilung aus einzelnen Lieferkörnungen zusammengemischt werden (z. B. 25 % 0/4, 75 % 2/8).

Die verschiedenen Möglichkeiten der **Suffosion und Erosion** sind aus Abb. 2.7 ersichtlich (s. a. Abschn. 18.2.4). Bei Fragen der Filterfestigkeit

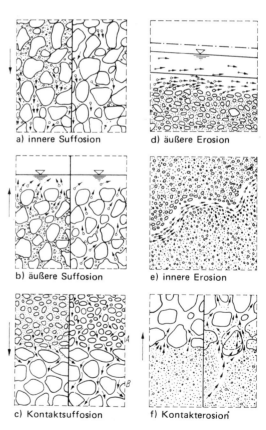

a) innere Suffosion   d) äußere Erosion

b) äußere Suffosion   e) innere Erosion

c) Kontaktsuffosion   f) Kontakterosion

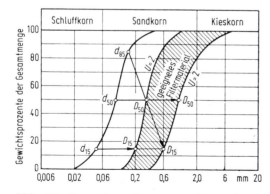

Abb. 2.6 Anwendung der sog. erweiterten Filterregel von TERZAGHI (aus WEHNER et al. 1977).

Abb. 2.7 Klassifizierung der Suffosions- und Erosionsvorgänge in einem Lockergestein (aus STRIEGLER & WERNER 1969).

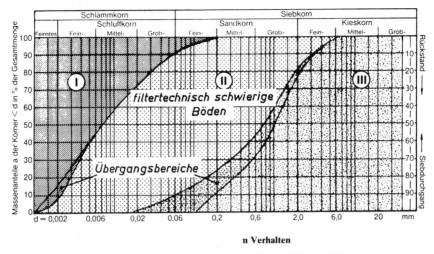

n Verhalten

Abb. 2.8   Filtertechnisch schwierige Böden (aus Schweizer Norm SN 670 125 a).

sind sowohl der Vorgang der Suffosion (Ausspülung von Feinkorn ohne Strukturänderung) als auch der Kontakterosion und der inneren Erosion zu beachten. Gewisse Kornumlagerungen sind auch bei gegebencr geometrischer Filterstabilität unvermeidbar. Ausgelöst durch Schadensfälle ist der Erosionssicherheit in der Grenzzone zwischen zwei Bodenkörpern (Kontakterosion) verstärkte Aufmerksamkeit zu widmen (WITTMANN 1982). Als filtertechnisch schwierige Böden gelten Schluffe und Fein- bis Mittelsande mit mehr als 10% Schluffanteil und einer Ungleichförmigkeit $U < 15$ (s. Abb. 2.8). Bei diesen Böden wird die Filterstabilität am besten durch Verwendung von Geotextilien erreicht (s. Abschn. 12.3.3).

Tabelle 2.3   Körnungen bzw. Korngruppen von Filtersanden und -kiesen im Brunnenbau (nach E DIN 9424).

Korngruppe	Zulässiger Massenanteil	
	Unterkorn	Überkorn
(mm)	(%)	(%)
0,4 bis 0,8		
0,71 bis 1,25	10	10
1,0 bis 2,0		
2,0 bis 3,15		
3,15 bis 5,6		
5,6 bis 8,0	12	15
8,0 bis 16,0		
16,0 bis 31,5		

2.1.7 Filtersande und Filterkiese für den Brunnenbau

Filtersande und -kiese für den Brunnenbau sind ungebrochene, natürliche Quarzsande und -kiese (Rundkorn) mit einem gleichförmigen, stetigen Aufbau der Korngrößenverteilung. Die abschlämmbaren Bestandteile dürfen max. 1% betragen.

Die Einteilung der Korngruppen von Filtersanden und -kiesen für den Brunnenbau sind in E DIN 4924 (1995) neu gefaßt und den praktischen Gegebenheiten angepaßt (Tab. 2.3).

Die Lieferbezeichnung, z.B. für die Korngruppe 5.6 bis 8 mm, lautet: Kies DIN 4924 – 5.6/8

Weit gestufte Korngemische von Kiessand, wie z.B. 0/32 oder 0,25/32 sind für Brunnenfilter nicht geeignet, da die gröberen Kornfraktionen beim Schüttvorgang rascher absinken und sich Nester von Grobkorn bilden. Der Aufbau der Brunnenfilter zur Abfilterung des Grundwasserleiters ist in Abschnitt 4.4.4 beschrieben.

Bohrungen in Lockergesteinen und in der Verwitterungszone werden häufig mit Körnung 2/3,15 bzw. bei hohen Schluff- und Feinsandanteilen mit 0,71/1,25 ausgebaut. Bei Bohrungen in Festgesteinen, wie z.B. dem Buntsandstein werden gerne Körnungen 2/5,6 bzw. 2/8 genommen.

Wenn keine Erfahrungswerte vorliegen, kann die Abstimmung der Korngrößen des Filterkieses auf die wasserführenden Schichten mit Hilfe der sog. Kornkennlinie nach Abb. 2.9 erfolgen, nach der Beziehung:

Schüttkorngröße = Kennkornziffer × Filterfaktor

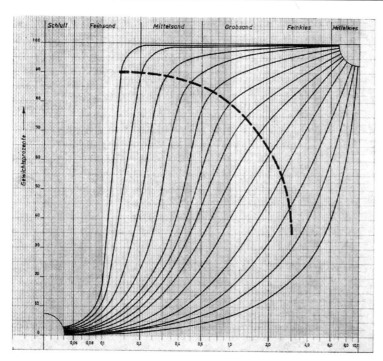

Abb. 2.9 Kornkennlinie (gestrichelt) zur Ermittlung der Kennkornziffer nach BIESKE (1961) (aus BIESKE & WANDT 1977, Abb. 17). Beispiel: Mittelsand, fein- u. grobsandig, leicht kiesig. Kornkennziffer 0.0.261.1 Kennkorn = 0,74 mm 0,74 x 4 = 2,96 Schüttkorn nach Tab. 2.2 = 2–8.

Der Filterfaktor nach SICHARDT (1952) liegt i. d. R. zwischen 4 und 5 (BIESKE & WANDT 1977: 32).

2.1.7 Aufbau und Eigenschaften der Tonminerale

Mit abnehmender Korngröße, ab etwa 0,02 mm (= Grenze Mittel-/Grobschluff), treten in Sedimenten zunehmend die meist plättchen-, seltener auch stäbchenförmigen Tonminerale auf. Die wichtigsten natürlichen **Tonminerale** sind Koalinit, Illit, Chlorit und Montmorillonit. Sie entstehen vor allem durch die Verwitterung von Feldspäten und anderen Alumosilikaten magmatischer und metamorpher Gesteine und werden als solche sedimentiert. Es kommt jedoch auch zur Neubildung authigener Tonminerale im Porenraum der Sedimente. Die Zusammensetzung der Tonminerale wird stark von der Art des Ausgangsgesteins und vom Klima beeinflußt. Ihr bodenphysikalisches Verhalten gegenüber Wasser wird nicht nur von den Stoffeigenschaften bestimmt, sondern besonders auch durch die spezifische Oberflächengröße dieser überwiegend < 0,1 μm bis etwa 6 μm (= 0,006 mm) großen Teilchen und die dadurch bedingte Wasseraufnahmefähigkeit (Wasseranlagerung an Kristallitoberflächen, innerkristalline Quellung).

Die Tonminerale sind größtenteils Schichtsilikate, in deren Schichtgitter Schichten von SiO_4-Tetraedern (Tetraederschichten) und Schichten von Metallionen (vor allem Al^{3+}, Mg^{2+} und $Fe^{2+,3+}$), die in oktaedrischer Anordnung von Hydroxylionen (OH) umgeben sind (Oktaederschichten), kombiniert sind. Beide Schichttypen sind über gemeinsame Sauerstoffatome verbunden und bilden dadurch „Schichtpakete" (s. Abb. 2.10). Im Zwischenschichtraum können austauschbare und/oder nicht austauschbare Kationen und H_2O-Schichten eingelagert sein, die Ladungsdefizite durch Anlagerung von Kationen, wie z. B. Na^+, K^+ oder Ca^{2+} ausgleichen. Der Schichtabstand (in nm) ist der Abstand von jeweils zwei, das Tonmineral charakterisierenden Elementarschichten. Die ein Tonmineral begrenzenden Flächen werden als äußere Oberfläche, die Flächen zwischen den einzelnen O- und T-Schichten als innere Oberfläche bezeichnet.

Die Tonmineralgruppen werden nach Chemismus und Kombination von Tetraeder und Oktaederschichten sowie der Einlagerung von H_2O-Schichten (Hydratisierung) unterteilt. Je nach Besetzung der Oktaederschichten werden die silikatischen Tonminerale als dioktaedrisch ($^2/_3$ aller Oktaederplätze besetzt – z. B. Kaolinit, Montmorillonit und die meisten Illite) oder trioktaedrisch bezeichnet

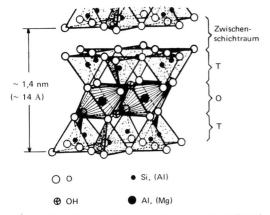

○ O   ● Si, (Al)

⊕ OH   ● Al, (Mg)

Abb. 2.10 Kristallgitter eines Smektits, bestehend aus zwei Tetraederschichten (T) und einer Oktaederschicht (O) und dem Zwischenschichtraum; letzterer verkleinert dargestellt, ohne austauschbare Kationen und H_2O (nach Jasmund 1965, aus Brauns & Chudoba 1964, leicht abgeändert).

($^3/_3$ aller Oktaederplätze besetzt – z. B. die meisten diagnetisch bis niedrigmetamorph gebildeten Chlorite). Auch gemischte Strukturen kommen vor. In der Ingenieurgeologie können vor allem die Tonminerale der Tabelle 2.4 von Bedeutung sein.

Die Tonminerale der **Kaolinitgruppe** sind Zweischichtenminerale mit einem Schichtabstand von etwa 0,7 nm (= 7 Å), bestehend aus einer Tetra-

eder- und einer Oktaederschicht, welche über Wasserstoff-Brücken fest zusammengehalten werden und bis auf eine äußere Basisfläche nicht geladen sind.

Halloysit ähnelt dem Kaolinit, hat aber aufgrund einer H_2O-Schicht im Zwischenschichtraum einen Schichtabstand von etwa 1 nm (= 10 Å). Diese „Hydratschicht" geht bei Entwässerung irreversibel verloren (Metahalloysit).

Die glimmerartigen Tonminerale der **Illit-Gruppe** sind aus zwei Tetraederschichten, kombiniert mit einer Oktaederschicht, aufgebaut und haben einen Schichtabstand von ca. 0,1 nm (= 10 Å). Die im Zwischenschichtraum auftretenden Kationen (vorherrschend K^+) sind größtenteils nicht austauschbar. Die negative Ladung der Schicht liegt außen, woraus starke elektrostatische Bindungen zwischen den Schichten resultieren und praktisch keine innerkristalline Quellung auftritt.

Die 1,4 nm (= 14 Å)-Tonminerale der **Chlorit-Gruppe** bestehen aus zwei Tetraederschichten, kombiniert mit zwei Oktaederschichten, mit vor allem Mg^{++} und Fe^{++} in den Oktaederzentren der verbreiteten trioktaedrischen Vertreter.

Im Gegensatz zu den bisher besprochenen Gruppen, deren Schichtabstand weitgehend unveränderlich ist, sind die Tonminerale der **Smektit-Gruppe** (wichtigster dioktaedrischer Vertreter Montmorillonit) quellfähig (Abb. 2.11). Sie beste-

Tabelle 2.4 Wichtige Tonminerale und ihr Schichtaufbau. [T = Tetraederschicht, O = Oktaederschicht, H_2O = H_2O-Schicht(en); nach Müller 1964, stark vereinfacht].

schematischer Schichtaufbau	Schichtabstand	Beispiele von Tonmineralen
T O	~ 0,7 nm (= 7 Å)	Kaolinite
T O H_2O	~ 1 nm (= 10 Å)	Halloysite
T O ⊥	~ 1 nm (= 10 Å)	Illite (verwandte Glimmerminerale: Muskowit, ggf. Biolit)
T O ⊥ H_2O	~ 1,4 – 1,6 nm (= 14 – 16 Å)	Smektite (z. B. Montmorillonit) Vermiculite
T O ⊥ O	~ 1,4 nm (= 14 Å)	Chlorite

Abb. 2.11 REM-Aufnahme eines smektitreichen, durch Verwitterung vulkanischer Asche entstandenen Tons (Bentonit) des Westerwaldes. Tonminerale i. W. Smektit (Aufnahme VORTISCH).

hen aus illitähnlichen Schichtpaketen (1 Oktaederschicht zwischen 2 Tetraederschichten) mit einer gegenüber Illit weniger festen Bindung zwischen den Schichtpaketen. Im Zwischenschichtraum treten neben einer veränderlichen Menge H_2O austauschbare Kationen, vor allem Alkalien und Erdalkalien, auf.

Der Schichtabstand beträgt im lufttrockenen Zustand meist 1,4 bis 1,6 nm (= 14 bis 16 Å). Infolge der nur geringen Schichtladung bzw. Bindung zwischen den Schichtpaketen kommt es im Kontakt mit Wasser unter Wasseraufnahme zur Aufweitung des Zwischenschichtraumes und damit zur Vergrößerung des Schichtabstandes, dessen Maß von der Art der vorherrschenden Zwischenschichtkationen abhängig ist. Die Tonminerale quellen. Die Quellung findet bei Druckentlastung schon bei geringster Wasserzuführung statt und kann zu einer Volumenvergrößerung um das Vielfache führen. Der Ton geht dabei in plastischen und breiig-flüssigen Zustand über.

Die meisten Tonminerale können miteinander Wechsellagerungsstrukturen bilden, sog. **Wechsellagerungs- oder „mixed-layer"-Minerale.** In diesen können in regelmäßigen oder unregelmäßigem Wechsel mehrere Tonmineralschichttypen übereinander auftreten. Den häufigsten und geologisch wichtigsten „mixed-layer"-Typ bilden die quellfähigen Illit-Smektit-Wechsellagerungsminerale.

Die **Untersuchungsmethode** richtet sich nach der Fragestellung. Für die Beurteilung eines Tones als Deponiedichtungsmaterial ist z. B. die quantitative Zusammensetzung des Gesamtmaterials entschei-

dend. Wenn Präparate der Tonfraktion < 2 um untersucht werden sollen, kommen als Aufbereitungsmethode Aufschlämmen (z. B. Pipettenverfahren) oder Ultraschallbehandlung in Betracht (s. Abschn. 2.1.2). Die Aufbereitungsmethode ist anzugeben.

Der Gesamtgehalt an quellfähigen Tonmineralen kann mittels Methylenblausorption (MB-Sorption) ermittelt werden. Die Bestimmung der einzelnen Tonminerale selbst erfolgt vor allem mittels Röntgen-Pulverdiffraktometrie. Aus der Lage und der Intensität der Röntgenreflexe (Peaks) kann auf die Tonmineralart und mit Hilfe von Eichkurven auch mit guter Näherung auf den Mengenanteil geschlossen werden (semiquantitativer Mineralbestand). Bei ingenieurgeologischen Fragestellungen wird meist zunächst eine Übersichtsanalyse des Gesamtgesteins gefahren. Hierbei kann häufig schon das Vorhandensein quellfähiger Tonminerale erkannt werden (Abb. 2.12).

Die weitere Untersuchung erfolgt an Texturpräparaten (extrahierte Tonfraktions-Supension auf Glasobjektträgern) bzw. Preßtabletten, wobei die Unterscheidung der einzelnen Tonminerale durch verschiedene Präparationsverfahren erfolgt (Ethylenglycolbehandlung, wodurch die Gitter quellfähiger mixed-layer TM aufgeweitet werden; thermische Behandlung bei 350 oder 550°, wodurch die Gitter quellfähiger Tonminerale zerstört werden, so daß deren Reflexe entfallen). Zur Absicherung der Ergebnisse der Tonmineralogie sind häufig chemische Gesteinsanalysen (RFA, ASS; s. Abschn. 16.5.2.5) zweckmäßig.

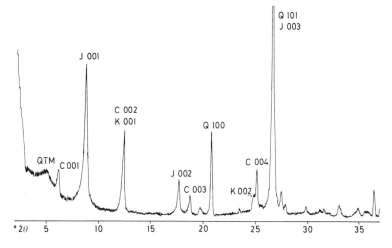

Abb. 2.12 Röntgendifraktogramm eines Tonsteins des Mittleren Buntsandstein in Osthessen (Gesamtgestein; Texturpräparat nach Ethylenglycol-Behandlung). Dargestellt sind die Basisreflexe der Tonminerale und die beiden stärksten Quarzreflexe mit entsprechender Indizierung.

2.2 Kalkgehalt, organische und andere Beimengungen

In zahlreichen Bodenarten und Gesteinen treten neben den Korngrößenanteilen nach Abschn. 2.1 organische und andere Beimengungen auf, welche die Bodeneigenschaften maßgeblich beeinflussen können.

2.2.1 Kalkgehalt (V_{ca})

Der Kalkgehalt ist der Anteil von Kalzium- und Magnesiumkarbonat, bezogen auf die Trockenmasse. Die Angabe erfolgt meist in %. Die wichtigsten Karbonatminerale in der Reihenfolge ihrer Löslichkeit sind:

Calcit	$CaCo_3$
Dolomit	$Ca, MgCO$
Ankerit	$(Ca, Mg, Fe)_2 (CO_3)_2$
Siderit	$Fe\ CO$

Die überschlägliche Bestimmung des Kalkgehaltes erfolgt mit verdünnter Salzsäure (Wasser zu Salzsäure 3:1).

Faustregel für Feldversuch (nach DIN 4022):

kalkfrei	= kein Aufbrausen ($<0,5\%$)
kalkhaltig	= schwaches bis deutliches, nicht anhaltendes Aufbrausen ($2-10\%$)
stark kalkhaltig	= starkes, anhaltendes Aufbrausen ($>10\%$)

In den Fällen, in denen der Kalkgehalt genauer bestimmt werden muß, erfolgt dies gasvolumetrisch nach SCHEIBLER (SCHULTZE-MUHS 1967: 361; THIELICKE 1987: 427; bzw. DIN 19684, T 5 und

DIN 18129). Üblich ist auch die Ermittlung des Karbonatanteils mit der Karbonatbombe von MÜLLER & CASTNER (1971).

Wegen der unterschiedlichen chemischen Stabilität von kalzitischem und dolomitischem Bindemittel muß gelegentlich zwischen Kalzit- und Dolomitgehalt unterschieden werden. Die getrennte Bestimmung erfolgt über Ca-Titration und Ca-Mg-Summentitration oder mittels Atom-Absorptions-Analyse (AAS) (s.a. JESSBERG 1987; KOHLER & USTRICH 1988). Das Kalzit/Dolomitverhältnis kann mit ausreichender Genauigkeit auch röntgenographisch ermittelt werden.

Der Kalkgehalt eines Bodens hat im allgemeinen einen günstigen Einfluß auf sein bautechnisches Verhalten und ist besonders bei Korrelationen verschiedener anderer Bodenkennwerte zu beachten. Bei Durchsickerungs- und Korrosionsvorgängen im Untergrund kann ein Kalkgehalt erhebliche negative Auswirkungen haben (s. Abschn. 18.2.7). Die Wirkung der Kalkbindung kann sehr unterschiedlich sein, je nachdem, ob er fein verteilt als Zement oder in Form eines die Bodenkörner ganz oder teilweise umschließenden Belags mit verwachsenen Kontaktstellen (Kalkverkittung) bzw. in Aggregaten oder Wurzelröhrchen auftritt, wie beim Löß (FEESER 1975): 78). In mineralischen Deponieabdichtungen sind Karbonate wegen ihrer allgemeinen leichten Löslichkeit umstritten (TAUBALD 1995 und Abschn. 16.3.2).

Bei Tonen und Tongesteinen sind je nach Karbonatgehalt folgende Bezeichnungen üblich:

Ton/Tonstein	$<\ 2\%$
mergeliger Ton(stein)	$2-10\%$

Mergelton(stein)	10– 25%
Tonmergel(stein)	25– 50%
Mergel(stein)	50– 75%
Mergelkalkstein	75– 90%
Kalkstein	90–100%

2.2.2 Organische Bestandteile (V_{gl})

Der Gehalt an organischen Bestandteilen wird durch Massenverlust beim Glühen bestimmt und auf die Trockenmasse bezogen. Glühverlustbestimmungen dürfen nicht ohne Temperaturkontrolle ausgeführt werden (PIETSCH & SCHNEIDER (1982). In der DIN 18128 (1990) wird Glühen im Muffelofen bei 550 °C bis zur Massenkonstanz empfohlen. Die organischen Bestandteile oxidieren in Temperaturbereichen von 200 bis 500° und entweichen als Gas (CO_2). Bei Temperaturen ab 400° kommt es bereits zur Freisetzung von Kristallwasser der Tonminerale und ab 700° zur Dissoziation der Karbonate.

Andere Methoden sind die Bestimmung des Massenverlustes durch nasse Oxidation mit 20%igem Wasserstoffperoxid (s. auch TP BF-StB B 10).

Beim Auftreten organischer Beimengungen werden üblicherweise nichtbindige Böden ab 3% und bindige Böden ab 5% als organische Böden bezeichnet. Sie weisen bereits erheblich veränderte plastische Eigenschaften auf. Ab organischen Beimengungen > 20% handelt es sich um hochorganische Böden, die für Gründungszwecke ungeeignet sind.

In Anlehnung an die landwirtschaftlich/forstliche Bodenkartierung kann für den Gehalt an organischer Substanz im Boden folgende Einleitung verwendet werden:

schwach humos	1– 2%
mäßig humos	2– 5%
stark humos	5–10%
sehr stark humos	10–15%
extrem humos	15–30%

2.2.3 Schwefelverbindungen

Schwefelverbindungen, wie Anhydrit ($CaSO_4$), Gips ($CaSO_4 \cdot 2\,H_2O$), aber auch Pyrit (FeS_2), die fein verteilt im Boden bzw. Gestein oder in Aggregaten bzw. Lagen angereichert auftreten, können eine Gefahr für den Baugrund darstellen. Der Umwandlungsprozeß von Anhydrit zu Gips und die damit verbundene Volumenvergrößerung sowie Verkarstungsprobleme werden in Abschn. 19.2.2 behandelt. Pyrit und andere sulfidische Schwefel-

verbindungen können unter der Einwirkung von Luftsauerstoff bzw. sauerstoffreichem Niederschlagswasser (O_2 + H_2O) in Eisen-II-Sulfat ($FeSO_4$) und weiter in Eisenoxidhydrat ($Fe(OH)_2$) und freie Schwefelsäure (H_2SO_4) bzw. bei Vorhandensein von geringen Mengen Kalziumkarbonat ($CaCO_3$) und Abdeckung gegen Niederschlagswasser in Gipskristalle ($CaSO_4 \cdot 2\,H_2O$) umgewandelt werden. Die Schwefelsäure führt im Sickerwasser zu einem starken Abfall des pH-Wertes, was eine völlige Zersetzung des Gesteins zur Folge haben kann (s. Abschn. 13.4.1 und FRIEDRICH, PRINZ & WILMERS 1976: 102), während die Neubildung von Gipskristallen u. ä. im Boden oder in sulfathaltigem Schüttmaterial zu Baugrundhebungen führen kann (s. Abschn. 6.2.4).

2.3 Das Drei-Stoff-System Boden und Fels

Ein Boden bzw. Fels besteht in der Regel aus drei Substanzen

Festmasse	– Kornphase
Wasser	– flüssige Phase
Luft	– gasförmige Phase.

Bei einem wassergesättigten Boden, dessen Poren völlig mit Wasser erfüllt sind, liegt ein Zweiphasensystem vor, bei nur teilweisem Sättigungsgrad ein Dreiphasensystem.

2.3.1 Wassergehalt (w), Sättigungszahl (S_r), Wasseraufnahmevermögen

Beim Wasser im Boden unterscheidet man zunächst immobiles Porenwasser und frei bewegliches, der Schwerkraft folgendes mobiles Porenwasser. Im einzelnen kann Wasser im Boden auf folgende Arten auftreten (s. Abb. 2.13).

- Wasser in den Schichtgittern der Tonminerale (Hydrationswasser)
- Gebundene Wasserhülle der Bodenkörner, besonders der Tonminerale (Adsorptionswasser)
- Porenwinkelwasser bzw. Kapillarwasser an den Berührungspunkten der Wasserhüllen bzw. der Bodenkörner
- Mobiles Porenwasser, das bei der Wassergehaltsbestimmung in der Hauptsache erfaßt wird.

Der **Wassergehalt** w ergibt sich als Quotient aus der Masse des im Boden befindlichen Wassers, das bei 105 °C verdampft (organische Böden bei 60°

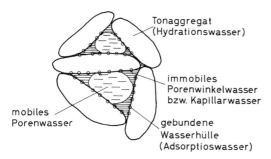

Abb. 2.13 Schematische Darstellung des mobilen und immobilen Porenwassers im Boden (nach DRESCHER 1985, geändert).

bis 65 °C) und der Trockenmasse. Die Bestimmung erfolgt in der Regel nach DIN 18 121, T 1 (1976), durch Ofentrocknung. Die Tatsache, daß bei tonigen Böden bei 105° nicht nur das Porenwasser im engeren Sinne sondern auch Haft- bzw. Adsorptionswasser abgegeben werden können, bleibt allgemein unberücksichtigt. So geben vor allen Dingen tonige Bodenarten mit Montmorillonit-Mixed-Layer-Mineralen den Hauptteil ihres Adsorptionswassers schon bei Temperaturen innerhalb 100 °C ab, während Smektite dieses erst im Temperaturbereich oberhalb 100 °C tun (ULLRICH & SCHMIDT 1985).

Außer dem Standardversuch der Ofentrocknung gibt es einige Schnellverfahren für Baustellen (DIN 18 121, T 2, 1989). Die wichtigsten davon sind

- Schnelltrocknung mit Infrarotstrahler
- Schnelltrocknung mit Elektroplatte, Gasbrenner oder Mikrowellenherd
- Luftpyknometer
- CM-Methode (Calziumkarbid-Methode).

Eine Bewertung dieser Schnellverfahren im Baustelleneinsatz bringt KNÜPFER (1990).

Die **natürlichen Wassergehalte der Böden** differenzieren in weiten Grenzen. Sie betragen für

erdfeuchten Sand	< 0,10
Löß	0,10 bis 0,25
Lehm	0,15 bis 0,40
Ton	0,20 bis 0,60
organische Böden	0,50 bis 5,0.

Der Wassergehalt ist ein wichtiges Kennzeichen zur Beurteilung bindiger Böden hinsichtlich Konsistenz und damit der Tragfähigkeit sowie der Verdichtbarkeit. Er ist außerdem eine häufige Hilfsgröße bei der Auswertung anderer bodenphysikalischer Versuche.

Der **Wassergehalt von Festgesteinen** (Porenwasser im Gestein) liegt bei Tonsteinen vielfach um 5–10 %, bei Sand- und Kalksteinen meist nur bei ± 1 % (HEITFELD 1965, KRAPP 1979: 321). In tonigen Gesteinen kann der Wassergehalt als Merkmal des Verwitterungsgrades herangezogen werden (s. Abschn. 3.2.1) und er zeigt auch Scher- und Schwächezonen im Gebirge an (s. d. Abb. 2.14, Abschn. 3.2.2).

Die **Sättigungszahl** S_r gibt an, in welchem Ausmaß die Poren eines Bodens mit Wasser gefüllt sind:

$$S_r = \frac{n_w}{n} = \frac{w \cdot \varrho_s}{e \cdot \varrho_w}$$

n_w = mit Wasser gefüllter Porenanteil
n = Gesamtporenanteil
w = Wassergehalt
ϱ_s = Korndichte (in g/cm³)
e = Porenzahl (s. Abschn. 2.3.4)
ϱ_w = Dichte des Wassers (in g/cm³)

Übliche Grenzwerte

S_r =	0	trocken
	0 − 0,25	feucht
	0,25 − 0,50	sehr feucht
	0,50 − 0,75	naß
	0,75 − 1,00	sehr naß
	1,00	wassergesättigt

Als **Wasseraufnahmevermögen** bezeichnet man die Eigenschaften des bei 60° bis zur Gewichtskonstanz getrockneten Bodens, kapillar Wasser anzusaugen und zu halten (Abb. 2.15). Der Versuch liefert einen Indexwert über die Plastizität eines Bodens bzw. die Art der Tonminerale.

Die nach 24 Stunden angesaugte Wassermenge W_{max} wird auf die Trockenmasse bezogen und als Wasserbindevermögen $W_{b/A}$ bezeichnet (NEFF, 1988); DIN E 18 132, 1993):

$$W_{b/A} = \frac{W_{max} \, [g]}{G_t \, [g]} \cdot 100 \; [\text{Trockengewichts-%}]$$

Die Prüfverfahren für die Wasseraufnahme erhalten aufgrund vielseitiger Korrelationsmöglichkeiten und ihrer Aussagekraft für die Bewertung mineralischer Dichtungsstoffe wieder an Bedeutung (NEFF 1988; DEMBERG 1991).

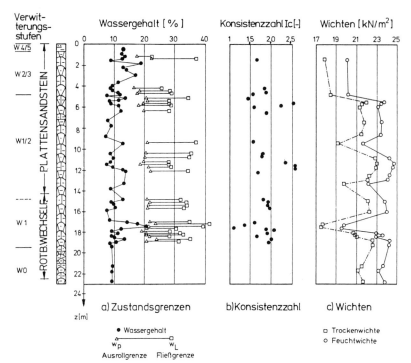

Abb. 2.14 Abhängigkeit des Wassergehalts und anderer Bodenkennwerte (bes. der Wichte) von den Verwitterungsstufen und Abweichen der Werte in einzelnen dünnen Schwächezonen der Röt-Tonsteine (aus MEYER-KRAUL 1989).

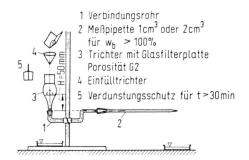

Abb. 2.15 Wasseraufnahmegerät nach ENSLIN-NEFF

1 Verbindungsrohr
2 Meßpipette 1cm³ oder 2cm³ für $w_b > 100\%$
3 Trichter mit Glasfilterplatte Porosität G2
4 Einfülltrichter
5 Verdunstungsschutz für t > 30 min

2.3.2 Korndichte(ϱ_s)

Die Korndichte(ϱ_s) ist die Masse der festen Substanz im getrockneten Zustand in der Raumeinheit (g/cm³). Die Bestimmung der Korndichte von Böden erfolgt in der Regel nach DIN 18 124 (1989) mit dem Kapillarpyknometer. Das Luftpyknometer ist nur für grobkörnige Böden ohne Feinbestandteile geeignet. Die Bestimmung der Korndichte von Gesteinen erfolgt auf ähnliche Weise nach DIN 52 102.

Mittelwerte der Korndichte in g/cm³ oder t/m³:

Sand (Quarz)	2,65
Ton	2,70
Schluff	2,68–2,70
Torf, schluffig	1,50–1,80
Braunkohle	1,00–1,20
Sandstein	2,60–2,75
Tonstein	2,70–2,80
Tonschiefer	2,75–2,85
Kalkstein	2,70–2,80
Granit	2,60–2,80
Basalt	2,90–3,00
Diabas	2,78–2,95
Steinsalz	2,10–2,30
Anhydrit	2,90–3,00
Gips	2,00–2,30

Die Korndichte ist ein Hilfswert zur Bestimmung des Porenanteils n und der Porenzahl e sowie für die Auswertung der Sedimentationsanalyse. Er wird in der Regel nach Erfahrungswerten angesetzt und nur in Sonderfällen versuchsmäßig ermittelt.

2.3.3 Dichte (ϱ) und Wichte (γ)

Die **Dichte** (ϱ) des feuchten Bodens oder Gesteins ist die Feuchtmasse (m_f), bezogen auf das Volumen

(V) einschließlich der Poren und der Porenfüllung. Die Bestimmung der Dichte von kohäsiven Böden im Laborversuch erfolgt nach

DIN 18 125, T 1, (1986), nach $\varrho = \dfrac{m_f}{V}$.

Die Ermittlung der Masse erfolgt durch Wiegen. Das Volumen wird anhand ungestörter Erdstoff- bzw. Gesteinsproben berechenbaren Inhalts oder durch Tauchwägung bestimmt. Bei rolligen Böden erfolgt die Ermittlung des Volumens durch Ersatzmethoden oder indirekte Bestimmung im Feldversuch nach DIN 18 125, T 2 (1986).

Folgende Dichten werden unterschieden:

Dichte des feuchten Bodens oder Gesteins ϱ:

$$\varrho = \frac{m_f}{V} \text{ in g/cm}^3$$

Trockendichte (105°) ϱ_d:

$$\varrho_d = \frac{m_t}{V} \text{ in g/cm}^3 = \frac{\varrho}{1 + w}$$

(m_t = Masse der bei 105° getrockneten Probe)

Dichte bei Wassersättigung ϱ_r: $\varrho_r = \varrho_d + n \cdot \varrho_w$

Dichte unter Auftrieb ϱ': $\varrho' = \varrho_r - \varrho_w$

Dichte einiger Böden (in g/cm³ oder t/m³):

	ϱ_d	ϱ_r	ϱ'
Sand, locker	1,30	1,90	0,90
Kiessand, dicht	2,00	2,10	1,10
Löß	1,60	1,90	0,90
Lehm	1,80	1,95	0,95
Ton	1,60	1,90	0,90
Ton/Schluff, organisch	1,65	1,40	0,65
Torf	1,25	1,10	0,25

Bei nichtbindigen Böden sind die Dichten für erdfeuchten Zustand gegenüber Wassersättigung (ϱ_r) um 0,2 g/cm³ niedriger anzusetzen.

Die üblichen Feldmethoden zur Bestimmung der Dichte von Lockergesteinen werden nachstehend kurz beschrieben (s. a. DIN 18 125, T 2).

Beim **Sandersatzverfahren** erfolgt die Volumenbestimmung durch Auffüllen einer kleinen Grube mit einem trockenen Prüfsand bekannter Dichte (ϱ_E) aus einem Doppeltrichter (Abb. 2.16). Die verbrauchte Sandmenge m_c wird durch Rückwiegen des Doppeltrichters ermittelt.

$$V = \frac{m_c - m_d}{\varrho_E}$$

m_d = Sandmenge im Ringraum der Stahlringplatte und des Trichters unterhalb des Absperrhahns (s. Abb. 2.16).

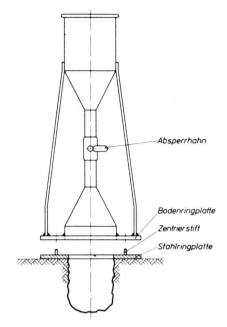

Abb. 2.16 Doppeltrichter für Volumenbestimmung nach dem Sandersatzverfahren (aus DIN 18 125, T 2).

Nach einigen Verbesserungen steht heute auch ein Gummiblasengerät zur Volumenbestimmung nach der **Wasserersatzmethode** zur Verfügung, das eine sichere und schnelle Ausmessung des Bodenlochvolumens gestattet. Gerät und Durchführung siehe DIN 18 125, T 2, und SIEDEK & VOSS (1970: 75).

Beim **Gipsersatzverfahren** wird in einem mit ölgetränkten Zellstoffstreifen ausgelegten Hohlraum Gipsbrei eingegossen und glatt abgezogen. Der Gipsklumpen wird ausgegraben und sein Volumen nach 2 Stunden Wasserlagerung in einem Tauchgefäß bestimmt.

Beim **Schürfgrubenverfahren** wird eine möglichst profilgerechte Schürfgrube von 0,5 bis 1,0 m³ Inhalt ausgehoben und das Volumen durch Ausmessen möglichst genau ermittelt. Durch die große Masse bleiben die Volumenfehler verhältnismäßig klein.

Auf Großbaustellen kann die Dichte und der Wassergehalt von einheitlich aufgebauten, nichtbindigen oder leicht bindigen Erdstoffen auch mit **radiometrischen Verfahren** (Isotopensonde) ermittelt werden (s. a. TB BF-StB Teil B 4.3). Die von einem radioaktiven Isotop ausgehende Gamma-Strahlung kommt je nach der Dichte des Bodens mehr oder weniger geschwächt an einem Detektor an und gibt ein Maß für die Dichte des durchstrahlten Mediums. Der Wassergehalt wird zusätzlich mittels einer Neutronensonde gemessen (BEHR 1972, 1983). Der Vorteil der radioaktiven Bestimmung von Dichte und Wassergehalt liegt in dem größeren Meßvolumen und der meist größeren Meßtiefe (Abb. 2.17). Dazu kommt der geringe Zeitaufwand für die Einzelmessung (1 Min.) und die sofortige Verfügbarkeit der Ergebnisse (s. KNÜPFER 1990).

Die **Wichte** (γ) ist die volumenbezogene Gewichtskraft die ein Körper mit der Dichte ϱ (in g/cm^3) aufgrund der Erdbeschleunigung ausübt.

$\gamma = \varrho \cdot g$ (in kN/m^3)

$g = 9{,}81$ m/s^2 (≈ 10 m/s^2)

zu unterscheiden sind:

γ = Feuchtwichte

$$\gamma = (1 - n)\,\gamma_s \cdot (1 + w) = \frac{1 + w}{1 + e}\,\gamma_s$$

n = Porenanteil, e = Porenzahl (s. Abschn. 2.3.4)

γ_d = Trockenwichte

$$\gamma_d = (1 - n)\,\gamma_s = \frac{1}{1 + e}\,\gamma_s$$

γ_r = Wichte bei Wassersättigung

$$\gamma_r = (1 - n)\,\gamma_s + n \cdot \gamma_w = \gamma_d + n \cdot \gamma_w = \frac{\gamma_s + e \cdot \gamma_w}{1 + e}$$

γ' = Wichte unter Auftrieb

$$\gamma' = (1 - n)\,(\gamma_s - \gamma_w) = \gamma_r - \gamma_w = \frac{\gamma_s - \gamma_w}{1 + e}$$

Die Wichte (in kN/m^3 oder MN/m^3) wird für Lastannahmen zur Berechnung von Erdauflasten, Erd-druck, Grundbruch, Setzungen und Massenverlagerungen benötigt.

Bei Dichte- bzw. Wichteangaben von Festgesteinen muß streng unterschieden werden zwischen Gestein (mit Poren und Porenfüllung) und Fels- bzw. Gebirgswerten unter Berücksichtigung der Klüftung und Gebirgsauflockerung (s. Abschn. 3.2.2).

Anhaltswerte für einige Gesteins- bzw. Felsarten (γ in kN/m^3):

	Gesteins-werte	An-witterungs-zone	unver-witterter Fels
Sandstein	26–27	20–24	24
Tonstein	23–27	19–24	25
Tonschiefer	27–30	19–26	28
Kalkstein	26–28	22–25	27
Granit	26–28	24–26	26
Diabas	27–29	24–26	28
Basalt	29–30	26–28	29
Basalttuff	16–21	14–19	20

2.3.4 Porenanteil (n), Porenzahl (e)

Aufgrund der Korn- oder Wabenstruktur enthalten Böden immer ein bestimmtes Porenvolumen, das je nachdem, ob es auf das Gesamtvolumen bezogen wird oder auf die porenfreie Festmasse, als Porenanteil (n) oder Porenzahl (e) bezeichnet wird (s. Abb. 2.18).

Porenanteil n:

$$\frac{\text{Volumen der Poren}}{\text{Gesamtvolumen}} = 1 - \frac{\varrho_d}{\varrho_s}$$

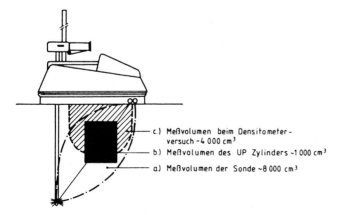

c.) Meßvolumen beim Densitometer-versuch ~4 000 cm³
b.) Meßvolumen des UP Zylinders ~1 000 cm³
a.) Meßvolumen der Sonde ~8 000 cm³

Abb. 2.17 Prinzipskizze zur Meßanordnung und dem unterschiedlichen Meßvolumen der einzelnen Versuchsmethoden (aus KNOPF 1985).

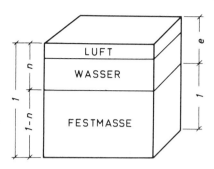

Abb. 2.18 Definition von Porenanteil n und Porenzahl e.

Porenzahl e:

$$\frac{\text{Volumen der Poren}}{\text{Volumen der Festmasse}} = \frac{\varrho_s}{\varrho_d} - 1$$

Zwischen Porenanteil und Porenzahl besteht die Beziehung:

$$n = \frac{e}{1+e}; \quad e = \frac{n}{1-n}$$

Porenanteil bzw. Porenzahl sind Ausdruck der Lagerungsdichte eines Lockergesteins, die wiederum Einfluß auf das Setzungsverhalten und andere Eigenschaften der Lockergesteine hat. Beide werden auch in verschiedenen speziellen Formeln verwendet (s. Abschn. 2.3.3).

Für hydraulische Fragen ist nicht der Porenanteil n sondern der **durchflußwirksame oder nutzbare Porenanteil** n_f oder n_o maßgebend. Dieser entspricht nur bei sehr hohen Durchlässigkeiten ($k \geq 10^{-2}$ m/s) nahezu dem Gesamtporenanteil. Bei kleineren Durchlässigkeiten ist der nutzbare Porenanteil wesentlich geringer (s. a. Abschn. 2.8).

Der nutzbare Porenanteil läßt sich versuchstechnisch mittels Tracer-Säulendurchlaufversuchen (KLOTZ 1986) bestimmen oder durch Tracerversuche im Feld und Rückrechnung aus der Abstandsgeschwindigkeit (s. Abschn. 2.8.1). In den meisten Fällen wird der nutzbare Porenanteil aus der Kornverteilung abgeschätzt (s. a. ENTENMANN 1992).

Mittlere Porenanteile und Porenzahlen nach BUSCH & LUCKNER (1974):

	e	n
Ton, schluffig	0,82 – 1,5	0,45 – 0,65
Schluff, tonig	0,66 – 1,2	0,40 – 0,55
Schluff, sandig (Lehm)	0,43 – 0,66	0,35 – 0,45
Mittelsand, gleich- körnig	0,43 – 0,66	0,30 – 0,38
Sand, kiesig	0,38 – 0,54	0,28 – 0,35
Kies, sandig	0,33 – 0,54	0,25 – 0,35

	n_f	in % von n
Ton, schluffig	0,02 – 0,05	10 – 4
Schluff, tonig	0,03 – 0,08	10 – 20
Schuff, sandig (Lehm)	0,05 – 0,15	12 – 30
Mittelsand, gleichkör- nig	0,10 – 0,15	30 – 50
Sand, kiesig	0,15 – 0,20	50 – 60
Kies, sandig	0,20 – 0,25	60 – 80

2.4 Lagerungsdichte (D)

Die Kenntnis des Porenanteils n oder der Trockendichte ϱ_d genügt nicht zur Beurteilung, ob ein Boden locker, mitteldicht oder dicht gelagert ist. Hierzu müssen die Extremwerte für den Porenanteil oder die Trockendichte bekannt sein und mit der natürlichen Lagerung verglichen werden.

2.4.1 Lagerungsdichte nichtbindiger Lockergesteine

Die lockerste und dichteste Lagerung nichtbindiger Böden wird gerne anhand der lockersten und dichtesten Kugelschüttung demonstriert (s. a. BUSCH & LUCKNER 1974 : 38). Tatsächlich erreicht ein locker geschütteter, gleichkörniger Sand Porenanteile von $n \leq 0{,}47$. Die absolut dichteste Lagerung eines gemischtkörnigen Bodens kann Porenanteile $n > 18$ erreichen. Die geringste Porosität tritt auf, wenn die Körnungslinie der sog. Fuller-Kurve oder den Kurven von Talbot entspricht, welche für verschiedene maximale Korngrößen in Kugelform die Idealsieblinie für eine dichtestmögliche Lagerung angeben.

Die lockerste Lagerung eines rolligen Bodens wird versuchstechnisch durch loses Einfüllen mit einem Trichter oder einer Handschaufel ermittelt. Die dichteste Lagerung wird in der Regel durch lagenweises Einrütteln mit der Rütteltischmethode bestimmt (DIN 18 126, 1989).

Lockerste Lagerung: Dichteste Lagerung:

$$\max n = 1 - \frac{\min \varrho_d}{\varrho_s}; \quad \min n = 1 - \frac{\max \varrho_d}{\varrho_s};$$

$$\max e = \frac{\varrho_s}{\min \varrho_d} - 1 \quad \min e = \frac{\varrho_s}{\max \varrho_d} - 1$$

Mit Hilfe der Extremwerte und des Porenanteils bzw. der Porenzahl e in natürlicher Lagerung kann die Qualität der natürlichen Lagerungsdichte von Sanden und Kiesen in einheitlichen Bezeichnungen und Zahlenwerten ausgedrückt werden.

Tabelle 2.5 Korrelation zwischen Lagerungsdichte und Verdichtungsgrad nichtbindiger Böden in Anlehnung an DIN V 1054–100, Anhang C.

Bodengruppe DIN 18196	U	Lagerungs- dichte D mitteldicht/dicht	Verdichtungs- grad Dpr mitteldicht/dicht
SE, GE, SU, GU, GT	≤ 3	$\geq 0,3/\geq 0,5$	$\geq 95\%/\leq 98\%$
SE, GW, SI, GE, GW, GT, SU, GU	≥ 3	$\geq 0,45/\geq 0,65$	$\geq 100\%$

Lagerungsdichte D:

$$D = \frac{\max n - n}{\max n - \min n} = \frac{\varrho_d - \min \varrho_d}{\max \varrho_d - \min \varrho_d}$$

bezogene Lagerungsdichte I_D:

$$I_D = \frac{\max e - e}{\max e - \min e} = \frac{\max \varrho_d}{\varrho_d} \cdot D$$

Der gebräuchlichste Wert ist die Lagerungsdichte D. Für sie gelten folgende allgemeingültige Bezeichnungen (s. auch Abschn. 4.3.6):

sehr lockere Lagerung $D < 0,15$
lockere Lagerung $D = 0,15-0,30$
mitteldichte Lagerung $D = 0,30-0,50$
dichte Lagerung $D > 0,50$.

Für ungleichförmige Böden gelten etwas höhere Werte (s. Tab. 2.5).

2.4.2 Lagerungsdichte bindiger Lockergesteine, Proctorversuch

Bei bindigen Böden ist die Verdichtbarkeit sehr stark vom Wassergehalt des Bodens abhängig. Als Bezugswert zur Beurteilung der erreichbaren oder erreichten Lagerungsdichte (Verdichtung) dient die Proctordichte (ϱ_{Pr}), die in dem 1933 von Proctor entwickeltem **Proctorversuch** zusammen mit dem für die Verdichtung günstigsten Wassergehalt ermittelt wird. Der Proctorversuch (Abb. 2.19)

kann mit bindigen und nichtbindigen Lockergesteinen ausgeführt werden. Die beim Versuch erreichte Verdichtung entspricht etwa der mit mittelschweren Verdichtungsgeräten auch auf der Baustelle erreichbaren Verdichtungswirkung von etwa 0,6 MNm/m³ volumenbezogener Arbeit.

Die Geräteabmessungen, Fallhöhen, Schlagzahlen und das zulässige Größtkorn der Bodenprobe sind in DIN 18127, Proctorversuch (1993) festgelegt. In 5 Einzelversuchen werden die Bodenproben mit abnehmendem Wassergehalt ($-w = 2-4\%$) in einem genormten Stahlzylinder in 3 Lagen eingestampft und die erreichte Verdichtung (ϱ_d) und der zugehörige Wassergehalt ermittelt.

Die erforderliche Probenmenge beträgt bei dem üblichen 100 mm-Proctorzylinder (Abb. 2.19) 3 bis 4 kg, sonst 6 bis 30 kg; das zulässige Größtkorn entsprechend 20 mm bzw. 31,5 oder 63 mm. Darüber hinausgehende Korngrößen sind bis zu einem Anteil von 35% Überkorn erlaubt, müssen aber durch Umrechnung (w in w' und ϱ_d in ϱ'_d) berücksichtigt werden.

Die Auftragung und Auswertung erfolgt in Form einer Proctorkurve (Abb. 2.20). Die Trockendichte ϱ_d, die dem höchsten Punkt der Kurve entspricht, ist die Proctordichte ϱ_{Pr}, der zugehörige Wassergehalt der optimale Wassergehalt w_{Pr}.

Die Sättigungslinie entspricht ϱ_d und w, wenn sämtliche Poren mit Wasser gefüllt sind und keine Lufteinschlüsse mehr im Boden enthalten sind (Sättigungszahl $S_r = 1,0$).

Das Porenwasser wirkt bei der Verdichtung als Schmiermittel. Fehlt bei zu niedrigem Wassergehalt diese Schmierwirkung, so wird zuviel Verdichtungsenergie durch die Reibung zwischen den Bodenteilchen verbraucht und es verbleibt eine ungeordnete, sperrige Struktur der Bodenteilchen (Abb. 2.21). Ist der Wassergehalt zu hoch, wird ein Teil der Energie durch den Porenwasserdruck aufgenommen. Nur bei optimalem Wassergehalt wird die aufgebrachte Energie ohne Verluste in Verdichtungswirkung umgesetzt. Die Bodenaggregate werden dicht verpackt und es wird eine hohe Trok-

Abb. 2.19 Proctor-Versuchszylinder $\varnothing$100 mm mit Aufsatzring und Verdichtungsgerät für manuelle Bedienung.

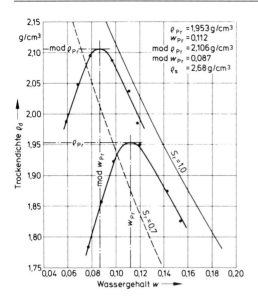

Abb. 2.20 Proctorkurven für normale (ϱ_{Pr}) und modifizierte Proctordichte (mod ϱ_{Pr}) mit zugehörigen optimalen Wassergehalten (aus DIN 18127).

kendichte und eine kleine Porenzahl erreicht (s. Abschn. 16.3.2.1).

Neben der (normalen) Proctordichte ϱ_{Pr} wird die modifzierte Proctordichte mod ϱ_{Pr} unterschieden. Hierbei werden in die gleichen Versuchszylinder 5 Lagen mit teilweise erhöhten Fallhöhen, Fallgewichten und Schlagzahlen eingestampft. Die Verdichtungsarbeit und die dabei erreichte Verdichtung sind wesentlich größer.

Einige mittlere Proctordichten für verschiedene Bodenarten

Kiessand (U = 35)	$w_{Pr} = 0{,}07$	$\varrho_{Pr} = 2{,}12$ t/m³
kiesiger Sand (U = 7)	0,10	1,98
Sand (U = 5)	0,13	1,87
Feinsand		1,70
sandiger Schluff	0,16	1,79
sandiger Ton	0,17	1,75
schluffiger Ton	0,22	1,62

Weitere Darstellungen der Zusammenhänge Proctordichte/Wassergehalt in Diagrammform enthalten die Arbeiten von WEHNER, SIEDEK & SCHULZE (1977: 32) und FLOSS (1979: 219 + 223). V. SOOS (1980: 111) bringt auch eine Korrelation Fließgrenze/Proctordichte/optimaler Wassergehalt.

Die auf der Baustelle erzielte Verdichtung wird zahlenmäßig durch den

$$\text{Verdichtungsgrad } D_{Pr} = \frac{\varrho_d}{\varrho_{Pr}}$$

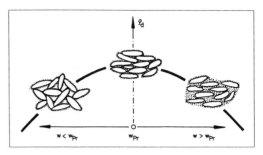

Abb. 2.21 Struturveränderung eines Bodens infolge Verdichtung (aus RILLING 1995).

ausgedrückt. Der Zusammenhang zwischen Lagerungsdichte und dem Verdichtungsgrad zeigt Tab. 2.5 (s. a. Abschn. 4.3.6.2). Hinsichtlich der Einbaubedingungen ist zu beachten, daß gute Verdichtung eine deutliche Verbesserung der Scherfestigkeit, besonders der Kohäsion ergibt (SALDEN 1989). Hohe Dichtewerte werden dabei besser auf der „trockenen" Seite der Proctorkurve erreicht, während hinsichtlich der Durchlässigkeitswerte etwas höhere Wassergehalte, die der „nassen" Seite der Proctorkurve entsprechen, günstiger sind (s. Abschn. 16.3.2). Dies ist darauf zurückzuführen, daß die bei höheren Wassergehalten auftretende Schmierwirkung die Tonmineralaggregate leichter in eine parallele Anordnung bringt, was letztlich eine geringere Durchlässigkeit bedingt.

2.5 Zustandsform, Konsistenzgrenzen

Bindige Böden ändern mit dem Wassergehalt ihre Zustandsform. Sie sind bei hohen Wassergehalten breiig und gehen mit abnehmendem Wassergehalt in plastische und schließlich in halbfeste bis feste Zustandsformen über. Dieser starke Einfluß des Wassergehalts ist auf die Wirkung der gebundenen Wasserhülle der Bodenkörner zurückzuführen (s. Abschn. 2.3.1). Während bei geringem Wassergehalt freie Oberflächenkräfte die Körner aneinanderziehen, fallen diese Kräfte bei hohen Wassergehalten weg. Die Haftfestigkeit bindiger Böden nimmt daher mit zunehmendem Wassergehalt ab.

Die Abgrenzungen dieser Zustandsformen sind von ATTERBERG (1911) festgelegt worden und werden als Atterbergsche Konsistenzgrenzen bezeichnet. Die versuchstechnische Ermittlung erfolgt nach DIN 18122, T 1, Bestimmung der Fließ- und Ausrollgrenze (1987).

Die Schlagzahl N, bei der sich die mit dem Furchenzieher (Abb. 2.22) in dem Ton am Boden der Schale gezogene Furche auf eine Länge von 10 mm geschlossen hat, wird nach Abb. 2.23 aufgetragen. Der Wassergehalt, der 25 Schlägen entspricht, ist als **Fließgrenze** w_L definiert. Außer der üblichen 4-Punkt-Methode wird von verschiedenen Autoren auch eine vereinfachte 1-Punkt-Methode mit einem Umrechnungsfaktor vorgeschlagen (MATSCHAK & RIETSCHEL 1964).

Die **Ausrollgrenze** w_P entspricht einem Wassergehalt, bei dem 3 bis 4 mm dicke Bodenproben beim Ausrollen auf einer wasseraufsaugenden, nicht fasernden Unterlage zu zerbröckeln beginnen (Abb. 2.22). Der Versuch ist mindestens dreimal durchzuführen. Die Wassergehalte dürfen für die Mittelbildung nicht mehr als 2 % voneinander abweichen.

Die **Schrumpfgrenze** w_s (DIN 18 122, T 2) bezeichnet den Wassergehalt, unterhalb dessen eine ungestörte Bodenprobe nach Trocknen an der Luft und bei 105° im Ofen keine weitere Volumenverminderung erfährt (Abb. 2.24). Der Wert der Schrumpfgrenze w_s kann außerdem indirekt aus der Beziehung

$w_s = w_L - 1,25\ I_P$
I_P = Plastizitätszahl (s. u.)

abgeleitet werden (KRABBE 1958: 271).

Die bis zum Wassergehalt der Schrumpfgrenze w_s eingetretene Volumenänderung wird zahlenmäßig durch das

$$\text{Schrumpfmaß } V_s = \frac{\text{Anfangsvolumen} - \text{Endvolumen}}{\text{Anfangsvolumen}} \cdot 100\ (\%)$$

ausgedrückt.

Abb. 2.22 Bestimmung der Fließgrenze mit dem Fließgrenzengerät nach CASAGRANDE und ausgerollte Bodenproben zur Bestimmung der Ausrollgrenze.

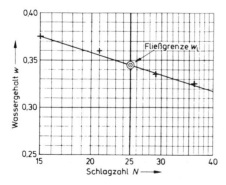

Abb. 2.23 Bestimmung der Fließgrenze aus 4 Einzelversuchen (aus DIN 18 122, T 1).

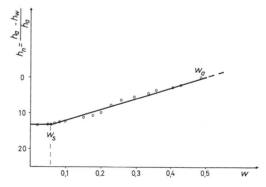

Abb. 2.24 Lineares Schrumpfverhalten eines schluffigen Tons mit 35 % Tonanteil (< 0.002 mm).

Das Schrumpfverhalten ist anisotrop. Die Schrumpfung normal zur Schichtung ist meist ein Vielfaches größer als parallel zur Schichtung (FRÖHLICH 1986: 19). Eine direkte Angabe des linearen Schrumpfverhaltens erhält man über die Höhenänderung (h_n) der Probe und Auftragen von w und h_n, wie in Abb. 2.24 dargestellt, wobei

$$h_n = \frac{h_a - h_w}{h_a}$$

h_n = bezogene Höhenänderung
h_a = Anfangsprobenhöhe
h_w = Höhe bei dem jeweiligen Wassergehalt

Der Schrumpfversuch, der praktisch einem Austrocknen der Probe mit freien Oberflächen gleichkommt, gibt die in der Natur gegebenen Randbedingungen der Wassergehaltsänderung und Schwindverformung nur sehr unvollständig wieder (PLACZEK 1982, darin Lit.). Trotz dieser unterschiedlichen Randbedingungen kann aus der wassergehaltsabhängigen Höhenänderung zu Beginn des Schrumpfversuchs die Größenordnung der zu erwartenden Bodenverformungen infolge Schwinden abgeschätzt werden (s. Abschn. 6.2.2). Der geradlinige Verlauf der Schrumpfkurve ermöglicht auch eine Aussage über das Schrumpfverhalten von Böden mit höherem Wassergehalt.

Die Differenz zwischen Fließgrenze und Ausrollgrenze wird als

Plastizitätszahl oder Bildsamkeitszahl
$I_P = w_L - w_p$

bezeichnet. Sie ist ein Maß für die Plastizität eines bindigen Bodens und dient nach DIN 18 196 und dem Plastizitätsdiagramm von CASAGRANDE zur

Unterscheidung, ob nach bodenmechanischer Definition ein Schluff oder Ton vorliegt. Alle in Abb. 2.25 unterhalb der A-Linie liegenden anorganischen Böden mit einer Plastizitätszahl $I_p <$ sind Schluffe, alle oberhalb der A-Linie liegenden Böden mit $I_P > 7$ sind Tone. Organische Böden liegen ebenfalls stets unterhalb der A-Linie.

Zur weiteren Unterscheidung, ob sich ein Schluff oder Ton leicht, mittel- oder ausgeprägt plastisch verhält oder ob ein organischer Schluff oder Ton vorliegt, dient dann wieder die Fließgrenze w_L (DIN 18 196, Tab. 1 und Abschn. 3.1.3).

Die Kenntnis der Fließ- und Ausrollgrenze ermöglicht zusammen mit dem natürlichen Wassergehalt w eine zahlenmäßige Aussage über den Zustand und damit über die Festigkeit eines Bodens (s. Abb. 2.14).

Zur Kennzeichnung dient die dimensionslose

Zustandszahl oder Konsistenzzahl

$$I_C = \frac{w_L - w}{I_P}.$$

Eine Konsistenzzahl von
$0 - 0,25$ (für 0 ist w = w_L) = breiig
$0,25 - 0,50$ = sehr weich
$0,50 - 0,75$ = weich
$0,75 - 1,00$ (für 1 ist w = w_p) = steif
$1,00 - 1,25$ = halbfest und
$> 1,25$ (entspricht $\approx w_s$) = fest.

Die bodenmechanischen Kennziffern zur Ermittlung der Konsistenzzahl I_c werden an „hochgradig gestörten" Bodenproben ermittelt, so daß diese bei strukturempfindlichen Böden und solchen mit geringer Plastizität nur mit Einschränkung zur Kor-

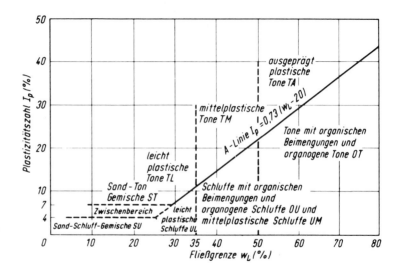

Abb. 2.25 Plastizitätsdiagramm nach CASAGRANDE (nach MUHS 1980).

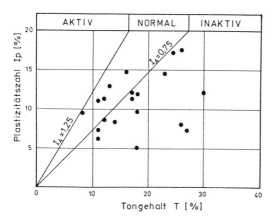

Abb. 2.26 Aktivitätszahlen I_A von Röt-Tonsteinen, dargestellt als Beziehung zwischen Plastizitätszahl I_P und dem Tonanteil aus der Sieb- und Schlämmanalyse nach DIN 18123 (MEYER-KRAUL 1989).

relation mit direkten Festigkeitsangaben (z. B. der undränierten Scherfestigkeit c_u, s. Abschn. 2.6.8) geeignet sind (SCHUPPENER & KIEBUSCH 1988).

Bei Böden mit geringer Plastizität ($w_L < 35$) sind die Fließ- und Ausrollgrenze nicht immer bestimmbar.

Eine andere Art der Darstellung dieser Zusammenhänge ist der sog. **Konsistenzbalken von Atterberg** oder das sog. Zustandsband, mit dem besonders bei Reihenuntersuchungen des natürlichen Wassergehalts sehr gut die Konsistenz bindiger Böden und auch von Tonsteinen dargestellt werden kann (s. Abb. 2.14).

Ein weiterer Anhalt für die Plastizität toniger Gesteine ist die **Aktivitätszahl** I_A von SKEMPTON (1953). Sie ist nach DIN 18 122, Teil 1, definiert als die Plastizitätszahl I_P, bezogen auf das Verhältnis der Trockenmasse der Tonfraktion ($< 0,002\,\text{mm}$) m_T zur Trockenmasse m_d der Körnung $\leq 0,4\,\text{mm}$ (= Mittelsand)

$$I_A = \frac{I_P}{m_T/m_d}.$$

Häufig erfolgt jedoch die Ermittlung der Aktivitätszahl vereinfacht als das Verhältnis der Plastizitätszahl zum prozentualen Anteil der Tonfraktion

$$I_A = \frac{I_P}{\% < 0,002}$$

Die Aktivitätszahl gibt einen Anhalt über die Art der Tonminerale. Gesteine mit $I_A < 75$ werden als inaktiv bezeichnet, solche mit $I_A = 0,75$ bis $1,25$ als normal aktiv und Böden mit $I_A > 1,25$ als aktiv. Bei ihnen ist mit quellfähigen Tonmineralen zu rechnen (v. SOOS 1980: 81; MÜLLER 1987: 109). Für Aktivitätszahlen $> 2,0$ wurde von VÖLTZ et al. (1977) der Bereich „sehr aktiv" eingeführt. Bei Anwendung dieser Beziehung auf Tonsteine (Abb. 2.26) ist Vorsicht geboten, da sowohl der Anteil der Tonfraktion als auch die Plastizitätsgrenzen sehr stark von der Aufbereitung der Proben abhängig sind (s. Abschn. 2.1.2 und LANG 1988).

2.6 Verformungsverhalten, Druck- und Zugfestigkeit

Der Begriff Spannung ist eine abgeleitete physikalische Größe und bedeutet Kraft pro Flächeneinheit. Im Gegensatz zur Kraft kann die Spannung σ nicht direkt gemessen, sondern nur unmittelbar durch ihre Wirkung ermittelt werden. Die Wirkungen einer Spannungsänderung sind bruchlose oder von Brüchen begleitete Volum- oder Gestaltsänderungen eines Bodenelements. Die Grundformen sind gemäß Abb. 2.27:

● Einaxiale Zusammendrückung infolge Zunahme der Druckspannungen, volumentreu oder durch Volumenänderungen
● Schubverformung infolge Schubbeanspruchung, die in der Regel volumentreu angenommen wird.

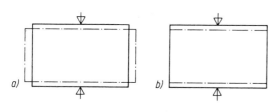

Achsiale Stauchung
a) V = const.   b) V $\neq$ const.

Schubverformung

(Gestaltänderung)

Abb. 2.27 Grundformen der Volum- bzw. Gestaltänderungen eines Bodenelements (aus SCHMIDT 1993).

Formänderungen können auf elastischem, plastischem oder rheologischem Weg stattfinden. Rheologische Gesetzmäßigkeiten, die das Formänderungsverhalten sowohl des Bodens als auch des Gebirges am besten erfassen würden, werden, außer in der Salzmechanik, bis heute kaum angewandt.

Im Untergrund herrscht ein räumlicher **Spannungszustand** mit den drei Hauptnormalspannungen σ_1, σ_2 und σ_3, die senkrecht auf die drei Hauptebenen wirken (Abb. 2.39). Als σ_1 ist streng genommen die größte Hauptnormalspannung definiert. Häufig wird die vertikale Hauptnormalspannung als σ_1 bezeichnet. In der rechnerischen Vereinfachung des radialsymmetrischen Spannungszustandes wird $\sigma_2 = \sigma_3$ angenommen. Sind alle drei Hauptnormalspannungen gleich groß, so liegt hydrostatischer Druck und allseitige Kompression vor. Sind die drei Hauptnormalspannungen nicht gleich groß, so treten Schub- oder Scherspannungen auf.

Unter dem Begriff „Festigkeit" wird in der Geomechanik der Widerstand gegen eine bruchlose oder zum Bruch führende Verformung verstanden. Der Schub- oder Scherwiderstand beim Bruch ist die Scherfestigkeit.

Die Kennwerte für die **Verformbarkeit** sind:

Elastizitätsmodul E   (in kN/m² oder MN/m²)
Steifemodul E_s (in kN/m² oder MN/m²)
Verformungsmodul E_v (meist in MN/m²)
Bettungsmodul k_s (meist in MN/m³)
Schubmodul G   (meist in MN/m²)

Poisson-Zahl ν

Der Elastizitätsmodul E wird aus einaxialen oder dreiaxialen Druckversuchen ermittelt, der Steife-modul E_s aus dem Kompressionsversuch und der Verformungsmodul E_v aus dem Plattendruckversuch.

Die theoretischen Beziehungen der Moduln E, E_s und E_v untereinander im homogen elastisch-isotropen Halbraum sind in Tab. 2.6 dargestellt.

Die Kennwerte für die **Festigkeit** sind:

einaxiale
Druckfestigkeit σ_D, σ_u, q_u (meist in MN/m²)

dreiaxiale
Druckfestigkeit

Zugfestigkeit σ_z (meist in MN/m²)

Scherfestigkeits-
parameter

Reibungswinkel φ (°)
Kohäsion c   (meist kN/m²)

2.6.1 Wirkung des Wassers, Porenwasserdruck

In einem weitgehend wassergesättigten feinkörnigen Untergrund kann das Porenwasser bei Belastung und Formänderung nicht schnell genug abfließen (Abb. 2.13). Als Folge davon wird für einige Zeit ein Teil der Belastung vom Porenwasser übernommen und es treten zusätzliche Porenwasserdrücke auf.

In einem Drei- bzw. Zweiphasensystem werden deshalb drei verschiedene Spannungen unterschieden:

- Die Spannungen, die von der Festsubstanz übernommen werden (sog. Korn-zu-Korn-Druck), sind die wirksamen (effektiven) Spannungen σ'.

Tabelle 2.6 Beziehungen zwischen den verschiedenen Moduln für die Verformbarkeit im elastisch-isotropen Medium mit der Poisson-Zahl $0 \leq \nu \leq 0,5$ (aus Schmidt 1993).

		1 Elastizitätsmodul E	2 Steifemodul E_s	3 Verformungsmodul E_v
1	E	1	$E = \dfrac{1-\nu-2\nu^2}{1-\nu} \cdot E_s$	$E = (1-\nu^2) \cdot E_v$
2	E_s	$E_s = \dfrac{1-\nu}{1-\nu-2\nu^2} \cdot E$	1	$E_s = \dfrac{(1-\nu)(1-\nu^2)}{1-\nu-2\nu^2} \cdot E_v$
3	E_v	$E_v = \dfrac{1}{1-\nu^2} \cdot E$	$E_v = \dfrac{1-\nu-2\nu^2}{(1-\nu)(1-\nu^2)} \cdot E_s$	1

Sie werden vereinfacht auf die rechnerische Fläche bezogen.

- Der Spannungsanteil, der vom Porenwasser abgetragen wird, sind die neutralen Spannungen oder der Porenwasserdruck u: $u = \gamma_w \cdot h$.
- Die Gesamtspannungen aus der Masse des Bodens und des Wassers sowie möglicher Auflasten werden als totale Spannungen σ bezeichnet: $\sigma' = \sigma - u$.

Die totalen und die wirksamen Spannungen sind gerichtete Spannungen, während der Porenwasserdruck nach allen Seiten in gleicher Größe wirkt.

Die Porenwasserdrücke können sich je nach Beanspruchungsart (Belastung oder Entlastung) als Überdruck ($+ \Delta u$) oder Unterdruck ($- \Delta u$) auswirken und halten je nach Durchlässigkeit des Untergrundes lange an (GUDEHUS et al. 1990, MORGENSTERN 1990, darin Lit.). Dabei baut sich ein Porenwasserüberdruckgefälle zu geringer belasteten Zonen bzw. zu durchlässigeren Schichten oder freien Oberflächen auf. Dieses Druckgefälle löst einen Strömungsvorgang aus, der so lange anhält, bis der Porenwasserüberdruck vollkommen abgebaut ist. Die dabei auftretende Strömungskraft ist ebenfalls eine vektorielle Größe (s. Abschn. 5.8).

Die Größe des Porenwasserdruckes ergibt sich aus Abb. 2.28:

$u = H \cdot \gamma_w$
u = Porenwasserspannung
H = piezometrische Druckhöhe
h = normaler hydrostatischer Druck
γ_w = Wichte des Wassers

Für das Messen von Porenwasserdrücken in situ werden Porenwasserdruckgeber auf den ungestörten Boden aufgesetzt bzw. mit der Einpreßspitze eingedrückt, wobei keine merkbaren Volumenänderungen hervorgerufen werden dürfen. Die Messung erfolgt in der Regel über Ventilgeber mit einer Überdruckmembran (Abb. 2.29 und BUSCH & LUCKNER 1974: 86).

Die Ursachen für in der Natur zu beobachtende anormale Porenwasserdrücke können sehr unterschiedlich sein (s. a. Abschn. 2.7). GUDEHUS et al. (1990) berichtet über leichte Porenwasserüberdrücke in wenig konsolidierten Seetonen des Bodenseegebietes. LEMCKE (1973) und ILLIES & GREINER (1976: 11) interpretieren die überhydrostatischen Formationsdrücke in den Erdölfeldern des Alpenvorlandes und im Oberrheintalgraben als Folge anhaltender Druckspannung aus dem Alpenraum. Gelegentlich beobachtete Porenwasserunterdrücke können auf z. T. lange zurückliegenden Grundwasserentnahmen, der Entnahme anderer

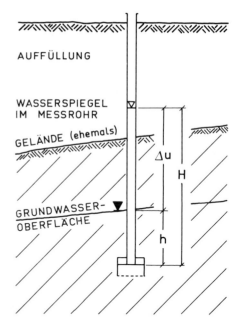

Abb. 2.28 Prinzip des Porenwasserdruckes, ausgelöst durch Spannungs- bzw. Volumenänderungen im Untergrund infolge großflächiger Auffüllung.

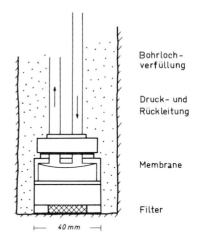

Abb. 2.29 Prinzip eines Porenwasserdruckgebers (Pneumatisches System). Der Porenwasserdruck wirkt durch den Filterstein auf die Membrane des Überdruckventils. Der Öffnungsdruck entspricht dem Porenwasserdruck.

Fluide (MARSCH & WESSELY 1991) oder anderen Enlastungsvorgängen beruhen. SKEMPTON & HENKEL (1961) berichten über solche Porenwasserunterdrücke im Londoner Ton als Folge von Grundwasserentnahmen in liegenden Sand- und Kalksteinschichten der Kreideformation. Dieses Wasserentnahmen bewirkten gleichzeitig eine Absenkung des Grundwasserspiegels, der jetzt, nach Beendigung der Wasserentnahmen kontinuierlich von 80 m unter Flur im Jahr 1950 auf etwa 55 m im Jahr 1995 und weiter ansteigt.

Ein den Porenwasserdruckgebern ähnliches Meßgerät sind **Tensiometer,** wie sie zur Ermittlung der Saugspannung im Boden bzw. der Messung von Wassergehaltsänderungen eingesetzt werden. Der hydrostatische Druck des Wassers im Tensiometerrohr und die Saugspannung des Bodens stehen über die halbdurchlässige Tensiometermembran im Gleichgewicht. Sinkt der Wassergehalt im Bereich des Tensiometers, so wird Wasser aus dem Tensiometerrohr angesaugt und es bildet sich ein Unterdruck aus. Umgekehrt fällt der Unterdruck im Tensiometer auf Null ab, wenn der Boden wassergesättigt ist. Mit Hilfe von Tensiometern kann die Ausbreitung der Sickerfront bei Versickerungsversuchen und damit die Abstandsgeschwindigkeit v_a ermittelt werden (HESSE et al. 1991; ROSENFELD 1994).

2.6.2 Spannungs-Verformungs-Beziehungen

Die Spannungs-Verformungskurve von Materialien, die dem Hookschen Gesetz gehorchen, verläuft bis zur Proportionalitätsgrenze linear, und auch darüber hinaus reagiert ein solcher Stoff bis zur Elastizitätsgrenze elastisch, d. h. die Verformungen sind bei Entlastung voll rückläufig. Erst bei Überschreiten der Elastizitätsgrenze treten bleibende Verformungen auf; das Material reagiert plastisch.

Das Hooksche Gesetz gilt nur im linear-elastischen Bereich bis zur Proportionalitätsgrenze. Der Elastizitätsmodul E, der eine Materialkonstante ist, kann daher nur für diesen Bereich ermittelt werden.

Die Spannungs-Verformungsbeziehung von **Erdstoffen** ist nicht linear. Auch die Poissonzahl des Bodens ist keine Konstante. Eine dem Hookschen Gesetz entsprechende Beziehung kann daher nur für eine definierte Strecke bestimmt werden (s. E_v aus dem Plattendruckversuch).

Der im Laborversuch ermittelte Elastizitätsmodul bei verhinderter Seitenausdehnung wird als Steifemodul E_s bezeichnet (Abb. 2.32). Er ist keine Konstante, sondern ändert sich mit der Belastung.

Auch bei **Gesteinen** liegt elastisches Verhalten nur im linearen Teil der Last-Verformungskurve vor

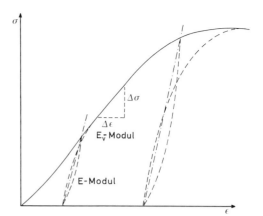

Abb. 2.30 Definition des Elastizitäts-Moduls (E-Modul) und des Verformungsmoduls (E_v-Modul).

und kann im Fels dementsprechend erst recht nur in standfestem Gebirge und bei kleinen Laständerungen angenommen werden. In der Regel treten im Fels elastische und bleibende Formänderungen auf, für die elastoplastisches bzw. viskoplastisches Verhalten angenommen wird (Modellvorstellung s. WITTKE 1984: 78). Die durch die Entlastungslinien angezeigten bleibenden Formänderungen sind bereits von einer Schädigung des Materials begleitet, welche das bruchhafte Versagen einleitet. Auch nach dem Bruch zeigen viele Gesteine und Fels elastoplastisches Verhalten. Dieser Bereich des Bruchfließens oder sog. „postfailure Bereich" spielen im Felsbau eine wesentliche Rolle, da die Restfestigkeit von zerklüftetem Gebirge diesem Zustand zuzuordnen ist.

Die Verformungsmoduln des Gebirges werden aus Verformungen bei Belastungsänderungen ermittelt (Abb. 2.30). Der Verformungsmodul (E_v-Modul) ergibt sich aus dem Belastungsast aus gestreckten Kurvenabschnitten. Den Elastizitätsmodul (E-Modul) erhält man aus dem Entlastungsast, in dem die elastische Rückverformung des Gebirges zum Ausdruck kommt. Der E-Modul entspricht etwa dem E_v-Modul der Wiederbelastung.

Die **Poissonzahl** ν ist das Verhältnis der Querverformung zur Längsverformung (Abb. 2.47). Sie beträgt für einen volumenbeständigen Stoff $\nu = 0,5$ und für einen normal konsolidierten Boden $0,25 - 0,4$, mit einem Mittelwert von $\nu = 0,33$. Bei Gesteinen liegt die Poissonzahl zwischen 0,15 bis 0,3, meist bei 0,25.

Der **Schubmodul** G errechnet sich nach

$$G = \frac{E}{2\,(1 + \nu)}$$

2.6.3 Kompressionsversuch, Steifemodul (E_s), Zeitsetzungsverhalten

Für den Kompressions-Durchlässigkeits-Versuch ist eine Norm (DIN 18 135) in Bearbeitung. Bis dahin wird der eindimensionale Kompressionsversuch praktisch nach SCHULZE & MUHS (1967: 451) durchgeführt. Die Erdstoffprobe wird möglichst ungestört in einen starren Probeaufnahmering, Durchmesser d = 70 mm oder 100 mm, Höhe h = 14 bzw. 20 mm (d/h = 5 : 1) zwischen Filtersteinen eingebaut und stufenweise belastet (Abb. 2.31). Vor jeder Laststeigerung muß das Porenwasser abgeströmt und die Setzung abgeklungen sein. Die üblichen Laststufen betragen 65/130/260/520/1040 kN/m² bzw. auch 25/50/100/200/400/800 kN/m². Je nach Aufgabenstellung können auch stufenweise Be- und Entlastungen gefahren werden. Die Auswertung erfolgt über die Drucksetzungslinie (Abb. 2.32). Auf der Abszisse wird die Belastung P in kN/m², auf der Ordinate die bezogene Setzung s' aufgetragen.

$$s' = \frac{\Delta h}{h_a}$$

h_a = Anfangsprobenhöhe

Der **Steifemodul** E_s für verhinderte Seitenausdehnung wird für die einzelnen Lastbereiche getrennt ermittelt.

$$E_s = \frac{\Delta P}{\Delta \dfrac{\Delta h}{h_a}} = \frac{\Delta P}{\Delta s'} \quad \text{(in kN/m²)}$$

Die Entlastungslinien zeigen an, welcher Anteil auf die elastische Rückverformung und welcher auf die bleibende Setzung entfällt.

Der Sekantenmodul aus dem Entlastungsast wird als **Entlastungs- oder Schwellmodul E_e** bezeichnet und zur Ermittlung der Entlastungsverformungen verwendet (s. Abschn. 2.6.4 und 5.5.3). Der Entlastungsmodul entspricht praktisch dem Zweitbelastungsmodul.

Der Erstbelastungsast der Drucksetzungslinie einer nicht vorbelasteten bindigen Bodenprobe zeigt eine bedeutend größere Zusammendrückung als der Wiederbelastungsast. Ein ähnliches Verhalten zeigen auch geologisch vorbelastete Böden an. Die im halblogarithmischen Maßstab dargestellte Drucksetzungslinie eines solchen Bodens hat anfänglich eine flach gekrümmte Form und geht dann in eine stärkere Neigung über. Die Ursache dafür wird im Überschreiten einer früheren Vorbelastung gesehen, wie sie auch im Verhältnis Erstbelastung/Wiederbelastung zum Ausdruck kommt (Abb. 2.33). Der Wendepunkt wird als Casagrande-Knick bezeichnet und gibt vermeintlich die Größe der Vorbelastung an. Auf dieser Grundlage haben verschiedene Autoren versucht, an möglichst ungestört eingebauten schluffig-tonigen Bodenproben die **geologische Vorbelastung** zu ermitteln. Dies wurde, was die Inlandeismächtigkeiten Norddeutschland betrifft, allgemein als gelungen angesehen (DÜCKER 1951, STEINFELD 1968: 51, FEESER 1985). Andere Versuche, sowohl an Kreidetonen (KHERA & SCHULZ 1985) als auch besonders an Geschiebemergeln Norddeutschlands (PALUSKA 1985) sowie auch an tertiären Tonen des

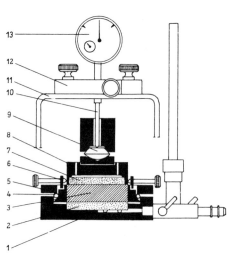

Abb. 2.31
KD-Gerät, Ansicht und Prinzipskizze (aus BENTZ & MARTINI 1969)
1 = Unterteil;
2 = unterer Filterstein;
3 = Probe;
4 = Dichtungsring;
5 = Klemmring;
6 = Zentrierring;
7 = oberer Filterstein;
8 = Druckplatte;
9 = Kalotte;
10 = Meßuhrstift;
11 = Meßuhrbügel;
12 = Meßuhrhalter;
13 = Meßuhr.

Laststufe	Belastung p kN/m²	Meßuhrablesung M mm	s'= M/ha	Es kN/m²	Es MN/m²	Laststufe [kN/m²]
0	0	0	0			
I	130	0,425	0,0304	4282,4	4,28	0-130
II	260	0,854	0,0610	4242,4	4,24	130-260
III	520	1,360	0,0971	7193,7	7,19	260-520
IV	1040	1,787	0,1276	17049,2	17,05	520-1040
Enlastung I	520	1,690	0,1207			1040-520
Entlastung II	260	1,607	0,1148			520-260
Entlastung III	130	1,509	0,1078			260-130
Entlastung IV	0	1,457	0,1041			130-0
Wiederbelastung I	130	1,483	0,1059	70000,0	70,00	0-130
Wiederbelastung II	260	1,516	0,1083	55151,5	55,15	130-260
Wiederbelastung III	520	1,573	0,1124	63859,6	63,86	260-520
Wiederbelastung IV	1040	1,795	0,1282	32792,8	32,79	520-1040

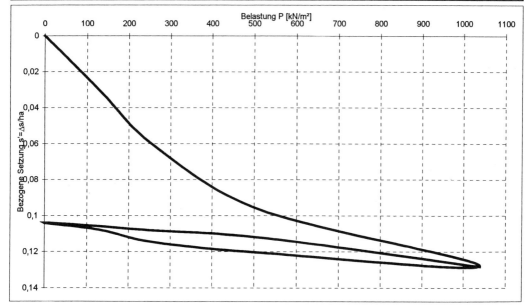

Abb. 2.32 Drucksetzungslinie eines steifplastischen Lehms mit Meßdaten und Auswertung.

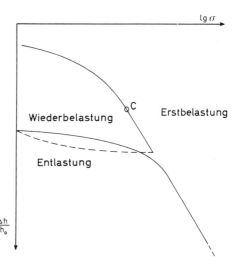

Abb. 2.33 Drucksetzungslinie eines überkonsolidierten Tons mit Erstbelastung, Ent- und Wiederbelastung (C = Casagrande-Knick).

Frankfurter Gebietes haben dies nicht bestätigt. Es gibt in diesen Tonen meist keinen sehr deutlichen Knick.

Dies ist möglicherweise darauf zurückzuführen, daß der Porenanteil und damit das Verformungsverhalten überkonsolidierter Tone nicht nur von der Vorbelastung abhängt, sondern daß auch diagenetische Vorgänge und chemische Reaktionen eine Rolle spielen (RAABE 1985). Für die tertiären Tone Frankfurts wurde die geologische Vorbelastung in erster Linie mit Hilfe geologischer Kriterien (Stratigraphie, Paläogeographie, Tektonik) ermittelt (FRANKE et al. 1985).

Für den Spannungsbereich 130/260 kN/m² liegen die Steifemoduln E_s etwa in folgender Größenordnung:

	kN/m²	MN/m²
Organische und organisch verunreinigte Böden	1000 – 3000	1,0 – 3,0
stark bindige Böden, weichplastisch	3000 – 5000	3,0 – 5,0
stark bindige Böden, steifplastisch	5000 – 15 000	5,0 – 15,0
schwach bindige Böden	5000 – 30 000	5,0 – 30,0
Sand, locker	10 000 – 20 000	10,0 – 20,0
Sand, dicht	50 000 – 80 000	50,0 – 80,0
Kies, sandig, dicht	100 000 – 200 000	100,0 – 200,0

Die **Werte der Steifemoduln** sind sehr stark von der Qualität der Sonderproben, von Einbaustörungen und von der Sorgfalt der Versuchsdurchführung abhängig. Die Fehlerquellen bei der Versuchsdurchführung sind u. a. schon von LEUSSINK (1954), MUHS & KANY (1954) und SCHMIDBAUER (1954) ausführlich behandelt worden. Außerdem entsprechen die Verformungsbedingungen im Versuch mit der durch den starren Probeaufnahmering praktisch vollkommen verhinderten Seitenausdehnung nicht der Situation im praktisch unbegrenzten Baugrund mit nur mehr oder weniger behinderter Seitenausdehnung. Dieser Fehler, der im Prinzip eine Abminderung der Versuchswerte erfordern würde, wird aber meist vernachlässigt, zumal er in dieser Form nicht auftritt.

Die Genauigkeit der Steifemoduln E_s darf insgesamt nicht überschätzt werden. Die Werte aus dem KD-Versuch sind nur bei nicht vorbelasteten bindigen Böden in der Regel gut verwendbar. Dazu gehören alle Böden, die in ihrer geologischen Vergangenheit noch unter keinen höheren Überlagerungsspannungen gestanden haben, wie z. B. Auelehme.

Bei stärker vorbelasteten bindigen Böden, wie z. B. tertiären Tonen, Grundmoränen und auch Lößlehm und Löß, die eine gewisse Strukturfestigkeit aufweisen, sind die Steifemoduln aus dem Erstbelastungsversuch z. T. um mehr als 50 % zu niedrig (s. auch Abschn. 5.5.5). In solchen Fällen kann ggf. der Wiederbelastungswert genommen werden (RILLING 1995). Zutreffendere Werte liefert z. T. auch die Auswertung der Anfangssetzung aus dem einaxialen Druckversuch nach Abschn. 2.6.8.

Auch für die Angabe von Entlastungsmoduln (E_e) sind, wenn möglich, Verformungsmessungen in Baugruben oder Einschnitten gemäß Abschn. 4.6.4 (Extensometermessungen) auszuwerten. Dazu einige Angaben aus der Literatur:

– Kreidemergel E_e = 200 MN/m² (PLACZEK & LONDONG 1994)
– Sand, mitteldicht-dicht E_{v2} = E_e = 150 – 250 MN/m² (REHFELD 1996).

Die bei Spannungsänderungen auftretenden Verformungen sind, wie im Abschn. 2.6.1 bereits erläutert, zeitabhängig. In grobkörnigen, gut durchlässigen Böden stellt sich bei Belastung die Verkleinerung des Porenanteils unter Verschiebung der Bodenkörner und kaum behindertem Abfluß des Porenwassers mehr oder weniger sofort ein. In feinkörnigen, wassergesättigten Böden mit geringer Durchlässigkeit wird der Druck zunächst von dem praktisch inkompressiblen Porenwasser aufgenommen. Erst mit dem langsamen Abströmen des Porenwassers und dem Übergang des Druckes vom Porenwasser auf das Korngerüst setzt eine Volumenänderung des Bodens ein, die als **Konsolidation** bezeichnet wird. Sie verläuft um so langsamer, je geringer durchlässig ein Boden ist und je größer seine Schichtdicke ist.

Der zeitliche Verlauf der Setzung wird in der **Zeitsetzungslinie** dargestellt, die im Bedarfsfall für jede Laststufe getrennt im halblogarithmischen Maßstab aufgetragen wird. Aus der Zeitsetzungslinie kann der zeitliche Verlauf der Setzungen nach Abschn. 5.5.6 rechnerisch abgeschätzt und bei feinkörnigen Böden auch der Durchlässigkeitswert k ermittelt werden (s. Abschn. 2.8.3).

An der Zeitsetzungslinie bindiger Böden sind drei Setzungsanteile zu unterscheiden (Abb. 2.34). Die meist von Einbaustörungen beeinflußte Sofortsetzung ist in der Regel in den anfänglichen Ungenauigkeiten der Versuchsdurchführung nicht erkennbar. Die Hauptphase ist die sog. primäre Setzung oder Konsolidationssetzung, in der das Korn- oder Mineralgerüst zusammengedrückt wird. Sie wird ausgedrückt durch den parabelförmigen Teil der

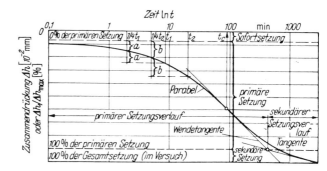

Abb. 2.34 Ermittlung der primären und sekundären Setzung aus der Zeitsetzungslinie (aus SCHULTZE & MUHS 1967).

Zeitsetzungslinie bis zum Schnittpunkt der Tangenten. Die anschließende sekundäre oder Langzeitsetzung bzw. Kriechsetzung tritt nur bei feinkörnigen Böden auf und ist auf Kriecherscheinungen im Boden, verbunden mit Umlagerungen im Mineralgerüst, zurückzuführen.

2.6.4 Verformungsmodul (E_v) und Bettungsmodul (k_s) aus dem Plattendruckversuch

Der Plattendruckversuch ist ein Feldversuch zur Kontrolle der Zusammendrückbarkeit (Verformbarkeit) und damit der Tragfähigkeit bzw. der Verdichtung. Die Versuchsdurchführung (Abb. 2.35) erfolgt nach DIN 18134, Plattendruckversuch, bzw. der Empfehlung Nr. 6 des Arbeitskreises Versuchstechnik im Fels der DGEG (MÜLLER, NEUBER & PAHL 1985: 102).

Die Versuchseinrichtung besteht aus einer Lastplatte (bis 150 mm Größtkorn mit 300 mm ⌀, dar-

über 600 mm bzw. 762 mm ⌀), der Druckvorrichtung mit Gegengewicht und der Meßeinrichtung. Die Belastung wird bei rolligen Böden in 3 bis 4, bei bindigen Böden in 6 gleichgroßen Laststufen aufgebracht, so daß die Gesamtsetzung bei der 300-mm-Platte min. 1,5 mm, max. 5,0 mm beträgt oder eine Plattenpressung von etwa 0,5 MN/m² erreicht wird. Die Auftragung der Drucksetzungslinien erfolgt nach DIN 18134 (1993) nach einem Polynom zweiten Grades, dessen Konstanten durch Anpassung an die Versuchsergebnisse nach der Methode der kleinsten Fehlerquadrate gewonnen werden. Danach ist eine Berechnung von Hand kaum noch praktikabel. Die Auswertung muß mit einem entsprechend programmierten Taschenrechner erfolgen oder mit einem PC bzw. Laptop, die gleich die Drucksetzungslinien ausdrucken (s. d. Geotechnik 1991/4: 202).

Die Ermittlung des Verformungsmoduls E_v erfolgt in der Regel für den Spannungsbereich 0,3 (= σ_{01}) bis 0,7 (= σ_{02}) der aufgebrachten Normalspannung nach der Beziehung (Abb. 2.26)

Abb. 2.35 Durchführung eines Plattendruckversuchs zur Verdichtungskontrolle.

Verformungsmodul $E_v = 1{,}5 \cdot r \dfrac{\Delta \sigma_0}{\Delta s}$

(in MN/m²),

wobei r der Radius der Lastplatte ist. E_{v1} wird hierbei aus dem Erstbelastungsast, E_{v2} aus dem Zweitbelastungsast ermittelt. Aus dem Verlauf der Drucksetzungslinien bzw. aus dem Verhältnis E_{v2}/E_{v1} können wertvolle Hinweise auf die Lagerungsdichte des Bodens unter der Lastplatte abgeleitet werden (s. Abschn. 12.2.4). Beispiele dazu bringt FLOSS (1979: 404).

Bei sandig-kiesig-steinigem Baugrund oder im Fels wird der Plattendruckversuch auch herangezogen, um direkte Angaben über das Setzungsverhalten von Gründungen zu erhalten (s. d. Abschn. 12.2.3). Für die Bestimmung des Verformungsmoduls E_v mit unbehinderter Seitenausdehnung werden aus dem betreffenden linearen Teil der Lastenverschiebungslinie $\Delta \sigma_m$ und Δs abgegriffen und in die Formel

$E_v = \omega \cdot (1 - v^2) \cdot r \cdot \dfrac{\Delta \sigma_m}{\Delta_s}$

v = Poissonzahl
ω = Beiwert nach Empf. Nr. 6 DGEG

eingesetzt. Häufig wird die Auswertung auch über die oben genannte Standardformel des Plattendruckversuchs vorgenommen, die einer Poissonzahl von $v = 0{,}2$ entspricht. Die E_v-Werte aus dem Erstbelastungsast liegen häufig zu niedrig. In solchen Fällen kann E_{v2} aus dem Zweitbelastungsast bestimmt werden. Der E-Modul aus dem Entlastungsast wird zur Ermittlung der Entlastungsverformung herangezogen.

Plattendruckversuche erfordern zwar einen geringen Aufwand, ihre Lastflächen ($\varnothing$ 0,3 bzw. 0,76 m) und ihre Tiefenwirkung sind aber verhältnismäßig klein, so daß, besonders wenn nur die

Eindrückung der Platte gemessen wird, die Gebirgsauflockerung durch den Aushub die Meßwerte stark verfälscht. Durch Messung der Verformungen im Gebirge mittels kleiner Mehrfachstangenextensometer kann dieser Nachteil teilweise ausgeglichen werden. Die Tiefenwirkung des Plattendruckversuches ist abhängig vom Plattendurchmesser, dem spezifischen Plattendruck und dem Gebirge bzw. Trennflächengefüge und beträgt i. a. 2 bis 3 Durchmesser. Außerdem müssen die äußeren Versuchsbedingungen, besonders das Trennflächengefüge, möglichst genau angegeben werden. Die Wirkung von Mittel- und Großklüften, die für die Spannungsverteilung und für das Verformungsverhalten von entscheidender Bedeutung sind, kann mit Plattendruckversuchen nicht erfaßt werden.

Zur Durchführung und Auswertung von Plattendruckversuchen im Fels siehe auch Tunnelbautaschenbuch (1981: 75), WITTKE (1984: 790) und Empfehlung Nr. 6 des Arbeitskreises Versuchstechnik Fels der DGGT (MÜLLER, NEUBER & PAUL 1985: 102).

Die Berechnung des **Bettungsmoduls** k_s erfolgt aus dem Erstbelastungsast des Plattendruckversuches, und zwar nach DIN 18 134 mit einer 762-mm-Lastplatte und einer mittleren Setzung von 1,25 mm nach der Beziehung (Abb. 2.37)

$k_s = \dfrac{\sigma_0}{s} \qquad k_s = \dfrac{0{,}186}{0{,}00125} = 148{,}8 \ \text{MN/m}^3$

Der so ermittelte Bettungsmodul kann nach dem Modellgesetz

$\dfrac{k_{s1}}{k_{s2}} = \dfrac{d_2}{d_1}$

auf andere Plattendurchmesser umgerechnet werden.

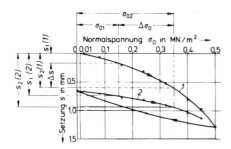

Abb. 2.36 Drucksetzungslinie zur Verdichtungskontrolle (aus DIN 18 134).

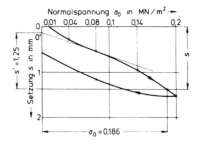

Abb. 2.37 Drucksetzungslinie zur Bestimmung des Bettungsmoduls k_s (aus DIN 18 134).

2.6.5 Verformungsmodul (E_v) aus Bohrlochaufweitungsversuchen

Bei den Bohrlochaufweitungsversuchen wird die Bohrlochwand durch eine Bohrlochsonde horizontal belastet. Sie haben den Vorteil, daß kein großflächiger Gebirgsaufschluß nötig ist. Das Gebirge wird durch die Bohrungen wenig gestört. Die Belastungsflächen sind allerdings ebenfalls verhältnismäßig klein, so daß in einem schwach geklüfteten Gebirge der Einfluß der Trennflächen meist zu wenig erfaßt wird.

In Deutschland sind verschiedene Bohrlochaufweitungssonden auf dem Markt. Das System GOODMAN (Bohrloch $\varnothing$ 76 mm = 3″) arbeitet mit zwei halbzylindrischen Druckplatten, welche die Bohrlochverformung nur in einer Richtung messen. Beim System LNEC ($\varnothing$ 76 mm) und beim System Interfels ($\varnothing$ 96, 101 und 116 mm) erfolgt die Belastung der Bohrlochwand radial mittels Schlauchdrucksonden (engl. Dilatometer). Der Dehnweg beträgt bis 20 mm. Bei großer Verformbarkeit (E_v < 100 MPa) können Seitendrucksonden mit einem Bohrlochdurchmesser von 146 mm und 50 mm Dehnweg eingesetzt werden (s. a. Abschn. 4.3.6.4).

Das Ergebnis eines Bohrlochaufweitungsversuches sind Druck-Verformungskurven, deren lineare Abschnitte für die Auswertung herangezogen werden (Tunnelbautaschenbuch 1981: 81; PAHL 1984; WITTKE 1984: 736).

Vergleichsuntersuchungen haben ergeben, daß die mögliche Anisotropie zwischen $E_{vert.}$ und $E_{horizont.}$ bei den meisten bindigen Bodenarten und halbfesten Tonsteinen gering ist (SMOLTCZYK 1980, 1985). Bei Wechselschichtung mit härteren Zwischenlagen ergeben sich i. d. R. zu hohe Werte (SCHETELIG & SEMPRICH 1988; STRAUSS 1995).

2.6.6 Diskussion der Verformungsmoduln des Gebirges

Das Verformungsverhalten des Gebirges beruht hauptsächlich auf der Teilkörperbeweglichkeit, d. h. der Verschiebung der Kluftkörper und der Zusammendrückung der Kluftöffnungen und der Kluftfüllungen und nur zu einem geringen Teil aus der elastischen oder plastischen Verformung der Gesteine selbst.

In Tab. 2.7 sind einige Anhaltswerte von vertikalen Verformungsmoduln für verschiedene Gebirgsarten zusammengestellt.

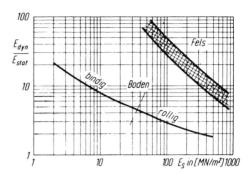

Abb. 2.38 Verhältnis des dynamischen E-Moduls E_{dyn} zum Steifenmodul E_S (aus KLEIN 1990).

Mittel- und engständig geklüftetes Gebirge zeigt bei Belastung häufig unerwartet große Verformungen. Die Abminderung der Verformungsmoduln zeigt sich deutlich im Bereich der Hangzerreißung (Talzuschub) und in der oberflächennahen Auflockerungszone (NAUMANN & PRINZ 1988, darin Lit.). Auch in Bereichen tektonischer Gebirgsauflockerung haben sich an den Tunneln der DB-Neubaustrecke Hannover-Würzburg in Osthessen z. T. auffallend große Verformungen eingestellt (s. Abschn. 17.1.1 und PRINZ 1988; PRINZ & VOERSTE 1988; NAUMANN & PRINZ 1989). Den ersten Hinweis auf diese insgesamt recht niedrigen Verformungsmoduln gaben Bohrlochaufweitungsversuche, die auch eine mehr oder weniger deutliche Abhängigkeit von der Überlagerungshöhe, vom Gebirgstyp (Sandsteinbänke, dünnbankige Wechselfolgen) und auch von der Gebirgszerbrechung (Störungszonen) erkennen ließen (Tab. 2.8).

Für dynamische Beanspruchungen (Maschinenfundamente, Glockentürme) werden **dynamische Elastizitätsmodul** benötigt. Für einfache Fälle kann die Größenordnung von E_{dyn} nach dem Diagramm der Abb. 2.38 ermittelt werden. Das Grundbautaschenbuch, Teil 1 (1990), enthält auch eine Tabelle statischer und dynamischer E-Moduln für verschiedene Bodenarten, deren Variationsbreite naturgemäß recht groß ist.

2.6.7 Primärspannungszustand

Als Primärspannungszustand wird der vor Beginn eines größeren Eingriffs im Untergrund herrschende Spannungszustand bezeichnet. Der Primärspannungszustand ist abhängig von der Wichte und anderen Eigenschaften des Untergrundes und wird in der Praxis als das Verhältnis der vertikalen und horizontalen Spannungsanteile im Gebirge und ihre

Tabelle 2.7   Anhaltswerte von Verformungsmoduln für verschiedene Gebirgsarten.

Gebirgsart, Lokalität	Über-lagerung (m)	Verformungsmodul festes Gebirge MN/m²	Verformungsmodul aufgelockertes Gebirge MN/m²	Versuchsart, Literatur, Bemerkungen
Gneis, Südschwarzwald	350	40 000 – 70 000	500 – 10 000	Bemessungswerte nach Druckkissenversuchen, WITTKE et al. (1974).
Tonschiefer, Taunus		5000 – 20 000	1500 – 3000	Bemessungswerte nach Druckkissen- und Bohrlochaufweitungsversuchen steil zur Schieferung.
Buntsandstein-Wechselfolge (sm)		400 – 1000	100 – 400	Großtriaxialversuche, NIEDERMEYER et al. (1983)
Sandsteinreiche Wechselfolge (sm)	20 – 40	200 – 500	100 – 150	Probevortrieb Dietershahn-Tunnel, MÖRSCHER et al. (1985). Berechnungsbeispiele, WITTKE et al. 1985.
Sandsteinreiche Wechselfolge (sm)	15 – 20		130 – 160	Plattendruckversuche u. Fundamentbelastungsversuch in oberflächennaher Auflockerungszone NAUMANN & JENNEWEIN 1987, NAUMANN & PRINZ 1988.
Tonsteinreiche Wechselfolge (sm)	15 – 20		30 – 80 z. T. weniger	
Solling-Sandstein (sm)	5 – 20	–	170 ± 20	Rückrechnung Fundamentsetzungen ENGELS & KATZENBACH 1992
Röttonsteine (so)	5 – 20	–	70 – 140	
Wellenkalk (mu)	5 – 20	–	140	
Tonsteine des Keupers	ca. 30	100 – 250 75 – 100	15 – 60	Großtriaxialversuche, WICHTER (1980). Rückrechnung Straßentunnel Heslach, BEICHE et al. 1987.
Sandsteine des Keupers		750 – 1500		Bemessungswerte, BEICHE et al. 1987 Bemessungswerte, Tunnelbau Taschenbuch 1980: 149.
Opalinustonstein	10	200 – 400	40 – 200	Großtriaxialversuche, WICHTER & GUDEHUS (1982).

Tabelle 2.8   Ergebnisse von Dilatometerversuchen (Erstbelastung) an der DB-Neubaustrecke in Osthessen (nach Gutachten ROMBERG 1983).

Mittlerer Buntsandstein in Oberflächennähe

Dünnbankige Wechselfolge von mäßig festem Tonstein und mürbem Sandstein, engständig geklüftet	$E_v = 20 – 50$ MN/m²
Dünnbankiger fester Sandstein mit mittel- bis engständiger Klüftung	$E_v = 70 – 180$ MN/m²
Bankiger fester Sandstein	$E_v = 450$ MN/m²

Tektonische Störungszonen

Oberflächennah:	$E_v = 10 – 30$	i. M. 20 MN/m²
Ab etwa 25 m unter Gelände:	$E_v = 10 – 60$	i. M. 40 MN/m²

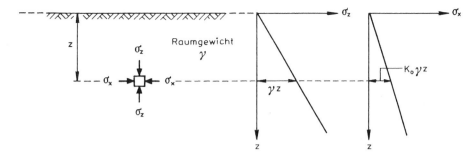

Abb. 2.39 Prinzip der Primärspannungen im elastisch-isotropen Halbraum (aus LANG & HUDER 1994).

Richtungsverteilung verstanden (Abb. 2.39). Der vertikale Spannungsanteil (σ_1, σ_v, σ_z) ergibt sich aus der Überlagerung

$$\sigma_z = \gamma \cdot h \text{ (kN, MN)}$$

Der horizontale Spannungsanteil (σ_h, $\sigma_{2,3}$, $\sigma_{x,y}$) ist eine Folge der seitlichen Einspannung des Überlagerungsgewichtes und beträgt für den vereinfacht angenommenen Fall eines elastisch-isotropen Spannungs-Dehnungsverhaltens

$$\sigma_x = \sigma_y = \sigma_z \cdot K_0$$

K_0 = Ruhedruckbeiwert

Der **Ruhedruckbeiwert** K_0 ist als Verhältniswert des Horizontaldruckes zum Vertikaldruck definiert:

$$K_0 = \frac{P_h}{P_v}$$

P_h = Horizontaldruck
P_v = Vertikaldruck

In einem ausgeglichenen Spannungsverhältnis und bei Annahme einer starren seitlichen Einspannung des betrachteten Bereiches ist der Ruhedruckbeiwert in erster Linie von der Gebirgsscherfestigkeit abhängig. Es gilt annähert die empirische Beziehung (Abb. 2.40):

$$K_0 = \frac{\nu}{1-\nu} \quad \text{bzw.} \quad K_0 = 1 - \sin\varphi$$

Darüber hinaus sind die Primärspannungen und ihre Richtungsverteilung von einer ganzen Reihe weiterer Spannungsanteile verschiedenen Ursprungs abhängig (BAUMGÄRTNER 1987 und SCHETELIG 1990):

● Lokale Spannungsfelder mit den Einflußfaktoren Topographie, Anisotropie des Gebirges, örtliche tektonische Strukturen und geologischer Vorbelastung.

Der Einfluß der Topographie, des Trennflächengefüges und der Vorbelastung sind aus Abb. 2.41 er-

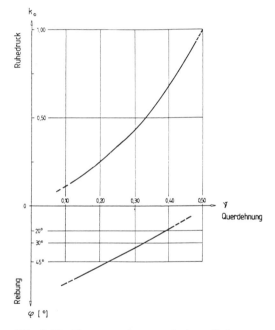

Abb. 2.40 Zusammenhang zwischen Reibungswinkel (φ), Poissonzahl (ν) und Ruhedruckbeiwert (K_0) (Entw. KNITTEL, HALLEIN).

sichtlich. Ersterer wird bei der Abschätzung des Spannungszustandes häufig unterschätzt (KOHLBECK 1991). Auch das Trennflächengefüge beeinflußt die Spannungsrichtung und die Spannungsausbreitung, da an offenen Trennflächen keine Normalspannungen übertragen werden können (s. a. Abschn. 17.2.2).

● Regionale Spannungsfelder, die abhängig sind von der geologischen Vorbelastung und den regionalen tektonischen Strukturen
● Großtektonische Spannungsfelder (s. a. Abschnitt 4.1.3).

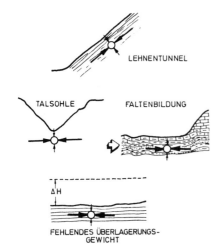

Abb. 2.41 Größe und Richtung der Hauptspannungen in Abhängigkeit von Topographie und großflächiger Abtragung (nach GÖTZ & VARDAR 1976).

Die Abhängigkeit des Primärspannungszustandes von der geologischen Vorbelastung bzw. der flächenhaften Erosion und dem Relaxationsverhalten des Gebirges ist erst in den 80er Jahren richtig erkannt worden. In den flach liegenden Sedimentgesteinen, z. B. der mitteleuropäischen Schichtstufenlandschaften, werden in Oberflächennähe häufig horizontale Gebirgsspannungsanteile gemessen, die nicht dem gegenwärtigen Überlagerungsdruck entsprechen. Ein Ruhedruckbeiwert nahe oder über 1,0 bedeutet aber, daß der Horizontalspannungsanteil ungewöhnlich groß bzw. größer ist als der Überlagerungsdruck. Diese erhöhten Horizontalspannungen sind eine elastische Nachwirkung sowohl der flächenhaften Abtragung bei gleichzeitiger seitlicher Einspannung, als auch ehemals weitaus höherer Horizontalspannungen im Zuge der tektonischen Beanspruchung.

Das Prinzip der Restspannungen aus vorangegangenen Belastungen ist aus der technischen Mechanik bekannt. Spannungen, die so groß waren, daß sie plastische Verformungen hervorgerufen haben, gehen bei Entlastung nicht wieder vollständig zurück. Das Gebirge reagiert zwar auf die erosive Verminderung des Überlagerungsdruckes mit elastischen Rückverformungen, die abhängig sind von den mechanischen Gesteinsparametern, den Dränagebedingungen bzw. den Änderungen des Porenwasserdruckes und den Temperaturänderungen (MANDL 1989). Hinzu kommt aber, daß sich das Gebirge zwar in vertikaler Richtung frei entspannen kann, nicht aber in horizontaler Richtung. Die querdehnungsbehinderte Entlastung bewirkt

einen **Horizontalspannungsüberschuß,** der offensichtlich je nach den mechanischen Gesteinsparametern unterschiedlich tief reicht. In überkonsolidierten Tonen reicht z. B. dieser Horizontalspannungsüberschuß, ausgedrückt durch einen Ruhedruckbeiwert $K_o \geq 1{,}0$, nur wenige Zehnermeter tief. Für den Londoner Ton werden schon von SKEMPTON (1961) K_o-Werte von 2.... 3 angegeben, die sich mit zunehmender Tiefe vermindern. Für die Tertiärtone von Frankfurt geben FRANKE et al. (1985: 414) K_o-Werte von 1,0 bis max. 3,0 an, die in etwa 20 m Tiefe annähernd auf den lithostatischen Spannungszustand abgebaut sind. In söhlig gelagerten Schichtgesteinen reicht der Horizontalspannungsüberschuß nach Literaturangaben (GREINER 1978, BAUMGÄRTNER 1987 – s. a. Abschn. 4.1.3 und Abb. 2.44) 50 m bis 100 m tief. Nur im Bereich der Hangzerreißung und offener Klüfte ist mit einem Abbau der erhöhten Horizontalspannungen zu rechnen (s. a. WITTKE 1990 und BEICHE et al. (1995).

Der primäre Spannungszustand ist somit das Ergebnis der Materialeigenschaften und der erdgeschichtlichen Entwicklung eines Gebirgsbereiches. Es ist nicht möglich, Spannungen aus der Überlagerungslast, tektonische Restspannungen oder rezente tektonische Spannungen getrennt zu messen. Der Horizontalspannungsüberschuß in Oberflächennähe wird meist als Restspannung ehemaliger Überlagerung gewertet, wobei die auffallende Richtungskonstanz in Mitteleuropa als Nachwirkung der tektonischen Schubbeanspruchung gesehen werden muß (s. a. Abschn. 4.1.3).

Bei Vergleichen verschiedener Spannungsmethoden ergeben sich häufig gute Übereinstimmung in der Richtung der Hauptnormalspannungen, während hinsichtlich ihrer Größe deutliche Unterschiede gemessen werden (BOCK 1992).

Das Erfassen von Spannungen im Gebirge ist nach wie vor eines der schwierigsten Probleme der Geomechanik. Die Bestimmung erfolgt durch indirekte Methoden, bei denen Gebirgsdeformationen oder Bruchzustände ausgelöst werden, aus denen dann mit Hilfe der elastischen Konstanten des Gesteins die Spannungen zurückgerechnet werden (Lit. s. FECKER & REIK 1987: 108):

Gebirgsentlastungsverfahren

Bohrlochentlastung (Doorstoppper, Triaxialzelle)
Bohrloch-Schlitzverfahren
Schlitzentlastung beim Ausbruch
Interpretation von Bohrlochwandausbrüchen
Verformungsmessungen beim Ausbruch

Gebirgsbelastungsverfahren

Hydraulic Fracturing
Kompensationsmessung mit Druckkissen

Die Messung des primären Spannungszustandes erfolgt in tieferen Bohrungen 100 bis max. 200 m nach der Überbohrmethode mit der **Triaxialsonde.** Dabei wird in einem kleinen Pilotbohrloch (∅ 38 mm) eine Meßpatrone verklebt und anschließend überbohrt (Abb. 2.42). Die durch den Entspannungsvorgang beim Überbohren stattfindenden Deformationen im Bohrkern werden durch Dehnungsmeßstreifen gemessen. Aus diesen Deformationen können unter Annahme eines Modells für das Spannungsdehnungsverhalten des Gebirges (meist linearelastisch, isotrop) und der Kenntnis der elastischen Konstanten (E_v bzw. E-Modul) die herrschenden Gebirgsspannungen ermittelt werden (KIEHL & PAHL 1990).

Das **Bohrlochschlitzverfahren** (INTERFELS-Bohrlochschlitzsonde) ist ein Spannungsentlastungsverfahren zur Bestimmung des 2-dimensionalen Spannungszustandes (2 D) in der Ebene senkrecht zur Bohrlochachse. Im Bohrloch werden mit einem kleinen Diamantsägeblatt jeweils drei Schlitze parallel zur Bohrlochachse in 120° Abstand gesägt und die Entlastungsreaktion über einen Dehnungssensor gemessen. Der Bohrlochdurchmesser muß 95 – 103 mm betragen. Die Meßtiefe beträgt derzeit max. 30 m. Die Bohrlöcher müssen wasserfrei sein. Üblicherweise werden pro Meßtiefe mehrere Schlitzreihen in Abständen von 10 – 20 cm getestet. Nachteil der Methode ist die geringe Einsatztiefe von max. 30 m, wodurch die Frage der Übertragbarkeit der Ergebnisse auf größere Tiefen äußerst schwierig zu beantworten ist.

Bei der **Kompensationsmessung mit Druckkissen** (Large oder Small Flat Jack) werden die Entlastungsverformungen an einem mit einem Diamant-Sägeblatt hergestellten Schlitz im Gebirge gemessen und der Wiederbelastungsdruck mit dem Druckkissen aufgebracht (ROCHA et al. 1966; GREINER 1978; WITTKE 1984). Die Messung der Verformung erfolgt über Kleinextensometer oder Dehnungsmeßstreifen. Der Nachteil dieser Methode ist, daß ein großflächiger Aufschluß nötig ist und die Meßstellen meist im gestörten und entlasteten Bereich der Ausbruchswandungen liegen und daß je nach Anisotropie des Gebirges mehrere Meßschlitze erforderlich sind.

Bei der **Hydraulic Fracturing-Methode** wird in einem durch Packer abgeschotteten, möglichst kluftarmen Bohrlochabschnitt ein Flüssigkeitsdruck aufgebracht, wodurch Risse im Gebirge er

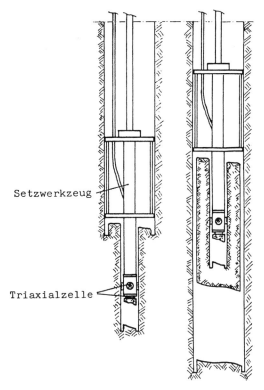

Abb. 2.42 Schema der Primärspannungsmessung nach der Überbohrmethode mit der Triaxialzelle (nach Firmenprospekt).

zeugt oder bereits vorhandene, geschlossene Klüfte geöffnet werden. Danach wird durch wiederholte Injektionszyklen der Rißöffnungsdruck ermittelt. Aus dem Frac-Druck, dem Rißöffnungsdruck und den Raumlagen der Rißspuren, die nachträglich mit einem Abdruckpacker oder mit geophysikalischen Logging-Geräten ermittelt werden, können Rückschlüsse auf das Spannungsfeld im Bereich der Bohrung gezogen werden (GREINER 1978; GROSS et al. 1986; BAUMGÄRTNER 1987; FECKER & REIK 1996: 117; HAMMER et al. 1995).

Wenn die größte Hauptspannung vertikal gerichtet ist, bildet sich um das Bohrloch ein (vertikaler) Radialriß aus, der normal zur kleinsten Hauptspannung streicht (Abb. 2.43). Ist die größte Hauptspannung horizontal, so findet der hydraulische Aufreißdruck in der Vertikalen den geringeren Widerstand und es entsteht ein Transversalriß, der (sofern vorhanden) Schichtgrenzen folgt. Angaben über das lokale Spannungsfeld erfordern Versuchsreihen von 5 bis 10 Versuchen. Die Ergebnisse werden üblicherweise ausgedrückt in

Überlagerungsdruck S_v
größere Horizontal- S_H
spannung
kleinere Horizontal- S_h
spannung

Bei sehr vielen Hydraulic-Fracturing-Messungen sind in den oberen Bereichen hauptsächlich Transversalrisse aufgetreten und in größerer Tiefe Radialrisse (GREINER 1978: 58), woraus auf einen horizontalen Spannungsüberschuß in den obersten Teilen der Erdkruste geschlossen wird (Abb. 2.44 und Abschn. 4.1.3).

In letzter Zeit werden auch im Bohrloch eingebaute, einzelne oder in Gruppen um 120° verdreht angeordnete hydraulische Druckkissen als **Spannungsmonitorstationen** (Harter Einschluß, System Interfels) bzw. als Gebirgsdruck- oder Bohrlochgeber (System Glötzl) für Primärspannungsmessungen in vorwiegend weichem Gebirge eingesetzt. Durch spezielle Nachspanntechniken kann das System hinsichtlich der örtlichen Situation und der bodenabhängigen Spannungsumlagerung individuell eingerichtet werden.

Rückschlüsse auf die Richtung von Gebirgsspannungen können auch aus **Bohrlochwandausbrüchen** von Tiefbohrungen gewonnen werden (BLÜMLING & SCHNEIDER 1986, darin Lit.; BOCK 1989; BOCK & MEDHURST 1990). Die Theorie geht davon aus, daß in einem unter einer gewissen horizontalen Spannung stehenden Gebirge am Bohrlochrand Spannungsumlagerungen und Spannungskonzentrationen auftreten, die zu Scherbrüchen und Bohrlochrandausbrüchen führen können (Abb. 2.45). Aus der Richtung der Bohrlochwandausbrüche ergibt sich die Richtung der maximalen horizontalen Hauptspannung. Ob diese Bohrlochwandausbrüche tatsächlich den in situ-Spannungszustand wiedergeben oder mehr den Mikrorißzustand auch vergangener Beanspruchung wird derzeit noch kontrovers diskutiert (KUTTER & OTTO 1991).

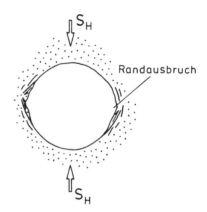

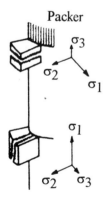

Abb. 2.43 Rißausbildung beim Hydraulic-Fracturing-Versuch; σ_1 jeweils größte Hauptspannung (nach GREINER 1978).

Abb. 2.45 Bohrlochwandausbrüche in Tiefbohrungen zeigen die Richtung der größten horizontalen Hauptspannung (S_H) an (aus EISBACHER 1991)

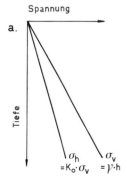

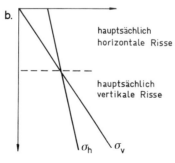

Abb. 2.44 Zunahme der Spannungen mit der Tiefe. Links theoretischer Spannungsverlauf; rechts Spannungsverlauf aus der Rißanordnung bei Hydraulic-Fracturing-Messungen (aus GREINER 1978)

2.6.8 Druckfestigkeit, Zugfestigkeit, Sprödigkeit

Der gebräuchlichste Begriff für die Festigkeit von Gesteinen ist die einaxiale Druckfestigkeit bei unbehinderter Seitendehnung. Sie wird an zylindrischen Proben mit vorgegebener konstanter Verformungsgeschwindigkeit ermittelt. Die einaxiale Druckfestigkeit erhält zusätzlich Bedeutung, wenn die Dimensionierung der Tragfähigkeit von Großbohrpfählen in Fels und felsähnlichen Böden in Abhängigkeit davon vorgenommen wird. Darüber hinaus wird die einaxiale Druckfestigkeit häufig auch als Einflußgröße für die Bohrbarkeit bzw. Lösbarkeit herangezogen (s. Abschn. 8.4 und 17.1.4).

Für die Durchführung und Auswertung des **einaxialen Druckversuches an Böden** gilt DIN 18 136 (1987; E 1995). Als Bruchkriterium gilt der Höchstwert der Druckspannung σ aus dem Druck-Stauchungsdiagramm. Wird bei Stauchung kein Höchstwert der Druckspannung erreicht, so gilt eine Stauchung von 20 % als Bruchkriterium. Außer der Druckspannung und der Verformung wird auch der Wassergehalt vor und nach dem Versuch ermittelt.

Die einaxiale Druckfestigkeit q_u entspricht dem Höchstwert der einaxialen Druckspannung σ (Abb. 2.46).

$q_u = \max. \sigma$

Der Verformungsmodul aus dem einaxialen Druckversuch beträgt

$$E_u = \frac{d\sigma}{d\varepsilon}$$

d = Spannungsbereich $0,3\,\sigma_B - 0,7\,\sigma_B$ (s. Abb. 2.46)

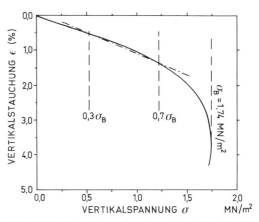

Abb. 2.46 Ermittlung der einaxialen Druckfestigkeit nach DIN E 18 136.

als Tangentenneigung der Druck-Stauchungslinie (E DIN 18 136).

Die halbe einaxiale Druckfestigkeit q_u entspricht der undränierten Scherfestigkeit c_u eines bindigen Bodens (s. Abschn. 2.7.2.)

$$\frac{q_u}{2} = c_u$$

Die **einaxiale Druckfestigkeit von Gesteinen** (σ_c, σ_D) wird an makroskopisch rissefreien zylindrischen Gesteinskernen ermittelt (Abb. 2.47). Als Prüfpressen werden servogesteuerte Prüfmaschinen empfohlen (FECKER & REIK 1987: 268). Der Probendurchmesser soll nach der Empfehlung Nr. 6 der DGEG für einaxiale Druckversuche an Gesteinsproben nicht weniger als 30 mm betragen, das Verhältnis d:l möglichst 1:2,5, aber nicht < 1:2, da sich sonst bis zu 10 % zu hohe Festigkeitswerte ergeben (Korrekturfaktoren s. Empfehlung).

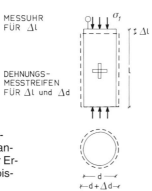
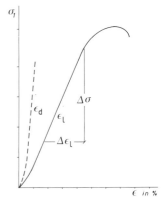

Abb. 2.47 Prinzipskizze des einachsialen Druckversuchs und Spannungs-Verformungsdiagramm zur Ermittlung des E-Moduls und der Poissonzahl.

Die einaxiale Druckfestigkeit ist der Höchstwert der axialen Druckspannung ($\sigma_c = \sigma_{max.}$). Durch Messen der Deformationen können gleichzeitig die elastischen Konstanten ermittelt werden (s. Abschn. 2.6.2).

Dünnschichtige oder geschieferte Gesteine mit Festigkeitsanisotropie und anisotropen Verformungseigenschaften erfordern eine Variation der Winkel zwischen Kraftrichtung und der Schieferung bzw. Schichtung, um sowohl die unterschiedlichen Druckfestigkeiten zu erfassen (Abb. 2.48) als auch die für die einzelnen Richtungen unterschiedlichen E-Moduln und Poissonzahlen.

Eine allgemeingültige **Klassifikation der Gesteine nach der Druckfestigkeit** liegt nicht vor. Die ENV 1977–1, Anhang E, sowie DIN V 1054–100, Anhang C, enthalten eine Zuordnung der allgemeinen Festigkeitsbegriffe zu einaxialen Druckfestigkeiten (s. Abschn. 7.5). Die Tab. 2.9 zeigt weitere gängige Einteilungen. In ähnlicher Größenordnung liegen auch andere Tabellenwerte (MÜLLER 1978: 415).

Eine Zuordnung der einaxialen Gesteinsdruckfestigkeiten und von Rückprallwerten (s. u.) zu den Verwitterungsgraden enthält das FGSV-Merkblatt Felsbeschreibung (1992: Tab. 3). Eine ausführliche Zusammenstellung von Gesteinskennwerten metamopher Gesteine der Alpen bringen CZECH & HUBER (1990). FISCHER & SCHULZ (1995) geben für Gesteine des Buntsandsteins auch Korrelationen Druckfestigkeit zu Elastizitätsmodul E und von diesem zu Verformungsmodul E_v an.

Als einfacher Versuch zur Bestimmung der sog. indirekten Gesteinsdruckfestigkeit kann der **Punktlastversuch** herangezogen werden (GARTUNG

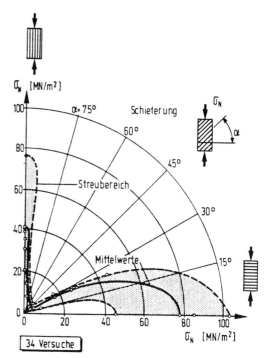

Abb. 2.48 Einaxiale Druckfestigkeit eines Tonschiefers in Abhängigkeit von der Druckrichtung zur Schieferung.

1982; SCHULTZ & TAHHAN 1989; TIEDEMANN 1989; PIETSCH 1990). Dabei wird ein Kernstück oder ein Handstück mit einem tragbaren Prüfgerät (Abb. 2.49) zwischen zwei abgestumpften Kegelspitzen bis zum Trennbruch belastet. Die Ergebnisse werden als Punktlastindex I_s in N/mm² (bzw. MN/m² oder MPa) angegeben:

Tabelle 2.9 Klassifikation der Gesteine in Abhängigkeit von der einaxialen Druckfestigkeit.

ENV 1997–1, E bzw. DIN V 1054–100, C in N/mm²/MN/m²/MPa	IAEG-Empfehlung (MATULA 1981) in N/mm²/MN/m²/MPa	ISRM-Empfehlung 1978 in N/mm², MN/m², MPa	Gesteinsarten
	> 230 = extrem fest 120–230 = sehr fest	< 250 extrem hoch 100–250 sehr hoch	Basalt, Diabas, Quarzit, feinkörniger Granit, Sandsteine, Kalksteine
50–100 hart	50–120 = fest	50–100 hoch	Gneis, Kalksteine, Sandsteine, Granit
12,5–50 mäßig hart	15–50 = mäßig	25–50 mittel	
5–12,5 mäßig mürb	1,5–15 = gering	5–25 niedrig	Sandsteine, Tonschiefer, Tonsteine
1,25–5 mürb		1–5 sehr niedrig	
< 1,25 sehr mürb		< 1 extrem niedrig	Salzgesteine

$$I_s = \frac{F}{a^2}$$

F = Bruchlast
a = Lastpunktabstand

Der Versuch sollte an mehreren (5 – 10) Probekörpern durchgeführt und das arithmetische Mittel gebildet werden.

Wegen der unterschiedlich geformten Prüfkörper wird der Punktlastindex I_s mit Hilfe eines Diagrammes (Abb. 2.50) auf einen Standardwert $I_s(50)$ mit einem Lastpunktabstand von a = 50 mm umgerechnet. Der Punktlastindex $I_s(50)$ wird entweder direkt als Vergleichswert für die Gesteinsfestigkeit verwendet oder bei festen bis harten, spröden Gesteinen (Lit. s. SCHULTZ & TAHHAN 1989) daraus nach einer empirischen Beziehung

$$\sigma_c = 24 \cdot I_s(50)$$

die Größenordnung der einaxialen Gesteinsdruckfestigkeit ermittelt, die zur Kennzeichnung auch als $\sigma_c(50)$ bezeichnet wird. Wegen der Problematik, einaxiale Druckfestigkeiten anisotroper Gesteine aus Punktlastfestigkeiten zu ermitteln (GREMMINGER 1988; TIEDEMANN 1989) werden diese $\sigma_c(50)$-Werte als indirekte Gesteinsdruckfestigkeiten bezeichnet. Da der Punktlastversuch im Prinzip dem Spaltzugversuch entspricht, ergeben sich auch recht gute Korrelationsmöglichkeiten zur Spaltzugfestigkeit σ_z (SCHULTZ & TAHHAN 1989).

HESSE & TIEDEMANN (1989) haben eine Liste von $I_s(50)$-Werten und daraus ermittelten $\sigma_c(50)$-Druckfestigkeiten für Gesteine des Rheinischen Schiefergebirges erarbeitet, TAHHAN & REUTER (1989) solche für angewitterte Magmatite.

Nach neueren Erfahrungen (PIETSCH 1990; BECKER 1993) ist der Faktor zu Abschätzung der einaxialen Druckfestigkeit aus dem Punktlastindex gesteinspezifisch und um so niedriger, je geringer die Gesteinsdruckfestigkeiten sind. Bei angewitterten Röttonsteinen mit $\sigma_D = 10 – 30$ MN/m² ergab sich z. B. ein Umrechnungsfaktor von 10 (STRAUSS 1994).

Als einfache Baustellenmethode zur Beurteilung der Gesteinsfestigkeit werden auch die **Rückprallwerte mit dem Schmidtschen Betonprüfhammer** (DIN 4240) herangezogen (Abb. 2.51). Die rissefreien Kernstücke mit frischer, sauberer Oberfläche sollten min. 0,2 m lang sein. Der Test kann in fest aufstehenden Kernkisten vorgenommen werden. Ein Einspannen der Kerne, wie es von KRAUTER et al. (1985) vorgeschlagen wird, ist nicht erforderlich. Der Rückprallwert wird als

Abb. 2.49 Punktlastgerät.

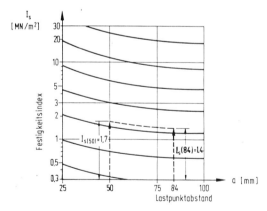

Abb. 2.50 Diagramm zur Korrektur der Ergebnisse von Punktlastversuchen beliebigen Durchmessers auf einen Lastpunktabstand von 50 mm ($I_{s/50}$) – aus WITTKE 1984.

arithmetisches Mittel von 3 (besser 5) Einzelschlägen in einem engen Bereich unter Abzug offensichtlicher Ausreißer (Abweichung > 5 Einheiten) angegeben. Für die Zuordnung der Gesteinsfestig-

Abb. 2.51 Ermittlung der Rückprallwerte mit dem Schmidtschen Betonprüfhammer.

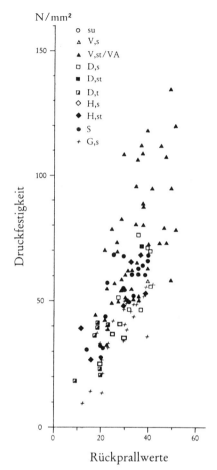

Abb. 2.52 Beziehung zwischen der einaxialen Druckfestigkeit von Sandsteinen des Buntsandsteins und den Rückprallwerten mit dem Schmidtschen Betonprüfhammer.

keit liegen neben der logarithmischen Funktion von MÜLLER (Lit. s. STRIEGEL 1984: 173) auch andere Auswertungen für verschiedene Gesteine vor (s. Abb. 2.52 und STRIEGEL 1984; KRAUTER et al. 1985; BECKER et al. 1989; WOSZIDLO 1989; BEK-KER 1993). Besondere Bedeutung hat der Prallhammerversuch bei der Festigkeitsbestimmung von Verwitterungsrinden auf Trennflächenwandungen (TIEDEMANN 1990).

Bei der Anwendung von an Bohrkernen ermittelten Gesteinsfestigkeiten ist zu beachten, daß Kennwerte dieser Art meist eine in doppelter Hinsicht einseitige Auswahl darstellen (Abb. 2.53). Einerseits können an Kernstücken mit geringen Druckfestigkeiten (≤ 5 MN/m^2) praktisch keine Versuche durchgeführt werden, da solche wenig festen

Gesteine bereits beim Bohren zerfallen oder zerbrechen, andererseits stehen bei der Probenauswahl vielfach zunächst Fragen der Standfestigkeit und Tragfähigkeit im Vordergrund, so daß auch Kernabschnitte hoher Festigkeit weniger Beachtung finden. Für die Beurteilung der Bohrarbeit und der Lösbarkeit sind aber gerade die hohen Festigkeitswerte entscheidend. Bei Angaben der Druckfestigkeit darf man sich daher nicht auf einige wenige Werte beschränken und man muß immer eine Zuordnung der Versuchswerte zu Literaturangaben (z. B. Tab. 2.9) oder anderen Erfahrungswerten vornehmen.

Die **dreiaxiale Druckfestigkeit** der Gesteine kann in Hochdruck-Dreiaxialzellen ermittelt werden (Empfehlungen Nr. 2 des Arbeitskreises für Ver-

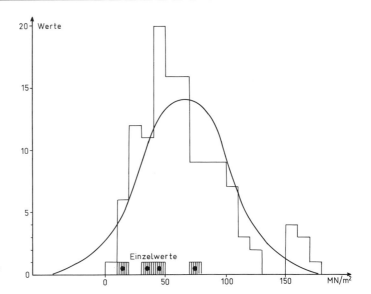

Abb. 2.53 Mögliche Fehlinterpretation der einaxialen Druckfestigkeit von Einzelversuchen an Kalksteinkernen gegenüber dem Summendiagramm von 129 Werten.

suchstechnik im Fels der DGEG: Dreiaxiale Druckversuche an Gesteinsproben).

Die Ermittlung der **Zugfestigkeit** der Gesteine erfolgt in der Regel durch den Spaltzugversuch, da die direkte Ermittlung der Zugfestigkeit versuchstechnisch aufwendig ist (HEYNE 1963; HARDY & JAYARAMAN 1970; FECKER & REIK 1987: 271). Die Spaltzugfestigkeit wird entweder nach DIN 22 024 oder im sog. Brazilian-Test, einem Druckversuch an scheibenförmigen Prüfkörpern (nach ISRM-Empfehlung l = 3 cm, d = 5 cm), ermittelt, wobei in beiden Fällen auf gute Ebenheit der Druckflächen zu achten ist.

$$\sigma_Z = \frac{2\,F}{\pi \cdot d \cdot l} \quad \text{(in N/mm}^2\text{)}$$

F = Bruchkraft (in N)
d = Probendurchmesser (in mm)
l = Probenlänge (in mm)

Die Spaltzugfestigkeit gibt einen Anhalt über die Kornbindungskräfte von Gesteinen. Sie liegt häufig wesentlich höher als die einaxiale Zugfestigkeit desselben Gesteins. Bei geschichteten oder geschieferten Gesteinen ist ebenfalls wieder die Festigkeitsanisotropie zu berücksichtigen. Die Zugfestigkeit senkrecht zu Schicht- und Schieferungsflächen ist meist sehr niedrig und kann versuchstechnisch auch in direkten Zugversuchen ermittelt werden.

Die Spaltzugfestigkeit von Gesteinen (σ_z) liegt in der Regel bei $^1/_{10}$ bis $^1/_{30}$ der einaxialen Druckfestigkeit (HEYNE 1963: 356), häufig bei etwa $^1/_{10}$ bis $^1/_{15}$

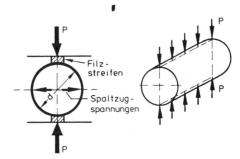

Abb. 2.54 Prinzip des Spaltzugversuchs (aus MAIDL 1988).

(QUERVAIN 1967: 73; BORCHERT & DREYER 1969: 159; TAHHAN & REUTER 1989; CZECH & HUBER 1990; sowie FISCHER & SCHULZ 1995).

Die zur Gesteinsdruckfestigkeit analoge **Gebirgsdruckfestigkeit** bei einaxialer Beanspruchung findet nur bei der Frage der Standfestigkeit der Ulmen und der Ortsbrust bzw. bei Gebirgspfeilern im Bergbau direkte Anwendung. Im Felsbau können einaxiale und vor allen Dingen dreiaxiale Gebirgsfestigkeiten mittels Druckversuchen an Großbohrkernen (∅ 0,5 bis 1,0 m) ermittelt werden. In der Regel erfolgen jedoch Angaben über Gebirgsfestigkeiten als Abschätzung der einaxialen Gebirgsdruckfestigkeit anhand von Gesteinsdruckfestigkeiten. Nach REIK & HESSELMANN (1981) gelten folgende Faustregeln:

- massiges, kaum $\sigma_{D(\text{Geb.})} \approx 0{,}8$ bis
  geklüftetes Gebirge $0{,}9\ \sigma_{D\,(\text{Gestein})}$

- homogenes, undeutlich ge- $\sigma_{D\,(Geb.)} \approx 0,4$ bis
  schichtetes, wenig geklüf- $0,6\ \sigma_{D\,(Gestein)}$
  tetes Gebirge (z. B. Ton-
  steine)
- bankiges und geklüftetes $\sigma_{D\,(Geb.)} \approx 0,1$ bis
  Gebirge (z. B. Kalksteine, $0,2\ \sigma_{D\,(Gestein)}$.
  Sandsteine)

Bei bankigen Wechselfolgen, etwa Kalkstein/Ton-
stein oder Sandstein/Tonstein, ist die Gebirgsfestigkeit in der Regel nach den ungünstigeren Gesteinskennwerten der Tonsteine einzuschätzen.

Die **Gebirgszugfestigkeit** (σ_{zGeb}) ist ebenfalls erheblich niedriger als die Gesteinszugfestigkeit; sie

wird als Folge noch vorhandener Materialbrücken
und der Verzahnung der Kluftkörper allgemein als
vorhanden angenommen. Senkrecht zu durchgehenden Großklüften und glatten oder glimmerbelegten Schichtflächen kann die Gebirgszugfestigkeit gegen Null gehen.

Aus dem Last-Verformungsdiagramm (HABE-
NICHT & GEHRING 1976: 511) bzw. aus dem Verhältnis Druckfestigkeit zur Zugfestigkeit kann die
Sprödigkeit eines Gesteins abgeleitet werden
(Abb. 2.55). Bei sprödem Material folgt auf nur geringe elastische Verformung unmittelbar der Bruchvorgang (sog. Sprödbruch) und meist auch eine ra-

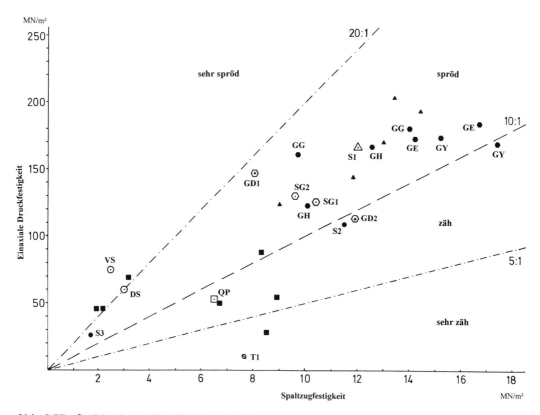

Abb. 2.55 Sprödes bzw. zähes Verhalten der Gesteine in Abhängigkeit von Verhältnis σ_D / σ_Z

GD = Granodiorit / Odenwald (Mittelwerte von zwei
Versuchsserien)

SG = Suhler Granit / Thüringer Wald (Mittelwerte
aus zwei Versuchsserien)

QP = Quarzprophyr / Thüringer Wald (Mittelwert
und streuende Einzelwerte ■)

GE = grobkörniger Granit (Emolweni-Tunnel, GEH-
RING 1995)

GH = mittelkörniger Granit (Young-Chun-Hydro-
Tunnel, GEHRING 1995)

GY = feinkörniger Granit (Young-Chun-Hydro-Tun-
nel, GEHRING 1995)

GG = grobkörniger Granitgneis (Doug-Hae-Coney-
or-Tunnel, GEHRING 1995)

S1 = Sandstein, Mittelwert und Einzelwerte ▲;
(Clermont-Tunnel, GEHRING 1995)

S2 = Rotliegend-Sandstein, Oberhofer Schichten/
Thüringer Wald

S3 = Rotliegend-Sandstein, Goldlauterer Schichten / Thüringer Wald

T1 = Rotliegend-Tonstein, Oberhofer Schichten/
Thüringer Wald

VS = Sandstein, Volpriehausen-Folge/Osthessen

DS = Sandstein, Dethfurt-Folge/Osthessen

sche Rißausbreitung. Bei zähem (duktilem) Bruch-verhalten treten vor dem Bruch (sog. Zähbruch) große plastische Verformungen auf und anstelle von Spannungskonzentrationen Verschiebungsspitzen mit örtlich sehr großen plastischen Verformungen.

Allgemein gelten in der Literatur Gesteine mit ei-nem Verhältnis σ_D / σ_Z größer 10 : 1 als spröde und kleiner 10 : 1 als zäh. In Erweiterung dieser recht groben Einteilung schlagen SPAUN & THURO (1994) als Kennzeichnung des Bereiches größer 20 : 1 sehr spröde und kleiner als 5 : 1 sehr zäh vor. Die Abb. 2.55 enthält einige Werte aus der Litera-tur. FISCHER & SCHULZ (1995) geben für Sandstei-ne des Buntsandsteins ein Verhältnis von 16 : 1 und für Tonsteine 5 : 1 an.

Die aus der Werkstoffmechanik abgeleitete **Bruchzähigkeit** K_c (Lit. s. ROSSMANITH 1989) hat sich in der Geomechanik nicht durchgesetzt. THU-RO (1989) schlägt für die Ermittlung der Elastizi-tätseigenschaften (Zähigkeit) eines Gesteins die Auswertung der Hüllkurve im post-failure-Bereich des Spannungs-Verformungsdiagramm vor, die als Zerstörungsarbeit W_z definiert wird (s. a. Abschn. 17.1.4).

2.6.9 Volumenzunahme durch Quellen bzw. Schwellen

Die meist mit Wasserzutritt verbundenen Volum-zunahmen von bestimmten Ton- und Sulfatgestei-nen sind sehr vielgestaltig und können erhebliche Beträge erreichen. Bei Behinderung des Quellvor-ganges treten entsprechende Quelldrücke auf (De-finition s. Grundbegriffe der Felsmechanik und der Ingenieurgeologie 1982). Die von L. MÜLLER vor-geschlagene Unterscheidung in Quellen von Ton-gesteinen und Schwellen bei der Hydratisation von Anhydrit (s. FRÖHLICH 1986) wird darin nicht ver-wendet, obwohl sie vom Vorgang her berechtigt ist und dem englischen „swelling rock" entsprechen würde (KRISCHKE 1995).

Beim **Quellen toniger Gesteine** handelt es sich um einen physikalischen Vorgang der Wasserauf-nahme bei Druckentlastung. Hierbei sind zwei Me-chanismen zu unterscheiden:

- Osmotische Quellung durch Wasseraufnahme in den Poren des Tones bzw. an den Tonmineral-oberflächen infolge Entlastungsdeformation und
- innerkristalline Quellung durch Einbau eines Teils dieses Wassers in den Zwischenschicht-raum der quellfähigen Tonminerale (Abschn. 2.1.7).

Die Größe der Quellerscheinungen ist abhängig von der Art, dem Anteil und der Orientierung der quellfähigen Tonminerale, vom Spannungszu-stand und der Wasserwegigkeit sowie davon, ob der Quellvorgang bereits teilweise oder ganz voll-zogen ist. Letzteres ist aus der Plastizität des Tons und aus der Art der Tonminerale erkennbar. In der Literatur wird auch eine gewisse Abhängigkeit des Quellvorgangs vom Gesamtkarbonatgehalt (PRE-GEL et al. 1980: 6) und vom Elektrolytgehalt des Porenwassers (CZURDA & GINTHER 1983: 159; SCHETELIG 1994) beschrieben. Die Orientierung der Tonminerale führt zu einer deutlichen Aniso-tropie des Quellvorganges mit einer maximalen Volumenzunahme senkrecht zur Schichtung (FRÖHLICH 1986, 1989).

Die Quellhebungen bzw. Quelldrücke können in ödometerähnlichen oder auch dreiaxialen Quell-versuchen ermittelt werden. In einer ISRM-Emp-fehlung von 1979 werden zwei Typen von **Quell-versuchen** unterschieden:

- Bestimmung der axialen Quellverformung einer seitendehnungsbehinderten, zylinderförmigen Probe mit axialer Auflast
- Bestimmung der Quellverformung eines unbe-hinderten zylindrischen oder kubischen Probe-körpers (z. B. nach PREGL et al. 1980).

Die axiale Quellverformung Δh hängt ab von der axialen Druckspannung σ und der Quellzeit t_q. Die Quellhebung (in %) ergibt sich als Quotient der axialen Quellverformung und der Anfangsproben-höhe h.

Die radiale Behinderung der Verformungen kommt den natürlichen Randbedingungen in situ näher als eine unbehinderte Quellverformung. Die Empfehlung Nr. 11 des Arbeitskreises Versuchs-technik Fels der DGGT unterscheidet bei den Ödo-meterversuchen je nach verwendeter Druckspan-nung verschiedene Versuchsarten (Abb. 2.56 und PAUL 1986):

- In Quellversuchen bzw. Quellhebungsversu-chen unter einer konstanten Belastung werden die Quellverformungen gemessen. Die so ermit-telten maximalen Quellhebungen werden von HUDER & AMBERG (1970) als Quellmaß be-zeichnet (Abb. 2.56, b).
- Im Quelldruckversuch wird die maximale Quellspannung (Quelldruck) unter definierter Behinderung der Quellhebung bestimmt (Abb. 2.56, c).

Im Quellversuch nach HUDER/AMBERG werden die Quellhebungen bei stufenweise abnehmenden axialen Druckspannungen ermittelt (AZZAM

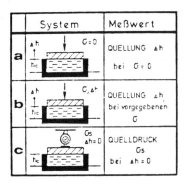

Abb. 2.56 Versuchsanordnung einaxialer Quell-versuche. a) unbehinderte Quellung; b) teilweise behinderte Quellung (σ = konstant); c) bei behinderter Quellung (nach HEITFELD et al. 1985).

1984; FRÖHLICH 1986, 1989). Aus der so erhaltenen Kennlinie nach HUDER & AMBERG (1970) läßt sich das bei bestimmten Entspannungsvorgängen und Wasserzutritt zu erwartende Quellverhalten abschätzen (s. FECKER & REIK 1987; 289; MADSEN & MÜLLER-VONMOOS 1988).

Quellversuche erfordern immer strukturell ungestörte Proben. Die letztgenannten Autoren entwickkelten am Beispiel von Opalinustonproben eine Möglichkeit, die Quelleigenschaften aus mineralogischen Kennwerten gestörter Proben abzuschätzen. Die in der Literatur anzutreffenden Korrelationen zwischen Tongehalt und anderen Kenngrößen der Zustandsform (s. LACKNER 1991, darin Lit.) sind nicht frei von Widersprüchen (z. B. Aktivitätszahl nach Abb. 2.26 und potentielle Schwellfähigkeit nach VAN DER MERVE 1964).

Die Größenordnung der maximal zu erwartenden Quellhebungen liegt bei 5 bis 15%, die entsprechenden Quelldrucke meist nur bei 0.3 bis 2.0 MN/m² (HENKE & HILLER 1982; MADSEN & MÜLLER-VONMOOS 1988).

Um Quellhebungen vollständig zu unterdrücken, sind relativ hohe Drücke erforderlich. Läßt man jedoch eine geringe Quellhebung von etwa 1 bis 2% zu, so kann in vielen Fällen die weitere Hebung mit wesentlich kleineren Spannungen beherrscht werden. Zu beachten ist auch, daß Quellhebungen in Tonen und Tonsteinen verhältnismäßig rasch und damit häufig ohne bautechnische Auswirkungen ablaufen.

Bei anhydrithaltigen Gesteinen tritt bei Wasserzutritt ein chemischer Vorgang der **Umwandlung von Anhydrit in Gips** auf, der von einer theoretischen Volumenvergrößerung um etwa 17% in je-

der Richtung, insgesamt 61%, begleitet ist. Der Hydratisierungsprozeß ist im Abschn. 19.2.2 beschrieben. Die bei der Hydratisierung von Anhydrit zu Gips auftretenden Drücke werden auch als Umwandlungsdruck bezeichnet. Anfällig für diese Erscheinungen sind weniger massige Anhydritbänke als vielmehr dünnschichtige Wechsellagerungen und Mergel mit feinverteiltem Anhydrit und zwar schon ab etwa 5% Anhydritanteil. In solchen Mergeln können die Quelldruckerscheinungen bzw. -hebungen ebenfalls sehr rasch auftreten (SCHETELIG 1994).

Die Erscheinungen des Hydratisation sind auf den Gebirgsbereich unterhalb des Anhydritspiegels beschränkt. Wo der Sulfatanteil schon restlos in Gips umgewandelt ist, treten keine Sohlhebungen durch Umwandlungsdruck mehr auf.

Die **Phänomene des Schwellens von anhydrithaltigen Gesteinen** bei Wasserzutritt sind zwar vergleichbar mit den Quellvorgängen bei Tonen, sind aber in ihrer Größenordnung und in ihren Auswirkungen weitaus ausgeprägter. Die unbehinderten Schwellhebungen können Dezimeter- bis Meterbeträge erreichen (Meßwerte 0,4 bis 1,6 cm/Jahr über Jahrzehnte), die Schwelldrücke 5 bis 10 MN/m². Die Auswirkungen der Hydratisierung halten im Gegensatz zum Tonquellen mit abnehmender Tendenz über Jahrzehnte an. Über Ergebnisse von in situ-Versuchen in Probestellen bzw. Erfahrungen an ausgeführten Tunneln im südwestdeutschen Gipskeuper berichten HENKE et al. (1975; 1979); SPAUN (1979); HENKE & HILLER (1982); BEICHE (1991); PAUL & WICHTER (1992, 1995); SCHETELIG (1994) und ERICHSEN & KURZ (1995). Über die Ergebnisse des Untersuchungsstollens für den Freudensteintunnel an der DB-Neubaustrecke Mannheim-Stuttgart berichten FECKER (1992, 1995), KIRSCHKE (1992), KRISCHKE & PROMMESBERGER (1992).

2.7 Scherfestigkeit

Die Begriffe und die grundsätzlichen Versuchsbedingungen zur Ermittlung der Scherfestigkeit sind in DIN 18137, T 1 (1990) festgelegt (Abb. 2.57).

Die **Scherfestigkeit** eines Bodens oder Gesteins ist überschritten, wenn entlang einer oder mehrerer Flächen Verschiebungen stattfinden, die keine weitere Steigerung der Scherkräfte erfordern. Der Scherwiderstand τ entlang dieser Flächen setzt sich aus Reibung, ausgedrückt durch den Reibungswinkel φ, und der Kohäsion c zusammen.

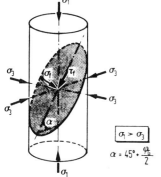

Abb. 2.57
Spannungen beim
triaxialen Druck-
versuch (aus
WITTKE 1984).

$$\sigma_1 > \sigma_3$$
$$\alpha = 45° + \frac{\varphi}{2}$$

Die Scherspannung kann nach der Bruchbedingung von Coulomb als lineare Funktion der Normalspannung σ bzw. σ_f formuliert werden:

$$\tau = c + \sigma \cdot \tan\varphi$$

Im Mohr-Coulomb'schen Spannungskreis kann
durch Auftragen der Scher- und Normalspannungen aus mehreren Scherversuchen die Scherlinie
und damit die Scherparameter ermittelt werden
(Abb. 2.58).

Der **Reibungswinkel** φ ist von der Normalspannung unabhängig. Er bestimmt bei einem nichtbindigen Boden mehr oder weniger allein die Scherfestigkeit. Die Scherlinie geht in diesem Fall durch
den Koordinatennullpunkt. In bindigen Böden
setzt sich die Scherfestigkeit aus dem Reibungswinkel und der von der Normalspannung abhängigen **Kohäsion** c zusammen. Diese ist auf die zwischen den Körnern wirkenden Haftkräfte zurückzuführen. Sie ist abhängig vom Anteil der Tonmi-

nerale, vom Wassergehalt, dem Sättigungsgrad
und dem Belastungszustand. Mit zunehmendem
Wassergehalt nimmt die Kohäsion ab und ist bei einem breiigen Boden Null.

Nichtbindige Böden weisen oft eine **scheinbare
Kohäsion** auf, die eine Folge des unter Unterdruck
stehenden Kapillarwassers ist (sog. Kapillarkohäsion, BILZ & VIEWEG 1993).

Der größte Scherwiderstand tritt in einem dichten,
nichtbindigen oder mindestens steifen, bindigen
Boden unmittelbar beim Bruch auf (Abb. 2.59) und
wird als τ_f = **Scherfestigkeit beim Bruch** (Index
„f" = failure) oder Spitzenwert der Scherfestigkeit
bezeichnet. Der Bruchvorgang ist dabei von einer
stetigen Auflockerung im Bereich der Bruchfuge
(Dilatanz) begleitet. Mit zunehmender Verformung fällt der Scherwiderstand dann ab und erreicht bei einem größeren Scherweg einen Kleinst-
wert τ_R, die **Restscherfestigkeit** oder Gleitfestigkeit. Der Abfall auf die Restscherfestigkeit ist
nicht durch Auflockerung, sondern durch Einregelung plättchenförmiger Aggregate in der Scherfu-
ge bedingt.

Da die Reibungsfestigkeit $\sigma \cdot \tan\varphi$ von der Normalspannung (σ) abhängig ist, muß bei bindigen
Böden der Porenwasserdruck berücksichtigt werden, der einen Teil der Spannungen aufnimmt (s.
Abschn. 2.6.1). Die wirksame oder effektive Spannung σ', die auf das Korngerüst wirkt, ist die gesamte (totale) Spannung σ abzüglich des Porenwasserdruckes u

$$\sigma' = \sigma - u.$$

Hierbei wird eine Sättigung des Porenwassers bei
Beginn des Abschervorganges vorausgesetzt.

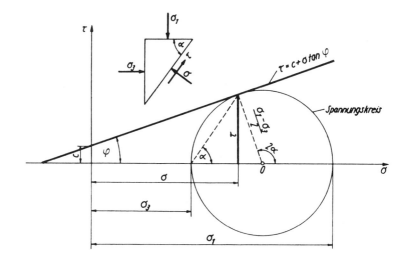

Abb. 2.58 Bruchbedin-
gungen von COULOMP-
MOHR (aus FUCHS 1974).

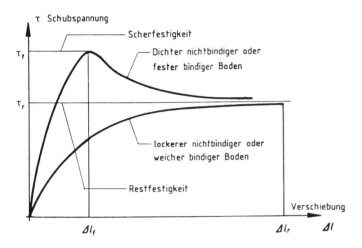

Abb. 2.59 Scherverschiebungs-
diagramm.

Je nach Aufgabenstellung, Versuchsbedingungen und der Art der Auswertung können für den gleichen Boden unterschiedliche Scherparameter erhalten werden:

Die **wirksamen oder effektiven Scherparameter** c' und φ' des entwässerten (drainierten) Bodens werden aus den effektiven Spannungen im Bruchzustand ermittelt. Man erhält sie aus dem drainierten Versuch (D-Versuch) oder aus dem konsolidierten undrainierten Versuch (CU-Versuch) mit Porenwasserdruckmessung. Die Scherparameter c' und φ' dienen der Berechnung der Endstandsicherheit von Bauwerken. Einzelheiten s. DIN 18 137, T 1.

Die **scheinbaren Scherparameter** c_u und φ_u des nicht entwässerten (undrainierten) Bodens erhält man aus unkonsolidierten, undrainiert abgescherten Versuchen (UU-Versuch) über die totalen Spannungen. Bei vollständig wassergesättigten Böden ist im allgemeinen

$$\varphi = 0 \text{ und } c_u = 0{,}5 \cdot (\sigma_1 - \sigma_3)$$

Die Kohäsion c_u des undränierten, wassergesättigten Bodens ist vom Wassergehalt und der Abschergeschwindigkeit abhängig. Sie wird als **undrainierte Scherfestigkeit** bezeichnet und dient zur Berechnung der Anfangsfestigkeit, besonders bei schnellen Belastungen. Sie ist in hohem Maße von der Konsistenz und auch von der Vorbelastung abhängig.

Die Scherparameter der **Restscherfestigkeit** oder Gleitfestigkeit φ_R, c_R werden aus den effektiven Spannungen nach großen Scherwegen abgeleitet. Der dabei auftretende Abfall der Scherparameter (Abb. 2.59) kann besonders bei hochplastischen, montmorillonithaltigen Tonen erheblich sein und

ist nicht auf überverdichtete Tone beschränkt. Im Versuch wird die Restscherfestigkeit durch mehrfache Umkehr der Scherbewegung ermittelt.

Zur Bestimmung der Scherparameter sind zwei Versuchsanordnungen üblich:

- Versuchsanordnung mit vorgegebener (erzwungener) Scherfläche
- Versuchsanordnung mit freier Ausbildung der Scherfläche und kontrollierten Hauptspannungen.

Folgende Versuchsarten werden unterschieden:

- Der dränierte Versuch (D-Versuch),
- der konsolidierte, undränierte Versuch mit Messung des Porenwasserdruckes (CU-Versuch),
- der unkonsolidierte, undränierte Versuch ohne Messung des Porenwasserdruckes (UU-Versuch) und
- der konsolidierte, dräinierte Versuch mit konstant gehaltenem Volumen (CCV-Versuch).

Je nach Versuchsart erhält man unterschiedliche Scherparameter.

2.7.1 Scherversuch mit vorgegebener Scherfläche

Für den Rahmenscherversuch ist 1997 eine Norm, DIN E 18 137, T3, zu erwarten.

Im **Rahmenscherversuch** (Abb. 2.60) wird die Bodenprobe in quadratischen oder kreisförmigen Rahmen zwischen gezähnten Filtersteinen entweder bei der Fließgrenze aufbereitet oder ungestört, nach der Zahnung der Filtersteine zugeschnitten, eingebaut. Sande können auch mit vorgegebener Dichte eingebaut werden. Die Probe wird bei ver-

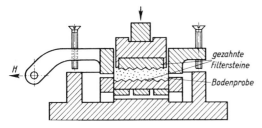

Abb. 2.60 Prinzip eines Rahmenscherversuchs mit vorgegebener Scherfläche (aus SCHULZE & SIMMER 1974).

hinderter Seitenausdehnung unter einer definierten Normalspannung konsolidiert und durch weggesteuertes Ziehen einer der beiden Rahmenhälften abgeschert.

Beim **Kreisringscherversuch** wird die Scherkraft durch Drehen des oberen Rahmens aufgebracht. Die Scherfläche bleibt dadurch unverändert. Da der Scherweg unbegrenzt ist, kann das Gerät auch zur Ermittlung der Restscherfestigkeit verwendet werden.

Die **Auswertung** erfolgt über die Scherkraft-Verschiebungslinie zur Ermittlung von τ in Abhängigkeit vom Scherweg bzw. von der Restscherfläche beim Bruch und Auftragung im τ/σ-Diagramm bei der zugehörigen Normalspannung (Abb. 2.61).

Der Porenwasserdruck kann im Rahmenscherversuch in der Regel nicht gemessen werden. Im sogenannten Normalversuch, einem Schnellversuch mit konsolidierten Proben, wird deshalb bei feinkörnigen Böden c zu groß und φ zu klein. Im Langsamversuch wird nach jeder Steigerung der Scher-

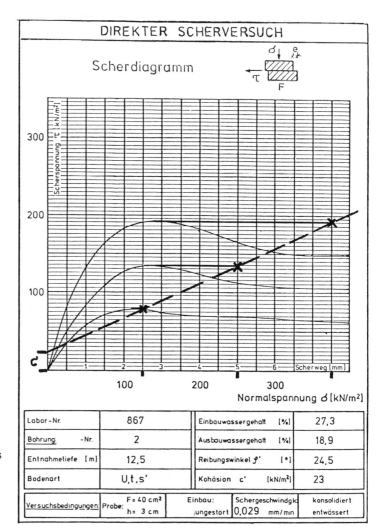

Abb. 2.61 Auswertung eines direkten Scherversuchs mit Auftragung der Scherverschiebungslinie und der Scherfestigkeitslinie im τ/σ-Diagramm.

Labor-Nr.		867	Einbauwassergehalt	[%]	27,3
Bohrung	-Nr.	2	Ausbauwassergehalt	[%]	18,9
Entnahmetiefe	[m]	12,5	Reibungswinkel φ'	[°]	24,5
Bodenart		U,t,s'	Kohäsion c'	[kN/m²]	23

Versuchsbedingungen:	Probe:	F = 40 cm²	Einbau:	Schergeschwindgk.	konsolidiert
		h = 3 cm	ungestört	0,029 mm/min	entwässert

kraft die völlige Konsolidierung abgewartet und man erhält so die effektiven Scherparameter φ' und c'. Im Schnellversuch, bei dem sowohl die Belastung als auch das Abscheren so schnell erfolgen, daß das Porenwasser nicht abströmen kann, erhält man die scheinbaren Scherfestigkeitsparameter c_u und φ_u. Bei voller Wassersättigung müßte $\varphi_u = 0$ werden.

Die Ermittlung der **Restscherfestigkeit** erfolgt entweder im sog. Wiener Routinescherversuch oder im Scherversuch nach KENNEY (1967). Beim Wiener Routinescherversuch nach BOROWICKA (1963) wird eine ungestörte Bodenprobe in ein Rahmenschergerät eingebaut, bei $500\,kN/m^2$ konsolidiert und dann zuerst langsam abgeschert, wobei durch Veränderung der Auflast eine Vertikalverformung verhindert wird. Danach wird die Probe auf der entstandenen Gleitfläche solange hin und zurück schnell abgeschert, bis der Scherwiderstand einem Minimalwert zustrebt, der die Restscherfestigkeit liefert. Nach KENNEY (1967) wird eine gestörte Bodenprobe verwendet, die bei Fließgrenze aufbereitet, in ein Schergerät sehr geringer Probenhöhe eingebaut und ähnlich wie beim Wiener Routinescherversuch abgeschert wird.

2.7.2 Triaxialer Druckversuch

Der triaxiale Druck- bzw. Scherversuch ist der Standardversuch zur Ermittlung der Scherparameter feinkörniger Böden im ungestörten Zustand. Für seine Durchführung und Auswertung gilt DIN 18 137, T 2 (1990). Durch einen Manteldruck auf den zylindrischen Prüfkörper ($\sigma_2 = \sigma_3$) wird die teilweise behinderte Seitenausdehnung im Untergrund am besten nachgeahmt und die Bruchfläche kann sich frei ausbilden. Der Versuchsvorgang gliedert sich in 3 Teile:

Sättigung
Konsolidation
Abschervorgang

Die Versuchsdurchführung richtet sich nach der Probenart, dem Spannungszustand und der Aufgabenstellung (DIN 18 137, T 2). Die üblicherweise 36 bis 38 mm im Durchmesser und 70 bis 90 mm in der Höhe messenden Proben werden mit back pressure-Technik bei offener Dränageleitung wassergesättigt und konsolidiert und dann durch Steigerung von σ_1 mit konstanter Verformungsgeschwindigkeit (axiale Stauchung) bis zum Bruchzustand abgeschert (Abb. 2.62). Bei vereinfachter Versuchsdurchführung erfolgt die Belastung stufenweise.

In konstanten Zeitabständen werden folgende Meßdaten ermittelt:

- Zeit (t)
- Zusammendrückung der Probe (Δh)
- Stempelkraft (P)
- Porenwasserdruck u (bei CU-Versuch) ausgedrücktes Wasservolumen ΔV (bei D-Versuch)
- Zellendruck

Neben den eigentlichen Meßwerten des Versuchs sind in jedem Protokoll auch die entsprechenden Randbedingungen anzugeben.

CU-Versuch (konsolidierter undrainierter Normalversuch)

Nach Abschluß der Konsolidation und Sättigung wird das Porenwasserdrucksystem geschlossen und durch Steigerung der Axialspannung σ_1 so langsam abgeschert, daß sich in der Probe ein einheitlicher Porenwasserdruck aufbauen kann.

Als Bruchkriterien gelten

- das Maximum der Spannungsdifferenz $\sigma_1 - \sigma_3$ und σ_1/σ_3
- eine Stauchung der Probe um 20 %

Abb. 2.62 Triaxialer Druckversuch mit Porenwasserdruckmessung.

Die Auswertung erfolgt durch Auftragung der Spannungspfade und des τ/σ-Diagramms (Abb. 2.63) nach wirksamen Spannungen $\sigma'_1 - \sigma'_3$ oder den Gesamtspannungen $\sigma_1 - \sigma_3$ und Berücksichtigung des Porenwasserdrucks u durch Verschieben der Bruchkreise um den Porenwasserdruck u. Als Ergebnis erhält man die wirksamen Scherparameter

φ' und c'.

D-Versuch (konsolidierter drainierter Langsamversuch)

Die Probe wird nach Abschluß der Sättigung und der Konsolidation bei geöffnetem Porenwasserdrucksystem so langsam abgeschert (0.001 –

0,1 mm/min), daß die Volumänderungen ohne Aufbau von Porenwasserdrücken stattfinden. Dadurch treten nur wirksame Spannungen auf, aus denen unmittelbar die zugehörigen Scherparameter φ' und c' ermittelt werden können (Abb. 2.64). Der D-Versuch ist in all den Fällen angebracht, in denen der Porenwasserdruck schwierig zu messen ist (z. B. in halbfesten Böden).

Als Bruchkriterien gelten

- ein Stauchungszuwachs von 2 % ohne Steigerung von σ_1
- eine Stauchung der Probe um 20 %

Die Bestimmung der effektiven Scherparameter des (drainierten) Bodens erfolgt in einem Diagramm mit der halben Hauptspannungsdifferenz

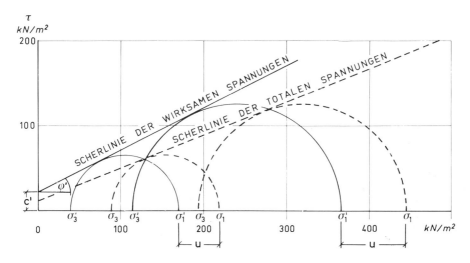

Abb. 2.63 Auswertung eines CU-Versuchs im τ/σ-Diagramm (nur zwei Einzelversuche dargestellt).

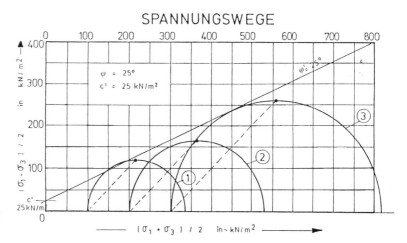

Abb. 2.64 Auswertung eines D-Versuchs

als Ordinate und der halben effektiven Hauptspannungssumme als Abzisse nach Abb. 2.64 bzw. nach DIN 18137, T 2.

UU-Versuch (unkonsolidierter undrainierter Schnellversuch)

Im UU-Versuch bleibt das Porenwasserdrucksystem geschlossen. Durch das schnelle Abscheren (Stauchung bis 1 % je Minute) treten Porenwasserdrucke auf, deren Größe von der Wassersättigung und der Durchlässigkeit der Probe abhängig ist.

Der Versuch wird beendet, wenn $\sigma_1 - \sigma_3$ nicht mehr anwächst oder wenn die Stauchung 20 % erreicht.

Die Auswertung erfolgt über die Spannungskreise der totalen Spannungen. Für teilgesättigte Böden ergibt sich bei kleineren Drücken eine Schergerade mit $\varphi_u \neq 0$ und mit einem kleinen c_u-Wert. Bei größeren Drücken und bei gesättigten feinkörnigen Böden ergibt $\varphi_u = 0$. Der Wert c_u ist die undrainierte Scherfestigkeit bei schnellen Belastungen (s. Abschn. 2.6.1).

Die **undränierte Scherfestigkeit** c_u ist eine in der

bodenmechanischen Praxis häufig verwendete Kenngröße zur Kennzeichnung des Festigkeitsverhaltens bindiger Böden und wird in den neueren Normen zunehmend für die Ermittlung direkter Tragfähigkeitswerte herangezogen. Sie ist in hohem Maße von der Konsistenz des Bodens abhängig (s. Tab. 8.1), sowie von der Überlagerungshöhe. Die undränierte Scherfestigkeit nimmt mit der Tiefe ± linear zu und zeigt in einem überkonsolidierten Ton deutlich höhere Werte als in einem normalkonsolidierten Ton.

Die Bestimmung der undränierten Scherfestigkeit c_u kann außer mit dem unkonsolidierten, undränierten dreiaxialen Druckversuch oder dem einaxialen Druckversuch (s. Abschn. 2.6.8) auch mit der Laborflügelsonde bzw. im Feldversuch mit der Flügelsondierung nach DIN 4096 (s. Abschn. 4.3.6.3) erfolgen. Die Laborflügelsonde wird besonders auch für die Ermittlung der Scherfestigkeit von Klärschlamm eingesetzt (DEMBERG & TISCHER 1988). Mittels Flügelsondierung ermittelte c_u-Werte sind Bruchwerte des Bodens unter undränierten Bedingungen. Für Anwendung bei langsamen Scherbeanspruchungen muß die mit der Flügelsonde ermittelte Scherfestigkeit abgemindert werden. Der Abminderungsfaktor nach DIN 4014 (1989) ist abhängig von der Plastizitätszahl und liegt zwischen 0,6 und 1,0 (s. Abschn. 4.3.6.3 und OSTERMEYER & GOLLUB 1996).

2.7.3 Großscherversuche

Mit den bisher behandelten Schergeräten können nur Scherflächen bis max. 100 cm² untersucht werden. Diese Querschnittsflächen reichen bei stark inhomogenen Böden und bei von Trennflächen durchsetztem Fels nicht aus, um repräsentative Scherparameter zu erhalten. Besonders die Scherfestigkeit auf Trennflächen wird sehr stark von der Geometrie der Fläche und damit vom Maßstabseffekt bestimmt (SCHNEIDER 1975; WITTKE 1984; MEYER-KRAUL 1989).

Bei ebenflächigen, voll durchtrennten Trennflächen wird die Schubspannung im wesentlichen nur über Reibung übertragen. Bei unebenen Trennflächen kommt es bei niedrigen Normalspannungen zu einem Aufgleiten entlang der Unebenheiten und dadurch zu einer Dilatation senkrecht zur Gleitebene (s. a. BROSCH et al. 1990). Bei höherer Normalspannung ist die Dilatation behindert, so daß Unebenheiten der Trennflächen abgeschert werden müssen, was eine hohe Anfangsscherfestigkeit durch Überwindung der sogenannten technischen Kohäsion ergibt. Das in Abb. 2.65 dargestellte bili-

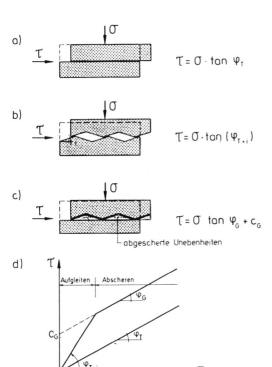

Abb. 2.65 a–d   Verschiedene Formen des Schubbruches auf Trennflächen. **a** ebene, glatte Fläche; **b** Aufgleiten auf Unebenheiten; **c** Abscheren von Unebenheiten; **d** bilineares Bruchkriterium.

neare Bruchkriterium ist ein stark vereinfachtes Modell der Umhüllenden der Mohrschen Grenzbedingung. Bei Vorliegen einer gekrümmten Umhüllenden im τ-σ-Diagramm kann mit dem Sekantenreibungswinkel gerechnet werden, welcher der größten Normalspannung σ des Anwendungsfalles entspricht (Abb. 2.66).

In den 70er Jahren sind sowohl Rahmenschergeräte für Labor-Großscherversuche an Trennflächen als auch Geräte für Triaxial-Großversuche entwickkelt worden (Lit. s. NATAU 1989). Mit triaxialen Druckversuchen an Großbohrkernen ∅ 0,5 bis 0,8 m kann die Gebirgsscherfestigkeit schräg zu den horizontalen Schichtflächen ermittelt werden (WICHTER & GUDEHUS 1976, WICHTER 1980 und Empfehlung Nr. 3 des Arbeitskreises Versuchstechnik der DGEG). Die Entnahmetechnik zum Herausfräsen der Großbohrkerne ist aufwendig und erfordert entsprechend zugängliche Gebirgsaufschlüsse.

MEYER-KRAUL (1989) stellt ein prozeßrechnergesteuertes Rahmenschergerät mit 2500 cm² Scherfläche (ca. 40 × 60 cm) vor, mit dem drei vollständigc Scherversuche an verschiedenen Scherflächen (Schichtflächen) eines Versuchskörpers durchgeführt werden können. Durch Anwendung der Mehrstufentechnik, bei welcher der Abschervorgang bei unterschiedlichen Normalspannungen jeweils nur eingeleitet und bei Ankündigung des Bruchvorganges durch Verminderung der Schubspannung wieder unterbrochen wird, können an jeder Scherfläche die erforderliche Zahl von drei Abschervorgängen gefahren werden (Abb. 2.67). In der letzten Laststufe kann der Abschervorgang so lange fortgesetzt werden, bis die Restscherfestigkeit erreicht ist (WITTKE 1984: 714; WICHTER

1987). Die erforderlichen Probekörper werden in Handarbeit mit Trennschleifmaschinen aus dem anstehenden Gebirge herausgearbeitet.

Bei unebenen und nur teilweise durchgehenden Trennflächen reichen auch Probekörper von 2500 cm² Scherfläche nicht aus, um den Kohäsionsanteil zutreffend zu erfassen. In diesen Fällen werden direkte in situ-Großscherversuche mit Scherflächen bis zu 1 × 1 m durchgeführt. Diese Versuchstechnik wurde bereits in den 60er Jahren angewandt (HABETHA 1963). Die Probekörper werden ebenfalls in Schrämmarbeit herausgearbeitet. Mit Hilfe der Mehrstufentechnik kann heute die Versuchsanzahl gering gehalten werden. WITTKE (1984: 716) beschreibt solche Versuche an Schieferungsflächen und mylonitischen Störungszonen im Rheinischen Schiefergebirge, BROSCH et al. (1990) berichten ausführlich über die Großscherversuche in alpinen Phylliten schräg zur Schieferung und ENGELS, PRINZ & SOMMER (1985, 1986) sowie SOMMER, MEYER-KRAUL & PRINZ (1989) über Versuche an Schichtflächen in Röttonsteinen. Die letztgenannten Autoren berichten auch über direkte Großscherversuche an vertikalen Wänden mit freier Ausbildung der Scherbruchflächen zur Ermittlung der Gebirgsscherfestigkeit (Abb. 2.68). Die so ermittelten Scherfestigkeiten entsprechen vergleichbaren Großtriaxialversuchen.

An den herausgebohrten oder -gearbeiteten Versuchskörpern solcher Großversuche müssen die Schichtenabfolge und besonders das Trennflächengefüge sorgfältig aufgenommen und sowohl zeichnerisch als auch fotographisch dokumentiert werden (s. Abb. 2.69).

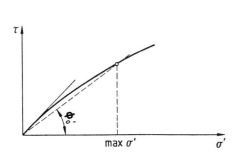

Abb. 2.66 Hüllkurve im τ/σ-Diagramm von zahlreichen Dreiaxialversuchen und Ermittlung des Sekantenreibungswinkels φ'_0 für eine vorgegebene max. Normalspannung σ^I (aus DIN 18 137, T 1).

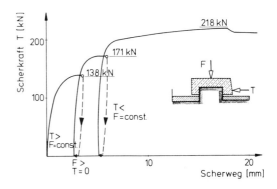

Abb. 2.67 Scherkraft-Verschiebungsdiagramm bei einem direkten Großscherversuch in Mehrstufentechnik (SOMMER et al. 1989).

VERSUCHSBESCHREIBUNG		SCHERPARAMETER	
		φ [°]	c'[kN/m²]
Versuche parallel zur Schichtung	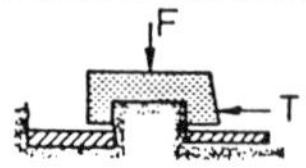	19,0 24,0 18,5	30 55 40
Versuche schräg zur Schichtung	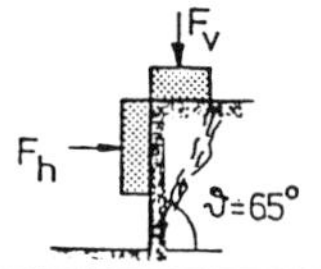	40,0 34,0 38,5 41,5	260 190 420 290
Großtriaxial-versuche	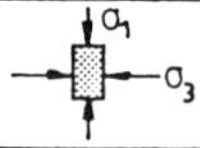	39,8 42,6	120 210

Abb. 2.68 Ergebnisse von in situ-Scherversuchen an Röt-Tonsteinen parallel und schräg zur Schichtung (nach SOMMER et al. 1989).

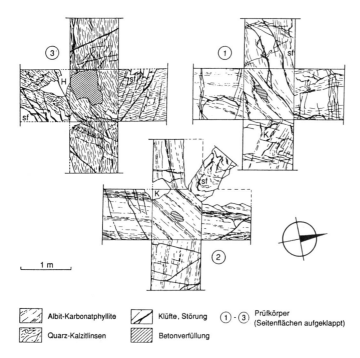

1 m

Albit-Karbonatphyllite

Quarz-Kalzitlinsen

Klüfte, Störung

Betonverfüllung

① - ③ Prüfkörper (Seitenflächen aufgeklappt)

Abb. 2.69 Zeichnerische Darstellung des Schichtaufbaus und des Trennflächengefüges von Prüfkörpern direkter Großscherversuche (aus BROSCH et al. 1990).

2.7.4 Diskussion der Scherfestigkeitsparameter (φ, c)

In der Praxis wird bei Lockergesteinen mit den wirksamen Scherparametern φ', c' gearbeitet, wenn die Endfestigkeit zu beurteilen ist, und mit den scheinbaren Scherfestigkeiten φ_u und c_u bzw. mit der unentwässerten Scherfestigkeit c_u, wenn die Anfangsfestigkeit maßgebend ist.

Bei **Sanden und Kiesen** ist der wirksame Reibungswinkel von der Korngrößenverteilung sowie der Kornform und Kornrauhigkeit und, vor allen

Dingen die Anfangsscherfestigkeit (s. Abschn. 2.7.1), auch von der Lagerungsdichte abhängig. Folgende mittlere Reibungswinkel können angenommen werden:

Sand, locker gelagert $\varphi' = 30°$ bis $32,5°$
Sand, dicht gelagert $\varphi' = 32,5°$ bis $35°$
Sand und Kies, locker gelagert $\varphi' = 30°$ bis $35°$
Sand und Kies, dicht gelagert $\varphi' = 35°$ bis $38°$
Splitt-Schottergemische $\varphi' = 35°$ bis $45°$

Eine Kohäsion wird bei nichtbindigen Böden in der Regel nicht angesetzt. Erfahrungen haben jedoch gezeigt, daß bei fein- und mittelkörnigen Sanden unterhalb der 40 bis 60 cm dicken witterungsbedingten Zone der Wassergehaltsschwankungen teilweise eine scheinbare oder Kapillarkohäsion angesetzt werden könnte (BILZ & VIEWEG 1993).

Bei **feinkörnigen Böden** sind die Scherfestigkeitsparameter φ und c' sowie c_u vom Tongehalt und der Art der Tonminerale abhängig. Besonders höhere Gehalte an quellfähigen Tonmineralen lassen die Scherfestigkeit erheblich abfallen. In der Literatur findet man verschiedene Korrelationen zwischen dem Reibungswinkel und anderen Kennwerten, z.B. der Plastizität (TERZAGHI & PECK 1967), dem Tongehalt (SKEMPTON 1985; XIANG 1988; MEYER-KRAUL 1989) und dem Wassergehalt bzw. der Fließgrenze (MEYER-KRAUL 1989).

Bei den Schwerwinkeln treten bei bindigen Böden erfahrungsgemäß geringe Streuungen auf und die effektiven Schwerwinkel φ' sind relativ unabhängig von den Versuchsbedingungen. Die Kohäsionswerte zeigen dagegen große Unterschiede, die zu der bekannten Problematik bei der Festlegung von charakteristischen Werten für praktische Anwendungen führen.

Die Kohäsion c' bindiger Böden ist nicht nur von der Plastizität bzw. dem Wassergehalt abhängig, sondern kann mit der Zeit aus verschiedenen anderen Gründen abfallen. Besonders Böden mit schichtiger Ablagerung oder Klüftung (s. Abschn. 1.5.4) können stark abgeminderte Scherparameter aufweisen.

Durchschnittswerte der Scherfestigkeitsparameter von

schwach bindigen Böden

$\varphi' = 25° - 27,5°$ $c' = 0 - 5 \, kN/m^2$
$c_u = 0 - 40 \, kN/m^2$

stark bindigen Böden

$\varphi' = 15° - 20°$ $c' = 10 - 25 \, kN/m^2$
$c_u = 20 - 100 \, kN/m^2$

organischen Böden

$\varphi' = 5° - 15°$ $c' = 0 - 5 \, kN/m^2$
$c_u = 5 - 20 \, kN/m^2$

Die **Restscherfestigkeit** tritt nicht nur bei hochplastischen Tonen auf, sondern bei allen zu Entfestigung neigenden Bodenarten sowie auf vorgegebenen Bewegungsflächen aller Art (MORGENSTERN 1990). Besonders anfällig sind montmorillonithaltige Tone (s. MÜLLER-VONMOOS & LOKEN 1988, darin Lit.).

Zu einer durch Dilatation in der Gleitfläche bedingten Wasseraufnahme und Plastifizierung (ANKE et al. 1975: 7) kommt eine mittels rasterelektronenoptischer Untersuchungen bereits von verschiedenen Autoren beschriebene Einregelung von Schichtsilikaten (RITZKALLAH & PASCHEN 1979; HEITFELD et al. 1985; BROSCH & RIEDMÜLLER 1988, darin Lit.). Auf der Oberfläche der Gleitflächenbeläge wurden extrem dünne, unregelmäßig geformte Plättchen, wahrscheinlich Smektit-Illit-Aggregate beobachtet, die dachziegelartig einander überlagernd angeordnet sind und die offensichtlich wesentlich zu dem markanten Abfall der Scherfestigkeit beitragen. Solche Texturuntersuchungen mit dem Rasterelektronenmikroskop (REM) stellen eine wesentliche Ergänzung der üblichen bodenmechanischen Standardanalysen dar. Die Restscherfestigkeit beträgt meist nur $^1/_3$ bis $^1/_2$ von φ'; c' fällt meist auf $c_r = 0$ ab.

Bei **Mischböden** ist die Scherfestigkeit nicht nur von der Lagerungsdichte und der Wassersättigung (SALDEN 1989) sondern auch sehr von der Kornverteilung im Feinkorn- und im Grobkornbereich abhängig. Dabei ist bei Mischböden vielfach eine Zunahme der Scherfestigkeit gegenüber den reinen Bodenarten festzustellen. In Anlehnung an LEUSSINK et al. (1964) und DIN 18 196 können natürliche Mischböden (s. Abschn. 2.1.4 und 3.1) mitteldichter bis dichter Lagerung bezüglich der Scherfestigkeit in 4 Gruppen eingeteilt werden.

- sandig-kiesiger (-steiniger) Mischboden
  Ton- und Schluffanteil $< 5 - 8 \%$
  $\varphi' = 35°$ bis $40°$, $c' = 0 - 5 \, kN/m^2$
- schwach tonig-schluffiger gemischtkörniger Sand- oder Kiesboden (ohne oder mit Steinen)
  Ton- und Schluffanteil $5 - 8 \%$ bis $15 - 20 \%$
  $\varphi' = 32,5°$ bis $37,5°$, $c' = 0 - 10 \, kN/m^2$
- stark tonig-schluffiger gemischtkörniger Sand- oder Kiesboden (ohne oder mit Steinen)
  Ton- und Schluffanteil $15 - 20 \%$ bis 40%
  $\varphi' = 30°$ bis $35°$ m $c' = 10 - 30 \, kN/m^2$
- bindiger (feinkörniger) Mischboden
  Ton- und Schluffanteil $> 40 \%$
  $\varphi' = 25°$ bis $30°$, $c' = 20 - 40 \, kN/m^2$

Die Anwendung dieser Gruppeneinteilung z.B. auf Buntsandstein-Hangschutt diskutieren BEKKER et al. (1989; s.a. Tab. 2.1). Die aufgelisteten Scherfestigkeitswerte stimmen mit den Untersuchungsergebnissen von DÜRRWANG et al. (1986) überein. SCHETELIG et al. (1985) bringen Scherfestigkeitsbeiwerte von Dammschüttmaterial aus dem Rheinischen Schiefergebirge.

In Berechnungsfällen, bei denen es nicht ohne weiteres möglich ist, den Einfluß von c' zu berücksichtigen, kann ein **Ersatzreibungswinkel** φ_1, bezogen auf den jeweiligen Spannungszustand σ, angenommen werden (Abb. 2.70).

Der Ersatzreibungswinkel für Wechsellagerungen unterschiedlicher Scherfestigkeit kann als gewogenes Mittel entsprechend den Mächtigkeitsverhältnissen (in %) nach der Formel

$$\varphi_0 = \frac{x\% \cdot \tan \varphi\, x + y\% \cdot \tan \varphi\, y}{100\%}$$

abgeschätzt werden (s. a. DIN 4017, T 1, Beiblatt).

Die **Scherfestigkeit des Gebirges** ist eine komplexe Eigenschaft, die sich aus Scherfestigkeitsanteilen von Materialbrücken und aus dem Reibungswiderstand auf Trennflächen zusammensetzt (s. Abschn. 2.7.3). Je mehr Trennflächen vorhanden sind und je weiter dieselben durchgerissen sind, desto geringer wird die Verbandsfestigkeit eines Gebirgsbereiches (s. a. BROSCH et al. 1990). Sind mehr oder weniger alle Flächen durchgerissen, so wirkt nur noch der von den Unebenheiten der Fläche abhängige Reibungswinkel, wobei bei niedrigen Normalspannungen deren Geometrie, bei hohen Normalspannungen deren Kohäsion maßgeblich ist. Bei größerer Scherverformung wird schließlich die Restscherfestigkeit erreicht.

Die Gebirgsscherfestigkeit ist in hohem Maße vom Einspannungszustand abhängig. Werte von dreiaxialen Großversuchen verschiedener Gebirgsarten bringen REIK & HESSELMANN (1981), NIEDERMEYER et al. (1983), ENGELS, PRINZ & SOMMER (1985, 1986) und SOMMER, MEYER-KRAUL & PRINZ (1989) s. a. Abb. 2.68). Bei einseitiger Freilage des Gebirges wird jedoch die Gebirgsfestig-

keit im wesentlichen von der Scherfestigkeit auf ungünstig einfallenden Trennflächen bestimmt (Abb. 2.71). Obwohl für Schicht- und Schieferungsflächen sowie für Kluftflächen die gleichen mechanischen Regeln und damit auch vergleichbare Größenordnungen der Scherfestigkeiten gelten, werden für die Zwecke der Praxis nachstehend die Scherfestigkeiten getrennt angesprochen.

Die **Scherfestigkeit auf Schichtflächen** ist im wesentlichen abhängig von der Unebenheit der Fläche, materialabhängigen Reibungseigenschaften (Glimmerbeläge, Anteil quellfähiger Tonminerale oder dem Kalkgehalt (ENGELS, PRINZ & SOMMER 1986: 383; CZECH & HUBER 1990), der Konsistenz und etwaigen Bewegungsspuren (s. Abschn. 3.2.2). MEYER-KRAUL (1989) hat den bisher schon qualitativ bekannten Abhängigkeiten der Scherfestigkeit auf Tonstein-Schichtflächen von der Konsistenz und von der Trennflächenrauhigkeit quantitative Angaben zugeordnet (Abb. 2.72). Die Abhängigkeit der Scherfestigkeit vom Tongehalt (SKEMPTOM 1985 und XIANG 1988) ergibt dagegen bei Ton(stein)material nicht immer repräsentative Werte (s. d. Abschn. 2.1.2).

Die Scherfestigkeit sandig-toniger Schicht- und Schieferungsflächen liegt zwischen $< 10°$ und $> 40°$ (MEYER-KRAUL 1989; TIEDEMANN 1990; DONIÉ 1993; MOSER 1993; RADEKE BAUMANN 1993). Auf tonigen Schichtflächen werden üblicherweise Rechenwerte von $\varphi' = 18°$ bis $24°$ angenommen, mit unterschiedlichen Kohäsionsanteilen. Durch reibungsmindernde Beläge oder Bewegungsspuren in Form von Harnischen oder Myloniten können auf mehr oder weniger großen Teil-

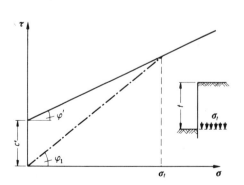

Abb. 2.70 Ermittlung des Ersatzreibungswinkels φ_1 aus σ' (aus KLÖCKNER & SCHMIDT 1974).

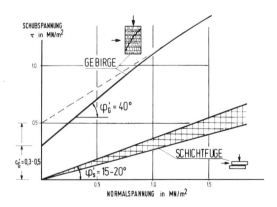

Abb. 2.71 Mittlere Gebirgsscherfestigkeit von Sandstein/Tonstein-Wechselfolgen des Buntsandsteins schräg und parallel zur Schichtung (aus MOLL & KATZENBACH 1985, 1987).

Bodenkennwerte	Einheit	Bereich I	Bereich II	Bereich III
Reibungswinkel φ'	°	8 – 18	19 – 29	29 – 41
Kohäsion c'	kN/m²	10 – 60	45 – 90	100 – 180
Wassergehalt w	%	14 – 25	9 – 14	7 – 9
Ausrollgrenze w_p	%	21 – 25	17.5 – 22.5	16 – 19
Fließgrenze w_L	%	39 – 50	28.5 – 38	25 – 29
Plastizitätszahl I_p	%	17 – 20	10 – 15	7 – 11
Konsistenzzahl I_c	—	1.0 – 1.5	1.5 – 2.0	1.9 – 2.5
Ausbildung der Schichtflächen		eben, glatt, tonige. Zwischenl.	eben bis uneben, glatt, tonig belegt	uneben, rauh, Kanten

Abb. 2.72 Zusammenstellung von Scherparameterns auf verschieden ausgebildeten Schichtflächen in Röt-Tonsteinen (aus SOMMER et al. 1989).

flächen Abminderungen bis auf eine Restscherfestigkeit von $\varphi_R = 10 - 12°$ auftreten.

Die Scherfestigkeitswerte auf Schichtflächen sind sowohl durch zahlreiche Laborversuche (SCHOLZ & DÜRRWANG 1987; KATZENBACH & MOLL 1985, 1987; TIEDEMANN 1990), als auch durch einige Großscherversuche (WITTKE 1984: 718f; ENGELS, PRINZ & SOMMER 1986, 1987; SOMMER et al. 1989; MEYER-KRAUL 1989) sowie durch Rückrechnung von Gleitungen auf Schichtflächen bzw. der Rückrechnung der Standsicherheit vergleichbarer natürlicher Hänge recht gut abgesichert (KATZENBACH & MOLL 1986, 1987; PIREAU 1987; WITTKE et al. 1988). Bei der Angabe abgeminderter Scherfestigkeiten ist auch immer die Flächengröße abzuschätzen, für welche die Abminderung gilt. In der oberflächlichen Anwitterungszone des Gebirges, die 15 m bis 30 m, teilweise über 50 m tief reichen kann, sowie in der Nähe von Störungszonen und alten Landoberflächen ist verstärkt mit solchen Abminderungsfaktoren zu rechnen.

Die **Scherfestigkeit auf Kluftflächen** ist abhängig vom Gestein, der Ausbildung der Flächen, der Kluftweite, der Art der Kluftfüllung und der Normalspannung auf der Trennfläche. Häufig wird nur der aus dem einfachen Gleitversuch ermittelte Kluftreibungswinkel angegeben, der meist zwischen 30° und 40° liegt (MÜLLER & KLENGEL 1979). Als einfachen Feldversuch kann man zwei zusammengehörige, etwa gleichgroße Kluftkörper solange kippen, bis der obere Kluftkörper auf dem unteren zu gleiten beginnt. Dieser Winkelwert ergibt einen ersten Anhaltspunkt für den Kluftreibungswinkel. Rechnerisch kann die effektive Normalspannung mit $\sigma = \gamma \cdot h \cdot \cos \alpha$ angenommen werden (h = Kluftkörperdicke, α = Kippwinkel).

Ein Anwendungsbeispiel bringt SCHWINDGENSCHLÖGL (1990).

Der Spitzenreibungswiderstand von trockenen, zwischenmittelfreien Trennflächen kann auch nach einer empirischen Funktion von BARTON & CHOUBY (1977) aus dem Rauhigkeitskoeffizienten JRC und der Gesteinsfestigkeit ermittelt werden (Funktion und Ergebnisse s. HESSE & TIEDEMANN 1989 und TIEDEMANN 1990). Mit zunehmender Kluftweite ist ein Abfallen der Scherfestigkeit auf die des Kluftfüllungsmaterials bzw. bei Vorhandensein oder der Bildung von Flächen in der Kluftfüllung auf die Restscherfestigkeit der Kluftfüllung anzunehmen. Werte aus Großversuchen oder zutreffenden Rückrechnungen liegen für Versagensfälle auf steilstehenden Kluftflächen kaum vor. Direkte Laborversuche auf Gesteinstrennflächen ohne oder mit Kluftfüllungsmaterial ergeben Werte von $\varphi = 15°$ bis $\varphi = 55°$ (FECKER 1977; SCHNEIDER 1975, 1977; ZÖLL 1984, TIEDEMANN 1990, CZECH & HUBER 1990, Tabelle 3). Dabei sind die Restreibungswinkel von Trennflächen ohne Zwischenmittel weniger von der Morphologie der Trennflächenwandungen abhängig als von der Lithologie und von Anwitterungserscheinungen auf den Flächen. TIEDEMANN (1990) gibt für unverwitterte sandige und trockene Gesteinsflächen Restscherfestigkeiten von maximal $\varphi_R = 40°$ und für tonige Gesteine Werte von $\varphi_R = 35°$ bis 40° an. Der Einfluß des Zwischenmittels ist besonders von WEISSBACH (1979), ZÖLL (1984) sowie HÖWING & KUTTER (1985) untersucht worden. Die üblichen Rechenwerte für die Scherfestigkeit auf Kluftflächen liegen zwischen cal $\varphi = 25° - 35°$, cal $c = 0 - 100$ kN/m². Echte Erfahrungswerte sind sehr schwer anzugeben, da im Gebirge der Einspannungszustand und die jeweils wirksame Flächengröße äußerst schwer abzuschätzen sind. Wirkt auf der Trennfläche keine Normalspannung, so fällt die Scherfestigkeit gegen 0 ab. Die gebräuchliche Annahme eines Ersatzreibungswinkels von $\varphi = 35°$, der häufig der Gebirgsscherfestigkeit nahekommt, berücksichtigt nicht ungünstige Ausbildung und Spannungszustände solcher steilstehender Flächen und ist deshalb in vielen Fällen zu hoch angenommen.

In mylonitischen Scherzonen und Kluftfüllungen metamorph beanspruchter Gesteine haben RIEDMÜLLER & SCHWAIGHOFER (1977) und RIEDMÜLLER (1978) quellfähige Tonminerale gefunden, die schon in geringen Mengen ($\leq 5\%$) eine wesentliche Herabsetzung der Scherfestigkeitseigenschaften bewirkt haben (s. a. CZECH & HUBER 1990), Tabelle 4).

Tabelle 2.10 Zusammenstellung von Scherfestigkeitswerten an Tonsteinen der Trias. Oben auf Schichtflächen, unten schräg zur Schichtung.

Direkte Scherversuche in vergleichbaren Tonsteinen

Stratigraphie	Gestein	Probengröße	Scherparameter	Literatur
Oberer Muschelkalk Tonplattenfazies	Tonstein Mergelstein	$3,5 \times 2,3$ m	$\varphi' = 24°$ $c' = 9,4$ kN/m^2	HABETHA (1963)
Gipskeuper	Tonstein mit Fasergips	$\varnothing$ 0,32 m $h = 0,25$ m	$\varphi' = 40°$ $c' = 600$ kN/m^2	HENKE und KAISER (1980)
Keuper	Knollenmergel mit Harnischfläche	$\varnothing$ 0,94 m	$\varphi' = 13°$ $c' = 50$ kN/m^2	WITTKE (1984)

Großtriaxialversuche $\varnothing$ 0,57 m in vergleichbaren Tonsteinen

Stratigraphie	Gestein	Scherparameter	Literatur
Keuper Untere Bunte Mergel	Tonstein, z. T. stark zerbrochen	$\varphi' = 33°$ $c' = 220$ kN/m^2	WICHTER (1979)
Keuper Bunte Mergel (ausgelaugt)	Mergelstein, hart	$\varphi' = 30-45°$ $c' = 200-300$ kN/m^2	WICHTER (1980)
	Ton-Schluffstein kleinstückig zerbrochen	$\varphi' = 30-35°$ $c' = 0-100$ kN/m^2	
	Mergelstein, Wechsellagerung	$\varphi' = 30-35°$ $c' = 100-200$ kN/m^2	
Gipskeuper (ausgelaugt)	Tonstein, fest, klüftig-bröckelig	$\varphi' = 30-35°$ $c' = 100-250$ kN/m^2	
	Tonstein, fest, mit Bändern von Residualbildung	$\varphi' = 22-28°$ $c' = 0-250$ kN/m^2	
ausgelaugter Gipskeuper (Anwitterungszone)	Tonstein, halbfest, stark angewittert	$\varphi' = 20-25°$ $c' = 0-100$ kN/m^2	
ausgelaugter Gipskeuper (Verwitterungszone)	Tonstein, völlig verwittert u. entfestigt, durchnäßt	$\varphi' = 20-25°$ $c' = 0$	
Mittlerer Buntsandstein	Sandstein-Tonsteinwechselfolge Tonsteinanteil $> 30\%$	$\varphi' = 30,5-44°$ $c' = 50-445$ kN/m^2	NIEDERMEYER et al. (1983)
Mittlerer Buntsandstein	Sandstein/Tonstein	$\varphi' = 38-42°$ $c' = 480-640$ kN/m^2	Untersuchungen für die NBS Hannover–Würzburg (unveröffentlicht)
	Tonstein (Störungszone)	$\varphi' = 19,5-25,3°$ $c' = 49-62$ kN/m^2	
	Wechselfolge von weichem Tonstein und mürbem Sandstein	$\varphi' = 13,2-29,2°$ $c' = 20-85$ kN/m^2	
Röt 4	Tonstein, stark verwittert	$\varphi' = 27,8-36°$ $c' = 75-155$ kN/m^2	
Grenze Muschelkalk/Röt 4	Tonstein	$\varphi' = 17-24°$ $c' = 353-588$ kN/m^2	

2.8 Durchlässigkeit

Die Durchlässigkeit oder hydraulische Leitfähigkeit wird ausgedrückt durch den **Durchlässigkeitsbeiwert k** (in m/s oder cm/s). Der Durchlässigkeitsbeiwert wird aus der Durchflußmenge Q pro Flächeneinheit des durchströmten Querschnitts A bei einem hydraulischen Gefälle von i = 1 ermittelt (s. unten).

Durchlässigkeitsbeiwerte werden neuerdings zur besseren Unterscheidung zwischen Laborwerten als k-Wert sowie Gebirgs- bzw. Feldwerten als k_f-Wert differenziert.

Die Durchlässigkeitsbeiwerte gelten für Fließvorgänge in der wassergesättigten Zone. Der Durchlässigkeitsbeiwert der ungesättigten Zone wird vereinfacht mit $k_u = 0,5 \times k$ angenommen (REITMEIER 1995). Die Fließgeschwindigkeit und damit der k-Wert sind außerdem von der Zähigkeit des Wassers und damit von der Wassertemperatur abhängig. Um vergleichbare Ergebnisse zu erhalten, werden nach DIN 18 130, T 1, die Versuchsergebnisse auf eine Vergleichstemperatur von 10 °C umgerechnet (s. Tab. 2.11).

2.8.1 Durchlässigkeit von Lockergesteinen

Die Durchlässigkeit eines Lockergesteins hängt ab von der Korngröße, Kornform und Kornverteilung, dem Porenanteil und der Porengröße, den Verbindungen zwischen den Poren und dem Wasseraufnahmevermögen. Beim Porenanteil muß zwischen dem Gesamtporenanteil und dem (durchfluß-)**nutzbaren Porenanteil** n_f oder n_o unterschieden werden, der von einer Flüssigkeit durchströmt werden kann (s. Abschn. 2.3.4). Bei fein- und gemischtkörnigen Lockergesteinen wird die Durchlässigkeit praktisch durch die Engstellen der Poren bestimmt und wird zusätzlich durch die gebundene Wasserhülle, bzw. das schwer bewegliche Porenwinkelwasser behindert (s. Abschn. 2.3.1 und Abb. 2.73). Die unmittelbar die Bodenteilchen umgebenden Wassermoleküle werden durch die starken van-der-Waalschen Kräfte an die Kornoberfläche gebunden und werden praktisch zu einem Bestandteil des Bodenkorns. Mit zunehmen-

Tabelle 2.11 Korrekturbeiwert α zur Berücksichtigung der Wassertemperatur bei der Angabe von Durchlässigkeitsbewerten (aus DIN 18 130, T1)

Temperatur t °C	5	10	15	20	25
α	1,158	1,000	0,847	0,771	0,686

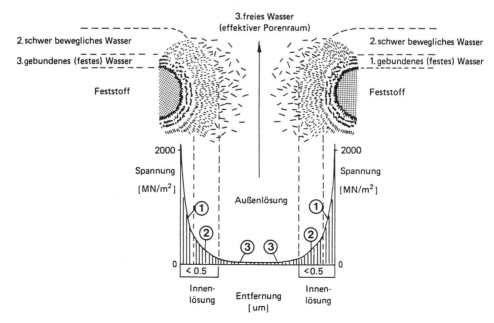

Abb. 2.73 Durchflußwirksamer, effektiver Porenraum feinkörniger Sedimente (aus REUTER 1988).

den Abstand von der Oberfläche der Teilchen wirken dann elektrostatische Anziehungskräfte mit schwächerer Bindung, die aber immer noch ein freies Fließen verhindern. Die Dicke dieser chemisch- und adsorptivgebundenen Wasserhülle an der Oberfläche und in den Porenwinkeln ist von der Tonmineralart abhängig.

Grundlage der Berechnung der Wasserströmung im Untergrund ist das **Filtergesetz von DARCY** (1856), das bei Durchströmungsversuchen mit Mittel- bis Grobsanden experimentell ermittelt worden ist und das einen linearen Zusammenhang zwischen dem hydraulischen Gefälle i und der dazugehörigen Filtergeschwindigkeit v bei laminarer Durchströmung ausdrückt. Der Proportionalitätsfaktor k wird als Durchlässigkeitsbeiwert bezeichnet:

$$k = \frac{v}{i}$$

$$v = \frac{Q}{A}; \quad Q = k \cdot A \cdot \frac{h}{l}; \quad i = \frac{h}{l}$$

i = hydraulisches Gefälle
h = hydraulische Druckhöhe (in m)
l = Abstand (in m)
v = Filtergeschwindigkeit (in m/s)
Q = Durchflußmenge (in m³/s)
A = Fließquerschnitt (in m²)

Die **Filtergeschwindigkeit** v oder Durchgangsgeschwindigkeit ist eine fiktive Geschwindigkeit, die ermittelt wird aus dem Quotient der Durchflußmenge Q und dem durchflossenen Querschnitt A, rechtwinklig zur Fließrichtung (Abb. 2.74). Der Durchfluß wird dabei auf die volle Fläche bezogen und nicht auf den eigentlichen Porenraum (deshalb Filtergeschwindigkeit v).

Die **Abstandsgeschwindigkeit** v_a ist ein Rechenwert, der aus dem Abstand l zweier in Fließrichtung gelegener Meßpunkte pro Zeiteinheit Δt ermittelt wird:

$$v_a = \frac{l}{\Delta t} \quad \text{(m/s)}$$

Die Abstandsgeschwindigkeit wird durch Markierungsversuche mit nicht sorptiven Salz- oder Farbstofftracern (Chlorid, Bromid, Fluoreszin, Uranin, Eosin, Lithiumsulfat) bestimmt (BEYER 1964b; KÄSS et al. 1972; HERTH & ARNDS 1973: 130; VILLINGER 1977: 88; EXLER et al. 1980; HÖLTING 1996: 139; NIENHAUS 1989 sowie Tunnelbautaschenbuch 1994). Der quasiideale Markierungsstoff ist auch heute noch Uranin, dessen Bestimmung in den Beobachtungsstellen spektralfluometrisch erfolgen kann (KÄSS 1990).

Häufig wird die Abstandsgeschwindigkeit auch durch die Beziehung

$$v_a = \frac{v}{n_f} \quad \text{bzw.} \quad v_a = \frac{k \cdot l}{n_f}$$

ausgedrückt, die streng genommen für die **wahre Fließgeschwindigkeit** v_w gilt, die bei gleichbleibender Wassermenge bei kleinerem nutzbaren Porenanteil n_f größer werden muß.

Die wahre Fließgeschwindigkeit ist größer als die Abstandsgeschwindigkeit v_a, da die Wasserteilchen auf Umwegen um die Körner des Lockergesteins herumfließen müssen, wodurch sich die zurückgelegte Weglänge wesentlich vergrößert (s. Abb. 2.74). Die wahre Fließgeschwindigkeit entspricht der tatsächlichen Geschwindigkeit des strömenden Grundwassers, wie sie z. B. für die Abschätzung der Erosionsgefahr benötigt wird (s. Abschn. 18.2.4).

Die dargestellten Zusammenhänge setzen Laminarität des Fließvorgangs voraus. Im nicht mehr laminaren Bereich sind die Fließwiderstände größer und die Durchflußmengen und damit die Fließge-

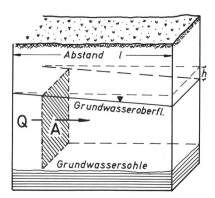

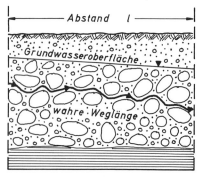

Abb. 2.74 Definition des Filtergesetzes von DARCY und Geschwindigkeitsbegriffe beim Grundwasser.

schwindigkeit geringer. Für Sande und sandige Fließkiese kann angenommen werden, daß sie noch vorwiegend im Bereich der laminaren Strömung liegen (NENDZA & GABENER 1979: 13 und DIN 18 130, T 1).

Das Gesetz von DARCY ist nur gültig bei laminarem Fließen und wenn der durchströmte Porenraum gleichmäßig ist und sich während der Durchströmung nicht verändert. Schon aufgrund theoretischer Überlegungen ist anzunehmen, daß dies in schluffig-tonigen Erdstoffen wegen der Kapillarwirkung in den feinen Poren und der Molekularkräfte zwischen Bodenteilchen und Wasser nicht uneingeschränkt zutrifft und daß für kleine hydraulische Gradienten eine verminderte Wasserbewegung anzunehmen ist. Diese **Abhängigkeit der Durchlässigkeit vom hydraulischen Gradienten** haben bereits BUSCH & LUCKNER (1974: 164) dargestellt.

Nach den Arbeiten von GÖDECKE (1980) und GABENER (1987) kann davon ausgegangen werden,

daß das Fließgesetz von DARCY nur für den mittleren, linearen Strömungsbereich gilt (Abb. 2.75). Die Auswertungen sorgfältig durchgeführter Durchlässigkeitsuntersuchungen an Tonen ergaben einen geometrischen Schnittpunkt der DARCY'schen Geraden mit der x-Achse (i) im Bereich des sog. Anfangsgradienten i_o. Der Schwellengradient i_a, als tatsächlicher Schnittpunkt mit der x-Achse, ist stets kleiner als i_o. Die Grenze zwischen dem linearen und dem prälinearen Strömungsbereich ist durch den Übergangsgradienten i_e gekennzeichnet. Dieser liegt für Schluffe zwischen $i = 1$ bis 10 und für Tone zwischen $i = 5$ bis 20 (s. a. DIN 18 130, T 1).

Die Frage nach der Existenz eines strömungslosen Bereiches bei niedrigen Gradienten, die auch grundsätzliche Bedeutung für die Konsolidationstheorie hat, wurde lange kontrovers diskutiert (NENDZA & GABENER 1979, 1983; GÖDECKE 1980; GABENER 1987; OLZEM 1985; FRANKE & MADER 1986; SCHETELIG, KLIESCH & PETERS

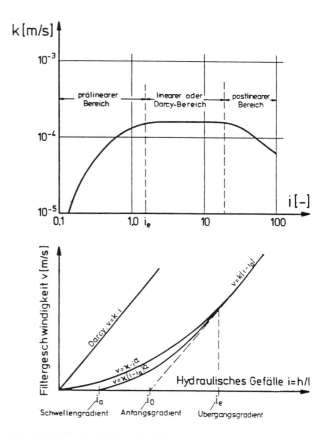

Abb. 2.75 Gültigkeit des DARCY-Gesetzes zur Beschreibung der Strömungsvorgänge in feinkörnigen Böden (aus SCHEIBER 1993).

Oben: Einfluß des hydraulischen Gefälles auf den k_f-Wert
Unten: Mögliche Formen des Fließgesetzes

1987; GUDEHUS et al. 1987: 111; SCHILDKNECHT & SCHNEIDER 1987; AZZAM 1992). Allgemein wird heute angenommen, daß kein strömungsloser Bereich auftritt, daß aber die Fließgeschwindigkeit mit kleiner werdendem hydraulischen Gefälle überproportional abnimmt (s. a. DIN 18 130, T 1).

Der Durchlässigkeitsbeiwert k eines feinkörnigen Bodens erreicht nur im linearen Bereich einen einigermaßen konstanten und gleichzeitig maximalen Wert (Abb. 2.75). Bei der Ermittlung des Durchlässigkeitsbeiwertes im Labor muß daher das hydraulische Gefälle möglichst im linearen Bereich liegen und den Anwendungsbedingungen möglichst angepaßt sein. Außerdem muß bei Ansatz des erweiterten DARCY'schen Gesetzes $v = k \cdot (i - i_o)$ die Größe des Anfangsgradienten versuchstechnisch ermittelt werden.

2.8.2 Durchlässigkeit von Fels

In Festgesteinen muß zwischen Gesteinsdurchlässigkeit (Porendurchlässigkeit) und Trennfugendurchlässigkeit unterschieden werden. Beide zusammen ergeben die Gebirgsdurchlässigkeit. Das hydraulische Verhalten von Fels ist wesentlich komplizierter als das von Porengrundwasserleitern und weist große Unterschiede auf, die u. a. von der Gesteinsfolge, der erdgeschichtlichen Entwicklung (Tektonik) und der Lage zum Vorfluter (hangnahe Entlastung) abhängig sind.

Die **Gesteinsdurchlässigkeit** ist bis auf wenige Ausnahmen (z. B. grobporige Sandsteine, DÜRRBAUM et al. 1969; MATTHESS 1972) vernachlässigbar gering. Sie liegt in der Größenordnung von $k_G = 10^{-10}$ m/s bis 10^{-13} m/s (LOUIS 1967; MÜLLER 1978 und FECKER & REIK 1987).

Die **Gebirgsdurchlässigkeit** wird fast ausschließlich von der Wasserbewegung auf Klüften und in Großporen bestimmt und ist in der Regel nicht nur inhomogen, sondern auch hochgradig anisotrop. Experimente bei Kluftgrundwasserleitern zeigen sehr komplexe Ausbreitungsvorgänge. Theoretisch kann die hydraulische Wirksamkeit eines einscharig regelmäßig geklüfteten Felskörpers nach der Kluftweitenmethode von LOUIS (1967) ermittelt werden. In Abb. 2.76 sind die Durchlässigkeitsbeiwerte eines derart idealisierten, homogenen Felsmodells im Vergleich zur Durchlässigkeit von Lockergesteinen zusammengestellt.

Die Zahlenreihen zeigen, daß die Durchlässigkeit in Richtung einer Kluftschar von der 3. Potenz der mittleren Kluftweite abhängt (s. d. a. WÜSTENHAGEN et al. 1990). Dies bedeutet, daß einzelne Kluft-

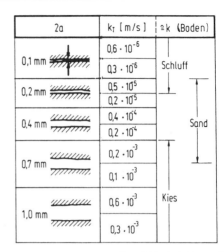

Abb. 2.76 Vergleich der Durchlässigkeit von Fels mit einer Trennflächenschar mit definierter Kluftweite 2 a und einem mittleren Kluftabstand von 1 m mit der mittleren Durchlässigkeit von Lockergesteinen (nach WITTKE 1984).

scharen mit größerer Kluftweite oder engeren Kluftabständen (z. B. ausgeprägte Kluft- oder Störungszonen) die Durchlässigkeit und damit die Wasserbewegung im Fels ganz entscheidend beeinflussen können.

Die Wasserbewegung ist außerdem hochgradig von der Geometrie der Klüfte und ihrer Erstreckung abhängig. Gesteinsklüfte werden in der Regel nicht nur durch unebene Wandungen begrenzt, auch die Kluftweite ändert sich auf kurze Erstreckung (s. d. Abschn. 3.2.4). Selbst vermeintlich geschlossene Klüfte oder Schichtflächen können entlang von Harnischlineationen und Spülstrukturen (Fließkanäle) infolge ehemaliger Kluftwasserströmung noch eine beachtliche Durchlässigkeit aufweisen (WÜSTENHAGEN et al. 1990).

Bei Wechselfolgen von durchlässigen und sehr gering durchlässigen Gesteinen ist außer der klüftungsbedingten **Anisotropie in horizontaler Richtung** auch eine sedimentations- bzw. schichtungsbedingte **Anisotropie in vertikaler Richtung** zu beachten, da die meisten Klüfte in Tonsteinbänken absetzen und die direkte Verbindung der Wasserwege behindert oder sogar unterbunden ist. Im Gegensatz zu den Porengrundwasserleitern der Lockergesteine, in denen zwar auch nicht von einer völligen Homogenität und Isotropie der Durchlässigkeit ausgegangen werden kann, wohl aber von einer Quasihomogenität und -isotropie im Vergleich der Ungleichförmigkeiten zur durchsickerten Strecke, müssen in Kluftgrundwasserleitern mit sehr unterschiedlichen Kluftabständen und -öffnungen, stark anisotrope Strömungsverhältnisse und turbulentes Fließen angenommen werden. Die **Gültigkeit des Darcyschen Gesetzes** kann aber nur vorausgesetzt werden, wenn die Durchlässigkeit von einer Vielzahl statistisch regelmäßig verteilter Klüfte mit laminarer Durchströmung bestimmt wird. Dies wird mangels anderer, in der Praxis brauchbarer Methoden allgemein angenommen. Die Vergleichsgrößen für die Gebirgsdurchlässigkeit von Kluftgrundwasserleitern (durchschnittliche k-Werte) werden daher in der Regel ebenfalls über hydraulische Bohrlochversuche (Pumpversuche, Wasserdruckversuche, u. a. m.) ermittelt (STOBER 1986, PRINZ & HOLTZ 1989, darin Lit.).

Die hydraulische Gewichtung von Klüften oder Kluftscharen für **Rechenmodelle** erfordert eine starke Vereinfachung auf ein gleichmäßig verteiltes feinmaschiges Kluftnetz, auf dominante Einzelklüfte oder -kluftscharen bzw. eine Kombination davon.

Auch die Wasserführung von tektonischen Störungszonen kann sehr unterschiedlich sein. Eklatanten Fällen erheblicher Kluftdurchlässigkeit stehen zahlreiche Beispiele für die relative Dichtheit von Störungszonen gegenüber (PRINZ & HOLTZ 1989; WERNER 1990 und Abb. 17.4).

Das **durchflußwirksame Kluftvolumen** erreicht in der oberflächigen Auflockerungszone häufig 3 bis 4%, bei Spaltenbildung z. T. 5 bis 10% (KRAPP 1979: 322, darin Lit.), gelegentlich auch mehr (NIEDERMEYER et al. 1983: 65). Unterhalb dieser Auflockerungszone beträgt das wirksame Kluftvolumen in spröden Gesteinen meist 0,5 bis 1,5% in tonigen Gesteinen und dünnbankigen Wechselfolgen meist nur 0,5% und weniger, z. T. sogar nur 0,1% (Tab. 2.12 und SCHRAFFT 1986; PRINZ & HOLZ 1989). In Bereichen mit tektonischer und auch atektonischer Gebirgsauflockerung (s. Abschn. 3.2.6) ist auch in größerer Tiefe noch mit merkbaren Kluftöffnungen und entsprechendem Kluftvolumen zu rechnen.

Auch im Klaksteinkarst beträgt das durchflußwirksame Hohlraumvolumen der zahlreichen aufgeweiteten Klüfte, kleinen Spalten und Karstschläuche meist nur 1−2% (VILLINGER 1977: 65) und nur in stark verkarsteten Bereichen mit größervolumigen Abflußbahnen 3−5%, selten mehr. Bei der seit 1951 in Betrieb befindlichen Staustufe Hessigheim im Mittleren Muschelkalk hat bei Sanierungsarbeiten in den 80er Jahren das injizierte Hohlraumvolumen etwa 15% des Gipskörpers betragen (FRANZIUS 1988). Das durchflußwirksame Hohlraumvolumen wird mit etwa 50% des Gesamthohlraumvolumens angenommen.

Tabelle 2.12 Angaben des durchflußwirksamen Kluftvolumens für verschiedene Gebirgsmassive (aus FECKER & REIK 1987:334).

Gestein	Ort	Klufthohlräume %	ermittelt durch	Literatur
Granitgneis	Silz	0,25−0,3	Stollenwasser, Quellen, Kluftwasserzuflüsse	TIWAG intern 1975
Hornblendegneis (Amphibolit)	Kühtai	ca. 0,05	Stollenwasser, Kluftwasser	TIWAG intern 1980
Amphibolit	Kaunertal	0,17	Stollenwasser, Kluftwasser	DETZLHOFER, 1969
Granitgneis	Kaunertal	0,25	Felsinjektion	TIWAG intern
Dolomit	Imst	0,3	Stollenwasser	TIWAG intern
Kalk	Schneealpe	3−8	Stollenwasser, Kluftwasser	GATTINGER, 1973
Kalk	Rhein. Schiefergeb.	6,5	Injektion	HEITFELD, 1965
Schluffstein	Rhein. Schiefergeb.	0,1	Injektion	HEITFELD, 1965
Sandstein	Spessart	0,13	Quellen	UDLUFT, 1972
Sandstein	Schwarzwald	ca. 0,05	Quellen	EISSELE, 1966
Granit	Capivari-Cachoeira	0,25	Durchströmungsversuch	BOUVARD & PINTO, 1969

2.8.3 Laborversuche zur Ermittlung des k-Wertes

Der Durchlässigkeitswert k kann in direkten Durchströmungsversuchen nach DIN 18 130, T 1, bestimmt werden oder, bei feinkörnigen Böden, auch indirekt durch Porenwasserdruckmessungen und Umrechnung nach der Konsolidationstheorie (GÖDECKE 1980).

Bei direkten Durchströmungsversuchen wird der Durchlässigkeitsbeiwert k aus der Wassermenge ermittelt, die in der Zeiteinheit mit einem bestimmten hydraulischen Gefälle durch eine Erdstoffprobe fließt. Die Durchführung von Wasserdurchlässigkeitsversuchen erfolgt heute weitgehend in Anlehnung an DIN 18 130, T 1. Zu beachten ist, daß der Durchfluß und das hydraulische Gefälle zuverlässig gemessen werden, wobei letzteres innerhalb des linearen Bereiches nach praktischen Gesichtspunkten gewählt werden kann. Durchströmung von unten nach oben hat den Vorteil, daß Lufteinschlüsse im Boden entweichen können. Randstörungen an Probekörpern sind mit Kunstharz oder Quellzement abzudichten. Bei geologisch vorbelasteten Böden ist außerdem der Spannungszustand zu berücksichtigen.

Im Laborversuch ermittelte k-Werte sind i. d. R. mit erheblichen Fehlern behaftet, was einerseits auf mögliche Fehlerquellen bei der Probennahme und beim Versuch, andererseits aber auch auf immer vorhandene Unregelmäßigkeiten im Untergrund zurückzuführen ist.

Die **Untersuchung grobkörniger Böden** (Sande und Kiese, $k > 10^{-3}$ m/s) erfolgt meist an mit einer bestimmten Dichte (z. B. Proctordichte) eingebauten Proben in einer Versuchsanordnung mit konstantem hydraulischem Gefälle (Abb. 2.77).

$$k = \frac{Q \cdot l}{A \cdot h} \quad \text{wobei } Q = \frac{V_w}{t}; \quad k = \frac{V_w \cdot l}{A \cdot h \cdot t}$$

V_w = Wasservolumen

Die **Untersuchung feinkörniger Böden** erfolgt i. d. R. in einem Kompressions-Durchlässigkeitsgerät (KD-Gerät) bzw. in einer Triaxialzelle mit einem Standrohr für veränderliches (Abb. 2.78) oder konstantes hydraulisches Gefälle. Hierbei kann der Oberwasserdruck nötigenfalls durch Druckerzeuger erhöht werden.

Bei kleinen Durchlässigkeiten sind bei niedrigen hydraulischen Gradienten (i < 10) die zu erwartenden Durchflußmengen sehr gering. Hier haben Versuche mit konstantem hydraulischen Gefälle Vorteile, da die Versuchsbedingungen beliebig lange unverändert aufrecht erhalten werden können (DIN 18 130).

Nach dem heutigen Stand der Technik werden die Anforderungen an eine realitätsnahe Durchlässigkeitsbestimmung in feinkörnigen Böden (k < 10^{-5} m/s) am besten in der Triaxialzelle erreicht. Durch Variation des Seitendruckes (σ_3) kann eine Anpassung an den in situ-Spannungszustand vorgenommen werden und die Volumenänderungen beim Sättigungsvorgang und bei der Durchströmung werden am wenigsten behindert. Dabei soll der Seitendruck nach den Empfehlungen des Ar-

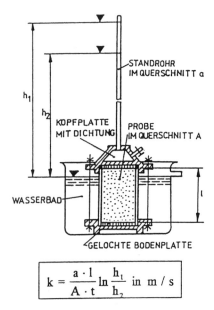

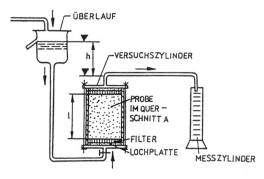

Abb. 2.77 Durchlässigkeitsversuch an einem grobkörnigen Boden mit konstantem hydraulischen Gefälle (aus SCHWERTER & KUNZE 1994).

Abb. 2.78 Durchlässigkeitsversuch mit veränderlichem hydraulischen Gefälle (aus SCHWERTER & KUNZE 1994).

$$k = \frac{a \cdot l}{A \cdot t} \ln \frac{h_1}{h_2} \quad \text{in m / s}$$

beitskreises „Geotechnik der Deponien und Altlasten" (1990) etwa 0,3 bar über dem Innendruck liegen.

Der k-Wert ist temperaturabhängig und wird auf eine Vergleichs-Temperatur von 10° umgerechnet (Tab. 2.11).

Aus der Erfahrung, daß für die Durchlässigkeit die feinsten 10 % eines Korngemisches maßgebend sind und um die zeitaufwendigen Durchlässigkeitsversuche einzuschränken, ist wiederholt versucht worden, die **Durchlässigkeit aus der Körnungslinie** zu ermitteln. ENTENMANN (1992) hat verschiedene Methoden verglichen. Ein Teil davon ist in Abb. 2.79 dargestellt.

Am gebräuchlichsten ist noch die Ableitung von HAZEN (1893):

$k = 0,0116 \cdot d^2{}_{/10}$ (d_{10} in mm; k in m/s)

Für ungleichförmige Körnungslinien mit geringen Schluffgehalten wird häufig die USBR-Formel bzw. von MALLET/PACQUANT (1954) verwendet, die von der Korngröße d_{20} ausgeht. Die Formel gilt für $d_{10} < 0,06$:

$k = 0.00036 \cdot d_{20}$ (m/s) d_{20} in mm

RICHTER & LILLICH (1975: 90) und HÖLTING (1996: 141) bringen noch weitere Ableitungen zur Ermittlung des k-Wertes aus der Körnungslinie.

2.8.4 Feldversuche zur Ermittlung des k-Wertes

Als erster Anhaltswert für das Abschätzen der Durchlässigkeit kann das **Grundwassergefälle** bzw. der Anstieg der Grundwasseroberfläche im Berg dienen. Die Neigung der Grundwasseroberfläche ist um so flacher und ausgeglichener, je größer die Durchlässigkeit ist. SCHRAFT & RAMBOW (1984: 246) berichten über solche Auswertungen im Buntsandsteingebirge Osthessens. Eine Neigung der Grundwasseroberfläche von 1 : 25 weist danach auf k-Werte $< 10^{-6}$ m/s hin, ein Neigungsverhältnis bis 1 : 250 spricht für k-Werte $< 10^{-5}$ m/s und flachere Neigungsverhältnisse deuten auf k-Werte $> 5.10^{-5}$ m/s hin. Diese Werte gelten zunächst nur für das Buntsandsteingebirge und entsprechen wegen der absoluten Langzeitwirkung z. B. nicht der SICHARDT-Formel für die Reichweite (s. Abschn. 11.5).

Weitere erste Hinweise liefern die tägliche Messung der **Bohrlochwasserstände** (s. Abschn. 4.4.4) und die **Wasserspiegelschwankungen** in Grundwassermeßstellen im Vergleich zu den Niederschlagswerten. Starke Schwankungen von mehreren Metern zeigen in der Regel sehr geringdurchlässiges Gebirge sowie stark wechselnde Grundwasserneubildung an. Geringe Schwankungen bzw. eine ausgeglichene Grundwasseroberfläche bedeuten dagegen ein verhältnismäßig großes

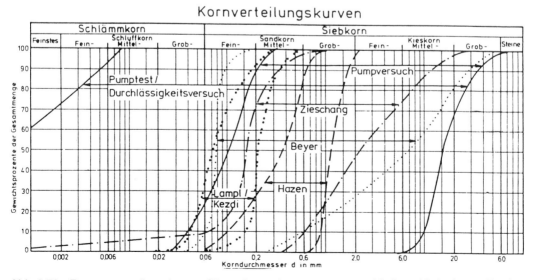

Abb. 2.79 Zusammenstellung der ungefähren Anwendungsgrenzen verschiedener Methoden zur Bestimmung der Durchlässigkeit (aus ENTENMANN 1992. darin Lit.).

Kluftvolumen und gut durchlässige Gebirgsbereiche (PRINZ & HOLTZ 1989).

Die Standardversuche zur Ermittlung der Durchlässigkeit in situ sind **hydraulische Bohrlochversuche,** bei denen das Fließsystem durch eine gezielte Wasserentnahme oder -zufuhr bzw. durch einen Druckimpuls angeregt wird und seine Reaktionen registriert werden. Für die Feldversuche zur Bestimmung der Wasserdurchlässigkeit ist eine Norm, DIN 18130, Teil 2, in Vorbereitung. Entscheidend für eine zuverlässige Interpretation und Auswertung der Versuchsdaten ist eine exakte Erfassung sowohl der Anregung als auch der zeitlichen Reaktionen im Bohrloch. Die in der Regel logarithmische Darstellung der Versuchsdaten erfordert in der Anfangsphase eine möglichst große Meßwertdichte. Je nach Aufgabenstellung kommen verschiedene Versuchstechniken zur Anwendung, wie Pumpversuche, Versickerungsversuche (Auffüll- oder Absenkversuche) Packertests, Slug- und Bail-Test. Eine Zusammenstellung der Untersuchungsmethoden und ihre Auswertung enthält das Tunnelbautaschenbuch 1994, S. 23–70.

Die häufigste Methode zur Ermittlung der Duchlässigkeitsbeiwerte ist ein **Pumpversuch** unter vergleichbaren Verhältnissen, am besten unmittelbar im interessierenden Gebirgsbereich. Ein kompletter Pumpversuch ist verhältnismäßig aufwendig und kommt daher meist nur bei größeren Bauvorhaben in Betracht. Er bedarf nach § 2 und 3 WHG einer behördlichen Erlaubnis (s. Abschn. 4.3.1) und muß sorgfältig protokolliert werden. Das Arbeitsblatt W 111 des Deutschen Vereins des Gas- und Wasserfaches (DVGW) enthält Formblätter für die nötigen Aufzeichnungen während eines Pumpversuches. Die behördliche Erlaubnis muß auch die Ableitung bzw. Einleitung des geförderten Wassers einbeziehen. Im Hinblick auf die Wasserbilanz soll abgeschöpftes Wasser nach Möglichkeit wieder dem Grundwasser zugeführt werden. Eine Verunreinigung des Grundwassers darf damit nicht verbunden sein (s. d. Abschn. 16.5.3.3).

Ein Pumpversuch erfordert einen auf die Bohrtiefe, die zu erwartende Wassermenge und auf das umgebende Gebirge abgestimmten Ausbau von mindestens DN 125 (Bohrlochdurchmesser min. 176, besser Aufweitung auf 220 bis 300 mm, s. a. Abschn. 4.4.4 und KOZIOROWSKI 1985). Eine DN 50-Meßstelle kann nur mit leistungsschwachen Kleinpumpen (s. Abschn. 9.3.1) oder kleinen U-Pumpen $\varnothing < 45$ mm mit einer Leistung bis 0,5 l/s ($\approx 1,7$ m^3/h) und Förderhöhen von 20 bis 30 m, bepumpt werden. Eine mittlere Unterwasserpumpe

($\varnothing < 100$ mm) bringt bei rd. 50 m Förderhöhe eine Leistung von < 1 l/s (3 m^3/h). Ist eine größere Leistung erforderlich, so ist ein größerer Pumpentyp mit einer Leistung von 15 bis 18 m^3/h (≈ 5 l/s) vorzusehen. Bei noch größerer erwarteter Leistung ist eine entsprechend stärkere Pumpe auszuschreiben bzw. ein DN 150-Ausbau für eine 133/145er Unterwasserpumpe ($\varnothing$ ohne bzw. mit Kabel) vorzusehen. Tiefere Brunnen werden häufig mit DN 300 bis DN 400 ausgebaut.

Zur Durchführung eines Pumpversuchs gehören ein, in schwierigen Fällen auch zwei oder mehrere Entnahmebrunnen, die so tief zu bohren sind, daß die gleichen Schichten wie bei der endgültigen Absenkung erfaßt werden. Um die Entnahmebrunnen müssen nach hydrogeologischen und auswertungstechnischen Gesichtspunkten zwei oder drei Reihen von Grundwassermeßstellen, gewöhnlich 2"-Kunststoff-Filter mit Aufsatzrohren, angeordnet werden. Damit sollen die unterschiedlichen Durchlässigkeitsverhältnisse und die dadurch bedingte Asymmetrie des Entnahmetrichters erfaßt werden (Beispiele s. RAPPERT 1980: 259). Eine dieser Grundwassermeßstellen wird i. d. R. nahe dem Entnahmebrunnen (± 2 m) angeordnet, um die Steilheit des Absenktrichters zu erfassen. Außerdem muß die Absenkung im Brunnen selbst über eine Meßstelle im verkiesten Ringraum gemessen werden.

Die Zeitdauer eines Pumpversuches ist mit min. 100 Stunden, besser mit 1 bis 2 Wochen anzusetzen. Kürzere Pumpversuche werden als Kurzpumpversuche bezeichnet.

Der Entnahmebrunnen wird mit anfänglich geringer, stufenweise zu steigender Fördermenge gepumpt (Abb. 2.81). Die geförderte Wassermenge wird mittels einer Wasseruhr oder eines Meßwehres gemessen, das aus mindestens 2 Kammern mit der Funktion von Absetzbecken zur Kontrolle mitgeförderter Feinanteile bestehen soll. Die Messung erfolgt gewöhnlich in l/s, die für die Auswertung in m^3/s umgerechnet werden.

Im Brunnen und in den Grundwassermeßstellen muß gleichlaufend in anfangs kurzen, dann längeren Abständen (etwa 30", 1', 2', 3', 4', 5', 10', 15', 20', 25', 30', 45', 60', 120', 240'...) die Messung der Wasserstände erfolgen. Nach Ende der Pumpzeit wird in den gleichen, dem logarithmischen Auswertungsmaßstab entsprechenden Zeitabständen der Wiederanstieg des Wasserspiegels im Brunnen gemessen.

Ein Pumpversuch sollte immer bis zum stationären Zustand gefahren werden. Bei Gebirgsdurchlässigkeiten $< 10^{-6}$ m/s ist es oft schwierig, eine über längerer Zeit konstante Förderrate einzuhalten. Eine Auswertung bei instationären hydraulischen Randbedingungen liefert jedoch nur Näherungswerte. Mit stufenlos regelbaren Unterwasserpumpen können auch über längere Zeit konstante Fördermengen von < 1 l/min ($= 0,016$ l/s) entnommen werden (s. a. GDA-Empfehlung 1993).

Die **Auswertung** erfolgt gewöhnlich in einem Doppeldiagramm als Wasserstands-/Zeit- und Entnahme-/Zeit-Diagramm (HERTH & ARNDTS 1973: 115; RICHTER & LILLICH 1975: 74 und HÖLTING 1996: 135). Aus der Wasserstands-/Zeit-Kurve ist zu erkennen, ob ein quasistationärer Zustand (Beharrungszustand) vorgelegen hat. Ein solcher kann für jede Zwischenfördermenge erreicht werden, so daß die Absenkung über die Steigerung der Fördermenge auf jeden Fall bis in die maßgebliche Tiefe betrieben werden muß.

Die rechnerische Auswertung für ungespanntes und auch gespanntes Grundwasser kann bei Porengrundwasserleitern nach den Einzelbrunnenformeln von DUPUIT (1983) und THIEM (1870, 1906) vorgenommen werden (Abb. 2.80).

Gespanntes Grundwasser:

$$k = \frac{Q \cdot (\ln r_2 - \ln r_1)}{\pi \cdot 2\,M\,(h_2 - h_1)}$$

Freies Grundwasser:

$$k = \frac{Q \cdot (\ln r_2 - \ln r_1)}{\pi \cdot (h_2^2 - h_1^2)}$$

k	=	Durchlässigkeitsbeiwert
Q	=	Entnahme (in m³/s)
h_1/h_2	=	Standrohrspiegelhöhen in den Meßstellen 1 und 2 (in m)
r_1/r_2	=	zugehörige Entfernung vom Brunnen (in m)
M	=	Mächtigkeit des Grundwasserleiters (in m)

Bei Kurzpumpversuchen ist festzustellen, daß die beobachtete Absenkung bzw. der Wiederanstieg in der ersten Förderphase sehr stark vom Ausbau des Brunnens bestimmt werden und insgesamt nur der Nahbereich des Brunnens erfaßt wird. Um die hydraulischen Eigenschaften besonders von Kluftgrundwasserleitern zu erfassen, muß ein solcher Pumpversuch eine gewisse Mindestförderdauer haben (s. STOBER 1986: 44). Die durch den Brunnenausbau bedingten Anfangsreaktionen der Absenkkurve können an der Geradlinigkeit der halblogarithmischen Auftragung des Wasserstand-/Zeitdiagramms erkannt werden (KÜPFER et al. 1989: 15).

Wenn bei Pumpversuchen das nötige Meßstellennetz fehlt, muß die Auswertung allein nach dem Wasserspiegelgang im Brunnen erfolgen. Sie werden als **Einlochpumpversuche oder Pumptests** bezeichnet.

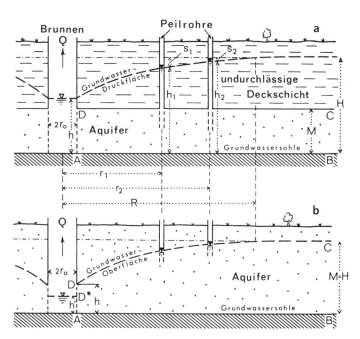

Abb. 2.80 Darstellung der Parameter für die Auswertung von Pumpversuchen im gespanntem und ungespanntem Grundwasser (aus HÖLTING 1996).

Für die Auswertung von stationären Einlochpumpversuchen ohne zugehörige Grundwassermeßstellen muß bei Anwendung der üblichen Formeln jeweils die Reichweite geschätzt werden bzw. sie kann aus Nomogrammen entnommen werden (KoZIOROWSKI 1985: 59). Die Schätzwerte liegen je nach Absenktiefe zwischen R = 10 m und R = 100 m, meist 50 bzw. 100 m (s. unten).

Für die rechnerische Ermittlung des k-Wertes können in solchen Fällen u. a. nachstehende abgewandelte Formeln von THIEM (1906) verwendet werden (Lit. s. LANGGUTH & VOIGT 1980 und KOZIOROWSKI 1985).

$$k = \frac{Q}{\pi \cdot (H^2 - h'^2)} \cdot \ln \frac{R}{r} \qquad \text{(in m/s)}$$

wobei häufig $\ln \dfrac{R}{r} = 6$ oder 7 angenommen wird.

Für R ≈ 100 m ergibt sich $\ln \dfrac{R}{r}$ zu 6,91, ein Wert, der in vielen vereinfachten Formeln erscheint:

$$k = \frac{6,91 \cdot Q}{\pi \cdot (H^2 - h'^2)} \quad \text{bzw.} \quad k = \frac{2,2 \cdot Q}{(H^2 - h'^2)}$$
(in m/s)

Allgemein ergeben Absenkversuche in Grundwassermeßstellen (meist Kurzpumpversuche) im Vergleich zu echten Pumpversuchen zu kleine Durchlässigkeiten (KOZIOROWSKI 1985).

Für allgemeine Überschlagsrechnungen ergibt sich für R ≈ 100 m eine weitere Vereinfachung der o. g. Formeln (s. a. HÖLTING 1996: 137):

Gespanntes Grundwasser

$$k = \frac{Q}{M \cdot h_s} \qquad \text{(in m/s)}$$

k = Durchlässigkeitsbeiwert (m/s)
M = Mächtigkeit des genutzten Grundwassers (m)
Q = Entnahmemenge (m³/s)
h_s = Absenktiefe im Brunnen (H − h')
h' = Wassersäule über Brunnensohle (m)

Ungespanntes Grundwasser (freie Oberfläche)

$$k = \frac{Q}{h_m \cdot h_s}$$

$$h_m = h' + \frac{h_s}{2}$$

Sobald bei einem Pumpversuch die Förderung eingestellt wird, beginnt die **Wiederanstiegsphase,** in der sich der Absenktrichter wieder auffüllt (Abb. 2.81).

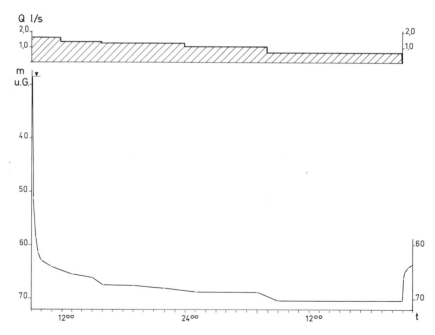

Abb. 2.81   Doppeldiagramm mit Darstellung der Entnahmemenge Q (l/s oder m³/h) und der Absenkung im Brunnen bzw. des Wiederanstiegs über die Zeit.

Aus dem Wiederanstieg läßt sich der k-Wert über die Transmissivität nach dem Verfahren von THEISS (1935) ermitteln (Abb. 2.82).

$$k = \frac{T}{M}; \quad T = \frac{Q \cdot 0{,}183}{\Delta s} \quad \text{(in m}^2\text{/s)}$$

für instationäre Verhältnisse und

$$T = \frac{Q \cdot 0{,}3665}{\Delta s} \quad \text{(in m}^2\text{/s)}$$

für stationäre Verhältnisse

T = Transmissivität (in m²/s)
Q = Förderrate für den quasistationären Zustand (in m³/s)
Δs = Steigerung der Kurve für einen logarithmischen Zyklus nach Abb. 2.82
M = Mächtigkeit des Grundwasserraumes bis Brunnensohle im Ruhezustand (in m)

Da bei normalen Pumpversuchen kaum ein stationärer Beharrungszustand erreicht wird, geht man in der Regel von einem instationären bzw. quasistationären Strömungszustand aus.

Die Transmissivität T beschreibt die Wassermenge, die bei einem hydraulischen Gradienten von 1 einen 1 m breiten und über die wassererfüllte Mächtigkeit des Aquifers hohen Querschnitt des Gebirges durchströmt.

Die Auswertung über die Wiederanstiegskurve im Brunnen erbringt besonders bei Kluftgrundwasserleitern die besten Ergebnisse (HÖLTING 1996: 145). Aus dem Anstieg der Kurve können auch qualitative Schlüsse über die Durchlässigkeitsverhältnisse gezogen werden (STOBER 1986: Abb. 7). Im Prinzip zeigt ein steiler Anstieg die Reaktion einer gut durchlässigen Zone an und umgekehrt, je-

doch kann man diese Einflüsse nicht ohne weiteres auf das jeweilige Anstiegsniveau übertragen. Bei Wechselfolgen von durchlässigen und praktisch nicht wasserwegsamen Schichten (Tonsteinen) kann man außerdem anstelle der gesamten Mächtigkeit des Grundwasserraumes nur einen Teil davon (z. B. M/2) in Rechnung setzen. Bei unvollkommenen Brunnen ist dagegen M um bis zu ¹/₃ tiefer als die Bohrlochsohle anzunehmen.

Eine eingehende Behandlung der Methoden zur Bestimmung des k-Wertes aus Pumpversuchsdaten findet sich bei KRUSEMANN & DE RIDDER (1973), HERTH & ARNDTS (1973) und LANGGUTH & VOIGT 1980). Auch BUSCH & LUCKNER (1974: 167 + 264), RICHTER & LILLICH (1975), sowie KRIELE & MÄRZ (1981), SCHRAFT & RAMBOW (1984), KOZIOROWSKI (1985) und auch SCHNEIDER (1988) verwenden eine ganze Reihe von Formeln für die Berechnung von k-Werten aus Probeabsenkungen.

Weitere Feldmethoden zur Ermittlung der Durchlässigkeit sind Versicherungsversuche (Auffüll- oder Schluckversuche) in Schachtbrunnen, Standrohren oder in Bohrungen sowie Wasserdruckversuche (WD-Tests). Alle diese Versuchsarten sind auf mindestens gering durchlässige Festgesteine beschränkt. Für sehr gering durchlässiges Gebirge (k ≤ 10⁻⁸ m/s) stehen außer speziellen einstufigen Packer- bzw. Pumptests und dem Fluid-Logging-Verfahren nur wenige weitere Verfahren zur Verfügung. Diese werden in den GDA-Empfehlungen (1992) sowie im Tunnelbautaschenbuch 1994 diskutiert.

Bei **Versicherungsversuchen in Standrohren oder Schächten** über dem Grundwasserspiegel

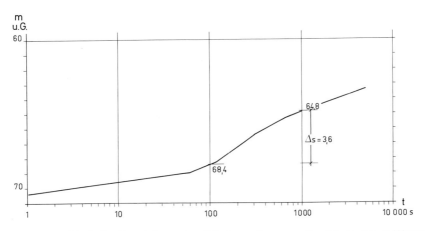

Abb. 2.82 Halblogarithmische Darstellung des Wiederanstiegs zur Ermittlung des k-Wertes über die Transmissivität nach THEIS.

werden Rohre eingeschlagen ($\varnothing$ 35–80 mm) oder eingegraben und mit Ton abgedichtet. Nach Wassersättigung des Untergrundes, in der Regel nach einigen Stunden, stellt sich dann eine deutlich geringere Absenkung Δ h/t ein, aus welcher die anfängliche Durchlässigkeit ermittelt werden kann. Bei gering durchlässigen Böden tritt gewöhnlich noch ein gewisser Abfall der Durchlässigkeit im Laufe von einigen Tagen auf. Die Auswertung von Versuchen über der Grundwasseroberfläche erfolgt für kugelförmigen Strömungsbereich häufig nach der Formel von MAAG (1941), vereinfacht (Abb. 2.83):

$$k = \frac{2{,}3 \cdot l}{t} \cdot \lg \frac{h_O}{h}$$

h_O = Anfangswasserstand (in cm)
h = Endwasserstand in Zeit t (in s)

bzw. nach einer Formel aus dem US-Earth Manual (1974) (Abb. 2.84):

$$k = \frac{(H_1 - H_2) \cdot r_1^2 \cdot \pi}{5{,}5 \cdot r_2 \cdot t \cdot h} \qquad h = \frac{H_1 + H_2}{2}$$

die i. w. der Formel beim „Open-end-test" entspricht (Abb. 2.85 c).

Bei **Schluck- oder Versicherungsversuchen in Bohrungen** unter dem Grundwasserspiegel wird die Wassersäule in der Bohrung um einige Meter erhöht und das Absinken des Wasserspiegels in kurzen Zeitintervallen (30″, 1', 1'30, 2' ... 5', 10', 15' usw.) gemessen. Die Auswertung solcher Versuche (Meßgrößen s. Abb. 2.85) kann nach Formeln von KÖRNER (1957), GILG & GAVARD (1957) bzw. des USBR (1963) erfolgen (s. d. a. SCHULER 1973: 293).

Bei Auffüllversuchen mit konstanter Druckhöhe wird durch Wasserzugabe über einen Zeitraum von mindestens 15 bis 20 Minuten ein gleichbleibender

Wasserspiegel im Bohrloch gehalten. Bei vollständig verrohrtem Bohrloch wird dieser Versuch auch als „open-end-test" bezeichnet (LANGGUTH & VOIGT 1980: 49).

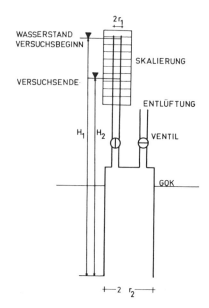

Abb. 2.84 Versuchsschema und Meßdaten für den Versickerungsversuch nach US-Earth Manual (1974).

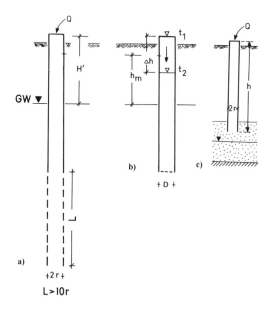

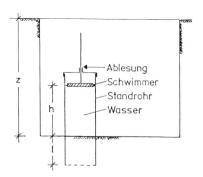

Abb. 2.83 Versuchsschema und Meßdaten für die Auswertung eines Versickerungsversuches nach MAAG (1941).

Abb. 2.85 Versuchsschema und Meßdaten für die Auswertung von Versickerungsversuchen nach GILD & GAVARD (1957).

Für einen näherungsweise zylindrischen Strömungsbereich (L > 10 r) und konstanten Wasserspiegel gilt (Abb. 2.85 a):

$$k = \frac{Q}{2\pi \cdot L \cdot H} \cdot \ln \frac{L}{r} \quad \text{bzw.}$$

$$k = 0{,}3665 \frac{Q}{L \cdot H} \cdot \lg \frac{L}{r} \quad \text{(in m/s)}$$

Für einen näherungsweise kugelförmigen Strömungsbereich und konstanten Wasserspiegel gilt bei Auswertung als sog. „open-end-test" (Abb. 2.85 c):

$$k = \frac{Q}{5{,}5 \cdot r \cdot h} \quad \text{(m/s)}$$

Für fallenden oder steigenden Wasserspiegel gilt dann (Abb. 2.85 b):

$$k = \frac{D \cdot \Delta h}{8 \cdot \Delta t \cdot hm}$$

Beim **Slug- bzw. Bail-Test** wird ein hydraulisches Gefälle zwischen Meßstelle und Grundwasserleiter erzeugt und aus der zeitlichen Änderung der Spiegelhöhe die Transmissivität bzw. der Durchlässigkeitsbeiwert berechnet. Die Erhöhung des Wasserspiegels im Brunnen wird beim Slug-Test mit einem Verdrängungskörper (∅ 35 mm bzw. 80 mm) erreicht. Wenn sich im Brunnen der Ruhewasserspiegel eingestellt hat, entsteht durch Entfernen des Verdrängungskörpers ein Absinken des Wasserspiegels, dessen Wiedereinstellen als Bail-Test bezeichnet wird. Die Versuchseinrichtung und das Meßprotokoll eines Slug- und Bail-Tests zeigt Abb. 2.86. Das Eintauchen bzw. Entfernen des Verdrängungskörpers soll möglichst schnell folgen, ohne starke Schwingungen des Wasserspiegels zu erzeugen.

Die Auswertung erfolgt mit Hilfe von Typkurven (COOPER et al. 1967; PAPADOPOULOS et al. 1973;

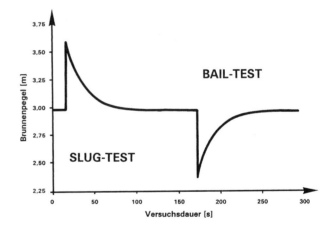

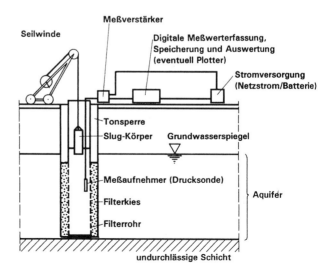

Abb. 2.86 Versuchseinrichtung und Meßprotokoll eines Slug- und Bail-Test (aus EBADY & KOWALEWSKI 1994).

BOUWER & RICE 1976 oder NGUYEN & PINDER 1984 und Tunnelbautaschenbuch 1994. Über Anwendungen berichten KÜPFER et al. 1989; HENKEL 1990 und DÜMMER & MÜLLER 1990; ROSENFELD 1995).

Beim **Fluid-Logging-Verfahren** wird das Bohrlochfluid gegen ein Wasser niedrigerer (oder höherer) elektrischer Leitfähigkeit ausgetauscht. Durch Absenken des Ruhewasserspiegels angeregte Zuflüsse im Bohrloch zeigen sich im Log der elektrischen Leitfähigkeit an. Die Auswertung erfolgt mittels analytischer und numerischer Verfahren (HENKEL 1990, darin Lit.).

Bei den neuartigen **einstufigen Packer- bzw. Pumptests** können in einem durch Doppelpacker abgeschlossenen Bohrlochabschnitt mittels einer stufenlos regelbaren Pumpe konstante kleine Fördermengen abgepumpt werden. Aus dem anschließenden Druckaufbau kann die Durchlässigkeit des abgepackerten Gebirgsabschnitts ermittelt werden (SCHLUMBERGER-Verfahren). Diese Art Packertests haben in schwach bis sehr schwach durchlässigem Gebirge Vorteile gegenüber dem WD-Test (Auswertung s. Tunnelbautaschenbuch 1994).

Beim **Pulse-Test** wird ein Bohrlochabschnitt mit einer einzelnen Kluft durch einen Doppelpacker abgesperrt und mit einer bestimmten Wassermenge beaufschlagt (Druckimpuls). Aus dem Druckabbau kann bei gering durchlässigem Gebirge ($k < 10^{-6}$ m/s) die Durchlässigkeit abgeleitet werden.

Beim **Wasserabpreßversuch** (WD-Test) wird in eine nach oben (Einfachpacker) bzw. auch nach unten (Doppelpacker) abgeschlossene Bohrlochstrecke unter einem bestimmten Druck Wasser eingepreßt (Abb. 2.87). Um eine Umläufigkeit des Packers zu vermeiden, muß für die Packerstellung ein nach der Beschaffenheit der Bohrkerne glatter Abschnitt der Bohrlochwand ausgewählt werden. Bei nachbrüchigem Gebirge werden z.T. überlange Gummipacker (> 1 m) oder sog. Vierfach-Packer verwendet, bei denen die beiden äußeren Packerkammern zur Kontrolle der Umläufigkeit dienen. Der Einsatz von Einfachpackern während der Abteufens einer Bohrung hat den Nachteil, daß die Säuberung der jeweiligen Bohrlochsohle aufwendig ist und kaum gewährleistet werden kann.

Die Längen der Abpreßstrecken richten sich nach den geologischen Verhältnissen. Sie sollten 5 m nicht übersteigen, doch werden neuerdings kürzere Abpreßstrecken von jeweils 1 bis 2 m bevorzugt. Die Einsatztiefe ist derzeit auf etwa 100 m (max. 150 m) begrenzt.

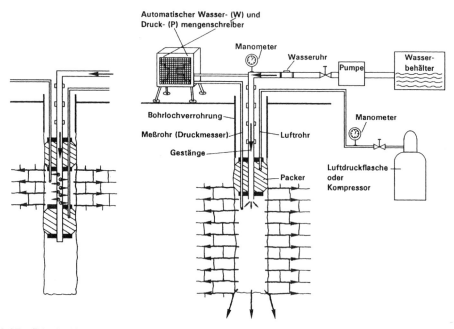

Abb. 2.87 Prinzipskizze des Doppelpacker- und Einfachpacker-Wasserdruckversuchs (aus EBADY & KOWALEWSKI 1984).

Hinsichtlich der Versuchsdurchführung bestehen unterschiedliche Auffassungen. HEITFELD (1979) empfiehlt als Standardverfahren mindestens 3 verschiedene Druckstufen (A–B–C–B–A). Wenn die Wasseraufnahme einen konstanten Wert erreicht hat, wird der Einpreßvorgang über einen Zeitraum von 10 bis 15 Minuten konstant gehalten und die pro Zeiteinheit abgepreßte Wassermenge Q gemessen. Die Drucksteigerung kann in den unteren Stufen 1 bis 2 bar, in den höheren Stufen auch 3 bis 5 bar betragen. Wichtig ist, daß auch der absteigende Ast durch mehrere Druckstufen belegt ist. SCHETELIG et al. (1978) schlagen dagegen Kurzzeitversuche vor, bei denen nach einer Vorlaufzeit von 2 bis 3 Minuten der Druck nach 3 × 1 Minute mit konstanter Wasseraufnahme jeweils um 1 bar gesteigert wird. Üblich sind 3 oder besser 5 verschiedene Druckstufen

$$(A-B-C-D-E-F-G-H-I)$$
$$1\quad2\quad3\quad4\quad5\quad4\quad3\quad2\quad1$$

Für eine einwandfreie Auswertung der WD-Tests ist eine möglichst exakte Messung der durchfließenden Wassermenge und des Druckes in der Versuchsstrecke im Bohrloch nötig. Der übliche Meßbereich für die Registrierung der Wassermengen liegt bei $0-15$ l/min. bzw. $0-150$ l/min. Die minimal registrierbare Wassermenge beträgt dabei etwa 1 l/min., was die Anwendbarkeit der Versuchstechnik auf Durchlässigkeiten von mehr als $1 \cdot 10^{-7}$ m/s beschränkt. Durch den Einsatz genauerer Durchflußmengenmesser $< 0{,}11$ (min.) können Durchlässigkeiten $< 10^{-9}$ m/s ermittelt werden.

Die Auswertung erfolgt über das Verpreßdruck-Verpreßmengendiagramm (Abb. 2.88), das wertvolle Rückschlüsse auf das belastungsabhängige Durchlässigkeitsverhalten des geklüfteten Gebirgs ermöglicht. Bei dem heute üblichen Mehrstufenversuch ergibt sich in den unteren Druckstufen (Stufe A, B und C) häufig ein lineares Druck-Mengen-Verhältnis (a). Bei höheren Drücken wird das Strömungsregime in den Klüften turbulent, wo-

durch sich die Wasseraufnahme verringert (b). Das Aufreißen von Trennflächen (Klüfte oder Schichtflächen) macht sich in einer überproportionalen Zunahme der Wassermenge in Abhängigkeit vom Verpreßdruck bemerkbar (c). Bleibt der Durchfluß Q bei Druckminderung größer als im aufsteigenden Ast (d), so hat sich der Fließweg irreversibel erweitert, bzw. es besteht Erosionsverdacht. In der Praxis treten häufig Mischformen auf, die von den Standarddiagrammen abweichen und entsprechend interpretiert werden müssen. Über die phänomenologische Deutung von WD-Versuchen nach KLOPP & SCHIRMER (1977) bzw. EWERT (1979) bestehen derzeit etwas unterschiedliche Auffassungen (s. a. Abschn. 18.2.1 und 18.4.3). Bei höheren Drücken kann es durch belastungsabhängige Öffnung von Trennflächen zu fehlerhaften Interpretationen und bei Auswertung nach den konventionellen Verfahren zur Angabe zu großer Gebirgsdurchlässigkeiten kommen (EWERT 1987, HARTMANN 1995).

Für die Auswertung stehen sowohl theoretische Ansätze (RISSLER 1977, 1984; WITTKE 1972, 1984) als auch empirische oder kombinierte Verfahren zur Verfügung. Diese Methoden sind bei EWERT (1979); HEITFELD (1979); KRAPP (1979); HEITFELT & KOPPELBERG (1981); KRIELE & MÄRZ (1981); SCHNEIDER (1981, 1988) und besonders HEITFELD & HEITFELD (1989), SCHETELIG (1991), EBADYE & KOWALESKI (1994) und HARTMANN (1995) zusammengestellt. Die üblichen Formeln für die rechnerische Auswertung stammen von KOLLBRUNNER (1947) bzw. dem USBR (1963) und gehen von der Annahme eines homogenen Kontinuums mit radialsymmetrischen und konstantem Durchfluß und einem stationären Regime aus:

$$k = \frac{Q}{2\pi \cdot L \cdot H} \cdot \ln \frac{L}{r}$$

$$\text{bzw. } 0{,}3665 \, \frac{Q}{L \cdot hm} \cdot \lg \frac{L}{r} \qquad \text{(in m/s)}$$

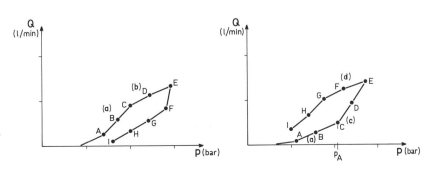

Abb. 2.88
Typische Verpreßdruck- Mengendiagramme bei WD-Tests; P_A = Aufreißdruck (Erläuterung s. Text).

Q = abgepreßte Wassermenge (in m³/s) bzw. l/min · m
L = freie Bohrlochstrecke (in m)
H = in Teststrecke wirksamer Überdruck
     d. i. Wasserstand zu Beginn des Versuchs (in m)
r = wirksamer Bohrlochradius (in m)

Trotz einiger nicht zutreffender Annahmen sind bei Gebirgsdurchlässigkeiten von $k = 10^{-5}$ bis 10^{-8} m/s die Auswertungen nach den oben zitierten Formeln recht brauchbar. In Abb. 2.89 sind drei auf verschiedenen Wegen ermittelte Auswertungen der Q_{WD}-k-Beziehung gegenübergestellt. Dabei zeigt sich, daß die aus Pumpversuchen gewonnene Kurve von SCHRAFT & RAMBOW (1984) und die empirische Auswertungskurve von HEITFELD (1965) flacher verlaufen und einen halben bis einen ganzen Potenzexponenten höhere Durchlässigkeiten anzeigen als WD-Tests. Allgemein streuen WD-Versuchsergebnisse stärker als die der Pumpversuche, was auf die unterschiedlich langen Versuchsstrecken und die dadurch bedingte Gebirgsabhängigkeit zurückzuführen ist. Zu ähnlichen Ergebnissen kommen auch FRITZ & RÖTTGEN 1995) für geringdurchlässige Kreidetonsteine Norddeutschlands. Die Abb. 2.89 zeigt ferner, daß die im Rheinischen Schiefergebirge ermittelten Werte von HEITFELD auf andere Gebirgsarten übertragbar sind. Die Durchlässigkeitswerte von SCHRAFT & RAMBOW (1984) haben sich bei den Tunnelbauten der DB AG in den Buntsandstein-Wechselfolgen weitgehend bestätigt (SCHRAFT 1986; PRINZ & HOLTZ 1989) und sind zwischenzeitlich auch in anderen Formationen belegt worden (KÜPFER et al. 1989: 22; SCHETELIG 1991).

Mit dem sog. **Einschwingverfahren** (KRAUSS 1974, KRAUSS-KALWEIT 1980 und 1987) kann die Transmissivität und daraus die Durchlässigkeit er-

mittelt werden (Abb. 2.90). In einer Grundwassermeßstelle wird der Wasserspiegel mit Hilfe von Preßluft abgedrückt. Durch plötzliches Lösen der Druckluftauflast schwingt der Wasserspiegel zurück. Aus der Schwingungshöhe, der Wellenlänge der Schwingung und deren Dämpfung kann auf die Durchlässigkeit des umgebenden Bodens geschlossen werden. Die Anwendung des Verfahrens ist auf Durchlässigkeiten $> 10^{-7}$ m/s beschränkt (SCHETELIG 1991). Neuerdings wird das Verfahren auch für extrem kleine Durchlässigkeiten ($< 10^{-9}$ m/s) angeboten.

Liegen im Untergrund Schichten verschiedener Durchlässigkeiten vor, so beeinflussen die tieferen Schichten den gemessenen k-Wert stärker als flach liegende GW-Stockwerke. Eine Möglichkeit zur Feststellung der unterschiedlichen Durchlässigkeiten bei $k > 10^{-6}$ m/s ($Q > 2$ l/s) sind **Flowmetermessungen**. Diese werden bei hoch hängender Pumpe und teilabgesenktem Wasserspiegel oder aber bei ruhendem Wasserspiegel im Brunnen stufenweise von unten nach oben vorgenommen und erlauben durch Vergleich der Umdrehungszahlen die Durchlässigkeit einzelner Schichten relativ zueinander anzugeben (RICHTER & LILLICH 1975; RAPPERT 1980: 260 sowie das DVGW-Merkblatt W 110).

2.8.5 Durchlässigkeitsbeiwerte

Sowohl Laborversuche als auch Feldversuche unterliegen **Anwendungsgrenzen,** die nicht nur vom Gestein und der Prüfkörpergröße, sondern auch von der Auswertungsmethode abhängig sind (Tab. 2.13). Aufgrund von im Untergrund häufig vorhandenen Inhomogenitäten ist die Angabe des

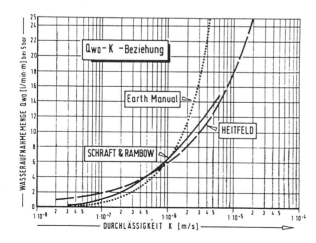

Abb. 2.89 Nach verschiedenen Methoden ermittelte Q_{WD}-k-Beziehungen (aus HEITFELD & HEITFELD 1989).

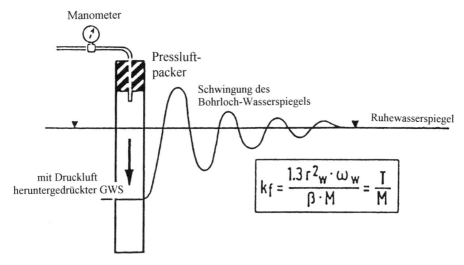

Abb. 2.90 Prinzipskizze des Einschwingverfahrens (nach SCHETELIG 1991).

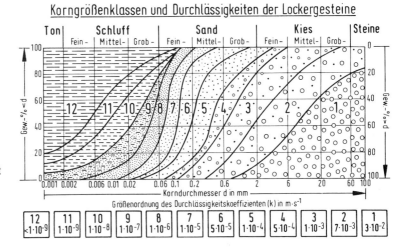

Abb. 2.91 Abhängigkeit des Durchlässigkeitsbeiwerts von der Korngrößenverteilung von Lockergesteinen (aus KRAPP 1983).

Tabelle 2.13 Anwendungsbereiche von Testverfahren zur Durchlässigkeitsuntersuchung in Festgesteinen.

Testverfahren	Untersuchungsbereich	Durchlässigkeitsbereich (m/s)
Pumpversuch	unterhalb GWS	$10^{-8} \leq K \leq 10^{-2}$
Auffüllversuch	oberhalb und unterhalb GWS, geringe Tiefe	$10^{-9} \leq K \leq 10^{-4}$
WD-Test	oberhalb und unterhalb GWS, beliebige Tiefe	$10^{-8} \leq K\ 10^{-4}$
Slug-Test und Bail-Test	unterhalb GWS, geringe Tiefe	$10^{-7} \leq K \leq 10^{-2}$
Einschwingversuch	unterhalb GWS, geringe Tiefe	$10^{-7} \leq K \leq 10^{-2}$

k-Wertes darüber hinaus auch ein Dimensionsproblem. Voraussetzung für eine zutreffende Angabe der Durchlässigkeitsverhältnisse im Untergrund, d. h. Durchlässigkeiten, Durchlässigkeitsunterschiede und richtungsabhängige Durchlässigkeiten, sind daher eine entsprechende Untergrundbeschreibung und ein gezielter Einsatz der verschiedenen Untersuchungsmethoden sowie ein kritischer Vergleich der Ergebnisse im Hinblick auf ihre Qualität und den Untersuchungsmaßstab (s. a. ENTENMANN 1992; KLEIN & DÜRRWANG 1994; ROSENBERG & RÖNSCH 1995).

Die Durchlässigkeitsbeiwerte k der **Lockergesteine** variieren erheblich und zwar nicht nur zwischen den verschiedenen Bodenarten, sondern auch innerhalb vermeintlich vergleichbarer Korngemische. Selbst in einer einigermaßen einheitlich erscheinenden Kies-Sand-Abfolge ist immer mit einer gewissen Änderung der Kornverteilung infolge schichtiger Ablagerung und mit schichtweise wechselnden Feinanteilen zu rechnen. Dies gilt nicht nur in vertikaler, sondern auch in horizontaler Richtung, in der die Kornzusammensetzung auf eine Entfernung von einigen Metern bis wenigen Zehnermetern ebenfalls ganz erheblich wechseln kann. Besonders ausgeprägt sind diese Erscheinungen bei fluvialen Ablagerungen. In einer solchen Kies-Sand-Wechsellagerung kann der k-Wert zwischen 10^{-2} und 10^{-5} m/s differieren. Bei einer

Grundwasserabsenkung wirken sich einzelne besser durchlässige Schichten sehr stark aus, und zwar sowohl auf die zu fördernde Wassermenge als auch auf die Absenkkurve und die Reichweite. Derartige Lagen hoher Durchlässigkeit treten in Flußtälern gerne in den unteren Teilen und besonders an der Basis der Kies-Sand-Abfolgen auf. Talrandnahe Kies- und Sandablagerungen weisen dagegen infolge bindiger Einspülmassen häufig deutlich niedrigere Durchlässigkeiten auf (s. d. Abschn. 11.5).

Die Durchlässigkeiten von Lockergesteinen und die zugehörigen hydrogeologischen Begriffe sind in Tab. 2.15 zusammengestellt.

Ähnliche Einteilungen für Lockergesteine finden sich bei SCHAEF (1964: 53), v. SOOS (1980: 89) und OLZEM (1985). Letzterer hat die Begriffe hinsichtlich der Dichtigkeitsanforderungen für Deponien relativiert.

Organische Böden weisen insgesamt geringe Durchlässigkeit auf (k = 10^{-8} bis 10^{-9} m/s). Die Durchlässigkeit von Torfen kann aufgrund der Struktur, unterschiedlichen Schluffgehalten und unterschiedlichem Zersetzungsgrad sehr inhomogen und auch anisotrop sein (s. Tab. 2.14).

Anisotropie der Durchlässigkeit ist bei allen Boden- und Felsarten zu beachten. In einem Sediment wird die vertikale Durchlässigkeit von den am ge-

Tabelle 2.14 Durchlässigkeit und effektives Porenvolumen von Torfen und Mudden an der Deponie Wesermarsch (aus ENTENMANN 1992).

Boden	Richtung	k-Wert (m/s)	n_{eff} (%)
Torf, stark zersetzt – mäßig zersetzt	vertikal	$2{,}4 \cdot 10^{-8}$	3,5
	horizontal	$1{,}0 \cdot 10^{-7}$	20,0
Torf, schwach zersetzt mit Klei-Zwischenlage	vertikal	$3{,}3 \cdot 10^{-9}$	3,8
Mudde	vertikal	$1{,}1 \cdot 10^{-9}$	2,7

Tabelle 2.15 Durchlässigkeiten von Lockergesteinen (in m/s) in Anlehnung an DIN 18 130, T 1, im Vergleich mit den hydrogeologischen Begriffen für Grundwasserleiter.

sehr stark durchlässig	$> 10^{-2}$		
stark durchlässig	$10^{-4} – 10^{-2}$	(Poren)grundwasserleiter	$> 10^{-4}$
durchlässig	$10^{-6} – 10^{-4}$	(Kluft)grundwasserleiter	$> 10^{-5}$
schwach durchlässig	$10^{-8} – 10^{-6}$	Grundwasserhemmer bzw. Grundwassergeringleiter	$< 10^{-5}$
sehr schwach durchlässig	$< 10^{-8}$	Quasinichtleiter	$< 10^{-8}$

ringsten durchlässigen Schichten bestimmt, während die horizontale Durchlässigkeit in erster Linie von einzelnen durchlässigen Lagen abhängig ist, selbst wenn diese nur sehr gering mächtig sind. Aufgrund dieser ablagerungsbedingten Abweichungen der k-Werte ist davon auszugehen, daß die vertikale Durchlässigkeit fast grundsätzlich geringer ist als die Durchlässigkeit in horizontaler Richtung. Die Literaturangaben differieren zwischen $^1/_2$ bis $^1/_{30}$, mit einem Mittelwert um $^1/_{10}$. Besonders ausgeprägt sind diese Unterschiede bei geschichteten, auch feinschichtigen Sedimenten und bei tonigen Zwischenschichten (s. a. ENTENMANN 1992).

In **Kluftgrundwasserleitern** ergeben sich häufig Durchlässigkeiten, die einerseits eine deutliche Tiefenabhängigkeit zeigen (HEITFELD & HEITFELD 1989; PRINZ & HOLTZ 1989; KLEIN & DÜRRWANG 1994) und andererseits mit k-Werten von 10^{-5} bis 10^{-7} m/s an der Grenze zu schwach durchlässigem Gebirge liegen bzw. Grundwasserhemmer darstellen. So bedeutet z. B. ein Kluftvolumen von 1 % theoretisch eine Gebirgsdurchlässigkeit in der Größenordnung von 5.10^{-6} m/s (s. Abschn. 2.8.2). Die geohydraulischen Erfahrungen bei den Tunnelbauten für die Neubaustrecke der Deutschen Bahn AG im Buntsandsteingebirge Osthessens haben diese Werte im wesentlichen bestätigt (KRIELE & MÄRZ 1981; SCHRAFT & RAMBOW 1984; HEITFELD & HEITFELD 1989; PRINZ & HOLTZ 1989). Die Grundwasserbewegung findet in solchen Gebirgen in der Regel in einigen stärker durchlässigen Schichtpaketen oder Kluftzonen statt, in denen bes. die horizontalen Gebirgsdurchlässigkeiten wahrscheinlich 1 bis 3 Potenzexponenten höher liegen (s. auch SCHNEIDER 1981: 289; PRINZ & HOLTZ 1989 sowie Abschn. 17.1.2).

Mächtigere Tonsteinpakete und auch tonsteinreiche Abschnitte von Wechselfolgen wirken als sog. Grundwasserhemmer (DIN 4049), über denen sich sowohl im großen schwebende Grundwasserstockwerke, als auch im kleinen wasserleitende Lagen und Wasseraustritte über Tonsteinbänken ausbilden. Diese grundwasserleitenden Systeme haben zwar sicher über größere Klüfte untereinander Verbindung, die Wasserwegsamkeit dieser Kluftzonen ist aber vielfach so gering, daß die Stockwerksgliederung erhalten bleibt und nur bei größeren Druckunterschieden, wie z. B. bei Grundwasserabsenkung verloren geht. Andererseits können besser wasserwegsame Schichtglieder über weite Erstreckung dränend wirken. Auch tektonische Störungs- und Zerrüttungszonen wirken oft regelrecht dränend und sind dann die Ursache für stark unterschiedliche Wasserstände im Gebirge. Anderer-

seits kann das Gebirge in Störungszonen zu Feinkorn mylonitisiert oder tiefgründig vertont sein. Solche Störungszonen sind dann weniger durchlässig als das angrenzende Gebirge, so daß sich an oder in ihnen höhere Wasserstände aufbauen können (s. a. Abb. 17.4).

Besonders schwierig abzuschätzen ist die **Durchlässigkeit von Karstgebirge.** Für Kalksteinkarst geben VILLINGER (1977: 74) sowie GRÜNDER & STOCKHAUSEN (1984) als großräumige mittlere Gebirgsdurchlässigkeit einen Wert von $k = 10^{-4}$ m/s an, mit Einzelwerten je nach dem Grad der Verkarstung von 10^2 bis 10^{-8} m/s.

In diesen Streuwerten kommt auch die unterschiedliche Anfälligkeit der Karbonatgesteine gegenüber der Verkarstung zum Ausdruck. Auch in einem Kalkstein-Karstgrundwasserleiter liegen i. d. R. stärker verkarstete Horizonte oder Kluftzonen zwischen oder neben gering verkarsteten Bereichen vor. Solche besonders verkarstungsanfälligen Horizonte sind z. T. der zuckerkörnige Dolomit im Weißjura δ/ϵ, aber auch der Grenzdolomit an der Basis des unteren Muschelkalk (STOBER 1986; GEISSLER et al. 1987; LEICHNITZ & SCHIFFER 1988).

Bei der Bewertung der vertikalen Durchlässigkeit besonders der ungesättigten Bodenzone ist auch die Grundwasserneubildungshöhe und die Infiltrationskapazität des Bodens zu berücksichtigen. Die **Grundwasserneubildungshöhe bzw. -rate** ist die Niederschlagsmenge abzüglich Oberflächenabfluß, Verdunstung und dem der Versickerung entgegenwirkenden Wasserentzug durch die Vegetation (Pflanzen- bzw. Evapotranspiration, s. Abschn. 6.2.2), die ihrerseits von zahlreichen Parametern abhängen, wie Hangneigung, Klima, Flächennutzung sowie der Bodenstruktur und -feuchte (s. a. Abschn. 15.1.4). Große Unterschiede in den Mengen sowie der jährlichen und saisonalen Verteilung der Niederschläge führen vor allem während der Vegetationsruhe zu stärkerer Versickerung während in den Sommermonaten, je nach Vegetation, vielfach keine Grundwasserneubildung stattfindet. Die Angaben über die Grundwasserneubildung erfolgen als Grundwasserneubildungsrate bzw. -spende (in l/s . km^2) oder als Grundwasserneubildungshöhe (in mm), s. d. HÖLTING (1996: 73).

Die **Infiltrationskapazität des Bodens** und die Verdunstungsraten hängen sowohl von der Vegetation und der Bodenbearbeitung ab, als auch der Struktur des Bodens (s. Abschn. 16.3.1.1). Bei der Einsickerungsrate kommt dem Oberboden besondere Bedeutung zu, der mit Makroporen durchsetzt ist, die besonders bei Starkniederschlägen den Infiltrationsprozeß beeinflussen. Kurzzeitige Starkniederschläge werden in den Makroporen zurückgehalten und nur langsam an die Bodenmatrix abgegeben. Eine wichtige Rolle spielen auch der Oberflächenabfluß und die Verdunstung bzw. die Pflanzentranspiration (s. Abschn. 6.2.2). Der Oberflächenabfluß ist abhängig von der Regenmenge und -intensität, der Hangneigung, der Bodenart und -feuchte und der Bodennutzung. Die Verdunstung hängt ihrerseits ab von der Lufttemperatur, der Luftfeuchte und der Luftbewegung, wobei die Verdunstung von den Pflanzenoberflächen größer ist als allgemein angenommen wird (s. a. Abschn. 15.1.4).

2.8.6 Fließ- bzw. Abstandsgeschwindigkeit

Die **natürlichen Fließgeschwindigkeiten** des Grundwassers (Abstandsgeschwindigkeit v_a) sind abhängig von der Durchlässigkeit und dem Grundwassergefälle, die ihrerseits wieder in Abhängigkeit vom durchflußwirksamen Porenanteil n_f stehen (s. Abschn. 2.3.4). Laminares Fließen vorausgesetzt, wird häufig folgende Beziehung angenommen (s. Abschn. 2.8.1):

$$v_a = \frac{k \cdot 1}{n_f}$$

Für gut abgestufte fluvioglaziale Kiese Oberbayerns gibt SEILER (1979) bei einem Porenanteil von $0,2-0,25$, einem nutzbaren Porenanteil von $0,02-0,14$ und Durchlässigkeitsbeiwerten von $k = 2 \times 10^{-2}$ bis $4,5 \times 10^{-3}$ m/s gemessene Abstandsgeschwindigkeiten von 15 bis 20 m/d an.

In sandig-kiesigen Flußablagerungen mit $k = 10^{-4}$ m/s beträgt z. B. das Grundwasserspiegelgefälle in der Regel $< 1\%$ und die Abstandsgeschwindigkeit 0,5 bis 1,0 m/d.

In Kluftgrundwasserleitern ist, wie schon die Gebirgsdurchlässigkeit, auch die Abstandsgeschwindigkeit des Grundwassers sehr stark anisotrop (s. a. Abschn. 18.2.4). Nach der oben genannten Beziehung ergibt ein Kluftabstand von 0,1 m und eine Öffnungsweite von 0,1 mm bei einem Grundwassergefälle von $i = 0,1$ eine Abstandsgeschwindigkeit von etwa $5 \cdot 10^{-4}$ m/s oder 43 m/d. Tatsächlich wurden in Kluftgrundwasserleitern des nordhessischen Buntsandsteingebirges bei einem k-Wert von 10^{-4} bis 10^{-5} m/s und einem Grundwassergefälle von $i = 0,1$ Abstandsgeschwindigkeiten von 173 bis 605 m/d beobachtet. Die in Bohrungen gemes-

sene örtliche Grundwasserfließrichtung entsprach dabei nicht unbedingt dem allgemeinen Grundwassergefälle (PRINZ & HOLTZ 1989).

Für die Karstgrundwasserleiter des Schwäbischen Jura gibt VILLINGER (1977: 67 und 74) als großräumigen Mittelwert bei $i = 0,01$ etwa 10 m/d und als Mittelwerte der maximalen Abstandsgeschwindigkeiten 85 bis 190 m/h an. Ähnliche Werte (30 bis über 300 m/h) haben auch KRAPP (1979: 338) sowie GRÜNDER & STOCKHAUSEN (1985) zusammengestellt. Allgemein werden in Karstgrundwasserleitern Abstandsgeschwindigkeiten von 50 bis 500 m/h angenommen.

Die **Fließrichtung** des Grundwassers kann aus der Höhenlage des Grundwasserspiegels (hydrologisches Dreieck) bzw. aus Grundwassergleichenplänen ermittelt werden. Großflächige Grundwassergleichenpläne geben jedoch selten die durch Störungszonen o. ä. beeinflußten, kleinflächigen oder linearen dreidimensionalen Strukturen der Grundwasseroberfläche wieder, die aber die tatsächliche, lokale Grundwasserfließrichtung sehr stark beeinflussen (s. d. oben sowie PRINZ & HOLTZ 1989).

Die Abschätzung der **Fließzeiten** kann nach der angenäherten Beziehung erfolgen (s. a. LOSEN & POMMERENING 1989).

$$v_a \approx v_w; \qquad \frac{1}{t} \approx \frac{k \cdot i}{n_f} \qquad t = \frac{1 \cdot n_f}{k \cdot i}$$

k in m/s
t in s
i, n_f = dimensionslos

2.8.7 Kapillarwasser, kapillare Steighöhe (h_k)

Als Grundwasser wird nach DIN 4094, T3 das Wasser bezeichnet, das sich unter dem Einfluß der Schwerkraft frei bewegen kann und eine geschlossene Wasseroberfläche bildet (s. auch Abschn. 2.3.1). Das darüber befindliche, durch Oberflächenspannung angehobene bzw. festgehaltene Wasser wird als Kapillarwasser bezeichnet, wobei ein offener und geschlossener Kapillarwasserbereich unterschieden wird (Abb. 2.92). Im geschlossenen Kapillarraum ist die Wassersättigung $S_r = 1,0$. Im offenen Kapillarraum treten nach oben zunehmend Lufteinschlüsse auf.

Die kapillare Steighöhe (h_k) gibt an, wie hoch Wasser im Boden infolge der Oberflächenspannung und der Adhäsion zwischen Bodenkorn und Wasser nach oben aufsteigt bzw. an den Wandungen

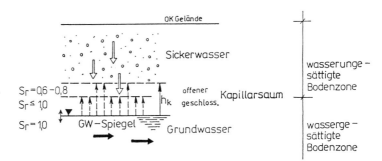

Abb. 2.92 Erscheinungsformen des Wassers im Boden (nach SCHWERTER & KUNZE 1994)
S_r = Sättigungsgrad
h_k = kapillare Steighöhe

des Korngefüges festgehalten wird. Die kapillare Steighöhe hängt ab von der Korngröße, dem Korngefüge und der Porengeometrie des Bodens sowie der Wassersättigung (steigende oder fallende Grundwasseroberfläche, Durchsickerung).

Die Messung der kapillaren Steighöhe erfolgt am einfachsten durch Beobachtung der Bodenverfärbung, wobei keine Trennung der offenen und geschlossenen Kapillarraums möglich ist, oder durch Wassergehaltsbestimmungen in kurzen vertikalen Abständen. Im Labor wird die kapillare Steighöhe durch den Versuch nach BESKOW ermittelt (SCHULTZE & MUHS 1967: 435 und v. SOOS 1980: 86), was jedoch in der Praxis sehr selten geschieht.

Die kapillaren Steighöhen betragen bei

Kies	bis 5 bis 10 cm
Sand und Kies	20 bis 100 cm
Fein-, Mittelsand	100 bis 150 cm
Lehm, Löß	bis 350 cm

Die kapillaren Oberflächenkräfte verleihen dem Boden einen Zusammenhalt, die sog scheinbare Kohäsion (s. Abschn. 2.8.1), die unter der Grundwasseroberfläche und durch Austrocknung verlorengeht.

Die kapillare Steighöhe ist im Straßenbau hinsichtlich der Frostempfindlichkeit und für die Beurteilung von Schrumpfsetzungen und Vegetationsschäden bei Grundwasserabsenkung von Bedeutung (s. Abschn. 6.2.2).

3 Beschreibung und Klassifikation von Boden und Fels für bautechnische Zwecke

3.1 Gruppeneinteilung der Böden nach DIN 18 196

Grundlage der Bodenklassifikation für bautechnische Zwecke ist nach DIN 18 196 (Tab. 3.1) die stoffliche Zusammensetzung, und zwar

- Korngrößenbereiche und -verteilung
- plastische Eigenschaften
- organische Bestandteile.

Für die Bezeichnung der Bodenarten werden Kurzzeichen benutzt, bestehend aus 2 Großbuchstaben. Der erste Kennbuchstabe gibt den Hauptbestandteil an, der zweite den Nebenbestandteil oder eine kennzeichnende Eigenschaft. Kennbuchstaben für *Haupt- und Nebenbestandteile* sind

G = Kies	O = Organische Beimengung
S = Sand	H = Torf
U = Schluff	F = Mudde, Faulschlamm
T = Ton	K = Kalk

Kennbuchstaben für *kennzeichnende Eigenschaften* sind nach der Korngrößenverteilung

W = weitgestufte Korngrößenverteilung
E = enggestufte Korngrößenverteilung
I = intermittierend gestufte Korngrößenverteilung,

nach den *plastischen Eigenschaften*

L = leicht plastisch
M = mittel plastisch
A = ausgeprägt plastisch,

nach dem *Zersetzungsgrad von Torfen*

N = nicht bis kaum zersetzter Torf
Z = zersetzter Torf

Die DIN 18 196 bringt (geologische) Beispiele für die einzelnen Bodengruppen.

Für die Beschreibung und Klassifikation von Boden und Fels liegt außerdem eine ISO-Norm „Identification and classification of soils and rock" (1995) vor, deren deutsche Übersetzung zur Diskussion gestellt wird und die später die nationalen Normen DIN 4022, T 1 und DIN 18 196 ersetzen soll.

3.1.1 Grobkörnige Böden

Die Benennung erfolgt nur nach Gewichtsanteilen. Reine Bodenarten können bis 5% Schluff und Tone enthalten. Für die Benennung entscheidend ist der Kornanteil $> 40\%$. Bodenarten wie Kies, sandig bzw. Sand, kiesig, enthalten jeweils bis 40% Sand- bzw. Kiesanteile. Die Grenze enggestufte – weitgestufte Korngrößenverteilung ist bei $U = 6$ festgelegt.

3.1.2 Gemischtkörnige Böden

Hierbei handelt es sich um grobkörnige Böden mit 5% bis 40% Schluff und Ton. Die weitere Unterteilung erfolgt in % Trockenmasse:

$5 - 15\%$	Schluff und Ton = gering bzw. leicht oder schwach schluffig/tonig (U/T)
$15 - 40\%$	Schluff und Ton = hoch bzw. stark schluffig/tonig ($\overline{U}/\overline{T}$)

3.1.3 Feinkörnige Böden

Die feinkörnigen Böden enthalten über 40% Schluff und Ton. Sie werden nach der Plastizität bzw. nach der Lage zur A-Linie im Plastizitätsdiagramm von CASAGRANDE eingeteilt (Abb. 2.25). Schluffe haben Plastizitätszahlen (I_p) bis 4 oder liegen unterhalb der A-Linie:

leicht plastische Schluffe	$w_L \leq 35\%$	(UL)
mittelplastische Schluffe	$w_L = 35 - 50\%$	(UM)
ausgeprägt zusammendrückbare Schluffe	$w_L \geq 50\%$	(UA)

Tone haben Plastizitätszahlen > 7; sie liegen oberhalb der A-Linie:

leicht plastische Tone	$w_L > 35\%$	(TL)
mittelplastische Tone	$w_L = 35 - 50\%$	(TM)
ausgeprägt plastische Tone	$w_L > 50\%$	(TA)

Tabelle 3.1   Übersicht über die Bodenklassifikation für bautechnische Zwecke nach DIN 18196 (aus TÜRKE 1993).

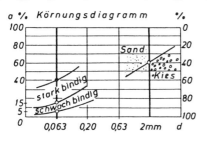 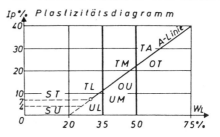

Zei-chen	Bodengruppe	Definition Körnung, Plastizität, Stoffwerte		Struktur	DIN 1054
GE GW GI	Kies enggestuft Kies weitgestuft Kies intermittierend	$U \leq 6,\ C < 3$ $U > 6,\ C = 1\text{--}3$ Fehlkörnung vorh.	$>40\%\ \varnothing > 2\,\text{mm}$ $0\text{--}5\%\ \varnothing \leq 0,063$	grob-körnig	nichtbindig (rollig)
SE SW SI	Sand enggestuft Sand weitgestuft Sand intermittierend	$U \leq 6,\ C < 3$ $U > 6,\ C = 1\text{--}3$ Fehlkörnung vorh.	$\leq 40\%\ \varnothing > 2\,\text{mm}$ $0\text{--}5\%\ \varnothing \leq 0,063$		
GU SU	Kies schluffig Sand schluffig	5–15 % $\leq$ 0,063 mm Feinkorn schluffig	$\overset{>}{\leq}40\%\ \varnothing > 2\,\text{mm}$	gemischt-körnig	bindig
GT ST	Kies tonig Sand tonig	5–15 % $\leq$ 0,063 mm Feinkorn tonig	$\overset{>}{\leq}40\%\ \varnothing > 2\,\text{mm}$		
GŪ SŪ	Kies stark schluffig Sand stark schluffig	15–40 % $\leq$ 0,063 mm Feinkorn schluffig	$\overset{>}{\leq}40\%\ \varnothing > 2\,\text{mm}$		
GT̄ ST̄	Kies stark tonig Sand stark tonig	15–40 % $\leq$ 0,063 mm Feinkorn tonig	$\overset{>}{\leq}40\%\ \varnothing > 2\,\text{mm}$		
UL UM	Schluff leichtplastisch Schluff mittelplastisch	$w_L \leq 35\%$ $w_L = 35\text{--}50\%$	$I_P \leq 4\%\ oder$ unter A-Linie	fein-körnig	
TL TM TA	Ton leichtplastisch Ton mittelplastisch Ton ausgeprägt plast.	$w_L \leq 35\%$ $w_L = 35\text{--}50\%$ $w_L > 50\%$	$I_P > 7\%\ und$ über A-Linie		
OU OT	organischer Schluff organischer Ton	$w_L = 35\text{--}50\%$ $w_L > 50\%$	$I_P > 7\%\ und$ unter A-Linie	orga-nogen	organisch
OH OK	humoser Boden kalkig-kieseliger Boden	$V_{gl} \leq 20\%$ pflanzl. $V_{Ca} > 10\%$ porös	Körnung $\leq 40\% \leq 0,063$		
HN HZ F	Torf nicht zersetzt Torf zersetzt Mudde (Faulschlamm)	$V_{gl} > 30\%$ faserig $V_{gl} > 30\%$ schmierig $V_{gl} > 20\%$ federnd	bräunlich schwärzlich schwammig	orga-nisch	
[---] A	Auffüllung Auffüllung	aus natürl. Böden aus Fremdstoffen	[G, S, U, T, H, F] Müll, Schutt	Auf-füllung	—

3.1.4 Organogene Böden

Organogene Böden werden unterteilt in Torfe (H) und unter Wasser abgesetzten Schlamm bzw. Mudde (F) sowie Böden mit organischen Verunreinigungen (O) und Beimengungen humoser Art (H). Weiter wird unterschieden in nicht bis mäßig zersetzte Torfe (HN) und zersetzte Torfe (HZ) sowie organische Böden mit über 40 % Schluff und Ton (OU, OT) und Böden mit humosen (OH, z.B. Oberboden) bzw. kalkigen Beimengungen (OK, z.B. Wiesenkalk).

3.1.5 Aufgefüllte Bodenarten

Hier werden Auffüllungen aus natürlichen Böden unterschieden, deren Gruppensymbol in eckige Klammern gesetzt wird und Auffüllungen aus Fremdstoffen (Müll, Schlacke, Bauschutt, Industrieabfälle), die das Gruppensymbol A erhalten. Die Einzelansprache der Fremdstoffe erfolgt nötigenfalls nach Abschn. 16.5.2.2.

3.2 Beschreibung von Gestein bzw. Fels

Das Gestein in der Größenordnung einzelner Kluftkörper oder Probestücke weist ganz andere Eigenschaften auf als der Fels im Gebirgsverband, der von Trennflächen verschiedenster Art durchzogen ist und dessen Eigenschaften in hohem Maße richtungsabhängig sind.

Gebirgseigenschaften können daher immer nur für einen bestimmten Gültigkeitsbereich angegeben werden, den sog. **Homogenbereich.** Seine Abgrenzung ist vom Untersuchungszweck abhängig und ist gegebenenfalls für verschiedene Eigenschaften unterschiedlich vorzunehmen und auf diese zu beziehen. Innerhalb eines Homogenbereichs wird das Gebirge als ein Quasikontinuum angesehen, allerdings unter Berücksichtigung der möglichen Anisotropie.

Als solche Homogenbereiche kommen in Betracht Gesteinsserien mit ähnlichen Eigenschaften und Bereiche mit vergleichbarer Klüftung. Im einzelnen hat TIEDEMANN (1989, 1990) folgende Kriterien für die Abgrenzung geologischer Homogenbereiche zusammengestellt:

- gleiches Richtungsgefüge der Trennflächen
- gleiche lithologische Abfolge
- gleiche Gebirgszerlegung
- gleicher Verwitterungszustand.

3.2.1 Gesteinsbeschreibung für bautechnische Zwecke

Die Beschreibung eines Festgesteins erfolgt am zweckmäßigsten auf der Grundlage seiner geologischen Benennung und der Gesteinsfestigkeit (KLENGEL & MÜLLER 1988). Die Kenntnis der geologischen Bezeichnung gestattet in den meisten Fällen, sich eine Vorstellung über das Gestein, seine Lagerungsverhältnisse und sein Verhalten bei Beanspruchung zu machen. In der deutschsprachigen Literatur liegt bis auf die Klassifikation von REUTER (1982) sowie KLENGEL & MÜLLER (1988) keine verbindliche Richtlinie für die Beschreibung von Festgesteinen vor. Eine ISO-Norm ist in Vorbereitung (s. Abschn. 3.1)

Ein **Festgestein** weist eine mineralische Bindung auf und darf bei 12stündiger Wasserlagerung (nach DIN 4022, T 1, 10.2.3) keine Veränderung zeigen. Die Probe darf weder zerfallen noch an der Oberfläche aufweichen.

Gesteine, die beim Wasserlagerungsversuch Veränderungen zeigen, werden als veränderlich feste oder wechselfeste Gesteine bzw. **Halbfestgesteine** bezeichnet. Sie haben feste bis halbfeste Konsistenz, sind deutlich verwitterungs- bzw. feuchtigkeitsempfindlich und büßen mit der Zeit an Festigkeit ein (MORGENSTERN 1990). Ihre Abgrenzung gegenüber den Locker- bzw. Festgesteinen erfolgt häufig auch über die Druckfestigkeit (TAHHAN & REUTER 1989) oder durch Trocknungs-Befeuchtungsversuche bzw. Frostwechselversuche (HELD & HÄFNER 1986). Die Abgrenzung zu den Lockergesteinen wird dabei allgemein mit $\sigma_D = 1$ MN/m^2 angenommen, während die Grenze zu den Festgesteinen nicht genau definiert ist. Nach eigenen Erfahrungen könnte ein Wert von $\sigma_D = 50$ bis 60 MN/m^2 zur Diskussion gestellt werden (s. d. Tab. 2.9 und Abb. 2.52).

Halbfestgesteine sind weit verbreitet (MAGAR 1968; HEITFELD & KRAPP 1985). Wechsellagerungen mit Festgesteinen und angewitterte Festgesteine, die ihre mineralische Kornbindung teilweise verloren haben, sind ebenso zu den Halbfestgesteinen zu rechnen wie teilverfestigte Lockergesteine (z.B. Tonsteine, Mergelsteine und bindemittelarme Sandsteine).

Mit dem Begriff **Tonstein bzw. Schluffstein** werden allgemein feinkörnige Sedimentgesteine mit einer vorherrschenden Korngröße im Ton- bzw. Schluffbereich charakterisiert. Diese Klassifikation ist, wie im Abschnitt 2.1.2 dargelegt, wenig aussagekräftig und entspricht nicht den Klassifikationskriterien vergleichbarer Lockergesteine, die nach ihrer Plastizität bzw. der Lage zur A-Linie im Plastizitätsdiagramm eingeteilt werden. Danach sind die meisten „Ton-/Schluffgesteine" als Tonsteine einzustufen. Darüber hinaus kann bei Halbfestgesteinen nicht allein von einer mechanisch-physikalischen Betrachtungsweise ausgegangen werden, sonders es muß berücksichtigt werden, daß die Hauptgemengteile der meisten feinkörnigen Sedimentgesteine aus Tonmineralen der Korngrößen bis 0,06 mm bestehen (s. Abschn. 2.1.2 und 2.1.7) und demnach als Tonsteine zu bezeichnen sind.

Die **Beschreibung eines Festgesteins** erfolgt in der Regel nach folgenden Merkmalen:

- Gesteinsart (petrographische Zusammensetzung, Korngröße, -anordnung, -bindung)
- Verwitterungszustand
- Härte, Festigkeit
- Beständigkeit gegen Atmosphärilien (Erweichbarkeit, Löslichkeit, Quellbarkeit und andere Mineralumwandlungen)

Die petrographische Beschreibung soll auf die ingenieurgeologische Aufgabenstellung ausgerichtet und für die Gesprächspartner vom Bau verständlich sein. Die Beschreibung erfolgt entweder in kurz gefaßter Textform oder nach dem im Abschn. 4.5.3 beschriebenen Schema der Schichtenverzeichnisse nach DIN 4022, T2. Auch das FGSV-Merkblatt zur Felsbeschreibung (1992) erhält ein Schema für die Felsbeschreibung mit Kurzbezeichnungen für die einzelnen Angaben.

Bei den Erscheinungsformen der **Verwitterung** ist zwischen verwitterungsbeständigen und verwitterungsempfindlichen bzw. -veränderlichen Gesteinen zu unterscheiden. KLENGEL & MÜLLER (1988) ziehen die Grenze zwischen den verwitterungsempfindlichen und den verwitterungsbeständigen Festgesteinen bei einer Druckfestigkeit von 60 MN/m^2.

Je nach den klimatischen Bedingungen herrscht physikalische oder chemische Verwitterung vor. Die physikalische Verwitterung verursacht einen Zerfall des Gesteins, ohne dessen Zusammensetzung zu verändern. Bei der chemischen Verwitterung erfolgt unter der Wirkung von Wasser und z.T. warmen Klimabedingungen eine chemisch-mineralogische Veränderung der Gesteine, einschließlich der Tonminerale. Wesentliche Einflußfaktoren sind dabei das Redoxpotential und der pH-Wert, die auch durch die Tätigkeit von Mikroorganismen gesteuert werden (Literatur über die Verwitterungsvorgänge und Verwitterungspro-

file bzw. Begriffe für die Geländeaufnahme siehe EINSELE, HEITFELD, LEMP & SCHETELIG 1985 sowie TAHHAN & REUTER 1989). Die Frage, ob bei der chemischen Verwitterung unter tertiärzeitlichen Bedingungen Substanzverluste und Gefügeveränderungen stattgefunden haben, wie sie von echten Lateritprofilen bekannt sind, ist in Mitteleuropa noch nicht eingehend untersucht.

Die **Beschreibung des Verwitterungszustandes** erfolgt in der Praxis nach visuellen, geologischen Merkmalen (TAHHAN & REUTER 1989). Die chemische Verwitterung setzt fast immer an Trennflächen an und erfaßt, von da ausgehend, das Gestein durch Verfärbung und Entfestigung. Dabei sind dunkle, graue und grünliche Gesteine, die unter reduzierenden Ablagerungsbedingungen entstanden sind, weitaus anfälliger als helle, rote oder violettrote Gesteine. Besonders anfällig sind schwarzgraue Gesteinsfarben, die meist auf fein verteilten Pyrit (FeS$_2$) zurückzuführen sind. Unter dem Einfluß sauerstoffreichen Kluft- oder Sickerwassers erfolgt sehr rasch eine Aufhellung und Braunfärbung. Die chemische Verwitterung wird oberflächennah von einer physikalischen Gesteinszerlegung infolge Trocknung und Befeuchtung sowie Frostwechsel überprägt. In der Praxis hat sich nachfolgende Einteilung in Homogenbereiche gleicher Verwitterungsintensitäten bewährt:

unverwittert: Das Gestein zeigt keine Verwitterungserscheinungen bis höchstens Verfärbung an den Trennflächen

angewittert: Das Gestein ist weitgehend verfärbt und zeigt an Trennflächen oder schichtweise Entfestigung

verwittert: Das Gestein ist weitgehend entfestigt, der ursprüngliche Gesteinsverband ist aber noch erhalten

zersetzt: Die mineralische Bindung ist verloren, so daß die Eigenschaften eines Lockergesteins vorliegen.

Das Merkblatt über Felsbeschreibung für den Straßenbau (FGSV 1992) verwendet für diese vier Verwitterungsgrade die Kennbuchstaben VU (unverwittert), VA (angewittert), VE (entfestigt) und VZ (zersetzt) und enthält sowohl eine erweiterte Klassifikation mit Angabe von Druckfestigkeiten und Rückprallhammerwerten (s. Tab. 3.2) als auch eine spezielle Klassifikation für Ton- und Schluffsteine.

Als Unterscheidungsmerkmale der Verwitterung werden von SMOLTCZYK (1972) und TAHHAN & REUTER (1989), verschiedene Boden- bzw. Gesteinskennwerte herangezogen. Üblich sind heute die Korngrößenverteilung der schonenden Naßsiebung, der Wassergehalt, die Gesteinsdruckfestigkeit und eventuell die Verformungsmoduli von Seitendruckversuchen. Die Korrelierbarkeit solcher Kennwerte ist jedoch nur bei niedrigen Kalkgehalten ($< 4\%$) möglich, nicht dagegen bei stark wechselnden Kalkgehalten.

Die **Tiefenwirkung der Verwitterung** ist nicht nur vom Ausgangsgestein und den Dränagebedingungen (Wasserführung) abhängig (RUCH 1985: 45), sondern auch von der tektonischen Gebirgszerlegung und -auflockerung (s. Abschn. 3.2.4). In tektonischen Störungszonen ist die Verwitterung gewöhnlich viel intensiver und reicht wesentlich tiefer als in tektonisch ungestörten Bereichen, in denen meist eine deutliche vertikale Zonalität zu erkennen ist (PETROV 1976, EINSELE et al. 1985: 11, NAUMANN & PRINZ 1988, PRINZ 1988).

Unabhängig von diesen vertikalen Verwitterungsprofilen können auch in größeren Tiefen noch einzelne entweder besonders verwitterungsanfällige oder besonders beanspruchte Tonsteinlagen deutliche Plastifizierung, d. h. Verwitterung, zeigen (s. Abb. 2.14 und Abschn. 2.7.4).

Die **Kornbindung bzw. Festigkeit eines Gesteins** hängt mit dem Verwitterungsgrad eng zusammen. In Anlehnung an DIN 4022 (T 1, 10.5) bzw. TAHHAN & REUTER (1989), BROSCH & RIEDMÜLLER (1987) sowie KLENGEL & MÜLLER (1988) können nachstehende Abstufungen verwendet werden (s. a. Tab. 3.2):

sehr hart oder extrem fest bzw. sehr gute Kornbindung: mit Stahlnagel oder Messerspitze nicht ritzbar bzw. mit Hammer schwer zu zerschlagen, metallisch klingend und federnder Hammerrückprall

hart oder sehr fest bzw. gute Kornbindung: mit Stahlnagel oder Messerspitze schwer ritzbar bzw. beim Schlagen mit dem Hammer sehr hell klingend

mäßig hart oder fest bzw. mäßige Kornbindung: mit Stahlnagel oder Messerspitze leicht ritzbar bzw. mit dem Hammer leicht zu zerschlagen und hell klingend

fest bzw. mittelfest (KLENGEL & MÜLLER 1988): mit Fingernagel ritzbar bzw. mit dem Hammer dumpf klingend

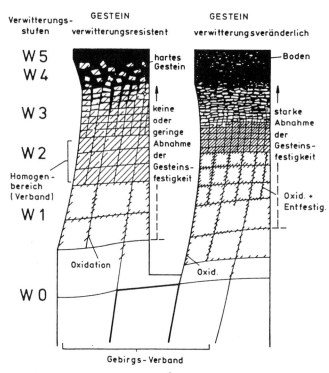

Abb. 3.1 Schematische Profile typischer Verwitterungszonen (aus EINSELE et al. 1985).

Tabelle 3.2 Erweiterte Klassifikation der Verwitterungsgrade nach dem FGSV-Merkblatt 1992.

Gesteinsver-witterungs-grade	Beschreibung Erscheinungsbild	Merkmale	Feldversuche: Hammerschlag/Rückprall-hammer
unverwittert	keine sichtbare Verwitterung schwache Verfärbung an Trenn-flächen	frischer Eindruck, unverändert gesund – fest hart – sehr hart C > 50 MPa	heller Klang bei Hammerschlag hinterläßt keinen Eindruck mehrere Hammerschläge erforderlich ritzbar mit Schwierigkeiten $R_m = 30 +/- 10$
angewittert	Gestein fest – gering entfestigt Verfärbung der Kluftwandungen und der angrenzenden Gesteinsbereiche Variante: Gestein verfärbt aber fest	frisch, aber evtl. leichte Entfestigung (Indexvers.) merkbar enge Kornbindung mäßig hart C = 25–50 MPa	weniger heller Klang evtl. leichte Einkerbung mit einem festen Schlag brechbar nicht bis schwach ritzbar $R_m = 20 +/- 10$
mäßig entfestigt	Gestein ist entfestigt (spürbar verändert) aber noch nicht mürbe Verfärbung der Kluftwandungen und des Gesteins	spürbar verändertes Gestein z. T. geöffnete Korn-bindung schwach absandend C = 5–25 MPa	dumpfer Klang stärkere Einkerbung bei festem Schlag mit Hammer leicht in kleinere Stücke – aber größere Stücke mit Hand nicht zerbrechbar $R_m < 10–15$
stark entfestigt	Gestein ist deutlich bis stark ent-festigt starke Verfärbung der Kluftwan-dungen und des Gesteins	Gestein ist brüchig mürbe, absandend sehr weich C = 1–5 MPa	brüchig bei Hammerschlag Hammer gute Einkerbung größere Stücke mit Hand zerbrechbar; gut ritzbar $R_m = 0$
zersetzt	Gestein ist völlig entfestigt oder zersetzt, Gesteinsgefüge jedoch erkennbar	Verhalten wie bindiger oder nichtbindiger Boden; extrem weich C < 1 MPa	kann von Hand gelöst werden Teil der Minerale von Hand zu zerreiben in Wasser zu plastifizieren

Erläuterungen: C = Einaxiale Druckfestigkeit des Gesteins,
R_m = Werte der Prüfung mit dem Rückprallhammer DIN 1048, Teil 2, Mittel aus 10 Einzel-werten

absandend fest oder gering fest bzw. schlechte Kornbindung: Abreiben von Gesteinsteilchen mit dem Finger möglich
brüchig-mürb bzw. sehr gering fest: Kanten mit den Fingern abzubrechen
entfestigt: Gestein mit den Fingern zerdrückbar.

Die Härte der einzelnen Mineralkomponenten wird damit nicht ausreichend erfaßt, auch nicht mit der Ritzhärtebestimmung einzelner Mineralkörner nach DIN 4022, T 1 (Abschn. 10.6). Hier ist besser auf die Mineralhärteangaben nach Mohs zurück-zugreifen (Tab. 3.3).

Die genaue Spezifikation der Gesteinsfestigkeit er-folgt über die einaxiale Druckfestigkeit nach Abschn. 2.6.8. Die Tabelle 3.2 gibt Anhaltswerte

sowohl für die einaxiale Druckfestigkeit als auch für Rückprallwerte mit dem Prüfhammer. Tahhan & Reuter (1989) haben für angewitterte Magma-tite auch eine Beziehung Verwitterungszustand/ Punktlastindex $I_{s(50)}$ erarbeitet. Die Kenntnis der Gesteinsfestigkeit ist für zahlreiche Fragestellun-gen des Tiefbaus von Bedeutung (Lösearbeiten, Bohrarbeiten, Herstellen von Großbohrpfählen im Fels u. a. m.).

Tabelle 3.3 Mineralhärten nach Mohs (ergänzt) und Umrechnungsfaktoren auf Quarz nach V. Mohs & Quervain (1948).

		Mohssche Härteskala	Umrechnungsfaktor auf Quarz nach der Rossival-Skala
	Talk	1	
Mit Fingernagel ritzbar	Steinsalz	2	0,002
	Kalkspat	3	0,03
Mit Stahl ritzbar	Flußspat	4	0,04
	Apatit	5	0,05
	Magnetit	5,5	0,16
	Orthoklas, Hornblende, Augit	6	0,31
	Olivin, Pyrit, Hämatit, Plagioklas	6,5	0,55
	Quarz	7	1,0
Fensterglas wird geritzt	Topas	8	
	Korund	9	
	Diamant	10	

3.2.2 Trennflächen und ihre Bedeutung

Fels ist praktisch immer ein Vielkörpersystem (Müller 1963: 8). Er ist zerbrochen und von Trennflächen durchzogen, welche die Entstehungsbedingungen, die Art und das Ausmaß der Vorbeanspruchung (Tektonik) und auch die Gesteinseigenschaften widerspiegeln und weitgehend das Verhalten des Gebirges bei Beanspruchung und beim Lösen bestimmen. Die Gesamtheit der Trennflächen (Schichtflächen, Schieferungsflächen, Klüfte) wird als Trennflächengefüge bezeichnet. Tektonische Störungen (Verwerfungen) werden in der Regel als Einzelelemente gewertet.

Unter **Trennflächen** versteht man alle (nicht immer makroskopisch sichtbaren) Unstetigkeitsflächen bzw. Diskontinuitäten, an denen die Festigkeit des Gebirges herabgesetzt ist. Sie können durch mechanische oder hydraulische Beanspruchung oder durch Einregelung formanisotroper Minerale entstanden sein, wie die sedimentäre Anisotropie der Schichtung.

Klüfte sind ebene Diskontinuitäten als Folge der o. g. Beanspruchungen ohne ersichtliche Verschiebung entlang von Bruchflächen (Cloos 1936: 218; Rossmanith 1989). Sie treten in der Regel nicht einzeln, sondern in Scharen ± parallel auf. Die verschiedenen Kluftrichtungen stehen normalerweise in bestimmten Winkelbeziehungen zueinander, wobei häufig angenähert rechte Winkel auftreten. In ungefalteten Schichtgesteinen stehen die Klüfte außerdem meist senkrecht auf den Schichtflächen. Brucharten und -winkel ändern sich mit dem Material- und/oder Spannungszustand.

Die **Schichtflächen** nehmen eine gewisse Sonderstellung ein. Auf ihnen hat normalerweise kein vollständiger Kohäsionsverlust stattgefunden. Trotzdem ist an ihnen aufgrund ihrer weiten Erstreckung und häufig zu beobachtenden glatten Ausbildung und flächenparallelen Glimmereinregelung und -anreicherung die Reibungs- und Verbandfestigkeit meist stark abgemindert.

Außer dieser primären Schwächung der Verbandsfestigkeit an Schichtflächen sind auch immer sekundäre Veränderungen durch Verwitterung (Anwitterung, Quellung, Plastifizierung – s. Abschn. 2.7.4) oder besonders durch mechanische oder hydraulische Beanspruchung (Harnische und andere Bewegungsanzeichen oder hydraulisches Aufreißen) zu beachten (Prinz 1980b; Bräutigam & Hesse 1983; Ruch 1985; Naumann & Prinz 1988; Prinz & Voerste 1988).

Diese sekundären Veränderungen können die Folge sehr verschiedenartiger Beanspruchungen des Gebirges sein, wie z. B. tektonische oder atektonische Schichtverstellungen, Entlastungsvorgänge, Hangbewegungsmechanismen u. a. m. (Prinz & Tiedemann 1983; Ruch 1985; Prinz 1988; Hesse & Tiedemann 1989; Mandl 1989).

Die als einfache Scherung zu bezeichnende Gleitung auf Schichtflächen setzt schon in einem sehr frühen Stadium der Beanspruchung ein und ist u. a. als Folge der plattentektonischen Schubbeanspruchung weit verbreitet. Sie bewirkt aufgrund der damit verbundenen Dilatation und Zerscherung eine Wasseranreicherung und Plastifizierung von Tonsteinlagen (s. Abschn. 2.7.4). Durch solche Vorgänge können Schichtflächen in ihrer mechanischen Funktion zu echten Gleitflächen (s. u.) werden.

Schieferungsflächen sind durch sekundäre Mineraleinregelung und parallele Plättung (reine Scherung) entstanden, wodurch eine dünnplattige Spaltbarkeit des Gesteins entstanden sein kann (s. Abschn. 3.2.6).

3.2.3 Einteilung und Entstehung der Klüfte

Eine allseitig zufriedenstellende **Klassifikation für Klüfte** liegt bis heute nicht vor. In der Literatur findet man verschiedene deskriptive und genetische Klassifikationsversuche. In der ingenieurgeologischen Praxis hat sich das von STINI (1929) erstmals benutzte genetische Einteilungsprinzip in Absonderungsklüfte und Bewegungsklüfte durchgesetzt, wobei letztere seit MÜLLER (1963) weiter unterteilt werden in Trennungsklüfte, Verschiebungsklüfte und Gleitungsklüfte. Soweit diese Unterscheidung nicht möglich ist, werden gewöhnlich Klein-, Mittel- und Großklüfte unterschieden, wobei die ersteren in ihrer Streichrichtung stärker streuen und an Bänken und Bankabfolgen stark unterschiedlicher Sprödigkeit meist absetzen (sog. bankinterne Klüfte) und z. T. andere Richtungen annehmen, während Mittelklüfte bankübergreifend sind und auch unterschiedlich spröde Bänke durchschlagen. Großklüfte sind meist nach den tektonischen Bruchrichtungen orientiert und streichen über mehrere Meter bis Zehnermeter durch.

Aufgrund geometrischer Beziehungen zu den tektonischen Hauptstrukturen werden außerdem Normal-, Längs-, Quer- oder Diagonalklüfte unterschieden (s. Abb. 3.13).

Die Frage über die **Entstehung der Klüfte** wird in der internationalen Fachliteratur unterschiedlich diskutiert, obwohl Klüfte zu den wichtigsten geologischen Hilfsmitteln für die Interpretation tektonischer Strukturen und ihrer Entstehungsgeschichte gehören. L. MÜLLER hat dazu noch 1988 gesagt, Klüfte sind eine Art Keilschrift; wenn wir sie entziffern könnten, würden wir die Phänomene der Tektonomechanik wahrscheinlich verstehen können.

In der Felsbruchmechanik, d. i. die Anwendung der linear-elastischen Bruchmechanik (LEBM) auf Probleme der Felsmechanik (ROSSMANITH 1989, darin Lit.), werden alle im Rahmen der Elastitätstheorie zu behandelnden Brucherscheinungen auf drei Grundtypen zurückgeführt (Abb. 3.2):

mode I = Normalöffnung senkrecht zur Rißfläche; Trennbruch oder Trennungskluft, hydraulische Rißbildung

mode II = Scherung in der Rißfläche senkrecht zur Rißfront; ebener Schubbruch oder Scherkluft, Längsscherung, tektonische Verschiebung

mode III = Scherung in der Rißfläche parallel zur Rißfront; nichtebener Schubbruch.

Trotz gleicher genetischer Vorstellung werden in der englischsprachigen Literatur Klüfte, entsprechend der ursprünglichen Definition als verschiebungsfreies Strukturelement, allein als mode I-Typ verstanden, und als rein öffnende Bruchart streng von Störungen mit verschiebender Bruchart (mode II und III, Scherbruch) unterschieden (s. d. MICHAEL 1994, 1996). In der deutschsprachigen Literatur wird dagegen der Begriff der Kluft für alle drei Brucharten angewendet, ausgehend von der Vorstellung, daß die Bildung von Trenn- und Scher-

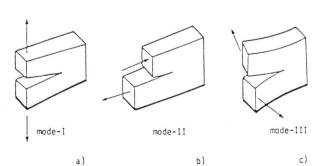

Abb. 3.2 Die drei grundlegenden Brucharten in der linear-elastischen Bruchmechanik (aus ROSSMANITH 1989).
a mode-I: Normalöffnung = Trennbruch
b mode-II: ebener Schub = Scherbruch
c mode-III: nichtebener Schub = nichtebener Schubbruch

klüften einen zusammengehörigen Prozeß darstellt, wobei wegen der geringen Zugfestigkeit der Gesteine zuerst Zug- bzw. Trennbrüche aufreißen, die sich bei weiterer Beanspruchung zu Scherbrüchen entwickeln können. Bei der Entstehung von Zug- bzw. Trennbrüchen kann der Porenwasserdruck eine erhebliche Rolle spielen. Im einzelnen ist es äußerst schwierig zu entscheiden, ob Klüfte primär als Trenn- oder Scherbrüche entstanden sind.

Der hochkomplizierte Versagensmechanismus des Scherbruchphänomens wird meist anhand der stark **idealisierten Vorstellung des triaxialen Druckversuches** dargestellt (Abb. 3.3):

Im triaxialen Spannungszustand treten bei sprödem Materialverhalten nach Überschreiten der Gesteinzugfestigkeit parallel zur größten Hauptdruckspannung Querdehnungs- bzw. **Trennungsklüfte** auf (Abb. 3.3, links). Die Kluftflächen sind gewöhnlich uneben und rauh, besitzen eine relativ kleine Ausdehnung und weisen im Gebirge häufig einen Mineralbelag auf.

Bei weitergehender Beanspruchung kommt es im Bereich der größten Schubspannung zur Ausbildung von Lastbrücken und zu einer Verdichtung der kurzen Mikrorisse. Diese Phase ist bereits von einer Dilatanz senkrecht zu σ_1 und einem Abfall des Porenwasserdrucks begleitet. Bei Überschreiten der Schubfestigkeit kommt es dann zu einem Zusammenwachsen der bislang kurzen Mikrorisse und ihrer progressiven Ausweitung und damit zur Ausbildung von einem bzw. zwei spiegelbildlich zu der Hauptspannungsrichtung liegenden **Scherbrüchen**. Die Kluftflächen sind im Anfangszustand meist eben und körnig-rauh bis zackig-rauh und z. T. treppenartig versetzt oder in Verzweigungen auslaufend. Eine solche Kluftentwicklung kommt zustande, wenn im Bereich der Rißspitzen

eine lokale Zugspannung entsteht, die zu einem Ausknicken des Risses in Richtung der größten Hauptspannung (σ_1) führt, bei gleichzeitiger Scherung entlang der Hauptrißrichtung (sog: GRIFFITH-Kriterium). Scherbrüche zeigen anfangs nie Bewegungsspuren, wohl aber häufig sog. Besen- und Ringstrukturen (BANKWITZ 1965; TIEDEMANN 1983, 1990), deren Entstehungsursachen in der Literatur unterschiedlich diskutiert werden (BROSCH 1983; MEIER & KRONBERG 1989). Gelegentlich, d. h. in bestimmten tektonischen Positionen, können auch spaltenartig geöffnete Schubbrüche (Zerrungsklüfte) auftreten.

Die meisten **Gleitungsklüfte** dürften jedoch durch weitergehende oder wiederholte Beanspruchung aus einfachen Schubbrüchen hervorgegangen sein. Gemeinsames Merkmal der Gleitungsklüfte im Endzustand ist ihre ebene und glatte Oberfläche und gelegentlich auch Bewegungsspuren (Abscherungen, Harnische, Striemungen). Sie durchtrennen das Gebirge über größere Erstreckung.

Eine ähnliche Vorstellung über die Kluftgenese und die Entstehung von Scherzonen entwickelte SKEMPTON schon 1966 (Abb. 3.4).

Unter Berücksichtigung dieser genetischen Deutung kann in der Baupraxis folgendes gemischtes **Einteilungsprinzip** angewandt werden:

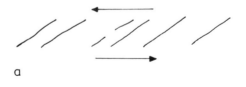

a

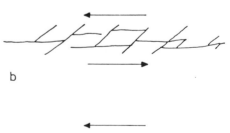

b

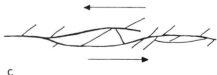

c

Abb. 3.3 Brucherscheinungen an einer Gesteinsprobe im dreiaxialen Druckversuch.

Abb. 3.4 Entwicklung von Scherstrukturen mit zunehmender Verschiebung (nach SKEMPTON 1966).

Kleinklüfte = Trennungsklüfte und bankinterne Schubbrüche; Flächengröße meist < 1 m², selten mehr

Mittelklüfte = mittlere Schubbrüche bzw. einfache Scherklüfte; Flächengröße bis zu etwa 100 m², bei großen Bankdicken auch mehr; noch vorspringende Ecken und Kanten

Großklüfte = Gleitungsklüfte; Flächengröße in der Regel > 100 m²; Bewegungsspuren verhältnismäßig selten erkennbar.

Diese Einteilung hat zwar den Nachteil, daß im kleinen Aufschluß Kleinklüfte und kleine Mittelklüfte sowie auch größere Mittelklüfte und Großklüfte ohne erkennbare Bewegungsspuren schwer zu unterscheiden sind, es wird aber versucht, klar definierte Begriffe einzuführen. Als entscheidendes genetisches Merkmal kann in vielen Fällen die Flächenausbildung herangezogen werden. Darüber hinaus ist es in den meisten Fällen aussichtslos, entscheiden zu wollen, ob Klüfte als Zug- oder Scherbrüche entstanden sind.

3.2.4 Aufnahme und Beschreibung von Trennflächen

Das wesentliche Ziel einer **Trennflächenanalyse** aus ingenieurgeologischer Sicht ist, anhand einer für die Praxis brauchbaren Systematik, die geometrischen und mechanischen Eigenschaften der Trennflächen zu erfassen und in Gebirgsmodellen zu verarbeiten.

Im flächigen Aufschluß erfolgt das Aufmaß von Klüften entweder als Einzelkluftmessung, bei der nur einzelne Großklüfte oder Klüfte besonderer Bedeutung, evtl. auch einzelne Kluftscharen kartiert und direkt in die mechanische Betrachtung einbezogen werden, oder konventionell als statistische Kluftauswertung, bei der für einen bestimmten Gültigkeitsbereich (Homogenbereich) eine größere Anzahl von Klüften (min. 40 bis 60, besser 200 Messungen) aufgemessen und statistisch auf dem Schmidtschen Netz ausgewertet werden. Für viele Bauaufgaben ist die erste Methode aussagekräftiger (z. B. ingenieurgeologische Tunnelkartierung, Abschn. 17.1.6).

Vertikale Kernbohrungen geben bei steilstehenden Klüften nur einen unzureichenden Aufschluß über das Kluftinventar. Günstiger ist in solchen Fällen die Aufnahme der Bohrlochwandung mittels Bohrlochfernsehsonde (Abschn. 4.6.1), womit besonders auch die Öffnungsweiten der Klüfte erfaßt

werden können. Schrägbohrungen geben in gut kernfähigem Gebirge i. a. eine recht brauchbare Aussage über Kluftrichtungen quer bzw. schräg zur Bohrlochachse. Das Aufmaß der Klüfte erfolgt am besten in bohrrichtungsgetreu aufgestellten Holzgestellen direkt am Kern, wozu aber orientiert gebohrte Kernabschnitte (s. Abschn. 4.3.5.1) oder eine Orientierung der Kernstücke über die Schichtung o. ä. nötig sind. Die Darstellung der Kluftmessungen an Schrägbohrungen kann mittels Lagenkugel oder nach Abb. 4.19 erfolgen. Die Kluftrichtungen aus Bohrungen sind bei der Konstruktion tektonischer Strukturen zu beachten und sind oft aussagekräftiger als andere Kartierhilfsmittel.

Die **Beschreibung der Trennflächen** enthält je nach Aufgabenstellung folgende Angaben:

Lage:	nur bei Großklüften, sonst Angabe des Homogenbereichs (s. Abschn. 3.2)
Art der Trennflächen:	Schichtflächen (ss oder S ⟋), Schieferungsfläche (sf oder S$_f$ ⟋), Großkluft (GK oder K ⟋), Mittel-/Kleinkluft (K oder k ⟋), Störung (st oder S$_t$ ⟋).
Raumstellung:	Streichen und Fallen (z. B. N 30° E, 70° SE) bzw. Fallrichtung und Fallwinkel (z.B. 120°/70°)
Erstreckung:	Angabe in m oder m²
Beschaffenheit der Flächen:	eben, uneben, wellig, abgesetzt (getreppt); Oberfläche rauh, glatt, spiegelglatt, gestriemt (Harnischflächen) – s. Tab. 3.3
Öffnungsweite:	Angabe der mittleren, der größten und kleinsten Weite
Füllung:	Quarz, Kalzit, Mylonit, Ton, Lehm usw.
Abstand:	senkrechter Abstand, getrennt nach den einzelnen Kluftscharen; Angabe in m oder cm (s. a. Abb. 3.6)
Versatz:	Angabe in m oder cm, mit Versatzrichtung.

Die felsbaulich relevanten Informationen aus der Trennflächenaufnahme können in zwei Komplexe gegliedert werden (Lit. s. MÜLLER 1980):

- Quantitative Angaben zu Raumlage, Abstand und Größe
- Qualitative Angaben zur Gesteinsausbildung, zur Oberflächenbeschaffenheit der Trennflächenwandungen und zur Öffnungsweite bzw. zur Füllung.

Diese qualitativen Merkmale sind häufig Grundlage der Einschätzung mechanischer Gebirgseigenschaften und Bestandteil von Klassifikationssystemen (TIEDEMANN 1990; HESSE & SIMON 1991).

Die Beschreibung der **Oberflächenbeschaffenheit** der Trennflächen erfolgt meist nur visuell, wobei in Anlehnung an BARTON (1973) drei Größenbereiche unterschieden werden können (s. a. Tab. 3.4):

- Unebenheitsgrad im m²-Bereich mit Unebenheiten von mehreren cm Höhe
- Makrorauhigkeitsgrad im dm²-Bereich mit Rauhigkeiten von mehreren mm Höhe
- Mikrorauhigkeitsgrad im cm²-Bereich mit Rauhigkeiten bis zu 1 mm Höhe.

Genaue Profilaufnahmen mit Gelände- oder Laborprofilographen bzw. die recht komplizierte Ermittlung von Rauhigkeitskoeffizienten JRC nach BARTON & CHOUBY (1977) u. a. werden selten vorgenommen (Lit. s. STRIEGEL 1984; HESSE & TIEDEMANN 1989; BROSCH et al. 1990).

Wo Harnischlineationen auf Kluftflächen (oder Schichtflächen) auftreten, kann die relative Bewegungsrichtung aus der Orientierung der Lineationen und den senkrecht zur Bewegungsrichtung verlaufenden Abrißstufen, sog. Escarpments, erkannt werden (Abb. 3.5), deren Steilkanten immer gegen die Bewegungsrichtung angeordnet sind (BUCHNER et al. 1979; WÜSTENHAGEN et al. 1990).

Die Klüfte sind in der oberflächigen Auflockerungszone häufig etwas geöffnet. Die Bestimmung der **Öffnungsweite** von Trennflächen ist in den meisten Fällen problematischer als dies zunächst erscheint. Die Öffnungsweite ist abhängig von der Sprödigkeit und Bankigkeit des Gesteins, den Lagerungsverhältnissen, dem tektonischen Beanspruchungsgrad, der Exposition (Tal, Hang, Hochfläche) und der Verwitterung (NIEDERMEYER et al.

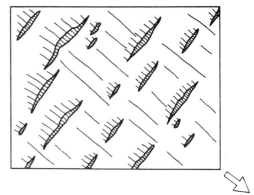

Abb. 3.5 Abrißstufen auf Harnischflächen senkrecht zur Bewegungsrichtung.

1983: 56). Die Öffnungsweite der Klüfte kann wie folgt klassifiziert werden:

Spalte	über 10 mm
geöffnete Kluft	0,5 bis 10 mm
geschlossene Kluft	unter 0,5 mm

Echte Spalten von > 1 cm sind in der Regel nur in spröden, dicken Bänken zu beobachten. In Wechselfolgen wird der Gebirgsauflockerungsfaktor meist von zahlreichen kleineren Klüften ohne große Öffnungsweiten gebildet, wobei verstärkt Ausgleichsbewegungen auf Schichtflächen anzunehmen sind. Die Tatsache, daß in Oberflächennähe die meisten Klüfte etwas offen sind, läßt hier eine etwas größere Kluftdichte vermuten. Das Kluftschema ist aber meist das gleiche wie in größerer Tiefe. Auch die sog. Hangzerreißungsklüfte werden selten neu gebildet, sondern verwenden das tektonisch angelegte Kluftsystem, wobei sich häufig die Talrichtung nach den tektonischen Kluftsystemen ausgebildet hat (KRAUSE 1966, NIEDERMEYER et al. 1983: 56).

Als Ursache dieser **oberflächennahen Gebirgsauflockerung** sind schon von KIESLINGER (1958) Entspannungsvorgänge im Gebirge erkannt worden. Die bei Entlastung sich einstellenden erhöhten Horizontalspannungen (s. Abschn. 2.6.7) bewirken sowohl Gleit- und Kriechvorgänge als auch zunehmende Klüftung und Gesteinsauflockerung. Die Auflockerungstiefen reichen im Rheinischen Schiefergebirge nach WIEGEL (1962), HEITFELD (1965, 1966), HESSE (1978) und KRAPP (1979) durchschnittlich 30 bis 40 m hinab, wobei in einer 10 bis 15 m mächtigen Oberzone häufig Lehmfüllungen zu beobachten sind. Für die Wechselfolgen des Buntsandsteins in Osthessen beschreiben NAUMANN & PRINZ (1988) Auflockerungstiefen

Tabelle 3.4 Beschreibung der Oberflächenbeschaffenheit von Trennflächen (nach TIEDEMANN 1990).

m²-Bereich	dm²-Bereich	cm²-Bereich
sehr eben	sehr eben	glatt
eben	eben	rauh
gebogen	muschelig	sehr rauh
uneben	bucklig	(Fingerprobe)
sehr uneben	wellig	
(Gesamteindruck)	haklig	

von 20–30 m. Für das dickbankige Buntsandsteingebirge am unteren Neckar nennt KRAUSE (1966) Auflockerungstiefen bis zu 50 m. Zu ähnlichen Werten kommt auch NIEDERMEYER et al. (1983: 65), wobei hier zusätzlich die horizontale Reichweite der Hangzerreißung mit 100 bis 200 m angegeben wird (s. Abschn. 17.2.1).

Außer der oberflächennahen Gebirgsauflockerung tritt nach den Erfahrungen bei Tunnelbauten im Buntsandsteingebirge Osthessens an bestimmten tektonischen Strukturen auch eine tiefreichende **tektonische Gebirgsauflockerung** auf (NAUMANN & PRINZ 1988, PRINZ 1988, NAUMANN & PRINZ 1989) mit teilweise extrem niedrigen Verformungsmodulln des Gebirges (siehe Abschn. 2.6.6). Als Ursache für diese **erhöhte Verformungsanfälligkeit des Gebirges** werden ausgeprägte Klüftung mit Kluftweiten bis über 1 mm, die geringe innere Verspannung des Gebirges aufgrund offener Zerrungsklüfte (s. Abschn. 3.2.3) sowie die große Mobilität tonsteinreicher Wechselfolgen angesehen (MÖRSCHER et al. 1985). Nach den vorliegenden Erfahrungen ist zwischen kompetenten Abfolgen und inkompetenten Wechselfolgen zu unterscheiden, die eine wesentlich größere Kluftkörperbeweglichkeit und Verformbarkeit aufweisen.

Diese erhöhte Verformungsanfälligkeit trifft auch für den oben angesprochenen Bereich der verstärkten Hangzerreißung zu und ist besonders bei großflächigen Bauten oder Linienbauwerken in der Nähe bzw. bei Annäherung an größere Taleinschnitte zu beachten.

Bei Angaben über das **Kluftvolumen** ist zwischen dem Gesamtkluftvolumen, dem durchflußwirksamen Kluftvolumen und letztlich auch einem noch schwerer abschätzbaren verformungswirksamen Kluftvolumen zu unterscheiden. Das Gesamtkluftvolumen kann bei entsprechenden Aufschlußverhältnissen durch Aufmessen der Kluftöffnungsweiten in zwei senkrecht aufeinander stehenden Aufschlußebenen erfolgen. Die Aussagekraft solcher Messungen ist jedoch begrenzt. In der Praxis wird das Kluftvolumen meist nach der Wasserführung abgeschätzt. Zahlenangaben über das durchflußwirksame Kluftvolumen s. Abschn. 2.8.2.

Bei den **Kluftfüllungen** muß grundsätzlich zwischen an Ort und Stelle entstandenen, autochthonen Zwischenmitteln, und Füllungen aus Fremdmaterial, sog. allochthonen Zwischenmitteln, unterschieden werden. Zu der erstgenannten Gruppe gehören z. B. Verschiebungsbrekzien oder feinkörnige Kataklasite, eingequetschtes Material und

Verwitterungsrückstände. Zu der zweiten Gruppe von Kluftfüllungen gehören von der Oberfläche eingespülltes Material oder umgelagerte Residualbildungen.

Die Unterscheidung nach der Herkunft der Zwischenmittel erfolgt am besten durch eine erste Ansprache im Aufschluß, bzw. nach der Kornverteilung und dem Gefüge. Durch Verschiebung entstandene Kataklasite sind meist völlig durchmengt und weisen vielfach noch Bruchstücke von den Kluftwandungen bzw. Harnischflächen o. ä. auf. Die sehr ungleichförmigen Körnungslinien reichen in der Regel von feinsten Zerreibsel der Ton- und Schlufffraktion bis zu Gesteinsbruchstücken in Kieskorngröße. Gleichförmige Kornverteilung im Feinkornbereich zeigt dagegen meist klassiertes Material aus Einspülvorgängen an. In situ-Verwitterungsbildungen können dazwischenliegen. Weitere Hinweise auf die Genese der Kluftfüllungen können tonmineralogische Untersuchungen (RIEDMÜLLER & SCHWAIGHOFER 1977; RIEDMÜLLER 1978) und gegebenenfalls auch mikropaläontologische Untersuchungen bringen.

Der **Kluftabstand** ist nicht nur von der mechanischen (tektonischen) Beanspruchung des Gebirges abhängig, sondern sehr stark vom Gestein und der Bankdicke. Zahlreiche Autoren geben sogar eine formelmäßige Beziehung zwischen Schichtdicke und der Klüftigkeit an (BROSCH 1983, darin Lit.). Die Maßangaben für den Kluftabstand sind nicht einheitlich. Am gebräuchlichsten ist heute die Einteilung nach Tab. 3.5 oder die 2–6er Einteilung der IAEG (MATULA 1981; PRINZ 1991) bzw. die darauf aufbauende Einteilung nach ENV 1997–1, Anhang E sowie DIN V 1054–100, Anhang C:

engständig bzw. dünn-   60–200 mm
bankig

mittelständig bzw. mit-   200–600 mm
telbankig

weitständig bzw. dick-   600–1000 mm
bankig

Das FGSV-Merkblatt enthält auch Definitionen für die Neigung von Flächen (0–10° = söhlig, Code N1; 10–30° = flach, N3; 30–60° = geneigt, N6; 60–90° = steil, N9;) sowie für den Schnittwinkel mit der Trassenachse (0–15° = achsgerecht, 15–75° = schräg, 75–90° = querschlägig).

Als **Klüftigkeitsziffer** (k oder kf) bezeichnet STINI (1922) die Anzahl der Klüfte pro Meter Gebirgsaufschluß. Die Klüftigkeitsziffer stellt somit einen reziproken Wert der Kluftabstände dar, ohne Berücksichtigung der verschiedenen Kluftscharen und der wahren Kluftabstände senkrecht zu den einzelnen Kluftflächen (Abb. 3.6).

Tabelle 3.5 Einteilung des Trennflächenabstandes nach dem FGSV-Merkblatt 1992.

mittlerer Abstand in cm Toleranz ± 20%	Bezeichnung Klüftung	Schichtung/ Schieferung
< 1		blätterig
1–5	sehr stark klüftig	dünnplattig
5–10	stark klüftig	dickplattig
10–30	klüftig	dünnbankig
30–60	schwach klüftig	dickbankig
> 60	kompakt	massig

Der ebene Kluftflächenanteil bzw. **Durchtrennungsgrad** gibt an, in welchem Maße das Gebirge in einer Kluftebene durchtrennt ist, bzw. noch Materialbrücken vorliegen. Er ermöglicht damit eine quantitative Aussage über die Wertigkeit der einzelnen Klüfte bzw. Kluftscharen in bezug auf die Teilkörperbeweglichkeit, insbesondere die Scherfestigkeit des Gebirges. Der ebene Durchtrennungsgrad kann zwar in einer Aufschlußebene ermittelt werden (MÜLLER 1963: 232), doch treten auch hierbei im Detail meist schon Probleme hinsichtlich der Wertung und Interpretation der einzelnen Flächenanteile auf (RICHTER, MOLEK & REUTER 1976: 241). Die Bedeutung dieser Werte darf daher nicht überschätzt werden. Der ebene Durchtrennungsgrad kann bei Schichtflächen nahe 1,0 (100 %) betragen, bei Großklüften 0,5 bis 1,0

und bei Klein- und Mittelklüften in Wechselfolgen 0,2 bis 0,8. Der räumliche Durchtrennungsgrad, auch als Trennflächendichte bezeichnet, ergibt sich als Produkt aus dem mittleren Kluftabstand und dem ebenen Durchtrennungsgrad und wird meist in m^2/m^3 angegeben (MÜLLER 1963: 236; KLEIN & DÜRRWANG 1994).

Die **Kluftkörpergröße** und -form ist das Produkt aus dem Kluftabstand der verschiedenen Kluftscharen und ihrem Durchtrennungsgrad und wird am bestens bereits im Aufschluß ermittelt (s. a. KLENGEL & MÜLLER 1988). Für die Beschreibung der Form der Kluftkörper kann die Klassifikation nach MÜLLER (1963), s. d. auch FGSV-Merkblatt, Tab. 3.2, oder MÜLLER (1990) verwendet werden. Die Größe und Form der Kluftkörper hat z. B. Bedeutung bei der Unterscheidung der Felsklassen 6 und 7 nach DIN 18 300 (s. Abschn. 3.3) sowie für die Beurteilung der Sprengarbeit (s. Abschn. 12.1).

3.2.5 Darstellung des Trennflächengefüges

Für die Darstellung des Trennflächengefüges wird allgemein die Lagenkugel nach SCHMIDT (1925) verwendet. Die Darstellung der Kluftrose gibt nur die Richtungshäufigkeiten des Streichens an und berücksichtigt nicht das Einfallen und die geometrische Beziehung zwischen den einzelnen Flächen.

In der flächentreuen Polarprojektion der unteren Halbkugel (Abb. 3.7) erscheinen geologische Flächen oder Schnitte entweder als durch den Mittelpunkt gehende Großkreise (S) oder als Durchstoßpunkte (P) der Flächennormalen im Mittelpunkt. Randnahe Flächenpole (Durchstoßpunkte) bedeu-

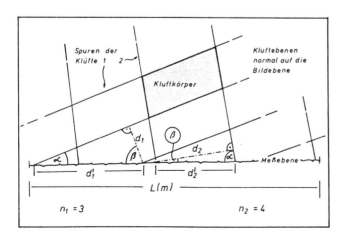

Abb. 3.6 Klüftigkeitsziffern und scheinbare Kluftabstände einzelner Kluftscharen (d_1, d_2) auf einer zufälligen Meßebene im Verhältnis zu den wahren Kluftabständen (aus BROSCH 1993).

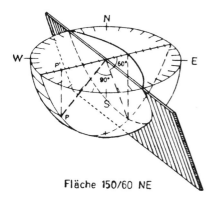

Fläche 150/60 NE

Abb. 3.7 Schematische Darstellung einer Fläche (150/60 NE) in der Lagenkugel (aus ADLER et al. 1961).

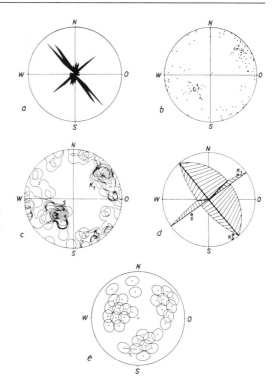

Abb. 3.8 Darstellungsarten des Trennflächengefüges
a) Kluftrose
b) Lagenkugel mit Durchstoßpunkten
c) Lagenkugel mit Dichteplan der Durchstoßpunkte
d) Lagenkugel mit Großkreisen
e) Lagenkugel mit Trennflächengruppen nach
   WALL-BRECHER (1978)

ten steilstehende, mittelpunktnahe Flächenpole flachliegende Flächen. Soll darüber hinaus die Wertigkeit einzelner Trennflächen-(scharen) dargestellt werden, so können den Polpunkten Symbole zugeordnet werden. Die statistische Auswertung erfolgt heute mit Hilfe von EDV.

Liegen in der Projektion sich miteinander verschneidende Polpunktkumulationen vor, kann zu ihrer signifikanten Trennung das Testwinkelverfahren von WALLBRECHER (1978, 1986) eingesetzt werden (Abb. 3.8). Alle Richtungen, die miteinander Winkel $\leq \tau_1$ einschließen, werden einer gemeinsamen Gruppe zugeordnet.

Die Darstellung der Raumlage von Flächen erleichtert es, den Einfluß des Trennflächengefüges auf geklüftete Felsbereiche abzuschätzen (JOHN & DEUTSCH 1978).

Im Felsbau wird häufig die Darstellung in Großkreisen gewählt, weil so auf relativ einfache Weise räumliche Standsicherheitsbetrachtungen durchgeführt werden können (Abb. 3.8).

3.2.6 Ausbildung und bruchmechanische Deutung von tektonischen Störungszonen

Grundlage der heutigen Vorstellungen über die tektonischen Krustenbewegungen ist, daß die Krustenblöcke in gewisser Tiefe horizontal abgetrennt sind und sich über diesem Horizont frei bewegen können. Dabei kann es zu beträchtlichen horizontalen Scherverschiebungen und zu Verdrehungen (Rotation) und Zerbrechen von Krustenblöcken zwischen etwa parallel verlaufenden Scherbruchzonen (Störungszonen) kommen. Die Entstehung tektonischer Störungszonen kann man sich dabei

vereinfacht wie folgt vorstellen: Geht die in Abschn. 3.2.3 beschriebene bruchmechanische Beanspruchung des Gebirges weiter, so bilden sich tektonische Scherzonen (Störungszonen, Verwerfungen) aus, mit vertikalen und/oder horizontalen Relativverschiebungen sehr unterschiedlicher Beträge (Abb. 3.9). Gemeinsames Merkmal ist zunächst ihre lineare Erstreckung und die schmale Scherzone, in der sich die Gleitverschiebung der Gebirgsschollen vollzogen hat (MANDL 1989). Je nach Abstand der Bruchflächen und dem Materialverhalten wird zwischen spröden Scherzonen (einzelne, ebene Bewegungs- und Verwerfungsklüfte) und duktilen Scherzonen (mit anfangs bruchloser Verformung und RIEDEL-Strukturen) sowie sprödduktilen Scherzonen als Übergangsformen unterschieden (MEIER & KRONBERG 1989: 52). Innerhalb der Störungszonen zeigt sich oft eine weitere Konzentration des Schervorganges auf einzelne Scherflächen. Bei weitergehender Scherverschie-

Großklüfte   Verwerfung   Störungszone

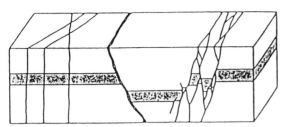

Abb. 3.9 Schematische Darstellung von Großklüften, einer Verwerfung und einer Störungszone, deren Bruchformen eine Horizontalverschiebung andeuten (nach MEIER 1993, verändert).

bung entwickeln sich schließlich mehr oder weniger breite Deformationsbahnen mit weitestgehender Gesteinszerkleinerung.

Deformationsbrekcien von Sprödbruchvorgängen im Niedertemperaturbereich werden heute als

Kataklasite oder Kataklasezonen bezeichnet (s. Abschn. 3.2.4). Unter Myloniten versteht man dagegen synkinematisch rekristallisierte Tektonite in duktilen Scherzonen bei Temperaturen um 500 °C (EISBACHER 1991).

Die tektonische Beanspruchung wird häufig idealisiert auf eine Kombination von ebenen (mode-II) und nicht ebenen (mode-III) Schubdeformationen zurückgeführt, wie dies ROSSMANITH (1989) am Beispiel der Abb. 3.10 verdeutlicht. Der Verlauf der Spannungstrajektorien im mathematischen Modell einer solchen Struktur (Abb. 3.11 a) zeigt den dilatativen Charakter des Zwischenbereiches, in dem sich Trennbrüche und Gebirgsauflockerung entwickeln können (Lit. s. MICHAEL 1996). Das Gegenstück dazu sind kompressive Brücken mit Ausbildung von Druckrücken und Kleinfalten (Abb. 3.11 b). BONATTI (1978) erklärt das für Scherbruchsysteme typische Nebeneinander von Zerrungs- und Pressungserscheinungen mit einer bezüglich der Scherrichtung nicht immer idealen Teilkörperbewegung.

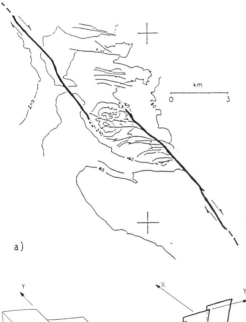

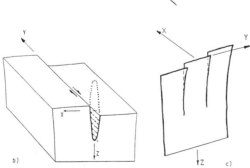

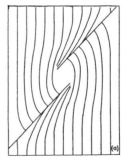

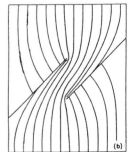

Abb. 3.10 a–c Bruchmechanische Deutung einer Erdbeben- bzw. Verwerfungszone in Südkalifornien (nach ROSSMANITH 1989);
a Erkennbare Bruchzonen.
b Deutung als mode-III-Bruch.
c Dreidimensionale Störzonengeometrie.

Abb. 3.11 Spannungstrajektorien einer dilatativen (a) und kompressiven Brücke (b) zwischen zwei Scherzonen (aus MICHAEL 1996).

Der Deformationsherd befindet sich dabei meist in größerer Tiefe (s. Abschn. 4.1.2). Nahe der Erdoberfläche sind nur die Spuren des Bruchsystems zu erkennen. Die von MANDL (1983) aufgezeigten Bruchstrukturen (Abb. 3.12) zeichnen sich im Gebirge bei entsprechend großen Aufschlüssen oft recht gut ab (PRINZ 1988 und Abschn. 17.1.6).

Als Auslöser der Bruchvorgänge im Gebirge werden Spannungskonzentrationen und plötzliche Entspannungsvorgänge in Form von Erdbeben angenommen. Da die einzelnen Erdbebenereignisse z. T. nur sehr geringe Verschiebungsbeträge aufweisen (s. Abschn. 4.1.2), ist allerdings davon auszugehen, daß das heute vorliegende Störungs- bzw. Kluftmuster die komplizierte Überlagerung von einer großen Zahl bruchauslösenden und rißausbreitenden Ereignissen darstellt.

Bei der ingenieurgeologischen Ansprache kommt es mehr auf die **Ausbildung der Störungszonen** bzw. Verwerfungen an, d.h. auf den Grad der Gebirgszerlegung, den Durchtrennungsgrad und die Ausbildung der einzelnen Deformationsbahnen, als auf das Versatzmaß.

Die saxonische Bruchschollentektonik der Süddeutschen Großscholle ist im wesentlichen charakterisiert durch flachwellige Schichtverbiegungen mit sehr unterschiedlicher Spannweite. Mit fortschreitender Beanspruchung können kurzwellige Formen in angebrochene faltenartige Flexuren und in flache Überschiebungen übergehen (s. d. MICHAEL 1996). Im Zuge der weiteren Beanspruchung werden die Schichttafeln dann durch vielstaltige Bruchflächen in ein Mosaik unterschiedlich großer Schollen zerlegt, die teilweise Sattelhorst- oder Muldengrabenstrukturen bilden. Allgemein sind diese Störungszonen mit Versätzen im Dezimeter- bis Dekameterbereich als mehr oder weniger steile Bewegungsflächen mit dünnen tonigen oder tonigsandigen Belägen ausgebildet. Mit zunehmenden vertikalen und/oder horizontalen Verschiebungswegen haben sich Verschiebungsbrekzien, sog. Kataklasite, ausgebildet (EISBACHER 1991: 149). Sie bestehen aus verschiedenkörnigen Gesteinsfragmenten der angrenzenden Gesteine und sind entweder richtungslos oder texturiert. Die Dicke der Kataklasite beträgt häufig nur Zentimeter bis einige Meter, selten mehr. Die Ausbildung der Störungszonen kann auf kurze Entfernung wechseln, bzw. die Störungszonen spalten sich in mehrere Bewegungsbahnen auf, mit zwischengeschalteten verkippten und zerbrochenen Schollen. Das angrenzende Gebirge ist unterschiedlich stark zerbrochen und von begleitenden

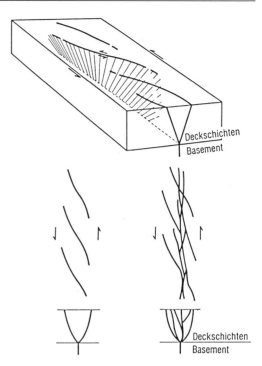

Abb. 3.12 Entwicklung von Scherstrukturen in den Deckschichten. Oben Blockbilddarstellung, unten Grundriß und Querschnitt (nach MANDL 1989).

Großklüften oder Riedelflächen (Abb. 3.13) zerschert. Bemerkenswert ist, daß häufig keine strenge Abhängigkeit der Dicke der Störungszonen vom vertikalen Versatzbetrag festzustellen ist (PRINZ & TIEDEMANN 1983).

Bei der **Erarbeitung des tektonischen Modells** für ein Bauprojekt muß man versuchen, Scherbruchzonen von regionaler Bedeutung und zwischengeschaltete tektonische Bruchformen zu unterscheiden. Erstere halten, z. T. in wechselnder Ausbildung, häufig über mehrere Kilometer bis Zehnerkilometer durch. Es handelt sich dabei nach heutiger Auffassung (PRINZ 1988; NAUMANN & PRINZ 1989, darin Lit.) um tektonische Scherbruchzonen mit Scherbewegungen im Dekameterbereich und mehr. Sie bestehen nur teilweise aus den üblichen Störungszonen mit Kataklasiten. Häufig handelt es sich um z. T. versetzte Scharungen von Großklüften, wobei die Scherbewegungen offensichtlich z. T. abwechselnd an verschiedenen Großklüften stattgefunden haben. Sie weisen einen hohen Durchtrennungsgrad auf und z. T. eine bisher nicht bekannte Gefügeauflockerung im Bereich der Scherbruchflächen. Diese Gefügeauflockerung des Gebirges, die teilweise optisch an offe-

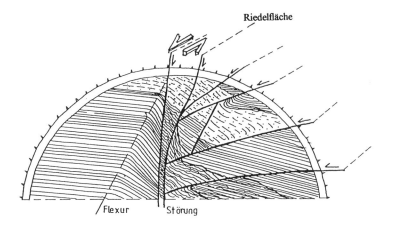

Abb. 3.13 Flexur und Scherverschiebung mit verkippter Zwischenscholle sowie Riedelbrüche einer Blumenstruktur (Tunnel Oberrieden, B. 27 - aus MICHAEL 1996).

nen Zerrungs- bzw. Großklüften zu erkennen ist, bedingt die Verformungsempfindlichkeit und meist auch hohe Gebirgsdurchlässigkeit derartiger Bruchzonen (Abb. 3.9).

3.2.7 Plastische Gesteins- und Gebirgsdeformation

Plastische Gesteins- und Gebirgsdeformationen i. e. S. laufen in geologischen Zeiträumen unter erhöhten Druck- und Temperaturbedingungen ab.

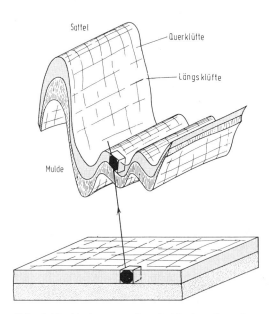

Abb. 3.14 Umformung eines kubischen Gesteinskörpers aus unverfalteten Schichten in ein Parallelepiped in einer Faltenstruktur (nach HOBBS et al. 1976).

Die Formänderungen vollziehen sich dabei als Fließvorgänge unter Beibehaltung des festen Aggregatzustandes. Sie werden begünstigt durch formanisotrope Minerale, insbesondere Phyllosilikate, welche die Entstehung geschlossener Translationsflächen erleichtern.

Die Ergebnisse solcher plastischer Deformationsvorgänge sind weit verbreitet, z. B im Rhenoherzynikum als Falten- oder Schuppenstrukturen. Abb. 3.14 zeigt die Deformation, die ein Gesteinskörper dabei erleidet. Der Übergang von der kubischen in die parallelepipedförmige Gestalt vollzieht sich im einfachsten Fall durch einfache Scherung. Eine Scherung entlang synthetischer Gleitungsflächen führt zu einem schichtenparallelen Biegungsfließen i. S. BREDDIN (1968; 334), während der äquivalente Vorgang entlang antithetisch rotierender Gleitungsflächen zu Transversalschieferung führt (WEBER 1976). Diese Deformationen laufen unter weitgehendem Kohäsionserhalt ab, so daß engständige Transversalschieferung zunächst nur zu latenten Trennflächen führt.

Bei den plastischen Deformationen bzw. Faltungsvorgängen werden ältere Vorzeichnungen im Gebirge internrotiert und dadurch räumlich verstellt (TIEDEMANN 1987). Im einzelnen kann der Gebirgsbau derartiger Faltengebirge recht kompliziert und von jüngeren Beanspruchungen überprägt und zerblockt sein.

3.3 Boden- und Felsklassen nach DIN 18 300

Die Bodenklassen der DIN 18 300, die Bestandteil der VOB, Teil C (1994) „Allgemeine Technische Vorschriften für Bauleistungen" sind, beschreiben die Lösungsfestigkeit bei Erdarbeiten für die Ausschreibung und Abrechnung. Die Einstufung erfolgt entsprechend dem Zustand beim Lösen.

Die ZTVE-StB 94 enthält für Zwecke des Straßenbaus ergänzende Erläuterungen zu den Bodenklassen der DIN 18 300 und gibt die zu den einzelnen Bodenklassen gehörenden Bodengruppen der DIN 18 196 an.

Die **Einteilung in Boden- und Felsklassen** erfolgt unabhängig von maschinentechnischen Daten allein nach boden- und felstypischen Merkmalen, wobei für die Einstufung der Zustand beim Lösen maßgebend ist:

Klasse 1: Oberboden (Mutterboden)
Oberboden ist die oberste Schicht des Bodens, die neben anorganischen Stoffen, z. B. Kies-, Sand-, Schluff- und Tongemische, auch Humus und Bodenlebewesen enthält.

Klasse 2: Fließende Bodenarten
Bodenarten, die von flüssiger bis breiiger Beschaffenheit sind und die das Wasser schwer abgeben.

Hierzu gehören nach ZTVE-StB 94:

- organische Böden der Gruppen HN, HZ und F
- feinkörnige Böden sowie organische Böden und solche mit organischen Beimengungen der Gruppen OU, OT, OH und OK, wenn sie breiige oder flüssige Konsistenz ($I_c = \leq 0,5$) haben
- gemischtkörnige Böden der Gruppen S$\overline{\text{U}}$, S$\overline{\text{T}}$, G$\overline{\text{U}}$ und G$\overline{\text{T}}$, wenn sie breiige oder flüssige Konsistenz haben.

Im Zweifels- bzw. Streitfall sind der Wassergehalt und die Konsistenzgrenzen bzw. die Konsistenzzahl nach Abschn. 2.5 zu ermitteln.

Klasse 3: Leicht lösbare Bodenarten

- Nichtbindige bis schwachbindige Sande, Kiese und Sand-Kies-Gemische mit bis zu 15 Gew.-% Beimengungen an Schluff und Ton (Korngröße kleiner als 0,06 mm) und mit höchstens 30 Gew.-% Steinen von über 63 mm Korngröße bis zu 0,01 m³ Rauminhalt (entspricht einem Kugeldurchmesser von rd. 0,3 m).
- Organische Bodenarten mit geringem Wassergehalt (z. B. feste Torfe).

Hierzu gehören nach ZTVE-StB 94:

- grobkörnige Böden der Gruppen SW, SI, SE, GW, GI und GE
- gemischtkörnige Böden der Gruppen SU, ST, GU und GT
- Torfe der Gruppen HN, soweit sie sich im Trockenen ausheben lassen und dabei standfest bleiben.

Klasse 4: Mittelschwer lösbare Bodenarten

- Gemische von Sand, Kies, Schluff und Ton mit einem Anteil von mehr als 15 Gew.-% Korngröße kleiner als 0,06 mm.
- Bindige Bodenarten von leichter bis mittlerer Plastizität, die je nach Wassergehalt weich bis fest sind und die höchstens 30 Gew.-% Steine von über 63 mm Korngröße bis zu 0,01 m³ Rauminhalt enthalten.

Hierzu gehören nach ZTVE-StB 76:

- feinkörnige Böden der Gruppen UL, UM, TL und TM
- gemischtkörnige Böden der Gruppen S$\overline{\text{U}}$, S$\overline{\text{T}}$, G$\overline{\text{U}}$ und G$\overline{\text{T}}$.

Klasse 5: Schwer lösbare Bodenarten

- Bodenarten nach den Klassen 3 und 4, jedoch mit mehr als 30 Gew.-% Steinen von über 63 mm Korngröße bis zu 0,01 m³ Rauminhalt.
- Nichtbindige und bindige Bodenarten mit höchstens 30 Gew.-% Steinen von über 0,01 m³ bis 0,1 m³ Rauminhalt (entspricht Kugeldurchmesser von rd. 0,6 m).
- Ausgeprägt plastische Tone, die je nach Wassergehalt weich bis fest sind.

Klasse 6: Leicht lösbarer Fels und vergleichbare Bodenarten

- Felsarten, die einen inneren, mineralisch gebundenen Zusammenhalt haben, jedoch stark klüftig, brüchig, bröckelig, schiefrig, weich oder verwittert sind, sowie vergleichbare verfestigte, nichtbindige und bindige Bodenarten.
- Nichtbindige und bindige Bodenarten mit mehr als 30 Gew.-% Steinen von über 0,01 m³ bis 0,1 m³ Rauminhalt.

Klasse 7: Schwer lösbarer Fels

- Felsarten, die einen inneren, mineralisch gebundenen Zusammenhalt und hohe Gefügefestigkeit haben und die nur wenig klüftig oder verwittert sind. Festgelagerter, unverwitterter Tonschiefer, Nagelfluhschichten, Schlackenhalden und dergleichen.
- Steine von über 0,1 m³ Rauminhalt.

Der Schwachpunkt der Normung liegt in der unklaren **Unterscheidung der Klassen 6 und 7.** Nach DIN 18 300 erfolgt die Unterteilung allein nach Klüftigkeit und Verwitterungszustand. Die Einstufung sollte dabei aber auf einer möglichst umfassenden Gebirgsbeschreibung aufbauen, bei der folgende Parameter berücksichtigt werden: Gesteinsart und -festigkeit, Verwitterungsgrad, Schichtung und Klüftung (Kluftkörpergröße) sowie die Verbandsfestigkeit (s. Abschn. 12.1). Unter

Verbandsfestigkeit verstehen SCHWINGEN-SCHLÖGL & WEISS (1985: 222) die Einspannung der Kluftkörper, den Reibungsschluß und die Lösbarkeit in bevorzugten Richtungen.

Eine Einstufung nach der Druckfestigkeit und der Klüftigkeit bringen KLENGEL & MÜLLER (1988) und MÜLLER (1990). BECKER (1993) differenziert bei mehr oder weniger karbonatverfestigten Schluff- und Sandsteinen des Tertiärs allein nach der einaxialen Gesteinsdruckfestigkeit.

Um Meinungsverschiedenheiten bei der Einstufung der Felsklassen 6 und 7 einzuschränken, ist ein tabellarisches Klassifikationsschema mit einer Erweiterung der Felsklassen in Vorbereitung (PAUL 1995 und Abschn. 12.1).

Als brauchbares Hilfskriterium hat sich auch der beim Lösen anfallende Anteil an Steinen von über $0,1\ m^3$ Rauminhalt erwiesen, was Kluftkörpern von rd. $0,5 \times 0,5 \times 0,4\ m$ entspricht.

Wird Fels der Klasse 6 zur Erleichterung der Gewinnung durch Bohr- oder Sprengarbeit gelockert, so ändert sich die Einstufung ebensowenig, wie wenn Fels der Klasse 7 noch durch Reißgeräte gelöst werden kann. Die Einstufung ist auch unabhängig von der Größe der Baugrube. Bei Wechsellagerungen von Gesteinen der Klasse 6 und 7 können Mischfelsklassen nach prozentueller Aufteilung oder als einheitlicher Mischpreis gebildet werden (s. a. Abschn. 12.1).

4 Erkundungsmethoden

Richtlinien für die Ausführung geotechnischer Untersuchungen für bautechnische Zwecke enthält DIN 4020 (1990). Außer Begriffsbestimmungen werden Angaben über Art und Umfang der geotechnischen Untersuchungen und der Berichtsfassung in Abhängigkeit von den Untergrundverhältnissen und drei **geotechnischen Kategorien** festgelegt:

Kategorie 1 umfaßt einfache Bauobjekte bei einfachen und übersichtlichen Baugrundverhältnissen, so daß die Standsicherheit aufgrund gesicherter Erfahrungen beurteilt werden kann.

Kategorie 2 umfaßt Bauobjekte und Baugrundverhältnisse mittleren Schwierigkeitsgrades, bei denen die Sicherheit zahlenmäßig nachgewiesen werden muß und die eine Bearbeitung mit geotechnischen Kenntnissen und Erfahrungen verlangen.

Kategorie 3 umfaßt Bauobjekte mit schwieriger Konstruktion und/oder schwierigen Baugrundverhältnissen, die vertiefte geotechnische Kenntnisse und Erfahrungen verlangen (s. d. DIN 4020, 6.2.2).

Weitere baugrundspezifische Kriterien für die Zuordnung in GK 3 sind nach DIN V 1054–100 (1996):

- Auftreten von Porenwasserüberdruck
- ausgeprägte Kriechfähigkeit oder Gefahr von Setzungsfließen
- Gefahr rückschreitender Erosion
- gespannte Grundwasserspiegel
- über den Ruhedruck hinausgehender Erddruck infolge Geländesenkung oder Horizontalspannungsüberschuß u. a. m.

Maßgebend für die Einstufung ist jenes Einflußmerkmal, das die höchste geotechnische Kategorie ergibt. Die Einstufung ist aufgrund der Untersuchungsergebnisse zu prüfen und gegebenenfalls zu berichtigen.

Außerdem werden drei **Untersuchungsphasen** unterschieden:

- Voruntersuchung
- Hauptuntersuchung
- baubegleitende Untersuchungen

Der Untersuchungsumfang und der Aufbau der geotechnischen Berichte (Gutachten) ist in ENV 1997–1, Abschn. 2.8 bis 4.6 sowie gekürzt in DIN V 1054–100, Abschn. 8 geregelt.

Das Beiblatt 1 zu DIN 4020 (1990) enthält auch ausführliche Zusammenstellungen über Informationsstellen, Vorgehensweise und Eignung der verschiedenen Erkundungsmethoden sowie von Feld- und Laborversuchen.

Der Umfang der **Hauptuntersuchung** richtet sich nach den örtlichen Gegebenheiten und soll sicherstellen, daß Aufbau und Eigenschafen des Baugrundes bzw. eines als Baustoff vorgesehenen Bodens oder Fels bereits für die Entwurfsbearbeitung des Objektes bekannt sind und soll auch die Beurteilung voraussehbarer Varianten der Gründung und der Baudurchführung ermöglichen (s. Abschn. 1).

Bei den Erkundungsmethoden für die Hauptuntersuchung werden indirekte Aufschlüsse, direkte Aufschlüsse sowie Feldversuche unterschieden, die in schwierigen Fällen sich ergänzend eingesetzt werden sollten.

Für den Fall, daß sich im Zuge der Hauptuntersuchung noch offene Problemstellungen ergeben, hat es sich als zweckmäßig erwiesen, in der Ausschreibung zusätzliche Bohrungen bzw. Bohrmeter in Reserve zu halten, damit diese Stellen direkt im Anschluß an die Hauptuntersuchung abgebohrt werden können.

Durch die **baubegleitenden Untersuchungen** sind die angetroffenen Baugrundverhältnisse auf Übereinstimmung mit der Vorhersage zu überprüfen und zu dokumentieren (s. Abschn. 5).

4.1 Vorerkundung

Zur Vorerkundung gehört zunächst das Beschaffen von Karten und anderer Unterlagen und Informationen von den in Frage kommenden Behörden, wie Geologische Landesämter, Bauämter, Wasserwirtschaftsverwaltung, Bergbehörden u. a. m., einschließlich einer intensiven Ortsbegehung und einer ersten Aufschlußauswertung. Im Bedarfsfall sind auch erste Aufschlußbohrungen mit stichprobenhafter Feststellung von Baugrundkenngrößen vorzunehmen.

Im Rahmen der Vorerkundung sind auch Angaben über etwaige Altlasten, über die Erdbebengefährdung und über die tektonische Gesamtsituation eines Gebietes zu machen. Bei Linienbauwerken (Verkehrswege) werden in der Regel Altlasten bis zu einer seitlichen Entfernung von 250 m erfaßt.

4.1.1 Geologische und ingenieurgeologische Karten

Bei Fehlen natürlicher Aufschlüsse, die einen Einblick in den Untergrundaufbau ermöglichen, kommt der **Auswertung geologischer Karten** besondere Bedeutung zu. Als solche kommen in Betracht, Geologische Übersichtskarten (M. 1 : 1 000 000 bis 1 : 100 000), insbesondere die neue GÜK 1 : 200 000, geologische Umgebungskarten (meist 1 : 50 000) sowie vor allen Dingen die geologischen Spezialkarten 1 : 25 000 mit Erläuterungen, die allerdings einen sehr unterschiedlichen Bearbeitungsstand aufweisen und z. T. keine oder inhaltlich sehr unterschiedliche ingenieurgeologische Beiträge enthalten. Hier wäre besonders wichtig, daß erkannte Hangbewegungen in den Karten dokumentiert und in den Erläuterungen beschrieben werden (BECKER et al. 1989). Ein weiterer wesentlicher Faktor der Interpretation der geologischen Karte ist das Erfassen der tektonischen Gesamtsituation und der wichtigsten Strukturen im Untersuchungsgebiet (NAUMANN & PRINZ 1989).

Für die Herstellung **ingenieurgeologischer Karten** liegt eine Empfehlung der Arbeitsgruppe „Ingenieurgeologische Kartierungen" von 1985 vor (Geol. Jb. C 41). Zu unterscheiden sind ingenieurgeologische Karten 1 : 25 000, wie sie besonders von einigen Ballungsgebieten Nordrhein-Westfalens zur Verfügung stehen (KALTERHERBERG 1985, darin Lit.), die für zahlreiche Städte vorliegenden Baugrundkarten 1 : 10 000 bis 1 : 2000 (Lit. und Kartenverzeichnis s. Geol. Jb. C 41) und spezielle Themenkarten, wie z. B. die Karten über Rutschungen in der Tschechoslowakei (MÜLLER-SALZBURG & SCHNEIDER 1977; PAŠECK et al. 1977; RYBAR 1991), die Hangstabilitätskarte des linksrheinischen Mainzer Beckens (KRAUTER & STEINGÖTTER 1983) sowie verschiedene andere Risikokarten bzw. Gefahrenkarten (z. B. die Georisiken-Karte 1 : 50 000 der Republik Österreich von 1986). Auch von Bayern liegt ein GEORISK-Programm vor, das die Grundlage der Erfassung von Massenbewegungen im Umfeld von Siedlungsgebieten bildet (HAAS 1993). Während diese speziel-

len Themenkarten meist ein flächenhaft verbreitetes Erschwernis- oder Gefährdungspotential angeben, ohne dieses Risiko schon zu quantifizieren, sollen ingenieurgeologische **Baugrundkarten** die für eine Baumaßnahme relevanten Eigenschaften des oberflächennahen Untergrundes wiedergeben. Sie bestehen meist aus einer Hauptkarte mit Darstellung der auftretenden Gesteinsarten und ihrer wichtigsten Baugrundeigenschaften sowie punktweisen Angaben über Grundwasserstände. Als Nebenkarten werden häufig Kartendarstellungen der Grundwassergleichen, Flurabstandskarten des Grundwassers, Bohrpunkt- und Aufschlußkarten und andere spezielle Anwendungskarten mitgeliefert.

Eine Übersicht über die verschiedenen ingenieurgeologischen Themenkarten bringt DEARMAN (1991) und SCHMIDT (1997). Sämtliche ingenieurgeologischen Karten sind grundsätzlich nur für Planungszwecke gedacht und können eine objektbezogene Baugrunderkundung nicht ersetzen.

Bei der Herstellung von projektorientierten Spezialkarten sowie anderen flächen- oder raumbezogenen Darstellungen werden zunehmend DV-technische Systeme zum abspeichern und weiterverarbeiten raumbezogener Daten in **Geo-Informationssystemen** bzw. den von den Herstellern angebotenen GIS-Produkten verwendet. Damit ist es möglich, aus riesigen Datenmengen Zusammenhänge schnell und aussagekräftig zu visualisieren und thematisch unterschiedliche Kartenwerte miteinander zu kombinieren.

4.1.2 Erdbebengefährdung

Die Einschätzung der generellen Erdbebengefährdung eines Standorts erfolgt in Deutschland nach DIN 4149, Teil 1, 1981. Die Norm gibt auch eine Übersicht über die zu erwartende max. Bebenstärke für die einzelnen Gebiete. Die **Erdbebenzonen** 0 bis 4 der DIN 4149 sind makroseismisch durch Auswertung aller geschichtlich bekannt gewordenen Erdbeben festgelegt worden. Diese deterministische Vorgehensweise ist u. a. auch im EC 8 vorgesehen, mit dem eine Harmonisierung der europäischen Erdbeben-Baunormen vorgesehen ist. Im EC 8 sind ebenfalls zonenabhängige Grundwerte der Bodenbeschleunigung vorgesehen. Die Zuordnung zu Beschleunigungsantwortspektren und Einwirkungsgrößen ist in nationaler Verantwortlichkeit vorzunehmen (SCHWARZ & GRÜNTHAL 1993; FLESCH 1996).

Die **Erdbebenwirkungen** werden in Europa durch die Intensitäten I der zwölfteiligen MSK-Skala

(MEDVEDEV, SPONHEUER & KARNIK 1964) beschrieben. Diese MSK 64-Skala beruht auf der makroseismischen Erhebung (Intensitätsbestimmung) der Auswirkungen von Erdbeben (Tab. 4.1) und entspricht weitgehend der in der übrigen Welt verwendeten, ebenfalls 12stufigen MERCALLI-Skala. Diese Vorgehensweise ist nicht nur anfällig gegenüber Fehlinterpretationen bei der Überlieferung der makroseismischen Beschreibung (Intensität), sondern enthält auch in den letzten 700–1000 Jahren einmalig aufgetretene Intensitätsmaxima mit sehr geringer Wiederholungswahrscheinlichkeit.

Die nach oben offene RICHTER-Skala von 1935 basiert auf der Magnitude M, welche ein Maßstab für die im Herd freigesetzte Energiemenge ist. Jeder Punkt der Skala bedeutet etwa eine Verzehnfachung der Stärke eines Erdbebens. Bisher wurde kein Erdbeben über Stärke 9 gemessen (Tab. 4.1).

Erdbeben sind plötzliche Entspannungsvorgänge in der Erdkruste. Ihre Ursachen sind regional unterschiedlich. In Nord- und Mitteleuropa sind die meisten Erdbeben typische Vertreter der sog. Intraplattenseismizität, mit flachen, auf die Oberkruste beschränkten Erdbebenherden. Im Mittelmeerraum ist die Ursache der Seismizität dagegen in der andauernden Subduktion von Teilen der Eurasischen Platte zu sehen (BECKER 1994). Intraplattenerdbeben sind vor allem gekennzeichnet durch ihr bevorzugtes Auftreten an praeexistenten Schwächezonen (sog tektonische Beben), die langen Rekurrenzzeiten für Starkbeben und die fehlenden Deformationen an der Erdoberfläche. Zu den besonders erdbebengefährdeten Gebieten in Deutschland zählen die Schwäbische Alb, Oberschwaben und Bodenseegebiet, der Oberrheintalgraben, die Niederrheinische Bucht sowie der Elbtalgraben. Regional treten auch Einsturzbeben auf und zwar sowohl solche natürlichen als auch bergbaubedingten Ursprungs (z.B. Norddeutschland, Werragebiet, Alpenraum; s. a. LEYDECKER 1980: 550–553; STEINWACHS 1988: 192; LEDWON 1987: 244; AHORNER 1989). Örtlich ist auch mit Erdbeben anthropogener Ursachen, wie Auflastveränderungen durch Bergbau, dem Aufstau künstlicher Seen (s. Abschn. 18.2.7 und STEINWACHS 1983, 1988), Flüssigkeitsinjektionen und auch großen Grundwasserabsenkungen zu rechnen.

Die **Auswirkungen eines Erdbebens** sind Erschütterungen, die sich vom Herd aus in Form verschiedener Arten elastischer Wellen sehr hoher Geschwindigkeiten zur Erdoberfläche fortpflanzen (s. Abschn. 6.2.5; BERGER 1987; FECKER &

REIK 1996). Ihre Erschütterungsintensität bzw. das Aufbereiten standortspezifischer Einwirkungsgrößen hängt ab von der Magnitude, der Herdtiefe (bei tektonischen Ereignissen in Deutschland 2 bis 20 km), der Entfernung vom Herd und der Beschaffenheit des Untergrundes. Im allgemeinen zeigen Lockersedimente bestimmter Mächtigkeit eine höhere und z.T. länger anhaltende Erschütterungsfähigkeit als Felsuntergrund (GÜNTENSPERGER 1987; KOLEKOVA et al. 1996). In solchen dynamisch weichen Böden kann es bes. über Fels zu einer Amplitudenaufschaukelung kommen. Die **Gefährdung menschlicher Einrichtungen** besteht entweder darin, daß diese über definierten Bruchlinien stehen und direkte Verschiebungen erleiden, oder daß die von der Bruchfläche ausgehenden seismischen Wellen vorwiegend horizontale Bodenbewegungen auslösen, die das Bauwerk in Schwingungen versetzen und zu einer Überbeanspruchung von Bauteilen führen. Außer diesen direkten Schadenswirkungen können auch indirekte Schäden durch Auslösen von Rutschungen, Bodenverflüssigung oder der Aktivierung von Setzungen eintreten (KOLEKOVA et al. 1996). Untertagebauwerke (Tunnel, Kavernen mit Ausbau) sind, wie umfangreiche Untersuchungen gezeigt haben (Lit. s. BERGER 1987), gegenüber Erschütterungen wesentlich unempfindlicher als oberflächennahe Bauten. Am wenigsten empfindlich sind mitteltief- und tiefliegende Hohlraumbauten in kompetentem Gebirge. Totaleinstürze von Tunneln sind bisher nur im unmittelbaren Bereich von aktiven Bruchzonen bekannt geworden.

Größere Einsturzbeben und auch andere Beben anthropogenen Ursprungs weisen wegen der geringen Herdtiefe eine hohe Epizentralintensität mit großer Schadenswirkung auf, die aber nach wenigen Kilometern Entfernung unter die Schadensgrenze sinkt (LEYDECKER 1980: 553; AHORNER 1989).

Als Verschiebungsraten geben SCHNEIDER (1975, 1988: 41) und LEYDECKER (1980: 548) für mittlere Erdbeben einige Millimeter bis wenige Zentimeter und für schwere Erdbeben Dezimeter- bis Meterbeträge an. In mobilen Bereichen kontinentaler Platten sind auch ständige minimale Scherbewegungen nicht auszuschließen (AHORNER 1975; LEDWON 1987: 242). An den meisten tektonischen Störungszonen Mitteleuropas treten jedoch weder Erdbeben noch meßbare Relativverschiebungen auf.

Als bevorzugte Erdbebengebiete zeichnen sich in der Bundesrepublik Deutschland nur einige wenige tektonische Bruchzonen aus, wie der Hohenzol-

Tabelle 4.1   Erdbebenwirkung nach der MSK-Skala und der RICHTER-Skala (nach BLUM 1982).

MSK-Skala Intensität	Beschreibung		Richter-Skala Magnitude (M)
I	Nicht fühlbar:	Nur instrumentell zu beobachten.	1–2
II	Kaum fühlbar:	Nur vereinzelt von ruhenden Personen in höheren Stockwerken von Gebäuden wahrgenommen.	1,4–2,6
III	Schwach fühlbar:	Unter günstigen Umständen vereinzelt gefühlt, wie vorbeifahrender Lastwagen.	1,9–3,1
IV	Weitgehend gefühlt:	Von vielen Personen in geschlossenen Räumen gefühlt, wie vorbeifahrender schwerer Lastwagen, Fenster und Gläser klirren.	2,5–3,7
V	Aufweckend:	In Häusern allgemein gefühlt, im Freien vereinzelt. Viele Schlafende erwachen, Gebäude vibrieren, hängende Gegenstände schwingen. Leichte Schäden bei strukturell schwachen Gebäuden möglich.	3,1–4,3
VI	Erschreckend:	In Häusern und im Freien allgemein gefühlt. Personen erschrecken und rennen ins Freie. Leichtere Gebäudeschäden, manchmal Hangrutschungen, Brunnenspiegelschwankungen	3,6–4,9
VII	Gebäudeschäden:	Die meisten Personen erschrecken, viele haben Schwierigkeiten zu stehen. Die Schwingungen werden in fahrenden Autos verspürt. Gute Gebäude können leichte Schäden wie Risse erleiden, schlechte Gebäude (z. B. Lehmwände) können einstürzen. Wassertrübungen, Änderung von Quellschüttungen und Uferrutschungen treten auf.	4,2–5,5
VIII	Gebäudezerstörungen:	Furcht und Panik, gute Gebäude erleiden mäßige Schäden, Leitungsverbindungen können brechen. Rutschungen und Spalten im Boden, Veränderungen von Grundwasserspiegel u. -strömung.	4,8–6,1
IX	Allgemeine Gebäudeschäden:	Allgemeine Panik, viele gute Gebäude erleiden schwere Schäden, Denkmäler und Säulen stürzen um, viele schlechte Gebäude stürzen ein, unterirdische Leitungen brechen teilweise. Auf flachem Land treten Wasser, Sand und Schlamm aus dem Boden, Erdrutsche, Bodenspalten, Felsstürze und Grundwasserveränderungen treten auf.	5,4–6,7
X	Allgemeine Gebäudezerstörungen:	Einstürzen von guten Gebäuden, Totalschäden an fast allen schlechten Gebäuden, schwere Schäden an Brücken und Staudämmen. Große Bergrutsche, Wasser tritt aus Seen und Flüssen.	6,0–7,3
XI	Katastrophe:	Schwere Schäden auch an widerstandsfähigen Gebäuden, Brücken, Staudämmen und Eisenbahnschienen, Straßen sind nicht mehr zu benutzen, unterirdische Leitungen sind zerstört.	6,6–8,0
XII	Landschaftsveränderungen:	Praktisch alle über- und unterirdische Bauwerke sind zerstört. Die Erdoberfläche ist total verändert, Bodenspalten, horizontale und vertikale Verschiebungen werden beobachtet.	7,3–8,6

lerngraben, die Randbereiche des Oberrheingrabens, die Niederrheinische Bucht und bes. auch die Elbtalzone, welche offensichtlich Bereiche maximaler Schubspannung im regionalen tektonischen Spannungsfeld darstellen (AHORNER et al. 1970; ILLIES & GREINER 1977; BAUMANN 1986; SCHNEIDER 1988). Bei durch Eingriffen in den Untergrund induzierter Seismizität ist dagegen häufig eine Aufreihung besonders von schwächeren Ereignissen an teilweise vorher nicht bekannten Störungszonen zu verzeichnen (STEINWACHS 1988).

In den Erdbebenzonen 1–4 nach DIN 4194, T 1, ist der **Lastfall Erdbeben** zu berücksichtigen. Nach der Norm gelten als Regelwerte für die Horizontalbeschleunigung a_o in Zone 1 = 0,25 m/s² und in Zone 2 = 0,40 m/s². Der Einfluß des Untergrundes wird über den Baugrundfaktor in die Rechnung eingeführt, der bei Lockergesteinen 1.2 bis 1.4 beträgt, bei lockeren oder weichen Böden entsprechend höher ist. Eine wirklichkeitsnahe seismische Gefährdung sollte allerdings anhand von standortspezifischen und bauwerkspezifischen Bemessungsspektren erfolgen, wozu die Einschaltung eines Sondergutachters erforderlich ist (SCHWARZ & GRÜNTHAL 1993; FLESCH 1996). Als besonders ungünstige Gründungssituationen gelten:

– Gründung von Gebäuden in unterschiedlichen Tiefen
– Gründung auf verschiedenartigem Baugrund
– Gründung an und auf geneigtem Gelände
– Gründung mit unterschiedlichen Gründungselementen.

4.1.3 Rezente tektonische Spannungen und Deformationen

Das **Spannungsfeld Mitteleuropas** wird seit dem jüngeren Mesozoikum geprägt durch die Spreizung am Mittelatlantischen Rücken, die eine Drift der Eurasischen Platte nach Südosten bewirkt, während gleichzeitig die Afrikanische Platte nach Norden schiebt. Die Folge davon war die Auffaltung der Alpen und nördlich davon der Aufbau eines Spannungsfeldes mit einer NW-SE gerichteten horizontalen Primärspannung. In diesem Spannungsfeld haben sich entlang konjugierter Kraftlinien maximaler Scherspannung Scherverschiebungssysteme mit dem zugehörigen Inventar an Beulungen, kleinen Überschiebungen und Schubbrüchen aller Art ausgebildet. Die Südwestdeutsche Großscholle wird im Westen begrenzt vom sinistral scherenden Rheintalgraben und im Osten

von der dextral scherenden Fränkischen Linie und den angrenzenden Strukturen. Intern liegt ein auffallend streng orientiertes System von vorwiegend rheinisch und herzynisch streichenden Scherbruchgräben und Störungssystemen vor, das auf intrakontinentale plattentektonische Vorgänge hindeutet. Ähnliche Strukturen treten auch, z. T. verdeckt, weit hinauf in Nord- und Ostdeutschland auf. Auch die Verbindung des Nordseegrabens über die Niederrheinische Bucht in den Oberrheingraben ist Ausdruck des anhaltenden Spannungszustandes innerhalb der Eurasischen Platte (Lit. s. MICHAEL 1996).

Aktuelle Folge dieser Intraplattentektonik sind auch rezente Spannungen im Gebirge, die sich in kleinen kontinuierlichen oder diskontinuierlichen Deformationen bemerkbar machen. AHORNER (1970) ermittelte aus Herdflächenlösungen bei Erdbeben ein Spannungsfeld mit einer 140° ± 26° gerichteten Horizontalkomponente maximaler Kompressionsspannung. **Neotektonische Bruchstrukturen** mit quartären Bewegungen sind allerdings selten. Am besten belegt sind diese in der Niederrheinischen Bucht, für Teile des Oberrheingrabens sowie für den Eger- und Elbtalgraben. Für die anderen großtektonischen Strukturen Mitteleuropas, wie z. B. die Fränkische Linie und ihre Begleitstrukturen, werden neotektonische Bewegungen eher vermutet als sie bewiesen sind (BECKER 1994). Trotzdem sind an diesen großtektonischen Strukturen, außer den in Abschn. 2.6.7 beschriebenen residuellen Spannungsanteilen, auch rezente, d. h. anhaltende tektonische Spannungen nicht völlig auszuschließen. Bei tiefgreifenden Eingriffen in das Gebirge beeinflußt dieser **Primärspannungszustand,** egal ob residueller oder rezenter

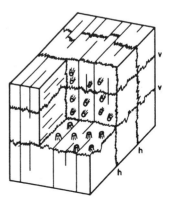

Abb. 4.1 Vertikale (v) und horizontale (h) Drucklösungserscheinungen (Stylolithen) als Anzeichen ehemaliger Beanspruchung (aus GREINER 1975).

Natur, die Rechenergebnisse und damit die geotechnische Sicherheitsaussage. Die Ermittlung und vor allen Dingen die Bewertung der Größenordnung und der Richtung der im Gebirge wirkenden Spannungen erfordert u. a. eine möglichst genaue Kenntnis der geologisch-tektonischen Strukturen sowie des Festigkeits- und Verformungsverhaltens des Gebirges.

Spannungsindizien für die Entstehungsgeschichte eines Gebirges sind zunächst einmal das Trennflächengefüge und die tektonischen Strukturen, wobei erkennbaren Scherzonen, z. T. mit Harnischen, und dem Phänomen der tektonischen Gebirgsauflockerung (PRINZ 1988, NAUMANN & PRINZ 1989) besondere Bedeutung zukommen (s. a. Abschn. 3.2.6). Weitere Anzeichen für das geologische Spannungsfeld sind richtungsorientierte horizontale Drucklösungserscheinungen in Gesteinen, sog. Stylolithen (Abb. 4.1 sowie BEIERSDORF 1969 - darin Lit., MEIER & KRONBERG 1989 und SCHETELIG 1990) sowie die Streichrichtung von Basaltgängen u. ä. Strukturen. Hinweise für rezente tektonische Spannungen geben in situ-Spannungsmessungen, auffallende oberflächennahe Horizontalklüfte (richtungsorientierte Schichtversätze oder Abplatzungen von Felsplatten (BOCK 1989), Bohrlochwandausbrüche (BLÜMLING 1983; REIK 1985), Erdbeben und auch großräumige geodätische Messungen.

Weitere in der Literatur angeführte Spannungsindikatoren können dagegen im Einzelfall durchaus andere Ursachen haben. Dazu gehören Auffaltungen im Taltiefsten (Abb. 2.41 und 15.15) oder offene Spalten (REIK 1985) bzw. Talzuschub (KÖHLER 1985) und auch manche Schubrisse in der Spritzbetonschale von Tunneln (FECKER & REIK 1996: 139).

Der weltweit zu beobachtende **Horizontalspannungsüberschuß** erreicht im Alpenraum z. T. erhebliche Ausmaße, ist aber auch im Alpenvorland, im Bereich der Süddeutschen Scholle und ihren Randmassiven und auch im westlichen Thüringer Becken sowie im Norddeutschen Tiefland festgestellt worden (BRAUSE 1975; GREINER & ILLIES 1976, 1977; GREINER 1978; KNOLL et al. 1978; REIK 1985; FECKER & REIK 1996; GROSS et al. 1986, 1988; MÜLLER 1988; KOHLBECK 1991).

Die Richtungsbeständigkeit der bisher in Mitteleuropa gemessenen erhöhten Horizontalspannungen von etwa N 150° E($\pm$ 20°) muß zunächst als Wirkung tektonischer Schubspannungen gedeutet werden. Der Abbau des Spannungsüberschusses nach der Tiefe (s. Abschn. 2.6.7) zeigt aber, daß es

sich hierbei nicht um rezente Spannungsanteile handeln kann, sondern um elastische Nachwirkungen ehemaliger tektonischer Schubspannungen, die größer waren als der Überlagerungsdruck und so als meßbare Restspannungen erhalten geblieben sind.

Im wesentlichen entsprechen die gemessenen Spannungsrichtungen der Streichrichtung der großtektonischen Strukturen dieses Gebietes. Aufgrund lokaler tektonische Bruchlinien können örtlich, z. B. in der aktiven Scherzone des Hohenzollerngrabens (BAUMANN 1986, SCHNEIDER 1988) oder in unterschiedlichen Stockwerken (BECKER 1986; BLÜMLING & SCHNEIDER 1986) auch andere Hauptspannungsrichtungen auftreten.

Im Verbreitungsgebiet des tiefliegenden Zechsteinsalinars berichten GROSS et al. (1986) von unterschiedlich großen Horizontalspannungsbeträgen im Grundgebirgssockel und in den postsalinaren Triasschichten. In den Salinarschichten selbst wurden stets isotrope Spannungszustände in der Größenordnung des lithostatischen Überlagerungsdruckes ermittelt (s. a. BECKER et al. 1984).

Hinweise auf **aktive tektonische Beanspruchungen** werden aus der Seismotektonik (einschl. der Mikroseismik, Abb. 4.2) abgeleitet (s. Abschn. 4.1.2 und AHORNER 1968, 1975; SCHNEIDER 1972, 1975, 1988; GREINER 1978; LEYDECKER 1980; BAUMANN 1986; OCHMANN 1988).

Die Frage, ob oberflächennah mit gewissen **rezenten tektonischen Deformationen** zu rechnen ist, wird für einige tektonische Großstrukturen, wie den Alpen (GREINER 1978: 149, BLAR & DEMMER 1982, MÜLLER 1988, DEMMER 1991), dem Faltenjura (BECKER 1986), dem Schwarzwald (MÄLZER & ZIPPELT 1986), dem Oberrheingraben (ILLIES & Greiner 1977, FECKER & REIK 1996: 26) der Vulkaneifel und dem Südrand des Rheinischen Massivs (MÄLZER & ZIPPELT 1979), der Kraichgaumulde (SCHNEIDER 1988), der Niederrheinischen Bucht (AHORNER 1968, 1975) sowie auch der Elbtalzone und an den Randstrukturen des Thüringerwaldes (ELLENBERG 1993) immer wieder bejaht. Die in der Literatur mitgeteilten Bewegungsmaße dürften jedoch teilweise von anthropogenen Faktoren beeinflußt sein (PRINZ 1978; PRINZ & WESTRUP 1980). Zu unterscheiden sind dabei großflächige Beulungen und die weitaus schwieger meßbaren Horizontalbewegungen (SCHNEIDER 1975; REUTER, KLENGEL & PASEK 1980: 116; MÜLLER 1988). Im Hohenzollerngraben, welcher derzeit die stärkste seismische Aktivität nördlich der Alpen aufweist, sind z. B. solche rezenten Be-

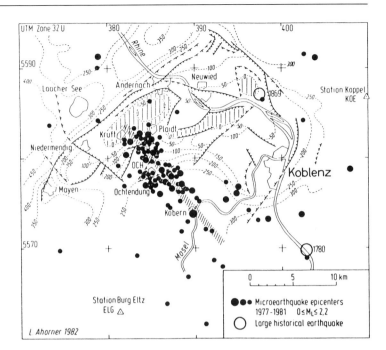

Abb. 4.2 Häufung von Mikroerdbeben im Südteil des osteifeler Vulkanfeldes entlang der Ochtenburger Störungszone (aus OCHMANN 1988).

wegungen weder für den kartierenden Geologen erkennbar noch durch geodätische Präzisionsmessungen zu belegen. Dies bedeutet, daß sich die im Abschn. 4.1.2 genannten Dislokationen entlang der Herdfläche entweder nicht bis an die Erdoberfläche durchpausen oder daß die Verschiebungen hier zu klein und damit nicht nachweisbar sind (BAUMANN 1986, MÄLZER & ZIPPELT 1986, SCHNEIDER 1988). Andererseits können an duktil reagierenden Strukturen rezente Krustenbewegungen wahrscheinlich auch ohne seismische Reaktionen ablaufen. AHORNER (1975) nimmt z. B. als sinistrale Gleitrate längs dem Oberrheingraben etwa 0,05 mm/Jahr an, ein Wert, der unterhalb der Fehlergrenze modernster Verfahren der Erdvermessung liegt.

4.1.4 Erkundung tektonischer Störungszonen

Die Erkundung tektonischer Störungszonen und besonders das Erkennen von Scherbruchzonen mit tektonischer Gebirgsauflockerung erfordert den Einsatz und die Kombination der verschiedenen indirekten und direkten Erkundungsmethoden.

Zunächst kann der Verdacht auf das Auftreten solcher Scherbruchzonen aus der **tektonischen Gesamtsituation** abgeleitet werden. Im Westteil der Süddeutschen Großscholle stellen bevorzugt die N–S Strukturen solche Scherbruchrichtungen dar,

während es am Ost- und Nordrand der Großscholle vorwiegend die parallel zur Fränkischen Linie verlaufenden NW–SO streichenden Bruchformen sind. Als Verbindungsstrukturen zwischen solchen Scherbruchzonen können auch O–W- bzw. SW–NO-streichende Kluftscharen Gebirgsauflockerung zeigen (Abb. 3.10). Derartige Scherbruchzonen sind nicht auf Gebiete mit saxonischer Bruchtektonik beschränkt, sondern durchziehen in Fortsetzung solcher Strukturen auch variszische Rumpfgebirge, wie z. B. den Taunus.

Häufig zeichnen sich diese Lineationen auch im **Luftbild** ab, bzw. sie bestimmen aufgrund ihrer verstärkten Gebirgsauflockerung zumindest abschnittsweise die Richtung von Tälern und von natürlichen Fließgewässern. Die häufig zu beobachtende, nur abschnittsweise Auswirkung solcher Störungszonen auf die erosive Ausbildung der Täler ist darauf zurückzuführen, daß derartige tektonische Scherbruchzonen abwechselnd als Bruchzone mit Gebirgsauflockerung und dazwischen aus Abschnitten mit Druckbeanspruchung bestehen (s. d. READING 1982).

Die nächsten Erkundungsschritte sind gegebenenfalls eine Projektkartierung (s. Abschn. 4.2.1 und 17.1) und besonders **geophysikalische Feldmessungen,** u. a. Seismik und Geoelektrik (s. Abschn. 4.2.2) sowie auch Bodenluftmessungen (s. Abschn. 4.2.3).

Bei der **Aufnahme von Bohrungen** ist besonders auf die Beschaffenheit des Kernmaterials zu achten (s. Abschn. 4.4.3) sowie auf Bewegungsanzeichen (Harnische u. a.) auf Schicht- und Kluftflächen (s. Abschn. 3.2.2 und 3.2.4). Die Kluftrichtungen aus orientiert gebohrten Kernabschnitten ergeben häufig eine zuverlässigere Aussage über tektonische Richtungen als die Kartierung. Auch ausgeprägte Störungszonen mit nur geringen Versatzbeträgen sind Hinweise auf horizontale Scherbruchstrukturen (s. Abschn. 17.1.1).

Bei Verdacht auf tektonische Gebirgsauflockerung sind je nach Aufgabenstellung, auch **Bohrlochmessungen** (Bohrlochfernsehsonde, Seitendrucksonden, WD-Tests) zweckmäßig. Weitere Anzeichen für tiefreichende Störungszonen mit Verdacht auf Gebirgsauflockerung sind ungewöhnliche Mineralisation oder erhöhte CO_2-Gehalte im Grundwasser (s. d. a. Abschn. 17.1.1).

Im **Aufschluß** sind die Auflockerungsstrukturen häufig an typischen Scharungen von Großklüften oder kleinen Verwerfungen mit geringen und oft gegensinnigen Vertikalversätzen (sog. Blumenstrukturen, Abb. 3.11), verstellten Zwischenschollen, Harnischflächen oder an sattelartigen Kleinflexuren (Abb. 4.3) schräg zu den Scherbrüchen zu erkennen (PRINZ 1988; NAUMANN & PRINZ 1989 sowie bes. MICHAEL 1996, der sich ausführlich mit der Termination solcher Strukturen auseinandersetzt).

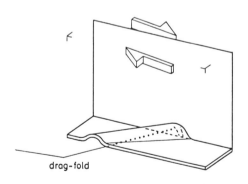

drag-fold

Abb. 4.3 Schräg zur Scherstruktur verlaufende Kleinflexur (sog. drag-fold) als Anzeichen der Schubbeanspruchung (aus REUTER 1981).

4.2 Indirekte Aufschlußmethoden

4.2.1 Projektkartierungen, Luftbildauswertung

Wo keine modernen geologischen Karten zur Verfügung stehen, kann bei Großprojekten, insbesondere bei Linienbauwerken (Verkehrswegen) zu Beginn der Aufschlußarbeiten eine **Projekt- oder Streifenkartierung** i. M. 1 : 10 000 oder 1 : 5000 zweckmäßig sein (PRINZ & TIEDEMANN 1983), die nach Möglichkeit von Geologen mit Regionalkenntnissen durchgeführt werden sollte (s. a. Abschn. 17.1).

Bei einer solchen Projektkartierung spielt das **Luftbild** in zunehmendem Maße eine wichtige Rolle, wenn es darum geht, rutschungs- oder erdfallverdächtige Oberflächenformen, alte Abgrabungen bzw. Auffüllungen (auch Altlasten) oder auch verlandete Altarme o. ä. zu erkennen (HÄFNER & KRAUTER 1981, darin Lit.). FECKER & REIK (1996) beschreiben die luftbildgeologischen Methoden ausführlich.

Je nach Aufgabenstellung können auch hydrogeologische **Quellkartierungen und -beweissicherungen** (PRINZ & HOLTZ 1989) und z. T. auch ökologische Kartierungen erforderlich sein.

4.2.2 Geophysikalische Feldmethoden

Die in der Ingenieurgeologie üblichen geophysikalischen Untersuchungsmethoden beruhen auf dem Verfolgen von Grenzflächen bestimmter physikalischer Eigenschaften des Untergrundes, wie der Fortpflanzungsgeschwindigkeit seismischer Wellen bzw. dem spezifischen elektrischen Widerstand. Voraussetzung ist, daß der Untergrundaufbau nicht zu komplex ist und daß sich die Schichten in ihren geophysikalischen Parametern deutlich voneinander unterscheiden. Mit die wichtigste petrophysikalische Parameter ist dabei die Dichte, die in erster Linie von der Klüftigkeit des Gebirges und den Kluftfüllungen beeinflußt wird. Die Dichte ist wiederum bestimmend für andere geophysikalische Parameter, wie der Ausbreitungsgeschwindigkeit und der Absorption elastischer Wellen, der elektrischen Leitfähigkeit sowie der Absorption von Gammastrahlen. Der besondere Vorteil der geophysikalischen Feldverfahren besteht darin, daß durch linien- oder rasterförmige Meßanordnung mit geringem Aufwand rasch große Flächen erkundet werden können. Dabei haben sich zur Erkundung oberflächennaher Strukturen (bis etwa 20 m Tiefe) in den letzten Jahren besonders die sog. komplex-geophysikalischen Methoden bewährt, d. h. die kombinierte Anwendung seismischer, geoelektrischer und z. T. elektromagnetischer Verfahren.

Bei den **refraktionsseismischen Verfahren** wird die Laufzeit von Longitudinalwellen gemessen, die an den Grenzflächen von Schichten mit zunehmender seismischer Geschwindigkeit gebrochen werden, dort entlanglaufen und zur Geländeoberfläche abgestrahlt werden. Bei Tiefen bis etwa 10 m werden Hammerschlagseismik und bis in Tiefen von etwa 60 bis 100 m Fallgewichtsseismik oder Auflegersprengungen eingesetzt. Die Laufzeiten der Wellen bzw. die daraus ermittelten Longitudinalgeschwindigkeit v_s in m/s liefern bei ausreichender Differenzierung Angaben über Geschwindigkeitsverteilung, Grenzflächenstruktur und Grenzflächentiefe eines geschichteten Untergrundes (Abb. 4.4). In nichtbindigen Lockersedimenten zeichnet sich auch die Grundwasseroberfläche meist als markante seismische Grenzfläche ab.

Die refraktionsseismischen Verfahren finden Anwendung zur Erkundung der Lockergesteinsmächtigkeit bzw. der Tiefenlage der Felsoberfläche, der Abgrenzung von Auflockerungszonen im Fels und zur Einstufung, ob ein Fels noch reißbar ist oder nicht (s. Abschn. 12.1). Sofern allerdings der Übergang z. B. von Hangschutt über mehr oder weniger aufgelockertes Gebirge zum kompakten Fels kontinuierlich und ohne scharfe Grenzen verläuft, sind refraktionsseismische Messungen schwer zu interpretieren.

Die Erkundung von Schichtgrenzen in größeren Tiefen (> 150 m) erfolgt durch **Reflexionsseismik** in Form von Spreng- oder Vibroseismik. Die Reflexionsseismik ist nicht auf Grenzflächen mit nach der Tiefe sprunghaften Geschwindigkeitszunahmen angewiesen. Auch Schichtgrenzen mit negativen Reflexionskoeffizienten, wie Schichten geringerer Festigkeit unter härteren Abfolgen, können nachgewiesen werden. Steilstehende Grenzflächen werden ebenfalls nicht als Reflektoren erkannt, jedoch versetzen steilstehende Störungen in der Regel die Schichtgrenzen und damit auch die erkennbaren Reflektoren.

Zur Erkundung der Zusammensetzung der Lockergesteinsschichten selbst sind **geoelektrische Widerstandsmessungen** in der Regel besser geeignet als Flachseismik. Mit ihnen können sandig-kiesige und schluffig-tonige Locker- und Festgesteine sowohl in schichtiger Lagerung als auch in Form von Störkörpern im Untergrund meist recht gut unterschieden werden.

Bei der geoelektrischen Widerstandskartierung wird in mehreren Meßreihen die flächige Verteilung des scheinbaren spezifischen Widerstandes in bestimmten Tiefen dargestellt (Isoohmenkarte), die sowohl lineare (tektonische oder schichtlagerungsbedingte) Strukturen als auch punktuelle Einbruchsstrukturen (Erdfallfüllungen) erkennen läßt. Aufgrund der höheren elektrischen Leitfähigkeit von Störungszonen mit verstärkter Wasserführung, Verwitterungs- und Zersatzzonen, eignen sich flächenhafte geoelektrische Widerstandkartierungen auch gut zur Erkundung tektonischer Strukturen (Abb. 4.5).

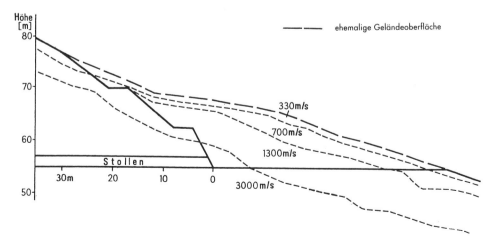

Abb. 4.4 Refraktionsseismische Erkundung der Mächtigkeit der Deckschichten im Bereich eines Tunnelportals (aus STÖTZNER 1990).

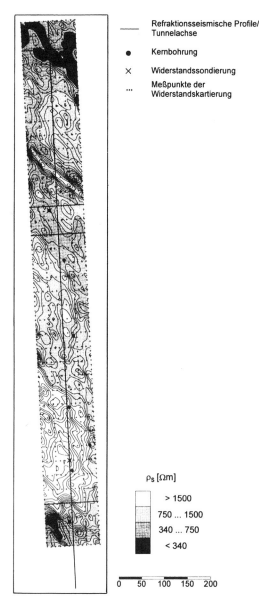

Refraktionsseismische Profile/
Tunnelachse

●   Kernbohrung

×   Widerstandssondierung

···   Meßpunkte der
Widerstandskartierung

ρ_s [Ωm]

> 1500

750 ... 1500

340 ... 750

< 340

0   50   100   150   200

Abb. 4.5 Ergebnis einer geoelektrischen Widerstandskartierung nach Schlumberger. Isoohmen
des scheinbaren spezifischen Widerstandes. Nachweis von Störungs- und Vergrusungszonen im Granit einer Tunneltrasse (aus SCHULZE 1995).

Oberflächenkartierungen können durch geoelektrische Tiefensondierungen (Widerstandssondie-
rungen) ergänzt werden. Dabei wird der Elektrodenabstand allmählich vergrößert, wodurch der
Einfluß der tieferen Schichten zunimmt.

Beim **Georadar** werden hochfrequente elektroma-
gnetische Wellen in den Untergrund gesendet, die
an Grenzen unterschiedlicher Materialien teilweise reflektiert und teilweise transmittiert werden.
Im Radarscan erhält man ein nahezu kontinuierli-
ches Abbild des Untergrundes. Objekte bilden sich
als sog. Diffraktionshyperbeln ab. Die Grundwasseroberfläche wirkt als starker Reflektor und begrenzt dadurch die Einsatzmöglichkeiten.

Die übrigen geophysikalischen Feldmeßverfahren,
wie hochempfindliche gravimetrische, geomagne-
tische, radiometrische, geothermische Untersuchungen oder seismische Tomographie (zum
Nachweis von Hohlräumen, s. Abb. 19.6) werden
in der Ingenieurgeologie höchstens für spezielle
Fragestellungen eingesetzt. Eine Übersicht über
die geophysikalischen Oberflächenverfahren gibt
DIN 4020 (1990), Beiblatt, Tab. 6. Anwendungs-
beispiele werden in der Zeitschrift Felsbau 5/95
beschrieben.

Der zweckmäßige **Einsatz geophysikalischer
Feldmessungen** erfordert eine gewisse Erfahrung.
Die Einsatzmöglichkeiten sollten vorab mit dem
Geophysiker abgesprochen werden, um die Grenzen der einzelnen Methoden zu erkennen und Miß-
erfolge durch falsche Erwartungen zu vermeiden.
Auch die ingenieurgeologische Auswertung der
oft mehrdeutigen geophysikalischen Meßergebnisse muß in Zusammenarbeit mit dem Geophysiker und unter Berücksichtigung aller geologischen
Grundlagen erfolgen. Auf den Einsatz von Unter-
suchungsbohrungen kann dabei nicht verzichtet
werden, da die Zuordnung der geophysikalischen
Grenzflächen zu geologischen Schichtgrenzen
sonst äußerst problematisch ist. Mit Hilfe der Geophysik können jedoch Bohrungen gezielt angesetzt
werden und die Ergebnisse von Bohrungen auf die
Fläche übertragen und damit die Bohrkosten wesentlich eingeschränkt werden, ohne daß die geologische Prognose an Zuverlässigkeit verliert.

4.2.3 Bodenluftuntersuchungen zur Erkundung von Störungszonen

Zur Erkundung tektonischer Störungszonen und
anderer Auflockerungszonen werden zunehmend
gasgeochemische Bodenluftuntersuchungen eingesetzt. Aus 1,0 bis 1,8 m tiefen Rammbohrlö-
chern wird mit speziellen Sonden Bodenluft angesaugt und die Konzentration von Kohlendioxid,
Methan und der Edelgase Helium und Radon gemessen. Das Methan (CH_4) aus der Tiefe wird in
Erdöl- oder sulfidischen Erzlagerstätten freigesetzt. Das radioaktive Radon stammt von Zerfalls-

produkten des in der Erdrinde vorkommenden Radiums. Die Maximalwerte dieser Gase deuten auf Aufstiegszonen aus der Tiefe bzw. auf Anreicherung in Auflockerungszonen hin (ERNST 1968; HARRES, REUTHER & SCHÖNENBERG 1974 sowie AMMANN & SCHENKER 1989; s. a. Abschn. 16.5.2.3). Mineralwerte, bes. von CO_2, können Kaminwirkung in offenen Spalten anzeigen.

4.3 Direkte Aufschlußmethoden

4.3.1 Zu beachtende gesetzliche Vorschriften

Alle durch mechanische Kraft angetriebenen Bohrungen sind nach dem **Lagerstättengesetz** von 1934 (RGBl. I S. 1223 u. 1261) mit Änderung 1974 (BGBl. I S. 469) 2 Wochen vor Beginn der Arbeiten von der Bohrfirma dem zuständigen Geologischen Landesamt anzuzeigen und die Bohrergebnisse in Form von Schichtenverzeichnissen mitzuteilen. Bohrungen von über 100 m Tiefe stehen darüber hinaus nach dem **Bundesberggesetz** von 1980 (GVBl. I S. 1310), zuletzt geändert 1990 (GVBl. I S. 215), unter Bergaufsicht und sind vorab der zuständigen Bergbehörde anzuzeigen. Hierbei sind von seiten der Bohrfirma detaillierte Angaben über die einzusetzenden Geräte sowie über die Lage und Tiefe der einzelnen Bohrungen zu machen.

Dazu kommt, daß nach dem **Wasserhaushaltsgesetz** (WHG, in der Fassung vom 25. 7. 1986, geändert 1990) und den entsprechenden Ländergesetzen sowohl Eingriffe in das Grundwasser als auch die Entnahme von Bohrwasser aus oberirdischen Gewässern sowie seine Einleitung als Benutzung gelten und einer Erlaubnis durch die Untere Wasserbehörde bedürfen (s. Abschn. 11). Oberflächengewässer sind in verschiedenen Bundesländern (z. B. Hessen) in Gewässergüteklassen eingeteilt:

I	unbelastet
I–II	gering belastet
II	mäßig belastet
II–III	kritisch belastet
III	stark verschmutzt
III–IV	sehr stark verschmutzt
IV	übermäßig stark verschmutzt

Die mit den Erkundungsbohrungen verbundenen Eingriffe in das Grundwasser sind in einigen Ländern erlaubnispflichtig, in anderen wieder nur anzeigenpflichtig. In Hessen z. B. gilt bereits das Anbohren des Grundwassers als Benutzung und ist, wie auch die Einrichtung von Grundwassermeß-

stellen oder die Durchführung von Pumpversuchen erlaubnispflichtig. Hierbei ist das Verrieseln des beim Klarspülen von Bohrungen oder bei mehrstündigen Pumpversuchen anfallenden Wassers mit zu beantragen. Ist das abgepumpte Wasser schadstoffbelastet, so ist im Einzelfall zu entscheiden, ob aufgrund der örtlichen Vorbelastung des Grundwassers eine schädliche Verunreinigung vorliegt oder nicht (s. d. JÄHNER 1992: 329). Soll aus dem Bohrloch abgepumptes Wasser in die Kanalisation eingeleitet werden, so ist auf jeden Fall eine Genehmigung einzuholen. Kontaminiertes Wasser muß gegebenenfalls mit Tankwagen entsorgt werden (s. a. Abschn. 11).

Bei Aufschlußarbeiten in **Wasserschutzgebieten** sind sowohl die Richtlinien für Trinkwasserschutzgebiete (DVGW-Arbeitsblatt W 101, 1995) bzw. Heilquellenschutzgebiete (der Länderarbeitsgemeinschaft Wasser 1978/79) zu beachten als auch die Richtlinien für bautechnische Maßnahmen an Straßen in Wasserschutzgebieten (RiStWag 1982, FGSV Köln) bzw. die Richtlinien für die Anwendung von Wasserrecht auf Betriebsanlagen der Deutschen Bundesbahn (1992).

Die üblichen Auflagen bzw. Schutzmaßnahmen, deren Anwendung im einzelnen von der Untergrundbeschaffenheit abhängt, sind nachstehend zusammengefaßt:

Zone I	Fassungsbereich im allgemeinen ≤10–50 m	Aufschlußarbeiten in der Regel nicht zulässig
Zone II	Engere Schutzzone ≥50 m, 50 Tage Verweildauer, kann bei günstiger Untergrundbeschaffenheit entfallen	Aufschlußarbeiten nur ausnahmsweise und im Einvernehmen mit der Wasserbehörde und den betr. Wasserversogungsunternehmen. Schürfe und Bohrungen sind, abgestimmt auf die ursprünglichen Verhältnisse, sorgfältig und kurzfristig zu verfüllen. Die eingesetzten Geräte sind gegen Öl- und Treibstoffverluste zu sichern (Ölwannen).
Zone III	Weitere Schutzzone bis 2 km III A	Schürfe und Bohrungen sind, abgestimmt auf die ursprünglichen Verhältnisse, sorgfältig zu verfüllen. Grundwassermeßstellen sind in den oberen Metern nötigen-

falls zu zementieren. Versickerung von wassergefährdenden Flüssigkeiten (Treibstoffe, Hydrauliköl, Schmiermittel) ist durch Folien o. ä. zu verhindern. Liegen Bohrpunkte näher als etwa 500 m zu den Gewinnungsanlagen, so können zusätzliche Maßnahmen nötig werden.

über 2 km
III B
Gewisse Erleichterungen gegenüber III A möglich.

Oberstrom von Grundwassergewinnungsanlagen sollte dabei nur mit sauberem Wasser gebohrt werden und z. B. nicht mit Wasser aus verunreinigten Bächen o. ä.

In **Heilquellenschutzgebieten** sind außer den qualitativen Schutzzonen I–IV besonders die Zonen A bis D gegen quantitative Beeinträchtigung maßgebend. In Zone A ist praktisch jeder Eingriff in den Untergrund untersagt. In Zone B sind Eingriffe von 3–5 m erlaubt, in Zone C solche bis zu Tiefen von 10–20 m und in Zone D sind Eingriffe in den Untergrund bis 100 m Tiefe gestattet.

In **Naturschutz- oder Landschaftsschutzgebieten** ist außerdem ein Antrag auf Genehmigung zur Durchführung der Aufschlußarbeiten bei der Unteren Naturschutzbehörde zu stellen. Hierbei wird Wert darauf gelegt, daß die Tiere zur Brutzeit nicht gestört werden, der Vegetationsbestand geschont und die Bohrstellen rekultiviert werden.

4.3.2 Art und Umfang der Baugrunderkundung

Der **Umfang der Untersuchung** und der Abstand der Aufschlüsse ist abhängig von den geologischen Gegebenheiten, den Bauwerksabmessungen und den bautechnischen Fragestellungen. Die DIN 4020 gibt darüber hinaus Richtwerte für den **Abstand und die Tiefe direkter Aufschlüsse,** die besonders bei Objekten der geotechnischen Kategorien 2 und 3 zu beachten sind.

Bei Hoch- und Industriebauten beträgt der Rasterabstand der Aufschlüsse üblicherweise 20 m bis 40 m, bei großflächigen oder gestreckten Bauwerken auch bis 50 m. Die Bohrungen sind so tief zu führen, daß alle Schichten, welche Einfluß auf die Standfestigkeit und auf die Setzungen des Bau-

werks sowie auf die Wasserführung des Baugrundes haben, erfaßt werden.

Die Aufschlußtiefe (z_a) beträgt mindestens 6 m ab Fundamentsohle bzw. Aushubsohle, bei Pfahlgründungen ab Pfahlfußebene. Darüber hinaus gibt DIN 4020 weitere Angaben für z_a in Abhängigkeit der Art und Abmessungen der Gründungskörper bzw. der Baugrubentiefen und Grundwasserstände.

Bei Trassenuntersuchungen betragen die durchschnittlichen Bohrabstände je nach Vorkenntnissen sowie den Gelände- und Untergrundverhältnissen 100 m (ZTVE-StB 94) bis etwa 300 m. In Hanglage müssen im Bedarfsfall Querprofile mit 2 oder 3 Bohrungen abgebohrt werden. Bei Brückenbauwerken sollen nach DIN 4020 grundsätzlich alle Fundamentstandorte mit je 2 bis 4 Aufschlüssen untersucht werden. Bei Linienbauwerken beträgt der Abstand der Aufschlüsse 50 bis 200 m, für tiefliegende Tunnel z. T. auch mehr (s. Abschn. 17.1).

Je nach den zu erwartenden Untergrundverhältnissen und der Art des geplanten Bauvorhabens können Schürfe, Bohrungen und (oder) Sondierungen die **zweckmäßigste und wirtschaftlichste Aufschlußmethode** sein.

DIN 4021 enthält auch einheitliche Bezeichnungen für die Baugrundaufschlüsse wie SCH für Schurf, BK für Bohrungen mit durchgehender Gewinnung gekerter Proben, BS für Kleinbohrungen sowie die entnommenen Proben (B = Bohrprobe, W = Wasserprobe, P = Sonderprobe und K für entnommene Kernstücke).

Im Rahmen des Baugenehmigungsverfahrens ist heute in der Regel der Nachweis fehlender Schadstoffbelastung des Baugrubenaushubs zu bringen, so daß bei den Aufschlußarbeiten auf **Anzeichen von Bodenkontaminationen** zu achten ist. In Zweifelsfällen ist bei Entscheidung über die Notwendigkeit einer Bodenuntersuchung die frühere Nutzung des Grundstücks in die Überlegungen einzubeziehen, wobei bei landwirtschaftlicher Nutzung auch die häufigere Aufbringung von Klärschlamm zu erfragen ist. Sobald irgendein Verdacht auf eine Belastung des Baugrundstücks besteht, so ist dieser durch entsprechende Untersuchungen auszuräumen (s. d. Abschn. 16.6).

4.3.3 Einteilung der Bodenproben

Nach DIN 4021 werden die Bodenproben in 5 **Güteklassen** eingeteilt, je nachdem, welche bodenmechanischen Eigenschaften oder Kenngrößen

Tabelle 4.2   Einteilung der Bodenproben in Güteklassen (nach DIN 4021).

Güteklasse	Bodenproben unverändert in	Feststellbar sind im wesentlichen	
1	Z, w, γ, E$_S$, τ	Feinschichtgrenzen Kornzusammensetzung Konsistenzgrenzen Grenzen der Lagerungsdichte Kornwichte organische Bestandteile	Wassergehalt Wichte des feuchten Bodens Wasserdurchlässigkeit Steifemodul Scherfestigkeit
2	Z, w, γ	Feinschichtgrenzen Kornzusammensetzung Konsistenzgrenzen Grenzen der Lagerungsdichte Kornwichte	organische Bestandteile Wassergehalt Wichte des feuchten Bodens Porenanteil Wasserdurchlässigkeit
3	Z, w	Schichtgrenzen Kornzusammensetzung Konsistenzgrenzen Grenzen der Lagerungsdichte	Kornwichte organische Bestandteile Wassergehalt
4	Z	Schichtgrenzen Kornzusammensetzung Konsistenzgrenzen	Kornwichte organische Bestandteile
5	– (auch Z verändert, unvollständige Bodenprobe)	Schichtenfolge	

Anmerkung: Güteklasse 1 zeichnet sich gegenüber Güteklasse 2 dadurch aus, daß auch das *Korngefüge* unverändert bleibt.

Hierin bedeuten: Z = Kornzusammensetzung
w = Wassergehalt
γ = Wichte des feuchten Bodens
E$_S$ = Steifemodul
τ = Scherfestigkeit

daran ermittelt werden können (Tab. 4.2). Wenn keine Bodenproben ausreichender Qualität (Güteklasse 1 oder 2) gewonnen werden können, sind **Sonderproben** (sog. ungestörte Bodenproben) mit dünnwandigen Stahlzylindern mit einem Innendurchmesser von 114 mm zu entnehmen.

Die sog. einfachen oder offenen Geräte haben einen Luftauslaß, durch den die Luft beim Einschlagen entweichen kann. In weichen, bindigen Böden werden dünnwandige Kolbenentnahmegeräte verwendet (KANY & HERMANN 1982). DIN 4021, Tabelle 4.6, bringt eine Zusammenstellung der Entnahmegeräte. Sonderproben sind gemäß DIN 4021 mittels Kunststoff- oder Gummikappe oder Ceresinverguß gegen Austrocknung zu versiegeln und unverzüglich der Untersuchungsstelle zuzuleiten.

4.3.4 Schürfe, Untersuchungsschächte und -stollen

Die Grabtiefe von Baggern mit Tieflöffel beträgt 4 – 5 m. Sie kann bei manchen Geräten bis auf 7 m verstellt werden. Zur besseren Begehbarkeit und zur Erleichterung von Probenentnahmen sollte eine Seite abgetreppt oder abgeschrägt werden. Schurfschächte oder sog. Rundlochschürfe werden mit Greifern, z. T. mit speziellen Rundgreifern (∅ min. 1,2 m), ausgehoben.

Bei **Schurfarbeiten** sind die geltenden Unfallverhütungsvorschriften und die DIN 4021 sowie DIN 4124 zu beachten. Um Schichtprofile an den Wänden aufnehmen zu können, ist bei Schürfen (als vorübergehenden Grabarbeiten) ein vertikaler Behelfsverbau mit einem Bohlenabstand von 0,3 m, in standfestem Gebirge 0,5 m, zulässig.

Auch Verbaukörbe können verwendet werden. Es ist zweckmäßig, die Verbauvorschriften in die Ausschreibung aufzunehmen und Schürfe immer erst kurz vor der Aufnahme anlegen zu lassen. Bei der Aufnahme muß nach den Sicherheitsvorschriften immer eine zweite Person zugegen sein.

Unter der Grundwasseroberfläche oder bei starkem Schichtwasserzutritt sind Schürfe nicht zu empfehlen.

Schürfe bieten den besten Einblick in den Untergrundaufbau und die Schichtlagerung. Sie sind überall da zu empfehlen, wo in den oberen 3–5 m ein unregelmäßiger Wechsel in Schichtaufbau und -lagerung sowie schwer voneinander zu unterscheidende Bodenarten (Auffüllung) vorliegen, wie z. B. wenig umgelagerter Verwitterungsschutt über entfestigtem Felsuntergrund, der in Bohrungen leicht zerbohrt wird und vom Schutt schwer zu unterscheiden ist. Auch die Raumlage und Ausbildung von Trennflächen ist am besten durch Schürfe oder Schurfgräben zu erfassen.

Schürfe werden auch zur Erkundung der Gründungsart und Gründungstiefe von Altbauten bzw. der Nachbarbebauung sowie zur Ermittlung der Ursache von Bauschäden angelegt. Auch zur Charakterisierung der Bodenarten und -klassen bei größeren Erdarbeiten werden Schürfe angelegt.

Erkundungsschächte mit Durchmessern von 4 bis 6 m haben in schwierigen Untergrundverhältnissen den Vorteil eines direkten Einblicks in den tieferen Untergrund und es können sowohl Proben für Großversuche genommen als auch in situ-Versuche durchgeführt werden.

Erkundungsstollen werden im Talsperrenbau und bei Untertagebauvorhaben ausgeführt. In schwierigen Gebirgsverhältnissen ist ein Erkundungsstollen allen anderen Untersuchungsmethoden überlegen und der verläßlichste Gebirgsaufschluß.

Die Abmessungen eines Erkundungsstollens richten sich nach dem Vortriebsverfahren und dem angestrebten Zweck. Bei konventionellem Sprengvortrieb werden gewöhnlich Querschnitte von 8 bis 20 m² aufgefahren (s. Abschn. 17.1).

4.3.5 Bohrungen

Für Baugrunduntersuchungen sind nach DIN 4021 alle **Bohrverfahren** zulässig, die einen für den jeweiligen Untersuchungsfall hinreichenden Aufschluß sowie die nötigen Bodenproben liefern. Bohrverfahren und Bohrdurchmesser richten sich also nach der Art der verlangten Bodenproben und Bohrlochversuche (s. Abschn. 2.6.8 und

Abschn. 4.6). Grundsätzlich sind Bohrverfahren vorzuziehen, bei denen das Bohrgut möglichst wenig gestört gewonnen wird. In Lockergesteinen und in der lockergesteinsähnlichen Anwitterungszone des Felsuntergrundes sind Trockenbohrverfahren anzuwenden. Wenn Bodenauftrieb zu erwarten ist, muß Wasser bzw. Spülung zugegeben werden, um Störungen des Untergrundes zu vermeiden.

Die Bohrlöcher sind mit dem Bohrfortschritt zu verrohren. Im Fels brauchen Bohrlöcher nur bei Gefahr von Nachfall ganz oder teilweise verrohrt werden. Um Nachsackungen zu vermeiden, die eine Gefahr für die Nutzung des Grundstücks darstellen können, sind die Bohrlöcher zum Schluß mit dem Ziehen der Verrohrung sorgfältig zu verfüllen. Bei **Grundwasserstockwerken** oder gespanntem Grundwasser muß durch Verfüllung mit Stückton bzw. Quellton (Quellton bzw. Compactonit-Pellets), nötigenfalls mit Zementbrücken, die Wirkung der ursprünglichen Sperrschichten wieder hergestellt werden, da sonst Geländesenkungen durch Entspannung von Grundwasserstockwerken auftreten können.

Die **Bohrverfahren und Geräte** für Baugrundbohrungen sind in Tabelle 1 der DIN 4021 hinsichtlich ihrer Eignung für die verschiedenen Böden und den dabei erreichbaren Güteklassen der Bodenproben zusammengestellt. Folgende Bohrverfahren werden unterschieden:

Verfahren 1 mit durchgehender Gewinnung von gekernten Bodenproben (Kernbohrungen, Rammbohrungen)

Verfahren 2 mit durchgehender Gewinnung nicht gekernter Bodenproben (Drehbohrungen, Greiferbohrungen)

Verfahren 3 mit Gewinnung unvollständiger Bodenproben (Schlagbohrungen, Spülbohrungen)

Darüber hinaus wird ein Kleinbohrverfahren mit Durchmessern von 30 bis 80 mm zur Gewinnung geringer Probenmengen unterschieden (DIN 4021, Tab. 3).

In DIN 4021 ist auch die **Entnahme von Proben** im einzelnen geregelt. Durchgehend gewonnene Bodenproben werden zweckmäßigerweise bis zur Aufnahme durch den Sachverständigen in Kernkisten ausgelegt, wobei bindiges Probematerial in Plastikbahnen einzuschlagen ist, damit der natürliche Wassergehalt einigermaßen erhalten bleibt. Im Bedarfsfall sind Einzelproben sofort in luftdicht abschließbare Behälter zu füllen. Dem Sachverständigen steht dann zur Aufnahme der Bohrungen das vollständige Bodenprofil zur Verfügung. Kernverluststrecken sind zu markieren.

Bei Trockenbohrungen ohne gekernte Bodenproben (Verfahren 2) werden in weichen oder nichtbindigen Lockergesteinen dünne Einlagerungen (< 10 cm) häufig überbohrt (ENTENMANN 1992). Bei hochplastischen, überkonsolidierten Tonen (z. B. Tertiärtonen) ist ab Bohrtiefen von etwa 30 m mit einem Ausdehnungseffekt der Bohrkerne bis zu 30 % zu rechnen. Dieser Überstand darf vom Bohrmeister nicht weggeworfen, sondern muß mit Tiefenmarkierungen versehen mit ausgelegt werden. In solchen Fällen haben sich 1,5 m lange Kernkisten (für 1 m Kernmarschlänge) bewährt.

Bei nicht durchgehend gekernten Bodenproben (Verfahren 2) ist bei jedem Schichtwechsel, mindestens aber alle Meter, wenigstens eine Probe zu entnehmen und in luftdicht verschließbaren Behältern aufzubewahren.

Bei größeren Bauvorhaben ist es üblich, die Bohrkerne oder Bodenproben, bzw. eine charakteristische Auswahl davon, bis nach Baufertigstellung aufzubewahren. Bei längeren Lagerzeiten hat sich dies als wenig zweckmäßig erwiesen, da die Proben nach einigen Jahren nur noch sehr eingeschränkt brauchbar sind. In Streitfällen muß letzten Endes meistens doch nachgebohrt werden. Eine Aufbewahrung von Bodenproben ist daher nur zu empfehlen, wenn eine weitere Bearbeitung im Zuge der Bauausführung in Betracht kommt.

4.3.5.1 Kernbohrungen

Bei Kernbohrungen ist ein möglichst vollständiger Kerngewinn anzustreben, wozu eine **Bohrmaschine** mit ruhigem, schlagfreiem Lauf und der Möglichkeit einer Drehzahl- und Bohrandruckregelung sowie druckdosierbarer Spüleinrichtung nötig ist. Bei Baugrundbohrungen wird meist mit Wasserspülung gebohrt. Gelegentlich werden auch **Spülungszusätze** verwendet, die eine Erhöhung der Austragsfähigkeit und eine Stabilisierung des Bohrloches bewirken sollen. Die Verwendung von Spülungszusätzen ist erlaubnispflichtig (s. Abschn. 4.3.1) und ist im Bedarfsfall gesondert mit zu beantragen. Auf das DVGW-Merkblatt W 116 „Verwendung von Spülungszusätzen in Bohrspülungen bei der Erschließung von Grundwasser" von 1985 verwiesen.

Bestimmend für die Qualität der Bohrkerne, auf die es dem Ingenieurgeologen in erster Linie ankommt, sind neben dem Gerät und dem Können des Geräteführers vor allen Dingen das eingesetzte Kernrohr und die Bohrkrone, die ihrerseits wieder vom zu durchbohrenden Gebirge abhängig sind. Bei den Kernrohren werden folgende Typen unterschieden:

Einfachkernrohre, häufig auch nur noch sog. Kernrohrschuhe, werden nur noch für Trockenbohrungen zum Durchbohren der Deckschichten und der entfestigten Oberzone des Gebirges verwendet (Güteklasse 2 nach DIN 4021).

Doppelkernrohre (Abb. 4.6) sind so konstruiert, daß die Spülung zwischen Außen- und Innenrohr geleitet wird und erst zwischen Kernfanghülse und Kronenlippe mit dem Kern in Kontakt kommt. Der Kern ist damit nur einer geringen Ausspülung ausgesetzt.

Die **Durchmesser der Kernrohre** sind je nach Fabrikat unterschiedlich groß (Tab. 4.3). Der Enddurchmesser, der in der Ausschreibung anzugeben ist, richtet sich nach dem Zweck der Bohrung. Grundsätzlich sollten die Kerndurchmesser nicht zu klein gewählt werden, da die Kernqualität ab Durchmesser < 101 oft stark beeinträchtigt ist. Bei einem Kerndurchmesser von 101 mm beträgt der Bohrlochdurchmesser 131 mm, so daß im Bedarfsfall noch Sonderproben genommen werden können.

Das Verhältnis Bohrlochdurchmesser/Kerndurchmesser ist auch vom Kernrohrtyp abhängig. Unterschieden werden dickwandige Kernrohre für große Bohrlochdurchmesser, normalwandige Kernrohre für brüchiges Gebirge und dünnwandige Kernrohre, die in mittelharten und hartem Gebirge den Vorteil einer kleineren Schneidfläche haben. Dickwandige Kernrohre liefern häufig schlechte Kerne.

Beim **Dreifachkernrohr** wird der Kern zusätzlich von einer Hartplastikhülse, einem sog. Liner, aufgenommen, der aufklappbar ist bzw. aufgeschnitten werden kann. Es wird für sehr wasserempfindliche oder quellbare Gebirgsarten eingesetzt, bzw. wenn kurzzeitiges Entweichen leichtflüchtiger Kontaminationen zu erwarten ist.

Ähnlich ist auch das Prinzip des Schlauchkernrohres, bei dem der Kern von einer schlauchartigen Plastikhülle aufgenommen und umhüllt wird.

Bei Bohrungen ab 10 bis 15 m Tiefe wird bevorzugt das **Seilkernrohr** eingesetzt. Das Bohrverfahren unterscheidet sich vom konventionellen Bohren dadurch, daß zum Entleeren des Kernrohres nur das Innenkernrohr mittels eines Seiles und Fängers nach oben gebracht (Abb. 4.7), entleert und wieder in das Bohrloch eingeführt wird. Der rotierende Bohrstrang bleibt als Verrohrung im

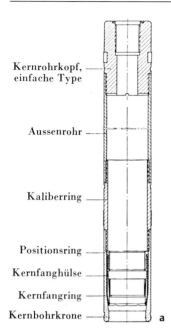
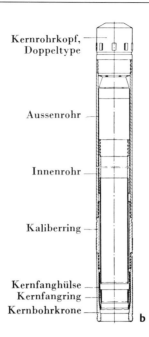

Abb. 4.6 a, b Aufbau eines Einfachkernrohres (a) und eines Doppelkernrohres (b) (Firmenprospekt).

Tabelle 4.3 Übliche Bohrloch- und Kerndurchmesser in Abhängigkeit vom Kernrohrtyp (metrisches System in mm). B = dünnwandiges, Z = dickwandiges Einfachkernrohr, T = dünnwandiges, K3, F = dickwandige Doppelkernrohre.

Bohrlochdurchmesser (übliche Futterrohre Außen-/Innendurchmesser)	Einfachkernrohr		Doppelkernrohr		Seilkernrohr		GWM-Ausbau NW
	Kern ⌀	Typ	Kern ⌀	Typ	Kern ⌀	Typ	
219, 216, 213 (203/187)	186	Z	190	SF			150
199, 196 (178/164)	166	Z	170	SF			125
179, 176 (172/150)	146	Z	150 140	SF K3	132	N-SK	100–125
146 (143/134)	132 120	B Z	123/122 116	T6, D T6S, K3, F	102/101	SK6 L, N-SK	100
131 (129/119)	117 105	B Z	109 108 101	D T6 T6S, K3, F			50
123, 120					85 79	CP N-SK	50
116 (113/104)	102 90	B Z	96 93 86	D T6 T6 S, K3, F			50
101 (98/89)	87 75	B Z	84 81 79 72	T2 D T6 T62, K3, F	63,5	HR	50

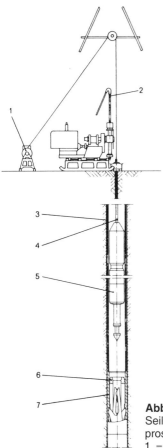

Abb. 4.7 Prinzip des Seilkernrohres (Firmenprospekt).
1 = Seilwinde
2 = Spülkopf
3 = rotierender Bohrstrang
4 = Seil
5 = Kernrohrfänger
6 = Innenkernrohr
7 = Außenkernrohr

hältnismäßig grob und nur für weiche und mittelharte Gesteine geeignet.

Bei den Diamantbohrkronen werden oberflächenbesetzte Kronen und mit Diamantsplittern imprägnierte Kronen unterschieden. Oberflächenbesetzte Diamantbohrkronen sind die Universalkronen für mittelhartes, homogenes Gebirge. Der Bohrfortschritt ist sehr vom Kronenzustand abhängig. Imprägnierte Diamantbohrkronen eignen sich für harte bis sehr harte, zerklüftete Gesteine. Sie gewährleisten einen gleichmäßigen Bohrfortschritt während ihrer gesamten Lebensdauer.

Richtige Auswahl der Kronen ist Erfahrungssache. Zu beachten sind je nach Gestein bzw. Gebirge (Klüftigkeit) sowie Kernbohrmaschine und Kernrohr verschiedene Diamantqualitäten, verschiedene Korngrößen und die Kornform der Diamanten, verschiedene Matrix-Härtegrade sowie Drehzahl und Bohrandruck (Abb. 4.9). Letztere sind bei Diamantbohrkronen besonders wichtig.

In wasser- oder ausspülungsempfindlichem Gebirge, das auch mit Doppelkernrohr schlechte Kerne ergibt, kann der Kerngewinn durch Einsatz von **speziellen Bohrkronen** wesentlich verbessert werden. Bei der Pilotbohrkrone (Abb. 4.8) kann die feststehende Innenkrone oder eine Vorsatzschneide bis zu 7 cm vor die Außenkrone mit den Spülkanälen vorgestellt werden. Bei der Stufenkrone (Abb. 4.8) sitzen die Spülkanäle außen an der Kronenlippe, so daß der Kern mit der Spülung nicht mehr in Berührung kommt.

Für die **Gewinnung orientierter Bohrkerne** zur Erfassung der Raumstellung von Trennflächen im Gebirge sind spezielle Kernrohre nötig. Im Prinzip stehen zwei Verfahren zur Verfügung. Bei dem älteren Verfahren wird der Kern beim Eintritt in das feststehende Innenrohr meist an 3 Stellen angeritzt. Die Richtung der (Einzel-)Kerbe wird beim Einbau durch ein feststehendes Doppelgestänge auf N ausgerichtet. Das Verfahren bringt allerdings immer wieder unzureichende Ergebnisse, die größtenteils auf Einbaufehler zurückgeführt werden.

Zuverlässiger ist die sog. Exenter Methode, bei der mit einer ebenfalls auf N ausgerichtet eingebauten Ablenkrohrtour eine kleinkalibrige Pilotbohrung vorgebohrt und der Kernmarsch anschließend nachgebohrt wird (Abb. 4.10). Die Einsatztiefe beider Verfahren beträgt bis 100 m. Da auch bei dieser Methode immer wieder Einbaufehler auftreten, sollte der Einbau überwacht und die Auswertung der Orientierung schon während der Bohrarbeiten vorgenommen werden (HEITFELD & HESSE 1982: 64).

Bohrloch. Der hierbei erzielte Zeitgewinn kommt besonders ab Tiefen von 30 bis 40 m zum Tragen.

Bei normalen Doppelkernrohren betragen die üblichen Kernmarschlängen in gutem Gebirge 1 bis 3 m, in schlecht kernfähigem Gebirge 0,5 bis 1,0 m. Bei Seilkernrohren werden häufig 2 bis 3 m abgebohrt.

Die üblichen **Kernbohrkronen** sind Hartmetallbohrkronen und Diamantbohrkronen (Abb. 4.8). Bei den Hartmetallbohrkronen werden Zahnkronen mit Widiabesatz oder Hartstiftkronen mit z. T. schräggestellten Widiastiften und Corborit-Kronen unterschieden. Beide Kronentypen sind ver-

Abb. 4.8 Hartmetall. Pilotbohrkrone mit Schrägstiften und diamantbesetzte Stufenkrone mit Spülkanälen durch Kronenlippe (Firmenprospekt).

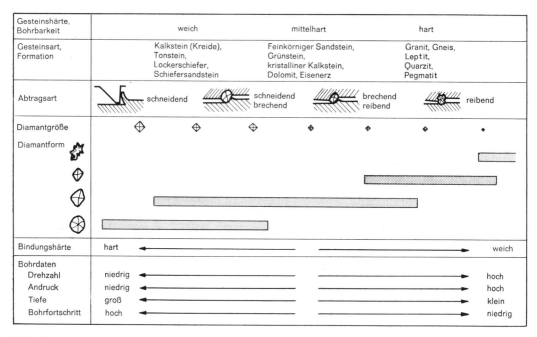

Gesteinshärte, Bohrbarkeit	weich	mittelhart	hart
Gesteinsart, Formation	Kalkstein (Kreide), Tonstein, Lockerschiefer, Schiefersandstein	Feinkörniger Sandstein, Grünstein, kristalliner Kalkstein, Dolomit, Eisenerz	Granit, Gneis, Leptit, Quarzit, Pegmatit
Abtragsart	schneidend	schneidend brechend	brechend reibend reibend
Diamantgröße			
Diamantform			
Bindungshärte	hart ⟵		⟶ weich
Bohrdaten			
Drehzahl	niedrig ⟵		⟶ hoch
Andruck	niedrig ⟵		⟶ hoch
Tiefe	groß ⟵		⟶ klein
Bohrfortschritt	hoch ⟵		⟶ niedrig

Abb. 4.9 Abhängigkeit der Bohrdaten und der Diamantgröße und -form vom Gestein (aus NORLING 1970).

Zu beachten ist auch, daß sich die doppelte Beanspruchung durch das Vorbohren und das anschließende Überbohren besonders bei dünnbankigen Gesteinen stark auf die Kernqualität (Kernzerbrechung) auswirkt. In Zweifelsfällen ist eine Kontrolle der Orientierung durch optische Bohrlochsondierungen zu empfehlen (s. Abschn. 4.6.1).

Eine Weiterentwicklung dieses Verfahrens ist die sog. Integral Sampling Methode von ROCHA

Abb. 4.10 Buntsandstein-Bohrkern mit Pilotbohrung zur Kernorientierung

(1971), bei der in eine koaxiale Vorbohrung ein Bewehrungsstab in das Gebirge eingeführt und Zementleim oder Kunststoffkleber als Bindemittel in das Gebirge eingepreßt wird. An dem so vergüteten, überbohrten Bohrkern bleiben alle Klüfte, Kluftabstände, Art der Füllung bzw. der Grad der Gebirgszerlegung vollständig erhalten. Das Verfahren ist verhältnismäßig aufwendig.

4.3.5.2 Rammkernbohrungen

In Böden ohne steinige Einlagerungen werden mit gutem Erfolg Druckluft-Rammbohrgeräte eingesetzt, die ebenfalls zur 1. Gruppe der Bohrverfahren nach DIN 4021 zählen. An den druckluftbetriebenen Rammbohrhammer können verschiedene Schappen aufgesteckt werden, die durchgehend gekernte Bodenproben von hoher Qualität liefern und auch zum Anbohren der stärker angewitterten Felsoberfläche geeignet sind. Von Vorteil sind Ge-

räte, die nach Anbohren der Felsoberfläche auf Kernbohrung umgerüstet werden können.

In mächtigen quartären Lockergesteinen werden auch Rammkernbohrungen mit PVC-Innenrohren, sog. Liner eingesetzt.

4.3.5.3 Drehbohrungen

In die Gruppe 2, mit durchgehender Gewinnung nicht gekernter Bodenproben, fallen die Drehbohrungen mit Schnecke oder Schappe. Drehbohrwerkzeuge werden auch an Kernbohrmaschinen zum Durchbohren der Lockergesteinsschichten eingesetzt. Hier ist aber allgemein das Einfachkernrohr ohne Spülhilfe vorzuziehen, das höherklassige Bodenproben liefert.

Eine Weiterentwicklung der Drehbohrgeräte ist das **Hohlschneckenbohrverfahren** mit Innenrohr (z.T. mit Folienschlauch), das, wie ein Seilkernrohr, ohne Ausbau der Bohrschnecke gezogen werden kann. Die Einsatztiefe des Verfahrens ist derzeit auf etwa 20 m begrenzt.

4.3.5.4 Greiferbohrungen

In Böden, in denen mit Bohrhindernissen zu rechnen ist, wie z.B. steinige Auffüllung oder Kies mit Geröllen, ist der seilgeführte Bohrlochgreifer mit Durchmessern von 400 bis 600 mm auch heute noch üblich. Das Verfahren liefert durchgehende Bodenproben in ausreichender Menge, die bei Bohrungen unter Wasser besser anzusprechen sind als Drehbohrproben.

4.3.5.5 Schlagbohrungen

Bei Schlagbohrungen wird das Bohrwerkzeug durch wiederholtes Anheben und Fallenlassen zum Eintreiben benützt. Das Verfahren findet bei Baugrundbohrungen praktisch nur als Fallmeißel zum Zerkleinern von einzelnen Bohrhindernissen sowie zum Bohren von Sand und Kies unter Wasser mit dem Ventilbohrer oder der Kiespumpe Anwendung. Bei der Kiespumpe steht der Zylinder still, die Sogwirkung wird durch einen Kolben erzeugt.

In beiden Fällen wird der Boden aufgelockert, und es werden Feinanteile ausgespült. Das Verfahren gehört deshalb in Gruppe 3 nach DIN 4021, mit Gewinnung unvollständiger Bodenproben der Güteklasse 5.

4.3.5.6 Spülbohrungen

Spülbohrverfahren sind bei der Baugrunderkundung nur für Sonderzwecke, z. B. für die Einrichtung tieferer Grundwasser- und anderer Meßstellen oder als Brunnenbohrungen üblich. Die Abförderung des drehend oder schlagend gelösten Bohrgutes erfolgt mittels Wasser, ggf. mit Spülungszusätzen oder Luft, entweder durch den Ringraum zwischen Gestänge und Bohrlochwand (direkte Spülbohrverfahren, wie das Rotary Verfahren) oder durch das Innere des Bohrgestänges (indirekte Spülbohrverfahren, wie das Saugbohrverfahren, Lufthebeverfahren u. a. m.; Einzelheiten s. WIRTH 1979 und ULRICH 1982). Spülbohrungen geben nur ein sehr grobes Bild über den Untergrundaufbau. Eine einigermaßen genaue Festlegung von Schichtgrenzen ist nur durch den zusätzlichen Einsatz von Bohrlochgeophysik möglich (s. Abschn. 4.6.3).

4.3.5.7 Kleinbohrungen

Zu den Kleinbohrungen zählen nach DIN 4021 (Tab. 3) Handdrehbohrungen mit Durchmessern von 60 bis 80 mm und Rammbohrungen (ehem. Sondierbohrungen) mit Durchmessern von 30 bis 80 mm.

Bei diesen **Ramm- bzw. Sondierbohrungen** wird ein Gestänge, in dessen untersten Meter eine Nut eingefräst ist (Abb. 4.11), mit einem Motor- oder Elektrohammer jeweils 1 m eingetrieben und wieder gezogen. Der Eindringwiderstand gibt zusätzlich eine qualitative Angabe über die Festigkeit des Bodens. Sondierbohrungen dienen für eine allgemeine Übersicht (Vorgutachten) und zur Ergänzung anderer Aufschlüsse, werden aber bei einigermaßen bekannten Baugrundverhältnissen und bei Objekten der geotechnischen Kategorie 1 (s. Abschn. 4) üblicherweise auch ohne zusätzliche Bohrungen eingesetzt. Sie liefern geringe, aber durchgehende Bodenproben, die kleinste Zwischenschichten erkennen lassen. Etwas problematisch ist in manchen Fällen (bes. bei Sanden und organischen Böden) das Einmessen der Grundwasseroberfläche (s. a. DIN 4021).

Voraussetzung für eine sinnvolle Anwendung sind Erfahrung mit dem Bohrverfahren und entsprechende geologische Kenntnisse. Sondierbohrungen müssen immer direkt aufgenommen werden. Die Bohrtiefen hängen vom Eindringwiderstand des Baugrundes ab. Sie betragen 6 bis 10 m, max. 14 bis 16 m.

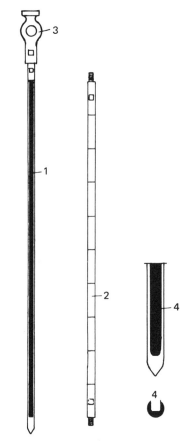

Abb. 4.11   Sondierbohrgerät.
1 = Nutstange ⌀ 50 bis 80 mm;
2 = Verlängerungsstange ⌀ 22 mm;
3 = Schlagkopf;
4 = Nut (aus BENTZ & MARTINI 1969).

4.3.6 Sondierungen

Feldversuche mit Ramm- und Drucksondierungen zählen nach DIN 4020 zu den indirekten Aufschlußmethoden. Sie werden hauptsächlich in nichtbindigen Bodenarten eingesetzt, in denen keine ungestörten Bodenproben zur Bestimmung der Festigkeits- und Verformungseigenschaften entnommen werden können. Die Sondierergebnisse geben nicht nur einen durch Kennzahlen belegten Aufschluß über die Lagerungsdichte D, sondern ermöglichen auch direkte Festigkeitsangaben über den Baugrund, ausgedrückt durch den Steifemodul E_s und den Reibungswinkel φ' (FRANKE 1973, 1987).

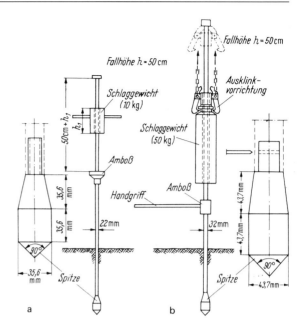

Abb. 4.12 a, b Gerätabmessungen der DPL 10- und der DPH 15-Rammsonde nach DIN 4094 (aus SCHULTZE & MUHS 1967).

4.3.6.1 Rammsondierungen

Bei den in Deutschland viel verwendeten Rammsondierungen wird der dynamische Widerstand gegen das Eindringen eines Stahlstabes mit verdickter, kegelförmiger Spitze gemessen. Die verwendeten Geräte und ihre Anwendung sind nach DIN 4094 (1990) genormt.

Die sog. **leichte Rammsonde** (DPL, früher LRS) ist ein handliches, weit verbreitetes Gerät (Abb. 4.12 a). Außer den handbetriebenen Geräten sind heute sowohl mechanisch als auch pneumatisch selbsttätig arbeitende Geräte auf dem Markt.

Bei der leichten Rammsonde werden zwei verschiedene Sondenspitzen verwendet, DPL 5 mit 5 cm² und DPL 10 mit 10 cm² Querschnittsfläche (Abb. 4.12). Die DPL 5 hat nur einen Ringspalt von 1,6 mm und ist in schluffigen Sanden und Schluffen, besonders unter der Grundwasseroberfläche, wegen des deutlichen Einflusses der Mantelreibung nur bedingt einsetzbar. Bei dem 6,8 mm breiten Ringspalt der DPL 10 scheint dagegen dieser Einfluß wesentlich geringer zu sein. Zur Verminderung der Mantelreibung können in Bodenarten, in denen das Sondierloch leicht zugeht, Rammsondierungen mit einem nachgeschlagenen Schutzrohr eingesetzt werden (FRANKE 1987) oder es wird bis zur maßgebenden Tiefe vorgebohrt. Der Einfluß der Mantelreibung ist aus Abb. 4.13 ersichtlich.

Bei der leichten Rammsonde werden die Schläge je 10 cm Eindringung gezählt und als N_{10} aufgetra-

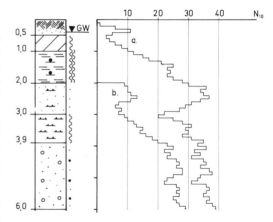

Abb. 4.13 Untergrundprofil nach DIN 4023 mit bis 0.5 m Oberboden
1.0 m Lehm, weich
2.0 m Torf und Schlick, breiig
3.0 m Feinsand, schluffig, mitteldicht
3.9 m Schluff, weich
> 6.0 m Sand, kiesig, mitteldicht–dicht
GW = Grundwasseroberfläche
und Rammdiagramm einer leichten Rammsonde: a) Rammung von Geländeoberfläche; b) Rammung nach Vorbohrung bis 2,0 m. Der Einfluß der Mantelreibung der sehr weichen torfigen Schicht ist deutlich erkennbar.

gen (Abb. 4.13). Bei der mittelschweren (DPM 10, früher MRS 10) und **schweren Rammsonde** (DPH 15, früher SRS 15, s. Abb. 4.12 b) wurden früher Schlagzahlen für 20 cm Eindringtiefe angegeben (N_{20}). Die DIN 4094 sieht auch hier N_{10} vor.

Die leichte Rammsonde wird ebenso wie die mittelschwere und schwere Rammsonde üblicherweise vom Gelände oder der Baugrubensohle aus fortlaufend eingerammt. Die Untersuchungstiefen betragen je nach Untergrundaufbau für die leichte Rammsonde bis 10 m und für die mittelschwere und schwere Rammsonde 20 m bis 25 m.

Grundlage für die **Auswertung von Rammsondierungen** ist DIN 4094 (1990) mit Beiblatt. Die Norm weist als maßgebliche Größe zur Beurteilung von Sand- und Kiesböden über und unter Grundwasser sowohl die Lagerungsdichte D als auch die bezogene Lagerungsdichte I_D aus. Danach ergeben sich für DPL 5 (in Klammer DPL 10) in einem Sand mit $U \leq 3$ folgende Schlagzahlen N_{10}:

Lagerungsdichte	über GW	unter GW
lockere Lagerung ($D \leq 0{,}3$)	< 7 (< 10)	< 3 (< 5)
mitteldichte Lagerung	$7-20$ $(10-50)$	$3-15$ $(5-30)$
dichte Lagerung ($D \geq 0{,}5$)	> 20 (> 50)	> 15 (> 30)

Die Norm (Beiblatt) enthält noch weitere Umrechnungsdiagramme für Schlagzahlen über und im Grundwasser sowie solche für Vergleiche von Standard-Penetration-Tests mit anderen Sonden für verschiedene Bodenarten. Außerdem sind im Beiblatt auch Formeln und Diagramme für die direkte Ermittlung eines spannungsabhängigen Steifemoduls E_s angegeben.

Sondierungen mit der leichten oder schweren Rammsonde dürfen nie allein ohne weitere Aufschlüsse ausgeführt werden, da die Schlagzahlen in Unkenntnis der jeweiligen Bodenarten ein völlig falsches Bild ergeben können. Von den zahlreichen Beispielen der DIN 4094 (Beiblatt) seien hier als Störeinflüsse auf die Sondierergebnisse nur die, besonders bei weichen, bindigen Böden auftretende Mantelreibung erwähnt, die mit zunehmender Tiefe einen Anstieg des Spitzenwiderstandes vortäuscht und die teilweise sehr hohen Schlagzahlen in faserigen Torfen (Abb. 4.13). Unabhängig davon stellen Rammsondierungen besonders mit der

schweren Rammsonde eine wertvolle Ergänzung der Bohraufschlüsse dar. Sie liefert nicht nur in rolligen Böden, sondern auch in tonigen Verwitterungsböden wertvolle Hinweise auf die Verwitterungs- bzw. Auflockerungstiefe des Untergrundes.

Die o. g. Fehlermöglichkeiten werden bei Rammsondierungen im Bohrloch ausgeschaltet, wozu am häufigsten die **Standard-Sonde** der American Society for Testing and Materials (ASTM) eingesetzt wird (Standard-Penetration-Test SPT, DIN 4094). Der Rammbär von 63,5 kg und einer Fallhöhe von 76 cm wird in einem wasserdichten Gehäuse geführt und kann auch unter Wasser eingesetzt werden (Abb. 4.14). Die Sonde selbst hat einen Durchmesser von 50,5 mm und wird mit offener oder geschlossener Spitze verwendet. Beim Einrammen

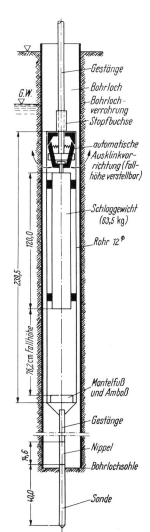

Abb. 4.14
Aufbau der Standardsonde (aus SCHULTZE & MUHS 1967).

wird die Anzahl der Schläge gemessen, die für das Eindringen der ersten 15 cm und darauf der folgenden 30 cm der Sonde nötig sind. Gewertet werden die letzten 30 cm (= N_{30}). Die Auftragung erfolgt meist in Balkendarstellung in der jeweiligen Tiefe. Angaben über die Abhängigkeit der Lagerungsdichte D von der Schlagzahl N_{30}, bezogen auf die Bodenart, die Ungleichförmigkeit sowie den Grundwasserstand enthält DIN 4094 (Beiblatt):

	D, mittel- dicht (N_{30})
Sand U < 3 ohne Grundwasser	5 – 17
Sand U < 3 im Grundwasser	3 – 11
Kiessand U > 6 ohne Grundwasser	7 – 20

In bindigen Böden wird der Rammwiderstand durch den Porenwasserdruck beeinflußt. Als Richtwerte für die Konsistenz bindiger Böden können die Schlagzahlen von Tab. 4.4 genommen werden, die bereits auf TERZAGHI & PECK (1948) zurückgehen.

Tab. 4.5 enthält Umrechnungsfaktoren zwischen den Schlagzahlen N_{30} und den Ergebnissen von Drucksondierungen.

4.3.6.2 Drucksondierungen

Für die direkte Ermittlung der Bodeneigenschaften und für die Bemessungstabellen einiger Normen werden bevorzugt Drucksondierungen (nach DIN 4094 mit CPT bezeichnet) verwendet. Hierbei wird eine genormte Meßspitze mit 35,7 mm Durchmesser und 10 cm^2 Querschnittsfläche (DIN 4094) kontinuierlich mit ± 2 cm/s in den Untergrund gedrückt. Bei modernen Geräten werden der Spitzendruck und die Mantelreibung getrennt gemessen und ausgewertet.

Die Auftragung erfolgt über Spitzenwiderstand q_c (in MN/m^2) bzw. Mantelreibung f_s (in MN/m^2) in den jeweiligen Tiefen (Abb. 4.15). Die Ergebnisse von Drucksondierungen ergeben in der Regel recht brauchbare Beziehungen nicht nur hinsichtlich Lagerungsdichte bzw. Konsistenz bindiger Böden, sondern auch direkte Festigkeitseigenschaften, zumindest für nichtbindigen Baugrund (FRANKE 1973: 419, FLOSS 1979). Bei quantitativen Auswertungen werden jedoch projektbezogene Vergleichsuntersuchungen angeraten (PLACZEK 1985: 75). Ein Einfluß des Grundwassers ist bei Drucksondierungen praktisch nicht feststellbar (DIN 4094).

Tabelle 4.4 Richtwerte für SPT-Sondierergebnisse in bindigen Bodenarten.

Schlagzahl N_{30} SPT	Konsistenz
0 bis 2	breiig
2 bis 8	weich
8 bis 15	steif
15 bis 30	halbfest
> 30	fest

Tabelle 4.5 Umrechnungsfaktoren zwischen dem Sondierspitzendruck q_s in MN/m^2 und der Schlagzahl N_{30} beim Standard-Penetration-Test (aus DIN 4014).

Bodenart	q_s/N_{30} MN/m^2
Fein- bis Mittelsand oder leicht schluffiger Sand	0,3 bis 0,4
Sand oder Sand mit etwas Kies	0,5 bis 0,6
Weitgestufter Sand	0,5 bis 1,0
Sandiger Kies oder Kies	0,8 bis 1,0

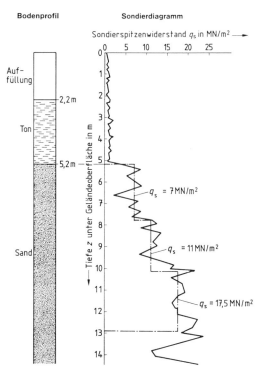

Abb. 4.15 Sondierdiagramm der Spitzendrucksonde mit Mittelwertbildung (nach DIN 4014).

Tabelle 4.6   Empirische Abhängigkeit zwischen dem Spitzendruck q_s in MN/m² und den Schlagzahlen N_{10} der leichten (DPL), mittelschweren (DPM) und schweren Rammsonde (DPS) nach DIN 4094 (aus PLACZEK 1985), ergänzt.

Lagerung	q_s (MN/m²)	DPS N_{10}	DPM N_{10}	DPL N_{10}
Sehr locker	< 2,0	0−1	0−4	0−6
Locker	2,0−5,0	1−4	4−11	6−10
Mitteldicht	5,0−7,5	4−13	11−26	10−50
Dicht	7,5−15	13−24	26−44	50−64
Sehr dicht	> 15	> 24	> 44	> 64
Konsistenz	q_s (MN/m²)	DPS N_{10}	DPM N_{10}	DPL N_{10}
Breiig	< 2,0	0−2	0−3	0−3
Weich	2,0−5,0	2−5	3−8	3−10
Steif	5,0−8,0	5−9	8−14	10−17
Halbfest	8,0−15,0	9−17	14−28	17−37
Fest	> 15,0	> 17	> 28	> 37

DIN V 1054−100, Anhang C, enthält Diagramme für die Lagerungsdichte in Abhängigkeit vom Spitzendruck (in MN/m²) für Sande mit U ≤ 3 und Sand-Kies-Gemische mit U > 6, beide über Grundwasser:

Sande, mitteldicht
(D = 0,3−0,5)   7,5−15
Sand-Kies-Gemisch, mitteldicht
(D = 0,45−0,65)   −30

Verschiedene Autoren stellen auch Tabellen für empirisch gefundene Abhängigkeiten zwischen den Ergebnissen von Drucksonden und verschiedenen Rammsonden auch für bindige Böden vor (Tab. 4.6).

Die Ergebnisse von Drucksondierungen werden wegen des Modellcharakters vielfach zur Berechnung der Tragfähigkeit von Pfahlgründungen verwendet (s. DIN 4014, 1990).

4.3.6.3 Flügelsondierungen

Die Flügelsonde besteht aus einem Stab, an dessen unterem Ende 4 Flügel angeordnet sind (Abb. 4.16). Die Abmessungen und die Arbeitsweise sind nach DIN 4096 (1980) genormt.

Für die Versuchsdurchführung wird die Flügelsonde abschnittsweise in den Boden eingedrückt und langsam (0,5°/s) bis zum Bruch des Bodens entlang einer zylindrischen Gleitfläche gedreht. Das beim Bruch auftretende Drehmoment wird gemes-

sen. Der sich daraus ergebende Scherwiderstand τ_{FS} ist die Gesamtscherfestigkeit unter undränierten Bedingungen. Sie entspricht damit der Scherfestigkeit c_u des undränierten Bodens im Bruchzustand. Durch mehrmaliges Drehen kann auch die Gleitfestigkeit ermittelt werden (MUHS 1980: 49).

$$\tau_{FS} = \frac{6 \cdot M}{7 \cdot \pi \cdot d_1^3}$$

Hierin bedeuten:

M = Drehmoment in MN · m
d_1 = Durchmesser der Flügelsonde in m.

Die Flügelsonde ist nur für weiche und weiche bis steife Böden mit einer Obergrenze der undränierten Scherfestigkeit von etwa 0,1 MN/m² geeignet. Es lassen sich damit ganze Profile aufnehmen und

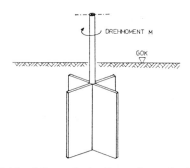

Abb. 4.16   Schematische Darstellung der Flügelsonde nach DIN 4096.

Schwächezonen geringer Scherfestigkeit erkennen. Die undrainierte Scherfestigkeit c_u nimmt in einem normalkonsolidierten Boden mit der Tiefe zu. Im allgemeinen streuen jedoch die Ergebnisse von Flügelsondierungen recht stark und korrelieren häufig schlecht mit an vergleichbaren Proben durchgeführten Zylinderdruckversuchen:

$$c_u = \frac{qu}{2}$$

BJERRUM (1973) schlägt daher für die mit der Flügelsonde ermittelten Scherfestigkeiten einen von der Plastizitätszahl abhängigen Abminderungsfaktor vor, der bei $Ip = 30$ etwa 20 % beträgt und bei $Ip = 80$ etwa 40 % (s. Abschn. 14.1.4).

4.3.6.4 Seitendrucksonde

Als Seitendrucksonden werden hauptsächlich die Stuttgarter-Seitendrucksonde II oder III ($\varnothing$ 143 mm) bzw. die längere Interfels-Sonde IF 146 ($\varnothing$ 144,5 mm) verwendet. Der Einsatzbereich der Sonden (max. Verschiebungsweg 50 mm) erstreckt sich auf Lockergesteine, wechselnd feste Gesteine und Gesteine geringer Festigkeit. Als Kennwerte werden auf der Grundlage der Elastizitätstheorie der spezifische Bettungsmodul und der Elastizitätsmodul bzw. Verformungsmodul ermittelt (s. a. Abschn. 2.6.5).

Der Einsatz ist derzeit auf 100 m Gesamttiefe und auf etwa 10 m Wassersäule begrenzt.

Voraussetzung für die Anwendung der Methode und die übliche Auswertung ist die Annahme eines homogenen und isotropen Baugrundes im Sondenbereich, d. h. daß sich die Bodenschicht waagerecht nicht anders verformt als senkrecht. Vergleichsuntersuchungen von SEEGER (1980) haben dies jedoch für verschiedene bindige Bodenarten (Löß, Verwitterungslehm, Lias-Hangschutt, Auelehm, Fließerden, Seetone, Gipskeupermergel und Knollenmergel) weitgehend bestätigt. Bei Wechselschichtung mit härteren Zwischenlagen ergeben sich häufig zu hohe Werte (s. Abschn. 2.6.5).

4.4 Aufnahme von Aufschlüssen (Schichtenverzeichnisse)

4.4.1 Aufnahme von Schürfen

Die Aufnahme von Bohrungen und Schürfen erfolgt gewöhnlich nach genormten Schichtenverzeichnissen, die aber nur eine stichwortartige Beschreibung der einzelnen Schichten ermöglichen. Für die Aufnahme von Schürfen, in denen mehr Einzelheiten über den Schichtaufbau erkennbar sind als an Bohrproben, empfiehlt es sich deshalb, die Aufschlußaufnahme in Abweichung von DIN 4022 in beschreibender Form vorzunehmen. Folgendes Schema hat sich bewährt:

Petrographische Beschreibung nach der üblichen Benennung mit
Korngrößenangabe
Farbe, Kalkgehalt
Verwitterungszustand, Festigkeit
Bodengruppe nach DIN 18 196.

Besondere Merkmale: Schichtung, Schieferung, Trennflächen, besondere Strukturen
Wasserführung
Bodenklasse nach DIN 18 300
Geologische Einstufung.

Die Beschreibung der einzelnen Schichten erfolgt nach den Grundsätzen der DIN 4022 sowie DIN 18 196.

Besonders in Festgesteinen ist darüber hinaus eine zeichnerische Darstellung der Schurfwände und nötigenfalls der Sohle zur Dokumentation der Lagerungsverhältnisse und des Trennflächengefüges üblich (Abb. 4.17). In vielen Fällen ist auch eine Fotodokumentation zweckmäßig.

4.4.2 Aufnahme von Bohrungen im Lockergestein

Die Ergebnisse von Bohrungen ohne durchgehende Gewinnung von gekernten Bodenproben (Lockergesteine) sind in die genormten Formblätter für Schichtenverzeichnisse (DIN 4022, T 1) einzutragen, die aus einem Kopfblatt und dem eigentlichen Schichtenverzeichnis bestehen. Das Kopfblatt enthält allgemeine Angaben über Bohrpunkt, Objekt, Gerätedaten und Wasserstände. Das Schichtenverzeichnis, dessen Kästchenprinzip gewährleisten soll, daß keine Angabe vergessen wird, ist in erster Linie zum Ausfüllen für den Bohrmeister gedacht und soll vom späteren Bearbeiter nur ergänzt werden. Davon abweichend ist allen ingenieurgeologischen Bearbeitern anzuraten, die Bohrproben nach Möglichkeit selbst aufzunehmen. Für dieses Vorgehen haben sich von der DIN 4022 etwas abweichende Schichtenverzeichnisse bewährt (z. B. Abb. 4.18), die mehr Platz für ingenieurgeologisch relevante Angaben lassen.

Für die einzelnen Angaben gelten die Grundsätze der DIN 4022, T 1 und T 3 sowie DIN 18 196, von

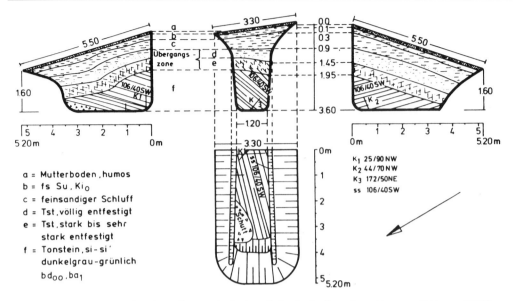

a = Mutterboden, humos
b = fs Su, Ki$_0$
c = feinsandiger Schluff
d = Tst, völlig entfestigt
e = Tst, stark bis sehr
    stark entfestigt
f = Tonstein, si-si'
    dunkelgrau-grünlich
    bd$_{00}$, ba$_1$

K$_1$ 25/90 NW
K$_2$ 44/70 NW
K$_3$ 172/50 NE
ss 106/40 SW

Abb. 4.17 Darstellung einer ingenieurgeologischen Schurfaufnahme (aus HEITFELD & HESSE 1982).

a) Bis m unter Ansatzp.	a$_1$) Bennung und Beschreibung der Schicht					Bodenklassen DIN 18 300 Wasserführung; Feststellungen beim Bohren; Bohrwerkzeuge; Werkzeugwechsel; Sonstiges	Entnommene Probe	
	a$_2$) Ergänzende Bemerkung						Art und Nr.	Tiefe in m (Unterkante)
b) Mächtigkeit in m	b) Beschaffenheit gemäß Bohrgut	c) Beschaffenheit gemäß Bohrvorgang	d) Farbe	e)	Kalkgehalt			
	f) Ortsübliche Bezeichnung	g) Geologische Bezeichnung	h) Gruppe					
1	2					3	4 + 5	6
a)	a$_1$)							
	a$_2$)							
b)	b) + c)		d)					
	f)	g)	h)	e)				

Abb. 4.18 Von DIN 4022, T 1, etwas abweichendes Schichtenverzeichnis für Aufnahme von Bohrungen. Oben Einteilung nach DIN 4022; unten abweichende Kästcheneinteilung, die mehr Platz für die Beschreibung der Schicht (a$_1$+ a$_2$) und ihrer Beschaffenheit (b + c) läßt.

denen hier nur die wichtigsten Bestimmungsmethoden wiedergegeben werden sollen.

Die Benennung und Beschreibung der Schicht in Fach a) erfolgt grundsätzlich nach der Korngröße unter Angabe der Haupt- und Nebenbestandteile und Beimengungen, und zwar bei rolligen Bodenarten nach Gewichtsanteilen, bei bindigen Bodenarten nach den Plastizitätsbereichen (DIN 4022, T 1, und DIN 18 196). Bei Festgesteinen ist eine einfache, allgemein verständliche petrographische Beschreibung zu verwenden.

Eine der wichtigsten Angaben für die spätere bautechnische Beurteilung ist die Beschaffenheit des Bohrgutes im Fach b + c, worunter die Zustandsform bindiger Böden, die Lagerungsdichte rolliger Böden bzw. bei Fels die Festigkeit (s. Abschn. 3.2.1) verstanden wird.

Die Zustandsform eines bindigen Bodens kann im Feldversuch wie folgt ermittelt werden (DIN 4021):

● breiig ist ein Boden, der in der geballten Faust gepreßt, zwischen den Fingern durchquillt

● weichplastisch ist ein Boden, der sich leicht kneten läßt

● steifplastisch ist ein Boden, der nur schwer knetbar ist, sich aber in der Hand zu 3 mm dikken Walzen ausrollen läßt, ohne zu brechen (Ausrollversuch)

- halbfest ist ein Boden, der beim Ausrollen zerbröckelt.

Die Lagerungsdichte rolliger Böden kann bei den wenigsten Bohrverfahren (z.B. Sondierbohrungen) nach dem Bohrwiderstand angegeben werden. Hierzu müssen Sondierungen im Bohrloch (Standard-Sondierung) oder zusätzliche Sondierungen vorgesehen werden.

In Spalte 3 wird bei diesem Schichtenverzeichnis in Abweichung von DIN 4021 für jede Schicht auch die Bodenklasse nach DIN 18 300 mitgeteilt, soweit sie nach Bohrproben angegeben werden kann.

DIN 4022, T 1, enthält ausführliche Richtlinien für das Ausfüllen der einzelnen Spalten des Schichtenverzeichnisses und eine Tabelle (5) für das Benennen und Beschreiben der wichtigsten Gesteinsarten.

Bei der Aufnahme von Baugrundbohrungen ist immer auch auf **Anzeichen von Kontamination durch Umweltschadstoffe** zu achten (s. Abschn. 4.3.2). Anzeichen dafür sind in den Schichtenverzeichnissen zu vermerken.

4.4.3 Aufnahme von Bohrungen im Fels

Für das Ausfüllen von Schichtenverzeichnissen von Bohrungen im Fels gilt DIN 4022, T 2. Die Formblätter bestehen ebenfalls aus einem Kopfblatt mit ausführlichen bohrtechnischen Angaben und dem eigentlichen Schichtenverzeichnis.

Der Bohrvorgang (Bohrfortschritt, Kronenwechsel, Bohrandruck und Drehzahl) wird sehr genau festgehalten. Die Angaben über die Spülung und die durchgeführten WD-Tests erscheinen für den Normfall zu ausführlich, während die Beschreibung des Kerns, der Trennflächen und der Petrographie zu kurz kommt. Gerade diese Angaben sind aber nötig, um den Schichtenaufbau zu erfassen und die tektonischen Merkmale am Kernmaterial zu erkennen.

Die Beschreibung der **Beschaffenheit des Kernmaterials** kann in Anlehnung an DIN 4022, T 2, erfolgen mit Angabe, ob der Kern

A als Kernstücke mit vollständig erhaltener Mantelfläche beliebiger Länge und Zerteilung

B als Kernstücke mit nur teilweise erhaltener Mantelfläche

C als Kernstücke, die nicht mehr zu einem Zylinder zusammengefügt werden können

D als Bohrgut, wie z.B. grusig, sandig oder feinkörnig ($< 0,6$ mm) zerriebenes Gestein

vorliegt. Die Beschreibung der Kernstücke nach den Kurzzeichen B und C kann weiter unterteilt werden in

großstückig	> 10 cm
stückig	$10-5$ cm
kleinstückig	$5-2$ cm.

Die Angaben über die Beschaffenheit des Kernmaterials sind maßgebend für die Abschätzung des Zerklüftungsgrades des Gebirges und das Erkennen von Störungszonen. Diese werden häufig von Klüften in Abständen von wenigen Zentimetern begleitet. die den Bohrkern stückig bis kleinstückig zerfallen lassen. Hier ist bei der Kernaufnahme zu entscheiden, ob engständig zerklüftetes oder „zerbohrtes" Gebirge vorliegt (Abb. 4.19). Diese

Abb. 4.19 Bohrkerne einer Wechselfolge des Mittleren Buntsandsteins. Oben im Bild Störungszone mit Mylonit (vgl. auch Abb. 20.6); nach unten Übergang zu tektonisch wenig zerbrochenem und gesundem Gebirge.

Faktoren, die an Bohrkernen zweifelsohne nur unzureichend erfaßt werden können, sind aber unverzichtbare Merkmale für das Abschätzen der tektonischen Beanspruchung des Gebirges, besonders wenn keine optischen Bohrlochsondierungen vorgenommen werden (s. Abschn. 4.6.1).

Bei umfangreichem Kernmaterial vergleichbarer Gesteine wird häufig versucht, den Zerbrechungsgrad der Kerne zahlenmäßig zu klassifizieren. Eine Übersicht über verschiedene Verfahren geben HELFRICH (1975), JOHN (1977), HABENICHT (1979), REUTER & MOLEK (1980) und MOSER (1986). Die bekanntesten dieser Indexzahlen sind die **Klüftigkeitsziffern von** STINI (Anzahl der Trennflächen je Meter Kernstrecke, s. Abschn. 3.2.4 und DIN 4022, T 2) und die **RQD-Zahl** (Rock-Quality-Designation-Zahl). Sie drückt den prozentualen Anteil der Kernstücklängen $> 10\,cm$ bezogen auf die Länge der Kernstrecke aus, z. B.

$$RQD = \frac{2 \cdot 20\,cm + 3 \cdot 10\,cm}{100\,cm} \cdot 100 = 70$$

(in %).

Nachteilig ist dabei die Vernachlässigung der Kernstücke $< 10\,cm$. Das RQD-System ist außerdem sehr stark vom Bohrverfahren (z. B. Doppelkernrohr / Seilkernrohr) abhängig (JOHN 1994).

Für die **detaillierte Aufnahme des Trennflächengefüges** kann man bei gutem Kernmaterial auch die einzelnen Strukturen i. M. 1 : 100 nachzeichnen oder am Bohrkern mit farbigen Filzstiften auf durchsichtige Folien durchzeichnen und anschließend mit speziellen Schablonen auswerten. Der nächste Schritt zur Vereinfachung des Arbeitsablaufes war der Einsatz eines Bohrkern-Photokopierers und Übertragung der Daten mit Hilfe von Auswertungsschablonen auf ein PC-Programm (Deutsche Montan Technologie, Bochum/Nagra, Schweiz). Heute können mit dem **Bohrkern-Scanner** CORESCAN der o. g. Institute die Bohrkerne mit einer Videokamera abgescannt, die Daten zu einem Graustufenbild auf einen Bildschirm übertragen bzw. abgespeichert und mit Grafikprogrammen weiter verarbeitet werden (WEBER 1994).

Dieselbe Bedeutung wie die Kernzerbrechung haben auch andere **Schwach- und Fehlstellen der Kernstrecken,** wie mürbe oder entfestigte Zonen, dünne plastische Ton(stein)lagen, glatte Schichtflächen oder Harnischflächen, Glimmerlagen, Anlösungen oder andere Anzeichen für Karsterscheinungen und auch Kernverluststrecken bzw. ein Durchsacken des Kernrohres. Bei solchen Bohrkernmerkmalen sind allgemeine Angaben, wie

„örtlich stark bis völlig entfestigt" unzureichend. Sie müssen in den Schichtenverzeichnissen möglichst genau angegeben und in den Berichten entsprechend erläutert werden (SCHETELIG & SEMPRICH 1988: 174). Bei Kernverlusten sind die möglichen Ursachen mit dem Bohrmeister abzusprechen und ebenfalls in den Schichtverzeichnissen anzugeben.

Wegen des knappen Textes bei der listenmäßigen Bohrkernaufnahme nach DIN 4022, T 2, werden in der Praxis häufig auf das einzelne Projekt abgestimmte, **gebirgsspezifische Schichtenverzeichnisse** verwendet, in der alle gebirgs- und objektrelevanten Bohrkernmerkmale enthalten sind. In vielen Fällen dürfte eine Kombination von gezeichnetem Schichtprofil, der Erfassung der Kerndaten in Spalten und knapper textlicher Gesteinsbeschreibung die beste Lösung sein (Abb. 4.20). Beispiele für eine sehr weit gehende Schematisierung der Profildarstellungen auf EDV-Basis bringen BRÄUTIGAM & HESSE 1983 sowie ROMBERG & VELTENS 1984.

Ein besonderes Problem ist die detaillierte **Aufnahme von Schrägbohrungen.** Sie erfolgt am zweckmäßigsten durch direkte Einmessung der Kerne in nach Neigung und Richtung orientiert aufgestellten Holzgestellen o. ä. Die Orientierung der Kernstücke selbst erfolgt entweder nach bekannten Trennflächen (z. B. Schichtung) oder mittels orientiert gebohrter Kernstrecken. Die Schichtenfolge von Schrägbohrungen kann mit den üblichen Schichtenverzeichnissen nur unzureichend erfaßt werden. Die beste Lösung dürfte hier die direkte zeichnerische Darstellung der Schichtenfolge mit darunter aufgetragener Horizontalprojektion der Klüfte sein (Abb. 4.21). Eine solche Flächendarstellung ermöglichst in ungefalteten Gesteinen eine Aussage über die lineare Verteilung der Klüfte und erlaubt besser als jede Lagenkugelprojektion eine Abschätzung der Kluftverteilung und der Änderung der tektonischen Beanspruchung.

Außer der Kernbeschreibung im Schichtenverzeichnis ist es heute üblich, Bohrkerne zu fotographieren und die **Kernfotos** als Gutachtenanlage mitzugeben. Mit guten Kernfotos kann meist besser gearbeitet werden als mit jeder anderen Darstellung. Sie können allerdings ein Schichtenverzeichnis nicht ersetzen. Wichtig ist, daß die Kerne ausreichend gekennzeichnet sind und möglichst verzerrungsfrei fotographiert werden.

BOHRKERNAUFNAHME	Aufnahme: Prof.Dr.PRINZ	TK 25: 5026
	Stratigraphischer Bearbeiter:	Rechtswert:
		Hochwert:

Bohrung Nr.: KB 10 | Projekt: Talbrücke Richelsdorf, Pfeiler 9 (N)

| Bohrgerät: | Bohrmethode: | Bohr Ø | | | | Bohrneigung: | Ansatz: | müNN | Ruhewassersp. am .... |
| | | bis m | | | | Bohrrichtung: | OK Pegel: | m üNN | Tiefe müGOK müNN |

PROFILDARSTELLUNG

- Oberboden
- Lehm
- Sst.-Schutt
- Fein/Mittel Sst.
- Grobsandstein
- enge T-S-Wechselfolge
- Tonstein

ABKÜRZUNGEN

- S Schichtung
- GK Großkluft
- St Störung
- O Fe/Mn-Oxyd-Hydroxyd
- L Lehm
- M Mylonit
- Gl Glimmer
- Q Quarz
- C Carbonat

FESTIGKEIT

- hart
- fest
- mürb
- entfestigt

KERNQUALITÄT

- [1] ganzer Kern (≥10cm)
- [2] grobstückig-zerbrochen (5–10cm)
- [3] kleinstückig zerbrochen (<5cm)
- [4] total zerbrochen bzw. mylonitisiert

TESTS und PROBEN

- SP Standartpenetration- Test
- WP Pumpversuch
- WD Wasserdruckversuch
- WS Schluckversuch
- DIL Dilatometerversuch
- TZ Triaxialzelle
- ZL Injektionsversuch
- P ungestörte Probe
- K Kernstück
- KO orientierter Kern
- Geophys. Bohrlochmessung

Teufe (m)	Profil 1:100	Festigkeit Prüfhammer wahrnehm.	Lage wicht. Trennfläch.	Kernqualität 1 2 3 4	Strati-graphie	KERNBESCHREIBUNG (Petrographie, Körnigkeit, Farbe, Festigkeit, Bindemittel, Bankigkeit, Besonderheiten)	Kernrohr, Test und Proben	Ausbau
						Lehm, braun, steif, wenig Basaltsteine; Sandsteinschutt, schluffig-sandig - Auffüllung		
2,0								
						Basalt-Grobschotter und Lehm, graubraun, weich-steif - Auffüllung		
3,6								
						Lehm, dunkelbraun, steif, mit Oberbodenmaterial, bes. von 3,7 - 4,0 m - Auffüllung		
4,7								
						Basaltschotter - Auffüllung		
6,0								
	B					zerbohrter Beton mit wenig Betonbrocken (ehem. Fundament ?)		
8,0								
	Gl Gl					Sandstein, feinkörnig, fest, z.T. mürb, dünnbankig, hellrotbraun mit viel Tonsteinlagen (± 10 cm), rotbraun, mürbfest bis mürb, z.T. glimmerschichtig		
13,8								
						Sandstein, feinkörnig, bankig bis dünnbankig, hellrotbraun, gelblich gebändert, lgw. weißgrün und grau gebändert (13,2 - 13,6 m u. 13,7-14,0 m), fest, lgw. mürbfest oder zerbrochen, einz. Tonsteinlage (5 cm) fest, glimmerig		
16,6								
	Gl					Sandstein, feinkörnig, hellrot, einz. Lagen leicht hellgrau (18,2 - 18,3 u. 18,9 - 19,1 m), fest, bereichsweise zerbrochen oder mürb, Glimmerlage bei 18,7 m mit Tonsteinlagen, rotbraun, meist < 0,1 m, mürbfest, z.T. leicht plastisch vertont		
	Gl							
21,7								
	Gl					Sandstein, feinkörnig, hellrot, einz. weißgrau gebändert, meist fest, z.T. zerbrochen, wenig Tonsteinlagen, meist nur 5 cm, einz. mehr, glimmerschichtig, rotbraun z.T. fest, zum Teil mürb oder leicht plastisch vertont		
26,6								
						Sandstein, feinkörnig, bankig, fest, z.T. mürbfest, hellrot, weißgrau gebändert und weißgrau		

Abb. 4.20 Gebirgsspezifisches Schichtenverzeichnis für Sandstein/Tonstein-Wechselfolgen mit Beschränkung auf die wichtigsten Strukturdaten und knapper textlicher Gesteinsbeschreibung. Die Schichtenfolge und die Schichtdicken sind aus der zeichnerischen Darstellung ersichtlich.

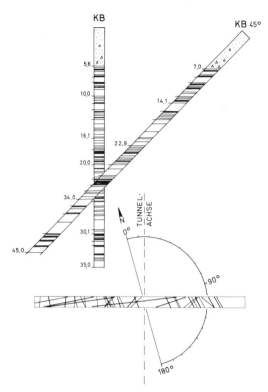

Abb. 4.21 Schichtenabfolge in Vertikal- und Schrägbohrung mit Darstellung der gemessenen Kluftrichtungen in der horizontalen Projektionsebene. Erkennbare Großklüfte sind durch dickere Striche dargestellt.

4.4.4 Erfassen der Grundwasserverhältnisse

Für die Erfassung der Grundwasserverhältnisse und von Veränderungen der Grundwasseroberfläche gilt die DIN 4021, T 3.

In bezug auf die verschiedenen Arten des Auftretens von Grundwasser und über die heute zu verwendenden Begriffe sei auf DIN 4049, T 1 bis T 3 sowie DIN 4021 verwiesen. Eine Zusammenstellung zahlreicher Begriffe enthält Abb. 4.22. Unterschiedliche Grundwasserstockwerke müssen in nebeneinander liegenden getrennten Meßstellen erfaßt werden. Ein höherer subartesischer Grundwasserstand des tieferen Stockwerks zeigt eine nach oben gerichtete Strömungskomponente an und wird als **Discharge-Gebiet** bezeichnet, im Gegensatz zu den **Recharge-Gebieten** mit nach unten gerichteter Strömung (Grundwasserneubildung). Discharge-Gebiete sind im Vorland von Mittelgebirgen weit verbreitet.

Außer den jeweiligen Wasserständen ist bei der Aufnahme der Untergrundprofile auch auf Merkmale für langzeitige **Hoch- und Niedrigstände** sowie auf den Schwankungsbereich des Grundwassers zu achten (Oxidationsflecken und -streifen sowie Konkretionen im Grundwasserschwankungsbereich, reine Reduktionsfarben im permanenten Grundwasserbereich) – s. a. Abschn. 9 und 11.

In Bohrungen ist jedes **Auftreten von Wasser,** auch von Wasserzulauf oberhalb der Grundwasseroberfläche, im Schichtenverzeichnis anzugeben. Auch jede merkbare Veränderung des Wasserstandes im Bohrloch ist festzuhalten. Bei Einsatz von Spülhilfe (Wasserzusatz) sind alle wesentlichen Veränderungen der Spülung, die Spülwasserstände zu Beginn eines jeden Bohrtages und vor allen Dingen Spülverluste in den Tagesberichten bzw. Schichtenverzeichnissen anzugeben. Die **Auswertung der täglichen Bohrwasserstände** zu Beginn der Arbeitszeit (Abb. 4.23) ergibt wertvolle Hinweise auf die Höhenlage der Grundwasseroberfläche sowie auf verschiedene Grundwasserstockwerke und auch auf die Durchlässigkeit des Gebirges. Bei Einsatz von Seilkernrohren ist allerdings zu beachten, daß die Bohrlöcher jeweils bis zur Endtiefe verrohrt sind. Eine genaue Aussage über die Höhenlage der Grundwasseroberfläche erlauben die Bohrwasserstände nicht. Deshalb ist der **Wasserstand nach Beendigung der Bohrung** zunächst täglich zu messen und der Ausgleich des Wasserspiegels abzuwarten. Dies kann bei wenig durchlässigem Gebirge mehrere Tage bis Wochen dauern. In diesen Fällen empfiehlt sich die Einrichtung von Grundwassermeßstellen. Die Methode des Ausblasens der Bohrlöcher mit Druckluft oder des einmaligen Auspumpens hat sich nicht bewährt. Offensichtlich bildet sich durch den Spülungsverlust um das Bohrloch eine Art Wasserberg, der erst versickern muß (PRINZ & HOLTZ 1989).

Der Ausbau von Bohrungen zu **Grundwassermeßstellen** ist in DIN 4021 und in dem DVGW-Merkblatt W 121 (1988) beschrieben. In einfachen Fällen können auch 2″ Spülfilter oder Rammbrunnen verwendet werden. Eine Grundwassermeßstelle nach den o. g. Richtlinien besteht aus einem einbetonierten Stahlrohr mit Verschlußkappe (ggf. Straßenkappe), dem Vollwandrohr, dem Filterrohr und einem Bodenstück bzw. dem Sumpfrohr (Abb. 4.24). Piezometer sind im Gegensatz dazu nur punktiell verfilterte, sonst abgedichtete Meßstellen des Wasserdruckes in einer bestimmten Tiefe (s. Abb. 4.25 und Abschn. 2.6.1).

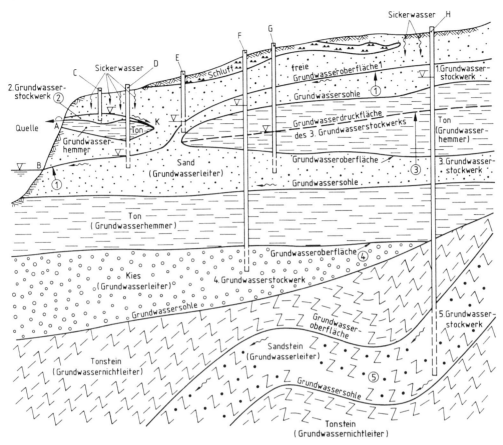

Abb. 4.22 Begriffe und Beispiele für das Auftreten von Grundwasser in mehreren Stockwerken (aus DIN 4021).

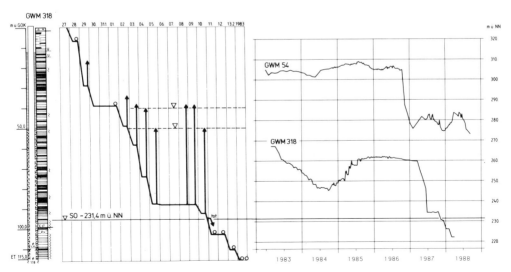

Abb. 4.23 Auswertung der täglichen Bohrwasserstände (tot. = totaler Spülungsverlust, o = kein Wasser im Bohrloch) und Verlauf der Ganglinien vor und während des Tunnelvortriebs (s. d. PRINZ & HOLTZ 1989).

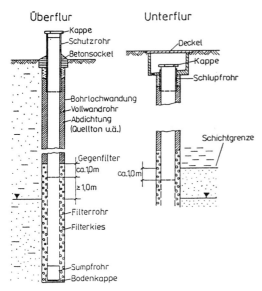

Abb. 4.24 Ausbauschema einer Grundwasser-meßstelle, Über- und Unterflurausführung (aus SCHWERTER & KUNZE 1994).

Die Durchmesser von Grundwassermeßstellen betragen DN 50 bis DN 150. Ein Durchmesser von DN 50 reicht zwar zur Grundwasserbeobachtung aus, kann aber nur mit kleinkalibrigen Schöpfhülsen, Saugpumpen (bis 8 m Tiefe) oder mit leistungsschwachen Unterwasser-Kleinstpumpen $\varnothing$ 35–45 mm (HOFREITER 1977; KÄSS 1978, 1989; JESSBERGER 1988) beprobt werden. Ist ein Pumpversuch oder eine häufigere Probennahme vorgesehen, so müssen Grundwassermeßstellen von vornherein mit $\geq$ DN 125 ausgebaut werden.

Grundwassermeßstellen müssen auf ihre Funktionsfähigkeit geprüft werden (DIN 4021). Dazu werden sie unmittelbar nach dem Ausbau klargespült, damit die Trübe des Bohrwassers nicht den Filterkies und die Filterstrecke zusetzt. Dies ge-

schieht am besten mit einer sog. Druckluftpumpe, bei der über ein Gestänge Druckluft in die Meßstelle eingeleitet und das Bohrwasser ausgeblasen wird. Unabhängig davon kann später in den Grundwassermeßstellen ein Kurzpumpversuch mit Wasserprobenahme vorgesehen werden. Dafür ist in der Ausschreibung eine Pumpzeit von 2 bis 6 Stunden vorzusehen, zusätzlich 1 bis 3 Stunden für das Messen des Wiederanstiegs. Während des Klarpumpens sind die Wassermenge, die Absenkung und nachher der vollständige Wiederanstieg in kurzen Zeitabständen (s. Abschn. 2.8.4) zu messen, damit eine Auswertung wie bei einem **Kurzpumpversuch** möglich ist. Das Klarpumpen ist auch der geeignete Zeitpunkt für die Entnahme von Wasserproben (s. Abschn. 9.3.1). Bei Pumpversuchen sind die Auflagen (Erlaubnis) gemäß Abschn. 2.8.4 und 16.5.2.3 zu beachten.

Der **Bohrdurchmesser** ist auf den beabsichtigten Ausbau der Grundwassermeßstellen abzustimmen, wobei der nötige Ringraum für den Filterkies von min. 30 mm, besser 50–80 mm, zu berücksichtigen ist. Sind tiefere Abdichtungen mit Quellton o. ä. vorgesehen, sollte der Bohrdurchmesser 400–600 mm betragen. Die Außendurchmesser der **Filterrohre** sind in Tab. 4.7 angegeben. In drückendem Gebirge (z. B. in Rutschgebieten) und in rolligen Bodenarten müssen ab Tiefen von etwa 60 m ggf. starkwandige Filterrohre (DN 115–DN 300) vorgesehen werden.

Die **Schlitzweiten** betragen bei normalwandigen PVC-Filterrohren 0,2/0,3/0,5/1,0/1,5 mm. Die Schlitzweite ist dem Kornaufbau des Grundwasserleiters anzupassen (s. Abschn. 2.1.6). Die übliche Schlitzwelle von 0,5 mm ist für Mittelsand (0,2–0,6 mm) bereits zu groß. Bei Fein-/Mittelsanken ist die kleinste Schlitzweite von 0,2 mm zu nehmen, damit der Mittelsand eine natürliche Filterschicht aufbauen kann, die ein Zuschlämmen mit Feinsand verhindert.

Tabelle 4.7 Außen- und Innendurchmesser der handelsüblichen PVC-Vollrohre und -Filterrohre (quergeschlitzt, normalwandig).

| Nennweite | Zoll | 11//4 | 11//2 | 2 | 3 | 4 | 5 | 6 | 8 | 10 | 12 |
DN	mm	35	40	50	80	100	125	150	200	250	300
Innendurchmesser		35	41	52	79	103	128	152	205	255	297
Außendurch-messer		42	48	60	88	113	140	165	225	280	325
Außendurch-messer über Muffe		46	52	64	94	119	149	176	240	297	345

Der Nachteil der kleinen Schlitzweiten ist, daß sie leicht verocken (s. Abschn. 9.1). Deshalb werden Filterrohre mit $\geqq$ 0,5 mm Schlitzweite verwendet und mit Baustellenvlies oder spezieller Gaze ummantelt. Der Ausbau der Grundwassermeßstellen ist in der Regel zeichnerisch darzustellen.

Die **Filtersande** bzw. -kiese sind im Abschnitt 2.1.7 beschrieben (s. a. DIN E 4924).

Liegen mehrere **Grundwasserstockwerke** oder **vertikale hydraulische Gradienten** (s. oben) vor, so müssen die einzelnen Stockwerke getrennt verfiltert werden. Dabei ist wegen der Schwierigkeiten beim Abdichten der einzelnen Stockwerke gegeneinander zu empfehlen, für jede Meßstelle eine besondere Bohrung niederzubringen. Die Abdichtung der einzelnen Grundwasserstockwerke erfolgt mit Abdichtungsstrecken von min. 5 m Länge aus hochquellfähigen Compaktonit- bzw. Quellon-Betonitpellets (besser als Tonkugeln oder wenig quellfähiges Tongranulat), nötigenfalls zusätzlich mit Zement-Bentonit-Suspension bzw. bei Auftreten von artesisch gespanntem Grundwasser mit Bentonit-Schwerspat-Abdichtung. Will man die Abdichtungsstrecken durch γ-Strahlenmessung kontrollieren (s. Abschn. 4.6.3), so muß strahlungsaktives Abdichtungsmaterial, z. B. entsprechende Bentonitpellets, verwendet werden. Die echten Druckhöhen tiefer liegender Grundwasserstockwerke können auch durch in der jeweiligen Tiefe eingebaute und nach oben abgedichtete geschlossene Meßsysteme, sog. **Piezometer,** gemessen werden (Abb. 4.25). Die gemessenen Wasserdrücke werden elektrisch, pneumatisch oder hydraulisch zur Datenregistrierstelle übermittelt.

Das **Messen der Wasserstände** erfolgt i. d. R. mittels Kabellichtlot ($\varnothing$ 14–20 mm) auf $\pm$ 1 cm genau. Auf die LAWA-Regel von 1978 wird verwiesen. Die Messung von artesischem Grundwasser kann entweder durch entsprechende Rohrüberstände oder durch aufgesetzte Manometer vorgenommen werden. Hierbei ist auf Frostsicherheit der Meßstellen zu achten.

Für Messungen über einen längeren Zeitraum können die einzelnen Grundwassermeßstellen mit Schreibpegeln ausgestattet werden. Die Abfrage der gespeicherten Meßdaten kann in gewissen Zeitabständen mit einer Mobilstation erfolgen.

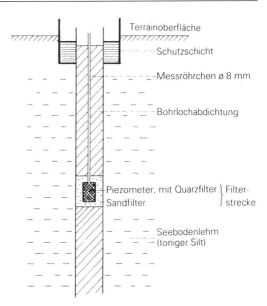

Abb. 4.25   Prinzip eines Piezometers in einem wenig durchlässigen Untergrund (aus SCHÄR 1992).

4.4.5 Darstellung der Boden- und Felsarten

Die Ergebnisse der Bohrungen und Schürfe, einschließlich der Wasserverhältnisse, werden zeichnerisch nach DIN 4023 mit einheitlichen Kurzzeichen, Signaturen und Farben dargestellt (Abb. 4.26). Die Norm enthält nur die wichtigsten Boden- und Felsarten; weitere sind bei Bedarf sinngemäß zu wählen. Die Darstellung geschieht entweder nach typischen Bodenarten (übliche Bezeichnung) oder nach Haupt- und Nebenanteilen. Zusätzlich werden rechts bzw. links der Profilsäule mit weiteren Zeichen die Zustandsform, die Lagerungsdichte und die Grundwasserstände angegeben (s. auch Abb. 4.13).

Für die Darstellung von Kernbohrungen im Fels sind die Signaturen der DIN 4023 wenig geeignet. Hier sind felsspezifische Darstellungen der Schichtenfolge (Abb. 4.21) bzw. auch anderer Kennzahlen des Gebirges (s. Abschn. 4.4.3 und BRÄUTIGAM & HESSE 1983; ROMBERG & VELTENS 1984) aussagekräftiger.

Die Dokumentation und die zeichnerische Darstellung von Bohrprofilen und von Ausbauplänen der Grundwassermeßstellen erfolgen heute zunehmend auf EDV-Basis. Eine Übersicht über EDV-Programme für das automatische Erstellen von Schichtenverzeichnissen nach DIN 4022 sowie die zeichnerische Darstellung der Bohrergebnisse

LOCKERGESTEIN				FESTGESTEIN		
Zeichen	Kurz-zeichen	Benennung		Zeichen	Kurz-zeichen	Benennung
		Bodenart	Beimengung			
	O (Mu)	Oberboden			Z	Fels, allgemein
	A	Auffüllung			Zv	Fels, verwittert
	Y	y	Blöcke	mit Blöcken		Sst	Sandstein, Grauwacke
	X	x	Steine	mit Steinen		Ust	Schluffstein
	G	g	Kies	kiesig		Tst	Tonstein
	S	s	Sand	sandig		Kst	Kalkstein
	U	u	Schluff	schluffig		Mst	Mergelstein
	T	t	Ton	tonig		Dst	Dolomitstein
	H	h	Torf	torfig		Gst	Konglomerat, Brekzie
	F	f	Mudde	organisch		Gyst	Gips
	L	l	Lehm	lehmig		Ahst	Anhydrit
	Löl	Lößlehm				Tiefengestein (Granit, Diorit)
	Lö	Löß				
	Lg	Geschiebelehm				Ergußgestein (Basalt, Rhyolith)
	Mg	Geschiebemergel				
	Lx	Hangschutt				Metamorphit (Gneis, Tonschiefer)

ZUSATZZEICHEN

Lagerungsdichte und Zustandsform von Lockergestein

° locker   : mitteldicht   • dicht

breiig   weich | steif | halbfest || fest

Härte und Klüftung von Felsgestein

|| fest | hart   klüftig   gestört

Grundwasser und Boden-/Felsproben

naß (oberhalb GW) Grundwasser, angebohrt   Grundwasser, eingestellt (Ruhewasserstand)

Grundwasserzulauf   Sickerwasserzulauf

Sonderprobe (UP)   Bohrkern, untersucht

Abb. 4.26   Zeichnerische Darstellung, Kurzzeichen und Zusatzzeichen für Bodenarten und Fels in Anlehnung an DIN 4023 (aus SCHWERTER & KUNZE 1994).

nach DIN 4023 mit Zusatzprogrammen für Bohrlochmessungen bringen Deutsch et al. (1993). Die graphischen Gestaltungsmöglichkeiten reichen von der automatischen Zeichnung einzelner Bohrprofile bis hin zu Schnittdarstellungen mehrerer Bohrungen, bei frei wählbarem Maßstab.

4.5 Bohrlochmessungen

Der Einsatz der einzelnen Verfahren richtet sich nach der ingenieurgeologischen Fragestellung bzw. der Aussagekraft des einzelnen Verfahrens und den gebirgsspezifischen Möglichkeiten. Bohrlochmessungen können bei richtiger Anwendung nicht nur zusätzliche Informationen bringen, sondern auch einzelne Schritte der Bohrkernaufnahme erleichtern bzw. ersetzen. Wenn solche Messungen beabsichtigt sind, ist der nötige Bohrlochdurchmesser zu beachten.

Eine Zusammenstellung geophysikalischer Bohrlochmessungen bringen DIN 4020, Beiblatt Tab. 7, das DVGW-Merkblatt W 110 „Geophysikalische Untersuchungen in Bohrlöchern und Brunnen zur Erschließung von Grundwasser" von 1990 sowie Hatsch (1994).

4.5.1 Optische Bohrlochsondierungen

In nicht zu stark geklüftetem Gebirge (Nachfallgefahr) kann die Aufnahme bzw. Überprüfung des Trennflächengefüges mittels optischer Bohrlochsondierungen erfolgen (Heitfeld & Hesse 1982: 65). Moderne Bohrloch-(Farb-)fernsehsonden (Trischler & Knopf 1985) liefern über der Grundwasseroberfläche gute Aufnahmen (Standfotos, Videobänder) von der Beschaffenheit der Bohrlochwandung, der Raumstellung der Trennflächen, ihrer Öffnungsweite und auch über den Wasserzulauf aus Klüften. Die erforderlichen Bohrlochdurchmesser sind geräteabhängig und betragen z. B. für Schwarz-Weiß-Geräte 113 mm und für Farbfernsehsonden 146 mm. Die Auswertung sollte im Vergleich mit dem Bohrkern bzw. den Kernfotos erfolgen und erlaubt eine wesentlich zutreffendere Deutung der Kernzerbrechung (auch Kernverluststrecken) und von zerbohrtem Kernmaterial als allein die Kernansprache (s. Abschn. 4.4.3).

4.5.2 Bohrlochneigungsmessungen

Wechselnde Gesteinshärte und/oder ein Einfallen der Schichten sowie geräte- und arbeitsbedingte Einflußfaktoren, bei Horizontalbohrungen dazu noch die Schwerkraft (Peterson 1986), bewirken immer eine gewisse **Richtungsabweichung von Bohrungen.** Diese beträgt bei sorgfältig ausgeführten vertikalen Kernbohrungen bis 100 m Tiefe 3 %, bei tieferen Bohrungen bis zu 5 %. Bei ungünstigen Gebirgsverhältnissen ist mit Abweichungen bis zu 10 % zu rechnen. Wo eine Genauigkeit von mehr als 3 % erforderlich ist, etwa bei der Festlegung der Raumstellung von Trennflächen in tieferen Bohrungen (Heitfeld, Hesse & Düllmann 1982: 96), sind Bohrlochneigungsmessungen vorzusehen. Vollbohrungen ($\varnothing$ 216 mm) mit gesteuerter Zielbohrtechnik können mit einer Genauigkeit von > 0,5 % hergestellt werden (Mertens et al. 1991).

Die Messung Bohrlochabweichung kann mit einem **Singleshot- oder Multishotgerät** bzw. mit einem Digital-Inklinometer vorgenommen werden. Das Single- bzw. Multishotgerät ist ein Lotgerät, bei dem ein Pendel, das über einer Kompaßscheibe kardanisch aufgehängt ist, im Bohrloch in verschiedenen Zeitintervallen automatisch fotographiert wird. Das Gerät kann auch auf Horizontalbohrungen umgerüstet werden.

Das **Digital-Inklinometer,** das mit einem Richtgestänge orientiert eingebaut und in Abständen von 1 m genau in Achse der Verrohrung fixiert wird, liefert eine graphische Darstellung des Bohrlochverlaufs im Vertikal- und Horizontalschnitt. Das Gerät kann auch unter Wasser eingesetzt werden.

4.5.3 Geophysikalische Bohrlochmessungen

Bei den geophysikalischen Bohrlochmessungen werden verschiedene physikalische Meßverfahren angewendet, die einzeln oder in Kombination eine lückenlose und objektive Bestimmung gesteinsspezifischer, petrophysikalischer Parameter entlang der Bohrlochwand ermöglichen. Die Gamma-Messungen und die Dichtemessungen (Gamma-Gamma-Messungen) werden in verrohrten Bohrungen ausgeführt, sonst sind unverrohrte Bohrlöcher erforderlich.

Bei den **Gamma-Ray Logs** wird die natürliche γ-Eigenstrahlung der Schichten (GR-Natural) gemessen, deren Intensität vom Kaliumgehalt abhängig ist und damit einen Tonindikator darstellt. Messungen der natürlichen Gammastrahlung ermöglichen so eine qualitative Unterscheidung von Tongesteinen und anderen tonigen Gesteinen von Sandsteinen, Kalksteinen und Salzen (Abb. 4.27).

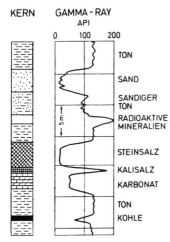

KERN   GAMMA - RAY
API
0   100   200

TON

SAND

SANDIGER
TON

RADIOAKTIVE
MINERALIEN

STEINSALZ

KALISALZ

KARBONAT

TON

KOHLE

Abb. 4.27 Gamma-Ray-Meßergebnisse in verschiedenen Sedimenten bzw. Sedimentgesteinen (aus BENDER 1985).

Die Strahlungsintensität wird in API-Einheiten (standardisierte Einheit nach American Petroleum Institute) gemessen und ist abhängig vom Salzgehalt des Formationswassers (Umrechnung auf früher verwendete Einheiten s. BENDER 1985, S. 629). Auch die Kontrolle von Tondichtungen in Grundwassermeßstellen oder Bohrbrunnen kann damit vorgenommen werden.

Die **Gamma-Gamma-Messung** liefert das vertikale Dichteprofil der Gesteine entlang der Bohrlochwand und zeigt sowohl Gesteinswechsel als auch Störungszonen an.

Kalibermessungen (CAL) dienen zur Erfassung von Bohrlochausbrüchen als Anzeichen abgeminderter Gebirgsfestigkeit (Abb. 2.29).

Akustisches Bohrlochfernsehen (ABF; Acoustic Borehole Televiewer; BHTV-Borehole Acoustic

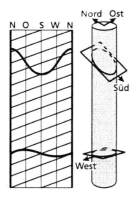

Nord Ost

N O S W N

Süd

West

Abb. 4.28 Auswertungsschema einer ABF-Messung (Firmenprospekt).

Televiewer; Fullwave Sonic-Log): Die Bohrlochwand wird mit einem Ultraschallimpuls nach dem Prinzip des Impuls-Echo-Verfahrens abgetastet. Laufzeit und Amplitude der 250 Echos pro Umlauf werden aufgenommen und in Graustufen oder Falschfarben als Abwicklung über dem Bohrlochumfang nordorientiert dargestellt. Klüfte oder andere Unebenheiten werden im Televiewerbild sinusförmig wiedergegeben und können orientiert werden (Abb. 4.28 und HATSCH 1994).

Bohrlochseismik (Bohrloch-Intervallseismik; Akustiklog BHC): Mit einer Sonde werden diskontinuierlich oder kontinuierlich die Laufzeiten eines Ultraschallimpulses entlang der Bohrlochwand gemessen (Abb. 4.29). Die Kompressionswellengeschwindigkeit V_p ist ein empfindlicher Indikator für die Lithologie (Gesteinsdichte) und die Gebirgsfestigkeit (Klüftigkeit, Störungszonen).

4.5.4 Verschiebungsmessungen in Bohrlöchern

Zur Überwachung der Standsicherheit und der Verformungen von Erd- und Felsbauwerken während und nach dem Bau (s. Abschn. 5) werden in zunehmenden Umfang Verschiebungsmessungen längs- und quer zur Bohrlochachse vorgenommen.

Für Verschiebungsmessungen längs der Bohrlochachse dienen sog. **Extensometer** (PAUL & GARTUNG 1991). Bei Stangenextensometern erfolgt die Verschiebungsmessung mit Hilfe von im Bohrloch bzw. Gebirge verankerten Festpunkten, in denen ein oberhalb frei bewegliches Gestänge verankert ist, das einzeln in den Extensometerkopf hochgeführt wird (Abb. 17.16). Die Ablesung erfolgt über Meßuhren am Extensometerkopf und muß durch Nivellements an absolute Höhemessungen angeschlossen werden. Die hohe Meßgenauigkeit von 0,01 mm ermöglichst die Erfassung selbst kleinster Verformungen, bringt aber auch eine starke Abhängigkeit von äußeren Einflüssen, wie z.B. Schwindverformungen der Geländeoberfläche (s. Abschn. 6.2.2), die jedoch durch fachgerechten Einbau und rechtzeitig vor den Ausbrucharbeiten beginnende Meßreihen eliminiert werden können.

Ein weiteres Gerät zur Ermittlung der relativen axialen Verschiebung entlang einer Meßlinie (Bohrloch) ist das **Sondenextensometer** oder **Gleitmikrometer** (Abb. 4.30). Es ist ein Dehnungsmeßgerät, bei welchem die Abstandsänderungen zwischen jeweils zwei benachbarten Meßmarken (Abstand 1 m) gegenüber einer Basislänge

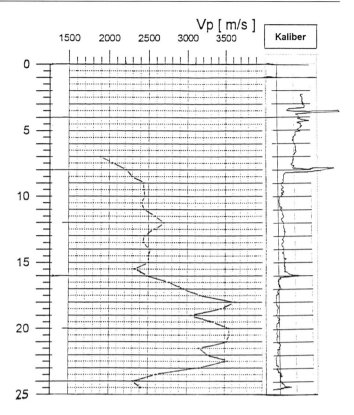

Abb. 4.29 Bohrloch-Intervallseismik in einer Granitbohrung:
Bis 7,5 m vergruster Granit (V_p
< 2000 m/s),
bis 16 m fester Granit
bis 23 m harter, klüftiger Granit
(V_p = 3000 – 5000 m/s)
bei 24 m Störungszone

angezeigt und in einem Zeit-Verformungs-Dia-
gramm dargestellt werden.

Hauptanwendungsgebiete beider Meßverfahren
sind Bewegungen infolge Ausbruch- oder Aushubarbeiten (s. Abschn. 17.2.3 und Abschn. 10) und
der Verfolg von Tiefensetzungen (s. Abschn.
5.5.5). Einzelheiten sind bei PAUL & GARTUNG
(1991) nachzulesen.

Inklinometermessungen sind Verschiebungen-
messungen quer zur Bohrlochachse (BLÜMEL &
BUCHMANN 1982). Dabei wird mit einer Nei-
gungssonde in einem in eine Bohrung eingebauten
Meßrohr mit Führungsnuten in Abständen von
1,0 m bzw. 0,5 m in zwei zueinander senkrechten
Richtungen der Neigungswinkel bestimmt und die
sich daraus ergebenden Horizontalabweichungen
polygonzugartig summiert (Abb. 4.31). Die Auswertung erfolgt meist relativ, d. h. unter der Annah-

me, daß sich der unterste Punkt des Meßrohres
nicht verschoben hat (Abb. 15.11). Durch geodätische Einmessung des Bohrlochkopfes können absolute Deformationen ermittelt werden. Bei Ge-
samtbewegungen von 30 bis 80 mm wird die
Krümmung des Rohres zu stark, so daß die 1,0
bzw. 0,5 m lange Meßsonde nicht mehr weiter eingefahren werden kann. Das Hauptanwendungsge-
biet von Inklinometermessungen sind Kontroll-
bzw. Bewegungsmessungen an rutschverdächti-
gen Böschungen oder Hängen.

Für eine permanente Messung von Querverschiebungen in bezug auf die Bohrlochachse eignen sich
auch **Deflektometer.** Deflektometer sind gelenkig
verbundene Stangen, deren Winkelabweichungen
zueinander gemessen werden. Sie werden in Füh-
rungsrohren beweglich oder stationär eingesetzt (s.
Abschn. 15.2.5).

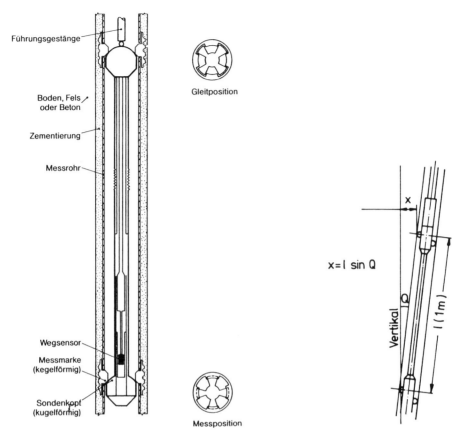

Führungsgestänge

Boden, Fels
oder Beton

Zementierung

Messrohr

Gleitposition

Wegsensor

Messmarke
(kegelförmig)

Sondenkopf
(kugelförmig)

Messposition

$x = l \sin Q$

Vertikal

l (1 m)

x

Q

Abb. 4.30 Schema eines Gleitmikrometers mit Bohrlochausbau, Sonde sowie Gleit- und Meßposition (Firmenprospekt).

Abb. 4.31 Meßprinzip der Neigungsmessung mit Inklinometer (aus SIMEONOVA 1984).

5 Einführung in die Berechnungsverfahren für Flächengründungen und Standsicherheit von Böschungen

Der Baugrund erleidet unter der Lasteinwirkung eines Bauwerks Verformungen, wobei zunächst eine Verdichtung eintritt, durch die seine Festigkeitseigenschaften verbessert und seine Tragfähigkeit erhöht werden. Dies gilt aber nur bis zu einer gewissen Grenze. Wird diese überschritten, so treten plastische Deformationen (s. Abschn. 2.6) auf, die im Endstadium auch ohne weitere Belastung weitergehen und zu einem Versagen (z. B. Grundbruch) führen (Abb. 5.1).

Folgende Verformungen des Baugrundes können unterschieden werden:

Setzung = lotrechte Verformung in Richtung der Schwerkraft infolge einer Spannungszunahme oder Erschütterungen

Hebung = lotrechte Lageänderung infolge einer Spannungsabnahme oder Schwellen des Bodens

Senkung = großflächige Lageänderung infolge Materialentzug, z. B. der Entnahme von Fluidas

Sackung = Sättigungssetzung durch Umlagerungen des Korngerüstes

Verschiebung = Lageänderung infolge einer Spannungsänderung oder eines Gleitvorgangs

5.1 Baugrundnormen, Sicherheitswerte

Bei jeder Sicherheitsbetrachtung müssen zwei voneinander unabhängige **Grenzzustände** beachtet werden, damit Bauwerke unter der Einwirkung von Kräften aus überwiegend ruhenden Lasten keine schädlichen Verformungen erleiden:

- der Grenzzustand der Tragfähigkeit – GZ 1 (Grund- und Geländebruch, Gleiten, Kippen)
- der Grenzzustand der Gebrauchstauglichkeit
- GZ 2 (unzulässig große Setzungen, Verkantung, Rißbildung).

Die Grenzzustände werden weiter unterteilt in:

GZ 1 A, Grenzzustand der Lage durch Gleichgewichtsverlust ohne Bruch

GZ 1 B, Grenzzustand von Konstruktionsteilen, z. B. der Grenzverformung bei Pfählen

GZ IC, Grenzzustand der Gesamttragfähigkeit durch Bruch

Gegenüber den einzelnen Grenzzuständen sind nach den Grundbauvorschriften bestimmte **Sicherheitswerte** (F, η, bzw. heute γ) einzuhalten. Die nach den bisherigen Normen üblichen Werte liegen je nach dem angestrebten Sicherheitspolster zwischen F = 1,1 für die Auftriebssicherheit und F = 2,0 für die bisherige Grundbruchsicherheit.

Die bisherigen Gesamtsicherheitsgrade oder globalen Sicherheitsfaktoren, bei denen alle den Grenzzustand beeinflussenden Größen durch einen Gesamtfaktor mit gleicher Wirkungsstärke angesetzt sind, werden nach dem neuen probabilistischen Sicherheitskonzept in den Bemessungsnormen der Serie 100 (s. Abschn. 1.2), ausgehend von der DIN V 1054–100, durch Teilsicherheitsbeiwerte abgelöst, die je nach ihrem Gewicht, ihrer Streuung und der Schadensfolge entsprechend der

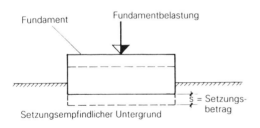

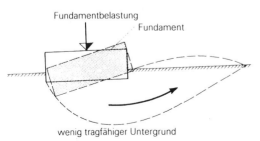

Abb. 5.1 Baugrundverhalten unter Lasteinwirkung (nach SCHÄR 1992).

statistischen Verteilung, definiert durch Verteilungsgesetz, Mittelwert und Varianz sowie einem zeitabhängigen Sicherheitsmaß ermittelt werden. Das Risiko bei der Anwendung dieser Werte im Grundbau liegt darin, daß meist nur statistisch unzureichende Datenmengen zur Verfügung stehen.

Das Normenpaket mit dem Partialsicherheitskonzept, bestehend aus DIN V ENV 1997 – 1 und den DIN-Normen der Serie 100 ist im Mai 1996 veröffentlicht worden und soll von den Bauaufsichtsbehörden der Länder zur probeweisen Anwendung empfohlen werden. Damit gelten in Deutschland derzeit zwei Wege der geotechnischen Bemessung:

- das Konzept der Teilsicherheitsbeiwerte auf der Basis der DIN V ENV 1997 – 1 und der Vornormen DIN V 1054 – 100, DIN V 4017 – 100, DIN V 4019 – 100, DIN V 4084 – 100 und DIN V 4085 – 100
- das bisherige Konzept mit Globalsicherheitsbeiwerten (DIN 1054, DIN 4017, DIN 4019, DIN 4084, DIN 4085, DIN 4126)

Ein Wechsel in der Bemessung eines Bauwerkes zwischen den beiden Konzepten ist nicht zulässig (s. Geotechnik 1996, S. 56).

Gemäß den CEN-Regularien sollen bereits Ende 1996 die europäischen Länder ihre Meinung zur Anwendbarkeit der ENV 1997 – 1 in der Praxis abgeben. Danach soll entschieden werden, ob 1998 die geplante dreijährige Erprobungszeit verlängert oder die Vornorm in eine Europäische Norm umgewandelt wird.

Nach DIN V 1054 – 100 (1995) werden Lastansätze als Einwirkungsgrößen und die Widerstände im Boden und Fels als Widerstandsgrößen bezeichnet:

Zu den **Einwirkungen** bei geotechnischen Berechnungen zählen außer den üblichen Lastansätzen (z. B. Eigengewicht, Grundwasserdruck, Strömungskräfte, Lasten u. a. m.) auch in situ-Spannungen und Bewegungen im Untergrund, verursacht durch Bergbau, Schwellen und Schrumpfen toniger Böden (s. Abschn. 6.2), Bodenkriechen (s. Abschn. 15.3.5), Materialwegführung (s. Abschn. 18.2.4 und 19.4) und Frosthebung (s. Abschn. 7.2) u. a. m.

Zu den **Widerstandsgrößen** werden die Bodenwiderstände gegenüber Grenzverformungen und Bruch gerechnet, wie Erdwiderstand, Grundbruch, Gleiten u. a. m. (s. Tab. 5.1) sowie die zugehörigen Bodenkenngrößen.

Der **charakteristische Wert** einer Einwirkungs- oder Widerstandsgröße soll den ungünstigen maßgebenden Zustand abdecken und wird durch Index „k" gekennzeichnet (z. B. γ_k, φ_k, c_k, δ_k).

Bei streuenden Einzelwerten wird der charakteristische Wert aus der statistischen Häufigkeitsbeziehung und der mathematischen Wahrscheinlichkeitsverteilung abgeleitet (Bemessungsbeispiele s. TÜRKE 1990, Kap. 18). Bei kleinen Streuungen und Normalverteilung kann der Mittelwert genommen werden. Der charakteristische Wert kann dabei um so näher beim Mittelwert angenommen werden, je genauer der Untergrundaufbau und der Versagensmechanismus bekannt sind bzw. Erfahrungswerte aus Probebelastungen oder Rückrechnungen von vergleichbaren Fällen vorliegen (s. Abschn. 5.8). Liegt kein ausreichendes Datenmaterial vor, können die charakteristischen Werte aus Erfahrungswerten oder anerkannten Tabellenwerten (DIN V 1054 – 100, Tab. B1 und B2 bzw. Abschn. 2.7.4) abgeschätzt werden.

Durch Multiplikation bzw. Division der charakteristischen Werte mit Teilsicherheitsbeiwerten γ ergeben sich die **Bemessungswerte** (d).

$$a_d = a_k \cdot \gamma_a \qquad b_d = \frac{b_k}{\gamma_b}$$

Die Teilsicherheitsbeiwerte sind in Abhängigkeit von den Lastfällen (LF 1 bis 3) in Tabelle 5.1 zusammengestellt.

Die auch schon bisher gebräuchlichen **Lastfälle** (LF) ergeben sich aus den Einwirkungs-Kombinationen (EK 1 – 3 nach ENV 1991 – 1) in Verbindung mit den Sicherheitsklassen (SK 1 – 3):

Lastfall 1 (LF 1): Regel-Kombination in Verbindung mit SK 1 (auf Funktionszeit des Bauwerks ausgelegt)

Lastfall 2 (LF 2): Seltene Kombination in Verbindung mit SK 1 oder Regel-Kombination mit SK 2 (Bauzustände bei Herstellung oder Reparatur bzw. benachbarten Baumaßnahmen)

Lastfall 3 (LF 3): Außergewöhnliche Kombination in Verbindung mit SK 3 (einmalig oder nie auftretende Zustände)

In den Fällen, in denen eine Vorhersage des Baugrundverhaltens und ein rechnerischer Nachweis nicht mit ausreichender Zuverlässigkeit möglich sind, wird in der neuen DIN V 1054 – 100 (1996) die **Beobachtungsmethode** empfohlen. Die Unsicherheit in der Prognose wird dabei durch laufende meßtechnische Kontrolle ausgeglichen. Gegebenenfalls erforderliche Korrektur- oder Gegenmaßnahmen sind in die Ausführungsplanung aufzu-

Tabelle 5.1   Teilsicherheitsbeiwerte für Einwirkungen und für Bodenwiderstände nach DIN V 1054–100.

GZ	Einwirkungen	Formel-zeichen	Lastfall (LF) 1	2	3
1 A	ständige Einwirkungen, ungünstig	$\gamma_{G\,sup}$	1,00	1,00	1,00
	ständige Einwirkungen, günstig	$\gamma_{Gin\,f}$	0,90	0,95	1,00
	Flüssigkeitsdruck	γ_F	1,00	1,00	1,00
	veränderliche Einwirkungen, ungünstig	$\gamma_{Q\,sup}$	1,05	1,00	1,00
1 B	ständige Einwirkungen, ungünstig	$\gamma_{G\,sup}$	1,35	1,20	1,00
	ständige Einwirkungen, günstig	γ_{Ginf}	1,00	1,00	1,00
	Flüssigkeitsdruck	γ_F	1,35	1,20	1,00
	veränderliche Einwirkungen, ungünstig	$\gamma_{Q\,sup}$	1,50	1,30	1,00
	Seitendruck, ständig	γ_H	1,35	1,20	1,00
	Mantelreibung, ständig	γ_M	1,35	1,20	1,00
	Erddruck, ständig	γ_{Eg}	1,35	1,20	1,10
	Erddruck, veränderlich, ungünstig	γ_{Eq}	1,50	1,30	1,10
1 C	ständige Einwirkungen	γ_G	1,00	1,00	1,00
	Flüssigkeitsdruck	γ_F	1,00	1,00	1,00
	veränderliche Einwirkungen, ungünstig	$\gamma_{Q\,sup}$	1,30	1,20	1,10
	Seitendruck, ständig	γ_H	1,00	1,00	1,00
	Mantelreibung, ständig	γ_M	1,00	1,00	1,00
	Erddruck, ständig		über Scherparameter mit Teilsicher-		
	Erddruck, veränderlich, ungünstig		beiwerten nach Tabelle 2 unten		
2	1,00 für ständige Einwirkungen, günstig oder ungünstig				
	1,00 für veränderliche Einwirkungen, ungünstig				

GZ	Widerstand	Formel-zeichen	Lastfall (LF) 1	2	3
1 B	Erdwiderstand	γ_{Ep}	1,40	1,30	1,20
	Sohldruckwiderstand (Grundbruch)	γ_S	1,40	1,30	1,20
	Sohlschubwiderstand (Gleiten)	γ_{St}	1,50	1,35	1,20
	Einzelpfähle (Druck und Zug, axial)	γ_P	1,40	1,20	1,10
	Verpreßanker	γ_A	1,10	1,10	1,10
	Bodennägel	γ_N	1,20	1,10	1,05
	Flexible Bewehrungselemente	γ_B	1,40	1,30	1,20
1 C	Reibungsbeiwert (tan φ)	γ_φ	1,25	1,15	1,10
	Kohäsion, dränierter Boden	γ_c	1,60	1,50	1,40
	Scherfestigkeit, undränierter Boden	γ_{cu}	1,40	1,30	1,20
	Einzelpfähle (Druck und Zug, axial)	γ_P	1,60	1,40	1,20
	Verpreßanker	γ_A	1,30	1,20	1,10
	Bodennägel	γ_N	1,30	1,20	1,10
	Flexible Bewehrungselemente	γ_B	1,40	1,30	1,20

nehmen. Im Felsbau haben laufende meßtechnische Kontrollen schon immer eine entscheidende Rolle gespielt (s. d. RABECEWICZ 1977). Ein solches Meßprogramm muß nötigenfalls über die gesamte Lebensdauer des Bauwerkes fortgeführt werden, um zu gewährleisten, daß die konstruktive Anfangssicherheit erhalten bleibt. Außerdem ist es zweckmäßig, derartige Messungen rechtzeitig vor Baubeginn anlaufen zu lassen, um die Eigenreaktionen des Baugrundes kennenzulernen.

Eine Übersicht über die nachfolgend behandelten Berechnungsverfahren und ihre Randbedingungen bringt TÜRKE (1990). Darüber hinaus wird auf die jeweiligen DIN-Normen verwiesen. Wie auch in den meisten Normen, können hier ebenfalls nur die grundlegenden Berechnungsverfahren behandelt werden, nicht die zahlreichen EDV Programme, für die auf die meist englischsprachige Spezialliteratur verwiesen werden muß.

5.2 Spannungsverteilung in Gründungssohle

Spannungen sind eine auf eine Flächeneinheit (A) bezogene Kraft (V):

$$\sigma = \frac{V}{A} \quad [\text{N/mm}^2, \text{kN/m}^2, \text{MN/m}^2]$$

Im internationalen Maßsystem wird die Spannung in Pascal gemessen. Ein Pascal (Pa) entspricht einem Newton (N) pro m². Da diese Grundeinheit meist zu großen Zahlen führt, werden üblicherweise die o. g. Einheiten bzw. Megapascal (MPa) verwendet (s. a. Tab. 1.1).

Die **Spannungsverteilung in der Sohlfuge** (= Unterkante) von Fundamenten hängt ab von der

● Biegesteifigkeit des Fundaments, ausgedrückt durch die Grenzfälle „starr" und „schlaff" bzw. „weich"
● Art und Größe der Belastung und vom
● Baugrund.

Ein schlaffes Bauwerk paßt sich den Verformungen des Baugrundes gleichmäßig an (Abb. 5.2). Bei starren Bauwerken sind die Setzungen einigermaßen gleichmäßig, aber nicht immer gleich groß. Es können Verkippungen auftreten (Abb. 5.19).

Die Ermittlung der Sohlspannungsverteilung bei starren Fundamenten ist eine hochgradig statisch unbestimmte Aufgabe (Abb. 5.2), die aber nach DIN V 1054 – 100 (1995) für den Nachweis der Grenzzustände der Tragfähigkeit (GZ 1) und der

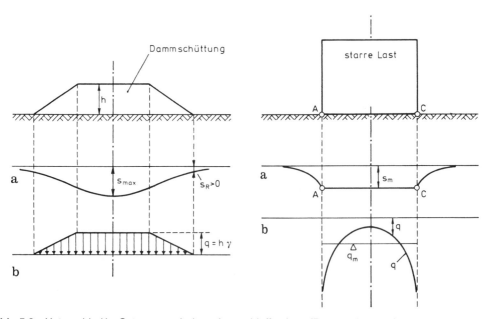

Abb. 5.2 Unterschied im Setzungsverhalten einer schlaffen Last (Dammschüttung) und einer starren Last mit Darstellung der Setzungsmulde (a) und der Sohldruckverteilung (b). Bei der starren Last sind die theoretische Verteilung (q) nach BOUSSINESQ (1885) und die vereinfachte geradlinige Spannungsverteilung (qm) dargestellt (nach LANG & HUDER 1994).

Gebrauchstauglichkeit (GZ 2) von Einzel- und Streifenfundamenten als geradlinig angenommen werden darf.

5.2.1 Mittige und außermittige Belastung von starren Einzelfundamenten

Wird ein starres Einzelfundament nur von einer Normalkraft (Vertikalkraft) mittig belastet, liegt der Fall einer gleichmäßigen, rechteckigen Sohlspannungsverteilung vor (Abb. 5.3).

$$\sigma = \frac{V}{A}$$

V = Vertikalkraft
A = a · b = Fundamentfläche
    a = Fundamentlänge
    b = Fundamentbreite

Wird eine Stütze zusätzlich noch durch ein Moment M beansprucht (Abb. 5.4), so gilt:

$$\sigma_{1/2} = \frac{V}{A} \pm \frac{M}{W}$$

W = Widerstandsmoment (in m³)

Das Widerstandsmoment W ergibt sich für den einfachen Fall eines rechteckigen Fundaments aus dessen Geometrie

$$W = \frac{b^2 \cdot a}{6} \quad \text{(in m}^3\text{)}$$

a = Fundamentlänge (in m)
b = Fundamentbreite (in m)

Die Sohlspannungsverteilung eines solchen, durch Normalkraft und Moment belasteten Fundaments ist trapezförmig, mit einer größeren Randspannung σ_1 (Abb. 5.4) und kleineren Randspannung σ_2

$$\sigma_1 = \frac{V}{A} + \frac{M}{W} \qquad \sigma_2 = \frac{V}{A} - \frac{M}{W}$$

Eine trapezförmige Sohlspannungsverteilung ergibt sich auch bei außermittiger Belastung (Abb. 5.5). Die Normalkraft greift nicht im Mittelpunkt des Fundaments an, sondern exzentrisch (Exzentrizität e); wobei das Moment M = V · e ist.

Bei $\dfrac{M}{W} = \dfrac{V}{A}$ wird $\sigma_2 = 0$, was eine dreieckförmige Sohlspannungsverteilung ergibt.

Übersteigt der Wert $\dfrac{M}{W}$ die Größe von $\dfrac{V}{A}$, so ergibt sich eine negative Randspannung $-\sigma_2$, was eine Zugspannung zwischen Fundament und Boden bedeuten würde. Da der Boden keine Zugspannungen aufnehmen kann, entsteht eine **klaffende Sohlfuge** (Abb. 5.5). Die Sohlspannungsverteilung wird hierbei nach der Gleichgewichtsbedingung

$$\sigma_1 = \frac{2\,V}{3\,a}; \qquad a = \frac{b}{2} - e$$

ermittelt.

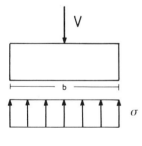

Abb. 5.3 Gleichmäßige Sohlspannungsverteilung.

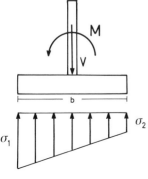

Abb. 5.4 Trapezförmige Sohlspannungsverteilung bei Belastung durch Normalkraft (V) und Moment (M).

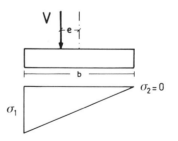

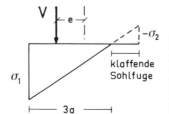

Abb. 5.5 Dreieckförmige Sohlspannungsverteilung bzw. klaffende Sohlfuge bei exzentrischer Belastung.

Nach DIN 1054 bzw. DIN V 1054–100 (1996) darf unter Fundamenten aus ständiger Lasteinwirkung keine klaffende Fuge auftreten. Infolge Gesamtbelastung muß die Fundamentsohle bis zu ihrem Schwerpunkt durch Druck belastet bleiben.

5.2.2 Linien- und Einzellasten auf Streifenfundamenten

Bei einem Streifenfundament, das durch eine Linienlast (q) belastet wird (Abb. 5.6), erfolgt die Ermittlung der Sohlspannungsverteilung in Querrichtung für einen a = 1 m langen und b = breiten Fundamentabschnitt:

$$\sigma = \frac{q}{b} \quad \text{(in kN/m}^2\text{)}$$

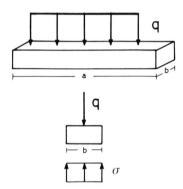

Abb. 5.6 Linienlast auf einem Streifenfundament.

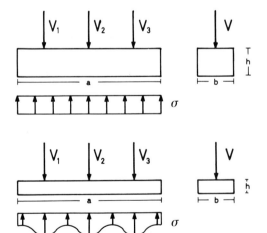

Abb. 5.7 Sohlspannungen bei Einzellasten auf einem starren und einem nicht als starr anzunehmenden Streifenfundament.

In Längsrichtung können Einzellasten gleicher Größe und gleichen Abstands bei einem einigermaßen starren Fundament vereinfacht als Linienlast betrachtet werden (Abb. 5.7).

$$q = \frac{\Sigma V}{a} \quad \text{(in kN/m)}$$

Bei einem nicht als starr anzunehmenden Streifenfundament konzentrieren sich die Sohlspannungen unter den Lastpunkten. Zur genaueren Ermittlung der Sohlspannungsverteilung ist die Wechselwirkung von Gründung und Baugrund zu berücksichtigen. Die Berechnung kann nach dem Bettungsmodul- oder Steifemodulverfahren erfolgen.

5.2.3 Bettungsmodul- und Steifemodulverfahren

Das **Bettungsmodulverfahren** beruht auf der Annahme, daß die Setzung in jedem Punkt der Sohlfläche proportional der dort vorhandenen Sohlspannungen und von der Belastung und Setzung der Nachbarpunkte unabhängig ist. Vom Baugrundgutachter ist der **Bettungsmodul** k_s anzugeben. Er drückt das Verhältnis zwischen der Belastung und der Einsenkung nach folgender Beziehung aus:

$$k_s = \frac{\sigma_0}{s} \quad \text{(in MN/m}^3\text{)}$$

σ_0 = Sohlspannung (in MN/m^2)
s = Setzung (in m)

Der Bettungsmodul ist keine Konstante, sondern hängt ab von der Bodenart, dem Steifemodul, der Gründungsbreite und der Gründungstiefe.

Gebräuchliche Formeln zur Ermittlung des Bettungsmoduls für Streifenfundamente in Abhängigkeit vom Steifemodul E_s, der Fundamentbreite b und der Mächtigkeit der zusammengedrückten Schicht t sind:

JAKY: $k_s = \dfrac{2 \cdot E_s}{3b}$

KÖGLER: $k_s = \dfrac{2 \cdot E_s}{b \cdot \ln \dfrac{b + 2t}{b}}$

Versuchstechnisch kann der Bettungsmodul durch den Plattendruckversuch ermittelt werden (s. Abschn. 2.6.4).

Genauer ist die Berechnung des Bettungsmoduls durch eine Setzungsberechnung im kennzeichnenden Punkt (s. Abschn. 5.5.2) für die mittlere Bodenpressung und Einsetzen in die oben genannte Beziehung.

Bettungsmoduli werden auch häufig als untere oder obere Grenzwerte angegeben. SOMMER (1978: 208) vergleicht Bettungsmoduln, die aus dem Verhältniswert von Bodenpressung zu Setzung rückgerechnet worden sind, mit den üblichen Rechenwerten von auf tertiären Tonen gegründeten Hochhäusern in Frankfurt am Main.

Die genauere Methode der Bemessung von Plattengründungen ist das **Steifemodulverfahren.** Hierbei werden die Verformungen nicht nur unter dem Lastpunkt, sondern auch seitlich daneben als die eines homogenen elastischen Halbraums betrachtet. Das Verfahren verwendet als Bodenkennziffer den Steifemodul E_s.

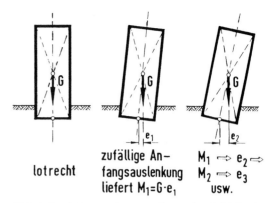

Abb. 5.8 Schema einer zunehmenden Schiefstellung infolge Schwerpunktverlagerung (aus SCHULTZE 1968).

5.3 Gleitsicherheit, Kippsicherheit, Auftrieb

5.3.1 Nachweis der Gleitsicherheit

Der Standsicherheitsnachweis für Gleiten ist zu führen, wenn auf ein Fundament Horizontalkräfte oder schräge Kräfte wirken.

Der Standsicherheitsweis gegen Gleiten erfolgt üblicherweise nach den mechanischen Gesetzen der Gleitreibung bzw. nach DIN V 1054–100 nach der Bedingung:

$$R_{tk} = N_d \cdot \tan \delta_{sk}$$

R_{tk} = Bemessungswert des Sohlschubwiderstandes
N_d = Bemessungswert der Normalen der Resultierenden
δ_{sk} = charakteristischer Wert für den Sohlreibungswinkel

Dabei kann der Sohlreibungswinkel δ_s wie folgt angesetzt werden:

für Ortbeton/Boden $\delta_s = \varphi'$

für Fertigbeton/Boden $\delta_s = \dfrac{2}{3} \varphi'$

Der Bemessungswert für den Sohlreibungswinkel beträgt

$$\delta_d = \tan \delta_k / \gamma_\varphi$$

gemäß Tab. 5.1. Für den GZ 1 B erfolgt anschließend eine Abminderung mit dem Teilsicherheitsbeiwert γ_{st} (DIN V 1054–100, Abschn. 7.3.6)

5.3.2 Nachweis der Kippsicherheit

Die Gefahr des Kippens ist zu prüfen, wenn Kräfte außermittig angreifen oder unterschiedlich mächtige setzungsfähige Schichten im Untergrund vorlie-

gen. Beides bewirkt zunächst ungleiche Setzungen, die zu einer Schiefstellung und Verkantung führen können. Eine Schiefstellung bewirkt eine Schwerpunktverlagerung, wodurch die Außermittigkeit weiter erhöht wird. Die Frage der Kippsicherheit nähert sich damit der Grundbruchsicherheit (Abb. 5.8).

Das bekannteste Beispiel für eine Schiefstellung turmartiger Bauwerke ist der Schiefe Turm von Pisa, der auch in der deutschsprachigen Literatur wiederholt behandelt worden ist (TERZAGHI 1934, SCHULTZE 1968; VEDER 1975) und Anfang 1990 für den Besucherverkehr geschlossen werden mußte.

Ein besonderer Nachweis der Kippsicherheit ist nicht erforderlich, wenn die Bedingungen der DIN 1054 bzw. DIN V 1054–100 für die Außermittigkeit der Resultierenden eingehalten werden.

Die zulässige Schiefstellung turmartiger Bauwerke beträgt nach Abschn. 6.1 (Tab. 6.1) 1 : 250.

5.3.3 Sicherheit gegen Wasserdruck und Auftrieb

Die Wasserdrücke im ruhenden Grundwasser sind hydrostatisch verteilt (Abb. 5.9)

$$W = \gamma_w \cdot t$$

und unabhängig von der Durchlässigkeit des Untergrundes. Für den Nachweis der Auftriebssicherheit können außer den ständigen Einwirkungen auf den Gründungskörper (Lasten) die Vertikalkomponente der Erddrucklast (s. Abschn. 5.7) und etwaige Verankerungswiderstände berücksichtigt werden. Die Bodenwichte sollte dabei vorsichtig, am besten 1.0 bzw. 2.0 kN/m³ abgemindert angesetzt werden (DIN 1055, T 2). Der Sicherheitsnachweis ist außer-

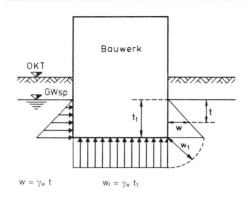

Abb. 5.9 Wasserdrücke auf ein trogförmiges Bauwerk im ruhenden Grundwasser (aus LANG & HUDER 1994).

dem auf den ungünstigen (höchsten) Wasserstand zu bemessen, den sog. **Bemessungswasserstand** (s. Abschn. 9). Bei Wasserstandsangaben wird die Partialsicherheit nicht durch einen Faktor, sondern durch einen additiven Zuschlag Δ a eingeführt.

Bei Auftriebsproblemen im Bauzustand ist eine konstruktive Lösung (z. B. Überflutungseinrichtung) oft zweckmäßiger als höhere Sicherheitsbeiwerte.

5.4 Grundbruchsicherheit

Bei Erreichen der Grundbruchlast bildet sich unter dem Fundament ein Keil verdichteten Bodens. Gleichzeitig entstehen Scherflächen (Gleitbereiche), in denen der Scherwiderstand des Bodens überschritten wird und seitlich aufbricht. Hierbei

können drei verschiedene **Grundbruchtypen** auftreten (Abb. 5.10):

Der allgemeine Scherbruch mit ausgeprägter Gleitflächenbildung (entspricht Berechnung nach DIN 4017).

Der lokale Scherbruch mit nur teilweise ausgebildeter Gleitfläche und mit, bei zunehmender Belastung überproportionalen Setzungen. TERZAGHI (1943) empfiehlt beim lokalen Scherbruch eine reduzierte Scherfestigkeit von $^2/_3$ der Scherparameter einzusetzen.

Der Verformungsbruch, bei dem sich kein eigentlicher Bruch ausbildet, sondern nur eine zunehmende Verdichtung eintritt.

Ein Grundbruch kann auch eintreten, wenn bei gleichbleibender Last die seitliche Auflast entfernt wird.

Für Grundbruchberechnungen gilt die DIN 4017, T 1, Grundbruchberechnung von lotrecht und mittig belasteten Flachgründungen, und T 2, Grundbruchberechnungen von schräg und außermittig belasteten Flachgründungen (jeweils mit Beiblatt) bzw. DIN V 4017 – 100.

Bei der Grundbruchberechnung sind die ungünstigsten **Scherparameter** zugrunde zu legen. Dies sind die wirksamen Scherparameter (φ', c') wobei in bindigen Böden zusätzlich mit den totalen Scherparametern (φ_u, c_u) für die Anfangsstandsicherheit zu rechnen ist (s. Abschn. 2.7.4).

Eine Mittelung der Werte verschiedener Bodenschichten ist nur zulässig, wenn die Reibungswinkel der einzelnen Schichten nicht mehr als 5° vom Mittelwert abweichen. Die Tiefenwirkung des Grundbruchs kann hierbei nach Abb. 5.11 abge-

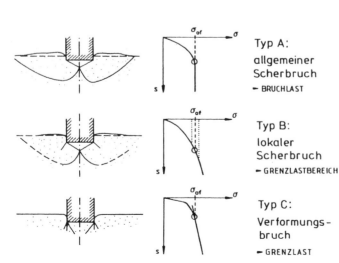

Typ A:
allgemeiner
Scherbruch
→ BRUCHLAST

Typ B:
lokaler
Scherbruch
→ GRENZLASTBEREICH

Typ C:
Verformungs-
bruch
→ GRENZLAST

Abb. 5.10 Verschiedene Grundbruchtypen in einem gewachsenen Lößlehmuntergrund (Typ c) bzw. in einer verdichteten Schüttung desselben Materials (Typ A- und B) - aus RILLING 1995).

schätzt werden. Um den Einfluß der einzelnen Schichtdicken zu erfassen, wird das gewogene Mittel für die anteiligen Längen der Grundbruchfigur in den einzelnen Bodenschichten verwendet (s. Beiblatt DIN 4017, T 1).

Nach der bisher gültigen DIN 4017 kann die **Grundbruchsicherheit** entweder nach der Bezugsgröße Last (V)

$$\text{zul } V = \frac{Q_d}{\eta_g}$$

zul V = zulässige Vertikallast
Q_d = Grundbruchlast
η_g = Grundbruchsicherheit für Bezugsgröße Last nach der noch geltenden DIN 4017

oder nach der Bezugsgröße Scherbeiwerte angesetzt werden (DIN 4017)

$$\text{zul } \tan \varphi = \frac{\tan \varphi}{\eta_r}$$

η_r = Sicherheit für Reibungswinkel φ

$$\text{zul } c = \frac{c}{\eta_c}$$

η_c = Sicherheit für Kohäsion c

Die Grundbruchsicherheit η_p muß dann nach der noch geltenden DIN 1054 für den Lastfall 1 $\eta_p \geq 2$ betragen, bzw. bei den einzelnen Scherfestigkeitsbeiwerten als Bezugsgröße

$\eta_r = 1,5$, $\eta_c = 2,0$
(DIN 4017, T. 1, Tab. 4).

Nach DIN V 1054 – 100 (Abschn. 7.3.5) ergibt sich der Bemessungswert des Sohldruckwiderstandes (Grundbruch) für den GZ 1 B aus den charakteristischen Werten der Scherparameter und Abminderung mit dem Teilsicherheitsbeiwert γ_s nach Tab. 5.1 und für den GZ 1 C mit den Teilsicherheitsbeiwerten der Scherparameter:

Reibungswert ($\tan \varphi$) $\gamma_\varphi = 1,25$
Kohäsion $\gamma_c = 1,60$
undränierte Scherfestigkeit $\gamma_{cu} = 1,40$

5.4.1 Berechnungsverfahren bei lotrechten und mittigen Lasten

Nach DIN 4017 wird die Bruchspannung einer lotrecht mittig belasteten Flachgründung nach der auf TERZAGHI (1943) zurückgehenden dreigliedrigen Grundbruchformel ermittelt:

$$
\begin{aligned}
Q_d &= b \cdot a \cdot \sigma_d \\
&= b \cdot a \, (\underbrace{c \cdot N_c \cdot v_c}_{} + \underbrace{\gamma_1 \cdot d \cdot N_d \cdot v_d}_{} + \\
&\quad \text{Einfluß der} \quad \text{Kohäsion} \qquad \text{Gründungstiefe} \\
&\qquad \underbrace{\gamma_2 \cdot b \cdot N_b \cdot v_b)}_{} \\
&\qquad \qquad \text{Gründungsbreite}
\end{aligned}
$$

Darin bedeuten:

Q_d Grundbruchlast in kN

σ_d mittlere Sohlnormalspannung in kN/m² in der Gründungsfuge beim Grundbruch

b Breite des Gründungskörpers bzw. Durchmesser des Kreisfundaments in m, b < a

a Länge in m des Gründungskörpers

d geringste Gründungstiefe in m unter Geländeoberfläche bzw. Kellerfußboden

c Kohäsion des Bodens in kN/m²

N_c Tragfähigkeitsbeiwert (s. Tab. 5.2) für den Einfluß der Kohäsion c

N_d Tragfähigkeitsbeiwert für den Einfluß der seitlichen Auflast $\gamma_1 \cdot d$

N_b Tragfähigkeitsbeiwert für den Einfluß der Gründungsbreite b

Tabelle 5.2 Tragfähigkeitsbeiwerte für Grundbruchberechnung (aus DIN 4017).

φ'	N_c	N_d	N_b
0°	5,0	1,0	0
5°	6,5	1,5	0
10°	8,5	2,5	0,5
15°	11,0	4,0	1,0
20°	15,0	6,5	2,0
22,5°	17,5	8,0	3,0
25°	20,5	10,5	4,5
27,5°	25	14	7
30°	30	18	10
32,5°	37	25	15
35°	46	33	23
37,5°	58	46	34
40°	75	64	53
42,5°	99	92	83

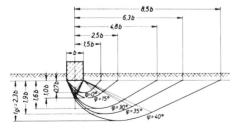

Abb. 5.11 Ausdehnung der Gleitlinien beim Grundbruch unter einem mittig belasteten, starren Fundament (aus DIN 4017, T 1, Beiblatt).

Tabelle 5.3 Formbeiwerte für Grundbuchberechnung (aus DIN 4017).

Grundrißform	v_c ($\gamma \neq a$)	v_c ($\varphi = 0$)	v_d	v_b
Streifen	1,0	1,0	1,0	1,0
Rechteck	$\dfrac{v_d \cdot N_d - 1}{N_d - 1}$	$1 + 0,2 \cdot \dfrac{b}{a}$	$1 + \dfrac{b}{a} \cdot \sin\varphi$	$1 - 0,3 \cdot \dfrac{b}{a}$
Quadrat/Kreis	$\dfrac{v_d \cdot N_d - 1}{N_d - 1}$	1,2	$1 + \sin\varphi$	0,7

V_c Formbeiwert (s. Tab. 5.3) für den Einfluß der Grundrißform (Kohäsionsglied)

V_d Formbeiwert für den Einfluß der Grundrißform (Tiefenglied)

V_b Formbeiwert für den Einfluß der Grundrißform (Breitenglied)

γ_1 Wichte des Bodens in kN/m³ oberhalb der Gründungssohle

γ_2 Wichte des Bodens in kN/m³ unterhalb der Gründungssohle.

5.4.2 Berechnungsverfahren bei schrägen und außermittigen Lasten

Nur außermittig belastete Fundamente können wie mittig belastete Fundamente berechnet werden, mit einer rechnerischen Breite b' bzw. rechnerischen Länge a':

a' = a − 2 e_a; b' = b − 2 e_b

e_a = Exzentrizität in a-Richtung

e_b = Exzentrizität in b-Richtung,

wodurch die Außermittigkeit in eine rechnerische mittige Kraft überführt wird.

Bei schräg wirkenden Lasten und geneigtem Gelände bzw. Sohlflächen werden in DIN V 4017 – 100 Lastneigungswerte (χ), Geländeneigungsbeiwerte (λ) und Sohlneigungsbeiwerte (ζ) angegeben.

5.5 Spannungsverteilung im Baugrund

5.5.1 Theorie der Spannungsverteilung

Die vom Bauwerk auf den Untergrund abgetragene Last breitet sich von der Sohlfuge nach der Tiefe hin aus, wobei der Maximaldruck in der Sohlfuge Fundament/Baugrund mit zunehmender Tiefe unter der Lastfläche abnimmt. Die Theorie geht davon aus, daß der Baugrund elastisch isotrop ist (der Boden folgt jedoch nur näherungsweise dem Hookschen Gesetz). Durch lotrechte Lasten erzeugte Spannungen an der waagerechten Oberfläche des Halbraumes breiten sich deshalb nicht geradlinig aus, sondern die Isobaren nehmen eine mehr oder weniger gesteckte Form an, die sog. Druckzwiebel.

Die sich dabei ergebende Spannungsverteilung im Baugrund ist in Abb. 5.12 dargestellt. Die Spannungen sind unter der Mitte der belasteten Fläche

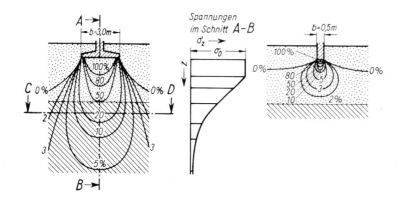

Abb. 5.12 Spannungsverteilung im Baugrund unter einem breiten und schmalen Fundament (aus SCHULZE & SIMMER 1974).

am größten und klingen mit zunehmender Tiefe ab. Die Darstellung zeigt auch die Abhängigkeit des durch die Bauwerkslasten beeinflußten Bereiches von der Gründungsbreite. Für grob vereinfachende Überlegungen genügt gegebenenfalls die Annahme einer gleichmäßigen Druckausbreitung unter 45°.

5.4.2 Berechnung der Spannungsverteilung im Boden

Die an sich komplizierten Berechnungsverfahren sind durch die Ausarbeitung von Diagrammen und Tafeln für bestimmte Einflußwerte (i) sehr vereinfacht worden (Abb. 5.13 und 5.15). Eine übersichtliche Darstellung der Ermittlung der Spannungen im Baugrund enthalten die Empfehlungen „Verformungen des Baugrundes bei baulichen Anlagen" – (SCHMIDT 1993).

Die Spannungsermittlung unter dem Eckpunkt einer schlaffen Rechtecklast erfolgt nach der Tafel von STEINBRENNER (Abb. 5.13). Die Spannung σ_z in der Tiefe z ist abhängig von dem Seitenverhältnis des Fundaments a/b und dem Wert z/b und ist $\sigma_z = i \cdot p$ (p bzw. σ_o = Spannung in Fundamentsohle).

Beliebige Punkte einer Rechtecklast können durch eine entsprechende Aufteilung der Fläche in 2 oder 4 Teilflächen und Superposition der Spannungen berechnet werden (Abb. 5.14).

Bei starren Fundamenten wird die Setzung für einen sog. kennzeichnenden Punkt C bzw. K (GRASSHOFF 1955) einer rechteckigen Lastfläche nach Tafeln von KANY berechnet (Abb. 5.15).

Der kennzeichnende Punkt ist ein Punkt der Grundrißfläche, bei dem die Setzung eines Gründungskörpers gleich ist mit der einer schlaffen, gleichmäßig verteilten Ersatzlast (Abb. 5.19).

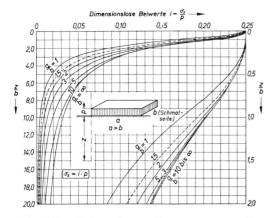

Abb. 5.13 Einfluwerte von STEINBRENNER zur Berechnung der Spannungen unter dem Eckpunkt einer schlaffen Rechtecklast (aus GRASSHOFF, SIEDEK & KÜBLER 1964).

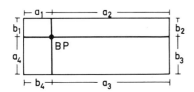

Abb. 5.14 Aufteilung der Lastfläche für die Berechnung eines beliebigen Punktes eines Fundaments (BP = Berechnungspunkt).

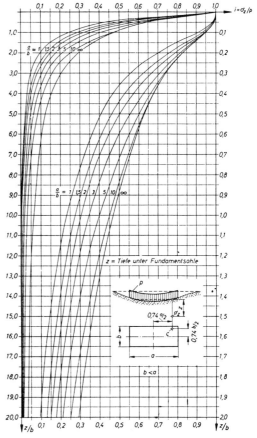

Abb. 5.15 Einflußwerte für die lotrechten Spannungen unter dem kennzeichnenden Punkt C einer starren Rechtecklast nach KANY (aus GRASSHOFF, SIEDEK & KÜBLER 1964).

5.6 Setzungsberechnung

Unter Setzung versteht man die vertikale Bewegung eines Bauwerks infolge Zusammendrückung und Verformung der Baugrundschichten. Folgende Setzungsanteile werden unterschieden (s. Abschn. 2.6.3):

- Sofortsetzung S_0 infolge volumentreuer Anfangsschubverformung bzw. der Sofortverdichtung
- Konsolidationssetzungen S_1
- Sekundärsetzungen S_2, Kriechsetzungen.

5.6.1 Grundgleichung der Setzungsberechnung

Für den Belastungsfall wird die Grundgleichung der Setzungsberechnung aus der Elastizitätslehre abgeleitet:

$$s = \frac{\sigma \cdot h}{E_s}$$

σ = Spannung im Boden in kN/m²
h = Schichtdicke in m
s = Setzung in m
E_s = Steifemodul in kN/m².

Die Anwendung dieser an sich einfachen Formel ist letzten Endes doch verhältnismäßig kompliziert, da zwei Faktoren (σ, E_s) mit der Spannungsverteilung veränderlich und in gewissem Maße unbestimmt sind. Im Drucksetzungsversuch (E_s) werden außerdem nur die Konsolidationssetzun-

gen erfaßt und dies bei verhinderter Seitenausdehnung gegenüber der nur behinderten Seitenausdehnung im Baugrund (s. Absch. 2.6.3). Die Setzungsberechnung ist deshalb nur eine Annäherung. Die obige Grundgleichung kann außerdem nur angewandt werden, wenn die Spannungen über eine bestimmte Schichtmächtigkeit einigermaßen gleich sind. Dazu wird die zu berücksichtigende Baugrundtiefe in Teilschichten unterteilt und der Setzungsanteil einer jeden Schicht ermittelt. Die **Grenztiefe** der Setzungsberechnung wird angenommen, wo die lotrechte Zusatzspannung 20 % der Eigenlastspannung beträgt. Bei Einzel- und Streifenfundamenten ist dies gewöhnlich eine Tiefe von z = b bis z = 2 b.

5.6.2 Setzungsberechnung bei gleichmäßiger Sohlspannungsverteilung

Für Setzungsberechnungen gelten DIN 4019 bzw. DIN V 4019–100 (1996). Außerdem liegt eine Empfehlung „Verformungen des Baugrundes bei baulichen Anlagen" (SCHMIDT 1993) vor.

Die **Setzungsberechnung** wird normalerweise in Tabellenform durchgeführt. Die in Tabelle 5.4 dargestellt Form gilt für einfache Fälle, wobei die Setzungsanteile einer jeden Schicht zur besseren Überschaubarkeit direkt ermittelt werden, und nicht über den Flächeninhalt der wirksamen Spannungen bzw. den der spezifischen Setzung s' (DIN 4019, T 1).

Tabelle 5.4 Schema einer tabellarischen Setzungsberechnung mit Berücksichtigung der wirksamen Bodenspannung in den einzelnen Teilschichten.

	(1)			(2)			(3)			(4)
Teil-schicht	Tiefe d unter Gelände	Tiefe z unter Funda-ment	Dicke h der Teil-schicht	wirksame Boden-spannung unter dem Bauwerk $i \cdot \sigma_1$			Überlagerungs-spannung (ohne Bauwerk)	Gesamt-spannung	E_s	anteilige Setzung
				$\dfrac{z}{b}$	i	$i \cdot \sigma_1$	$\sigma_{\ddot{u}} = \gamma \cdot (d + z)$	$\sigma_{\ddot{u}} + i \cdot \sigma_1$		$s = \dfrac{\sigma_z \cdot h}{E_s}$
	m	m	m	–	–	kN/m²	kN/m²	kN/m²	kN/m²	m
0	−2,50	0	0	0	1,00	250	50		–	–
1	−4,20	0,85	1,70	0,34	0,52	130 +	67 =	197	12 000	0,0184
2	−5,80	2,50	1,60	1,00	0,235	58,7 +	100 =	158,7	12 000	0,0078

Rechnerische Gesamtsetzung cal s = 0,0262

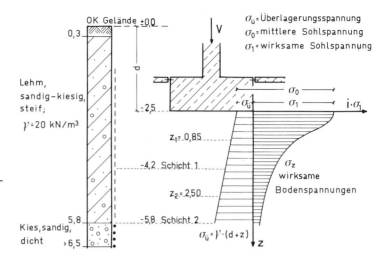

Abb. 5.16 Schema der Setzungsberechnung für ein quadratisches Einzelfundament (a = b = 2,5 m) gemäß Tabelle 5.3 (Sohlspannung $\sigma_0 = 300$ kN/m², wirksame Sohlspannung $\sigma_0 - \gamma \cdot d$).

Der Baugrund wird gemäß Abb. 5.16 bis zu einer nur noch wenig setzungsfähigen Schicht bzw. bis zur Grenztiefe der Spannungsabnahme ($i \cdot \sigma_1 = 0{,}2\sigma_{\ddot{u}}$) in Teilschichten, entweder nach der natürlichen Bodenschichtung oder in Schichten, in denen die Spannungslinien einigermaßen stetig verlaufen, zerlegt. Der zweite Schritt ist die Ermittlung der Spannungsabnahme $i \cdot \sigma_1$ für die Schichtmitte einer jeden Teilschicht mit Hilfe der Einflußwerte. i. Die Aushubentlastung $\gamma \cdot d$ wird bei erstbelasteten Böden von der mittleren Sohlsspannung abgezogen ($\sigma_1 = \sigma_0 - \gamma \cdot d$). Bei überbelasteten Böden sollen die Spannungen aus Bauwerkslast nicht um die Aushubenlastung vermindert werden (SCHMIDT 1993:36). Aus $i \cdot \sigma_1$ wird dann der Setzungsanteil jeder Teilschicht errechnet, wobei der Steifemodul für den jeweiligen Lastbereich $i \cdot \sigma_1 + \gamma \cdot (d + z)$ eingesetzt wird. Durch Aufsummieren der Setzungen aller Teilschichten der zusammendrückbaren Schicht bzw. bis zur Grenztiefe ergibt sich die rechnerische Konsolidationssetzung cal s.

Eine mögliche **Spannungsüberlagerung** aus Nachbarfundamenten wird in einer zusätzlichen Spalte berücksichtigt und zur wirksamen addiert. Die Zusatzspannungen von benachbarten Lastflächen können entweder mit Hilfe der Einflußkreise von BOUSSINESQ oder des Newmarkschen Kreisringverfahrens (SCHMIDT 1993:74 u. 122) ermittelt werden.

5.6.3 Setzungsberechnung bei trapez- oder dreieckförmiger Sohlspannungsverteilung

Für Setzungsberechnungen bei schräg und bei außermittig wirkender Belastung (Verkantung) gilt DIN 4019, T2

Eine schräge oder außermittige Belastung ergibt in der Sohlfuge eine (näherungsweise geradlinig angenommene) trapez- oder dreieckförmige Sohlspannungsverteilung (Abb. 5.4 und 5.5). Für einfache Fälle genügt es, die Setzungen an den beiden Randpunkten für die Spannungen σ_1 und σ_2 zu berechnen.

Bei genaueren Berechnungen werden die trapezförmigen Sohlspannungsfiguren in rechteckige und dreieckige Flächenlasten zerlegt. Erstere werden nach Abschn. 5.6.2 behandelt. Die lotrechten Druckspannungen der dreieckförmigen Lastanteile werden nach Einflußwerte-Tabellen von JELINEK (SCHMIDT 1993: 76 u. 77) berechnet. Je nachdem, ob der Berechnungspunkt an der kurzen oder längeren Seite des Dreiecks oder an seiner Spitze liegt, gelten verschiedene Tafeln. Da die Tafeln von JELINEK nur für Eckpunkte von Lastflächen gelten, sind je nach Berechnungspunkt mehrfache Aufteilungen nötig.

Einzelheiten über die verschiedenen Möglichkeiten einer Setzungsberechnung mit Beispielen und den erforderlichen Tafeln (s. SCHMIDT 1993).

5.6.4 Ermittlung der Baugrundhebungen infolge Aushubentlastung

Bei flächiger Entlastung infolge Baugrubenaushub treten nicht nur bei bindigen Böden Hebungen auf, die über die eingetretenen Spannungsänderungen wie bei einer Setzungsberechnung erfaßt werden können. Für die Mitte der Baugrube ist eine Aufteilung des Grundrißes in 4 Teilflächen erforderlich und eine Addition der Spannungen aus dem Lastausbreitungsbeiwert nach STEINBRENNER (s. Abschn. 5.6.2). Die Aushubentlastung ist $\sigma_v = \gamma \cdot H$, bzw. für die Schichtmitte z dann $\sigma_{vz} = i \cdot \sigma_v$. Der Setzungsanteil einer Teilschicht ist dann

$$s_{vz} = \frac{4 \cdot \sigma_{vz} \cdot h}{E_e}$$

Anstelle des Steifemoduls E_S wird der Schwellmodul E_e aus dem Entlastungsart der Kurven des Kompressionsversuches verwendet (s. Abschn. 2.6.3).

Der Vorgang der Hebung ist zeitabhängig, so daß er häufig noch nicht abgeschlossen ist, wenn die Aushubentlastung von den Bauwerkslasten erreicht oder überschritten wird (Abb. 5.17). Bei bleibender oder längerdauernder Entlastung des Untergrundes können merkbare Hebungen auftreten (s. a. Abschn. 10). Über Ausführungsbeispiele berichten NENZA & KLEIN (1974); BRETH & STROH 1976; SOMMER 1978 und Abb. 5.18).

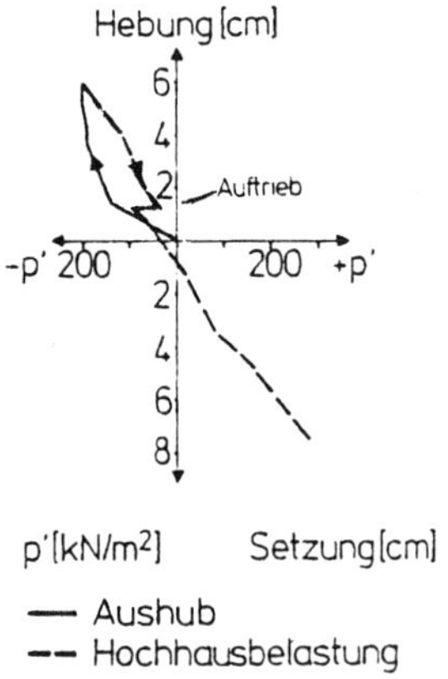

5.6.5 Genauigkeit der Setzungsberechnung

Die beschriebenen Verfahren und auch DIN 4019 bzw. DIN V 4019 – 100 gelten zur Berechnung der lotrechten Zusammendrückung des Baugrundes für die Grenzfälle schlaffe oder starre Lastflächen. Schlaffe Lastflächen können jedoch genau genommen nur für Erdbauwerke (Dammschüttungen, Entlastung der Gründungssohle durch Erdaushub), evtl. noch bei flächigen Stapelgütern angenommen werden. Bauwerke haben immer eine gewisse Eigensteifigkeit, wodurch sich die rechnerischen Setzungen und auch die Setzungsunterschiede verringern. Die Berechnung von starren Gründungskörpern nach KANY gilt andererseits nur für den

Abb. 5.17 Entlastungshebung und Lastsetzungsdiagramm eines Hochhauses in Frankfurt a. M. Baugrubentiefe 12.5 m. Gesamtsetzung des Gebäudes 20 bis 25 cm (aus SOMMER 1978).

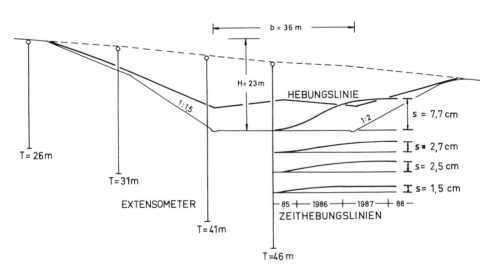

Abb. 5.18 Untergrundhebungen in einem Einschnitt in einer Sandstein-Tonstein-Wechselfolge des Mittleren Buntsandstein (nach TRISCHLER & DÜRRWANG 1989).

kennzeichnenden Punkt. Beliebige Punkte eines Gründungskörpers und Eckpunkte von Lastflächen für die Überlagerung von Spannungen müssen nach STEINBRENNER berechnet werden. In grober Annäherung kann dabei als Setzung einer starren Lastfläche der 0,75fache Wert der Setzung des Flächenmittelpunktes eines schlaffen Gründungskörpers angesetzt werden (vgl. Abb. 5.19).

Bei der Ermittlung der Setzungen und Setzungsunterschiede eines Gebäudes ist der Einfluß der Nachbarfundamente zu berücksichtigen. Die Spannungsüberlagerung führt fast immer zu größeren Setzungen in der gemeinsamen Bauwerksmitte und zur Ausbildung einer sogenannten Setzungsmulde (Abb. 5.20).

Setzungsberechnungen stellen zunächst immer nur eine (grobe) Annäherung dar, was in der Ungenauigkeit der Steifemodulermittlung, der Spannungsverteilung, der Erfassung der tatsächlich wirkenden Lasten, der Berücksichtigung der Eigensteifigkeit des Bauwerks und in nicht erfaßbaren Unregelmäßigkeiten des Baugrundes begründet ist. Im Vergleich zu Setzungsmessungen liegen die rechnerischen Setzungen deshalb oft 40% bis 60% über den tatsächlich auftretenden Setzungen (s. auch SCHULTZE 1980: 430). Dies ist besonders bei rolligen Böden, bei Schluffen (z.B. Lößböden) und bei überverdichteten Tonen (z.B. Tertiärtonen, Geschiebemergel – STEINFELD 1968) der Fall. Hierbei hilft man sich seit langem mit der Anpassung der Kennwerte an die Setzungsbeobachtung. Bei jungen, nicht überverdichteten Böden (z.B. Auelehm) hingegen stimmen Setzungsberechnungen meist recht gut. Die DIN 4019, T 1, berücksichtigt diese Erfahrung durch einen Korrekturbeiwert $\varkappa$

$(s = \varkappa \cdot cal\ s)$.

Wenn möglich, sind für Setzungsermittlungen Zusammendrückungsmoduln (E_m) aus Setzungsbeobachtungen bei vergleichbaren Fällen zu verwenden. Derartige Auswertungen haben gezeigt, daß z.B. der Zusammendrückungsmodul mit wachsender Grundfläche zunimmt (SCHMIDT 1993).

Bei großen Lastflächen bzw. Lasten und tiefen Baugruben, bei denen mit merkbaren Entlastungshebungen zu rechnen ist, stellen die Rückverformungen bei Wiederbelastung einen erheblichen Anteil der Gesamtsetzungen dar, was bei der Setzungsabschätzung berücksichtigt werden muß (s. d. Abb. 5.17).

Außerdem müssen bei großen Lastflächen **Seichtsetzungen und Tiefsetzungen** unterschieden werden. In den gründungsnahen Schichten können

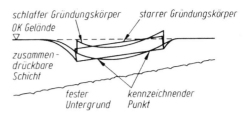

Abb. 5.19 Unterschiedliches Setzungsverhalten einer starren und einer schlaffen Last bei veränderlicher Dicke der zusammendrückbaren Schicht (aus SCHMIDT 1993).

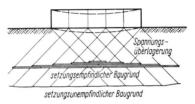

Abb. 5.20 Ausbildung einer Setzungsmulde (aus SCHULZE & SIMMER 1974).

30% bis 50% und aus dem tieferen Untergrund (Tiefensetzungen) 20% bis 30% der mittleren Gesamtsetzung als Setzungsunterschiede auftreten. Gelegentlich findet man daher Setzungsangaben mit Einschränkungen von ± 30%. Besser ist dann eine Trennung in wahrscheinliche und mögliche Setzungen bzw. Setzungsunterschiede, wie sie DIN 1072 vorsieht.

5.6.6 Zeitlicher Verlauf der Setzungen

Bei einfach verdichtetem bindigem Boden kann der Setzungsablauf überschlägig aus den Zeitsetzungslinien des KD-Versuchs abgeleitet werden, wozu die Zeitsetzung der für die Schichtmitte geltenden Laststufe ausgewertet werden muß. Bei gleichen Entwässerungsbedingungen (d.h. Abfluß des Porenwassers nach oben und unten) und nicht zu großen Schichtmächtigkeiten ist dann

$$t_2 = t_1 \frac{h_2^2}{h_1^2} \qquad (in\ s)$$

t_1 = Setzungszeit im KD-Versuch
t_2 = Setzungsdauer
h_1 = Probenhöhe im KD-Versuch
h_2 = Mächtigkeit der zusammendrückbaren Schicht.

Kann das Porenwasser nur nach einer Seite entweichen, so ist für h_2 die doppelte Mächtigkeit einzusetzen.

Die Erfahrungen mit dieser Formel sind jedoch sehr unterschiedlich und vielfach schlecht (SMOLTCZYK & GUSSMANN 1980). Die Entwässerungsmöglichkeiten im Boden scheinen aufgrund feinster Wasserwegsamkeiten in vielen Fällen weitaus günstiger zu sein, als in die Berechnung eingeht. Außerdem scheinen Aushubentlastung und Rückverformung unter Belastung schneller abzulaufen als echte Konsolidationssetzungen (s.d. Abschn. 2.6.2). Angaben über Zeitsetzungen sollten daher nach Möglichkeit ebenfalls anhand von Erfahrungswerten aus Setzungsbeobachtungen bei vergleichbarem Untergrund gemacht werden (s. Abschn. 6.1).

Bei nichtbindigen Böden treten in der Regel 85 % der Gesamtsetzung bis Baufertigstellung auf. Bei überkonsolidierten steifen bis halbfesten bindigen Böden sind dies 70 bis 85 % (s. a. DIN V 1054 – 100, Abschn. 15).

5.6.7 Setzungsbeobachtungen

Setzungsbeobachtungen sind eine wichtige Kontrolle der gesamten Gründungsberatung. Die Vorbereitung und Durchführung der Messungen sowie die erforderliche Genauigkeit sind bei SCHMIDT (1993) ausführlich beschrieben.

Durch die Setzungsmessung sollen Größe und zeitlicher Verlauf der Setzungen von Gebäuden und ggf. deren Umgebung in mehreren Messungen ermittelt werden. Wichtig ist die Erfassung der Anfangssetzungen. Die Nullmessung muß daher möglichst frühzeitig, bereits an den Fundamenten, zumindest aber am Kellergeschoß vorgenommen werden. Wiederholungsmessungen müssen nach jeder größeren Laststeigerung, mindestens aber bei 25 %, 50 %, 75 % und 100 % der Bauwerkslasten erfolgen. Die Fortführung der Messungen über 1 bis 3 Jahre nach Inbetriebnahme des Gebäudes ist in vielen Fällen zu empfehlen. Bei jeder Messung ist die zugehörige Belastung festzuhalten.

Bei der Auswahl der Meßpunkte (Höhenbolzen) müssen Grundrißform, Steifigkeit des Bauwerks, Verteilung der Lasten, Baugrundverhältnisse, Gründungsart und die Zugänglichkeit der Punkte zum Aufstellen der Meßlatte berücksichtigt werden. Erfaßt werden müssen entweder die gesamte Fläche oder zumindest bestimmte Achsen (Setzungsmulde).

Die Auswertung erfolgt gewöhnlich als Doppeldiagramm, und zwar durch Auftragung von Zeit-Setzungs- und Zeit-Belastungslinien der einzelnen Meßpunkte. Dazu gehört immer ein Lageplan mit Meßpunkten. Eine andere Art der Darstellung sind Linien gleicher Setzung für den gesamten Gebäudegrundriß (DIN 4107).

5.7 Erddruck

Als Erddruck wird die seitliche Druckwirkung des Erdreichs infolge seiner Eigenlast und möglichen Auflasten auf ± vertikal stehende Grenzflächen Bauwerk/Erdreich bezeichnet (Abb. 5.25). Solche Druckwirkungen treten auf bei Stützbauwerken, Baugrubenwänden, Widerlagerwänden und als Seitendruck in Silos. Größe, Richtung und Verteilung des Erddrucks hängen ab von den Bodenkenngrößen, der Geometrie der Stützwand, von der Nachgiebigkeit der Stützwand bzw. der Verankerung sowie vom Bauzustand. Bei hinterfüllten Stützkonstruktionen ist gegebenenfalls der Verdichtungsdruck anzusetzen.

Für Erddruckberechnungen gilt DIN 4085, Berechnung des Erddrucks (1987) mit Beiblatt 1 und 2 bzw. DIN V 4085 – 100.

5.7.1 Erddruckarten

Bewegt sich eine Wand vom Erdreich weg (Abb. 5.21) und bildet sich hinter der Wand eine Bruchfläche aus, so verringert sich der Druck auf die Wand und erreicht bei einem bestimmten Bewegungsmaß ein Minimum = aktiver Erddruck (E_a).

Wird die Wand gegen das Erdreich bewegt, so steigert sich der Druck bis zu einem Höchstwert (E_p), dem passiven Erddruck, dessen Entwicklung von der Lagerungsdichte bzw. Konsistenz des Bodens abhängig ist (DIN V 4085 – 100).

Der Erddruck auf die nicht bewegte Wand wird als Erdruhedruck (E_0) bezeichnet.

Der Ansatz des aktiven Erddrucks erfordert bei mitteldicht bis dicht gelagerten nichtbindigen und steifen bis halbfesten bindigen Böden bei einer Drehung um den Fußpunkt (Abb. 5.21) ein Bewegungsmaß von 1/500 der Wandhöhe h und bei einer Drehung um den Kopfpunkt 1/1000 h. Bei einer Parallelverschiebung genügt ein Verschiebungsweg von 1/2000 h (DIN 4085, 1987).

Die zum Auslösen des passiven Erddruckes (Erdwiderstand) erforderlichen Wandbewegungen sind wesentlich größer. Sie betragen nach DIN 4085, Beiblatt 1, für 50 %ige Bruchlast 0,5 – 2,5 % der Wandhöhe h.

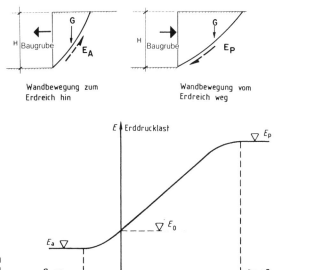

Abb. 5.21 Zusammenhang zwischen Erddruck (E_a, E_c, E_p), Erddrucklast und Wandbewebung.

Auch eine Bemessung auf Erdruhedruck schließt gewisse Wandbewegungen nicht aus. Selbst bei als starr angesehenen Konstruktionen und Gründungen ist mit Bewegungen in der Größenordnung von 1/10 000 bis 1/30 000 der Wandhöhe h zu rechnen.

5.7.2 Wahl des Erddruckansatzes

Ausführliche Hinweise, welcher Erddruck für die Bemessung eines Bauwerkes zugrundezulegen ist, enthält das Beiblatt zur DIN 4085. Abb. 5.22 zeigt Bauwerke, die in der Regel für aktiven Erddruck bemessen werden.

Bei Bauwerken in offener Baugrube mit Arbeitsraum sind die Voraussetzungen für das Auftreten des **aktiven Erddrucks** streng genommen nur gegeben, wenn bei der Hinterfüllung kein Verdichtungsdruck auftritt oder dieser durch nachfolgende Bewegungen des Bauwerkes oder andere Bauvorgänge (Ziehen von Bohlträgern o. ä.) wieder abgebaut wird. Dies bedeutet, daß bei normalen Kellerwänden die Verfüllung des Arbeitsraumes nur bis zu mitteldichter Lagerung verdichtet werden darf (DIN 1055, 9.1, Erl.). Dieser Beschränkung widerspricht die in Ausschreibungen häufig anzutreffende Forderung nach möglichst setzungsarmer Verdichtung des Verfüllmaterials, denn bei mitteldichter Lagerung sind in der Regel noch nachträgliche Setzungen der Verfüllung im Zentimeterbereich zu erwarten, die über Monate anhalten können und

deren Höchstmaß oft erst nach dem ersten Winter auftritt (s. auch Abschn. 12.2.4 und 14.2).

Reichen die zu erwartenden Bewegungen einer Wand voraussichtlich nicht aus, um den Grenzzustand des aktiven Erddrucks auszulösen, oder werden sie bewußt eingeschränkt, so ist zur Bemessung der Wand ein **erhöhter Erddruck** (i. S. DIN

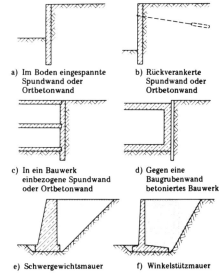

a) Im Boden eingespannte Spundwand oder Ortbetonwand

b) Rückverankerte Spundwand oder Ortbetonwand

c) In ein Bauwerk einbezogene Spundwand oder Ortbetonwand

d) Gegen eine Baugrubenwand betoniertes Bauwerk

e) Schwergewichtsmauer

f) Winkelstützmauer

Abb. 5.22 In der Regel für aktiven Erddruck zu bemessende Bauwerke (aus DIN 1055, T 2).

1055 und DIN 4085) anzusetzen (Abb. 5.23). Dies ist auch der Fall, wenn mit einer Bewegung der Wand nachteilige Folgen für die Nachbarschaft verbunden sind.

Der **Erdruhedruck** (Abb. 5.24) ist bei sehr biegesteifen Bauwerken anzusetzen, deren Verbindung mit dem Untergrund oder dem Gesamtbauwerk so stark ist, daß keine merkbare Bewegung in Erddruckrichtung auftreten kann.

Einige detaillierte Beispiele für Bauwerke, die in der Regel auf Erdruhedruck zu bemessen sind, bringt FLOSS (1979: 292). Der Erdruhedruck ist auch anzusetzen, wenn starre und unverschiebliche Bauteile unter guter Verdichtung hinterfüllt werden. Bei sehr starker Verdichtung kann der **Verdichtungsdruck** sogar den Erdruhedruck übersteigen (GRASSHOFF, SIEDEK & FLOSS 1979: 146; GUDEHUS 1980: 340).

Erfolgt die Verfüllung in einem schmalen Baugrubenschlitz in standsicherem Boden, der schmaler ist als der rechnerische Erddruckkeil (s. Abschn. 5.7.4), so kann sich der Erddruck nicht voll ausbilden, und es kann mit dem sog. **Silodruck** gerechnet werden, der ab einer gewissen Tiefe geringer ist als der aktive Erddruck.

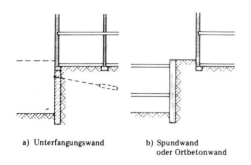

a) Unterfangungswand   b) Spundwand
                          oder Ortbetonwand

Abb. 5.23 In der Regel für erhöhten Erddruck zu bemessende Bauwerke (aus DIN 1055, T 2).

5.7.3 Bodenkennwerte für Erddruckberechnungen

Vom Ingenieurgeologen sind die Bodenkennwerte festzulegen sowie Hinweise auf mögliche Wandbewegungen zu geben. Den Erddruck beeinflussen:

- Art und Abmessungen der Konstruktion, Auflasten
- Wichte über Wasser bzw. unter Wasser (in kN/m³)
- Scherparameter (φ in °, c in kN/m²)
- Wandreibungswinkel δ (in °)
- Wasserstände vor und hinter dem Bauwerk

Bei der Festlegung der Bodenkennwerte sind folgende Zusammenhänge zu beachten:

Eine höhere **Wichte** γ vergrößert den aktiven und den passiven Erddruck.

Ein größerer **Reibungswinkel** φ und eine größere Kohäsion c vermindern den aktiven und vergrößern den passiven Erddruck. Die **Kohäsion** c kann bei einfachen Fällen (Überschlagrechnungen) vernachlässigt werden, was eine Vergrößerung des aktiven Erddrucks und eine Verringerung des Erdwiderstandes bedeutet. Die Ergebnisse liegen somit auf der sicheren Seite. Bei Böden mit verschiedenen Scherfestigkeiten sind die ungünstigeren Werte anzusetzen. Desgleichen sind Schicht- und sonstige Trennflächen, die als Gleitflächen wirken können, durch eine Herabsetzung der Scherfestigkeitswerte zu berücksichtigen. Bei der Möglichkeit des Auftretens von Porenwasserüberdruck ist die Berechnung sowohl mit der Anfangsfestigkeit im unkonsolidierten Zustand (φ_u, c_u) als auch mit der Endfestigkeit im konsolidierten Zustand (φ', c') durchzuführen. Kohäsion darf nur angesetzt werden, wenn der Boden mindestens steife Konsistenz hat und wenn gewährleistet ist, daß sich diese Zustandsform nicht ungünstig verändern kann.

Der **Wandreibungswinkel** δ ist der Winkel zwischen der angreifenden Erddrucklast und der Flächennormalen auf die belastete Bauwerksfläche. Er ist abhängig von der Bruchfigur, der Rauhigkeit

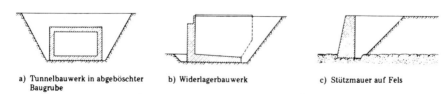

a) Tunnelbauwerk in abgeböschter   b) Widerlagerbauwerk   c) Stützmauer auf Fels
   Baugrube

Abb. 5.24   In der Regel für Erdruhedruck zu bemessende Bauwerke (aus DIN 1055, T 2).

Tabelle 5.5 Wandreibungswinkel δ nach DIN 4085–100.

Wandbeschaffenheit	ebene Gleitfläche	gekrümmte Gleitfläche
verzahnt	$\delta = \dfrac{2}{3}\,\mathrm{cal}\,\varphi'$	$\delta \le \mathrm{cal}\,\varphi'$
rauh	$\delta = \dfrac{2}{3}\,\mathrm{cal}\,\varphi'$	$30 \ge \delta \le \mathrm{cal}\,\varphi' - 2{,}5°$
weniger rauh	$\delta = \dfrac{1}{3}\,\mathrm{cal}\,\varphi'$	$\delta = \dfrac{1}{3}\,\mathrm{cal}\,\varphi'$
glatt (Anstriche)	$\delta = 0$	$\delta = 0$

der Wand, dem Hinterfüllungsmaterial und möglichen Bewegungen (Setzungen) der Wand (Tab. 5.5). Der Bemessungswert für den Wandreibungswinkel beträgt gemäß Tab. 5.1

$$\tan \delta_d = \tan \delta_k / \gamma_\varphi$$

5.7.4 Ermittlung des Erddruckes in einfachen Fällen

Die Berechnung des Erddruckes erfolgt unter der Voraussetzung einer Bewegung der Wand und der Ausbildung einer Bruchfläche. Voraussetzungen für den einfachen Fall sind:

- die Bruchfläche ist eben
- die Rückseite der Wand ist lotgerecht
- die Erdoberfläche ist waagerecht
- der Wandreibungswinkel $\delta = 0$.

Der **Bruchwinkel** ϑ (und zwar ϑ_a für E_a, ϑ_p für E_p) ist abhängig von der Scherfestigkeit des Bodens sowie der Geometrie der Wandflächen und des Geländes. Für den einfachen Fall gemäß Abb. 5.25 gilt

$$\vartheta_a = 45 + \varphi/2 \qquad \vartheta_p = 45 - \varphi/2.$$

Der Bruchwinkel ϑ ist bei Hinterfüllungen entscheidend für den Ansatz der maßgebenden Scherparameter (anstehender Baugrund oder Verfüllmaterial).

Die Größe des Erddrucks hängt ab von der Eigenlast des Bruchkörpers G (+ Auflasten) sowie der Scherfestigkeit (φ, c) auf der Bruchfläche. Als zusätzliche Last kann Wasserdruck auftreten.

Die **Grundformel der Erddrucktheorie** für Böden ohne Kohäsion lautet

$$E_a = \gamma \cdot \frac{h^2}{2} \cdot K_a$$

(K_a = Beiwert des aktiven Erddrucks)

$$E_p = \gamma \cdot \frac{h^2}{2} \cdot K_p$$

(K_p = Beiwert des passiven Erddrucks)

$$E_0 = \gamma \cdot \frac{h^2}{2} \cdot K_0$$

(K_0 = Beiwert des Erdruhedrucks).

Die **Erddruckbeiwerte K** werden Tabellen oder Diagrammen entnommen. Eine vereinfachte Darstellung gibt Tabelle 5.6. Der Erddruck ist nur bei einem Wandreibungswinkel $\delta = 0$ waagerecht, sonst schräg nach unten (E_a) bzw. schräg nach oben (E_p) gerichtet. Entscheidend für die Erddruckwirkung ist in beiden Fällen die Horizontalkomponente, weshalb in den meisten Tabellen der Erddruckbeiwert (K_{ah}, K_{ph}) für die Horizontalkomponente des aktiven bzw. passiven Erddrucks angegeben ist. Der sog. **Mindesterddruck für Fels** von $K_a = 0{,}15$ entspricht einem Reibungswinkel von $> 45°$ und stellt somit einen echten Mindestwert dar. Eine ausführliche Zusammenstellung zahlreicher Tabellen und Diagramme bringen GRASSHOFF, SIEDEK & FLOSS (1979).

5.7.5 Erddruckverteilung

Die Verteilung des Erddrucks über die Wandhöhe ist im Idealfall dreiecksförmig, wobei die resultie-

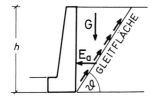

Abb. 5.25 Annahmen für den einfachen Erddruckfall.

Tabelle 5.6 Erddruckbeiwert K_a bzw. K_0 für den einfachen Erddruckfall (nach GRASSHOFF, SIEDEK & FLOSS 1979).

φ	K_a $\delta = 0°$	K_{ah} $\delta = + 2/3\,\varphi$	K_p $\delta = 0°$	K_{ph} $\delta = - 2/3\,\varphi$	K_0 $\delta = 0$
10°	0,70	0,65	1,42	1,61	0,83
12,5°	0,64	0,58	1,55	1,83	0,78
15°	0,59	0,52	1,70	2,12	0,74
17,5°	0,54	0,47	1,86	2,41	0,70
20°	0,49	0,43	2,04	2,79	0,66
22,5°	0,45	0,38	2,24	3,30	0,62
25°	0,41	0,35	2,46	3,89	0,58
27,5°	0,37	0,31	2,72	4,65	0,54
30°	0,33	0,28	3,00	5,74	0,50
32,5°	0,30	0,25	3,32	7,10	0,46
35°	0,27	0,22	3,69	9,23	0,43
37,5°	0,24	0,20	4,11	12,07	0,39
40°	0,22	0,18	4,60	16,53	0,36
45°	0,17	0,14	5,83	39,93	0,29

rende Kraft im Schwerpunkt des Dreiecks (~ 0,33 h) angreift.

Dies gilt streng genommen nur für eine Drehung der Wand um den Fußpunkt. In allen anderen Fällen stimmt zwar die Größenordnung des Erddrucks, es liegt aber keine geradlinige Verteilung mehr vor, sondern es treten Erddruckumlagerungen auf. Gleiches gilt, wie Messungen an verschiedenen Verbauarten ergeben haben, für verformbare, abgesteifte oder verankerte Baugrubenwände.

Die sich aus der Verteilung ergebenden horizontalen Erddruckkordinaten werden mit e bezeichnet.

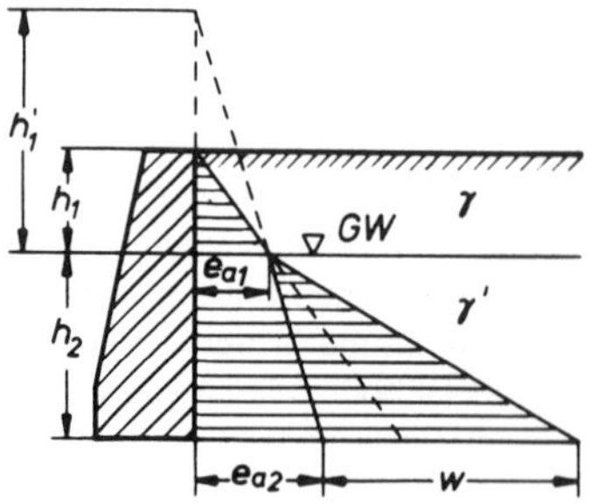

Abb. 5.26 Erddruck- und Wasserdruckverteilung bei Auftreten von Grundwasser hinter dem Stützbauwerk (aus GRASSHOFF, SIEDEK & FLOSS 1979).

Die jeweilige Basisordinate des Erddrucks bei dreieckförmiger Verteilung beträgt:

$$e_{ah} = \gamma \cdot h \cdot K_{ah} \quad e_{ph} = \gamma \cdot h \cdot K_{ph}.$$

Bei geschichtetem Untergrund mit stark unterschiedlichen Bodenkenngrößen (φ, γ) treten abgewinkelte Lastfiguren auf. Die Erddruckverteilung ändert sich an den Schichtgrenzen sprunghaft.

Ein Grundwasserstand hinter einem Stützbauwerk vermindert zunächst den eigentlichen Erddruck, da die Gewichtskräfte unter Auftrieb geringer sind. Es kommt jedoch der hydrostatische Wasserdruck w hinzu (Abb. 5.26).

$$h_l' = h_l \cdot \frac{\gamma}{\gamma'}$$

$$e_{ah_1} = \gamma \cdot K_{ah} = \gamma' \cdot h_l' \cdot K_{ah}$$

$$e_{ah_2} = \gamma' \cdot (h_l' + h_2) \cdot K_{ah}$$

$$w = \gamma_w \cdot h_2$$

γ = Wichte des Bodens oberhalb des Grundwasserspiegels (kN/m^3)

γ' = Wichte des Bodens unterhalb des Grundwasserspiegels (kN/m^3)

γ_w = Wichte des Wassers.

5.8 Standsicherheits-berechnungen bei Böschungen

Die nachstehend beschriebenen, einfachen Berechnungsverfahren basieren auf der sogenannten Bruchtheorie, d. h., es werden immer Bruchflächen im Grenzgleichgewichtszustand angenommen. Die Ermittlung der Lage und der Ausbildung der Gleitflächen ist in den Abschn. 15.2.5 und 15.3 beschrieben.

Für die Standsicherheitsnachweise bei Böschungen gelten DIN 4084 bzw. DIN 4084 – 100, Böschungs- und Geländebruchberechnungen (1994). Die Standsicherheitsnachweise (GZ 1 C) werden in der Regel der Geotechnischen Kategorie GK 3 nach DIN V 1054 – 100 zugeordnet, bes. wenn die in Abschn. 4 aufgeführten baugrundspezifischen Kriterien zutreffen.

Als **Sicherheitsbeiwerte** gelten entweder die globalen Werte von DIN 4084, T 2 (1981) oder die Teilsicherheitsbeiwerte der DIN V 1054 – 100 (1996), s. Abschn. 5.1.

Nach DIN 4084 ist der Sicherheitsbeiwert definiert als das Verhältnis der Momente aus den mobilisierten rückhaltenden Kräften (in Form von Reibungs- und Kohäsionskräften) zu den Momenten aus den abschiebenden Kräften (Eigengewicht, Oberflächenlasten, Strömungskräften und anderen Belastungen)

$$F \text{ bzw. } \eta = \frac{\text{Summe der rückhaltenden Momente}}{\text{Summe der abschiebenden Momente}}$$

beziehungsweise (besser) durch die FELLENIUS-Regel nach welcher sich die Sicherheit als das Verhältnis der vorhandenen zu den tatsächlich mobilisierten Scherparametern ergibt

$$\eta_\varphi = \frac{\tan \varphi_{vorh}}{\tan \varphi_{erf}} \qquad \eta_c = \frac{c_{vorh}}{c_{erf}}$$

Die unterschiedliche Abminderung der Reibung und der Kohäsion nach Tab. 5.7 war gleichzeitig ein erster Schritt in Richtung der Teil- oder Partialsicherheiten.

Der **Bemessungswert** nach DIN V 1054 – 100 wird nach dem Ansatz $\tan \varphi_d = \tan \varphi_k / \gamma_\varphi$ ermittelt, wobei φ_k = charakteristischer Wert für den Reibungswinkel und γ_φ der Teilsicherheitsbeiwert für den Reibungsbeiwert ist:

$\gamma_\varphi = 1{,}25$ bis $1{,}1$; $\gamma_c = 1{,}6$ bis $1{,}4$ s. Tab. 5.1.

Der Bemessungswert für die undrainierte Scherfestigkeit $c_u = c_{uk}/\gamma_{cu}$. Bei der Angabe des Scherwi-

Tabelle 5.7 Sicherheitsbeiwerte nach DIN 4084, T2, für die Lastfälle 1 bis 3 nach DIN 1054.
η = einheitliche Sicherheit für $\varphi + c$
η_r = Sicherheit für φ
η_c = Sicherheit für c, sofern > 20 kN/m²

| 1 | 2 | 3 | 4 |
Lastfall	η	η_r	η_r/η_c
1	1,4	1,3	
2	1,3	1,2	0,75
3	1,2	1,1	

derstandes von Fels dürfen die Bemessungswerte unmittelbar festgelegt werden, ohne Angabe eines charakteristischen Wertes und der Verwendung eines Teilsicherheitsbeiwertes (DIN V 1054 – 100).

Die über die Teilsicherheitsbeiwerte ermittelten Bemessungswerte (φ_d, c_d) stellen reine Rechengrößen dar. Das **tatsächliche Sicherheitsniveau** hängt sehr stark davon ab, wieweit die zugrundegelegten Versagensmechanismen der Wirklichkeit entsprechen. In Fällen mit bekanntem bruchmechanischem Modell (Gleitfläche) und Scherfestigkeitsdaten höherer Zuverlässigkeit (aus zutreffenden Rückrechnungen, speziellen Laborversuchen mit Material aus der Scherfläche bzw. dem Ansatz von Restscherfestigkeit, die sich auch bei Rückrechnungen häufig ergibt) oder bei Anwendung der Beobachtungsmethode nach DIN V 1054 – 100 können die Bemessungswerte unmittelbar festgelegt werden (s. d. auch GUDEHUS et al. 1985: 334; GUSSMANN 1987; GUDEHUS 1988; WITTKE et al. 1988).

Das gleiche gilt auch für gezielt angesetzte **Sanierungsmaßnahmen** (SOMMER 1978: 310; JAHNEL & KÖSTER 1993) und auch für die Beurteilung der Standsicherheit natürlicher Hänge. Hier kann es zweckmäßig sein, zwischen wahrscheinlichen und möglichen Versagensmechanismen zu unterscheiden, wobei für letztere eine Abminderung des tolerablen Sicherheitsniveaus bis auf F = 1,15 denkbar erscheint (s. Abschn. 15.4 und 15.5.5). Das verbleibende Risiko kann durch Messungen eingeengt werden. Im Entwurf der ÖNorm B 4040 ist die Abminderung der Sicherheitsbeiwerte gegen Böschungsbruch bis auf F = 1,15 bzw. 1,0 an Sicherheitsklassen gebunden, die von den möglichen Folgen bzw. der Gefährdung von Menschenleben abhängig sind (VOGLER 1990). Die Abminderung des Sicherheitsniveaus sollte jedoch nicht zu nahe an den Grenzwert herangehen, weil sich bei Annäherung an den Grenzzustand bereits erhebliche viskose, d. h. kriechende Schubverformungen einstellen können.

5.8.1 Standsicherheit bei ebener Gleitfläche

Der einfachste Mechanismus eines Böschungsbruches ist Gleiten auf ebener (vorgegebener) Fläche; er kann sowohl graphisch als auch rechnerisch behandelt werden (WITTKE et al. 1988: 126, ZIEGLER 1988).

Die **graphische Lösung** mit Hilfe eines Kraftecks ist in Abb. 5.27 dargestellt. Auf den Erdkörper über der Gleitschicht AB wirken als rutschungsauslösende Kräfte die Eigengewichtskraft G und die Auflast P. Hierbei ist angenommen, daß die Last P schnell aufgebracht wird, so daß sich ein Porenwasserdruck u aufbaut, der die Auflasten auf die Gleitfläche vermindert. Das Krafteck wird in einem bestimmten Kräftemaßstab aufgetragen, wobei N′ als Resultierende der Normalspannungen infolge G und P senkrecht auf die Gleitfläche gerichtet ist. In Richtung der Gleitfläche können die erforderliche Reibungskraft $R_e = N′ \cdot \tan \varphi$ und die für das Gleichgewicht erforderliche Kohäsionskraft $C = c \cdot 1$ (für $1 = AB$) abgegriffen werden.

Die Sicherheiten betragen bei dem lamellenfreien Verfahren nach DIN 4084

$\eta_r = 1{,}3 \quad \eta_r/\eta_c = 0{,}75 \quad (\eta_c = 1{,}7)$
bzw. $\gamma_\varphi = 1.25$ und $\gamma_c = 1.6$ (DIN V 1054 – 100).

Bei der **rechnerischen Lösung** wird (vereinfacht) die abschiebend wirkende Eigengewichtskraft G des Gleitkeils der rückhaltenden Reibungskraft auf der Gleitfläche gegenübergestellt, wobei auf vorgegebenen Trennflächen die Kohäsion ($c \cdot 1$) gege-

benenfalls zu vernachlässigen ist. Die Sicherheit gegen Gleiten ist dann:

$$\eta = \frac{G \cdot \cos \beta \cdot \tan \varphi + c \cdot 1}{G \cdot \sin \beta}$$

5.8.2 Standsicherheit bei gebrochener Gleitfläche

Eine aus einem ebenen und einem geraden oder gekrümmten (kreisförmigen) Teil zusammengesetzte Gleitfläche kann ebenfalls noch recht einfach graphisch behandelt werden (s. Abb. 5.28).

Gleichgewicht ($\eta = 1$) ist gegeben, wenn die abschiebende Erddruckkraft E_a aus dem Erdkeil BDF gleich der rückhaltenden Erdwiderstandskraft E_p des Erdkörpers ABD ist. Beide greifen im Drittelpunkt von BD an (vgl. Abschn. 5.6.4), wobei vereinfachend horizontale Erddruckrichtung angenommen wird.

E_a ergibt sich aus Eigenlast G_1 des Erdkörpers BDF und der Reibung entlang $\overline{BF}$:

- Annahme von BD und Kreismittelpunkt M mit Radius r für Kreisabschnitt BF (Teil der Bruchfläche)
- Hilfskreis $r \cdot \sin \varphi_1$
- Ermittlung von G_1 aus Dreieck BDF und γ
- Ermittlung der Schwerelinie von G_1 ($\approx \frac{1}{3}$ DF)
- Tangente durch Schnittpunkt von G_1 und E_a an den Kreis $r \cdot \sin \varphi_1$ ergibt Richtung von Q_1
- Ermittlung von E_a im Krafteck mit G_1 nach Größe und Richtung, Q_1 nach Richtung; Richtung E_a ist bekannt, Größe ergibt sich aus Kräftemaßstab

Die abschiebende Erddruckkraft E_a kann auch nach der Erddruckformel aus Abschn. 5.7.4 ermittelt werden, wobei der Mindesterddruckbeiwert für Fels $K_a = 0{,}15$ beträgt:

$$E_a = \gamma \cdot \frac{h^2}{2} \cdot K_a$$

E_p ist mit der wirksamen Normalkraft $N′_2$ in der Gleitfläche AB und den Scherparametern φ_2 und c_2 in der Gleitfläche bestimmt und wird ebenfalls über ein Krafteck ermittelt:

- Richtung von $N′_2$ ist senkrecht auf $\overline{AB}$
- Richtung von Q_2 ist um φ_2 von $N′_2$ abweichend
- Kohäsionskraft $C_2 = c \cdot \overline{AB}$
- Ermittlung von G_2 aus Dreieck ABD und γ
- Ermittlung von E_p im Krafteck mit G_2 nach Größe und Richtung, C_2 nach Größe und Richtung sowie Q_2 nach Richtung bekannt; von E_p Richtung bekannt, Größe ergibt sich aus Kräftemaßstab.

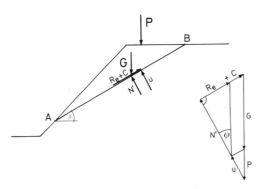

Abb. 5.27 Kräfteansatz und Krafteck für graphische Standsicherheitsberechnung bei ebener Gleitfläche (u = Porenwasserdruck).

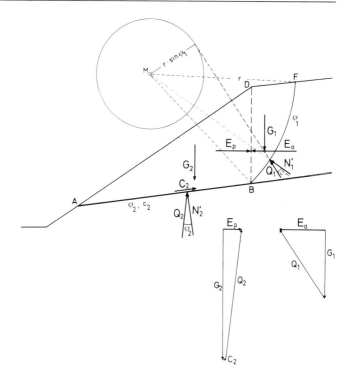

Abb. 5.28 Kräfteansatz für graphische Ermittlung der Standsicherheit bei gebrochener Gleitfläche mit je einem Krafteck für E_a und E_p.

Die Sicherheit kann vereinfacht aus dem Verhältnis

$$\eta = \frac{E_p}{E_a}$$

ermittelt werden und sollte bei Anwendung der Globalsicherheit mindestens $\eta = 1,4$ betragen. Die Untersuchung muß gegebenenfalls für verschiedene Lagen von BD wiederholt werden.

5.8.3 Standsicherheitsnachweis nach den Lamellenverfahren

Bei gekrümmten Gleitflächen werden die Gleitkörper in der Regel in eine Anzahl möglichst gleichbreiter senkrechter Lamellen aufgeteilt, um sowohl die Lasten als auch die Lastschwerpunkte leichter ermitteln zu können. Die Breite der Lamellen wird entweder nach $b = {}^1\!/_{10}$ r (r = Radius des mutmaßlichen Gleitkreises) oder nach den Schnittpunkten der Schichtgrenzen mit dem Gleitkreis festgelegt.

Bei im Profilschnitt **kreisförmigen Gleitflächen,** wie sie besonders bei einigermaßen homogenen bindigen Böden auftreten, stehen eine ganze Anzahl verschiedener Berechnungsverfahren zur Verfügung. Eine Übersicht über die verschiedenen

Geländebruchformeln bringt TÜRKE (1990, Kap. 11/8 u. folg.).

Zur Berechnung der Sicherheit wird das Moment der rückhaltenden Scherkräfte in der Gleitfläche, zerlegt in die Reibungskraft T und die Kohäsionskraft C, den abschiebenden Momenten G · x, summiert über alle Lamellen und bezogen auf den Gleitkreismittelpunkt, gegenübergestellt (Abb. 5.29):

$$\eta = \frac{\Sigma\,(T + C) \cdot r}{\Sigma\,G \cdot x}$$

Beim konventionellen **Gleitkreisverfahren nach KREY** (1926) werden für die einzelnen Streifen (Abb. 5.30) neben den Momenten G · x in dem Schnittpunkt der Schwerelinie des einzelnen Streifens mit dem Gleitkreis

- die Normalkraft N (durch Kreismittelpunkt) und
- die Reibungskraft Q als Tangente an den Hilfskreis r · sin φ ermittelt, wobei die Größe von Q aus dem Krafteck mit
- G nach Größe und Richtung,
- Q nach Richtung,
- ΔE nach Richtung (im einfachen Fall horizontal) bestimmt wird.
- Mit N und Q wird dann Teilreibungskraft T ermittelt (T ⊥ N).

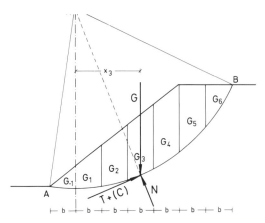

Abb. 5.29 Schema für die Ermittlung der Standsicherheit nach dem Gleitkreisverfahren (Lamellenverfahren).

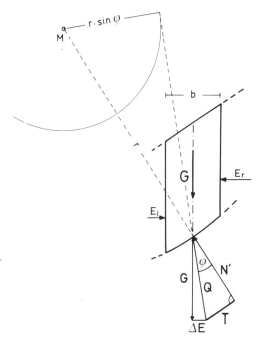

Abb. 5.30 Ansatz der Kräfte an einem einzelnen Streifen und Krafteck zur Ermittlung von Q.

● Sie ergibt zusammen mit der Kohäsionskraft $C = \overline{AB} \cdot c$ die Summe der rückhaltenden Kräfte $T + C$ (Abb. 5.30).

Sofern die Gleitfläche nicht bekannt (vorgegeben) ist, muß der ungünstigste Gleitkreis durch mehrmaliges Probieren gefunden werden.

Mit **numerischen Rechenmethoden** können mit verhältnismäßig geringem Aufwand sowohl belie-

big viele Gleitkreise und Gleitkreismittelpunkte gerechnet werden als auch Parameterstudien mit verschiedenen Bodenkennwerten oder Grundwasserständen vorgenommen werden.

Bei abgeflachten, hangparallelen, z. T. geometrisch unregelmäßig gestalteten Gleitflächen, wie sie besonders in inhomogen aufgebautem Untergrund mit wechselnden Festigkeiten auftreten, wird häufig das **Verfahren von Janbu** (1955), wie es auch in der DIN 4084 verankert ist, angewendet. Die Standsicherheit kann nach Schultze (1982: 276) auch wie folgt geschrieben werden:

$$\eta = \frac{\Sigma\, T_i}{\Sigma\, G \cdot \sin\vartheta + \Sigma\, M/r}$$

Hierbei ist $\Sigma\, M/r = V \cdot \sin\vartheta + H \cdot \cos\vartheta$, so daß der Radius des Gleitkreises aus der Gleichung entfällt. Der Tangentenwinkel ϑ, der beim Kreis gleich der Polarkoordinate ist, läßt sich für die einzelnen Lamellen an jeder beliebigen Kurve ablesen. T_i sind die für die einzelnen Lamellen anzusetzenden rückhaltenden Kräfte in der Gleitfläche. Die Berechnung kann nach DIN 4084, Beiblatt 2, tabellarisch bzw. mittels numerischer Rechenprogramme erfolgen (Abb. 5.31).

5.7.4 Starrkörpermethode mit ebenen Gleitflächen

Das Verfahren der zusammengesetzten, gegeneinander beweglichen starren Erdkörper nach Gudehus (1970) und Goldscheider & Gudehus (1974) erlaubt ebenfalls fast beliebige geometrische Figuren und damit eine gute Anpassung an geschichteten und geklüfteten Untergrund, sowie an die häufig zu beobachtenden Bewegungsbilder von partiellen Parallelverschiebungen (Abb. 5.32).

Der kinematische Standsicherheitsnachweis mit beweglichen Bruchmechanismen aus mehreren starren Körpern längs ebener Gleitflächen kann ebenfalls graphisch mittels Krafteck vorgenommen werden (Goldscheider 1979: 135). Bei Bruchmechanismen mit Starrkörperdrehungen und kreisförmigen Gleitflächen ist das Momentengleichgewicht herzustellen (Goldscheider & Gudehus 1974). Beide Nachweise können mit Rechenprogrammen durchgeführt werden (Gudehus, Goldscheider & Lippomann 1985: 329).

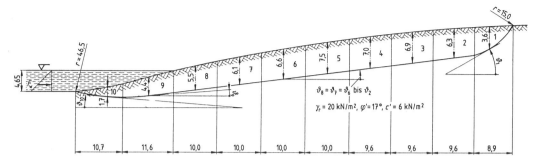

Abb. 5.31   Untersuchung der Standsicherheit eines natürlichen Hanges mit gestreckter Gleitfläche nach JANBU (nach DIN 4084), Beibl. 2).

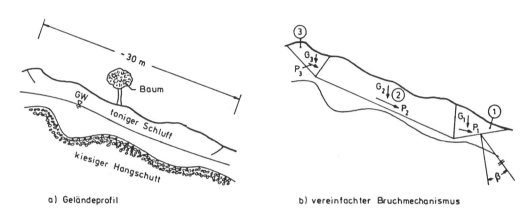

a) Geländeprofil   b) vereinfachter Bruchmechanismus

Abb. 5.32 a, b   Anpassung des Bruchmechanismus an Bewegungsindizien im Gelände (a) und Aufteilung in gegeneinander bewegliche Starrkörper (nach GUDEHUS 1970).
a Geländeprofil
b Vereinfachter Bruchmechanismus.

5.9 Mechanische Wirkung des Wassers

Die Grundwasserströmung im Gebirge wird vereinfachend als **Potentialströmung** angenommen. Die Grundbegriffe einer solchen wirbelfreien Strömung einer idealen Flüssigkeit sind in Abb. 5.33 zusammengestellt. Die Linien gleicher Standrohrspiegelhöhen bzw. gleichen hydraulischen Potentials werden als Potentiallinien oder Äquipotentiallinien bezeichnet. Das Grundwasser fließt entlang den Stromlinien. Die oberste Stromlinie entspricht der Sickerlinie. Die Stromlinien schneiden die Potentiallinien und auch die Grundwassergleichen senkrecht. Aus dem Potentialnetz kann für jeden Punkt des durchströmenden Bereiches das Druckgefälle nach Richtung und Größe der Strömung ermittelt werden.

Besteht zwischen zwei Punkten einer Potentialströmung ein Potentialunterschied, so kommt es zu einer Wasserbewegung. Der Höhenunterschied

Abb. 5.33   Grundbegriffe der Potentialströmung.

Δh, bezogen auf den Fließweg Δl, stellt das **hydraulische Gefälle i** dar

$$i = \frac{\Delta h}{\Delta l}$$

Das hydraulische Gefälle wirkt in Fließrichtung. Bei dem Fließvorgang erhöhen sich die wirksamen Spannungen um den Wert $\frac{\Delta h}{\Delta l} \cdot \gamma_w$. Diese Zunahme wird als **Strömungsdruck** bezeichnet.

5.9.1 Berücksichtigung von Wasser im Böschungsbereich

Grundwasser hinter der Böschungsfläche wird vereinfacht als Differenzdruck W bis zur möglichen Bewegungsfläche angesetzt (Abb. 5.34)

$$W = \frac{\gamma_w \cdot h_1^2}{2} - \frac{\gamma_w \cdot h_2^2}{2}$$

γ_w = Wichte des Wassers
h_1 und h_2 = Höhen des Grundwasserspiegels nach Abb. 5.34.

Die Wirkung des hydrostatischen Drucks in Spalten ist schematisch in Abb. 5.35 dargestellt. Bei kleinen Kluftöffnungen können bereits geringe Wassermengen einen hohen **Kluftwasserdruck** erzeugen.

$$W = \frac{1}{2} \cdot \gamma_w \cdot h_w^2$$

W = hydrostatischer Wasserdruck in kN/m^2
γ_w = Wichte des Wassers in kN/m^3
h_w = Standrohrspiegelhöhe in m

Bei einer Standsicherheitsberechnung nach Abschn. 5.8.1 kann die Sickerströmung im Böschungsbereich als Wasserdruck W unter Berücksichtigung der Auftriebswirkung (γ') in Ansatz gebracht werden:

$$\eta = \frac{G(\gamma, \gamma') \cdot \cos \beta \cdot \tan \varphi + c \cdot l}{G(\gamma, \gamma') \cdot \sin \beta + W}$$

Der **Strömungsdruck** in einem Rutschkörper kann vereinfacht auch als ein die rückhaltenden Kräfte in der Gleitfläche abmindernder Porenwasserdruck $\Delta u = h \cdot \gamma_w$ angesetzt werden (s. a. DIN V 4084 – 100).

Für überschlägige Ermittlungen kann auch mit einem strömungsdruckbeeinflußten Reibungswinkel φ^*

$$\varphi^* = \frac{\gamma'}{\gamma} \varphi$$

gerechnet werden, was auch einer raschen Wasserspiegelabsenkung entspricht (genauere Verfahren s. SCHULTZE 1982: 265).

Bei Ansatz von kurzfristigem Kluftwasserdruck in Klüften ist zwischen hydrostatischem Kluftwasser-

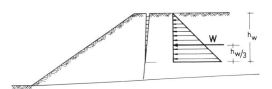

Abb. 5.35 Wirkung des hydrostatischen Drucks in Klüften und Spalten.

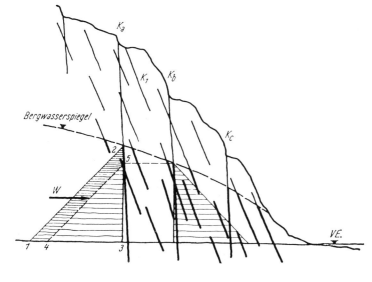

Abb. 5.34 Einfluß des Kluftwasserschubs auf die Standsicherheit einer Böschung mit Großklüften (aus MÜLLER 1963).

aufstau und der Wirkung des Strömungsdruckes von absickerndem Kluftwasser zu unterscheiden (KRAUTER & KÖSTER 1991). Je nach Oberflächenbeschaffenheit und Öffnungsweite der Trennflächen ist mit einem Wechsel der Durchlässigkeit und turbulentem Strömungsverhalten zu rechnen, die eine Vergrößerung der vom strömenden Wasser an den Fels abgegebenen Kräfte bewirken (DILLO 1991).

Die Bemessungswasserstände in bzw. hinter Böschungen sind im einzelnen äußerst schwer anzugeben, da Schwankungen der Grundwasserstände sowie die Durchlässigkeiten meist schwer abzuschätzen sind. Mit dem Ansatz von Wasserdruck können Standsicherheitsberechnungen ganz wesentlich beeinflußt werden. Die Wirkung des Wassers sollte dann aber durch gesicherte Beobachtungen belegt sein, da sonst andere Ursachen leicht verkannt werden (KRAUTER & KÖSTER 1991). Bei Stützkonstruktionen darf eine Beschränkung des Wasserdrucks durch Dränmaßnahmen nur in Ansatz gebracht werden, wenn die Wartung und Kontrolle über die Nutzungsdauer des Bauwerks gewährleistet ist.

5.9.2 Hydraulischer Grundbruch

Der hydraulische Grundbruch stellt einen Sonderfall der Grundwasserströmung dar, bei dem die wirksame Wichte durch gegenwirkende Strömungskräfte abgemindert wird (s. Abschn. 10.3.3). Ist die dabei auftretende Strömungskraft S gleich der Gewichtskraft unter Auftrieb G', so wird der Boden gewichtslos. Dieser hydraulische Grenzzustand wird „kritisches Gefälle krit i" genannt und bedeutet den Beginn des hydraulischen Grundbruchs. Dieser tritt ein, wenn die nach oben gerichtete Strömungskraft größer ist als die Gewichtskraft des Bodens (Abb. 5.36).

Die Sicherheit gegen hydraulischen Grundbruch wird bei SMOLTCZYK (1982) diskutiert. Bei einem wasserundurchlässigen bindigen Boden, bei dem sich der Wasserdruck an der Schichtuntergrenze aufbaut, lautet die Formel (s. Abb. 5.37):

$$F = \frac{(\gamma' + \gamma) \cdot h}{\gamma_w \cdot h_w}$$

Wird die unter Baugrubensohle anstehende Schicht durchströmt, so gilt die Beziehung:

$$F = \frac{\gamma' \cdot h}{\gamma_w (h_w - h)}$$

Die **Teilsicherheitsbeiwerte** γ_F für die Gewichtskraft die Strömungskraft ($\gamma_F = 1.35$) sind der Tab. 5.1 zu entnehmen, sofern mindestens mitteldicht gelagerte Kiessande oder Grob-/Mittelsande bzw. steife tonige Bodenarten vorliegen. Bei locker gelagerten Grob-/Mittelsanden, bei Feinsanden und Schluffen sowie bei weichen bindigen Böden ist der Teilsicherheitsbeiwert γ_F für GZ 1B um den Anpassungsfaktor $\eta_s = 1.35$ zu erhöhen (DIN V 1054 – 100, Abschn. 11.6.9).

Unabhängig davon ist zu begründen, daß **innere Erosion** ausgeschlossen werden kann. Bei im Verhältnis zum Strömungsdruck gering durchlässigen Boden (z. B. Feinsand) werden nämlich schon vorher bei der Durchströmung Bodenkörner aufgelockert und mitgerissen. Es tritt innere Erosion auf (s. Abschn. 18.2.4 und Abb. 2.7), durch welche die Durchlässigkeit erhöht wird. In Baugrubensohle zeigen sich typische kleine kraterartige Bildungen, die meist einen hydraulischen Grundbruch ankündigen. In gleichkörnigen Fein-/Mittelsanden kann der hydraulische Grundbruch auch schlagartig auftreten, besonders wenn er durch Erschütterungen ausgelöst wird.

Zur Abschätzung der Erosionsgefahr kann die kritische Sickerströmung i_k herangezogen werden, die kleiner sein muß als das zulässige Gefälle $i_{zul.}$ gemäß Tab. 18.2.

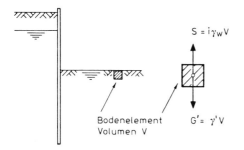

Abb. 5.36 Schematische Darstellung des hydraulischen Grundbruchs im kritischen Zustand (aus LANG & HUDER 1994).

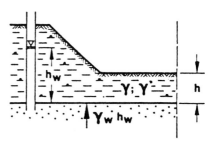

Abb. 5.37 Schematische Darstellung für die Ermittlung des hydraulischen Grundbruchs (aus SMOLTCZYK 1982).

6 Ursachen von Setzungen, zulässige Setzungsunterschiede, Risseschäden

Setzungen sind, wie auch die umgekehrte Lageänderung, die Hebungen, Verformungen des Baugrundes infolge

Belastung durch ein Bauwerk oder eine Schüttung

Änderungen des Grundwasserspiegels oder des Wassergehalts

Baugrubenaushub, Bodenabtrag oder Hohlraumausbruch

Gefrieren und Auftauen des Bodens

Erosion oder Suffosion infolge Grundwasserströmung

Bei den Setzungen eines Bauwerks kommt es weniger auf die Gesamtsetzungen an, als auf die zu erwartenden Setzungsunterschiede. Für die Größe der zulässigen Sohldruckverteilung sind deshalb die verträglichen Setzungsunterschiede (GZ 2) maßgebend (s. Abschn. 7.3).

6.1 Setzungen und Setzungsunterschiede

Die **Größe und Verteilung der Setzungen** hängen sehr stark von den Eigenschaften des Bauwerks, der Gründungsart (Einzel-, Streifen- oder Plattenfundamentgründungen) und vom Baugrund ab. Bei einheitlichem Untergrund und gleicher Sohldruckverteilung wird die Setzung sehr stark von der Fundamentgröße beeinflußt.

Schwieriger zu berücksichtigen sind die Aushubentlastung (SOMMER 1978: 206), Steifigkeit des Bauwerks (SOMMER 1978: 701), unterschiedliche

Belastungen bzw. ungleichmäßige Spannungsverteilungen, die Spannungsüberlagerung benachbarter Fundamente, die Ausbildung der Setzungsmulde und die gegenseitige Beeinflussung benachbarter Gebäude durch Spannungsüberlagerung bzw. durch von Altbauten teilweise vorbelasteten Baugrund (Abb. 6.1).

Hinzu kommen immer vorhandene Unregelmäßigkeiten in der Zusammensetzung und in der Beschaffenheit des Baugrundes, die durch Bohrungen und Laboruntersuchungen nie ganz geklärt werden können.

Insgesamt sind bei Gebäuden mit Einzel- und Streifenfundamentgründungen bis etwa 50 % der maximalen Setzung als Setzungsdifferenzen zu erwarten. Für Plattengründungen auf hochkonsolidierten bindigen Böden werden Werte von $^1/_3$ bis $^1/_6$ angegeben (Zusammenstellung in FRANKE 1980 und SCHULTZE 1980). Hierbei ist aus den genannten Gründen immer mit Abweichungen gegenüber den rechnerisch ermittelten Setzungsbeträgen zu rechnen (s.d. Abschn. 5.5.5). LEUSSINK (1967) unterscheidet bei der Abschätzung der Setzungsunterschiede noch zwischen dem Fall stärker zusammendrückbaren Untergrundes direkt unter dem Bauwerk (Seichtsetzungen) und dem Fall von Setzungsherden in größerer Tiefe (Tiefensetzungen).

Bei nichtbindigen Böden treten die Setzungen nahezu in voller Größe unmittelbar nach Lastaufbringung, also bereits während der Rohbauzeit auf. Diese Setzungen beanspruchen das Bauwerk weni-

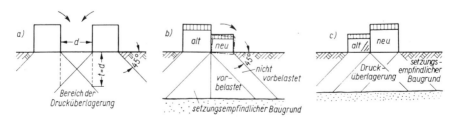

Abb. 6.1 Gegenseitige Beeinflussung benachbarter Gebäude bei der Setzungsabschätzung (aus SCHULZE & SIMMER 1974).

ger als lange anhaltende Setzungen. Der **Zeitsetzungsverlauf** bindiger Böden weist dagegen nach verhätnismäßig großen Anfangssetzungen langsam ausklingende Langzeitsetzungen auf (s. Abschn. 2.6.3 und 5.5.6). Da Wandbausteine in Kalkmörtel oder Betonbauteile in den ersten Jahren langsam anwachsende Setzungen durch Kriechverformungen weitgehend schadensfrei aufnehmen können, sind bei zu erwartenden größeren Setzungen bindiger Böden die Anfangssetzungen bis Rohbauende getrennt anzugeben (Abb. 6.2). Bei Ansatz der wirksamen Lasten ist außerdem zu berücksichtigen, daß auf bindigen Böden nur langfristig wirkende Verkehrslasten Setzungen erzeugen. Literaturangaben über längerfristige Zeitsetzungsbeobachtungen liegen fast nur von einigen Hochhäusern aus Frankfurt vor (SOMMER 1978; SOMMER at al. 1988). Sie zeigen, daß hier bis Rohbauende etwa 70 % der Gesamtsetzungen eingetreten sind. Die restlichen 30 % verteilen sich über 5 bis 7 Jahre. Setzungsunterschiede stellen sich auch meist schon sehr früh ein.

Die **Setzungsempfindlichkeit** eines Bauwerks ist in erster Linie abhängig von der Steifigkeit des Baumaterials bzw. der Konstruktion (SOMMER 1978: 701). Ein schlaffes, statisch bestimmtes Bauwerk schmiegt sich der Setzungsmulde mehr oder weniger vollkommen an. Ein statisch unbestimmtes Bauwerk mit einer gewissen Steifigkeit von Überbau und Gründung ist bestrebt, die Setzungsmulde und örtliche Setzungsunterschiede zu überbrücken und die Setzungen durch Verlagerung der Spannungen auszugleichen (s. a. Abschn. 5.1.2). Ist ein Bauwerk nicht steif genug, die Biegebeanspruchung aufzunehmen, so treten Risse auf.

Unter **zulässigen Setzungen** bzw. Verformungen versteht man die unter gewissen Randbedingungen bauwerksverträglichen Verformungen, die jedoch keine Risssefreiheit garantieren. Allgemein wird in der Baupraxis angenommen, daß bei unbewehrten Stampfbetonfundamenten und gemauerten Kellerwänden eine Setzungsdifferenz bis 1 cm noch keine Schäden verursacht und daß bei konstruktiv bewehrten Streifenfundamenten und gemauerten Kellerwänden oder solchen aus unbewehrtem Beton bis 2 cm Setzungsdifferenz aufgenommen werden können (SCHULTZE 1980: 432).

Auch ein absolut starres Bauwerk erzwingt nicht unbedingt gleichmäßige Setzungen, sondern es können **Schiefstellungen** auftreten, die den Nutzwert beeinträchtigen. Bei Wohnbauten wird eine Schieflage der Fußböden von 1 : 500 (2 mm/m) als störend empfunden. Ab 15 mm/m wird von einem

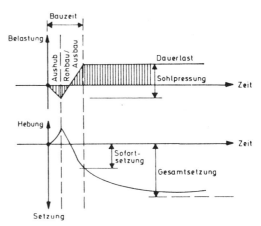

Abb. 6.2 Entwicklung der Lasten und der Hebung der Baugrubensohle bzw. der Setzungen in Abhängigkeit von der Zeit (aus RYBICKI 1985).

ungewöhnlichen Schadensmaß gesprochen. Eine Schieflage eines Gebäudes von 1 : 20 (50 mm/m) bedeutet Totalschaden (s. d. auch SCHMIDT 1993).

Setzungsunterschiede dürfen jedoch nicht für sich allein beurteilt werden, sondern immer in Abhängigkeit von der Entfernung der betrachteten Punkte. Setzungsunterschiede zwischen zwei Punkten werden allgemein als Winkelverdrehung ω angegeben, solche zwischen drei Punkten als Biegungsverhältnis. Letzteres ist das Stichmaß der Setzungsmulde durch die zugehörigen Sehnenlänge (Abb. 6.3). Die Biegung kann auch durch den

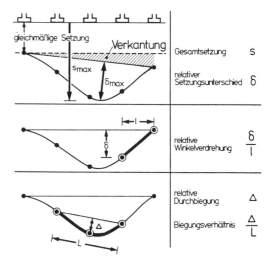

Abb. 6.3 Verformungen eines Bauwerkes als Setzungsunterschied, Winkelverdrehung und Biegeverformung (aus SOMMER 1978).

Krümmungsradius R ausgedrückt werden (s. a. RYBICKI 1978: 123).

Als empirisches Kriterium und als Vergleichsmaß für das Auftreten von Risseschäden wird auch heute noch gerne die von SKEMPTON /McDONALD (1956) statistisch ermittelte Schadensgrenze für Winkelverdrehungen von 1 : 300 angegeben (SOMMER 1978: 698). Mit einer 1,5fachen Sicherheit erhält man dann die in der Literatur oft zu findende Schadensgrenze von 1 : 500 (Tab. 6.1), bei der aber noch mit kleineren sichtbaren Risseschäden gerechnet werden muß. Echte Rissefreiheit scheint erst bei einer Winkelverdrehung von 1 : 1000 vorzuliegen. Diese Werte gelten nach SCHULTZE

Tabelle 6.1 Bauwerksbezogene zulässige Setzungsunterschiede (zusammengestellt nach RYBICKI 1978 und SCHULTZE 1980).

Grenzwerte δ/L	Setzungsschäden
1/1000	keine Schäden
1/750	empfindliche Maschinen
1/600	Rahmen mit Ausfachung
1/500	Sicherheitsgrenze bei geforderter Rissefreiheit (kleinere Schäden nicht auszuschließen)
1/300	Risse in tragenden Wänden, Grenze für Kranbauten
1/250	sichtbare Schiefstellung turmartiger Bauwerke
1/150	erhebliche Risse in Wänden, allgemein konstruktive Schäden

(1974 und 1980) und FRANKE (1980) nur für Muldenlage. Bei Sattellage reagieren Gebäude empfindlicher und die oben genannten Werte sollten z. T. halbiert werden (RYBICKI 1985; SCHULTZE & HORN 1990). Auch bei Altbauten und Mitnahmesetzungen von Nachbargebäuden sind strengere Kriterien anzusetzen (SOMMER 1978: 718).

6.2 Ursachen von Rissen und Bauwerkschäden

Werden die genannten Grenzwerte der zulässigen Setzungsunterschiede und damit die Beanspruchungsgrenze des Materials, d. i. meist die kritische Zugdehnung, überschritten, so können Risse auftreten. Bei der Ansprache von Rissen geht man allgemein von dem Rissebild eines Balkens auf 2 Stützen aus (Abb. 6.4, b).

Zu dieser Beanspruchungsart gehören auch die meisten Risse infolge unterschiedlicher Setzung. Bei Gebäuden kann man im Prinzip von **3 Grundtypen** von Rissebildern ausgehen (Abb. 6.4)

- Stärkere Setzungen unter einer Gebäudeseite oder -ecke (äußere Freilage)
- Muldenlage durch eine ausgeprägte Setzungsmulde bzw. stärkere Setzungen in Gebäudemitte
- Sattellage durch geringere Setzungen in Gebäudemitte.

Risse treten immer an der schwächsten Stelle der Konstruktion auf, das ist im allgemeinen zwischen Maueröffnungen, also von Fenster zu Fenster oder über Türen. Außer den direkten Setzungsrissen

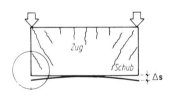

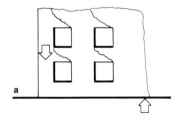

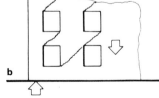

Abb. 6.4 a, b Beanspruchung und Rissebild bei Sattellage bzw. äußere Freilage (a) und bei Muldenlage (b) (aus RYBICKI 1978).

können als weitere Folgerisse Zugrisse auftreten, so daß die Deutung des Rissebildes oft schwierig ist. Außerdem können Risse durch konstruktive Mängel, Überbeanspruchung von Bauteilen, schiebende Decken oder Dachkonstruktionen (RYBICKI 1978: 79), unterschiedliches Verhalten verschiedener Baumaterialien (RYBICKI 1978: 62) u.a.m. vorliegen. Bei einer sorgfältigen Analyse der Risse lassen sich jedoch die Ursachen meist klären, seltener allerdings schlüssig beweisen.

Leichte Risseschäden irgendwelcher Art treten bei vielen Gebäuden auf und werden in der Regel hingenommen. Vollständige Rissefreiheit wird verlangt bei Flüssigkeitsbehältern, Wasserbecken usw., wo schon feine Risse, die für die Standfestigkeit völlig unbedeutend sind, den Verwendungszweck des Bauwerks beeinträchtigen.

Bei der Behandlung der Setzungsschäden und ihrer Ursachen muß auch an solche Beanspruchungen gedacht werden, die in einer Setzungsberechnung nicht erfaßt und normalerweise auch in einer Baugrundberatung nicht unbedingt angesprochen werden. Von der Vielfalt solcher Ursachen sollen hier nur ingenieurgeologisch bedingte Zusammenhänge behandelt werden. Eine umfangreiche Zusammenstellung von Gründungsschäden aus bodenmechanischer Sicht findet sich bei SZECHY (1964), aus bautechnischer Sicht bei RYBICKI (1978) und zusammen bei HILLMER (1991).

6.2.1 Erhöhung des Wassergehaltes, Wasserdurchströmung

Durch eine Erhöhung des Wassergehaltes bindiger Böden werden sowohl die Tragfähigkeit als auch die Standfestigkeit abgemindert. Setzungen können aktiviert werden, und es können Schäden auftreten. Besonders schadenträchtig ist Wasser, das aus undichten Leitungen austritt und in konzentrierter Form auf den Baugrund einwirkt. Schluffböden mit niedriger Plastizitätszahl sind hierfür besonders anfällig.

In feinsandigen Schluffböden und in leicht oder nicht bindigen, sandig-steinigen Böden, z.B. Sandsteinschutt, kann es auch zu Setzungserscheinungen durch Feinkornumlagerungen kommen, wobei das Feinkorn in Großporen zwischen Grobkornanteilen wieder abgelagert oder aber weggespült wird. Derartige Erscheinungen können auch schon durch eine Versteilung des Grundwassergefälles bei Grundwasserentnahmen (Sandförderung) oder Stauhaltungen ausgelöst werden (s. Abschn. 18.2.4).

6.2.2 Absenkung der Grundwasseroberfläche

Durch zunehmende Nutzung der Grundwasservorräte, aber auch durch größere Wasserhaltungen bei Bauvorhaben oder Tagebauprojekten kommt es in unserem dicht besiedeltem Gebiet immer häufiger zu unerwünschten Begleiterscheinungen bei der Absenkung der Grundwasseroberfläche. Auch untertägiger Bergbau kann zu einem Versinken von Grundwasser führen (AZZAM & GÜNSTER 1995).

Das Absenkmaß muß dabei nicht immer viele Meter betragen, wie dies an den Symposien „Land Subsidence" in Tokio (1969) und Anaheim (1976) behandelt worden ist (WOHLRAB 1972). Auch relativ geringe Absenkungen der freien Grundwasseroberfläche von oft nur 1 bis 2 m können zu merkbaren Geländesenkungen und Schadensfällen führen (KÜHN-VELTEN & WOLTERS 1968; WESTRUP 1979; PRINZ & WESTRUP 1980; BÖKE & DIEDERICH 1983).

Setzungen durch Absenkung der Grundwasseroberfläche reagieren in der Regel sehr rasch auf Spiegelsenkungen und Beharrungszustände (WOHLRAB 1972). Die rückläufigen Hebungen bei einem Wiederanstieg der Grundwasseroberfläche sind dagegen gering. Sie betragen meist nur 1% – 10% der vorausgegangenen Setzung, bei stark tonigem Untergrund z.T. auch einige Zehnerprozente.

Bei Setzungserscheinungen infolge Absenkung der Grundwasseroberfläche ist einerseits ein Setzungsanteil als Folge der Zusatzbelastung des Korngerüstes durch Wegfall des Auftriebs zu berücksichtigen, andererseits treten in bindigen Böden bei einer Abnahme des Wassergehaltes sog. Schrumpfsetzungen auf, welche die ersteren im Ausmaß weit übertreffen können.

Die **Setzungen aus der Zusatzbeanspruchung des Korngerüstes bei Auftriebswegfall** sind abhängig von der Mächtigkeit und dem Steifemodul der setzungsfähigen Schicht sowie dem Absenkmaß der Grundwasseroberfläche. Die sich dadurch ergebende zusätzliche Auflast liegt bei rd. 10 kN/m² je Meter Absenkung. Die Setzungen sind damit rechnerisch einigermaßen erfaßbar. Die von KÖGLER & LEUSSINK (1938) zusammengestellten Fallstudien und Formeln sind in HERTH & ARNDTS (1973: 153) wiedergegeben. Ein vereinfachtes tabellarisches Verfahren bringt CHRISTOW (1969), s. Abb. 6.5.

In bindigen Böden treten bei Abnahme des Wassergehaltes Kapillarspannungen auf, die mit zu-

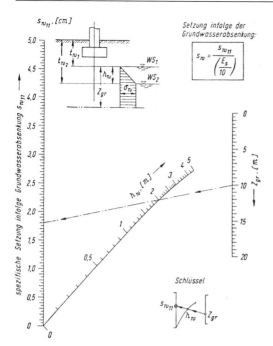

Abb. 6.5 Nomogramm zur Ermittlung der spezifischen Setzungen infolge Grundwasserabsenkung in einfachen Fällen (CHRISTOW 1969).

nehmender Feinporigkeit erhöhte Volumenverminderungen zur Folge haben (KRABBE 1958, WESTRUP 1979). Das Ausmaß dieser **Schrumpfsetzungen** ist abhängig von der Wassergehaltsabnahme sowie der Mächtigkeit und Feinporigkeit des Bodens. Ihre Größenordnung kann nach dem Anfangsast der Kurve des linearen Schrumpfens (s. Abschn. 2.5) und der jeweiligen Wassergehaltsabnahme abgeschätzt werden und beträgt häufig mehrere Zentimeter. Schrumpfsetzungen treten besonders bei tonigen Böden (> 20 % Tonanteile) oder solchen mit organischen Beimengungen auf, wobei ein Anteil an organischen Substanzen von 5 bis 10 % die Feinporigkeit eines Schluffbodens und sein plastisches Verhalten schon sehr stark beeinflussen. In stärker organischen Böden treten bei Luftzutritt auch biochemische Abbauvorgänge auf, die zu einem langsamen Substanzverlust (sog. Humusverzehr) führen. Von Torfböden ist außerdem bekannt, daß nicht nur bei Grundwasserabsenkung erhebliche Setzungen und Spalten im Gelände auftreten, sondern daß es bei einem etwaigen Wiederanstieg des Grundwassers erneut zu erheblichen Setzungen kommen kann.

Nach PLACZEK (1982) gilt die aus dem Schrumpfversuch abzuleitende Abhängigkeit zwischen Wassergehaltsänderung und Bodenverformung nur für direktes Schrumpfen infolge Niederschlagsarmut und Sonneneinstrahlung, wenn die schwindfähige Schicht oberflächig ansteht und nicht von Deckschichten überlagert wird. Nichtbindige Deckschichten mit geringer Kapillarität und Restwassergehalten > 5 % verzögern oder verhindern den Schwindvorgang der Liegendschicht.

Gebäudeschäden durch Schrumpfen sind besonders da zu erwarten, wo sich mehrere Einflußfaktoren überlagern und dann in ihren Auswirkungen auch meist nicht zu trennen sind. Dazu gehören, wenn die Grundwasseroberfläche unter die Untergrenze bindiger Deckschichten absinkt oder der kapillare Aufstieg nicht mehr ausreicht, die Wassergehaltsabnahme im Boden einigermaßen auszugleichen. Sie treten verstärkt auf bei großflächiger Überbauung, welche das Eindringen von Niederschlägen verhindert, oder bei übermäßiger Oberflächenverdunstung und verstärktem **Wasserverbrauch von Bäumen**, insbesondere von laubabwerfenden Baumarten, in niederschlagsarmen Perioden. Der Einflußbereich von größeren Bäumen reicht bis 6 m Tiefe und in einem Umkreis von 12 bis 15 m, bei Gruppenwirkung bis 20 m (PRINZ 1974, 1977, 1990). In diesem Umkreis sind in niederschlagsarmen Sommern Schrumpfsetzungen von 3 bis 5 cm gemessen worden.

Der Wasserverbrauch von laubabwerfenden Baumarten ist nur während der Vegetationsperiode (April bis Mitte Oktober) von Bedeutung. Er hängt ab von der Transpirationsrate der Blattorgane und der Verfügbarkeit des Bodenwassers und kann durch Saftflußmessungen ermittelt werden. In Lehrbüchern wird der mittlere tägliche Wasserverbrauch von etwa 12 m hohen Bäumen mit 30–70 l/d angegeben. Der maximale Wasserverbrauch an Strahlungstagen ohne Einschränkung in der Bodenwasserversorgung kann den doppelten Wert erreichen. Der jährliche Gesamtverbrauch von Laubbäumen wird mit 500 bis 800 mm angegeben. Die Saugspannung von Pflanzen wird allgemein zwischen pF 2,5 und pF 4.2 angenommen. Der obere Wert entspricht einer Saugspannung von etwa 15 bar bzw. 1,5 Mpa (s. Abb. 6.6) und greift damit bereits die gebundene Wasserhülle (Adsorptionswasser, s. Abschn. 2.3.1) an, was die beobachteten Schrumpfmaße erklärt.

Typisch für lastunabhängige Schrumpfsetzungen ist der hohe Anteil an Horizontalrissen in Wänden und z. T. Verkippung der Wände nach außen (PRINZ 1974: 33, RYBICKI 1978: 97).

Schrumpfsetzungen verlaufen in analoger Abhängigkeit von der Wassergehaltsabnahme sowie der Feinporigkeit und Mächtigkeit des Bodens. Setzungsunterschiede und dadurch bedingte Schäden an Bebauung sind auf Unregelmäßigkeiten im Untergrundaufbau (organische Einlagerungen, rinnenförmige Lagerung u. a. m.) oder unterschiedliche Gründung bzw. Lasten zurückzuführen. So sind z. B. Schrumpfsetzungen unter Fundamenten meist größer als unter Kellerfußböden, was zu den viel beobachteten Aufwölbungen letzterer führt (WESTRUP 1979: 310).

Größere Grundwasserabsenkungen können ausgeprägte Setzungsmulden bewirken, in denen Vorgänge wie über bergbaulichen Senkungsmulden auftreten, mit deutlichen Zerrungs- und Pressungserscheinungen (s. a. Abschn. 19.4.1). Hierbei können Längenänderungen im Boden von 0,5–1,0 % vorkommen. Ab 0,8 %, d. s. 8 mm je Meter, ist mit Rissen im Gelände zu rechnen (RYBICKI 1978: 124).

Die Setzmaße sind von Absenkungsmaß und besonders vom Untergrundbau abhängig. In einem der wohl größten kontrollierten Grundwasser-Absenkungsgebiete, dem Rheinischen Braunkohlerevier, wird die Grundwasseroberfläche seit den 50er Jahren auf anfangs 50 – 100 m, seit den 80er Jahren auf z. T. über 400 m Tiefe abgesenkt (SIEMON 1967). Die aufgetretenen Setzungen resultieren hauptsächlich aus den bindigen Schichtanteilen (Tonlagen) der hier vorwiegend feinsandig ausgebildeten Tertiärsedimente. Mit größeren Setzungsunterschieden und Schäden ist vor allen Dingen an geologischen Grenzflächen (Verwerfungen) zu rechnen, an denen auf kurze Entfernung Setzungsdifferenzen von einigen Dezimetern beobachtet wurden (VARNHAGEN 1967). Auch AZZAM & GÜNSTER (1995) berichten über Bewegungen und Spaltenbildung an einer tektonischen Störungszone, hier als Folge von Steinkohlebergbau.

Das mittlere relative Setzmaß beträgt in den vorw. feinsand. Tertiärsedimenten 1–3 mm auf 1 m Grundwasserabsenkung. Die Absenkungs-Setzungskurven erscheinen in der doppeltlogarithmischen Darstellung als Gerade (VARNHAGEN 1967), was die Möglichkeit von Vorhersagen erleichtert. In den vorwiegend tonig ausgebildeten Tertiärsedimenten des Mainzer Beckens wurden bei mittelfristigen Grundwasserabsenkungen relative Setzmaße von 1–3 mm/m und bei langfristigen Absenkmaßnahmen solche von 5–10 mm/m beobachtet (PRINZ 1990). Die rückläufigen Setzungen bei Wiederanstieg des Grundwassers betrugen 2 bis 4 mm/m.

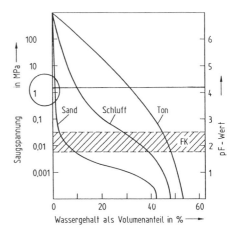

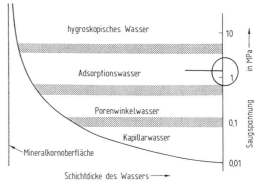

Abb. 6.6 Saugspannungskurven verschiedener Lockergesteine mit Angabe der üblichen Feldkapazität (FK) der Böden (oben) im Vergleich mit der Saugspannung der gebundenen Wasserhülle (nach DIN 4049 T 3). Der Markierungskreis entspricht der Saugspannung der Pflanzenwurzeln bei eingeschränkter Bodenwasserversorgung.

Auch bei **Absenkung des flurnahen Grundwassers in Talniederungen** mit örtlich weichen oder organischen Einlagerungen können erhebliche Setzungsunterschiede auf kurze Entfernung auftreten (s. a. DIN 19683, T19, Bestimmung der Moorsackung nach Entwässerung, 1973). Diese Erfahrungen sind bes. bei der Grundwasserabsenkung im Hessischen Ried gemacht worden, wo die Grundwasseroberfläche in den Jahren 1964 bis 1982 um 1 bis 5 m abgesenkt worden ist (HÖLTING 1983: 60, BÖKE & DIEDERICH 1983).

Die in verschiedenen Ortschaften aufgetretenen Gebäudeschäden waren fast ausschließlich auf Überbauung von alten Flußschlingen mit weichen und organischen Sedimenten zurückzuführen (WESTRUP 1979, PRINZ & WESTRUP 1980, PRINZ 1990; s. a. MÜLLER 1995).

6.2.3 Entnahme von Erdgas und Erdöl

Bei der Förderung von Erdgas und Erdöl führt die Abminderung des Lagerstättendrucks bei unvollkommen wirksamen Randwassertrieb zu Zusatzspannungen in der über dem jeweiligen Förderhorizont liegenden Schichtenfolge, welche ebenfalls Konsolidationssetzungen zur Folge haben, die Dezimeter- bis Meterbeträge erreichen können (WOHLRAB 1972). Im Oberrheingraben sind z. B. derartige Erscheinungen an einigen Stellen beobachtet und in Einzelfällen über Jahre regelmäßig gemessen worden (SCHWARZ 1987, PRINZ & WESTRUP 1980). Bei Pfungstadt war es in erster Linie Erdgasförderung in Sandhorizonten des Obermiozäns und Pliozäns in 600–700 m Tiefe, die zur Ausbildung einer elliptischen Senkungsmulde mit Abmessungen von $2,5 \times 3,0$ km und einem Senkungsmaß von etwa 30 cm in 15 Jahren geführt hat, welche fast die beulenförmige gasführende Struktur wiederspiegelt (SCHWARZ 1987). Obwohl die Senkungsmulde in bebautem Gebiet liegt, traten keine wesentlichen Gebäudeschäden auf.

6.2.4 Baugrundhebungen infolge Quellerscheinungen oder Kristallisationsdruck

Baugrunderhebungen in Tunneln oder an niedrig belasteten Zwischenwänden bzw. von Fußböden infolge **Quellhebung** sind schon bei vielen Tonsteinen und Tonen beobachtet worden (s. Abschn. 2.6.9). KÜHN - VELTEN & WOLTERS (1968: 27), GRÜNDER & POLL (1977: 212) und GRÜNDER (1980) berichten von solchen Erscheinungen bei Verwitterungsböden von Keupertonsteinen.

Baugrundhebungen infolge **Kristallisationsdruck** werden besonders von den Posidonienschiefern Baden-Württembergs beschrieben (TIETZE 1981; ZIMMERMANN 1981; VEES 1987; LINK 1988). Die dünnschichtigen, bituminösen Posidonienschiefer der Lias enthalten z. T. 5–8 % Pyrit, der bei Verwitterung (s. Abschn. 2.2.3) in Gips u. a. übergeht (TIETZE 1981: 164). Über der Grundwasseroberfläche (bes. bei Grundwasserabsenkung, Dränung oder Abhalten von Niederschlagswasser infolge großflächiger Überbauung, verstärkt bei Wärmeabstrahlung) scheiden sich auf den Schichtflächen der dünnschichtigen Posidonienschiefer feinste Sulfatminerale (Gips $CaSO_4 \cdot 2\,H_2O$ und untergeordnete Melanterit $FeSO_4 \cdot 7\,H_2O$) ab, deren Kristallisationsdruck zeitverzögert nach etwa 3 bis 5 Jahren zu Baugrundhebungen

von z. T. mehr als 10 cm pro Meter betroffene Gesteinsmächtigkeit führen kann. Unter höher belasteten Fundamenten ($\sigma > 300\,kN/m^2$) sind Baugrundhebungen dieser Art noch nicht beobachtet worden (TIETZE 1981; VEES 1987; LINK 1988).

Solche Volumenzunahme infolge Kristallisationsdrucks von Gipskristallen kann auch in anderen feinschichtigen, gipshaltigen Böden (z. B. Keupertonsteinen, Tonsteinen des Lias beta und delta sowie des Dogger alpha; LINK 1988) oder auch in gipshaltigen Auffüllmaterialien (Schlacken) auftreten. Weitaus die meisten Schadensfälle sind jedoch aus dem Lias epsilon Baden-Württembergs bekannt geworden.

HECKÖTTER & SCHWALD (1994) beschreiben Hebungen eines Hallenbodens, als dessen Unterbau ein raumunbeständiges Hüttenmineralgemisch verwendet wurde, das ungebundenes Magnesiumoxid enthält. Bei Feuchtigkeitszunahme wird dieses in $Mg(OH)_2$ umgewandelt, wobei nachträglich im Laborversuch eine Volumenvergrößerung bis zu 40 % gemessen wurde.

Volumenzunahme und Baugrundhebungen treten auch beim **Hydratisierungsprozeß von Anhydrit zu Gips** auf (s. Abschn. 19.2.2). Bei Gründungen im Anhydrit bzw. bei Anschneiden des Anhydritspiegels in Einschnitten oder Tunneln und gleichzeitigem Wasserzutritt ist mit einer Aktivierung der Hydratation und Hebungserscheinungen von Dezimetern bis Metern zu rechnen, die mit abnehmender Hebungsgeschwindigkeit über Jahre anhalten können (s. Abschn. 2.6.9). Solche Hebungserscheinungen infolge Hydratisation treten nicht nur in massigem bzw. bankigem Anhydrit auf, sondern auch bei im Gestein fein verteiltem Anhydrit von wenigen Prozent, besonders wenn gleichzeitig quellfähige Tonminerale (bes. Corrensit, s. Abschn. 2.1.8) vorhanden sind. Bei genaueren Untersuchungen werden häufig auch Gipskristallneubildungen auf Schichtflächen festgestellt. KLEINERT & EINSELE (1978) berichten über Quellhebungen in Straßeneinschnitten in Anhydrit führendem Gipskeuper, Weitaus häufiger sind Sohlhebungen in Tunneln beobachtet worden (s. a. Abschn. 17.2.2).

6.2.5 Einfluß von Erschütterungen

Erschütterungen sind niederfrequente (10 bis 30 Hz) Vibrationen, die sich im Boden in Form von Raumwellen oder Oberflächenwellen ausbreiten. Zu den **Raumwellen** gehören die Longitudinalwellen, auch Kompressionswellen oder Primärwellen (P-Wellen) genannt, und die Transversalwellen bzw. Scherwellen oder Sekundärwellen (S-Wellen). Bei der Fortpflanzung der P-Wellen wird das Medium abwechselnd gepreßt oder gezerrt. Bei der S-Welle tritt keine Volumenänderung ein, sondern reine Scherverformung mit Biegung und Schub. Die P-Wellen bewirken eine Erhöhung des Porenwasserdrucks, während die langsamen S-Wellen durch die Scherbeanspruchung eine Umlagerung des Korngefüges verursachen.

An freien Oberflächen werden die P- und S-Wellen reflektiert und es entsteht als **Oberflächenwelle** die sogenannte Rayleighwelle (R-Welle), die sowohl longitudinale als auch transversale Verschiebungskomponenten aufweist. Für oberflächennahe Erschütterungsprobleme sind die R-Wellen oft von ausschlaggebender Bedeutung. An Grenzflächen von zwei Schichten treten Wellenreflexionen auf.

Erschütterungen können von einer Vielzahl von Erregern verursacht werden. Unterschieden werden

- Dauererschütterungen durch Rammgeräte, Verdichter, Tunnel-Teilschnittmaschinen, Hammer- und Brecheranlagen, Schrottscheren, Sägegatter, Stanzen u. ä.
- Kurzzeitige Erschütterungen durch Fallimpulse, z. B. bei Abbrucharbeiten (KLEIN & HAUPT 1983, SCHONMANN 1983)

Sprengerschütterungen (ARNOLD 1982, 1984, 1986, 1988, 1993, 1995)
Erdbeben (s. Abschn. 4.1.2)

Verkehrserschütterungen nehmen eine Mittelstellung zwischen den kurzzeitigen Einzelereignissen und den Dauererschütterungsanregungen ein. MASSARSCH & CORTEN (1988: Tab. 3) geben eine Übersicht über typische Erschütterungsquellen, die zu erwartenden Schwingungsintensitäten und auch deren Frequenzbereiche.

Bodenerschütterungen führen zu Belästigungen der Anlieger und können Schäden an baulichen Anlagen bewirken. Richtschnur für die **Beurteilung von Erschütterungen**, auch nach dem Bundes-Immissionsschutzgesetz, ist die DIN 4150.

Teil 1   Grundsätze, Vorermittlung und Messung von Schwingungsgrößen (1985)

Teil 2   Einwirkungen auf Menschen in Gebäuden (1992)

Teil 3   Einwirkungen auf bauliche Anlagen (1986)

Maßgebende Schwingungsgröße für die Beurteilung der Erschütterungswirkung ist die Schwinggeschwindigkeit v_i (mm/s) der an Fundamenten (Kellermauern) oder Decken ankommenden Bodenerschütterung (Tab. 6.2).

Tabelle 6.2 Frequenzabhängige Anhaltswerte der Schwinggeschwindigkeit zur Beurteilung der Wirkung von kurzzeitigen Erschütterungen auf Gebäude, nach DIN 4150, Teil 3.

| Zeile | Gebäudeart | Anhaltswerte für die Schwinggeschwindigkeit v_i, in mm/s | | | Deckenebene des obersten Vollgeschosses |
| | | Fundament | | | |
		< 10 Hz	Frequenzen 10 bis 50 Hz	50 bis 100*) Hz	alle Frequenzen
1	Gewerblich genutzte Bauten, Industriebauten und ähnlich strukturierte Bauten	20	20 bis 40	40 bis 50	40
2	Wohngebäude und in ihrer Konstruktion und/oder ihrer Nutzung gleichartige Bauten	5	5 bis 15	15 bis 20	15
3	Bauten, die wegen ihrer besonderen Erschütterungsempfindlichkeit nicht denen nach Zeile 1 und 2 entsprechen und besonders erhaltenswert (z. B. unter Denkmalschutz stehend) sind	3	3 bis 8	8 bis 10	8

* Bei Frequenzen über 100 Hz dürfen mindestens die Anhaltswerte für 100 Hz angesetzt werden.

Gemessen wird an der dem Erreger zugewandten Gebäudeseite. Deckenschwingungen werden im obersten Vollgeschoß gemessen und zwar der vertikale Schwingungsanteil in Deckenmitte und der horizontale nahe einer durchgehenden Mauer. Die Messung erfolgt mittels 3-Komponenten-Erschütterungsmessern in den 3 Hauptschwingungsrichtungen v_z (lotrecht), v_x und v_y (waagrecht, längs bzw. quer zum Erreger). Der Beurteilung wird der größte Einzelwert der Schwinggeschwindigkeitskomponenten zugrunde gelegt (ARNOLD 1983; BEHNKE 1988, darin Lit.). LEDWON (1987: 23) vergleicht verschiedene nationale und internationale Richtlinien für die zulässigen Schwingeschwindigkeiten. In der Schweizer Norm SN 640 312 a (1992) sind auch Empfindlichkeitsklassen für Ingenieurbauwerke (Brücken, Stützmauern), Masten, Rohrleitungen und Untertagebauten (Tunnel, Stollen) angegeben (STEIGER 1993).

Die **Wellenausbreitung im Boden** und die Übertragung von Erschütterungen auf Gebäude und darin befindliche Personen und Einrichtungen werden von einer Vielzahl von Faktoren beeinflußt. Dazu gehören

- die dynamischen Eigenschaften der Erschütterungsquelle, u. a. das Frequenzspektrum
- der Untergrundaufbau (Bodenart, Wassergehalt, Lagerungsdichte, Grundwasseroberfläche)
- Wellenüberlagerungen und Resonanzerscheinungen
- die Gründung, die Konstruktion und der Zustand des Bauwerks und
- die Einleitung der Erschütterung durch das Fundament in das Bauwerk

Die Wellengeschwindigkeit im Boden ist keine Materialkonstante, sondern ist ebenso wie der Dämpfungsgrad stark von den oben genannten Untergrundfaktoren abhängig. Außerdem werden nicht alle Frequenzen gleichstark gedämpft. Die tieffrequenten Anteile der Schwingungen zwischen 1 und 10 Hz breiten sich in gut Körperschall leitendem Untergrund teilweise nahezu ungedämpft über größere Entfernungen aus (REHBOCK 1995).

Bodenerschütterungen können durch Resonanzeffekte erheblich verstärkt werden, wenn die dominierende Frequenz der sich ausbreitenden Welle mit der Eigenfrequenz der Bodenschicht zusammenfällt. Gleiches gilt für die Bauwerksresonanz. Die Eigenfrequenzen von Wohnhäusern liegen oft zwischen 10 und 20 Hz (AUERSCH 1984), wodurch es bei längerer Einwirkung tieffrequenter Schwingungsanteile schon bei geringer Energiezufuhr zu

Resonanzerscheinungen (hohen Amplitudenausschlägen) und Schäden kommen kann (s. Abschn. 17.4.2 und ARNOLD 1995).

Die **Wahrnehmung von Erschütterungen** durch Personen hängt nicht nur von den verschiedenen Erschütterungskenngrößen ab, sondern ist auch stark subjektiven Maßstäben unterworfen. Die Spürbarkeitsschwelle von Menschen liegt etwa bei $v_i = 0,1$ mm/s. In DIN 4150, Teil 2, ist eine baugebietsbezogene Wahrnehmungsstärke in Form von frequenz- und schwinggeschwindigkeitsabhängigen KB-Werten eingeführt.

Schäden an Bauwerken können sowohl durch direkte Erschütterungseinwirkung als auch indirekt durch Setzungen, ausgelöst durch Erschütterungen, auftreten. Das Maß von Setzungen infolge Erschütterungen ist schwierig vorherzusagen. Ansatzpunkte dafür liefert KLEIN (1990).

Die direkte Erschütterungseinwirkung kann sowohl ein Bauwerk in seiner Gesamtheit, als auch einzelne Bauteile, bei Häusern z. B. die Geschoßdecken, zu Schwingungen anregen. Für Bauwerksschäden sind häufig die horizontalen Schwingungskomponenten maßgebend, da Gebäude in horizontaler Richtung geringere Steifigkeit aufweisen. Gebäudeecken werden dagegen hauptsächlich durch vertikale Schwingungen erregt.

Bauwerksschäden sind im allgemeinen nur im Nahbereich von Erschütterungsquellen zu erwarten. Aus der Erregerstärke und der Entfernung kann man jedoch keine zuverlässigen Rückschlüsse auf das Schadensrisiko ableiten. Besonders die Grundwasseroberfläche oder andere gut Körperschall leitende Flächen (Felsoberfläche) wirken als ausgesprochener Reflexionshorizont. Für die Beurteilung von Schäden an Bauwerken durch kurzzeitige Erschütterungen enthält die DIN 4150, Teil 3, Anhaltswerte, die jedoch keine Schadensgrenzen darstellen (Tab. 6.2). Für anhaltende oder sich öfter wiederholende Erschütterungen gelten bedeutend niedrigere Richtwerte, wobei jedoch die Angaben in der Literatur ziemlich streuen. Nach ARNOLD (1983: 59) sind bei horizontalen Schwingungen mit Einzelschwinggeschwindigkeiten bis $v_i = 5$ mm/s und bei vertikalern Schwingungen von $v_i = 10$ mm/s bisher keine Schäden festgestellt worden, während nach MASSARSCH & CORTEN (1988: 162) Schäden erst bei $v_i = 3$ mm/s unwahrscheinlich sind. Nach ARNOLD (1983: 60) können bei kurzzeitigen Sprengerschütterungen die Anhaltswerte der Tab. 6.2 bis 50 % überschritten werden, ohne daß ein erhöhtes Schadensrisiko auftritt (s. a. ARNOLD 1984, 1988). Diese Überschreitungen decken nach Ansicht anderer Sachverständiger die erforderliche Sicherheitsmarge ab.

Unabhängig von diesen Meßwerten kursieren in der Fachliteratur hinsichtlich der Emissionswirkung von Sprengungen Formeln für die erforderlichen Sicherheitsabstände bzw. die zu erwartende Schwinggeschwindigkeit v (s. d. MÜLLER 1990), mit denen gegebenenfalls Vergleichswerte ermittelt werden können. Die verbindliche Abschätzung der zulässigen Erregerstärke (z. B. der Lademengen bei Tunnelvortrieben) ist jedoch sehr komplex, so daß hierfür Sondergutachten eingeholt werden sollten (DAMMER & BUSCH 1993; BERTA 1994; ARNOLD 1995).

Bodenerschütterungen bewirken oftmals charakteristische Schadensbilder, deren Beurteilung und Bewertung aber viel Erfahrung verlangt (LEIBLE 1971, BÖTTCHER & WÜSTENHAGEN 1975, STEIGER 1993). Besonders im Anfangsstadium werden Gebäudeschäden durch Erschütterungseinwirkung häufig verkannt. Hier hat sich die Methode der vergleichenden Beobachtung der Schadensentwicklung in bestimmten Zeitabständen bei gleichzeitiger Erfassung der wesentlichen übrigen Einflußgrößen gewährt. Vorschäden sowie Rißvergrößerungen (an Gipsmarken) und Neurißbildungen werden dabei genau dokumentiert, wobei die Überprüfung von Gipsmarken unmittelbar nach der Erschütterungswirkung erfolgen muß. Dabei ist nicht das Durchreißen einer Gipsplombe maßgebend, sondern das bleibende Klaffen eines Rißes. Besonders zu beachten sind erschütterungsempfindliche Einrichtungen (Deckenfresken, Stuckdecken) und Gegenstände, die herabfallen können.

Sofern auch andere Ursachen in Betracht kommen, muß versucht werden zu beurteilen, ob und gegebenenfalls in welchem Verhältnis die verschiedenen Schadensquellen die Schäden verursacht haben. STEIGER (1993: 44) bringt eine Bewertungsskala für die Ermittlung des Ursachenanteils sowie Anhaltswerte für die Schadenseinschätzung.

Maßnahmen gegen Bodenerschütterungen sind problematisch, wenn man nicht an der Erschütterungsquelle selbst eingreifen kann. Offene oder mit Bentonitsuspension gefüllte Schlitze geben zwar einen guten Abschirmeffekt gegen Oberflächenwellen, sind aber in ihrer Tiefe und besonders auch in ihrer praktischen Anwendung begrenzt. Teilweise werden auch steife Abschirmwände (z. B. Stahlspundwände) eingesetzt (HAUPT 1980, MASSARSCH & CORTEN 1988: 173, darin Lit.). Als neues Verfahren wird seit Mitte der 80er Jahre der Einbau von gasgefüllten Matten in vertikale Bodenschlitze empfohlen (MASSARSCH & CORTEN 1988).

7 Flachgründung, Baugrundverbesserung

Unter Gründung versteht man die Art und Weise, wie die Bauwerkslasten und von außen wirkende Kräfte auf den Baugrund übertragen werden. Hierbei werden zwei Arten unterschieden, Flachgründung (Einzel-, und Streifenfundamente, Plattengründung) und Tiefgründung (z. B. Pfahlgründung).

Eine Gründung muß nicht nur mit ausreichender Sicherheit, sondern gleichzeitig auch wirtschaftlich ausgeführt werden.

Die Baugrundnorm für Flachgründungen und die zugehörigen Sicherheitsnachweise (s. Abschn. 5.1 – 5.6) ist die DIN 1054, zulässige Belastung des Baugrundes (1976) sowie die DIN V 1054 – 100, Sicherheitsnachweise im Erd- und Grundbau. Wie in den Abschn. 1.2 und 5.1 ausgeführt, gelten derzeit beide Normen nebeneinander, so daß in den nachfolgenden Abschnitten auf beide Normen eingegangen werden muß.

7.1 Prinzip der Flachgründung, Fundamentarten

Bei einer Flachgründung werden die Bauwerkslasten über $\pm$ horizontale Sohlflächen auf oberflächennahe Baugrundschichten abgetragen. Die Gründungstiefe wird bestimmt von der Frostfreiheit, der Standsicherheit und der Konstruktion (z. B. Kellertiefe, Köcherfundamente).

Folgende Fundamentarten werden unterschieden:

- Streifenfundamente unter durchlaufenden Konstruktionen
- Einzelfundamente unter Einzellasten
- Streifenrostgründung, ein Raster sich kreuzender Streifenfundamente
- Plattengründung, eine unter dem gesamten Bauwerk durchgehende Lastübertragungsplatte, die je nach Konstruktionshöhe verhältnismäßig biegsam ist.

Durch statische Bewehrung des Fundaments können Biegespannungen aufgenommen und die Fundamenthöhe wesentlich reduziert werden. Um ein statisch nicht bewehrtes Streifenfundament in Längsrichtung steifer auszubilden, wird konstruktive Längsbewehrung eingelegt, die, wenn sie richtig wirken soll, zur Aufnahme der bei einer Biegebeanspruchung immer auftretenden Schubverformung ebenfalls verbügelt werden muß (z. B. 4 Fe $\varnothing$ 14 mm, oben und unten, verbügelt).

7.2 Festlegung der Gründungstiefe

Nach den Baugrundnormen muß die Gründungssohle frostfrei liegen, mindestens aber 0,8 m unter Gelände. Die **frostfreie Gründungstiefe** hängt ab von den klimatischen Verhältnissen, der Frostempfindlichkeit des Bodens (s. Abschn. 12.4.1) und dem Vorhandensein von Wasser. Die allgemeine Regel, daß im Flachland 0,8 m, in höheren Lagen 1,2 m frostfrei sind, gilt nur für normale Winter. Untersuchungen von KÜHN-VELTEN & WOLTERS (1968 : 346) in dem strengen Winter 1962/63 und die Angaben von FLOSS (1979 : 123) zeigen, daß auch im Flachland häufig Frosteindringtiefen von 1,0 m und mehr auftreten. Als frostfreie Gründungstiefe sollte daher 1,0 m bis 1,2 m angenommen werden.

Eine frostfreie Gründung darf nicht nur für die Zeit nach Baufertigstellung ausgelegt sein, wobei auch mögliche Abgrabungen zu beachten sind, sondern sie muß für jeden Bauzustand vorhanden sein, angefangen von den Fundamenten bis zum Rohbau. Der Frost kann sonst z. B. über ungesicherte Kelleröffnungen vom Kellerfußboden aus einseitig unter die Fundamente wirken, was zu einseitigem Hochfrieren, zu Verkippungen der Wände und damit zu typischen Risseschäden führt. Bei der Beurteilung von Gebäudeschäden durch Frosthebung ist auch die E DIN EN ISO 13 793 (1995) zu beachten.

Die **Zone der jahreszeitlichen Volumenänderungen** durch Auffrieren oder Austrocknung von 0,6 bis 0,8 m muß auf jeden Fall durchgeführt werden. Das gleiche gilt auch für die Zone der größeren Wurzellöcher und Hohlräume durch wühlende Tiere.

In Gebieten mit tonigen Böden hat sich in niederschlagsarmen Sommern wiederholt gezeigt, daß das durch Niederschlagsarmut bedingte Schrumpfen solcher Böden bis 1,5 m reicht und in 1 m Gründungstiefe noch Schrumpfsetzungen bis 1 cm auftreten können (PRINZ 1974, 1990 und Abschn. 6.2.2).

Bei Brücken und anderen Uferbauwerken ist eine mögliche **Kolkgefahr** der Ufer bzw. der Flußsohle zu berücksichtigen.

7.3 Zulässiger Sohldruck in einfachen Fällen

Er ist der Sohldruck, der bei einem Bauwerk auf dem vorhandenen Untergrund zugelassen werden kann, ohne daß Schäden am Bauwerk zu befürchten sind. Er hängt nicht allein vom Baugrund ab, sondern es ist immer die Wechselwirkung Bauwerk/Baugrund zu beachten.

Je nach Entwurfsstadium wird zunächst ein vorläufiger zulässiger Sohldruck, nach Erfahrungs- oder Tabellenwerten angegeben. Nach Vorliegen der Lasten und eines Fundamentplanes wird durch Grundbruch- und Setzungsberechnung überprüft, ob die Grundbruchsicherheit gewährleistet und die Setzungen und Setzungsunterschiede in erträglichen Grenzen liegen. Danach wird dann der endgültige zulässige Sohldruck festgelegt.

Der **vorläufige zulässige Sohldruck** (früher Bodenpressung) war in DIN 1054 (1976) in Form von Tabellen angegeben. Die Tabelle 7.1 zeigt eine Zusammenstellung dieser Tabellenwerte. Nach DIN V 1054 – 100 (1996) können die einwirkenden Sohldrücke den Diagrammen in Anhang C der Norm entnommen werden, die nachstehend im einzelnen wiedergegeben sind. Voraussetzung für die Anwendung dieser Bodenpressungen bzw. Sohldrucke ist in beiden Fällen:

- die Bemessungssituation entspricht dem Lastfall 1 nach Abschn. 5.1
- der Baugrund ist bis in 2-fache Fundamentbreite, mindestens aber 2 m unter Gründungssohle mehr als mitteldicht gelagert bzw. steifplastisch (s. Abschn. 4.3.6 und Abschn. 2.5)
- die Geländeoberfläche und Schichtgrenzen verlaufen annähernd waagerecht
- weitere Einzelheiten s. DIN V 1054 – 100, Abschn. 9.7.

In den Fällen, in denen die äußeren Randbedingungen nicht durch die Diagramme der DIN V 1054 –

100 abgedeckt sind, müssen in jedem Fall die Grenzzustände GZ 1 und GZ 2 nachgewiesen werden.

Bei **rolligem Baugrund** muß dabei mindestens mitteldichte Lagerung gegeben sein. Die maßgebenden Bemessungswerte σ_{zul} können Tab. 7.1 bzw. dem Diagramm der Abb. 7.1 entnommen werden, und zwar entweder auf der Grundlage der Grundbruchsicherheit, wobei mit Setzungen um 2 cm (für b = 1,5 m) und mehr zu rechnen ist oder auf der Grundlage von zulässigen Setzungen (1 bis 2 cm).

Bei dichter Lagerung des nichtbindigen Baugrundes ist eine Erhöhung der Bemessungswerte σ_{zul} bis zu 50% zulässig. Bei Rechteck- und Kreisfundamenten dürfen die Bemessungswerte um bis zu 20% erhöht werden.

Bei einem Abstand des maßgebenden Grundwasserspiegels < b ist eine Abminderung der Tabellenwerte vorzunehmen und zwar um bis zu 40% bei einem Grundwasserstand in Gründungssohle oder darüber. Zwischenwerte sind zu interpolieren.

Die maßgebenden Bemessungswerte für den Sohldruck (σ_{zul}) von Streifenfundamenten auf **bindigem Baugrund** für b = 0,5 bis 2,0 m können

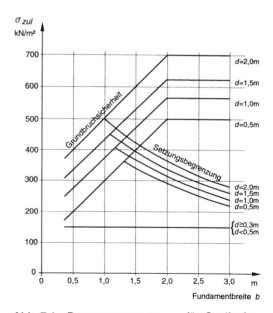

Abb. 7.1 Bemessungswerte σ_{zul} für Streifenfundamente auf nichtbindigem, mitteldicht gelagertem Boden in Abhängigkeit von der Breite b bzw. b' und der Einbindetiefe d (aus DIN V 1054 – 100, Anhang C).

Tabelle 7.1   Zusammenstellung der Bodenpressungen bzw. Sohldrucke nach DIN 1054 (1976); aus TÜRKE 1990.

Nichtbindiger Baugrund	Einbindetiefe d	Streifenfundamente mit Breiten von					
		0,5 m	1 m	1,5 m	2 m	3 m	5 m
		Setzungsempfindliche Bauwerke					
Kies und Sand mitteldicht GE, GW, GI SE, SW, SI GU, SU, GT	0,5 m	200	300	330	280	220	176
	1 m	270	370	360	310	240	192
	1,5 m	340	440	390	340	260	208
	2 m	400	500	420	360	280	224
		Setzungs*un*empfindliche Bauwerke					
	0,5 m	200	300	400	500	500	500
	1 m	270	370	470	570	570	570
	1,5 m	340	440	540	640	640	640
	2 m	400	500	600	700	700	700

Bindiger Baugrund	Einbindetiefe d	Streifenfundamente mit Breiten von					
		$\leqq$ 2 m	5 m	$\leqq$ 2 m	5 m	$\leqq$ 2 m	5 m
		steif		halbfest		fest	
Schluff UL	0,5 m	130	91	130	91	–	–
	1 m	180	126	180	126	–	–
	1,5 m	220	154	220	154	–	–
	2 m	250	175	250	175	–	–
Kies und Sand schluffig-tonig GÜ, SÜ, ST, GT̄, ST̄	0,5 m	150	105	220	154	330	231
	1 m	180	126	280	196	380	266
	1,5 m	220	154	330	231	440	308
	2 m	250	175	370	259	500	350
Schluff + Ton UM, TL, TM	0,5 m	120	84	170	119	280	196
	1 m	140	98	210	147	320	224
	1,5 m	160	112	250	175	360	252
	2 m	180	126	280	196	400	280
Ton TA	0,5 m	90	63	140	98	200	140
	1 m	110	77	180	126	240	168
	1,5 m	130	91	210	147	270	189
	2 m	150	105	230	161	300	210

Fels	nicht brüchig, nicht oder nur wenig angewittert	brüchig, oder mit deutlichen Verwitterungsspuren
gleichmäßig und fest wechselnd oder klüftig	4000 2000	1500 1000

Tab. 7.1 bzw. den Diagrammen der Abb. 7.2 bis Abb. 7.4 entnommen werden, die jeweils ausgelegt sind für reinen Schluff (UL), tonig-schluffigen Boden (UM, TL, TM) oder ausgeprägt plastische Tone (TA). Die zu erwartenden Setzungen liegen bei 2 bis 4 cm. Für gemischkörnige Böden (SU, ST, GU, GT) bringt DIN V 1054 – 100 eine zusätzliche Tabelle.

Eine Erhöhung der Bemessungswerte um 20 % ist auch wieder bei Rechteck- und Kreisfundamenten möglich. Bei Fundamentbreiten zwischen 2 m und 5 m müssen die angegebenen Bemessungswerte um 10 % je Meter zusätzlicher Fundamentbreite vermindert werden.

Für **Gründungen auf Fels** werden in DIN V 1054 - 100 feste bzw. harte unverwitterte Felsarten sowie 4 Felsgruppen unterschieden:

Felsgruppe 1: Kalksteine und karbonatisch gebundene Sandsteine

Felsgruppe 2: Mergelige Kalksteine, Sandsteine guter Kornbildung, kalkige Schluffsteine und Schiefer mit flachliegender Schieferung

Felsgruppe 3: Stark mergelige Kalksteine, schwach gebundene Sandsteine, Schiefer mit steilstehender Schieferung

Felsgruppe 4: Schwach gebundene Ton- und Schluffsteine

Für feste bzw. harte Felsarten wird vom Baugrund her keine Begrenzung angegeben. Die Bemessungswerte für gebrächen Fels können in Abhängigkeit von den Felsgruppen, der einaxialen Gesteinsdruckfestigkeit und vom Kluftabstand den Diagrammen der Abb. 7.5 entnommen werden, wobei mit Setzungen in der Größenordnung von 0,5 % der kleineren Fundamentbreite zu rechnen ist.

Für poröse, Kreidekalksteine enthält die ENV 1997 – 1, Anhang E, eine eigene Klassifikation mit direkter Angabe von Bemessungssohldrücken.

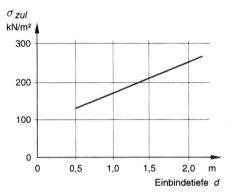

Abb. 7.2 Bemessungswerte σ_{zul} für Streifenfundamente auf reinem Schluff (UL) mit steifer bis halbfester Konsistenz, bei Breiten von b bzw. b' von 0,5 bis 2,0 m (aus DIN V 1054 – 100, Anhang C).

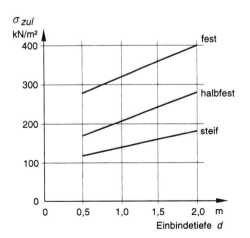

Abb. 7.3 Bemessungswerte σ_{zul} für Streifenfundamente auf tonig-schluffigem Boden (UM, TL, TM) bei Breiten von b bzw. b' von 0,5 bis 2,0 (aus DIN V 1054 – 100, Anhang C).

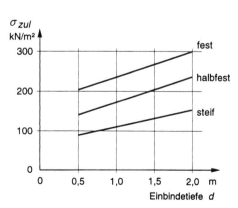

Abb. 7.4 Bemessungswerte σ_{zul} für Streifenfundamente auf Ton (TA) bei Breiten von b bzw. b' von 0,5 – 2,0 m (aus DIN V 1054 – 100, Anhang C).

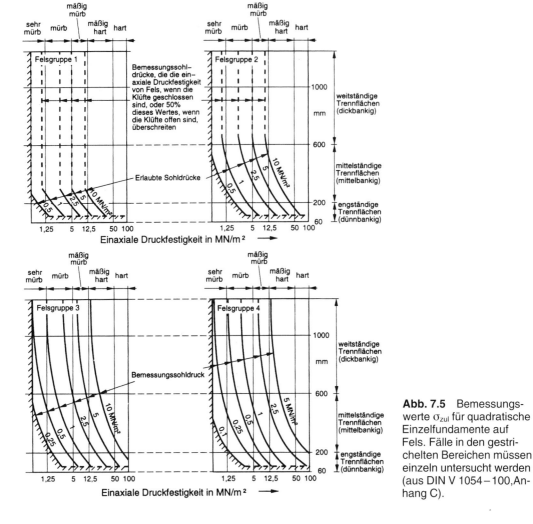

Abb. 7.5 Bemessungswerte σ_{zul} für quadratische Einzelfundamente auf Fels. Fälle in den gestrichelten Bereichen müssen einzeln untersucht werden (aus DIN V 1054–100, Anhang C).

7.4 Konstruktive und baugrundverbessernde Maßnahmen

Die Dimensionierung der zulässigen Sohldrücke erfolgt unter der Bedingung ausreichender Grundbruchsicherheit und unter Annahme einer bestimmten, für das Bauwerk unschädlichen Setzung bzw. entsprechender Setzungsunterschiede. Besteht Gefahr, daß diese Setzmaße überschritten werden, so müssen dagegen Maßnahmen vorgesehen werden. Diese sind abhängig von Baugrund und Bauwerk sowie der Größenordnung der zu erwartenden Setzungen.

7.4.1 Konstruktive Maßnahmen

Ausgehend von den in Abschn. 6.1 genannten zulässigen Setzungen und Setzungsunterschieden kann die Setzungsempfindlichkeit eines Bauwerks durch konstruktive Maßnahmen verringert werden.

Erste Maßnahme zur Erhöhung der Steifigkeit eines Gebäudes ist konstruktive **Längsbewehrung** der Streifenfundamente (s. Abschn. 7.1). Damit können bei normalen Wandabständen von Wohngebäuden fast doppelt so große Setzungsunterschiede aufgenommen werden wie im Falle unbewehrter Streifenfundamente (s. Abschn. 6.1).

Der nächste Schritt zur Aussteifung eines Gebäudes ist gewöhnlich die Ausführung von **Massivdecken** (Stahlbetondecken) anstelle von Fertigdecken (Träger- oder Rippendecken oder sogar Holzdecken). Stahbetondecken, zumindest als Kellerdecken, geben einem Gebäude besonders bei sattelartigen Setzungen eine wesentlich höhere Biegesteifigkeit.

Soll ein Gebäude noch weiter ausgesteift werden, so können die Fundamente durch einen darüber angeordneten Stahlbetonbalken verstärkt oder die Keller(außen)wände in Stahlbeton hergestellt werden, was einen sog. **steifen Kellerkasten** ergibt.

Auch Einzelfundamente können zur Abminderung von Setzungsunterschieden durch Stahlbetonbalken (Zerrbalken) verbunden werden.

Die entgegengesetzte Lösung besteht darin, Bauwerk und Gründung so biegeweich bzw. statisch bestimmt auszubilden, daß die durch die Setzungsunterschiede hervorgerufenen Durchbiegungen und Verformungen ohne Spannungsüberschreitungen aufgenommen werden könnnen. Diese Methode wird besonders im konstruktiven Ingenieurbau (Brückenbau) angewandt. Im Brückenbau können auch die Lager nachstellbar ausgebildet werden, wobei die Nachstellarbeiten aber meist eine erheblichen Aufwand bringen.

Längere Bauwerke werden durch i. d. R. 2 cm breite Dehnungsfugen in Abschnitte unterteilt. Der normale Fugenabstand zur Aufnahme der Temperatur-, Schwind- und Kriechspannungen beträgt je nach Baumaterial 8 bis 30 m. In den meisten Fällen reicht dieser Fugenabstand auch für **Setzfugen**. Diese müssen aber vertikal frei beweglich ausgebildet sein und eine leichte Verkippung zur Setzungsmulde hin erlauben. Wenn wilde Risse in den Fundamenten unschädlich sind, sollten Setzfugen zur besseren Aussteifung nicht durch die Fundamente geführt werden. Bei verschieden hohen oder verschieden tief gegründeten Bauteilen werden Setzfugen an diese Versprünge gelegt.

Im Grundwasser müssen Fugen (auch Arbeitsfugen) durch **Fugenbänder** gedichtet werden. Unterschieden werden Arbeitsfugenbänder und Dehnungsfugenbänder (mit Mittelschlauch). Normale Fugenbänder können Setzungen bis zu 2 cm aufnehmen. Sind an den Fugen größere Setzungsunterschiede zu erwarten, so müssen die Fugenbänder darauf abgestimmt werden. Wiederholte Fugenbewegungen erfordern dauerelastische Fugenbänder.

7.4.2 Abminderung der Sohlpressung

Bezüglich der Abminderung der Sohlpressung muß zwischen einer echten Abminderung der ef-

fektiven Lasten durch Änderung der Konstruktion (selten möglich) bzw. Tieferlegung der Gründung (größerer Erdaushub) und einer Abminderung des spezifischen Sohldrucks durch Vergrößerung der Fundamentfläche unterschieden werden.

Bei homogenem Baugrund werden durch Vergrößerung der Fundamentfläche die Setzungen nur geringfügig abgemindert, da breitere Fundamente eine größere Tiefenwirkung haben. Die Wirkung dieser Maßnahme ist also weitgehend von der Baugrundschichtung abhängig.

7.4.3 Mechanische Baugrundverbesserungsverfahren

Das einfachste Verfahren zur Verbesserung von locker gelagerten, verdichtungsfähigen Böden ist eine mechanische Verdichtung mit einem der Fundamentgröße angepaßten Verdichtungsgerät (s. Abschn. 12.2.2). Die Wirkungstiefe der üblichen Geräte beträgt 0,2 bis 1,0 m.

Ist der Boden nicht verdichtungfähig, so muß er ausgekoffert und durch gut verdichtbares, tragfähiges Material (Kiessand 0–30, Schottergemisch 0–56, gebrochenes Steinmaterial 0–200, Unterbeton Bn 10) ersetzt werden (s. Abschn. 2.1.6 und Abb. 12.3).

Der **Bodenaustausch** muß im Druckausbreitungsbereich des Fundaments eingebracht werden (Unterbeton 50°, Kiessand 45°), wobei die Wände möglichst nicht senkrecht gebößcht werden sollen, da der seitliche Wirkungsgrad der meisten Verdichtungsgeräte nur gering ist (Abb. 7.6). Unterschieden wird zwischen vollständigem und teilweisem Bodenaustausch. Ein vollständiger Bo-

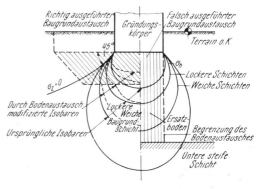

Abb. 7.6 Auswirkung des Bodenaustausches auf die Verminderung der Setzungen (aus SZECHY 1963).

denaustausch wird bis auf die volle Tiefe des schlechten Baugrunds bzw. im Gesamtbereich der Spannungsausbreitung vorgenommen. Die Setzungen werden dadurch auf die Setzungen des Bodenaustauschmaterials selbst abgemindert, die je nach Material und Verdichtung 0,5 bis 1,0 % der Mächtigkeit des Bodenaustausches betragen.

Da die obersten Meter unter Gründungssohle die meisten Setzungen erbringen, genügt häufig zur Abminderung der Setzungen auf ein zulässiges Maß ein teilweiser Bodenaustausch von, je nach Fundamentbreite, 1 bis 3 m Tiefe. Damit kann auch eine Abstimmung auf verträgliche Setzungen vorgenommen werden. Kann sich im Austauschboden Wasser ansammeln, oder steht der Austauschboden zeitweise unter Grundwasser, so ist zu prüfen, ob der Boden darunter durch Wasser negativ beeinflußt werden kann. In solchen Fällen wird zweckmäßigerweise ein Unterbetonaustausch vorgenommen.

Der Bodenaustausch muß gut verdichtet werden, wobei Abschn. 12.2.1 bis 12.2.4 zu beachten sind. Bei lagenweiser Verdichtung muß das Grundwasser mindestens 0,5 m unter die tiefste Aushubsohle abgesenkt sein. Die Grenzen der Wirtschaftlichkeit des Bodenaustausches liegen häufig in der Notwendigkeit bzw. dem Aufwand der Wasserhaltung. Bei weichen Böden ist als erste Lage eine filterstabile Schicht einzubringen oder ein Baustellenvlies einzulegen, damit feinkörniger Boden nicht in die Grobporen des Bodenaustauschmaterials eindringt, was zu zusätzlichen und länger anhaltenden Setzungen führen kann.

Bei größeren Austauschmächtigkeiten und der Verwendung von Kiessand als Austauschmaterial bzw. bei anstehenden, nicht ausreichend dicht gelagerten Sanden, deren Schluffanteil 10 bis 15 % nicht übersteigt, kann die Verdichtung auch unter Wasser nach dem **Rütteldruckverfahren** erfolgen (BAUMANN 1978, KIRSCH 1979, JEBE & BARTELS 1983). Der torpedoähnliche Tiefenrüttler wird in Abstän-

den von 1,5 bis 2,0 m vertikal in die Schüttung eingefahren. Die Verdichtung erfolgt durch horizontale Schwingungen des Rüttlers, die ungedämpft auf den zu verdichtenden Boden einwirken. Hierdurch wird eine deutliche Erhöhung der Lagerungsdichte sowie des Reibungswinkels und Steifemoduls erreicht. In feinkörnigen Sanden wird teilweise Grobkorn zugegeben, was die Entwässerungseigenschaften verbessert und den Boden auch gegen dynamische Beanspruchung, z. B. bei Erdbeben, unempfindlich macht (KIRSCH 1979: 23).

Das gleiche Gerät kann in weichen bis steifen, bindigen Böden (weniger in stark organischen Böden, s. Abschn. 14.1.4) auch für die sog. **Rüttelstopfverdichtung** (Abb. 7.7) eingesetzt werden. Der Tiefenrüttler wird in den weichen Boden eingefahren und nach dem Ziehen wiederholt grober Kies oder Schotter der Körnung 2–32, und zwar etwa 1,0 bis 1,5 t pro laufenden Meter, zugegeben und verdichtet, wodurch in dem weichen Boden tragfähige Schottersäulen von 0,8 bis 1,1 m $\varnothing$ entstehen. Diese verbessern sowohl die Scherfestigkeit als auch das Setzungsverhalten des Baugrundes. Bei einem Stopfpunktabstand von 1,5 bis 2,5 m ist nach den Bemessungsdiagrammen in KIRSCH (1979: 27) eine Verbesserung des Steifemoduls um den Faktor 2 bis 5 möglich (BAUMANN 1978: 390; BLÜMEL & RIZKALLAH 1978). Die Tragfähigkeit von einzelnen Stopfsäulen selbst wird meist nach Erfahrungswerten festgelegt; wobei in schluffigen Sanden und Schluffen Lastzuordnungen von 150–300 kN üblich sind (BRAUNS 1978, JEBE & BARTELS 1983: 7).

Wenn bei normaler Stopfverdichtung noch zu große oder unterschiedliche Setzungen zu erwarten sind, kann der eingebrachte Kies über ein Injektionsrohr am Rüttler mit einer Zement-Betonit-Suspension getränkt werden. Diese vermörtelten Stopfsäulen wirken wie unbewehrte Pfähle. Die Abschätzung der Tragfähigkeit erfolgt in Anlehnung an DIN 4014 (JEBE & BARTELS 1983).

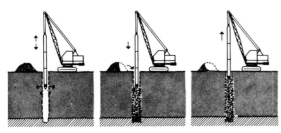

DER RÜTTLER WIRD VERSENKT UND ERZEUGT EINEN ZYLINDR. HOHLRAUM

DAS ZUGABEMATERIAL WIRD CHARGENWEISE EINGEFÜLLT UND DURCH DEN RÜTTLER VERDRÄNGT UND VERDICHTET

Abb. 7.7   Schema einer Rüttelstopfverdichtung (aus KIRSCH 1979).

Eine andere Weiterentwicklung der Rüttelstopfverdichtung sind die **Betonrüttelsäulen**, bei denen in den vom Tiefenrüttler durch Verdrängung geschaffenen Hohlraum Beton eingepumpt wird. Es handelt sich damit praktisch um unbewehrte Ortbetonpfähle. Sowohl vermörtelte Stopfsäulen als auch Betonrüttelsäulen werden besonders bei großen Flächenlasten auf schlechtem Baugrund eingesetzt (JEBE & BARTELS 1983, PRIEBE 1980). Die Vorbemessung erfolgt wie für die vermörtelten Stopfsäulen (HETTLER & BERG 1987).

Ein weiteres, bei großflächig vorhandenem schlechten Baugrund mögliches Verfahren der mechanischen Baugrundverbesserung ist die **dynamische Intensivverdichtung** (FRANK & VARASKIN 1977). Überschwere Fallplatten von 10 bis 40 t werden in freiem Fall aus 10 bis 40 m Höhe auf die Oberfläche des zu verdichtenden Boden fallen gelassen. Durch die schockartig aufeinanderfolgenden Impulse wird eine Verflüssigung und Umstrukturierung von schluffig-sandig-kiesigen Böden lockerer Lagerung erzielt, bei gleichzeitiger Verdrängung des Porenwassers und Zugabe von Kies- und Steinmaterial. Die Tiefenwirkung soll bis 15 m betragen. Nach Firmenangaben kann eine Erhöhung der Tragfähigkeit um 200 bis 400% und der Steifemoduln um das 3- bis 8fache erreicht werden. Dynamische Intensivverdichtung hat ihre geotechnische Einsatzgrenze, wenn die Durchlässigkeit des Bodens $< 10^{-7}$ m/s ist und die Mächtigkeit zu groß wird sowie bei sehr hohen Wassergehalten bzw. in organischen Böden.

7.4.4 Baugrundverfestigung durch Einpressen von Suspensionen oder Lösungen

Durch Einpressen von hydraulischen Bindemitteln (sog. Feststoffinjektionen) oder chemischen Lösungen in die Poren oder Klüfte kann die Festigkeit erhöht und die Wasserwegsamkeit verringert werden. Einzelheiten zur Bohr- und Einpreßtechnik (z.B. Manschettenrohrverfahren) siehe DIN 4093 (1987) und REUTER (1977: 478), MESECK (1982), HEITFELD & KRAPP (1986), KUTZNER (1991) und SCHULZE (1996). Während sich die DIN 4093 im wesentlichen auf Einpressungen mit chemischen Mitteln bezieht, werden in einem „Vorläufigen Merkblatt für Einpreßarbeiten mit Feinstbindemitteln in Lockergesteinen - 1993" anwendungsspezifische Besonderheiten mit Feinstbindemitteln behandelt (s. Bautechnik 70: 550).

Die wichtigsten Verpreßmethoden sind Packer-Injektion in Festgesteinen (s. Abschn. 18.4.3), Manschettenrohrinjektion in Locker- und Halbfestgesteinen (s. Abb. 7.8) und Lanzeninjektionen in nicht standfestem Untergrund. Der Abstand der Injektionslöcher richtet sich nach der Durchlässigkeit des Untergrundes, dem Injektionsmittel und dem zulässigen Einpreßdruck (s. Abschn. 18.4.3 und o.g. Merkblatt).

Das älteste Verfahren ist die **Zementinjektion** (KOCKERT & REUTER 1978: 13; MESECK 1982: 24; WIDMANN 1992). Voraussetzung für den Verfestigungs- und Abdichtungserfolg ist, daß die feinkörnige Suspension in die Poren und Risse eindringen kann. Die Einsatzmöglichkeiten herkömmlicher Zemente für Injektionsarbeiten waren aufgrund mangelnder Feinheit begrenzt. Feinstzemente sind wesentlich feinkörniger und weisen Druchgangswerte bei 0,016 mm von 95–100% auf. Dadurch enthält das Injektionsgut nur geringe Mengen von Sperrkorn, d.s. grobe Zementkörner, welche die Poren und Risse zusetzen und das weitere Eindringen von Injektionsgut bremsen oder verhindern. Feinstbindemittel werden meist mit einem Wasser-Bindemittelwert von W/B = 0,8 bis 2,0 unter Zugabe von Injektionshilfen verwendet.

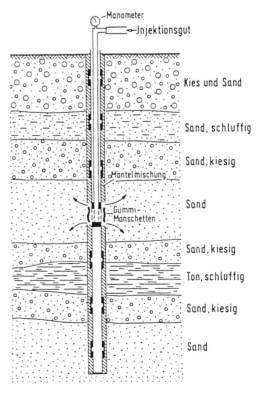

Abb. 7.8 Prinzip der Manschettenrohrinjektion in Lockergesteinen (aus HEITFELD & KRAPP 1986).

Bei der Bewertung der **Injizierbarkeit von Fels** sind u. a. folgende Fragen zu behandeln (KÜHLING & WIDMANN 1966):

- Abmessungen der maßgebenden Fließwege (Porenkanäle, Klüfte)?
- Sind die Fließwege ganz oder teilweise gefüllt?
- Sind die Fließwege wassergefüllt, wenn ja, unter welchem Druck?
- Fließgeschwindigkeit des Wassers in den Fließwegen?
- Ist mit Aufweitung der Fließwege während der Injektion zu rechnen?
- Bei welchem Druck ist mit einem Aufreißen der Klüfte zu rechnen?
- Spannungszustand im zu injizierenden Gebirge vor und nach dem Bau?

Bei Festgesteinen gilt die Regel, daß für eine erfolgreiche Injektion die Kluftweite größer sein muß als der 5-fache maßgebende Korndurchmesser des Injektionsgutes. Dies bedeutet, daß Suspensionen aus herkömmlichen Injektionszementen noch in Kluftweiten > 0,2 mm eindringen und feingemahlene Spezialzemente (sog. Feinstbindemittel bzw. Feinstzemente) mit eng abgestufter größerer Kornfeinheit noch Injektionen bis etwa 0,1 mm Kluftweite ermöglichen (HUTH & KÜHLING 1991; KÜHLING & WIDMANN 1996).

Maßgebende Kennwerte für die Injizierbarkeit eines **Lockergesteins** sind die Kornverteilung, der Ungleichförmigkeitsgrad, die Lagerungsdichte, der Durchlässigkeitsbeiwert sowie der Porenanteil und der Porendurchmesser, bes. der Porenengstellen. Theoretisch kann bei einigermaßen gleichförmigen Böden aus dem Verhältnis des Korndurchmessers D_{15} des zu injizierenden Bodens zu dem Korndurchmesser d_{85} des Injektionsgutes auf die Injizierbarkeit geschlossen werden. (HEITFELD & KRAPP 1986: 18, SCHULZE & BRAUNS 1990: 33):

$$\frac{D_{15}}{d_{85}} \geq 24 \text{ Injektion möglich;}$$
$$\leq 11 \text{ nicht mehr möglich}$$

Der Korndurchmesser d_{85} liegt bei Normalzementen (z. B. HOZ 35 L) etwa bei 0,02 bis 0,04 mm und bei Feinstbindemitteln bei 0,004 bis 0,015 mm (PERBIX & TEICHERT 1995, mit Anwendungsbeispiel).

Bei ungleichförmigen Böden kommt es sehr auf die Bodenschichtung an und mit welchen Porenanteilen bzw. Fließkanälen in den einzelnen Schichten gerechnet werden kann. Den besten Einblick in die Feinschichtung des Bodens ermöglichen Schürfe oder, wenn dies nicht möglich ist, Kernbohrungen mit PVC-Kernhülsen (sog. Liner, s.

Abschn. 4.3.5.2). Wegen der raschen Änderung der Kornverteilung in fluvialen Kies-Sand-Abfolgen (s. Abschn. 2.8.5) sind zur Beurteilung der Verpreßbarkeit sehr engmaschige Aufschlüsse erforderlich. An Feldversuchen zur Abschätzung der Verpreßbarkeit kommen Pumpversuche oder Versickerungsversuche in Betracht (s. Abschn. 2.8.4), die aber auch nur die Durchlässigkeit eines Mehrschichtsystems ergeben. Wenn keine einschlägigen Erfahrungen vorliegen, ist in feinsandigen Böden ein Einpreßversuch an Ort und Stelle zu empfehlen, wobei der Druckverlauf in Abhängigkeit von der Einpreßmenge den wechselnden Porenanteilen anzupassen ist.

Die **Verpreßdrücke** betragen 5 bis 30 bar, bei gleichzeitiger Kontrolle der Einpreßrate. Zur Vermeidung von markanten Rissen muß der Verpreßdruck an der Austrittstelle kleiner sein als die effektive Vertikalspannung, wobei zu berücksichtigen ist, daß von dem abgelesenen Wert an der Injektionspumpe nicht direkt auf den maßgeblichen Druck im Boden geschlossen werden kann (s. Abschn. 18.4.3). Für die **Einpreßrate** kann als Faustformel gelten: Die zulässige Einpreßrate Q (in l/min.) ist gleich der Tiefe z der Austrittsstelle des Injektionsgutes unter Gelände (in m), s. d. SCHULZE (1996).

Allgemein wird davon ausgegangen, daß mit wasserreichen Zementinjektionen (W/Z $\geq 0,8-1,2$) sandiger Kies (Flußkies) noch injektionsfähig ist. BAUMANN (1982: 52) und MESEK (1982: 26) berichten von erfolgreichen Abdichtungsmaßnahmen mit Zementinjektionen in Grobsandböden, STEIN & GERDES (1988: 14) und HUTH & KÜHLING (1991) und das o. g. vorläufige Merkblatt gehen davon aus, daß mit Feinstbindemitteln (W/B-Wert 0,5–0,8) auch Sande mit mehr als 50% Feinsandanteilen injiziert werden können (PERBIX & TEICHERT 1995).

Zementinjektionen sind in bewegtem oder agressivem Grundwasser nur bedingt anwendbar. Bei Sulfataggressivität werden hochgeschlackte Hochofenzemente verwendet.

Bei größeren Kluftweiten oder Hohlräumen werden wasserarme, sedimentations- bzw. erosionsstabile **Zementpasten** (W/Z $\approx 0,45$) eingesetzt (s. Tabelle 7.2). Für eine volumenbeständige Verfüllung größerer Poren- und Hohlräume kann auch **Dämmersuspension** verwendet werden. Dämmer besteht aus speziellen Gesteinsmehlen und einem hydraulischen erhärtendem Bindemittel. Er wird mit Wasser zu einer fließfähigen Suspension angemischt (W/D-Faktor 0,7–0,8 $\sigma_{D28} \approx 1$ N/mm^2).

Tabelle 7.2 Injektionsmöglichkeiten in Abhängigkeit von der Gesteinsart und der Durchlässigkeit (aus HEITFELD & KRAPP 1986).

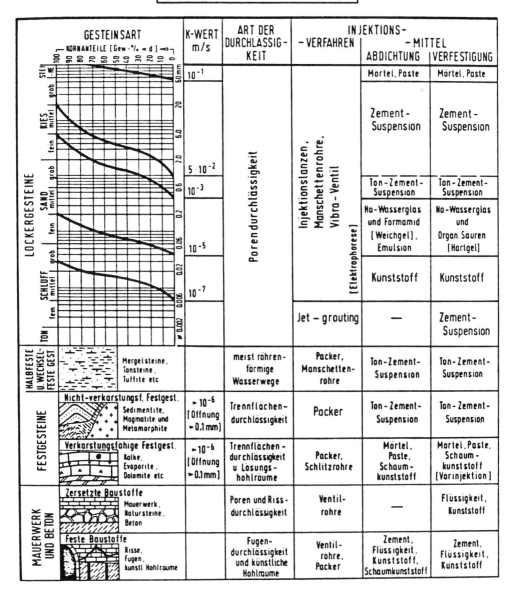

Durch Verringerung des Wasseranteils bis zur Grenze der Pumpfähigkeit (W/D ≈ 0,45) können Druckfestigkeiten bis $\sigma_{D28} = 5$ N/mm² erreicht werden.

In kiesigen Sanden und Sandböden (Grob- und Mittelsande, teilweise bis zu den Feinsanden) wer-den **Silikatlösungen** (Wasserglaslösungen) einge-setzt (Abb. 7.9). Durch Zugabe von Reaktiven zu den Silikatlösungen (meist Natriumsilikat) bilden sich Gele, deren Festigkeit und Erhärtungszeiten gesteuert werden können (KOCKERT & REUTER 1979: 15; KIRSCH 1982; HEITFELD & KRAPP 1986; KUTZNER 1991). Die Silikatgele sind gegenüber

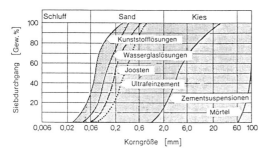

Abb. 7.9 Derzeitige Anwendungsbereiche von konventionellen Injektionsmitteln (aus BRANDL 1989).

aggressivem Wasser unempfindlich und infolge der schnellen Reaktion auch bei bewegtem Grundwasser einsetzbar. Die erreichbaren Würfeldruckfestigkeit liegen bei den auf den ursprünglichen Joosten-Verfahren (1926 entwickelt) bzw. Monodur-Verfahren (1957 entwickelt) aufbauenden Zweistoff-Systemen in sandigen Flußkiesen mit $d_{10} = 1,5$ mm bei 6 – 8 N/mm^2 und bei Feinsanden ($d_{10} \leq 0,1$) bei 3 – 4 N/mm^2. Bezüglich der Dauerfestigkeit scheint eine Lebensdauer ohne nachteilige Veränderung von 15 bis 20 Jahren gewährleistet zu sein (BAUMANN 1982: 52).

Für reine Abdichtungsinjektionen werden sog. **Weichgele** (z. B. Monosol) verwendet, bei denen die Druckfestigkeit infolge ihres geringen Kieselsäuregehaltes nur bei etwa 0,3 – 0,5 N/mm^2 liegt (KIRSCH 1982).

In schluffigen Feinsanden mit Schluffanteilen bis 30 % können Verpreßflüssigkeiten aus **Kunstharzen** (z. B. Polyurethanharze oder Organomineralharze) verwendet werden (STEIN & GERDES 1988). Die Verfestigungswirkung des sich bildenden Hartschaumes ist begrenzt. Die Durchlässigkeitswerte können um bis zu 2 Potenzexponenten verbessert werden.

Während bei Zementinjektionen (auch Feinstbindemitteln) nur kurzzeitige Veränderungen des den frischen Injektionskörper umströmenden Grundwassers beobachtet wurden und diese daher bezüglich der Grundwasserbelastung als unbedenklich gelten, es sei denn, es werden chemische Zusatzmittel als Erstarrungsbeschleuniger, -verzögerer oder Fließverbesserer verwendet, ist bei Silikatlösungen und den Zweikomponenten-Kunstharzen die **Umweltverträglichkeit** zu beachten. Bei Silikatlösungen tritt im vorbeifließenden Grundwasser kurzfristig eine deutliche Erhöhung des pH-Wertes und der Na-Ionenkonzentration auf, die jedoch nach einigen Tagen auf nur noch gering erhöhte Werte absinkt (DONEL 1981; HEITFELD & KRAPP 1986: 38; STEIN & GERDES 1988; KIRSCH 1994). Schwieriger zu beurteilen ist die Toxizität organischer Härter, wobei heute weitgehend solche auf mineralischer Basis verwendet werden, die nur zu einer vorübergehenden Aufsalzung führen. Weichgele mit Natriumsilikat als Härter sind teilweise nicht mehr genehmigungsfähig.

Auch bei Kunstharzinjektionen gelangen toxische Momomer-Reste der organischen Komponenten in das Grundwasser. Diese sind jedoch in der Regel weniger wassergefährdend als die Härter bei Silikatinjektionen (STEIN, MAIDL & GERDES 1990).

Abschließende Erfahrungen liegen darüber noch nicht vor, auch nicht hinsichtlich behördlicher Einschränkungen nach dem Wasserhaushaltsgesetz von 1986 (s. d. Abschn. 4.3.1), wonach (§ 34) eine Erlaubnis oder eine Bewilligung für das Einleiten von Stoffen in das Grundwasser nur erteilt werden darf, wenn eine schädliche Verunreinigung des Grundwassers oder eine sonstige nachteilige Veränderung seiner Eigenschaften nicht zu besorgen ist.

Eine Stabilisierung von im herkömmlichen Sinn nicht injizierbaren feinkörnigen Böden von weicher oder steifer Konsistenz und auch von organischen Böden kann mit dem **Soil-Fracturing-Verfahren** erreicht werden (KIRTSCH & SAMOL 1979; RAABE & ESTERS 1986; STEIN & GERDES 1988; MÜLLER-KIRCHENBAUER 1996). Dabei werden nicht nur vorhandene größere Porenräume verfüllt, sondern der Boden wird durch angepaßte Mehrfachverpressungen örtlich aufgesprengt, so daß ein Feststoffskelett aus Einzellamellen oder Zementplatten entsteht, ohne daß die Konsistenz des Bodens selbst merkbar verbessert wird. Anfänglich bilden sich bevorzugt vertikale feine Zementlamellen aus, die zunächst eine horizontale Verspannung und Verdichtung im Boden bewirken (Abb. 7.10). Bei weiterer Verpressung kommt es zu einem Anwachsen der Vertikalspannungen und mit weiterer Verdichtung zu Hebungstendenzen, die auch Hebungsinjektionen bei Gebäudeschiefstellungen ermöglichen (RAABE & ESTERS 1986, RAABE et al. 1990).

Die Verpreßdrucke werden, beginnend beim Überlagerungsdruck langsam gesteigert bei gleichzeitiger Kontrolle der Hebungen. Der Verpreßdruck wird in der Regel an der Injektionspumpe im Injektionscontainer gemessen und ist nicht dem maßgeblichen Druck an der Austrittstelle in das Gebirge gleichzusetzen. Infolge der Druckverluste in den Leitungen und im Packer sowie des Aufreiß-

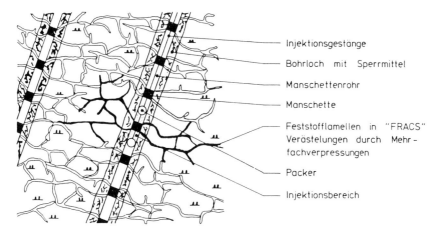

Injektionsgestänge

Bohrloch mit Sperrmittel

Manschettenrohr

Manschette

Feststofflamellen in "FRACS"
Verästelungen durch Mehr-
fachverpressungen

Packer

Injektionsbereich

Abb. 7.10   Wirkungsweise des Soil-Fracturing-Verfahrens (aus RAABE & ESTERS 1986).

widerstandes der Mantelmischung und dem Druckverlust bis zum Bohrlochrand bzw. bis zum Eintritt in das Gebirge beträgt der wirksame Druck im Gebirge meist weniger als 50 % des Pumpdruckes. Über die Möglichkeit einer Druckmessung am Packer, wie sie bei WD-Tests üblich ist, liegen mit feststoffreichen Injektionsmitteln noch wenig Erfahrungen vor.

Eine Weiterentwicklung zur Verfestigung nicht injizierbarer, wenig tragfähiger, aber sehr steifer bis halbfester Verwitterungsböden und Halbfestgesteine ist das **Rock-Fracturing-Verfahren**. Durch ausreichend hohe Verpreßdrucke werden vorhandene Schichtflächen, Klüfte und andere Schwachstellen im Gebirge aufgerissen und Zementsuspension eingepreßt. Durch die Verspannung des Untergrundes werden die Steifigkeit und die Scherparameter verbessert. Zur Anwendung kommt das Manschettenrohrverfahren ($\varnothing$ $1^{1}/_{2}$", Kunststoff- oder Stahlrohre bei Bohrdurchmessern von etwa 89 mm). Der mit Mantelmischung verfüllte Ringspalt (≈ 25 mm) wird mit Verpreßgut oder vorher mit Wasser gecrackt und eine feststoffreiche Zementsuspension unter möglichst hohen Drucken injiziert. Die Injektion erfolgt meist zweiphasig, wobei bei den Vorläuferinjektionen offene Klüfte verfüllt und das Gebirge mit Injektionsgut gesättigt und bei den nachfolgenden Schließerinjektionen die eigentliche Verspannung des Untergrundes bezweckt wird.

Dementsprechend ist bei den Schließerinjektionen die Verpreßmenge geringer, das Druckniveau aber höher und der Druckverlauf unruhiger als bei den Vorläuferinjektionen.

Um einen Injektionserfolg zu erreichen müssen vorab

– das Injektionsraster anhand der Vorstellung über das Gebirge (a = 1,0 – 1,5 m),
– die Rezeptur des Injektionsgutes (WZ 0,7 – 0,9),
– die Injektionstechnik (Packertyp, Abfolge der Injektionsarbeiten, Injektionsdrucke sowie die Injektionsraten mit < 10 l/min) und die
– Abbruchkriterien festgelegt werden (max. Pumpendruck, max. Verpreßmenge etwa 100 l bzw. 50 l und Anzeichen beginnender Hebung).

Sämtliche Injektionsvorgänge werden im Injektionskontainer auf Druckmengenschreibern dokumentiert und anschließend ausgewertet. Es kann zweckmäßig sein, nach der Injektion einer Bohrung die Durchgängigkeit der benachbarten Manschettenrohre durch Befahrung mit einem Packer zu überprüfen.

Eine Sonderentwicklung dieser Bodeninjektionstechnik ist das sog. **Hochdruck-Düsenstrahlverfahren** (Jet-Grouting, Soilcrete-Verfahren, HDI-Säulen), bei dem mit einem Hochdruck-Düsenstrahl der sandig-schluffige Boden aufgefräst (Abb. 7.11) und mit Injektionssuspension vermischt wird, so daß je nach Dreh- und Ziehgeschwindigkeit des eingespülten Düsenträgers unterschiedlich dicke säulen- oder wandartige bzw. auch ebenflächige Boden-Zementsteinkörper hergestellt werden können (BAUMANN & SAMOL 1980; KIRSCH 1982; s.a. Geotechnik 4/1987). In rolligen Böden betragen die erreichbaren Zylinderdruckfestigkeiten > 6 MN/m². In stark bindigen Böden mit quellfähigen Tonmineralien werden häufig nur Druckfestigkeiten < 1 MN/m² erreicht

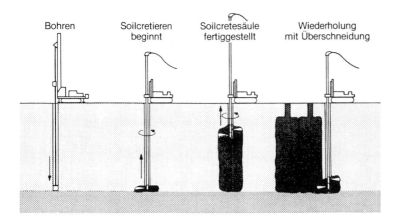

| Bohren | Soilcretieren beginnt | Soilcretesäule fertiggestellt | Wiederholung mit Überschneidung |

Abb. 7.11 Prinzip des Hochdruck-Düsenstrahlverfahrens (Firmenprospekt).

(WOLFF 1989: 529, Tab. 7.3). Das Düsenstrahlverfahren dient zur großbohrpfahlartigen Gründung von Bauwerken, aber auch der Verstärkung bzw. Vertiefung von Fundamenten und zur Vorausverfestigung des Gebirges im Tunnelbau sowie bei sich überlappenden Verfestigungskörpern auch zu Abdichtungszwecken von Wänden und Baugrubensohlen (s. Abschn. 10.4 und WOLF 1989; STOCKER & LOCHMANN 1990 und KLUCKERT 1996).

Tabelle 7.3 Einachsiale Druckfestigkeit des erhärteten Boden-Zement-Gemisches beim Jet-Groutingverfahren (nach STEIN & GERDES 1988).

Bodentyp	Druckfestigkeit N/mm^2
lehmiger Schluff	0,3−0,5
sandiger Schluff	1,5−5,0
schluffiger Sand	5,0−10,0
kiesiger Sand	5,0−15,0
sandiger Kies	5,0−20,0

8 Pfahlgründung

Sind bei einer Flachgründung zu große und (oder) ungleiche Setzungen zu erwarten, die auch durch eine Baugrundverbesserung nicht mit wirtschaftlichen Mitteln auf ein erträgliches Maß abzumindern sind, so muß eine Tiefgründung vorgenommen werden. Hierbei werden die Lasten mittels lastübertragender Stützelemente auf tiefer liegende, tragfähige Schichten übertragen. Die älteste und häufigste Art der Tiefgründung ist die Pfahlgründung.

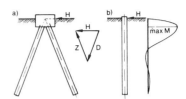

Abb. 8.1 Aufnahme von horizontalen Einwirkungen durch Pfähle:
a Pfahlbock; **b** eingespannter, elastisch gelagerter Pfahl (aus SCHULZE & SIMMER 1978).

8.1 Einteilung und Tragverhalten der Pfähle

8.1.1 Tragverhalten der Pfähle

Die Pfähle werden durch nicht oder wenig tragfähige Schichten in tiefere, besser tragfähige Schichten niedergebracht, in denen die Pfahlkräfte über die Pfahlfußfläche, meist unter Einbeziehung des, über eine gewisse Einbindelänge wirkenden Pfahlmantelwiderstandes (Mantelreibung), abgetragen werden.

Die allgemeinen Grundsätze für Pfahlgründungen sind in DIN 1054 bzw. DIN V 1054 – 100, Abschn. 10 und Anhang D zusammengestellt. Allgemeine Angaben enthält auch ENV 1997 – 1, Abschn. 7.

Bei **Spitzendruckpfählen** überwiegt die Krafteinleitung über den Pfahlfußwiderstand R_b (base resistance) und den Pfahlmantelwiderstand R_s (shaft resistance) nahe dem Pfahlfuß. Durch Vergrößerung der Querschnitts- und Mantelflächen am Pfahlfuß kann ihre Tragfähigkeit erhöht werden. Solche Möglichkeiten sind gestampfte Fußaufweitungen bei Ortbetonrammpfählen, angeschnittene Fußaufweitungen bei Bohrpfählen und angeschweißte Flügel bei Stahlpfählen.

Bei Pfahlgründungen in mitteldichten rolligen Böden und in steifen bis halbfesten bindigen Böden (z. B. tertiäre Tone) werden jedoch bis 80 % der Lasten über Mantelreibung abgetragen.

Bei **Reibungspfählen** erfolgt die Krafteinleitung überwiegend über den Pfahlmantelwiderstand R_s (sog. schwebende Pfahlgründung). Hierbei sind große und möglichst rauhe Mantelflächen von Vorteil, wie sie besonders Ortbetonpfähle aufweisen.

Zugpfähle tragen ihre Kräfte ausschließlich über Mantelwiderstand ab. Sie werden auch als Auftriebssicherung in den Sohlen von Wasserbauwerken verwendet.

Pfähle sollen in der Regel nur axial auf Druck oder Zug beansprucht werden. **Horizontale Einwirkungen** müssen über Schrägpfähle oder Pfahlbockkonstruktionen aufgenommen werden. Dabei werden die Pfähle Druck- und Zugbeanspruchungen ausgesetzt (Abb. 8.1). Bohrpfähle mit Vollquerschnitten D > 0,4 m können horizontale Einwirkungen durch die Bewehrung aufnehmen, was zu einer Biegebeanspruchung der Pfähle führt (s. Abschn. 8.2).

Zur Setzungsreduzierung von Hochhausgründungen werden seit den 80er Jahren auch **Pfahl-Platten-Gründungen** ausgeführt (SOMMER et al. 1984, SOMMER 1987, KATZENBACH 1993). Die Bauwerkslasten werden sowohl über den Sohldruck der Fundamentplatte als auch über die Pfähle in den Baugrund abgetragen. Die Festlegung des Einwirkungsanteils Pfähle/Fundamentplatte (sog. Pfahlplatten-Koeffizient) ist ein Abwägungsprozeß zwischen den zulässigen Setzungen und den Baukosten (ARSLAN et al. 1994).

8.1.2 Herstellungsarten und Baustoffe

Nach DIN V 1054–100 werden Bohrpfähle, Verdrängungspfähle (Rammpfähle) oder Verpreßpfähle mit kleinem Durchmesser unterschieden. Nach den Herstellungsarten werden weiterhin unterschieden:

Fertigpfähle werden meist fabrikmäßig vorgefertigt und auf die Baustelle transportiert. Dazu gehören alle Holz- und Stahlpfähle sowie Fertigbetonrammpfähle. **Ortpfähle** werden auf der Baustelle im Boden hergestellt. Dazu gehören auch die Verpreßpfähle mit kleinem Durchmesser.

Zu den Rammpfählen gehören neben der Gruppe der Fertigpfähle auch die Ortbetonrammpfähle. Bohrpfähle werden in Deutschland nur als Ortbetonpfähle hergestellt.

Nach den verwendeten Baustoffen werden schließlich Holzpfähle, Stahlpfähle, Beton-, Stahlbeton- und Spannbetonpfähle unterschieden.

8.2 Tragverhalten der Pfähle

Die Einwirkungen S setzen sich aus den **Einwirkungen des Bauwerks** (Gründungslasten) zusammen und den Einwirkungen des Baugrundes. Die Bemessungswerte der Einwirkungen aus dem Bauwerk sind mit den Teilsicherheitsbeiwerten nach Tab. 5.1 zu ermitteln.

Einwirkung aus dem Baugrund können auftreten infolge negativer Mantelreibung (s. Abschn. 8.2.6), infolge Biegebeanspruchung von Schrägpfählen, durch Seitendrücke infolge waagerechter Verformungen des Baugrundes oder durch Baugrundhebungen infolge benachbarter Aushubentlastung.

Der **Widerstand eines Einzelpfahles** in axialer Richtung wird mit R bezeichnet und enthält die Anteile Pfahlfußwiderstand R_b und Pfahlmantelwiderstand R_s (Abb. 8.3).

Für die Bemessung einer Pfahlgründung, d. h. die Festlegung der Anzahl, des Abstandes und der Anordnung der Pfähle muß zunächst der Pfahlwiderstand des Einzelpfahles bekannt sein. Der axiale Pfahlwiderstand soll nach Möglichkeit durch Probebelastungen festgelegt werden oder anhand vergleichbarer Probebelastungsergebnisse. Soweit beide nicht vorliegen, kann der axiale charakteristische Pfahlwiderstand (R_k) von Bohrpfählen mit Erfahrungswerten nach DIN V 1054–100, Anhang D, bestimmt werden. Für Verdrängungs-

Rammpfähle gilt Anhang E, für Verpreßpfähle mit kleinem Durchmesser Anhang F.

Nach DIN 1054 (1976) wird als **Grenzlast** Q_g diejenige Last definiert, bei der bei Bohrpfählen eine Gesamtsetzung von 2 cm und bei Rammpfählen eine bleibende Setzung von 2,5 % des Pfahldurchmessers nicht überschritten wird. Bei einem Sicherheitsfaktor von 2.0 werden dabei die Setzungen im Gebrauchszustand bauwerksverträglich.

Die 4014 (1990) definiert bei der rechnerischen Ermittlung der Grenzlast von Bohrpfählen die zugehörige Setzung mit 0,1 D. Die bauwerksverträgliche Setzung im Gebrauchszustand wird aus der rechnerischen Lastsetzungslinie ermittelt.

Nach DIN V 1054–100 ist der **charakteristische axiale Pfahlwiderstand** R_k – früher Grenzlast Q_g, ebenfalls auf die Grenzsetzung s_g bezogen und wird als $R_{k(s)}$ bezeichnet:

$$R_k(s) = R_{bk}(s) + R_{sk}(s) = q_{bk} \cdot A_b + \Sigma q_{sik} \cdot A_{si}$$

Für den setzungsabhängigen Pfahlfußwiderstand $R_{bk}(s)$ gilt eine Grenzsetzung s_g von

$$s_g = 0,1 \cdot D \quad \text{bzw.} \quad s_g \cdot 0,1 = D_F$$

(D = Pfahlschaftdurchmesser, D_F = Pfahlfußdurchmesser)

Für den setzungsabhängigen Mantelwiderstand $R_{sk}(s)$ gilt im Bruchzustand eine Grenzsetzung s_{sg} von

$$s_{sg} = 0,5 \cdot R_{sk}(S_{sg}) + 0,5 \leq 3 \text{ cm}$$

für $R_{sk}(s_{sg}) = \Sigma q_{sik} \cdot A_{si}$ (s. Abschn. 8.2.2)

Bei den **Sicherheitsnachweisen** von axial belasteten Einzelpfählen ist zwischen Tragfähigkeit (GZ 1) und Gebrauchstauglichkeit (GZ 2) zu unterscheiden:

Der **Bemessungswert des Pfahlwiderstandes** R_{1d} eines Einzelpfahles **im Grenzzustand der Tragfähigkeit** (GZ 1 B) ergibt sich zu

$$R_{1d} = \eta \cdot R_{1k}/\gamma_p$$

mit $R_{1k} = R_{bk}(s_1) + R_{sk}(s_1)$

Hierbei ist

η = Anpassungsfaktor für die Anzahl der Probebelastungen (η_N) und ggf. zyklischer Beanspruchung (η_Z)

γ_p = Gemeinsamer Teilsicherheitsbeiwert für Fuß- und Mantelwiderstand nach Tab. 5.1 (γ_p = 1,4)

Der **Nachweis der Gebrauchstauglichkeit** (GZ 2) wird eingehalten, wenn die Bedingung

$$R_{2d} = R_{2k}$$

erfüllt ist. Hierbei ist R_{2d} der Bemessungswert für den Pfahlwiderstand im Grenzzustand der Gebrauchstauglichkeit und R_{2k} = der zugehörige charakteristische Wert für den Pfahlwiderstand (GZ 2). Der charakteristische Wert R_{2k} eines axial belasteten Einzelpfahles wird unter Vorgabe einer **charakteristischen Setzung** s_{2k} (mit einer zugehörigen Streuung der Setzungen) aus der charakteristischen Pfahlwiderstands-Setzungs-Linie (Abb. 8.6) ermittelt.

Aufgrund des niedrigeren Teilsicherheitsbeiwerts γ_p ergeben sich gegenüber der DIN 1054 (1976) erheblich höhere Pfahlwiderstandswerte R_{1d} der ausnutzbaren Pfahltragfähigkeit, die jedoch erhebliche Setzungen erwarten lassen. In der Regel wird daher der setzungsabhängige Bemessungswert der Gebrauchstauglichkeit wesentlich niedriger sein als der Bemessungswert der Tragfähigkeit. Die bauwerksverträglichen Setzungen bzw. die vorgegebene charakteristische Setzungen s_{2k} werden wegen der Rißbeschränkung häufig auf $\geq$ 1 cm begrenzt. Die bei einer Pfahlprobebelastung ermittelte Widerstands-Setzungs-Linie kann dabei in der Regel ohne Abschläge angesetzt werden.

Das Tragverhalten von Pfählen hängt wesentlich vom Herstellungsverfahren ab, wobei Wandrauhigkeit, Verdichtung des Pfahlbetons, mögliche Entspannung des Bodens bei der Pfahlherstellung, Sauberkeit von Bohrlochwand und -sohle und die tatsächlichen Pfahldurchmesser von Bedeutung sind (STOCKER 1980; HILMER 1991). Ein Rammpfahl, der beim Einrammen den Boden seitlich und unter dem Pfahlfuß verdrängt, hat i.d.R. eine höhere Tragfähigkeit als ein Bohrpfahl gleicher Abmessung (Abb. 8.2).

Die Pfähle müssen ausreichend tief im tragfähigen Boden stehen. In ausreichend dichten Sanden und Kiesen sind dies 2,5 m. In sehr dichten oder festen Böden genügen 0,5 bis 1,0 m. Die Mächtigkeit der tragfähigen Schicht unter der Pfahlsohle muß drei Pfahlfußdurchmesser, mindestens aber 1,5 m betragen. Unterhalb der Tragschicht dürfen keine stärker setzungsfähigen Schichten mehr vorliegen. Die Mindestpfahllänge beträgt allgemein 5 m.

8.2.1 Ermittlung der Pfahltragfähigkeit durch Probebelastungen

Nach DIN V 1054–100 (1995) ist der axiale Pfahlwiderstand R_k anhand von Probebelastungen zu ermitteln. Nur wenn die Bauart der Pfähle, die Abmessungen und die Baugrundverhältnisse vergleichbar sind, dürfen Ergebnisse von statischen Probebelastungen von vergleichbaren Verhältnissen übertragen werden.

Eine solche **Probebelastung** ist nach den Anweisungen der DIN V 1054–100 sowie den speziellen Angaben der einzelnen Pfahlnormen und der Empfehlung „Statische axiale Probebelastungen von Pfählen" (Geotechnik 16, H. 3, 1993) auszuführen. Hierfür können entweder eigens dafür hergestellte Versuchspfähle oder Bauwerkspfähle verwendet werden. Im ersten Fall müssen die Versuchsbedingungen den tatsächlichen Verhältnissen am Bauwerk möglichst genau entsprechen. Bauwerkspfähle dürfen bei der Probebelastung hinsichtlich ihrer späteren Verwendbarkeit nicht beeinträchtigt werden.

Probebelastungen bedeuten immer einen erheblichen Aufwand, da die aufgebrachte Versuchslast mindestens das 2fache der späteren Gebrauchslast betragen soll. Als Belastungsvorrichtung werden im Regelfall hydraulische Pressen eingesetzt, die sich gegen eine sog. Pilzkonstruktion abstützen, die über Anker oder Zugpfähle im Untergrund verankert ist. Diese müssen vom Versuchspfahl einen Abstand von mindestens 2,5 m bzw. dem Vierfachen des Pfahldurchmessers haben. Bei kleineren

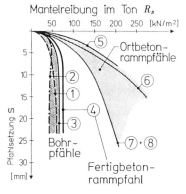

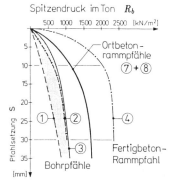

Abb. 8.2 Vergleich der Tragfähigkeit verschiedener Pfahlarten in tertiären Tonen (aus SOMMER et al. 1984).

Pfahllasten werden auch Totlasten als Widerlager verwendet.

Die Versuchslast wird mit einer fernablesbaren Kraftmeßdose gemessen. Die Vertikalverschiebungen des Pfahlkopfes werden an mindestens 3 Punkten mit elektrischen Wegaufnehmern registriert und durch ein Feinnivellement kontrolliert. Zur Kontrolle, ob die Last zentrisch eingebracht wird, werden außerdem die Horizontalverschiebungen des Pfahlkopfes gemessen.

Um den Pfahlfußwiderstand R_b (Spitzendruck) und den Pfahlmantelwiderstand R_s (Mantelreibung) getrennt zu ermitteln, wird in verschiedenen Tiefen des Pfahles seine Stauchung bzw. Dehnung mittels Dehnungsaufnehmern gemessen. Die Pfahlfußkraft wird mit einem Druckkissen registriert, welches an der Unterseite des Bewehrungskorbes befestigt ist.

Die Last wird langsam und in, der Setzung anzupassenden Stufen aufgebracht, wobei nach jeder Laststufe die Last so lange zu halten ist, bis die Pfahlsetzungen annähernd zur Ruhe gekommen sind. Außerdem sind bei der beabsichtigten Gebrauchslast und mit Annäherung an die Grenzlast bzw. bei der 2fachen Gebrauchslast Zwischenentlastungen vorzunehmen.

Das Ergebnis wird in einer Zeit-Setzungs- und Widerstands-Setzungs-Linie dargestellt. Die Auswertung erfolgt über die Widerstand-Setzungs-Linie (Abb. 8.4). Maßgebend für die Tragfähigkeit ist der charakteristische axiale Pfahlwiderstand (R_k) – früher Grenzlast Q – bzw. die Grenzsetzung s_g (bzw. s1), wenn aus der Widerstands-Setzungs-Linie der Grenzzustand der Tragfähigkeit (GZ 1 B) nicht erkennbar ist (s. Abschn. 8.2.2 und Abb. 8.4). Die in der Pfahlprobebelastung ermittelte Widerstands-Setzungs-Linie ist in der Regel als charakteristische Widerstands-Setzungs-Linie $R_k(s)$ ohne Zu- oder Abschläge anzusetzen.

Probebelastungen von auf Zug beanspruchten Pfählen sind sinngemäß vorzunehmen und aufzutragen.

Gut instrumentierte Probebelastungen (NOVACK & GARTUNG 1983, STOCKER & SCHELLER 1983, TIMM & MAYER 1986) sind kostenaufwendig. Sie bringen jedoch wertvolle Aufschlüsse über das Tragverhalten von Pfählen, nicht nur von hochbelasteten Großbohrpfählen. Die Abb. 8.5 zeigt das anteilige Tragverhalten eines 130 cm-Großbohrpfahles in sehr steifplastischem tertiären Ton mit dünnen Feinsandlagen (SOMMER 1974). Der Pfahlmantelwiderstand wird bereits bei Setzungen von 5 – 10 mm aktiviert. Das Verhältnis Mantelwiderstand zu Fußwiderstand beträgt bei 10 mm Setzung etwa 80 : 20 und erreicht beim GZ 1 ein Verhältnis von etwa 70 zu 30. Bei Pfählen in Sandböden wurden je nach Belastung Pfahlfußwiderstands-Anteile von 34 % bis 55 % gemessen (NOVACK & GARTUNG 1983: 9). Für felsähnlichen Bau-

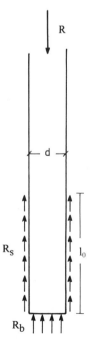

Abb. 8.3 Tragverhalten eines Einzelpfahles.

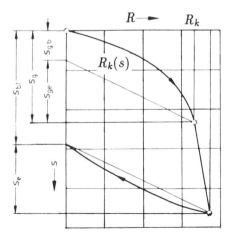

Abb. 8.4 Widerstands-Setzungslinie einer Probelastung.
R   = Pfahlwiderstand, R_k = Grenzlast,
S_g = Setzung bei R_k,
S_e = elastischer Setzungsanteil.

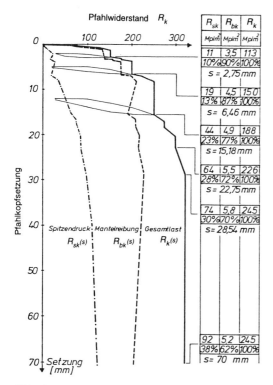

Abb. 8.5 Ergebnis der Probelastung eines 9,5 m langen Großbohrpfahles (∅ 1.3 m) in tertiären Tonen. Widerstands-Setzungs-Linie mit getrennter Erfassung von Fußwiderstand R_b (Spitzendruck) und Mantelwiderstand R_s (Pfahlmantelreibung).

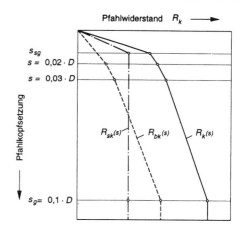

Abb. 8.6 Elemente und Ermittlung einer charakteristischen Widerstands-Setzungs-Linie unter Verwendung der charakteristischen Kennwerte der Tabellen 8.2 bis 8.4 (aus DIN V 1054–100).

grund ergaben Probebelastungen im angewitterten Buntsandsteinuntergrund bei 2 cm Setzung des Einzelpfahles Bemessungswerte von i.M. qsk (τ_m) = 100 kN/m² und qbk (σ_s) = 1,0 MN/m² (DÜRRWANG 1984). Im Einzelfall sind die Tragfähigkeitsbeiwerte in solchen felsähnlichem Baugrund sehr von der Gebirgsfestigkeit abhängig.

8.2.2 Bemessungsverfahren für Bohrpfähle aus Erfahrungswerten

Die Ermittlung der charakteristischen axialen Pfahlwiderstände aus Erfahrungswerten erfolgt auf der Basis der charakteristischen Widerstands-Setzungs-Linie der Abb. 8.6. Für die Ermittlung der setzungsabhängigen Pfahlwiderstände ($R_{b(s)}$ und $R_{s(s)}$) gilt für den Pfahlwiderstand R_{bk} eine Grenzsetzung s1 = s_g = 0,1 D bzw. 0,1 D_F und für den Mantelwiderstand eine solche von s_{sg} = 0,5 $R_{sk}(s_{sg})$+ 0,5 ≤ 3 cm.

Der charakteristische axiale Pfahlwiderstand ist dann:

$$R_k(s) = R_{bk}(s) + R_{sk}(s) = q_{bk} \cdot A_b + \Sigma\, q_{sik} \cdot A_{si}$$

Hierbei sind:

A_b = Pfahlfußfläche

q_{bk} = charakteristischer Wert des Pfahlspitzendrucks nach Tab. 8.2

A_{si} = Pfahlmantelfläche in Schicht i

q_{sik} = Pfahlmantelreibung in Schicht i nach Tab. 8.3

Die maßgebenden **Kennwerte** sind bei nichtbindigen Böden die Lagerungsdichte, vorzugsweise ermittelt mit der Spitzendrucksonde (q_s ≥ 10 MN/m²), wobei für die Anwendung von Rammsondierungen Umrechnungstabellen verwendet werden können (Tab. 4.6; Abschn. 4.3.6). Für Sondierergebnisse mit der schweren Rammsonde nach DIN 4094 darf außerdem näherungsweise die Beziehung $q_s \approx N_{10}$ angenommen werden. Für die Umrechnung von Sondierungen nach dem Standard-Penetration-Test gilt Tab. 4.5. Für bindige Böden wird die Kohäsion im undränierten Zustand c_u verwendet (vgl. dazu Tab. 8.1).

Werden Flügelsondierungen eingesetzt, so sind deren c_u-Werte mit einem Abminderungsfaktor zu beaufschlagen (s. Abschn. 4.3.6.3 und DIN V 1 054 100, Bild D.2).

In Fels und felsartigen Untergrund werden die Bruchwerte (GZ 1 B) in Abhängigkeit der einaxialen Gesteinsdruckfestigkeit ermittelt (Tab. 8.4), wobei für q_{uk} ≥ 5 MN/m² eine Einbindung von

Tabelle 8.1 Näherungsweise angenommener Zusammenhang zwischen der Scherfestigkeit c_u und der Konsistenz (s. a. DIN 4014, T2– 1977).

c_u MN/m²	I_c	Konsistenz
0,015	0,25	breiig
0,025	0,5	weichpl.
0,1	1	steifpl./halbfest
0,2	über 1	halbfest

Tabelle 8.2 Pfahlspitzendruck für nichtbindige und für bindige Böden in Abhängigkeit von der auf den Pfahldurchmesser D bezogenen Setzung und der Lagerungsdichte (q_{ck}) bzw. der undränierten Scherfestigkeit (c_{uk}) – aus DIN V 1054– 100 (1996).

bezogene Pfahl-kopfsetzung s/D bzw. s/D_F	Pfahlspitzendruck q_{bk} in MN/m²* bei einem mittleren Sondier-spitzenwiderstand q_{ck} in MN/m²			
	10	15	20	25
0,02	0,7	1,05	1,4	1,75
0,03	0,9	1,35	1,8	2,25
0,10 ($\triangleq s_g$)	2,0	3,0	3,5	4,0

bezogene Pfahl-kopfsetzung s/D bzw. s/D_F	Pfahlspitzendruck q_{bk} in MN/m² bei einer Scherfestigkeit im undränierten Zustand c_{uk} in MN/m²*	
	0,1	0,2
0,02	0,35	0,9
0,03	0,45	1,1
0,10 ($\triangleq s_g$)	0,8	1,5

* Zwischenwerte dürfen geradlinig interpoliert werden. Bei Bohrpfählen mit Fußverbreiterung sind die Werte auf 75 % abzumindern.

0,5 m und für $q_{uk} \leq 0{,}5$ MN/m² eine solche von 2,5 m gefordert wird.

Zur Abschätzung der Pfahlwiderstände quer zur Pfahlachse sind Steifemoduln bzw. Bettungsmoduln anzugeben (s. Abb. 8.8 und Abschn. 8.2.5).

Die **Ermittlung der Bemessungswerte** R_{1d} und R_{2d} erfolgt gemäß Abb. 8.6. in Abhängigkeit von

Tabelle 8.3 Bruchwerte der Pfahlmantelreibung für nichtbindige und bindige Böden in Abhängigkeit der Lagerungsdichte (q_{ck}) bzw. der undränierten Scherfestigkeit (c_{uk}) aus DIN V 1054– 100 (1996).

Festigkeit des nichtbin-digen Bodens bei einem mittleren Sondierspit-zenwiderstand q_{ck} in MN/m²	Bruchwert q_{sk} der Man-telreibung in MN/m²*
0	0
5	0,04
10	0,08
≥ 15	0,12

Festigkeit des bindigen Bodens bei einer Scher-festigkeit im undränier-ten Zustand c_{uk} in MN/m²	Bruchwert q_{sk} der Man-telreibung in MN/m²*
0,025	0,025
0,1	0,04
$\geq 0{,}2$	0,06

* Zwischenwerte dürfen geradlinig interpoliert werden.

der zulässigen Pfahlkopfsetzung s durch Auftragen der Widerstands-Setzungs-Linie unter Verwendung der Pfahlspitzenwiderstandswerte q_{bk} bzw. Mantelreibungswerte q_{sk} nach den Tabellen 8.2 und 8.3 und der oben genannten Formel (s. a. FRANKE & ELBORG 1986).

In **Fels und in felsähnlichem Untergrund** erfolgt die rechnerische Ermittlung der Bemessungswerte bzw. der charakteristischen axialen Pfahlwider-stände R_k ebenfalls nach Abb. 8.6 und zwar über die Bruchwerte für Pfahlspitzendruck q_{b1k} und Pfahlmantelreibung q_{s1k} der Tab. 8.4 in Abhängig-keit von der einaxialen Druckfestigkeit q_{uk} gemäß Abschn. 2.6.8 und Tab. 2.9, wobei der Unterschied zwischen Gesteinsdruckfestigkeit und der einaxia-len Druckfestigkeit des geklüfteten Gebirges zu beachten ist, wie dies schon WEINHOLD (1974) vorgeschlagen hat. Anhaltswerte hierzu liefern u. a. die Ergebnisse von Pfahlprobebelastungen ge-mäß Abschn. 8.2.1 (dort auch Lit.).

Die rechnerische Ermittlung des axialen Pfahlwi-derstandes eines Einzelpfahles erfolgt heute meist mittels kleiner Rechenprogramme und kann in Ab-hängigkeit vom Untergrundaufbau und der Einbin-

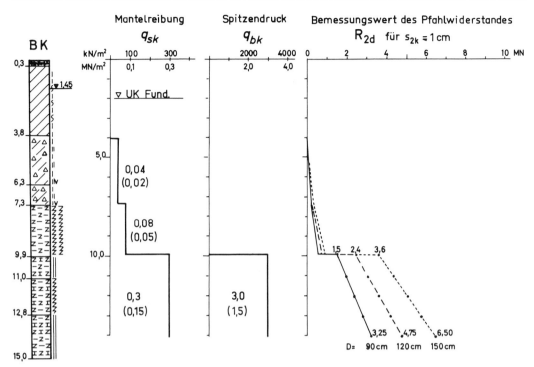

Abb. 8.7 Darstellung der charakteristischen Kennwerte für die Bemessung einer Pfahlgründung in Abhängigkeit des Untergrundprofils mit Angabe der Bemessungswerte des axialen Pfahlwiderstandes eines Einzelpfahles (in Klammer) für unterschiedliche Pfahldurchmesser und für eine charakteristische Setzung von $s_{2k} \leq 1$ cm.

Tabelle 8.4 Bruchwerte (GZ 1 B) für den Pfahlspitzendruck (q_{b1k}) und die Pfahlmantelreibung (q_{s1k}) in Fels in Abhängigkeit von der einaxialen Druckfestigkeit (aus DIN V 1054–100, 1996).

q_{uk} MN/m²	q_{b1k} MN/m²	q_{s1k} MN/m²
0,5	1,5	0,08
5,0	5,0	0,5
20	10	0,5

Zwischenwerte dürfen geradlinig interpoliert werden.

detiefe (Pfahllänge) für gängige Pfahldurchmesser wie in Abb. 8.7 dargestellt mitgeteilt werden. Eine Gruppenwirkung der Pfähle ist dabei nicht berücksichtigt.

8.2.3 Tragfähigkeit von Zugpfählen

Als Zugpfähle werden sowohl Ramm- als auch Bohrpfähle verwendet. Ihre Tragfähigkeit ist, wenn nicht spezielle Erfahrungen vorliegen, grundsätzlich durch Probebelastungen nachzuweisen. Eine Ausnahme bilden nach DIN 4026 (8.1.2) Rammpfähle von mehr als 5 m Einbindelänge in ausreichend tragfähigen nichtbindigen Böden, in denen eine Mantelreibung von $q_{sk} = 25$ kN/m² (0,025 MN/m²) angesetzt werden kann. Der gleiche Wert kann auch für mindestens halbfeste bindige Böden benutzt werden und ergibt in beiden Fällen direkt die zulässige Beanspruchung. Die in Probebelastungen ermittelte Widerstands-Hebungs-Linie ist in der Regel ebenfalls als charakteristische Linie $R_{k(s)}$ ohne Zu- oder Abschläge anzusetzen.

Nach DIN 4014 (1990) kann Zugbelastung von Bohrpfählen auch mit den für Druckpfähle üblichen halbempirischen Berechnungsmethoden unter Ansatz des Bruchwertes der Mantelreibung gemäß Abschn. 8.2.2 nach $s_{rg\,zug} = 1,3 \cdot s_{rg}$ ermittelt werden. In der Pfahlgruppe ist die Mantelreibung und das angehängte Erdkörpergewicht zu überprüfen.

8.2.4 Horizontale Einwirkung auf Pfähle

Die Berechnung der Pfahlwiderstände quer zur Pfahlachse erfolgt in der Regel nach dem Bettungsmodulverfahren (FRANKE & KLÜBER 1984), das darauf beruht, daß der Boden vor und seitlich der Pfähle der Pfahlverschiebung entgegenwirkt. Die Größe dieses Bodenwiderstandes wird durch den horizontalen **Bettungsmodul** k_s (in kN/m^3 oder MN/m^3) bestimmt. Der Bettungsmodul k_s ist keine Bodenkonstante, sondern ist von der Lastfläche (Pfahldurchmesser) und der Last abhängig. Die Angabe des Bettungsmoduls k_s erfolgt in einfachen Fällen, wenn es nur auf eine hinreichend genaue Ermittlung der Biegemomente ankommt nach Erfahrungswerten (Tab. 8.5) oder nach horizontalen Plattendruckversuchen (WEINHOLD 1972; ROLLBERG 1982). Die einschlägigen Normen empfehlen die nachstehende Formel (s. a. FRANKE & KLÜBER 1984: 11):

$$k_{sk} = E_{sk}/D$$

Hierin bedeuten:
k_{sk} charakteristischer Wert des Bettungsmoduls
E_{sk} charakteristischer Wert des Steifemoduls
D Pfahlschaftdurchmesser $D \leq 1{,}0\,m$; bei $D > 1{,}0\,m$ darf mit $D = 1{,}0\,m$ gerechnet werden.

Der Bemessungswert des Bettungsmoduls ist

$$k_{sd} = k_{sk}$$

Der Anwendungsbereich dieser vereinfachten Annahmen ist auf eine rechnerische Horizontalverschiebung von max. 2 cm oder 0,03 D begrenzt.

Tabelle 8.5 Erfahrungswerte für k_{sk} für Pfahldurchmesser von rd. 1 m.

	MN/m^2
Torf und weiche Schluffe	0
steifer Lehm	10
steinig-kiesiger Lehm	20–40
lehmiger Kies	60–80
Sand und Kies	40–150
Halbfestgesteine	100
Festgesteine	1000

Müssen die Pfahlkopfverschiebungen angegeben bzw. auf ein bestimmtes Höchstmaß begrenzt werden, so ist der anzusetzende Bettungsmodul mittels Probebelastungen an Probepfählen möglichst des gleichen Durchmessers zu ermitteln (FRANKE & KLÜBER 1984; SCHMIDT 1984, 1986; ROMBERG 1986).

Die Größe des Bettungsmoduls ändert sich mit der Überlagerungshöhe stetig oder sprunghaft. Von den drei von TITZE (1970) verwendeten Verteilungsformen für den Bettungsmodul wird in der Praxis bei Lockergesteinen allgemein eine parabolische oder dreieckförmige Verteilung des Bettungsmoduls in Pfahllängsachse angenommen. Bei halbfesten und festen Gesteinen kann mit konstantem Bettungsmodul gerechnet werden (Abb. 8.8). Wenn die Verformungen der Pfahlgründung für das Tragverhalten des Bauwerks von Be-

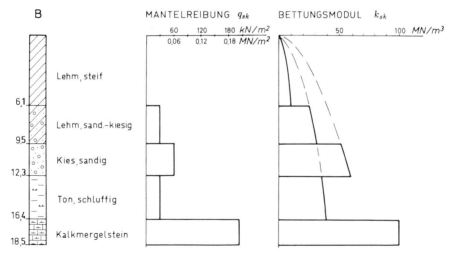

Abb. 8.8 Beispiel einer Bettungsmodulverteilung und Verteilung der zulässigen Mantelreibung zur Dimensionierung von Großbohrpfählen ($\varnothing$ 1,0 m).

deutung sind und keine speziellen Erfahrungen vorliegen, müssen Größe und Verteilung des charakteristischen Bettungsmoduls k_{sk} längs des Pfahles durch Probebelastungen ermittelt werden (s.d. Empfehlung „Statische Probebelastungen quer zur Pfahlachse" – Geotechnik 1994, S. 104–112).

Erhalten **Pfahlgruppen** eine horizontale Belastung, so darf nach DIN 4014 (1990) nur mit abgeminderten k_s-Werten gerechnet werden (siehe dazu auch DIN V 1054–100, Anhang G). Belastungen durch Hangschub oder ähnliche Kräfte können damit in der Regel nicht aufgenommen werden (s. a. Abschn. 15.5.5).

8.2.5 Negative Mantelreibung und Seitendruck auf Pfähle in weichen Böden

Ein Problem besonderer Art tritt bei Pfahlgründungen in stärker setzungsfähigen oder gar weichen Böden bei gleichzeitigen seitlichen Belastungen auf. Diese bewirken in den stärker setzungsfähigen Schichten zusätzliche Bodenspannungen, die entsprechende Verformungen auslösen.

Schichten mit derartigen Verformungen (Setzungen) können von den Pfählen nicht nur keine Last übernehmen, sondern hängen sich im Gegenteil noch an den Pfählen auf, wodurch die Pfähle über diese „**negative Mantelreibung**" zusätzlich belastet werden (Abb. 8.9). Die Größenordnung der negativen Mantelreibung kann nach Abschn. 8.2.2 ermittelt werden, wobei die Mantelreibungswerte entsprechend bei breiigen bzw. weichen Böden mit $q_{sk} = 0{,}01 – 0{,}03$ MN/m² anzusetzen sind. Die negative Mantelreibung wird bereits bei Setzungen von wenigen Millimetern (< 5 mm) aktiviert. Auch eine Grundwasserabsenkung oder Schrumpfungserscheinungen im Boden (s. Abschn. 6.2.2)

können negative Mantelreibung bewirken (PRINZ 1974: 35).

Die möglichen Gegenmaßnahmen sind, abgesehen von einem vorzeitigen und nach Möglichkeit überhöhten Aufbringen der benachbarten Flächenlasten (meist Dämme), in ihrer Wirkung begrenzt. Günstig sind Pfähle mit möglichst glatter Mantelfläche, Pfähle mit großem Durchmesser oder auch dicht stehende Pfahlgruppen. Schräg nach außen gerichtete Pfähle werden durch Setzungen zusätzlich auf Biegung beansprucht. Eine Möglichkeit der Abminderung der negativen Mantelreibung besteht darin, die Pfahlkopfplatte in Form einer Abschirmplatte zu verbreitern, so daß die Pfähle im Druckschatten der Pfahlkopfplatte stehen, oder gesonderte Abschirmpfähle vorzusetzen.

In weichen, bindigen Böden mit nur geringen Scherfestigkeiten treten außer den senkrechten Verformungen auch erhebliche horizontale Verschiebungen auf, die am Rande der Belastungsfläche am größten sind und 40 bis 60 % der auftretenden Setzung erreichen können. Diese waagerechten Verschiebungen bewirken einen **Seitendruck auf die Pfähle,** der über die Bewehrung der Pfähle aufgenommen werden muß.

Die erforderlichen Bodenkennwerte sind

- Konsistenzzahl I_c
- unentwässerte Scherfestigkeit c_u (vgl. Tab. 8.1 und Tab. 14.2)
- Glühverlust V_{gl}.

Wird die unentwässerte Scherfestigkeit c_u mit Flügelsondierungen ermittelt, so ist ein Abminderungsfaktor anzusetzen (s. Abschn. 4.3.6.3).

Bei Bohrpfählen in weichen Böden, deren Kohäsion im undrainierten Zustand $c_{uk} \leq 15$ kN/m² beträgt, ist nach DIN 4014 (1990) außerdem der Knicksicherheitsnachweis zu führen.

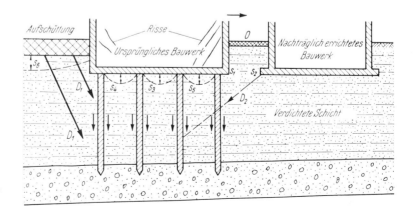

Abb. 8.9 Negative Mantelreibung an Pfählen durch seitliche Auflasten (aus SZECHY 1965).

8.2.7 Tragfähigkeit von Pfahlgruppen

Pfahlgründungen bestehen selten aus Einzelpfählen, sondern meist aus mehreren, nebeneinander angeordneten Pfahlreihen, den **Pfahlgruppen.** Wird ein bestimmter gegenseitiger Abstand unterschritten, so überschneiden sich die Einflußbereiche der Spannungen, deren Ausdehnung vom Baugrund, von der Pfahlart, dem Durchmesser und der Länge abhängig ist. Der Einflußbereich beträgt allgemein 3 d bis 6 d, wobei die höheren Werte für Rammpfähle gelten. Die Tragfähigkeit einer Pfahlgruppe ist daher, bezogen auf die Anzahl der Pfähle, immer kleiner als die eines Einzelpfahles. Wegen dieser gegenseitigen Beeinflussung beträgt der Achsabstand der Pfähle bei Bohrpfählen üblicherweise 3 d, mindestens aber 1,10 m. Ähnliche Werte gibt auch die DIN 4026 für Rammpfähle, nämlich 3 d, min. 1,0 m + d. Für Großbohrpfähle besagt DIN 4014 nur, daß der Achsabstand so groß sein muß, daß bei der Herstellung keine Auswirkungen auf Nachbarpfähle auftreten. Allgemein wird min. 2 d angenommen. Bei ungleichen Pfahllängen sind außerdem die längeren Pfähle immer zuerst herzustellen, damit der Untergrund benachbarter Pfähle durch den Bohrvorgang nicht beeinträchtigt wird.

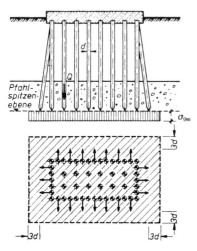

Abb. 8.10 Gesamtspannung in der Pfahlfußebene von Pfahlgruppen.

Setzungen von Pfahlgruppen setzen sich zusammen aus der Setzung, die das Bauwerk insgesamt i. S. einer tiefgelegten Flächengründung erfährt und der Setzung der einzelnen Pfähle. Für den ersten Setzungsanteil wird eine Fläche in Pfahlfußebene zugrunde gelegt, deren Umrisse 3 D, max. 2 m, außerhalb der Achsen der Randpfähle verläuft (s. Abb. 8.10). Bei Reibungspfählen wird das Setzungsverhalten von der Zusammendrückung des Bodens zwischen und neben den Pfählen mitbestimmt, deren Betrag zu den Setzungen unter der Pfahlfußebene zu addieren ist (DIN V 1054 – 100 und Abb. 8.11). Die Setzungen einer Pfahlgruppe sind, ausgenommen reine Aufstandspfähle, im Vergleich zum Einzelpfahl immer größer. Sichere

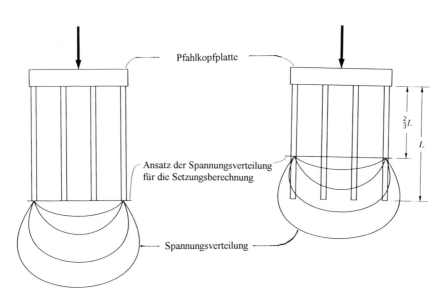

Abb. 8.11 Spannungsverteilung von Spitzendruckpfählen in Pfahlfußebene und von Reibungspfählen, bei denen die Zusammendrückung des Bodens zwischen den Pfählen mit zu berücksichtigen ist.

Angaben sind nur aus Probebelastungen und Setzungsbeobachtungen von Gründungen auf Pfahlgruppen möglich. SOMMER (1974: 316), SOMMER (1986) und BAUMGARTL (1986: 79) geben z. B. für die Setzungen von kleinen Gruppen von Großbohrpfählen in tertiären Tonen den 2- bis 4fachen Wert der Setzung eines vergleichbaren Einzelpfahles an, gleichzeitig aber weniger als die Hälfte der Beträge aus einer Setzungsberechnung als tiefliegende Flachgründung.

Die Setzungen von Pfahlgründungen sind i.a. immer gleichmäßiger und günstiger zu beurteilen als vergleichbare Flachgründungen. Dies gilt nicht nur bei Pfahlrosten mit durchgehender Pfahlkopfplatte, sondern auch für Gründungen auf Einzelpfählen. Auch sie bewirken i.a. eine deutliche Verringerung der Setzungsunterschiede (FRANKE 1980: 58).

8.3 Rammpfähle

Für Rammpfähle gilt DIN 4026 (1975, mit Beiblatt) bzw. DIN E 4026 (1994), Verdrängungspfähle – Herstellung und Bauteilbemessung. In diesen Entwurf sind auch verpreßte Verdrängungspfähle sowie Schraubpfähle aufgenommen (s. Abschn. 8.4.3).

Rammpfähle werden in den Boden eingerammt oder eingerüttelt. Sie sollen nach DIN 4026 (8.1.1) und Beiblatt bei ausreichend tragfähigen nichtbindigen Böden bzw. annähernd halbfesten bindigen Böden ($I_c \geq 1{,}0$) im allgemeinen mindestens 3 m einbinden, sofern nicht aus anderen Gründen eine andere Einbindetiefe erforderlich oder ausreichend ist. Letzteres gilt besonders für nichtbindige Böden dichter Lagerung bzw. bindige Böden von fester Beschaffenheit.

Stößt ein Pfahl auf ein Hindernis, so ist das Rammen zu beenden. Ist er fast ausgerammt, kann er verwendet werden; andernfalls ist er zu ersetzen.

Bei dem Rammpfählen wird zwischen der großen Gruppe der Fertigpfähle aus Holz, Stahl oder Beton und den weit verbreiteten Ortbetonrammpfählen unterschieden.

8.3.1 Fertigpfähle

Fertigpfähle werden fabrikmäßig nach Maß hergestellt, wozu die Pfahllängen entweder aus Erfahrung oder nach vorherigen Proberammungen möglichst genau angegeben werden müssen.

Holzpfähle sind im Mittelalter und bis in das 17. Jahrhundert häufig für Gründungen auf schlechtem Untergrund von schweren Massivbauten wie Kirchen, Schlösser und Rathäuser, kaum dagegen für Fachwerkbauten o. ä. verwendet worden. Heute finden sie meist nur für provisorische Bauwerke (z. B. Lehrgerüste) Anwendung. Aus Kostengründen werden dabei meist heimische Nadelhölzer verwendet. Neben der guten Bearbeitbarkeit zeichnen sich besonders die früher viel verwendeten Eichenpfähle durch lange Lebensdauer aus, solange sie unter Wasser verbleiben und nicht zeitweise dem Luftsauerstoff ausgesetzt sind.

Sie sind auch widerstandsfähig gegen aggressive Wässer, nicht allerdings gegen Schädlingsbefall, besonders im Seewasser. Angaben über die zulässige Belastung, Holzarten, Güteklassen, Zurichten der Pfähle und Tiefschutzmaßnahmen zur Erhöhung der Lebensdauer können der DIN 4026 entnommen werden.

In schwer rammbaren Böden verlaufen Holzpfähle beim Rammen leicht, wobei dann die axiale Belastung nicht mehr gegeben ist.

Stahlpfähle werden ebenfalls meist nur für provisorische oder kleinere Bauwerke bzw. für Sonderzwecke verwendet. Sie zeichnen sich durch leichte Handhabung und gute Rammeigenschaften aus und können beliebig verlängert werden. Ihre Nachteile sind die geringere Reibung im Boden und die Anfälligkeit gegen Korrosion, die durch größere Wandstärken und z. T. kathodischen Oberflächenschutz abgemindert werden kann. Die häufigsten Profile sind Stahlrohrpfähle, Trägerprofile und Kastenpfähle, wobei vielfach normale Spundwandprofile verwendet werden.

Die Tragfähigkeit liegt je nach Profilart, Profilquerschnitt und Einbindelänge in den tragfähigen Untergrund zwischen 350 und 1200 kN (DIN 4026, Tab. 4). Sie kann durch Anschweißen von Stahlflügeln verbessert werden, wobei die Rammfähigkeit i.a. nur wenig abgemindert wird.

Stahlbetonpfähle mit quadratischem, rechteckigem oder auch rundem Querschnitt werden bei bekanntem Untergrundaufbau häufig verwendet.

Auf mögliche Rammhindernisse ist deutlich hinzuweisen. Überlängen können gekappt werden. Einige Systeme von Stahlbetonpfählen können auch verlängert (aufgeständert) werden, was aber i.a. aufwendiger ist als das Kappen. Die Angaben der Pfahllängen sollten daher möglichst auf der sicheren Seite liegen. Stahlbetonpfähle sind auch verhältnismäßig unempfindlich gegen betonaggressives Grundwasser.

Die zulässigen Druckbelastungen (Tab. 8.6) gelten auch wieder für ausreichend tragfähigen Unter-

Tabelle 8.6 Zulässige Druckbelastung von Rammpfählen mit quadratischem Querschnitt aus Stahlbeton und Spannbeton (aus DIN 4026).

Einbindetiefe in den tragfähigen Boden m	Zulässige Belastung in kN				
	Seitenlänge a in cm				
	20	25	30	35	40
3	200	250	350	450	550
4	250	350	450	600	700
5	–	400	550	700	850
6	–	–	650	800	1000

grund (DIN 4026, 8.1.1 und Beiblatt) und können bei besonders gut tragfähigem Baugrund um 25 % erhöht werden.

8.3.2 Ortbetonrammpfähle

Bei den verschiedenen, teilweise patentierten Systemen von Ortbetonrammpfählen wird zunächst ein Vortreibrohr in den Boden gerammt und der Pfahlbeton beim Herausziehen des Vortreibrohres verdichtet, so daß ein inniger Kontakt zwischen Beton und Boden entsteht. Ortbetonrammpfähle können sehr gut den örtlichen Untergrundverhältnissen angepaßt werden und weisen von allen Pfahlarten die beste Tragfähigkeit auf. Sie verbinden die bodenverdichtende Wirkung des Rammens mit der Möglichkeit einer Fußaufweitung und einer rauhen Mantelfläche und haben damit entscheidende Vorteile, z. B. gegenüber Bohrpfählen gleichen Durchmessers. Dies gilt besonders in verdichtbaren nichtbindigen Böden und auch bei sehr steifen bis halbfesten bindigen Böden sowie bei zur Tiefe hin fester werdenden Verwitterungsböden. Die Gesamtlasten und die erforderlichen Pfahllängen dürfen allerdings nicht zu groß sein.

Die üblichen Durchmesser von Ortbetonrammpfählen betragen 30 bis 60 cm. Die durchschnittlichen Pfahllängen liegen zwischen 10 und 20 m. Pfahllängen bis 30 m sind möglich, doch treten dabei häufig Schwierigkeiten beim Ziehen des Vortreibrohres auf. Bei größeren Rammhindernissen (z. B. Basisblöcke an Quartärbasis) ist auch bei Ortbetonrammpfählen Vorsicht geboten.

Bei den meisten Ortbetonpfahlsystemen erfolgt die Rammung mittels Dieselrammen oben am Vortreibrohr, ausgenommen der sog. Frankipfahl, bei dem ein Freifallbär im Vortreibrohr eingesetzt wird, mit dem auch der Beton verdichtet wird.

Ortbetonpfähle haben den Vorteil, daß die endgültige Pfahllänge nach dem Eindringwiderstand beim Rammen festgelegt werden kann und die Pfahllängen, bzw. nötigenfalls die Pfahlbelastung, den örtlichen Baugrundverhältnissen am besten angepaßt werden kann. Die Tragfähigkeiten betragen z. B. bei Frankipfählen mit einem Pfahldurchmesser von 61 cm bis zu 2400 kN und werden nach den Rammschlägen für die letzten Meter im tragfähigen Boden festgelegt, bzw. es muß gerammt werden, bis diese Schlagzahlen erreicht werden. Für andere Pfahlsysteme werden zulässige Gebrauchslasten bis zu 2000 kN für 50 cm und bis zu 3000 kN bei 60 cm Pfahldurchmesser angegeben.

8.4 Bohrpfähle

Für Bohrpfähle gilt DIN 4014 (1990) bzw. die neue Spezialtiefbaunorm DIN EN 1536 (Entwurf 1994), die als Ersatz für die DIN 4014 vorgesehen ist.

Bei Bohrpfählen wird ein Bohrrohr, teilweise unter Vorbohren oder unter ständigem Hin- und Herbewegen, in den Boden gedrückt und innen freigebohrt. Als Bohrwerkzeuge dienen Bohrschnecken, Bohrschappen, meist aber Bohrgreifer und zum Beseitigen von Bohrhindernissen bzw. zum Bohren von Gesteinsbänken Bohrmeißel. In fließfähigen Böden unter der Grundwasseroberfläche muß die Verrohrung dem Bohrvorgang immer vorauseilen und im Bohrrohr ein Wasserüberstand gehalten werden. Auch dann ist immer mit einer gewissen Auflockerung sandiger Böden durch die Pfahlbohrung zu rechnen, die bei der Festlegung des Tragverhaltens durch einen Zuschlag von 1 cm bei den bezogenen Pfahlkopfsetzungen zu berücksichtigen ist (FRANKE 1984 und DIN 4014, 7.1.2).

Über den Arbeitsvorgang ist ein Protokoll nach DIN 4014 zu führen. Bei manchen Bohrpfählen wird die Aufstandsfläche durch Anschneiden eines besonderen Pfahlfußes vergrößert ($d_F \leq 2\,d$).

8.4.1 Normalkalibrige Bohrpfähle

Der Pfahldurchmesser richtet sich nach der Belastung und der zu erwartenden Pfahllänge. Die üblichen Durchmesser normalkalibriger Bohrpfähle betragen 35 bis 60 cm. Schrägpfähle dürfen nur hergestellt werden, wenn sich die durchbohrten Schichten nicht nennenswert setzen. Die Neigung darf nicht flacher sein als 4 : 1.

Die zulässigen Belastungen werden nach Abschn. 8.2.2 ermittelt (DIN 4014, 1990). Sie liegen i.a. bei

200 bis 400 kN. Darüber hinaus sind Probebelastungen erforderlich.

Die Vorteile von Bohrpfählen sind geringe Lärmbelästigung und geringe Erschütterungen. Die Kenntnis des durchfahrenen Bodenprofils ermöglicht eine endgültige Anpassung der Pfahllängen an den Untergrundaufbau. Bohrhindernisse können durchmeißelt werden. Diesen Vorteilen stehen einige Nachteile gegenüber, nämlich die Gefahr einer Auflockerung nichtbindiger Schichten, die wesentlich geringere Tragfähigkeit gegenüber Ortbetonrammpfählen und die Schwierigkeit des Betonierens unter Wasser bei kleinen Querschnitten (SOMMER 1979, WEINHOLD 1986 und HILMER 1991).

Außer den konventionellen Bohrpfählen sind seit Mitte der 90er Jahre sog. **Schneckenbohrpfähle** (Abb. 8.12) oder auch Schraubbohrpfähle auf dem Markt. Beide sind ein unverrohrt hergestellter Bohrpfahl, bei dem die Stützung der Bohrlochwandung durch das auf der Endlosschnecke befindliche Bohrgut erreicht wird. Betoniert wird durch das Schneckenrohr, bei gleichzeitigem Ziehen der Schnecke. Der Bewehrungskorb wird, soweit erforderlich, in den Frischbeton eingedrückt. Durchmesser zwischen 300 und 550 mm werden angeboten. SOB-Pfähle werden auch als schlanke Bohrpfahlwände für Baugruben eingesetzt.

8.4.2 Großbohrpfähle

Als Großbohrpfähle zählen Bohrpfähle mit einem Schaftdurchmesser > 0,6 m. Die üblichen Durchmesser betragen 0,8 bis 2,0 m. Fußaufweitungen können angeschnitten werden.

In der Bundesrepublik Deutschland gibt es eine ganze Anzahl von Großbohrpfahlsystemen, die sich in der Art und Größe des Gerätes sowie im Bohr- und im Betoniervorgang mehr oder weniger unterscheiden. Die bekannteren Großbohrpfahlsysteme sind ziemlich gleichwertig, doch haben einzelne bei bestimmten Böden Vor- bzw. Nachteile. Die Vorteile von Großbohrpfählen, sowohl gegenüber normalkalibrigen Bohrpfählen als auch Ortbetonrammpfählen, liegen in der wesentlich höheren Tragfähigkeit des Einzelpfahles und in den erreichbaren größeren Pfahllängen von > 40 m sowie in der leichteren Beseitigung von Rammhindernissen bzw. der Möglichkeit des Bohrens von felsähnlichem Untergrund.

Fußaufweitungen wurden in den 60er und 70er Jahren, solange auf Sohlpressung dimensioniert worden ist, häufig gemacht. In sehr steifen bis halbfesten bindigen Böden, in denen Setzungen > 10 mm aufgetreten sind, wurden jedoch mit Fußaufweitungen teilweise schlechte Erfahrungen gemacht (s. a. PLACZEK et al. 1994).

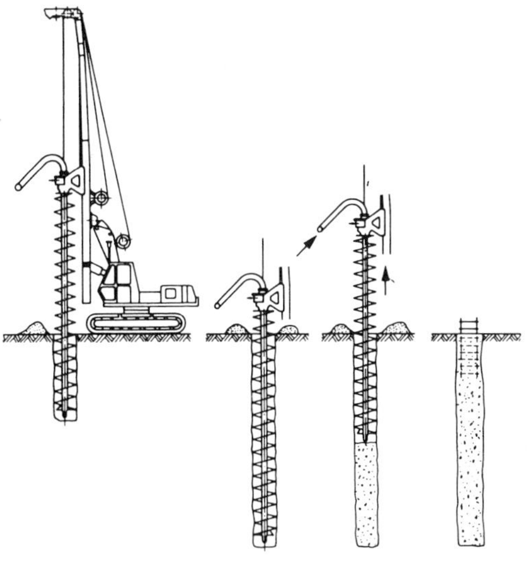

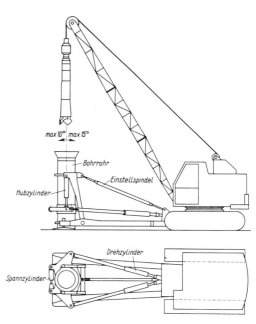

Abb. 8.12 Herstellungsphasen eines Schneckenbohr-Pfahles (aus ARZ et al. 1994).

Abb. 8.13 Schema eines Großbohrpfahlgerätes mit Verrohrungsmaschine (aus SCHULZE & SIMMER 1978).

Die **Ermittlung des Tragverhaltens** von Großbohrpfählen erfolgt nach DIN 4014 bzw. nach Abschn. 8.2.2.

Ein wesentlicher Faktor für das Setzmaß einer Großbohrpfahlgründung ist die **Säuberung der Pfahlbohrsohle** von Lockermaterial und Bohrschlamm. Durch Verwendung geeigneter Bohrwerkzeuge sind Auflockerungen an der Bohrlochsohle zu vermeiden und diese nach Erreichen der Solltiefe abzugleichen. Im Fels wird über dem Grundwasser z. T. auch noch von Hand beräumt. Bei einer Abnahme der Pfahlsohlen sind die Sicherheitsvorschriften der Tiefbau-Berufsgenossenschaft zu beachten.

Durch eine **Mantel- und/oder Fußverpressung** von Bohrpfählen können die Tragfähigkeit sowie das Setzungsverhalten deutlich verbessert werden, wobei besonders auch eine Abflachung der Anfangssetzungen erreicht wird. Die Reaktionskräfte der Pfahlfußverpressung bewirken eine Vorbelastung der Pfahlsohle, während durch die Mantelverpressung besonders die Kontaktpressung zwischen Pfahlmantel und dem umgebenden Baugrund und damit insgesamt die Mantelreibung deutlich verbessert werden (ARZ u. KRUBASIK 1986; NENDZA & PLACZEK 1988; SCHMIDT 1996).

Die Mantelverpressung erfolgt durch Manschettenrohre oder dünne Einzelrohre, die am Bewerrungskorb befestigt werden. Durch einen erhöhten Anfangsdruck wird die Betonoberfläche des Pfahles schalenförmig aufgesprengt und das Verpreßgut anschließend unter Drücken von 15 bis 25 bar in den Baugrund gepreßt. Während der Injektionsarbeiten sind sowohl der Pfahlkopf als auch die unmittelbare Umgebung auf Hebungen zu kontrollieren. Ausgrabungen haben gezeigt, daß die beim Auspressen im Beton erzeugten Risse restlos und dicht mit Zementstein geschlossen waren.

Mit Hilfe einer Mantelverpressung bzw. einer Mantel- und Fußverpressung kann die Pfahltragfähigkeit um bis zu 50 % bzw. 100 % erhöht bzw. die Setzung verringert werden (ROMBERG 1986: 411; ARZ u. KRUBASIK 1983: 20). Die Mantelreibung kann in nichtbindigen Böden um 30 % (üblicher Rechenansatz) bis 100 % erhöht werden (ARZ u. KRUBASIK 1983: 18; NENDZA & PLACZEK 1998; SCHMIDT 1996). Genaue Angaben sind nur mittels Probelastungen möglich.

8.4.3　Kleinkalibrige Pfähle

Unter den kleinkalibrigen Pfählen werden Verpreßpfähle mit einem Durchmesser von 100 bis 300 mm verstanden, für die eine eigene Norm, DIN 4128, Verpreßpfähle, Ortbetonpfähle mit kleinem Durchmesser (1983), vorliegt. Danach ist die zulässige Pfahlbelastung von solchen Pfählen, wenn nicht spezielle Erfahrungen von vergleichbaren Verhältnissen vorliegen, grundsätzlich nach Probebelastungen festzulegen. Für kleinere, setzungsunempfindliche Bauwerke können auch die Grenzmantelreibungswerte der Tabelle 3 der DIN 4128 verwendet werden. Für die zulässige Belastung ist noch ein Sicherheitsbeiwert von F = 2 nach Tab. 2 der DIN 4128 anzusetzen. Pfahlspitzenwiderstand darf nicht zusätzlich zum Ansatz gebracht werden. Eine Übersicht über das Tragverhalten verschiedener Pfahlsysteme mit kleinem Durchmesser bringen PLACZEK et al. (1996).

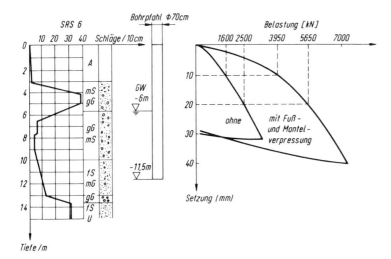

Abb. 8.14 Vergleichende Probebelastung eines Bohrpfahles ohne und mit Fuß- und Mantelverpressung (aus ARZ et al. 1994).

Die DIN 4128 unterscheidet Ortbetonpfähle und Verbundpfähle, bei denen ein vorgefertigtes Tragglied aus Stahl oder Stahlbeton in ein vorgebohrtes Pfahlloch eingebracht oder eingerammt wird. Einige Systeme können nachinjiziert werden. Eines der bekanntesten Systeme, der sog. GEWI-Pfahl wird als Einstabpfahl (GEWI-Stahl $\emptyset$ 32–50 mm) oder als Mehrstabpfahl (2 bzw. 3 × 32 bis 50 mm) in unverrohrte oder verrohrte Bohrlöcher eingestellt und mit Zement-Verpreßmörtel umhüllt. Die Zementüberdeckung von 20 bis 30 mm wird durch Abstandshalter gewährleistet. Der Pfahldurchmesser beträgt 100 bis 150 mm (Abb. 8.15). Die Tragfähigkeit wird mit 360 bis 570 kN, bei Mehrstabpfählen bis 1300 kN angegeben.

Die sog. Wurzelpfähle z. B. werden bewehrt (oder auch unbewehrt) unter Druckluft betoniert, wobei der dünnflüssige Beton in weicheren Böden ausgeprägte Wülste bildet, bzw. in Großporen des umgebenden Bodens gepreßt wird. Dadurch erreichen derartige Injektionspfähle eine verhältnismäßig hohe Tragfähigkeit von 300 bis 500 kN. Die verhältnismäßig kleinen Bohrgeräte können auch in Kellerräumen eingesetzt werden.

Zum Unterfangen von Gebäuden werden auch hydraulische Preßrohrpfähle verwendet. Von einem Arbeitsraum (Keller) von mindestens 1,5 m Höhe werden mittels hydraulischer Pressen Stahlrohre in den Boden eingedrückt, mit Bewehrung bestückt und ausbetoniert, dann wird der nächste Rohrschuß aufgesetzt und der Vorgang so lange wiederholt, bis das Pressenmanometer einen Druck anzeigt, welcher der angesetzten Pfahllast mit der erforderlichen Sicherheit entspricht. Hydraulische Preßrohrpfähle werden auch zur Korrektur von Schieflagen eingesetzt.

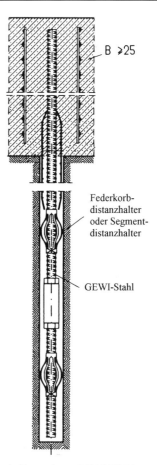

B ⩾25

Federkorb-
distanzhalter
oder Segment-
distanzhalter

GEWI-Stahl

Abb. 8.15 Aufbau eines GEWI-Pfahles mit Standard-Korrossionsschutz (Firmenprospekt).

9 Schutz der Bauwerke vor Grundwasser

Bei normaler Unterkellerung ist man bestrebt, die tiefste Bauwerkssohle so anzuordnen, daß diese auch bei hochstehendem Grundwasser trocken bleibt und die Gründungsarbeiten ohne Behinderung durch das Grundwasser durchgeführt werden können.

Dies setzt die Kenntnis der höchsten Grundwasserstände voraus (s. Abschn. 11), worauf bei den Aufschlußarbeiten (Abschn. 4.4.4), aber auch bei der späteren Baugrubenabnahme besonders zu achten ist. Nicht beachtete Bodenverfärbungen, die zeitweilige höhere Grundwasserstände oder Grundwasserbewegungen in einzelnen, in der Baugrube ausstreichenden Schichten anzeigen, haben schon manchmal zu nassen oder zeitweilig unter Wasser stehenden Kellerräumen geführt. Nach der Statistik sind 15 % aller Bauschäden Feuchtigkeit im Keller u.ä. Schäden.

Der höchstmögliche Grundwasserstand bzw. der für die Bauzeit anzunehmende Grundwasserstand (s. Abschn. 11) sowie der auf die Belange des Projektes abgestimmte **Bemessungswasserstand** ergeben sich aus den im Baufeld gemessenen Grundwasserständen unter Berücksichtigung der jahreszeitlichen und langjährigen Wechselstände sowie amtlicher Meßwerte und Veröffentlichungen (s. u.). Unkenntnis solcher Daten schützt nicht vor Haftungsansprüchen (Heiermann 1996). Alle Bauwerksteile unterhalb des Bemessungswasserstandes müssen wasserdicht ausgebildet und auf Wasserdruck bemessen werden. Außerdem ist der Bemessungswasserstand maßgebend für die Auftriebssicherheit. Wenn keine ausreichenden Daten zu Verfügung stehen, wird der Bemessungswasserstand um ein von der Baugrundschichtung und dem Wasserstand abhängiges Sicherheitsmaß (0,5 – 1,5 m, z. T. mehr) über dem höchsten erkundeten Wasserstand angesetzt. Spezielle Überlegungen können zu einem niederen Bemessungswasserstand führen. Bei großflächigen Bauwerken und stärkerem Grundwassergefälle können berg- und talseitig verschiedene Bemessungswasserstände angegeben werden. Auf Höhe des festgelegten Bemessungswasserstandes wird um das Bauwerk ein Sicherheitsdrän angeordnet (s.d.a. Hailer & Hofmann 1995).

Direkte, langjährige Beobachtungen von **Grundwassermeßstellen** liegen für einzelne Bauwerke selten vor. Anstelle der in den früheren „Ergänzungsheften zum Deutschen Gewässerkundlichen Jahrbuch" erfaßten Grundwassermeßstellen und -daten werden heute in den Bundesländern Verzeichnisse von Grundwassermeßstellen des Landesgrundwasserdienstes veröffentlicht, nach deren Stammdaten bei den zuständigen Ämtern gegen Gebühr Meßdaten abgerufen werden können (Jahreslisten mit den Mittel- und Hauptwerten, Ganglinien in 10-Jahresabschnitten).

Weitere Hinweise auf mögliche Grundwasserhochstände geben Kellertiefen benachbarter Altbauten, wobei aber in Zweifelsfällen eine eindringliche Befragung anzuraten ist und auch örtliche grundwasserabsenkende Maßnahmen zu bedenken sind, wie Kanaltiefen, Hausbrunnen u. a. m.

In Gebieten mit oberflächennahem Grundwasser kommt es bei mehrjährigen Niederschlagsdefiziten, oftmals verstärkt durch gleichzeitige Überbeanspruchung der Grundwasserleiter, zu großflächigen **Grundwasserabsenkungen** von z. T. mehreren Metern. Bei Bauvorhaben, die in dieser Zeit errichtet werden, wird häufig ein künftiger Wiederanstieg des Grundwassers nicht berücksichtigt. Gleiches gilt für weitreichende Grundwasserabsenkungen durch Großbaustellen, bergbauliche oder sonstige Gewinnungsanlagen oder auch Wasserwerke. Auch durch gestreckte Grundbauwerke kann es sowohl oberstrom als auch unterstrom zu Veränderungen der natürlichen Grundwasserverhältnisse kommen (s. Abschn. 11.6).

In Bach- und Flußniederungen sind Angaben über die langjährigen Bach- bzw. **Flußwasserstände** einzuholen und zwar je nach Situation das mögliche Höchstwasser (HHW), das hundertjährige Hochwasser (HW_{100}), Hochwasserstände der letzten Jahre (z. B. HW_{1993}), Mittelwasser (MW) und Niedrigwasser (NW). Bei Flüssen mit Stauanlagen sind der jeweilige hydrostatische Stau (bezogen auf Fluß-km) sowie nahe von Stauanlagen auch die Umläufigkeit vom Oberstrom- zum Unterstromwasserstand zu berücksichtigen.

Fragen des Schutzes des Grundwassers vor den Auswirkungen der Bautätigkeit werden bei den einzelnen Gründungs- bzw. Bauverfahren behandelt (s. bes. Abschn. 17.1.2 und 16.3.1) und erfordern eine eingehende interdisziplinäre Behandlung auf der Grundlage der in den Abschnitten 2.8 und 4 beschriebenen Untersuchungsmethoden.

9.1 Dränung von Bauwerken

In bindigen Böden ist für alle Gebäude, deren tiefste Sohle in das Gelände einbindet, eine Dränung vorzusehen, auch wenn die Grundwasseroberfläche tiefer steht. In solchen, wenig durchlässigen Böden staut sich sonst das in den meist nur locker verfüllten Arbeitsräumen der Baugruben versickernde Oberflächenwasser und Sickerwasser aus den oberen Bodenschichten und kann in die Kellerräume eindringen. Dies gilt auch für vermeintlich durchlässige, leicht bindige Böden wie Löß und schluffige Feinsande, zumal die Arbeitsraumsohlen oft zugeschlämmt sind.

Für die Dränung von Bauwerken gilt DIN 4095 (1990). Außerdem sind bei allen Gebäuden die üblichen **Abdichtungsarbeiten gegen nichtdrückendes Wasser** nach DIN 18 195, T 5 sowie gegen Bodenfeuchtigkeit (T 4), zu beachten, wie Horizontalisolierung, Abdichtung von aufgehenden Wänden, grobkörnige Schüttung unter Fußböden u. a. m.

Als **Dränung** kommen meist Ringdräne, in Hanglage auch U-förmige Dräne zur Anwendung. Als Dränrohre werden Betonfilterrohre, Kunststoffdränrohre und z. T. gelochte Steinzeugrohre verwendet. Das Gefälle soll mindestens 0,5 % betragen. Der höchste Punkt einer Dränung muß dabei tiefer liegen als das zu schützende Objekt, in der Regel OK-Kellerfußboden.

Dabei darf die Standsicherheit der Fundamente nicht durch zu tief liegende Dränstränge beeinträchtigt werden. Nötigenfalls sind die Fundamente zu vertiefen. Die Diskussion, ob Dränleitungen mit Filterkies ummantelt oder besser auf gewach-

senem oder gestampftem bindigen Boden (oder Beton) verlegt werden sollen, wird derzeit noch kontrovers geführt. Bei stärkerem Wasseranfall ist aus hydraulischen Gründen eine Ummantelung wirkungsvoller (s. a. DIN 4095).

Das **Filtermaterial** soll ein Einschlämmen feinkörnigen Bodens in die Dränrohre verhindern (s. Abschn. 2.1.6). Die DIN 4095 enthält eine Tabelle über die Ausführung (Körnung) und Dicke von Dränschichten. Danach werden anstelle der bisherigen Mischfilter 0/32 (Frostschutzqualität bzw. 0,2/32 aus Naßbaggerung) bevorzugt abgestufte Dränschichten mit einer Filterschicht (Feinfilter) 0/4 und einer Sickerschicht (Grobfilter) 4/32 (auch 4/8, 8/16 oder 8/32 bzw. 16/32) empfohlen. Dieser Filter ist so weit hochzuziehen, daß in höherem Niveau zusickerndes Wasser sicher abgeführt wird. Anstelle solcher Filterschichten werden heute meist Betonfiltersteine oder andere Dränplatten bzw. Filtermatten verwendet. In feinsandigen Böden ist ein zusätzlicher Schutz durch ein Baustellenvlies o. ä. zu empfehlen (s. Abschn. 12.3.3).

Bei größeren Bauwerksabmessungen müssen an Knickpunkten und Einleitungen **Revisionsschächte** oder Reinigungsöffnungen vorgesehen werden. Ihre Abstände sollen 30 bis 50 m nicht überschreiten.

Ist mit Wasserandrang auch unter dem Kellerfußboden zu rechnen, so ist ein **Flächendrän** vorzusehen (Abb. 9.1). Hierzu sind an der Sohle einer 0,2 m starken Kieslage (4/32) Sauger in Abständen von 3 bis 6 m zu verlegen. Wird das Einschlämmen von feinkörnigem Boden durch ein Filtervlies an der Basis verhindert, so erübrigt sich ein mehrstufiger Filteraufbau aus 10 cm Filterschicht 0/4 und 10 cm Sickerschicht 4/32 o. ä. Bei mehrstufigem Filteraufbau sind die Filterregeln nach Abschn. 2.1.6 zu beachten.

Die **hydraulische Bemessung** eines Dränsystems, d. h. die Ermittlung der Abstände der Sauger sowie der erforderliche Dränrohrdurchmesser und des Gefälles erfolgt unter Annahme höchstmöglicher Grundwasserstände und standortspezifischer Ablaufmengen bzw. Flächenbelastungen, die i. d. R.

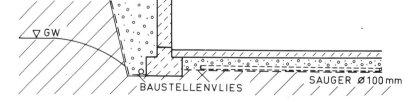

Abb. 9.1 Trockenhalten eines Kellers durch Ringdränung und Flächendränung mit Saugern.

bereits Sicherheitszuschläge für Starkregen, Schneeschmelze u.a. enthalten (DIN 4095). Die mit solchen Tabellenwerten errechneten Gesamtwassermengen liegen meist um mehr als das 10fache über dem erkennbaren Wasseranfall, müssen aber der Rohrdimensionierung zugrundegelegt werden.

Voraussetzung für eine wirksame Dränung ist eine ausreichende Vorflut oder nötigenfalls Überpumpen, wobei sowohl eine Erlaubnis für das Ableiten von Grundwasser nach dem Wasserhaushaltsgesetz (WHG; s.a. Abschn. 11) als auch die **Anschlußerlaubnis** an die städtische Kanalisation einzuholen sind. Diese wird bei größerem Wasseranfall immer häufiger versagt, wie überhaupt eine Dränung, mit dem Ziel einer mehr oder weniger ständigen Grundwasserabsenkung heute aus wasserwirtschaftlichen und ökologischen Gründen meist nicht genehmigt wird. Gestattet wird bestenfalls eine Begrenzung des gelegentlichen Grundwasseranstiegs durch eine Dränung.

Ein **Versickern von Dränwasser** und von nicht kontaminiertem Oberflächenwasser über dezentrale Versickerungsanlagen (Rigolen- und Rohrversickerungen, Schachtversickerungen) wird nach der Novellierung der Landeswassergesetze Mitte der 90er Jahre, nach der Niederschlagswasser nach Möglichkeit dem natürlichen Wasserkreislauf durch Versickerung wieder zugeführt werden soll, an Bedeutung gewinnen. Die Versickerung bedarf einer sorgfältigen Untersuchung und einer wasserrechtlichen Erlaubnis. Besonders zu beachten sind rutschungsanfällige Gebiete und solche mit Karsterscheinungen- bzw. subrosionsanfälligen Böden (s. Abschn. 19.2 und 19.3). Für die Bemessung solcher Einzelanlagen liegt ein ATV Arbeitsblatt A 138 (1990) vor (s.a. GRAU 1988), nach dem für die Abschätzung der Versickerungsleistung der k_u-Wert für die ungesättigte Zone mit $k_u = 0{,}5 \cdot k$ anzusetzen ist (s.a. REITMEIER 1995). Weitere Angaben enthalten die Entwässerungsrichtlinien für die Anlage von Straßen (FGSV 1987) sowie die ZTVEw-StB 91.

Folgende Versickerungsanlagen werden unterschieden:

- Flächenversickerung
- Muldenversickerung
- Rohr- und Rigolenversickerung
- Schachtversickerung

Die Gefahr des Zusetzens von mineralischen Filtern in Schachtversickerungen durch Schwebstoffe kann durch Verwendung spezieller Filtersäcke vorgebeugt werden (MIEHLING & GARTUNG 1988).

Für den Entwurf einer Dränung ist auch die chemische Beschaffenheit des Wassers zu beachten. Bei **aggressivem Grundwasser** sind Betonteile nur bedingt zu verwenden (s. Abschn. 9.3). Kalkaggressives Grundwasser kann aus durchsickerten Betonteilen Kalk lösen, der sich im Dränrohr infolge Druckabfall und Belüftung abscheiden und dieses zusetzen kann (s. Abschn. 9.3.2). Ein ähnlicher Vorgang kann auch bei stark sulfathaltigem Grundwasser auftreten. Bei kalkaggressivem Grundwasser dürfen auch keine kalkhaltigen Filter- bzw. Schüttmaterialien verwendet werden. Auch höhere Kalk- und Eisengehalte im Grundwasser führen gerne zu **Verkalkungen bzw. Verockerungen** und zwar besonders mechanischer Teile (Rückstauklappen, Pumpen). Verträgliche Grenzwerte können nicht angegeben werden; sie sind sehr stark vom Gesamtchemismus des Grundwassers abhängig (s. Abschn. 9.3.2).

Als Gegenmaßnahmen gegen Kalksinterbildung werden Luftabschluß bzw. Maßnahmen zur Behinderung der Belüftung der Dränleitungen empfohlen. Darüber hinaus kann nur eine häufige Überwachung mittels einer Fernsehsonde vorgenommen werden, damit Versinterungen noch im frischen Zustand mit Hochdruckspülungen beseitigt werden können.

Bei einschneidenden Dränmaßnahmen in bindigen Böden mit ausgeprägtem Schrumpf- und Quellvermögen sowie in sulfid- bzw. sulfathaltigen Gesteinen können Schrumpfsetzungen oder Baugrundhebungen auftreten (s. Abschn. 6.2.4).

9.2 Druckwasserhaltende Abdichtung von Bauwerken

Steigt die Grundwasseroberfläche öfters und höher als 0,5 bis 1,0 m über die Kellersohle an, oder besteht keine ausreichende Vorflut, so muß eine druckwasserhaltende Abdichtung vorgesehen werden. Druckwasserdicht deshalb, da das Wasser einen der Höhe des Wasserstandes entsprechenden allseitigen Druck auf die Sohle und die Wände eines Bauwerks ausübt (DIN 18 195, T 6).

Die wasserdruckhaltende Abdichtung oder Wanne muß bei durchlässigen Böden bis 30 cm über den höchsten Grundwasserstand, wo dieser nicht genau bekannt ist, möglichst 50 cm darüber, hochgeführt werden; in stärker bindigen Böden bis 0,3 m über Gelände. Gebäude mit wasserdruckhaltender Abdichtung werden wegen des Wasserdrucks auf die Sohlfläche meist auf einer Platte gegründet.

Gelegentlich werden auch sog. eingehängte Wannen zwischen Streifenfundamenten ausgeführt.

Wannen aus bituminösen Dichtungsbahnen (sog. schwarze Wannen) bestehen aus bituminösen Pappen, die mehrlagig miteinander verklebt und überstrichen werden. Bei Setzungen von Gebäuden müssen geklebte Wannen Risse bis 5 mm Breite und Bewegungen an Setzungsfugen bis zu 10 mm druckwasserdicht überbrücken können. Bei größeren Differenzbewegungen sind besondere Maßnahmen vorzusehen.

Anstelle bituminöser Dichtungsbahnen werden heute vielfach **Kunststoff-Folien** in verschiedenen Ausführungen angeboten. Die Nähte werden verschweißt. Aufgrund der meist einlagigen Ausführung sind sie verhältnismäßig empfindlich gegen Beschädigungen.

Wannen aus wasserundurchlässigen Beton (WU-Beton), sog. „weiße Wannen", sind keineswegs vollkommen dicht. Unter einem wasserundurchlässigen Beton vesteht man einen Beton, der von einer nur so geringen Wassermenge durchdrungen wird, daß diese an der Luftseite verdunsten kann. Dieser Verdunstungsvorgang darf nicht behindert werden. Des weiteren sind Bauteile aus WU-Beton so zu bemessen, daß keine schädlichen Risse im Beton auftreten (DIN 1045). Die möglichen Setzungen und Setzungsunterschiede müssen sorgfältig ermittelt werden. WU-Betonwannen haben jedoch den Vorteil, daß Fehlstellen (mangelhaft verdichteter Beton, Risse, beschädigte Fugenbänder) gefunden und mit Kunstharzinjektionen o.ä. abgedichtet werden können. Voraussetzung für das rechtzeitige Auffinden solcher Fehlstellen ist jedoch, daß die Wanne möglichst noch während der Bauzeit unter Wasserdruck steht.

9.3 Betonangreifende Wässer und Böden

Bauwerke und Bauteile aus Beton sowie Mörtel und auch Putz müssen gegen chemische oder chemisch-physikalische Angriffe von Schadstoffen im Wasser geschützt werden.

Die Untersuchung des Wassers auf mögliche Schadstoffe erfolgt, sofern das Bauwerk mit dem Grundwasser in Berührung kommt, zweckmäßigerweise bereits bei der Baugrunduntersuchung. Richtlinien hierfür enthält DIN 4030, Beurteilung betonangreifender Wässer, Böden und Gase (Teil 1 und 2, 1991).

Sind Wasserhaltungsarbeiten vorgesehen (s. Abschn. 11), so ist das Grundwasser außerdem auf mögliche organische Schadstoffe zu untersuchen, wobei in der Regel auch Untersuchungen auf die organischen Summenparameter CSB (chemischer Sauerstoffbedarf) und AOX (an Aktivkohle adsorbierte Halogenverbindungen) sowie Kohlenwasserstoffe (nach DEV, H 18) verlangt werden (s. d. Abschn. 16.5.2.2).

Die Entnahme von Grundwasserproben ist gemäß WHG von 1986 (§ 3, Abs. 1, Nr. 6 und § 2) streng genommen erlaubnispflichtig (s.d. Abschn. 4.3.1).

9.3.1 Entnahme und Untersuchung von Grundwasser- und Bodenproben

Richtlinien für die Entnahme von Wasserproben enthält DIN 4021, Abschn. 7.6 und DIN 4030, T2. Bei den Aufschlußarbeiten ist eine erste **Probennahme** vorzunehmen sobald sich in den Bohrungen bzw. Schürfen die erforderliche Wassermenge angesammelt hat, und zwar am besten nach einer Arbeitspause, wenn sich die Schwebstoffe etwas abgesetzt haben. In Kernbohrungen mit Wasserspülung kann bei einem einigermaßen durchlässigen Gebirge die Entnahme von Wasserproben frühestens einen Tag nach dem gründlichem Klarspülen der Bohrung erfolgen. Spülungszusätze und ggf. auch die Herkunft des Spülwassers (Bachwasser) sind anzugeben. In wenig durchlässigem Gebirge sollten für die Probennahme Grundwassermeßstellen nach Abschn. 4.4.4 eingerichtet werden.

Mit Schöpfhülsen kann nur in der Meßstelle abgestandenes Wasser entnommen werden, das bereits stunden- oder tagelang mit der Meßstellen-Atmosphäre in Kontakt gestanden hat. Auch Saugpumpen oder Mammutpumpen (Drucklufttheber) sind wenig geeignet, wenn im Grundwasser gelöste Gase (z. B. CO_2) bestimmt werden sollen.

Grundwassermeßstellen DN 50 können nur mit leistungsschwachen Kleinstpumpen oder Pneumatik-Unterwasserpumpen $\varnothing$ 42 oder 43 mm bepumpt werden. Die Förderleistungen betragen je nach Förderhöhe (30 m bis 150 m) 12 bis 4 l/min.

Für eine ordnungsgemäße Entnahme von Wasserproben mit Abpumpen der Meßstelle bis zu einer konstanten Grundwasserbeschaffenheit (pH-Wert, Leitfähigkeit; s. DVGW-Merkblatt W 121) und einer Probennahme 1 m unter der Wasseroberfläche ist daher meist ein Meßstellenausbau $\geq$ DN 125 erforderlich (EXLER et al. 1980; KÄS 1990). Die üblichen Elektro-Tauch-Pumpen mit 95 mm Durchmesser bringen allerdings auch nur Leistungen von max. 1 l/s (3 m³/h = 0,8 l/s). Mittlere Tauchpumpen haben eine Leistung von 14 bis 18 m³/h (3.8 bis 5 l/s). Für höhere Leistungen ist von vornherein ein DN 150-Ausbau erforderlich. Am günstigsten ist die Probennahme am Ende des Klarspülens der Meßstelle bzw. während Pumpversuchen, nötigenfalls in eigens dafür vorgesehenen Kurzpumpversuchen (s. Abschn. 2.8.4 und 4.5).

Wird Grundwasser in verschiedenen, voneinander getrennten Stockwerken angetroffen, so ist aus jedem dieser Stockwerke gesondert eine Wasserprobe zu entnehmen. Solche schichtspezifischen Wasserproben können aus nicht verrohrten, durch Packer abgeschotteten Bohrlochabschnitten mittels einstufiger Pumptests (s. Absch. 2.8.4) oder aus getrennten, entsprechend ausgebauten Grundwassermeßstellen gewonnen werden (DVGW-Merkblatt W 121). Aus einer durchgehend verfilterten Grundwassermeßstelle kann auch mit einer Tauchpumpe mit Doppelpacker keine schichtspezifische Wasserprobe entnommen werden, da in der Kiesschüttung Umläufigkeit gegeben ist.

Die Entnahme von Wasserproben ist in der DIN 4021 unzureichend geregelt. Bei Vorhandensein von gasförmigen Inhaltsstoffen, wie z. B. CO_2, darf das Wasser nicht entspannt und möglichst wenig mit der Atmosphäre in Berührung gekommen sein (PRINZ 1986). Die Probenentnahme aus Schürfen, Großbohrungen und auch Quellfassungen ist daher in solchen Fällen immer problematisch und auf den

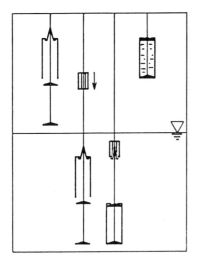

Abb. 9.2 Funktionsskizze für einen mechanischen Probenheber (Ruttner-Schöpfer).

Probeflaschen zu vermerken. Auf keinen Fall dürfen Wasserproben offen stehengelassen werden. Auch die Entnahme von Schöpfproben und freies Eingießen in die Probeflasche ist unzulässig. Für die Baupraxis sind folgende Entnahmemethoden zu empfehlen:

(1) Direktes Eintauchen der gut gereinigten Probeflaschen

(2) Schöpfproben mit Ruttner-Schöpfer (∅ 85 mm) oder anderen Schöpfgeräten ∅ 48 oder 95 mm (Abb. 9.2 und HÖLL 1986: 16; JESSBERGER 1988: 6) und Befüllen der Probeflaschen mittels Zapfhahn und Schlauch nach (3)

(3) Abpumpen des Wassers und Befüllen der Probeflasche mittels Schlauch nach SCHULTZE-MUHS (1967: 582) und DIN 38–404, T 10, wobei das Schlauchende sich stets in Höhe der Wasseroberfläche befinden soll, um das Wasser möglichst wenig aufzurühren. Man läßt das Wasser einige Zeit überlaufen, um anfänglich mit der Luft in Berührung gekommenes Wasser zu verdrängen.

(4) Bei Pumpversuchen Befüllen der Probeflaschen mittels Zapfhahn und Schlauch nach (3).

Bei Wasseraustritten aus steilen Böschungen oder in Tunneln hat sich das **Abschlauchen** mit in Bohrlöchern eingesteckten Schläuchen mit Absperrhahn bewährt, wobei die Schläuche so tief geführt werden müssen, daß das Wasser vorher nicht mit Beton (Ankermörtel, Injektionszement, Spritzbeton) in Berührung gekommen ist.

Eine **Grundwasserprobe** besteht aus zwei bzw. drei Einzelproben:

2,0 l Wasser als neutrale Hauptprobe (2 Flaschen)
0,5 l Wasser mit 5 g Marmorpulverzusatz
0,5 l Wasser mit 3 g kristallisiertem Zinkazetat.

Das hydrogenkarbonatfrei Marmorpulver ($CaCO_3$) wird vorab in die Wasserflasche gegeben und diese nach dem Füllen geschüttelt, damit es mit der freien Kohlensäure im Wasser reagieren und diese binden kann. Die Flasche darf keine Luftblasen enthalten.

Falls das Wasser einen leichten Geruch nach Schwefelwasserstoff (faule Eier) aufweist, ist auch eine dritte Wasserprobe unter Zugabe von 5 g kristallisiertem Zinkazetat zu entnehmen.

In Wässern mit höheren CO_2-Gehalten (> 50 mg/l) treten z. T. Fe-Gehalte bis zu 10 mg/l (und mehr) auf, die bei Luftzutritt zu Ausscheidung von Eisenoxidhydrat führen können (s. a. Abschn. 9.1):

$$4\ Fe\,(HCO_3)_2 + 10\ H_2O + O_2 \rightarrow$$
$$4\ FeO(OH)\cdot H_2O + 8\ H_2CO_3$$
$$8\ H_2CO_3 \rightarrow 8\ H_2O + 8\ CO_2$$

In diesen Fällen sind nötigenfalls zusätzliche Wasserproben zur Bestimmung des Gesamteisengehaltes und nötigenfalls des Gehaltes an Fe^{2+} zu nehmen. Die Entnahmemethode ist vorher mit dem Labor abzustimmen.

Die Wasserflaschen sind zu beschriften und die einzelnen Proben (z. B. Marmorprobe) zu kennzeichnen. Die Untersuchung erfolgt teilweise durch die Baugrundbüros selbst, teilweise durch die Staatlichen Chemischen Untersuchungsämter oder durch sonstige chemische Laboratorien. Die Marmorproben müssen wegen der Temperaturabhängigkeit des Kalk-Kohlensäure-Gleichgewichtes im Wasser streng genommen in Kühlboxen transportiert und bei einer Temperatur untersucht werden, die höchstens $\pm 1°$ von der Temperatur des Grundwassers bei Probeentnahme (8–10 °C) abweicht (DIN 38 409, T 7).

Die Analysenergebnisse von gasförmigen Bestandteilen liegen bei unsachgemäß entnommenen Proben i.d.R. zu niedrig, da ein Entweichen von CO_2 beim Schöpf- und Gießvorgang nachteiliger ist, als die Aufnahme von CO_2 aus der Luft (auch Atemluft). Die Entnahmemethode sollte deshalb bei der Untersuchung von Wasserproben immer angegeben werden.

Auf die einzelnen **Untersuchungsmethoden** soll hier nicht eingegangen werden (DIN 4030, HÖLL 1986). Besonders hingewiesen werden muß jedoch auch wieder auf die Problematik der quantitativen Bestimmung des Kalklösevermögens einer Wasserprobe (PRINZ 1986). Nach DIN 4030 erfolgt diese mit dem Marmorlösungsversuch nach HEYER im Temperierbad und mit Magnetrührer. Der temperierte Marmorlösungsversuch wird häufig an Ort und Stelle vorgenommen, was eine sachverständige Probenahme garantiert und den Transport in Kühlboxen erspart (s. a. EXLER et al. 1980).

Außer diesen Standarduntersuchungsmethoden sind in der DIN 4030, T2, Schnellverfahren zur Prüfung von Wasserproben an der Probennahmestelle genannt, die aber ebenso wie die Entnahme und Untersuchung stark gebleichter oder anmooriger Bodenproben selten angewendet werden.

9.3.2 Betonaggressive Stoffe und ihre Wirkung

Die chemische Untersuchung von natürlichen Wässern umfaßt nach DIN 4030, T2, folgende Bestimmungen:

- Farbe
- Geruch (unveränderte Probe)
- Temperatur
- Kaliumpermanganatverbrauch, Angabe in mg $KMnO_4$/l bzw. nach Multiplizieren mit dem Faktor 0,25 m in g O_2/m^3.
- Härte (Gesamthärte, Angabe in mg CaO/l; 10 mg CaO/l = 0,179 mmol Erdalkalien (DIN 4030, T2)
- Härtehydrogencarbonat (Karbonathärte, mg CaO/l; 10 mg CaO/l = 0,357 mmol/l)
- Differenz zwischen Härte und Härtehydrogencarbonat
- Chlorid (Cl^-), Angabe in mg/l bzw. durch Multiplizieren mit dem Faktor 28,2 in mmol/m^3
- Sulfid (S^{2-}), Angabe in mg/l bzw. durch Multiplizieren mit dem Faktor 31 in mmol/m^3
- pH-Wert
- Kalklösekapazität, Angabe in mg CaO/l bzw. durch Multiplizieren mit dem Faktor 1.5696 in mg CO_2/l oder mit dem Faktor 17.8 in mmol CaO/m^3
- Ammonium (NH_4^+), Angabe in mg/l bzw. durch Multiplizieren mit dem Faktor 55,4 mmol/m^3
- Magnesium (Mg^{2+}), Angabe in mg/l bzw. durch Multiplizieren mit dem Faktor 41,4 in mmol/m^3
- Sulfat (SO_4^{2-}), Angabe in mg/l bzw. durch Multiplizieren mit dem Faktor 10,4 in mmol/m^3

Die nachfolgenden Angaben über Stoffmengenkonzentrationen erfolgen in der Masseneinheit mg/l, da sowohl die DIN 4030 (1991) als auch die einschlägige Fachliteratur noch darauf aufbauen. Die Umrechnung in die internationalen SI-Einheiten mmol/l bzw. mmol/m^3 (Stoffmengeneinheit) ergibt sich aus der Berechnung, wieviele Mole eines Stoffes (mmol) in der jeweiligen Masse (mg/l) enthalten sind (HÖLTING 1996: 251).

Weiche und mittelharte Wässer, mit einer Härte unter 30 mg/l CaO, lösen Kalkverbindungen aus dem Beton und Mörtel. Einen Anhaltspunkt über die Menge der im Wasser gelösten Inhaltsstoffe gibt der Härtegrad. Die Karbonathärte oder vorübergehende Härte wird vom Kalzium- und Magnesium-Hydrogenkarbonat, in erster Linie dem $Ca(HCO_3)_2$, verursacht, während die Sulfate die dauernde oder bleibende Härte bestimmen. Beide addiert ergeben die Gesamthärte. Nach KLUT-OLSZEWSKI (HÖLTING 1996: 260) werden folgende Härtestufen unterschieden (1 °d = deutscher Härtegrad = 10 mg/l CaO bzw. 17.2 mg/l $CaSO_4$):

< 4 °d Gesamthärte	= sehr weich
4–8 °d Gesamthärte	= weich
8–12 °d Gesamthärte	= mittelhart
12–18 °d Gesamthärte	= etwas (oder ziemlich hart)
18–30 °d Gesamthärte	= hart
> 30 °d Gesamthärte	= sehr hart

Die Weichwasserkorrosion besteht im wesentlichen in der Auflösung und nachfolgenden Auswaschung des freien $Ca(OH)_2$. Diese Auslaugung des Kalziumhydroxids bedeutet eine Verminderung des CaO-Gehaltes und führt zur Zersetzung auch der übrigen Betonkomponenten (BICZOK 1968: 179). An der Betonoberfläche scheidet sich unter der Einwirkung von CO_2 aus der Luft kristallines und porenreiches Kalziumkarbonat

$$Ca(OH)_2 + CO_2 \rightarrow CaCO_3 + H_2O$$

mit geringen Mengen anderer Zementbestandteile (SiO_2, Al_2O_3, N_2O, K_2O, Fe_2O_3) ab. Dieser Vorgang ist z. B. in den weichen bis sehr weichen Buntsandsteinwässern auch ohne nennenswerte Mengen kalkaggressiver Kohlensäure häufig zu beobachten (s. a. Abschn. 17.1.2).

Das Lösungsvermögen gegenüber Kalkverbindungen wird noch verstärkt, wenn gleichzeitig der **pH-Wert** < 7 liegt, was anzeigt, daß überschüssige Wasserstoffionen mit Säurewirkung vorliegen.

Begriffsbestimmung des pH-Wertes sowie Vorkommen und Entstehen sauren Grundwassers siehe BICZOK (1968: 186). Der pH-Wert des Grundwassers liegt in der Regel zwischen 4,5 und 8. Im Oberboden von Waldgebieten kann er auf 3,6 abfallen. Werte über 8 deuten auf Beeinflussung durch Spülungszusätze, Zement oder Abwasser hin (Abb. 9.3). In einem sauren Grundwasser mit pH-Werten < 6 werden Kalksalze des Zementsteins und karbonathaltige Zuschlagstoffe nach und nach herausgelöst.

Kohlendioxid CO_2 bildet im Grundwasser **Kohlensäure** (H_2CO_3), die in zwei Stufen dissoziiert und dadurch eine Erniedrigung des pH-Wertes bewirkt. Kohlensäure und ihre Dissoziationsprodukte

$$H_2CO_3 \rightleftharpoons H + HCO_3 \text{ und } H_2CO_3 \rightleftharpoons H_2O + CO_2$$

greifen kalkhaltige Baustoffe an. Der primäre Reaktionsablauf ist

$$CaCO_3 + H_2O + CO_2 \rightleftharpoons Ca + 2\,HCO_3$$

An diesen Primärvorgang schließen sich eine ganze Reihe von Reaktionen an, welche den Vorgang der Kalklösung begünstigen.

Kohlensäure tritt in unterschiedlichen Wirkungsweisen auf:

- Gebundene Kohlensäure in Karbonaten ($CaCO_3$, $MgCO_3$) und Hydrogenkarbonaten ($Ca[HCO_3]_2$, $Mg\,[HCO_3]_2$)
- Freie zugehörige Kohlensäure zur Aufrechterhaltung des Hydrogenkarbonatgleichgewichts $Ca(HCO_3)_2 \rightleftharpoons CaCO_3 + CO_2 + H_2O$ (von Ca-Härte abhängig)
- Freie kalklösende oder aggressive Kohlensäure, die aus schwerlöslichem $CaCO_3$ leicht lösliches $Ca(HCO_3)_2$ entstehen läßt, das aus dem Beton ausgewaschen werden kann.

Das Maß für die **Kalklösekapazität** ist die kalklösende (aggressive) Kohlensäure nach HEYER, die einen empirischen Wert für die Kalklösungsgeschwindigkeit darstellt, ohne daß das Lösungsgleichgewicht erreicht wird (AXT 1961: 209). Der Marmorlösungsversuch nach HEYER ergibt häufig etwas zu niedrige Werte, was in erster Linie auf die Probennahme und Behandlung zurückzuführen sein dürfte. Temperaturkonstante Feldbestimmungen von CO_2 ergeben häufig Gehalte an freier aggressiver CO_2, die um 10 bis 30 mg/l höher liegen als die Laborwerte nach HEYER von denselben Wasserproben (PRINZ 1986).

Der **Kohlensäuregehalt des Grundwassers** beträgt im allgemeinen 15 bis 40 mg CO_2/l, doch können Werte von 100 mg/l und mehr auftreten. Die Kohlendioxidaufnahme des Regenwassers aus der Luft ist dabei im allgemeinen unwesentlich. Ein Großteil der Kohlensäureanreicherung des Grundwassers erfolgt bei der Durchsickerung der oberen Bodenzone durch biochemische und mikrobiologische Vorgänge. Der dabei aufgenommene CO_2-Gehalt des oberflächennahen Grundwassers ist aber in der Regel < 20 mg/l (BICZOK 1968:

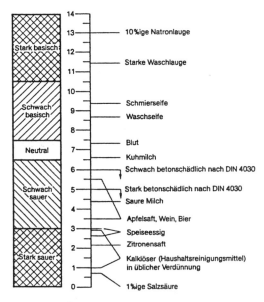

Abb. 9.3 Übersicht über die pH-Werte verschiedener Flüssigkeiten, die im Abwasser auftreten können (aus MAIDL 1984).

192) und nimmt mit der Tiefe ab. Bei höheren CO_2-Gehalten ist im allgemeinen ascendente Herkunft (postvulkanische Tätigkeit), besonders der Aufstieg an tektonischen Störungszonen u. a. anzunehmen (s. Abschn. 4.2.3).

Darüber hinaus treten, zumindest im oberflächennahen Grundwasser, auch gewisse jahreszeitliche Schwankungen des CO_2-Gehaltes auf, mit Maximalwerten im Frühjahr und Herbst und Minimalwerten in den Sommermonaten (QUADFLIEG & SCHRAFT 1984).

Sulfate und auch Sulfide gehören zu den betonschädlichsten Inhaltsstoffen, die in Wässern vorhanden sein können. Sulfate (SO_4^{2-}) setzen sich mit einigen Kalk- und Tonerdeverbindungen des Zementsteins unter erheblicher Volumenvergrößerung zu wasserreichen Kalziumalumatsulfaten um, die als Ettringit oder üblicherweise Zementbazillus bezeichnet werden und zu einem Zertreiben des Betons führen.

Aus **Sulfiden** entsteht Schwefelwasserstoff, der in wäßriger Lösung als schwache Säure wirkt (s. a. Abschn. 2.2.3)

$$FeS + 2H_2O + CO_2 \rightarrow H_2S + Fe(HCO_3)_2$$

und mit Sauerstoff weiter zu Schwefelsäure und zu Sulfaten reagiert:

$$H_2S + 2O_2 \rightarrow H_2SO_4$$
$$H_2SO_4 + CaCO_3 \rightarrow CaSO_4 + CO_2 + H_2O.$$

Der Sulfatgehalt im Grundwasser kann, wenn der Boden Sulfide oder Sulfite enthält, bei Luftzutritt (Baugruben, Einschnitte, Bohrungen) vorübergehend erheblich zunehmen (BICZOK 1968: 276). Außer dieser Luftoxidation können auch Schwefelbakterien eine Änderung des Sulfatgehaltes im Grundwasser verursachen.

Magnesium ist meist an Sulfate oder Chloride gebunden. Magnesiumchlorid ($MgCl_2$) reagiert mit dem Kalziumhydrat des Betons unter Bildung einer gallertartigen Masse, dem Magnesiumhydroxid, während Kalziumchlorid ausgewaschen wird.

$$Ca(OH)_2 + MgCl_2 \rightarrow Mg(OH)_2 + CaCl_2.$$

Ammoniumsalze wirken als kationenaustauschende Verbindungen, die schwerlösliche Verbindungen zu leichtlöslichen umsetzen, die dann ausgewaschen werden können. Ähnliches gilt für **Nitrate,** die zusätzlich zu den bekannten Salpeterausblühungen führen.

Ein erhöhter **Kaliumpermanganat-Verbrauch** ($KMnO_4$) ist ein relatives Maß für den Gehalt an organischen Stoffen und Sulfiden im Wasser.

Grundwasser hat normalerweise einen $KMnO_4$-Verbrauch von 10 bis 50 mg/l (s. a. HÖLTING 1996 : 264).

Mineralöle und -fette, einschließlich Motorentreibstoffe greifen Beton nicht an, es sei denn, sie enthalten Säuren bzw. pflanzliche oder tierische Fette bzw. Öle (DIN 4030, 1.2.7).

9.3.3 Beurteilung der Aggressivität

Wässer, die freie Säuren, kalklösende Kohlensäure, Ammonium- und Magnesiumionen enthalten, sowie weiche Wässer bewirken **Lösungs- und Auslaugungserscheinungen.** Wässer, die insbesondere Sulfate enthalten, können **Treiberscheinungen** verursachen.

Bei der Beurteilung der Betonschädlichkeit eines Wassers sind außer dem Untersuchungsergebnis der bauchemischen Wasseranalyse noch eine Reihe weiterer Faktoren zu berücksichtigen, wie

die Durchlässigkeit des Bodens
die Fließgeschwindigkeit des Wassers
die Zeitdauer des Einwirkens des Wassers
ein häufiger Wechsel des Wasserstandes
erhöhte Temperatur und erhöhter Wasserdruck.

Die DIN 4030 unterscheidet **drei Angriffsgrade,** nach denen die Betonschädlichkeit von Wässern vorwiegend natürlicher Zusammensetzung i. a. ausreichend beurteilt werden kann, da Schwefelwasserstoff und schädliche organische Verbindungen in der Regel nicht oder nur in geringen Mengen vorhanden sind. Weist jedoch das Wasser einen $KMnO_4$-Verbrauch von über 50 mg/l auf, so ist eine spezielle Untersuchung auf organische Substanzen anzuraten. Betonanmachwasser ist besonders auf Zucker und Chloridionen zu untersuchen. Ersterer behindert den Abbindevorgang. Im Zugabewasser von Spannbeton dürfen wegen der möglichen Korrosion der Bewehrung höchstens 600 mg/l Chlorid vorhanden sein. Betonanmachwasser soll außerdem nicht weich sein und möglichst keine organischen Substanzen enthalten.

Bei Wasser mit Gehalten an kalklösender Kohlensäure muß auch die Verwendung von Kalkstein als Betonzuschlag sorgfältig geprüft werden. Die zunächst unterschiedlich erscheinenden Meinungen in der Literatur (s. d. LOCHER & SPRUNG 1975: 241; FRIEDE & SCHUBERT 1983: 38; LOCHER et al. 1984) gehen darauf hinaus, daß Kalkstein als Zuschlagstoff die Anfälligkeit eines Betons erhöht, wenn sich die kalklösende Kohlensäure in schwach fließendem Wasser ständig erneuern kann (LOCHER & SPRUNG 1975: 245). Nur wenn sich die

Tabelle 9.1 Grenzwerte zur Beurteilung des Angriffsgrades von Wässern vorwiegend natürlicher Zusammensetzung (aus DIN 4030).

Untersuchung	schwach angreifend	Angriffsgrade stark angreifend	sehr stark angreifend
1 pH-Wert	6,5 bis 5,5	5,5 bis 4,5	unter 4,5
2 kalklösende Kohlensäure (CO_2); in mg/l, best. mit dem Marmorversuch nach HEYER	15 bis 40	40 bis 100	über 100
3 Ammonium (NH_4^+) in mg/l	15 bis 30	30 bis 60	über 60
4 Magnesium (Mg^{2+}) in mg/l	300 bis 1000	1000 bis 3000	über 3000
5 Sulfat (SO_4^{2-}) in mg/l	200 bis 600	600 bis 3000	über 3000

verbrauchte kalklösende Kohlensäure nicht erneuern kann, wird die Widerstandsfähigkeit des Betons durch Pufferwirkung verbessert. Von Bedeutung ist auch die Dichtigkeit und damit die Lösbarkeit des Kalksteins.

Die **Grenzwerte der DIN 4030** (Tab. 9.1) gelten für stehendes bis schwach fließendes Wasser. Maßgebend für die Einstufung ist der höchste Angriffsgrad. Liegen zwei Werte im ungünstigen Viertel, so erhöht sich der Angriffsgrad um eine Stufe. Bei niedriger Wassertemperatur und in wenig durchlässigen Böden (k < 10^{-5} m/s, s. Abschn. 2.6.5), in denen sich die angreifenden Bestandteile nur wenig erneuern können, nimmt der Angriffsgrad ab (DIN 4030, 4.1.3).

LIESCHE & PASCHKE (1964) schließen weitere mögliche Schadstoffe in ihre Untersuchung ein und gehen auf die gegenseitigen Wechselwirkungen ein, was besonders bei **Salinärwässern mit hohen Sulfatgehalten** bei gleichzeitiger Anwesenheit von Magnesium, Ammonium und Chloriden zu einer besseren Abschätzung des Gefährdungsgrades führt. Die Betonaggressivität verschiedener Säuren, Salze und organischer Stoffe kann nach dem DVWK-Merkblatt 215 (1990) überschlägig beurteilt werden.

9.3.4 Bauliche Schutzmaßnahmen

Bezüglich baulicher Schutzmaßnahmen lassen sich die chemisch-physikalischen Angriffe auf Beton in zwei Gruppen gliedern:

- kalklösende Wirkung, die den Zementstein auslaugt und von der Betonoberfläche her angreift
- treibende Wirkung, vorwiegend durch Ettringitbildung, wodurch der Beton von innen zerstört wird.

Die Schutzmaßnahmen konzentrieren sich auf zwei Möglichkeiten, einmal die Auswahl des Zements und zweitens die Herstellung eines dichten Betons mit hohem Widerstand gegen chemische Angriffe (DIN 1045, 6.5.7.4).

Gegen **Sulfatangriff** werden kalkarme Zemente (Eisenportlandzement [EPZ], Hochofenzement [HOZ], Traßzement [TrZ]) oder bei mehr als 400 mg (SO_4^{2-}) je l Wasser spezielle sulfatbeständige Zemente (z. B. die Handelsmarken Antisulfat PZ 450 F, Sulfadur, Aquadur) verwendet.

Gegen **kalklösende Angriffe** werden Hüttenzemente mit geringem Kalkgehalt und alle Maßnahmen, welche die Dichtigkeit des Betons erhöhen, empfohlen (FRIEDE & SCHUBERT 1983: 40). Die Betonüberdeckung der Bewehrungseisen sollte im aggressiven Wasser 50 mm betragen.

Zugängliche Betonaußenflächen sind außerdem durch die üblichen Schutzanstriche auf Bitumen- oder Chemiebasis zu schützen.

10 Baugruben

In den Städten werden zunehmend technische Anlagen oder Verkehrseinrichtungen unter die Erde gelegt. Solche unterirdischen Bauwerke erfordern tiefe und z.T. lange Baugruben, in denen, wie schon TERZAGHI & PECK (1948: 516) gezeigt haben, mit erheblichen Verschiebungen und plastischen Deformationen zu rechnen ist. Offensichtlich werden vom Untergrund große Entlastungen schlechter vertragen als Belastungen. Durch die Entlastung hebt sich nicht nur die Baugrubensohle um Zentimeterbeträge sondern die vertikale Entlastung hat auch einen horizontalen **Entspannungseffekt** zur Folge. Solche Verformungen von tiefen und langen Baugruben werden nicht nur in tertiären Tonen beschrieben (BRETH & ROMBERG 1972; MORGENSTERN 1990), sondern auch in rolligen Böden (NENDZA & KLEIN 1973; ULRICHS & WIECHERS 1980; GOLLUB & KLOBE 1995) und auch in halbfesten bis festen geschichteten Tonsteinen (GRÜTER 1987, 1988; WITTKE et al. 1987: 110; MORGENSTERN 1990, darin Lit.; WITTKE 1990). Letztere werden hauptsächlich als Folge der im Abschnitt 2.6.7 diskutierten Restspannungen bzw. des horizontalen Spannungsüberschusses angesehen. Da sowohl die Restspannungen als auch das Dehnungsverhalten von den mechanischen Gesteinsparametern abhängig ist, kommt es auf Schichtflächen von Wechselfolgen kompetenter und inkompetenter Gesteine zu Differenzbewegungen, denen im freien Anschnitt nur der Scherwiderstand auf diesen Flächen entgegenwirkt (MANDL 1989). Reicht dieser aus, den Schichtstapel im Verband zu halten, so stellen sich an der entlasteten Wand mehr oder weniger bruchlose Schubverformungen ein. Bei niedrigen Scherfestigkeiten auf Schichtflächen (s. Abschn. 2.7.5) kann es zu Gleitbewegungen und progressivem Versagen kommen (MORGENSTERN 1990). Diese Erscheinungen müssen bei der Planung und Ausführung sowohl von Baugruben als auch von tiefen Einschnitten berücksichtigt werden. Eine rechnerische Abschätzung der Hebungen infolge Entlastung kann mit Hilfe der Entlastungsmoduls aus dem Kompressionsversuch vorgenommen werden (s. Abschn. 2.6.3 und 5.5.4 sowie SCHMIDT 1993). Je nach Untergrundaufbau können solche Hebungen in wenigen Wochen auftreten (SOMMER 1978; TRISCHLER & DÜRRWANG 1989; s.a. Abb. 5.18).

10.1 Baugrubenaushub

Die Erdarbeiten für die Herstellung von Baugruben werden nach DIN 18 300, „Erdarbeiten", in VOB Teil C, ausgeschrieben und abgerechnet (s. Abschn. 3.3). Die Verbringung der Bodenmassen kann heute nicht mehr, wie früher üblich, dem Aushubunternehmer überlassen, sondern muß vielfach im Bauantrag benannt werden (s. Abschn. 16.6).

Wasser- und erschütterungsempfindliche Bodenarten (organische Böden, sandiger Lehm, Löß, Schluff, Feinsand) dürfen nahe der Grundwasseroberfläche oder nach starken Niederschlägen nicht befahren werden. Die Fundamentsohlen müssen von Hand, bei Baugruben im Fels ggf. mit Druckluft von Lockermaterial gesäubert und anschließend mit Unterbeton (B 15) versiegelt werden.

Bei Baugruben- und Grabarbeiten ist das **Denkmalschutzgesetz** (DSchG; GVBl. I 1974, S. 450) zu beachten. Bodendenkmäler sind Überreste oder Spuren menschlichen, tierischen oder pflanzlichen Lebens aus vergangenen Epochen und Kulturen. Wer Bodendenkmäler antrifft, hat diese der Denkmalfachbehörde oder der Unteren Denkmalschutzbehörde (Gemeindevorstand, Kreisausschuß) anzuzeigen. Anzeigepflichtig ist der Finder, der Eigentümer des Grundstücks oder der Bauleiter. Fund und Fundstelle sind eine Woche in unverändertem Zustand zu halten und der Fund zu schützen.

10.2 Geböschte Baugruben

Baugrubenwände müssen nach DIN 4124 (1981) ab einer Tiefe von 1,25 m geböscht oder abgestützt werden. Die Böschungsneigung ist abhängig von den Baugrund- und Grundwasserverhältnissen, der Zeit, über welche die Baugrube offen zu halten ist, und von möglichen Belastungen und Erschütterungen in oder am Rand der Baugrube. Bei Böschungshöhen ab 6 m Höhe sind nötigenfalls Bermen von min. 1,5 m Breite zwischenzuschalten. Das Anlegen von Baugrubenböschungen erfordert ausreichenden Platz. Nach DIN 4124, 4.2.2, können bei Baugrubentiefen bis 5 m ohne rechnerischen Nachweis folgende Böschungsneigungen β vorgesehen werden:

- bei nichtbindigen oder weichen
  bindigen Böden .... β = 45°,
- bei steifen und halbfesten
  bindigen Böden .... β = 60°,
- bei Fels .... β = 80°.

Diese Werte gelten nicht für aufgefüllte Böden und bei Wasserzutritt.

Die für Fels angegebene Böschungsneigung von 80° ist sehr steil, da Baugrubenböschungen im Fels sehr stark von der Raumstellung der Trennflächen abhängig sind (s. a. Abschn. 13.2). Muß damit gerechnet werden, daß sich die Böschungsflächen im Laufe der Zeit nachteilig verändern (Wasseraustritte, Quellvorgänge, Austrocknung, Frostwirkung), so sind von vornherein flachere Böschungen vorzusehen oder diese durch Abdecken mit Kunststoff-Folien oder Spritzbeton zu schützen.

Die Standsicherheit einer Böschung ist rechnerisch nachzuweisen, wenn die oben angegebenen Böschungswinkel überschritten werden, die Böschungshöhe mehr als 5 m beträgt, das Gelände mehr als 1:10 geneigt ist oder vorhandene Anlagen gefährdet werden bzw. äußere Einflüsse die Standsicherheit der Böschung beeinträchtigen (DIN 4124).

Die Standsicherheitsberechnung nicht verbauter Baugrubenlöschungen erfolgt nach DIN 4084 (s. dazu Abschn. 5.7). Ergibt die Rechnung keine ausreichende Standsicherheit (Sicherheitsbeiwerte s. Abschn. 5.7), so muß die Böschung abgeflacht oder gesichert werden.

10.3 Baugrubenverbau

Die Wahl der Verbaumethode erfolgt unter Berücksichtigung folgender Angaben:

- Tiefe und Abmessungen der Baugrube, Grundstücksgrenzen
- Baugrund- und Grundwasserverhältnisse
- Einheitskosten für den Verbau und den Erdaushub
- Abstand angrenzender Bauwerke, Leitungen u.dgl.

- Belastungen und Erschütterungen innerhalb und außerhalb der Baugrube

Der Verbau ist in der Regel für den aktiven Erddruck zu bemessen (s. Abschn. 5.6.2). Das dadurch bedingte Nachgeben solcher Wände kann zu Setzungen und Schäden an Nachbargebäuden führen. In solchen Fällen ist ein massiver, verformungsarmer Verbau vorzusehen und für einen erhöhten Erddruck, höchstens aber den Erdruhedruck zu bemessen (DIN 4124: 9.3.1).

10.3.1 Einfacher Baugrubenverbau

Kleinere Baugruben über der Grundwasseroberfläche, die über eine gewisse Höhe frei stehen, können mit einem waagerechten oder senkrechten Bohlenverbau und gegenseitiger Abstützung verbaut werden. Bei 7 bis 10 m Baugrubenbreite wird eine Holzaussteifung sehr aufwendig und eine I-Trägeraussteifung erforderlich. Wenn eine Absteifung zur gegenüberliegenden Seite nicht möglich ist, kann für Bauzustände eine Schrägaussteifung ausgeführt werden.

10.3.2 Trägerbohlwandverbau

Für tiefere Baugruben und solche, deren Wände auch abschnittsweise nicht mehr für kurze Zeit frei stehen, sondern mit der Tieferführung der Baugrube fortlaufend verbaut werden müssen, ist ein Trägerbohlwandverbau vorzusehen. Ein solcher ist in der Bundesrepublik Deutschland der häufigste und wirtschaftlichste Verbau von tieferen Baugruben, der sehr anpassungsfähig ist und bis zu Baugrubentiefen von rd. 25 m eingesetzt werden kann. Hierbei werden vor dem Baugrubenaushub in Abständen von 1,5 bis 3,0 m Stahlträger in den Boden gerammt oder in vorgebohrte Löcher eingesetzt, und der verbleibende Hohlraum unten mit Beton, von der Baugrubensohle an aufwärts mit leicht bindigen Böden oder Sand verfüllt. Mit fortschreitendem Baugrubenaushub wird der Boden zwischen den Trägern abgestochen, Holzbohlen, in Ausnahmefällen auch Stahlbetonfertigteile, hinter die Trägerflansche eingesetzt und verkeilt (Abb. 10.1). In bindigen, über 1,0 bis 1,3 m Höhe standfesten Böden kann die Ausfachung auch durch bewehrten Ortbeton erfolgen, was z. B. eine Austrocknung des Bodens hinter der Verbauwand verhindert.

Die Aussteifung der Bohlträger erfolgte früher durch Holz- oder Stahlsteifen, die zur Verkürzung der Knicklängen nötigenfalls an Mittelträgerwänden gestoßen wurden (sog. Berliner Verbau). Heu-

Holzbohlen waagrecht von oben nach unten im Zuge des Aushubes eingebaut

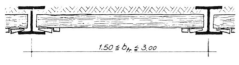

Beton als Fertigteilplatten oder Ortbeton

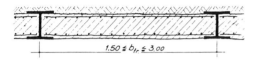

Abb. 10.1 Prinzip des Trägerbohlwandverbaus (Grundriß).

te wird ein Trägerbohlwandverbau meist rückverankert. Die Einbindetiefe der Bohlträger unter Baugrubensohle richtet sich nach den statischen Erfordernissen. Sie beträgt im allgemeinen 1,5 bis 3,0 m.

Beim Verfüllen der Baugrube wird Bohle um Bohle ausgebaut und der Arbeitsraum gleichlaufend verfüllt und verdichtet, wobei sich allerdings gewisse Nachsetzungen meist nicht vermeiden lassen. Die Bohlträger werden anschließend gezogen. Soll der Verbau, um Setzungen zu verhindern, im Boden verbleiben, so ist eine Betonausfachung zu wählen.

10.3.3 Spundwandverbau

Lose Böden oder Böden im Grundwasser, die nicht über eine gewisse Höhe (min. 0,5 m) frei stehen, müssen vor dem Ausschachten gegen Nachbrechen und Ausfließen gesichert werden. Dazu werden in einfachen Fällen Stahlspundwände verwendet. Die Schlösser der üblichen Spundwandprofile sind i.a. recht dicht. Kleinere Undichtigkeiten können durch Verstopfen oder Injektionen nachgedichtet werden.

Die **Einbringverfahren** für Stahlspundbohlen (Rammen, Rütteln, Einpressen) sowie die gegebenenfalls erforderlichen Einbringhilfen und Lärmschutzmaßnahmen beschreiben DÖHL & ROTH (1988). Ein Ausführungsbeispiel für eine Spundwandeinpressung bringt HECKÖTTER (1994).

Eine Klassifikation der Böden hinsichtlich ihrer Rammbarkeit gibt es nicht. In der Regel lassen sich nichtbindige Böden leichter rammen als bindige.

Auf mögliche Rammhindernisse (alte Mauerreste, Gerölle, große Konkretionen, wie z.B. Septarien) muß hingewiesen werden. Auch Fein-/Mittelsand über dem Grundwasser läßt sich z.B. schwer rammen, ebenso durch die Saugwirkung von Wurzeln großer Bäume ausgetrocknete Schluff- und Tonböden (z.B. Löß). Trifft eine Spundbohle auf Widerstand, so darf nicht mit Gewalt weitergerammt werden, da diese sonst leicht aus dem Schloß springt oder sich sogar aufrollen kann.

Beim Einbringen von Spundbohlen in der Nähe von erschütterungsempfindlichen technischen Anlagen oder auch unmittelbar neben Bebauung ist Vorsicht geboten, da zwar weniger durch die direkten Rammerschütterungen, als durch die Verdichtungswirkung im Boden Setzungen und Schäden an Gebäuden auftreten können. Bei halbfesten bindigen und felsartigen Böden müssen gegebenenfalls Einbringhilfen in Form von Spüllanzen am Bohlenfuß, Lockerungsbohrungen oder auch Vorspaltsprengen eingesetzt werden (DÖHL & ROTH 1989).

Freistehende, eingespannte Spundwände, bei denen das beanspruchende Moment durch die Einspannung im Boden aufgenommen wird, können über dem Grundwasser bis zu Baugrubentiefen von 3 bis 4 m vorgesehen werden. Die Einspanntiefe beträgt allerdings 1,0 bis 1,3 · h. Bei **ausgesteiften oder verankerten Spundwänden** beträgt die Einspanntiefe 0,1 bis 0,3 h.

Die nötige Rammtiefe richtet sich auch nach der Standfestigkeit der Baugrubensohle gegen hydraulischen Grundbruch (s. Abschn. 5.8.2 und WEISSENBACH 1982). Als Sicherungsmaßnahmen gegen hydraulischen Grundbruch können genannt werden:

● Vergrößerung der Einbindetiefe t
● Grundwasserentlastung an der Spundwandinnenseite durch Filterbrunnen
● Belastung der Sohle durch eine Filterschicht

10.3.4 Bohrpfahlwände

Bohrpfahlwände und bis zu einem gewissen Grade auch die im nächsten Abschnitt zu behandelnden Schlitzwände zählen zu den massiven, verformungsarmen Verbauarten, die bevorzugt zur Sicherung von Baugruben neben bestehender Bebauung eingesetzt werden. Sie können gleichzeitig auch als konstruktiver Teil des Bauwerks (z.B. von Stützbauwerken) verwendet werden.

Eine Bohrpfahlwand besteht aus nebeneinanderstehenden Großbohrpfählen (s. Abschn. 8.4.2) mit

Durchmessern von 0,6 bis 1,5 m, je nach statischen Erfordernissen. Bohrpfahlwände sind damit zwar verhältnismäßig aufwendig, sind aber in vielen Fällen das sicherste und oft auch einzige Verfahren zur Herstellung tiefer Baugruben, besonders neben empfindlicher Bebauung oder wenn Bohrhindernisse zu erwarten sind. Die erreichbaren Wandtiefen werden mit etwa 30 m angegeben. Über der Grundwasseroberfläche können die Pfähle tangierend oder aufgelöst, d. h. mit Abständen bis ca. 1,0 m angeordnet und der Zwischenraum je nach Bodenart freigelassen (z. B. bei Fels) oder mit Ortbeton bzw. Spritzbeton gesichert werden. Ist eine zusätzliche Dränung nötig, so kann hier ein durch Baustellenvlies geschützter Einkornbeton, ggf. mit Kunststoffdränrohr, eingebaut werden.

Bei grundwasserdichten Pfahlwänden werden die Pfähle gewöhnlich im Taktverfahren (1 – 3 – 5 .../2 – 4 ...) mit einer Überschneidung von 5 bis 10 cm hergestellt, wobei dem Pfahlbeton im ersten Takt ein Abbindehemmer zugesetzt wird, damit er nach 1 bis 2 Tagen beim zweiten Takt noch angebohrt werden kann.

Eine Bohrpfahlwand kann unmittelbar an oder schräg unter (WEINHOLD 1972: 631) benachbarte Fundamente ausgeführt werden, da bei sorgfältiger Herstellung kaum eine Bodenauflockerung zu befürchten ist. Vorsicht ist allerdings bei Sandböden, besonders Fein-/Mittelsanden unter Wasser geboten (FRANKE 1984; GOLLUB & KLOBE 1995). Allein die Erschütterungen beim Bohrvorgang können bei locker bis mitteldicht gelagerten Sanden zu Setzungen führen.

Bohrpfahlwände können wie alle anderen Verbauarten rückverankert werden, wovon besonders bei Baugruben an Hängen oder bei Hangsicherungs-

maßnahmen Gebrauch gemacht wird (s. Abschn. 15.5.5).

10.3.5 Schlitzwände

Für Schlitzwände gilt DIN 4126 (1986) bzw. die Vornorm DIN V 4126 – 100 (1996; s. Abschn. 5).

Schlitzwände als Baugrubenverbau werden auch heute noch meist nach dem konventionellen **Zweiphasenverfahren** hergestellt (s. a. Abschn. 10.4.1). Dabei wird zwischen Leitwänden mit speziellen, meist 2,0 bis 3,0 m breiten Greifern oder im Saugbohrverfahren in Abschnitten von 3 bis 6 m Länge ein 0,6 bis 1,0 m breiter Schlitz ausgehoben (Abb. 10.2). Probleme bereitet dabei bis heute noch der Aushub von großen Blöcken und felsartigen Bodenarten. Ist eine Zerkleinerung mit Meißel nicht möglich, so kann der Einsatz einer Schlitzwandfräse (PREINDL 1988) in Erwägung gezogen werden (TESCHEMACHER et al. 1990; FRIEDRICH 1991).

Die Stützung des Schlitzes erfolgt in nicht frei standfesten Böden mit Betonitsuspension, die den Einsturz und Nachfall aus den Wänden verhindert. Der ausgehobene Abschnitt wird seitlich abgeschottet, der Bewehrungskorb eingestellt und im Kontraktor-Verfahren über Schüttrohre von unten nach oben betoniert. Die Stützflüssigkeit wird dabei nach oben verdrängt, abgeleitet und regeneriert. Durch das seitliche Abstellen der einzelnen Betonierabschnitte mit Rohren entsteht eine ineinandergreifende Verbindung zwischen den einzelnen Schlitzwandabschnitten.

Je nach Boden- bzw. Felsart werden unterschiedliche **Bentonitmischungen** verwendet. Hauptbe-

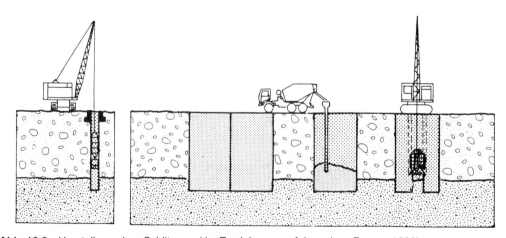

Abb. 10.2   Herstellung einer Schlitzwand im Zweiphasenverfahren (aus BRANDL 1989).

standteil des Bentonits ist das Tonmineral Montmorillonit (75 bis 90 %), das sich durch seine innerkristalline Quellfähigkeit (s. Abschn. 2.1.8) und seine kartenhausähnliche Lagerungsstruktur der Na-Montmorillonitkristalle auszeichnet, die der Bentonit-Suspension die erforderlichen Eigenschaften, wie hohe Viskosität und Gelstärke sowie geringe Filterwasserabgabe verleihen (MÖBIUS 1977). Die Stützwirkung (sog. äußere Standsicherheit) beruht auf der Gelstärke bzw. der thixotropen Erstarrung. Sie wird bei feinkörnigen Böden verstärkt durch die Ausbildung eines Filterkuchens, bei grobkörnigem Untergrund durch seitliches Eindringen der Suspension in den Porenraum (sog. innere Standsicherheit).

Das Bauverfahren ist lärm- und erschütterungsarm. Die Bentonit-Suspension und der vollkommen suspensionsdurchsetzte, in breiiger Form anfallende Aushub sind zwar verschmutzungsintensiv, gegenüber dem Grundwasser aber umweltverträglich. Die Suspension kann allerdings durch chemische Verunreinigung im Grundwasser oder im Boden instabil werden und ausflocken. Betonschlitzwände dienen sowohl als wasserdichte Baugrubenumschließung als auch als konstruktiver Teil des Bauwerks. Die üblichen Tiefen von solchen Schlitzwänden betragen heute 30 bis 40 m.

Eine mit der Schlitzwandbauweise konkurrierende Methode sind die Hochdruck-**Düsenstrahlwandverfahren** (s. Abschn. 7.4.4), bei denen homogene Bodenvermörtelungskörper in Säulen oder Scheibenform zu einer geschlossenen Wand verbunden werden. Das Verfahren ist für alle Lockergesteine geeignet.

10.3.6 Sonderbauweisen

Bei Böden, die über eine bestimmte Höhe standfest sind, können die mit 60° bis 70° geneigten Baugrubenwände mit fortschreitendem Aushub durch Spritzbeton versiegelt und darauf Wandelemente aus Stahlbeton zur Aufnahme des Erddruckes rückverankert werden. Diese Methode **verankerter Elementwände** findet sowohl bei Baugrubensicherungen als auch als Böschungssicherung Anwendung. Dabei ist besonders auf die Frostempfindlichkeit des Bodens bzw. auf Frostfreiheit an den Ankerplatten zu achten.

Ein in letzter Zeit häufig angewandtes Verfahren zur Baugrubensicherung ist das System der **Bodenvernagelung.** Die 70° bis 80° steile Böschungsfläche wird durch eine bewehrte Spritzbetonschale vor Witterungseinflüssen geschützt. Die Spritzbetonschale wird mit schlaffen Boden- oder Felsnägeln (s. Abschn. 10.5) rückverhängt. Die Sicherungsarbeiten erfolgen im Zuge des Aushubs von oben nach unten. Die Wirkung der Bodenvernagelung beruht darauf, daß die Zug- und Scherfestigkeit erhöht wird und ein bewehrter Verbundkörper entsteht, der rechnerisch wie eine Schwergewichtsmauer behandelt wird (STOCKER & GÄSSLER 1979; HETTLER 1989).

Verfahren der **Bodenverfestigung,** wie sie besonders bei Unterfangungsarbeiten angewendet werden, sind im Abschn. 7.4.4 beschrieben.

10.4 Dichtwände

Ihre Aufgabe ist eine möglichst dichte Umschließung von Baugruben, um eine weitreichende Grundwasserabsenkung zu vermeiden oder die zu fördernde Wassermenge gering zu halten, sowie die Umschließung von Deponien, Altlasten oder Altstandorten mit grundwassergefährdenden Stoffen und die Abdichtung des Untergrundes von Talsperren. Das Prinzip der Umschließung besteht darin, daß vertikale Dichtwände in einen Grundwasserstauer oder in eine künstlich hergestellte Dichtungssohle einbinden. Für Langzeitmaßnahmen werden bevorzugt Dichtwände nach dem Schlitzwandverfahren oder Hochdruck-Düsenstrahlwände eingesetzt. Die verschiedenen Verfahren sind im DVWK-Merkblatt 215 (1990) und in der GDA-Empfehlung (1993: E 4–1) beschrieben und sind in Tabelle 10.1 mit den gängigen Einsatztiefen zusammengestellt.

10.4.1 Dichtwände im Schlitzwandverfahren

Für die in der Regel 0,4 bis 1,0 m breiten Dichtwände nach dem Schlitzwandverfahren (s. Abschn. 10.3.5) wird als Baustoff ein plastisches Dichtungsmaterial aus Ton (Bentonit), Sand, Steinmehl, Flugasche, Zement und Wasser verwendet, dessen genaue Rezeptur den jeweiligen Anforderungen angepaßt werden muß. Außer dem bei der Schlitzwandherstellung üblichen Zweiphasenverfahren, bei dem die Stützflüssigkeit für den Aushub des Schlitzes im Kontraktor-Verfahren durch das Dichtungsmaterial ersetzt wird, werden Dichtwände heute bevorzugt im **Einphasen-Verfahren** mit einer Bentonit-Zement-Suspension hergestellt, die sowohl als Stützflüssigkeit als auch nach Beendigung des Aushubs als Dichtungsmasse wirkt (CARL & STROBL 1976; MESECK, RUP-

Tabelle 10.1   Übersicht über Verfahren zur Herstellung von Dichtwänden. Richtwerte für übliche Wanddiken d (m) und derzeit maximale Wandtiefen t_{max} (m) (BRANDL 1989: 71).

PRINZIP	DICHTWAND-SYSTEM	GRUNDRISS (schematisch)	ABMESSUNGEN d (m)	t_{max} (m)
VERRINGERUNG DER DURCHLÄSSIGKEIT DES ANSTEHENDEN BODENS	VERDICHTUNGSWAND		0,3 – 0,5	10 – 20
	INJEKTIONSWAND		1,0 – 2,5	20 – 80
	GEFRIERWAND		≧ 0,7	50
	DÜSENSTRAHLWAND (auch „Jetwand")		0,4 – 2,5	30 – 50
			≧ 0,15 – 0,3* (Lamelle)	20 – 30
VERDRÄNGEN DES ANSTEHENDEN BODENS UND EINBAU EINES ABDICHTUNGSMATERIALS	SPUNDWAND		~ 0,02	20 – 30
	SCHMALWAND		≧ 0,06 – 0,2**	10 – 27
	ERDBETON-RAMM-PROFILDICHTWAND		≧ 0,4	15 – 25
AUSHUB DES ANSTEHENDEN BODENS UND EINBAU EINES ABDICHTUNGSMATERIALS	BOHRPFAHLWAND (überschnitten)		0,4 – 1,5	20 – 40
	SCHLITZWAND mit Fräse		0,4 – 1,5	100 – 170
	SCHLITZWAND mit Greifer		0,4 – 1,0	40 – 50
	SCHLITZWAND (Kombinationsdichtung)		0,4 – 1,0	20 – 30

*) Gesamtbreite der rautenförmigen Düsenstrahlwände: ≧ 0,5 m
**) in den Flanschbereichen der Rüttelbohle deutlich breiter (vgl. Abb. 29)

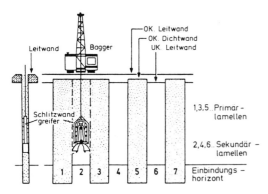

Abb. 10.3   Herstellen einer Schlitzwand im Einphasenverfahren (aus DÜLLMANN & HEITFELD 1985).

PERT & SIMONS 1979; FRANK 1982). Die üblichen Tiefen solcher Dichtwände liegen bei 20 – 30 m (ARZ 1988).

Beim Einphasenverfahren (Abb. 10.3) wird alternierend gearbeitet, wobei der Greifer beim Aushub der Zwischenlamellen mit seinem Zahnprofil 30 cm tief in die noch relativ weiche Masse der Lamellen der ersten Phase einschneidet. Dadurch entsteht eine durchgehende, fugenlose Wand. Die Einbindung in den dichten Untergrund kann anhand der Aushubmassen kontrolliert werden.

Für die **Dichtwandmasse** werden je nach Probenalter (8 – 28 Tage) und Zementgehalt Druckfestigkeiten von 300 – 1200 kN/m² und eine Wasserdurchlässigkeit von $k = 10^{-8}$ bis 10^{-9} m/s erreicht. Während der Aushubarbeiten muß die Zusammensetzung der Suspension und die Anreicherung mit Sand- und Schluffmaterial laufend kontrolliert werden.

Die Kontrolle der Durchlässigkeit erfolgt sowohl an Rückstellproben der frischen Bentonit-Zement-Suspension als auch an aus der Dichtwand gewonnenen Bohrkernen und auch durch Wasserschluckversuche in den Bohrlöchern (HORN 1986). Das Dichtungsmaterial sowohl von zweiphasig als auch von einphasig hergestellten Dichtwänden muß erosionssicher sein und dauerhaft plastisch bleiben, um sich bei eventuellen Schubbeanspruchungen möglichst rissefrei verformen zu können. Zu diesem Zweck wird die einaxiale Druckfestigkeit (28 Tage) auf Werte von etwa 400–600 kN/m² begrenzt. Größere Festigkeiten bzw. Festigkeitsunterschiede können sich nachteilig auf das Verformungsverhalten auswirken. Unabhängig davon sollten Dichtungswände immer außerhalb von zu erwartenden Untergrundverformungen angeordnet werden.

Da Dichtwände meist in einem Untergrund mit wesentlich höherer Durchlässigkeit stehen, muß ausreichende Erosionssicherheit unter Berücksichtigung des zu erwartenden Druckhöhenunterschiedes gewährleistet sein, was in Abhängigkeit von der Körnung des Untergrundes und der Größe des hydraulischen Gradienten eine Mindestfestigkeit von 300 bis 400 kN/m² erfordert. Labor- und Feldversuche zur Ermittlung der Erosionssicherheit beschreiben CARL & STROBEL 1976, HEITFELD, DÜLLMANN & KRAPP 1979, DÜLLMANN & HEITFELD 1982, KARSTEDT & RUPPERT (1982), Geil 1982 und STROBEL (1982).

Die Anforderungen an die Wasserdichtigkeit von Schlitzwänden werden entweder über die Festlegung eines Durchlässigkeitsbeiwerts definiert (z. B. k = 10⁻⁸ bis 10⁻⁹ m/s) bzw. über die Angabe einer Leckrate (bis zu 1 l/m² × d, s. a. Abschn. 16.3.4) bzw. eines Restwasserzuflusses (z. B. 1.5 · 10⁻³ l/s · m²). Gelegentlich werden auch die Anforderungen für WU-Betonwannen angewendet, wonach die Zuflußrate geringer sein muß als die Verdunstungsrate auf der Luftseite. In Österreich sind auf dieser Basis 4 Dichtigkeitsklassen definiert worden (KAUTZ 1994).

Bei Kontrollbohrungen in der ausgeführten Wand zerfallen die Bohrkerne häufig scheibig bis polyedrisch, was weitgehend auf die Beanspruchung beim Bohren zurückzuführen ist und besonders bei Druckfestigkeiten < 500 kN/m² auftritt. In Zweifelsfällen muß die Dichtewand freigegraben oder eine Bohrloch-Fernsehsondierung vorgenommen

werden. Außer der mechanischen Erosion muß die Dichtwandrezeptur auch auf die chemische Resistenz gegen aggressives Grundwasser (s. Abschn. 9.3) und gegen aggressive Schadstoffe abgestimmt werden (s. Abschn. 16.3.4).

Eine Sonderbauweise zum Schlitzwandverfahren sind auch bei den Dichtungswänden wieder die **Hochdruck-Düsenstrahlwand-Verfahren** (vgl. Abschn. 10.3.5).

10.4.2 Schmalwände

Bei den dünnwandigen Schmalwänden werden heute zwei Arbeitsweisen unterschieden. Bei der einen werden spezielle Spundbohlen oder Stahlträger (Abb. 10.4) bis rd. 1 m in den dichten Untergrund eingerüttelt oder eingerammt und beim Ziehen der Bohlen der entstehende Hohlraum sofort mit einer Abdichtungssuspension verfüllt. Durch die Aneinanderreihung solcher Schlitze entsteht im Untergrund eine dünne, membranartige Dichtungswand von 5 bis 10 cm Dicke.

Bei den anderen Verfahren wird ein spezieller Schmalwandtiefenrüttler mit angeschweißten Flügeln durch die zu dichtende Schicht auf die geforderte Tiefe abgesenkt. Beim Ziehen wird ebenfalls eine Zementsuspension unter Druck injiziert. Durch Aneinanderreihen von Rüttelvorgängen bei

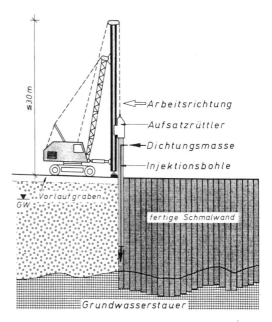

Abb. 10.4 Herstellung einer Schmalwand im Rüttelbohlenverfahren (aus BRANDL 1989).

gleichzeitiger Überschneidung entsteht eine geschlossene Dichtungswand von 3 bis 30 cm Dicke.

Die Zusammensetzung des Materials und die Anforderungen an die Dichtigkeit und Erosionsbeständigkeit sind ähnlich wie bei den breiten Dichtungswänden, doch sind die Schmalwände anfälliger gegenüber Rammhindernissen, und das Einbinden in den dichten Untergrund ist schwieriger bzw. kaum zu kontrollieren. Bei hohen Anforderungen an die Dichtheit der Wände wird deshalb in der Regel den Dichtungswänden nach der Schlitzwandbauweise der Vorzug gegeben.

10.4.3 Wannenförmige Dichtung von Baugruben

Liegt die undurchlässige Schicht so tief unter Baugrubensohle, daß die Dichtungswände nicht darin einbinden können, so muß, wenn eine Grundwasserabsenkung technisch nicht möglich oder wirtschaftlich nicht tragbar ist bzw. dazu keine Erlaubnis gegeben wird, auch die Baugrubensohle abgedichtet werden.

Dies geschieht entweder durch tiefliegende Injektionssohlen oder mit hochliegenden, gegen Auftrieb gesicherten Unterwasserbetonsohlen. Bei

kleinen Grundflächen und mittleren Wasserdrükken kommen auch HDI-Sohlen in Betracht.

Bei der Herstellung von Unterwasserbeton werden Schwebstoffe vom Unterwasseraushub, die auf die Aushubsohle absinken, abgesaugt bzw. von den Poren einer grobkörnigen Ausgleichsschicht setzungsfrei aufgenommen.

Bei Herstellung einer Dichtungssohle durch Injektionen (BÜTTNER 1974, TAUSCH & POREMBA 1979, KIRSCH 1982, FISCHER, SCHEELE & STAHLSCHMIDT 1982; MÜLLER-KIRCHENBAUER 1996) wird die Baugrube zunächst bis über die Grundwasseroberfläche ausgehoben. In Rasterabständen von 1,0 bis 2,0 m werden Injektionslanzen oder -schläuche in den Untergrund eingerüttelt oder eingespült und dieser anschließend unter Überwachung mit Druck- und Mengenschreibern injiziert (Abb. 10.5). Für Abdichtungszwecke werden Bentonit-Zementsuspensionen oder z.T. noch sog. Weichgele auf Wasserglasbasis verwendet (s. Abschn. 7.4.4). Die Dicke der Dichtungssohle beträgt in der Regel 1 bis 5 m, z.T. mehr. Sie richtet sich nach der Baugrubengröße und dem Sohlwasserdruck und ist auch vom Abstand der Injektionspunkte abhängig (bzw. umgekehrt). Die Durchlässigkeit von Sandböden kann damit um drei bis vier Potenzexponenten verringert werden ($k = 10^{-3}$ bis 10^{-4} m/s auf 10^{-6} bis 10^{-8} m/s). Auch die Erosionssicherheit ist bei den üblicherweise auftretenden hydraulischen Gradienten ($i = 10-20$) gegeben (KIRSCH 1994). Hauptproblem solcher wannenförmigen Baugruben ist die Dichtheit der Wandfugen sowie der dichte Anschluß der Sohldichtung an die Verbauwände. Weichgelsohlen mit Natriumsilikat als Härter sind in zunehmenden Maße nicht mehr genehmigungsfähig.

In nicht injizierbaren Böden kann eine Dichtungssohle durch nebeneinanderliegende, sich überlappende Verfestigungskörper nach dem HDI-Verfahren o.ä. hergestellt werden (s. Abschn. 7.4.4 und KIRSCH 1994).

10.5 Ankersicherung

Bei tiefen oder breiten Baugruben erfordert die Baugrubenaussteifung einen erheblichen Aufwand und behindert die Arbeiten in der Baugrube. Ende der 50er Jahre wurden erstmalig Rückverankerungen von Baugrubenwänden ohne jede Aussteifung ausgeführt (JELINEK & OSTERMAYER 1976), eine Verbaumethode, die heute nicht mehr wegzudenken ist. Darauf aufbauend wurden seitdem ver-

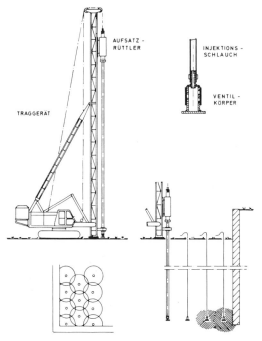

Abb. 10.5 Herstellung einer Dichtungssohle durch Injektionen (Firmenprospekt).

schiedene Verankerungssysteme bzw. Ankertypen entwickelt oder vom Tunnelbau übernommen:

Boden- und Felsnägel sind Stahlstäbe ($\varnothing$ 20 mm), die in mörtelgefüllte Bohrlöcher eingetrieben und kraftschlüssig, aber ohne Vorspannung, mit der Spritzbetonhaut verbunden werden (STOCKER 1977 und Abschn. 10.3.6).

Lockergesteins- und Felsanker erhalten im Gegensatz zu den Nägeln in der Regel eine Vorspannung. Ihre Einteilung erfolgt nach der Länge und nach der Krafteintragung. Bei Verbundankern ist das Bohrloch ganz mit Mörtel verfüllt. Es besteht volle Verbundwirkung und keine Teilbeweglichkeit des Zugelements. Bei Freispielankern wird die Spannstrecke nicht verpreßt und dient als Federstrecke für unvermeidliche Verschiebungen des Systems Baugrund/Bauwerk (Abb. 10.6). Folgende Ankerarten werden unterschieden:

Kurzanker — mechanisch wirkende Anker,
— Mörtelanker (SN-Anker),
— Kunstharz-Klebeanker,
— Injektionsanker, Reibungsanker; übliche Längen 4 bis 12 m (s. Abschn. 17.6.2).
Tiefenanker Verpreß- bzw. Injektionsanker als Freispielanker aus Rippenstählen oder Litzen bzw. Bündelanker; übliche Längen bei Einstabankern bis 30 m, bei Bündelankern > 80 m.

10.5.1 Herstellung von Verpreß- bzw. Injektionsankern

Für Verpreßanker gilt DIN 4125 (1990) bzw. E DIN EN 1537 (1994).

Für **Ankerbohrungen** sind alle drehenden und schlagenden Bohrverfahren geeignet. Vorteilhaft sind Trockenrammbohrverfahren, bei denen das Bohrgut verdrängt wird. Die üblichen Durchmesser betragen 72 bis 165 mm. In nicht standfesten Bodenarten oder wechselfestem Fels wird mit sog. Überlagerungsbohren gearbeitet. Bei diesem sog. Doppelkopf-Bohrverfahren mit druckluftbetriebenem Imlochhammer schwenkt zum Bohren des größeren Durchmessers für die mitdrehende Verrohrung ein exzentrisch ausklappbarer Räumer aus, der beim Ziehen eingefahren wird. Das durch die Drehschlag-Bohrkrone zerkleinerte Bohrgut wird entweder mit Luft oder Wasser ausgetragen. Wird gegen drückendes Wasser gebohrt, sind entsprechende Bohrverfahren und konstruktive Maßnahmen gegen Ausspülen von Bodenmaterial oder Verpreßmörtel zu treffen (DIN 4125 und KLEINA & SCHWARZ 1994).

Die Wahl der Bohrtechnik sollte nach Möglichkeit dem ausführenden Unternehmen überlassen bleiben. Dazu gehört aber eine möglichst genaue und zutreffende Beschreibung der Untergrundverhältnisse. In bindigen Böden müssen Einschränkungen in bezug auf die Spülung gemacht werden. Wasserspülung kann hier auch bei Verrohrung zu einem Aufweichen des Bodens und zu einer Verminderung der Ankertragkraft führen.

In das (z. B. durch Ausblasen) gesäuberte Bohrloch wird das Ankerzugglied eingebracht und unter abschnittsweisem Zurückziehen der Verrohrung die Krafteintragungsstrecke mit Zementsuspension drucklos verfüllt oder verpreßt. Durch die **Injektion der Krafteintragungsstrecke** wird erreicht, daß die Kraft nur in der beabsichtigten Tiefe in den Boden eingeleitet wird. Bei einigen Ankertypen wird die Krafteintragungsstrecke durch eine Ankerblase abgeschlossen bzw. der Bereich der freien Ankerlänge wieder freigespült.

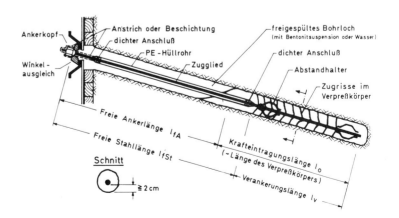

Abb. 10.6 Schema eines Verpreßankers für vorübergehende Zwecke (aus OSTERMAYER 1982).

Bei rolligen Böden und klüftigem Fels kann ein Injektionsdruck bis zu 30 bis 40 bar aufgebracht werden, je nach Überlagerungshöhe. In bindigen Böden und kompaktem Fels wird besser drucklos bzw. unter dem geringen hydraulischen Druck der Injektionssäule gearbeitet, da diese Böden unter hohem Injektionsdruck nachgeben, sich aber bei Wegnahme des Druckes wieder entspannen, was zu einem Austreten von Injektionsgut aus dem Bohrloch und zu Ablösungen um den Injektionskörper führen kann.

In solchen Böden wird nach dem Aushärten der drucklosen Primärinjektion über ein mit den Ankerzuggliedern eingeführtes zweites Injektionsrohr eine Nachinjektion vorgenommen, um die radiale Verspannung des Verpreßkörpers zu gewährleisten. Die optimale Nachverpreßtechnik hängt von den örtlichen Gegebenheiten ab. Bei geschichtetem und geklüftetem Untergrund kann es schon bei Nachpreßdrücken von 5 bis 6 bar zu einem Aufsprengen an den Trennflächen und zu Gebirgsverformungen kommen. Die Erhöhung der Tragfähigkeit durch Nachverpressen kann nach Angaben von OSTERMAYER (1982) oder HETTLER & MEININGER (1990) abgeschätzt werden. Durch die Nachinjektionstechnik wurden bindige Böden und wechselfester Fels, die früher als verankerungstechnisch schwierig galten, verankerungsfähig.

In geklüftetem Gebirge ist nötigenfalls eine Vorvergütung der Krafteinleitungsstrecke mittels Zementinjektionen erforderlich. Bei diesen Vergütungsinjektionen können je nach Klüftigkeit erhebliche Verpreßmengen anfallen (BAUER 1988; MOLL & ROMBERG 1988; GAITZSCH 1995). Die

Wirkung der Gebirgsvergütung kann durch WD-Tests überprüft werden (s. Abschn. 2.8.4).

10.5.2 Ankersysteme von Verpreß- und Injektionsankern

Nach der Art der Krafteinleitung in den Boden werden heute allgemein Einstabanker, Wellrohranker, Druckrohranker und Litzenanker unterschieden (Abb. 10.7).

Beim Druckrohranker wird die Ankerzugkraft über das Zugglied in die Bodenplatte des Druckrohres und von diesem als Druckkraft über den umgebenden Zementstein in den Boden geleitet.

Bei den übrigen Ankerarten wird die Ankerzugkraft über den gesamten Verpreßkörper auf das Gebirge übertragen. Der Verpreßkörper wird dabei auf Zug beansprucht, wobei davon ausgegangen wird, daß die Kraftübertragung vom Zugglied in das Gebirge bevorzugt in den ersten 2 m der Krafteintragungslänge auftritt. Dort ist dann auch verstärkt mit Rißbildungen im Verpreßkörper zu rechnen.

Kurzzeitanker oder Temporäranker dienen zur Sicherung von kurzzeitigen Baumaßnahmen (max. 2 Jahre). Sie haben nur einfachen Korrosionsschutz, der im Bereich der freien Stahllänge durch ein Kunststoffhüllrohr, in der Krafteintragungsstrecke durch eine Zementsteinüberdeckung von mindestens 2 cm gewährleistet wird.

Bei **Daueankern** wird doppelter Korrosionsschutz gefordert. Bei Druckrohrankern wird die auf die ganze Länge des Zuggliedes aufgebrachte

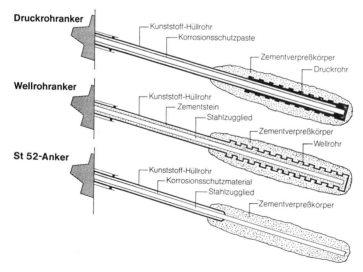

Abb. 10.7 Ankersysteme (Firmenprospekt).

Beschichtung durch ein Hüllrohr zusätzlich mechanisch geschützt. Der Korrosionsschutz wird bereits vom Hersteller vollständig aufgebracht.

Bei den übrigen Ankersystemen müssen im Bereich der Verankerungslänge über den Korrosionsschutz Kräfte in den Verpreßkörper übertragen werden. Als kraftübertragenden Korrosionsschutz wird das Zugglied von einem gerippten Hüllrohr (Wellrohr) umgeben und der Zwischenraum von min. 5 mm Dicke mit Zementmörtel verpreßt. Diese Vorarbeiten werden meist auf der Baustelle ausgeführt. Nach dem Erhärten wird der Anker eingebaut und außerhalb des Wellrohres der eigentliche Verpreßkörper hergestellt. Die freie Stahllänge wird meist durch Auspressen des Kunststoffhüllrohres mit einer Korrosionsschutzpaste zusätzlich geschützt (Abb. 10.8).

Ein besonderes Problem sind Verpreßanker, bes. Daueranker, in Gebirge mit aggressivem Grundwasser (s. Abschn. 9.3). Nach dem derzeitigen Stand der Technik werden ohne Zusatzmaßnahmen Kurzzeitanker bis „stark angreifend" (nach DIN 4030) und Daueranker bis „schwach angreifend" (s. Abschn. 9.3.3) hergestellt (s.a. ENV 1997–1, Abschn. 8.8.2). Darüber hinaus werden Zusatzmaßnahmen verlangt, wie z. B. abdichtende Vorabinjektionen des Gebirges im Bereich der Krafteintragungsstrecke. Außerdem sind Druckrohranker weniger rißanfällig als andere Ankersysteme.

10.5.3 Prüfung der Anker

Verpreßanker unterliegen einer sorgfältigen Prüfung nach DIN 4125. Verpreßanker; Kurzzeitanker und Daueranker; Bemessung, Ausführung, Prüfung (1990). Außerdem liegt ein Entwurf einer europäischen Norm für Verpreßanker EN 1537 (1994) vor (HERBST et al. 1995).

Voraussetzung für die bauaufsichtliche Zulassung eines Ankersystems ist eine **Grundsatzprüfung.** Die Zulassung wird vom Deutschen Institut für Bautechnik, Berlin, getrennt für die Anwendung in nichtbindigen Böden, in bindigen Böden oder für die Ausführung als Felsanker erteilt.

Zu Beginn einer jeden Baustelle wird das vorgesehene Ankersystem auf seine Eignung bei den vorliegenden Verhältnissen geprüft. Diese **Eignungsprüfung** besteht aus Zugversuchen an mindestens 3 Ankern mit mehrfachen Be- und Entlastungen bis zur 1,5fachen Gebrauchslast. Ausnahmen sind nur bei Temporärankern möglich, wenn entsprechende Erfahrungen vorliegen.

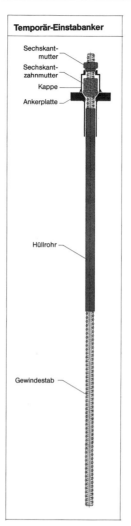

Abb. 10.8 Korrossionsschutz für Temporär- und Dauerankern (Firmenprospekt).

Um Unregelmäßigkeiten im Untergrundaufbau und bei der Ankerherstellung zu erkennen, wird außerdem jeder Anker einer **Abnahmeprüfung** unterzogen, bei der Kurzzeitanker auf 1,2 Ar (= rechnerische Ankerkraft) belastet, entlastet und dann 1,0 Ar aufgebracht wird. Daueranker werden bis zur 1,5fachen Gebrauchslast geprüft. Bei Annahme des aktiven Erddrucks werden nur 0,6 bis 0,8 Ar endgültig aufgebracht, damit eine geringe Verschiebung der Wand zur Aktivierung des Erddruckes möglich ist.

Außer diesen Baustellenprüfungen ist auch noch eine **Nachprüfung** von Ankern am fertigen Bauwerk vorgesehen, wenn die Standsicherheit eines

Bauwerks ohne die Ankerwirkung bestimmte Mindestwerte unterschreitet (DIN 4125). Bei Kurzzeitankern ist eine Nachprüfung nur erforderlich, wenn die Anker unvorhergesehenerweise länger als zwei Jahre unter Last stehen. Die Nachprüfungen können in der Regel auf stichprobenartige Kontrollen der vorhandenen Ankerkräfte oder die Beobachtung von Verformungen beschränkt werden.

Sämtliche Ankerprüfungen müssen durch ein sachverständiges Institut ausgeführt bzw. überwacht werden.

10.5.4 Bemessung der Anker

Die **zulässige Ankerkraft** ist einerseits durch die vom Stahlzugglied aufnehmbare Kraft und andererseits durch das Tragverhalten des Verpreßkörpers im Boden festgelegt. Die Tragkraft im Boden kann vorweg nach Erfahrungs- bzw. Tabellenwerten oder (in rolligen Lockergesteinen) mit Hilfe von Diagrammen nach JELINEK & OSTERMAYER (1976) bzw. OSTERMAYER (1982) abgeschätzt werden.

Allgemein werden heute in Fels bis zu 2000 kN, in nichtbindigen Böden 250 bis 1000 kN und in bindigen Böden Gebrauchslasten von 150 bis 600 kN angesetzt. Grundsätzlich nimmt die Mantelreibung mit abnehmender Plastizität und zunehmender Konsistenz zu. Sie kann durch Nachinjektion wesentlich erhöht werden.

Durch die Eignungs- und Abnahmeprüfungen ist dann auf der Baustelle nachzuweisen, daß bei Kurzzeittankern die Sicherheit gegen Erreichen der Grenzlast A_g bei Bemessung auf aktiven Erddruck 1,5 und auf Erdruhedruck 1,3 beträgt. Bei Daueranker muß die Sicherheit gegenüber der Grenzlast A_k mindestens 1,5 betragen (DIN 4125). Die Grenzlast A_g ist dabei die Last, bei der im Ankerzugversuch die Verschiebung des Ankerkopfes

noch deutlich abklingt, während bei A_k das zulässige Kriechmaß auf 2 mm begrenzt ist.

Die Länge der Krafteintragungsstrecke beträgt bei **Lockergesteinsankern** in der Regel 4 bis 6 m. In bindigen Böden muß im Bereich der Krafteintragungsstrecke zumindest sehr steife – halbfeste Konsistenz ($I_c \geq 0,9$) vorliegen (DIN 4125). Diese Forderung ist auf der Baustelle gegebenenfalls durch laufende Wassergehaltsbestimmungen zu überprüfen. Nötigenfalls sind die Ankerbohrungen zu vertiefen.

Anker werden in der Regel mit einer Neigung von 10° bis 30° angeordnet bzw. nach örtlichen oder statischen Erfordernissen. Unter Nachbargrundstücken dürfen Anker nur mit Zustimmung des Eigentümers eingebaut werden. Der Mindestabstand zu Fundamenten sollte dabei 3 m betragen, zu Verkehrsflächen mit dynamischen Einwirkungen 4 m (DIN 4125). Seit den 90er Jahren liegen auch wiedergewinnbare Ankersysteme vor (STOCKHAMMER & TRUMMER 1995). Bei der Anordnung der Anker ist darauf zu achten, daß die Krafteintragungsstrecke nicht in verschiedenen Bodenarten liegt, sondern die Verpreßkörper sich immer ganz im nichtbindigen oder ganz im bindigen Boden befinden. An der Grenzschicht von Überlagerungsschichten, auch fluvialer Sande und Kiese (unter Wasser) gegen ältere Tone, ist außerdem meist mit gewissen Verwitterungseinflüssen und abgeminderten Scherfestigkeiten zu rechnen.

Die überschlägige Ermittlung der Ankerlänge erfolgt nach obengenannten Gesichtspunkten und nach der Sicherheit des Gesamtsystems in der tiefen Gleitfuge (Abb. 10.9) bzw. in Fels nach vorgegebenen Gleitflächen rechnerisch oder am Kräftepolygon (FRANKE & HEIBAUM 1988).

Bei **Felsankern** sind die geologischen Gegebenheiten noch stärker zu beachten als bei Lockergesteinsankern (HEITFELD & HESSE 1974; DÜLLMANN & HEITFELD 1985). Wenn vorgegebene

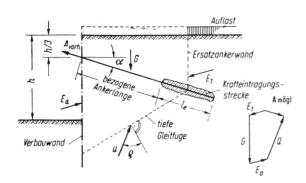

Abb. 10.9 Statisches System und Kräfteplan bei der Verankerung einer Verbauwand (aus BAUER 1966).

Trennflächen das Abrutschen von Wandpartien begünstigen, muß der Standsicherheitsnachweis für
diese Flächen geführt werden, und zwar unter Annahme der Scherfestigkeit auf Trennflächen (nötigenfalls φ_R, c = 0). Die Anker sollen die maßgeblichen Trennflächen möglichst steil schneiden. Die
Berücksichtigung eines möglichen Kluftwasserdrucks ist oft problematisch, da ein solcher häufig
zu überdimensionierten Abmessungen führt. Hier
ist im Einzelfall zu prüfen, welche Annahmen rea-
listisch sind und berücksichtigt werden müssen.

Die Krafteintragungsstrecken, deren Längen je
nach Gebirge zwischen 1,5 und 6 m betragen, müssen grundsätzlich außerhalb der möglichen Gleitbereiche liegen. Die Tragkraft kann je nach Belastbarkeit des anstehenden Gebirges überschlägig mit
100 bis 300 kN pro Meter Krafteintragungsstrecke
angesetzt werden. Bei hochbelasteten Ankern muß
das Gebirge entweder anhand der Bohrkerne, mit
Bohrlochsonden oder durch Wasserdruckversuche
(s. Abschn. 2.8.4) auf seine Tragfähigkeit überprüft werden. Hierbei werden oft eine maximale
Anzahl von Klüften (KLOPP 1970; 330) oder bestimmte Höchstwerte bei den Wasserdruckversu-
chen (WD-Tests) vorgegeben, die nicht überschritten werden dürfen. Andernfalls muß die Krafteintragungsstrecke vergütet werden. Offene, oft spaltenartige Querklüfte, wie sie besonders in der
Hangzerreißungszone auftreten, können sonst,
auch im Bereich der freien Ankerlänge, zu Problemen beim Anspannen von Felsankern führen.

Wie schon einleitend ausgeführt, sind seit den 60er
Jahren bei tiefen und langen Baugruben wiederholt
erhebliche **Wandverschiebungen** aufgetreten, obwohl eine ausreichende Gesamtstabilität bzw. Sicherheit in der tiefen Gleitfuge vorhanden war.
Diese Verschiebungen, die in einem Fall bei einer
20 m tiefen Baugrube in tertiären Tonen bis zu
14 cm betragen haben, wurden auf Verformungen
des Verankerungsblocks unter der Ankerlast und
auf Verformungen unter der Baugrubensohle unter
der Wirkung der Aushubentlastung und des Erddruckes zurückgeführt (BRETH & ROMBERG 1972;
JELINEK & OSTERMAYER 1976: 115; SOMMER et al.
1988). Solche Verformungen sind in den letzten
Jahren auch bei tiefen und langen Baugruben in

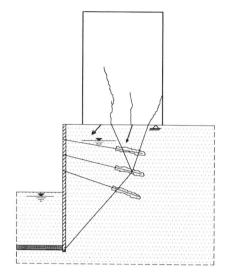

Abb. 10.10 Vermuteter Bruchmechanismus und
typisches Rissebild infolge Wanderverschiebung
geankerter Baugrubenwände (aus GOLLUP & GLOBE
1995).

den Fein-/Mittelsandböden Berlins aufgetreten.
Besonders im Bereich der Ankerenden ist es wiederholt zu Schäden an benachbarten Altbauten gekommen (Abb. 10.10). In solchen Fällen ist eine
Verlängerung der Anker über das angrenzende Gebäude hinaus zu empfehlen (GOLLUB & KLOBE
1995). Bei geschichteten Abfolgen sind bei diesen
Erscheinungen vor allen Dingen die einleitend diskutierten Horizontalspannungsanteile zu berücksichtigen (WITTKE et al. 1987: 110; MORGENSTERN
1990; Wittke 1991). Das Bewegungsmaß ist nicht
nur von der Tiefe, sondern auch von der Länge der
Baugrube abhängig. Die seitliche Reichweite kann
100 m bis 150 m betragen. Im Verformungsbild der
Wand zeichnen sich teilweise geologische Unstetigkeiten (Schichtung, Klüftung) ab (VARDAR &
ERIS 1995).

Außer den Verschiebungen der Baugrubenwände
und den Verformungen der Nachbarbereiche sind
auch die zwangsläufigen Spannungskonzentrationen an den Endwänden zu berücksichtigen.

11 Wasserhaltung

In Baugruben und Gräben, welche die Grundwasseroberfläche aufdecken, muß i.d.R. der Wasserspiegel durch Abpumpen des Wassers soweit abgesenkt werden, daß die Aushubsohle trocken fällt und die Fundamentgräben ausgehoben werden können. Je nachdem, ob das Abpumpen des Wassers in der Baugrube ausreicht, oder ob eine voreilende Grundwasserabsenkung vorgenommen werden muß, wird zwischen offener oder geschlossener Wasserhaltung (Grundwasserabsenkung) unterschieden.

Bauen im Grundwasser gilt nach dem **Wasserhaushaltsgesetz** (WHG) und den ergänzenden Landesgesetzen als **Gewässerbenutzung** (s. Abschn. 4.3.1). Zum Tatbestand gehören das Absenken durch Drän- oder Wasserhaltungsmaßnahmen bzw. das Aufstauen oder Umleiten durch Bauwerke. Diese Benutzungen bedürfen einer Erlaubnis bzw. Bewilligung, die bei der Unteren Wasserbehörde zu beantragen ist. Hierbei wird darauf geachtet, daß nahegelegene Grundwassergewinnungen nicht beeinträchtigt werden und kein bleibender Eingriff in das Grundwasser erfolgt (s. Abschn. 9.1). Im Hinblick auf die Wasserbilanz soll abgeschöpftes Wasser wieder im Entnahmebereich dem Grundwasser zugeführt werden.

Eine **Wiedereinspeisung** des geförderten Wassers in vorhandene Grundwasserstockwerke ist ebenfalls eine entwässerungstechnische Maßnahme, die von einer behördlichen Erlaubnis und den hydrogeologischen Gegebenheiten abhängig ist (s. a. Abschn. 9.1). Eine gezielte Infiltration kann dazu beitragen, die Auswirkungen einer Grundwasserhaltung zu minimieren (s.d.a. Abschn. 9.1, Versickern von Dränwasser und nachstehend genanntes Merkblatt).

Für die Einleitung des anfallenden Wassers in einen Kanal oder ein Gewässer ist, wie auch für die Wiedereinspeisung in das Grundwasser, der Nachweis zu erbringen, daß das anfallende Grundwasser nicht kontaminiert ist. Dem Erlaubnisantrag ist je nach Ländervorschrift eine Analyse über die Beschaffenheit des Grundwassers beizufügen, wobei i.a. folgende Parameter verlangt werden:

- Elektrische Leitfähigkeit
- pH-Wert
- CSB-Wert (Gesamtbelastung mit organischen Stoffen)
- Kohlenwasserstoffe nach H 18
- Leichtflüchtige chlorierte Kohlenwasserstoffe (LCKW mit bis zu 8 Einzelstoffen) (s. Abschn. 16.5.3.2 und 16.5.5.1)

Kontaminiertes Wasser muß nötigenfalls in Tankwagen gesammelt und entsprechend entsorgt oder über Aktivkohlefilter gereinigt werden.

Bei belastetem Wasser ist die Verockerung bzw. Versinterung (auch Algenbildung) sowohl der Pumpen als auch der gesamten Anlage zu beachten (s. a. Abschn. 9.1 und 17.1.2).

Für die Planung und Ausführung von Wasserhaltungen bei Baugruben liegt seit 1993 ein Merkblatt „Wasserhaltungen" der DGGT vor (s. Bautechnik 70, H. 5, S. 287–293), in dem sowohl die Begriffe definiert als auch Angaben zu den Verfahren gemacht werden. Danach gelten für die verschiedenen Grundwasserstände folgende Bezeichnungen:

HHGW	= höchstmöglicher Grundwasserstand
HGW	= für die Bauzeit anzunehmender Höchsstand
MGW	= mittlerer Grundwasserstand
NGW	= niedriger Grundwasserstand
NNGW	= niedrigster Grundwasserstand

Die **Wasserhaltung** sollte längstens für die Bauzeit vorgesehen werden. In vielen Fällen kann die Wasserhaltung auch mit Erreichen der Auftriebssicherheit beendet werden. Eine dauernde Wasserhaltung mit Ableitung des Grundwassers widerspricht den wasserwirtschaftlichen und ökologischen Zielen und wird heute kaum noch genehmigt. Durch einen entsprechenden Verbau der Baugrube bzw. einen angepaßten Bauablauf kann die Wasserhaltung meist deutlich minimiert werden (Abb. 11.1).

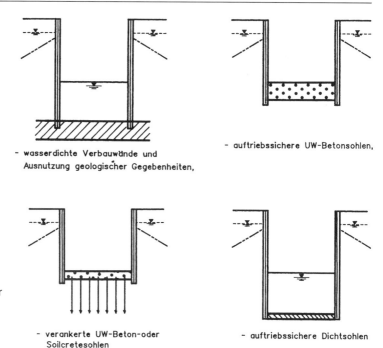

- wasserdichte Verbauwände und
Ausnutzung geologischer Gegebenheiten,

- auftriebssichere UW-Betonsohlen,

Abb. 11.1 Möglichkeiten zur Verminderung bzw. Vermeidung von Wasserhaltung bei tiefen Baugruben im Grundwasser.

- verankerte UW-Beton-oder Soilcretesohlen

- auftriebssichere Dichtsohlen

11.1 Offene Wasserhaltung

Das der Baugrube zufließende Grund- und Oberflächenwasser wird in offenen Gräben oder in Dränen gesammelt, einem Pumpensumpf zugeleitet und abgepumpt (Abb. 11.2). Gräben und Pumpensumpf müssen während des Baugrubenaushubs immer voreilend tiefer gelegt werden.

Der Pumpensumpf wird gewöhnlich außerhalb des Bauwerksgrundrisses in einer seitlichen Erweiterung der Baugrube angelegt. Er besteht in der Regel aus gelochten Schachtringen, die unten geschlossen sind. Nach Fertigstellung der Bauwerksdränung, die auch als Flächendränung ausgebildet sein kann (s. Abschn. 9.1), wird die Wasserhaltung in der Regel von dieser übernommen. Baudräne müssen dabei, wenn sie weiterverwendet werden sollen, vorher gründlich überprüft und gespült werden. Muß die Wasserhaltung beim späteren Verfüllen der Baugrube noch in Betrieb sein, so müssen die Gräben als Dränleitungen ausgebaut und der Pumpensumpf bis über die Grundwasseroberfläche hochgeführt werden. Baudräne dürfen dabei nicht unter Fundamenten liegen.

In felsigen Böden, die nicht zu Abbrüchen oder Erosion als Folge zu großer Fließgeschwindigkeit neigen, kann offene Wasserhaltung auch bei größeren **Absenktiefen** angewandt werden. Standfeste

stark bindige Böden (Ton, toniger Lehm) und gemischtkörnige, grobe Flußkiese mit nicht zu großer Durchlässigkeit können bis zu 4 bis 6 m Tiefe offen entwässert werden. Voraussetzung ist, daß die Sohle nicht zu sehr aufweicht und keine Sohlaufbrüche zu befürchten sind. In kiesigen Böden kann offene Wasserhaltung nur noch bei geringer Absenkung von 1 bis 2 m angewendet werden. In vorwiegend sandigen Böden ist offene Wasserhaltung nur noch sehr begrenzt anwendbar (Absenktiefe = 0,5 bis 1,0 m). Die Grenze der Anwendung offener Wasserhaltung ist erreicht, wenn zu starke Ausspülungen an den Böschungen auftreten oder der Wasserandrang zu einer Auflockerung der

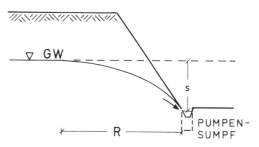

Abb. 11.2 Prinzip einer offenen Wasserhaltung. R = Reichweite, s = Absenktiefe (Absenkziel).

Sohle führt. In vielen Fällen ist dann nicht einmal mehr die Anlage eines Pumpensumpfes möglich.

Als **Fließsand** wirken alle körnigen Böden, wenn der Strömungsdruck bzw. die Schleppkraft ausreichen, die Körner in Schwebe zu halten. Besonders anfällig sind feinkörnige und gleichkörnige Sande lockerer Lagerung (SZECHY 1965: 246). Die Grenze einer offenen Wasserhaltung ist auch erreicht, wenn der hydraulische Druck von unten auf eine wenig durchlässige Schicht zu groß wird und der Eigenlast des Bodens nahe kommt. In diesem Fall besteht die Gefahr eines hydraulischen Grundbruchs (s. Abschn. 5.8.2), der mit Entspannungsbrunnen begegnet werden muß.

Der Aufwand einer offenen Wasserhaltung ist wesentlich geringer als der einer Grundwasserabsenkung. Der Wasserzufluß beträgt in der Regel nur 20 bis 40 % des Zuflusses einer Grundwasserabsenkung mittels Brunnen. In vielen Fällen wird daher versucht, offene Wasserhaltung so lange wie möglich zu betreiben und diese nötigenfalls durch einzelne Brunnen zu unterstützen.

11.2 Grundwasserabsenkung mit Brunnen

Für eine Grundwasserabsenkung mittels Bohrbrunnen eignen sich alle nichtbindigen Böden, in denen sich das Wasser unter dem Einfluß der Schwerkraft bewegt (Abb. 11.3). Dies sind in der Regel Kiese und Sande mit Durchlässigkeitsbeiwerten $k = 10^{-2}$ m/s bis 10^{-5} m/s. Mit zunehmendem Feinsandanteil folgt das Wasser im Boden immer weniger der Schwerkraft, und die Absenkkur-

ven bilden sich überaus langsam und sehr steil aus.

Die **Brunnen** werden gewöhnlich außerhalb der Baugrube in Abständen von 8 bis 20 m gebohrt. Ihr Durchmesser beträgt in der Regel 300 bis 900 mm (meist 600 mm). Als **Filterrohre** kommen bei kurzfristigem Einsatz (1 bis 2 Jahre) entweder verzinkte Stahlrohre mit Schlitzbrückenlochung von 1,5 mm, sog. rohschwarze Stahlfilterrohre mit 0,8 bis 1,5 mm Schlitzbrückenlochung, oder PVC-Rohrtouren mit 0,75 bis 1,5 mm Schlitzweite zur Anwendung. Der Ringraum muß mit **Filterkies** nach Abschn. 2.1.7 (meist 2–8 mm) verfüllt werden. Dieser soll eine Mindeststärke von 50 bis 100 mm, meist 80 mm haben. Da feinere Filter als 0,75 mm Schlitzweite, wie sie für Feinsande nötig wären, leicht verockern, erhalten die Filter zusätzlich eine Gewebeummantelung (0,5–0,7 mm Filtergaze) und es wird Filterkies der Körnung 0,7 bis 2 mm verwendet. Auf die Filterkiesummantelung kann verzichtet werden, wenn Filter mit einem 10 bis 20 mm starken Kunststoff-Kiesbelag verwendet werden.

Bei einer Grundwasserabsenkung durch Bohrbrunnen werden Flach- und Tiefbrunnen unterschieden sowie **unvollkommene und vollkommene Brunnen.** Letztere stehen mit der Brunnensohle auf einer undurchlässigen Schicht (Abb. 11.4), während unvollkommene Brunnen ganz im Grundwasserleiter stehen.

Die **Reichweite einer Grundwasserabsenkung** hängt vom Bodenaufbau und den maßgebenden Durchlässigkeitsbeiwerten ab. Die Abb. 11.5 zeigt den etwaigen Verlauf von Absenkkurven. Anhaltswerte für die zu erwartenden Wassermengen können Tab. 11.1 entnommen werden (s.d. auch Abschn. 2.8.3 und 11.5).

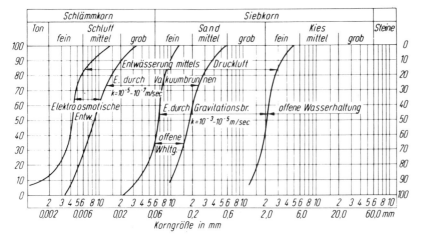

Abb. 11.3 Anwendungsbereiche der Wasserhaltungsverfahren (aus RAPPERT 1980).

Tabelle 11.1 Anhaltswerte für die Wassermengen in Abhängigkeit von der Bodenart, dem d_{10}-Wert der Körnungslinie (Korngröße) und dem Durchlässigkeitsbeiwert (aus MERTZENICH 1994).

Bodenarten		Ton	Schluff			Sand			Kies		
			fein	mittel	grob	fein	mittel	grob	fein	mittel	grob
Korngröße in mm	von	$<0{,}002$	0,002	0,005	0,02	0,05	0,2	0,5	2	6	20
	bis		0,005	0,02	0,05	0,2	0,5	2	6	20	60
Durchlässigkeitsziffer k	cm/s	10^{-8}–10^{-6}	10^{-5}	10^{-4}	10^{-3}	10^{-2}	10^{-1}	1	>1	>1	>1
	m/s	10^{-10}–10^{-8}	10^{-7}	10^{-6}	10^{-5}	10^{-4}	10^{-3}	10^{-2}	10^{-1}		
Fließgeschwindigkeit	cm/s	0,000001	0,00001	0,0001	0,001	0,01	0,1	1	>1	>1	>1
Wasseranfall in m³/h je lfd. m Filtergalerie bei Wasser-Absenkung von ... m	1	0,03	0,3	0,4	0,9	2,2	3	6,3			
	2		0,3	0,45	1,1	2,5	3,6	7,1			
	3		0,4	0,5	1,3	2,8	4	8,1			
	4		0,4	0,6	1,5	3,2	5,2	9,3			
	5		0,4	0,6	1,7	3,7	6,5	10,8			
	6		0,4	0,6	1,9	4,3	8	12,5			
	7		0,4	0,6	2,1	5	9,4	14,5			
	8		0,4	0,6	2,3	5,8	11,1	17			
	9	0,2	0,4	0,6	2,5	6,7	13	20			

Bei **Flachbrunnen** erfolgt die Wasserförderung mittels Saugpumpen, deren Saughöhe auf etwa 7 m begrenzt ist. Damit kann gemäß Abb. 11.4 eine Absenktiefe (s) von 3–4 m erreicht werden. Der übliche Abstand von Flachbrunnen beträgt 8–10 m. Zur Einsparung an Saughöhe werden Flachbrunnenanlagen möglichst tief, erst wenig oberhalb des Grundwasserspiegels installiert. Bei größerer Absenktiefe können Flachbrunnen gestaffelt angeordnet werden. Liegt die Grundwassersohlschicht nur 1 bis 2 m unter vorgesehener Aushubsohle, müssen die Brunnen enger gesetzt und mit möglichst großem Durchmesser in die undurchlässige Schicht eingebunden werden. Vielfach ist auch eine Kombination mit offener Wasserhaltung zu empfehlen, besonders wenn die Aushubsohle bis in die undurchlässige Schicht reicht.

Bei **Wellpoint- oder Spülfilteranlagen,** einer weit verbreiteten Art der Grundwasserabsenkung, werden 2- bis 4-Zoll-Filter mit einem entsprechenden Aufsatzrohr durch eine Spülpumpe mittels Druckwasser in den Boden eingespült (MERTZENICH 1994). Das Verfahren ist für Sand- und Kiesböden mit einem bis zu 10%igen Anteil von 0,05 bis 2 mm Korngröße geeignet. Die Einsatzgrenze wird bestimmt von der Einspülmöglichkeit (Min. 30% Korngrößenanteil > 3 mm) und der Filterleistung. Der Abstand der Filter beträgt 1 bis 4 m. Die max. Absenktiefe etwa 7 m. In Feinböden (k > 10^{-4}m/s) werden Spülfilteranlagen nach dem Vakuumverfahren eingesetzt.

Bei **Tiefbrunnenanlagen** (Abb. 11.5) wird in jeden Brunnen eine Unterwasserpumpe eingebaut, die das Wasser über eine Brunnenleitung in die Sammelleitung drückt. Tiefbrunnenanlagen sind in der Regel weniger störanfällig als Flachbrunnenanlagen. Sie eignen sich für große Absenktiefen. Der Abstand der Absenkbrunnen beträgt in der Regel 10 bis 15 m.

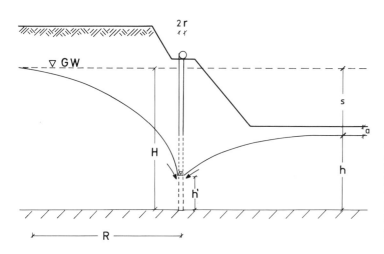

Abb. 11.4 Prinzip einer einstaffeligen Flachbrunnenabsenkung (vollkommener Brunnen).
R = Reichweite, s = Absenktiefe, a = Sicherheitsabstand, H = Eintauchtiefe, h' = benetzte Filterfläche, 2 r = Brunnendurchmesser.

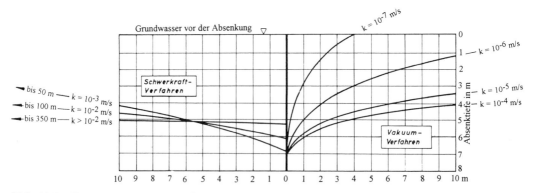

Abb. 11.5 Absenkkurven nach dem Schwerkraftverfahren und dem Vakuumverfahren in Abhängigkeit von den Durchlässigkeitswerten (nach MERTZENICH 1994).

Liegen mehrere Grundwasserstockwerke vor, so werden mehrstöckige Brunnen als Einfach- oder Doppelbrunnen mit Zwischenabdichtungen gebaut, so daß jedes Stockwerk getrennt abgesenkt werden kann. Die Dichtung zwischen Bohrlochwand und Rohrtour erfolgt mit Stückton (Compaktonit, Quellon) und nötigenfalls quellfähigem Beton. Die Trennung der einzelnen Grundwasserstockwerke muß auch bei einem späteren Rückbau der Brunnen berücksichtigt werden, damit keine hydraulischen Kurzschlüsse auftreten (s. Abschn. 6.2.2).

11.3 Grundwasserabsenkung mittels Vakuumverfahren

In mittel- und feinkörnigen Sanden mit leichten Schluffanteilen folgt das Wasser der Schwerkraft nur noch unzureichend. In solchen Böden mit einem Durchlässigkeitsbeiwert von 10^{-4} bis 10^{-5} m/s wird daher eine Schwerkraftabsenkung nicht nur unwirtschaftlich, sondern es läßt sich oft keine nennenswerte Absenkwirkung erzielen. In diesen Fällen muß das Vakuumverfahren eingesetzt werden, um das Wasser in die Spülbrunnen zu ziehen.

Beim **Vakuumverfahren** (Abb. 11.6) wird das Wasser im Boden durch einen Unterdruck in den Vakuumlanzen angezogen. Da dieser Unterdruck nur in einem Umkreis von 1 bis 1,5 m wirkt, müssen diese in Abständen von 1 bis 2 m eingespült oder in Bohrlöcher eingestellt werden. Der Unterdruck bewirkt gleichzeitig eine Stabilisierung der Baugrubenwände, so daß selbst Feinsand auf 2 bis 3 m Höhe noch unter steiler Böschung steht. Damit sich der Unterdruck voll ausbilden kann, darf keine Falschluft in den Boden gelangen (Tonabdichtung des Brunnens und nötigenfalls Folienabdeckung der Baugrubenwand). Die erreichbare Absenktiefe beträgt 4 bis 6 m. Bei größeren Absenktiefen ist eine Staffelabsenkung erforderlich.

Da in Vakuumanlagen nicht ständig und oft nur wenig Wasser gefördert wird, müssen sie in Frostperioden vor Kälteeinwirkung geschützt werden.

Bei größeren Absenktiefen kann die Vakuumentwässerung von feinkörnigen Sand- und Schluffböden mittels **Vakuum-Tiefbrunnen** (RAPPERT 1980: Bild 33) erfolgen. Sie unterscheiden sich von normalen Bohrbrunnen durch luftdichten Abschluß sowohl des Kiesfilters als auch der gesamten Brunnenanlage. Über eine Vakuumleitung wird im Brunnen ein Unterdruck von 0,5 bis 0,7 bar aufgebaut. Das zufließende Wasser wird durch eine gesteuerte Unterwasserpumpe gefördert. Die

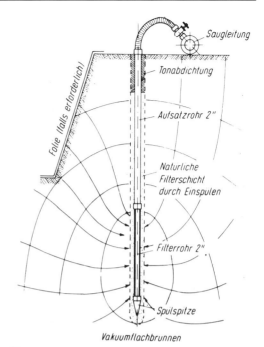

Abb. 11.6 Wirkungsweise eines Vakuum-Flachbrunnens (aus RAPPERT 1980).

Brunnen können je nach Bedarf ohne oder mit Vakuum betrieben werden. Außerdem werden auch sog. Kombibrunnen mit einem Gravitationsbrunnen im oberen Grundwasserstockwerk und einem Vakuum-Tiefbrunnen im unteren Grundwasserstockwerk gebaut.

11.4 Elektroosmotische Entwässerung

Um das Wasser in schluffig-tonigen Böden zum Fließen zu bringen, wird beim Elektroosmoseverfahren (Abb. 11.7) als zusätzliche Kraft das elektrische Potentialgefälle zwischen zwei Elektroden genutzt. Unter der Wirkung eines elektrischen Gleichstromfeldes fließt das Wasser der als kleinkalibriger Brunnen ausgebildeten Kathode zu und wird hier abgeschöpft. Das Verfahren funktioniert nur in tonmineralhaltigen homogenen Schluffböden, ohne wasserführende Zwischenschichten. Die Wirkung läßt mit abnehmendem Wassergehalt rasch nach (FRANKE 1962, SMOLTCYK 1962).

Als Anoden werden gewöhnlich Rundstähle, als Kathoden Stahlfilterrohre ($\varnothing$ $1/2''$) in Bohrungen verwendet. Der Elektrodenabstand beträgt 3 bis 5 m. Das Verfahren ist verhältnismäßig aufwendig und hat für Baugrubenentwässerung praktisch kei-

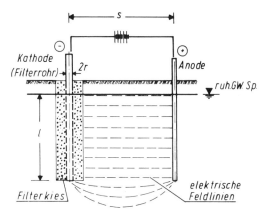

Abb. 11.7 Wirkungsweise einer osmotischen Entwässerung (aus HERTH & ARNDTS 1973).

ne Bedeutung. Diese Böden können in der Regel in offener Wasserhaltung entwässert werden. Sein Einsatz beschränkt sich auf die Entwässerung von tonigen Rutschmassen.

11.5 Berechnung einer Grundwasserabsenkung

Die ausführliche Berechnung einer Grundwasserabsenkung und auch Berechnungsbeispiele sind bei RAPPERT (1980) und HERTH & ARNDTS (1973) nachzulesen. Eine Baugrube mit gedrungenem Grundriß wird zunächst als großer flächengleicher Brunnen aufgefaßt mit einem Radius A, der wie folgt ermittelt wird:

$$A = \sqrt{\frac{a \cdot b}{\pi}}$$

a, b = Längenmaße der Baugrube, zuzügl. Abstand der Brunnen vom Baugrubenrand

Danach werden die zu fordende Absenktiefe s (Abb. 11.4) und die benetzte Filterhöhe h' ermittelt und zwar entweder nach dem Gefälle der Absenklinie, für das man in vielen Fällen 1 : 10 zugrunde legen kann, oder nach HERTH & ARNDTS (1973: 58) bzw. RAPPERT (1980: 256).

Die Reichweite R der Absenkung beträgt nach der empirischen Formel von SICHARDT (1928):

$$R = 3000 \cdot s' \cdot \sqrt{k}$$

s' = Absenkung des Brunnenwasserspiegels
     (s' = H − h')
R und s' in m
k in m/s.

Die Berechnung des Grundwasserzuflusses in die Baugrube erfolgt für vollkommene Brunnen nach der Formel für Einzelbrunnen von DUPUIT & THIEM

$$Q = \frac{\pi k \,(H^2 - h^2)}{\ln R - \ln A} \quad \text{in m}^3/\text{s}$$

Q = Fördermenge (sonstige Bezeichnungen s. Abb. 11.4)

Diese Wassermenge muß nun über eine festzulegende Anzahl Brunnen (n) in, den Baugrubenabmessungen angepaßten Abständen abgeführt werden.

Die Berechnung des Fassungsvermögens q eines Einzelbrunnens erfolgt nach der Gleichung von SICHARD (1928):

$$q = 2 \pi r \cdot h' \frac{\sqrt{k}}{15} \quad (\text{m}^3/\text{s}).$$

Das Produkt n · q soll mindestens gleich groß, aber nur wenig größer als Q sein. Als rechnerischer Brunnenradius r wird bei Ummantelung des Brunnens mit genormtem Filterkies (z. B. 2−8 mm) der Radius der Bohrung, bei anderem Material häufig der Abstand Brunnenmittelpunkt/Mitte Filterschicht angenommen.

Über die Mehrbrunnenformel von FORCHENHEIMER (in RAPPERT 1980: 256) ist dann noch zu prüfen, ob die gewählte Brunnenzahl und Brunnenanordnung ausreichen, den Grundwasserspiegel in Baugrubenmitte auf die nötige Absenktiefe s abzusenken.

Für unvollkommene Brunnen wird in der Literatur auf die so errechneten **Wassermengen** ein Zuschlag von 10 bis 30 % angegeben (RAPPERT 1980: 257). Bei Vorhandensein stärker durchlässiger Schichten unterhalb der Brunnensohle ist ein solcher Zuschlag zu gering (BRAUNS & NAGEL 1988). NENDZA & GABENER (1979: 23) empfehlen, anstelle eines Zuschlags die theoretische Berechnungshöhe H nicht nur bis Brunnensohle sondern bis zur Grundwassersohlschicht, maximal jedoch 1,6 × H anzusetzen.

Die bei einer Vakuumabsenkung anfallenden Wassermengen liegen insgesamt wesentlich niedriger (RAPPERT 1980: 275). SCHULZE & SIMMER (1978: Abb. 130.2) bringen eine Kurvenauswertung nach MERTZENICH, nach denen der Wasseranfall einer Vakuumanlage überschlägig ermittelt werden kann.

Die Berechnung der bei einer Grundwasserhaltung anfallenden Wassermengen und auch der Reichweite sind mit großen Unsicherheiten behaftet. Der Grund liegt hauptsächlich in der ungenauen Kenntnis des Durchlässigkeitsbeiwertes k. Im Laborversuch ermittelte k-Werte können immer nur einen groben Anhalt geben und sollten nicht pauschal der Dimensionierung einer Grundwasserabsenkung zugrunde gelegt werden. Wirklichkeitsnahe Ergebnisse über die Durchlässigkeitsverteilung eines Bodens können in der Regel nur mit Hilfe von Probeabsenkungen an Ort und Stelle gewonnen werden (s. Abschn. 2.8.3 und 2.8.4).

Wurde keine Probeabsenkung vorgenommen, so kann in dem zuerst fertiggestellten Brunnen einer Grundwasserabsenkungsanlage sofort ein Pumpversuch durchgeführt werden, um die getroffenen Annahmen zu überprüfen und etwaige Änderungen rechtzeitig veranlassen zu können. Die Auswertung kann in einfachen Fällen über die Formel der Brunnenergiebigkeit q erfolgen:

$$q = 2 \pi r \cdot h' \frac{\sqrt{k}}{15}$$

r   = Brunnenradius, Filtermantel (in m)
h'   = benetzte Filterhöhe im Brunnen (in m)
$2 \pi r \cdot h'$ = benetzte Filterfläche (in m)
q   = Fördermenge (in m³/s),

aufgelöst nach k:

$$k = \frac{15 \cdot q}{2 \pi r \cdot h'} \quad \text{(in m/s)}.$$

Weitere Näherungsformeln s. Abschn. 2.8.4.

Auch bei Ermittlung der k-Werte durch eine Probeabsenkung stecken in den Berechnungsergebnissen einer Grundwasserhaltung immer noch zahlreiche Fehlerquellen, welche die maßgebenden Größen wesentlich beeinflussen können. Reicht z. B. ein Brunnen in eine sandarme, stärker durchlässige Kiesschicht, so kann seine Fördermenge um mehrere hundert Prozent von den ermittelten Durchschnittswerten abweichen. Ein solches Vorhandensein stärker durchlässiger Schichten im Basisbe-

reich wird auch den Verlauf der Absenkkurve maßgeblich verändern (Abb. 11.8 und BRAUNS & NAGEL 1988). Die Genauigkeit solcher Berechnungen darf daher nicht überschätzt werden. In vielen Fällen scheinen Grenzwert-Vergleichsrechnungen noch die sicherste Methode zu sein. Der tatsächliche Aufwand einer Wasserhaltung läßt sich von vornherein sehr schwer festlegen. Dadurch tritt zwangsläufig das Problem der Massenmehrung bzw. -minderung gegenüber der Ausschreibung auf, das im Bauvertrag geregelt werden muß.

11.6 Grundwasser- kommunikationsanlagen

Langgesteckte unterirdische Bauwerke, die in die Grundwasseroberfläche eintauchen, stellen eine Barriere für die natürliche Grundwasserströmung dar (Abb. 11.9).

Ohne besondere Grundwasserkommunikationsanlagen (DÜKER) besteht die Gefahr unerwünschter Aufstau- und Absenkeffekte entlang des Bauwerks. Als Sperre im Grundwasserstrom kann sowohl das Bauwerk selbst als auch der Baugrubenverbau wirken.

Sofern ein Arbeitsraum zur Verfügung steht, werden als einfache Grundwasserdükerung häufig vertikale Kiesdräns eingebaut, und das anfallende Wasser im Sohlbereich über Quersammler zum unterstromigen Bauwerksrand geleitet, wo es wieder an den Grundwasserleiter abgegeben wird. Andernfalls sind technisch ausgereiftere Lösungen zur Grundwasserdükerung erforderlich, wie seitliche Brunnenschächte mit sternförmig angeordneten Horizontalfiltersträngen (ULRICHS 1984; SCHLARB 1986; GEBHARDT & PROCHER 1988; RÜCKERT 1994).

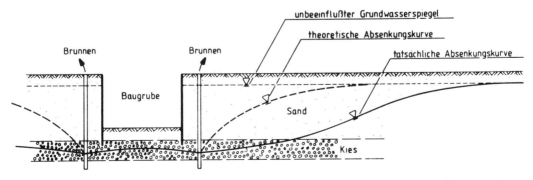

Abb. 11.8 Beeinflussung einer Grundwasserabsenkung durch eine stärker durchlässige Schicht im Basisbereich (aus NENDZA & GABENER 1979).

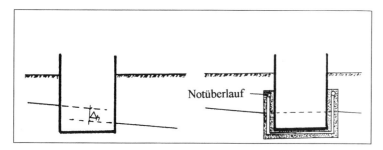

Abb. 11.9 Verhalten des Grundwasserspiegels bei langen Bauwerken quer zur Grundwasserströmung und Prinzip einer Grundwasserdükerung (aus HAILER & HOFMANN 1995).

Für die **Bemessung einer Dükeranlage** sind die Ausbildung und Mächtigkeit des Grundwasserleiters, die Durchlässigkeitsbeiwerte, der Wasserchemismus, das Gefälle der Grundwasseroberfläche und die Grundwasserfließrichtung sowie die Eintauchtiefe des Bauwerks (Verbauungsverhältnis) anzugeben (ULRICHS 1984). Dazu ist ein flächiges Aufschluß- bzw. Meßstellennetz und eine ausreichend lange Grundwasserbeobachtung erforderlich. Problematisch ist dabei immer die Angabe des für die Grundwasserversickerung maßgebenden Durchlässigkeitsbeiwerts k_v, der im allgemeinen mit $k_v = 0,25\ k$ angenommen wird (RÜCKERT 1994). Das Meßstellennetz zur Erkundung dient nach dem Bau gleichzeitig zur Kontrolle der Wiederherstellung der großräumigen Grundwasserströmungsverhältnisse. Im Nahbereich der Tiefbauwerke sind dabei gewisse systembedingte Veränderungen der Grundwasserströmung mehr oder weniger unvermeidbar.

12 Erdarbeiten

Für den Bau von Verkehrswegen aller Art gibt es in der Bundesrepublik Deutschland zahlreiche **Merkblätter und Richtlinien,** die auch bei der ingenieurgeologischen Beratung zu beachten sind (s. Anhang). Die gebräuchliche Terminologie für den Straßenoberbau ist aus Abb. 12.1 ersichtlich. Ähnliche Richtlinien für den Gleisbau hat auch die Deutsche Bahn AG mit den Erdbaurichtlinien DS 836 (Abb. 12.2) sowie den Anforderungen der DS 800 02 für den Schotteroberbau.

Bei Baumaßnahmen in Wassergewinnungsgebieten sind außerdem die Richtlinien über „Bautechnische Maßnahmen an Straßen in Wassergewinnungsgebieten" der Forschungsgesellschaft für das Straßenwesen e.V., Köln, zu beachten (Ausgabe 1982 und HEYER & FLOSS 1994) bzw. die Richtlinien für die Anwendung von Wasserrecht auf Betriebsanlagen der DB AG von 1992. Beide Richtlinien enthalten Hinweise für Planung und Bauausführung sowie Darstellungen baulicher Lösungsmöglichkeiten.

Für Straßen liegt außerdem ein Merkblatt über Maßnahmen an bestehenden Straßen in Wasserschutzgebieten vor (FGSV 1993).

Für **Erdarbeiten** gilt DIN 18300, aus VOB, Teil C, und, sofern sie Bestandteil des Bauvertrages sind, die Zusätzlichen Technischen Vorschriften und Richtlinien für Erdarbeiten im Straßenbau (ZTVE-StB 94).

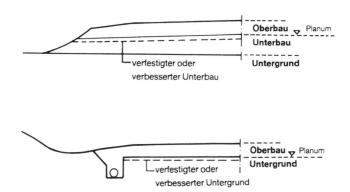

Abb. 12.1 Begriffe für den Aufbau einer Straße (aus ZTVE-StB 94).

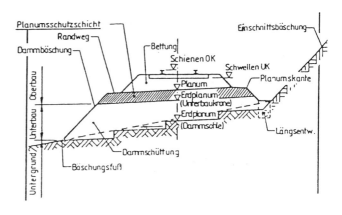

Abb. 12.2 Begriffe im Eisenbahnbau nach DS 836.

Die ZTVE-StB 94 enthalten Regelungen für die fünf **klassischen Arbeitsvorgänge im Erdbau,** nämlich Lösen, Laden, Fördern, Einbauen und Verdichten von Boden und Fels sowie von sonstigen erdbautechnisch geeigneten Baustoffen auf der Grundlage der VOB/DIN 18 300.

Die Wahl des Bauverfahrens sowie der Einsatz der Baugeräte gehört nach DIN 18 300 (3.1.6), wenn in der Leistungsbeschreibung nichts anderes vorgeschrieben ist, zur Verantwortung des Auftragnehmers. Allerdings dürfen die Eigenschaften des Baugrundes durch die Arbeitsvorgänge nicht nachteilig verändert werden (ZVTE-StB 94).

Bei größeren Erdarbeiten für Verkehrswege ist man immer bemüht, einen **Massenausgleich** zu erreichen, d. h. bei einer wirtschaftlich vertretbaren Förderweglänge alle in den Einschnitten anfallenden brauchbaren Massen in die Dammabschnitte wieder einbauen zu können. Ist dies nicht der Fall, müssen neben unbrauchbaren Böden auch brauchbare Überschußmassen deponiert werden, oder es muß Material aus Seitenentnahmen zugefahren werden, um Fehlmassen auszugleichen.

Verwendungsfähiger unbelasteter Erdaushub soll heute einer erdbautechnischen Verwendung zugeführt werden (s. Abschn. 16.8.1). Soweit dies nicht unmittelbar möglich ist, muß er auf sog. Zwischendeponien für eine spätere Verwendung zwischengelagert werden.

Seitenentnahmen und Deponiegelände müssen bereits bei den Planfeststellungsverfahren ausgewiesen werden. Das Aufsuchen von möglichen Seitenentnahmen hängt sehr von der geologischen Situation ab. Benötigt wird bei möglichst kurzen Transportwegen leicht gewinn- und gut verdichtbares, möglichst wasserbeständiges Material, das auch als Bodenaustauschmaterial unter der Grundwasseroberfläche verwendet werden kann.

Beim Massenausgleich muß auch der **Auflockerungsfaktor** der Boden- und Felsarten berücksichtigt werden, wobei die Auflockerung nach dem Lösen für das Fördern, die bleibende Auflockerung nach dem Einbau dagegen für den Massenausgleich gilt (Tab. 12.1). Zu beachten ist, daß bei den heutigen Verdichtungsgeräten häufig ein negativer Auflockerungsfaktor (−) auftritt, und zwar z. T. auch bei leichten Felsarten, wie Mergelstein, Tonstein u. ä.

12.1 Gewinnung und Förderung

Bodengewinnung und -transport sind in erster Linie eine Frage des rationellen Baumaschineneinsatzes, wobei die Gelände- und Grundwasserverhältnisse, die Boden- und Felseigenschaften sowie die Witterungsverhältnisse während der Bauzeit (Befahrbarkeit) zu berücksichtigen sind.

Das **Lösen von Boden und Fels** wird in der Regel nach DIN 18 300 ausgeschrieben und abgerechnet. Die Ermittlung der Boden- und Felsklassen erfolgt nach Aufmaß im Einschnitt und geometrischer Er-

Tabelle 12.1 Anhaltswerte für die Auflockerung und Überverdichtung von Boden- und Felsarten (aus Floss 1974, Tab. 6).

Boden-/Felsart	Auflockerung in % nach dem Lösen	Bleibende Auflockerung (+) Überverdichtung (−) in % nach dem Einbau
Bodenarten		
Grobschluff	5 bis 20	− 5 bis − 25
Lehm	15 bis 25	− 5 bis − 15
Ton	20 bis 30	+ 2 bis − 10
Sand	15 bis 25	− 5 bis − 15
Kies	25 bis 30	+ 8 bis ± 0
Kies-Sand-Gemische	20 bis 25	− 5 bis − 15
Steinige Böden mit Feinkorn < 0,06 mm	20 bis 25	+ 0 bis − 15
Felsarten		
Schluffstein, Tonstein, Mergelstein	25 bis 30	+ 2 bis + 15
Kalkstein, Sandstein, Granit u. a.	35 bis 60	+ 10 bis + 35

mittlung der Aushubflächen bzw. -massen (s.d. Abschn. 3.3 und Abb. 12.3).

In der Ausschreibung sollte außer einer Einteilung der Boden- und Felsklassen nach DIN 18 300 auch eine möglichst genaue Beschreibung der Felsarten vorgenommen werden, nach:

Gesteinsart, Quarzgehalt, Bindemittel, Gesteinsfestigkeit, Verwitterungsgrad, Wasserempfindlichkeit, Bankdicke und Raumstellung der Schichtung bzw. Schieferung und des übrigen Trennflächengefüges sowie der Kluftkörpergrößen.

Um eine einheitliche Handhabung dieser Kriterien zu erreichen, ist ein tabellarisches Klassifikationsschema und ein Punkte-Bewertungssystem in Vorbereitung (PAUL 1995). Außerdem ist vorgesehen, für Fels drei Lösbarkeitsklassen,

L1 leicht lösbarer Fels und vergleichbare Bodenarten
L2 mittelschwer lösbarer Fels
L3 schwer lösbarer Fels

einzuführen. Für die Anwendungsbereiche des Ladens, Förderns, Einbauens und Verdichtens sollen spezielle Haufwerksklassen eingeführt werden.

Zur Gewinnung von Schüttmaterial ist Fels so zu lösen, daß ein gut verdichtbares, weitgestuftes Korngemisch mit günstig geformten Steinen anfällt, deren Größtkorn ²/₃ der zulässigen Schütthöhe nicht übersteigen darf (ZTVE-StB 94).

Ein Hilfsmittel zur Einstufung von Fels hinsichtlich Lösen sind refraktionsseismische Messungen, welche den durch Verwitterung und Zerklüftung bedingten Auflockerungsgrad des Gebirges recht gut anzeigen (s. Abschn. 4.2.2). Schichtgrenzen lassen sich allerdings nur dann einigermaßen angeben, wenn deutliche Unterschiede in den Wellengeschwindigkeiten vorliegen (Abb. 12.4).

Die Einstufung in die Felsklassen der DIN 18 300 ist unabhängig davon, ob das Lösen noch mittels Bagger möglich ist bzw. durch Reißen oder Sprengen vorgenommen wird. **Reißen** erfolgt mittels Raupen mit hydraulisch gesteuerten Reißzähnen (0,2 bis 2,0 m Länge). Für die optimale Richtung des Reißens, die Tiefenwirkung des Reißzahns u. a. sind Erfahrung oder Vorversuche notwendig (SIMONS & TOEPFER 1987, darin Lit.). Reißen und Sprengen sollte in Ausschreibungen alternativ enthalten sein.

Für einzelne Gebirgsarten liegen darüber hinaus systematische Untersuchungen über den Aufwand beim Lösen vor, so z. B. für mesozoische Ton- und Mergelsteine (GRUHN 1985) oder für verfestigte Schluff- und Sandsteine des Tertiärs (BECKER 1993).

Das **Sprengen** von Fels erfordert entsprechende Erfahrung oder Vorversuche, um die Vorgabe und den Bohrlochabstand (1,5 – 3,0 m) sowie die Besetzung und die Zündfolge richtig anzusetzen (Lit. s. SIMONS & TOEPFER 1987 und besonders MÜLLER 1990). Hierbei müssen folgende Gebirgsparameter angegeben werden: Trennflächengefüge (Raumstellung und mittlere Abstände der Kluftscharen, Öffnungsweite bzw. Trennflächenfüllungen, Kluftkörperform, -größe und -größenverteilung) sowie die Gesteinsfestigkeit. Für Sprengarbeiten ist vom Auftragnehmer ein Sprengplan vorzulegen und auf die Einhaltung der gesetzlichen Bestimmungen zu achten (ZTVE-StB 94).

In der Sprengtechnologie für Abtragssprengungen werden heute Lösesprengungen und Sprengungen

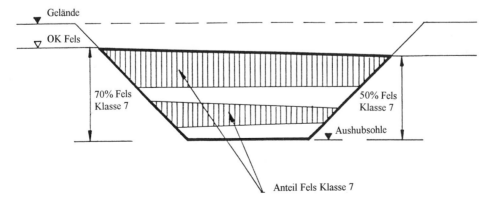

Abb. 12.3 Systemskizze zur Massenberechnung des Anteils von Fels der Bodenklasse 7. Prozentangaben für die Ost- und Westböschung entsprechend den Aufmaßen.

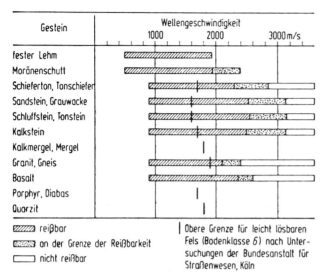

Abb. 12.4 Reißbarkeit verschiedener Felsarten mit einer schweren Raupe mit Reißzahn (Cat. D 9) in Abhängigkeit von der Wellengeschwindigkeit bei Refraktionsseismik (aus WEHNER et al. 1977).

zur gebirgsschonenden Böschungsherstellung (Vorspaltsprengungen) unterschieden (ZTVE-StB 94). Lösesprengungen haben bevorzugt rißbildende und zertrümmernde Wirkung zwecks Schaffung eines Haufwerks bestimmter Kornzusammensetzung ohne Übergrößen. Sie erfordern verhältnismäßig enge Bohrlochabstände, wobei das Verhältnis Bohrlochabstand/Vorgabe 1.0 bis 1.3 betragen soll. Bei größeren Bohrlochabständen spricht man von Lockerungssprengungen, die in dickbankigen Gesteinsarten häufig große Blöcke ergeben. Der Grund, warum vielfach mit großen Bohrlochabständen und zu starken Ladungen gesprengt wird, ist, daß das Bohren bei Sprengarbeiten den überwiegenden Zeitaufwand ausmacht (s. Abschn. 17.4.2). Der spezifische Sprengstoffverbrauch wird in kg/m³ bzw. g/m³ angegeben.

Vorspaltsprengungen als Einreihensprengung haben zum Ziel auf schonende Weise konturengerechte, maßhaltige Böschungsflächen herzustellen. Dieses sog. böschungsschonende Sprengen wird im Abschn. 13.2.3 näher beschrieben.

Bei der **Detonationswirkung einer Sprengladung** sind zwei aufeinanderfolgende Kraftwirkungen zu unterscheiden, die dynamisch wirkende Druckwelle des Detonationsstoßes und der quasistatische Druck der sich ausbreitenden Detonationsgase.

Unter dem kurzzeitigen (< 1 ms) Detonationsstoß wird die Detonationsgeschwindigkeit einer Ladung verstanden, die aufgrund der in der Reaktionszone herrschenden hohen Temperatur- und Druckverhältnisse symmetrisch um das Bohrloch

eine Druckwelle mit zertrümmernder Wirkung erzeugt, an die sich noch gewisse Radialrisse anschließen.

Dem Detonationsstoß folgt der Druck der sich ausbreitenden Gasschwaden, der eine Rißaufweitung (z. T. auch Rißverlängerung) um das Bohrloch bringt (weniger eine Rißneubildung) und ein Auswerfen der Vorgabe.

Das Verhältnis Detonationsstoß/Druck der Gasschwaden bestimmt die Eigenschaften eines Sprengstoffes. Bei einem hochbrisanten Sprengstoff (Dynamit, Seismogelit) mit hoher Detonationsgeschwindigkeit, überwiegt die Detonationswirkung. Bei Sprengstoffen mittlerer Brisanz (Ammonsalpetersprengstoffe) ist das Verhältnis von Detonationsdruck und Gasdruck ausgewogen. Niedrigbrisante Sprengstoffe brennen nur ab, sie haben nur schiebende Wirkung.

Der zweite wichtige Faktor der modernen Sprengtechnik ist die Verzögerungszündung (Millisekundenzündung in Zeitstufen von 20–30 ms). Wird die zweite Bohrlochreihe erst gezündet, wenn sich der Gasdruck der ersten gerade aufgebaut hat und ihre Vorgabe, d. i. die Felsmasse zwischen den Bohrlochreihen, abhebt, hat die zweite Reihe nur eine geringe Vorgabe und wirkt auf ein noch erschüttertes Gebirge. Das Haufwerk wird kleinstückiger, und die Sprengstoffersparnis beträgt bis zu 30%. Die Erschütterung des Gebirges hält zwar insgesamt länger an, ist aber im ganzen nicht so stark wie bei der früheren Momentzündung.

Einfluß des Trennflächengefüges auf die Sprengwirkung: Die zertrümmernde Wirkung der

Druckwelle reicht nicht weit ($<$ 1 m) und endet fast immer an der nächsten Mittel- oder Großkluft. Auch die Rißbildung von Bohrloch zu Bohrloch wird durch quer verlaufende Klüfte stark behindert. Senkrecht zur freien Oberfläche verlaufende Klüfte führen daher zu engen, tiefen Ausbrüchen, was einen kleineren Bohrlochabstand erfordert. Klüfte parallel zur freien Oberfläche haben dagegen breite und flache Auswürfe zur Folge, so daß der Bohrlochabstand größer gewählt werden kann. Bei starker Klüftigkeit muß außerdem mit Ausblasen des Gasdruckes über Klüfte gerechnet werden.

Eine auf saug- und spülbare Böden beschränkte Gewinnungsart ist das **Spülverfahren.** Es wird sowohl für den Aushub und das Fördern unbrauchbarer Torf- und Kleiböden als auch für den Einbau von relativ gleichkörnigen Sanden angewendet. Die Transportentfernungen können dabei mehrere Kilometer betragen. Voraussetzung sind gewisse Schichtdicken für den Austauschboden (min. 5 m, max. Austauschtiefe etwa 15 m) sowie geeigneter Sand, der das Wasser nach dem Einspülen leicht abgibt und einen geringen Kies- und Steinanteil aufweist, der zu erhöhtem Energiebedarf, Materialverschleiß und Arbeitsunterbrechungen führt. Außerdem muß ausreichende Ablaufmöglichkeit für das Rücklaufwasser gegeben sein. Das Lösen und Fördern erfolgt mit Saugbaggern mit Cuttersaugern (Schneidkopf für Torfe und bindige Böden) oder Grundsaugern. Weitere Ausführungen über die Spülarbeiten und Anwendungsrichtlinien siehe FLOSS (1979: 206) und HIRSCHBERGER (1987).

12.2 Einbau und Verdichtung

Im Erdbau kommen als **Dammbaustoffe** alle Boden- und Felsarten sowie industrielle Nebenprodukte (Reststoffe) in Betracht, soweit sie keine löslichen Schadstoffe enthalten, wasser- und raumbeständig sind und sich bei entsprechendem Wassergehalt standfest verdichten lassen (s. Abschn. 2.1.5 und ZTVE-StB 94).

Recycling-Material von geeignetem Bauschutt und Straßenaufbruch soll bei öffentlichen Baumaßnahmen bevorzugt eingesetzt werden, wenn gewährleistet ist, daß das Grundwasser deutlich tiefer steht, so daß weder eine nennenswerte Aufhärtung des Grundwassers durch Mobilisierung von Kalziumionen noch eine anderweitige stärkere Kontamination zu erwarten ist (s. d. Vorläufige Lieferbedingungen für im Straßenoberbau wiederzuverwendende Baustoffe VLSwB 1989) sowie

LAGA-Mitteilungen 20/1 und 20/2, Anforderungen an die stoffliche Verwertung von mineralischen Reststoffen – Technische Regeln (1994), s. Abschn. 16.8.3).

Eine ordnungsgemäß durchgeführte Verdichtung der einzelnen Schüttlagen sowie der Tragschichten bzw. Dichtungsschichten hat sowohl im Erdbau als auch im Deponiebau aber auch bei Bodenaustauscharbeiten und dem Unterbau von Hallenfußböden o. ä. einen wesentlichen Einfluß auf die Qualität und die Lebensdauer des Bauwerks.

12.2.1 Verdichtbarkeit der Boden- und Felsarten

Bei der Verdichtung werden die Bodenteilchen in eine dichtere Lagerung gebracht, wobei ein Teil der Luft oder des Wassers aus den Poren des Bodens ausgepreßt wird. Bei den relativ großen Poren der nichtbindigen Böden ist dies verhältnismäßig leicht zu erreichen. Bei den bindigen Erdstoffen läßt sich die Luft aus den Großporen einer Schüttung ebenfalls noch gut verdrängen, die Luft in den Feinporen und das Porenwasser dagegen nur sehr schwer oder überhaupt nicht. Für die Bodenverdichtung liegt ein Merkblatt der FGSV (1974) vor.

Nichtbindige Böden sollen eine möglichst hohe Ungleichförmigkeitszahl (U $\geq$ 7) haben und nur geringe Anteile bindiger Beimengungen ($<$ 8%; s. Abb. 12.5) haben. Reine Sande mit steiler Kornverteilungskurve (Dünen-, Flug- und auch viele Flußsande) sind zwar verhältnismäßig unabhängig vom Wassergehalt, lassen sich aber (auch mit modernen Verdichtungsgeräten) nur schwer verdichten und sind wenig standfest. In vielen Fällen hilft eine statische Vor- und Nachverdichtung.

Die sog. **grobkörnigen, bindigen Mischböden** mit Ton- und Schluffgehalten von 5–15% bzw. 15–40% lassen sich zwar bei günstigen Wassergehalten gut verdichten und erreichen eine hohe Trockendichte, sind aber zunehmend wassergehaltsempfindlich (FLOSS 1979: Abb. 63).

Bindige Bodenarten sind bezüglich ihrer Verdichtbarkeit stark vom Wassergehalt, der Plastizität (bes. Fließgrenze, s. STRIEGLER & WERNER 1969) und der Korngrößenverteilung abhängig. Die günstigen Wassergehalte liegen für leicht plastische Böden 2 bis 4%, für hochplastische Böden 3 bis 6% unter dem Wassergehalt der Ausrollgrenze (w_p).

Bindige Böden zählen zusammen mit den bindigen Mischböden ($>$ 40% Ton- und Schluffanteile, s. Abschn. 2.7.4), den grobkörnigen, bindigen

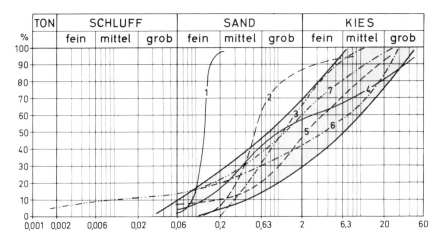

Abb. 12.5   Körnungsbereiche für gute Verdichtbarkeit nichtbindiger Böden mit Beispielen.
1 = Flugsand (Darmstadt), U = 1,4
2 = Flußsand (Rhein), U = 2,6
3 = Sand, kiesig, Naßbaggerung (Rhein), U = 5,5
4 = Kiessand (Rhein), U = 21,6
5 = Steinerde (Basalt) U = 12,4
6 = Pleistozäne Hochterrassenkiese („Lahn b. Lollar), U = 777
7 = Granitgrus („Bessunger Kies" b. Darmstadt), U = 222
1 bis 3 = nicht gut zu verdichten; 4 bis 7 = gut verdichtbar; 5 bis 7 = stark wassergehaltsabhängig.

Mischböden und auch den gleichkörnigen Sanden (U < 3) zu den schwierig zu verdichtenden Böden. Dazu gehören auch viele Hangschuttmassen und die sog. Steinerden, die gebietsweise von Steinbrüchen angeboten werden, deren ausreichende Verdichtung aber ebenfalls sehr wassergehaltsabhängig ist (Abb. 12.5).

Wassergesättigte Böden lassen sich wegen der Inkompressibilität des Wassers nicht verdichten, sie müssen ausgesetzt oder verbessert werden (s. Abschn. 12.3.1). Auch zu niedrige Wassergehalte sollten möglichst vermieden werden, da der verdichtete Boden sonst nachträglich Wasser aufnehmen kann, wodurch seine Trageigenschaften abgemindert werden.

Eine besondere Aufgabenstellung ist die Verdichtung toniger Bodenarten für Dichtungszwecke. Allgemein fallen tonige Erdstoffe schollig an und sind schwer verdichtbar. Eine hohlraumarme Verdichtung, wie sie für Dichtungszwecke erforderlich ist, wird nur mit vorzerkleinertem Material und durch knetende Verdichtung mit Stampffuß-Vibrationswalzen in Längs- und Querrichtung bei geringen Schütthöhen (< 0,3 m) und in mindestens 4 kontrollierten Übergängen erreicht. Abschließend müssen die Flächen mit Glattradwalzen versiegelt werden. Die günstigsten Durchlässigkeitsbeiwerte werden auf dem nassen Ast der Proctorkurve erzielt

(s. Abschn. 2.4.2). Durch Erhöhung der Verdichtungsarbeit läßt sich in der Regel immer eine Verminderung der Durchlässigkeit erreichen.

Die Einbaufähigkeit von **Felsgestein** hängt sehr stark von der Gesteinsart und der Gewinnung ab (s. Abschn. 12.1). Die Forderung, daß die Steingröße 400 mm, max. aber $^2/_3$ der Schütthöhe nicht überschreiten soll, ist in der Praxis selten einzuhalten. Bei Felsgestein, das beim Lösen zu grob anfällt, hat es sich als wirtschaftlich erwiesen, kleinere Mengen von Blöcken über 0,1 m^3 (= $\varnothing$ 600 mm) auszusortieren und eventuell im Bereich der Dammfüße einzubauen oder, falls der Anteil der Felsblöcke zu groß wird, diese mittels Felsmeißel zu zerkleinern. Ist eine solche Maßnahme vorhersehbar, so ist sie in der Leistungsbeschreibung zu erfassen.

Grobes Felsmaterial und enggestufte, grobkörnige Böden, die sich aus Mangel an Feinkorn nur hohlraumreich verdichten lassen, dürfen nur bis 1 m unter Planum eingebaut werden. Aus den Schüttmassen darüber dürfen sich keine Körner nach unten verlagern können. Auch die Sandwichbauweise mit wechselweisem Einbau von groben Felsmassen mit Ausgleichsschichten aus feinkörnigem Material hat sich nicht bewährt. Schichtwasser aus den groben Lagen führt häufig zu Erosionserscheinungen im Dammkörper und auf den Böschungen.

Verwitterungsanfällige Felsgesteine (Schluffstein, Tonstein, Tonschiefer, Schlastein u. ä.), in geringerem Umfang auch weniger anfällige Gesteine, wie manche Granite (BRAUNS et al. 1979), zerfallen bei nachträglicher Durchfeuchtung häufig in Feinmaterial bis zur Schluff-/Ton-Korngröße mit entsprechenden Setzungserscheinungen der Erdbauwerke (KINZE & GRAHL 1969, HELLWEG & RIZKALLAH 1980, KAST & BRAUNS 1981; SCHETELIG et al. 1985; SCHMIDT 1986). Diese als **Sättigungssetzung** bezeichnete Erscheinung ist abhängig vom Gestein und seinem Verwitterungszustand, der Körnigkeit und der zuvor erreichten Verdichtung. In der Erdbaupraxis hat sich die Forderung nach Einhaltung eines maximalen Anteils an Luftporen von 12 % des Gesamtvolumens zur Einschränkung von Nachsetzungen bzw. Sackungen bewährt. Zu Sättigungssetzungen neigende Gesteine sollten nicht in Anschlußdämmen von Bauwerken eingebaut werden.

12.2.2 Verdichtungsgeräte

Die Verdichtungswirkung hängt ab von der Bodenart, dem Wassergehalt, aber auch von der Arbeitsweise, dem Gewicht, den Abmessungen und der aufgewandten Energie des Gerätes (letztere bestimmen die Tiefenwirkung von 0,2 bis über 1 m, bezogen auf die unverdichtete Schüttlage) sowie von der Arbeitsgeschwindigkeit (1,5–2,0, max. 4 km/h) und der Anzahl der Arbeitsgänge 4–6 (STRIEGLER & WERNER 1973). Gute Verdichtung bewirkt eine Reduktion der Ausgangsschütthöhe um 17 bis 23 %.

Bei **Verdichtungsgeräten** werden unterschieden:

Ramm- und Stampfgeräte
Flächenrüttler
statisch und dynamisch wirkende Walzen.

Eine Übersicht über die Verdichtungsgeräte und ihre Einsatzmöglichkeiten gibt Tabelle 12.2. Eine ausführliche Beschreibung der Verdichtungsgeräte enthält das Merkblatt der FGSV über die Untersuchung von Bodenverdichtern (Standard-Gerätetest) 1974.

Für das Verdichten von Fels kommen bei geringen Schichtdicken (< 50 cm) und mürbem Gestein mittelschwere Rüttelwalzen mit 4 bis 8 t und bis 1 m Schichtdicke schwere Rüttelwalzen von 8 bis 25 t Eigengewicht, z. T. auch noch Fallplatten von mindestens 2 t in Betracht. Volle Verdichtungswirkung wird auch dabei nur bis 0,6 m, max. 0,8 m Tiefe erzielt (BRAUNS et al. 1979, Abb. 13).

Wenn keine einschlägigen Erfahrungen vorliegen, ist die Art der Verdichtung zu Beginn der Arbeiten mittels einer **Probeverdichtung** festzulegen, die nach dem vorläufigen Merkblatt für die Durchführung von Probeverdichtungen (1968) der Forschungsgesellschaft für das Straßenwesen durchzuführen ist.

Nach ZTVE-StB 94 sind die Schüttflächen mit einem Quergefälle bis 6 % anzulegen und unmittelbar nach dem Schütten zu verdichten. Die Maßnahmen zum Schutz des Erdplanums sind in einem FGSV-Merkblatt (1989) festgelegt.

12.2.3 Verdichtungsanforderungen nach ZTVE und DS 836

Untergrund und Unterbau von Straßen und Wegen sind so zu verdichten, daß die Anforderungen der ZTVE-StB 94 (Tab. 12.3 und 12.4) erreicht werden.

Die Verdichtungsanforderungen sind als Verdichtungsgrad

$$D_{Pr} = \frac{\varrho_d}{\varrho_{Pr}} \cdot 100 \qquad \text{in \%}$$

angegeben, dessen Bezugsgröße die Proctordichte ϱ_{Pr} ist (s. Abschn. 2.4.2). Der erforderliche Verdichtungsgrad der ZTVE-StB 94 ist nach Tiefe unter Planum gestaffelt und auf die Bodengruppen der DIN 18196 abgestimmt (Tab. 12.3 und 12.4).

Bei Anwendung des statischen Plattendruckversuchs bzw. des Hilfskriteriums E_{v2}-Modul werden auf dem Planum für die Bauklassen I bis IV (alle Verkehrsstraßen und Parkflächen mit Lkw- und Busverkehr) mindestens

$$E_{v2} = 120 \text{ MN/m}^2 \text{ bzw. } 100 \text{ MN/m}^2$$

gefordert und bei Bauklasse V und VI (auch für Parkplätze mit geringem Lkw- und Busverkehr)

$$E_{v2} = 100 \text{ MN/m}^2 \text{ bzw. } 80 \text{ MN/m}^2.$$

Bei frostempfindlichem Untergrund bzw. Unterbau ist auf dem Planum ein Verformungsmodul von min.

$$E_{v2} = 45 \text{ MN/m}^2$$

erforderlich. Läßt sich dieser Verformungsmodul nicht erreichen, so ist der Untergrund bzw. Unterbau zu verbessern oder zu verfestigen bzw. die Dicke der ungebundenen Tragschichten zu vergrößern. Für besonders beanspruchte Erdbauwerke sowie für besondere Baustoffe können höhere Verdichtungsanforderungen festgelegt werden. Die ZTVE-StB 94 enthält auch Anforderungen für das Verdichten von Baugruben und Gräben im Stra-

Tabelle 12.2 Anhaltswerte für den Einsatz von Verdichtungsgeräten (aus Merkblatt für die Bodenverdichtung im Straßenbau 1972).

Eignung (E), Schütthöhe (H) und Übergänge (Ü) abhängig von:

Geräteart	grobkörnig (nicht bindig) Sande – Kiese			feinkörnig (bindig) Schluffe – Tone dazu bindige Sande			gemischtkörnig (bindig) Mischböden schwach steinig			Felsgestein Steine u. Blöcke bis 400 mm Kantenlänge (nicht bindig)			Damm und Einschnitt Arbeitsfläche		Bauwerkshinterfüllung	Leitungsgräben[2]	Bemerkungen
				(Lockergestein, bindig)									eng	frei			
	E	H cm	Ü Anz.	E	H cm	Ü Anz.	E	H cm	Ü Anz.	E	H cm	Ü Anz.	E	E	E	E	
	2	3	4	5	6	7	8	9	10	11	12	13	14	15	16	17	18
statisch																	
Glattwalze	○	10–20	4–8	○	10–20	4–8	○	10–20	4–8	○[3]			○	○			+ empfohlen
Schaffußwalze	+	20–30	6–10	+	20–30	8–12	○	20–30	8–12	○[3]	20–30	8–12	○	+			○ meist geeignet
Gummiradwalze selbstfahrend	+	20–30	6–10	+	20–30	6–10	○	20–30	6–10				+	+			
Gummiradwalze gezogen	+	30–50	6–10	+	30–40	6–10	+	30–40	6–10				+	+			
Gürtelradwalze				+	20–30	6–8	+	20–30	6–8				+	+			
Gitterradwalze				○	20–30	6–10	+	20–30	6–10	○[3]	30–40	8–12	○	+			
dynamisch																	
Fallplattenstampfer	○[5]	20–50	3–5	○[4]	50–70	2–7[7]	+	50–70	2–4[7]	+	50–80	2–7[7]	+	○			1) siehe Abschn. 4
Explosionsstampfer	○	20–50	3–5	+	20–40	3–5	○	20–50	3–5	○[3]	30–50	3–5	+	○	○	○	2) Einsatz in bzw oberhalb der Leitungszone siehe „Merkblatt für das Zufüllen von Leitungsgräben"
Schnellschlagstampfer	○[5]	20–40	2–4	○[5]	10–20	2–4	○[5]	20–30	2–4		30–50	3–5	○	○	+	+	3) nur für mürbes und weiches Gestein
Anhänge-Vibrationswalze leicht (< 5 Mp)	+	30–50	3–5	○[4]	20–40	3–5	○	20–40	3–5					+			4) für trockene Böden zu empfehlen
Anhänge-Vibrationswalze mittel	+	40–60	3–5	○[4]	20–30	3–4	+	30–50	3–5	○	40–60	4–6		+			5) für Grabenverfüllung u. entspr. eingespannte Böden empfohlen
Anhänge-Vibrationswalze schwer (> 8 Mp)	+	50–80	3–5	○[4]	30–40	3–4	+	40–60	3–5	+	50–100	4–6		+			6) Einsatz leichter Geräte nur in beengten Arbeitsflächen
Duplexwalze leicht (< 2,5 Mp)	+[6]	20–40	4–6	○[6]	10–20	5–8	○[6]	20–30	5–8				+	○	○	○	7) Zahl der Schläge/Punkt
Duplexwalze schwer (> 2,5 Mp)	+	30–50	4–6	○	10–30	5–8	+	20–40	5–8	○[3]	30–50	5–8	+	+	○		8) Fliehkraft
Tandem-Vibrationswalze leicht (< 5 Mp)	+	20–40	4–6										+	+			
Tandem-Vibrationswalze schwer (> 5 Mp)	+	30–50	4–6				○	20–40	5–8				○	+			
Vibrations-Schaffußwalze	○	30–50	3–5	+	20–40	6–10	+	20–40	6–10	+[3]	30–50	6–10	○	+			
Vibrationsplatten leicht (< 2 MpFk)[8]	+	20–40	5–8	○	10–20		○	10–20	5–8	○	20–40		○	○	+	+	
Vibrationsplatten schwer (> 2 MpFk)	+	30–60	4–6	○	20–30	6–8	○	20–40	4–6	○[3]	30–50	4–6	+	+	○	○	

Tabelle 12.3 Anforderungen an das 10 % Mindestquantil für den Verdichtungsgrad D_{Pr} bei grobkörnigen Böden (aus ZTVE-StB 94).

Bereich	Bodengruppen	D_{Pr} in %
1 Planum bis 1,0 m Tiefe bei Dämmen und 0,5 m Tiefe bei Einschnitten	GW, GI, GE SW, SI, SE	100
2 1,0 m unter Planum bis Dammsohle	GW, GI, GE SW, SI, SE	98

Tabelle 12.4 Anforderungen an das 10 % Mindestquantil für den Verdichtungsgrad D_{Pr} bei gemischt- und feinkörnigen Böden (aus ZTVE-StB 94).

Bereich	Bodengruppen	D_{Pr} in %
1 Planum bis 0,5 m Tiefe	GU, GT, SU, ST	100
	GU*, GT*, SU*, ST* U, T, OK, OU, OT	97
2 0,5 m unter Planum bis Dammsohle	GU, GT, SU, ST, OH, OK	97
	GU*, GT*, SU*, ST* U, T, OU, OT	95

* Das Mindestquantil ist das kleinste zugelasssene Quantil (früher: Fraktile), unter dem nicht mehr als der vorgegebene Anteil von Merkmalswerten (z. B. für den Verdichtungsgrad) der Verteilung zugelassen ist (s. ZTVE-StB 94).

ßenbereich (Abschn. 8) sowie für den Bau von Lärmschutzwällen (Abschn. 10).

Vergleichbare Anforderungen an die Verdichtung enthalten auch die Erdbaurichtlinien der DB AG (s. d. Abb. 12.6 und Abschn. 12.4.3).

12.2.4 Verdichtungskontrollen

Die Verdichtungsanforderungen der ZTVE-StB 94 sind auf der Baustelle zu kontrollieren. Grundlage der Verdichtungskontrolle ist die erreichte Trockendichte ϱ_d in bezug auf die erreichbare Proctordichte ϱ_{Pr}.

Die üblichen Dichtemessungen sind im Abschn. 2.3.3 beschrieben.

In grobkörnigen Schüttungen, in denen keine Dichtemessungen möglich sind, wird als Hilfskriterium der **E_{v2}-Modul aus dem Plattendruckversuch** (s. Abschn. 2.6.4) verwendet. Er ist aber nur ein zweitrangiges Kriterium für den Verdichtungszustand, da er streng genommen nur für den Zeitpunkt der Prüfung gilt und dem Einfluß verschiedener, die Trageigenschaften des Bodens verändernder Faktoren unterliegt, und zwar nicht nur an der Oberfläche, sondern bis zur vollen Spannungseinflußtiefe.

Richtwerte für die Zuordnung des Verformungsmoduls E_{v2} zu dem Verdichtungsgrad D_{Pr} bei grobkörnigen Bodengruppen enthält die ZTVE-StB 94 (S. 74).

Der E_{v2}-Modul kann auch als Kenngröße für die Verformbarkeit von Schüttungen unter Belastung, z. B. durch Bauwerksgründungen verwendet werden. Schüttungen aus bindigen Erdstoffen zeigen wegen der Strukturzerstörung beim Wiedereinbau

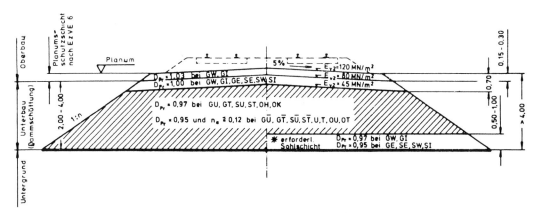

Abb. 12.6 Mindestanforderungen an die Verdichtung von Dämmen durchgehender Hauptgleise aus gemischt- und feinkörnigen Bodenarten nach DS 836 (s. d. auch Tab. 12.7).

trotz z. T. höherer Lagerungsdichte oft niedrigere Verformungsmoduln als in natürlicher Lagerung (RILLING 1995).

Außer dem normalen Plattendruckversuch (s. Abschn. 2.6.4 und DIN 18134) wird neuerdings auch der Dynamische Plattendruckversuch mit Hilfe des „Leichten Fallgewichtsgerätes" eingesetzt (TPBF-StB Teil B 8.3). Der dynamische Verformungsmodul wird als E_{vd} bezeichnet.

Diese Verdichtungskontrollen sind nur punktuell und stichprobenartig. Mit der sog. **flächendeckenden dynamischen Verdichtungskontrolle** steht seit Anfang der 80er Jahre ein Verfahren zur Verfügung, das flächendeckend und schon während der Verdichtungsarbeiten die Qualität und Gleichmäßigkeit der Verdichtung sowie eventuelle Schwachstellen anzeigt. Bei dem FDKW-Verfahren wird aus Beschleunigungsmessungen an der Bandage einer Vibrationswalze (schwingende Masse) auf die Eigenschaften (Verdichtung) des Bodens geschlossen (Abb. 12.7). Die Meßdaten (Beschleunigungskennwerte) werden dem Walzenfahrer auf einem Monitor angezeigt und von einem Computer registriert. Zwischen den Walzenmeßwerten und den Ergebnissen konventioneller Verdichtungskontrollen, insbesondere dem Verformungsmodul E_{v2}, konnten bei nichtbindigen Böden zufriedenstellende Korrelationen festgestellt werden (FLOSS 1985; GRABE 1994, darin Lit.). Die Wirkungstiefe reicht bis 2 m. Seit 1985 liegt ein Merkblatt über flächendeckende dynamische Verfahren zur Prüfung der Verdichtung im Erdbau (FGSV, 1993) vor.

Außer diesen Prüfverfahren werden besonders bei Großbaustellen mit gleichartigen Erdstoffen auch radiometrische Meßverfahren bzw. Isotopensonden eingesetzt (s. Abschn. 2.3.3).

Ein weiteres Hilfskriterium, das aber mehr dem Zweck dient, die Gleichmäßigkeit des Verdichtungszustandes zu überprüfen, ist das Befahren mit Lkw (Achslast 5 bis 10 t). Stellen schlechter Verdichtung zeichnen sich in den Fahrspurtiefen ab.

Eine Verdichtungskontrolle über größere Schütthöhen sandiger und kiesiger Bodenarten ermöglichen Rammsondierungen nach Abschn. 4.3.6.1. Letzte Kontrolle sind Setzungsmessungen der Dammschüttung mit Grund- und Zwischenpegeln (s. Abschn. 14.2).

Bei den Verdichtungskontrollen werden Eigenüberwachungsprüfungen durch den Auftragnehmer unterschieden, um festzustellen, ob die Bodeneigenschaften den vertraglichen Anforderungen entsprechen, und Kontrollprüfungen durch den Auftraggeber (sog. Fremdüberwachung). Ihre Ergebnisse werden der Abnahme und Abrechnung zugrunde gelegt. Darüber hinaus gibt es noch sog. zusätzliche Kontrollprüfungen und die Möglichkeit einer Schiedsuntersuchung. Der Umfang der Verdichtungskontrollen ist in der ZTVE-StB 94 festgelegt.

12.2.5 Vorbereiten der Dammaufstandsfläche und Verdichten der Böschungsbereiche

Bei tragfähigem Untergrund und ± ebenem Gelände sind für die Vorbereitung der Dammaufstandsfläche keine besonderen Maßnahmen erforderlich.

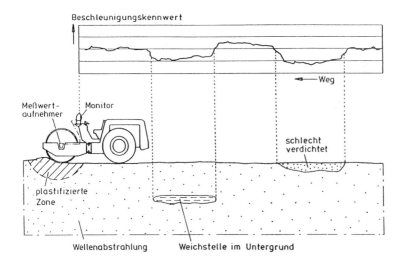

Abb. 12.7 Prinzip der flächendeckenden dynamischen Verdichtungskontrolle (aus GRABE 1994).

Der Bewuchs wird abgeräumt und der Oberboden in der Regel abgeschoben sowie die Dammaufstandsfläche nachverdichtet.

Bei **hohem Grundwasserstand** kann in der Dammsohle eine kapillarbrechende Schicht aus wasserbeständigem Gestein erforderlich werden. Bei gelegentlicher Überflutungsgefahr ist diese ggf. bis über dem Hochwasserbereich anzuordnen. Maßnahmen auf weichem Dammuntergrund s. Abschn. 14.1.4.

Ist ein Gelände mehr als 1:5 geneigt, so ist nach ZTVE-StB 94 zu prüfen, inwieweit für die Standsicherheit des Dammes eine stufenartige **Abtreppung der Aufstandsfläche,** zumindest der talwärtigen Hälfte, erforderlich ist. In bindigen Böden sind solche Stufen mindestens 0,6 m hoch anzulegen und leicht nach außen zu neigen, damit Sickerwasser abfließen kann. An steileren Hängen müssen die Stufen in den gut tragfähigen Untergrund einbinden. Eine solche stufenartige Verzahnung ist auch bei Verbreiterungen von bestehenden Dämmen vorzunehmen.

Sickerwasser, Quellen und Rinnsale müssen vor dem Überschütten gedränt bzw. gefaßt und abgeleitet werden. Bergseitiges Oberflächenwasser ist am Böschungsfuß in Gräben, nötigenfalls mit dichter Sohle, abzuleiten. Bei Auftreten von oberflächennahem Hanggrundwasser ist dieses durch einen Sickerschlitz am bergseitigen Böschungsfuß zu fassen und abzuleiten. Eine solche Maßnahme verhindert auch einen Grundwasserrückstau oberhalb des Dammes, wenn die Durchlässigkeit des Untergrundes durch die Dammsetzungen vermindert wird. Derartige Vernässungen sind sonst oft Anlaß für Beschwerden von Oberliegern.

Ein besonderes Problem stellt oft die unzureichende **Verdichtung der Böschungsbereiche** und Dammschultern dar, wodurch bei Wasserzutritt häufig Erosionsschäden und Oberflächenrutschungen ausgelöst werden. Nach ZTVE-StB 94 ist in den Böschungsbereichen die Schütthöhe zu verringern oder der Damm mit einem Überprofil zu schütten, das nachträglich abgeräumt wird, bzw. die Böschungsoberfläche mit geeignetem Arbeitsgerät nachzuverdichten (s. auch FLOSS 1979;

Abb. 49). Auf keinen Fall dürfen Unregelmäßigkeiten in der Böschungsfläche durch lose, unverdichtete Schüttmassen ausgeglichen werden. Darüber hinaus ist eine möglichst rasche Begrünung der Böschungsflächen anzustreben.

12.2.6 Hinterfüllen und Überschütten von Bauwerken

Der Hinterfüllungsbereich eines Bauwerks wird im Regelfall von einer Linie ab 1 m hinter der Fundamenthinterkante mit 1:1 nach oben verlaufend angesetzt (s. Abb. 12.8). Er ist den Vorschriften entsprechend zu entwässern (s. dazu Merkblatt für die Hinterfüllung von Bauwerken (FGSV 1994).

Der **Hinterfüllungsbereich** ist mit gut verdichtungsfähigem Schüttmaterial, das keine Steine über 10 cm Größe enthalten darf, in Schüttlagen, die den einsetzbaren leichten bis mittelschweren Verdichtungsgeräten (Tab. 12.2) angepaßt sind, zu verfüllen und zu verdichten (FLOSS 1979: Tab. 57). Die Verdichtung soll ebensogut erfolgen wie in den freien Dammbereichen, wobei aber keine Schäden an den Bauwerkswänden entstehen und keine unzulässig hohen Verdichtungsdrücke bzw. Wandbewegungen am Bauwerk auftreten dürfen (s. Abschn. 5.6.5). In diesen Forderungen liegt ein gewisser Widerspruch, der nur dadurch zu umgehen ist, daß man im Hinterfüllungsbereich mit geringen Schütthöhen und sehr gut verdichtbarem Material arbeitet. Die Forderung nach einem Verdichtungsgrad von $D_{Pr} = 100\%$ (FLOSS 1979: 303) ist auch dann hoch angesetzt. Schwer zugängliche Hinterfüllungsbereiche sind mit Beton oder mit einem geeigneten Boden-Bindemittel-Gemisch zu hinterfüllen.

Rahmenbauwerke müssen auf beiden Seiten gleichmäßig hinterfüllt und ggf. überschüttet werden. Als **Überschüttungsbereich** eines Bauwerks gilt eine 1 m hohe Zone unmittelbar über dem Bauwerk (FLOSS 1979: 287). Hier gelten dieselben Vorschriften wie für den Hinterfüllungsbereich. Darüber darf die Dammschüttung normal fortgesetzt werden.

Die Erdauflast der Hinterfüllung sowie mögliche Auflasten und der Verdichtungsdruck bewirken ei-

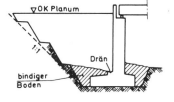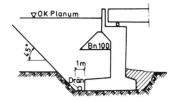

Abb. 12.8 Hinterfüllen von Widerlagen (aus FLOSS 1979).

nen zusätzlichen **Erddruck auf die Widerlager-wände** bzw. Flügelmauern, der je nach Bewegungsmöglichkeit der Wände in Größe, Verteilung und Richtung unterschiedlich sein kann. Beispiele für Bauwerke, die in der Regel auf aktiven Erddruck bzw. Erdruhedruck zu bemessen sind, sind in Abschn. 5.6.2 gegeben. Widerlagerwände werden i. a. auf Erdruhedruck, mindestens aber auf erhöhten Erddruck bemessen (Abb. 5.23 und FLOSS 1979: 287).

Mit Beginn der Hinterfüllarbeiten wird sich die Widerlagerwand zunächst in die Setzungsmulde hinein und damit gegen den Erdkörper neigen. Mit zunehmender Hinterfüllung steigt der Erddruck an und bewirkt eine Veränderung der Kraftresultierenden in der Sohlfuge, die zu stärkeren Setzungen an der Fundamentvorderkante führen kann. Bei Bauwerken in Dammabschnitten kann es durch die muldenförmigen Setzungen aus der Dammlast auch zu gegenteiligen Wandbewegungen kommen. Bei unsachgemäßer Verdichtung, besonders bei Einsatz zu schwerer Verdichtungsgeräte, kann der Verdichtungsdruck den Erdruhedruck übersteigen, und es können nachteilige Wandbewegungen ausgelöst werden oder Risse auftreten. Der Verdichtungsdruck baut sich allerdings nach dem Verdichtungsvorgang bis auf einen verbleibenden Restdruck wieder ab.

Andererseits treten durch nicht ausreichende **Verdichtung im Anschluß an die Bauwerke** gern

stufen- oder muldenförmige Setzungen auf, die den Verkehr behindern und deren Beseitigung kostenaufwendig ist. Als vorbeugende Maßnahmen zur Verminderung eines solchen Setzungssprunges werden häufig Stahlbeton-Schleppplatten, die z. T. mehrgliedrig ausgeführt werden, unter der Frostschutzschicht eingebaut. Weitere vorbeugende Maßnahmen gegen solche Schäden sind, besonders bei setzungsfähigem Untergrund, das keilförmige Auszuziehen des Bodenaustausches mit 1 : 10 oder baugrundverbessernde Maßnahmen im Anschluß an die Widerlager, wie Rüttelstopfverdichtung oder Überschüttung, z. T. in Verbindung mit Vertikaldräns (s. Abschn. 14.3).

Eine andere Möglichkeit ist Vorabschütten der Anschlußdämme, wenn möglich mit Überhöhung oder wenigstens rechtzeitige Hinterfüllung der Bauwerke, um die Setzung zu beschleunigen und für die Fahrbahn unschädlich vorwegzunehmen.

12.3 Bodenverbesserung und Bodenverfestigung

Die erdbautechnischen Eigenschaften von Böden können durch Zugabe von Kalk oder Zement verbessert werden. In Tabelle 12.5 sind die Anwendungsbereiche der Bodenverbesserung mit Kalk angegeben. In Zweifelsfällen ist ihre Eignung durch eine Probeverdichtung zu prüfen.

Tabelle 12.5 Erfahrungswerte für die Verwendung von Kalk und hydraulischen Bindemitteln zur Bodenverbesserung (aus ZTVV-StB 81).

Bodenart	Bindemittel-Art und -Gehalt (in Gewichtsprozent)				
	Kalk, Feinkalk, Kalkhydrat	hydraulischer und hochhydraulischer Kalk	hydrophobierter Zement PZ 35 F	kombiniertes Verfahren: Feinkalk	Zement bzw. hochhydraulischer Kalk
UL	2 bis 4%	*)	4%		*)
UM		*)			*)
TL	2 bis 7%	*)	3 bis 7%	1 bis 2%	3 bis 7%
TM		*)		2 bis 3%	3 bis 7%
TA	5 bis 9%	*)	5 bis 9%		*)
verwitterte Sandstein- und Mergelböden (Anteil 0,06 mm: 20 bis 50%; $w_L = 40\%$; $I_P = 18$ bis 20%)		*)	6 bis 7%		*)

*) Erfahrungswerte fehlen

12.3.1 Bodenverbesserung und Bodenverfestigung mit Kalk

In den technischen Vorschriften und Richtlinien für die Ausführung von Bodenverfestigungen und Bodenverbesserungen im Straßenbau (ZTVV StB 81) wird unterschieden zwischen Bodenverfestigungen zur dauerhaften Verbesserung der Tragfähigkeit und Frostbeständigkeit und Bodenverbesserungen zur Verbesserung der Einbaufähigkeit und Verdichtbarkeit von Böden (s. a. ZTVE-StB 94).

Die Bindemittel werden entweder an Ort und Stelle durch einen Gerätezug eingemischt (Baumischverfahren), oder das Mischen des Bodens mit den erforderlichen Bindemitteln erfolgt in ortsfesten Mischanlagen (Zentralmischverfahren). Bei Grobkorn- und Steinanteilen sind die Bodenfräsen einem starken Verschleiß ausgesetzt. Die Grenzen für Böden, in die sich das Bindemittel noch einigermaßen einmischen läßt, liegen bei max. 30 bis 60 % Grobkies und 5 bis 10 % Steinen ($< 63 mm$). Bei höheren Steinanteilen müssen diese aussortiert werden. Die einzelnen Arbeitsvorgänge sind bei Floss (1979: 331 ff) beschrieben.

Außer der bewährten Bodenverbesserung werden neuerdings Feinkalk und Kalkhydrat auch zur Bodenverfestigung eingesetzt (s. d. TP BF-StB, Teil B 11.4 und 11.5 – im Anhang).

Zur Bodenverbesserung und -verfestigung werden folgende **Kalkarten** (nach DIN 1060) verwendet (s. Tab. 12.5):

Feinkalk (FK):	Weißfeinkalk (feingemahlener, ungelöschter Branntkalk, CaO) Wasserfeinkalk (Zwischenstufe)
Kalkhydrat (KH):	Weißkalkhydrat, Dolomitkalkhydrat, Wasserkalkhydrat Kalkhydrate sind gebrannte, gemahlene und sog. „trocken" gelöschte Kalke (CaO + H_2O = Ca(OH)$_2$)
Hochhydraulischer Kalk (HHK):	Kalke mit Zusätzen von latent hydraulischen Stoffen, die auch unter Wasser erhärten und höhere Festigkeiten erreichen. Sie liegen in ihrer Wirkung zwischen Feinkalk und Zement.

Die **Wirkungsweise** der Kalke beruht auf einer Herabsetzung des Einbauwassergehaltes durch chemische Reaktion sowie der dabei auftretenden Erwärmung des Boden-Kalk-Gemisches. Hierbei erfolgen auch chemische Reaktionen mit den Tonmineralen, welche die Krümelbildung und damit die Verdichtbarkeit begünstigen. Hochhydraulische Kalke wirken im wesentlichen durch Verfestigung.

Die Wassergehaltsreduzierung wird beeinflußt durch die Art und Menge des Kalkes, die Anzahl der Mischdurchgänge und vom Wetter (Temperatur, Luftfeuchtigkeit, Wind). Die Kalkart und Kalkmenge richtet sich nach dem beabsichtigten Zweck. Feinkörnige Böden werden mit Feinkalk oder Kalkhydrat behandelt, während grobkörnige Böden einen hochhydraulischen Kalk erfordern, der über hydraulisch erhärtende Komponenten verfügt. In den Übergangsbereichen sind alle 3 Kalkarten anwendbar. Bei Bodenverbesserungen erfolgt die Kalkzugabe meist auf der Baustelle nach kg/m², bezogen auf 20 cm Schütthöhe, und zwar etwa

2 kg/m² bei 1 – 2 % zu hohem Wassergehalt
3 – 5 kg/m² bei 2 – 3 % zu hohem Wassergehalt
8 – 10 kg/m² bei 4 – 5 % zu hohem Wassergehalt.

Wenn der Wassergehalt des Bodens mehr als 4 bis 5 % über dem optimalen Wassergehalt liegt, wird in der Regel Branntkalk (FK) verwendet, bei dem die wassergehaltsreduzierende Wirkung größer ist als bei Kalkhydrat. Weitere Erfahrungswerte für die Verwendung von Kalken und hydraulischen Bindemitteln (auch hydrophobierter Zement) enthält das FGSV-Merkblatt „Maßnahmen zum Schutz des Erdplanums", Ausgabe 1980.

Der Kalk wird der Schüttung mittels Streumaschine zugesetzt und eingefräst oder, besonders bei Elevator-Schürfzug-Einsatz, schon im Abtrag ausgestreut.

Die Erfahrungen haben gezeigt, daß auch bei der üblichen Bodenverbesserung mit Kalk als Langzeitwirkung eine merkbare Bodenverfestigung mit Druckfestigkeiten von 3 bis 6 MN/m² auftritt, wie sie gemäß ZTVV-StB 81, Tab. 1, für Bodenverfestigungen mit hochhydraulischem Kalk bzw. Zement gefordert wird. Diese Verfestigung bedeutet später eine erhebliche Erschwernis beim Baggern sowie Rammen von Spundbohlen und Pfählen und auch bei Pfahlbohrungen o. ä.

12.3.2 Verbesserung der Tragfähigkeit und Standfestigkeit durch Geokunststoffe

Aus synthetischen Fasern hergestellte, wasserdurchlässige Geotextilien werden im Erdbau zunehmend zur Verbesserung der Tragfähigkeit und Standfestigkeit sowie bei Entwässerungsaufgaben eingesetzt (Allgemeine Grundlagen und Lit. s. WILMERS 1980, ZITSCHLER 1982 und FGSV-Merkblatt für die Anwendung von Geotextilien im Erdbau) (1987) und die zugehörigen TL Geotex E-StB 95 (s. Anhang) sowie DVWK-Regel 221, Anwendung von Geotextilien im Wasserbau und ZTVE-StB 94.

Nach den Herstellungsverfahren werden Vliesstoffe, Gewebe und Verbundstoffe unterschieden. Die Einsatzmöglichkeiten im Erd- und Wasserbau sind

- Filtern bei Entwässerungsmaßnahmen
- Trennen von Schichten unter oder in Schüttungen
- Bewehren von Erdbauwerken
- Sichern von geschütteten Böschungen
- Schützen von empfindlichen Bauteilen (z. B. Dichtungsfolien, s. Abschn. 16.3.2.2).

Vliesstoffe bestehen aus kurzen oder endlosen Fasern, die intensiv verschlungen und vernadelt sind. Bei rein mechanischer Verfestigung sind sie weich und verformbar. Sie werden vorwiegend als Trennschicht und als Filter verwendet. Häufige Anwendungskriterien sind nach wie vor die Masse pro Flächeneinheit (150–2000 g/m^2) und die Dicke (15–10 mm). Mit zu berücksichtigen sind vor allen Dingen die Dehnbarkeit und der Durchdrückwiderstand. In Tabelle 3 des o. g. Merkblattes sind die Auswahlparameter für die verschiedenen Anwendungsmöglichkeiten zusammengestellt und gewichtet.

Eine häufige Anwendung von Vliesen ist die Verbesserung der Befahrbarkeit von unbefestigten Tragschichten auf weichem Untergrund (s. d. FLOSS & BRÄU 1988) und als Trennschicht unter Schüttungen. Auch für die Verhinderung von Einschlämmungen in grobkörnige Einstufenfilter finden Vliese eine breite Anwendung (s. BATEREAU 1989 sowie Abschn. 2.1.6 und 9.1).

Gewebe bestehen aus sich rechtwinklig kreuzenden Fadensystemen mit unterschiedlichen Bindungsarten. Sie sind zugfester als Vliesstoffe und werden vorwiegend zum Bewehren eingesetzt.

Ausführliche Hinweise zur Auswahl und zur Verarbeitung von Geotextilien im Erdbau enthält das o. g. Merkblatt der Forschungsgesellschaft für Straßen- und Verkehrswesen.

12.4 Frostwirkung

Voraussetzung für Frostwirkung und die Entstehung von Schäden ist frostempfindlicher Untergrund und das Vorhandensein von Wasser in der Gefrierzone bzw. in der kapillaren Ansaugzone. Als kritische Tiefenlage der Grundwasseroberfläche wird bei Schluffen und schluffigen Feinsanden, die eine große kapillare Steighöhe haben, 2 m unter Planum angesehen (s. d. Abschn. 2.8.7).

12.4.1 Frostempfindlichkeit von Erdstoffen und Fels

Als frostempfindlich gelten Böden, die beim Gefrieren des Porenwassers ihr Volumen vergrößern, wobei sich zunehmend dicke Eislinsen bilden (Abb. 12.9). Die Volumenzunahme führt zu Hebungen, die beim Auftauen nicht immer voll zurückgehen. Die Auswirkungen dieses Vorgangs sind sehr stark von der Geschwindigkeit der Frosteinwirkung abhängig sowie von dem Wasser, das in der Gefrierzone bewegt wird. Angaben über die möglichen Hebungsgeschwindigkeiten und die dabei auftretenden Frosthebungsdrücke machen FLOSS (1979: 113) und JESSBERGER (1980: 494).

Die **Frostempfindlichkeit eines Bodens** ist von verschiedenen physikalischen und mineralchemischen Faktoren abhängig, von denen aber in der Praxis meist nur die kritischen Korngrößenbereiche im Feinkornanteil berücksichtigt werden. Neben der Schluff- und Tonfraktion muß aber zumindest auch der sog. Mehlsandkornbereich (0,02 bis 0,125 mm) Beachtung finden (SCHAIBLE 1954). Hinzu kommen als weitere wichtige Faktoren die mittlere Porengröße und die Durchlässigkeit bzw. Kapillarität des Bodens. Eine ausführliche Zusammenstellung der Frostempfindlichkeitskriterien bietet FLOSS (1979: 113 und 386).

In Deutschland erfolgte die Beurteilung der Frostempfindlichkeit eines Bodens gewöhnlich nach CASAGRANDE & LOOS (1934), deren Annahmen aber sehr auf der sicheren Seite liegen (SCHAIBLE

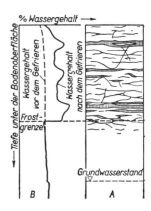

Abb. 12.9 Profil eines Frostbodens mit Eislinsenbildung (A) und Verteilung des Wassergehaltes im Boden (B) vor und nach dem Gefrieren (aus SCHULZE & SIMMER 1974).

1957: 65 und 66). Seit Vorliegen der ZTVE-StB 76 bzw. des Merkblattes für die Verhütung von Frostschäden an Straßen (FGSV, 1991) und der FGSV-Forschungsarbeit über Entstehung und Verhütung von Frostschäden an Straßen (1994) werden außer den Bodengruppen der DIN 18 196 (s. Tab. 12.6) und dem Feinkornanteil auch die Ungleichförmigkeit U sowie drei Frosteinwirkungsgebiete mit unterschiedlichen Frosteindringtiefen (90 cm bis 110 cm) berücksichtigt.

Die **Frostempfindlichkeit eines Festgesteins** hängt ab von den petrographischen Eigenschaften, insbesondere vom Bindemittel, das auch in der Verwitterungsanfälligkeit und der Empfindlichkeit gegen Wasser zum Ausdruck kommt. Die Beurteilung erfolgt nach den „Technischen Prüfvorschriften für Mineralstoffe im Straßenbau" (TP Min-StB 82/90) nach der Wasseraufnahme, dem Frost-Tau-Wechselversuch und anderen Einzelprüfungen.

Erste Hinweise gibt auch der Wasserlagerungsversuch nach DIN 4022 (10.2.3). Bei der Beurteilung der Frostempfindlichkeit von Fels im Gebirgsverband ist auch das Trennflächengefüge zu beachten.

Tabelle 12.6 Klassifikation der Frostempfindlichkeit von Bodengruppen (aus ZTVE-STB 94)

	Frostempfindlichkeit	Bodengruppen (DIN 18 196)
F 1	nicht frostempfindlich	GW, GI, GE SW, SI, SE
F 2	gering bis mittel frostempfindlich	TA OT, OH, OK ST, GT $\}$ [1] SU, GU
F 3	sehr frostempfindlich	TL, TM UL, UM, UA OU ST*, GT*, SU*, GU*

Anmerkung:
[1] zu F 1 gehörig bei einem Anteil an Korn unter 0,063 mm von
5,0 Gew.-% bei U ≥ 15,0 oder 15,0 Gew.-% bei U ≤ 6,0.
Im Bereich 6,0 < U < 15,0 kann der für eine Zuordnung zu F 1 zulässige Anteil an Korn unter 0,063 mm linear interpoliert werden (s. Bild).

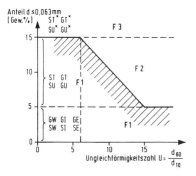

12.4.2 Frostschutzmaßnahmen im Straßenbau

Bei der Beurteilung des Frostgefährdungsgrades sind außer der Frostempfindlichkeit des Untergrundes die Verkehrsbedingungen (Bauklasse I bis VI), die Lage der Straße sowie das Mikroklima und die hydrogeologischen Bedingungen entscheidend.

Das für die Frostschutzschicht (Oberbau) verwendete **Material** muß frostsicher und verwitterungsbeständig sein. Verwendet werden können sowohl Kies-Sand-Gemische als auch Brechsand-Schotter-Gemische, die den Richtlinien für Tragschichten im Straßenbau (ZTVT-StB 95) entsprechen. Der Anteil an Korn < 0,063 mm darf im eingebauten Zustand nicht mehr als 7 %, im Grundwasserbereich nicht mehr als 5 % betragen (s. FGSV-Merkblatt).

Die **Bemessung der Frostschutzschicht (FSS)** erfolgt nach der vorhandenen standardisierten Oberbaudicke (Bauklasse), der Frostempfindlichkeitsklasse (F_2/F_3) und den verschiedenen (4) frostsicheren Bauweisen nach ZTVT-StB 95 (Tragschichten) unter Berücksichtigung von Zu- bzw. Abschlägen nach RStO '86/90 je nach den örtlichen Verhältnissen. Die Mindestdicke des frostsicheren Oberbaues (Frostschutzschicht und Decke) beträgt danach im Regelfall:

F_1: keine Mindestdicke
F_2: 60 cm (SV) bzw. 50 cm (I–IV) bis 40 cm (V–VI)
F_3: 70 cm (SV) bzw. 60 cm (I–IV) bis 50 cm (V–VI)

(SV = Schnellstraßen; I–IV Straßen bis viel genutzte Parkflächen; V–VI Parkplätze mit geringem Lkw- und Busverkehr).

Die Zuschläge betragen bis 20 cm, die Abschläge in geschlossener Ortslage und in wasserundurchlässigen Randbereichen bis 10 cm.

12.4.3 Bettung, Frostschutz- und Planumschutzschicht bei Gleisanlagen

Die Tragschichten des klassischen Oberbaus von Gleisanlagen sind die Schotterbettung und die Planumschutzschicht (Abb. 12.2). Die **Anforderungen an den Gleisschotter** sind in den Technischen Prüfbestimmungen für die Prüfung von Gleisschotter der DB (TPG 1989) und in den Technischen Lieferbedingungen Gleisschotter (TL

91 861, 1981) geregelt. Die Anforderungen an die Lieferkörnung 25/65 sind aus Abschn. 2.1.5 und Abb. 2.5 ersichtlich.

Die **Planumschutzschicht** (PSS) ist Teil der Frostschutzschicht bzw. Tragschicht. Sie hat die Aufgabe, die Gebrauchsfähigkeit der Erdbauwerke gegenüber Einwirkungen der Verkehrslasten und von Witterungseinflüssen (Niederschlag, Frost) zu erhalten und das Schotterbett vor dem Eindringen feinkörniger Bodenteile aus dem Unterbau bzw. dem Untergrund zu schützen. Als Material werden Mineralstoffgemische (Brechsandsplitt oder Kiessand $0-56$ bzw. $0-32$ mit U > 15) verwendet. Das Mineralstoffgemisch muß den Technischen Lieferbedingungen der DB AG entsprechen, d. h. es muß gering wasserdurchlässig (k $< 10^{-6}$ m/s) und filterstabil gegenüber dem Schotter und dem Unterbau bzw. Untergrund sein (s. DS 836). Die Dicke der Planumschutzschicht beträgt in der Regel 30 cm, wobei auf dem Erdplanum ein E_{v2}-Wert $\geq$ 60 bzw. 80 kN/m² vorhanden sein soll.

Die **Dicke der Frostschutzschicht** einschließlich der Planumschutzschicht wird nach Frosteinwirkungsgebieten und den Angaben der Tab. 12.7 festgelegt. Die Verdichtungsanforderungen sind ebenfalls aus Tab. 12.7 ersichtlich.

Mit zunehmenden Achslasten und Geschwindigkeiten unterliegt der Schotteroberbau einer verstärkten mechanischen Zerstörung und Verschmutzung, was zu ungleichförmigen Setzungen und einer Verschlechterung der Gleislage führt. Bei den meisten Systemen der sog. **festen Fahrbahn (FF)** wird die Schotterbettung durch eine bewehrte, fugenlose Ortbetonplatte ersetzt, auf der die Schienen montiert werden. Voraussetzung für die feste Fahrbahn ist, daß die Setzungen in einer fahrdynamisch verträglichen Gleichmäßigkeit stattfinden, bzw. innerhalb der Toleranzen der Schienenbefestigung ausgeglichen werden können. Die Rahmenbedingungen sind in einem ersten „Anforderungskatalog zum Bau der festen Fahrbahn" der DB AG (1994) zusammengefaßt. Die bisherigen erdbautechnischen Anforderungen sind in Tab. 12.8 zusammengestellt. Die wesentlichen Kenngrößen für die Bewertung des Untergrundaufbaus sind:

- Kornverteilung
- Dichte
- Wassergehalt und Porenzahl
- Steifigkeit

Als besonders empfindlicher Einflußfaktor hat sich hierbei die Wassersättigung des Untergrundes erwiesen. Bei Wassersättigung und dynamischer

Tabelle 12.7 Mindestanforderungen an die Tragschicht sowie an das Planum und Erdplanum von Gleisanlagen nach DS 836.

	Streckenart		Planum		Erdplanum (Unterbaukrone)		Mindestdicke der Frostschutzschicht einschl. Planumsschutzschicht		
			E_{v2} (MN/m²)	D_{Pr}	E_{v2} (MN/m²)	D_{Pr}	Frosteinwirkungsgebiet		
							I (m)	II (m)	III (m)
Neubau	durchgehende Hauptgleise von Hauptbahnen (außer S-Bahnen)		120	1,03	80	1,00	0,50	0,60	0,70
	durchgehende Hauptgleise von S-Bahnen und Nebenbahnen		100	1,00	60	0,97	0,40	0,50	0,60
	übrige Gleise		80	0,97	45	0,95	0,30	0,40	0,50
Erhaltung	Bestehende Eisenbahnstrecken	v > 160 km/h	80	0,97	45	0,95	0,30	0,40	0,50
		v ≤ 160 km/h	50	0,95	20	0,93	0,20	0,25	0,30

Tabelle 12.8 Erdbautechnische Anforderungen für feste Fahrbahnen nach DB AG, 1994 (aus KEMPFERT 1996).

Bauteil	Höhen	Anforderungen NBS/300	ABS/200
Frostschutzschicht (FSS)	OK FSS gesamte FSS	$E_{v2} \geq 120\ \text{MN/m}^2$ $D_{Pr} \geq 1,00$ $k \geq 1 \cdot 10^{-4}\ \text{m/s}$	$E_{v2} \geq 100\ \text{MN/m}^2$ $D_{Pr} \geq 1,00$ $k \geq 1 \cdot 10^{-5}\ \text{m/s}$
Unterbau/Untergrund	Erdplanum (EP) bis 0,5 m unter EP bis 1,3 m unter EP bis 1,8 m unter EP bis 2,5 m unter EP bis Dammsohle	$E_{v2} \geq 60\ \text{MN/m}^2$ $D_{Pr} \geq 1,00$ $D_{Pr} \geq 0,98$	$E_{v2} \geq 45\ \text{MN/m}^2$ $D_{Pr} \geq 0,98/0,97$ $D_{Pr} \geq 0,97$

Belastung ist mit tieferreichenden Einwirkungen und anhaltenden Setzungen zu rechnen, was Auswirkungen auf die zulässigen Höchstwasserstände und das Dränagekonzept hat (KATZENBACH & ARSLAN 1996). Bei ungünstigen Untergrundverhältnissen müssen Bodenverfestigungen mit Kalk oder Zement (s. Abschn. 12.3) oder Baugrundverbesserungen, z. B. mittels Rüttelstopfverdichtung o. ä., vorgesehen werden (KEMPFERT 1996; SONDERMANN 1996).

13 Standsicherheit von Böschungen

In und unter jeder Böschung treten infolge Eigenlast und möglicher äußerer Belastungen Schubspannungen auf, die von den im Abschn. 10 diskutierten Entlastungseffekten sowie den Auswirkungen horizontaler Restspannungen überlagert werden (Abb. 13.1). Diese Spannungen lösen Deformationen aus, deren Größenordnung vom Spannungszustand, dem Verformungsmodul und der Scherfestigkeit, besonders auf vorgegebenen Flächen abhängig ist.

Die **Entlastungsverformungen** können rechnerisch ermittelt (s. Abschn. 5.6.4 und 5.8) bzw. durch rechtzeitig eingebaute Extensometer (in vertikaler und horizontaler Richtung) bzw. Inklinometer (in horizontaler Richtung) in verschiedenen Ebenen gemessen werden (s. Abb. 5.18). Bei geringen rechnerischen Sicherheiten können solche Schubverformungen bzw. Kriechbewegungen (s. Abschn. 15.3.4) über Jahrzehnte anhalten. Wenn die Schubspannung die Scherfestigkeit auf ungünstig liegenden Flächen übersteigt oder diese infolge anhaltender Schubverformungen auf die Restfestigkeit abfällt (s. Abschn. 2.7.4), so können Böschungsbrüche oder Rutschungen auftreten.

Die **Neigung und Standfestigkeit einer Böschung** sind in erster Linie von der Geländeform, dem geologischen Aufbau und den Wasserverhältnissen abhängig. Im einzelnen sind folgende Faktoren zu beachten:

- Untergrundaufbau, Schichtung, Klüftung (besonders Großklüfte und Störungszonen) Spannungszustand, Hangzerreißung
- Scherfestigkeit (φ, c), bes. auf Trennflächen
- zeitabhängige Entlastungs- und Spannungsänderungen, Alterung von Böschungen
- Sickerwasser in der Böschung
- Belastungen auf der Böschung
- Art der Böschungsbefestigung und des Bewuchses
- Einwirkung der Witterung auf die Böschungsoberfläche (Erosion, Frost, Verwitterung)

Darüber hinaus spielen für die Festlegung der Böschungsneigung noch eine Rolle die Grundinanspruchnahme, Zwangspunkte durch vorhandene Bebauung, Planfeststellungsgrenzen, die Eignung der Abtragmassen als Erdbaustoffe und der Massenausgleich, Zeitpunkt und Dauer des Böschungsabtrags und vorbeugende Maßnahmen nach Abschn. 13.3 sowie auch die Inkaufnahme eines kalkulierten Risikos im Hinblick auf Schubverformungen und mögliche Rutschungen. Außerdem müssen auch die Alterung von Böschungen sowie Unterhaltungsarbeiten und spätere Sanierungsmaßnahmen berücksichtigt werden.

Die **Böschungshöhe** h ist die Höhendifferenz zwischen Planum bzw. Kronenkante und dem Schnittpunkt der nicht ausgerundeten Böschung mit dem Gelände. Lockergesteinsböschungen haben in der Regel streng geometrische Formen. Aus landschaftsplanerischen Gründen wird heute z.T. versucht, diese unregelmäßig auszubilden, mit stärker ausgerundeten Böschungskanten.

Böschungsneigungen werden in der Praxis zunächst nach den üblichen **Regelböschungen** bzw. nach Erfahrungswerten festgelegt. Bei Böschungsneigungen bis 45° (1:1) geschieht dies als Verhältniszahl (1:1; 1:1,25 [=40°], 1:1,5 [=33°], 1:2 [=26°]), bei steileren Böschungen in Gradangaben, seltener in Verhältniszahlen (Abb. 13.4). Der Übergang zwischen Böschung und Gelände wird ausgerundet.

Bei höheren Felsböschungen kann die Böschungsform auch bei sorgfältiger Vorerkundung nicht im-

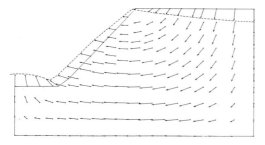

Abb. 13.1 Rechnerisch ermittelte Kriechverformungen einer Böschung (einfaches theoretisches Modell, $\varphi = 15°$, $c = 200 \, kN/m^2$).

mer exakt im voraus angegeben werden. Deshalb ist während der Bauausführung eine ständige Beratung zweckmäßig, wobei mit Änderungen von den angenommenen Gegebenheiten aufgrund örtlicher Abweichungen gerechnet werden muß. Hierbei sind besonders das Trennflächengefüge und die Wasserführung in der Böschung zu beachten.

Bei **hohen Böschungen** oder, falls die Ergebnisse der Erkundung es erfordern, ist die Standsicherheit einer Böschung rechnerisch nachzuweisen. In bindigen Böden werden i. d. R. ab 5 m Böschungshöhe Standsicherheitsberechnungen gefordert.

13.1 Böschungsneigungen in Lockergesteinen

Nach den Richtlinien für die Anlage von Straßen (RAS) sollen Böschungen über 2 m Höhe eine einheitliche Böschungsneigung von 1 : 1,5 erhalten. Wenn diese Regelneigung aus geologischen oder erdstatischen Gründen nicht ausgeführt werden kann, können in Abhängigkeit von der Bodenart und der Böschungshöhe abweichende Böschungsneigungen angegeben werden.

13.1.1 Grobkörnige Böden

In grobkörnigen Böden wird die Böschungsneigung (β) in erster Linie vom Reibungswinkel (φ) bestimmt, der seinerseits wieder von der Korngrößenverteilung, der Kornform und von der Lagerungsdichte abhängig ist. Die Böschungshöhe spielt eine untergeordnete Rolle. Bei dem üblichen Sicherheitsgrad von F = 1,3 beträgt daher

$$\tan \beta = \frac{\tan \varphi}{1,3}.$$

FLOSS (1979: 261) gibt für grobkörnige Böden folgende Anhaltswerte für die Böschungsneigung:

GW, GI, SW, SI: h < 12 m . . . . 1 : 1,5
                              h > 12 m . . . 1 : 1,5 bis 1,7
GE, SE: h < 12 m . . . . 1 : 1,7
                              h > 12 m . . . 1 : 1,5 bis 2,0
Feinsand :   . . . . 1 : 2,0

Voraussetzung ist, daß die Böschungen einigermaßen frei von Sickerwasseraustritten sind und keine bindigen Zwischenlagen auftreten, die als Gleitflächen wirken können. Hierbei ist zu beachten, daß Unterschiede in der Kornverteilung, besonders aber Zwischenlagen mit schluffig-tonigen Beimengungen bereits wasserstauend wirken und zu Sickerwasseraustritten führen können. Besonders

Feinsande tertiären Alters, aber auch anderer Formationen, weisen häufig schluffige Lagen oder oft nur millimeterstarke Tonlagen auf, die schon bei geringen Schichtneigungen zu Böschungsbrüchen führen können. In solchen Fällen sind Abflachungen gegenüber den oben genannten Böschungsneigungen oder sonstige Sicherungsmaßnahmen zu empfehlen.

13.1.2 Feinkörnige Böden

Bei bindigen Böden, deren Bruchscherfestigkeit τ entsprechend der COULOMB-MOHRSCHEN Bruchbedingung

$$\tau = c' + \sigma \cdot \tan \varphi'$$

vom Reibungswinkel φ, der Kohäsion c und der Normalspannung σ (s. Abschn. 2.7) bestimmt wird, ist die zulässige Böschungsneigung sehr stark von der Böschungshöhe abhängig.

Angaben über Anhaltswerte von Böschungsneigungen enthalten die „Empfehlungen für den Bau und die Sicherung von Böschungen" der DGEG (Die Bautechnik 1962: 404) und FLOSS (1979: 262) sowie die Erdbaurichtlinien der Deutschen Bahn AG (1985). Allgemein gilt:

UL, TL: h < 6 m . . . . 1 : 1,5
                    h > 6 m . . . . 1 : 1,5 bis 2,0

Diese Werte gelten für homogene, leicht plastische Böden von mindestens steifplastischer Konsistenz, ohne ungünstig einfallende Schicht- oder Kluftflächen und ohne wasserführende Schichten. Als solche können z. B. schon stärker feinsandig-schluffige Lagen über oder in stärker tonigen Schichten wirken.

Bei stärker plastischen Schluffen und Tonen (TM, TA) spielt die Kohäsion eine entscheidende Rolle. Ihre Wirkung ist bei Langzeit-Standsicherheitsbetrachtungen, insbesondere bei Vorhandensein von Schichtflächen oder quellfähigen Tonmineralen, mit Vorsicht anzusetzen. Die oben genannten Böschungneigungen für leicht plastische Böden sind deshalb häufig sehr steil, zumal gerade in tonigen Böden gerne Oberboden- oder Flachrutschungen auftreten. Auch in tektonisch oder durch Verwitterungs- bzw. Umlagerungsvorgänge gestörten Tonen ist meist ein starker Abfall der Kohäsion zu verzeichnen. Böschungsneigungen in solchen Böden sollten daher nicht steiler als 1 : 2,0 bis 1 : 2,5 angelegt werden.

13.1.3 Gemischtkörnige Böden

Bei gemischtkörnigen Böden können nach FLOSS (1979: 261 f) folgende Böschungsneigungen angesetzt werden:

GU, GT: h < 6 m .... 1 : 1,5
               h > 6 m .... 1 : 1,5 bis 2,0
GŪ, GT̄:   h < 12 m ...... 1 : 1,25 bis 1,5
SU, ST,   6 < h < 9 m ..... 1 : 1,5 bis 1,8
SŪ, ST̄:   9 < h < 12 m ..... 1 : 1,8 bis 2,0

Das Auftreten von wasserführenden Schichten und von ausgeprägten Schichtflächen ist bei diesen Böden besonders zu beachten.

13.1.4 Heterogene (geschichtete) Böden

Bindige Böden mit grobkörnigen Einlagerungen ohne Wasserführung können wie feinkörnige Böden nach Abschn. 13.1.2 geböscht werden. Die Kohäsion ist dabei sehr stark von der Wasserführung abhängig, was sich besonders bei Hangschuttmassen und Basaltblocklehmen bemerkbar macht. Bei einem mehrfachen und raschen Wechsel im Bodenaufbau ist die Böschungsneigung den ungünstigeren Schichten anzupassen. Einzelne weichere oder wasserführende Schichten können durch Rigolen oder Steinpackungen (s. Abschn. 13.3.3) gesichert werden.

In geschichteten Böden bilden sich Gleitflächen in Anpassung an den geringsten Scherwiderstand in der Regel an den Schichtflächen aus. Bei geneigter Schichtung oder ungünstig liegenden Kluftflächen sind nötigenfalls die gegenüberliegenden Böschungen mit unterschiedlichen Neigungen (asymmetrisch) auszubilden.

Die Oberfläche von Tonschichten, fossile Verwitterungs- bzw. Auflagerungsflächen oder auch dünne Tonlagen, z. B. in Feinsanden, weisen ebenfalls oft abgeminderte Scherfestigkeiten oder einen millimeterstarken schmierigen Tonfilm auf, der häufig die Ursache von Rutschungen ist, auch wenn kaum Wasser auftritt.

Bei größeren Mächtigkeiten unterschiedlicher Schichten können gebrochene Böschungsneigungen vorgesehen werden, besonders wenn die Schicht mit der höheren Scherfestigkeit unten liegt. Bei Schichten mit niedrigen Scherfestigkeiten im unteren Teil der Böschung kann die Auflast der steileren Böschung darüber leicht zum Böschungsbruch führen. Dies ist besonders bei Festgesteinsböschungen über Lockersedimenten zu beachten (BEURER & PRINZ 1977: 153).

13.1.5 Aufgespülte Böden und Kippenböschungen

Angaben über Böschungsneigungen von **aufgespülten Dämmen** bringt FLOSS (1979: 262).

Besonderen Untersuchungsaufwand erfordert auch die **Standsicherheit von Kippenböschungen.** Hierbei müssen das Absetzverfahren, der Kippenaufbau, die Scherfestigkeit und die Wichte des Kippenmaterials, das Liegende der Kippe und die Wasserverhältnisse in und unter der Kippe beachtet werden. Die endgültigen Böschungsneigungen betragen z. B. im Rheinischen Braunkohlengebiet (s. Abschn. 13.4.3) etwa 1 : 4 bis 1 : 5 (und flacher), zumal es im Laufe von Jahren durch Aufbau eines Grundwasserkörpers in der Kippe zu einer Abminderung der Standfestigkeit kommen kann (VÖLTZ 1980). Zu beachten ist, daß eine Kippe an der Basis und in den Randbereichen aus gut durchlässigem Material aufgebaut wird, damit eine Entwässerung möglich ist. Erfahrungsgemäß treten besonders in Mischbodenkippen aus feinkörnigem Material örtlich Bereiche stärkerer Wasserführung auf, die aus geringem äußerem Anlaß zu Setzungsfließen und Fließrutschungen (s. Abschn. 15.3.3) führen können. Im Fließzustand sinken bei einem Sand-Wasser-Gemisch die Reibungswinkel auf $\varphi = 5 - 8°$ (DÜRO 1977: 119; KUNTZE & WARMBOLD 1994).

Im Lausitzer Bergbaurevier werden umfangreiche Untersuchungen und Maßnahmen zur **Stabilisierung setzungsfließgefährdeter Kippenböschungen** vorgenommen. Als stabilisierende Maßnahme kommen Böschungsabflachung und nachträglicher Einbau von Stützkörpern in Betracht. Solche Stützkörper können erdbaumäßig, durch dynamische Intensivverdichtung, Rüttelstopfverdichtung (Abschn. 7.4.3) oder durch dynamische Stabilisierung mittels Sprengungen hergestellt werden. Die erforderliche Dimension des Stützkörpers ergibt sich aus geotechnischen Standsicherheitsuntersuchungen.

13.1.6 Unterwasserböschungen in Baggerseen

Die Böschungsneigung eines durch Baggerarbeiten oberflächig aufgelockerten nichtbindigen Bodens entspricht anfangs seinem Reibungswinkel und kann für einen kiesigen Sand mit 1 : 1,5 (= 33,6°) angenommen werden. Im Laufe der Zeit verflacht eine solche Böschung unter der Einwirkung der Grundwasserströmung sowie von Wasserbewegungen durch Baggerbetrieb und Wind auf

1:2 bzw. im Endzustand 1:3, was einer Endböschung unter Wasser von tan β = 0,5 tan φ (s. Abschn. 5.8.1) entspricht (HORN 1969: 238 f; FRANKE 1976: 100). Allgemein gelten für Unterwasserböschungen in Baggerseen folgende Erfahrungswerte (FLOSS 1979: 262):

Kies   1:1,5 bis 1:2
Grobsand   1:3 bis 1:4
Mittel- und Feinsand   1:5 bis 1:8.

Bei Fragen des zulässigen Grenzabstandes der Kiesgrubenböschungen von der zu schützenden Grundstücksgrenze ist darüber hinaus ein Freistreifen vorzusehen, der eine ausreichende Gewähr für den Bestand der angrenzenden Grundstücke bietet. Dieser Grenzabstand von 5 m ist auch in den einzelnen Länder-Bodenabbaugesetzen verankert. Für die Rekultivierung von Sand- und Kiesgruben sowie anderen Erd- und Gesteinsaufschlüssen können die Richtlinien der Landesstellen für Naturschutz und Landschaftspflege (s. auch PIETSCH 1970: 46) sowie die Richtlinie für die Gestaltung und Nutzung von Baggerseen des Deutschen Verband für Wasserwirtschaft und Kulturbau (DVKW-Regeln 108/1992) herangezogen werden.

13.2 Böschungen im Fels

Böschungen in wenig geklüfteten Festgesteinen können bei gebirgsschonendem Abtrag mit steilen Böschungen angelegt werden (Abb. 13.4). In geschichteten und geklüfteten Felsgesteinen wird die Standsicherheit einer Böschung weitgehend vom Trennflächengefüge, der Gesteinsausbildung und der Wasserführung des Gebirges bestimmt. Die Gestaltung der Felsböschungen ist soweit wie möglich dem Trennflächengefüge anzupassen. Eine umfassende Übersicht über die ingenieurgeologischen Arbeitsmethoden sind in den „Geotechnischen Grundsätzen für die Untersuchung der Standsicherheit von Böschungen im Festgestein"

des Institutes für Bergbausicherheit Leipzig (1989) zusammengestellt.

13.2.1 Einfluß des Trennflächengefüges und der Frostbeständigkeit

Unter Trennflächengefüge wird die Stellung, Erstreckung und Ausbildung aller Flächen im Gebirge verstanden, wie Klüfte, Schicht- und Schieferungsflächen sowie Störungs- bzw. Verwerfungsflächen (Einzelheiten s. Abschn. 3.2.2 und 3.2.4). Für die Standsicherheit einer Böschung ist dabei entscheidend, ob die Trennflächen aufgrund ihrer Stellung zur Böschung mechanisch wirksam werden können oder nicht (Abb. 13.2). Ungünstig liegen die Verhältnisse, wenn besonders Schichtflächen flacher als die Böschungsfläche in den Einschnitt geneigt sind. PRINZ (1980 b) gibt Erfahrungswerte für das „kritische Schichtfallen" im Buntsandstein Hessens an, das je nach Gesteinsausbildung zwischen 10° bei den tonsteinreichen Folgen des Unteren und Mittleren Buntsandsteins mit teilweise glatten oder stark glimmerbelegten Schichtflächen und etwa 18° für dickere Sandsteinbänke mit nur untergeordneten Tonsteinzwischenlagern liegt. Werden diese Werte überschritten oder liegen auch in den Sandsteinabfolgen einzelne ungünstige Schichtflächen vor (PRINZ & VOERSTE 1988; BRÄUTIGAM, LINDSTEDT & PRINZ 1989), so ist bei gleichzeitigem Auftreten von Großklüften in oder hinter der Böschung mit Böschungsausbrüchen zu rechnen. Das gleiche gilt bei häufig auftretenden flachwelligen Schichtverbiegungen mit ungünstiger Versteilung der Schichtung in oder hinter der Böschung (TRISCHLER & DÜRRWANG 1989). Diese Werte können sinngemäß auch auf vergleichbare Gebirgsarten übertragen werden.

Böschungsausbrüche treten auch auf, wenn verschiedene Flächen sich so kreuzen, daß die Ver-

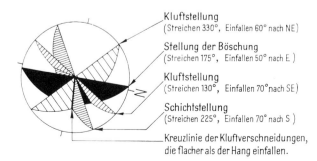

Abb. 13.2 Beispiel einer Gefügedarstellung in der Lagenkugel mit Großkreisen und Schnittgeraden (nach EBENSBERGER & WIEGEL 1968).

Kluftstellung
(Streichen 330°, Einfallen 60° nach NE)

Stellung der Böschung
(Streichen 175°, Einfallen 50° nach E)

Kluftstellung
(Streichen 130°, Einfallen 70° nach SE)

Schichtstellung
(Streichen 225°, Einfallen 70° nach S)

Kreuzlinie der Kluftverschneidungen, die flacher als der Hang einfallen.

schneidungslinien flach aus der Böschung fallen (Abb. 13.3). Berechnungssätze bringen v. ESCHENBACH & KLENGEL (1975), WITTKE (1984), WITTKE et al. (1987: 133) sowie die oben genannte Richtlinie des Institutes für Bergbausicherheit, Anhang B. Die Block-Theorie nach GOODMAN & SHI (1987) ermöglicht es, bei bekannter Lage der Raumstellung der Trennflächen diejenigen Blöcke zu ermitteln, für die eine Bewegungsmöglichkeit besteht und die möglicherweise gefährdet sind (s. a. TIEDEMANN 1987, 1990). Diese Situationen sind bei der Vorerkundung von Abtragungsarbeiten im Fels mittels Bohrungen sehr schwer abzuschätzen, da die geotechnische Wirksamkeit von solchen Trennflächen sehr stark von ihrer Ausbildung sowie dem Verwitterungsgrad und der Verbandsfestigkeit des Gebirges abhängig ist. Eine einigermaßen zuverlässige Abschätzung ist praktisch nur im großflächigen Aufschluß möglich, und zwar am besten durch Vergleich ähnlicher, altangelegter Böschungen in der Umgebung nach geologisch-petrographischen und gefügekundlichen Gesichtspunkten. Solche Erfahrungswerte sind meist zuverlässiger als eine gefügekundliche Aufnahme von kleinflächigen frischen Aufschlüssen.

Außer Gleiten auf ungünstig ausstreichenden Trennflächen sind, besonders bei hohen Böschungen, auch Ausknicken steilstehender Flächen und Bewegungen auf Bruchstaffeln zu beachten, d. h. das Durchreißen des Gebirges von Fläche zu Fläche.

Neben dem Trennflächengefüge und den auf den Trennflächen teilweise stark abgeminderten

Scherfestigkeiten sind auch die **Grundwasserstände im Gebirge** zu berücksichtigen (s. Abschn. 5.8.1). Der Kluftwasserdruck bzw. Strömungsdruck wirken selbst in feinsten Klüften.

Die Festigkeitseigenschaften der Gesteine treten bei Böschungsneigungen $< 50°$ bezüglich der Standsicherheit gegenüber der Gebirgsfestigkeit zurück. Wichtig ist allerdings der Verwitterungsgrad, die **Verwitterungsbeständigkeit,** besonders gegenüber Frost, und der Einfluß von Wasser. Bei Böschungen in Wechsellagerungen von tonig-mergeligen Schichten mit härteren Bänken wittern die frostempfindlichen Zwischenschichten leicht heraus, und die festen Gesteinsbänke brechen nach. Verwitterungsanfällige Zwischenschichten müssen deshalb entsprechend flach geböscht oder anderweitig gesichert werden (Abb. 13.5) (MAAK 1985; VAVROVSKI 1987; TRISCHLER & DÜRRWANG 1989).

13.2.2 Böschungsneigungen und Böschungsformen

Häufig werden Felsböschungen in Straßeneinschnitten aus optischen Gründen und auch wegen der Steinschlagsicherheit nicht steiler als 1 : 1 geböscht, auch wenn dies aus ingenieurgeologischen Gründen möglich wäre. Nur in Anschnitten, besonders an steilen Talhängen, wird die mögliche Böschungsneigung in der Regel voll ausgenützt. Als Anhalt für die Gestaltung von Felsböschungen können die auf Abb. 13.4 nach BRANDECKER (1971) dargestellten Böschungsneigungen und Bö-

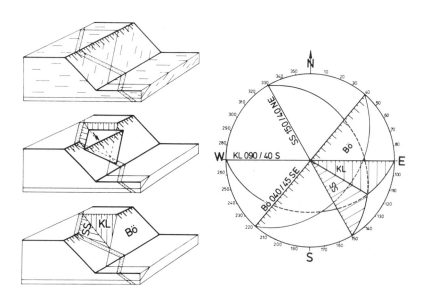

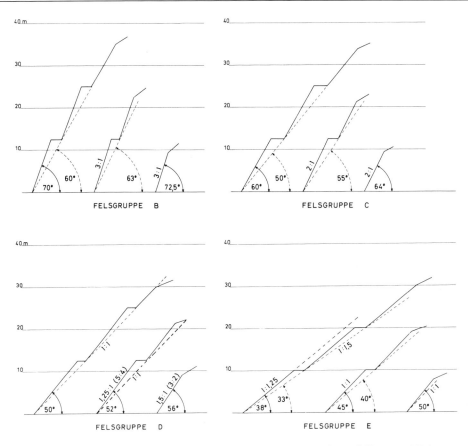

Abb. 13.4 Gestaltung von Felsböschungen bei verschiedenen Böschungshöhen und Felsarten (nach BRANDECKER 1971, ergänzt).

schungsformen herangezogen werden, die allerdings auf Mittelgebirgsverhältnisse umgestuft worden sind. Die **Gruppe A** mit einer mittleren Böschungsneigung von 72,5° ist weggelassen und dafür eine Gruppe E mit Böschungsneigungen < 45° aufgenommen worden.

Unter die **Gruppe B** fallen unverwitterte, wenig geklüftete Tiefen- und Ergußsteine wie Granit, Gneis, Diabas, Basalt sowie dickbankige harte Sedimentgesteine wie Kalkstein, Dolomit, Sandstein und Grauwacken ohne standfestigkeitsabmindernde mergelig-tonige Zwischenlagen.

Zur **Gruppe C** gehören die Gesteine der Gruppe B mit leichter Anwitterung bzw. mittelständiger Klüftung und einzelnen tonig-mergeligen Zwischenlagen sowie verwitterungsbeständige, sandige Tonschiefer.

In die **Gruppe D** sind dann stärker angewitterte und geklüftete Gesteine der Gruppen B und C so-

wie Wechsellagerungen von festen, einigermaßen frostbeständigen Sedimentgesteinen zu stellen.

Schmale Störungs- und Zerrüttungszonen müssen notfalls besonders gesichert werden. Breitere Störungszonen bedürfen oft einer Abflachung und Ausrundung der Böschungen.

In **Gruppe E** sind dann milde Tonschiefer, Wechsellagerungen von Sand- oder Kalksteinen mit frostempfindlichen Ton- und Mergelsteinen und ähnliche Gesteinsserien zu stellen. Dickere, harte und frostbeständige Bänke können dabei als Klippen herausgearbeitet werden. Böschungen in entfestigten, stark verwitterten Tonsteinen oder Tonschiefern neigen sehr stark zu Oberflächenrutschungen und sollten wie hochplastische Lockergesteine behandelt werden (s. auch Abschn. 13.3.2).

13.2.3 Herstellen von Felsböschungen

Sicherungsmaßnahmen an einer Felsböschung setzen praktisch schon mit der Ausschreibung, insbesondere der Lösearbeiten an der Böschungsfläche, ein. Nach ZTVE-StB 94 ist beim Herstellen von Felsböschungen der Abtrag des 1-m-Bereiches vor der Sollböschung durch schonende Sprengverfahren oder andere schonende Löseverfahren vorzunehmen (nicht Reißen).

Bei der Notwendigkeit von einzelnen Lockerungssprengungen nahe der Böschungsfläche dürfen in dieser keine Sprengtrichter entstehen. Bei der Herstellung von Felsböschungen mit **schonender Sprengarbeit** muß die Arbeitsmethode (Bohrlochanordnung, Sprengstoff, Ladung, Zündung) auf die Gebirgsverhältnisse abgestimmt werden. Die Abtragungssprengungen dürfen mit ihrer Auflockerungszone nur bis höchstens 1,0 m an die Böschungssollfläche heranreichen. Die letzte Bohrlochreihe des Hauptabschlags ist bereits parallel zur Böschungsoberfläche zu bohren. Die Böschungsfläche selbst muß durch eng gebohrte, böschungsparallele und leicht besetzte Löcher freigelegt werden. Bei dieser Methode des böschungsschonenden Schießens wird zwischen Vorkerben, Vorspalten, Abspalten und Abkerben unterschieden (WILMERS 1979, 1982; FLOSS 1979: 255; SIMONS & TOEPFER 1987 und FGSV-Merkblatt für die gebirgsschonende Ausführung von Spreng- und Abtragsarbeiten an Felsböschungen (1984).

Bei der Herstellung von Straßenböschungen hat sich das Vorspalten am besten bewährt (WILMERS 1979: 122). Dazu werden in der Böschungsfläche eine Bohrlochreihe für das Vorspalten in Abständen von 0,6 bis 0,8 m gebohrt, mit einer gestreckten Säule aus hochbrisantem Sprengstoff (Anbinden einzelner Patronen an Sprengschnur) geladen und in Momentzündung vor der Abtragssprengung bzw. als Zündstufe 0 der Abtragssprengung gezündet.

Hierbei werden die Felsstege zwischen den Bohrlöchern durch das Überlagern mehrfach reflektierender Scherwellenfronten durchgeschlagen (s. Abschn. 12.1), ohne das Gebirge dahinter stärker zu beanspruchen Das Böschungsprofil fällt nachher beim Abtrag einigermaßen glatt durchgerissen an. Auf diese Weise können Felsböschungen, die bislang bei Böschungsneigungen von 1 : 1 noch besondere Sicherungsmaßnahmen erforderten, teilweise ohne diese auf 50° bis 60° versteilt werden. Der in Abb. 13.4 dargestellte Abstand der Bermen ergibt sich aus der bei diesen Verfahren üblichen maximalen Bohrlochtiefe der Vorspaltbohrungen von rd. 12 m (WILMERS 1979: 122).

Das **Profilieren von Felsböschungen** mit einem Bagger oder einem Flachbaggergerät ist so vorsichtig vorzunehmen, daß keine Gefügelockerung auftritt. Dies gelingt in der Regel nur bei kleinklüftigen, mürben Gesteinen.

Sollen bei Wechsellagerungen mit harten, frostbeständigen Bänken diese als Klippen oder Felsstu-

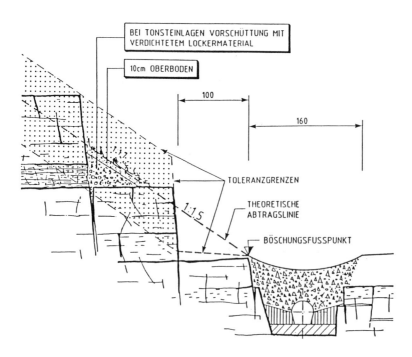

Abb. 13.5 Abbauvorgaben zur Gestaltung von Böschungen in Wechsellagerungen. Verwitterungsschutz von Tonsteinlagen durch Vorschüttung aus Lockermaterial mit einer Neigung von 1 : 1,7 (aus VAVROVSKY 1987).

fen erhalten bleiben, so sind die Böschungsflächen mit geeignetem Gerät unter Ausnutzung der vorhandenen Trennflächen ohne Lockerung der Felsblöcke herzustellen (Abb. 13.5). Diese Arbeiten müssen im Bauvertrag erfaßt und verstärkt, wenn nicht sogar durchgehend beaufsichtigt werden (Maak 1985). Die dabei zu beachtenden Vorgaben sind bei Maak (1985), Vavrovski (1987) und Trischler & Dürrwang (1989) zusammengefaßt. Danach müssen verwitterungsanfällige Zwischenlagen nicht nur flach abgeböscht, sondern die hangenden Bänke angeböscht werden. Schmale Blöcke mit einem Verhältnis von Höhe/Dicke $\geq$ 2/1 müssen abgeräumt bzw. gekappt werden, offene Klüfte mit Oberboden abgedeckt und begrünt werden. Störungszonen oder durch Hangzerreißung aufgelockerte Bereiche werden ggf. ausgeräumt und die Böschungsflächen mit standfestem Material neu aufgebaut.

13.3 Sicherungsmaßnahmen

Bei den Sicherungsmaßnahmen zum Schutz von Böschungen ist zu unterscheiden zwischen Maßnahmen beim Böschungsbau und Vorkehrungen gegen Oberbodenabrisse sowie gegen Flach- und Tiefrutschungen. Flachere Böschungen und stärkere Abrundung der Böschungskanten vermindern die Erosionsgefahr. Über abgerundete Böschungskanten fließt das Oberflächenwasser breitflächig ab, ohne tiefe Erosionsrinnen auszuwaschen. Oberbodenabrisse und Flachrutschungen können meist durch Entwässerungsmaßnahmen, Steinstützkörper oder Lebendverbau stabilisiert werden. Eine ausführliche Beschreibung der ingenieurbiologischen Bauweisen zur Böschungssicherung enthalten die DIN 18915 und Schiechtl (1987).

Maßnahmen zum Schutze gegen tiefergreifende Böschungsbewegungen sind in erster Linie Böschungsabflachungen und konstruktive Maßnahmen, wie sie im Abschn. 15.5 behandelt werden. Eine vollkommene Sicherung ist aus wirtschaftlichen Gründen oft nicht möglich. In solchen Fällen wird bewußt ein gewisses Risiko in Kauf genommen, das durch meßtechnische Überwachung der Böschung eingegrenzt werden kann (s. Abschn. 15.2.5).

13.3.1 Maßnahmen beim Böschungsbau

Bei der Anlage von Böschungen sind zeitweilige Übersteilungen oder Unterschneidungen der Böschungslinie sowie, besonders bei empfindlichen Felsböschungen, das Ausheben von Gräben am Böschungsfuß möglichst zu vermeiden.

Bei tiefen Einschnitten kann die Anlage von **Bermen** in der Endböschung zweckmäßig sein, wenn diese einen geregelten Wasserabfluß erhalten und, soweit erforderlich, für die Unterhaltung der Böschung befahrbar ausgebildet werden. Die Bermenbreite muß dann allerdings 2 bis 3 m betragen. Der Höhenabstand beträgt in der Regel 8 und 12 m und wird zweckmäßigerweise nach dem Schichtenaufbau bzw. nach Wasserhorizonten oder nach Neigungsänderungen der Böschungslinie festgelegt. Bermen bewirken zwar eine Abflachung der Gesamtböschungsneigung, tragen aber nicht immer zur Erhöhung der Standsicherheit bei. Nicht richtig entwässerte Bermen können die Standsicherheit einer Böschung verschlechtern (Abb. 13.6). In Lockergesteinen und absandenden bzw. aufwitternden Festgesteinen tragen sie auch zur Begrenzung der Erosion bzw. Abwitterung bei; an Felsböschungen auch zur Verminderung der Steinschlaggefahr. Eine umfassende Empfehlung für die Anlage und Ausbildung von Bermen bringen Wichter et al. (1989).

Steinschlaggefahr liegt vor, wenn eine Felsböschung zwar standfest ist, aber die Gefahr des Aus-

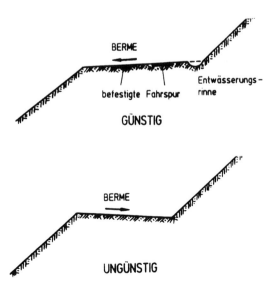

Abb. 13.6 Querschnittsausbildung von Bermen (aus Wichter et al. 1989).

brechens und Absturzens einzelner Steine oder Felsbrocken besteht. Die Definition des Steinschlagbegriffes, rechtliche Aspekte und allgemeine Sicherheitsbetrachtungen bringt HÄFNER (1993). Als erste Maßnahme gegen Steinschlag müssen Felsböschungen, die steiler als 1:1 angelegt werden, von Hand beräumt werden. Als einfache Steinschlagsicherung dienen Fangzäune, Fangmauern oder auch nur doppelte Straßenleitplanken in Verbindung mit einem gewissen Fangraum. Buschwerkbepflanzung wirkt erst langfristig. Fangzäune am Hang müssen entsprechend den möglichen Fallparabeln der abfallenden Steine und deren Fallenergien dimensioniert werden (NÖSSING & MORANDELL 1989). Volle Steinschlagsicherung wird durch Bespannen mit aufgelegten oder über Felsnägel abgestellten, doppelt feuerverzinkten Maschendrahtnetzen erreicht (Abb. 13.7). Sie werden bei Böschungsneigungen ab 50° vielfach verwendet (SCHIECHTL 1987: 223; JIROVEC 1989). Die Lebensdauer solcher Schutzvorrichtungen wird heute mit 20 bis 25 Jahren angenommen (SCHOLZ 1992, KRAUTER & SCHOLZ 1996).

Einzelne, durch Trennflächen abgetrennte, in sich feste Gesteinspartien können durch Anker von 3 bis 6 m Länge (Abschn. 10.5), größere zerklüftete Felspartien durch Spritzbeton mit Baustahlgewebe und Anker gesichert werden. Als weitere bautechnische Maßnahmen kommen auch Ausmauerungen, geankerte Betonplomben, aufgelöste oder andere Stützkonstruktionen (BRANDL 1987), häufig mit Daueranker-Sicherung (PORZIG 1989, THAL 1989) in Betracht. Zunehmend werden auch mit Dauerankern rückverankerte, in die Böschungsfläche eingebettete Stahlbetongitterroste (JIROVEC 1989) oder in einem regelmäßigen Raster von 4 bis 5 m angeordnete Stahlbeton-Lastverteilungsplatten ohne Riegel zur Sicherung auch flacher Böschungen (1:1,5) eingesetzt. Die Ankerlängen betragen 15 bis 30 m (und mehr), die Ankerlasten je nach Gebirge 300–600 kN (BAUER 1988; TRISCHLER & DÜRRWANG 1989). Eine weitere Möglichkeit zur Verbesserung der Standfestigkeit von flachen Böschungen sind Dübel gemäß Abschn. 15.5.4.

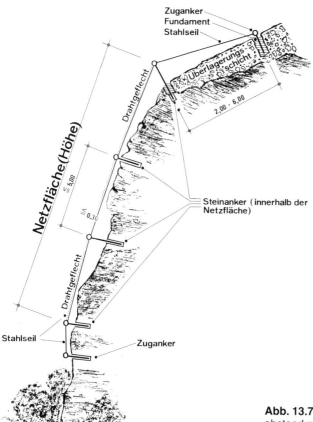

Abb. 13.7 Beispiel eines Schutznetzes mit Netzabstand zur Felsoberfläche (Firmenprospekt).

13.3.2 Lebendverbaumaßnahmen

Zum Schutz gegen Erosion sind Lockergesteinböschungen unverzüglich zu begrünen. Am stärksten gefährdet sind Böden mit hohem Schluffanteil, so wie Feinsandböden. Weniger anfällig gegen Bodenerosion sind grobkörnige sowie tonige und skelettartige Böden. Der Oberbodenauftrag auf Böschungen erfolgt in einer Dicke von 8 bis 12 cm. Bei größerer Dicke besteht nach stärkeren Niederschlägen die Gefahr von flachen Oberbodenrutschungen. Bei Böschungsneigungen von 1 : 1,5 wird der Oberboden häufig durch Schrägfurchen oder Faschinen gesichert. Ab einer Böschungsneigung von 1 : 1,25 erfolgt die Begrünung der Böschungen meist durch Anspritzverfahren (SCHLÜTER 1979). Durch Einbau von Flechtwerk aus Weidenholz oder Busch- und Heckenlagen (PIETSCH 1970: 62; SCHLÜTER 1979: 8; SCHIECHTL 1987) wird gleichzeitig ein Wasserentzug durch Evapotranspiration erreicht. Bei stärker tonigen Böden hat die Sicherung der Böschungsoberfläche zu erfolgen, bevor Trockenrisse entstehen, die bei nachträglicher Durchnässung häufig Ursache von Oberflächenrutschungen sind.

Lebendverbau kann nur Böschungen und Erdbauwerke schützen, die in sich standfest sind. Er benötigt anfangs Pflege, später erhält er sich selbst.

13.3.3 Entwässerungsmaßnahmen

Die Maßnahmen zur Entwässerung von Straßen bzw. Böschungen sind in den Richtlinien für die Anlage von Straßen, Teil Entwässerung (RAS-Ew, 1987), Abschn. 4.3, Sickeranlagen, beschrieben. Bei den **Sieckeranlagen** werden Sickerstränge, Sickergräben, Sickerschichten, Sickerstützscheiben und Tiefensickerschichten unterschieden.

Oberflächenwasser muß oberhalb der Böschung durch hangparallele Gerinne oder Gräben, nötigenfalls mit dichter Sohle, gesammelt und abgeleitet werden. **Hanggrundwasser in Deckschichten** wird durch hangparallele Sickerschlitze (Hangsikkerstrang) gefaßt und abgeleitet. Die Schlitzbreite beträgt in der Regel 0,8 bis 1,0 m, die Tiefe bis 5 m. Die Ummantelung des Sickerrohres erfolgt mit einem Mischfilter oder Stufenfilter gemäß Abschn. 9.1. Der Sickerschlitz muß nach Möglichkeit in die wasserundurchlässige Schicht einbinden. Um die Rutschgefahr nicht zu verstärken, muß ausreichender Abstand vom oberen Böschungsrand gehalten werden.

Tiefere Sickerschlitze können in Form von Tiefdränschlitzen als Großbohrpfahlwände aus durchlässigem Einkornbeton hergestellt werden (s. Abschn. 10.3.4 und Abb. 15.18).

Bei flacheren Böschungen werden Sickerschlitze am Böschungsfuß angeordnet, um das Grundwasser in der Böschung abzusenken.

Bei Ausstreichen wasserführender Schichten in der Böschung werden Längssickerschlitze in der Böschung, nötigenfalls auf Bermen, angelegt. Sind die Wasseraustritte unregelmäßig, wird die Böschung durch eine Böschungssickerschicht entwässert, die gleichzeitig als Belastungsfilter wirkt. Ihre Dicke muß aus Gründen der Frostfreiheit mindestens 1 m betragen.

Stärkere Wasseraustritte in Böschungen werden durch Böschungsrigolen, Steinpackungen oder Sickerstützscheiben aus Einkornbeton in den Böschungen gefaßt und abgeleitet. Einzelheiten über die Ausführung siehe FLOSS (1979: 268). Die Tiefe des Gesamtaufbaus muß frostfrei sein. Die Böschungsrigolen werden oft in Äste aufgespalten und bieten in ihrem unmittelbaren Bereich Schutz gegen Oberflächenrutschungen.

Mit den aufgeführten Entwässerungsmaßnahmen, die teilweise auch eine gewisse Stützfunktion haben, kann Oberbodenabrissen und Flachrutschungen wirksam vorgebeugt werden, wenn mögliche Wasseraustritte in der Böschung während der Bauarbeiten sorgfältig beobachtet und die Maßnahmen richtig angesetzt werden. Eine absolute Sicherung vor solchen Böschungsschäden ist allerdings auch damit nicht möglich bzw. sie wäre unwirtschaftlich. Nach anhaltend starken Niederschlägen ist in den Anfangsjahren nach dem Bau immer mit gewissen Rutschungserscheinungen zu rechnen, deren Sanierung aber in der Regel wirtschaftlicher ist als zu umfangreiche Vorbeugungsmaßnahmen.

Flache Ausbauchungen und Dellen in der Böschung sind immer Anzeichen beginnender Rutschungen. Bei flachen Schalengleitungen reichen die oben genannten Maßnahmen zur Sanierung im allgemeinen aus. Bei tiefergreifenden Bewegungen müssen weiterführende Entwässerungs- und erdbautechnische Maßnahmen ergriffen werden, die im Abschn. 15.5 behandelt sind.

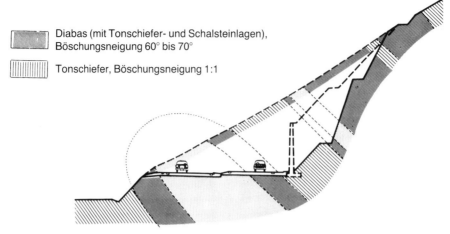

Diabas (mit Tonschiefer- und Schalsteinlagen),
Böschungsneigung 60° bis 70°

Tonschiefer, Böschungsneigung 1:1

Abb. 13.8   Beispiel einer Böschungsgestaltung nach der Geologie gegenüber dem ersten Entwurf einer sehr aufwendigen Stützmauer.

13.4 Erfahrungswerte von Böschungsneigungen in den deutschen Mittelgebirgen

Erfahrungen über Böschungsneigungen und -ausbildung stehen nur regional begrenzt zur Verfügung. Sie können aber sinngemäß auf andere geologische Formationen übertragen werden und als Grundlage für die eigene Erfahrungsbildung dienen.

13.4.1 Alte Gebirge

Harte, sandige Tonschiefer können bei günstiger Ausbildung und Stellung der Trennflächen und schonendem Abtrag 60°, ggf. auch 70°, steil gestellt werden (Abb. 13.8). Hierbei ist allerdings Steinschlagsicherung durch Netzbespannung nötig.

Bei ungünstiger Stellung der Haupttrennflächen oder in **milden Schiefern** müssen die Böschungsneigungen 45° (1 : 1), oder flacher, z. B. bei größeren Böschungshöhen 1 : 1,25 bis 1 : 1,5, angelegt werden. Stark tonig verwitterte Tonschiefer sind auch mit 1 : 1,5 oft nicht standfest. Hier ist vor allen Dingen mit Flachrutschungen im Bereich der Austrocknungs- bzw. Frosteinwirkungstiefe zu rechnen.

Im **Granit bzw. Diabas** (und anderen harten Tiefen- und Ergußgesteinen) können Böschungen bei günstiger Ausbildung der Trennflächen 50° bis 70°

steil gestellt werden. Voraussetzung sind auch wieder schonende Sprengarbeit unter Ausnutzung der Kluftflächen und (oder) Netzbespannung. Häufig werden solche Böschungen nur 1 : 1 geböscht unter Herausarbeiten von massiven Felskörpern als Klippen. Eine solche Böschungsgestaltung hat den Vorteil, daß nicht erkannte Störungs- und Zerrüttungszonen leichter beherrscht werden können und ggf. keine Netzbespannung erforderlich wird.

Schalstein besitzt eine gewisse Schieferung und neigt zu schalenförmiger oder plattiger Absonderung. Aufgrund seines Kalkgehalts ist er verwitterungsanfälliger und weist häufig lehmig-tonige Beläge auf Kluftflächen auf. Störungszonen sind oft tiefgründig und Zehnermeter breit lehmig verwittert. Die möglichen Böschungsneigungen sind auch im festen Schalstein sehr stark vom Trennflächengefüge abhängig, wobei die geringe Verbandsfestigkeit auf lehmig angewitterten Flächen beachtet werden muß. Auf eine seltene, aber bautechnisch sehr unangenehme Besonderheit weisen FRIEDRICH, PRINZ & WILMERS (1976: 102) hin, nämlich einen feinverteilten Pyritgehalt im Schalstein, der nach Freilegen der Böschung zu freier Schwefelsäure umgesetzt wurde, welche das Gestein tiefgründig zersetzt (s. Abschn. 2.2.3).

Quarzit und Grauwacke können bei günstiger Lagerung bis 60° steil geböscht werden. Bei häufigeren Tonschiefereinlagerungen sind Abflachungen auf 1 : 1 und flacher nötig.

13.4.2 Schichtgesteine des Mesozoikums

Dickbankige harte Sandsteine, z. B. des Buntsandsteins (Solling, Main- und Neckargebiet, Trierer Raum), können bei Anwendung von Sprengarbeit kaum steiler als 45° bis 60° geböscht werden. Im Einflußbereich der Hangzerreißung ist eine Abflachung auf eine generelle Böschungsneigung bis 1 : 1,5 zu empfehlen. Diese Erfahrungen wurden besonders beim Bau der DB-Neubaustrecke Hannover–Würzburg gemacht (NIEDERMEYER et al. 1983; MAAK 1985; VAVROWSKY 1987).

Die Sandsteinfolgen des Unteren und Mittleren Buntsandsteins in Hessen (Sandsteine der Gelnhausen-Folge, Volpriehausener, Detfurther und Hardegsener Sandstein) können 1 : 1 bis max. 50° geböscht werden. Die kritische Schichtneigung beträgt nach PRINZ (1980 a) rd. 18°. Nach neueren Erfahrungen treten jedoch auch in diesen Sandsteinabfolgen einzelne Schichtflächen mit abgeminderter Scherfestigkeit auf, was die kritische Schichtneigung auf 10° bis 12° abfallen läßt (PRINZ & VOERSTE 1988 und Abschn. 13.2.1). Sandsteine mit tonig-ferritischem und damit nicht frostbeständigem Bindemittel verwittern rasch und sollten nicht steiler als 1 : 1,25 bis 1 : 1,5 geböscht werden.

Die **Wechselfolgen** des Unteren und Mittleren Buntsandsteins werden gewöhnlich 1 : 1,25 (40°) bis 1 : 1,5 geböscht; bei geringem Tonsteinanteil und günstigem Schichtfallen auch bis 1 : 1 (MAAK 1985). Die kritische Schichtneigung beträgt etwa 10° (s. Abschn. 13.2.1). Zwischengeschaltete mächtigere Sandsteinbänke können, wenn sie frostbeständig sind, herausgearbeitet werden (s. Abschn. 13.2.3).

Tonsteine des Röts werden allgemein 1 : 1,5 geböscht, bei stärker mergelig-dolomitischer Ausbildung auch 1 : 1 bis 50°. Hierbei ist aber mit Abwitterungserscheinungen zu rechnen.

Die Röt-Muschelkalkgrenze ist allgemein als rutschanfällig bekannt (vgl. Abschn. 15.6.3). Die Gesteine liegen in diesem Grenzbereich oft umgelagert und in völlig gestörter Lagerung vor. Die Böschungsneigungen müssen dann meist 1 : 2 angelegt werden. Oft sind zusätzliche Entwässerungsmaßnahmen nötig.

Dünnbankige Kalksteine des Unteren Muschelkalkes werden bei horizontaler Schichtlagerung 1 : 1 (bis z. T. 50°) geböscht. Die kritische Schichtneigung beträgt 10° bis 15°.

Dünnbankige Kalksteine des Oberen Muschelkalkes werden bei horizontaler Schichtlagerung 50° bis 60°, z. T. 70° geböscht. Die kritische Schichtneigung beträgt rd 15°.

Die **Ton- und Mergelsteine des Muschelkalkes** können allgemein 1 : 1,5, als Residualtone und in Störungszonen mit 1 : 2 geböscht werden. Die kritische Schichtneigung beträgt 10° bis 12°.

Feinsandsteine des Keupers sind etwa den Wechselfolgen des Buntsandsteins gleichzusetzen (1 : 1,25 bis 1 : 1,5). Die Tonsteine des Keupers sind mit den Tonsteinen des Röts vergleichbar. Bei starker tektonischer Beanspruchung ist auf 1 : 2 abzuflachen.

In Süddeutschland zählen besonders die vertonten **Tonsteine des Jura** (Opalinuston, Dogger α und Ornatenton, Dogger ζ) zu den Problemgebieten, in denen häufig mit Umlagerung und starker Rutschungsanfälligkeit gerechnet werden muß. Die Böschungsneigungen müssen dementsprechend flach (≤ 1 : 2) gehalten werden (s. Abschn. 15.6.5).

Kalkstein (Massenkalk oder Quaderkalk in horizontaler Lagerung) erlaubt Böschungsneigungen von 70° bis 80°. Bei tonigen Zwischenlagen ist eine Abflachung in Abhängigkeit von der Wechselschichtung und vom Schichtfallen erforderlich.

13.4.3 Tertiäre und quartäre Gesteine, Braunkohletagebaue

Tertiäre Tone werden allgemein 1 : 1,5 geböscht. Dabei treten immer wieder flache Rutschungen auf, die aber auch bei 1 : 2 nicht auszuschließen sind. In Gebieten mit leichter Rutschmorphologie und in Tonen mit (wasserführenden) Sandzwischenlagen bzw. quellfähigen Tonmineralen ist eine Abflachung auf 1 : 2 oder flacher angebracht. Notfalls sind Sondermaßnahmen erforderlich. **Tertiäre Feinsande** werden generell 1 : 1,8 bis 1 : 2 geböscht.

Eine geotechnische Aufgabe besonderer Art ist die Dimensionierung von **tiefen Tagebauböschungen,** wie sie z. B. im Rheinischen Braunkohlengebiet mit Böschungshöhen bis über 400 m anfallen (s. a. Abschn. 6.2.2). Die Gesamtböschungsneigungen, einschl. Bermen, betragen bei horizontaler Lagerung der hier vorwiegend feinsandig ausgebildeten Tertiärfolge 1 : 2,5 bis 1 : 3 (Abb. 13.9). Neben der Kenntnis der Dauer des Freistehens der Böschung (Endböschungen, Tagebaurandböschungen, Betriebsböschungen) und besonderen Lastfällen (z. B. Gerätestandsicherheit) muß vor allen Dingen geprüft werden, welche Schwächezonen in der geplanten Böschung (60°–70° steile Großkluft- oder Verwerfungsflächen, Schichtflä-

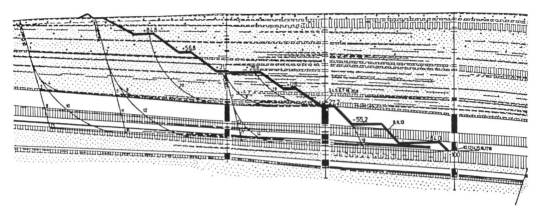

Abb. 13.9 Ausbildung einer Tagebauböschung im Rheinischen Braunkohlerevier nach wahrscheinlichen Gleitfugen und Standsicherheitsuntersuchungen (aus Pierschke 1985).

chen) als Bruchflächen in Betracht kommen und welche Scherfestigkeiten darauf angesetzt werden können (Düro 1978, Pierschke 1985). Auf Schichtflächen in Tonen ist, wie Rückrechnungen gezeigt haben, häufig nur noch eine Restscherfestigkeit von $\varphi_R = 8 - 12°$ wirksam, besonders wenn auf solchen Flächen bereits Horizontalbewegungen stattgefunden haben (s. Abschn. 13.2 und 15.4). Auch auf Kluftflächen in Tonen muß mit stark abgeminderter Restscherfestigkeit gerechnet werden.

Basalt ist im unverwitterten bzw. wenig verwitterten Zustand und wenn keine tuffitischen Zwischenlagen vorliegen, ein gut standfestes Gestein, das Böschungsneigungen von $\geq 45°$ ermöglicht. Vorsicht geboten ist bei oft nur dünnen tuffitischen Zwischenlagen oder wenn am Böschungsfuß Tuffe oder andere tonige Liegendgesteine ausstreichen (Beurer & Prinz 1977, Abschn. 15.6.1 und 15.6.6).

Zu den problematischen Aufgaben i. S. von John (1985) gehört die Anlage von Böschungen in vulkanischen Tuffen und Basaltblocklehmen. **Vulkanische Tuffe** sind ein sehr heterogenes, wechselfestes Gestein mit einer starken Streuung der Korngrößen. In niederschlagsarmen Klimazonen sind sie sehr standfest. Im angewitterten (vertonten) Zustand weisen jedoch die feinkörnigen, wechselnd tonigen Tuffe, wie auch die Tuffite (d. s. aquatisch ab- oder umgelagerte Tuffe) häufig hohe

Anteile an quellfähigen Tonmineralen auf und sind dann sehr wasser- und verwitterungsempfindlich. Außerdem ist in solchen Serien immer mit dünnen Lagen mit abgeminderter Scherfestigkeit zu rechnen (s. Abschn. 15.6.6). Die im Abschn. 13.1.3 genannten Regelböschungen von 1 : 1,5 bis 1 : 2 sind dann häufig zu steil.

Das gleiche gilt für basaltischen Hangschutt und **Basaltblocklehm,** die bei hohen Wassergehalten und Sickerwassereinfluß als sehr rutschungsanfällig gelten (s. Abschn. 15.6.6).

Hangschutt- bzw. Solifluktionsschuttmassen sind meist gemischtkörnige Böden nach Abschn. 2.1.4. Sie weisen je nach Ausgangsgestein unterschiedliche Schluff- und Tonanteile auf (Tab. 2.1). Ihre Standsicherheit ist mit den Neigungsangaben des Abschnitts 13.1.3 im wesentlichen abgedeckt. Wasserführende Horizonte sind durch Rigolen oder Steinpackungen zu sichern.

Eine gewisse Sonderstellung unter den Deckschichten nehmen **Löß und Lößlehm** ein. Löß ist an sich gut standfest, ist aber empfindlich gegen ober- und unterirdische Erosion und ist bei mechanischer Beanspruchung auch wasserempfindlich. Die Böschungen werden allgemein 1 : 1,5 bis 1 : 1,8 gestellt, wobei schnelle Begrünung angebracht ist. In den Lößgebieten Osteuropas werden Lößböschungen möglichst steil gestellt, mit Bermen zur Wasserableitung (Kézdi & Marko 1969: 37).

14 Standsicherheit und Verformungen von Dämmen

Dämme sind, wie auch Halden und Deponien (s. Abschn. 16.4), Erdbauwerke, die den Untergrund belasten. Dementsprechend müssen die Standsicherheitsbedingungen wie bei Gründungen erfüllt sein, um schädliche Verformungen zu verhindern. Dazu gehören:

- Grundbruchsicherheit
- Gleitsicherheit
- Sicherheit gegen Böschungsbruch
- Dammsetzungen.

Die entsprechenden Untersuchungsmethoden sind im Abschn. 5 beschrieben. Hier sollen nur davon abweichende Einflußfaktoren behandelt werden. Außerdem wird auf die Berechnungsbeispiele von TÜRKE (1990, Kap. 12/5 u. folg.) verwiesen.

Wie bei Einschnitten sind auch bei Dammböschungen vom Schüttmaterial abhängige Regelböschungen üblich, deren Böschungsneigungen den Angaben im Abschn. 13.1 entsprechen.

14.1 Standsicherheit von Dämmen

14.1.1 Grundbruchsicherheit

Grundbruch eines Dammes infolge zu geringer Tragfähigkeit des Dammuntergrundes äußert sich in einem Einsinken des Dammes oder eines Dammabschnitts und mit Hebung des Untergrundes vor dem Dammfuß.

Bei der Grundbruchuntersuchung müssen die durch die Böschungsneigung bedingte Exzentrizität der Belastung infolge der Schubkraft S in der Dammsohle berücksichtigt werden (s. Abschn. 14.1.2).

Die Grundbruchuntersuchung wird für eine Dammhälfte, und zwar wie für schräge und außermittige Belastungen durchgeführt (DIN 4017 und Abschn. 5.3.2). Infolge der meist breiten Dammaufstandsfläche reicht die Grundbruchfigur verhältnismäßig tief. Bei begrenzter Tiefe der weichen Schicht verläuft die Grundbruchfigur entlang der Grenzschicht zum tragfähigeren Untergrund,

so daß nur ein Teil des Dammkörpers von einem möglichen Grundbruch erfaßt wird. Die Breite des betroffenen Dammabschnitts ergibt sich aus dem Reibungswinkel der weichen Schicht und ihrer Mächtigkeit nach Abb. 5.10. In der Praxis wird die Grundbruchuntersuchung für Dämme meist als Gleitkreisuntersuchung nach Abschn. 5.7.3 ausgeführt. Zur Standsicherheit von Dämmen auf wenig tragfähigem Untergrund siehe Abschn. 14.1.4.

14.1.2 Gleit- bzw. Spreizsicherheit

Die Schubkraft S in Dammsohle beträgt nach RENDULIC (1938: 62)

$S = 0{,}5 \cdot \gamma \cdot H^2 \cdot \tan^2 (45° - \varphi'/2)$
H = Dammhöhe
φ' = Reibungswinkel des Dammschüttmaterials
γ = Wichte des Schüttmaterials.

Die daraus resultierende Schubspannung ist etwa parabolisch verteilt (Abb. 14.1). Die in Dammsohle auftretenden Schubspannungen müssen von der Scherfestigkeit des Materials in der Sohlfuge aufgenommen werden.

Den für die Gleit- bzw. Spreizsicherheit F = 1 erforderlichen Reibungswinkel φ_2 des Untergrundes erhält man nach Tabelle 14.1 aus dem Böschungswinkel β des Dammes und dem Reibungswinkel φ_1 des Schüttmaterials. Mit der Sicherheit nach DIN 1054 von F = 1,5 beträgt der erforderliche Reibungswinkel (φ_{erf}) bei horizontaler Lagerung

$\tan \varphi_{(erf)} = 1{,}5 \cdot \tan \varphi_2$

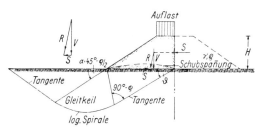

Abb. 14.1 Auftreten von Schubspannungen in Dammsohle und Grundbruchfigur unter einem Damm (aus SCHULTZE 1966).

Tabelle 14.1 Für eine Sicherheit F = 1 erforderlicher Reibungswinkel φ_2 des Untergrundes unter einer Böschung der Neigung β aus einem Dammbaustoff der Scherfestigkeit φ_1 (nach RENDULIC 1938, aus BRENDLIN 1962).

β° \ $\varphi°_1$	15	20	25	30	35	40	45
5	3,0	2,5	2,0	1,7	1,4	1,1	0,9
10	6,4	5,2	4,2	3,4	2,8	2,2	1,7
15	13,2	8,5	6,7	5,4	4,3	3,4	2,7
20		16,1	9,9	7,7	6,0	4,7	3,7
25			18,0	10,8	8,2	6,3	4,8
30				19,1	11,1	8,2	6,2
35					19,5	11,0	7,9
40						19,2	10,5
45							18,4

Für die Ermittlung der Spreizsicherheit von Böschungen auf geneigtem Gelände hat BRAUNS (1980) ähnliche Tabellen zusammengestellt.

14.1.3 Sicherheit gegen Böschungsbruch

Böschungsbrüche ohne oder mit geringer Verformung des Untergrundes werden ausgelöst durch Spannungsüberschreitung bei zu steiler Böschung, zu geringer Scherfestigkeit im Untergrund oder durch Auftreten von Strömungsdruck, z. B. bei eingestauten Dämmen bei schneller Stauspiegelabsenkung. Die Ermittlung der Sicherheit gegen Böschungsbruch erfolgt nach den Berechnungsme-

thoden des Abschn. 5.8. Bei Dämmen aus **nichtbindigem Material** ohne ungünstige äußere Einflüsse ergibt sich die Böschungsneigung β vereinfacht aus

$$\tan \beta = F \cdot \operatorname{tg} \varphi'$$

φ' = Reibungswinkel des Schüttmaterials
F = 1,3.

Bei **bindigem Schüttmaterial** sind Gleitkreisuntersuchungen erforderlich, wobei bei Böden mit $\varphi' > 5°$ davon ausgegangen werden kann, daß die ungünstige Lage der Gleitfläche durch den Böschungsfußpunkt geht. In einfacheren Fällen kann die Ermittlung der standsicheren Böschungsneigung nach Abb. 14.2 erfolgen, wobei in φ und c

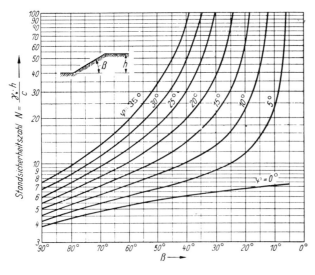

Abb. 14.2 Tafel zur Bestimmung der Böschungsneigung für einen Boden mit Reibung und Kohäsion (nach TAYLOR bzw. FELLENIUS, aus SCHULTZE 1966: 81).

die erforderlichen Sicherheiten zu berücksichtigen sind. Eine Parameterstudie hinsichtlich der Böschungsstandsicherheit in Abhängigkeit von der Scherfestigkeit des Schüttmaterials und seiner Verdichtung bringen DÜRRWANG et al. (1986). Liegt unter dem Damm eine weiche Schicht geringer Scherfestigkeit, so geht die Gleitlinie nicht mehr durch den Böschungsfußpunkt, sondern berührt die Sohlfäche der weichen Schicht (s. Abschn. 14.1.1).

Regelböschungen von 1:1,5 erfordern bei Ansatz der Sicherheitsbeiwerte nach DIN 4084 (γ_φ = 1,3, γ_c = 1,5) Scherfestigkeitswerte $\varphi > 35°$, c > O was entsprechend hochscherfestes Schüttmaterial und gute Verdichtung voraussetzt. Bei Schüttmaterialien, deren Scherfestigkeit nur wenig über den o.g. Werten liegt, treten sowohl in der Rechnung als auch in der Praxis flache Gleitkreise mit ungenügenden Sicherheiten auf. Diese Gleitkreise haben eine Tiefenwirkung von 1 bis 3 m und zählen zu den sog. Hautrutschungen, denen durch eine entsprechend gute Verdichtung der Böschungsbereiche entgegengewirkt werden muß. Derartige Dämme sind zwar i. d. R. standsicher, weisen aber ein kalkuliertes Risiko hinsichtlich Hautrutschungen auf. Durch Zwischenschalten von 3 m breiten Bermen in Abständen von 8 m kann eine 1:1,5 geneigte Böschung auf eine Gesamtneigung von 1:1,8 abgeflacht werden.

14.1.4 Dämme auf wenig tragfähigem Untergrund

Unter wenig tragfähigen Böden i.S. des FGSV-Merkblatts von 1988 werden quartäre, sehr setzungsfähige Böden mit hohem Wassergehalt verstanden, die nie zuvor einer größeren wirksamen Normalspannung ausgesetzt waren. Dazu gehören vor allen Dingen organogene Schluffe und Tone (Schlick, Klei), oder organische Böden (Faulschlamm, Torf) und auch junge Seetone. Ihre bodenphysikalischen Eigenschaften sind im Abschn. 2.7.4 beschrieben. Dazu kommen junge Auffüllungen in Form von Deponien und sonstigen Kippen

oder Spülflächen. Sofern solche Böden unter der Dammaufstandsfläche aus wirtschaftlichen oder technischen Gründen nicht entfernt werden können, sind besondere Maßnahmen bei der Planung und Bauausführung notwendig.

Grundsätzlich ist zu beachten, daß der weiche Untergrund nicht im unmittelbaren Einfluß der dynamischen Kräfte und Schwingungen aus dem Verkehr liegen darf, da die hierdurch verursachten Untergrundverformungen in der Regel zu einer Zerstörung des Verkehrsweges führen, weil sich ihre Masse in einem ungünstigen Verhältnis zu dem mitschwingenden weichen Untergrund befindet. Ab 2 m Gesamtkonstruktionsdicke wirkt sich bei Straßen die Verkehrsbelastung nicht mehr wesentlich auf den Untergrund aus. Der Verkehrsweg unterliegt nur den Eigenverformungen und den durch die Dammlasten erzeugten ungleichmäßigen Untergrundverformungen.

Wenig tragfähiger, weicher Untergrund zeigt folgendes **Verformungsverhalten:** Unmittelbar mit der Lastaufbringung entstehen ein Porenwasserüberdruck und dreidimensionale volumkonstante Schubverformungen, die sich als Grundbruch mit seitlichem Ausweichen bemerkbar machen (Abb. 14.3). Da das Porenwasser keine Schubspannungen übertragen kann, hängt die Anfangsstandsicherheit und die Größe der Sofortsetzungen des Dammes maßgeblich von der Anfangsscherfestigkeit des weichen Untergrundes ab. Der c_u-Wert ist schwer abzuschätzen. Tab. 14.2 gibt Anhaltswerte im Vergleich zur Gesamtscherfestigkeit nach Abbau der Porenwasserüberdrucke (Endfestigkeit).

Die **Anfangsstandsicherheit** für eine größtmögliche anfängliche Schütthöhe kann mit Hilfe von Gleitkreisen oder einem Tragfähigkeitsfaktor $N_{c\beta}$ nach Abb. 14.3 und

$$h = c_u \cdot N_{c\beta}$$

ermittelt werden. Durch anfängliche Zusammendrückung nimmt c_u zu (s. FGSV-Merkblatt 1988).

Bei ausreichender Standsicherheit ist immer noch mit erheblichen und z. T. langdauernden **Setzun-**

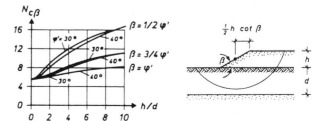

Abb. 14.3 Ermittlung des Tragfähigkeitsfaktors $N_{c\beta}$ aus dem Verhältnis Dammhöhe h/Dicke der weichen Schicht, dem Winkel der Böschungsneigung β und dem Reibungswinkel φ' des Dammbaustoffes (aus FGSV-Merkblatt 1988).

Tabelle 14.2   Scherparameter einiger unvorbelasteter Böden (aus FGSV-Merkblatt 1988).

Bodenart	c_u (kN/m²)	φ' [°]
Torf	5 bis 25	5 bis 15
Mudde	5 bis 15	5 bis 15
Faulschlamm	5 bis 15	10 bis 20
Seekreide	10 bis 30	20 bis 25
Auelehm	20 bis 30	25 bis 30
Klei, stark sandig	25 bis 40	25 bis 30
Klei, stark organisch	10 bis 25	15 bis 25

gen zu rechnen, die aus der Sofortsetzung s_0, der Primärsetzung s_1 und der Sekundärsetzung s_2 bestehen (s. Abb. 14.4).

Die **Sofortsetzung** tritt zum größten Teil während der Schüttung auf und entsteht durch Verdrängung des weichen Bodens und Kompression der Porenluft. In der **Primärsetzungsphase** baut sich anfänglich ein Porenwasserüberdruck auf, der durch Konsolidation allmählich abgebaut wird. Nach dieser Erstverdichtungsphase folgt die **Sekundärsetzung.**

Anhaltswerte über beobachtete Setzungsgeschwindigkeiten und die Zeitdauer der Primärsetzungen finden sich bei FLOSS (1971: 71 und 1979: 352). Berechnungsmöglichkeiten der einzelnen Setzungsphasen enthält das FGSV-Merkblatt (1988).

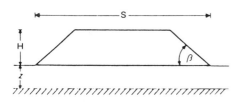

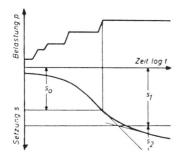

Abb. 14.4   Setzungsverhalten eines Dammes auf weichem Untergrund (aus FLOSS 1979).

Die **Horizontalverformungen** des weichen Untergrundes betragen je nach Dammauflast und Steifigkeit des Untergrundes etwa 10 bis 15 % der primären Dammsetzungen und können seitlich über 20 m weit reichen. Sie klingen in der Regel mit den Primärsetzungen ab. Mit größeren Horizontalbewegungen ist nur in sehr weichen tonigen Böden und bei beginnenden Bruchzuständen zu rechnen. In solchen Fällen ist es erforderlich, die Verformungen und die Porenwasserdrücke im Untergrund während und nach dem Schüttvorgang zu kontrollieren. Die hierzu nötigen Messungen sind bei FLOSS (1979: 356) und in dem FGSV-Merkblatt (1988) beschrieben.

14.2 Setzungen von Dämmen auf tragfähigem Untergrund

Bei gegebener Standsicherheit müssen die Setzungen abgeschätzt und die Setzungsdauer, die nötig ist, um den größten Teil der Setzungen während der Bauzeit abklingen zu lassen, angegeben werden. Dabei ist zu beachten, daß die Sekundärsetzungen lange nachwirken und zu Fahrbahnunebenheiten führen können. Besondere Vorsicht ist auch geboten, wenn nachträgliche Grundwasserabsenkungen nicht auszuschließen sind, durch welche die Setzungen erneut und im hohen Maße aktiviert werden können (s. Abschn. 6.2.2).

Aufgrund der großen Belastungsfläche von Dämmen reichen die Spannungen bis in große Tiefe. Die Erkundungstiefe unter Dämmen muß daher mindestens 6 bis 10 m betragen, bei tiefreichenden setzungsfähigen Schichten bis in eine Tiefe, die der vereinfachten Sohlbreite b entspricht (Abb. 14.5):

$$b = \frac{K + S}{2}.$$

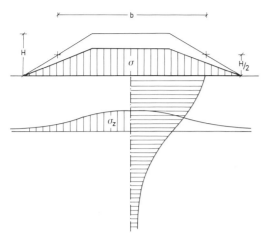

Abb. 14.5 Spannungsverteilung in Dammsohle und im Dammuntergrund.

Die vertikalen Spannungen in der Sohlfuge (σ) betragen

$$\sigma = H \cdot \gamma$$

γ = Wichte des Dammschüttmaterials

und nehmen unter den Böschungsflächen entsprechend der Böschungshöhe ab.

Die Ermittlung der **Spannungsverteilung** im Untergrund erfolgt für die völlig schlaffe Belastungsfläche des Dammkörpers nach den Tafeln von STEINBRENNER (s. Abschn. 5.4.2). Um das Setzungsverhalten eines Dammes genau zu erfassen, muß die Setzungsberechnung für verschiedene Punkte des Dammquerschnitts (Dammmitte, Dammschulter, Dammfuß) unter Berücksichtigung der gegenseitigen Beeinflussung der verschiedenen Spannungen (s. Abschn. 5.5.3) erfolgen. Das Prinzip einer solchen Setzungsberechnung ist bei LANG & HUDER (1984: 105) ausführlich beschrieben.

Für einfachere Fälle kann die mittlere Gesamtsetzung eines Dammes nach der vereinfachten Annahme für die Sohlbreite b und die volle Sohlspannung $\sigma = H \cdot \gamma$ mit Hilfe der Tafeln von STEINBRENNER ermittelt werden.

Setzungsberechnungen von Dämmen unterliegen wegen der großen Tiefenwirkung und den damit verbundenen Schwierigkeiten in der Einschätzung der Spannungsverteilung und des Steifemoduls den in Abschn. 5.5.5 diskutierten Unsicherheiten in verstärktem Maße. Leider liegen auch wenig **Setzungsbeobachtungen** mit Grundpegeln in der Dammaufstandsfläche (STRIEGLER & WERNER 1973: 266) und Tiefenpegeln (Extensometer) in

vorher abgeteuften Bohrungen vor. Dies gilt auch für das Zeitsetzungsverhalten des Dammuntergrundes. Allgemein kann aber davon ausgegangen werden, daß in nichtbindigen und normal konsolidierten bindigen Böden 60 bis 80 % der Gesamtsetzung innerhalb von einigen Wochen bis Monaten auftreten. Die Setzungen von überkonsolidierten bindigen Böden können dagegen über viele Monate anhalten und Verformungen der fertigen Fahrbahn bewirken.

Ein Dammkörper erleidet außer diesen Untergrundsetzungen immer eine gewisse **Eigenkonsolidation,** die vom Dammschüttmaterial, der Verdichtung und der Dammhöhe abhängig ist. Sie beträgt bei guter Verdichtung 0,3 bis 1,0 % der Schütthöhe und klingt einige Monate nach der Dammherstellung aus. Rechnerisch können die Eigenverformungen eines ordnungsgemäß verdichteten Dammkörpers nach der Formel

$$s_E = \frac{\gamma \cdot h^2}{2\,E_s} \qquad \begin{array}{l}(\gamma \text{ in MN/m}^3,\ h \text{ in m,}\\ E_s \text{ in MN/m}^2,\ s_E \text{ in m)}\end{array}$$

oder vereinfacht nach der empirischen Funktion

$$s_E = 0.025 \cdot h^2 \ (h \text{ in m; } s_E \text{ in cm})$$

ermittelt werden (KEMPFERT & VOGEL 1992). Schlecht verdichtete Dämme können Eigensetzungen bis zu 5 % der Schütthöhe erfahren, die über viele Monate anhalten können. Der direkte Nachweis solcher mangelhafter Verdichtung ist manchmal schwierig. In verhältnismäßig locker gelagerten Dammschüttungen aus gemischkörnigen Bodenarten (Tonstein-, Sandsteinmaterial) bringt die übliche Entnahme von Sonderproben eine Nachverdichtung und zu hohe Dichtewerte, so daß hier Sondierungen zuverlässigere Werte liefern.

Dammschüttungen aus veränderlich festen Gesteinen (s. Abschn. 12.2.1) können dazu noch 0,5 bis 2,0 % Eigensetzungen aus Zersetzungs- und Umlagerungserscheinungen im Dammschüttmaterial erleiden, die über Jahre anhalten und häufig zu Verformungen der Fahrbahn führen.

Bei zu steilen Böschungen, ungünstigem Schüttmaterial und besonders auf geneigtem Dammauflager oder weichem Dammuntergrund (s. Abschn. 14.1.4) können die Konsolidationssetzungen auch von merkbaren **Horizontalverformungen** begleitet sein. In der Regel verhindern aber die Sicherheitsfaktoren der Standsicherheitsbedingungen, daß merkbare Schubverformungen auftreten.

14.3 Maßnahmen zur Erhöhung der Standsicherheit und Abminderung der Setzungen

Dammsetzungen aus tiefreichenden setzungsfähigen Schichten sind mit wirtschaftlich vertretbaren Mitteln schwer zu verhindern und müssen im Prinzip in Kauf genommen werden. Bei oberflächennah liegenden weichen Schichten sind verschiedene Maßnahmen möglich, jedoch sollte immer der Grundsatz beachtet werden, Dämme auf weichem Untergrund möglichst niedrig zu halten.

Die Maßnahmen zur Verbesserung der Standsicherheit und Beschleunigung bzw. Begrenzung der Setzungen sind in dem FGSV-Merkblatt (1988) ausführlich dargestellt. Die wichtigsten werden nachstehend beschrieben. Die Wahl der auszuführenden Maßnahmen richtet sich nach dem Verformungsverhalten des Untergrundes, der Verkehrsbedeutung und anderen Randbedingungen, wie Grunderwerb, Bauzeit und angrenzende Bauwerke. Die Maßnahmen zur Reduzierung des Setzungssprunges zwischen den meist tiefgegründeten Bauwerken und den Anschlußdämmen s. Abschn. 12.2.6.

14.3.1 Maßnahmen bei der Dammschüttung

Zur Abminderung der Grundbruch- oder Böschungsbruchgefahr kann die Dammschüttung so langsam vorgenommen werden, daß sich die auftretenden Porenwasserdrücke zwischenzeitig weitgehend wieder abbauen und die eindimensionale Konsolidation des Untergrundes schrittweise zunimmt. Eine solche **kontrollierte Schüttung** bedeutet Schütthöhen von 0,6 m/Woche und nötigenfalls zusätzliche Schüttpausen. Das Verhalten des Dammes und des Untergrundes sollte, wenn nicht einschlägige Erfahrungen vorliegen, während und nach der Bauzeit durch ein gezieltes Meßprogramm (FLOSS 1979: 356 und FGSV-Merkblatt 1988) kontrolliert werden.

Das Bauverfahren empfiehlt sich besonders bei schluffigen Böden, die ein günstiges Zeitsetzungsverhalten erwarten lassen. Grasnarben sollten in solchen Fällen im Dammauflager belassen werden. Sofern die Standsicherheit es zuläßt, können durch vorübergehendes **Überhöhen des Dammes** um 20 bis 40% die Konsolidationssetzungen we-

sentlich beschleunigt und die Sekundärsetzungen früher eingeleitet und ebenfalls teilweise vorweggenommen werden.

Mit diesen Maßnahmen kann in 1 bis 2 Jahren, d. h. bis zum Aufbringen der Fahrbahndecke, ein Konsolidierungsgrad von 90% erreicht werden. Nötigenfalls kann für die Fahrbahndecke ein Zwischenausbau gewählt und die letzte Deckschicht später aufgebracht werden.

Der **Einfluß der Böschungsneigung** auf die Standsicherheit eines Dammes ist von der Mächtigkeit der weichen Schicht abhängig. Er macht sich bei Schichtmächtigkeiten < 10 m deutlich bemerkbar. Durch Zwischenschalten von **Bermen** kann eine deutliche Böschungsabflachung erreicht werden (s. Abschn. 14.1.3).

Durch **hochzugfeste Einlagen in der Dammaufstandsfläche** (Baustahlmatten, Kunststoffgewebe, Geogitter, u. ä., s. FLOSS 1979: 370 und Abschn. 12.3.3) können die Horizontalverformungen des weichen Untergrundes und damit die Sofortsetzungen etwas beeinflußt werden, nicht dagegen die Größe und der Ablauf der Konsolidations- und Sekundärsetzungen (BLUME & HILLMANN 1996).

14.3.2 Punktförmige Bodenstabilisierung

Durch mit Spülbohrungen eingebrachte **Vertikaldräns** ($\varnothing$ 0,2 bis 0,5 m) bzw. eingebohrte oder eingerüttelte Kunststoffdräns können die primären Konsolidationssetzungen beschleunigt und die Sekundärsetzungen früher eingeleitet werden. Die Konsolidationszeit richtet sich nach dem Dränabstand (1,5 bis 3,0 m) und der wirksamen Kontaktfläche der Dräns. Sie müssen außerdem im Arbeitsplanum in eine etwa 0,5 m dicke flächige Filterschicht zur Abführung des Wassers einmünden (Abb. 14.6 und FGSV-Merkblatt 1988).

Die Anwendung von Vertikaldräns erfordert ebenfalls eine langsame und nötigenfalls stufenweise Schüttung. Sie kann mit einer Überhöhung des Dammes kombiniert werden.

Bei Böden mit ausgeprägten Sekundärsetzungen, wie Torfen und rein organischen Böden, ist ihre Wirkung allerdings gering.

Für die **Rüttelstopfverdichtung** zur Untergrundverbesserung von Verkehrswegen liegt ein FGSV-Merkblatt von 1979 vor. Das Verfahren ist im Abschn. 7.4.3 beschrieben. Als Füllmaterial wird Rundkorn oder Schotter von 10 bis 100 mm verwendet. Die Stopfsäule kann durch Zugabe von Bindemitteln teilweise verfestigt werden.

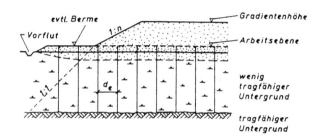

Abb. 14.6 Anordnung der Vertikaldräns im Querschnitt (aus FGSV-Merkblatt 1988).

Durch die Rüttelstopfsäulen wird eine Erhöhung der Scherfestigkeit und eine Beschleunigung der Setzungen bewirkt (s. Abschn. 14.1.4). Zur besseren Entwässerung wird an der Dammbasis eine min. 0,5 m dicke Ausgleichsschicht aus grobkörnigem Material aufgebracht. Die Rüttelstopfverdichtung wird bis in halbe Breite der Dammböschung in einem Raster von 1,5 × 1,5 m eingebracht. Im seitlichen unteren Böschungsbereich kann das Raster auf etwa 2,0 × 2,0 m ausgedünnt werden.

Das Verfahren kann in allen feinkörnigen und leicht organischen Böden von weicher Konsistenz angewendet werden, die eine unentwässerte Scherfestigkeit $c_u = 15 - 25$ kN/m^2 aufweisen. Die Obergrenze der Einsatzmöglichkeit liegt bei $c_u = 70$ kN/m^2. Die Grenzen der Anwendbarkeit sind in Böden von breiiger Konsistenz und bei allen organischen Böden (HN, HZ, F) erreicht.

Über den Einsatz verschiedener Methoden zur Baugrundverbesserung unter Dämmen berichten SONDERMANN & JEBE (1996).

Bei nicht zu großen Mächtigkeiten der weichen Schichten kann auch die sog. **Intensivverdichtung** mit schweren Fallgewichten aus großen Höhen (s. Abschn. 7.4.3) eingesetzt werden (BACHMANN 1976, FRANK & VARASKIN 1977, FGSV-Merkblatt 1988).

14.3.3 Teilweiser oder vollständiger Bodenaustausch

Durch einen flächenhaften, **teilweisen Bodenaustausch** von 2 bis 4 m Mächtigkeit können die Setzungen verringert und die Grundbruchgefahr abgemindert werden. Das Verfahren ist nur sinnvoll, wenn die obersten Schichten sehr weich sind und die Tragfähigkeit zur Tiefe zunimmt.

Bei normalen Talböden ist die Situation allerdings meist umgekehrt. Die oberen 1 bis 2 m über der Grundwasseroberfläche sind oft tragfähiger als die Schichten darunter. In solchen Fällen können Längsschlitze unter den Dammschultern ausgehoben und mit tragfähigem Material verfüllt werden. Die Schlitzbreite muß mindestens der Aushubtiefe entsprechen. Der Aushub kann mit Wasserhaltung oder unter Wasser erfolgen. Das Ersatzmaterial wird dann vor Kopf geschüttet und unter Wasser oft nicht verdichtet. Bei größeren Auskofferungstiefen und rolligem Ersatzmaterial kann die Verdichtung mit einem Tiefenrüttler vorgenommen werden (Abschn. 7.4.3). Mit einem Bodenaustausch in Längsschlitzen können die Standsicherheit wesentlich, die Setzungen des eigentlichen Dammkörpers allerdings nur geringfügig verbessert werden.

Soll ein Damm bei kurzen Bauzeiten weitestgehend setzungsfrei erstellt werden, so bleibt in vielen Fällen nichts anderes als **Vollauskofferung** übrig, d. h. die weichen Schichten unter dem gesamten Dammkörper auszukoffern und durch gut tragfähiges Material zu ersetzen. Unter Grundwasser muß als Ersatzmaterial Sand bzw. Kies oder wasserbeständiges Gestein verwendet werden. Eine solche Vollauskofferung ist nur bis etwa 4 m Tiefe zu vertreten. Sie wird häufig unter Bauwerken und im Anschluß daran, bzw. zwischen nahestehenden Bauwerken ausgeführt, um Setzungsunterschiede möglichst gering zu halten.

15 Rutschungen

Rutschungen sind meist von Brüchen begleitete, schwerkraftbedingte Massenverlagerungen aus einer höheren Lage eines Hanges oder einer Böschung in eine tiefere. Die sehr vielfältigen Bewegungsabläufe können dabei schnell (Bergstürze, Muren, viele Rutschungen) oder langsam (Talzuschub, Bodenkriechen) auftreten. Der bis Anfang der 90er Jahre viel verwendete Oberbegriff „Massenbewegungen", der auch Erosionsvorgänge eingeschlossen hat, ist international wieder aufgegeben worden.

Das Erkennen von Rutschgebieten, die Ermittlung der Ursachen von Rutschungen und die Beurteilung des Gefährdungsgrades sowie das Ausarbeiten von Sanierungsvorschlägen sind eine der wichtigsten Aufgaben der Ingenieurgeologie. Der Ingenieurgeologe ist beim Erkennen geologisch bedingter Rutschungsursachen und der morphologischen Entwicklung der Fluß- und Landschaftsgeschichte gegenüber dem Ingenieur im Vorteil. Die endgültigen Ursachen einer Rutschung und die Sanierungsmaßnahmen lassen sich dagegen oft nur mit Hilfe bodenmechanischer Arbeits- und Berechnungsmethoden richtig erfassen. Die Bearbeitung von schwierigen Rutschungen sollte daher am besten in Teamarbeit mit dem Ingenieur erfolgen.

Rutschungen aller Art sind nach Überschwemmungen und Vulkanausbrüchen weltweit das dritthäufigste Schadensereignis, bei dem auch Menschenleben zu beklagen sind (Münchener Rück. 1988).

15.1 Ursachen von Rutschungen

Die Ursachen von Rutschungen sind stets Veränderungen des Hanggleichgewichts, die durch eine Kombination komplexer Faktoren gesteuert werden. Man unterscheidet dabei langfristige geogene Prozesse (z. B. morphologische Ausprägung, Verwitterung) und relativ kurzfristige geogene oder äußere Einflüsse. Meist liegt ein Zusammenspiel mehrerer Faktoren vor.

Im Prinzip kann man außer den geologischen Voraussetzungen, die für das Auftreten einer Rutschung immer gegeben sein müssen, zwei Hauptursachen nennen, die fast bei allen Rutschungen mitwirken, nämlich Veränderungen in der Neigung oder Höhe eines Hanges bzw. einer Böschung (morphologische Ursachen) und die Wirkung des Wassers. Darüber hinaus wirken bei Rutschungen häufig noch eine ganze Reihe von Einflüssen mit, die teilweise auch unmittelbar auslösende Wirkung haben können. Als solches auslösendes Moment genügt häufig eine kurzzeitige Änderung einer der Einflußgrößen.

15.1.1 Geologische Voraussetzungen

Die geologischen Voraussetzungen für das Auftreten einer Rutschung können sehr vielgestaltig sein. Besonders bei Großrutschungen spielen geologische Strukturen oder Grenzflächen meist eine ausschlaggebende Rolle. In Gebieten, in denen geologische Voraussetzungen für Rutschungen gegeben sind, ist deshalb besonders auf fossile, heute z. T. kaum noch erkennbare Rutschungen zu achten. Sie können unter morphologisch anderen Bedingungen eingetreten sein als sie heute vorliegen.

Besonders rutschungsanfällig sind gut wasserwegsame Schichten (Basalte, Kalksteine, Sandsteine, aber auch Kiese und Sande) auf toniger oder tonigmergeliger Unterlage bzw. in Wechselschichtung miteinander. Von den Trennflächen sind besonders die Schicht- und Schieferungsflächen aber auch Großklüfte und Verwerfungen bzw. Störungszonen (Gebirgsauflockerung, Wasserführung) und sonstige geologische Grenzflächen (Verwitterungshorizonte) bevorzugte Gleitbahnen bzw. Abrißflächen.

Auch vermeintlich ungeschichtete Serien können feine, kaum sichtbare Unstetigkeitsflächen, wie latente Schichtflächen oder dünne Lagen mit quellfähigen Tonmineralen aufweisen (HEITFELD et al. 1985), und auch Lockersedimente enthalten immer Kluftflächen o. ä., die als Ablösungsflächen wirken können.

Sehr rutschungsanfällig sind aufgrund der verhältnismäßig niedrigen Scherparameter auch mächtige tonig-schluffige Serien, wobei die Scherfestigkeiten sehr stark von der Tonmineralogie (Abb. 15.1) abhängig sind und durch fossile oder rezente Verwitterungs- bzw. Entlastungsvorgänge noch weiter abgemindert sein können. Auch unterschiedlich wasserwegsame Gemenge von feinkörnigen und steinig-blockigen Erdstoffen neigen bei teilweiser Wasserübersättigung zum Rutschen (z.B. Basaltblocklehm, Moränenablagerungen, Geröllströme – s. Abschn. 15.3.3).

Die Stabilität von Hängen oder Böschungen kann auch durch tiefgründige Verwitterungserscheinungen (z.B. alte Landoberflächen) oder Verkarstungs- und Versturzmassen (z.B. tonige Füllungen fossiler Einbruchschlote, s. Abschn. 19.2.3) erheblich geschwächt sein. Beide dieser geologischen Faktoren spielen in bezug auf Rutschungen allerdings nur eine passive Rolle. Bei manchen Rutschungen deuten bestimmte Anzeichen auch darauf hin, daß der Chemismus des Porenwassers rutschungsfördernd wirkt, so z.B. in chlorid- bzw. gipshaltigen Sedimenten (s. d. Abschn. 15.4). Besonders rutschungsanfällig sind auch locker gelagerte feinkörnige, erschütterungsempfindliche Bodenarten (z.B. sog. Quickerden).

Die geologischen Voraussetzungen ließen sich im Detail noch beliebig erweitern. Im Abschn. 15.6 wird auf solche Fälle noch im einzelnen eingegangen. Auch Vulkanausbrüche oder Erdbeben können die Ursache von z.T. großen Rutschungen sein. KOLEKOVA et al. (1996) und WIDMANN (1996) bringen eine Übersicht über die Auslösung von Bergstürzen und Rutschungen durch Erdbeben. Danach können Erdbeben etwa ab einer Magnitude von M = 5 Rutschungen auslösen (Tab. 15.1).

Tabelle 15.1 Zusammenhang zwischen Magnitude und der maximal möglichen Entfernung für die Auslösung von Felsstürzen und Rutschungen (aus KOLEKOVA 1996).

Magnitude M	Distanz (km)
4,6	5
5,7	50
6,5	100
7,5	250
9,2	500

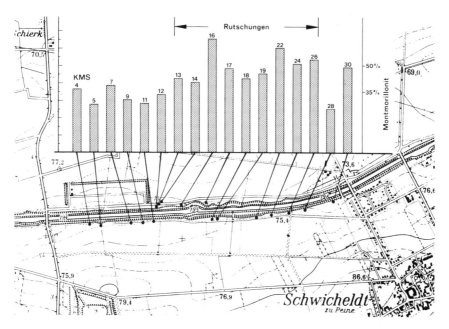

Abb. 15.1 Rutschungsanfälligkeit von Uferböschungen des Mittellandkanals in Abhängigkeit des Montmorillonitgehaltes der Unterkreidetone, bezogen auf die Tonfraktion (aus KEMPER 1982).

15.1.2 Veränderungen der Neigung oder Höhe eines Hanges bzw. einer Böschung

Als solche, auch morphologische Ursachen genannte Veränderungen kommen in Betracht:

- Talvertiefung und Übersteilung der Hänge bzw. Uferunterschneidungen durch Erosion oder
- tektonische (gebirgsbildende) Bewegungen.
- Menschliche Eingriffe, besonders beim Bau von Verkehrsanlagen u. ä. (Abgraben des Hangfußes, Versteilung von Böschungen) oder
- Belastung eines Hanges (Dämme, Gebäude).
- Entlastung des Hangfußes oder Böschungsfußes durch Auftrieb bei Einstau.

Abgrabungen bedeuten immer ein Anwachsen von Neigung und Höhe einer Böschung und gleichzeitig auch eine Entlastung der verbleibenden Schichten. Beides wirkt ungünstig auf das Hanggleichgewicht. Durch die Versteilung nehmen die Schubspannungen zu, während durch die Entlastungswirkung die Scherfestigkeit, besonders auf vorgegebenen Flächen, abnehmen kann. Der Bruch kann nach einigen Monaten oder auch erst nach Jahren eintreten (s. Abschn. 15.2.6).

15.1.3 Wirkung des Wassers

Zu den hydrologischen Einflußgrößen zählen im einzelnen die

- Grundwasserverhältnisse, bes. auch gespannte Grundwasserstockwerke und Strömungsdruck
- Niederschläge, bes. extreme, auch engräumige Niederschlagsereignisse und die Einsickerungsrate
- Stauhorizonte, Wasserführung einzelner Horizonte oder Bereiche
- Naßstellen, Quellen,
- Wasserverluste aus Leitungen (auch Dachentwässerungen), Behältern oder Kanälen (STEIN 1988) und auch Spülwasserverluste beim Bohren
- Stauhaltungen, Überschwemmungen und Auftriebswirkung im Hangfußbereich.

Zwischen **Niederschlägen** und Rutschungshäufigkeit läßt sich zeitlich meist ein direkter Zusammenhang ableiten (s. a. JOHNSEN 1981; KRAUTER 1987: 16), wobei in unseren Klimabereichen Niederschläge zur vegetationslosen Zeit, besonders rasche Schneeschmelze, mehr Wirkung zeigen als Sommerniederschläge, die wesentlich intensiver und anhaltender sein müssen, um Rutschungen auszulösen. In Gebieten mit geringer Vegetation können auch in der Vegetationszeit verstärkt Hangbewegungen auftreten.

Bei der Beurteilung von Rutschungen sollten daher auch immer die Niederschlagsmengen der vorausgegangenen Monate, zumindest als Monatssummen, mit ausgewertet werden. Je nach der Wirkungsweise des Wassers kann diese um Wochen bis Monate verzögert auftreten (RYBAR 1968: 141). Besonders kritisch sind extreme Starkregen nach niederschlagsreichen Monaten und Abschmelzen einer Schneedecke durch anhaltende Regenfälle. In aufgelockerten Rutschmassen können Niederschläge leicht versickern, so daß es schnell zu örtlicher Aufhöhung des Grundwasserspiegels kommt (Grundwasserneubildungsrate und Infiltrationskapazität des Bodens s. Abschn. 2.8.5).

Einen besonderen **Wassersammeleffekt** bewirken Mülldeponien und Halden aus ähnlichen Stoffen, die das Wasser kaum abfließen lassen, sondern schwammartig aufnehmen und bei Wassersättigung verzögert, aber konzentriert an den Untergrund abgeben.

Die **Wirkung des Wassers im Boden** kann sehr vielfältig sein (s. d. Abschn. 15.4). Gemischtkörniger bindiger Hangschutt an übersteilen Hängen ($> 35°$) kann allein durch den Lastzuwachs infolge Wassersättigung und den Strömungsdruck verstärkten Sickerwassers in Rutschen kommen. Bei Beanspruchung und Durchnässung quellen Tone und Tonsteine mit quellfähigen Tonmineralen, wodurch eine Gefügelockerung und Plastifizierung eintritt (GUDEHUS et al. 1985: 327). Mit zunehmender Wassersättigung wird die Konsistenz eines bindigen Bodens weicher, seine Scherfestigkeit, insbesondere die Kohäsion, nimmt ab. In feinkörnigen Böden kann ein erhöhter Porenwasserdruck oder Strömungsdruck auftreten, wodurch die Scherfestigkeit abgemindert bzw. die abschiebenden Kräfte verstärkt werden (s. Abschn. 2.7.4 und 5.8.1). Das gleiche gilt für den Kluftwasserschub bzw. Strömungsdruck in geklüftetem Festgestein (KRAUTER & KÖSTER 1991). Auf vorgegebenen potentiellen Gleitflächen kann schon ein dünner Wasserfilm die Scherfestigkeit herabsetzen.

Wassersättigung in den oberen Böschungs- bzw. Hangpartien bewirkt einen Lastzuwachs, während Grundwasseranstieg am Böschungsfuß durch die Auftriebswirkung eine Verminderung der rückhaltenden Kräfte bringt.

Im Zusammenhang mit dem Wasser muß auch die **Wirkung des Bodenfrostes** erwähnt werden, die oft als sog. klimatischer Faktor eingestuft wird. Der jahreszeitliche und teilweise auch der tägliche

Wechsel von Niederschlag, Erwärmung und Bodenfrost kann zu einem Kriechen unterschiedlich tiefer Bereiche der Deckschichten (Solifluktion) bzw. der Felsoberfläche führen (s. Abschn. 15.3.4).

Die oft zitierte **Expositionsabhängigkeit** von Rutschungen scheint vorwiegend auf im Pleistozän entstandene Rutschbewegungen beschränkt zu sein. Rutschungen aus historischer Zeit zeigen kaum noch eine Häufung an Süd- und Südwesthängen. Auszunehmen sind hiervon nur stark tonige, unbewaldete Böden, in denen durch intensive Sonneneinstrahlung zentimeterbreite Trockenrisse von mehreren Meter Tiefe auftreten können. Durch die Risse wird der Zusammenhang der Deckschichten geschwächt, bei nachfolgenden Niederschlägen kann Wasser tief in den Boden eindringen, die Scherfestigkeit wird abgemindert, und es kann Kluftwasserschub bzw. bei vorheriger Teilverfüllung der Risse mit Bodenmaterial auch ein gewisser Quelldruck auftreten (KLOPP 1957, TRAUZETTEL 1962).

15.1.4 Vegetation und menschliche Eingriffe

Bei der Vegetation sind sowohl die **Vegetationsarten** als auch der Deckungsgrad zu berücksichtigen. So wird der Wasserverbrauch laubabwerfender Wälder in unseren Breiten mit 500 bis 800 mm/a angegeben, der von Grünland mit 300 bis 400 mm/a. Dabei ist zu beachten, daß der Wasserverbrauch dieser Planzenarten i. w. auf die Vegetationsperiode von April bis Mitte Oktober beschränkt ist (s. a. Abschn. 6.2.2).

Das **Abholzen eines Hanges** kann sowohl den Wasserhaushalt verändern als auch Bodenerosion auslösen, wodurch die Stabilität eines Hanges insgesamt abgemindert werden kann. Auch durch den Bau von Skipisten ist schon manche Rutschung ausgelöst worden (BUNZA 1993). In diesem Zusammenhang sind auch die Wirkungen der Luftschadstoffe auf die Vegetation zu nennen, deren künftige Auswirkungen die Stabilität von Hängen, besonders im Alpengebiet beeinträchtigen können.

Auch das Unterwühlen von Steilböschungen, insbesondere Uferböschungen, kann die Unterspülung fördern und zu Böschungsnachbrüchen führen. Auch Überweidung, verbunden mit Viehtritterosion, führt häufig zu einer weitgehenden Zerstörung der Vegetation und setzt den Hang ungeschützt den Klimaeinflüssen aus.

Menschliche Eingriffe durch **Baumaßnahmen**, die häufig zu einer schwerwiegenden Veränderung

des Hanggleichgewichts führen, sollen hier nicht noch einmal ausgeführt werden (s. Abschn. 15.1.2). Erwähnt werden muß in diesem Zusammenhang allerdings der Aufstau von Oberflächen- und Grundwasser durch Rückhalte- oder Stauanlagen jeglicher Art und Wasserverluste aus defekten oder durch Anfangsbewegungen gebrochenen Kanälen und Leitungen. Auch Spülwasserverluste beim Bohren und Injektionsdrücke sowie offensichtlich auch die durch Schlagbohrungen ausgelösten Wellenbewegungen der Grundwasseroberfläche können in labilen Hängen Bewegungen auslösen (HÄFNER 1986). Sonstige **Erschütterungen** (s. Abschn. 6.2.5) werden zwar immer wieder als rutschungsauslösendes Moment angeführt, doch halten solche Behauptungen selten einer genaueren Untersuchung stand. Vorsicht geboten ist allerdings bei Kriechvorgängen nach Abschn. 15.3.4, bei denen Anhäufungen von Erschütterungen oder stärkere Vibrationen durchaus bewegungsauslösende oder -beschleunigte Wirkung haben können.

15.2 Erkennungsmerkmale und Untersuchungsmethoden

Die jeweils günstigste Untersuchungsmethode zum Erkennen von Rutschungen sowie die Beschreibung und Untersuchung von Rutschungen und der Mechanik des Bewegungsablaufes sind im einzelnen sehr von der Art der Rutschung abhängig.

15.2.1 Beschreibung der wichtigsten Begriffe einer Rutschung

Erste Voraussetzung für eine verständliche Beschreibung einer Rutschung ist eine einheitliche Terminologie und Darstellungsform. Die bisher verwendeten Begriffe von KLENGEL & PAŠEK (1974: 130) werden zunehmend abgelöst von der **internationalen Nomenklatur** einer UNESCO Working Party for World Landslide Inventory (1993), veröffentlicht in Multilingual Landslide Glossary (BiTech Publ. Ltd., Richmond, Canada). Danach werden die in Abb. 15.2 dargestellten Rutschungsdimensionen vorgeschlagen sowie die aus Abb. 15.3 ersichtlichen Rutschungsmerkmale.

Bei den **Rutschungsdimensionen** werden folgende Begriffe verwendet:

Die Breite der Rutschmasse, W_d, ist die maximale Breite der Rutschmasse senkrecht zur Längsachse, L_d.

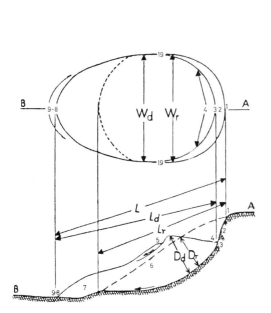

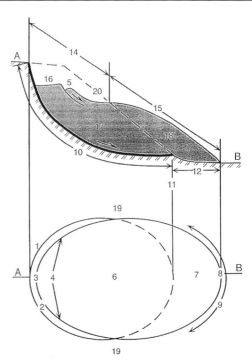

Abb. 15.2 Dimensionen einer Rutschung (nach o. g. Glossary 1993, Erläuterungen s. Text).

Abb. 15.3 Merkmale zur Beschreibung einer Rutschung (nach o. g. Glossary 1993, Erläuterung der Zahlen s. Text).

Die Breite der Gleitfläche, W_r, ist die maximale Breite zwischen den Flanken der Rutschung, senkrecht zur Längsachse, L_r.

Die Gesamtlänge, L, ist der kleinste Abstand zwischen Fußspitze und Krone der Rutschung

Die Länge der Rutschmasse, L_d, ist der kleinste Abstand zwischen Fußspitze und Top.

Die Gleitflächenlänge L_r, ist der kleinste Abstand zwischen Gleitflächenfront und Krone.

Die Mächtigkeit der Rutschmasse, D_d, ist die maximale Tiefe der Gleitfläche unter der ursprünglichen Geländeoberfläche, gemessen senkrecht zur Ebene W_d und W_L.

Die Tiefe der Gleitfläche, D_r, ist die maximale Tiefe der Gleitfläche unter der ursprünglichen Geländeoberfläche, gemessen senkrecht zur Ebene W_r und L_r.

Bei den **Rutschungsmerkmalen** (Bild 15.3) können gegenüber der ursprünglichen Hangsituation (20) ein Abrißgebiet, eine mittlere Bewegungszone und der Rutschungsfuß unterschieden werden. Im Abrißgebiet werden folgende Bezeichnungen verwendet:

(1) Krone: Nicht oder gering verlagerter Bereich unmittelbar oberhalb des Hauptabrisses (2).

(2) Hauptabriss: Steil einfallende durch die Bewegung der Rutschmasse (13) entstandene hangabwärts gerichtete Fläche auf dem nicht bewegten Boden oder Fels am oberen Teil der Rutschung. Er ist der deutlich sichtbare Teil der Gleitfläche (10).

(3) Top: Höchster Punkt des Kontaktes zwischen verlagertem Material (13) und Hauptabriss (2).

(4) Kopf: Oberer Rand der Rutschung entlang dem Kontakt zwischen verlagertem Material und Hauptabriss (2).

In der mittleren Bewegungszone treten auf:

(5) Sekundärabriss: Durch unterschiedliche Bewegungen innerhalb des verlagerten Materials der Rutschmasse entstandene steil einfallende Fläche.

(6) Hauptrutschkörper: Teil des verlagerten Materials der Rutschung über der Gleitfläche (10) zwischen Hauptabriss (2) und Gleitflächenfront (11).

(10) Gleitfläche: Fläche, welche die untere Grenze des verlagerten Material (13) unter der ursprünglichen Geländeoberfläche (20) bildet (oder gebildet hat).

(11) Gleitflächenfront: Grenzlinie (meist verdeckt) zwischen dem unteren Teil der Gleitfläche (10) und der ursprünglichen Geländeoberfläche (20).

(19) Flanke: Das in-situ liegende Material, das unmittelbar an die seitlichen Abrisse anschließt. Die Beschreibung mit Kompaßrichtung wird bevorzugt; falls mit rechts oder links bezeichnet, bezieht sich dies aus der Sicht von oben nach unten.

(13) Verlagertes Material: Von der Rutschung erfaßte und aus ihrer ursprünglichen Position verlagerte Masse. Sie umfaßt sowohl die Sackungsmasse (17) als auch die Akkumulation (18).

(14) Sackungszone: Bereich der Rutschung, in der das verlagerte Material tiefer liegt als die ursprüngliche Geländeoberfläche (20).

(16) Sackungsraum: Volumen, das vom Hauptabriss (2), von der Sackungsmasse (17) und der ursprünglichen Geländeoberfläche (20) begrenzt wird.

(17) Sackungsmasse: Teil des verlagerten Materials, das über der Gleitfläche (10) und unter der ursprünglichen Geländeoberfläche liegt.

(15) Akkumulationszone: Bereich der Rutschung, in dem das verlagerte Material über der ursprünglichen Geländeoberfläche liegt.

(18) Akkumulation: Volumen des verlagerten Materials (13), das über der ursprünglichen Geländeoberfläche liegt.

Im Fußbereich einer Rutschung werden unterschieden.

(7) Fuß: Unterer Teil der Rutschmasse, der über die Gleitfläche hinausreicht (11) und über der ursprünglichen Geländeoberfläche (20) liegt, auch als Rutschungszunge bezeichnet.

(12) Überschiebungsfläche: Teil der ursprünglichen Geländeoberfläche, die vom Fuß der Rutschung überlagert wird.

(8) Fußspitze: Teil der Front (9), der am weitesten vom Top (3) der Rutschung entfernt ist.

(9) Front: Vordere, meist gekrümmte Begrenzung des verlagerten Materials der Rutschung, die am weitesten vom Hauptabriss (2) entfernt ist.

Diese Grundbegriffe finden bei den verschiedenen Arten von Rutschungen teilweise in abgewandelter Form Anwendung (bei Bergstürzen z. B. Ablösungsfläche statt Abrißfläche), reichen aber allgemein zur Beschreibung von Rutschungserscheinungen aus und dienen bei einheitlicher Anwendung dem gegenseitigen Verständnis:

Darüber hinaus können weiterhin die bei PRINZ (1991, Abb. 15.3) zusammengestellten Einzelbe-

griffe von KLENGEL & PAŠEK (1974) verwendet werden.

15.2.2 Erkennen von Rutschungen und Rutschhängen im Gelände

Erste Hinweise auf Rutschungen oder Rutschhänge liefern gegebenenfalls **topographische Karten** (TK 25). Unruhiger Verlauf oder Einschnürungen von Höhenlinien geben deutliche Hinweise auf Hangbewegungen. Durch Vergleich von Karten verschiedenen Alters können Geländeveränderungen der letzten Jahrzehnte erkannt werden.

Weitere Hinweise auf Rutschungen oder rutschverdächtige Hänge können geologischen Karten, besonders modernen geologischen Spezialkarten 1 : 25 000, entnommen werden, obwohl Rutschungen in diesen auch heute noch oft nicht als solche auskartiert, sondern höchstens durch Zusatzsignaturen gekennzeichnet sind. Darüber hinaus kann man aus diesen Karten und den zugehörigen Erläuterungen auf jeden Fall Angaben über den geologischen Aufbau eines Gebietes insgesamt und besonders über rutschungsanfällige Schichten erhalten. Weitere Hinweise können gelegentlich bei Behörden (Geologische Landesämter, Kommunalbehörden, Straßenbauämter usw.) eingeholt bzw. bei der einheimischen Bevölkerung erfragt werden.

Spezielle **Gefährdungs- und Risikokarten** liegen bisher nur vereinzelt vor. Die erste regionale Rutschungskartierung Deutschlands, die Hangstabilitätskarte des linksrheinischen Mainzer Beckens i. M. 1 : 50 000, stammt von KRAUTER & STEINGÖTTER (1983). Darin sind zwei Kategorien von Rutschungen ausgehalten, nämlich Rutschgebiete nachgewiesen und nicht sicher nachgewiesen, mit Angabe über die angenommene Altersstellung. Außerdem liegen von einigen Gebieten Risikokarten bzw. Gefahrenkarten vor (GEDRISK-Programm, s. Abschn. 4.1.1 und ANGERER 1995). Über die Methoden zur Erstellung solcher Gefahrenkarten im Hinblick auf Massenbewegungen berichtet HAAS (1993).

In Arbeit ist eine Karte rutschungsanfälliger Gebiete Deutschlands 1 : 1 000 000 mit flächenhafter Darstellung von drei Kategorien, nämlich keine Gefährdung, potentielle und massive Gefährdung, wobei die letzte Klasse vorwiegend aus Punktsignaturen von Einzelrutschungen besteht (s. d. a. Abschn. 4.1.1).

Im Gelände selbst ist der Hang- bzw. Böschungsneigung und der **Morphologie** besondere Aufmerksamkeit zu widmen (HAMMER 1985). Auffallend flache Hangformen sind, auch wenn sie verhältnismäßig ebenflächig sind, meist ein Hinweis auf einen wenig stabilen Untergrundaufbau. Auch ungewöhnlich flache Böschungen haben fast immer einen besonderen Grund, der meist in der Stabilität der Böschungen, seltener im Massenausgleich (Abschn. 12.1) zu suchen ist.

Unruhige Geländeformen, die nicht auf unterschiedliche Gesteinshärten oder Grabungen zurückzuführen sind, zeigen meist mehr oder weniger deutlich Rutschungen an. Dazu gehören, besonders in den oberen Hangpartien, oft über große Erstreckung anhaltende, z. T. unbewachsene Steilböschungen, spaltenartige Runsen oder andere morphologische Einkerbungen bzw. Geländestufen, die bei tiefreichenden Großrutschungen sogar auf der Rückseite des Berges liegen können (sog.

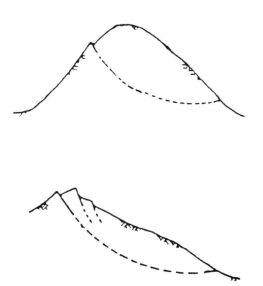

Abb. 15.4 Grat- bzw. Doppelgratbildung in der Gipfelregion bzw. auf der Rückseite des Berges infolge tiefreichender Hangbewegungen.

Grat- oder auch Doppelgratbildung, s. Abb. 15.4). Ferner gehören dazu längsovale Dellen oder abflußlose Senken in allen Hangabschnitten. In den unteren Hangbereichen ist besonders auf auffallende Buckel, langgestreckte Aufwölbungen oder zungenartige Wülste zu achten. Im Talgrund kann es infolge Rutschungen zur Verdrängung von Bachläufen an die andere Talseite (s. Abb. 15.16) bzw. zu verstärkter Ufererosion kommen.

Bei rezenten oder jüngeren Rutschungen sind die Oberflächenformen noch frisch und unverkennbar. Ältere Rutschungen sind durch Erosion und Bewuchs oft so stark überprägt, daß sie häufig nur schwer als solche zu erkennen sind. Fossile Rutschungen sind oft nur mit großer Erfahrung an einigen wenigen, manchmal nur undeutlichen Merkmalen zu erkennen.

Auch der **Baumbestand** kann Hinweise auf mögliche Hangbewegungen geben, wobei aus der Krümmung des Stammes oder der Stellung der Äste auf Art und Alter der Bewegung geschlossen werden kann (Abb. 15.5 und ANKE et al. 1975: 14).

Dabei darf man nicht immer so eindeutige Bilder erwarten, wie in Abb. 15.5 und darf auch nicht jede Schiefstellung von Bäumen als Folge von Rutsch- oder Kriechbewegungen deuten. TRAUZEITEL (1962: 98 f) führt Schiefstellung von Bäumen in Böden mit hohem Plastizitätsgrad auch auf lokale grundbruchartige Bewegungen des Bodenkomplexes um die Wurzeln zurück (Abb. 15.6). Derartige Erscheinungen treten in ebenen Lagen toniger Böden nicht selten auf. An steileren Hängen hat auch der sog. Säbelwuchs meist nichts mit Hangbewegungen zu tun, sondern ist eine reine Folge der Hangneigung. Auch völlig fehlender Baumbestand kann ein Hinweis auf oberflächennahe kriechende Bodenbewegungen sein, die im Laufe von Jahren Baumwurzeln abscheren und so keinen Baumbestand aufkommen lassen. Auch Zerrungserscheinungen in der Grasdecke, die mit der Zeit

Abb. 15.5 Aus der Krümmung des Stammes und der Richtung der Jungtriebe kann das Alter der Bodenbewegung geschätzt werden (aus ZARUBA & MENCL 1961).

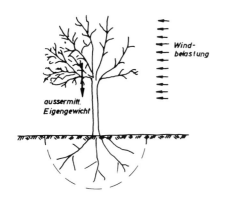

Abb. 15.6 Einseitige Belastung von Bäumen und grundbruchartige Beanspruchung des Wurzel-/Bodenkomplexes auf tonigen Böden (aus Trauzeitel 1962).

zu Kahlstellen führen, oder Zerrung von Baumwurzeln o. ä. zeigen Bewegungen im Untergrund an.

Bei den Geländebegehungen ist auch auf mögliche **auslösende Faktoren** zu achten, wie Baumaßnahmen, Wasserab- oder -umleitungen, Rodungen u. a. m. (s. Abschn. 15.1.2 bis 15.1.4).

Wasser ist eine der häufigsten Rutschungsursachen. Deshalb ist auch immer auf Vernässungen, Naßvegetation, ungewöhnliche Wasseraustritte, Quellen, Schluckstellen oder stehendes Wasser zu achten. DIN 18 915 enthält eine Auflistung von Zeigerpflanzen für Vernässung (Staunässe) und saure Böden, und auch Fecker & Reik (1987: 240) beschreiben zahlreiche grundwasserkennzeichnende Pflanzen.

Schäden oder sanierte Stellen bzw. ungewöhnliche Linienführung an Verkehrswegen und Einrichtungen aller Art geben Hinweise auf z. T. geringste Bodenbewegungen in der jüngeren Vergangenheit, die sonst im Gelände vielleicht nicht zu erkennen sind.

Ein internationaler Arbeitskreis (s. Abschn. 15.2.1) und der DGGT-Arbeitskreis 4.2 „Böschungen" haben in den letzten Jahren mit der Multilingual Landslide Glossary (1993) nicht nur eine einheitliche Nomenklatur erarbeitet, sondern auch einen mehrseitigen Erfassungsbogen für die **Dokumentation von Rutschungen,** der eine EDV-gestützte Bearbeitung ermöglicht (Merkblatt des AK 4.2 in Vorbereitung; s. d. a. Pašek et al. 1977 und Rybar 1991).

15.2.3 Lage- und höhenmäßige Aufnahme und Darstellung

Eine wichtige Aufgabe des Ingenieurgeologen ist die kartenmäßige Aufnahme und Darstellung von Rutschungen bzw. Rutschgebieten. Hierbei muß zwischen einer Rutschungskartierung im Maßstab 1 : 10 000, 1 : 5000 oder 1 : 2000 und der Detailaufnahme einer Rutschung unterschieden werden. Als Kartiergrundlage sind vergrößerte Orthophotos (M 1 : 5000) oft besser als Kartenvergrößerungen.

Eine **Rutschungskartierung** erfolgt in der Regel nach den in Abschn. 15.2.2 und 15.2.1 beschriebenen Merkmalen mehr oder weniger schematisch, wobei die Genauigkeit der Aufnahme (Schrittmaß oder Bandmaß) von der zur Verfügung stehenden Kartenunterlage abhängt. Vorschläge für eine einheitliche Darstellung einer solchen Rutschungskartierung wurden von verschiedenen Autoren gemacht. Eine Vereinheitlichung liegt bisher nicht vor (Abb. 15.7).

Eine gute Möglichkeit sowohl zur Vorerkundung als auch bei der Rutschungskartierung und Detailaufnahme einer Rutschung bietet die Auswertung einfacher und besonders steroskopischer **Luft- und Satellitenbildaufnahmen** (s. d. a. DIN 18 716). Die charakteristischen Oberflächenformen sind in der stark erhöhenden Stereo-Ansicht des Luftbildes zumindest im freien Gelände wesentlich besser zu erkennen als direkt im Gelände (Krauter & Häfner 1980). An Bewuchs und Farbabstufungen können Zonen unterschiedlicher Wasserführung, Risse sowie Kluft- und Zerrüttungszonen meist recht gut erkannt werden. Durch Vergleiche verschieden alter Befliegungen lassen

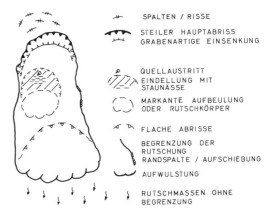

Abb. 15.7 Signaturen für Rutschungskartierung im Maßstab 1 : 5000 bis 1 : 25 000 mit Beispiel.

sich auch Veränderungen aushalten, die sonst nur schwer oder kaum zu erfassen sind (Abb. 15.8).

Geophysikalische Oberflächen- und Tiefenmessungen werden in Rutschgebieten wegen der z. T. schwierigen Geländebedingungen wenig eingesetzt. Mit sich ergänzenden Verfahren der Geoelektrik und der Refraktionsseismik können jedoch im Einzelfall Angaben über

- Ausdehnung und Mächtigkeit der Rutschmassen
- Morphologie des festen Untergrundes
- interne Strukturen der Rutschmassen
- und eventuell die Lage toniger Gleitflächen

erkundet werden.

Die **Detailaufnahme einer Rutschung** erfolgt in der Regel im Maßstab 1:100 bis 1:2000. Bei guter topographischer Kartenunterlage genügt eine ingenieurgeologische Aufnahme unter Verwendung eines Bandmaßes. Andernfalls kann es zweckmäßig sein, eine geodätische Vermessung zu veranlassen, die allerdings ingenieurgeologisch nachgearbeitet werden muß, um die rutschungsrelevanten Strukturen richtig zu erfassen. Bei größeren Rutschungen ist eine photogrammetrische Vermessung aus der Luft zur Herstellung eines topographischen Lageplanes mit Höhenlinien, der auch die Geländegestalt einer Rutschung sehr gut wiedergibt,

zweckmäßig. Mit diesem Verfahren können auch sehr genaue Geländeprofile erstellt werden. Solche digitale Luftbildmeßaufnahmen sind in der Regel wirtschaftlicher als eine terrestrische Vermessung.

Außer der kartenmäßigen Darstellung müssen für die Beurteilung einer Rutschung auch immer ein oder mehrere **typische Längsschnitte** konstruiert bzw. geodätisch aufgenommen werden. Die Längsprofile müssen vom Hangfuß über den Ausbiß und über den Hauptabriß hinaus ausreichend weit den Hang hinauf reichen, um die gesamte Hangsituation zu erfassen (Abb. 15.29). Auch diese Längs- und Querprofile müssen in der Regel ingenieurgeologisch nachgearbeitet werden, um die Rutschung möglichst naturgetreu mit allen charakteristischen Oberflächenformen darzustellen. Der übliche Maßstab von solchen Längsprofilen ist 1:100 bis 1:500. Die Auftragung sollte möglichst ohne Überhöhung vorgenommen werden, damit die Längsprofile später für Standischerheitsberechnungen verwendet werden können. Als zweckmäßig hat sich erwiesen, vor der Luftbild- oder geodätischen Vermessung charakteristische Punkte zu verpflocken bzw. zu markieren, von denen aus später Detail- oder Nachvermessungen vorgenommen werden können.

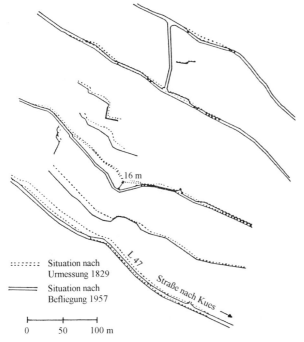

Situation nach Urmessung 1829

Situation nach Befliegung 1957

0   50   100 m

Abb. 15.8 Hangbewegungen an der Mosel bei Bernkastel-Kues, erkennbar durch Verschiebungen von Wegen und Weinbergsmauern sowie Vorwölben der Uferlinie (Zeichn. KRAUTER).

15.2.4 Aufschlußarbeiten

Die lage- und höhenmäßige Aufnahme einer Rutschung reicht in der Regel nicht aus, um ihre Tiefenwirkung, die Ursachen und den Gefährdungsgrad zu erkennen sowie die Sanierungsmöglichkeiten anzugeben. Hierzu sind weitere Aufschlüsse über den Untergrundaufbau nach Abschn. 4 notwendig. Diese sind, sofern es die Geländeverhältnisse zulassen, in die Längsprofile zu legen.

Die Zweckmäßigkeit der einzelnen indirekten und direkten Erkundungsmethoden ist außer den geotechnischen Notwendigkeiten und der Befahrbarkeit des Geländes letzten Endes auch eine Kostenfrage. Die Ausschreibung sollte flexibel gehalten werden, um auf Änderungen gegenüber den Anfangsvorstellungen reagieren zu können.

Bei flachliegenden oder oberflächennah ausstreichenden Gleitflächen geben **Schürfe** auch hier den besten Einblick in den Untergrundaufbau, doch kann es gefährlich sein, in Rutschungen Grabarbeiten vorzunehmen.

Bohrungen sollten grundsätzlich mit durchgehender Gewinnung von gekernten Bodenproben ausgeführt und sehr sorgfältig aufgenommen werden, um nach Möglichkeit die Lage der Gleitfläche(n) zu erkennen. In Schichtgesteinen muß außerdem die Möglichkeit bestehen, das Schichteinfallen o. ä. zu erfassen (orientierte Bohrkerne gemäß Abschn. 4.3.5.1). Bohrungen in Rutschungen müssen immer ausreichend tief geführt werden, um denkbare tieferliegende Gleitflächen zu erfassen. Diese liegen fast immer in z. T. nur dünnen Schichten niedriger Scherfestigkeit, wie tonige oder weiche Lagen, wasserstauende Schichten oder an geologischen Trenn- oder Grenzflächen verschiedenster Art. Auf die Konsistenz, den Feinaufbau (RYBÁŘ 1968: 139) und Entfärbungen (EINSELE & GIERER 1976: 9) ist deshalb besonders zu achten. Bei der Bohrungsaufnahme sind auch gezielt Proben für bodenphysikalische Laboruntersuchungen

zu entnehmen, um charakteristische Bodenkennwerte zu erhalten (SOMMER 1978: 307; HEITFELD et al. 1985: 342; MÜLLER 1987). Besonders der Wassergehalt ist ein deutliches Anzeichen für Bewegungszonen oder sonstige Schwächezonen im Gebirge, die als potentielle Gleitflächen wirken (Abb. 2.11 und RUCH 1985; MEYER-KRAUL 1989; SOMMER et al. 1989).

Bewegungsbahnen oder Harnische sind in Bohraufschlüssen nur selten direkt zu erkennen. Bei Auftreten solcher Flächen sind auch mögliche Abscherwirkungen im Bohrkern beim Bohrvorgang zu bedenken.

In Lockergesteinen dürfen nur Trockenbohrungen ausgeführt werden, um die **Wasserführung des Gebirges** erkennen zu können. Besonders zu beachten sind Grundwasserleiter mit artesisch oder subartesisch gespanntem Grundwasser (Abb. 15.9). Falls erforderlich, sind eine ausreichende Anzahl von Bohrungen als Grundwassermeßstellen nach Abschn. 4.4.4 auszubauen (nötigenfalls als Doppelmeßstellen) und die Wasserstände regelmäßig einzumessen. Die Grundwasserbeobachtung muß im Bedarfsfall langjährig, ggf. ständig, erfolgen. In Sonderfällen können auch Tracer-Versuche die Wasserbewegung in den Rutschmassen bzw. zu den Gleitflächen nachzeichnen.

15.2.5 Lagebestimmung der Gleitfläche und Bewegungsmessungen

Die Lagebestimmung der Gleitfläche ist ein wesentlicher Schritt bei der Beurteilung von Rutschungen. Ihre Form kann je nach dem Untergrundaufbau kreisförmig sein, flachgekrümmt, langgestreckt, ebenflächig, bzw. gebrochen. Im allgemeinen treten in mächtigen homogenen Böden häufig stärker gekrümmte, kreisförmige Gleitflächen auf, während in Verwitterungsböden, die

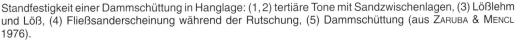

Abb. 15.9 Einfluß einer gespannten Grundwasser führenden Zwischenschicht auf die Standfestigkeit einer Dammschüttung in Hanglage: (1, 2) tertiäre Tone mit Sandzwischenlagen, (3) Lößlehm und Löß, (4) Fließsanderscheinung während der Rutschung, (5) Dammschüttung (aus ZARUBA & MENCL 1976).

zur Tiefe hin fester werden, abgeflachte Gleitflächen die Regel sind. In Schichtgesteinen treten fast nur ebenflächige oder kombinierte, d. h. gebrochene Gleitfächen auf (s. Abschn. 5.7).

In Anlehnung an ZARUBA & MENCL (1961: 218) werden nach der Tiefenlage der Gleitfläche unterschieden:

bis 1,5 m Tiefe   Oberflächenrutschungen
5 bis 10 m Tiefe   flache Rutschungen
10 bis 20 m Tiefe   tiefe Rutschungen
> 20 m Tiefe   sehr tiefe Rutschungen.

Die Form und **Tiefenlage der Gleitfläche** sind Grundlage jeder weiteren Bearbeitung. Erste Anhaltspunkte dafür erhält man aus den morphologischen Gegebenheiten. Mit der Aufnahme des oberen Hangabrisses und des Ausbisses einer Rutschung nach Abschn. 15.2.1 sind zwei Punkte der Gleitfläche bekannt, und es liegen auch erste Hinweise vor, ob sie steil oder flach einfällt bzw. ausstreicht. Innerhalb der Rutschung wird die Gleitfläche dann nach den Ergebnissen der Aufschlußbohrungen festgelegt, die jedoch häufig keine eindeutige Aussage erlauben. Oft liegen auch mehrere Gleitflächen übereinander, die sich in ihrer Wirkung ergänzen oder ablösen können. Die einzelnen Gleitflächen müssen nicht immer über längere Erstreckung anhalten. Dies ist besonders bei sehr tiefreichenden oder langsamen Bewegungen der Fall.

Für die endgültige Festlegung der Tiefenlage der Gleitfläche sind **Bewegungsmessungen** erforderlich. Die an der Geländeoberfläche gemessenen zweidimensionalen und besonders die räumlichen Bewegungsvektoren geben nicht nur Aussagen über das Bewegungsmaß, sondern auch erste Angaben über Tiefenlage und Form der Gleitfläche (Abb. 15.41).

Widersprüchliche Einzelergebnisse der Bewegungsvektoren zeigen an, daß der Bewegungsablauf einer Rutschung noch nicht richtig erfaßt ist.

Relative Bewegungsmessungen erfolgen in einfachen Fällen über Lattengestelle, die waagerecht angebracht, eine Messung der Vertikal- und Hori-zontalverschiebungen in bestimmten Zeitabständen ermöglichen. Eine weitere einfache Methode sind Alignement-Messungen von verpflockten Fluchtlinien längs (Distanzmessung) oder quer durch eine Rutschung, welche die Messung des Querversatzes bezogen auf eine Ziellinie ermöglichen. Mit elektronischen Meßtechniken können jeweils auch permanente Überwachungseinrichtungen installiert werden (SIMEONOVA 1984; BAUMANN 1990).

In steilem Gelände (Abrißspalten) und bei Blockbewegungen können auch Messungen mit Felsspionen o. ä. oder Divergenzmessungen mit einem Präzisionsmeßband (s. Abb. 15.10 und GLAWE & MOSER 1993) bzw. mit zwischen den Blöcken fest installierten Drahtextensometern vorgenommen werden. Die Neigung von einzelnen größeren Blöcken kann mittels mobiler oder stationärer Neigungsmeßgeräte gemessen werden.

Absolute geodätische oder photogrammetrische Messungen ermöglichen ein Bild über die räumliche und zeitliche Verlagerung von Festpunkten auf der Oberfläche der Rutschmassen. Die Anordnung der Festpunkte erfolgt auf der Grundlage einer ingenieurgeologischen Rutschungskartierung und nach den örtlichen Gegebenheiten (TER-STEPANIAN 1976, LINKWITZ 1987; WUNDERLICH 1995).

Die **Meßgenauigkeit geodätischer Messungen** beträgt bei Präzisionspunktbestimmungen für Lage und Höhe weniger als 1 cm (3 bis 5 mm). Eine Punktverschiebung gilt im allgemeinen dann als real, wenn über mehrere Messungen hinweg eine Tendenz erkennbar ist oder wenn sie das 3fache des mittleren Fehlers überschreitet.

Photogrammetrische Messungen von Niedrigbefliegungen aus haben den Vorteil, daß das Gelände nicht betreten werden muß. Die erreichbare Genauigkeit ist allerdings wesentlich geringer. Mit Hilfe der Satellitengeodäsie (GPS, Global Positioning System) können dagegen Verschiebungen zentimetergenau (± 3 mm) gemessen werden. Eine ausführliche Darstellung der verschiedenen geodätischen Verfahren bringt WUNDERLICH (1995).

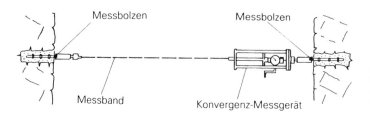

Abb. 15.10 Abstandsmessung mit einem Präzisionsmeßband (Konvergenzmeßgerät Typ Interfels, s. Abschn. 17.2.3.1).

Der Aufwand besonders von absoluten geodätischen Messungen ist beträchtlich, so daß sie meist nur in größeren zeitlichen Abständen durchgeführt werden können. Sie stellen damit nur Momentaufnahmen in gewissen Zeitabständen dar, die keine Interpretation des Bewegungsablaufes dazwischen ermöglichen.

Bei sehr geringen, geodätisch kaum erfaßbaren Bewegungsmaßen sind **Inklinometermessungen** (Abschn. 4.6.4) die zuverlässigste Methode, nicht nur Bewegungen zu erfassen, sondern auch die Tiefenlage der Gleitfläche und Differenzbewegungen zu erkennen.

Die **Auswertung** erfolgt meist relativ, d. h. unter der Annahme, daß sich der unterste Punkt des Meßrohres nicht verschoben hat (s. Abb. 15.11). Die Meßtechnik und die verschiedenen Auswertungsmöglichkeiten sind bei BRÄUTIGAM et al. 1989 beschrieben.

Für eine permanente Messung von Querverschiebungen in bezug auf die Bohrlochachse eignen sich auch Drahtextensometer (Abb. 15.12) oder Deflektometer (s. Abschn. 4.6.4). Axiale Längenänderungen können auch mit Gleitmikrometer- bzw. Mehrfachextensometermessungen festgestellt werden.

Bewegungsmessungen werden entweder in regelmäßigen Zeitabständen (Wochen oder Monate) oder entsprechend den rutschungsfördernden Faktoren, wie z. B. nach jedem Frühjahr oder nach niederschlagsreichen Perioden, vorgenommen. Hangbewegungen verlaufen selten über längere Zeit konstant, sondern zeigen instationäres, häufig zyklisches Verhalten, das meist von externen Faktoren abhängig ist. Die größten Bewegungsraten treten gewöhnlich im Frühjahr bzw. Frühsommer auf, bzw. sind auf niederschlagsreiche Jahre beschränkt.

Die Erfahrung lehrt, daß Gleitflächen in der Regel flacher verlaufen, als vielfach angenommen wird, und sich fast immer nach geologisch vorgegebenen Flächen richten, anstatt nach theoretischen Gleitkreisen. Nur Großrutschungen, die teilweise unter morphologisch anderen Bedingungen eingetreten sind, weisen oft sehr tiefliegende Gleitflächen auf.

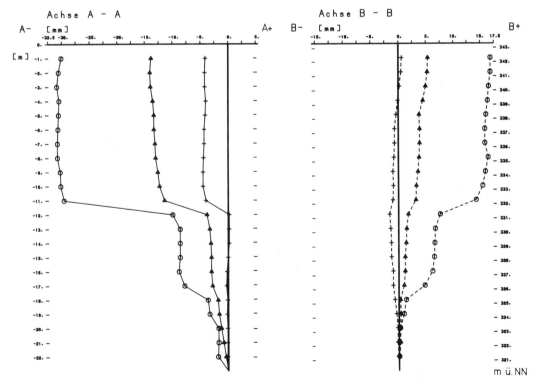

Abb. 15.11   Integrierte Verschiebungen eines Inklinometermeßrohres in zwei Achsrichtungen. Meßreihenvergleich verschiedener Messungen.

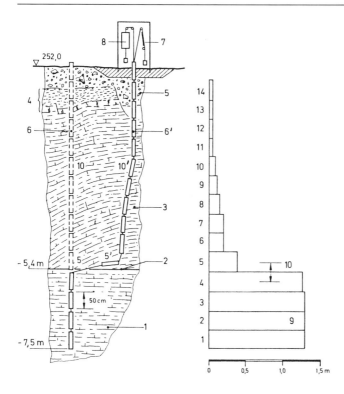

Abb. 15.12 Arbeitsweise und Auswertung eines Drahtextensometers. Jedes Rohrstück ist mit einem Meßdraht mit dem Registriergerät verbunden (Erl. s. BAUMANN 1990).

15.2.6 Altersstellung und Bewegungsablauf

Rutschungen sind, wenn die geologischen, morphologischen und klimatischen Voraussetzungen gegeben waren, zu allen Zeiten der Erdgeschichte aufgetreten. Eine genaue zeitliche Einordnung ist sehr schwierig, da echte Datierungshilfen in Form von organischen Stoffen (Schnecken, Holzreste, Pollen, Kalkausscheidungen u. a. m.) selten vorliegen oder auch zu wenig untersucht werden. In der Regel ist man letztlich auf paläoklimatische Betrachtungsweisen und geomorphologische Merkmale angewiesen. Seit Mitte der 90er Jahre werden verstärkt geomorphologisch-chronologische Untersuchungen vorgenommen, die bessere Datierungsmöglichkeiten erwarten lassen.

Die „landschaftsgenetisch ältesten" Rutschungen eines Gebietes können schon unmittelbar im Anschluß an die gebirgs- oder landschaftsbildenden Vorgänge durch gravitatives Abgleiten ganzer Schollen aufgetreten sein. Sie werden häufig als tektonische Schollen gedeutet (sog. gravitative oder tektonische Denudation nach KNETSCH 1957).

In den europäischen Mittelgebirgen werden sehr alte Rutschungen, die unter anderen morphologi-

schen Bedingungen aufgetreten und heute im Gelände kaum noch zu erkennen sind, allgemein in das Pleistozän und z. T. vorher datiert. Sie werden auch als **fossile Rutschungen** bezeichnet (KLENGEL & PAŠEK 1974: 129). Dazu gehört z. B. die Fußschollengeneration ACKERMANNS (1959). Wo solche sehr alten Rutschungen im höheren Teil der Hänge noch erhalten sind, sind sie durch periglaziale Formungsvorgänge sehr stark überprägt und oft kaum noch erkennbar.

Ein großer Teil der noch mehr oder weniger deutlich erkennbaren **alten Rutschungen** ist wahrscheinlich jungeiszeitlich, beziehungsweise fällt in die frühe Nacheiszeit. Dazu gehören z. B. tiefreichende, talzuschubartige Entlastungsbrüche durch die jüngste Talerosion; deren Erkennen an den meist nur schwach ausgeprägten morphologischen Merkmalen oder in Bohrungen äußerst wichtig ist, da sie bei Eingriffen in das Hanggleichgewicht leicht wieder in Bewegung kommen können. In dieser Zeit sind sicher auch viele tiefreichende Massenbewegungen an alpinen Talflanken ausgelöst worden, als mit dem Rückzug der Gletscher die stützende Wirkung des Eises verlorengegangen ist (KRAUTER 1985: 16).

Bei der zeitlichen Einschätzung der nacheiszeitlichen Rutschungen sind die einzelnen niederschlagsreichen Perioden zu berücksichtigen, wie sie u. a. SCHÖNWIESE (1979: 78) zusammengestellt hat. Danach ist vor allen Dingen das Atlantikum, also die Zeit vor etwa 8000 bis 5000 Jahren, teilweise sehr niederschlagsreich gewesen. Besonders landesweit verbreitete, vergleichbare größere Massenverlagerungen müssen mit solchen klimatischen Perioden im Zusammenhang gesehen werden. Die landschaftsformenden geomorphologischen Prozesse waren zu dieser Zeit weitgehend abgeschlossen, so daß die Rutschungsformen meist recht deutlich erkennbar sind.

Seit diesem europaweit ausgeprägten Klimawandel sind noch mehrfach niederschlagsreiche Perioden zu verzeichnen gewesen. Solche Jahre, die mit zahlreichen **mittelalterlichen Rutschungsereignissen** in Verbindung gebracht werden, sind 1096, 1342 (SPUREK 1972) und 1709. Auch im Jahr 1816 haben weltweit extreme Niederschlagsverhältnisse geherrscht, ausgelöst durch den Vulkanausbruch des Tambora (Indonesien) bzw. die infolge Aschenauswurf verringerte Sonneneinstrahlung.

Auch in der Jetztzeit sind immer wieder niederschlagsreiche Jahre mit verstärkter Rutschungsaktivität aufgetreten (z. B. 1946, 1956, 1965, 1977, 1981, 1987).

KLENGEL & PAŠEK (1974: 129) bezeichnen Rutschungen, die unter den gegenwärtigen klimatischen und morphologischen Verhältnissen vergleichbaren Bedingungen entstanden sind, als **rezente Rutschungen.** Sie sind definitionsgemäß in den letzten Jahrhunderten (< 1000 Jahre) aufgetreten. Beim zeitlichen Abschätzen jüngster morphologischer Rutschungsformen ist zu berücksichtigen, daß Rutschungen oft keine einmaligen Ereignisse sind, sondern über Jahrhunderte oder Jahrtausende hinweg immer wieder in Bewegung gewesen sein können (s. a. KANY & HAMMER 1985: 262).

Aktive Rutschungen sind noch mehr oder weniger in Bewegung. Auch hierbei ist zu berücksichtigen, daß es sich meist nicht um Erstrutschungen handelt, sondern um alte Bewegungsmechanismen, die niederschlagsabhängige anhaltende oder periodische Bewegungen unterschiedlicher Größe aufweisen können.

Für die Altersbestimmung einer Rutschung kann außer dem Zustand ihrer Oberflächenformen auch der Versatz jüngerer geologischer Zeitmarken, wie Terrassenablagerungen oder Bodenbildungen, herangezogen werden bzw. die Störung von menschlichen Einrichtungen, wie Wege, Feldraine, Baumreihen sowie das Alter und der Zustand ihres Baumbestandes (s. Abschn. 15.2.2).

In dem in Abschn. 15.2.1 beschriebenen Glossary (1993) werden darüber hinaus folgende **Rutschungsaktivitäten** unterschieden:

Eine **blockierte** Rutschung hat sich innerhalb der letzten 12 Monate bewegt, ist aber z. Zt. nicht aktiv.

Eine **inaktive** Rutschung hat sich in den letzten 12 Monaten nicht bewegt.

Eine **reaktive** Rutschung ist eine wiederbelebte, vorher inaktiv gewesene Rutschung.

Eine **latente** Rutschung ist eine inaktive Rutschung, die durch ihre ursprünglichen Ursachen reaktiviert werden kann.

Eine **stabilisierte** Rutschung ist eine inaktive Rutschung, deren ursprüngliche Ursachen infolge Sanierungsmaßnahmen nicht mehr wirksam sind.

TERZAGHI (1950) unterscheidet folgende **Stadien einer Rutschung**:

Das Stadium der Kriechbewegung kann sich bei Rutschungen über sehr lange Zeiträume erstrekken. Die Bewegungsrate ist dabei selten stetig, sondern meist instationär und von äußeren, bewegungsfördernden Faktoren abhängig. Die Bewegungen können sich (vielleicht nur anscheinend) beruhigen oder aber der Sicherheitsfaktor kann langsam abgebaut werden, so daß die Bewegung, zunächst unmerklich, in eine progressive Beschleunigung übergehen kann. Ohne Kontrollmessungen wird dieses Stadium häufig übersehen.

In der **Bewegungsphase vor dem Bruch** nimmt die Geschwindigkeit meist progressiv, d. h. beschleunigend zu, wobei die einzelnen Werte sehr unterschiedlich und sowohl vom Rutschungstyp als auch von den auslösenden Faktoren (häufig die Niederschlagsmenge) abhängig sind (RYBAR 1968: 139). Regelwerte sind kaum zu geben. In der Auftragung der Verschiebungskurve ergibt sich (nachher) gewöhnlich ein mehr oder weniger deutlicher Wendepunkt (Abb. 15.13). Ein Verfolgen der Bewegungen und das Erkennen der Bewegungsphase vor dem Bruch eröffnet die Möglichkeit einer Vorwarnung. Die eigentliche Rutschbewegung kündigt sich in der Regel durch Rissebildung oder Vergrößerung von Rissen an. Felsrutschungen, besonders Bergstürze, machen sich auch Tage vorher häufig durch Steinschlag oder leichte Erschütterungen und kurz vor dem Bruch auch durch Knistergeräusche bemerkbar (KÖHLER 1985: 10). Diese können gegebenenfalls mittels akustischer Meßgeräte (Mikrophone), die in Spalten oder an der Oberfläche installiert werden, registriert werden. Fragen der **Vorhersagemöglich-**

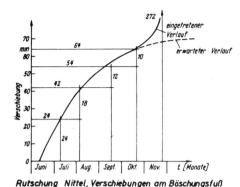

Rutschung Nittel, Verschiebungen am Böschungsfuß

Abb. 15.13 Bewegungsmessungen der Verschiebung am Böschungsfuß der Rutschung am Weinberg bei Nittel/Mosel (aus FRANKE 1976).

keit von Rutschungen waren beim 5. Int. Symposium on Landslides 1988 in Lausanne eines der sechs Generalthemen (OBONI 1988). Diese Fragen hängen eng zusammen mit der Gefahrenbeurteilung und der Sicherheit (s. Abschn. 15.4 und KRAUTER 1987: 41).

Die Bewegungen während der Rutschung selbst werden selten gemessen. Sie hängen sehr stark von der Geometrie der Rutschung und dem jeweiligen Rutschungstyp ab.

Nach der **Rutschungsgeschwindigkeit** kann in Anlehnung an VARNES (1978) folgende Einteilung vorgenommen werden:

äußerst langsam	cm/a
sehr langsam	dm/a
schnell	m/d
sehr schnell	m/min
äußerst schnell	m/s

Allgemein ist ab Bewegungsmaßen von einigen Zentimetern im Jahr schon eine regelmäßige Überwachung anzuraten. Rutschungsgeschwindigkeiten von Zentimetern pro Woche erfordern sofortige Gegenmaßnahmen.

Über Bewegungsraten von kippbruchgefährdeten Felstürmen (Abb. 15.14) von mehreren mm/a bis 10 cm/a berichten GLAWE & MOSER (1993).

Die **Bewegungen nach dem Bruch** sind sehr unterschiedlich, sind aber ein wichtiges Merkmal für die Beurteilung des weiteren Gefährdungsgrades. Bei vielen Rutschungen tritt über längere Zeit ein deutliches Nachkriechen auf (BRÄUTIGAM et al. 1989), das bei bestimmten Rutschungstypen (z.B. an der Röt-/Muschelkalkgrenze) über Jahrzehnte anhalten kann (JOHNSEN 1981; RÖSING & WENZEL 1989). Nachbrüche am oberen Abriß und auch

in den Rutschmassen selbst sind als Sekundärrutschungen zu werten.

FRANKE (1976: 101 ff) definiert das Bewegungsverhalten von Rutschungen aus bodenmechanischer Sicht, wobei er in Anlehnung an SKEMPTON Kurzzeit- und Langzeitrutschungen unterscheidet, die durch das Verhalten des Porenwasserdruckes vor und während des Bruchzustandes definiert sind. Zu den **Langzeitrutschungen** zählen alle Erscheinungen des progressiven Bruches sowie Entlastungsbrüche in Einschnitten, bei denen im Boden gespeicherte Dehnungsenergie frei wird (s. Abschn. 13 und 15.4) und der Boden unter Wasseraufnahme schwillt. Derselbe Vorgang findet in geologischen Zeiträumen auch durch Verwitterung statt.

15.3 Arten von Rutschungen, Klassifikation

Eine allseitig zufriedenstellende Klassifikation von Rutschungen ist äußerst schwierig. BENDEL (1948: 272) machte den Versuch, sich von dem üblichen 1-Wortschema zu lösen und eine mehrspaltige tabellarische Gliederung vorzuschlagen, die sich aber bis heute auch nicht durchgesetzt hat. Ein solches mehrspaltiges Gliederungsschema erlaubt jedoch besser, regionale Typen von Rutschungen zu berücksichtigen, die von den geologischen Voraussetzungen und der morphologischen Entwicklung der Landschaft abhängen.

Mehrspaltiges Gliederungsschema für Rutschungen:

Art und Typ der Rutschung Lokalität	geologische Charakteristik (Situation)	Verschiebungsgrößen, Tiefenanlage und Ausbildung der Gleitfläche	Ursachen

Das Schema gibt gleichzeitig den Gang der Untersuchung und Beurteilung einer Rutschung wieder und kann um eine Spalte „Sicherungsmaßnahmen" erweitert werden.

Bei Rutschungen kann man zunächst zwei **Hauptarten** unterscheiden, nämlich Böschungsrutschungen und Hangrutschungen. Die weiteren, schon von SKEMPTON & HUTCHINSON (1969) und NEMČOK PAŠEK & RYBÁŘ (1972) und VARNES (1978) definierten **Rutschungstypen** waren Abbrüche (Fallen, Kippen), Gleiten und Fließen. Kriechvorgänge wurden als Sonderfall des Fließens angesehen.

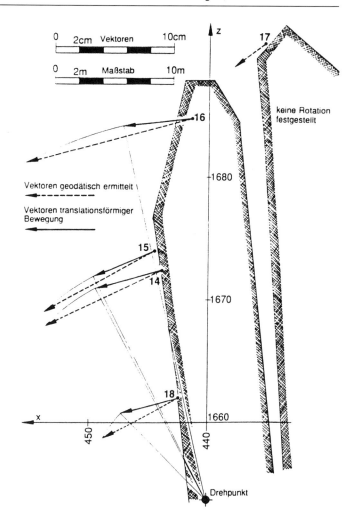

Abb. 15.14 Ergebnisse der Bewegungsmessungen an einem Felsturm; Meßperiode 5/90 bis 9/91 (aus GLAWE & MOSER 1993).

Nach der im Abschn. 15.2.1 erwähnten **internationalen Nomenklatur** von 1993 werden heute folgende Rutschungstypen unterschieden:

Fallen beginnt mit dem Lösen von Boden- oder Felsmaterial in einem steilen Hang entlang einer Fläche auf der geringe oder keine Scherbewegungen stattfinden. Das Material stützt dann größtenteils frei fallend, springend oder rollend ab.

Kippen ist eine Vorwärtsrotation aus dem Hang heraus von Blöcken aus Fels- oder kohäsivem Bodenmaterial um einen Punkt oder eine Achse unterhalb ihres Schwerpunktes.

Gleiten ist eine hangabwärts gerichtete Bewegung von Boden- oder Felsmassen auf Gleitflächen oder auf verhältnismäßig dünnen Zonen intensiver Scherverformung.

Driften bedeutet eine laterale Bewegung Fels- oder kohäsiver Bodenmassen bei einem gleichzeitigen Einsinken in die liegenden, weniger kompetenten Schichten. Eine intensive Scherung auf Gleitflächen findet nicht statt. Driften kann durch Liquifaktion oder Fließen (und Extrusion) des liegenden weniger kompetenten Materials entstehen.

Fließen ist eine räumliche, kontinuierliche Bewegung bei der Scherflächen nur kurzzeitig vorhanden, dicht angeordnet und gewöhnlich nicht erhalten sind. Die Geschwindigkeitsverteilung der bewegten Masse gleicht der einer viskosen Flüssigkeit.

15.3.1 Fallen

Der Vorgang des Fallens bzw. Abbrüche treten an Steilböschungen (Abb. 15.28), Steinbruchwänden, tiefen Baugruben, Erosionsufern oder steilen Felswänden auf. Der Abriß erfolgt meist an vorgegebenen Trennflächen. Die Gefahr von Abbrüchen ist besonders gegeben, wenn Felskörper über weichen erosionsempfindlichen Gesteinen ausstreichen und/oder von talwärts einfallenden Flächen bzw. von Querklüften o. ä. abgetrennt sind und wenn zusätzlich Kluftwasserdruck bzw. Strömungsdruck auftritt (KRAUTER & KÖSTER 1991). Dem Abbruch gehen häufig Kipp- oder Knickvorgänge voraus. Die bewegten Massen verlieren ihren Zusammenhalt und zumindest zeitweise den Kontakt mit der Unterlage. Der Absturz selbst erfolgt teilweise als Gleiten, vielfach aber als Fallen, Rollen, Springen oder z. T. Fließen. Nach den äußeren Formen unterscheidet man zwischen Abrißgebiet, Sturzbahn und Ablagerungsgebiet. Das Ablagerungsgebiet besteht aus grobblockigen Schuttmassen, unregelmäßig geformten Hügeln oder einem Schuttstrom. Gelegentlich kommt es auch zu einem Aufstau eines Bergsturzsees.

Abbrüche von weniger als 0,3 bzw. 1 m³ Einzelblockgröße bzw. einer Sturzmasse von < 10 m³ werden auch als Steinschlag bezeichnet (HÄFNER 1993, KRAUTER & SCHOLZ 1996 und Abschn. 13.3.1).

ABELE (1974, darin Lit.) definiert Berg- und Felsstürze als schnelle Fels- und Schuttbewegungen, die mit hoher Geschwindigkeit (Sekunden oder wenige Minuten) aus Bergflanken niedergehen und eine gewisse Fläche einnehmen (Bergstürze min. 1 Mio. m³ oder > 0,1 km²). In Hochgebirgen und in Mittelgebirgen mit steiler Morphologie treten immer wieder Bergstürze auf. Als zusammenfassende Darstellungen seien hier die Arbeiten von HEIM (1932), ZARUBA & MENCL (1961 und 1969), ABELE (1974) und BUNZA (1976) genannt. Zu den gut zugänglichen Bergstürzen in den österreichischen Alpen zählen die Bergstürze vom Tschirgant, vom Köfel im Ötztal und von Mallnitz. Die bekanntesten alpinen Bergstürze der letzten Jahrzehnte sind der Bergsturz in den Vajont-Stausee bei Longarone von 1963 (s. Abschn. 18.2.8), und der Felssturz im Veltlintal von 1987 (BECKER & LITSCHER 1988). Weltweit treten Bergstürze besonders im Zusammenhang mit Erdbeben auf (ABELE 1974: 3, darin Lit.). Einer der folgenschwersten Bergstürze der letzten Jahrzehnte mit 20 Toten ereignete sich im Februar 1996 auf der japanischen Insel Hokkaido, als ein Felsblock von

50 000 t auf den Einfahrtbereich eines Tunnels stürzte (ISHIJIMA & ROEDIERS 1996). Von den deutschen Mittelgebirgen beschreiben KRAUTER (1973, 1987), ANKE et al. (1975) sowie KRAUTER et al. (1979, 1993) einige felssturzähnliche Rutschungen aus dem Rheinischen Schiefergebirge, besonders in aufgelassenen Steinbrüchen.

15.3.2 Kippen

Kippbewegungen mit Vorwärtsrotation aus dem Hang (Abb. 15.14) tritt vor allen Dingen an Steilwänden kompetenter Schichtkomplexe (Sandsteine, Kalksteine, Basalt) auf plastifizierbarer tonigmergliger Unterlage auf. Dieser Vorgang ist als Anfangsbewegung zahlreicher Großrutschungen weit verbreitet. Beispiele werden im Abschn. 15.6 beschrieben.

15.3.3 Gleiten

Die Grundtypen von Gleitungen sind Block- oder Schollenbewegungen auf vorgegebenen Trennflächen. Die Rutschungsoberfläche bleibt oft relativ ungestört. Bei den Gleitungen werden dann verschiedene Untertypen unterschieden, deren gemeinsames Merkmal Bewegung auf einer Gleitfläche unterschiedlicher Konfiguration ist (s. d. a. HAMMER 1985).

Ebene Gleitflächen (sog. Translationsrutschungen) sind Bewegungen auf vorgegebenen Trennflächen (häufig Schichtflächen) und zwar bevorzugt an der Grenze von kompetenten zu inkompetenten Gesteinen (Tonsteinzwischenlagen). Am häufigsten treten Gleitungen in Schichtgesteinen und in veränderlich-festen Gesteinen auf. Dabei können sehr unterschiedliche Ausbruchformen entstehen.

Die Bewegung kann auf einer oder mehreren Flächen stattfinden, die sich gegenseitig ablösen oder ergänzen können (BRÄUTIGAM et al. 1989). Besonders in dünnbankigen oder geschieferten Gesteinen sind stufenartig absetzende Gleitflächen oder -zonen weit verbreitet und wirken häufig im Sinne eines progressivon Bruchs.

Schalenförmige Gleitflächen (sog. Rotationsrutschungen, Abb. 15.15) sind ebenfalls ein häufig anzutreffender Typ. In homogenem Material ist die Gleitfläche häufig angenähert kreisförmig. Bei ausgeprägter Rotationsbewegung sind die Rutschmassen oft wenig gestört.

Bei Rutschungen in der Verwitterungszone und bei zur Tiefe hin fester werdendem Untergrund ver-

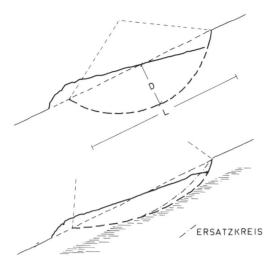

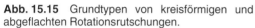

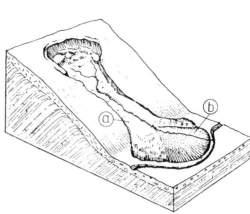

Abb. 15.15 Grundtypen von kreisförmigen und abgeflachten Rotationsrutschungen.

Abb. 15.16 Aus einer anfänglichen Gleitung hat sich eine Schuttstromrutschung (a) und ein Schuttkegel (b) entwickelt (nach ZABURA & MENCL 1969).

läuft die Gleitfläche meist flachschalig. Bei größerer Horizontalbewegung tritt dabei eine stärkere Beanspruchung der Rutschmasse auf (Abb. 15.15).

In Hanglage können sich bei entsprechendem Wasseranfall aus anfänglichen Gleitbewegungen sehr komplexe Geröllstrom- oder Schuttstromrutschungen entwickeln (Abb. 15.16 und BUNZA 1976: 36).

Kombinierte Rutschungen sind ebenfalls weit verbreitet (KANY & HAMMER 1985), wobei besonders viele Großrutschungen (auch fossile Rutschungen) zu diesem Typ gehören. Die Gleitfläche ist aus unterschiedlich gekrümmten und/oder ebenen (meist vorgegebenen) Bruchflächen (Schichtung, Verwitterungszone, Klüftung, Störungen) zusammengesetzt (s. Abb. 15.17). Hierbei tritt gewöhnlich eine stärkere Zerr- und Scherbeanspruchung der Rutschmassen auf. Bei größerer Horizontalbewegung entsteht am oberen Abriß häufig

eine typische Grabenbildung bzw. ein Doppelgrat (Abb. 15.4).

15.3.4 Driften

Unter Driften versteht man die laterale Bewegung von (meist) Felsmassen durch oder bei Einsinken in eine plastifizierbare Unterlage (Abb. 15.18). Dem Driften gehen meist Kippbewegungen voraus. Die Gesteinsblöcke lösen sich an vorgegebenen Trennflächen und driften auf der tonigen Unterlage ab. Im Pleistozän sind derartige Hangbewegungen besonders in den Auftauperioden aufgetreten. Hangabwärts gehen die Bewegungen in Blockkriechen von z. T. „schwimmenden" Einzelblöcken in tonigen Schuttmassen über. Beispiele werden im Abschn. 15.6 beschrieben (z. B. Abb. 15.37).

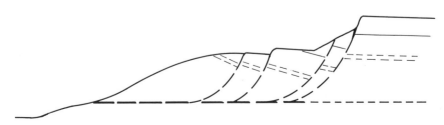

Abb. 15.17 Typ einer mehrfach rückschreitenden Rutschung in einer Sandstein/Tonstein-Wechselfolge.

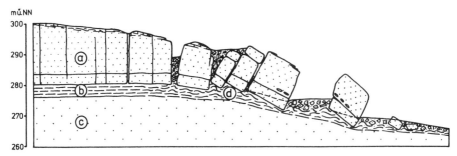

Abb. 15.18 Driften von Sandsteinböcken (a = Labiatus-Sandstein) auf Lohmgrund-Mergel (b) im Elbsandsteingebirge (aus JOHNSEN 1984). c = liegende Sandsteine; d = plastifizierte Mergel.

15.3.5 Fließen

Beim Fließen handelt es sich um sehr unterschiedlich schnelle Bewegungen von aufgeweichten Bodenmassen mit Gesteinsschutt bzw. Geröllen aller Korngrößen. Das Fließverhalten ist nicht nur von der Bodenart und dem Wassergehalt abhängig, sondern auch vom Gefüge und der Struktur (Beispiel Quicktone). Fließvorgänge ergeben langgestreckte, gelappte oder murenartige Formen innerhalb derer häufig Viskositätsbewegungen mit linearen Bewegungsflächen erkennbar sind.

Der Vorgang des Fließens wird allgemein mit hohen Wassergehalten (Wasser: Feststoffe $\geq$ 1 : 1) in Zusammenhang gesehen, was auch für die meisten Fließvorgänge zutrifft. Es haben sich jedoch zahlreiche Fließereignisse zugetragen, bei denen der Wassergehalt der bewegten Massen sehr niedrig war. Das Verflüssigungsmedium ist in diesen Fällen Luft und der meist sehr schnell ablaufende Fließvorgang spielt sich aller Wahrscheinlichkeit nach auf einem **komprimierten Luftpolster** ab (SHARP & GLAZNER 1993).

Bei den Fließvorgängen wird zwischen Schutt- bzw. Geröllstromrutschungen und Erd- bzw. Schlammfließen unterschieden. Erstere enthalten einen relativ hohen Prozentanteil grobkörnigen Materials ($\geq$ 80 %) während **Erd- oder Schlammströme** mindestens 50 % Sand-, Schluff- und Tonmaterial enthalten.

Geröllstrom- bzw. Schuttstrom-Rutschungen werden meist durch starke örtliche Wasseranreicherung bzw. -austritte ausgelöst und können sich bei entsprechend großem Wasserdargebot auch bei geringem Gefälle mit z. T. hoher Geschwindigkeit über große Entfernungen erstrecken. Auslöser alpiner Schuttströme, die sich vorher über Jahrzehnte in kriechender Bewegung mit sehr unterschiedlichen Bewegungsraten befunden haben können,

sind häufig Bergstürze an instabilen Talflanken, Erdbeben, Extremniederschläge oder menschliche Eingriffe. V. POSCHINGER (1992, 1993) beschreibt den Mechanismus eines solchen Schuttstromes bei Inzell im Jahre 1991. Am Rande solcher Schuttströme kommt es infolge unterschiedlicher Bewegungsgeschwindigkeit innerhalb des Stromes vielfach zu wallartigen Aufpressungen. In Mittelgebirgen können sich solche Geröllströme vor allen Dingen aus Wandabbrüchen in aufgelassenen Steinbrüchen mit Wasserfüllung entwickeln (KRAUTER et al. 1979). In Gebieten mit rezenter Tektonik mit jungen Hebungen und z. T. 1000 m hohen übersteilten Hängen sind Geröllstrom-Rutschungen weit verbreitet und stellen eine permanente Gefahr dar. Auch **Haldenrutschungen** entwickeln sich häufig zu Stromrutschungen (s. Abschn. 13.1.5).

Das bekannte Phänomen der **Solifluktion** ist ein $\pm$ langsames Fließen oberflächennaher Bodenschichten bei Wasserübersättigung, wobei im Pleistozän Hangneigungen von 2 bis 4° ausgereicht haben, die Bewegungen auszulösen.

Quicktonrutschungen sind eine Sonderform in marinen Quicktonen des Spät- und Postglazials in Norwegen, England und Kanada. Die Ursachen sind eine erhöhte Empfindlichkeit der Tone gegenüber hydrostatischen Wechselbelastungen oder Erschütterungen, die zu einem thixotropen Gefügezusammenbruch und quasiviskosen Fließbewegungen führen (BUNZA 1976: 62, darin Lit.).

Kriechen wird als Sonderform des Fließens angesehen. Es ist eine über längere Zeiträume anhaltende, langsame, meist unstete, zeitabhängige Verformung bei $\pm$ gleichbleibender Spannung bzw. ohne Laständerung, die sowohl in Locker- als auch in Festgesteinen auftreten kann. Die Bewegungsmaße betragen mm- bis cm-Beträge pro Jahr und hinterlassen im Gegensatz zu anderen Rutschungstypen kaum merkbare Formveränderungen in der Landschaft.

Die Phänomenologie des Kriechens ist bei HAEFELI (1967) und ANKE et al. (1975), die labormäßige Behandlung der Vorgänge von LEINENKUGEL (1976) ausführlich beschrieben. In der Praxis sind zu unterscheiden das Tiefkriechen von Festgesteinen instabiler Talflanken (Talzuschub, Bergzerreißung) und Kriechbewegungen von Schuttmassen und der obersten Auflockerungszone.

Kriechbewegungen von Schuttmassen, die auch die oberste Auflockerungs- bzw. Anwitterungszone mit erfassen können, treten besonders in tonigen Gesteinen auf. Beim Oberflächenkriechen werden zunächst witterungsbedingte Volumenänderungen, d. h. Schwell- und Schrumpfvorgänge infolge Temperatur- und Wassergehaltsänderungen, von einer horizontalen Bewegungskomponente überlagert. In der Auflockerungs- und Anwitterungszone findet darüber hinaus unter der ständigen Einwirkung von Schubspannungen entweder eine bruchlose kontinuierliche Verformung oder ein diskontinuierliches Kriechen mit Gleitvorgängen auf zahlreichen kleinen Trennflächen statt (HAEFELI 1967, GRÜNDER & PRÜHS 1985). Kriechbewegungen der oberflächennahen Schichten sind nicht nur eine fossile Erscheinung, sondern auch rezent weiter verbreitet als allgemein angenommen wird (KRAUTER 1973).

Unter **Schuttstromkriechen** versteht man unmerklich langsame Bewegungen von Gesteinsschuttmassen in Hangdepressionen als Vorläufer oder Zwischenstadien von Fließbewegungen. Bei langsamer Bewegungsgeschwindigkeit (< 1 m/a) bleibt die mehr oder weniger baumlose Vegetationsdecke erhalten.

Das Tiefkriechen von Festgesteinen instabiler Talflanken bzw. die Talzuschuberscheinungen sind seit den Arbeiten von AMPFERER (1939) und STINI (1941) bekannt. Es handelt sich um z. T. tiefreichende (> 100 m) Kriech- bzw. Scherbewegungen in Gleitzonen oder an Trennflächen verschiedenster Art mit und ohne Zwischenmittel (NEUHAUSER & SCHOBER 1970: 451), wobei besonders bindige Störungs- und Kluftfüllungen oder Schicht- bzw. Schieferungsflächen mit niedriger Scherfestigkeit Kriechbewegungen begünstigen.

Die rechnerische Erfassung solcher kriechendgleitenden Großhangbewegungen ist äußerst schwierig, da meistens weder die Tiefenlage und Form der Gleitzone(n) noch die festigkeitsmechanischen Kennziffern bekannt sind (MÜLLER-SALZBURG 1992). Morphologische Studien und

der Bewegungsablauf lassen darauf schließen, daß in großen Teilen der Gleitzonen nur noch die Restreibungswinkel des Gebirges wirken (MOSER 1993, darin Lit.).

Die sehr differenzierten Bewegungsabläufe und der Mechanismus sind im einzelnen noch unzureichend bekannt (Lit. s. MOSER & GLUMAC 1982: 212). Im wesentlichen handelt es sich um von äußeren Faktoren beeinflußte, schwerkraftbedingte Bewegungen auf geologisch vorgegebenen Flächen. In der österreichischen Literatur wird für solche Bewegungen, die nach der Tiefe ausklingen und keine deutliche basale Gleitfläche aufweisen, der vom englischen „Sagging" abgeleitete Begriff **„Sackungen"** verwendet (ZISCHINSKY 1967, 1969, MOSER & GLUMAC 1982, KÖHLER 1985, MOSER 1993). Nach neuer Definition (s. Abschn. 15.2.1) wird der Begriff der Sackung auf alle Rutschungsarten angewandt (Abb. 15.3., 16 und 17).

Folge solcher tiefreichender Kriechbewegungen sind die Phänomene der **Bergzerreißung,** wie Zerrspalten und Hangzerreißungsklüfte, Doppelgrate in den höheren Hangbereichen oder hangparallel verlaufende Nackentälchen (SPAUN 1991; SCHOBER 1991), die nicht nur bis in die Gipfelregionen reichen können, sondern teilweise am Gegenhang ausstreichen (Bild 15.4). Darüber hinaus sind die **Erscheinungen des Talzuschubs** häufig auch an der Hangmorphologie erkennbar mit konkaven, von Rissen und Spalten durchsetzten Formen (Dilatanz, Massenverlust) im höheren Teil des Hanges und konvexen, vorgewölbten Formen des Massenzuwachses im unteren Teil der Hänge, wobei die einzelnen Abschnitte in Teilschollen mit sehr unterschiedlicher Ausprägung zerlegt sein können. Am Fuß von Steilabfällen liegen z. T. talbodenartige Verebungen vor, die z. T. bevorzugte Siedlungsflächen darstellen.

Derartige instabile Talflanken mit langsamen Kriech- und Gleitbewegungen (Bewegungsraten von einigen Zentimetern bis mehrere Meter pro Jahr, meist 5–10 cm/a) ohne Gefahr plötzlicher Kollapsmechanismen, sind in alpinen Gebieten weit verbreitet. Besonders betroffen sind metamorphe Gesteine (Phyllite, Gneise, metamorphe Schiefer) und z. T. auch Sedimentgesteine (MOSER 1993). Einige dieser Talzuschübe stellen eine direkte Gefahr für Siedlungen (z. B. Gradenbach/Kärnten), Talsperren (Gepatschspeicher/Tirol) oder Fernstraßen (Reppwand-Gleitung/Kärnten) dar.

Derartige Massenbewegungen treten nicht nur an alpinen Hängen auf, sondern sind als mehr oder weniger fossile Rutschungsformen auch in vielen Mittelgebirgshängen verborgen (DITTRICH & LÜTHKE 1982; ROGALL 1996). Die geologischen Voraussetzungen für solche großräumigen Massenbewegungen sind partiell ungünstige Gebirgsscherfestigkeit, starke tektonische Gebirgszerlegung oder Auslaugungsvorgänge im Untergrund, ungünstig einfallende Schicht- oder Schieferungsflächen und tiefgreifende Entspannung durch Talbildung. Der zeitliche Bewegungsablauf wird weitgehend von äußeren Faktoren bestimmt, vor allen Dingen den Niederschlagssummen und der Höhe des Grundwasserspiegels.

Hänge von Stauräumen bedürfen einer besonders kritischen Untersuchung und Kontrolle (WEISS 1964, MÜLLER 1967, NEUHAUSER & SCHOBER 1970 – s.a. Abschn. 18.2.8). Bekannt geworden sind solche Talzuschubbewegungen in den 60er Jahren am Gepatschspeicher im Kaunertal. Beim ersten Aufstau 1964/65 sind hier Gesamthorizontalbewegungen bis zu 10,8 cm gemessen worden. Danach haben sich die Bewegungen deutlich verlangsamt und betrugen in den Jahren danach etwa 3,5 cm/a.

Im Zusammenhang mit Tiefkriechen und Talzuschub ist auch auf die **Aufwölbung plastischer Schichten in Talsohlen** als Folge der Entspannung im Tal und unter Auflast der angrenzenden Hänge hinzuweisen (Abb. 15.19). Der Grenzdruck, ab dem Tone plastisch ausgequetscht werden können, liegt häufig nur bei 400 bis 600 kN/m², was einer Steilböschung von 20 m bis 30 m Höhe entspricht. Hinzu kommen Schubverformungen durch den Horizontalspannungsanteil, besonders bei niedriger Schichtflächenreibung. Plastische Verformun-

gen von Tonsteinen in der Talsohle und die hangwärtigen leichten Verkippungen in den Hangbereichen sind bei günstigen Aufschlußverhältnissen nicht selten nachweisbar (ZARUBA & MENCL 1961: 271; RYBAR 1971: 153; KÖRNER 1966: 302; SPAUN 1981; REIK 1985: 104). Zu beachten sind die abgeminderten Festigkeiten derart beanspruchter bzw. verformter, meist toniger Gesteine.

15.3.6 Komplexe Rutschungstypen

Viele Rutschungen weisen nicht nur einen Bewegungstyp auf, sondern bestehen in Folge aus mehreren der beschriebenen Rutschungstypen (Fallen, Kippen, Gleiten, Driften, Fließen). Diese Rutschungen werden nach der internationalen Nomenklatur als **komplexe Rutschungen** bezeichnet:

- Treten zwei oder mehr Bewegungstypen gleichzeitig in verschiedenen Teilen einer Rutschung auf, so wird diese als **zusammengesetzte Rutschung** angesprochen.
- Zwei unmittelbar benachbarte Rutschungen gleichen Typs, die nacheinander aufgetreten sind, werden als **sukzessive Rutschung** bezeichnet.
- Eine **Mehrfachrutschung** weist eine wiederholte Entwicklung gleichen Bewegungstyps auf (Abb. 15.17).

Darüber hinaus werden in der im Abschn. 15.2.1 beschriebenen internationalen Nomenklatur verschiedene **Rutschungsaktivitäten** unterschieden:

- In einer **fortschreitenden** Rutschung breitet sich die Gleitfläche entgegen der Bewegungsrichtung aus (Abb. 15.20).

Abb. 15.19   Aufwölbung plastischer Ton(steine) in der Talsohle (aus ZARUBA & MENCL 1961).

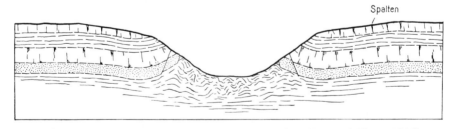

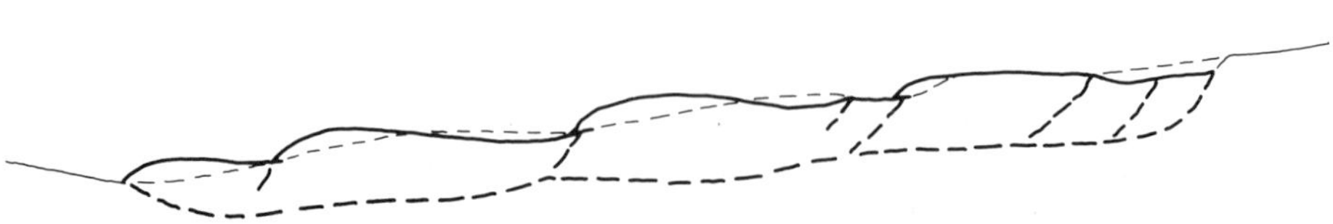

Abb. 15.20   Grundtyp einer flachen, fortschreitenden Rutschung in den Deckschichten.

- In einer sich **vergrößernden** Rutschung breitet sich die Gleitfläche in zwei oder mehr Richtungen aus.
- In einer sich **verkleinernden** Rutschung verringert sich das Volumen des verlagerten Materials.
- In einer **beschränkt ausgebildeten** Rutschung tritt zwar ein Abriß auf, am Rutschungsfuß ist jedoch keine Gleitfläche ausgebildet.
- In einer sich **fortsetzenden** Rutschung bewegt sich die Rutschmasse ohne sichtbare Veränderung oder Gleitfläche und des Volumens des verlagerten Materials.
- In einer sich **ausweitenden** Rutschung breitet sich die Gleitfläche in einer oder in beiden Flanken aus.

15.4 Berechnungsansätze und Diskussion der Scherparameter

Die Berechnung von Rutschungen setzt die Kenntnis des mechanischen Verhaltens der bewegten Masse unter dem Einfluß der abschiebenden und rückhaltenden Kräfte voraus. Weitere Grundvoraussetzungen für die üblichen Berechnungsverfahren sind die Annahme einer Gleitfläche und des Bruchzustandes bei einer Sicherheit F $\leq$ 1. Diese Idealisierungen sind für eine rechnerische Behandlung nach den konventionellen Rechenansätzen des Abschnitts 5.7 unerläßlich.

Die Ausbildung bzw. der Verlauf der Gleitfläche müssen mit Hilfe der beschriebenen Untersuchungsmethoden sowie nötigenfalls mit Näherungsberechnungen ermittelt werden. Dabei kommt dem wirklichkeitsnahen Erfassen des geologischen und **mechanisch-kinematischen Modells** einer Rutschung größere Bedeutung zu als der Genauigkeit technischer Berechnungen. In keinem Fall können fehlende ingenieurgeologische Informationen durch komplizierte und scheinbar genaue mathematische Methoden ersetzt werden. Treffen die ingenieurgeologischen Faktoren einer Rutschung zu, liefern oft auch einfache Berechnungsmethoden brauchbare Ergebnisse. Andererseits entziehen sich die im Abschn. 15.1 angeführten, oft minimalen auslösenden Faktoren jeder Berechenbarkeit, so daß die Berechnungsansätze für Rutschungen immer Näherungsverfahren bleiben werden. Hinzu kommt, daß man Rutschungsvorgänge der nichtlinearen Dynamik zuordnen kann, bei welcher die Wirkungen nicht gradlinig von den Ursachen abhängen, sondern sie können sogar rückwirkend diese selbst wieder beeinflussen.

Nach Lage und Form der Gleitflächen können 3 **Grundfälle** unterschieden werden, die sich mit den üblichen Berechnungsmethoden erfassen lassen:

- Gerade oder ebene Gleitfläche
- gekrümmte Gleitfläche (kreisförmig oder logarithmische Spirale)
- gebrochene Gleitfläche (aus geraden und/oder gekrümmten Teilabschnitten).

Bei vielen, auch flacheren Rutschungen können die wahrscheinlichen Gleitflächen noch durch Kreisausschnitte mit größerem Radius einigermaßen erfaßt und rechnerisch behandelt werden. In vielen anderen Fällen lassen sich die Abriß- und Gleitflächen durch gebrochene, aus kreisförmigen und geraden Teilabschnitten zusammengesetzten Gleitflächen ersetzen. Mit dem Verfahren nach JANBU (1955) kann man praktisch jede beliebige Gleitflächenform berechnen (s. Abschn. 5.7.3). GOLDSCHEIDER & GUDEHUS (1974) arbeiten mit Bruchmechanismen aus gegeneinander beweglichen starren Bruchkörpern mit ebenen und kreisförmigen Gleitflächen. Damit können häufig auftretende Teilschollenbewegungen innerhalb einer Rutschung erfaßt werden (s. d. a. DIN V 4084–100, 1996).

Bewegungen des Fließens und Kriechens ohne definierte Gleitflächen sowie Entlastungsbrüche nach Abschn. 15.2.6 und progressive Brüche lassen sich mit den konventionellen Rechenverfahren nicht erfassen (FRANKE 1976: 103 f) wohl aber z. T. mit numerischen Rechenmethoden (FE-Methode).

Der **Berechnungsgang** (Abschn. 5.7) besteht in der Regel aus verschiedenen Schritten: Bei einer bereits eingetretenen Rutschung wird die Berechnung zunächst mit der angenommenen Gleitfläche und den ermittelten Kennwerten sowie den übrigen stabilitätsbestimmenden Parametern durchgeführt. Liegt dabei die Sicherheit F > 1 und sind alle rutschungsfördernden Gegebenheiten berücksichtigt, so sind einzelne Parameter zu günstig angenommen worden und müssen modifiziert werden. Dies gilt auch für die Lage und Form der Gleitfläche, falls diese nicht geologisch vorgegeben bzw. bekannt ist.

Bei einer Sicherheit F = 1 ist die Rutschung rechnerisch erfaßt. Im nächsten Schritt werden die Auswirkungen der beabsichtigten Sanierungsmaßnahmen rechnerisch abgeschätzt. Vielfach reicht eine **Erhöhung der Sicherheit** auf 1.1 bis 1.15 aus, um Hangbewegungen weitgehend zum Stillstand zu bringen (SOMMER 1970: 308; 1978: 310; GUDEHUS & GÄSSLER 1980: 251; BRANDL 1987: 411) bzw. die Bewegungen auf ein unschädliches Maß zu bremsen. Ein solcher verhältnismäßig niedriger Sicherheitsfaktor ist vor allen Dingen dann vertretbar, wenn länger anhaltende geringe Nachbewegungen (Nachkriechen s. Abschn. 15.2.6) hingenommen werden können, Kontrollmessungen durchgeführt werden (JAHNEL & KÖSTER 1993) und eine spätere Verstärkung der Sicherheitsmaßnahmen möglich ist (DIN V 1054–100). Bei Rutschungen, bei denen das Wasser eine entscheidende Rolle spielt, sollten nach Möglichkeit etwas höhere Sicherheiten angestrebt werden.

Bei der rechnerischen **Abschätzung der Stabilität eines (noch nicht gerutschten) Hanges** bzw. einer Böschung muß durch Variation der Gleitfläche und der maßgebenden Parameter (s. Abschn. 5.7) die ungünstigste Gleitfläche bzw. der ungünstigste Bruchkörper gesucht werden. Bei natürlichen Hängen liegt die rechnerische Sicherheit häufig nur wenig über 1, so daß im Bebauungsfall die nach DIN 4084 bzw. DIN V 4084–100 erforderlichen Sicherheiten (s. Tab. 5.7) ohne zusätzliche Maßnahmen nicht zu erreichen sind. In solchen Fällen müssen die Gesamtstandsicherheit des Hanges sowie die Tiefenlage der Gleitfläche und die möglichen bzw. wahrscheinlichen Rutschkörper nach ingenieurgeologischen Gesichtspunkten abgeschätzt und die verschiedenen Bruchkörper nötigenfalls mit unterschiedlichen Sicherheiten beaufschlagt werden. Wahrscheinlichen Bruchkörpern muß mit einer Sicherheit von 1,3 begegnet werden, während mögliche, aber nach der ingenieurgeologischen Erfahrung unwahrscheinliche Bruchkörper gegebenenfalls nur mit einer rechnerischen Sicherheit von 1,1 oder 1,2 berücksichtigt werden können. Vorsicht ist in allen Fällen geboten, wo infolge geringer Anfangsbewegungen mit einem Abfall der Scherfestigkeit oder mit der Entwicklung eines progressiven Bruchvorganges zu rechnen ist. Die Entwicklung einer solchen langzeitigen Abminderung der Scherfestigkeit kann mehrere Jahre dauern (4 bis 12 Jahre). Sie ist meistens von einer Zunahme von Kriechbewegungen begleitet.

Die **Wirkung des Wassers** kann in den Berechnungsansätzen außer der Auflaständerung infolge Auftriebswirkung als hydrostatischer Kluftwasserdruck W, als Porenwasserdruck oder als Strömungsdruck bzw. durch einen strömungsdruckbeeinflußten, abgeminderten Reibungswinkel berücksichtigt werden (s. Abschn. 5.9.1).

Von den im Abschn. 2.7 behandelten **Scherparametern** wird für den Lastfall „extreme Niederschläge" wegen des dabei auftretenden möglichen Porenwasserdruckes, wie bei der Anfangsfestigkeit im schnellen Belastungsfall (Abschn. 2.7.4), als unterer Grenzfall die unentwässerte Scherfestigkeit c_u angesetzt (FRANKE 1976: 103).

Für einfache Entlastungsfälle und für Endfestigkeit von Belastungsfällen werden die effektiven oder wirksamen Scherparameter φ' und c' aus dem D- oder CU-Versuch verwendet. Hierbei ist zu beachten, daß bei langsam ablaufenden Bewegungen bereits eine Art rheologischer Effekte auftritt, durch welche die Scherparameter um 10 bis 15 % unter die sonst üblichen Werte absinken können.

Bei Tonen kann die Scherfestigkeit mit zunehmender Verschiebung und Ausbildung einer Gleitfläche auf die sog. Restscherfestigkeit φ_R abfallen (s. Abschn. 2.7.4). Diese beträgt in der Regel $^1/_3$ bis $^2/_3$ φ', wobei c_R meist 0 ist. Die Restscherfestigkeit wird auch auf allen vorgegebenen Gleitflächen mit tonigen Belägen angesetzt, besonders bei Tonen mit quellfähigen Tonmineralen. Außer der Tonmineralogie sind dabei auch rasterelektronenoptische Untersuchungen der Gleitflächenbeläge auf Einregelung und Auswalzung der Tonminerale von Bedeutung (RIZKALLAH & PASCHEN 1978, HEITFELD et al. 1985, BROSCH & RIEDMÜLLER 1988). Für die Abschätzung der Langzeitstabilität sind auch Änderungen der Kationenbelegung quellfähiger Tonminerale (s. d. Abschn. 16.3.1.3) z. B. durch Ca SO$_4$- oder NaCl-haltige Wässer und eine damit verbundene mögliche Verringerung der Scherfestigkeit zu beachten (s. VEDER 1979; CZURDA & XIANG 1993). Nach LAGALY (1988) kann die Gegenwart von Montmorillonit und Natriumionen die Fließgrenze eines Tons beträchtlich erhöhen, was sich besonders auf die Restscherfestigkeit auswirkt (MÜLLER-VONMOOS & LØKEN 1988).

Bei flach geböschten Einschnitten ($\leq 1:4$) in hochplastischen Tonen, bei denen der Porenwasserdruckeinfluß eine geringere Rolle spielt, kann auch mit φ' und $c' = 0$ gerechnet werden (FRANKE 1976: 104). Wenn jedoch mit Rutschungen zu rechnen ist, die gefährliche Ausmaße annehmen oder aufwendige Sanierungen erfordern würden, so sollte φ' etwas in Richtung φ_R abgemindert werden. Von vornherein φ_R anzusetzen, wird in solchen Fällen unwirtschaftlich (FRANKE 1976: 104; GRÜNDER & PRÜHS 1985: 284). BEURER & PRINZ (1977: 153) behandeln auch einen Fall, in dem auf vorgegebenen steilen Trennflächen φ auf den unteren Grenzwert $\varphi = 0$ abgemindert werden mußte, um das Gesamtsystem möglichst zutreffend zu erfassen.

Kriechen als langzeitige Erscheinung oder als einem Bruch vorausgehende Anfangsbewegung ist nicht nur meßtechnisch schwer zu erfassen, sondern auch rechnerisch nur über Grenzwertbetrachtungen einzugrenzen (DENZER & LÄCHLER 1988:51). Nach HAEFELI (1967) setzt Kriechen infolge langsam zunehmender Schubspannung bereits bei weniger als 50% der Bruchscherfestigkeit ein (s. a. GRÜNDER & PRÜHS 1985). Diese sog. kritische Schubspannung oder Kriechgrenze liegt damit im Vergleich teilweise noch unter der Restscherfestigkeit. Hindernisse (z. B. Gründungen), die der Kriechbewegung im Wege stehen, werden durch Kriechdruck beansprucht. Sein Größtwert kann ein Mehrfaches des aktiven Erddruckes betragen, erreicht aber nur selten den passiven Erddruck (HAEFELI 1967: 8).

Die Risiken oberflächennahen Kriechens sind jedoch im Einzelfall sehr schwer abzuschätzen. An den berüchtigten Dogger-Hängen des Aichelbergaufstiegs der A 8 mit buckeligen Oberflächenformen und krummen Bäumen konnten z. B. in zwei Jahre vorauslaufenden Inklinometermessungen keine signifikanten Kriechverformungen gemessen werden (DENZER & LÄCHLER 1988: 50).

Im Zusammenhang mit Kriecherscheinungen kann es in der Natur zu einem allmählichen Abbau der Scherfestigkeit kommen, der als **progressiver Bruch** bezeichnet wird. Durch örtliche Überschreitungen der Scherfestigkeit und dabei auftretende geringe Gleitbewegungen können zunächst eng begrenzte Bewegungszonen entstehen. Infolge der dabei auftretenden Überlastung der Nachbarbereiche dehnen sich diese Schwächezonen aus, und es entstehen immer größere Flächen, in denen die Scherfestigkeit auf die Restscherfestigkeit abfällt. Sobald diese Flächen ein kritisches Ausmaß erreicht haben, kommt es zum Bruch. Die Erscheinung dieses progressiv entstehenden Bruches ist mehr oder weniger auf Böden mit ausgeprägter Restscherfestigkeit oder auf vorgegebene Flächen, insbesondere tonig belegte Schichtflächen beschränkt. Sie ist in solchen Böden aber eine verhältnismäßig häufige Erscheinung. In tiefen Gruben oder Einschnitten bzw. vergleichbaren Entlastungsfällen kann der Ausdehnungseffekt, der zur Öffnung der Trennflächen und zur Abnahme der Scherfestigkeit führt (s. Abschn. 13 und 15.2.6) über Jahre andauern und dann zu überraschenden Rutschungen führen (FRANKE 1976; KRAUTER et al. 1979; GRÜNDER & PRÜHS 1985; BROSCH & RIEDMÜLLER 1988; MORGENSTERN 1990). Erste Anzeichen solcher progressiver Brucherscheinungen sind häufig die Öffnung von Zugrissen in oder

oberhalb der Böschung und Ausbauchung der Böschungsfläche.

Bei **Festgesteinen** ist gemäß Abschn. 2.7.4 zwischen der Gebirgsscherfestigkeit i. e. S. und der Scherfestigkeit auf Trennflächen zu unterscheiden. Von den letzteren ist die Scherfestigkeit auf Schichtflächen noch einigermaßen abzuschätzen bzw. aus Großversuchen oder der Rückrechnung von Felsgleitungen bekannt. Je nach Ausbildung der Flächen bzw. vorhandenen Belägen (Glimmer, schuppige Mylonite, dünne schmierige Tonlagen) sind Abminderungen zu treffen, wobei jeweils auch die Flächengröße, für welche diese Abminderungen gelten sollen, abzuschätzen ist. Die Scherfestigkeit von Kluftflächen ist sehr stark vom Einspannungszustand, der Flächenausbildung, der Kluftweite und der Kluftfüllung abhängig und ist wesentlich schwieriger anzugeben (s. d. Abschn. 2.7.4 und NAUMANN & PRINZ 1988: 5).

Für langsame Felsgleitungen kann zur Abschätzung des Gefährdungsgrades auch auf die vereinfachten Berechnungsmethoden von ESCHENBACH & KLENGEL (1975) verwiesen werden. Ein Anwendungsbeispiel bringt SCHWINGENSCHLÖGEL (1990).

15.5 Vorkehrende Maßnahmen und Sanierung von Rutschungen

Für die Festlegung von vorkehrenden Maßnahmen oder Sanierungsmaßnahmen ist es unerläßlich, die ursächlichen Faktoren für die Rutschgefahr oder eine aufgetretene Rutschung zunächst einmal richtig zu erkennen. Die vorzuschlagenden Maßnahmen müssen dann die einzelnen Faktoren soweit wie möglich ausschalten, das Gleichgewicht wiederherstellen oder die Rutschmassen stabilisieren. Solche vorkehrenden oder Sanierungsmaßnahmen sind in der Regel sehr kostenaufwendig, so daß diesem Aufwand immer die Notwendigkeit und auch der Erfolg der Maßnahme gegenübergestellt werden müssen. In vielen Fällen ist eine **Planungsänderung** wirtschaftlicher als eine Sanierung, vor allen Dingen wenn die Gefahrensituation rechtzeitig erkannt und die Umplanung frühzeitig vorgenommen wird.

Kann auf das Bauvorhaben aus zwingenden Gründen nicht verzichtet werden, so ist nach dem **„Prinzip der kleinsten Massenbewegungen"** vorzugehen, d. h. die Eingriffe in das Gelände müssen minimiert werden, und es dürfen jeweils nur so wenig Massen wie möglich ab- bzw. aufgetragen werden (JOHNSEN & KLENGEL 1973). Bei der Sanierung aufgetretener Rutschungen genügt es auch oft, die Bewegungen so weit zu verlangsamen bzw. das Risiko weiterer Bewegungen zeitlich abzuschätzen, daß man damit auf absehbare Zeit bestehen kann. Eine vollständige Ausschaltung jeglicher Gefahr ist in vielen Fällen zu aufwendig (s. Abschn. 15.4).

Das Prinzip des kleinsten Massenabtrages gilt auch bei **Steinschlag- und Felssturzgefahr.** Hierbei handelt es sich häufig nur um einige m³ Gestein, die an übersteilten Böschungen abzustürzen drohen. Das Problem ist in der Regel die absturzgefährdeten Partien zu erreichen und abzutragen ohne Schaden anzurichten. Oft ist es kostengünstiger, den Großteil der absturzgefährdeten Massen in der Wand zu sichern. Um diese Arbeiten ausführen zu können, sind meist aufwendige Einrüstungen, Seil- oder Netzsicherungen bzw. große Autokrane mit Arbeitsbühnen erforderlich (HENN et al. 1980; JÄGER 1982; KLINGLER 1990, s. d. a. Abschn. 13.3.1).

Gegen Murenabgänge und ihre Folgen werden häufig Murfangsperren errichtet (HACH & LIST 1975).

15.5.1 Verbesserung bzw. Wiederherstellung des Gleichgewichtes

Da eine der häufigsten Rutschungsursachen die Veränderungen in der Neigung oder Höhe eines Hanges bzw. einer Böschung sind, genügt es in vielen Fällen, das Gleichgewicht zu verbessern bzw. wiederherzustellen. Die einfachste Methode, ungünstig wirkenden Massen oder **Restmassen abzutragen,** scheitert häufig an der Kubatur oder daran, daß große Teile eines Hanges abgetragen werden müßten.

Kleinere Rutschmassen werden vielfach bis auf die Gleitfläche abgetragen, und zwar entweder unter Böschungsabflachung (Abb. 15.21 a) bzw. ganz- oder teilweiser Wiederherstellung der Böschungsfläche mit standfestem Material als sog. **Steinplomben** (Abb. 15.21 b). Der Abtrag der Rutschmassen bis unter die Gleitfläche soll zur besseren Verzahnung möglichst treppenartig erfolgen. Die Sohlschichten sind nötigenfalls durch Sickerschichten mit Sickersträngen zu entwässern. Die Verbesserung des Gleichgewichts kann durch Einbau eines Reibungsfußes aus hochscherfestem, gebrochenem Gesteinsmaterial o. ä. bzw. durch Auf-

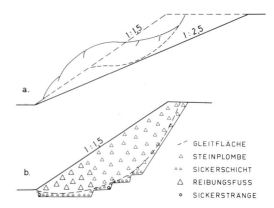

Abb. 15.21 Maßnahmen zur Wiederherstellung des Gleichgewichts einer Böschung a. Böschungsabflachung b. Wiederherstellung der Böschungsfläche nach Einbau einer Steinplombe bzw. eines Reibungsfußes.

bau eines Gegengewichtes bzw. Ausziehen des Böschungsfußes verstärkt werden.

Ein solcher Massenabtrag und **Bodenaustausch** kann bei unverträglichem Risiko und eindeutiger Gefahrensituation auch schon vorab bei der Böschungsherstellung erfolgen. Bei Mehrfachrutschungen oder fortschreitenden Rutschungen genügt vielfach auch eine Teilauskofferung, ggf. im Schutze oder mit Unterstützung eines massiven Verbaus und Aufbau eines ausreichenden Reibungsfußes (Abb. 15.22 und HEITFELD 1980: 117).

Eine sehr wirkungsvolle Maßnahme ist auch eine **Vorschüttung als Gegengewicht,** die, wenn entsprechende Massen rasch verfügbar sind, auch als Sofortmaßnahme zweckmäßig sein kann, um die Bewegungen rasch zum Stillstand zu bringen.

Beim **Hydro-Zementations-Verfahren** wird eine in situ-Bodenverfestigung vorgenommen, indem mittels geländegängiger Schreitbagger oder spezieller Kettenbagger der anstehende Boden streifenweise in 4 bis 8 m tiefen Schlitzen aufgearbeitet und mit Additiva auf Zement- und Silikatbasis verfestigt wird. Die so erstellten Zement-Boden-Stützkörper können mit Entwässerungsmaßnahmen kombiniert werden (GÄSSLER et al. 1989; JÄGER 1991).

Bei Gefahr von Entlastungsbrüchen können flächig verteilte **Ankerung** (BAUER 1988, WITTKE et al. 1988, TRISCHLER & DÜRRWANG 1989, JAHNEL & KÖSTER 1993 und Abb. 15.23), **Bodenvernagelung** (MEININGER & GÄSSLER 1992) oder auch ein **Belastungsfilter** in Form von 2 bis 3 m Kiessand

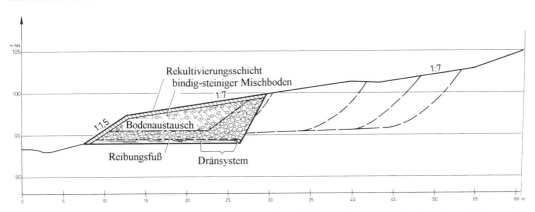

Abb. 15.22 Stabilisierung einer Merhfachrutschung durch Teilauskofferung und Aufbau eines Reibungsfußes (Zeichn. KRAUTER)

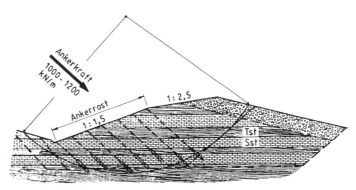

Abb. 15.23 Sicherung einer Böschung in einer Buntsandsteinwechselfolge durch flächig verteilte Daueranker (aus TRISCHLER & DÜRRWANG 1989).

oder Schotterabdeckung dieser entgegenwirken und eine Abminderung der Scherfestigkeit verhindern.

15.5.2 Oberflächendränung

Oberflächenwasser muß durch offene Gräben, meist Hanggräben, von der Rutschung abgehalten und abgeführt werden. Nötigenfalls sind diese mit dichter Sohle (Betonhalbschalen o. ä.) zu versehen.

Um das Einsickern von Oberflächenwasser zu vermindern, sind freigelegte Flächen mit bindigem Boden, vorübergehend auch mit Folien abzudecken. Risse im Boden sind mit bindigem Material oder Zementsuspension zu verschließen. Durch rasche Begrünung mit wasserverbrauchendem Bewuchs kann die Versickerungsrate und auch das Auftreten von Trockenrissen abgeschwächt werden. Die Versickerungsrate kann auch durch ein System von flachen Sicksträngen oder Sicker-

schlitzen in Abständen von 6 bis 8 m abgemindert werden (s. d. Abschn. 13.3.3). Abflußlose Senken sind nötigenfalls gesondert zu entwässern.

Aufgeweichte tonige Rutschmassen können nötigenfalls durch elektroosmotische Entwässerung stabilisiert und befahrbar gemacht werden (s. Abschn. 11.4). Eine Dauerwirkung ist damit allein allerdings nicht zu erzielen.

15.5.3 Tiefdränung

Tiefere wasserführende Schichten oberhalb und in Rutschungen können durch 3 bis 5 m tiefe Sickerschlitze bzw. **Hangsickstränge** mit einem Sickerrohr an der Sohle und einem Misch- oder Stufenfilter, nötigenfalls mit Vliesummantelung, entwässert werden. Diese sollten möglichst im Hanggefälle oder Y-förmig angelegt werden. Sickeranlagen oberhalb von Rutschungen müssen in einem sicheren Abstand verlaufen.

In Böschungen können **Sickerstützscheiben** aus Schotter, Gabionen oder Einkornbeton vorgesehen werden. Flache Sickerstützscheiben werden gewöhnlich als Rigolen bezeichnet (s. Abschn. 13.3.3).

Bei größerer Tiefe der wasserführenden Schicht kann die Entwässerung durch **Tiefdränschlitze** nach der Großbohrpfahlmethode aus durchlässigem Einkornbeton (Abb. 15.24) oder auch Schotterpfählen erfolgen. Bei größeren Längen sind in der Sohle Sickerrohre zu verlegen, deren Wasser nötigenfalls über Querschlitze oder Horizontalbohrungen abgeführt werden kann. Die Langzeitwirkung einer solchen Maßnahme hängt allerdings stark von der Qualität der Ausführung ab, wobei bei allen Tiefdränmaßnahmen die Möglichkeit des Zusinterns die Dränrohre durch kalkhaltiges Wasser oder durch Kalkauswaschung aus dem Beton (s. Abschn. 9.3) zu beachten ist.

Mit **Horizontaldränung** kann weniger eine direkte Entwässerung, wohl aber eine Umlenkung des Strömungsdruckes erreicht werden (Abb. 15.25). Ihre Anwendung empfiehlt sich besonders an steilen Hängen mit tiefgreifenden Rutschungen. Meist ist es allerdings sehr schwierig, die wasserführenden Schichten oder Kluftzonen eines Hanges gezielt anzubohren. Wenn im Einzelfall ein Drittel der ausgeführten Horizontal-Entwässerungsbohrungen Wasser bringen, kann die Maßnahme als Erfolg angesehen werden. Als Dränrohre werden gewöhnlich 2″ Kunststoffrohre mit ummantelter Filterstrecke oder mit Kunstharzfilter verwendet.

Entwässerungsstollen werden bei großflächigen, tiefreichenden Rutschungen auch heute noch mit meist gutem Erfolg ausgeführt. Sie können mit Vertikal- oder Horizontalbrunnen kombiniert werden (HEITFELD et al. 1985; MÜLLER 1987: 27; WITTKE et al. 1988; BROWN et al. 1993).

15.5.4 Stabilisierung von Rutschungen

Eine seit den 70er Jahren (SOMMER 1970: 304) häufig angewendete Methode zur Stabilisierung von Rutschhängen bzw. zur Reduzierung der Hangbewegungen auf ein unschädliches Maß ist eine Verbesserung des Untergrundes durch Vernagelung oder Verdübelung. Unterschieden werden dabei Kleindübel, Normaldübel und Großdübel (Abb. 15.26). Als **Kleindübel** werden entweder Niederdruck-Injektionslanzen in raster- oder scheibenförmiger Anordnung (a = 1,5–2,5 m) in Bohrungen ($\varnothing$ < 100 mm) eingesetzt und injiziert, wodurch ein etwas verfestigter Bodenkörper mit erhöhter Kohäsion entsteht (nach BREYMANN 1982: 180, Erhöhung der Kohäsion um 20 kN/m²; nach BRANDL 1987: um 10–50 kN/m²) oder es werden gerippte Rundstähle ($\varnothing$ 28–50 mm) in vermörtelte Bohrlöcher ($\varnothing$ 150–180 mm) eingetrieben bzw. Stahlrohrquerschnitte in die Bohrlöcher eingestellt, mit Mörtel gefüllt bzw. injiziert. Das Verfahren wird teilweise auch als **Bodenvernagelung** (MEININGER & GÄSSLER 1992) bezeichnet.

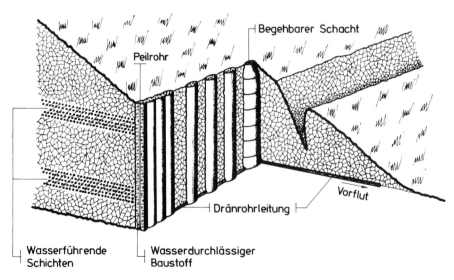

Abb. 15.24   Schema eines Tiefdränschlitzes (aus BLEY 1976).

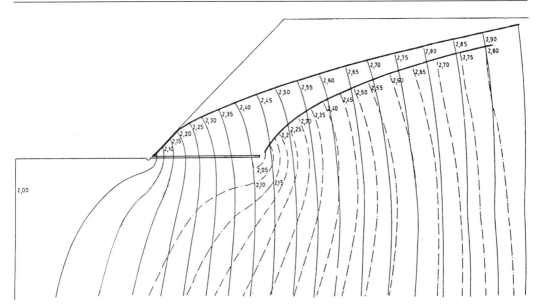

Abb. 15.25   Umlenkung der Äquipotentiallinien und der Sickerlinie in einer Böschung durch eine Horizontaldränung.

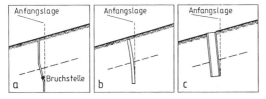

Abb. 15.26 a–c   Durch Auffangbewegungen beanspruchte Kleindübel (a), Normaldübel (b) und Großdübel (c) – Firmenprospekt.

Das Tragverhalten von Kleindübeln kann rechnerisch über die Abscherkraft der Konstruktionsmaterialien (Mörtel/Stahl) abgeschätzt werden (etwa 1,0–1,5 kN je Dübel; s. a. ERICHSEN & KEDDI 1991). Die stabilisierende Wirkung besteht darin, daß die Rutschmassen bzw. die Teilschollen einer Rutschung unter sich und mit dem nicht bewegten Untergrund vernagelt werden (ZIEGER 1985). Bei anhaltenden Bewegungen werden solche Kleindübel häufig mitgezogen und versagen. In solchen Fällen bietet sich an, die Injektionslanzen flach geneigt einzubauen und auf Zugkraft zu dimensionieren (GÄSSLER et al. 1989). Injektionsdübel eignen sich vor allem für injizierbare Hangschuttmassen und auch aufgelockerten Fels, aber auch für steife, tonig-schluffige Tertiärsedimente (BRANDL 1987: 395). Wenn die abschiebenden Kräfte zu groß sind

oder Wasser eine maßgebende Rutschungsursache darstellt, sind Kleindübel nicht zu empfehlen, zumindest nicht ohne wirkungsvolle Dränmaßnahmen.

Normaldübel sind Bohrpfähle aus Stahlbeton von 20 bis 100 cm, häufig 40 cm Durchmesser (DÜLLMANN et al. 1977). Ihnen kann eine rechnerische Schubkraft in der Gleitfläche zugeordnet werden (GUDEHUS 1984: 13). Vor allem als Fußsicherung rutschgefährdeter Hänge hat sich auch eine biegesteife Verbindung der Pfahlköpfe durch Druckriegel bewährt.

Großdübel mit Durchmessern > 100 cm werden als Großbohrpfähle bzw. großkalibrige Pfeiler oder auch als Schlitzwandelemente bzw. Großbohrpfahlgruppen oder sog. Kreiszellendübel hergestellt und weisen eine hohe Biegesteifigkeit auf, die besonders bei tiefreichenden Rutschmassen (> 20 m) vorteilhaft ist (Abb. 15 und SOMMER 1978; GUDEHUS & GÄSSLER 1980: 251; MEININGER et al. 1985; ZIEGER 1985; DÜRRWANG & OTTO 1986).

Die horizontale Tragkraft der Dübel, besonders von Großdübeln, kann durch **Rückverankerung** (s. Abschn. 10.5) in nicht bewegte, ankerfähige Schichten verbessert werden. Diese Methode wird besonders auch bei der vorbeugenden Sicherung noch nicht gerutschter Hänge angewandt (s. Abschn. 15.5.5).

15.5.5 Gründung von Bauwerken an rutschungsgefährdeten Hängen

Soweit eine Gründung von Bauwerken an rutschungsgefährdeten Hängen unvermeidbar ist (s. BECKER 1985), muß sie mit den vollen rechnerischen Sicherheiten nach DIN 4084 und DIN 1054 (s. Tab. 5.7) abgedeckt sein. Dies bedeutet, daß die Gründungskörper bzw. die Sicherungslemente in der Regel bis unter die theoretische Gleitfläche mit einer Sicherheit von F = 1,3 hinuntergeführt werden müssen. Die Bruchmechanismen und die Scherfestigkeitsparameter sind dabei möglichst wirklichkeitsgetreu abzuschätzen, um gefährliche oder aufwendige Fehlbeurteilungen zu vermeiden.

Bei der **Standsicherheitsbeurteilung** muß man sich in solchen Fällen vielfach auf örtliche Sicherungen beschränken, welche das Bauwerk weitgehend gegen die Rutschgefahr bzw. gegen den Hangschub absichern. Dabei ist es oft auch nötig, mit unterschiedlichen Sicherheitsbeiwerten zu arbeiten. LAEMMLEN & KATZENBACH (1986) unterscheiden bei auf Hangschub dimensionierten Gründungen an einem Buntsandsteinhang mit talwärts einfallender Schichtung unterschiedlich große, wahrscheinliche und mögliche Gleitkörper, die mit Sicherheitsbeiwerten von F = 1,3 bis 1,1 abgedeckt wurden. DENZER & LÄCHLER (1988) differenzierten die durch Grenzwertbetrachtungen abgeschätzten Kräfte aus Hangkriechen in wahrscheinliche und mögliche Lastfälle und berücksichtigen sie dementsprechend nach DIN 1054 als ständig wirkende Lasten bzw. als außerplanmäßige Lasten.

Die **Gründung** kann in solchen Fällen entweder als tiefgeführte Flächengründung erfolgen, welche die Kräfte aus Hangschub oder Hangkriechen direkt über die Gründungssohle abtragen kann oder als Pfahlgründung, die aber selbst kaum zusätzliche Horizontalkräfte aufnehmen kann. Die Sicherung gegen Hangschub oder eventuelle Kriechkräfte muß durch zusätzliche Sicherungselemente erfolgen, wie Rückverankerung der Gründungskörper oder der Fundamente, rückverankerte Schutzwände oder Sanierung des Hangabschnitts oberhalb durch Verdübelung (BRANDL 1987: 417). Wo mit echten Kriechverformungen zu rechnen ist, werden auch freistehende Schachtgründungen ausgeführt, deren einzelne Segmente sich z. T. gegeneinander bewegen können (BRANDL 1982; DENZER & LÄCHLER 1988: 48).

15.5.6 Überwachungs- und Warnanlagen

Bei Rutschungen sollte häufiger von der Möglichkeit einer meßtechnischen Überwachung über einen längeren Zeitraum Gebrauch gemacht werden, um zu einer möglichst realistischen Einschätzung der Standsicherheit unter dem Einfluß äußerer Faktoren zu kommen (s. a. DIN V 1054 – 100, 1996). Mittels zusätzlicher Warnanlagen kann bei Erreichen von kritischen Bewegungsmaßen Alarm ausgelöst werden.

Eine ausführliche Darstellung der Meß- und Überwachungssysteme für Hang- und Böschungsbewegungen bringt KUNTSCHE (1996).

Zur Überwachung von Böschungs- oder Hangbewegungen sind in erster Linie Bewegungsmessungen geeignet, da diese relativ zuverlässige, direkte Meßwerte liefern. Je nach örtlicher Situation und den zu erwartenden Bewegungsmaßen kommen gemäß Abschn. 15.2.5 geodätische Messungen, photogrametrische Präsizionspunktbestimmungen, Bohrlochmessungen (Inklinometer, Deflektometer, Gleitmikrometer), bzw. Divergenzmessungen (Konvergenzmeßgeräte oder Distometer, Extensometer, Felsspione) und Neigungsmesser in Betracht. Die Bohrlochmessungen sind im Abschn. 4.6.4, die bei Hangbewegungen sonst üblichen Messungen im Abschn. 15.2.6 beschrieben. Seltener werden auch akustische oder z. T. auch seismische Methoden angewendet, deren Signale vor Rutschungsereignissen meist einen deutlichen Anstieg in der Häufigkeit und z. T. auch der Intensität zeigen und so unmittelbar bevorstehende Bruchereignisse ankündigen. Nachteil des akustischen Monitoring ist, daß die Meßgeräte sehr empfindlich sind und auch andere Geräusche erfassen.

Sofern die **Grundwasserstände** eine Rolle spielen, sind auch diese regelmäßig zu messen und mit dem Niederschlagsgeschehen zu korrelieren.

Der **zeitliche Abstand der Messungen** muß der jeweiligen Situation angepaßt und nötigenfalls variiert werden. Selbstschreibende Meßeinrichtungen bzw. solche mit automatischer Datenerfassung und Fernübertragung ermöglichen eine quasi kontinuierliche Überwachung der Bewegungen.

Bei **Alarmeinrichtungen** sollten die jeweiligen Grenzwerte zwar so gewählt werden, daß die Warnung noch rechtzeitig vor dem Eintreten des Schadensereignisses erfolgt, sie sollten aber nicht zu empfindlich eingestellt werden, um unnötige Fehlalarme zu vermeiden.

15.6 Als rutschungsanfällig bekannte Schichten

Die nachstehend kurz aufgeführten rutschungsanfälligen Schichtglieder in den verschiedenen geologischen Formationen und Landschaften in Deutschland sollen noch einmal die Abhängigkeit von Rutschungen von der geologischen Situation aufzeigen und die verschiedenen regionalen Typen von Rutschungen deutlich machen. Ein umfassender Überblick ist in dem hier gegebenen Rahmen nicht möglich. Auch ist eine gewisse regional begrenzte Einseitigkeit unvermeidbar, was auch für die Literaturhinweise und die zitierten Erläuterungsbeiträge gilt. Hinsichtlich der alpinen Rutschungen und Bergstürze wird auf SCHWENK (1992) und auf die in den Abschnitten 15.3.1 und 15.3.4 genannte Literatur verwiesen.

15.6.1 Rheinisches Schiefergebirge

Die meisten aktiven Rutschungen im Rheinischen Schiefergebirge und auch in den Perm-Gebieten der Saarsenke und der Pfalz werden durch menschliche Eingriffe ausgelöst, welche das Hanggleichgewicht stören. Diese große Empfindlichkeit zeigt andererseits, daß sich die Hänge oftmals in einem nahezu labilen Gleichgewicht befinden, bei dem geringfügige Störungen ausreichen, um Bewegungen auszulösen.

Bei den Rutschungen im **Rheinischen Schiefergebirge** ist zwischen Felsabbrüchen und Felsstürzen bzw. felssturzartigen Großrutschungen und Gleitungen auf vorgegebenen Flächen zu unterscheiden. Bei den ersteren handelt es sich oftmals nur um wenige m³ Gestein, das an übersteilten Böschungen oder von Klippen abzulösen droht. Als Beispiel reiner **Felsstürze** seien hier die „gefallenen Felsen" bei Idar-Oberstein erwähnt, die sich als große Blöcke von der Wand gelöst haben und heute noch neben der B 41 liegen (KRAUTER 1987: 30).

Felssturzartige Großrutschungen wie bei Kaub 1830, am Nollig bei Lorch/Rh. 1919/20 und am Rittersturz bei Koblenz (KRAUTER 1973: 230; ANKE et al. 1975: 25; KRAUTER 1987: 39) sind verhältnismäßig selten. Sie sind fast immer auf geologisch-tektonische Strukturen zurückzuführen, wobei die letztlich auslösenden Faktoren häufig vom Menschen beeinflußt werden.

Am Felshang Rittersturz (KRAUTER 1973, 1987: 39) wurden von 1951 bis 1971 die Felsbewegungen gemessen. In diesem Zeitraum sind auch mehrfach Felsstürze von jeweils 200–300 m³ Ge-

stein aufgetreten. Die Felsabbrüche kündigten sich meist durch verstärkte Felsbewegungen an (ANKE et al. 1975: 30; KRAUTER 1987: 40). Nach mehreren Zwischensanierungen wurde das Hotel 1973 abgerissen und die gefährdeten oberen Felsmassen wurden abgetragen. Von besonderen Großrutschungsereignissen an der Mosel mit der Gefahr von Schallwellen berichten KRAUTER et al. (1993) und ROSSBACH & ZENTGRAF (1993).

Am Nollig bei Lorch/Rhein ist in den Jahren 1919/20 eine großflächige Felsgleitung aufgetreten, deren Blockmassen mehrere Häuser stark beschädigt haben. Ursache war eine ehemalige Seitenentnahme beim Bahnbau sowie weitere Eingriffe in den Hangfuß durch die Bebauung. Die Rutschmassen sind Anfang der 30er Jahre abgetragen bzw. eingeebnet worden (s. ROGALL 1996).

Die meisten Rutschungen im Rheinischen Schiefergebirge sind **Gleitungen auf vorgegebenen Trennflächen**, meist Schicht- oder Schieferungsflächen, gelegentlich aber auch Störungszonen, die im Zusammenwirken mit anderen Trennflächen die Bewegungsbahnen bilden. KRAUTER (1973), HEITFELD (1978), WITTKE et al. (1988) und JAHNEL & KÖSTER (1993) beschreiben einige größere Felsgleitungen im Rheinischen Schiefergebirge, die durch Störung des Hanggleichgewichts bei Straßenbaumaßnahmen ausgelöst worden sind. In allen Fällen sind es auch wieder vorgegebene geologische Strukturen und Trennflächen mit abgeminderten Scherfestigkeiten, welche durch die Störung des Hanggleichgewichts aktiviert worden sind. Häufig treten dabei mehrere übereinanderliegende Gleitflächen auf, die abwechselnd das Bewegungsbild der Rutschung bestimmen (Abb. 15.27). Solche Rutschungen sind besonders schwer zu beurteilen, da die einzelnen Teilbewegungen oft ein widersprechendes Bewegungsbild ergeben, das erst nach genauer Bewegungsanalyse und Erkennen der verschiedenen Gleitflächen ein allseits übereinstimmendes Gesamtbild ergibt. Bei vielen solchen Rutschungen im Rheinischen Schiefergebirge reichen auch natürliche auslösende Faktoren wie ungewöhnlich starke Niederschläge aus, um latente Rutschungen wieder zu aktivieren (LUSZNAT & WIEGEL 1968, KRAUTER 1973, HEITFELD 1978). Untersuchungen an solchen Gleitungen im Rheinischen Schiefergebirge haben ergeben, daß die Ersatzreibungswinkel im Bruchzustand vielfach bei $\varphi = 22°$ bis $30°$ liegen (KRAUTER 1973, HEITFELD 1978), was auf Unebenheiten auf diesen Flächen sowie oft treppenartige Versprünge und dadurch bedingte Verzahnungen u. ä. zurückgeführt wird. Auf stärker tonigen Flächen

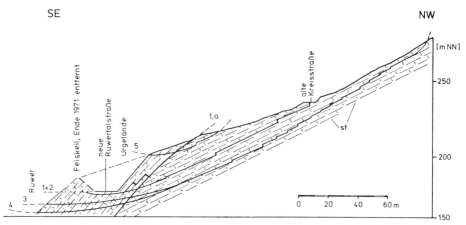

Abb. 15.27 Mehrere übereinander liegende Gleitflächen mit primären (1) und sekundären Bewegungen (2−5) − aus Krauter (1987).

und besonders in Gesteinen mit tuffitischen Lagen liegen die Ersatzreibungswinkel beim Bruch dagegen vielfach bei $\varphi = 18°$ bis 20° (WITTKE et al. 1988), mit Minimalwerten von $\varphi = 8°$ bis 12° (HEITFELD 1978: 366) und sind damit als echte Restscherfestigkeiten (φ_R· c = 0) anzusehen. Tonmineralogische Untersuchungen von Tonen aus solchen Gleitflächen weisen vielfach erhebliche Gehalte an quellfähigen Tonmineralen auf.

Bei menschlichen Eingriffen, insbesondere Straßenbauarbeiten, sind auch in den **Karbon- und Perm-Gebieten** des Saarlandes und der Pfalz mehrfach Gleitungen auf Schichtflächen aufgetreten. Die Wechselfolgen von Sandsteinen und Tonsteinen bzw. Schiefertonen sowie die verbreitete tektonische Schichtverstellung bieten dafür günstige Voraussetzungen. Die Tonsteine sind allgemein wasserempfindlich. Häufig waren auch dünne plastifizierte Ton(stein)lagen die Ursache der Gleitungen (DEGRO 1978).

Außer diesen rezenten und mehr oder weniger bekannten Rutschungen liegen besonders an den Hängen der ehemals offensichtlich übersteilt eingetieften Täler im Einzugsgebiet des Rheins aber auch in anderen Schiefergebirgsgebieten zahlreiche fossile Rutschungen vor, die heute morphologisch kaum oder erst bei genaueren Studien erkannt werden, aber durch menschliche Eingriffe jederzeit wieder in Bewegung kommen können (DITTRICH & LÜTHKE 1982, ROGALL 1996).

Im Januar 1994 ereignete sich in Martinstein bei Kirn ein für Mittelgebirgsverhältnisse typischer Felssturz mit 30 bis 50 m³ Gestein, der einen älteren Fangzaun teilweise durchschlagen und ein Nebengebäude schwer beschädigt hat (Abb. 15.28).

Die **Vulkanite des Rheinischen Schiefergebirges** und der Permgebiete sind selbst wenig rutschungsanfällig. In tuffitischen Zwischenlagen und besonders im Kontaktbereich zwischen Eruptivgestein und Sedimentgestein kommt es durch menschliche Eingriffe jedoch immer wieder zu großen Rutschungen. An dieser Stelle sind auch einige z. T. ebenfalls felssturzartige Großrutschungen in aufgelassenen oder noch in Abbau befindlichen Basaltsteinbrüchen im Rheinischen Schiefergebirge zu nennen, die ebenfalls fast immer an geologisch vorgegebenen Flächen, vielfach auf der Grenze Basalt bzw. Basalttuff/Schiefergebirge auftreten, deren Scherfestigkeitseigenschaften durch tertiäre Verwitterung oder vulkanische Vorgänge sowie Wassereinwirkung abgemindert sein können. Als Beispiele solcher Großrutschungen seien angeführt der Bergschlupf bei Königswinter von 1846 (NÖGGENRATH 1847), der Felssturz bei Linz/Rhein von 1978 (KRAUTER et al. 1979) und die Großrutschung an der BAB A 13 im Landkreis Gießen (BEURER 1981). Bei dem Felssturz bei Linz/Rh. sind durch die Flutwelle aus dem Grundwassersee im Steinbruch zwei Personen ums Leben gekommen. Solche Grundwasserseen stellen ein besonderes Gefährdungspotential dar.

15.6.2 Buntsandsteingebiete

In den Verbreitungsgebieten des **Unteren und Mittleren Buntsandsteins** sind Rutschungen verhältnismäßig selten. An Hängen mit talwärtigem Schichtfallen kommt es jedoch bei Unterschneidung der Schichtflächen durch Talerosion oder menschliche Eingriffe verhältnismäßig leicht zu

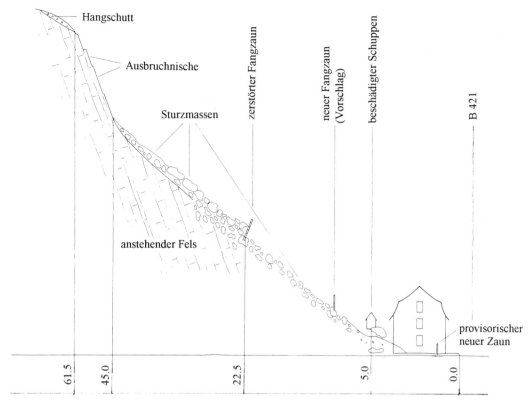

Abb. 15.28 Felssturz von Martinstein in bankig abgesonderten, stark klüftigen magmatischen Rotliegend-Gesteinen (nach JAHNEL & SCHROEDER 1996).

Gleitungen. Die noch mehr oder weniger deutlich erkennbaren Ausbruchnischen, z. T. auch noch mit der vorgelagerten grabenartigen Vertiefung und den als flache Buckel im Gelände erkennbaren abgerutschten Massen sind an jungen, übersteilten Talhängen immer wieder anzutreffen (BECKER, LINDSTEDT & PRINZ 1989; BRÄUTIGAM et al. 1989). Besonders rutschungsanfällig sind tonsteinreiche Wechselfolgen mit plastifizierten oder glimmerbelegten Tonsteinlagen (s. Abschn. 13.2.1). Auch flache **Rutschungen in den Deckschichten** und z. T. auch in der Anwitterungszone treten im Verbreitungsgebiet des Buntsandstein gelegentlich auf (Abb. 17.1). Sie sind meist auf Wassereinwirkung und gegebenenfalls plastifizierte Ton(stein)lagen in der oberflächennahen Verwitterungszone zurückzuführen und können teilweise Flächen von mehreren Hektar einnehmen.

Häufiger als sonst im Buntsandstein sind Rutschungen auch im **Bereich der saxonischen Grabenbrüche** zu finden, an deren Rändern die Schichten vielfach stärker verstellt sind und in denen tektonisch gestörte und damit besonders rutschungsanfällige Schichten des Röts und des Keupers in das Niveau des Buntsandsteins eingesunken sind und entsprechend flache Hänge mit z. T. mächtigen Schutt- und Rutschmassen bilden. Die teilweise muldenförmigen Grabenstrukturen bieten sich z. T. geradezu als Gleitflächen an (LAEMMLEN & PRINZ 1979, MOLL & KATZENBACH 1987: Bild 4, LAEMMLEN & KATZENBACH 1986: 30).

Auch an den **Rändern von Subrosionskesseln oder -senken** über Zechsteinsalinar im tiefen Untergrund (PRINZ et al. 1973) treten häufiger als sonst Schichtverstellungen und auch Rutschungen auf. Eine der bekanntesten dieser Art dürfte die Rutschung beim Aufschlitzen des Braunhäuser Tunnels an der DB-Strecke Bebra–Göttingen im Jahre 1961 gewesen sein (FINKENWIRTH 1968). Besonders rutschungsanfällig sind auch die tonigen **Füllungen von fossilen Einbruchsschloten** des tiefen Salinarkarstes (PRINZ 1980a: 33). Wo solche verdeckten Schlotfüllungen mit Dämmen o. ä. belastet werden, können völlig unerwartet Rutschungen auftreten.

Eine Sonderstellung in der Schichtenfolge des Buntsandsteins nehmen die bis über 100 m mächtigen **Tonsteine des Oberen Buntsandsteins** (Röt-Folge) ein. Hier sind Rutschungen seltener als in den Sandstein-/Tonstein-Wechselfolgen des Mittleren und Unteren Buntsandsteins. An steileren Böschungen und Hängen sind es meist nur abgeflachte kleinflächige Schalengleitungen. In unterschiedlich wasserwegsamen Schuttmassen an Röthängen, wie z. B. Basaltblocklehm, können jedoch auch großflächige Rutschungen auftreten.

In der thüringischen und oberfränkischen Rötfazies mit zahlreichen Kalkstein- und Sandsteineinschaltungen treten häufiger Rutschungen auf (KANY & HAMMER 1985: 261).

15.6.3 Grenze Röt/Muschelkalk und Mittlerer/Oberer Muschelkalk

Als besonders rutschungsanfällig gilt die Röt-/Muschelkalkgrenze, an der klüftige, gut wasserwegsame Kalk- und Mergelsteine den wasserstauenden Röttonsteinen auflagern. Die gleiche Situation ist gegeben, wo harte, klüftige Basalte unmittelbar auf Röttonsteinen oder mit nur geringmächtigem Unteren Muschelkalk dazwischen liegen, wie dies z. B. in der Rhön häufig der Fall ist (vgl. dazu Abschn. 13.4.2).

Die **Rutschungen an der Röt-/Muschelkalkgrenze** sind besonders durch die Arbeiten von ACKERMANN in den 50er Jahren bekannt geworden. Die wasserstauende Röt-/Muschelkalkgrenze wirkt als großflächiger Quellhorizont. Es kommt zu einer starken Vernässung der wasseranfälligen Röttonsteine sowohl an der Schichtgrenze als auch der Ton(steine) unterhalb der Ausstrichlinie (Abb. 15.29). Diese bewirkt Quellerscheinungen und eine Plastifizierung der offensichtlich regional und sektoral recht unterschiedliche Anteile an Smektit und Corrensit enthaltenden Tonsteine (BECKER et al. 1989) und damit eine Abnahme der Scherfestigkeit (vgl. auch Abschn. 15.6.7). Die Hänge unterhalb der Ausstrichlinie verflachen; es kommt zu einer Übersteilung der oberen Hangbereiche, zu einer Verstärkung der Hangzerreißung und zu einer örtlichen Überlastung der Röttone, wobei sich schalenförmige Schubbrüche ausbilden, die sich zu Gleitflächen entwickeln können.

Die abgetrennten Muschelkalkschollen verlieren ihren Halt und driften auf mehr oder weniger tief in die Röttonsteine hinuntergreifenden Gleitflächen ab (MORTENSEN 1960; JOHNSEN & KLENGEL 1973; JOHNSEN 1981; WILCZEWSKI 1983;

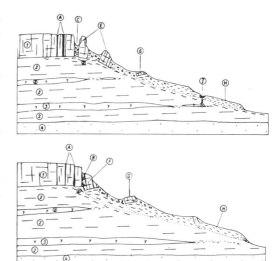

Abb. 15.29 Schematische Darstellung der Hangbewegungen an der Röt/Muschelkalkgrenze (aus JOHNSEN & KENGEL 1973): A = Spaltenbildung und Anfangsbewegung, B = rotierte Felsblöcke, C = schichtartige Großspalten, D = plastifizierte Röttonsteine, E, F, G = abgeglittene Blöcke, H = tonigmergeliger Gesteinschutt aus Muschelkalk- und Rötmaterial.

SCHMIDT 1997). Bei diesem Driften zerscheren und zerbrechen die anfänglich großblockigen Muschelkalkschollen immer stärker. Der im oberen Teil des Hanges grobblockige Kalksteinschutt wird nach unten immer kleinstückiger und ab der Rötgrenze zunehmend mit Ton(stein)material vermengt. Im unteren Teil des Hanges liegt ein tonigmergeliger Gesteinsschutt vor, der sich wulstartig in fließender oder kriechender Bewegung befindet. Die einzelnen Phasen einer solchen Rutschung sind auch heute noch sehr schön an der von ACKERMANN (1959a) beschriebenen Rutschung am Schickeberg südlich Eschwege zu studieren.

Bei den an der Röt-/Muschelkalkgrenze vorliegenden Verhältnissen, und auch sonst bei ähnlichen geologischen Situationen, haben sich solche Rutschungen sicher zu allen geologischen Zeiten ereignet. Rezente Rutschungen, die ohne menschliche Eingriffe in Bewegung kommen, sind auch an der Röt-/Muschelkalkgrenze verhältnismäßig selten und sind immer mit extremen Niederschlägen in Verbindung zu bringen. Die meisten Rutschungen dieser Art sind sicher an der Wende Pleistozän/Holozän bzw. im Atlantikum aufgetreten (s. Abschn. 15.2.6), doch zeigen viele dieser großen Massenverlagerungen auch heute noch niederschlagsabhängige Kriechbewegungen und zwar sowohl oben bei den Blockbewegungen als auch im Bereich der Rutschungszunge (MORTENSEN 1960). Zeitlich vor diesen nacheiszeitlichen Rutschungsvorgängen ist noch die sog. „Fußschollen-

generation" ACKERMANNS (1959) einzuordnen, d. s. größere Muschelkalkreste, die weit unterhalb im flacheren Gelände liegen und „Zeugenberge" des ehemaligen Muschelkalkrandes sind. Eine gu-

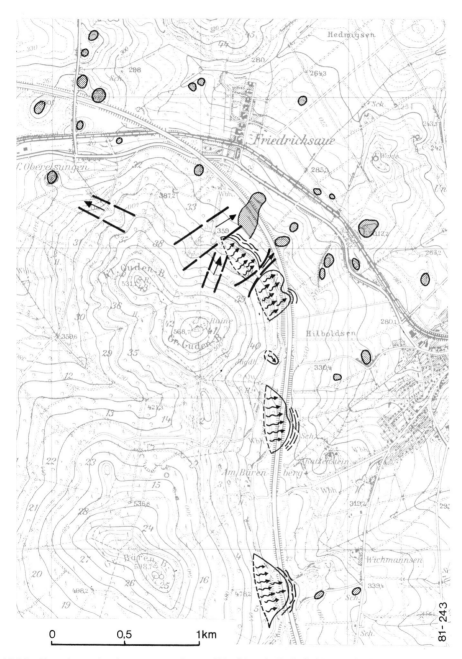

Abb. 15.30 Rutschungskartierung an einem Röt-/Muschelkalk-Schichtstufenhang mit Rutschungen am heutigen Muschelkalkausstrich ⌊↯↯↯⌉ und vorgelagerten Rutschschollen der Fußschollengeneration AKERMANNS ⌊▒▒▒⌉. Teilweise können die Abrißnischen und Gleitbahnen ⟷ noch rekonstruiert werden (Bearb. BERNHARD; vgl. BERNHARD 1968).

te ingenieurgeologische Studie hierzu hat BERN-HARD (1968) durchgeführt.

Rutschungen und Rutschschollen dieser Art, aber auch viele kleinere Rutschungen sind an der Röt-/Muschelkalkgrenze weit verbreitet und an den zahlreichen Abrißwänden oder -nischen und der unruhigen Morphologie bzw. den typischen Fuß-schollen erkennbar (Abb. 15.30). Sie begleiten z. B. im nördlichen Hessen (PRINZ & LINDSTEDT 1987; SCHMIDT 1997), in Süd-Niedersachsen und in Thüringen kilometerweit den Schichtstufenrand, wobei nach Norden zunehmend auch Auslau-gungserscheinungen im Rötgips mit zur Rut-schungsanfälligkeit dieser Schichten beitragen (JOHNSEN & KLENGEL 1973; KRÜMMLING et al. 1975).

Die hier ausführlich beschriebenen Erscheinungen treten aber nicht nur an der Röt-/Muschelkalk-Schichtgrenze auf, sondern überall, wo mächtige-re, feste und wasserdurchlässige Gesteine auf was-serstauender Unterlage am Hang ausstreichen. Im Muschelkalk ist dies z. B. auch an der **Grenze Mittlerer/Oberer Muschelkalk** der Fall. Wo die-se Schichtgrenze großflächig am Hang ausstreicht, wie z. B. im Gebiet der oberen Mosel, am Neckar und auch andernorts (PRINZ & LINDSTEDT 1987), treten ebenfalls zahlreiche, ähnlich ablaufende Großrutschungen auf. Eine der am gründlichsten untersuchten davon ist wohl der „wandernde Weinberg" bei Nittel, Landkreis Saarburg, der beim Moselausbau Mitte der 60er Jahre wieder in Bewegung gekommen ist (FRANKE 1976: 100).

Morphologisch ausgeprägter sind die großscholli-gen Felsablösungen im **Oberen Muschelkalk Württembergs,** allen voran die bekannten Felsen-gärten bei Hessigheim, wo 1924 ein Felssturz ebenfalls viele Weinberge zerstört und die Talstra-ße verschüttet hat (WAGNER 1929). KRAUSE (1966: 309 ff) beschreibt einige solcher Schollen-ablösungen an Talhängen des Oberen Muschel-kalks, verstärkt durch Salz- oder Gipskarst im Mittleren Muschelkalk, bei dessen randlicher Aus-laugung ein zerbrochenes und z. T. verstürztes Re-sidualgebirge entsteht, mit einer entsprechend dem Gipshang talwärts geneigten Grenzfläche Mittle-rer/Oberer Muschelkalk (Abb. 15.31).

Im Gebiet des oberen Neckars wurde das Ausmaß der hier meist fossilen Massenverlagerungen an den Hängen des Neckartales erst beim Bau der Au-tobahn A 23 im vollen Umfang erkannt (EISSELE & KOBLER 1973). Ähnliche Massenverlagerungen werden auch vom Hochrheintal beschrieben (KRAUTER 1987: 18).

Derartige Erscheinungen des Abgleitens harter, spröder und wasserführender Gesteine auf tonig-mergeliger Unterlage sind sehr weit verbreitet. Weitere Literaturhinweise finden sich bei KRAUSE (1966: 316 f).

15.6.4 Keuper

Einer der bekanntesten Rutschhorizonte Deutsch-lands dürfte wohl der württembergische **Knollen-mergel** sein. Dieses höchste Schichtglied des Mitt-leren Keuper ist im Gebiet Stuttgart – Tübingen 25 bis 30 m mächtig und besteht im unverwitterten Zustand aus fast schichtungslosen Ton- und Mer-gelsteinen von halbfester bis fester Beschaffenheit (LIPPMANN & ZIMMERMANN 1983; ZIEGER 1985; GEYER & GWINNER 1986: 128). Mit zunehmender Verwitterung geht das Gestein in einen schluffigen Ton mit bis zu 45 % Tonanteil über, der sehr was-

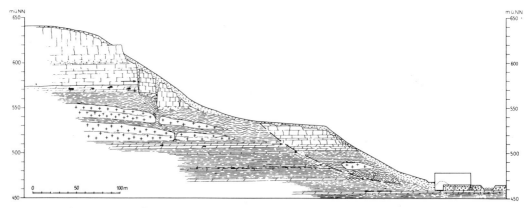

Abb. 15.31 Zerrüttung von Muschelkalkhängen infolge Gipsauslaugung und fossile Rutschscholle am oberen Neckar (aus EISSELE & KOLBER 1973).

serempfindlich ist und ein hohes Schrumpf- und Schwellmaß aufweist. Die, soweit sie nicht bewaldet sind, meist verhältnismäßig flachen Hänge im Knollenmergel zeigen typische Rutschmorphologie und reagieren empfindlich auf rutschungsauslösende Faktoren, wie anhaltend starke Niederschläge und Eingriffe in das Hanggleichgewicht.

Bei den Knollenmergelrutschungen handelt es sich je nach Mächtigkeit des Verwitterungsprofils um mehr oder weniger abgeflachte Rotationsrutschungen (TRAUZETTEL 1962; EINSELE & GIERER 1976), die fast nie in den festen Knollenmergel hinuntergreifen. Mit zunehmender Durchnässung weicht der Boden auf und geht aus einer anfänglichen Schalengleitung in Erdfließen über, wodurch gleichzeitig wieder Raum für mehrfach rückschreitende, abgeflachte Rotationsrutschungen geschaffen wird.

Hauptursache besonders der größeren Knollenmergelrutschungen ist fast immer Wasser, das aus dem überlagernden Rhätsandsteinen und Arietenkalksteinen des Lias oder über offene Gruben oder Gräben, aber auch durch tiefe Schrumpfrisse in den Boden eindringen kann. KLOPP (1957) weist auf eine auffallende Zunahme der Häufigkeit von Knollenmergelrutschungen an unbewaldeten Süd- und Südwesthängen hin, wo er in niederschlagsarmen Sommermonaten Trockenrisse bis zu 20 cm Breite und 3 bis 6 m Tiefe festgestellt hat. Die rutschungshemmende Wirkung des Waldes ist offensichtlich in erster Linie darauf zurückzuführen, daß im schattigen Waldboden kaum eine solche Rissbildung auftritt.

Im Frankenland wird die Rutschungsanfälligkeit im oberen Keuper vom dortigen **Feuerletten** übernommen, dem stratigraphischen Äquivalent des Knollenmergels (KANY & HAMMER 1985; GRÜNDER & PRÜHS 1985).

Auch in den übrigen Tonsteinhorizonten des süddeutschen Keupers treten, gebietsweise gehäuft, Rutschungen auf. Dies betrifft besonders die **Bunten Mergel** (km 3) mit dem überlagernden Schilfsandstein (km 4), wobei am Hangfuß teilweise noch der Gipskeuper (km 1) ausstreicht, dessen Gipshang häufig eine pseudotektonische Verstellung der Schichten zur Folge hat (Abb. 15.32). Wo diese Schichtenfolge am Hang ausstreicht, liegen häufig großflächige, z. T. fossile Rutschungen vor (KRAUSE 1966: 316). EISENBRAUN & ROMMEL (1986) sowie BLUME & REMMELE (1989) berichten über umfangreiche Rutschungen besonders an den nord- und nordostexponierten Hängen des Strombergs südwestlich von Heilbronn (Abb.

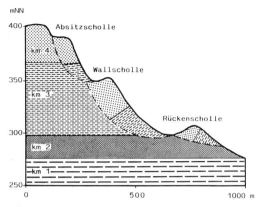

Abb. 15.32 Schollengleitungen an den Stufenhängen des Mittleren Keupers in Baden-Württemberg (aus EISENBRAUN & ROMMEL 1986).

15.33). Auch an der BAB A 81 am Wildenberg nördlich des AB-Kreuzes Weinsberg ist eine solche, nicht erkannte Großrutschung beim Autobahnbau wieder in Bewegung gekommen.

In der Trierer Bucht stellt auch der **Luxemburger Sandstein** über Keupertonsteinen eine solche rutschungsanfällige Konstellation dar.

15.6.5 Jura

Im Jura Süddeutschlands sind mehr oder weniger alle mächtigen Tonsteinhorizonte, besonders aber der Opalinuston des Dogger α und der Ornatenton des Dogger ζ als rutschungsanfällig bekannt (Abb. 15.34). In beiden Fällen liegen über den Tonsteinhorizonten gut wasserwegsame Sandsteine oder Kalksteine, die zu starker Durchfeuchtung der Oberzone der Tonsteine beitragen.

Der in Württemberg 90 bis 130 m mächtige **Opalinuston** weist im unteren Teil meist flache, unruhige Geländeformen auf. Nach oben schalten sich Sandsteinbänke ein, die den Übergang zum Personatensandstein (Dogger β) bilden. Die Grenze Dogger α/β ist ebenfalls wieder ein ausgeprägter Quellhorizont. Die Rutschungen treten bevorzugt an der Grenze Hangschutt/verwitterte Tonsteinoberfläche (KANY & HAMMER 1985: 262) oder im Grenzbereich der Verwitterungszone VA/VU (s. Abschn. 3.2.1) auf. An steilen Hängen liegen auch tiefe und sehr tief (> 20 m) reichende Großrutschungen vor (TANGERMANN 1971: 556–558).

Die Tonhorizonte des Dogger bereiteten Mitte des 19. Jahrhunderts beim Bau des alten Donau-Main-Kanals (Ludwigskanal) südöstlich Nürnberg eini-

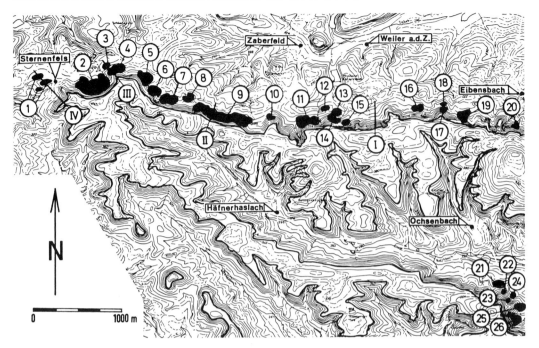

Abb. 15.33 Häufung von Rutschungen an den nord- und nordostexponierten Keuperhängen der Strom-
berg-Mulde (aus EISENBRAUN & ROMMEL 1986).

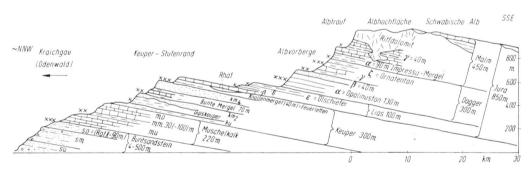

Abb. 15.34 Schematischer geologischer Schnitt durch das Schichtstufenland der Trias und des Juras
Südwestdeutschlands mit den besonders rutschungsanfälligen Zonen, abgestuft nach Intensität x, xx, xxx
(aus BACKHAUS 1970).

ge Schwierigkeiten. BIRZER (1976) beschreibt
nicht nur Rutschungen in Dammstrecken, sondern
auch die Entwicklung eines 20 m tiefen Einschnitt-
profils im Opalinuston bei Ölsbach, das 1846 bei
der damaligen schonenden Abtragsarbeit mit
1 : 1,5 angelegt worden ist, in dem aber nach einigen Jahren immer wieder Kriechbewegungen und
flache Rutschungen aufgetreten sind, die bis 1938
zu einer generellen Böschungsverflachung auf
1 : 1,8 und bis 1956 auf 1 : 2 geführt haben. Seitdem
scheint die Böschung standfest zu sein.

Auch beim Bau des Main-Donau-Kanals in den
90er Jahren sind im Sulztal und im Ottmaringer Tal
(Fränkische Alb) auf lange Erstreckung typische
Rutschhänge angeschnitten worden. Die Talhänge
werden hier vom Opalinuston (Dogger α) bis zu
den Bankkalken des Malm β aufgebaut. Sichtbare
Zeugen der zahlreichen Rutschungen sind morphologisch unruhige, leicht konvex geformte Erdkörper im unteren Teil der Talhänge (Abb. 15.35).
RADEKE & BAUMANN (1993) beschreiben die Untersuchungsergebnisse, die Ausbildung der groß-

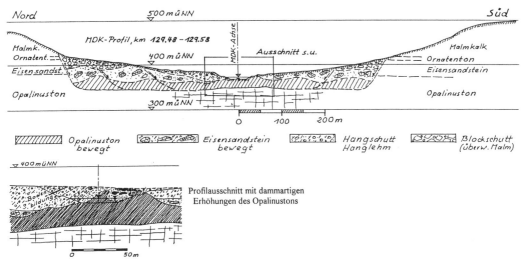

Abb. 15.35 Profil durch das Ottmaringer Tal bei Beilngries mit Ausbildung der Mehrfach-Rutschkörper sowie Aufwölbung des Opalinustons in Talmitte (nach BAUMANN 1995).

räumigen, tiefgreifenden und komplex aufgebauten Rutschkörper mit auffallend horizontal verlaufenden Hauptbewegungsbahnen sowie die konstruktiven Maßnahmen als Ausgleich für die Entlastung durch den Kanaleinschnitt. An einigen Stellen waren Böschungsbrüche während des Baus nicht vermeidbar.

Auch im Dogger Württembergs sind Rutschungen verbreitet. Im mittleren und südlichen Württemberg ist es dann vor allen Dingen der verbreitete Ausstrich des bis zu 30 m mächtigen **Ornatentons** (Dogger ζ), der zu zahlreichen Rutschungen geführt hat und die unruhige Morphologie der Hänge am Albtrauf entscheidend prägt (SCHÄDEL & STOBER 1988). Bekannt geworden sind vor allen Dingen die Schwierigkeiten beim Bau der BAB A 21 am Aichelberg bei Kirchheim/Teck in den Tonsteinen des Dogger α und ζ. Die Rutschungsgefährdung ist hier besonders in der Verwitterungs- und Anwitterungszone der Tonsteine gegeben, die an den Hängen 15 m tief reichen kann. Aber auch in den unverwitterten Tonsteinen darunter muß noch mit mehrere Zentimeter dicken plastifizierten Tonsteinlagen gerechnet werden (DENZER & LÄCHLER 1988: 46). Große Rutschungen dieser Art sind auch in Südwürttemberg, im Hohenzollerngebiet und im Wutachgebiet verbreitet (Abb. 15.36 und TANGERMANN 1971, GEYER & GWINNER 1986: 357).

Auch am Albtrauf treten in den bankigen Kalksteinen des Weißen Jura (Malm) vielerorts umfangreiche Schollenverkippungen und Massenverlage-

rungen auf, die von HÖLDER (1966: 317) sowie SCHÄDEL & STOBER (1988) beschrieben werden. Mit die bekanntesten sind die Höllenlöcher bei Urach (WAGNER & KOCH 1961), wo nicht nur gewaltige Felsablösungen vorliegen, sondern unten am Hang auch umfangreiche fossile Rutschmassen lagern. Diese vorwiegend aus mergeligem Kalksteinschutt bestehenden Rutschmassen sind heute meist recht stabil, anders als die stärker tonigen Schuttmassen stratigraphisch tieferer Jura-Horizonte.

Rutschungen im Ornatenton treten aber nicht nur in Süddeutschland auf. HABETHA (1963) beschreibt eine Rutschung in diesen Schichten beim Autobahnbau in Niedersachsen.

15.6.6 Kreide

In Norddeutschland sind einige **Tonsteine der Unteren Kreide** als sehr rutschungsanfällig bekannt (KIRCHHOFF 1940). Beim Bau des Mittellandkanals sind an einigen Stellen erhebliche Probleme und auch Rutschungen größeren Ausmaßes aufgetreten. Nach KEMPER (1982) sind einzelne Abschnitte der Unterkreide-Tonsteine, z.B. die Schichten des Clansayes, regional aber auch andere Schichtglieder des Apt und Alb besonders rutschungsanfällig (s. Abb. 15.1).

ZARUBA & MENCL (1961: 264 und 1969: 177) beschreiben zahlreiche Großrutschungen aus der Kreideformation an der Küste Südenglands und aus der Tschechoslowakei. Auch hier sind es meist

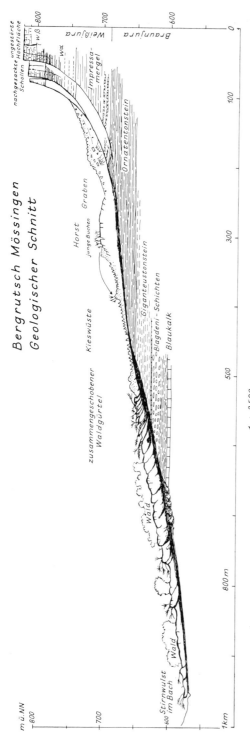

Abb. 15.36 Großrutschung bei Mössingen im April 1983 (Aufnahme SCHÄDEL, Freiburg).

mächtige Kreidekalksteine oder -sandsteine auf plastifizierbaren Tonsteinen.

In Deutschland treten im **Elbsandsteingebirge** südlich Dresden verbreitet Kippbewegungen, Felsstürze und z. T. auch Großrutschungen mit Driften von Felsblöcken auf tonigen Liegendschichten auf (Abb. 15.37). Die hier anstehenden Sandsteine der Kreideformation haben horizontweise silikatisches Bindemittel und bilden steile Felswände, während die Zwischenschichten und besonders einige tonige Grenzhorizonte stärker verwitterungsanfällig sind.

KLENGEL & RICHTER (1992) erwähnen 21 Felsstürze an natürlichen Steilböschungen und 13 an Steinbruchwänden seit der Jahrhundertwende. Auslösende Ursachen sind nach POHLENZ (1979) Überlastung und Ausbrechen von tonigen Zwischenschichten, verstärkt durch Wasseraustritte, Kluftwasserschub nach anhaltenden Starkregen und z. T. Wurzeldruck. Abstandsmesungen zwischen Felstürmen oder großen Felsblöcken zur Einschätzung der Absturzgefährdung haben außer wärmebedingten elastischen Bewegungen bleibende Verformungen von jährlich bis zu 1 cm ergeben (POHLENZ 1984).

15.6.7 Tertiär

Von den sehr unterschiedlich ausgebildeten Schichtgliedern des Tertiärs sind einige, nämlich besonders Wechsellagerungen von Tonen und Feinsanden, aber auch Mergeltone mit Kalkmergelbänken als sehr rutschungsanfällig bekannt (KÜMMERLE 1986). Auch hier wirkt wieder das Wechselspiel wasserführender Lagen über toniger Unterlage, wobei die Lockergesteine des Tertiärs im Gegensatz zu den bisher behandelten Festgesteinen auch, oder besonders schon bei dünnbankiger Wechsellagerung reagieren. Außerdem enthalten zahlreiche dieser Tone recht hohe Anteile quellfähiger Tonminerale. Auch bei den Tertiärrutschungen muß zwischen flachen Rutschungen bis etwa 5 m Tiefe und tiefen bis sehr tiefen Rutschungen unterschieden werden.

Die **flachen Tertiärrutschungen** verlaufen größtenteils in den Deckschichten und in der Umlagerungs- bzw. Verwitterungszone und greifen, wenn überhaupt, nur flach in die anstehenden Schichten hinunter (Abb. 15.39). Es handelt sich meist um abgeflachte Rotationsrutschungen oder kombinierte Rutschungen, z. T. auch Gleitungen, die häufig zu mehrfach rückschreitenden Rutschungen zusammengewachsen sind. Die Abflachung der

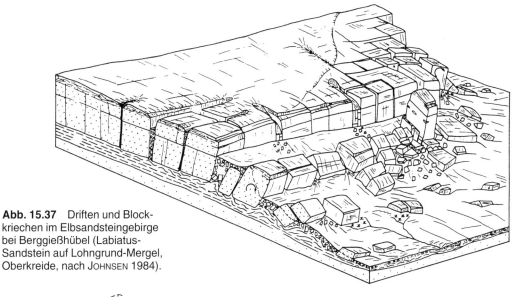

Abb. 15.37 Driften und Blockkriechen im Elbsandsteingebirge
bei Berggießhübel (Labiatus-
Sandstein auf Lohngrund-Mergel,
Oberkreide, nach JOHNSEN 1984).

Abb. 15.38 Anhäufung von Rutschungen am Wißberg, Rheinhessisches Kalksteinplateau (aus KRAU-
TER & STEINGÖTTER 1983).

Gleitfäche ist entweder darauf zurückzuführen,
daß die Scherfestigkeiten in der Umlagerungszone
wesentlich niedriger sind als in den tieferen
Schichten, oder die Gleitflächen folgen den obersten sich anbietenden Schichtflächen des Tertiärs.
Solche flachen Rutschungen an Tertiärhängen sind
in den verschiedensten Größenordnungen und Erscheinungsformen weit verbreitet und meist auch
keine Erstrutschungen, sondern die Hänge sind
überdeckt mit einer Vielzahl älterer Rutschungen,
die aufgrund der insgesamt flachen Hangformen
häufig nur von einem geübten Auge erkannt werden. Die Hangneigungen solcher Hänge betragen
oft nur 6 bis 10°. Meist genügen kleine Eingriffe in
das Hanggleichgewicht und (oder) stärkere Niederschläge, um wieder Bewegungen auszulösen.

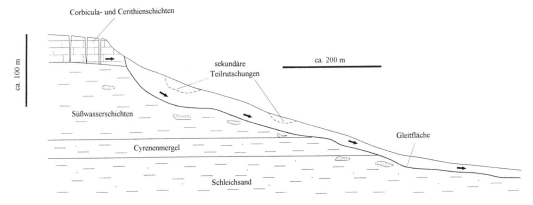

Abb. 15.39 Schichtaufbau und Ausbildung flacher Tertiär-Rutschungen, hier am Wißberg, Rheinhessen
(aus KRAUTER 1987).

Besonders rutschungsanfällig sind auch hier mächtige, wasserwegsame Kalksteine auf toniger Unterlage, wie die miozänen Kalksteine des Rheinischen Plateaus über oligozänen Tonen (Abb. 15.38 und KRAUTER & STEINGÖTTER 1980, KRAUTER 1987). In den tonigen Umlagerungsmassen dieser flachen Tertiärhänge finden sich oft mehrere hundert Meter unterhalb noch abgeglittene Kalksteinblöcke und -schollen. Die beschriebenen Rutschungstypen sind aus fast allen Tertiärgebieten bekannt, wobei hier nur, um einige aufzuzählen, das Mainzer Becken (LAUBER 1941, WAGNER 1941, KÜMMERLE 1986, darin Lit.), die Niederhessische Senke, aber auch der Ausstrich des Tertiärs zwischen Albsüdrand und Donau (GWINNER et al. 1974) sowie am Rande des Westerwaldes und des Siebengebirges (HEITFELD et al. 1977) erwähnt werden sollen.

Außer diesen weit verbreiteten Flachrutschungen treten im Tertiär auch immer wieder überraschend **tiefreichende Rutschungen** auf. BEURER & PRINZ (1977) berichten von tiefen Entlastungsbrüchen auf Trenn- bzw. Schichtflächen im Tertiär des Vogelsbergvorlandes, die beim Bau der BAB A 13 aufgetreten sind. Außer solchen Erstrutschungen infolge tiefreichender menschlicher Eingriffe sind in Tertiärhängen häufig auch tiefreichende alte Rutschungen verborgen, die z. T. noch rezent in Bewegung sind (KRAUTER 1987, KRAUTER et al. 1979), oder aber durch junge Erosion (Abb. 15.40 und BAUMANN 1985, SCHAAK & WAGENPLAST 1985) oder menschliche Eingriffe (KOERNER 1985) wieder ausgelöst werden. SOMMER (1978)

berichtet auch von einem Belastungsfall, wo durch Schüttung eines 12 m hohen BAB-Dammes an einem flachen Tertiärhang eine 15 bis 20 m tief reichende Rutschung ausgelöst worden ist (Abb. 15.41). Besonders erwähnt werden müssen hier auch die teilweise sehr tiefgreifenden Rutschungen in Braunkohletagebauen, wie sie von DOLEZALEK (1968), RYBÁŘ (1971), DÜRO (1977, 1979) u. a. beschrieben werden (s. a. Abschn. 13.4.3).

Eine Sonderstellung in der Tertiärformation nehmen die **vulkanischen Gesteine** in Form von Basaltkuppen und -decken sowie Basalttuffen ein. Letztere treten als Umrandung von Basaltschloten und als teilweise mehrfache Zwischenlagen in Ba-

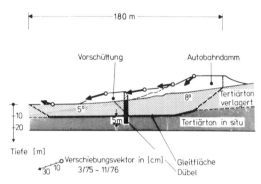

Abb. 15.41 Bewegungsmechanismus und Tiefenwirkung einer durch eine Dammschüttung ausgelösten Rutschung. Sanierung durch Vorschüttung und Großdübel (aus SOMMER 1978).

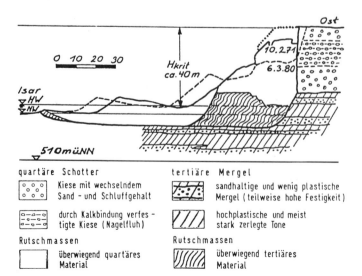

Abb. 15.40 Kinematik der Großrutschungen an den Isarhängen bei München (nach BAUMANN & GALLEMANN 1996).

saltdecken auf. Wo die harten, wasserdurchlässigen Basalte auf toniger Unterlage am Hang ausstreichen, ist ebenfalls wieder die berüchtigte, schon mehrfach angesprochene geologische Voraussetzung für Hangrutschungen aller Größenordnungen gegeben. Als tonige Unterlage von Basalten kommen sowohl devonische Tonschiefer des Rheinischen Schiefergebirges (s. Abschn. 15.6.1). als auch triassische (s. Abschn. 15.6.3) und tertiäre Sedimente sowie Tuffite und Tuffe in Betracht. Feinkörnige, vertonte vulkanische Tuffe und Tuffite (s. a. Abschn. 13.4.3) sind im allgemeinen sehr wasser- und verwitterungsempfindlich, verlieren dann ihre Festigkeit und zerfallen bei mechanischer Beanspruchung. Diese Empfindlichkeit beruht in erster Linie auf den z. T. hohen Tongehalten (30–60%) und den vielfach recht hohen Anteilen an quellfähigen Tonmineralen (60–90%). Die Bruchscherfestigkeiten von sehr steifen bis halbfesten Tuffen und Tuffiten liegen im allgemeinen zwischen $\varphi = 16°$ und $27°$ mit Mittelwerten von $\varphi = 20$ bis $23°$, $c = 20\,kN/m^2$. Zu beachten ist das ausgeprägte Restscherfestigkeitsverhalten mit $\varphi_R = 8–12°$ und in dünnen Lagen angereicherte erhöhte Ton- und Montmorillonit- bzw. Smektitgehalte. Genauere Untersuchungen darüber liegen bis jetzt nur von den alttertiären Trachytuffen des Siebengebirges vor (HEITFELD et al. 1985, MÜLLER 1987), doch lassen sich diese Ergebnisse mittels Vergleichsversuchen auch auf andere mitteleuropäische Vulkangebiete übertragen (z. B. Westerwald; VORTISCH & BUTZ 1987).

Rutschungen von Basaltschollen auf toniger Unterlage und auch Rutschungen in mächtigen Tuffen oder tuffitischen Serien finden sich in allen Randgebieten von größeren Basaltvorkommen, seien es Einzelkuppen wie im Siebengebirge (HEITFELD et al. 1977, 1985; VÖLTZ et al. 1977; MÜLLER 1987) oder in größeren zusammenhängenden Basaltgebieten wie dem Westerwald, dem Vogelsberg und der Hohen Rhön (SCHMIDT 1997). Die Rutschungen zeigen häufig große Ähnlichkeit mit den eingehend beschriebenen Massenverlagerungen an der Röt-/Muschelkalk-Schichtgrenze und sind weitaus häufiger, als angenommen wird. Viele der bisher als selbständige Vorkommen auskartierten Basalte in der Rhön sind z. B. solche alten Rutschkörper. Die Rutschungen haben z. T. Ausmaße von mehreren 100 m und können in Einzelfällen sehr tief reichen (BEURER & HOLZ 1988). Es handelt sich meist um kombinierte Rutschungstypen mit steilen Abrissen im Basalt und oft langgestreckten ebenen Gleitbahnen auf toniger Unterlage. Die Gleitbewegung führt zusammen mit gegenläufiger Rotation am oberen Abriß oft zu typischen grabenartigen Einsenkungen im oberen Teil der Rutschungen, in denen sich durch Einschlämmen von Feinmaterial gelegentlich sogar flache intermittierende Seen ausbilden (SCHMIDT 1997).

Das flach geneigte Vorland von solchen Basaltvorkommen ist häufig mit mächtigen **Basaltgeröllmassen und Basaltblocklehmen** bedeckt. Diese Schuttmassen sind ein sehr heterogen zusammengesetztes, grobkörniges Kies-Ton-Gemisch mit unterschiedlichen Geröll- und Blockanteilen und einem Ton- und Schluffgehalt von durchschnittlich 10 bis 30%. Ab etwa 15% Feinkornanteil besteht bei grobkörnigen Mischböden kein Korn-auf-Korn Stützgerüst der Grobfraktion mehr und die Böden verhalten sich bei Beanspruchung wie bindige (tonige) Bodenarten. Bei Basaltblocklehmen kommt hinzu, daß der Feinkornanteil aus tonigem Basaltverwitterungslehm und tuffitischem Material besteht, das häufig hohe Anteile an quellfähigen Tonmineralen aufweist. Dies macht sich besonders bei der Scherfestigkeit der Basaltblocklehme bemerkbar. Diese Böden sind im erdfeuchten Zustand ohne Wassereinfluß gut standfest, neigen aber bei hohen Wassergehalten und Sickerwassereinfluß zum Kriechen und bei Wasserüberschuß auch zum Fließen, so daß in niederschlagsreichen Klimazonen von vornherein sehr flache Hangformen mit unruhiger Morphologie und z. T. noch Fließformen alter Blockströme verbreitet sind. Bei starker Durchnässung und (oder) baulichen Eingriffen kommt es leicht zu Rutschungen.

15.6.8 Quartär

Rezente, flache Rutschungen (< 1000 Jahre) in den quartären Deckschichten treten fast in allen Formationen auf und sind bei den einzelnen Abschnitten angesprochen. Besondere Bedeutung erlangen diese Rutschungen in den mächtigen fluvioglazialen Lockermassen der Alpen und Voralpen. An den z. T. übersteilten Hangflanken treten verbreitet die in Abb. 15.42 dargestellten Rutschungstypen auf (BUNZA 1992), die sich z. T. rückschreitend vergrößern und in Hangmuren übergehen können.

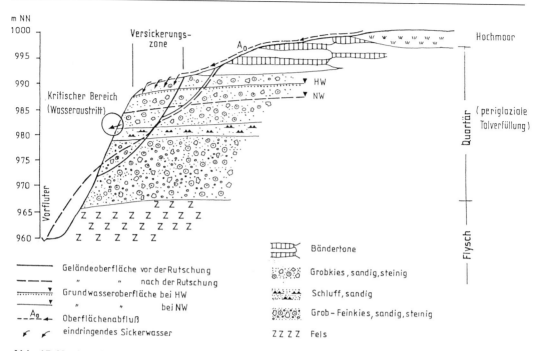

Abb. 15.42 Instabile Talflanke in den bayerischen Alpen. Starkniederschäge versickern in den gut wasserwegsamen Hangkanten und können Rutschungen auslösen (Zeichn. BUNZA 1996).

16 Abfalldeponien und Altlasten

Seit Einführung des ersten Abfallbeseitigungsgesetzes von 1972 und der Umstellung von zahllosen ungeordneten Müllkippen auf eine relativ kleine Zahl geordneter Deponien mit Sickerwasser- und Gasfassung hat sich eine geradezu stürmische Entwicklung in der Bewußtseinsbildung für die Problemlage sowie in der Theorie und in der Behandlung von Altlasten und Abfalldeponien ergeben, die in den zahlreichen Fachausschüssen, Tagungsveranstaltungen und in der Fülle der Literatur ihren Ausdruck findet (LÜHR 1995).

16.1 Abfallrechtliche Grundlagen

Abfälle sind nach dem **Wasserhaushaltsgesetz** i. d. F. von 1986 (WHG, § 34, Abs. 2) so zu deponieren, daß eine schädliche Verunreinigung des Grundwassers oder eine sonstige nachteilige Veränderung seiner Eigenschaften nicht zu besorgen ist. Dieser Besorgnisgrundsatz, nach dem eine Verunreinigung nach menschlicher Erfahrung unwahrscheinlich sein muß, enthält jedoch keine absolute Forderung nach einer Nullemission (GOLWER 1986: 117, 1988: 57; AURAND 1989).

Die bisherige gesetzliche Grundlage für die Entsorgung von Abfällen ist das **Abfallbeseitigungsgesetz** i. d. F. von 1986 (BGBl. I, S. 1040, 1501) sowie die einschlägigen Verwaltungsvorschriften, Verordnungen und Ländergesetze.

Die wichtigsten Verwaltungsvorschriften sind:

- Allgemeine Abfallverwaltungsvorschrift über Anforderungen zum Schutz des Grundwassers bei der Lagerung und Ablagerung von Abfällen (AVwV 1990)
- Zweite Allgemeine Verwaltungsvorschrift zum Abfallgesetz (TA Abfall 1991; TA So), in welcher der Bereich des Sonderabfalls bzw. jetzt des „besonders überwachungsbedürftigen Abfalls" behandelt ist.

- Dritte Allgemeine Verwaltungsvorschrift zum Abfallgesetz (TA Siedlungsabfall 1993; TASi), die für Hausmüll, hausmüllähnliche Gewerbeabfälle, Bauabfälle und Klärschlamm gilt.

In Vorbereitung ist auch eine Technische Anleitung (TA) Altlasten.

Das seit Oktober 1996 gültige **Gesetz zur Vermeidung und Verwertung von Abfällen,** dessen Kernstück das Kreislaufwirtschafts- und Abfallgesetz bildet (KrW-/AbfG, BGBl. I, S. 2705, 1994) sowie die zugehörigen Länderverordnungen haben vor allen Dingen Bedeutung für die rechtliche Einstufung kontaminierter Böden (s. Abschn. 16.8) und die Sicherung oder Sanierung kontaminierter Standorte.

Das geplante **Bundesbodenschutzgesetz,** dessen Aufgabe der Schutz des Bodens gegenüber nachhaltigen Schädigungen der natürlichen oder vorgesehenen Bodenfunktionen ist (s. d. STEDE 1995), liegt noch nicht vor. Das Bundesgesetz soll die Voraussetzungen schaffen, um in einem sog. untergesetzlichen Regelwerk, d. h. Rechtsverordnungen und Verwaltungsvorschriften der Länder, die Anforderungen an den Bodenschutz zu konkretisieren und Bodenwerte festzuhalten. Diese Situation hat dazu geführt, daß heute praktisch in allen Bundesländern eigene Abfallgesetze und Vorschriften bestehen, in die meist auch Altlasten einbezogen sind. Die Ländervorschriften basieren teilweise auf Vorschlägen oder Regelwerken der Länderarbeitsgemeinschaft Abfall (LAGA), die in den LAGA-Mitteilungen veröffentlicht werden. Seit 1993 ist die LAGA aus Gründen der Rechtssicherheit und des einheitlichen Vollzugs in den Bundesländern bemüht, länderübergreifende nutzungs- und schutzgutbezogene Prüfwerte zur Beurteilung von Bodenverunreinigungen zu erarbeiten (VIERECK-GÖTTE & EWERS 1994 und Abschn. 16.5.2.1).

Eine Zusammenstellung der jeweiligen Rechtsvorschriften, Verordnungen, Verwaltungsvorschriften und Merkblätter findet sich in den Loseblattsammlungen Müll-Handbuch bzw. Handbuch Bodenschutz (E. Schmidt-Vlg.) bzw. in dem Handbuch Altlastensanierung (WEKA-Verlag).

16.2 Klassifikation der Abfallarten und Deponiekonzepte

Deponien werden heute als Bauwerke unter Langzeitbedingungen angesehen, die kontrollierbar und z.T. auch reparierbar sein müssen (STIEF 1987; OELTZSCHNER 1988). Entsprechend dem unterschiedlichen Gefahrenpotential der verschiedenen Abfallarten wurden in Deutschland in den 90er Jahren 4 bzw. 5 **Deponieklassen** unterschieden, die mit Einführung der TA Siedlungsabfall (1993) auf 2 Klassen reduziert worden sind:

Deponieklasse I für Abfälle mit sehr geringen organischen Anteilen und sehr geringer Schadstofffreisetzung im Auslaugungsversuch. Für die Deponieklasse I werden keine besonderen Anforderungen an die geologische Barriere gestellt.

Deponieklasse II mit höheren Anforderungen an den Deponiestandort und an die Deponieabdichtung ist gedacht für Abfälle, die nicht auf Deponieklasse I abgelagert werden dürfen.

Darüber hinaus sind in der TA Siedlungsabfall noch Monodeponien vorgesehen, wenn nachteilige Reaktionen mit anderen Abfällen ausgeschlossen werden sollen, sowie unterirdische Deponien für langlebige toxische Stoffe.

Die **Zuordnungskriterien** sind im Anhang C der TA Siedlungsabfall aufgelistet (Tab. 16.13). Eine Diskussion der darüber hinaus in den einzelnen Bundesländern üblichen Regelungen bringt SIMON (1995), s.a. Abschn. 16.8.

Die Philosophie der TA Siedlungsabfall (1993) ist die Lösung der Abfallprobleme heute in Form von nachsorgearmen Deponien und damit die Vermeidung weiterer künftiger Altlasten. Durch das Getrenntsammlungs- und Verwertungsangebot der TA Siedlungsabfall und dem Vorrang der Vermeidung und Verwertung des Kreislaufwirtschafts- und Abfallgesetzes sowie dem ab dem Jahre 2005 geltenden Gebot der thermischen Vorbehandlung, fallen außerdem künftig nur noch stark volumenreduzierter und inertisierter Müll zur Ablagerung an. Der Anteil des Hausmülls und der hausmüllähnlichen Gewerbeabfälle bzw. des Restmülls geht daher heute schon sehr stark zurück und damit gleichlaufend der Bedarf an Deponieraum und besonders an neuen Deponien der Deponieklasse II. Da uns die heutigen Deponie- und Altlastenprobleme jedoch noch über Jahrzehnte beschäftigen werden, soll nachstehend ausführlich auf die derzeitigen Deponiekonzepte und die geotechnischen Fragestellungen bei Deponiestandorten eingegangen werden.

Das zu wählende **Deponiekonzept** hängt ab von der Abfallart und den örtlichen bzw. geologischen Gegebenheiten. Für oberirdische Haus- und auch Sondermülldeponien wurden in der Vergangenheit Grubendeponien mit Aufhaldung auf tonigem Untergrund bevorzugt (Abb. 16.1). Seit Ende der 80er Jahre werden zunehmend Haldendeponien mit Freispiegelgefälle geplant.

Bei einer modernen Deponieanlage werden drei **Nutzungsphasen** unterschieden (Öko-Institut Darmstadt):

(1) Die Betriebsphase, während der die Abfälle der Atmosphäre ausgesetzt sind.

(2) Die Nachsorgephase nach Abschluß der Deponie. Die Maßnahmen sind in der TA Siedlungsabfall geregelt. Sie kann weiter in 2 Phasen unterteilt werden:

(2a) Die Garantiephase, während der die Abfälle mehr oder weniger dicht gegenüber der Umwelt abgeschlossen sind und eine funktionsgerechte Überwachung gesichert ist.

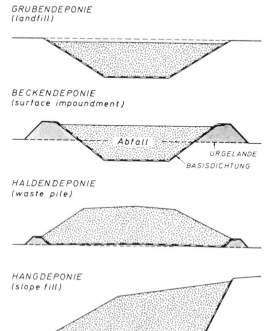

GRUBENDEPONIE
(landfill)

BECKENDEPONIE
(surface impoundment)

Abfall

URGELANDE
BASISDICHTUNG

HALDENDEPONIE
(waste pile)

HANGDEPONIE
(slope fill)

Abb. 16.1 Üblilche Deponietypen. Oberflächenabdeckung nicht dargestellt (aus BRANDL 1989: 126).

(2b) Die Langzeitphase, während der eine Deponie sich mehr oder weniger selbst überlassen wird. Diese Phase darf im Grunde erst einsetzen, wenn die Abfälle in irgendeiner Weise umweltneutral werden.

Solange mit Restemissionen zu rechnen ist, müssen Deponien auf unbestimmte Zeit bzw. auf Dauer überwacht werden, selbst wenn gewisse Restemissionen am Standort und in der näheren Umgebung akzeptabel erscheinen.

Die Forderung der Abfallwirtschaft nach einer kontrollierbaren und reparierbaren Deponie führte zeitweise zu besonderen Deponiekonzepten, den **Behälterdeponien** aus Beton (Tiefbehälter oder Schachtdeponien und Hochbehälterdeponien – BECKMANN & SCHIFFER 1986; BECKMANN 1988, BRANDL 1989; MESECK 1989, darin Lit.), die als sog. Hochsicherheitsdeponien immer wieder in der Diskussion sind.

Unterirdische Deponien werden weltweit mit großem Aufwand besonders als Endlagerkonzepte für radioaktive Abfälle untersucht (SCHNEIDER 1985, 1989; NOLD 1986, 1987; LIEB 1988; BRANDL 1989; GÜNTENSPERGER 1989; REUTER & KLENGEL 1989). In Deutschland sind mehrere Projekte im Untersuchungsstadium bzw. Genehmigungsverfahren, wie die ehemalige Eisenerzgrube Konrad bei Braunschweig (Malm), das ehemalige Salzbergwerk Asse bei Wolfenbüttel (Salzstock) und der Salzstock Gorleben (LIEB 1988; DIECKMANN et al. 1991). Das Endlager für schwach radioaktive Abfälle, der Salzstock Morsleben bei Helmstedt, ist 1992 wieder geöffnet worden und soll bis zum Jahr 2000 beschickt werden.

Außerdem sind in Deutschland verschiedene ehemalige Bergwerksbetriebe als Untertagedeponien in Planung oder in Betrieb (s. d. ARZ et al. 1991: 234 ff). Besonders zu erwähnen sind die Untertagedeponie Herfa-Neurode bei Bad Hersfeld als Multistoffdeponie für leicht wasserlösliche und hochtoxische Sonderabfälle und die ehemaligen Salzbergwerke Heilbronn, Kochendorf und Stetten sowie das Gipsbergwerk Obrigheim als Monostoffdeponien für Rauchgasrückstände bzw. Flugaschen. Über die Eignung der einzelnen geologischen Formationen für die Anlage von Untertagedeponien in Deutschland liegt eine Studie von SCHETELIG & JÄGER (1992) vor.

Außer der Einrichtung von Untertagedeponien ist auch die **Untertageverbringung** von mehr oder weniger immissionsneutralen Reststoffen (z. B. Kraftwerk- oder MVA-Reststoffe u. ä.) als Versatz von Bergbauhohlräumen in der Diskussion

(JÄGER et al. 1991; SCHNEIDER 1992; STRIEGEL 1992; CZECH 1992). Darüber hinaus liegt eine Empfehlung „Felshohlräume zur Verbringung von Rest- und Abfallstoffen" des AK 29 der DGGT vor (s. Bautechnik 1994, S. 242–264). Bei der Beurteilung der Eignung für Untertagedeponien werden darin zwei geologische Bereiche unterschieden, das Wirtsgestein, in welches die einzubringenden Stoffe eingelagert werden und das Barrieregestein, welches den Abschluß gegenüber der Biophäre gewährleisten soll. Das Wirtsgestein kann zugleich Barrieregestein sein.

Für die untertägige Endlagerung kommen in Deutschland besonders Salzgesteine in Betracht, die aufgrund ihrer chemisch-physikalischen Eigenschaften einen langfristigen und wartungsfreien Abschluß von der Biosphäre gewährleisten. Dazu sind gesicherte Erkenntnisse über die geologisch-hydrogeologischen Verhältnisse des Deponieraumes und seiner Umgebung erforderlich sowie ein darauf abgestimmtes Deponiekonzept (BRASSER et al. 1992). Mit der TA Abfall (1990) und der Empfehlung des Arbeitskreises „Salzmechanik" zur Geotechnik der Untertagedeponierung von Sonderabfällen im Salzgebirge (LANGER 1990) liegt eine Richtlinie für Planung, Errichtung und Betrieb von derartigen Salzkavernen vor (s. a. DUDDECK & WESTHAUS 1990 sowie WALLNER 1992 und CROTOGINO et al. 1992).

Untertageverbringung von Schadstoffen hat gegenüber oberirdischen Deponien den Vorteil, daß die Stoffkreisläufe in der Tiefe erheblich langsamer ablaufen als an der Erdoberfläche und somit der Wiedereintritt der Stoffe in die Biosphäre wirklich Jahrtausende und mehr dauert.

16.3 Das Multibarrierenkonzept

Zahlreiche Fälle von Grundwasserkontamination aus Altdeponien unterschiedlicher Altersklassen, Standort- und Betriebsbedingungen haben dazu geführt, daß die Anforderungen an die Sicherheit eines Standorts in den letzten Jahrzehnten deutlich angehoben worden sind. Die Schadensfälle sind in erster Linie darauf zurückzuführen, daß aus heutiger Sicht ungeeignete Standorte gewählt worden sind, aber auch auf einen Wandel im Umweltbewußtsein sowie auf neue wissenschaftliche Erkenntnisse über das Verhalten und über das Gefährdungspotential von Schadstoffen und eine verbesserte Umweltanalytik (SALOMO 1985: 61; DÖRHÖFER 1986; GOLWER 1986; AURAND 1989).

Als Antwort auf diese Erfahrungen kam zwischenzeitlich die Tendenz auf, Abfalldeponien unabhängig von den geologischen Standortfaktoren ausschließlich mit kontrollierbaren technischen Dichtungssystemen auszustatten. Diese vermeintlich „schadlose Abfallagerung" ist aber hinsichtlich der Langzeitsicherheit mit wirtschaftlich vertretbaren Mitteln nicht zu erreichen. Aus dieser interdisziplinären Diskussion entstand Mitte der 80er Jahre ein Gesamtsicherheitskonzept mit einem dickenmäßig begrenzten, kontrollierbaren und ggf. reparierbaren technischen Dichtungssystem unter Einbeziehung der natürlichen Untergrundverhältnisse als zusätzlicher geologischer Barriere (DRESCHER 1985; STIEF 1986, 1987). Unter diesem sog. **Multibarrierenkonzept** versteht man im Prinzip folgende Systeme (DÖRHÖFER 1986, 1987, darin Lit.):

1. Barriere, die Auswahl des Deponiegutes (stoffliche Barriere)
2. Barriere, das technische Dichtungs- und Kontrollsystem (technische Barriere)
3. Barriere, ein möglichst dichter Untergrund (geologische Barriere).

Dieses Multibarrierenkonzept ist auch Grundlage der TA Siedlungsabfall, wonach Deponien so zu planen und zu errichten sind, daß durch

- geologische und hydrogeologisch geeignete Standorte
- geeignete Deponieabdichtungssysteme
- geeignete Einbautechnik der Abfälle
- Einhaltung der Zuordnungswerte (Anhang C)

mehrere, voneinander unabhängige Barrieren geschaffen werden, die eine Freisetzung und Ausbreitung von Schadstoffen nach dem Stand der Technik verhindern.

Unter dem Begriff „Geotechnische Barriere" versteht man die Verbesserung der geologischen Barriere (Gebirge) durch technische Maßnahmen, wie Injektionen oder Umschließungstechniken u. a. m.

16.3.1 Deponieuntergrund

HEITFELD et al. (1984) und besonders DÖRHÖFER (1986, 1987) und REINHARDT (1987) haben **Standorttypen für Deponien** zusammengestellt, die den mitteleuropäischen geologischen Verhältnissen entsprechen und die möglichen Sickerwasserpfade aufzeigen. DORHÖFER (1994) hat diese geologisch/hydrogeologischen Standorttypen weiter spezifiziert und unter Berücksichtigung des Kontaminationspotentials in 4 Stufen eingeteilt, die sowohl für die Anlage von Deponien verwen-

det werden können, als auch zur Beurteilung von Altlasten:

gut geeignet   sehr geringes Kontaminationspotential

geeignet   geringes Kontaminationspotential

bedingt geeignet   moderates Kontaminationspotential

nicht geeignet   hohes Kontaminationspotential

Zielvorstellung für einen günstigen Deponiestandort muß sein, daß die geologische Barriere die Schadstoffausbreitung maßgeblich behindert (TA-Si) und langzeitlich die Hauptlast für die Rückhaltung bzw. Minderung des Schadstoffaustrags übernehmen kann. An einem geeigneten Standort müssen deshalb hohe Anforderungen bezüglich Mächtigkeit, Dichtigkeit, Homogenität und Mineralogie des Barrieregesteins gestellt werden, wobei man sich darüber im klaren sein muß, daß es keinen „dichten" Standort gibt (s. a. STIEF 1987). Dies zeigen letztlich zahlreiche Beispiele in der Natur, die belegen, daß über lange Zeiträume auch Tone für Ionenwanderung durchlässig sein können, wie Bildung von Kalkkonkretionen oder Gipsrosetten in der Anwitterungszone von kalkhaltigen Tonen bzw. solchen mit feinverteiltem Pyrit, tiefreichende Entfärbung und Verwitterung oder eine kalk- und sulfatfreie Oberzone (SCHERMANN 1991).

Die hohen Anforderungen für Deponiestandorte werden in erster Linie von tonig-schluffigen Gesteinsserien erfüllt, die nicht nur Grundwasserhemmer bzw. Grundwassergeringleiter darstellen, sondern aufgrund ihres Tonmineralanteils auch erhebliche Schadstoffrückhalteeigenschaften aufweisen. Als solche **Barrieregesteine** kommen in der Bundesrepublik Deutschland in Betracht:

- mächtige tonige Verwitterungsbildungen oder -lehme
- tonig-schluffiger Geschiebemergel
- Beckentone
- tonig-schluffige Serien des Tertiärs (z. B. Rupelton, Reuver-Ton)
- Tonsteine der Kreide
- Tonsteine des Lias und Dogger (z. B. Amaltheenton, Opalinuston)
- Tonsteine der Trias (z. B. Keuper- und z. T. Röttonsteine)
- Tonschiefer des Paläozoikums (z. B. Hunsrückschiefer)

Die einzelnen Barrieregesteine sind selten homogen. Vielmehr treten häufig petrographische Inhomogenitäten in Form von sandigen Lagen, Sandstein- oder Kalksteinzwischenschichten, Geoden-

lagen und anderen Einlagerungen auf, die eine erhöhte Wasserwegsamkeit besitzen. Gleiches gilt
für Kluft- oder Störungszonen, die z. T. sogar von
tektonischer Gebirgsauflockerung begleitet sein
können (s. Abschn. 3.2.6). Die Erfahrungen der
letzten Jahre haben gezeigt, daß auch relativ undurchlässige Gesteinsserien fast immer deutliche
Inhomogenitäten mit teilweise recht hohen Gebirgsdurchlässigkeiten aufweisen. Diese Unsicherheiten hinsichtlich der Homogenität müssen durch
eine möglichst große Mächtigkeit der Barrieregesteine ausgeglichen werden (DÖRHÖFER 1988).

Ein weiterer Faktor bei der Standortwahl ist die
Lage der Grundwasseroberfläche. Nach der TA-
Siedlungsabfall (1993) muß das Deponieplanum
nach Abklingen der Setzungen min. 1 m über dem
höchsten Grundwasserstand bzw. der Grundwas-
serdruckfläche liegen. Ein höherer Druckspiegel
ist nur zulässig, wenn nachgewiesen wird, daß der
Untergrund sehr gering durchlässig ist ($k_f < 10^{-8}$
m/s) und das am Grundwasserkreislauf aktiv teil-
nehmende Grundwasser nicht nachteilig beeinträchtigt wird.

Reicht die Deponie bereichsweise unter das
Grundwasserniveau, so erfolgt der Schadstoffaustrag nicht zuerst über die ungesättigte Zone, sondern aus der Deponie direkt ins Grundwasser. Eine
Deponierung oberhalb des Grundwassers ist zwei-
fellos günstiger zu bewerten, da hier die chemischen Prozesse schneller ablaufen, als in der gesättigten Bodenzone. Die Schadstoffrückhaltekapazität der ungesättigten Zone wird jedoch häufig überschätzt (DÖRHÖFER 1987; BECKMANN 1989). Bei
durchlässigem Untergrund mit geringer kapillarer
Aufstiegshöhe sollte der Abstand zur Grundwasseroberfläche sogar möglichst nicht mehr als 1 bis
2 m betragen, da sonst mit einer allmählichen Austrocknung der mineralischen Dichtungsschicht einer Kombinationsdichtung an der Deponiebasis zu
rechnen ist (HOLZLÖHNER 1988, 1990; GÖTTNER
& BRAUN 1989; BRAUNS et al. 1990: 137; s. a.
Abschn. 16.3.2.2).

16.3.1.1 Standorterkundung

Die **Standortplanung** für Abfalldeponien stellt
ein komplexes Verwaltungshandeln dar, das von
der Öffentlichkeit zunehmend kritisch verfolgt
wird. Die Standortsuche erfolgt meist nach länder-
internen Prüfungskriterien schrittweise unter Aus-
grenzung von Flächen mit absoluten Ausschlußkriterien, wie Schutzabstand zur nächsten Bebauung, Wasserschutzgebiete, Naturschutzgebiete
u. a. m. (sog. Negativflächen). Bei den verbleiben-

den Flächen erfolgt dann anhand geologischer und
hydrogeologischer Kriterien sowie anderen Gesichtspunkten eine Eingrenzung sog. Positivflä-
chen. In einer Gesamtsituationsanalyse werden anschließend geeignete Standorte, welche die vorge-
schriebenen Mindestanforderungen erfüllen, festgelegt. In einem Standortvergleich werden danach
die am besten geeigneten Standorte ermittelt und
einer eingehenden Untersuchung sowie der erforderlichen Umweltverträglichkeitsprüfung unterzogen.

Die Anforderungen an den Untergrund als geologische Barriere sind abhängig von der Deponieklasse
und den geologischen bzw. hydrogeologischen
Gegebenheiten. Die Eignung eines Standorts kann
jedoch nur aus der Gesamtbeurteilung aller relevanten Einflußfaktoren im Multibarrierensystem
beurteilt werden, wobei der **Mächtigkeit und
Ausbildung des Barrieregesteins** im Untergrund
langfristig eine wesentliche Rolle bei der Verminderung des Schadstoffaustrags in das Grundwasser
zukommt. Die Anforderungen an die Dicke der
geologischen Barriere betragen bei Lockergesteinen allgemein 5 bis 10 m und bei Festgesteinen 20
bis 30 m (s. OELTZSCHNER 1990). Obwohl diese
Anforderungen über die 3m-Mindestforderung der
TA Abfall hinausgehen, entsprechen sie hinsichtlich der Mindestdicken nicht allen Vorstellungen
(s. DÖRRHÖFER 1986; JÄGER & REINHARDT 1990)

In der TA Siedlungsabfall (1993) werden für die
geologische Barriere als einzige quantitative Anforderung „homogen" und „schwach durchlässig",
d. h. k_f-Werte von 10^{-6} bis 10^{-8} m/s festgelegt. Aus
der Erkenntnis, daß in einigen Entsorgungsgebie-
ten kaum Standorte mit ausreichender geologischer Barriere zur Verfügung stehen und andernorts der Nachweis einer ausreichenden Dichtigkeit
auf Schwierigkeiten gestoßen ist, sieht die TA
Siedlungsabfall (1993) die Möglichkeit der Aufbringung einer **zusätzlichen mineralischen Barriere** vor, die durch ihre Eigenschaften die Funktion der geologischen Barriere unterstützen oder
übernehmen soll. Für diese zusätzliche technische
Barriere ist eine Dicke von 3 m und ein k_f-Wert von
10^{-7} m/s vorgesehen (Abb. 16.2).

In der TA Siedlungsabfall (1993) sind keine Mäch-
tigkeitsanforderungen für die geologische Barriere
definiert. Dies ist bedauerlich, da für die Bewertung der geologischen Barriere nicht allein die hydraulische Leitfähigkeit entscheidend ist, sondern
auch das Rückhaltepotential sowie die Verweil-
dauer, um den Sorptionsprozeß (Anlagerung und
Abbau der Schadstoffe) möglichst effektiv zu ge-
stalten. Deshalb sollte für die geologische Barriere

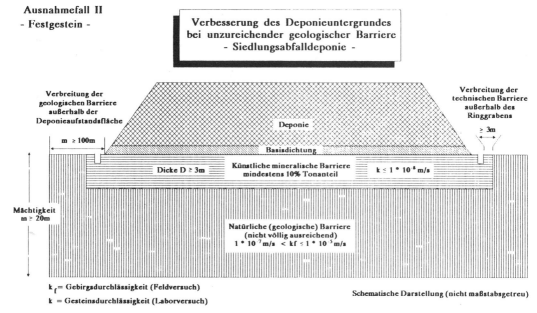

Abb. 16.2 Verbesserung des Deponieuntergrundes im Festgestein durch eine zusätzliche mineralische Barriere (nach DÖRRHÖFER et al. 1991).

eine möglichst große Dicke, günstige geochemische Eigenschaften und ausreichende Verbreitung gefordert werden.

Sowohl in der TA Abfall als auch in der TA Siedlungsabfall werden **Ausschlußkriterien** für Deponiestandorte genannt, wie Karstgebiete, stark klüftige und besonders wasserwegsame Festgesteine sowie Steinbrüche und Gruben, aus denen eine Ableitung von Sickerwasser in freiem Gefälle nicht möglich ist (STIEF 1992). Als weitere Ausschlußgebiete gelten Naturschutzgebiete, Wasserschutz- und -vorranggebiete, Überschwemmungsgebiete, Erdbebengebiete, tektonisch aktive Störungszonen, Bergsenkungsgebiete sowie Rutsch- und Erdfallgebiete.

Die für die Standortbeurteilung erforderlichen Aufschlußarbeiten, Feld- und Laboruntersuchungen sind in enger Abstimmung zwischen Ingenieur- und Hydrogeologen unter Einschaltung von Tonmineralogen und Bodenmechanikern vorzunehmen. Für die **Standortbeurteilung** sind im Prinzip nachfolgende Faktoren maßgebend (s.a. DRESCHER 1987, JÄGER & REINHARDT 1990; s.a. GDA-Empfehlung E 1).

Untergrundverhältnisse:

- Untergrundaufbau, Schichtenfolge und deren stratigraphische Zuordnung, Mächtigkeiten, Unregelmäßigkeiten

- Verwitterungszustand und -beständigkeit, oberflächennahe Auflockerungszone, Löslichkeit (GRÜNDER & STOCKHAUSEN 1985)
- Lagerungsverhältnisse, tektonische Störungen, Trennflächengefüge, Kluftbeläge, Oxidationssäume, tektonische Gebirgsauflockerung (PRINZ 1988, 1989)
- Geologische Besonderheiten, wie Verbreitung und Zustand verkarstungsfähiger Gesteine und dadurch bedingte Gebirgsauflockerung, Erdfälle und Bodensenkungen, Hangzerreißung, Rutschungen, Erdbeben, Bergbau und oberirdischer Abbau, Lagerstätten, Bodendenkmale

Grundwassersituation:

- Vorflutverhältnisse, Hochwasser (auch Tideeinfluß), Quellen, Vernässungen
- Grundwasserschutz- oder Vorranggebiete, Heilquellen-Schutzgebiete, Wassergewinnungsanlagen, Wasserrechte
- Ober- und unterirdische Grundwassereinzugs- und -abstromgebiete (sog. Recharge- bzw. Discharge-Gebiete, s. Abschn. 4.4.4)
- besondere unterirdische Abflußwege
- Niederschlagsdaten und Grundwasserneubildung
- Grundwasserstände und -stockwerke, jahreszeitliche Wechselstände

- Raumlage, Verbreitung und Mächtigkeit von Grundwasserleitern und Hemmschichten
- Grundwasserfließrichtung und -fließgeschwindigkeit
- geochemische Charakterisierung des Grundwassers (auch einzelner Stockwerke) unter Berücksichtigung geogener oder anthropogener Belastungen

Feld- und Laborversuche:

- Gesteinsdurchlässigkeit (Laborversuche) sowie Gebirgsdurchlässigkeit einschließlich der Wasserwegsamkeit besonderer Strukturen (Feldversuche)
- boden- bzw. gesteinsphysikalischen Kennwerte für Tragfähigkeit, Verformungsverhalten und Verdichtbarkeit der einzelnen Schichten
- Kalkgehalt, Pyrit, organische Anteile
- Tonmineralbestand und chemische Stabilität bei Schadstoffeinwirkung
- Schadstoffrückhaltekapazität.

Ausgehend von einer möglichst umfassenden Ermittlung dieser Faktoren und Daten sollten nach DRESCHER (1987: 18), REINHARDT (1987: 29), DÖRRHÖFER (1988, 1990), JÄGER & REINHARDT (1990), OELTZSCHNER (1990) und ZIESCHANK (1990: 19) für eine geologische Barriere folgende zusammengefaßte Kriterien erfüllt sein:

- Tone oder Tonsteine in entsprechender Dicke und günstiger Tonmineralogie
- schwaches oder latent ausgebildetes Trennflächengefüge
- keine oder nur geringe fazielle und tektonische Anisotropien
- geringe Gebirgsdurchlässigkeit
- geringe Grundwasserneubildungsrate bzw. Discharge-Gebiete
- Möglichkeiten des Nachdichtens bzw. Umschließens bei einem Störfall.

Über die Praxis der Standortbeurteilung von Abfalldeponien berichten GRÜNDER & STOCKHAUSEN (1985), DAHMS (1985), ZÜRL (1985) und BRANDL (1989) und bes. REILÄNDER (1995). Eine statistische Erfassung geowissenschaftlicher Daten von bestehenden Deponien (AUST & MATUSZCZAK 1990) läßt erkennen, daß ein Großteil der erfaßten Deponien den heutigen Ansprüchen nicht gerecht wird (s. a. JÄGER & REINHARDT 1990).

Nach den heute vorliegenden Erfahrungen sind Tone des Tertiärs, mit in der Regel nur untergeordnet wasserwegsamen Trennflächen, Tonsteinen der Trias oder der Kreide vorzuziehen, die fast immer ein ausgeprägtes Trennflächensystem aufweisen.

Dies gilt besonders, wenn in Grubendeponien die vertonte und plastifizierte oberflächennahe Anwitterungszone ausgeräumt ist.

In den mächtigen Tonsteinserien (z. B. Opalinuston, Unterkreide-Tonsteine) werden in Anlehnung an die Verwitterungsintensitäten von EINSELE & WALLRAUCH (1964) drei **Zonen der Gebirgsdurchlässigkeit** unterschieden (Abb. 16.3): Eine oberflächennahe Verwitterungszone mit Durchlässigkeiten von 10^{-8} bis 10^{-10} m/s, die bis durchschnittlich 5 bis 15 m unter Gelände reicht. Darunter kann eine Zone entlastungs- und klüftungsbedingter Gebirgsdurchlässigkeit ausgehalten werden, mit k-Werten von 10^{-5} bis 10^{-6} m/s, die etwa 10 bis 30 m unter Gelände reicht. Ab diesen Tiefen nimmt die Durchlässigkeit wieder auf Werte von 10^{-7} bis 10^{-9} m/s ab (GRÜNDER & PRÜHL 1985; GRONEMEIER et al. 1990; HENKEL 1990; SCHETELIG 1991). Auf die erhöhte Wasserwegsamkeit im W3-Verwitterungshorizont (s. Abschn. 3.2.1) hat schon WALLRAUCH (1969) hingewiesen. Die tatsächlichen Mächtigkeiten der einzelnen Zonen sind von der jeweiligen Exposition, d. h. von der Hang- oder Tallage abhängig.

Von tektonischer Gebirgsauflockerung begleitete **Kluft- und Störungszonen** sind bei der Erkundung sehr schwer zu erfassen, da sie nicht immer durch Bewegungsspuren, Eisenhydroxidbeläge oder Oxidationssäume erkennbar sind (GÜNTEN-

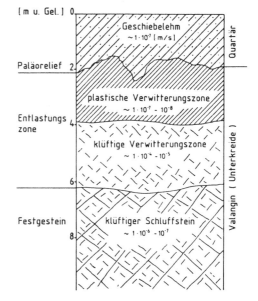

Abb. 16.3 Zonen der Gebirgsdurchlässigkeit in einem Tonsteinuntergrund, festgestellt im Bereich der SAD Münchehagen (aus DÖRRHÖFER & FRITZ 1991).

SPERGER 1989). In solchen Zonen werden jedoch teilweise deutlich erhöhte Gebirgsdurchlässigkeiten beschrieben (s. schon MICHEL 1972: F6). HEIL et al. (1989) sowie DÜMMER & MÜLLER (1990) berichten von durch Feldversuche ermittelten Gebirgsdurchlässigkeiten von $2 \cdot 10^{-5}$ m/s in mit steilstehenden Kleinstörungen durchzogenen Liastonsteinen am Rand der Herforder Liasmulde, nahe den Scherbruchzonen der Osnig-Störungszone. Auch vom Opalinuston der Schwäbischen Alb werden von HENKEL (1990) erhöhte Durchlässigkeitswerte in Kluft- bzw. Störungszonen von $k = 10^{-5}$ m/s in 25 m Tiefe und von $k = 10^{-7}$ m/s in 51 m Tiefe beschrieben. Nach den bisherigen Erfahrungen ist damit zu rechnen, daß die Durchlässigkeit derartiger Zonen etwa einen Potenzexponenten höher ist als die großflächig ermittelten Durchschnittswerte (Tab. 16.1).

Von umfangreichen Studien über die Ausbreitung von Deponiesickerwässern auf Klüften in halbfesten tertiären Glimmertonen im Untergrund der Deponie Georgswerder bei Hamburg berichten BAERMANN (1988), SCHNEIDER & BAERMANN (1990) und WÜSTENHAGEN et al. 1990. Auf Schicht- und Kluftflächen wurden in einer Tiefe von 10 bis 12 m im Tonkörper noch deutlich erhöhte Konzentrationen an aromatischen Kohlenwas-

serstoffen gefunden, wofür ein advektiver Schadstofftransport auf Klüften innerhalb von wenigen Jahren angenommen werden muß. Die mittels Slug-Tests ermittelte Gebirgsdurchlässigkeit betrug in diesem Fall etwa 10^{-8} m/s.

16.3.1.2 Wasserbewegung und Schadstofftransport

Der Transport von Schadstoffen aus einer Deponie erfolgt hauptsächlich mit dem Wasser (Abb. 16.15). Allgemein lassen sich bei der Stoffmigration ein advektiv-dispersiver, vom Druckgradienten abhängiger und ein diffusiver, vom Konzentrationsgradienten abhängiger Stofftransport unterscheiden. Das Migrationsverhalten wird weiterhin durch Sorptionsprozesse beeinflußt. Im einzelnen können folgende Prozesse unterschieden werden (LÜHR et al. 1991):

- Advektion (Grundwassertransport) – häufig auch als Konvektion bezeichnet
- Dispersion (Verteilung durch Aquiferaufbau)
- Diffusion (Konzentrationsausgleich aufgrund Konzentrationsgefälle)
- Sorption (Summe aus Filtration, Ausfällung/ Lösung, chemische Bindung, Isotopenaus-

Tabelle 16.1 Durch Feldversuche ermittelte Zonen der Gebirgsdurchlässigkeit und erhöhte Durchlässigkeiten an einzelnen Störungszonen (Lit. siehe Text)

Tonsteine Unterkreide Niedersachsen	Opalinuston Nord-Bayern	Opalinuston Baden-Württemberg	Lias-Tonstein Herford
< 5 - 10 m 5 * 10^{-9} m/s	10^{-9} - 10^{-12} m/s	< 5 - 15 m 10^{-8} m/s	
8 * 10^{-8} - 8 * 10^{-6} m/s	10^{-5} - 10^{-6} m/s	4 * 10^{-5} m/s	
> 30 m 1 * 10^{-7} m/s		> 20 m 10^{-8} - 10^{-9} m/s	
		25 m : 10^{-5} m/s 51 m : 10^{-7} m/s	10^{-5} m/s

tausch, Oberflächensorption, elektrostatische Bindung)
● Abbau (biochemischer Abbau und Umbau)

Das **Porenwasser** in den mehr oder weniger vernetzten Porenkanälen einer tonigen Matrix besteht aus beweglichen (mobilen) und unbeweglichen (immobilen) Anteilen (s. d. Abb. 2.13). Der mobile Wasseranteil reagiert auf das hydraulische Druckfeld, während das immobile Wasser davon unbeeinflußt bleibt. Aufgrund von Diffusion findet jedoch auch zwischen dem immobilen und dem mobilen Wasser Stoffaustausch statt.

In Abb. 16.4 sind die Teilprozesse des Schadstofftransports schematisch zusammengestellt. In der **ungesättigten Zone** erfolgt die Sickerwasserausbreitung hauptsächlich der Schwerkraft folgend (vertikaler Transport) und zwar periodisch, je nach Sickerwasseranfall. Die Sickerwassermenge kann durch die mittlere jährliche klimatische Wasserbilanz abgeschätzt werden. Bei Wechsellagerungen und in geklüfteten Gesteinen kann die Sickerwasserbewegung in Abhängigkeit von der Raumlage der wasserwegsamen Schichten oder Klüfte auch deutlich von der vertikalen Ausbreitungsrichtung abweichen.

Die Schadstoffmigration durch die Deckschichten ist abhängig von der Grundwasserneubildungsrate, der Bodenstruktur (s. Abschn. 2.8.5), der Verweilzeit des Sickerwassers in der ungesättigten Zone (Grundwasserflurabstand, Durchlässigkeit) sowie

der Mobilität und der Persistenz der Schadstoffe, d. h. deren Beständigkeit gegenüber chemischen oder biologischen Um- und Abbauvorgängen.

In der ungesättigten Bodenzone liegt fast immer eine vom Sättigungsgrad abhängige Mehrphasenströmung mit Luft- und Wasseranteilen vor, die bewirkt, daß der Durchlässigkeitsbeiwert der ungesättigten Zone um einen halben bis ganzen Potenzexponenten niedriger anzusetzen ist, als bei Wassersättigung (s. Abschn. 2.8.1). Durch Ausfällung von Eisen- und Manganhydroxiden stellt sich im Laufe der Zeit eine weitere Verminderung der Durchsickerung ein. Dieses sog. Selbstreinigungsvermögen der ungesättigten Bodenzone durch Sorptionsprozesse darf jedoch aus den verschiedensten Gründen nicht überschätzt werden.

In der **gesättigten Zone** erfolgt ständig eine Schadstoffausbreitung in Richtung des Grundwassergefälles durch Advektion und in geringem Maße auch quer dazu durch Dispersion. Hinzu kommt der strömungsunabhängige diffusive Stofftransport, der entsprechend der Konzentrationsverteilung auch gegen die Grundwasserbewegung stattfinden kann. Beim Stofftransport in der gesättigten Bodenzone muß außerdem zwischen mit Wasser mischbaren bzw. löslichen und mit Wasser nicht mischbaren bzw. unlöslichen Stoffen unterschieden werden (s. d. BÜTOW et al. 1991).

Unter **Advektion** versteht man die passive Bewegung der Inhaltsstoffe mit der Grundwasserströ-

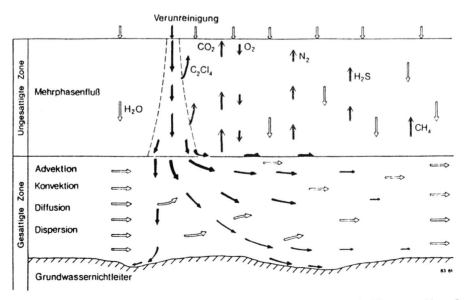

Abb. 16.4 Schematische Darstellung der Reaktionen und Transportvorgänge im Untergrund (aus GOLWER 1991).

mung. Die Grundwasserbewegung des mobilen Porenwassers ist abhängig von den hydraulischen Parametern Durchlässigkeit, hydraulischer Gradient und durchflußwirksamer Porenanteil sowie von der chemischen Beschaffenheit und Temperatur der durchströmenden Flüssigkeit sowie mobilitätsverändernden Mechanismen.

Die im Abschn. 2.8 behandelte **Durchlässigkeit**, ausgedrückt durch den Durchlässigkeitsbeiwert k, bezieht sich definitionsgemäß auf Wasser ohne Elektrolytgehalt und mit einer Temperatur von 10 °C (DIN 18 130, T 1, Tab. 2). Diese Bedingungen treffen für Deponiesickerwasser nicht zu. Bei einer Temperatur von 40 °C ist z. B. die Viskosität des Wassers nur noch halb so groß wie bei 10 °C, was eine Verdoppelung der Durchlässigkeit zur Folge hat. Für die rechnerische Abschätzung der Auswirkungen einer Deponie genügt es auch nicht, eine mittlere Gebirgsdurchlässigkeit, etwa auf der Basis von Laborversuchen oder einzelner Feldversuche (s. Abschn. 2.8.4) anzugeben, sondern es muß versucht werden, die für die Geländebedingungen gültigen Durchlässigkeitsbeiwerte und ihre Verteilungsfunktion zu erfassen und zwar unter Berücksichtigung der im Abschn. 16.3.1.1 beschriebenen Zonen besonderer Wasserwegsamkeit.

Vergleichsmessungen ergaben in Feldversuchen 10- bis 1000 mal höhere Durchlässigkeitsbeiwerte als an ungestörten Tonproben des gleichen Materials in Laborversuchen (SCHNEIDER & GÖTTNER 1991: 9). Hinzu kommt, daß für die verschiedenen chemischen Stoffgruppen unterschiedliche Durchlässigkeiten bekannt sind.

Der **hydraulische Gradient** i für die Deponiebasisabdichtung ist von der Höhe des Sickerwasserüberstaus über der Deponiesohle und der Dicke der Dichtungsschicht abhängig (Abb. 16.5). Bei funktionierender Sohldrainage bildet sich kein Sickerwasseraufstau, so daß der hydraulische Gradient mit $i = 1$ anzusetzten ist.

Die aus Gleichenplänen konstruierten hydraulischen Gradienten im Deponieuntergrund sind häufig noch wesentlich kleiner (1 : 10 bis 1 : 100, z. T. 1 : 1000). Welcher Wert den Modellrechnungen zugrunde zu legen ist, hängt vom Gesamtsicherheitskonzept ab und muß mit dem Entwurfsbearbeiter abgestimmt werden (GDA-Empfehlung E 6−2).

Der im Abschnitt 2.8.1 diskutierte „strömungslose Bereich" bei kleinen Gradienten wird bei Deponiefragen nicht in Rechnung gesetzt, auch wenn in tonigen Sedimenten bei kleinen Druckgradienten nichtlinarare Fließbedingungen anzunehmen sind (GRABENER 1987; SCHILDKNECHT & SCHNEIDER 1987; SCHNEIDER & GÖTTNER 1991 und AZZAM 1992). Dadurch ergeben sich bei niedrigen k-Werten erheblich geringere Sickerwassermengen bzw. längere Durchsickerungszeiten als sie in der Literatur der 80er Jahre genannt werden (SIMONS & HÄNSEL 1983; BIEDERMANN & MAGAR 1985).

Die häufig verwendete Formel

$$v_{a/w} = \frac{k \cdot i}{n_f} \qquad \text{(s. Abschnitt. 2.8)}$$

ergibt streng genommen nur die wahre Fließgeschwindigkeit v_w und nicht die Abstandsgeschwindigkeit v_a, für deren Ermittlung praktisch Feldversuche nötig sind. SCHNEIDER & GÖTTNER (1991) haben bei Feldversuchen in Kreidetonen mit $k = 2 \cdot 10^{-9}$ m/s Porenwassergeschwindigkeiten v_a von 0,027 bis 0,043 cm/d ermittelt, d. s. 0,13 m/a.

Die längerfristige **Sickerwassermenge** bzw. das Ausmaß der advektiven Verlagerung von nichtre-

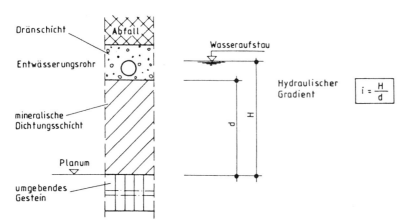

Abb. 16.5 Definition des hydraulischen Gradienten für Deponiebasisabdichtungen (aus DRESCHER 1988).

aktiven gelösten Stoffen ist abhängig vom Durchlässigkeitsbeiwert k des Abdichtungsmaterials sowie dem wirkenden hydraulischen Gradienten i aber unabhängig von der Schichtdicke. Damit ergibt sich nach dem Darcy-Gesetz stark vereinfacht eine Sickerwasseraustrittsmenge von

$$Q = k \cdot A \cdot i \qquad A = \text{Grundfläche}$$

Bei Verstärkung der mineralischen Dichtungsschicht bleibt die Sickerwassermenge langfristig gleich, da der Gradient i gemäß Abb. 16.5 ebenfalls konstant ist.

Unter **Dispersion** versteht man die Vermischung gelöster Stoffe im bewegten Grundwasser infolge unterschiedlicher Durchlässigkeiten und Fließbedingungen (longitudinale und transversale Dispersion). Die Dispersion ist abhängig von der Fließgeschwindigkeit und der Dispersivität (ein Parameter der Porenraumgeometrie und der Körnung). Die Dispersionslänge α beträgt in Sanden Zentimeter bis Dezimeter, in Kiesen Dezimeter bis Meter. Sie kann experimentell nur mittels Stofftransportversuchen ermittelt werden. Die Querdispersivität beträgt etwa $^1/_{10}$ bis $^1/_3$ davon (Abb. 16.6). Nach bisherigen Erfahrungen ist die Dispersionslänge von geringdurchlässigen, tonigen Böden ($k \le 10^{-9}$m/s $v_a \le 0,02$ cm/d) im Vergleich zur Diffusion relativ unbedeutend (SCHNEIDER & GÖTTNER 1991).

Mit abnehmender Durchlässigkeit und bei niedrigen Gradienten treten Strömungsvorgänge zurück. Als Migrationsform von gelösten Stoffen im Porenwasser überwiegt bei kleinen Filtergeschwindigkeiten die **Diffusion** infolge Konzentrationsunterschieden. Die Diffusion ist ein molekularer Stofftransport in flüssiger oder gasförmiger Phase zwischen kommunizierenden Poren und im Schichtgitterraum der Tone proportional dem Konzentrations- oder Temperaturgefälle. Der Diffusionskoeffizient im Porenraum eines Bodens wird als D_o (in m²/s) bezeichnet (SCHNEIDER & GÖTTNER 1991: 10). Der Diffusionskoeffizient wird durch Diffusionsversuche an wassergesättigten Tonscheiben ohne advektive Wasserbewegung ermittelt. Ein einheitliches Verfahren zur Ermittlung des Diffusionskoeffizienten besteht bis jetzt nicht (HESSE et al. 1993; GÜNTHER 1995).

Der Diffusionskoeffizient beträgt für Chlorid und Bromid in Tonen $D_o = 5 \cdot 10^{-10}$ m/s. Dieser Wert zeigt gleichzeitig die Größenordnung für die meisten gelösten Stoffe in Tonen (SCHNEIDER & GÖTTNER 1991: 85). Schwermetalllösungen weisen im allgemeinen einen geringeren, CKW-Lösungen einen höheren Diffusionskoeffizienten auf (Einzelwerte s. GÖTTNER 1987: 54; PREGL 1988:

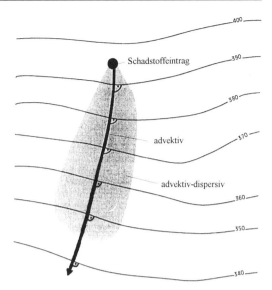

Abb. 16.6 Auswirkungen der Dispersion auf den Stofftransport im Grundwasser (nach PFAFF 1995, geändert).

34; DEGEN & HASENPATT 1988: 135; KLOTZ 1988; HESSE et al. 1993).

Diffusionsvorgänge finden auch durch handelsübliche Kunststoffdichtungsbahnen statt. Diese Schadstoff-Restdurchlässigkeit ist jedoch auf Kohlenwasserstoffe (KW) und chlorierte Kohlenwasserstoffe (CKW) beschränkt (AUGUST 1985; COLLINS 1988: 406).

Bei mineralischen Basisabdichtungen, an deren Oberfläche mit langfristig hohen Lösungskonzentrationen gerechnet werden muß, kann die Diffusion die strömungsabhängige Komponente des Stofftransports des mobilen Porenwassers deutlich überwiegen bzw. dieser vorauseilen. Untersuchungen von Verschmutzungsfronten im Untergrund verschiedener Deponien haben gezeigt, daß ein diffusionsbedingter Durchbruch einzelner Chemikalien durch eine Tonbarriere schon in wenigen Jahren erfolgen kann.

QUIGLEY et al. (1984) beschreiben die Eindringtiefe diffusiver Stoffwanderung in einem jungeiszeitlichen Geschiebemergel ($k = 1.5.10^{-10}$ m/s) unter einer 15jährigen Hausmülldeponie mit

0,7 – 1,0 m für Na^+-, Ca^{2+}- und Cl^--Ionen
0,2 m für Schwermetalle (Cu, Z, Fe, Pb) und
0,9 m für organisch gebundenen Kohlenstoff.

Eine Verminderung der Diffusion wäre nur durch eine drastische Verringerung der Größe der Porenräume in der mineralischen Dichtung möglich oder durch den Einbau von Diffusionssperren. Im Laufe der Zeit verringert sich die diffusive Schadstoffmigration durch allmählichen Abbau des Konzentrationsgradienten (sog. instationäre Diffusion) und durch Sorptionsvorgänge.

Die **Permeationsrate bzw. Emissionsrate** (in mg/ $m^2 \cdot s$ bzw. $g/m^2 \cdot a$) gibt die Stoffmenge an, die pro Zeiteinheit durch eine Einheitsfläche einer Tonschicht transportiert wird. Bei geringen Durchlässigkeiten ($< 10^{-9}$ m/s) sind die Permeationsrate und die Zeitspanne, die ein nichtreaktiver Stoff benötigt, um durch eine Tonschicht zu gelangen, abhängig vom Konzentrationsgradienten, vom Diffusionskoeffizienten D_0 und von der Schichtdicke. Eine Erhöhung der **Verweilzeit** ist in diesen Fällen nur durch die Reduzierung des Diffusionskoefizienten und die Erhöhung der Schichtdicke zu erreichen und weniger durch Verringerung des Durchlässigkeitsbeiwerts.

Für eine Deponieabdichtung ist die Erhöhung der Verweilzeit mit zunehmender Dicke von Vorteil, da einerseits der Schadstoffaustrag verzögert wird und andererseits auch die Reaktionen der Schadstoffrückhaltung zeitabhängig sind.

16.3.1.3 Schadstoffrückhaltung (Sorption)

Gelöste Stoffe werden im Wasser grundsätzlich langsamer transportiert als die Fließgeschwindigkeit des Wasser selbst. Dieser Effekt beruht darauf, daß die Inhaltsstoffe in den Gesteinsporen oder auf Kluftwänden zurückgehalten werden, wodurch der Transport von Inhaltsstoffen verlangsamt wird.

Die Schadstofftransportprognose im Grundwasser erfordert außer den genannten hydraulischen Parametern auch Angaben über die Schadstoffrückhaltung (Sorption), wobei zwischen Transportverzögerung (Retardation) und Rückhaltevermögen (Retention) zu unterscheiden ist. Die wichtigsten **Sorptionsfaktoren** sind Adsorption, Fällung (auch Mitfällung) und Pufferung. Hinzu kommen Zerfalls- bzw. Abbauprozesse durch chemische und mikrobielle Vorgänge. Diese Reaktionen finden bevorzugt in der ungesättigten Zone, in abgeschwächter Form auch in der gesättigten Zone statt (GOLWER 1985).

SCHNEIDER & GÖTTNER (1991: 100) haben die mobilitätsverringernden Vorgänge für verschiedene Schadstoffgruppen wie folgt zusammengestellt:

Schwermetalle: Fällung $\gg$ Mitfällung $>$ Adsorption

polare Organika: Abbau $>$ Adsorption $>$ Wasserlöslichkeit

unpolare Organika: Wasserlöslichkeit $\gg$ Adsorption $>$ Abbau

Die **Schadstoffrückehaltekapazität** hängt ab vom Tonmineralanteil (Korngrößeneffekt, Porenanteil, Porenraumstruktur) und der Art der Tonminerale, dem Kalkgehalt, dem Anteil an organischen Bestandteilen sowie den pH-Wert des Gesteins und des Sickerwassers, ferner dem Schwermetallangebot, der Kontaktzeit und den chemischen Wechselwirkungen (CZURDA 1987; WAGNER & CZURDA 1987; DÖRHÖFER 1988; SCHNEIDER & BAERMANN 1990). Ein Kalkgehalt bewirkt eine **Pufferung** von sauren Lösungen, was ein ausgeprägtes Schwermetallfällungsvermögen zur Folge hat.

In der Oxidationszone kommt es zur **Ausfällung** von Eisen- und Manganhydroxiden, unter Mitfällung zahlreicher Schwermetalle. Im sauerstofffreien Bereich bilden sich vorwiegend Eisensulfide und andere Schwermetallsulfide. Bei zahlreichen Oxidations-und Reduktionsvorgängen sind Mikroorganismen wesentlich beteiligt (GOLWER 1985). Fällungsprodukte können zu einer Verringerung des durchflußnutzbaren Porenraumes führen.

Die **mikrobiologische Aktivität** im Boden hängt ab von der Persistenz des Schadstoffes gegenüber biologischen Prozessen sowie dem Nährstoffangebot und den Milieubedingungen (pH-Wert, Eh-Wert, Feuchte u. a. m.).

Der maßgebende Faktor für die Schadstoffrückhaltung ist jedoch die **Adsorption** von kationischen Metallen (Pb, Cd, Zn, Cu, Hg, CrIII) an den großen Oberflächen und im Zwischengitterraum der Tonminerale, an sedimenteigenen organischen Substanzen sowie an Oxiden.

Die Adsorption bzw. der Kationenaustausch der Tonminerale hängt nicht nur vom Mineral ab, sondern auch vom physiko-chemischen Zustand des Porenwassers. Es handelt sich dabei um einen begrenzten und reversiblen Vorgang (Desorption), der bei quellfähigen Dreischichtmineralen erheblich größer ist als bei nicht aufweitbaren Dreischicht- oder Zweischichtmineralen. Bei der selektiven Anlagerung von Kationen werden höherwertige Kationen gegenüber niedrigwertigen bevorzugt.

Die **Kationenaustauschkapazität** bzw. das Kationenaustauschvermögen der am meisten verbreiteten Tonminerale ist in Tab. 16.2 zusammengestellt. Versuche zur Ermittlung der Adsorptionsei-

Tabelle 16.2 Kationenaustauschkapazität (KAK) und Anionenaustauschkapazität (AAK) von Tonmineralen und organischer Substanz in mVal/100 g (aus GRIM 1962).

Tonmineral	KAK	AAK
Kaolinit	3–15	7–20
Smektit	80–150	23–31
Illit	10–40	–
Vermiculit	100–150	4
Chlorit	10–40	–
Org. Substanz	180–300	–

genschaften eines Tones sind der Schütteltest (nach DEV 34, DIN 38414, T 4), die Kationenaustauschkapazität sowie der zeitabhängige Schadstoffdurchtritt bei Durchsickerungsversuchen (JESSBERGER 1990). Die Bestimmung der Kationenaustauschkapazität (KAK-Wert) erfolgt entweder nach DIN 19684, Teil 8, mit Bariumsalzlösung oder mit Ammoniumacetatlösung (Bestimmungsmethoden und KAK-Werte s. CZURDA & WAGNER 1986; THIELICKE 1987; CZURDA 1987; WAGNER & CZURDA 1987; JESSBERGER 1987; WÜSTENHAGEN et al. 1990 und USTRICH 1991).

Laborbestimmungsmethoden an pulverisierten Proben (z. B. Schüttelversuche) ergeben die maximal mögliche Adsorptionsmenge, die wesentlich größer ist, als in einer eingebauten Dichtungsschicht. Auch die beiden anderen chemischen Methoden zur Bestimmung der Kationenaustauschkapazität von Tonen liefern unbefriedigende Ergebnisse, besonders bei Anwesenheit von Karbonaten und Sulfaten, die deshalb vorher ausgetrieben werden müssen.

Die Beurteilung des Schadstoffrückhaltevermögens einer Dichtungsschicht ist abhängig vom Tonmineralanteil und der Art der Tonminerale sowie der Einbaudichte und kann wie folgt abgeschätzt werden:

1 m Tonschicht KAK = 18 mVal/100 g, γ = 15,8 kN/m³,
KAK (1 m³) = 1580 kg/m² · 180 mVal/kg · 1,0 m = 284400 mVal/m²

In der Diskussion ist daher eine Anforderung einer KAK bezogenen technischen Barriere (s. Abschnitt 16.3.1.1) von KAK = 200000 mVal/m² (DEMMERT et al. 1995).

Die Adsorption von Anionen und von organischen Schadstoffen an Tonen ist dagegen gering. Besonders mobil und kaum wirksamen Minderungsmechanismen unterworfen sind die nicht reaktiven Anionen Chlorid, Nitrat und Sulfat.

Die **Rückhaltung organischer Verbindungen** ist vor allem vom Gehalt an organischen Beimengungen im Ton abhängig, die auch sonst eine recht hohe Adsorptionskapazität aufweisen (DRESCHER 1985, darin Lit.) Ihre Wirkung als Hauptabsorbent tritt allerdings erst ab einem Anteil von etwa 2 % auf (s. a. Abschn. 2.2.2).

Der Abbau von organischen Schadstoffen bzw. ihre Umwandlung zu sog. Metaboliten im Untergrund ist ein sehr komplexer Vorgang, bei dem besonders die Aktivität von Mikroorganismen und das Nährstoffangebot eine Rolle spielen. Davon wird heute bei den biologischen Bodenreinigungsverfahren in großem Umfang Gebrauch gemacht (s. Abschn. 16.5.3).

Bei **Tonsteinen** wird die Wasserwegsamkeit weitestgehend durch hydraulisch wirksame Klüfte bestimmt (s. Abschn. 16.3.1.1). Bei den bekannten Größenordnungen der Kluft- und Matrixdurchlässigkeiten, wird allgemein angenommen, daß ein advektiver Transport in der Matrix vernachlässigbar ist und daher das Rückhaltepotential der Tonsteinmatrix nicht voll genutzt werden kann. Die Tonsteinmatrix wird nicht durchsickert, sondern nur in diffusionszugänglichen Bereichen durch Randdiffusion von den großen Kluftflächen aus benetzt (Abb. 16.7). Hinzu kommt eine erheblich geringere Adsorptionsfähigkeit der Tonsteine, da ein Teil der Tonmineraloberflächen durch das Bindemittel bzw. durch die diagenetische Verfestigung blockiert ist. Auch auf den Kluftflächen selbst ist die Adsorptionskapazität geringer als in der Gesteinsmatrix, wobei allerdings dünne Kluftflächenbeläge von Eisen- und Manganhydroxiden die Sorption von Schwermetallen in Form von Eisenhydroxid-Komplexen begünstigen.

Die Schadstoffadsorption und die Ausfällreaktionen bewirken, daß die Schadstoffmigration in der flüssigen Phase in der Regel erheblich niedriger ist als die Abstandsgeschwindigkeit des mobilen Porenwassers (Abb. 16.8). Diese **Transportverzögerung (Retardation)** wird durch den Retardationsfaktor R_d ausgedrückt:

$$R_d = \frac{v_a}{v_t}$$

v_a = mittlere Abstandsgeschwindigkeit des Wassers
v_t = mittlere Transportgeschwindigkeit des Schadstoffes
(s. d. KLOTZ 1990, der weitere hydraulische Kenngrößen beschreibt)

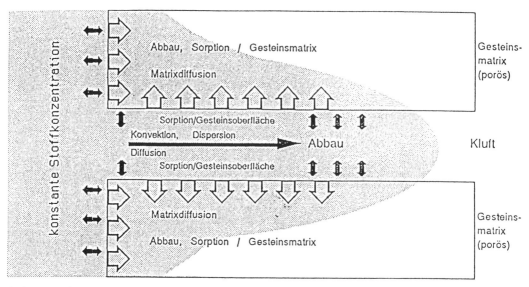

Abb. 16.7 Schematische Darstellung des Transports wasserlöslicher Stoffe in einem geklüfteten Tongestein (aus ROSENBERG & RÖNSCH 1995).

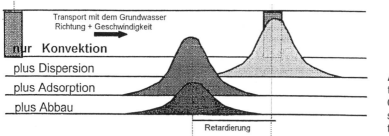

Abb. 16.8 Schadstofftransportmechanismen im Grundwasser und die entsprechende Konzentrationsverteilung).

Die mittlere Transport- bzw. Migrationsgeschwindigkeit eines Schadstoffes v_t ist dann

$$v_t = \frac{v_a}{n_o \cdot R_d} = \frac{k \cdot i}{n_o \cdot R_d}$$

(s. a. Abschn. 2.8.1 und 2.8.6).

Die **Schadstoffrückhaltung oder Sorption** bewirkt eine wesentliche Verminderung der Permeationsrate bzw. Erhöhung der Verweilzeit um den Faktor 10 bis 1000.

Um eine numerische Simulation der Schadstoffausbreitung in Deponieabdichtungen durchführen zu können, müssen die Transportmechanismen Advektion, Dispersion, Diffusion und Sorption sowie ihre Parameter Durchlässigkeitsbeiwert, hydraulische Gradient, effektive und Gesamtporosität, Konzentrationsgradient, Diffusionsgradient, die Dispersivität sowie die entsprechenden Koeffizienten der Sorptionsprozesse quantifiziert werden. Hierbei müssen häufig viele Prozesse, die das Verhalten von Stoffen im Untergrund mitbestimmen, vernachlässigt oder zumindest stark vereinfacht werden (BÜTOW et al. 1991). Über erste Simulationsmodelle auf der Basis von Feldversuchen berichten SCHNEIDER & GÖTTNER (1991), BÜTTOW et al. (1991), NÜTZMANN (1991).

Hinsichtlich der **Langzeitwirkung toniger Barrieren** ist heute in der Diskussion, anstelle des k-Wertes und der chemischen Beständigkeit der Tone entweder das Soptionspotential, also das Rückhaltevermögen für Schadstoffe (WAGNER 1992) oder die Verweilzeit sowie die Permeationsraten (in mg/(m² s) zum Bemessungs- und Beurteilungskriterium für tonige Barrieren zu machen (SCHNEIDER & GÖTTNER 1991; AZZAM 1992; DEMMER et al. 1995 und Abschn. 16.3.1.3).

Hierbei stellt die Verweilzeit nur ein Anfangskriterium dar, während die **Permeationsrate** für die

Langzeitwirkung maßgebend ist. Für nicht abbaubare Stoffe erfolgt dabei zwar eine Reduzierung der Schadstoffmengen, bei Überschreiten der Rückhaltekapazitäten wird jedoch der Austrag nicht verhindert, sondern nur zeitlich verzögert.

Die Sorption ist eine reversible Reaktion. Durch Gleichgewichtsverschiebungen infolge Veränderungen von pH, Temperatur oder Redoxpotential sowie durch andere Lösungsvermittler kann es zu Desorption bzw. einer Remobilisierung von Schadstoffen kommen. Durch das Auftreten von meist organischen Komplexbildnern kann z. B. die Schwermetallbindung praktisch vollkommen aufgehoben werden. Solange der Komplex stabil bleibt, findet keine Rückhaltung von Schwermetallen statt. Ihre Mobilität kann dann derjenigen eines nichtreaktiven Stoffes entsprechen (SCHNEIDER & GÖTTNER 1991). Um das Sorptionsvermögen von Tongesteinen möglichst langfristig zu erhalten, müssen die verwendeten Tone auf das Deponiegut abgestimmt werden (s. Abschn. 16.3.1.4) und es ist darauf zu achten, daß Stoffe ferngehalten werden, die das Reaktionssystem negativ beeinflussen. Verhindern läßt sich die Remobilisierung von Schadstoffen nicht, da in Hausmülldeponien langfristig Gärungsprozesse und andere biologisch-chemische Reaktionen ablaufen, welche sowohl den pH-Wert als auch die Sickerwasserkonzentration mit der Zeit verändern (ECHLE et al.1988; SCHNEIDER & GÖTTNER 1991: 117).

16.3.1.4 Sickerwasserangriff und chemische Beständigkeit der Tonminerale

Die Wirksamkeit von Tonmineralen in natürlichen und technischen Schadstoffbarrieren wurde u. a. von KOHLER & USTRICH (1988) beschrieben. Während die Zusammensetzung und das Gefüge von Tonen, die speziellen physiko-chemischen Eigenschaften sowie die Transportvorgänge innerhalb der Tone in ihren qualitativen Beziehungen relativ gut bekannt sind, besteht noch großer Forschungsbedarf hinsichtlich des komplexen Zusammenwirkens der unterschiedlichen Einflußfaktoren und der chemischen Beständigkeit der Tonminerale.

Die in der Literatur beschriebenen Durchlässigkeitsprüfungen von tonigen Materialien erfolgten nur teilweise mit echten Deponiesickerwässern, meist aber mit aqua dest. als Vergleichsflüssigkeit bzw. mit anorganischen oder organischen Säuren (pH 1 bis 2), Metallsalzlösungen (pH = 3) oder wasserlöslichen bzw. schwer wasserlöslichen organischen Verbindungen (Lösungsmitteln), z. T. auch synthetischem Sickerwasser mit einem pH-Wert von etwa 4.5 (REUTER 1985: 70; JESSBERGER 1987; USTRICH 1991; SCHNEIDER & GÖTTNER 1991: 106; PIERSCHKE & WINTER 1994 und GDA-Empfehlung E 3 – 1).

Die **Sickerwasserzusammensetzung** von Hausmülldeponien bzw. Deponien gemischter Siedlungsabfälle wird bestimmt durch den Kontakt des versickernden Wassers und den daraus resultierenden, bei Temperaturen von 30° bis 60 °C ablaufenden biochemischen Vorgängen im Deponiekörper, besonders in den untersten Schichten (EHRIG 1985; SPILLMANN 1985).

Allgemeingültige Sickerwasserzusammensetzungen können nicht angegeben werden (STIEF 1987). Tabellenwerte von einer Sickerwasseruntersuchung 1985 bringen die GDA-Empfehlung E 2 – 14 sowie EHRIG & HÖRING 1995).

Durch die Abtrennung von Bauschutt und Bodenaushub sowie die verstärkte Sortierung anderer Abfallfraktionen (Papier, Glas, Dosen, organische Abfälle) wird die Sickerwassermenge ansteigen (s. Abschn. 16.4), was zu Verdünnungseffekten und häufig stark wechselnden Sickerwasserbelastungen führen kann. Auch Reststoffdeponien (s. Abschn. 16.4) bzw. inerte Deponiebereiche können erhebliche Sickerwasserbelastungen, auch organischer Art, verursachen (EHRIG & HÖRING 1995).

Bei der Beurteilung des Sickerwassers besonders in Hausmülldeponien ist zu beachten, daß wegen des schichtigen Einbaus häufig schwebende Stockwerke auftreten, deren Wasser unterschiedliche chemische Beschaffenheit haben können und daß die erhöhten Eisen-und Mangangehalte bei Sauerstoffzutritt (Luft, Frischwasser) zu Verkrustungen und Verstopfungen führen.

Für die Langzeitbetrachtung des Schadstofftransportes ist die **chemische Beständigkeit toniger Barrieregesteine** bei langfristigem Kontakt mit den verschiedenen Abfallarten bzw. kontaminierten Sickerwässern zu beachten, über deren quantitative Auswirkungen bis vor wenigen Jahren kaum etwas bekannt war (KOHLER 1985; USTRICH 1991). Nach der GDA-Empfehlung E 3 – 1 und anderen Autoren kann die Langzeitbeständigkeit toniger Barrieregesteine durch folgende Untersuchungen beschrieben werden:

- Änderung der Durchlässigkeit
- Änderung der Tonmineralanteile (Mineralbestand)
- Änderung des Bindemittels

- Änderung der Kornverteilung
- Änderung des Quellverhaltens
- Änderung der Plastizität
- Änderung der Wasseraufnahme

Die Untersuchung solcher **Alterationsprozesse** von Tonen ist die Grundlage für die Bewertung und Prognostizierung der Langzeitbeständigkeit toniger Dichtmassen. Hierbei werden immer wieder amerikanische Veröffentlichungen von 1981 zitiert, nach denen bei Durchströmungsversuchen mit einigen Chemikalien, wie Methanol, Anilin und Essigsäure bei verschiedenen Tonen eine rapide Zunahme des k-Wertes bis zu 3 Potenzexponenten beobachtet worden ist (Lit. siehe KOMODROMOS & GÖTTNER 1986 und WIENBERG 1990). Diese Ergebnisse konnten bei Vergleichsuntersuchungen nur teilweise bestätigt werden. Neuere Forschungen in den USA bestätigen dies auch nur für organische Flüssigkeiten mit niedriger dynamischer Viskosität, wie z. B. PAK's.

REUTER (1987, 1988) berichtet über Langzeituntersuchungen an drei verschiedenen Kreidetonen aus Niedersachsen, die mit anorganischen und organischen Säuren sowie Schwermetallsalzlösung und organischem synthetischem Sickerwasser durchströmt worden sind. Dabei zeigte sich bei allen Prüfflüssigkeiten anfänglich eine mehr oder weniger deutliche Erhöhung der Durchlässigkeit, die sich aber mit längerer Versuchsdauer stabilisiert hat, allerdings auf einem höheren Niveau als zu Versuchsbeginn. Die Ionenauslaugung betraf besonders die austauschfähigen Erdalkali- und Alkaliionen sowie das in den Bindemitteln enthaltene Eisen. Langfristig ist nach REUTER (1988) mit einer durchschnittlich um das 10fache erhöhten, danach jedoch insgesamt stabilen Chemikaliendurchlässigkeit zu rechnen (s. d. a. KISTEN et al. 1995). Die Zentralkationen der Tonmineralbausteine werden trotz erheblicher Ionenausspülung der austauschfähigen Kationen nicht signifikant angegriffen. WAGNER (1988), KOHLER (1990, 1993) und SCHRÖDER (1993) beschreiben auch Veränderungen des Mineralbestandes von Tonen und ihrer plastischen Eigenschaften (Quellvermögen) beim Kontakt mit schwermetallsalzhaltigen bzw. elektrolytreichen oder organischen Lösungen.

WAGNER & CZURDA (1987) und WAGNER (1992) konnten in Labor- und Geländeuntersuchungen die Verlagerung und Festlegung von Schwermetallen im Untergrund in einem Migrationsmodell quantifizieren.

Die bisherigen Ergebnisse solcher Langzeit-Perkulationsversuche sind: Auflösung des Kalzits,

Reduzierung der Quellfähigkeit der Smektite, Abnahme der Plastizität und eine Kornvergröberung durch Aggregatbildung.

SMYKATZ-KLOSS & BURCKHARDT (1986, darin Lit.) sowie ECHLE et al. (1988) und DÜLLMANN et al. (1989) berichten ebenfalls über Wechselwirkungen zwischen Tonen und sauren Deponiesikkerwässern, die zu Veränderungen der Tone geführt haben. Nach 8jähriger Einwirkung von Deponiesickerwasser auf eine mineralische Basisabdichtung aus Reuverton war eine tiefenabhängige Veränderung im Mineralbestand und in den geotechnischen Eigenschaften der oberen 15 cm bis 45 cm der Dichtungsschicht festzustellen. Unter Sickerwassereinfluß erfolgte eine Reduzierung des Smektitanteils infolge Umwandlung der Tonminerale in Mixed-Layers und schließlich Illit, sowie eine teilweise Auflösung des karbonatischen Bindemittels und Neubildung von Schwermetallkarbonaten (WAGNER 1988, 1991). Damit verbunden ist eine Abnahme der Plastizität, der Sorptionskapazität sowie der Quellfähigkeit der Tone. Hinzu kommt, daß der Illitisierungsprozeß auch temperaturabhängig ist und Smektit oberhalb 40 °C möglicherweise langfristig nicht mehr stabil ist (ECHLE et al. 1988: 118).

USTRICH (1991) hat bei drei nord- und süddeutschen Tonen keine derartigen Veränderungen des k-Wertes festgestellt und auch PIERSCHKE & WINTER (1994) berichten, daß die Beaufschlagung von verschiedenen Tonen des Rheinischen Braunkohlereviers mit Deponiesickerwässern die abdichtende Wirkung der Tone nicht gemindert hat.

Flüssige **Kohlenwasserstoffe,** die in Wasser löslich (Alkohole) oder mischbar sind, verändern die Größe der Doppelschichten um die Tonpartikel (QUIGLEY et al. 1984). Die Doppelschichtkontraktion bedeutet eine Vergrößerung des für den advektion Fluß nutzbaren Porenraumes und eine entsprechende Änderung der bodenphysikalischen Eigenschaften, besonders des k-Wertes von 10^{-10} m/s bis auf 10^{-5} m/s. Bei unlöslichen, nicht polaren Kohlenwasserstoffen, wie Benzol und Xylol, ist die Verdrängung des Porenwassers schwieriger, so daß diese Durchlässigkeitszunahme nur ganz langsam eintritt (s. a. GÜNTHER 1995). HASENPATT et al. (1987) zeigten, daß bei montmorillonithaltigen Tonen durch Einlagerungen von organischen Schadstoffionen sowohl die Bruch- und Scherfestigkeit signifikant erhöht als auch die Quelldrücke deutlich erniedrigt wurden. Allgemein ist nach heutigem Kenntnisstand von einer deutlichen Veränderung der bodenmechanischen Kennwerte, auch der Durchlässigkeit, auszugehen, wenn flüssige Kohlenwasserstoffe auf Tone, insbesondere Smektite, einwirken (Lit. s. WIENBERG 1990; BEHRENS 1995; GÜNTHER 1995).

Besondere Bedeutung haben auch Tenside aus dem Verbrauch von Wasch- und Reinigungsmitteln sowie der Ausbringung von Pflanzenschutzmitteln (auch Klärschlämmen), welche die Adsorptionseigenschaften von Tonmineralen und die Migration von organischen Stoffen im Boden beeinflussen.

Diese Anfangsergebnisse zeigen, daß insgesamt noch ein großer Forschungsbedarf besteht und daß Ton heute nicht mehr ohne genauere Untersuchung der wichtigsten tonmineralogischen und bodenphysikalischen Parameter und der Wechselwirkungen mit Sickerwässern als Barrieregestein eingesetzt werden sollte. Dazu sind folgende Parameter zu bestimmen (DEGEN & HASENPATT 1988; BRANDL 1989: 195; KOHLER 1990):

- Art der Tonminerale und ihr mengenmäßiger Anteil sowie der Gehalt an C_{org}.
- Kationenbelegung und Kationenaustauschfähigkeit der Tone
- Durchlässigkeit für Wasser und einem synthetischen oder natürlichen Sickerwasser durch Zeitraffer-Experiment im Labor bzw. unter Langzeitwirkung. Relevante Parameter sind dabei Druck, Temperatur und Konzentration der Reaktionslösungen.
- Plastizitätsgrenzen sowie Quell- und Schrumpfverhalten im natürlichen Zustand und nach möglicher Veränderung durch Sickerwassereinfluß
- Diffusionskoeffizient

Für spätere Kontrolluntersuchungen sind immer unbelastete Rückstellproben aufzuheben.

Insgesamt ist festzustellen, daß in den letzten Jahren bei der **Eignungsprüfung von Tonen** die Bedeutung zu sehr auf Quellfähigkeit, geringe (Anfangs-)Durchlässigkeit und hohem Kationenaustauschvermögen der Tonminerale gelegt worden ist, was zwangsläufig zu einer Bevorzugung quellfähiger Dreischichtsilikate der Smektitgruppe geführt hat. Diese und besonders die künstlich aktivierten Na-Bentonite sind aber, wie die oben angeführten Untersuchungen zeigen, gegenüber den verschiedenen Sickerwasserinhaltsstoffen verhältnismäßig instabil. Die nicht quellfähigen Illite und besonders die Zweischichtsilikate der Kaolinitgruppe sind dagegen chemisch weitaus stabiler, weisen allerdings nur eine geringe Kationenaustauschfähigkeit auf. Als Konsequenz für die Langzeitbeständigkeit von mineralischen Dichtungsschichten erscheint ein Ton mit „gemischter Ton-

mineralogie" als günstigstes Material für eine einschichtige mineralische Basisabdichtung. Dabei sollten Tonminerale hoher mineralogisch-chemischer Stabilität und entsprechend geringen Schadstoffsorptionsvermögen etwa in gleicher Größenordnung enthalten sein, wie quellfähige Tonminerale mit höherem Sorptionsvermögen.

DEGEN & HASENPATT (1988: 137) sowie WAGNER (1988, 1991), WAGNER & BÖHLER (1989) und USTRICH (1991) schlagen den Aufbau mehrschichtiger Tonbarrieren mit unterschiedlicher Tonmineralzusammensetzung vor (sog. Doppelte mineralische Basisabdichtung), wobei die oberste Lage bevorzugt auf Schadstoffrückhaltung ausgelegt ist (aktive Schicht), während die tiefere Lage bei gleichbleibend geringer Durchlässigkeit die Langzeitbeständigkeit gewährleisten soll (inaktive Schicht). WEISS (1988) sowie GÖTTNER & BRAUN (1989: 545) schlagen dagegen vor, die oberste Schicht der mineralischen Dichtung aus einem unempfindlichen, nicht zu Rissbildung neigenden Tonmaterial herzustellen und im unteren Teil der Dichtung quellfähige Tone mit hoher Adsorptionskapazität zu verwenden (sog. Hannover-Modell).

16.3.2 Deponiebasisabdichtung

Nach dem Stand der Technik erhalten neu zu errichtende Deponien für häusliche oder industrielle Abfälle grundsätzlich eine Dichtung der Deponiesohle und bei Grubendeponien auch der Flanken (Abb. 16.9), die nach heutigem Kenntnisstand für einen Zeitraum von 30 bis 50 Jahren und mehr eine nennenswerte Durchsickerung verhindern soll. Für diese Deponiebasisabdichtung können natürliche mineralische Dichtungsstoffe und Kunststoffdichtungsbahnen verwendet werden. Die beste Wirkung ist vielfach durch eine Kombination von mineralischer Dichtung und einer Kunststoffdich-

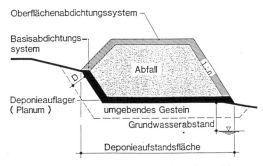

Abb. 16.9 Begriffe im Deponiebau (aus MESECK 1989).

tungsbahn zu erreichen. Nach der TA Siedlungsabfall (1993) sind bei Deponien der Klasse I eine einfache mineralische Dichtung, bei Deponieklasse II
aber in jedem Fall eine doppelte (kombinierte) Basisabdichtung mit entsprechenden Einrichtungen
zur Sickerwasserfassung und -behandlung gefordert.

16.3.2.1 Mineralische Basisabdichtung

Als natürliche Bodenarten kommen dafür in erster
Linie Ton und schluffiger Ton bzw. tonige Lehme
der Bodengruppen UM, TL, TM und TA mit mehr
als 20% Tonanteil in Betracht (s. Abschn. 2.5), bei
denen in der Regel Durchlässigkeitswerte von
$k = 5 \cdot 10^{-10}$ m/s erreicht werden können. Der Gehalt
an fein verteilter organischer Substanz darf
5–15% nicht übersteigen. Der Kalziumkarbonat-
anteil soll höchstens 10–30% betragen (s. TA Abfall und einschlägige Länderrichtlinien).

Bei Tonsteinen ist das Material aus der Verwitterungszone meist gut geeignet. Festere Tonsteine
können gegebenenfalls durch Aufbereitungsmethoden, wie sie in der Grobkeramik üblich sind oder
gegebenenfalls durch Zwischenlagerung soweit
einbaufähig gemacht werden, daß sie mit Material
aus der Verwitterungszone oder durch Einfräsen
von kaolinitischem Tonmehl den Anforderungen
entsprechen (LAUF 1987; BRANDL 1989: 132).

Gemischtkörnige Böden mit ungleichförmiger,
kontinuierlich verlaufender Kornverteilung und
mindestens 5% Korngrößen < 0,06 mm erreichen
die nötige Dichtigkeit ggf. durch Zugabe von Porenfüllern, wie Bentonit oder besser kaolinitisches
Tonmehl. Bei entsprechender Rezeptur wurden
selbst grobkörnige Böden oder Bergematerial
durch Zumischen von Porenfüllern verwendet
(REUTER 1985; DÜLLMANN 1986, 1989; STEFFEN
1986, 1987; HORN 1986, 1988, 1989, PREGL 1988:
143; BRANDL 1989: 131). Vorteile solcher gemischtkörniger Bodenarten sind die gebietsweise
gute Verfügbarkeit, die leichtere Verarbeitung und
das erreichbare niedrige Porenvolumen. Von
Nachteil ist, besonders hinsichtlich der Schadstoffrückhaltekapazität, der geringe Tonmineralanteil
von nur 3 bis 5%.

Alle Dichtungsstoffe sind einer strengen **Eignungsprüfung** zu unterziehen, bei welcher

- Art und Zusammensetzung des Materials,
- Kriterien für den Einbau und das
- Verhalten bei der vorgesehenen Beanspruchung

durch die entsprechenden bodenphysikalischen
Kennwerte (s. Abschn. 2.1 bis 2.5) zu untersuchen

sind (DÜLLMANN 1985, 1986, 1987, 1988; HARDT
1985; REUTER 1985; SONDERMANN 1985; JESS-
BERGER 1987; MESECK & SONDERMANN 1987).
Besondere Bedeutung haben dabei die Prüfung der
Durchlässigkeit (s. Abschn. 2.8), der Rissefreiheit
und Verformbarkeit, der Suffussions- und Ero-
sionsstabilität (s. d. GDA-Empfehlung E 3–7), so-
wie tonmineralogische und geochemische Unter-
suchungen hinsichtlich der Schadstoffrückhaltung
und der Beständigkeit gegenüber dem Sickerwas-
ser (SIMONS et al. 1982; SIMONS & HÄNSEL 1983;
REUTER 1985; DÜLLMANN 1986, 1988; SMYKATZ-
KLOSS 1986; JESSBERGER 1987; STIEF 1987; KO-
MODROMOS & GÖTTNER 1987; ECHLE et al. 1988;
DÜLLMANN et al. 1989; USTRICH 1991; PIRSCHKE
& WINTER 1994).

Eine Begrenzung des Karbonatgehalts (s. Abschn.
2.2.1) auf 15 Gew % ist umstritten (s. TAUBALD
1995, darin Lit.) da damit einige geotechnisch gut
geeignete Tonmergel von der Verwendbarkeit ausgeschlossen werden. Untersuchungen haben gezeigt, daß durch die Lösung von Karbonaten eine
Pufferung und Neutralisation von sauren Deponiesickerwässern stattfinden, was zu Wiederausfäl-
lungen und zu Abdichtungserscheinungen in der
tonigen Barriere führen kann.

Um die Durchsickerung möglichst einzuschränken, sind die **Anforderungen an die Deponiebasisabdichtung** in den vergangenen Jahrzehnten
deutlich erhöht worden. Während die Länderrichtlinien der 70er Jahre und das LAGA-Merkblatt
Nr. 3 durchweg eine Mindestdicke von 0,6 m und
einen Durchlässigkeitsbeiwert von $k = < 10^{-8}$ m/s
(ohne Angabe der Druckbedingungen) gefordert
haben, sind die Mindestanforderungen für Hausmülldeponien in den 80er Jahren in fast allen Ländern auf eine Dicke von 0,75 m bis 1,0 m und einen
k-Wert von 10^{-9} bis $5 \cdot 10^{-10}$ m/s angehoben worden
(SALOMO 1985: 64). In der TA Abfall ist für Sonderabfalldeponien ein k-Wert von $5 \cdot 10^{-10}$ m/s (bei
$i = 30$) und eine Dicke von 1,5 in der Sohle und
1,7 m in Böschungsbereichen vorgesehen. In der
TA-Siedlungsabfall sind für die Deponieklasse I
min. 0,5 m und in Klasse II min. 0,75 m genannt (s.
Abb. 16.10).

Hinsichtlich der Vorbereitung des Erdplanums, des
sofortigen Schutzes der Dichtungsschicht und der
Ausbildung des Dränsystems wird auf STOCK-
HAUSEN (1985, OELTZSCHNER (1985, 1986), BIE-
DERMANN (1987); STIEF (1987), DRESCHER
(1988), HEERTEN (1988), PREGL (1988), und besonders BRANDL (1989), ARZ et al. (1991: 241)
und auf die Angaben der TA Abfall und Siedlungsabfall verwiesen. Als Flächendränung wird bevor-

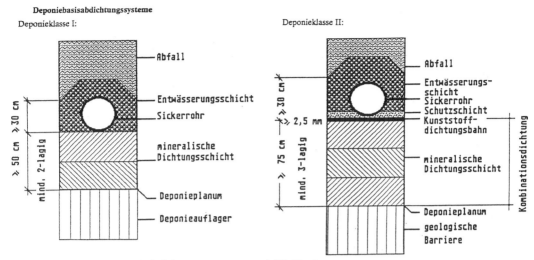

Abb. 16.10   Deponiebasisabdichtungssysteme nach TA-Siedlungsabfall (1993).

zugt gewaschener Rundkies der Körnung 16/32 in einer Mindestdicke von 30 bis 50 cm verwendet. In Abständen von 20 bis 30 m werden Dränleitungen ($\varnothing$ 300 mm) mit einem Längsgefälle von $\geq 1,5\%$ verlegt. Die dazwischenliegenden faltdachartig ausgebildeten Sohlflächen erhalten ein Gefälle von 3 bis 5 % (STIEF 1987: 10; HEERTEN 1988).

Die langzeitige Barrierewirkung eines Basisabdichtungssystems hängt entscheidend von der Funktion des Dränsystems ab, weshalb in gewissen Zeitabständen Spülungen des Systems (min. einmal jährlich) vorgesehen werden müssen, da sonst mit Ablagerungen im Entwässerungssystem gerechnet werden muß. Die Bildung solcher schwer lösbarer Verkrustungen in den Entwässerungsrohren und in der flächigen Entwässerungsschicht stellt das größte Problem für die langfristige Funktionsfähigkeit der Basisentwässerungssysteme dar. Bei den Ausfällungen handelt es sich um Bakterienaggregate mit Anlagerungen von Karbonaten und Sulfiden des Kalziums bzw. des Eisens. Die Inkrustationsvorgänge lassen sich zwar nicht völlig unterbinden, durch die Wahl grober Dränkiese und eine auf geringe Sickerwasserbelastung zielende Betriebsweise lassen sich diese Auswirkungen aber begrenzen (RAMKE & BRUNE 1991). Die Folgenschäden des Funktionsausfalls des Dränsystems sind Wasseraustritte am Deponiefuß und an den -böschungen sowie Sickerwasseraufstau im Deponiekörper (s.a. Abschn. 16.3.1.2).

Als **Richtwerte für die Tragfähigkeit** des Erdplanums gelten (PREGL 1988: 231; BRANDL 1989: 128):

Nichtbindiger Boden
$D_{pr} \geq 0,97$ bzw. $\quad E_{v1} = 15$ MN/m^2, $\quad E_{v2} = 45$ MN/m^2

Bindiger Boden
$D_{pr} \geq 0,95$ bzw. $\quad E_{v1} = 7,5$ MN/m^2 bzw. 10 MN/m^2

Die **Dichtungseigenschaften** (k-Wert) eines mineralischen Dichtungsmaterials hängen ab von den Materialeigenschaften, der Homogenität, und der erreichten Verdichtung, die wieder vom Einbauwassergehalt abhängig ist (Abb. 16.11). Als Mittelwert für den Verdichtungsgrad werden $D_{pr} = 0,95$ (TA Abfall), $D_{pr} = 0,97$ (JESSBERGER 1987) bzw. $D_{pr} = 1,00$ (BRANDL 1989: 198) verlangt. Die günstigsten Werte für die Dichtigkeit sind auf dem nassen Ast der Proctorkurve zu erreichen und zwar bei Einbauwassergehalten, die bei 1 bis 3 % über dem optimalen Wassergehalt (w_{pr}) liegen (Abb. 16.11 und DÜLLMANN 1986, 1987; MESECK & SONDERMANN 1987; REUTER 1988, BRANDL 1989: 198). Auch eine Vergrößerung der Verdichtungsarbeit bewirkt eine deutliche Verminderung der Durchlässigkeit.

Die Beziehung Trockendichte/Einbauwassergehalt ist bei stark bindigen Böden keine ausreichende Vergleichsgröße für die Durchlässigkeit. Bei stückig eingebautem Tonmaterial ist die bei der Verdichtung erreichte **Homogenität des Gefüges,** d. h. die Wasserwegsamkeit zwischen den Tonaggregaten bzw. in den Einbaulagen maßgebend. Das Tonmaterial darf deshalb nicht zu grobstückig eingebaut werden. Für die Gewinnung sollten nicht Löffelbagger, sondern Eimerkettenbagger oder Schürfkübelraupen eingesetzt werden (Vorzerklei-

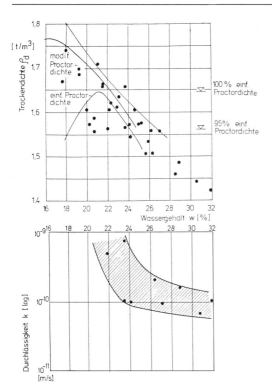

Abb. 16.11 Durchlässigkeit einer Basisabdichtung aus Ton in Abhängigkeit von Einbauwassergehalt, dargestellt nach dem Ergebnis einer Güteüberwachung (aus MAIER 1987).

nerung). Beim Einbau ist eine zusätzliche Zerkleinerung mittels Fräse auf Aggregatgrößen von 3 bis 5 cm anzustreben. Die Verdichtung muß mit Stampffuß- oder Schaffußwalzen erfolgen, möglichst mit dynamischer Erregung. Die Dicke der Einbaulagen darf max. 20 bis 25 cm betragen, wobei 4 bis 6 Übergänge zu fahren sind. Der Einbau sollte möglichst mit dem natürlichen Wassergehalt erfolgen, da eine Wasserzugabe nur die Oberflächen der Tonaggregate erreicht. Die letzte Lage muß abschließend mit einer Glattmantelwalze geglättet und vor Austrocknung und Frost geschützt werden.

Da die Einbaubedingungen im Labormaßstab nicht nachvollzogen werden können, sollte eine **Probeverdichtung** unter Baustellenbedingungen (s. Abschn. 12.2.2 bzw. GDA-Empfehlung E 3 – 5) Teil der Eignungsprüfung sein, wobei der Homogenisierungsgrad und die Dichtigkeit durch Schürfe (visuelle Kontrolle) und in situ-Durchlässigkeitsversuche zu überprüfen sind (DÜLLMANN 1987, 1988; JESSBERGER et al. 1983; KUNDE et al. 1988; KORTMANN 1989).

Für den Baustellenbetrieb sind die bei natürlichen Materialien unvermeidbaren **Streuungen in der Materialzusammensetzung** und im Wassergehalt zu berücksichtigen, die zu Schwankungen der Trockendichte und der erreichten k-Werte führen, die bei Tonen bis zu 1 Potenzexponenten und bei Schluffen und natürlichen Mischböden 2 bis 3 Potenzexponenten betragen können (DÜLLMANN 1986, 1987). Die Durchlässigkeitsangaben in den heutigen Richtlinien stellen Forderungen dar, die nicht oder nur sehr begrenzt überschritten werden dürfen. Wo dies nicht gestattet wird, müssen die Ausschreibungswerte von vornherein sehr bedacht und exakt formuliert und mit einer ausreichenden Sicherheitsmarge festgelegt werden. Ein zulässiger Maximalwert der Durchlässigkeit von $1 \cdot 10^{-10}$ m/s bedeutet k-Werte von im Mittel $5 \cdot 10^{-11}$ m/s, die bereits im Bereich der Meßgenauigkeit konventioneller Meßgeräte liegen. Ein solcher k-Wert ist für mittel- bis hochplastische Tone im Labormaßstab erreichbar, im Feld dagegen kaum noch. Um die Unterschiede zwischen den Ergebnissen von Labor- und Feldversuchen zu berücksichtigen, wird für Feldversuche in der Regel ein um bis zu 1 Potenzexponenten höherer Durchlässigkeitsbeiwert zugelassen als für Laborversuche (STIEF 1987: 10). Auf jeden Fall müssen in solchen Fällen schon die Eignungsprüfungen unter denselben Bedingungen und mit denselben Bestimmungsmethoden durchgeführt werden, wie die späteren Kontrollprüfungen. Spezielle Standrohrgeräte für die Durchführung von in situ-Durchlässigkeitsversuchen beschreiben STOLPE (1977); REUTER (1985); DÜLLMANN (1987); HORN (1986, 1989); SCHNEIDER (1988); BRANDL (1989: 134; HESSE & SCHUHMACHER (1991); HESSE et al. (1993) und ROSENFELD (1995).

16.3.2.2 Kombinierte Basisabdichtung

Die Wirkung einer Basisabdichtung kann durch Kombinationen mit einer Kunststoffdichtungsbahn oder Asphaltbeton-Dichtungsschicht (s. d. DVWK-Merkblatt, Entw. 1995) wesentlich verbessert werden (STEFFEN & STROH 1986; STIEF 1987, darin Lit.). Am häufigsten werden PEHD-Dichtungsbahnen (Polyethylen hoher Dichte) von 2,5 bis 4,0 mm Dicke verwendet, die bei Rissefreiheit den Stofftransport verhindern und die Diffusion bzw. Permeation von Kohlenwasserstoffen minimieren (AUGUST 1985, 1986; STEFFEN 1986; STIEF 1987; AUGUST et al. 1987; BRANDL 1989: 139). Eine Zusammenstellung der Anforderungen an Kunststoffdichtungsbahnen sowie Verlegerichtlinien enthalten die TA Abfall (TA So, TA Si) sowie die einschlägigen Länderrichtlinien (KNIPSCHILD 1985; JESSBERGER 1987; GLÜCK 1987).

Die Kombinationsdichtung gilt derzeit als die beste Schadstoffsperre. Als noch zu lösende Frage hat sich jedoch das Schrumpfverhalten der mineralischen Dichtungsschicht unter der Kunststoffdichtungsbahn bei den hohen Temperaturen an der Deponiesohle von 30° bis 50 °C, z. T. 70 °C (COLLINS et al. 1988) und fehlendem Wassernachschub erwiesen (ALBICKER 1988; COLLINGS et al. 1988; GÖTTNER & BRAUN 1989; BRAUNS ET AL. 1990; DEMMERT et al. 1995 und Abschn. 16.3.1).

Bei kombinierten Basisabdichtungen ist darauf zu achten, daß die übliche 16/32 Körnung aus gewaschenem Rundkornmaterial die darunter liegende Kunststoffdichtungsbahn nicht beschädigt. Das Verlegen eines Schutzvlieses mit 800 g/m² Flächengewicht, wie es BRANDL (1989) vorschlug, reicht dazu nach den Erfahrungen der Praxis nicht aus. HEERTEN (1988) und BIEDERMANN (1989) empfehlen die Verwendung von Bentonitmatten (einem sandwichartigen Verbundstoff aus Bentonit und Geotextilien, BARTELS et al. 1988) oder ein Schutzvlies von 1200 g/m² und eine zusätzliche Schutzschicht der Körnung 0/8 von 0,15 m Dicke sowie Einbauvorschriften mit gesonderten Fahrstraßen und ohne Brems- und Wendemanöver auf der eingebauten Filterschicht. Nach den GDA-Empfehlungen E 2 – 9 und E 3 – 9 ist die Wirksamkeit geotextiler Schutzlagen gegen Einbaubeschädigungen vorab in Feldversuchen (Probefelder) zu untersuchen.

Nach der derzeitigen Vorstellung soll die Kunststoffdichtungsbahn den Grundwasserschutz für die ersten 20 bis 50 Jahre gewährleisten. Bei Versagen der Kunststoffdichtungsbahn durch Alterung übernimmt die mineralische Dichtungsschicht den Grundwasserschutz, wobei für den Fall von Fehlstellen und als weitere Sicherheit noch eine geologische Barriere vorhanden sein muß. Kombinierte Dichtungssysteme gewinnen gerade im Hinblick auf die neueren Erkenntnisse über eine gewisse Anfälligkeit dickemäßig begrenzter Tonbarrieren zunehmend an Bedeutung.

Auch die heutigen Dichtungssysteme sind nie absolut dicht und sie haben den Nachteil, daß sie i. d. R. nicht kontrollierbar sind und somit Undichtigkeiten erst nach einer Untergrundkontamination festgestellt werden können und nicht exakt zu orten sind. In der Diskussion sind auch kontrollierbare und reparierbare Deponiebasisabdichtungen mit zwei Dichtungssystemen und zwischenliegender

Dränschicht als Leckanzeige, die bei einigen Systemen auch für eine mögliche Reparatur (Verpressung) vorgesehen ist (AUGUST 1985; NUSSBAUMER 1985; KOPP 1985; COLLINS 1988; BRANDL 1989: 140; BRAUNS et al. 1990). Dabei muß die erste Barriere des Gesamtsystems auch langfristig höchste Sicherheit bieten. Bei zwischen den mineralischen Dichtungen liegenden Dränschichten ist die mögliche Austrockungswirkung der Tone zu bedenken.

Ein besonderes Problem stellen auch die zur Wartung und Reinigung des Dränsystems erforderlichen **Schächte im Deponiekörper** dar. Die Schachtwandungen müssen aus thermisch und chemisch beständigem Material sein. Die Schachtkonstruktion muß nicht nur die radialen Belastungen aufnehmen, sondern auch die Mantelreibungskräfte bzw. sie muß den Vertikalverformungen des Deponiekörpers einschließlich ungleicher Setzungen folgen können (s. Abb. 16.14). Über Erfahrungen mit sog. Gleitmanschettenschächten berichten PRÜHS et al. (1993).

16.3.3 Oberflächenabdichtung

Die Oberflächenabdichtung und nötigenfalls auch Zwischenabdichtungen zum Abhalten des Niederschlagswassers vom Deponiegut und zur Minimierung des Sickerwasseranfalls sind Teil des technischen Dichtungssystems. Sie sind bei vielen Deponien der Schwachpunkt des gesamten Sicherheitskonzepts. Kaum eines der in den vergangenen Jahren üblichen Systeme aus mineralischen Dichtungsschichten, wie

0,8 – 1,5 m	Oberboden und Deckschicht (0,8 m für Gras- und Kräutersaaten, 1,5 m für Busch- und Baumbepflanzung zur Förderung der Verdunstung)
0,1 – 0,3 m	Flächendränage aus Kies (fehlt häufig)
0,3 – 0,6 m	Dichtungsschicht (Lehm- oder Tonschürze)
0,2 – 0,3 m	Sandfilterschicht (gleichzeitig Gasdränage)

war in der Lage, langfristig die Infiltrationsrate entscheidend einzuschränken, seitliche Sickerwasseraustritte über Stauhorizonten (s. Abschn. 16.3.1.4) zu verhindern und die Erosionsstabilität zu gewährleisten (EDALAT & GÜNTHER 1984; HÖTZL & WOHNLICH 1985, 1986; DÖRHÖFER 1987, darin Lit.; HARTGE & HORN 1990; NIENHAUS 1995). Eine Besserung ist durch die verhältnismäßig aufwendigen **Kombinationsdichtungssysteme** mit Gasdränage zu erwarten, wie sie in der TA Siedlungsabfall (1993) festgelegt sind (s. Abb. 16.12), Hauptaufgabe einer solchen Oberflächenabdichtung ist, das Eindringen von Niederschlagswasser zu verhindern und somit die Neubildung von Sickerwasser zu minimieren. Eine weitere Aufgabe besteht darin, den unkontrollierten Austritt von Deponiegasen zu verhindern. Außerdem soll die Oberflächenabdichtung als Pflanzenstandort dienen. Für Altdeponien und setzungsaktive Hausmülldeponien räumt die TA Siedlungsabfall die Möglichkeit ein, temporäre Zwischenabdeckungen aufzubringen. Über die Vorgaben und Anforderungen derartiger Abdeckungen berichtet NIENHAUS (1995).

Die Böschungsneigungen betragen 1:5 bis 1:3. Auf 1:3 geneigten Böschungen ist jedoch der Einbau mineralischer Schutzschichten für die Oberflächenabdichtung mit Schwierigkeiten verbunden. Zur Erhöhung der Reibung zwischen den Dichtungs- bzw. Schutzschichten und den Kunststoffdichtungsbahnen werden solche mit beidseitiger Strukturierung verwendet, die bezüglich der rechnerischen Standfestigkeit Böschungsneigungen bis 1:2 ermöglichen (MÜLLER 1996).

Außer den weitgehend aus Erdstoffen aufgebauten Oberflächenabdichtungen werden von der Industrie auch Kombinationsdichtungen mit Kunststoffdränschichten und Geotextil-Verbundstoffen als Dichtungselemente angeboten.

Eine endgültige Kombinationsabdichtung setzt voraus, daß die Verformungen des Müllkörpers weitgehend abgeklungen sind, da Kunststoffbahnen nur relativ kleine Dehnungen verkraften können. Unverdichtete Hausmülldeponien und besonders Altlasten lassen jedoch anhaltende Langzeitsetzungen erwarten. Für eine nachträgliche, tiefgreifende Verdichtung kommt praktisch nur dynamische Intensivverdichtung mit schwerem Gerät, z. B. Fallgewichte von 15 bis 30 t und Fallhöhen von 15 bis 30 m (BRANDL 1989; BERGMANN et al. 1991) oder Rüttelstopfverdichtung in Betracht. Letztere erfolgte früher durch Zugabe von kohäsionslosen Korngemischen, auf die neuerdings verzichtet wird (BRANDL 1996).

Für Sonderabfalldeponien sind die Anforderungen an die Oberflächenabdichtung streng definiert (TA Abfall). Danach wird zur Minimierung der Sickerwasserbildung gefordert, alle freiliegenden Flächen auf der Deponie zu überdachen oder abzudecken. MÜLLER (1995) hat die Systemmöglichkeiten zur Überdachung von Deponien zusammengestellt.

16.3.4 Umschließungstechniken

Nicht oder nicht ausreichend gedichtete Deponien können mit einer Dichtwand umschlossen werden, die bis in eine tieferliegende Schicht geringer Durchlässigkeit reicht (DÜLLMANN et al. 1979, 1982, 1985; NEFF et al. 1985). Die Wirkung dieser Einkapselung kann durch eine Grundwasserabsenkung innerhalb der Umschließung verbessert werden, wodurch ein hydraulisches Gefälle von außen nach innen erzeugt wird (Abb. 16.13). Die dabei

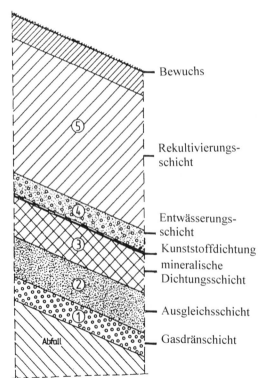

Bewuchs

Rekultivierungsschicht

Entwässerungsschicht

Kunststoffdichtung

mineralische Dichtungsschicht

Ausgleichsschicht

Gasdränschicht

Abb. 16.12 Aufbau einer Oberflächenabdichtung für Deponieklasse II nach TA Siedlungsabfall 1993.

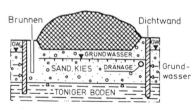

Abb. 16.13 Schematische Darstellung und Funktion einer Dichtwandumschließung (aus DÜLLMANN & HEITFELD 1985).

durch die Dichtwand sickernden Wassermengen und das in der Deponie versickernde Niederschlagswasser müssen abgepumpt und gereinigt werden.

Die Herstellungsverfahren sind im Abschnitt 10.4 beschreiben. Im Deponiebau kommen in erster Linie

– Schmalwände
– Dichtwände in Schlitzwandtechnik
– kombinierte Dichtwände bzw. Mehrschichtendichtwände

zum Einsatz (s. d. auch GDA-Empfehlung E 4 – 1).

Schmalwände bieten aufgrund ihrer geringen Dicke und der dadurch bedingten Gefahr des Verlaufens keine Gewähr für Lückenlosigkeit. Sie werden gelegentlich als Zwischenlösung für eine kostengünstige Verringerung des Grundwasserzustroms eingesetzt (RIPPER et al. 1988). Für Dauerumschließungen können sog. Kammerwände vorgesehen werden, deren Dichtigkeit auf der Baustelle durch Probeabsenkungen der einzelnen Kammern getestet werden kann (FOIK 1993).

Dichtwände in Schlitzwandtechnik werden in der Regel als Einphasenschlitzwand hergestellt. Die Überschneidung der benachbarten Lamellen beträgt je nach Aushubtiefe 30 bis 60 cm, wodurch sich ein besserer Verbund als bei Zweiphasenwänden ergibt. Die Eignungsprüfungen und Qualitätssicherungsuntersuchungen sind in den GDA-Empfehlungen E 3 – 2 und E 5 – 3 zusammengestellt. Die Anforderungen an die Dichtigkeit und den k-Wert sind in den letzten Jahren rapide gestiegen. Wurden in den 80er Jahren Dichtwandmassen mit k-Werten von $1 \cdot 10^{-8}$ m/s bzw. Leckraten von bis zu 1 l/m² x d, bei einem hydraulischen Gradienten von i = 1 (NUSSBAUMER 1985), eingesetzt, so werden seit den 90er Jahren entsprechend der TA-Abfall k-Werte um $5 \cdot 10^{-10}$ m/s gefordert (KUNTSCHE 1995).

Der Schwachpunkt hinsichtlich der Beständigkeit gegen Sickerwasserangriff ist der für die Erhärtung nötige Zementanteil. Diese Erkenntnis hat zur Entwicklung von zementfreien Dichtwandmassen auf Silikatbasis geführt, für die Durchlässigkeitsbeiwerte in der Größenordnung von 10^{-11} m/s genannt werden (ARZ 1988; BRANDL 1989: 76), die auch gegenüber chlorierten Kohlenwasserstoffen praktisch dicht sind.

Eine Weiterentwicklung des Einphasenverfahrens sind die **kombinierten Dichtwände** bzw. Mehrschichtendichtwände. Durch das Einstellen von Kunststoffplatten (PEHD o. ä.) in die noch frische Bentonit-Zement-Suspension bzw. das Anheften und Einführen einer HDPE-Folie mit Schloß zusammen mit dem Bewehrungskorb der Dichtwand wird ein wesentlich besseres Durchlässigkeits- und auch Verformungsverhalten erreicht (MESECK & KNÜPFER 1985; NUSSBAUMER 1985; UNTERBERG 1986; ARZ 1988 und KLEINA & SCHWARZ 1994).

16.3.5 Qualitätssicherung

Zur Gewährleistung der Qualität des in hohem Maße witterungsabhängigen Einbaus der Dichtungsschichten ist eine Baustellen- und Güteüberwachung erforderlich, die sicher stellt, daß die Herstellung der Dichtungsschichten nach dem Stand der Technik und den Einbaurichtlinien des geotechnischen Gutachtens erfolgt. Dieser Qualitätssicherungsplan ist in der Regel Bestandteil der Planfeststellungen (TA Abfall; GDA-Empfehlung E 5 und DIN 18 200). Die Baustellenüberwachung setzt sich zusammen aus der

● Eigenüberwachung der Baustelle, einer
● Fremdüberwachung durch ein geotechnisches Büro und eine
● behördliche Kontrollüberwachung

(s. a. MESECK & SONDERMANN 1987: 40). Letztere muß sich im wesentlichen auf eine Plausibilitätsprüfung und auf Stichproben beschränken.

Art und Umfang der Überwachungsprüfungen sowie die Dokumentation mit Bestandsplänen werden häufig im Planfeststellungsverfahren festgelegt und müssen den vorausgegangenen Eignungsprüfungen entsprechen (DÜLLMANN 1988; KUNDE et al. 1988; WINTER 1989; KNÜPFER 1990 und GDA-Empfehlung E 5 – 2). Teilweise werden dabei Rasterabstände der Untersuchungspunkte von 50 m verlangt und/oder der Nachweis der Gleichmäßigkeit durch Farbfotographien.

16.4 Geotechnische Eigenschaften von Müll

Für die Beurteilung der Standsicherheit (Böschungsbruch, Spreizdruckkräfte, Grundbruch in der Sohle – s. Abb. 16.14) und des Setzungsverhaltens (Eigenkonsolidation, Untergrundsetzungen) von Deponien müssen außer den bodenmechanischen Kennwerten über den Untergrund auch die geotechnischen Eigenschaften des Deponiegutes bekannt sein.

Über die **Zusammensetzung von Siedlungs- und Gewerbeabfällen** der 80er Jahre liegen Näherungswerte einer bundesweiten Hausmüllanalyse vor:

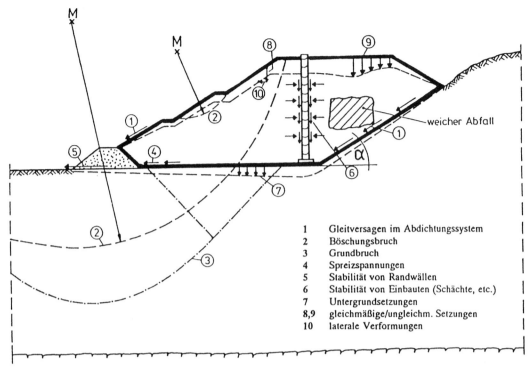

Abb. 16.14 Schematische Darstellung der verschiedenen Stabilitäts- und Verformungsfälle in einem Deponiekörper.

	Haus- u. Spermüll	Gewerbe-abfälle
Glas	10%	3%
Papier	15%	15%
Grünabfälle aus Garten und Parkanlagen	5%	20%
Bioabfälle (vegetabile Küchen- und Gartenab-fälle)	30–40%	2%
Sonstige Stoffe	30–40%	60%

Mit zunehmender Verwirklichung der TA Siedlungsabfall (1993) und des Kreislaufwirtschafts- und Abfallgesetzes (1994/96), s. Abschn. 16.1, ist damit zu rechnen, daß sich die Zusammensetzung von Hausmüll und hausmüllähnlichen Abfällen grundlegend ändert, wenn alle recyclebaren Stoffe einer Wiederverwertung zugeführt und nur noch die sonstigen Stoffe als Restmüll bzw. vorbehandelter, weitgehend inerter Restmüll deponiert werden (s. a. Abschnitt 16.3.1.4). Da die meisten heutigen Deponien jedoch noch aus hausmüllähnlichen Abfällen bestehen, werden nachstehend die geotechnischen Eigenschaften herkömmlicher Siedlungsabfälle beschrieben. Über die Zusammenset-

zung von Restmülldeponien liegen derzeit noch keine Erfahrungen vor.

Die **Scherfestigkeit** von Müll hängt stark von der Zusammensetzung und dem Alter der Deponie ab, wobei sich zunehmende Zersetzung der organischen Stoffe negativ auswirken kann. Je nach dem Anteil an sperrigen Gegenständen und langfaserigen Materialien können für Hausmüll Reibungswinkel von $\varphi = 20°$ bis $30°$, $c = 0$ bis $20\,kN/m^2$ angenommen werden (HENKE 1979, 1985; SALOMO 1985). Werden keine genaueren Untersuchungen vorgenommen, so kann für frischen Haus- und Gewerbemüll mit $\gamma = 10–12\,kN/m^3$ und einer Scherfestigkeit von $\varphi = 27,5°–32,5°$, $c = 7,5\,kN/m^2$ gerechnet werden. Für die Langzeitstandsicherheit werden gewöhnlich $\varphi = 25°$, $c = 0–10\,kN/m^2$ angesetzt, da langfristig mit einem Absinken der Kohäsion zu rechnen ist.

Durch **Beimischen von Klärschlamm** wird die Standsicherheit einer Deponie merkbar beeinflußt. Unbehandelter Rohschlamm hat je nach Konsistenz eine Scherfestigkeit von $\varphi = 5°$ bis $18°$, $c = 0$ bis $15\,kN/m^2$. Sie wird häufig als Anfangsfestigkeit c_u bzw. als Flügelscherfestigkeit in Abhängigkeit vom Wassergehalt bzw. dem Trockensubstanzgehalt angegeben und beträgt nach HENKE (1979) bzw. MATTHES (1987) oft nur $c_u \leq 10$ kN/m². Der Wassergehalt, der in der Schlammtechnologie (DEV S 2) auf die Feuchtmasse bezogen wird (im Gegensatz zur Trockenmasse nach DIN 18121), darf nach dem Merkblatt des Fachausschusses der Abwassertechnischen Vereinigung (ATV-Merkblatt A 301 „Klärschlammeinbau in Deponien", 1988) für die Deponierfähigkeit nur $\leq$ 65% (DEV S 2) betragen, d. s. 1,86 nach DIN 18121 (SALOMO 1985; KOMODROMOS 1987).

Aus dieser Wassergehaltsangabe wird i. a. eine Mindestforderung an Trockenrückstand von TR $\geq$ 35% als Deponiekriterium für Klärschlamm abgeleitet. Ein Trockenrückstand von TR 35 bis 40% kann im allgemeinen mit Kammerfilterpressen erreicht werden.

Die Scherfestigkeit von entwässerten Klärschlamm wird mit $\varphi = 12°$ bis $28°$, $c = 0$ bis 10 kN/m² angegeben bzw. durch die Flügelscherfestigkeit von etwa $\tau_{FS} = 25$ kN/m².

Nach der TA Siedlungsabfall (1993, Anhang C) werden als Mindest-Flügelscherfestigkeit zum Zeitpunkt der Ablagerung $\tau_{FS} = 25$ kN/m² verlangt. Die Ablagerung von unbehandelten Klärschlamm auf einer Deponie ist ab dem Jahr 2005 nicht mehr zulässig. Deponiebarer oder anderweitig verwertbarer Rückstand von landwirtschaftlich nicht nutzbarem Klärschlamm (s. KlärSchl V 1992) kann nur durch thermische Behandlung gewonnen werden. Die brennstofftechnischen Eigenschaften des Klärschlamms und die Untersuchung von Klärschlammmaschen sind derzeit Gegenstand zahlreicher Untersuchungsprogramme (BURGER et al. 1995).

Bei gemischter Ablagerung von Klärschlamm und Hausmüll müssen die Standsicherheitsnachweise deshalb mit variablen Scherparametern vorgenommen werden.

Beim **Setzungsverhalten** von Abfalldeponien ist zwischen der Eigenkonsolidation sowie den wegen der großen Lastfläche und den z. T. hohen Lasten sehr tiefreichenden Untergrundsetzungen zu unterscheiden. Die Eigenkonsolidation von Hausmülldeponien kann wegen biochemischer Abbauvorgänge, Veränderungen im Deponiewasserhaushalt, Massenabnahme (SPILLMANN & COLLINS 1986) sowie Umlagerung und Einschlämmung durch Sickerwasser, Konsolidation und Kriechvorgänge in den Flanken sehr lange anhalten. WIEMER & HARDT (1985) und PREGL (1988) haben Literatur über das Eigensetzungsverhalten von Hausmülldeponien zusammengestellt, wonach je nach Ver-

dichtungsgrad noch nach Jahren mit einer beinahe stetigen Setzung von 1 bis 10 mm/a pro Meter Deponiehöhe und Gesamtsetzungen von 10 bis 25% und mehr zu rechnen ist (s.a. RETTENBERGER 1989; EGLOFFSTEIN et al. 1996 sowie GERTLOFF 1996). Die Steifemoduln von Siedlungsabfällen in Deponien liegen in der Größenordnung von 1,0 bis 2,0 MN/m² (s. d. Abschn. 2.6.3). Um das genehmigte Deponievolumen optimal auszunutzen, müssen die zu erwartenden Verformungen des Deponiekörpers abgeschätzt werden.

Die **Standsicherheit** von Hausmülldeponien wird von HENKE (1979, 1985), GAY et al. (1981) und SALOMO (1985) sowie PREGEL (1988, darin Lit.) und JESSBERGER (1989) ausführlich behandelt (Abb. 16.14), auch von solchen mit Klärschlammbeimischung ($< 10\%$, max. 20%). Mit gut verdichtetem Müll können standsichere Böschungen von mehr als 30° Böschungsneigung hergestellt werden. Bei Großdeponien werden für Hausmüll gewöhnlich Endböschungen mit einer mittleren Neigung von 1:3 angesetzt und für gemischte Ablagerungen von Hausmüll und Klärschlamm 1:4 bis 1:5 (HENKE 1985). Als Sicherheitsbeiwerte werden für reine Hausmülldeponien $F = 2.0$ und für gemischte Ablagerungen mit Klärschlamm $F = 2.25$ empfohlen (HENKE 1985, SALOMO 1985, ATV-Merkblatt A 301, 1988).

Durch gemeinsame Ablagerung von Klärschlamm und Hausmüll werden besonders die Scherfestigkeit und die Durchlässigkeit und damit die Standsicherheit einer Deponie verschlechtert. Die Abminderung der Scherfestigkeit wird durch die Menge, die Festigkeit und die Einbauart des Schlamms bestimmt und beträgt bei punktförmigem Einbau oder Einbau in schmalen, 0,7–0,9 m hohen Mieten parallel zur Böschungsunterkante (ATV-Merkblatt A 301, 1988) gegenüber dem Ersatzreibungswinkel des reinen Hausmüll 2,5° bis 5°. Lagenweiser Einbau von Klärschlamm ist dagegen ungünstig, da er zu Sickerwasserstau führt und durchgehende Gleitschichten bildet.

Mit Raupen verschobene bzw. verdichtete, nicht abgedeckte Deponien weisen i. a. einen **Sickerwasseranfall** von 30 bis 60% des Niederschlags auf, während mit Kompaktoren eingebaute Deponien nur auf 10 bis 30% kommen. Der Sickerwasseranfall wechselt mit den jahreszeitlichen Niederschlägen und der Verdunstung (MESU 1982; SPILLMANN & COLLINS 1986; ARZ et al. 1991: 240, dort auch Angaben über Sickerwassermengen).

Während in älteren Deponien erhebliche Wassermengen in Papier, den organischen Anteilen und im Bauschutt und Bodenaushub gespeichert wurden, sind Restmülldeponien in der Regel schlechter verdichtbar und weisen einen erhöhten Hohlraumanteil sowie einen entsprechend schnellen Durchfluß des Sickerwassers auf. Die deutlich erhöhten Sickerwassermengen von 50% bis 80% des Niederschlags zeigen extreme Abflußspitzen (EHRIG & HÖRING 1995).

Alte ungedränte Hausmülldeponien können Niederschlagswasser wie ein Schwamm speichern und konzentriert an den Untergrund abgeben, wodurch in Hanglage schon häufig **Rutschungen** ausgelöst worden sind (s. Abschn. 15.1.3).

16.5 Bewertung von Verdachtsflächen und Altlasten

Altlastverdächtige Flächen i. S. des Gesetzes sind Altablagerungen und Altstandorte, bei denen ein hinreichender Verdacht besteht, daß von ihnen wesentliche Beeinträchtigungen des Wohls der Allgemeinheit ausgehen oder künftig zu befürchten sind (HAbfAG, § 16). Die zuständige Behörde kann im Verdachtsfall Untersuchungen anordnen, welche über den in Abschn. 16.8 beschriebenen Umfang hinausgehen (s. a. Abschn. 16.5.2.2). Bestätigt sich der Verdacht, so stellt die zuständige Behörde das Vorliegen einer Altlast fest. Sie stützt sich dabei, z. B. in Hessen, auf die Empfehlung einer Altlasten-Bewertungskommission (BÖHM 1996).

Altablagerungen sind ehemalige mehr oder weniger ungeordnete Müllkippen und sonstige Verfüllungen und Aufschüttungen sowie Halden jeder Art und stillgelegte Deponien.

Altstandorte sind stillgelegte industrielle oder gewerbliche Betriebe, in denen mit solchen Stoffen umgegangen wurde, daß Beeinträchtigungen des Untergrundes nicht auszuschließen sind. Dazu gehören bes. ehemalige Tankstellen, Gaswerksstandorte, Lagerplätze, militärische Anlagen sowie Anlagen der Kampfmittelherstellung. Auch von Truppenübungsplätzen und sonstigen Kriegseinwirkungen (Bombentrichter) gehen in der Regel Bodenkontaminationen aus.

Der Begriff einer **Altlast** setzt eine konkrete Gefahr für die jeweiligen Schutzgüter

- die Gesundheit des Menschen
- die Umweltmedien Wasser, Boden, Luft
- die pflanzlichen und tierischen Lebewesen und
- Sachgüter

voraus, die nach dem Gefährdungspotential der verschiedenen Schadstoffe, den möglichen Expositionspfaden und einer Beeinträchtigung der einzelnen Schutzgüter in absehbarer Zeit zu bewerten ist. Für die Umweltmedien Naturhaushalt und Sachgüter muß dabei neuerdings eine wesentliche und langfristige Beeinträchtigung zu besorgen sein (LÜHR 1995).

Zur Bewertung des von einer Altlastverdachtsfläche ausgehenden Gefahrenpotentials muß zunächst eine **Untersuchung und Gefährdungsabschätzung** vorgenommen werden. Dies geschieht meist in abgestuften Schritten nach ländereinheitlichen Standarduntersuchungsprogrammen gemäß LAGA-Informationsschrift „Altablagerung und Altlasten" (1991):

(1) Erfassung und Erstbewertung (historisch-deskriptive Erfassung sämtlicher Hinweise und Daten; ohne Beprobung)

(2a) Untersuchung und Gefährdungsabschätzung (mit Beprobung und Analytik)

(2b) Einordnung in eine Gefährungspotentialklasse

(3) Sanierungsplan (Festlegung von Sanierungszonen und -zielen, Bewertung der technischen Machbarkeit, Kostenschätzung)

Die **Bewertung von Altlastverdachtsflächen und Altlasten** erfordert eine interdisziplinäre Bearbeitung durch unterschiedliche Fachdisziplinen, wie Ingenieur- und Hydrogeologie, Chemie, Geotechnik, Bodenkunde, Biologie, Medizin u. a. m., mit jeweils unterschiedlichen Leistungsschwerpunkten. Da die Qualität der Gutachten zur Gefährdungsabschätzung und zu Sanierungsuntersuchungen wesentlich von der Sachkunde der Gutachter und der Qualifikation der Untersuchungsstellen abhängt, bestehen Bestrebungen, von den Gutachtern den grundsätzlichen Nachweis der erforderlichen Sachkunde und gerätetechnischen Ausstattung zu verlangen. Dazu gehört aber auch, daß im Vorfeld einer Auftragsvergabe Anlaß, Zweck und Umfang der Leistung sowie die Schwerpunkte der Aufgabenstellung eindeutig beschrieben werden. Im Band 11 der Schriftenreihe „Materialien zur Ermittlung und Sanierung von Altlasten des LUA NRW (1995) werden im Vorgriff auf eine Konkretisierung des Nachweises der erforderlichen Sachkunde die „Anforderungen an Gutachter, Untersuchungsstellen und Gutachten bei der Altlastenbearbeitung" beschrieben. Außerdem werden Vertragsmuster, die Allgemeinen Vertragsbedingungen, Haftungsfragen (s. d. a. HORST 1995) und Gliederungsvorschläge für Gutachten zur Gefährdungsabschätzung und zur Sanierungsuntersuchung mitgeteilt.

16.5.1 Erfassung

Ziel der Datenerhebung ist es, von allen Altablagerungen und Altstandorten einen möglichst umfassenden Datenbestand zu sammeln und in einem fortschreibungsfähigen Verdachtsflächen- oder Altablagerungskataster einer ersten Bewertung zu unterziehen. Die Dateninhalte sind in den einzelnen Bundesländern unterschiedlich. Folgende **Erfassungsmethoden** werden eingesetzt:

- Auswertung von Luftbildserien
- Auswertung von alten und aktuellen Karten und Plänen
- Gezielte Befragung von Behörden und Zeitzeugen (z. T. Fragebogenaktion)
- Auswertung von Aktenmaterial und sonstigen Informationsquellen
- Nachforschungen bei nahegelegenen, auch ehemaligen Gewerbe- und Industriebetrieben (branchenbezogene Informationen).

Die Verdachtsflächen werden hinsichtlich der Rangfolge ihrer Gefährdung meist in 3 **Prioritäten** unterteilt:

Priorität I umfaßt Verdachtsflächen mit Sonderabfällen und Standorte in Zone II von Wasserschutzgebieten sowie Bebauungsgebiete.

Priorität II sind Flächen in Wasserschutz-, Naturschutz- und Überschwemmungsgebieten sowie Verdachtsflächen, die landwirtschaftlich oder gärtnerisch genutzt werden.

Priorität III sind alle restlichen Verdachtsflächen.

Die Verdachtsflächen bzw. Altstandorte und Altablagerungen werden von den jeweiligen Landesanstalten für Umwelt in entsprechenden Dateien erfaßt. Bestätigt sich der Altlastenverdacht nicht, so wird die Eintragung in die Verdachtsflächendatei gelöscht.

16.5.2 Untersuchung und Gefährdungsabschätzung

Die möglichen Auswirkungen einer Altablagerung oder eines Altstandortes auf die Umwelt werden für die drei Umweltbereiche Wasser (gesondert für Grund- und Oberflächenwasser), Boden (incl. Pflanzen und Tiere) sowie Luft/Bodenluft getrennt untersucht und bewertet. Die **Beurteilung des Gefährdungspotentials** erfolgt nach drei Gesichtspunkten:

- Stoffcharakteristik, d. h. nach den von den verschiedenen Stoffen ausgehenden Wirkungen oder Gefährdungen unter Beachtung von Grenz- oder Richtwerten
- Standortcharakteristik, d. h. den geologischen und hydrogeologischen Bedingungen am Standort
- Nutzungscharakteristik am Standort selbst und in der Standortumgebung.

Nach dem hessischen Bewertungsmodell (BÖHM 1996) erfolgt die Gefährdungsabschätzung in Form von vier **Gefährdungspotentialklassen** (GPK):

- GPK 1 – Sanierungsbedarf: Das Gefährdungspotential eines Standortes und die Immissionssituation im Umfeld erfordern eine Sicherung bzw. Sanierung.
- GPK 2 – Ergänzende Untersuchungen: Ein Standort kann noch nicht abschließend beurteilt werden, so daß ergänzende und vertiefende Untersuchungen durchzuführen sind
- GPK 3 – Überwachung: Unmittelbar sind keine Gefahren zu befürchten. Das Gefährdungspotential ist jedoch so groß, daß eine regelmäßige Überwachung erforderlich ist.
- GPK 4 – Löschen aus der Verdachtsflächenkartei.

Der **Umfang der einzelnen Untersuchungsphasen** und die Darstellung der Ergebnisse sind in den verschiedenen Bundesländern durch Richtlinien und Parameterlisten festgelegt, mit dem Ziel, zumindest landesweit eine Vergleichbarkeit der Ergebnisse und gleiche Voraussetzungen für die Bewertung zu erreichen. Bei erfolgreicher historischer Erkundung, d. h. bei bekannter Zusammensetzung der Altablagerung bzw. bekannter Nutzung von Altstandorten soll der Parameterumfang gegebenenfalls branchenbezogen gezielt festgelegt werden (Merkblatt ALEX 01, Rheinland-Pfalz).

Die Gefährdungsschätzung basiert im wesentlichen auf chemischen **Analysenergebnissen.** Obwohl an die Qualität der Labors hohe Anforderungen gestellt werden (Euronorm DIN/EN 45 001) und die Analysenverfahren in den meisten Fällen genormt sind, ist jedes Analyseergebnis nicht nur mit einem meist nicht exakt bestimmbaren systematischen Analysenfehler behaftet, sondern es liegen darüber hinaus eine Reihe weiterer Fehlermöglichkeiten mit erheblich größeren Prozentanteilen vor (z. B. Probenahme und -behandlung, s. BREDER 1994). Bei Anwendung verschiedener Methoden, wie es z. B. bei der PAK-Analytik häufig gegeben ist, sind Schwankungen von 30 bis 50 % möglich (MÜLLER & WELLMANN 1995). Aus diesem Grund ist sowohl vom Analysenlabor als auch vom weiteren Bearbeiter eine Plausibilitätsprüfung vorzunehmen. In Zweifelsfällen und bei Ergebnissen in der Nähe eines vorgegebenen Grenzwertes sind Kontrollanalysen vorzunehmen, die in entscheidenden Fällen von einem anderen Labor durchgeführt werden sollten. Hierbei ist auf eine repräsentative Probenahme sowie auf vergleichbare Mengen, Lagerung und Behandlung der Proben zu achten.

Die Heterogenität der Schadstoffverteilung ist auch dann nicht zu verhindern, so daß Fehler in der Größenordnung von einem Ungenauigkeitsfaktor 2 nicht selten sind.

16.5.2.1 Gefährdungsabschätzung

Den einzelnen Untersuchungsphasen entsprechen auch mehrere Stadien der Gefährdungsabschätzung, die sich trotz des unterschiedlichen Aufwands an gleichen grundlegenden Prinzipien orientieren müssen. Gemeinsamer Inhalt ist, ob und welche akuten oder latenten Gefahren für die Gesundheit des Menschen, für die Umweltmedien Wasser, Boden, Luft sowie für die pflanzlichen und tierischen Lebewesen und auch für Sachgüter ausgehen (LÜHR & HEFER 1991).

Akute Gefährdung liegt in Übereinstimmung mit dem ordnungsrechtlichen Gefahrenbegriff vor, wenn Schäden bzw. wesentliche Beeinträchtigungen der Schutzgüter schon gegeben oder in überschaubarer Zukunft mit hinreichender Wahrscheinlichkeit zu erwarten sind. Von einer **latenten Gefährdung** wird gesprochen, wenn schädliche oder nachteilige Beeinträchtigungen mit einer gewissen Eintrittswahrscheinlichkeit zukünftig zu besorgen sind oder durch eine Nutzungsänderung hervorgerufen werden können (HABER et al. 1989). Als solche ist z. B. eine zeitlich begrenzte Wasserhaltung zu werten, welche durch Veränderung der Grundwasserströmung Kontaminationen verschleppen und einen neuen Gefährdungszustand bewirken kann.

Ein weiterer, häufig verwendeter Rechtsbegriff ist die **„wesentliche Beeinträchtigung"**, die z. B. Voraussetzung für die behördliche Feststellung einer Altlast ist. Solche unbestimmten Rechtsbegriffe sollen durch untergesetzliche Regelungen (Verordnungen, Verwaltungsvorschriften) in Form von Grenz- oder Richtwerten „bestimmt gemacht" werden (BÖHM 1996).

Die **Ableitung tolerierbarer Schadstoffgehalte** in den Umweltmedien Wasser, Boden, Luft ist ein komplexes Verwaltungshandeln, bei dem in der Vergangenheit mehr oder weniger pragmatischheuristisch vorgegangen worden ist, entweder nach dem Aspekt der Vorsorge (z. B. TVO) oder dem Prinzip der Gefahrenabwehr (Länderlisten, VwV Erdaushub und Zuordnungslisten zu Deponien). Der völlige Ausschluß gesundheitlicher Risiken ist dabei nicht möglich (LÜHR & HEFNER 1991).

Grundlage für die Festlegung der Prüfwerte sollen sein, die Expositions- bzw. Wirkungspfade, die Konzentration des Schadstoffes im Kontaktmedium (Boden, Wasser, Pflanze) sowie die tägliche Aufnahmerate und die tolerablen Körperdosen der betroffenen Induvidien. Als Expositions- oder Wirkungspfade kommen dabei in Betracht (EWERS & VIERECK-GÖTTE 1994; RUCK 1994):

- direkte orale Aufnahme (z. B. Boden, Badegewässer)
- inhalative Aufnahme von Staub oder Ausgasungen
- dermale Aufnahme bei direktem Kontakt
- Aufnahme von kontaminiertem Grundwasser
- Verzehr von kontaminierten landwirtschaftlichen Produkten
- Verzehr von tierischen Lebensmitteln, in denen über die Nahrungskette gesundheitsschädliche Stoffe angereichert sind.

Im neuen Altlasten Gutachten des SRU (1995) werden Qualitätskriterien für eine toxikologisch fundierte Gefährdungsabschätzung aufgestellt, deren Umsetzung einen erheblichen methodischen Fortschritt bei der Altlastenbewertung bedeuten würde (z. B. vorläufige Prüfwerte der Altlastenkommission NRW, 1993).

EIKMANN & KLOKE haben Anfang der 90er Jahre das Drei-Bereiche-System für nutzungsbezogene Bodenrichtwerte eingeführt, mit den Abstufungen Bewahren (Bodenwert I, bzw. geogene Grundgehalte), Tolerieren (Bodenwert II, bzw. Prüfwert) und Sanieren (Bodenwert III, Eingreifwert). Die **EIKMANN-KLOKE-Werte** haben nach ihrer Veröffentlichung 1991 (EIKMANN, KLOKE & LÜHR 1991) weitverbreitete Anwendung gefunden. In der 2. Fassung 1993 (EIKMANN & KLOKE 1993) sind weitere Substanzen dazugekommen, die Schutzgüter in „Schutzgut Mensch" und „Andere Schutzgüter" unterteilt und die Bodenwerte (BW) genauer definiert worden. Über die Bedeutung der neu aufgenommenen Schwermetalle (Be, Co, Sb, Se, Sn, V) berichtet MEUSER (1996).

Bei den nutzungsbezogenen Werten werden im allgemeinen folgende Nutzungsarten unterschieden:

- Kinderspielplätze
- Wohngebiete, Haus- und Kleingärten
- gärtnerische und landwirtschaftliche Nutzflächen
- Park- und Freizeitanlagen
- Gewerbe- und Industriegebiete
- nicht agraische Ökosysteme.

Unabhängig von diesen naturwissenschaftlich-technischen Einzelbewertungen werden für die Gefahrenbeurteilung häufig **Normwerte,** wie Orientierungs-, Richt- und Grenzwerte bzw. Höchstwerte herangezogen, die zwar einen zunehmenden Verbindlichkeitsgrad ausdrücken, aber nicht einheitlich gehandhabt werden (s. a. PRÜESS 1994) und bis jetzt keine Rechtsverbindlichkeit haben (SALZWEDEL 1995). Bei den in den verschiedenen Länderlisten enthaltenen Einzelwerten, die meistens von der Niederländischen Liste abgeleitet sind, handelt es sich i. w. um Prüfwerte, deren Überschreiten weitergehende Maßnahmen, meist Untersuchungen, auslöst. Im Zuge einer bundesweiten Vereinheitlichung der Begriffe und ihrer Bedeutung wurden von der LAGA (s. VIERECK-GÖTTE & EWERS 1994) nachfolgende Bodenrichtwerte vorgeschlagen, wobei der Oberbegriff Richtwert zum Ausdruck bringen soll, daß es sich dabei um Werte ohne Rechtsbindlichkeit handelt:

Hintergrundwert (Synonym Referenzwert) gibt einen geogen bedingten Grundgehalt und eine ubiquitäre, also weit verbreitete anthropogene Zusatzbelastung an. Er dient dem Erkennen einer spezifischen Belastung.

Prüfwert (Synonym Schwellenwert) ist ein nutzungs-, wirkungspfad- und schutzgutbezogener Konzentrationswert als Entscheidungshilfe für weitergehende Untersuchen zur Gefährdungsabschätzung. Bei Unterschreitung der Prüfwertkonzentration kann der Gefahrenverdacht in der Regel als ausgeräumt gelten.

Maßnahmenwert (Synonym Eingreifwert oder Sanierungsschwellenwert) ist ein nutzungs-, wirkungspfad- und schutzgutbezogener Wert, bei dessen Überschreitung weitere Maßnahmen (z. B. Nutzungsbeschränkung, Sanierung) erforderlich werden.

Sanierungszielwert ist ein ebenso bezogener Konzentrationswert, der bei Sanierungsmaßnahmen als Mindestforderung bzw. als zulässige Restkonzentration angegeben werden kann. Sanierungszielwerte sollten dabei nicht einheitlich vorgegeben werden, da immer die Gegebenheiten des

Einzelfalles berücksichtigt werden müssen (s. Abschn. 16.6).

Einleit- oder Einbauwerte geben ein Qualitätskriterium für den Einbau von Böden oder das Einleiten von Wasser bei unterschiedlicher Nutzung an.

Die Richtwerte beziehen sich durchweg auf die analytisch erfaßbaren Gesamtgehalte. Angaben über mobilisierbare oder pflanzenverfügbare Anteile sind bisher die Ausnahme (PRÜESS 1994).

Während die hier aufgeführten Richtwerte im Einzelfall zunächst noch einen Ermessensspielraum lassen, sind behördlich festgelegte **Grenzwerte,** wie in der Trinkwasser- oder in der Klärschlammverordnung, echte Höchstwerte, die nicht überschritten werden dürfen.

In Anlehnung an die o. g. Bodenwerte sind in einigen Bundesländern die Richtwerte nach nutzungsbezogenen **Sanierungszielebenen** gestaffelt (z. B. Baden Württemberg, Rheinland Pfalz) und werden als orientierende Prüfwerte bzw. orientierende Sanierungszielwerte bezeichnet.

In der Altlastensanierung sollten sowohl Maßnahmenwerte als auch Sanierungswerte nicht rechtsverbindlich und bundeseinheitlich festgelegt werden, da sie den Behörden jeglichen Spielraum für Einzelfallentscheidungen, z. B. bei regionalen geogenen Hintergrundbelastungen, nehmen würden (s. a. SALZWEDEL 1995). Außerdem muß in diesem Zusammenhang auch auf den Ungenauigkeitsfaktor bei der Probenahme und damit der Analysenergebnisse hingewiesen werden (s. Abschn. 16.5.4.1). Als Richtwerte dienen solche Festlegungen dagegen als Orientierungshilfe und für eine länderübergreifende Vereinheitlichung ohne Einengung des Ermessensspielraumes.

Besondere Bedeutung in der ökologischen Diskussion haben die Begriffe **geogene Grundbelastung und ubiquitäre Hintergrundbelastung.** Die geogenen Grundgehalte werden bestimmt durch die lithogenen Gehalte des Ausgangsgesteins, aus denen im Zuge der Bodenbildung durch pedogene Veränderungen die geogene Grundbelastung entsteht (BAUER, SPRENGER & BOR 1992).

Erster Anhaltspunkt für eine natürliche geochemische Grundbelastung geben die sog. Boden-Clarke-Werte, d. s. Durchschnittswerte der Böden der gesamten Erde (s. d. VOLAND et al. 1994). Je nach geochemischer Provinz kann die geogene Grundbelastung jedoch sehr unterschiedlich sein.

Die **regionale geogene Grundbelastung** weist besonders beim Eisen, Mangan, Nickel, Chrom und

z. T. auch Arsen sowie bei Sulfat und Chlorid oft Werte auf, die weit oberhalb aller Richtwerte liegen (Tab. 16.3 und EXLER et al. 1980: 38; HARRES et al. 1985; GOLWER 1989; HINDEL & FLEIGE 1990; METZNER et al. 1994; VOLAND et al. 1994 und Abschn. 16.5.4.3).

In Gebieten mit oberflächennah ausstreichenden vererzten Gesteinen und in Bergbaugebieten mit z. T. alten erzhaltigen Halden kommen dazu häufig noch Schwermetallgehalte im Grundwasser und in den örtlichen Vorflutern, welche die zulässigen Grenzwerte weit überschreiten (REINHARDT 1987).

Abgesehen von einer verbreiteten Belastung mit Schwermetallen ist eine **ubiquitäre Hintergrundbelastung** mit chlorierten Kohlenwasserstoffen, die entgegen früherer Annahmen teilweise zwar auch natürlichen Ursprungs (Synthese durch Makroalgen) sein können (GAIDA et al. 1981, WENDLAND & LESCHBER 1990) zum überwiegenden Teil aber diffuse Verunreinigungen durch Auswaschung mit den Niederschlägen aus der Atmosphäre darstellen, keine Seltenheit (WALTHER et al. 1985; ZECHMAR-LAHR 1988; BROSE & BRÜHL 1990). Auch polycyclische aromatische Kohlenwasserstoffe werden z. B. nicht nur bei industriellen Prozessen freigesetzt, sondern treten auch als Abbauprodukte bei natürlichen Verbrennungsvorgängen auf. Durch ihre geringe Wasserlöslichkeit reichern sie sich in der feinkörnigen Bodenmatrix an.

Auch Dioxine und Furane werden landesweit festgestellt. Ihr Auftreten wird auf diffusen Luftschadstoffeintrag (sog. Schwebstaub) aus atmosphärischem Ferntransport oder lokalen Emissionen zurückgeführt. Auch sie entstehen in Spuren nicht nur durch industrielle Tätigkeiten, sondern auch durch Waldbrände oder sonstige Schadfeuer, besonders wenn PVC-Gegenstände betroffen waren. Untersuchungen haben gezeigt, daß schon in vor knapp einhundert Jahren abgelagerten Sedimenten des Bodensees Dioxine und Furane auftreten, deren Konzentration im Zeitraum 1940 bis 1950 stark ansteigt, aber ab 1975 wieder deutlich abnimmt (MÜLLER & NEGENDANK 1991).

Bei Emissionen durch Luftverfrachtung muß zwischen der Staubkonzentration in der Luft (Schwebstaub) und dem Staubniederschlag (Sedimentstaub) unterschieden werden (s. d. FECHNER 1980). Über das mögliche Ausmaß lokaler Emissionen durch Windverfrachtung von kontaminierten Flächen mit Angabe von Verfrachtungsraten berichten WIESERT et al. (1996).

Für eine **schadensgerechte Bewertung** genügt es nicht, einfach eine Überschreitung von Richt- oder Grenzwerten festzustellen und allein daraus eine Risikobeurteilung abzuleiten, sondern es sind im Einzelfall die Art und Menge der Schadstoffe sowie die Ausbreitung im jahreszeitlichen Wechsel ebenso zu berücksichtigen, wie die geogene oder allgemeine anthropogene Grundbelastung, die Löslichkeit der einzelnen Bindungsformen der Schadstoffe, eine etwaige Toxizität sowie die besonderen Verhältnisse des Standorts.

16.5.2.2 Erkundungsarbeiten

Bei der Erkundung und Bewertung des Gefährdungspotentials von Altlastverdachtsflächen hat man es mit einer breiten Palette von Schadstoffen und durch mikrobielle Umwandlung daraus entstandener Metabolite zu tun. Aufbauend auf den Datenbestand der Ersterfassung (Abschn. 16.5.1) sind zunächst die Angaben über Art, Größe und Zeitraum der Ablagerung bzw. der früheren Nutzung des Standortes zu ergänzen. Besondere Bedeutung hat dabei die sog. historische Untersuchung über die Entwicklung eines Betriebs und von sog. „Targets" (ARNETH et al. 1986: 16), d. s. **Listen bestimmter Stoffgruppen** von möglicherweise abgelagerten Gewerbe- oder Industrieabfällen, auf die der analytische Untersuchungsumfang abgestimmt werden muß (KINNER et al. 1986 und HÖLTING 1996: 364). Dies gilt auch für ehemalige Gaswerkstandorte, auf denen mit ganz spezifischen Bodenverunreinigungen zu rechnen ist (FELDMANN et al. 1987 und FRANZIUS 1987).

Im zweiten Schritt werden manchmal mit flächendeckenden **indirekten Aufschlußmethoden** und gegebenenfalls mit kostengünstigen Sondierbohrungen die geologische Situation und die oberflächennahen Grundwasserverhältnisse sowie die genauen Abmessungen des Deponiekörpers erkundet und in Lageplänen und Schnitten dargestellt. Die geophysikalischen Methoden zur Oberflächenmessung sind im Abschn. 4.2 beschrieben.

Die Ergebnisse indirekter Aufschlußmethoden sind immer durch **direkte Aufschlüsse** zu überprüfen. Die Bohrungen werden als Trockenbohrungen oder Kernbohrungen nach Abschn. 4.3.5 ausgeführt. Weitere Hinweise über Aufschlußverfahren und Probegewinnung enthalten die GDA-Empfehlung E 1 sowie die ITVA-Arbeitshilfe „Aufschlußverfahren zur Probegewinnung für die Untersuchung von Verdachtsflächen und Altlasten" (Entwurf 1994, s. altlasten-spektrum 1/95).

Tabelle 16.3 Geogene Grundbelastung einiger Elemente in tertiären und quartären Lockergesteinen des Rhein-Main-Gebietes in mg/kg TS (nach Hess. LA Bodenforschung, Spalten 6 bis 9 ergänzt).

	1 Glimmersand	2 Tone bis karbonatische Tone	3 Mergelsteine	4 Karbonate bis tonige Karbonate	5 Basaltzersatz	6 Lößlehm	7	8 Löß	9
	n=3	n=7	n=3	n=4	n=2	n=5	n=36	n=15	n=34
As	3–8	9–69	5–35	6–19	3–11	nn–14	3–9	nn	1–7
B	11–235	10–220	30–226	14–113	4–21	nn–18	–	–	–
Cd	<0,05	<0,05–0,12	0,06–0,14	<0,05–0,11	<0,05	nn	nn	nn	nn
Cr	341–591	66–149	29–144	<8–26	406–452	104–124	16–51	72–106	11–39
Cu	10–18	14–25	6–29	<3–5	12–14	nn–18	nn–24	nn	1–10
Ga	10–11	9–22	6–14	2–6	29–32	10–14	–	1–6	–
Ni	155–183	22–91	26–84	5–27	56–78	39–46	29–49	32–42	18–48
Pb	11–14	15–26	16–20	5–9	9–22	16–24	13–38	7–19	10–22
Ti	2636–3235	1917–6349	1018–2935	120–1078	18569–19827	4792*	–	–	–
U	<3–3	<3–7	<3–6	<3–5	<3–4	nn–4	–	nn	–
V	70–98	54–141	29–102	<8–32	178–425	56–95	–	46–63	–
Zn	50–70	28–92	29–71	8–25	33–36	39–69	18–75	30–49	15–60
Zr	106–185	114–276	61–100	6–37	320–323	463–562	–	347–456	–

Hinweis: Werte der Spalten 1–6 und 8 wurden röntgenspektrometrisch bestimmt (Ausnahme: Cd), die Spalten 7 und 9 nach Königswasseraufschluß gem. DIN 38414, s. Text (Unterbefunde bei Cr); nn = nicht nachweisbar (< Nachweisgrenze); * nur ein Wert (LA Bodenforschg.)

Die **Anordnung der Bohrpunkte** richtet sich nach der Aufgabenstellung (s. a. Abschn. 4.3.2) und der Möglichkeit des Bohrpunktraster bei Bedarf in mehreren Schritten zu verdichten (WOEDE 1994; BREDER 1994). Bei der **Aufnahme des Bohrgutes** ist über die genormte und die organoleptische Bodenansprache hinaus (s. Abschn. 4.4.2) besonders auf bodenfremde Anteile zu achten und diese mit ihren Einzelkomponenten zu beschreiben (SCHULTZ & WEINBERG 1994; BLUME 1994), Für die Aufnahme von Bohrungen für Deponie- und Altlastenzwecke bringt die GDA-Empfehlung (1994) ein etwas modifiziertes Schichtenverzeichnis.

Die organoleptische Ansprache der Bohrproben (s. ULRICHS & WÄCHTER 1990: 32) hat sofort nach der Entnahme aus dem Bohrwerkzeug zu erfolgen oder es müssen Schlauchkerne o. ä. eingesetzt werden, bei denen das Bohrgut in einem Folienschlauch oder einer Kunststoffhülse, einem sog. Liner, gewonnen wird (s. Abschn. 4.3.5.1). Eine wirksame Rückhaltung flüchtiger Schadstoffe erfolgt nur durch Liner. Folienschläuche verlangsamen die Ausgasung lediglich.

Auch die **Probennahme** für chemische Untersuchungen hat sofort nach der Gewinnung der Proben zu erfolgen. Bei der Probenahme sind außerdem die verschiedenen standardisierten Verfahren zu Qualitätssicherung zu beachten, auf die bei den einzelnen Belastungspfaden näher eingegangen

wird. Auf den Band „Probenplanung und Datenanalyse bei kontaminierten Böden" (E. SCHMIDT Vlg., 1994) wird verwiesen (s. d. a. BREDER 1994).

Bei allen Aufschlußarbeiten und Probenahmen in kontaminierten Bereichen sind die **Sicherheits- und Hygieneauflagen** der Gewerbeaufsicht bzw. der Tiefbau-Berufsgenossenschaft zu beachten (Stiefel, Handschuhe, Brille, Atemschutz, Overall u. a. m.). Eine umfassende Beschreibung der Arbeitsschutzmaßnahmen bringen BURMEIER & EGERMANN (1992) und das Handbuch „Sicheres Arbeiten auf Altlasten" (1995; s. altlasten spektrum 1/96).

Bei allen Aufschlußarbeiten ist ferner zu beachten, daß keine schädlichen Verlagerungen im oder in das Grundwasser entstehen (sog. Verlagerungsverbot), das allerdings in der Praxis kaum zu gewährleisten ist.

16.5.3 Wasserpfad

16.5.3.1 Erkundung, Probennahme

Sickerwässer transportieren in der Regel kontinuierlich Schadstoffe aus einer Altablagerung oder einem Altstandort. Deshalb ist das Grund- und Sickerwasser in der Umgebung einer Altablagerung das bevorzugte Schutzgut und das Hauptuntersuchungsobjekt (s. a. Abb. 16.15).

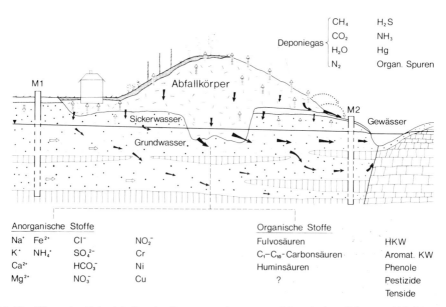

Abb. 16.15 Wege der Schadstoffausbreitung aus einer unzureichend abgedichteten Abfalldeponie bzw. Altlast (Entw. GOLWER, Wiesbaden).

In diesem Zusammenhang müssen zunächst das Einzugsgebiet, die Grundwasseroberfläche, Mächtigkeit des Grundwasserleiters, Stockwerksbildung, Grundwasserfließrichtung und -fließgeschwindigkeit sowie die Durchlässigkeiten der verschiedenen Schichtglieder erkundet und in Schnitten und Plänen dargestellt werden.

Die Lage der erforderlichen **Grundwassermeßstellen** zur Entnahme der Wasserproben ist nach den bereits bekannten Grundwasserdaten festzulegen. Bei den Erstuntersuchungen sind in der Regel mindestens 3 Meßstellen vorzusehen, eine im nicht kontaminierten Anstrombereich und je nach den Abmessungen der Altablagerung 2 bis 3 Meßstellen im Abstrombereich, davon eine möglichst zentral (Abb. 16.16). Der günstigste Abstand der Meßstellen zur Altablagerung beträgt bei Porengrundwasserleitern sowohl im Anstrombereich als auch

im Abstrombereich 20 bis 50 m. Will man die Abnahme der Konzentration in Richtung des abströmenden Grundwassers erfassen, so ist je nach Abstandsgeschwindigkeit des Grundwassers 100 bis 500 m unterhalb eine zweite und nötigenfalls noch eine dritte Meßstellenreihe einzurichten (EXLER et al. 1980). Dieses Kontrollprogramm kann schrittweise entwickelt werden. Dabei ist zu beachten, daß die aus Kontaminationsherden austretenden Verunreinigungsfahnen z. T. sehr schmal sein können. Die Meßstellensohle sollte außerdem möglichst 1 m in die Grundwassersohlschicht einbinden (vollkommene Brunnen) und im gesamten Grundwasserbereich verfiltert sein (Abb. 16.17). In Kluftgrundwasserleitern ist die Anisotropie der Grundwasserströmung zu berücksichtigen (s. Abschn. 2.8.2). Der Umfang der Kontrolleinrichtungen für Deponien und Altablagerungen ist in einzelnen Ländern durch behördliche Deponieüberwachungspläne geregelt (s. DÖRRHÖFER 1990).

Der Meßstellenausbau (DN 125 bis 150) ist in Abschn. 4.4.4 und in den einschlägigen Richtlinien beschrieben. Verzinkte Filterrohre und Entnahmegeräte aus Messing oder verchromten bzw. vernikkelten Material können die Schwermetallgehalte beeinflussen (EXLER et al. 1980). In organisch verunreinigten Wässern werden anstelle der üblichen PVC-Kunststoffrohre solche aus PEHD (Polyethylen hoher Dichte) verwendet, die den Vorteil sehr hoher Medienbeständigkeit haben.

Die den Schadstoffen angepaßte **Probennahme** ist im Abschn. 9.3.1 und bei EXLER et al. (1980), ARNETH et al. (1986: 19) sowie DARSCHIN et al. (1987: 36) beschrieben und ist mit dem Analyse-Labor abzustimmen. Für eine Umweltanalytik-Wasserprobe werden i. d. R. 5 l Wasser benötigt, während Wasserproben nach der TVO am besten direkt vom Analysenlabor genommen werden.

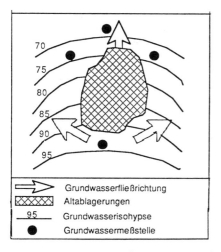

Abb. 16.16 Anordnung der Grundwassermeßstellen um eine Altablagerung (DITTRICH et al. 1988).

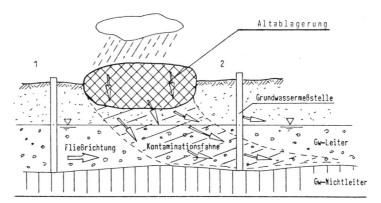

Abb. 16.17 Mögliche Ausbreitung von Kontaminationen im Untergrund (aus DARSCHIN et al. 1987).

Bei der Probenahme sind folgende Angaben im **Probenahmeprotokoll** zu vermerken: Aussehen (Farbe, Trübung), Geruch, Fördermenge, Förderzeit, Wasserstand vor und nach dem Abpumpen. Außerdem sind nach dem Klarpumpen direkt die sog. Feldparameter (Sauerstoffgehalt, Temperatur, pH-Wert, Leitfähigkeit und Redoxpotential) zu ermitteln.

Mit der elektrischen Leitfähigkeit (in S, Siemens) wird summarisch der Anteil an gelösten Ionen im Wasser angezeigt. Erhöhte Werte können z. B. auf Verunreinigungen von Salzen (Cyanide, Ammoniumverbindungen, Nitrate, Sulfate) oder Schwermetallverunreinigungen hinweisen.

Das Redoxpotential (E_h in V, Volt) gibt das Verhältnis oxidierter/reduzierter Stoffe im Grundwasser an. Ein erhöhtes Redoxpotential deutet auf einen Überschuß von im Wasser gelösten O_2 hin, bei einem niedrigeren überwiegt der Einfluß reduzierender Stoffe (z. B. organische Substanzen).

Bei **Pumpversuchen** ist ferner zu beachten, daß verunreinigtes Wasser nicht ohne weiteres in einen Vorfluter oder in den Untergrund eingeleitet werden darf. Hier sind bestimmte Einleitwerte für das Grundwasser, in Vorfluter oder in Abwasseranlagen zu beachten, die vorab anhand von Schöpfproben zu untersuchen sind.

Belastetes Wasser aus Pumpversuchen soll vorrangig in geeignete Abwasserbehandlungsanlagen eingeleitet werden. Falls dies nicht möglich ist und gewisse Orientierungswerte nicht überschritten werden, kommt auch eine Einleitung in oberirdische Gewässer in Betracht. Die Einleitung ist in beiden Fällen erlaubnispflichtig. Als Orientierungswerte für die Einleitungserlaubnis können z. B. die Sanierungsschwellenwerte einiger Länderlisten (z. B. GW-VwV Hessen) herangezogen werden. Bei Sofortmaßnahmen können vorübergehend höhere Werte zugelassen werden. Ist eine Direkteinleitung nicht möglich, so muß die Entsorgung mittels Tankwagen erfolgen.

16.5.3.2 Analytik, Parameterlisten

Die **Wasseranalytik** ist von einem anerkannten Labor vorzunehmen. Zur Vereinheitlichung des Untersuchungsumfangs und der analytischen Methoden und zur Vergleichbarkeit der Ergebnisse sind in vielen Bundesländern schon sehr früh Richtlinien mit Parameterlisten eingeführt worden (Tab. 16.4). Die anfängliche Absicht, in einem ersten Analysenschritt anhand von nur drei, vermeintlich typischen Leitparametern, wie Bor, Sul-

fat, und AOX eine Erstbewertung abzugeben (KERNDORF et al. 1985; BRILL et al. 1986) hat sich in dieser Form nicht durchgesetzt. Eine solche Erstbeurteilung nach Summenparametern von ganzen Stoffgruppen, dem sog. **Screening,** ist nur bei organischen Verbindungen üblich, um mit geringem Aufwand abschätzen zu können, ob eine Probe belastet ist und um welche Stoffgruppen es sich handeln könnte. Folgende Screening-Verfahren sind üblich:

CSB;	Chemischer Sauerstoffbedarf
TOC;	Gesamter, organisch gebundener Kohlenstoff
DOC;	Gelöster, organisch gebundener Kohlenstoff
AOX;	adsorbierbare organisch gebundene Chlorverbindungen
EOX;	extrahierbare organisch gebundene Chlorverbindungen.

Der TOC-Wert ist eine Kenngröße für die Gesamtbelastung eines Wassers mit organischen Stoffen und ist wesentlich empfindlicher als der CSB-Wert. Der DOC-Wert zeigt Mineralölverunreinigungen oder erhöhte Huminstoffe im Wasser an. Für den DOC-Wert kann folgende Einteilung verwendet werden:

< 3 mg/l	Normalwert, keine Anzeichen organischer Verunreinigung
3 – 6 mg/l	schwach erhöht, noch mit natürlichen organischen Substanzen erklärbar
> 6 mg/l	erhöht, zeigt organische Stoffe anthropogener Herkunft an.

Der AOX-Wert zeigt Verunreinigungen mit organisch gebundenen Halogenen an (CKW). Nach KERNDORFF (1985) und GRÜNDER (1985) ist dabei folgende Einschätzung möglich:

< 10 µg/l	entsprechen der allgemeinen Hintergrundbelastung („background").
10 – 20 µg/l	zeigen eine antropogene Beeinflussung an, die keiner konkreten Emissionsquelle zuzuordnen ist.
20 – 60 µg/l	weisen eine deutliche Beeinflussung auf, die von einer relativ schwachen, aber punktförmigen Emissionsquelle herrühren kann.
60 – 300 µg/l	können ziemlich sicher einer spezifischen Emissionsquelle (Altablagerung) zugeordnet werden.
> 300 µg/l	zeigen eine starke Grundwasserkontamination an und geben Hinweise auf Sondermüllkomponenten in einer Altablagerung.

Tabelle 16.4 Listen mit Grenz- bzw. Richtwerten für Schadstoffkonzentrationen im Boden und Grundwasser mit Angabe der Listenwerte für Wasser bzw. Boden sowie Angaben für Gesamtgehalte (brutto) bzw. des eluierbaren Anteils nach DEV S 4 (Eluat) − Stand November 1996.

Geltungsbereich	Listenbezeichnung	mit Angaben für Wasser	Boden	Brutto	Eluat
Baden-Württemberg	Orientierungswerte für die Bearbeitung von Altlasten und Schadensfällen, Aug. 1993	●	●	●	●
Bayern	Hinweise zur wasserwirtschaftlichen Bewertung von Untersuchungsbefunden über Grundwasser- und Bodenbelastungen, April 1991	●	●	●	(●)
Berlin	Bewertungskriterien für die Beurteilung kontaminierter Standorte in Berlin, Dez. 1990	●	●	●	
	Bodenrichtwerte für Kinderspielplätze, 1993		●	●	
Brandenburg	Brandenburger Liste zur Bewertung kontaminierter Standorte, 1993	●	●	●	
Bremen	Prüfwertliste der Stadtgemeinde Bremen für Schadstoffgehalte im Boden, 1993		●	●	
	Bremer Empfehlungen zu Metallen, PAK/PCP auf Kinderspielplätzen, 1991/1993		●	●	
Hamburg	Vorläufige Sanierungsleitwerte MKW von 1990	●	●	●	
	Verfahrensregeln zur Bodenbelastung mit Schwermetallen in Hamburg, März 1990	●	●	●	
	Vorläufige Sanierungsleitwerte LCKW, BTEX, PAK, Benzinkohlenwasserstoffe, von Dez. 1992	●	●	●	
Hessen	Orientierungswerte zur Abgrenzung von unbelastetem, belastetem und verunreinigtem Boden, Dez. 1992		●	●	●
	Verwaltungsvorschrift für die Sanierung von Grundwasser und Bodenverunreinigungen, Mai 1994	●	(●)		
Nordrhein-Westfalen	Entwurf einer Richtlinie über die Untersuchung und Beurteilung von Abfällen vom Juni 1987	●	●	●	●
	Erlaß: Metalle auf Kinderspielsplätzen, Aug. 1990		●	●	
	Mindestuntersuchungsprogramm Kulturboden, 1995		●	●	(●)
Rheinland-Pfalz	Orientierungswert-Liste der Altlastenexpertengruppe Merkblätter (ALEX 02), (ALEX 01), Feb. 1996	●	●	●	●
Sachsen	Empfehlung zur Handhabung von Prüf- und Maßnahmenwerten für die Gefährdungsabschätzung von Altlasten in Sachsen, Aug. 1994	●	●	●	●
Sachsen-Anhalt	Handlungsempfehlung für den Umgang mit kontaminierten Böden im Land Sachsen-Anhalt, **1994**		●	●	

Fortsetzung ▶

Tabelle 16.4   (Fortsetzung)

Geltungsbereich	Listenbezeichnung	mit Angaben für			
		Wasser	Boden	Brutto	Eluat
D	Abfall-/Klärschlammverordnung (AbfklärV) April 1992		●	●	
D	TA-Siedlungsabfall Mai 1993 Technische Anleitung zur Verwertung, Behandlung und sonstigen Entsorgung von Siedlungsabfällen		●		●
	Länderarbeitsgemeinschaft Wasser (LAWA). Empfehlungen für die Erkundung, Bewertung und Behandlung von Grundwasserschäden, Jan. 1994	●	(●)	(●)	
	Länderarbeitsgemeinschaft Abfall (LAGA). Anforderungen an die stoffliche Verwertung von mineralischen Reststoffen/Abfällen. Technische Regeln, Sep. 1995	●	●	●	●
EG	EG-Richtlinie über die Qualität von Wasser für den menschlichen Gebrauch, Juli 1980	●			
EG	EG-Klärschlamm-Richtlinie Juni 1986		●	●	

Diese organischen Summenparameter geben recht zuverlässige Hinweise auf eine entsprechende Belastung des Grundwassers. Aufgrund dieser Ergebnisse ist von Fall zu Fall zu entscheiden, welche weiterführenden Untersuchungen notwendig sind. Darüber hinaus geben niedrige Werte von freiem gelöstem Sauerstoff (< 2 mg/l) oder negative Werte der Redoxspotentials (in V) Hinweise auf sauerstoffzehrende Wirkung organischer Substanzen bzw. Verunreinigungen.

Die in den weiteren Analysenschritten zu untersuchenden Schadstoffgruppen sind anfangs (Mitte der 80er Jahre) in Anlehnung an die EG-Richtlinie von 1980 festgelegt gewesen und zwar die unerwünschten Stoffe der Gruppe C (Cu, Zn, Fe, Mn, NO$_3$, NH$_4$) sowie die toxischen Metalle der Gruppe D (As, Pb, Cd, Cr, Ni und das toxische Anion CN). Bestand nach der Targetliste der Verdacht auf Hg-haltige Abfälle o. ä., so wurden die an sich selten in signifikanten Konzentrationen auftretenden Stoffe wie F, Co, Sb, Hg u. a. m. einbezogen.

Die aufwendigeren organischen Einzelstoffbestimmungen der CKW- und BTXE-Gruppe sowie Naphthalin wurden nur im Bedarfsfall untersucht (KERNDORF 1985).

Die seit Ende der 80er Jahre in zahlreichen Bundesländern eingeführten Parameterlisten enthalten zunehmend Einzelbestimmungen der organischen Schadstoffgruppen. Eine Übersicht über die verschiedenen **Kohlenwasserstoffverbindungen** gibt Abb. 16.18. Bei den unchlorierten Kohlenwasserstoffen sind zu untersuchen:

Leichtflüchtige Mineralöl-Kohlenwasserstoffe (MKW), wie Benzin, Dieselkraftstoff, Heizöl und Schmieröle nach DEV H-18. Sie sind im Grundwasser bis zur Sättigung lösbar und bilden danach auf der Grundwasseroberfläche eine schwebende Kohlenwasserstoffschicht. Mineralöle sind im Boden unter guten Milieubedingungen leicht abbaubar. Ihre Toxizität hängt ab von der Vermischung mit aromatischen Kohlenwasserstoffen bzw. bei Altölen mit PAK's.

Schwerflüchtige lipophile Kohlenwasserstoffe nach DEV H 17. Sie umfassen eine Reihe von organischen Verbindungen, wie tierische und pflanzliche Öle und Fette, deren Ursprung geogen oder anthropogen sein kann.

Leichtflüchtige **aromatische Kohlenwasserstoffe der BTXE-Gruppe** (Benzol, Toluol, Xylol und Enthylbenzol). Sie sind bedingt wasserlöslich (Benzol 1,78 g/l, Toluol 0,47 g/l, Xylol 0,17 g/l) und damit in der Geosphäre relativ mobil. Benzol und sein mikrobiologisches Stoffwechselzwischenprodukt Vinylchlorid weisen krebserzeugen-

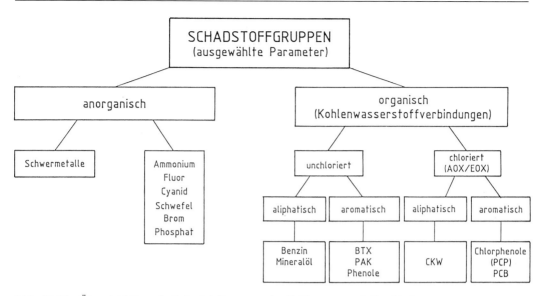

Abb. 16.18 Übersicht über die Schadstoffgruppen der Kohlenwasserstoffverbindungen.

de (Leukämie) und mutagene Wirkung auf. Die Aromate sind biologisch abbaubar.

Polycyclische aromatische Kohlenwasserstoffe (PAK bzw. englisch PAH) umfassen eine Vielzahl von Einzelverbindungen, von denen etwa 40 öko- und humantoxikologisch relevant sind. Als Untersuchungsparameter werden nach der Trinkwasserverordnung (HPLC-Verfahren) 6 Referenzstoffe und nach der EPA-Liste (Environmental Protection Agency, USA 1982) 16 Referenzstoffe untersucht. Die Gefährdungsabschätzung anhand von Richt- oder Grenzwerten von PAK-Summenparametern wird zunehmend kritisch beurteilt, da die Einzelsubstanzen erhebliche Unterschiede in Toxi-

zität und in ihrem Umweltverhalten aufweisen. Als besonders karzinogen gilt das Benzo(a)pyren (BaP), das deshalb neuerdings als Indikatorzubstanz für die PAK-Gruppe verwendet wird. Der Anteil BaP an der Summe der PAK (nach EPA-Liste) im Boden macht üblicherweise etwa 5 – 10 % aus (EWERS & VIERECK-GÖTTE 1994: 227), kann jedoch erheblich differieren (KALKBERLAH et al. 1995).

Die PAK's weisen eine Dichte von 1.3 bis 1.6 g/cm^3 auf. Sie sind unpolare und damit nur schlecht wasserlösliche Verbindungen. Dies gilt vor allen Dingen für die höhermolekularen 4- bis 6-Ring-Aromaten (Tab. 16.5). Die niedermoleku-

Tabelle 16.5 Auflistung der 16 Referenzstoffe der EPA nach ihrer Wasserlöslichkeit (aus HÖLTING 1996:358).

Substanz	Zahl der Ringe	Wasserlöslichkeit mg/l
Naphthalin	2	30,0
Acenaphthylen	3	
Acenaphthen	3	
Fluoren	3	
Phenanthren	3	
Anthracen	3	
Fluoranthen	4	0,26
Pyren	4	
Benzo(a)anthracen	4	
Chrysen	4	
Benzo(b)fluoranthen	5	
Benzo(k)fluoranthen	5	
Benzo(a)pyren	5	
Dibenzo(a,h,)anthracen	5	
Indeno(1,2,3-cd)pyren	6	
Benzo(g,h,i)perylen	6	0,00026

laren 2- und 3-kernigen Aromaten sind dagegen erheblich besser wasserlöslich und leichter flüchtig. Sie können durch mikrobiologische Behandlung abgebaut werden. Mineralöle und BTXE-Aromate fungieren als Lösungsvermittler und können die Mobilität der PAK's erheblich erhöhen.

Bei den **Phenolen** handelt es sich um eine Gruppe sehr uneinheitlicher, humantoxikologisch unterschiedlich zu bewertender Substanzen. Der bisherige Phenol-Index hat nur den Charakter eines Screening-Tests, weshalb bei erhöhten Werten des Phenol-Index immer Einzelstoffe analysiert werden sollten. In neueren Parameterlisten (EWERS & VIERECKE-GÖTTE 1994) sind von vornherein Einzelstoffbestimmungen vorgesehen).

Phenole sind relativ gut wasserlöslich (67 g/l bei 20°) und weisen damit eine hohe Mobilität auf. Im Boden sind Phenole leicht abbaubar, während im Grundwasser eine hohe Persistenz angenommen wird.

Bei den **chlorierten Kohlenwasserstoffen (CKW)** handelt es sich um mehrere Stoffgruppen, die in der Natur nicht vorkommen und daher immer anthropogene Beeinflussung anzeigen. Die wichtigsten Stoffgruppen sind:

aliphatische Chlorverbindungen
Chlorbenzole
Chlorphenole
Chlornaphthaline
PCBs (polychlorierte Biphenyle)
Hexachlorcyclohexan (HCH, Lindan)
Chlorpestizide (z. B. Aldrin) und
polychlorierte Dibenzodioxine und polychlorierte Dibenzofurane.

Zur summarischen Bestimmungen der organischen Halogenverbindungen werden die Parameter AOX und EOX herangezogen.

Unter Altlastengesichtspunkten sind vor allen Dingen die für die Metallreinigung verwendeten CKW Dichlormethan, Trichlorethen (Tri), Trichlorethylen, 1.1.1-Trichlorethan und Tetrachlorethen (Per), Tetrachlormethan (Tetra) sowie die Flur-Chlorkohlenwasserstoffe (FCKW) relevant (s. Abschn. 16.5.5.2). Ihre Wasserlöslichkeit ist gering, reicht jedoch aus, das Grundwasser nachhaltig zu schädigen. LCKW's reichern sich in der Bodenluft und zunächst auch an der Grundwasseroberfläche an. Der Ferntransport im Grundwasserleiter erfolgt nur in gelöster Form. Im Hinblick auf die Identifizierung von möglichen Verursachern ist Einzelanalytik geeigneter als ihr Summenwert. Die mit Wasser nicht mischbaren Phasen sinken wegen ihres spezifischen Gewichtes von 1.3 bis 1.6 g cm²

bis zur Grundwassersohle ab. In der Natur werden chlorierte Kohlenwasserstoffe nur sehr schwer bzw. langsam abgebaut (Ausnahme Dichlormethan).

Nach der 2. BImSchV (1990) sind für die Metallreinigung nur noch Tetrachlorethen, Trichlorethen und Dichlormethan erlaubt. Auch in Zukunft wird zur Oberflächenbehandlung von Metallen nicht ganz auf CKW verzichtet werden können.

Polychlorierte Biphenyle (PBC) werden als Isolier- und Kühlflüssigkeit sowie als Weichmacher verwendet, deren Produktion in Deutschland seit 1983 verboten ist (WARSCHEWSKE et al. 1993). Aufgrund ihrer Löslichkeit in Fetten sowie ihre chemische und thermische Stabilität sind PCB's heute in der Umwelt weit verbreitet.

16.5.3.3 Bewertung, Prüf- und Grenzwerte

Die Abgrenzung eines natürlichen von einem anthropogen beeinflußten Grundwasser kann nur auf der Basis der örtlichen, geogen bedingten Beschaffenheit des Grundwassers erfolgen. Bei der Bewertung sind die LAWA-Empfehlungen für die Erkundung, Bewertung und Behandlung von Grundwasserschäden (1994) sowie die darauf aufbauenden Ländervorschriften zu beachten (s. Abschn. 16.8.3).

Eine **erhöhte Stoffkonzentration** im Grundwasser liegt vor, wenn ein Prüfwert der Tab. 16.6 überschritten ist und nach dem Gefährdungspotential kein anderer Prüfwert anzusetzen ist.

Als eine **Grundwasserverunreinigung** wird gewertet, wenn deutlich über den geogenen Hintergrund hinausreichende Stoffkonzentrationen vorliegen und dadurch eine Beeinträchtigung oder eine sonstige nachteilige Veränderung seiner Eigenschaften oder anderer Gewässer zu besorgen ist. Dazu gehört auch, wenn eine spätere Grundwassernutzung verhindert oder erschwert werden kann.

Die erste **Bewertung** erfolgt durch Vergleich des unbeeinflußten Grundwassers aus dem Anstrombereich mit den Werten aus dem Abstrombereich, dargestellt als Kontaminations- oder Konzentrationsfaktor

$$KF = \frac{Konzentration\ beeinflußt}{Konzentration\ unbeeinflußt}.$$

In den o.g. LAWA-Empfehlungen (1994) sind Differenzwerte zusammengestellt, ab welcher Veränderung der Grundwasserbeschaffenheit gegenüber dem Oberstrom eine Verunreinigung zu besorgen ist.

Unabhängig von diesem Vergleich mit der geogen bedingten Grundwasserbeschaffenheit liegt eine erhöhte Schadstoffkonzentration vor, wenn ein Richtwert oder Orientierungswert bzw. Prüfwert oder gar Grenzwert überschritten ist. Als entsprechende **Vergleichswerte für Konzentrationsbegrenzungen** im Grundwasser würden häufig die Grenzwerte der Trinkwasserverordnung (TVO bzw. TrinkwV) von 1991 (BGBl. I, 1990, S. 2612) oder die Richtzahlen (RZ) bzw. die zulässigen Höchstkonzentrationen (ZHK) der EG-Richtlinie von 1980 bzw. von 1990 herangezogen (s. d. PRINZ 1991, Tab. 16.6).

Eine andere häufig anzutreffende Richtwerttabelle, die Niederländische Liste von 1988 mit Referenzwerten (A), Testwerten (B) und Sanierungswerten (C) ist 1994 mit neuer Einteilung (Referenz- und Interventionswerte) aufgelegt worden. Die neu definierten Interventionswerte signalisieren bei Überschreitung das Vorliegen einer ernsthaften Kontamination (Listenwerte s. HÖLTING 1996: 370).

Seit Ende der 80er Jahre wurden in zahlreichen Bundesländern Regelwerte zur Beurteilung von Boden- und Grundwasserbelastungen erstellt, deren Richt- bzw. Prüfwerte in den meisten Fällen auf den B-Werten bzw. C-Werten der Niederländischen Liste von 1988 basieren. Einige dieser Länderlisten enthalten auch Eingreif- bzw. Sanierungsziel- oder Einleitwerte.

In Tab. 16.4 sind die 1996 gebräuchlichen Listen für Schadstoffkonzentrationen im Wasser und Boden zusammengestellt. In der ITVA-Arbeitshilfe „Zusammenstellung und Vergleich ausgewählter Listen zur Gefährdungsabschätzung von Schadstoffkonzentrationen in Böden und Wasser anhand zweckbestimmender Kriterien" (altlasten spektrum 6/95) sind die einzelnen Listen kurz beschrieben. Hinweise auf zahlreiche Originalfundstellen bringt SIMON (1996).

Die Werte der einzelnen Listen weichen z. T. deutlich voneinander ab. Um hier eine Vereinheitlichung zu erreichen, wurden in den o. g. LAWA-Empfehlungen von 1994 Prüf- und Maßnahmenschwellenwerte vorgeschlagen, die in Tab. 16.6 wiedergegeben sind.

Allgemein verbindliche, stoffbezogene Grenzen für die **Beurteilung von Grundwasserverunreinigungen** und Gefährdungspotentialen stellen auch diese Listenwerte nicht dar. Trotz des wasserrechtlichen Vorranges des Vorsorgeprinzips ist der Besorgnisgrundsatz nicht ohne weiteres auf Maßnahmen der Gefahrenabwehr übertragbar, sondern es muß, trotz des hohen Stellenwertes des Grundwassers, im Einzelfall geprüft werden, in welcher Weise dieses genutzt wird bzw. nutzbar ist (GERHOLD 1994).

Jeder Grundschasserschadensfall ist deshalb individuell zu bewerten. Die oben genannten Listenwerte stellen zwar Entscheidungshilfen für die zuständigen Behörden dar, diese haben jedoch einen Ermessungsspielraum für ihre Entscheidungen, die nach den Verhältnissen des Einzelfalles zu treffen sind.

Grundwasserschäden können lokal begrenzt sein oder flächenhaft auftreten. Die Ursachen sind häufig nur schwer festzustellen, da sich die Schadstoffe gemäß ihrer Löslichkeit, Adsorbierbarkeit im Boden und den Strömungsverhältnissen im Untergrund unterschiedlich ausbreiten (s. Abschn. 16.3.1.2). Bewertungskriterien für die Sanierung sind:

– Umfang und Art der Belastung,
– Gefahr der Ausbreitung,
– derzeitige oder künftige Nutzung, betroffene Schutzgüter,
– generelle Belastung der Umgebung (Referenzwerte),
– erreichbare Wirkung,
– ggf. weitere Schadensfälle im Einzugsgebiet,
– die damit verbundenen Kosten und somit die Angemessenheit der Mittel,
– Veränderungen (Abbauverhalten) von Stoffen.

Grenzwerte für die Sanierung (verbindliche Sanierungs- oder Maßnahmenschwellenwerte) und für Sanierungsziele liegen nicht vor. Nach den Empfehlungen der LAWA (1994) ist als Sanierungsziel eine deutliche Unterschreitung des Maßnahmen- oder Sanierungsschwellenwertes anzustreben. In einigen Ländervorschriften wird eine Unterschreitung der Prüfwerte verlangt (GW-VwV Hessen 1994). Vor Beginn einer Sanierung ist den Ursachen nachzugehen und nach Möglichkeit die Quelle der Verunreinigungen zu beseitigen. Das grundsätzlich anzustrebende Sanierungsziel, den ursprünglichen Zustand wieder herzustellen, ist bei Grundwasserbelastungen wegen der hydrogeologischen Bedingungen und der begrenzten Wirksamkeit der technischen Verfahren (s. Abschn. 16.6) häufig nicht zu erreichen (s. d. a. LAWA Empfehlung 1994). Sollte sich im Rahmen einer Sanierung zeigen, daß das gesetzte Sanierungsziel nicht erreicht werden kann, sind gestaffelte Zwischenziele möglich oder das Sanierungsziel kann

Tabelle 16.6 Prüf- und Maßnahmenschwellenwerte für einige Leitparameter nach der LAWA-Empfehlung 1994.

Parameter	Einheit	Prüfwert	Maßnahmenschwellenwert
Antimon (Sb)	µg/l	2–10	20–60
Arsen (As)	µg/l	2–10	20–60
Barium (Ba)	µg/l	100–200	400–600
Blei (Pb)	µg/l	10–40	80–200
Cadmium (Cd)	µg/l	1–5	10–20
Chrom, gesamt (Cr)	µg/l	10–50	100–250
Chrom VI (Cr)	µg/l	5–20	30–40
Kobalt (Co)	µg/l	20–50	100–250
Kupfer (Cu)	µg/l	20–50	100–250
Molybdän (Mo)	µg/l	20–50	100–250
Nickel (Ni)	µg/l	15–50	100–250
Quecksilber (Hg)	µg/l	0,5–1	2–5
Selen (Se)	µg/l	5–10	20–60
Zink (Zn)	µg/l	100–300	500–2000
Zinn (Sn)	µg/l	10–40	80–200
Cyanid, gesamt (CN⁻)	µg/l	30–50	100–250
Cyanid, frei (CN⁻)	µg/l	5–10	20–50
Fluorid (F⁻)	µg/l	500–1500	2000–3000
PAK, gesamt[1]	µg/l	0,1–0,2	0,4–2
– Naphthalin als Einzelstoff	µg/l	1–2	4–10
LHKW, gesamt[2]	µg/l	2–10	20–50
– Σ LHKW, karzinogen[3]	µg/l	1–3	5–15
PBSM, gesamt[4]	µg/l	0,1–0,5	1–3
PCB, gesamt[5]	µg/l	0,1–0,5	1–3
Kohlenwasserstoffe[6] (außer Aromaten)	µg/l	100–200	400–1000
BTX-Aromaten, gesamt[7]	µg/l	10–30	50–120
– Benzol als Einzelstoff	µg/l	1–3	5–10
Phenole, wasserdampfflüchtig	µg/l	10–20	30–100
Chlorphenole, gesamt[8]	µg/l	0,5–1	2–5
Chlorbenzole, gesamt[8]	µg/l	0,5–1	2–5

[1] PAK, gesamt: Summe der polycyclischen aromatischen Kohlenwasserstoffe, in der Regel Summe von 16 Einzelsubstanzen nach der Liste der US Environmental Protection Agency (EPA) ohne Naphthalin; ggf. unter Berücksichtigung weiterer relevanter Einzelstoffe (z. B. Methylnaphthaline)
[2] LHKW, gesamt: Leichtflüchtige Halogenkohlenwasserstoffe, d. h. Summe der halogenierten C_1- und C_2-Kohlenwasserstoffe
[3] Σ LHKW, karzinogen: besondere Festlegung für die Summe der erwiesenermaßen karzinogenen LHKW Tetrachlormethan (CCl_4), Chlorethen (Vinylchlorid, C_2H_3Cl) und 1,2-Dichlorethan
[4] PBSM, gesamt: Organisch-chemische Stoffe zur Pflanzenbehandlung und Schädlingsbekämpfung einschließlich ihrer toxischen Hauptabbauprodukte
[5] PCB, gesamt: Summe der polychlorierten Biphenyle; in der Regel 6 Kongenere nach Ballschmiter (bzw. Altöl-VO), ggf. unter Berücksichtigung weiterer relevanter Einzelstoffe
[6] Bestimmung mittels IR-Spektroskopie nach DIN 38409-H18
[7] BTX-Aromaten, gesamt: Leichtflüchtige aromatische Kohlenwasserstoffe (Benzol, Toluol, Xylole, Ethylbenzol, Styrol, Cumol etc.); besondere Festlegung für Benzol
[8] Wenn ein PBSM (z. B. PCP, HCB) oder ein Abbauprodukt eines PBSM vorliegt, dann gelten die o. a. Prüf- bzw. Sanierungsschwellenwerte für PBSM

unter Berücksichtigung der Verhältnismäßigkeit der Mittel erhöht werden.

16.5.4 Bodenpfad

Die Infiltrationskapazität, der Stofftransport und die Sorptionsfähigkeit des Bodens hängen ab vom Bodenaufbau, dem Bodensubstrat, und dem Gefüge des Bodens. Besondere Beachtung ist dabei den Wechselwirkungsreaktionen und Sorptions- bzw. Transportprozessen im A-Horizont (Mutterboden) sowie in der Übergangszone vom B- zum C-Horizont zu schenken und dem Einfluß des unverwitterten oder wenig verwitterten Untergrundes auf die obersten Bodenschichten (geogene Gehalte).

16.5.4.1 Speicherkapazität, Probennahme

Böden weisen eine vom Versauerungsgrad (pH-Wert), der Humusmenge, dem Ton- und Kalkgehalt sowie von den einzelnen Schadstoffen abhängige **Speicherkapazität** auf, die zu einer Immobilisierung besonders von Schwermetallen führt. Erst wenn diese überschritten wird, gelangen die Schadstoffe entweder in den biologischen Kreislauf oder sie werden in das Grundwasser ausgewaschen. Eine Verlagerung von Schadstoffen mit dem Sickerwasser in das Grundwasser ist vor allem bei humusarmen, geringmächtigen Oberböden und sorptionsschwachen, geringmächtigen Unterböden sowie in Böden mit hohem Grob- bzw. Makroporenanteil zu erwarten.

Die **Mobilität** der einzelnen Schwermetalle ist unterschiedlich. Cadmium- und Zinkverbindungen sind z.B. relativ mobile Elemente mit entsprechend starker Auswaschung und z.T. saisonal bedingten Mobilitätsspitzen, während Blei und Quecksilber wenig mobile Elemente darstellen, die gut von der organischen Substanz und an Eisen- und Manganoxiden gebunden werden (KLOKE 1994). Zur Erfassung von Schwermetallverbindungen nach ihrer Mobilität werden eine immobile Fraktion, eine mobilisierbare und eine mobile Fraktion unterschieden. Zur Beurteilung der ökologischen Risikopotentiale ist die mobile und die mobilisierbare Fraktion entscheidend, die ein Maß für die Gesamtmenge an freisetzbaren Schwermetallen darstellt. Die Bestimmung erfolgt mit einer $CaCl_2$-Lösung (s. d. KLOKE 1994, PRÜESS 1994). Die Mobilität selbst wird als Quotient

Gehalt an mobilen Elementen (jeweiliges Extraktionsmittel)

G. an potentiell mobilisierbaren E. (Königsw. extrahierbar)

angegeben [‰].

Die meisten Schwermetalle und auch organische Schadstoffe sind in der oberen Humuszone angereichert. Der Untersuchungsumfang und die Probennahme muß daher den zu erwartenden Schadstoffen angepaßt und mit dem Analysenlabor abgestimmt werden.

Die **Probennahme** erfolgt am besten in Schürfen bei gleichzeitiger detaillierter Ansprache des Bodenprofils nach der bodenkundlichen Nomenklatur (Tab. 16.7). Organische Auflagehorizonte werden darin als Lagen bezeichnet, Horizonte sind pedogenetisch bedingt, während Schichten auf geologischem Substratwechsel beruhen.

Unterschieden werden Proben aus dem Oberboden (0 bis 20 cm) und dem Unterboden (20 bis etwa 140 cm) sowie tiefgründig, möglicherweise bis in den mineralischen Untergrund kontaminierte Standorte. Außerdem wird zwischen Mischproben einzelner Bodenhorizonte und gezielt entnommenen Einzelproben differenziert (s. a. Abschn. 16.6 und ULRICHS & WÄCHTER 1990). Außer der Bodenauflage (s. o.) sind auch der Bewuchs und die Exposition anzugeben. Bei Skelettböden wird für die Analytik der Feinerdeanteil (< 2 mm) abgesiebt und der Stoffgehalt auf mg/kg Feinerde bezogen. Der Grobkornanteil ist anzugeben (Abschn. 16.8.2).

Für die Untersuchung organischer Spurenstoffe sind als Probebehälter luftdicht abschließende, braune Weithalsglasflaschen zu verwenden, sonst luftdicht verschließbare Polyethylengefäße (s. a. Abschn. 16.6). Die Mindestprobemenge für chemische Untersuchungen beträgt 1 kg. Probennahme, Mischprobenbildung, Probennahmegefäße, Probentransport und -lagerung sowie Homogenisierung und Probenaufbereitung haben großen Einfluß auf die Analysenergebnisse (s. a. Abschn. 16.5.2.1).

16.5.4.2 Analytik, Parameterlisten

Der **Umfang der Untersuchung** ist auf die jeweilige Fragestellung und auf die vorliegenden Verdachtsmomente abzustimmen. Für die einzelnen Bundesländer liegen ebenfalls wieder unterschiedliche Parameterlisten zur Untersuchung von Bodenproben vor (Tab. 16.4). Außer diesen Parameterlisten wird für Bauprojekte häufig auch zweckgebunden die Parameterliste der Verwaltungsvorschrift für Baugrubenaushub bzw. die Liste der Zuordnungskriterien für die Deponieklassen nach der TA Si verwendet (s. Abschn. 16.6). In Vorbereitung ist eine bundeseinheitliche Bodenprüfwertli-

Tabelle 16.7   Bodenhorizont-Symbole (neu/alt) zur Kennzeichnung des Bodentyps (ausführliche Erläuterung und weitere Unterteilung s. Kartieranleitung AG Bodenkunde der GLÄ, 1996).

		Erklärung der Symbole
A		**A-Horizont** Mineralischer Oberbodenhorizont mit Akkumulation organischer Substanz (weniger als 30 Masse-% organische Substanz).
Aa	A_a	Anmoorhorizont; a von anmoorig.
Ai	A_i	A-Horizont ohne sichtbaren Humus, jedoch belebt und mit beginnender Bodenbildung; i von Initialstadium.
Ah	A_h	im Bereich der Bodenoberfläche biogen gebildeter humoser Mineralbodenhorizont; h von Humus.
	A_b	verbraunter, ehemals schwarzer oder dunkelgrauer Humushorizont (z. B. bei der Tschernosem-Degradierung); b von braun.
Ae	A_e	verarmter, gebleichter, hellgrauer (holzaschefarbener) Horizont des Podsols und podsolartiger Böden; e von eluvial.
Al	A_l	hellerer, an Ton verarmter Horizont; charakteristisch für die Parabraunerde; l von lessiviert = ausgewaschen.
Ap	A_p	durch die Pflugarbeit gelockerter, gewendeter und durchmischter A-Horizont; p von Pflug.
O	O	Organischer Auflagehorizont (außer Torf); Sammelbegriff für ± zersetzte organische Auflage; O von organisch.
L	O_L	fast unzersetzte Pflanzenteile, z. B. Blätter und Nadeln = L-Lage; L von engl. litter.
Of	O_F	Vermoderungs-Horizont; f von engl. fermentation.
Oh	O_H	Humusstoff-Horizont; h von Humus.
B		**B-Horizont** Mineralischer Unterbodenhorizont, Veränderung der Farbe und des Stoffbestandes im Vergleich zum Ausgangsgestein durch Verwitterung, Verlehmung und/oder Stoffanreicherung.
Bv	B_v	durch Verwitterung verbraunter und verlehmter Horizont zwischen dem A- und C-Horizont ohne oder ohne nennenswerte Illuviation, charakteristisch für die typische Braunerde; v von verwittert.
Bsh	B_{sh}	mit Sesquioxiden und Humusstoffen (B_{sh}) angereicherter B-Illuvial-Horizont.
Bt	B_t	durch Einwaschung mit Ton (B_t) angereicherter B-Illuvial-Horizont.
C		**C-Horizont** Mineralischer Untergrundhorizont; Gestein, das unter dem Solum liegt; bei ungeschichteten Profilen dem Ausgangsgestein des Solums.
Cv	C_v	schwach verwitterter Übergangshorizont zum frischen Gestein; v von verwittert.
Cn	C_n	unverwittertes Gestein; n von novus.
Cc	C_c	ein mit Calciumcarbonat angereicherter Horizont, der sich in den betreffenden Böden z. B. zwischen B und C einschieben kann; c von Calciumcarbonat.

Dem Hauptsymbol C werden folgende Zusatzsymbole vorangestellt:

- a = aus Fluß- und Bachablagerungen
- c = aus Carbonat- oder Sulfatgestein
- e = aus Mergelgestein (2–75 Masse-% Carbonat)
- i = aus Silikat- und/oder Kieselgestein
- j = aus natürlichem Material anthropogener Auffüllungen
- l = aus mit Spaten grabbarem Gestein, z. B. Löß, Flugsand, Schotter, Festgesteinszersatz
- m = aus auch im feuchten Zustand mit dem Spaten nicht grabbarem Gestein (z. B. Kalkstein, Granit, stark verfestigte Fließerde)
- x = aus feinerdefreiem bis feinerdearmem (< 5 Voll.-% des Gesamtbodens) und feinskelettarmem Grobskelett (Korngrößen > 20 mm)
- y = aus künstlichem Material anthropogener Auffüllungen.

Tabelle 16.7   (Fortsetzung)

	Erklärung der Symbole
G	**G-Horizont** Mineralbodenhorizont mit Grundwassereinfluß.
S	**S-Horizont** Mineralischer Unterbodenhorizont mit Stauwassereinfluß.

ste (EWERS & VIERECK-GÖTTE 1994), in welcher eine deutliche Verschiebung der Einzelbestimmungen in Richtung auf die chlorierten Kohlenwasserstoffe vorgesehen ist (Tab. 16.10).

Bei Bodenuntersuchungen ist zwischen Feststoff- bzw. Bruttoanalysen und Eluatanalysen zu unterscheiden. Mit **Feststoffanalysen** wird das gesamte Schadstoffpotential eines Bodens ermittelt, unabhängig von seiner Mobilität. Da auch die Analytik von Feststoffanalysen nach DIN bzw. DEV auf die Untersuchung von wässerigen Lösungen ausgerichtet ist, müssen die in einer Bodenprobe enthaltenen Metallverbindungen zunächst durch bestimmte Aufschlußverfahren (meist Königswasseraufschluß nach DIN 38 414-S7) in Lösung gebracht werden (s. d. a. BREDER 1994).

Der Nachweis und die Quantifizierung von Metallen erfolgt in der Regel mit der Atomabsorptionsspektroskopie (AAS) nach verschiedenen Techniken bzw. der Inductively-cupled-plasma Technik (ICP). Geochemische Standarduntersuchungen erfolgen sonst meist mit Hilfe einer Röntgenfluoreszenzanlage (RFA) und zwar für die Hauptelemente an Schmelztabletten und für Spurenelemente mit gepreßten Pulverpräparaten. Die sonstigen anorganischen Verbindungen (Ammonium, Fluor, Cyanid, Schwefel, Nitrat, Brom, Phosphat) werden photometrisch bestimmt.

Bei **Eluatanalysen** werden 100 g Boden (Trockenmasse) in 1 l destilliertem Wasser 24 Stunden geschüttelt und anschließend der Boden durch Filtration abgetrennt (DEV S 4). Aus diesem Eluat werden, wie oben beschrieben, die mobilen Anteile der Feststoffe, d. h. das jeweilige Auslaugpotential ermittelt. Da mit dem DEV S4-Verfahren das natürliche Eluationsverhalten nicht erfaßt werden kann, sind verschiedene andere Lösungsmittel üblich, wie z. B. Niederschlagswasser mit pH-Werten zwischen 3,5 und 5,5 bzw. entsprechend CO_2-gesättigtes Wasser (FAULSTICH & TIDDEN 1990; ULRICHS & WÄCHTER 1990). Die Wahl des Eluationsmittels ist der jeweiligen Fragestellung anzupassen.

Zur Ermittlung der pflanzenverfügbaren Schadstoffanteile sind als Lösungsmittel 0,1 molare Calciumchlorid-Lösung ($CaCl_2$) oder 0,1 molare Ammoniumnitrat-Lösung (NH_4NO_3) üblich (DIN V 19 730; KLOKE 1994; PRÜESS 1994). Bei Kinderspielplätzen wird auch 0,1 molare Salzsäure verwendet, zur Erfassung des im Magen von Kindern löslichen Stoffanteils (Tab. 16.8). Durch sequentielle Extraktionsverfahren mit verschiedenen Lösungsmittels (ZEIEN & BRÜMMER 1989) erhält man Hinweise auf die Bindungsformen von Schwermetallen (s. Abschn. 16.5.4.1).

Die Ergebnisse der Analytik werden als Konzentrationswerte im Eluat in mg/l oder in mg/kg Boden bzw. als Freisetzungsrate in % des Gesamtgehaltes angegeben.

16.5.4.3 Bewertung, Bodenprüfwerte

Wenn in einem Gebiet bzw. in gewissen Böden keine speziellen Erfahrungen vorliegen, sind immer Vergleichsproben an wenig immissionsbelasteten Kontrollstandorten der gleichen Nutzungsform (Acker, Grünland, Wald, Verkehrsbelastung u. a. m.) und des gleichen Horizontes (Korngrößeneffekt) zu untersuchen, um den regionalen geogenen Einfluß bzw. die **Hintergrundbelastung** eines Gebietes zu erfassen (s. Abschn. 16.5.2.1). In den Ballungsgebieten liegen weit verbreitet typische Bodenbelastungen vor, wobei z. B. Blei, aber auch andere Schwermetalle häufig schon die Orientierungs- oder Richtwerte überschreiten.

Regional treten besonders bei Nickel (Vulkangebiete) oder Arsen (Erzgebirge, Vogtland - s. METZNER et al. 1994) Überschreitungen von Grenzwerten auf. In Kleingartenanlagen finden sich häufig Rückstände früherer Düngungsmethoden (z. B. Kohlenasche, Klärschlamm (Cd), oder anderer Bodenverbesserungsmittel) bzw. von früherer Anwendung heute verbotener Pflanzenschutzmittel auf der Basis chlorierter Kohlenwasserstoffe hoher Persistenz.

Tabelle 16.8 Ergebnisse von Feststoff- und Eluatanalysen mit verschiedenen Lösungsmitteln (aus GOLWER 1992).

| Parameter | Richtwert | Eluatanalysen | | | | | | | Bruttoanalysen | |
| | 1. VwV Hessen | Dest. H$_2$O DIN S 4 | NH$_4$NO$_3$ 0,1 M | CaCl$_2$ 0,1 M | Dest. H$_2$O pH 5,5 | Dest. H$_2$O pH 4 | HCl 0,1 M | Königs- wasser | Königs- wasser | RFA |
	mg/l	mg/l	mg/l	mg/l	mg/l	mg/l	mg/l	mg/l	mg/kg	mg/kg
pH d. Lösung	–	8,6	7,9	7,4	6,3	4,3	0,7	< 0,1	–	–
Arsen	0,1	0,001	0,0002	0,0002	0,0005	0,0005	0,07	0,2	5,2	4
Blei	0,1	< 0,01	0,1	0,13	1,0	14,2	22	15,4	187	208
Cadmium	0,004	< 0,002	0,002	0,020	0,050	0,091	0,108	0,13	1,46	–
Chrom	0,1	0,011	0,012	0,014	0,04	0,12	0,67	0,81	45	96
Kupfer	0,1	0,012	0,034	0,018	0,29	1,80	2,62	6,0	118	106
Nickel	0,1	< 0,007	< 0,007	0,06	0,15	0,26	1,9	2,4	40	43
Zink	0,5	0,013	0,06	0,66	9,2	18	42,8	34,6	383	373
Eisen	2	0,2	0,2	0,18	0,25	22,6	632	2231	39975	37068
Mangan	0,1	0,015	0,3	3	6,5	14	32	36,4	515	620
Vanadium	0,1	0,012	0,04	0,05	0,08	0,10	0,70	2,5	70	76

Auch in ehemaligen Kampfgebieten oder Bombenabwurfgebieten (Luftbilder mit Bombentrichtern) ist verbreitet mit einer erhöhten Schwermetallbelastung (Pb, Cd, Cu, Ni) in den oberen Bodenschichten zu rechnen.

Allgemeingültige Auflistungen geogener Gehalte ausgewählter Schwermetalle in mineralischen Böden in Abhängigkeit vom Ausgangsgestein (Tab. 16.3) bringen HOFFMANN & POLL (1985), RUPPERT & SCHMIDT (1987), FIEDLER & RÖSLER (1988), GOLWER (1989) und MATSCHULAT (1991). Über spezielle Untersuchungen geogener Schwermetallgehalte von Lößböden berichten BAUER et al. (1992) und BECK (1993) (s. a. Abschn. 16.5.2.1). Extrem hohe Arsenwerte (1400 mg/kg) sind z. B. in Wiesbaden als Folge von versiegten Thermalwasseraustritten gefunden worden. Analysenergebnisse geogener Gehalte regionaler Bodenarten sind künftig in den Erläuterungen geologer Spezialkarten 1 : 25000 zu erwarten. Über PAK- und PCB-Gehalte landwirtschaftlich genutzter Oberböden berichten JONECK & PRINZ (1994).

Bei den Angaben geogener Schwermetallgehalte ist zu berücksichtigen, daß geogene Verbindungen im allgemeinen wesentlich stabilere Bindungsformen aufweisen als anthropogene Anreicherungen von potentiellen Schadstoffen. Die üblichen Orientierungswerte von Feststoffgehalten in Böden liegen häufig im Bereich geogener Gehalte und z. T. darüber (Tab. 16.3 und 16.9), so daß im einzelnen zu prüfen ist, von welcher Umweltverfügbarkeit auszugehen ist.

Eine **Bodenverunreinigung** liegt vor, wenn der Boden deutlich erhöhte Stoffkonzentrationen enthält und dadurch eine Gefährdung im System Boden-Pflanze-Mensch bzw. eine Grundwasserverunreinigung zu besorgen ist. Hohe Konzentrationen an Schwermetallen können dabei die Werte von Makronährstoffen (z. B. Ca, K, Mg, N, P, S) erreichen. Dabei ist zwischen Schwermetallen zu unterscheiden, die als Mikronährstoffe teilweise artenspezifische physikalische Funktionen bewirken (z. B. Co, Cu, Fe, Mn, Mo, Ni, Zu) und solchen, deren biologische Funktion als Spurenelemente noch weitgehend unbekannt ist (z. B. Ag, As, Cd, Cr, Hg, Pb, Th, U). Außer Fe können beide Schwermetallgruppen schon bei relativ niedrigen Konzentrationen toxisch wirken (Tab. 16.11).

Als Orientierungshilfe für die **Bewertung von Bodeninhaltsstoffen** werden auch wieder ganz unterschiedliche Vergleichswerte herangezogen, wie die Kärschlammverordnung von 1992, die Niederländische Liste von 1988 bzw. in neuer Bearbei-

tung von 1994, die EIKMANN-KLOKE-Werte von 1991 bzw. 1993 (s. Abschn. 16.5.2.1 und Tab. 16.9), EIKMANN & KLOKE (1994), die Zuordnungswerte für Baugrubenaushub (s. Abschn. 16.8.3) sowie die seit Ende der 80er Jahre erstellten zahlreichen Länderlisten (Tab. 16.4) und darauf aufbauend ein Vorschlag für bundeseinheitliche Prüfwerte (EWERS & VIERECK-GÖTTE (1994), s. Tab. 16.10).

Die Länderlisten enthalten häufig schon Richtwerte für organische Parameter (PAK, MKW, BTXE, CKW) und z. T. auch Differenzierungen nach der Art der Bodennutzung. Eine Aufgliederung, welche Länderlisten Richtwerte für bestimmte Nutzungen nach Abschnitt 16.5.2.1 und einen diesbezüglichen Richtwertvergleich bringen GÖTTE & VIERECK (1994). Einige Länderlisten enthalten auch Maßnahmenwerte (Bremen 1993) bzw. Sanierungszielwerte (Nordrhein-Westfalen 1990, Bremen 1991, Baden Württemberg 1993, Rheinland-Pfalz 1990, Berlin 1990). Die Prüfwerte der einzelnen Länderlisten variieren z. T. erheblich. Mit dem Vorschlag für die Festlegung von bundeseinheitlichen, schutzgutbezogenen Bodenprüfwerten mit zahlreichen organischen Einzelstoffbestimmungen (CKW, Phenole, Aromate, s. Tab. 16.10) liegt der Ansatz für eine Vereinheitlichung vor. Bei Maßnahmen- und Sanierungszielwerten geht die Tendenz in Richtung projektspezifischer Einzelbewertung (s. Abschn. 16.5.2.1 und 16.5.5).

Hohe Werte im Feststoff bedeuten zwar eine potentielle Gefahr, die aber nur dann zur tatsächlichen oder aktuellen Gefährdung wird, wenn diese Stoffe in umwelt- bzw. pflanzenverfügbarer Form vorliegen (s. Abschn. 16.5.4.2). PRÜESS (1992, 1994) bringt nach pH-Werten abgestufte **Vorsorgewerte für pflanzenverfügbare (mobile) Spurenelemente** in Böden und diskutiert ihre Auswirkungen auf Nutzpflanzen und Bodenmikroorganismen (s. Tab. 16.11). Bei Überschreitung des Vorsorgewertes wird von einer stofflichen Veränderung des Bodens hinsichtlich seiner Bodenfunktionen gesprochen. Spezielle Prüfwerte, ab denen mit Funktionsbeeinträchtigungen zu rechnen ist, stellen diese Vorsorgewerte nicht dar (PRÜESS 1994). Hinzu kommt, daß die Nährstoffaufnahme von Pflanzen tiefenbegrenzt ist und ab einer bestimmten Tiefe deshalb allein die Verfrachtung von Bodeninhaltsstoffen mit dem Sickerwasser, d. h. die Ergebnisse von Eluatanalysen relevant sind. Die Wirkungstiefe von Pflanzenwurzeln reicht unterschiedlich tief, nämlich 0,5 m bis 3–4 m.

Tabelle 16.9 Nutzungs- und schutzgutbezogene KLOKE-EIKMANN-Werte (1993) in mg/kg TS, BW = Bodenwert (s. Abschn. 16.5.2.1).

Nr.	Nutzungsarten	BW	As	Ba	Be	Cd	Co	Cr	Cu	Ga	Hg	Mo	Ni	Pb	Sb	Se	Sn	Tl	U	V	Zr	Zn
0	Multifunktionale Nutzungsmöglichkeit	BW I	20	100	1	1	30	50	50	10	0,5	5	40	100	1	1	50	0,5	2	50	300	150
1	Kinderspielplätze	BW II	20	100	1	2	30	50	50	10	0,5	5	40	200	2	5	50	0,5	2	50	300	300
		BW III	50	500	5	10	150	250	250	50	10	25	200	1000	10	20	250	10	10	200	1500	2000
2	Haus- und Kleingärten	BW II	40	200	2	2	100	100	50	20	2	10	80	300	4	5	100	2	5	100	500	300
		BW III	80	1000	5	5	400	350	200	100	20	50	200	1000	10	10	500	20	20	400	2000	600
3	Sport- und Bolzplätze	BW II	35	100	1	2	30	150	100	10	0,5	5	100	200	2	5	50	2	2	50	300	300
		BW III	90	500	2,5	5	150	350	300	50	10	25	250	1000	5	20	250	20	10	200	1500	2000
4	Park- und Freizeitanlagen	BW II	40	400	5	4	200	150	200	40	5	20	100	500	4	10	200	5	10	200	1000	1000
		BW III	80	2000	15	15	500	600	600	200	15	100	250	2000	20	50	1000	30	50	800	3000	3000
5	Industrie- und Gewerbeflächen	BW II	50	500	10	10	300	200	500	100	10	40	200	1000	10	15	200	10	20	200	1000	1000
		BW III	200	2500	20	20	600	800	2000	500	50	200	500	2000	50	70	1000	30	100	800	3000	3000
6	Landwirtschaftliche Nutzflächen	BW II	40	300	2	2	200	200	50	40	10	20	100	500	5	5	100	2	10	100	500	300
	Obst- und Gemüseanbau	BWIII	50	1500	5	5	1000	500	200	200	50	100	200	1000	25	10	500	10	50	400	2000	600
7	nichtagrarische Ökosysteme	BW II	40	300	10	5	200	200	50	40	10	20	100	1000	5	5	100	2	10	100	500	300
		BW III	60	1500	20	10	1000	500	200	200	50	100	200	2000	25	10	500	20	50	400	2000	600

Tabelle 16.10 Länderübergreifende, nutzungsbezogene Bodenprüfwerte (Entwurf 1994) in mg/kg TS (aus EWERTS & VIERECK-GÖTTE 1994).

	Kinderspiel-plätze	Wohngebiete	Park- und Frei-zeitanlagen	Gewerbe- und Industriegebiete
Metalle/Metalloide:				
Arsen	20	40	100	200
Blei	200	400	1000	2000
Cadmium	6	12	30	60
Kupfer	300	600	1500	3000
Nickel	60	120	300	600
Quecksilber	4	8	20	40
Selen	40	80	200	400
Thallium	0,5	1	2,5	5
Kohlenwasserstoffe:				
Benzo(a)pyren	1	2	5	10
Halogenkohlenwasserstoffe:				
1.1.1-Trichlorethan	40	80	200	400
Trichlorethen	6	12	30	60
Tetrachlorethen	6	12	30	60
Hexachlorcyclohexan (Gemisch)	0,2	0,4	1	2
Chlorbenzol	12	24	60	120
Dichlorbenzol (Isomeren-Gemisch)	50	100	250	500
1.2.4-Trichlorbenzol	5	10	25	50
Hexachlorbenzol	0,3	0,6	1,5	3
DDT	0,4	0,8	2	4
PCB (gesamt)	0,3	0,5	1,5	3
PCDD/F (ng TE/kg)	30	60	150	300
Phenole:				
Phenol	20	40	100	200
Kresole	30	60	150	300
Monochlorphenol	3	6	15	30
2.4-Dichlorphenol	2	4	10	20
2.4.5-Trichlorphenol	30	60	150	300
2.4.6-Trichlorphenol	2	4	10	20
Tetrachlorphenol	15	30	75	150
Pentachlorphenol	3	6	15	30
Nitroaromaten:				
Nitrobenzol	0,6	1,2	3	6
2.4-Dinitrotoluol	1,2	2,5	6	12
2.6-Dinitrotoluol	0,4	0,8	2	4
2.4-Dinitrophenol	1	2	5	10
Sonstige Stoffe:				
Acrylnitril	1	2	5	10
Cyanid	40	80	200	400
Fluorid	300	600	1500	3000

Tabelle 16.11 Vorsorgewerte für mobile (NH$_4$NO$_3$ – extrahierbare) Spurenelemente in Böden (aus PRÜESS 1994).

		(µg X$_m$/kg Boden) gestuft nach pH(CaCl$_2$)								
		< 4	4–4,5	4,5–5	5–5,5	5,5–6	6–6,5	6,5–7	7–7,5	> 7,5
Ag	Silber	1,5	1,5	1,5	1,5	1,5	1,5	1,5	1,5	1,5
As	Arsen	60	50	40	40	40	40	40	45	50
Be	Beryllium	60	40	20	5	1	0,6	0,4	0,4	0,4
Bi	Bismut	1	1	1	1	1	1	1	1	3
Cd	Cadmium	80	50	20	15	10	5	3	3	3
Co	Cobalt	500	500	200	70	30	25	20	20	20
Cr	Chrom	50	40	15	12	10	10	12	15	15
Cu	Kupfer	300	280	250	250	250	250	300	350	400
Hg	Quecksilber	1	1	1	1	1	1	1	1	1
Mn	Mangan	30000	28000	25000	20000	15000	10000	5000	4000	3000
Mo	Molybdän	10	10	10	25	30	50	60	70	110
Ni	Nickel	1000	1000	600	300	250	200	200	200	200
Pb	Blei	3000	2000	150	30	15	10	6	4	3
Sb	Antimon	5	5	5	5	7	10	20	30	40
Sn	Zinn	1	1	1	1	1	1	1	1	1
Tl	Thallium	50	30	20	15	12	10	12	15	15
U	Uran	5	4	3	3	3	3	3	4	5
V	Vanadium	40	30	20	15	15	15	15	20	30
Zn	Zink	5000	4000	3000	1000	300	200	170	130	100

Die seit Jahrzehnten andauernde Versauerung der Böden durch Stickoxide und Schwefeldioxid erleichtert die Aufnahme von Schwermetallen durch Pflanzenwurzeln und macht erst größere Mengen der Gifte für die Pflanzenwurzeln bzw. für eine Verfrachtung in das tiefere Grundwasser verfügbar.

Neuere Untersuchungen zeigen, daß die Löslichkeit von Schwermetallen nicht nur vom Säuregrad (pH-Wert), sondern auch vom Gesamt-Ionenandargebot und der Kationenaustauschkapazität abhängig ist. Wegen ihrer Fähigkeit, Kationen in die Silikatschichten einzulagern, vermögen Tone in hohem Maße Schwermetalle zu adsorbieren. Von der zunehmenden Löslichkeit bei sinkendem pH-Wert sind besonders Cadmium, Zink, Nickel und teilweise auch Blei und Kupfer betroffen. Außerdem wird bei pH-Werten $< 4,5$ Aluminium verstärkt gelöst.

16.5.4.4 Belastung von Böden durch Verkehrswege

An Verkehrswegen stammt die stoffliche Belastung in erster Linie vom Fahrverkehr, einschließlich Unfällen, z.B. mit Mineralölprodukten oder anderen Chemikalien, von den Unterhaltungsarbeiten (Streusalz, Reinigungsmittel) und z.T. aus den Baustoffen selbst. Mit zunehmendem Abstand nimmt die Belastung der Böden mit verkehrsspezifischen Stoffen ab. GOLWER (1973 und 1991) unterscheidet an Straßen drei Belastungsbereiche mit unterschiedlichen Konzentrationen der Schadstoffe. Aufgrund des Rückhalte- und Umwandlungsvermögens der ungesättigten Bodenzone wird nur ein Teil der in den Böden angereicherten verkehrsspezifischen Schadstoffe in das Grundwasser ausgewaschen.

Beim **Straßenverkehr** sind dies vor allem Chlorid und im Bereich von Flughäfen harnstoffhaltige

Auftaumittel (s. d. GOLWER 1991, darin Lit.). MUSCHAK (1989) sowie MATSCHULLAT et al. (1991) und andere Autoren weisen darauf hin, daß an stark befahrenen Straßen z.T. erhebliche Mengen an Schwermetallen sowohl durch Reifenabrieb (Cd, Cr, Pb, Zn) als auch durch Abgase (Pb, auch PAK) emittiert werden.

Bei **Bahnstrecken** sind gleisnahe Flächen mit Kupfer und ansatzweise mit Zink belastet (DESAULES 1992). Dazu können im Basisbereich des Gleisschotters Verunreinigungen mit Phenolen und PAK's oder Quecksilber aus Imprägnationsmitteln der Holzschwellen kommen sowie Pestizide durch frühere Unkrautbekämpfung.

16.5.5 Luftpfad

Biochemische Stoffwechselvorgänge verlaufen in verdichteten Deponien nach Verbrauch des Luftsauerstoffs anaerob und führen durch Zersetzung organischer Abfälle zu intensiver Gasbildung.

Deponiegas besteht hauptsächlich aus Methan (CH_4, 50–70 %) und Kohlenstoffdioxid (CO_2, 30–50 %) sowie Schwefelwasserstoff (H_2S), Stickstoff (N_2) und z.T. geruchsintensiven Spurengasen. Die CH_4/CO_2-Relation hängt ab vom jeweiligen Gärungsprozeß, d.h. vom Alter der Ablagerung (Abb. 16.19). Methan und auch andere Kohlenwasserstoffe sind in bestimmten Mischungsverhältnissen mit Luft (z.B. 5 bis 15 Vol. % CH_4) explosiv; Schwefelwasserstoff und Spurengase von halogenierten Kohlenwasserstoffen sind toxisch.

Außer diesen hausmülltypischen Deponiegasen ist bei Bodenluftuntersuchungen vor allen Dingen auch an flüchtige Schadstoffe aus Altlasten mit flüssigen und auch festen Chemieabfällen oder aus kontaminierten Standorten von Tankstellen, Chemischen Reinigungsbetrieben und metallverarbei-

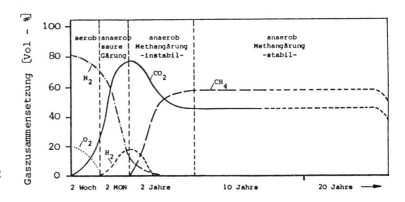

Abb. 16.19 Schematische Darstellung der Deponiegasentwicklung in Abhängigkeit von der Zeit (aus SPILLMANN 1985).

tenden Betrieben sowie sonstigen Lösungsmittelanwendern zu denken (Eikmann & Michels 1991; Wöstmann & Zentgraf 1991).

Die **Gasmigration** erfolgt i. d. R. über bevorzugte Strömungswege, die hauptsächlich in horizontaler Richtung verlaufen. Rollige Böden mit geringem Wassergehalt und klüftiger Fels weisen gute, bindige und wassergesättigte Böden dagegen schlechte Ausbreitbedingungen auf.

16.5.5.1 Bodenluftuntersuchungen

Bodenluftuntersuchungen werden zur Gefährdungsabschätzung im Bereich von Altlasten und zur Erkundung unbekannter Kontaminationsherde und ihres Ausgangspotentials vorgenommen. Die Bodenluftentnahme erfolgt in der ungesättigten Bodenzone in Tiefen bis 2 m, selten mehr, mittels ambulanter oder stationärer Meßstellen. Gelegentlich werden auch tiefe Meßstellen mit unterschiedlichen Probennahmenniveaus eingesetzt. Die im unteren Teil perforierten Polyethylen (PE)-Rohre von $1^1/_2$" bis 2" Durchmesser werden in Rammbohrlöcher o. ä. eingebaut und die oberen 0,5 – 1,0 m mit Ton abgedichtet.

Die **Probennahme** erfolgt über spezielle Probennahmegefäße (z. B. Gasmaus oder Teflonbeutel) oder nach dem Anreicherungsverfahren mit Aktivkohle-Adsorberröhrchen oder anderem Adsorbensmitteln. Die Art der Probennahme sollte mit dem Analysenlabor abgestimmt werden bzw. durch dieses erfolgen.

Die **Analytik** der Inhaltsstoffe erfolgt entweder qualitativ vor Ort oder nach gekühltem Transport der Behältnisse zum Labor mittels Gaschromatographie nach den einschlägigen DIN-Normen oder VDI-Richtlinien. Bei der Dokumentation der Analysenergebnisse sollten zur besseren Vergleichbarkeit die analytischen Randbedingungen angegeben werden.

Für eine qualitative Bestimmung vor Ort stehen handelsübliche Prüfröhrchen zur Verfügung, die auf bestimmte Schadstoffgruppen oder einzelne Schadstoffe kalibriert sind (z. B. CH_4, CO_2, H_2S, O_2, summarisch CKWs, und BTX). Für eine genaue Identifizierung, welche Schadstoffe im einzelnen vorliegen, sind Prüfröhrchen nur eingeschränkt verwendbar.

In den einzelnen Bundesländern liegen auch wieder unterschiedliche Parameterlisten für die Untersuchung von Bodenluftproben vor. Zu diesen Stoffen zählen insbesondere:

Tabelle 16.12 Leichtflüchtige Chlorkohlenwasserstoffe (LCKW), die als Bodenluftkontamination auftreten können (aus ITVA-Arbeitshilfe Bodenluftsanierung, E 1996).

Stoffname	Formel
Dichlorethan (1,1-)	$C_2H_4Cl_2$
Dichlorethan (1,2-)	$C_2H_4Cl_2$
Trichlorethan (1,1,1-)	$C_2H_3Cl_3$
Trichlorethan (1,1,2-)	$C_2H_3Cl_3$
Tetrachlorethan (1,1,2,2-)	$C_2H_2Cl_4$
Chlorethen (VC)	C_2H_3Cl
Dichlorethen (1,1-)	$C_2H_2Cl_2$
cis-1,2-Dichlorethen	$C_2H_2Cl_2$
Trichlorethen (Tri)	C_2HCl_3
Tetrachlorethen (Per)	C_2Hl_4
Dichlormethan	CH_2Cl_2
Trichlormethan (Chlorof.)	$CHCl_3$
Tetrachlormethan (Tetra)	CCl_4
Chlorbenzol	C_6H_5Cl
Dichlorbenzole	$C_6H_4Cl_2$
Dichlorpropan (1,2-)	$C_3H_6Cl_2$
Epichlorhydrin	C_3H_5ClO

- Leichtflüchtige Chlorkohlenwasserstoffe (LCKW); s. Abschn. 16.5.3.2 und Tab. 16.12
- Einzelne polycyclische aromatische Kohlenwasserstoffe (PAK), insbesondere Naphthalin (s. Abschn. 16.5.3.2 und Tab. 16.5)
- BTXE-Aromate (Benzol, Toluol, Xylol, Ethylbenzol)
- Methan, Ammoniak, Schwefelwasserstoff
- Polychlorphenole, z. B. PCP
- Polychlorierte Biphenyle (PCB)
- und weitere diverse Lösungsmittel

Der Analysenumfang ist auf die einzelnen Fragestellungen abzustellen. Die Sonderuntersuchungen auf CKW und die BTEX-Aromate sowie das leichtflüchtige Naphthalin als Vertreter der PAK-Gruppe sollten immer Bestandteil der Analytik sein, wenn Standorte mit unbekannten Kontaminationsherden untersucht werden. Der Parameterumfang kann nach Vorliegen der ersten Ergebnisse reduziert werden.

16.5.5.2 Beurteilung der Meßwerte

Die Konzentration in der Bodenluft hängt vom Bodenaufbau, der Vegetation, dem Feuchtigkeitsgehalt, der Tiefenlage der Grundwasseroberfläche, dem Luftdruck und der Temperatur ab. Außerdem sind die örtlichen Verhältnisse, die Wetterfaktoren und eine oberflächennahe Vermischung mit Luft sowie auch wechselnde Tageswerte zu berücksichtigen.

Die **Darstellung der Meßergebnisse** erfolgt in der Regel auf Karten, bei einer genügenden Anzahl von Meßstellen auch in Form von Konzentrationsisolinien zur Ermittlung des Verunreinigungsherdes.

Die **Beurteilung der Meßwerte** ist schwierig, da meist wenig Vergleichswerte einer möglichen Grundbelastung vorliegen. Für die Konzentration von flüchtigen halogenierten Kohlenwasserstoffen (LCKW) in der Bodenluft werden in der Literatur Einzelwerte von 2 bis 7 $\mu g/m^3$ Bodenluft als weit verbreitete Grundlast und von 10 bis 30 $\mu g/m^3$ als regionale Hintergrundbelastung, z.B. im Rhein-Main-Gebiet angegeben (NEUMAYR 1981). Für das Ruhrgebiet Ost werden für die BTX-Aromate ebenfalls Werte von 5 bis 12 $\mu g/m^3$ für die Einzelstoffe als Hintergrundbelastung angegeben (EIKMANN et al. 1993).

Als Bewertungsstab wurde häufig auf die jährlich von der Senatskommission zur Prüfung gesundheitsschädlicher Arbeitsstoffe der DFG herausgegebene MAK- und BAT-Werte Liste (derzeit 1995; Verlag Chemie, Weinheim) zurückgegriffen. Der MAK-Wert (Maximale Arbeitsplatzkonzentration) ist die höchst zulässige Konzentration eines Arbeitsstoffes als Gas, Dampf oder Schwebstoff in der Luft am Arbeitsplatz. Die BAT-Werte sind die biologischen Arbeitsstofftoleranzwerte. Außerdem werden auch von der EU Richtgrenzwerte für Stoffe in der Luft am Arbeitsplatz herausgegeben (Amtl. Mitt. Bundesanstalt für Arbeitsschutz 1/95).

Die MAK-Werte sind relativ hoch (mg/m³). Eine direkte Übertragung der MAK-Werte auf Bodenluftkonzentrationen ist nicht möglich, weil eine direkte Inhalation von Bodenluft unwahrscheinlich ist und die in der Bodenluft nachgewiesenen Schadstoffkonzentrationen somit keine geeignete Grundlage für eine Gefährdungsbeurteilung sind. Hierzu sind Messungen in der Außenluft, z.B. 0,5 m oder 1,5 m über der Deponiefläche sowie Messungen der Innenraumluft benachbarter Gebäude erforderlich. Insgesamt muß aber das Auftreten von Geruchsbelästigungen als wesentliches Warnsignal für die betroffene Bevölkerung angesehen werden, auch wenn die Geruchsschwellen der einzelnen Substanzen in einem Konzentrationsbereich liegen, bei dem noch keine Wirkungen auf die Gesundheit anzunehmen sind. Beschwerden über Geruchsbelästigungen sollten jedoch immer Anlaß zu weitergehenden Prüfungen sein.

Da die Immissionskonzentrationen in Abhängigkeit von den verschiedenen Einflußfaktoren erheblichen Schwankungen unterliegen, werden in der Literatur recht unterschiedliche **Prüfwerte bzw. Handlungswerte** vorgeschlagen. WÖSTMANN & ZENTGRAF (1992) nennen die Summe BTX- bzw. LCKW von 1 mg/m³ Bodenluft als Prüfwert für weitere Untersuchungen in nicht sensiblen Bereichen und gleichzeitig als Sanierungswert bei sensiblen Nutzungen sowie 20 mg/m³ Bodenluft als Sanierungswert bei nicht sensiblen Nutzungen. EIKMANN et al. (1993) schlagen als Handlungswerte für Einzelkonzentrationen in der Luft bei Bezol 10 $\mu g/m^3$ und bei Toluol und Xylol 20 $\mu g/m^3$ vor.

Nach der GW-VwV Hessen (1994) liegt eine erhöhte Konzentration leichtflüchtiger Stoffe in der Bodenluft vor, wenn der Prüfwert von 5 mg/m³ sowohl für die BTX-Aromate als auch für LCKW überschritten wird. Als Eingriffs- bzw. Sanierungsschwellenwert werden für beide Stoffgruppen 10 bzw. 25 mg/m³ genannt und als Sanierungszielwert 2 mg/m³. In Baden-Württemberg und Bayern werden als CKW-Sanierungswert in der ungesättigten Zone 0,5 mg/m³ verlangt (GROPPER & HÖGG 1995, darin Lit.; s.a. Abschn. 16.6.3 und Tab. 16.13).

Tabelle 16.13 Anhaltswerte für die Gefährdungsabschätzung bei Bodenluftuntersuchungen (aus ALEX 02, Rheinland-Pfalz, 1995).

Summe LHKW	BETX	zu ergreifende Maßnahmen
< 1 mg/m³	< 1 mg/m³	keine
1–10 mg/m³	1–10 mg/m³	über weitere Untersuchungen und Vorgehensweise entscheidet die zuständige Fachbehörde
> 10 mg/m³	> 10 mg/m³	weitere Untersuchungen sind zu veranlassen
ab 50 mg/m³	ab 50 mg/m³	sofortiger Sanierungsbedarf bei LHKW bei BETX ist eine Sanierung in Erwägung zu ziehen

Eine zusätzliche Gefährdung besteht darin, daß sowohl das geruchsneutrale Methan als auch zahlreiche andere Bodenluftschadstoffe in bestimmten Mischungen mit Luft explosionsfähig sind. Methan/Luftgemische können bei Methankonzentrationen von 5–15 Vol. % explodieren. Auch von Benzol und einigen LCKW wird **Explosionsgefahr** bei Mischungen mit Luft in der Größenordnung 1 bis 35 Vol. % angegeben (s. Entwurf ITVA-Arbeitshilfe „Bodenluftsanierung" – altlasten spektrum 1/96). Die entsprechenden MAK-Werte sind deshalb auf 50 ml/m^3 (ppm) begrenzt, das sind z. B. bei Tetrachlorethylen 345 mg/m^3 und bei Trichlorethylen 270 mg/m^3 Luft.

Mit Bodenluftmessungen können nicht nur Belastungszentren in der ungesättigten Zone, sondern auch Informationen über flurnahes (< 15 m) kontaminiertes Grundwasser geliefert werden. Eine Aussage über die Gesamtschadstoffkonzentration im Boden selbst oder im Grundwasser ist mit Bodenluftmessungen nicht möglich.

16.6 Sicherungs- und Sanierungsmöglichkeiten

Durch Einstufung in eine Gefährdungsklasse wird festgelegt, ob eine Altablagerung oder ein Standort als kontrollbedürftig, überwachungsbedürftig, vertieft untersuchungsbedürftig oder sicherungs- bzw. sanierungsbedürftig ist.

In einer umfassenden Sicherungs- oder Sanierungsplanung müssen folgende Punkte behandelt werden (s. a. LASSL et al. 1993):

- Erfassen der Ausgangssituation auf der Grundlage der Gefährdungsabschätzung
- Zielsetzung im Hinblick auf die zukünftige Nutzung, bes. bei Altstandorten
- Prüfung und Bewertung der technischen Machbarkeit in Abhängigkeit von der Schadstoffbelastung, der Bodenbeschaffenheit, der vertikalen und horizontalen Ausdehnung der Kontamination, der Wirksamkeit, der Umweltverträglichkeit und des zu erwartenden Sanierungserfolges (z. B. Restschadstoffe).
- Festlegung von Sanierungszonen und Sanierungszielen unter Berücksichtigung der gegebenen Rahmenbedingungen
- Schätzung der Kosten und Bewertung des Kosten-Nutzen-Verhältnisses
- Standortsangepaßter, nutzungs- und schutzgutbezogener Sanierungsvorschlag mit Alternativen.

Die Zielsetzung, eine mit Schadstoffen belastete Fläche auf die naturräumlich vorgegebene Grundbelastung zurückzuführen, wird in den meisten Fällen eine Illusion bleiben. Die Entscheidung, welches Risiko und welche Restbelastung als hinnehmbar und welcher Sanierungsgrad als ausreichend gilt, muß zwar durch wissenschaftliche Erkenntnisse vorbereitet und gestützt werden, ist aber letztlich eine umweltpolitische Entscheidung.

Eine Sanierungsplanung, bzw. die Entscheidung Dekontamination oder Sicherung, ist unter Beachtung der Verhältnismäßigkeit der Mittel vorzunehmen, die zur Abwehr der Gefahr erforderlich und geeignet sind und die nicht Wirkungen befürchten lassen, die in keinem Verhältnis zu dem erstrebten Erfolg stehen. Dabei sind die Möglichkeiten einer Überwachung, einer Sicherung und eine Dekontamination grundsätzlich als gleichrangig anzusehen (LÜHR 1995; BONNENBER et al. 1995). In Einzelfällen kann eine Sanierung auch durch Nutzungsumwidmung erzielt werden, wenn eine ökologische Bilanzierung ergibt, daß ein Verbleib der Schadstoffe im Boden und die möglichen Folgeschäden vertretbar erscheinen. Die Gleichwertigkeit der Sanierungs- oder Sicherungsmaßnahmen muß in erster Linie schutzgutbezogen sein und ist auch dann im Einzelfall schwer verifizierbar.

Die Sanierungsziele müssen einzelfallbezogen unter Berücksichtigung des Schadstoffpotentials, der Schadstoffpfade, der Schutzgutexposition und der technischen Machbarkeit gemeinsam mit der zuständigen Behörde erörtert und von dieser festgelegt werden. Besonderes Augenmaß ist dabei den Belastungen in größeren Tiefen zu widmen, wo die Grenzen des technisch Machbaren häufig erreicht sind (s. a. Abschn. 16.5.3.3).

Bei der Festlegung der Sanierungsziele ist außerdem zu berücksichtigen, daß sich die hohen Anfangskonzentrationen häufig in einigen Monaten auf 10 bis 20 % der Anfangsbelastung abbauen lassen. Die weiteren Konzentrationsverringerungen verlangen dann häufig zusätzliche Maßnahmen und können Jahre dauern. GROPPER & HÖGG (1995) unterscheiden beim Verlauf einer Sanierung 3 Phasen mit unterschiedlicher Zeitdauer, abnehmender Wirkung und zunehmenden Kostenanteilen.

16.6.1 Kontrolle und Überwachung

Hierbei ist zwischen Eigenkontrolle durch den (ehemaligen) Betreiber oder seinen Rechtsnachfolger und einer behördlichen Überwachung zu unterscheiden.

Auch Sicherungs- und Sanierungsmaßnahmen bedürfen einer regelmäßigen Überwachung, um die Langzeitwirksamkeit zu kontrollieren und im Versagensfall rechtzeitig reagieren zu können.

16.6.2 Sicherung

Das Ziel einer Sicherungsmaßnahme ist in der Regel, akute Gefahren einzudämmen (Sofortmaßnahmen) und langfristig zumindest eine Verschlechterung der Gesamtsituation zu verhindern. Dabei ist zu berücksichtigen, über welchen Zeitraum eine Sicherung allein ausreichend erscheint oder ob später doch eine Sanierungsmaßnahme erforderlich werden kann, die dann besser gleich vorgenommen wird.

Die Verfahren, eine Altlast zu sichern sind

- Einkapselung (s. Abschn. 16.3.4; ITVA-Arbeitshilfe Sicherung durch vertikale Abdichtung E-1994; Praxisratgeber Altlastensanierung 8/3).
- Immobilisierung der Schadstoffe (Verfestigen) durch Ausbau, Bindemittelzugabe und Wiedereinbau, gegebenenfalls in Kombination mit Neubauprojekten (s. Abschn. 16.7).
- Hydraulische Abwehrmaßnahmen

Durch eine fachgerechte **Oberflächenabdeckung** (s. Abschn. 16.3.3) kann eine weitgehende Verminderung der Durchsickerung und eine regulierte Abführung der Deponiegase erreicht werden. Verhindern lassen sich die Methangärung und deren Folgen bei verdichteten Hausmülldeponien nicht. Sie kann 20 bis 30 Jahre, z. T. bis über 75 Jahre anhalten.

Die **Einkapselung einer Altlast** bietet die sicherste Möglichkeit eine weitere Kontamination weitgehend zu unterbinden (Abb. 16.13). Hierbei wird durch eine Oberflächenabdichtung die Versickerung von Niederschlagswasser verringert und durch vertikale Dichtungswände (Abschn. 16.3.4), die in einen grundwasserhemmenden Untergrund einbinden, der Zustrom von Grundwasser in den Deponiebereich sowie der Abstrom kontaminierten Wassers auf ein Minimum reduziert. Um die Durchsickerung der Dichtungswände nach außen zu unterbinden, wird durch eine Grundwasserabsenkung im Deponiebereich ein allseitiges Gefälle nach innen geschaffen. Diese Maßnahme stellt derzeit eine der häufigsten Sanierungskonzepte dar (Lit. und Fallbeispiele s. PREGEL 1988; BRANDL 1989). Das nachträgliche Einbringen einer Sohlabdichtung mittels Injektionen erfordert nicht unbedingt einen begehbaren Stollen, sondern kann im Einzelfall auch mittels Injektionsbohrungen von der Geländeoberfläche und Einbringen einer Injektionssohle mittels schadstoffbeständigen Silikatgelinjektionen erfolgen (RAABE 1994).

Als **passive hydraulische Abwehrmaßnahme** können eingesetzt werden:

- Grundwasserabsenkung oder -einleitung (Aufbau eines sog. Grundwasserberges) um eine Schadstoffahne an ihrer Ausbreitung zu hindern.
- Maßnahmen zur Umlenkung der Grundwasserströmung.

16.6.3 Sanierungsmaßnahmen

Eine Sanierung soll mittelfristig zu einer deutlichen Verminderung oder zu einer Beseitigung der Kontamination und ihrer Folgen führen. Generelle Standardlösungen für die Sicherung und Sanierung von Altlasten und Altstandorten gibt es nicht. Den Anbietern von Sanierungstechnologien müssen ausreichende Informationen über das zu sanierende Material geliefert werden. Das Lösungskonzept ist abhängig von den geotechnischen Randbedingungen, der Art der Stoffemission, der chemischen Bindung bzw. Löslichkeit des Stoffes, dem Gefährdungspotential, etwaigen Nutzungsabsichten, den Kontroll- und Nachbesserungsmöglichkeiten sowie den Kosten. Wenn keine einschlägigen Erfahrungen vorliegen, können sog. Behandelbarkeitsprüfungen im Labormaßstab vorgenommen werden, bei denen geprüft wird, welche Möglichkeiten der Abtrennung der Schadstoffe vom Boden bzw. der chemischen Schadstoffzerstörung (Abbau oder thermische Behandlung) oder der Immobilisierung der Schadstoffe bestehen und welche Restbelastung bzw. Wiederverwendbarkeit der sanierte Boden aufweist (BUNGE & GÄLLI 1995). Für jeden Einzelfall muß in einer Machbarkeitsstudie eine praktikable, sachgerechte und kostengünstige Lösung gesucht werden und es müssen nötigenfalls mehrere Varianten mit Kostenschätzungen den Fach- und Vollzugsbehörden zur Entscheidung über den Sanierungsplan und die Sanierungsziele vorgelegt werden. Die Sanierungszielwerte müssen in Abhängigkeit vom jeweiligen Bewirtschaftungskonzept und von der technologischen und ökonomischen Erreichbarkeit einzelfallbezogen festgelegt und bei den einzelnen Sanierungstechniken angesprochen werden. Eine Verpflichtung zu einer sog. Luxussanierung, die auf eine künftige anspruchsvollere Nutzung der Grundstücke zugeschnitten ist, kann nicht verlangt werden (SALZWEDEL 1995). Das Sanierungsziel kann als erreicht angesehen werden, wenn die festgelegten **Prüfwerte** bzw. **Sanierungszielwerte** dauerhaft unterschritten werden und eine spätere Zunahme der Belastung auszuschließen ist.

Die einzelnen Sanierungsmaßnahmen gehen teilweise weit in die Bau- und Verfahrenstechnik hinein, so daß hier nur eine kurze Beschreibung der wichtigsten Verfahren und Literaturhinweise gegeben werden kann. Die Grundlagen der einzelnen Sanierungskonzepte sind u. a. in den GDA-Empfehlungen E 2–9 bis E 2–12, in den ITVA-Arbeitshilfen „Technologien und Verfahren" (s. altlasten-spektrum 1993–1996) und in der Loseblatt-Sammlung Praxisratgeber der Altlastensanierung (WEKA Vlg., Augsburg) zusammengestellt. Im Einzelfall können Kombinationen der verschiedenen Methoden angewandt werden. Bei allen Sanierungsmaßnahmen muß man zuerst bemüht sein, die Schadensherde zu identifizieren und bevorzugt zu eliminieren.

Die einzelnen Sanierungsmaßnahmen beruhen auf physikalischen, physikalisch-chemischen und biologischen Verfahren. Diese Technologien erfordern die rechtzeitige Einschaltung von Spezialisten und setzen eine eingehende Untersuchung der Schadstoffe und ihrer Mobilität, des Untergrundes und besonders seiner Durchlässigkeit für das reinigende Medium voraus, um die Erfolgsaussichten und Nebenwirkungen abschätzen zu können. Maßgebliches Kriterium für den Einsatz eines bestimmten Verfahrens ist dessen technische Eignung für den einzelnen Sanierungsfall. Erst wenn diese gegeben ist, kommen die Aspekte der Umweltverträglichkeit und auch der Kostenaufwand zum Tragen. Hierbei muß man sich darüber im klaren sein, daß kaum eine der angebotenen Technologien sämtliche Sanierungsanforderungen zugleich optimal erfüllen kann. Daher müssen die einzelnen Zielvorgaben gegeneinander abgewogen und gewichtet werden, um die im Einzelfall ökologisch wie ökonomisch bestmöglichen Ergebnisse zu erreichen.

Bei den **Verfahren der Bodenbehandlung** wird zunächst zwischen in situ-Verfahren und ex situ-Verfahren unterschieden. Bei ersteren werden die im Boden befindlichen Schadstoffe über einen Träger (Luft, Wasser) ausgetragen oder biologisch abgebaut, bzw. in unschädliche Stoffe umgewandelt. Bei den ex situ-Verfahren werden dann on site-Verfahren unterschieden, bei denen der belastete Boden aufgenommen, in mobilen Anlagen gereinigt und wieder eingebaut wird sowie off site-Verfahren, bei denen die kontaminierten Böden in Entsorgungszentren behandelt werden.

16.6.3.1 In situ-Bodenbehandlungsverfahren

Zu den in situ-Bodenbehandlungsverfahren zählen:

- Pneumatische Verfahren der Bodenluftabsaugung und der Druckbelüftung
- Aktive hydraulische Maßnahmen mit Abschöpfbrunnen oder Bodenauswaschverfahren
- Mikrobiologische in situ-Behandlung

Pneumatische Verfahren werden heute sowohl in der wassergesättigten als auch in der ungesättigten Bodenzone zur Beseitigung oder Verminderung flüchtiger Schadstoffe eingesetzt.

Bei der Bodenluftsanierung werden gasförmige Schadstoffe (LCKW, BTEX, Benzin-KW) aus der ungesättigten Bodenzone abgesaugt und on-site behandelt. In den 2"- oder 5" - Bodenluftbrunnen mit Filterstrecke wird ein Unterdruck von 0,1 bis 0,4 bar aufgebracht (Abb. 16.20). Die Reichweite der Ausströmung wird mit 10 bis 50 m angegeben (BRUCKNER et al. 1986; WITTKE & KISTER 1990; SEMPRICH 1994). Wichtige Untergrundkriterien sind die Durchlässigkeit des abzureinigenden Untergrundes, seine Bodenfeuchte und die Flächenversiegelung. Nach dem Entwurf der ITVA-Arbeitshilfe „Bodenluftsanierung" (altlasten-spektrum 1/96) gelten k-Werte $> 10^{-3}$ m/s als gute, k $\approx 10^{-3}$ m/s als mittlere und k $< 10^{-6}$ m/s als schlecht geeignete Durchlässigkeiten.

Bei der Druckbelüftung wird Luft in den zu sanierenden Bodenbereich eingepreßt und durch gleichzeitiges Absaugen der Abluft eine Bodenreinigung erreicht (SEMPRICH 1994).

Als Bodenkennwert für Berechnungsverfahren zur Simulation von pneumatischen Sanierungsverfahren (WITTKE & KISTER 1990) ist der Luftdurchlässigkeitsbeiwert k_L anzugeben, der vom pneumatischen Druckgefälle abhängig ist und somit keinen konstanten Bodenwert darstellt. Größenordnungsmäßig kann der Luftdurchlässigkeitswert mit

$$k_L = 70 \cdot k \qquad k = \text{Wasserdurchlässigkeitsbeiwert}$$

angenommen werden (SEMPRICH 1994) beziehungsweise nach BEHRENS & FEISER (1995)

$$k_L = 70 \cdot k \cdot (1 - 1{,}25 \cdot S_r)^3$$

wobei S_r der Wassersättigungsgrad ist. Die beiden Formeln stimmen für $S_r = 0{,}8$ überein.

Als Sanierungszielwert werden sowohl für LCKW als auch für BTX-Aromate häufig 1 mg/m³ Bodenluft angegeben (s. Abschn. 16.5.5.2), z.T. auch deutlich niedrigere Werte (0,3 bis 0,1 mg/m³, ALEX 2).

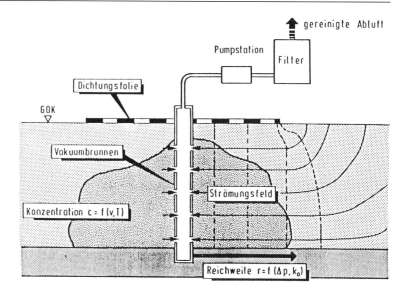

Abb. 16.20 Funktions-schema einer Bodenluft-absaugung (aus WITTKE & KISTER 1990).

Zu den **aktiven hydraulischen Maßnahmen** gehören:

- Abschöpfbrunnen bei Anreichungen von Kohlenwasserstoffen in der flüssigen Phase, die leichter oder schwerer (z. B. CKW) sind als Wasser – nötigenfalls unter temporärer Einkapselung zur Verminderung der Pumpwassermengen (RIPPER et al. 1988; SCHARPFF et al. 1988) und Reinigung des Grundwassers über Stripp-anlagen mit nachgeschalteten Aktivkohlefilter. Strippung bewirkt immer eine O_2-Übersättigung des Wassers, was bei Wiedereinleitung in die gesättigte Zone zu Fe- und Mn-Ausfällungen und damit Verockerung der Filter führen kann (TOUSSAINT 1987).
- Bodenauswaschverfahren durch Infiltration von Wasser und nötigenfalls einer Nährlösung bei gleichzeitigem Abpumpen des kontaminierten Grundwassers (Abb. 16.21). Diese Verfahren erfordern genaue Kenntnisse der Bodenzusammensetzung und der hydrogeologischen Verhältnisse. Außerdem dürfen keine grundwasserverunreinigende Zusätze verwendet werden.

Bei der **mikrobiologischen in situ-Behandlung** werden dem Wasserkreislauf Sauerstoff (meist in Form von Nitraten) und eine Nährlösung (häufig Ammoniumphosphat) zugegeben werden, um die mikrobiellen Stoffwechselvorgänge im Boden zu aktivieren und einen rascheren Abbau von Mineralölprodukten und teilweise auch polycyclischen aromatischen Kohlenwasserstoffen (s. Abschn. 16.2.5.3.2) sowie Cyaniden zu erreichen (DITTRICH 1988: 115; GÄHRS et al. 1988; HILKER

1988; SCHWEFER et al. 1988; THEISSEN 1988; WESSLING 1988; WOLTMANN 1988; LUND & GUDEHUS 1990; HUPPERT-NIEDER & BASTEN 1993; BAUMANN et al. 1994). Nicht abgebaut werden Schwermetalle. Vor dem Einsatz mikrobiologischer in situ-Verfahren sind in der flüssigen Phase angereicherte Verbindungen abzuschöpfen.

Bei geringeren Durchlässigkeiten ($k = 10^{-4} - 10^{-6}$ m/s) sind auch schon pneumatische Fracverfahren eingesetzt worden, um die Wegsamkeiten des Bodens zu verbessern (NEUMANN & BURKANT 1994).

Die in situ-Verfahren sind meist kostengünstiger als andere Verfahren und können auch bei überbautem Gelände eingesetzt werden. Sie setzen eine entsprechende Erkundung und eine gute Durchlässigkeit der Böden von $k = 1.10^{-3}$ bis 5.10^{-4} m/s voraus, wobei bevorzugt gut wasserwegsame Bereiche durchströmt und gereinigt werden.

16.6.3.2 Ex situ-Verfahren

Bei den ex situ-Verfahren kommen in Betracht:
- Mikrobiologische Behandlung in Biobeeten oder -reaktoren
- Bodenwaschverfahren
- Thermische Bodenreinigung

Bei der **mikrobiologischen Behandlung in Bio-beeten oder -reaktoren** wird durch Homogenisieren des Bodens, Zusatz von Biosubstrat (z. B. Kiefernborke, Kompost o. ä.) und einer Nährstofflösung (s. Abb. 16.22) ein mikrobieller Abbau akti-

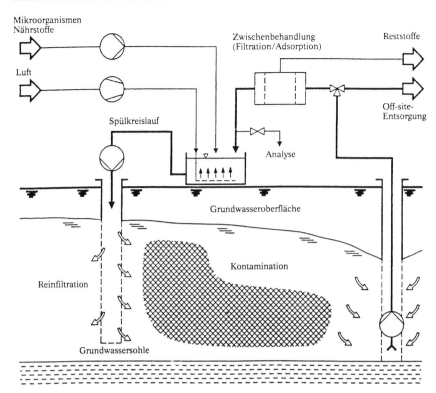

Abb. 16.21
Schema einer Bodenauswaschanlage.

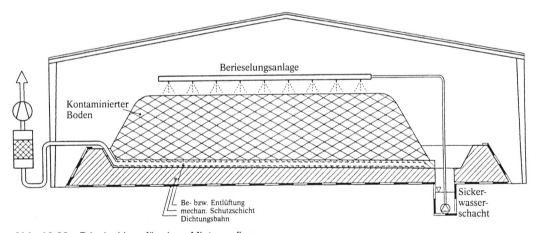

Abb. 16.22   Prinzipskizze für einen Mietenaufbau.

viert, durch den Kohlenwasserstoffe (MKW, PAK, PCB) und auch Cyanide über Zwischenprodukte zu CO_2 und H_2O abgebaut werden.

Der mikrobielle Abbau der einzelnen Kohlewasserstoffe erfolgt sehr unterschiedlich, wobei Temperatur, Bodenfeuchtigkeit und der verfügbare Sauerstoffgehalt eine erhebliche Rolle spielen. Als

relativ leicht abbaubar gelten Cyanide, einige Stickstoffverbindungen, Mineralöl-Kohlenwasserstoffe (MKW), Phenole sowie leicht flüchtige Chlorkohlenwasserstoffe und auch niedrigkernige PAK's (s. Tab. 16.5). BAUMANN et al. (1994) bringen ein Fallbeispiel, bei dem das Sanierungsziel von 300 mg/kg KW nach 2 Jahren erreicht war, während ein Abbau auf 100 mg/kg KW 3 Jahre gebraucht hätte. Die niedrigkernigen PAK-Substanzen sind in etwa 8 Monaten auf das geforderte Sanierungsziel von 5 mg/kg PAK (EPA) abgereinigt worden. Bei der biologischen Abbaubarkeit von PAK-Kontaminationen kommt es auch nach anderen Untersuchungen (LEISCHNER et al. 1995) sehr auf die Zusammensetzung und den Aggregatzustand (Wasserlöslichkeit) an.

Bodenwäsche erfolgt in mobilen oder standortgebundenen Anlagen mit Wasser oder schadstoffspezifischen Extraktionsmitteln. (SONNEN 1986; HEIMHARD 1986; REINKE 1988; MARTINSEN 1990; ZELL 1990; BÖHNKE et al. 1991). Die Anwendung von Extraktions- oder Waschverfahren hängt sowohl von den Kontaminanten ab, als auch von den Bodeneigenschaften. Bevorzugte Anwendung in Sandböden mit max. 25 bis 30 % Feinkornanteilen, da sonst der Schlammanfall zu hoch ist. Die Verunreinigungen reichern sich im Feinkornanteil an. Der Flotatschlamm muß thermisch entsorgt oder auf Sondermülldeponien verbracht werden. Der übrige Feinanteil kann gegebenenfalls einer mikrobiologischen Behandlung unterzogen werden. Das Prozeßwasser muß ebenfalls aufbereitet werden (s. d. Einleitwerte). Bodenwaschverfahren eignen sich sowohl für organische als auch für anorganische Verbindungen, einschließlich Schwermetallen. Der Reinigungsgrad wird begrenzt durch die abnehmende Löslichkeit der Kontaminanten.

Bei den **thermischen Verfahren** spielen die Bodeneigenschaften eine geringe Rolle. Das Verfahren und die Einsatzgrenzen werden i. w. durch die Schadstoffart bestimmt. Für die thermischen Verfahren kommen in Betracht, Lösungsmittel, MKW, BTX-Aromate, PAK, komplexgebundene Cyanide sowie halogenierte organische Verbindungen, wie z. B. PCB, Dibenzodioxine und Dibenzofurane. Schwer flüchtige Schwermetalle können damit auch nicht beseitigt werden (BEITINGER & GLÄSER 1986; NUSSBAUMER & GLÄSER 1990; BÖHNKE et al. 1991; KIMMEL 1994).

Bei der thermischen Bodenreinigung unterscheidet man zwei Verfahren. Bei dem Schwel-Brenn-Verfahren erfolgt im ersten Prozeßschritt bei 500–800 °C die Verschwelung (Pyrolyse) bzw. Verdampfung der Schadstoffe. Die vollständige Vernichtung der kondensierten bzw. adsorbierten Schadstoffe erfolgt dann bei der Nachverbrennung bei Temperaturen zwischen 800° und 1200°.

Bei der Hochtemperaturverbrennung werden organische Schadstoffe zerstört, während anorganische Schadstoffe im Schmelzgranulat fixiert werden.

Bei den Hochtemperaturverfahren wird die Bodenmatrix völlig zerstört, was eine Belebung des Bodens bei Folgennutzung fast unmöglich macht. Bei Behandlungstemperaturen bis 600° wird der Boden zwar ebenfalls biologisch inaktiv, ermöglicht jedoch Pflanzenaufwuchs (STEFFENS & SCHWEFER 1991: 75). KIMMEL (1994) bringt Annahmebegrenzungen und Sanierungsziele für thermische Bodenbehandlungsanlagen.

16.7 Bebauung von Verdachtsflächen und kontaminierten Standorten

Die Bebauung von Altablagerungen und Altstandorten hat in den vergangenen Jahrzehnten mehrfach zu großen Problemen und Vermögensschäden geführt (EIKMANN & MICHELS 1991). Dies lag einerseits an dem damals noch fehlenden Problembewußtsein und mangelhafter Kenntnis von den Auswirkungen, aber auch daran, daß für diese Flächen keine landesplanerische Kennzeichnungspflicht bestanden hat.

Nach dem Baugesetzbuch von 1987 (BauGB) sind „Flächen, deren Böden erheblich mit umweltgefährdeten Stoffen belastet sind" im Liegenschaftskataster zu kennzeichnen. Dies erfolgt meist in der Form, daß die in der Verdachtsflächenkartei erfaßten Standorte übernommen und bei vorgesehener Nutzung eingehend untersucht werden. Bei vorher genehmigten Flächennutzungs- und Bauleitplänen sind diese Standorte nur dann erfaßt, wenn seitdem Änderungs- oder Ergänzungsverfahren stattgefunden haben. Die Rechtsgrundlagen nach dem Baugesetzbuch sind bei KASTL et al. (1987: 57) und BRANDT (1993) zusammengestellt. Im Zweifelsfall sollte die Verdachtsflächenkartei eingesehen werden. Von Nachteil ist, wenn wie in manchen Bundesländern üblich, Flächen, von denen vermeintlich keine Gefährdung ausgeht, aus der Verdachtsflächenkartei völlig gelöscht werden. Darüber hinaus wird es heute im Grundstücksverkehr als Pflicht des Verkäufers angesehen, das Vorliegen und die Möglichkeit einer Altlast anzuzeigen bzw. die Unbedenklichkeit zu erklären.

Sobald ein solcher Verdacht auf eine Belastung des Baugrundstücks besteht, so ist dieser im Rahmen des Baugenehmigungsverfahrens durch entsprechende Untersuchungen auszuräumen. Die Untersuchungen selbst sind nach den Grundsätzen des Abschnitts 16.8 vorzunehmen.

Die möglichen **Schadenswirkungen** sind

- direkter Kontakt mit toxischen oder ätzenden Stoffen (z. B. Bodenarbeiten, Spielplätze)
- Geruchsbelästigung (besonders durch H_2S, organische Säuren oder Schwefelverbindungen, Ammoniak, Lösungsmitteldämpfe u. a. m.)
- Einatmen von toxischen bzw. kanzerogenen Spurengasen (besonders halogenierte Kohlenwasserstoffe, Co, H_2S) oder Stäuben
- Explosionsgefahr durch Methan, das bei Mischungsverhältnissen von 5–15 Vol. % Methan in der Luft ein zündfähiges Gemisch bildet und auch anderen Kohlenwasserstoff/Luft-Gemischen
- Erstickungsgefahr in geschlossenen Räumen durch CO_2
- Aufnahme von Schadstoffen durch Verzehr von Gartenprodukten
- Vegetationsschäden

Deponiegas und Ausgasungen anderer Kontaminationen können nicht nur unmittelbar am Standort auftreten, sondern über natürliche Pfade (abgedeckte durchlässige Schichten, Klüfte) und Leitungen aller Art mehrere hundert Meter entfernt austreten oder in Gebäude eindringen. Bei Grabarbeiten in der Nähe von Altablagerungen ist deshalb immer besondere Vorsicht geboten (Verpuffungsgefahr).

Wenn Altablagerungen oder Altstandorte für eine bauliche Nutzung vorgesehen werden oder bereits bebaut sind, muß eine eingehende **Untersuchung und Gefährdungsabschätzung** vorgenommen werden. Die Untersuchungsmethoden sind im Abschnitt 16.5.2 beschrieben. Da die Gefährdungen in erster Linie von der Entgasung und dem direkten Bodenkontakt ausgehen, sind vorrangig Bodenluftmessungen und Bodenproben zu untersuchen. Hinzu kommen dann Fragen der Standsicherheit, des Setzungsverhaltens und der Betonaggressivität des Grundwassers (s. Abschn. 9.3).

Bei bestehender Bebauung sind außerdem auch die Kellerräume, Schächte, Leitungen, Garagen u. a. zu überprüfen. Dies erfolgt mit einer Gassonde, welche ein Gas-Luft-Gemisch in Bodennähe und in schlechtbelüfteten Ecken absaugt und untersucht. Bei erhöhten Sicherheitsanforderungen sind mehrmalige Messungen erforderlich, nötigenfalls auch Dauermessungen über sog. „Gaswächter".

Bei diesen Untersuchungen ist zu beachten, daß leichtflüchtige organische Schadstoffe (LCKW) bevorzugt in der Bodenluft erfaßt werden können, während schwerflüchtige Stoffe (polycyclische aromatische Kohlenwasserstoffe, Schwermetalle, Pestizide u. a. m.) nahezu vollständig an die Festsubstanz des Bodens, besonders an Zonen mit organischer Substanz oder höheren Tongehalten gebunden sind (s. Abschn. 16.5.2.4).

Die Untersuchungsergebnisse werden in Form von Tabellen, Kartenausschnitten und Schnitten, wenn möglich mit Konzentrationsisohypsen bzw. -isolinien dargestellt. Die **Bewertung** erfolgt anhand von geogenen Vergleichswerten und den im Abschn. 16.5.4.2 genannten Grenz- bzw. Höchstwerten für Bodeninhaltsstoffe bzw. den Richt- und Grenzwerten für Innenraum- und Außenluftwerten (MIK-Werte = max. Immissionskonzentrationen der VDI-Kommission zur Reinhaltung der Luft, MAK-Werte = max. Arbeitsplatzkonzentrationen (s. a. EIKMANN & MICHELS 1991) und auch nach den Geruchs- und Explosionsgrenzen (KINNER et al. 1986 und Abschn. 16.5.5.2). Geruchsbelästigungen stellen ein wesentliches Warnsignal dar und sollen immer Auslöser weitergehender Untersuchungen sein.

Im Untersuchungsbericht ist eine erste Bewertung im Hinblick auf die beabsichtigte Nutzung und unter sorgfältiger Abwägung des Gefährdungspotentials vorzunehmen. Über etwaige Nutzungseinschränkungen hinsichtlich nicht- oder schwerflüchtiger Schadstoffe berichten EIKMANN & MICHELS (1991). Wenn eine Gesundheitsgefährdung nicht eindeutig auszuschließen ist, kann eine bauliche oder sonstige Nutzung nicht ohne entsprechende **Sicherheitsvorkehrungen** empfohlen werden. Als solche kommen in erster Linie Ausräumen oder Abdecken und Abdichten sowie nötigenfalls Einkapseln in Betracht (ZWÖLFER & SENTEK 1989; KLEEBERG et al. 1990). Die Tiefe der Ausräumung und Abdeckung richtet sich nach der beabsichtigten Nutzung und der Notwendigkeit einer Gasdränage bzw. der Sicherung von Leitungsgräben als Gaswanderwege. Die endgültige Beurteilung ist mit den zuständigen Behörden abzustimmen. Das Aushubmaterial muß kontrolliert und entsprechend seinem Schadstoffgehalt dekontaminiert oder entsorgt werden (s. Abschn. 16.8).

16.8 Entsorgung von Erdaushub und Bauschutt

16.8.1 Abfallbegriff, Verwertungsgebot

Um die begrenzte Kapazität von Deponieraum zu bewahren, dürfen **unbelasteter Erdaushub und Bauschutt** nicht mehr auf Deponien abgelagert, sondern sollen nach Möglichkeit einer Verwendung zugeführt werden. Dieses gesetzliche Verwertungsgebot (AbfG, BImSchG, KrW-/AbfG) gilt auch dann, wenn Erdaushub durch eine zumutbare und technisch machbare Behandlung verwendungsfähig wird. In einigen Bundesländern (z. B. Hessen) ist auch belastetes Erdreich, soweit möglich, umweltverträglich zu verwerten. Hierbei sind im Einzelfall der Gesamtschadstoffgehalt und wasserwirtschaftliche Aspekte zu berücksichtigen (SIMON 1996).

In der Diskussion ist, inwieweit ausgehobenes Erdreich, das aufgrund seiner Kontamination behandelt werden muß, grundsätzlich als Abfall einzustufen ist oder, wie Sanierungsrückstände die vor Ort wieder eingebracht werden, als Wirtschaftsgut gelten (MÜLLER 1993; STEDE 1995).

Als **Verwendungsmöglichkeiten** für unbelasteten oder wenig belasteten Erdaushub und Bauschutt kommen in Betracht, interner Massenausgleich durch entsprechende Anhebung des Baugeländes, deponietechnische Maßnahmen, Lärmschutzwälle, Auffüllungen für Rekultivierungszwecke und andere Erdbaumaßnahmen. Kiese, Sande, Tone u. a. mineralische Rohstoffe können in Einzelfällen auch Verarbeitungsbetrieben angeboten werden. Wenn eine unmittelbare Verwendung nicht möglich ist, so ist gebrauchsfähiger Erdaushub auf Zwischendeponien zu lagern, bis sich eine Verwendungsmöglichkeit ergibt.

Erdaushub gilt als unbelastet, wenn seine Herkunft sowie die vorangegangene Nutzung des Geländes bekannt sind, wenn organoleptisch keine Verunreinigungen feststellbar sind bzw. wenn bei begründetem Verdacht die Richtwerte der einschlägigen Ländervorschriften bzw. die Zuordnungskriterien für Deponien der TA Siedlungsabfall nicht überschritten werden (Tab. 16.14 und Tab. 16.15).

Bauschutt gilt ebenfalls als unbelastet, wenn keine wasser-, boden- und gesundheitsgefährdenden Stoffe enthalten sind bzw. die einschlägigen Richtwerte nicht überschritten werden.

Auch **Tunnelausbruch,** der möglicherweise mit zusatzmittelbelasteten Spritzbetonrückprall, Sprengstoffresten und Dieselabgasen kontaminiert ist, wird heute kritisch eingeschätzt und ist auf die Einhaltung der Richtwerte zu prüfen (s. d. a. Abschn. 17.1.2).

Schlacken und Aschen aus thermischen Anlagen sind nach den Anforderungen und technischen Regeln der LAGA (Mitteilungen 20/1 vom 01.03.1994) zu behandeln. Sie sind aufgrund ihrer Herkunft und ihres z. T. besonderen Schadstoffinhalts in vielen Fällen Sonderabfälle im Sinne der Abfallbestimmungsverordnung. Die bekanntesten Fälle von als Baustoff verwendeten kontaminierten Schlacken sind die unter dem Produktnamen „Kieselrot" als Sport- und Spielplatzbelag verwendeten Marsberger Kupferschlacken sowie die zu Pflastersteinen verarbeiteten Mansfelder Kupferschlacken.

Straßenaufbruch ist nach den Anforderungen bzw. technischen Regeln der LAGA (Mitteilungen 20/2 vom 07.09.1994) zu behandeln. Bei Ausbauasphalt ist zu klären, ob es sich beim Bindemittel um ein Material auf Bitumenbasis oder um Steinkohlenteerpeche handelt, die zu einem wesentlich höheren Anteil polycyclische aromatische Kohlenwasserstoffe (PAK's) enthalten. Während Bitumen keine nennenswerten Mengen PAK's an das Wasser abgibt und somit als nicht grundwassergefährdend gilt (KRASS 1989), sind bei älteren Straßenbelägen, die häufig pechhaltige Bindemittel enthalten, höhere PAK- und vielleicht auch Phenol-Konzentrationen im Sickerwasser nicht auszuschließen.

Gemische von Bodenaushub, Bauschutt und Straßenaufbruch sind nach Möglichkeit zu trennen, so daß eine Verwertung möglich wird.

16.8.2 Untersuchungsumfang, Probennahme

Die Frage, ob unbelasteter Erdaushub zu erwarten oder ob mit irgendwelchen Kontaminationen zu rechnen ist, wird üblicherweise im Zuge der Baugrunderkundung mit untersucht. Normalerweise reicht für die entsprechende orientierende Untersuchung das Aufschlußraster der Baugrunderkundung nach Abschn. 4.3.2 aus (etwa je 200 bis 250 m^2 Fläche ein Aufschluß). In rolligen Böden sind neuerdings sowohl Bodenluftuntersuchungen vorzunehmen als auch Bodenproben zu untersuchen. Zur Eingrenzung von verunreinigten Bereichen ist eine sternförmige Verdichtung flacher Aufschlüsse in einem Abstand von 5 m zum zentralen Fundpunkt zweckmäßig.

Die **Probennahme** muß darauf abgestimmt sein, in welcher Schicht, bzw. Kornfraktion und an welchen Stellen welche Schadstoffe vorkommen können. Hierbei kann eine zweistufige Vorgehensweise zweckmäßig sein, eine orientierende Untersuchung im Zuge der Baugrunderkundung und nötigenfalls eine Deklarationsuntersuchung zu Beginn oder während der Aushubarbeiten. Die Trennung

Tabelle 16.14 Einige Prüfwertlisten zur Verwertung von Bodenaushub – Konzentrationen in der Originalsubstanz (nach SIMON 1996).

	Einheit	LAGA-Richtlinie Boden Z 0	Z 1.1.	Z 1.2.	Z 2	Brandenburger Liste Teil 2	Sachsen-Anhalt Z 0	Z 1	Z 2	Hessen unbelasteter Bodenaushub	Hessen belasteter Bodenaushub	Niedersachsen Gewerbeabfallrichtlinie Typ A	Typ B	Typ C	Bund TA Siedlungsabfall Klasse I	Klasse II
Arsen	mg/kg	20	30	50	150	5	20	50		30	100	50	100	250		
Blei	mg/kg	100	200	300	1000	50	50	100		100	900	500	1000	3000		
Cadmium	mg/kg	0,6	1	3	10	1	1	3		1	10	10	20	60		
Chrom	mgkg	50	100	200	600	75	100	200		100	900	1000	2500	5000		
Kupfer	mg/kg	40	100	200	600	100	50	200		60	800	750	1500	3000		
Nickel	mg/kg	40	100	200	600	100	50	200		50	200	250	500	1000		
Quecksilber	mg/kg	0,3	1	3	10	0,25	0,5	3		1	8	10	20	50		
Thallium	mg/kg	0,5	1	3	10							1	3	10		
Zink	mg/kg	120	300	500	1500	250	200	500		150	2500	2000	5000	10000		
EPA-PAK	mg/kg	1	5*	15**	20	5	1	15	20	5	150	30	100	250		
TVO-PAK	mg/kg					5 (EPA)										
Phenole ges.	mg/kg						1					20	100	200		
KW	mg/kg	100	300	500	1000	150	100	500	1000	300	5000	2000	5000	20000	4000 (lipophile Stoffe)	8000 (lipophile Stoffe)
EOX	mg/kg	1	3	10	15		0,1	10	15			25	50	150		
PCB	mg/kg	0	0,1	0,5	1	0,5	0,05	0,5	1			10	25	50		
PCDD/PCDF	ng/kg TE					40						100	300	1000		
Summe BTX	mg/kg	<1	1	3	5	2,5	0,1	3	5	1	25					
Summe CKW	mg/kg	<1	1	3	5	2,5		3	5	1	10					
Cyanide l. fr.	mg/kg					0,5				1	5	1	2	5		
Cyanide ges.	mg/kg	1	10	30	100	10	1	30	100			20	50	100		
TOC	mg/kg														1 %	3 %
Fluorid	mg/kg					250						1000	2500	5000		

* Naphthalin und B(a)P < 0,5
** Naphthalin und B(a)P < 1,0

Tabelle 16.15 Einige Prüfwertlisten zur Verwertung von Bodenaushub – Konzentrationen im Eluat (nach SIMON 1996).

Parameter	Einheit	LAGA Z 0	LAGA Z 1.1.	LAGA Z 1.2.	LAGA Z 2	Ba-Wü prakt. unbelastet	SA Z 0	SA Z 1	SA Z 2	Hessen unbel. Bodenaushub	Hessen belast. Bodenaushub	Nds Typ A	Nds Typ B	Nds Typ C	NRW Klasse I	NRW Klasse II	NRW Klasse III	TA Abfall	Bund Klasse 1	Bund Klasse 2
Arsen	μg/l	10	10	40	60	100	10	50	100	40	50	100	250	500	50	100	1000	1000	200	500
Blei	μg/l	20	40	100	200	50	40	100	200	40	1000	200	500	1000	50	500	2000	2000	200	1000
Cadmium	μg/l	2	2	5	10	1	5	5	10	5	100	20	50	100	5	50	500	500	50	100
Chrom	μg/l	15	30	75	150	50	50**	100**	100**	50	500	1000	2500	5000	50	1000	10000	500**	50**	100**
Kupfer	μg/l	50	50	150	300	1000	100	200	400	100	5000	1000	2500	5000	100	1000	10000	10000	1000	5000
Nickel	μg/l	40	50	150	200	100	50	150	200	100	1000	200	500	1000	50	500	10000	2000	200	1000
Quecksilber	μg/l	0,2	0,2	1	2	1	1	1	2	1	20	2	10	20	1	5	50	100	5	20
Thallium	μg/l	<1	1	3	5				2			20	50	100	10	100	2000			
Zink	μg/l	100	100	300	600	5000	100	300	600	500	5000	1000	2500	5000	1000	5000	10000	10000	2000	5000
EPA-PAG	μg/l									2	20				2	3	5			
TVO-PAK	μg/l																			
Phenolindex	μg/l	<10	10	50	100	100	10	50	100	10	50	2000	10000	20000	5	100	20000	100000	200	50000
KW	mg/l						0,01	0,1	0,6	0,2		5	25	100	0,2	1	5			
AOX/EOX	μg/l						10	50	100			200	500	1500	10	100	1000	3000	300	1500
PCB	μg/l											5	10	20						
Summe BTX	μg/l																			
Summe CKW	μg/l									10	100									
Cyanide l. fr.	μg/l	<10	10	50	100*	50			100	10	50	10	50	100	10	100				
Cyanide ges.	μg/l	10	10	20	30					50	500	50	200	500	50	500	2000	1000	100	500
Chlorid	mg/l	10	10	20	30	200	250	500	500						200	500	20000	10000		
Sulfat	mg/l	50	50	100	150	250	240	500	500						250	500	20000	5000		
Fluorid	mg/l											3	10	25	2	5	20	50	5	25
Ammonium	mg/l					2									0,08#	4,1#		1000	4	200
Nitrat	mg/l					50									50	100				

Gliederung der Spalten: **Verwertung** – LAGA-Richtlinie (Boden: Z 0, Z 1.1., Z 1.2., Z 2); Ba-Wü (praktisch unbelastet); Sachsen-Anhalt (Z 0, Z 1, Z 2); Hessen (unbelasteter Bodenaushub, belasteter Bodenaushub); Niedersachsen (Gewerbeabfallrichtlinie: Typ A, Typ B, Typ C). **Deponierung** – NRW (LWA-Richtlinie: Klasse I, Klasse II, Klasse III); TA Abfall; Bund (TA Siedlungsabfall: Klasse 1, Klasse 2).

* Verwertung für Z 2 > 100 μg/l möglich, wenn Anteil leicht freisetzbarer Cyanide < 50 μg/l
** als Chrom VI
# als NH3

von Bauschutt und Erdaushub sowie die Erprobung für die Deklarationsuntersuchung erfordert eine Zwischenlagerung auf der Baustelle oder beim Abfallentsorger.

Ergeben sich keine organoleptischen Auffälligkeiten, so ist eine Mischprobe pro Aufschlußmeter als Rückstellprobe ausreichend. Sonst ist die Probenahme in 0,5 m Stufen bzw. schichtweise vorzunehmen und auf organoleptisch auffällige Horizonte zu konzentrieren, wobei Auffüllungen und gewachsener Boden immer getrennt zu beproben sind.

Im anstehenden Untergrund sind anthropogene Kontaminationen vorwiegend an wasserwegsame Lagen und Klüfte gebunden, während in dickeren Tonpaketen Anhaltspunkte für geogene Grundgehalte gewonnen werden können. Unterhalb der Grundwasseroberfläche liefern Wasseranalysen nach Abschn. 16.5.2.3 erste Hinweise auf mögliche Kontaminationen.

Die **Anzahl der Proben** ist in den einzelnen Ländervorschriften geregelt. Häufig werden bei homogenen Material 1 repräsentative Probe je 50 m³ und bei heterogenem Material 1 Probe je angefangenen 10 m³ verlangt. Bei größeren Aushubmengen und Einschätzung einer einheitlichen Belastung kann der Untersuchungsumfang deutlich abgemindert werden (z. B. je 200 m³ 10 Einzelproben zu einer Mischprobe von 1 l).

Die Mindestprobemenge beträgt 1 kg bzw. 1 l und ist nach der Formel

Gewicht in kg = max. Korndurchmesser in mm x 0,06

auf den geschätzten Korndurchmesser abzustimmen (LAGA-Probennahmerichtlinie). Bei Auffüllungen sind möglichst repräsentative Mischproben zu nehmen. Nach Möglichkeit sind Rückstellproben zur eventuellen Nachkontrolle aufzubewahren. Die Probenansprache und Probenahme ist sofort nach der Entnahme vorzunehmen. Das Material der Probengefäße darf mit den Bodeninhaltsstoffen nicht reagieren oder sich gegenseitig beeinflussen.

Bei organischen Verunreinigungen und besonders bei leichtflüchtigen Komponenten (KW, LCKW usw.) ist der Außenluftkontakt zu minimieren und die Probennahme und eine etwaige Probenbehandlung vor Ort mit dem Analysenlabor abzustimmen. Die qualitätssichernden Maßnahmen bei der Beprobung und Probenbehandlung nehmen einen hohen Stellenwert bei der Fehlergrenzenbetrachtung der späteren Ergebnisse ein. Deshalb ist ein Probennahmeprotokoll zu führen, aus dem alle relevanten Angaben bei der Probennahme zu ersehen sind.

Die **Untersuchung** der einzelnen Parameter erfolgt im Eluat und z. T. als Gesamtgehalte. Der Untersuchungsumfang ist durch die einschlägigen Länderlisten bzw. die TA Siedlungsabfall festgelegt (Tab. 16.14 und Tab. 16.15).

16.8.3 Bewertung

Im Gutachten ist sowohl eine Einstufung der Untersuchungsergebnisse nach den einschlägigen Richt- und Grenzwerten als auch eine fachkundliche Bewertung unter Berücksichtigung der geologischen Gegebenheiten und der Probennahme vorzunehmen, ob z. B. Richt- und Grenzwertüberschreitungen geogener Natur sein können. Treten geringe Überschreitungen auf, so sollten zunächst Kontrollanalysen vorgenommen werden, bevor weitergehende Maßnahmen eingeleitet werden. Erdaushub mit geogen bedingten Belastungen bedarf einer Einzelbeurteilung. Als problematisch erweist sich hierbei häufig die Beurteilung organischer Parameter, die auch natürliche organische Beimengungen erfassen (s. Abschn. 16.5.2), von denen bisher praktisch keine Erfahrungswerte vorliegen. In tertiären Tonen treten z. B. geogen häufig schwerflüchtige lipophile Kohlenwasserstoffe nach DIN 38 409, H 17, auf und z. T. auch leichtflüchtige Kohlenwasserstoffe nach H 18.

Bodenaushub wird nach den einschlägigen Länderrichtlinien (Nordrhein-Westfalen E 1987, Baden-Württemberg 1988, Hessen 1992, Brandenburg 1993, Niedersachsen 1994, Sachsen-Anhalt 1994 – s. SIMON 1996, darin Fundstellenhinweise) bzw. den Zuordnungskriterien der TA Siedlungsabfall 1993 (Anhang C) im allgemeinen in drei **Bodentypen bzw. Deponieklassen** eingeteilt:

Unbelasteter Bodenaushub (Dep. Klasse 1), nicht nachteilig veränderte Böden, bei denen kein Meßwert die Richt- bzw. Orientierungswerte überschreitet und zwar gemessen im Eluat und Feststoff.

Belasteter Bodenaushub (Dep. Klasse 2), bei dem einzelne Meßwerte die Orientierungswerte überschreiten, der aber für bestimmte Nutzungen noch verwendbar ist, ohne daß das Wohl der Allgemeinheit beeinträchtigt wird.

Verunreinigter Bodenaushub (Dep. Klasse 3), wenn einzelne bzw. zwei (NRW) Meßwerte die Richt- bzw. Orientierungswerte, gemessen im Eluat (Hessen) überschreiten. Verunreinigter Bodenaushub gilt als überwachungsbedürftiger (Sonder-)Abfall. Die Feststoffanalysenwerte dieser Klasse werden nicht für die Einstufung benötigt, sondern für die Festlegung eines eventuellen Sanierungsverfahrens (max. Ausgangskonzentrationen).

Die Einstufung gilt auch für geogen vorbelastete Böden, sobald sie aufgrund ihrer Schadstoffgehalte einer der Deponieklassen zuzuordnen sind.

Darüber hinaus liegt ein Konzept der LAGA (1994) vor, in dem ein mehrstufiges System verschiedener Einbauklassen von ZO bis Z5 vorgeschlagen wird (Tab. 16.16), wobei die Konzentrationsangaben teilweise von den Landesrichtlinien abweichen.

Tabelle 16.16 Zuordnungskriterien nach LAGA (Mitt. 20/1, 1994).

Einbauklasse	Zuordnungswert als Obergrenze der Einbauklasse
uneingeschränkter Einbau	Z 0
eingeschränkter offener Einbau	Z 1.1
in hydrogeologisch günstigen Gebieten unter Beachtung der Vorbelastung (Verschlechterungsverbot)	Z 1.2
eingeschränkter Einbau mit definierten technischen Sicherungsmaßnahmen, z. B. Lärmschutzwall, Straßen- und Wegebau unter befestigten Flächen	Z 2
Einbau in Deponien TA Siedlungsabfall Deponieklasse I	Z 3
TA Siedlungsabfall Deponieklasse II	Z 4
TA Abfall (Sonderabfall)	Z 5

16.8.4 Entsorgungskonzept

Um Stillstände zu vermeiden, ist rechtzeitig vor Beginn der Baumaßnahme eine Untersuchung des Aushubbodens vorzunehmen und ein Entsorgungskonzept aufzustellen.

Das Entsorgungskonzept muß enthalten:

- Untersuchung (Aufschlußraster und Tiefe, Probennahme in Abhängigkeit von der Bodenschichtung und den Aushubmengen, Analytiklabor, Sachverständiger).
- Befunde (Analysenergebnisse, Einstufung, Belastungszonen).
- Aushubmengen (Gesamtmenge, Teilmengen belasteter bzw. verunreinigter Aushub, die zu unterschiedlichen Verwertungswegen führen).
- Möglichkeiten der Bodenbehandlung bzw. -reinigung.
- Verwertungs- bzw. Entsorgungswege mit tabellarischer Zusammenstellung der jeweiligen Aushubmengen.

Das Entsorgungskonzept ist auf der Baustelle zu überwachen. Unterschiedlich kontaminierte Aushubmassen sind getrennt zu lagern (Vermischungsverbot). Die Bereitstellungsflächen und -lager müssen besonders gesichert sein (Basisabdichtung, Abdeckung, Ableitung des Oberflächenwassers). Falls nötig, sind weitere Qualitätskontrollen vorzusehen.

Die Anforderungen für die Verwertung sind nach Zuordnungswerten gestaffelt den Technischen Regeln der LAGA (Mitteilung 20/1 vom 01.03.1994) zu entnehmen (Tab. 16.14 und Tab. 16.15 sowie Tab. 16.16).

Für die Verwertung ist ein Nachweis zu führen. Belasteter Bodenaushub ist den kommunalen Gebietskörperschaften zu Entsorgung anzudienen. Verunreinigter Bodenaushub gilt als besonders überwachungsbedürftiger Abfall (Sonderabfall). Für belasteten oder verunreinigten Erdaushub ist eine Transportgenehmigung erforderlich.

17 Fels- und Tunnelbau

Im Fels- und Tunnelbau ist das Gebirge nicht nur Baugrund, sondern zugleich Baustoff, mittragendes Element und gleichzeitig Belastung. Dabei ist der „Baustoff" Gebirge in der Regel zunächst unveränderbar vorgegeben und liegt nie ungestört vor, sondern ist bereits immer mehr oder weniger stark bis über die Bruchgrenze hinaus tektonisch und z. T. auch anderweitig beansprucht worden. Hinzu kommt, daß Verkehrstunnel heute nicht nur dort gebaut werden, wo das Gebirge dazu geeignet ist, sondern dort, wo es der Verkehr oder der Umweltschutz erfordern. Deshalb müssen mehr denn je, schon in der Erkundungsphase das Gebirge und die möglichen Gefährdungen durch geologisch bedingte Schwachstellen bzw. ungünstige Gebirgseigenschaften so genau wie möglich erfaßt werden, um das Gefährdungspotential richtig einschätzen zu können (DUDDECK 1994).

Nachfolgend werden im wesentlichen Aufgabenstellungen des Tunnelbaus in Halbfest- und Festgesteinen der Mittelgebirge behandelt. Der innerstädtische Tunnelbau in Lockergesteinen und der Hochgebirgs-Tunnelbau, der sich in vielen Dimensionen davon deutlich unterscheidet (s. Tab. 17.1), sowie die verschiedenen halboffenen Bauweisen oder Deckelbauweisen können hier nicht oder nur kurz angesprochen werden. Auch hinsichtlich des Leitungstunnelbaus (auch Micro-tunneling) soll hier nur auf die Spezialliteratur verwiesen werden (STEIN et al. 1988; MAIDL & GIPPERICH 1994; STEIN & FALK 1996 sowie ATV Arbeitsblatt A 125). Die Planung und Ausschreibung eines Mikrotunnelvortriebs erfordert eine sorgfältige mikrotunnelspezifische Baugrunderkundung, um das Risikopotential von Störkörpern im Untergrund einzugrenzen.

17.1 Aufgaben und Grenzen ingenieurgeologischer Prognosen

Aufgabe der ingenieurgeologischen Erkundung ist nicht nur die Beschreibung der Gesteine und des Trennflächengefüges sowie die Erkundung der Grundwasserverhältnisse, sondern vor allen Dingen eine Darstellung der Lagerungsverhältnisse und eine Beschreibung der tektonischen Beanspruchung des Gebirges sowie möglicher anderer geologischer Besonderheiten. Außerdem sind gefragt, die Raumstellung der maßgeblichen Trennflächen, insbesondere der tektonischen Störungszonen und ihre Ausbildung, sowie eine mögliche Festigkeitsabminderung des Gebirges. Aus diesen geologischen Faktoren und den begleitenden boden- und felsmechanischen Versuchen müssen Rückschlüsse gezogen werden können auf die Gebirgsfestigkeit (Kennwerte), auf Gebirgs- bzw. Ausbruchklassen, auf das Tragverhalten des Gebirges und auf die Lösbarkeit beim Ausbruch. Die geotechnische Prognose ist Grundlage der Planung und Ausschreibung und muß den anbietenden Firmen eine möglichst einwandfreie Preiskalkulation ermöglichen.

Wenn keine speziellen Bauerfahrungen in vergleichbarem Gebirge vorliegen, muß aber auch auf die **Grenzen der Vorhersagbarkeit** hinsichtlich des Verhaltens des Gebirges beim Ausbruch oder über den zu erwartenden Wasseranfall hingewiesen werden, die mit wirtschaftlich vertretbarem Aufwand nie ganz zu überwinden sind. Die verbleibenden Probleme können nur durch eine inten-

Tabelle 17.1 Einteilung der Hohlraumbauten nach der Überlagerungshöhe hinsichtlich ingenieur-geologischer Prognose und Gebirgsverhalten.

Hochgebirgs-verhältnisse (nach WEISS 1977, 1988)	Mittelgebirgs-verhältnisse
Seichtliegende Tunnel Überlagerung bis 300 m	Seichtliegende Tunnel Überlagerung < 30 m
Mitteltiefliegende Tunnel Überlagerung 300 bis 1000 m	Mitteltiefliegende Tunnel Überlagerung 30 bis 100 m
Tiefliegende Tunnel Überlagerung > 1000 m	Tiefliegende Tunnel Überlagerung > 100 m

sive ingenieurgeologische Betreuung während der Bauausführung, durch baubegleitende Messungen und durch eine fachübergreifende Zusammenarbeit aller an der Baudurchführung Beteiligten gelöst werden (NAUMANN & PRINZ 1989; DRESCHER & GEISSLER 1989; PRINZ 1990).

In Tab. 17.2 sind beispielhaft die für den Tunnelbau im Buntsandsteingebirge maßgebenden geologisch/geotechnischen Faktoren zusammengestellt. Die üblichen ingenieurgeologischen Untersuchungsmethoden und ihre Auswertung sind in den Abschn. 3 und 4 behandelt. Sie werden im Felsbau teilweise mit gewissen Abwandlungen angewandt (PRINZ & TIEDEMANN 1983; BRÄUTIGAM & PHILIPPEN-LINDT 1989; PRINZ 1990).

Wo keine modernen geologischen Karten zur Verfügung stehen, ist zu Beginn der Untersuchungsarbeiten eine **Streifenkartierung** i.M. 1 : 10 000 oder 1 : 5000 zu empfehlen, mit besonderer Berücksichtigung der Tektonik und geologischer Besonderheiten (s. Abschn. 3.2.6 und 17.1.1).

Aufschlußbohrungen sind so anzusetzen, daß daraus keine nachteiligen Folgen für das Bauwerk entstehen (z. B. Bohrungen neben die Trasse legen oder nötigenfalls mit Betonpfropfen abdichten). Besondere Aufmerksamkeit ist immer den Portalbereichen zu widmen (zusätzliche Horizontal-

oder Schrägbohrungen und Schürfe) sowie Tunnelabschnitten mit geringer Überdeckung, besonders unter Seitentälern und Muldenformen am Hang (Abb. 17.1).

Im allgemeinen werden bei Tunnelbauwerken die Portalbereiche mit jeweils 2 bis 3 Bohrungen erkundet, davon meist eine Schräg- oder Horizontalbohrung. Die Bohrabstände entlang der Tunnelstrecke betragen je nach Überlagerungshöhe 50 bis 200 m, bei tiefliegenden Tunneln auch mehr. Die Tiefe der Bohrungen soll nach DIN 4020 (1990) mindestens bis in einfache Ausbruchbreite unter die Tunnelsohle reichen. Bei der Neubaustrecke Hannover – Würzburg der DB AG hat der durchschnittliche Bohraufwand 300 bis 700 Bohrmeter pro km Tunnel betragen (DRESCHER & GEISSLER 1989).

Kluft- oder Störungszonen müssen nötigenfalls durch gezielt angesetzte Schrägbohrungen erkundet werden, die nicht nur eine Aussage über die Kluftdichte ermöglichen, sondern auch über Breite und Ausbildung von tektonischen Störungszonen (s. Abschn. 3.2.6).

Ein **Erkundungsstollen oder Erkundungsschacht** im Bereich des geplanten Hohlraumes ist allen anderen Untersuchungsmethoden überlegen (s. Abschn. 4.3.4). Zu unterscheiden sind hierbei

Tabelle 17.2   Geologisch-geotechnische Faktoren für die Erkundung von Tunnelbauten im Buntsandsteingebirge.

Geologisch/ingenieurgeologische Faktoren	geotechnische Faktoren
Petrofazielle Schichtausbildung Stratigraphische Folge, Gesteinsart Schichtflächenausbildung, Tonmineralogie	Gesteinsfestigkeit Gebirgsfestigkeit (Gebirgsscherfestigkeit) Gebirgsklassifizierung
Tektonik Störungszonen, Gebirgszerbrechung Trennflächengefüge	Primärspannungszustand Gebirgsentfestigung, Gebirgsauflockerung Lage und Richtung der wichtigsten Trennflächen (Großklüfte, Störungszonen)
Verwitterungs- und Auflockerungszone (Auch an alten Landoberflächen) Hangzerreißung	Standfestigkeit und Verformungsverhalten bei geringer Überdeckung
Wasserführung Grundwasserstände, Grundwasserstockwerke Gebirgsdurchlässigkeit, Chemismus Auswirkungen auf Wasserhaushalt und Ökologie	Wasseranfall im Tunnel (vor Ort und in l/s · 100 m) Betonaggressivität, Gefahr von Versinterungen
Besondere geologische Phänomene (Rutschungen, Karsterscheinungen, Residualbildungen)	

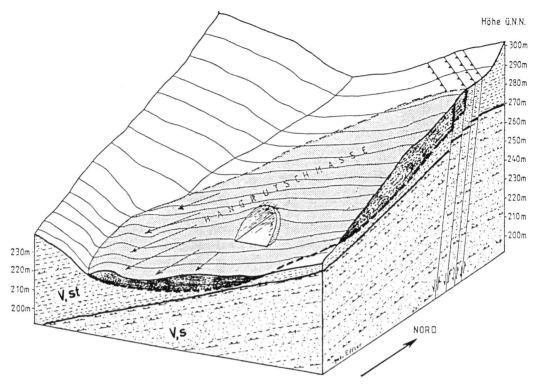

Abb. 17.1   Bockbild über die Situation am Südportal des Weltkugeltunnels (NBS H/W) mit talwärtigem Einfallen der Schichten und einer flachen Rutschung in der Anwitterungszone des Mittleren Buntsandsteins (nach Schenk et al. 1989).

Erkundungsstollen, die nach Möglichkeit die gesamte schwierige Strecke durchfahren sollten und Sondierstollen oder Probestollen, die in der Längenausdehnung begrenzte Erkundungsstollen sind. Beide können streckenweise zu einem Probeausbruch im Großprofil aufgeweitet werden. Ein Erkundungsstollen ersetzt bei rechtzeitiger Planung einen Großteil der sonstigen Aufschlußarbeiten. Darüber hinaus bietet er Gelegenheit zu vorgezogenen felsmechanischen Messungen und Versuchen am Objekt und hat beim späteren Vortrieb auch tunnelbautechnisch Vorteile. Bei Tunneln mit größeren Überlagerungshöhen werden häufig vorauseilende Sondierstollen zu Erkundungszwecken angewendet (Nowy 1989).

Sofern in der **Projektumgebung** Bauten, Verkehrswege oder Versorgungseinrichtungen vorhanden sind, die durch die geplante Baumaßnahme beeinträchtigt werden können, sind die Untersuchungen daraufhin auszudehnen und Beweissicherungsmaßnahmen vorzuschlagen (z. B. Dokumentation der Schadensfreiheit bzw. der Risseentwicklung, Setzungsmessungen, Erschütterungsmessungen, s. d. Arnold 1995, darin Lit.).

17.1.1 Erkundung tektonischer Strukturen und ihrer Auswirkungen

Trotz dieses Erkundungsaufwandes (Streifenkartierung, Geophysik, Luftbildauswertung, Vertikal- und Schrägbohrungen) gelingt es nicht immer, die Richtung der maßgeblichen tektonischen Störungszonen vorherzusagen. Mit Hilfe der Streifenkartierung können zwar die größeren Verwerfungen weitgehend lokalisiert werden, die häufig nicht zutreffende Vorstellung über das tatsächliche Schichteinfallen führt jedoch zu einer Überbetonung von Querstörungen, während die für den Tunnelbau kritischeren Längsverwerfungen wegen der meist von horizontaler Schichtlagerung ausgehenden Streifenkartierung und der ebenfalls in Längsrichtung angeordneten Bohrungen vielerorts nicht erkannt werden. Die besten Erfahrungen bei der Erkundung tektonischer Störungszonen sind in den 90er Jahren mit gezielt angesetzter Geophysik gemacht worden (s.d. Abschn. 4.2.2).

Wie schwierig es im Einzelfall ist, aus Bohrungen eine zutreffende tektonische Prognose zu geben, beschreiben PRINZ & VOERSTE 1988 an dem in Abb. 17.2 dargestellten Beispiel. In kritischen Fällen sind vorauseilende Sondierstollen oft das beste Mittel zur Erkundung schwieriger tektonischer Strukturen oder schwer abschätzbarer Wasserzuflüsse. Während der Vortriebsarbeiten kann der Abstand zur nächsten größeren Störungszone und ihre Raumlage mittels vortriebsbegleitender seismischer Messungen (TSP-Sondierung, Tunnel Seismic Prediction) erkundet werden (DICKMANN & SANDER 1996).

Beim Auffahren der DB-Tunnel in der tonsteinreichen, dünnbankigen Ausbildung des Buntsandsteingebirges in Hessen zeigte sich nicht nur in der oberflächennahen Auflockerungszone, sondern auch in einigen tektonischen Störungszonen ein äußerst ungünstiges Verformungsverhalten (s. Abschn. 2.6.6). Dabei war auffällig, daß an zahlreichen, wenn auch nicht allen Verwerfungen bzw. Störungszonen teilweise stark erhöhte Setzungen und auch einzelne Tunnelverbrüche aufgetreten sind und daß keine direkte Abhängigkeit der Größe der Setzungen von der Art und Stärke der tektonischen Gebirgszerbrechung erkennbar war. Eine systematische Auswertung der ingenieurgeologischen Tunnelaufnahmen und des Verformungsverhaltens des Spritzbetonausbaus ließ dann eine deutliche Abhängigkeit von bestimmten tektonischen Strukturen erkennen (NAUMANN & PRINZ 1988, 1989; PRINZ & VOERSTE 1988; PRINZ 1990). Die beobachteten **Gebirgsauflockerungen** lassen sich bruchmechanisch erklären und sind mit den Vorstellungen moderner Plattentektonik und einer tiefreichenden Schubebeanspruchung der saxonischen Bruchschollengebirge dieses Gebietes in Übereinstimmung zu bringen (s. Abschn. 3.2.4 und 3.2.6 sowie PRINZ 1988; NAUMANN & PRINZ 1989). Bei der ingenieurgeologischen Erkundung muß auf diese Phänomene hingewiesen und versucht werden, aus der tektonischen Gesamtsituation die dafür in Frage kommenden Bruchrichtungen anzugeben und die Gebirgsauflockerung, z. B. mit Bohrlochaufweitungsversuchen nach Abschn. 2.6.5 zu erfassen (SCHETELIG & SEMPRICH 1988; NAUMANN & PRINZ 1989). Im Zweifelsfall ist auch ein Erkundungsstollen mit Probeausbruch im Großprofil in Erwägung zu ziehen. Beim Tunnelvortrieb selbst ist verstärkt auf die tektonischen Strukturen und die Anfangssetzungen zu achten (s. Abschn. 17.2.3). Ein meßtechnischer Nachweis der Gebirgsauflockerung ist möglicherweise mittels Untertage-Gravimetrie möglich, mit der laterale Dichteänderungen von $100\,kg/m^3$ erfaßt werden können (WALACH 1996).

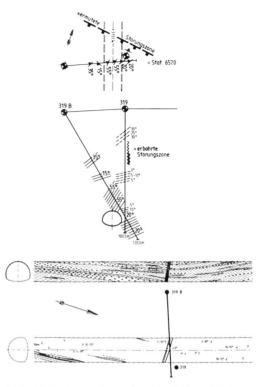

Abb. 17.2 Auswertung einer Vertikal- und Schrägbohrung mit z. T. aus orientierten Bohrkernen gewonnenen Schichteinfallswerten. Darunter Ausschnitt der Tunnelkartierung des betreffenden Abschnitts (PRINZ & VOERSTE 1988).

17.1.2 Erkundung und Auswirkungen der Grundwasserverhältnisse

Die Art und Menge des Wasserzutritts im Tunnel beeinflussen nicht nur die Vortriebsarbeiten (Leistungsansätze), sondern auch die Konstruktion. Die Grundwasserverhältnisse im Gebirge müssen daher rechtzeitig und möglichst zutreffend erfaßt und überwacht werden (s.d. auch SERRANO 1988).

Bei der **Erkundung der Grundwasserverhältnisse** sind außer frühzeitigen Kontakten mit den Wasserwirtschaftsbehörden nötigenfalls auch hydrogeologische Quellkartierungen und zum Teil auch ökologische Kartierungen durchzuführen. Bei den Aufschlußbohrungen werden alle Angaben über Grundwasser in Bohrwasserstandsdiagrammen ausgewertet (s. Abschn. 4.4.4). Diese geben Hinweise auf die Höhenlage der Grundwasseroberfläche sowie auf verschiedene Grundwasserstockwerke und auch auf die Durchlässigkeit des Gebirges. Eine ausreichende Anzahl Bohrungen sind zu Grundwassermeßstellen auszubauen, in denen das Verhalten der Grundwasseroberfläche Jahre vor dem Eingriff durch die Baumaßnahme und während der Bauarbeiten verfolgt wird (s. Abb. 4.23). Mit diesen, neben der Trasse eingerichteten Grundwassermeßstellen ist dann auch eine ausreichende Grundlage für das wasserrechtliche Genehmigungsverfahren zur Absenkung des Grundwassers beim Vortrieb sowie eine lückenlose Beweissicherung für die Auswirkung auf den Wasserhaushalt gegeben. Wo Einflüsse auf Wassergewinnungsanlagen zu erwarten sind, müssen rechtzeitig Ersatzbeschaffungen abgestimmt werden.

Bei den Aufschlußarbeiten sind im einzelnen zu erfassen:

- Höhenlage der Grundwasseroberfläche, Wechselstände,
- Strömungsrichtung
- Auftreten von Grundwasserstockwerken
- Durchlässigkeit des Gebirges in Abhängigkeit vom Trennflächengefüge bzw. den Homogenbereichen
- Chemismus und ggf. Temperatur des Grundwassers

Das Gebirge ist in der Regel ein Kluftgrundwasserleiter oder auch Karstgrundwasserleiter (s. Abschn. 18.2.7). Die Gebirgsdurchlässigkeit ist damit hochgradig inhomogen und anisotrop (s. Abschn. 2.8.2). Der Grad der Anisotropie wird sowohl vom Kluftgefüge als auch von der Beschaffenheit der Einzelklüfte bestimmt. Außer der klüftungsbedingen Anistropie in horizontaler Richtung ist nicht nur in tonsteinreichen Wechselfolgen auch eine schichtungsbedingte Anisotropie in vertikaler Richtung zu beachten (Stockwerksbildung). Auch in schichtungslosen Massengesteinen (z. B. Granit) kann sich durch unterschiedliche Intensität der Klüftung eine Art Stockwerksbildung mit Quellhorizonten ausbilden. Andererseits können tiefer liegende besser wasserwegsame Gesteinsfolgen auf große Entfernung dränend wirken (PRINZ & HOLTZ 1989, darin Lit.).

Auch tektonische Störungs- und Zerrüttungszonen sowie gangartige Diskontinuitäten beeinflussen die Wasserführung des Gebirges. Störungszonen können einerseits über größere Erstreckung dränend wirken, andererseits aber auch wasserstauend und sind dann die Ursache für unterschiedliche Wasserstände im Gebirge (s. Abschn. 2.8.5). Stark zerbrochene gangartige Strukturen können in sonst wenig wasserwegsamem Gebirge erhebliche Wassermengen liefern (häufig 1–2 l/s pro Einzelstruktur).

Die Methoden zur Ermittlung der Gebirgsdurchlässigkeit sind im Abschn. 2.8.4 ausführlich beschrieben. Wo keine speziellen Erfahrungen vorliegen, ist die Prognose des Wasseranfalls im Tunnel mit erheblichen Unsicherheiten behaftet (s. a. Abschn. 11.5).

Der anfängliche und dauernde **Wasseranfall im Tunnel** werden von der Gebirgsdurchlässigkeit, der Lage zur Grundwasseroberfläche, den Schichtlagerungsverhältnissen und der Strömungsrichtung, der dauernde Wasseranfall auch von der Grundwasserneubildungsrate und der Verteilung der Niederschläge bestimmt, (s. Abschn. 16.3.1.1 und HÖLTING 1996: 73 sowie ALTMANN et al. 1977). Der Wasserzulauf erfolgt vorwiegend auf Klüften und gangartigen Strukturen, wobei auch in Sandsteinen nicht selten kleine Suffusionskanäle zu beobachten sind.

Die anfängliche Menge des Wasserzulaufes kann je nach Lage des Grundwasserspiegels und der Größe des Einzugsgebietes nach einigen Tagen bis wenigen Wochen stark nachlassen oder gar aufhören (ausbluten). Der dauernde Wasseranfall stellt sich nach etwa 2 bis 4 Monaten ein. Je nach Gebirgsdurchlässigkeit und Überlagerungshöhe ist dabei auch eine mehr oder weniger deutliche Abhängigkeit von den Niederschlägen zu verzeichnen. Auch über der eigentlichen Grundwasseroberfläche ist immer mit einem gewissen Sickerwasserzulauf zu rechnen, der in besser durchlässigen Gebirgsabschnitten nach anhaltend starken Niederschlägen ganz erheblich sein kann (sog. Regeneffekt).

Beim Tunnelvortrieb können für den Wasseranfall in Anlehnung an MÜLLER (1978: 543) und an das Tunnelbautaschenbuch (1982: 240) zusammenfassend folgende Definitionen verwendet werden:

- Nasse Leibung, kleinflächige oder flächige Naßstellen
- Tropfwasser, schwach oder stark tropfend
- Rinnende Wasseraustritte oder einzelne Wasserstrahlen aus einzelnen Schichten, Klüften, Gängen oder röhrchenförmigen Fließkanälen bzw. aus Bohrlöchern
- Seihwasser, das besonders aus der Firste in zahlreichen dünnen Strahlen ausfließt (bis 20 l/s vor Ort)
- Stärkere Wasseraustritte aus Klüften, Gängen, Zerrüttungszonen, Fließkanälen oder Bohrlöchern (möglichst mit Mengenangaben, Werte von 2–20 l/s vor Ort)
- Starker Wasserandrang aus Spalten, Zerrüttungszonen, Karsthohlräumen oder Entwässerungsbohrungen (mit Wassermengen > 20 l/s).

Als **Wasseranfall vor Ort** (in l/s) gilt der Bereich der Ortsbrust bis 30 m oder 50 m zurück. Nach DIN 18312 wird die Grenzwassermenge in einer Entfernung bis zu 50 m hinter der Ortsbrust ermittelt. Neuerdings wird der Wasseranfall vor Ort in der Ausschreibung z. T. auch auf wenige Tunnelmeter begrenzt, mit der Argumentation, daß das bei den vorangegangenen Abschlägen gefaßte Wasser keine weitere Erschwernis bedeutet. Art und Ort der Wassermessung sind in der Ausschreibung festzulegen.

Der weitere Wasseranfall wird in der von STINI (1950: 123) eingeführten **Ergiebigkeitsziffer** in l/s · 100 m Tunnellänge angegeben, unterteilt in anfänglichen Wasseranfall in der Bauphase und dauernden Wasseranfall in der Betonier- bzw. Betriebsphase.

Als **Grenzwassermenge,** die als Erschwernis in die Ausbruchsarbeiten einzurechnen ist, gilt in Anlehnung an das Tunnelbautaschenbuch 1982:

in standfestem Gebirge   5 l/s je Vortriebsort
in gebrächem Gebirge   2–3 l/s je Vortriebsort
in rolligem Gebirge   0,5 l/s je Vortriebsort

Überschreiten die anfallenden Wassermengen die Grenzwassermenge, so können Ausbruchszulagen geltend gemacht werden.

Die **Höchstwassermenge** ist die Wassermenge, bis zu der die Wassererschwernisse zu kalkulieren sind.

Die **Abschätzung der Wassermengen** erfolgt nach der Erfahrung, nach Literaturangaben oder Überschlagsrechnungen. WIEGEL (1968: 498) und KRAPP (1979: 343, darin Lit.) bringen für sandigtonige Gesteinsfolgen Durchschnittswerte von 0,2 bis 1,0 l/s · 100 m (s. a. PRINZ & HOLTZ 1989) mit teilweise stark wechselnden Wasserzuflüssen an Schicht- und Kluftflächen von örtlich bis zu 1 l/s und mehr (GEISSLER 1994). Diese Werte gelten für Berglage. Am Hangfuß (Lehnentunnel) oder bei Talunterfahrungen ist mit einem anfänglichen Wasseranfall von bis zu 10–20 l/s und mehr zu rechnen (KLEIN & DÜRRWANG 1994).

Die rechnerische Abschätzung der beim Vortrieb anfallenden Wassermengen erfolgt entweder über das Leerlaufverhalten oder über die Anströmwassermenge (SCHRAFT 1986: 265). Maßgebend für das Ergebnis sind dabei das angenommene Grundwassergefälle (1 : 10 bis 1 : 20 bzw. 0,1–0,05) und das nutzbare Kluftvolumen (0,1 %–0,5 %; s. Abschn. 2.8.2 sowie KRAPP 1979: 322; FECKER & REIK 1996: 334) bzw. die Gebirgsdurchlässigkeit. Je nach den Eingangsdaten ergeben sich mit diesen

Methoden für den anfänglichen Wasseranfall Werte von 0,2 bis 1,0 l/s · 100 m.

Bei zweiseitigem Leerlaufverhalten werden pro Tunnelmeter entsprechend der Reichweite R und der Absenkhöhe so und soviel Kubikmeter Gestein entwässert (s. Abb. 17.3), was bei einem nutzbaren Kluftvolumen von 0,1 bis 0,5 % einer bestimmten Menge Grundwasser entspricht, die bei z. B. 5 m Vortrieb pro Tag in (angenommen) etwa 20 Tagen ausläuft.

Die Anströmwassermenge errechnet sich bei zweiseitigem Zulauf aus

$$Q = 2 \cdot k \cdot \frac{H - h}{R} \cdot F \qquad \text{(Abb. 17.3)}$$

Eine weitere Berechnungsmöglichkeit ist, den Tunnel als unvollkommenen Horizontalbrunnen mit beidseitiger Anströmung zu betrachten, wofür eine Näherungsformel aus HERTH & ARNDTS (1973) zur Verfügung steht:

$$Q = (0,73 + 0,27 \cdot \frac{H - h}{H}) \cdot \frac{k}{R} \cdot (H^2 - h^2) \cdot L$$

Darin bedeuten (s. a. Abb. 17.3):

Q = anfallende Wassermenge (in m³/s)
k = Gebirgs-Durchlässigkeitsbeiwert (m/s)
R = Reichweite der Absenkwirkung (in m)
H = Mächtigkeit des Aquifers im unbeeinflußten Zustand (in m) (wobei bei Anwendung dieser Formel H ≤ R/3 sein soll)
h = Mächtigkeit des Aquifers im abgesenkten Zustand (in m)
L = Länge des Tunnelabschnitts (in m)

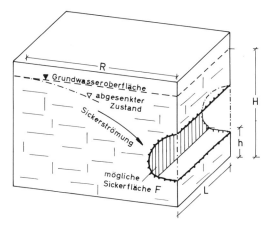

Abb. 17.3 Schematische Darstellung der Absenkung des Grundwassers durch die Dränwirkung eines Tunnels (nach WITTKE 1984, ergänzt).

Der dauernde Wasseranfall kann über den von der Grundwasserabsenkung beeinflußten Geländestreifen und die Grundwasserneubildungsrate abgeschätzt werden (s. Abschn. 16.3.1.1 und SCHRAFT 1986: 267). Bei einer Reichweite von 100 m ergibt sich z. B. bei einer Grundwasserneubildungsrate von $2-3$ l/s $\cdot$ km^2 ein dauernder Wasseranfall von $< 0,1$ l/s $\cdot$ 100 m. Bei einigen Buntsandsteintunneln in Niedersachsen sind allerdings in Abhängigkeit von der Jahreszeit Dauerabflußmengen bis 1,0 l/s $\cdot$ 100 m gemessen worden (GEISSLER 1994).

Die Mengenangaben sind einmal für die Ausschreibung von Bedeutung (Arbeitserschwernis, Wasserhaltung), dann für die Dimensionierung der Tunnelentwässerung und letztlich auch für die Wasserwirtschaft.

Die **Messungen der in der Bauphase anfallenden Wassermengen** ist vielfach schwierig, da auch bei steigendem Vortrieb häufig mit Pumpensümpfen und Überpumpstellen gearbeitet wird. Hinzu kommt, daß die entsprechenden Meßwehre oder meßbaren freien Ausläufe leider oft sehr spät oder unzureichend installiert werden. Meist ergeben sich erst bei größeren Tunnellängen und höherem Wasseranfall brauchbare Meßwerte. Die Messungen müssen täglich vorgenommen werden, wobei die Brauchwasserzufuhr über einen Wasserzähler zu registrieren und gegebenenfalls zu einem Teil (z. B. 50 %) abzuziehen ist. Die zuverlässigsten Abflußwerte erhält man nach längeren Arbeitspausen. Die regelmäßige Messung des Wasseranfalls ist heute meist eine Auflage von seiten der Wasserwirtschaft.

Neben den Wassermengen aus dem Tunnel sind auch die im Einflußbereich des Tunnels gelegenen Grundwassermeßstellen regelmäßig, in der entscheidenden Absenkphase nötigenfalls täglich, zu messen, um die Reichweite der Absenkung zu erfassen. Die **Reichweite der Grundwasserabsenkung** durch den Tunnelvortrieb beträgt durchschnittlich 50 bis 200 m, in Einzelfällen auch mehr. Sie ist von der Absenkhöhe, der Raumlage und Ausbildung der Schichten, der Strömungsrichtung, und von der hydraulischen Wirkung der tektonischen oder gangartigen Strukturen abhängig (SCHRAFT 1986; PRINZ & HOLTZ 1989). Die Reaktion schwebender Stockwerke ist in hohem Maße von der Gebirgsausbildung abhängig. In tonsteinreichen Schichtfolgen (Tonsteinanteil $> 40\%$) bleiben schwebende Stockwerke häufig erhalten (Abb. 17.4), während in anderen Gebirgsarten tunnelnahe Grundwassermeßstellen (> 50 m Seitenabstand) meist eine deutliche Reaktion zeigten (s.

Abb. 4.23). Will man diese vermeiden, so sind bei Spritzbetonbauweise rohrschirmartige Vorausinjektionen o. ä. erforderlich (PRINZ & HOLZ 1989).

Die **Arbeitsbehinderung durch den Wasserzulauf** ist je nach Empfindlichkeit der Gesteine sehr unterschiedlich und ist ab Wassermengen von 0,5 – 1,0 l je Abschlag auch bei konventionellem Sprengvortrieb ganz erheblich. In erweichbaren Gesteinen muß das Wasser von den Fahrsohlen ferngehalten werden. Wasseraustritte im Sohlbereich führen zu Sohlaufweichungen und zu Schwierigkeiten beim Aufbringen des Spritzbetons. Sie können durch die Schüttung einer Sohldränschicht aus Grobschotter zur Ableitung des anfallenden Wassers (nötigenfalls über zusätzliche Pumpensümpfe) beherrscht werden. Ankerbohrlöcher bringen vor allen Dingen dann Wasser, wenn diese einen nächsthöheren wasserführenden Horizont (schwebende Kleinstockwerke) anbohren. Sie müssen nötigenfalls durch Kunstharzinjektionen abgedichtet werden.

Der **Grundwasseranfall** ist nicht nur von der lithologischen Ausbildung des Gebirges abhängig, sondern besonders von dem Vorhandensein einzelner stärker durchlässiger Strukturen bzw. Gesteinspakete im Tunnelniveau und besonders im Sohlbereich. Auch die Grundwasserfließrichtung hat entscheidenden Einfluß auf den Grundwasseranfall. Bei einem Tunnelvortrieb gegen die Grundwasserfließrichtung tritt offensichtlich eine geringere vorauseilende Gebirgsentwässerung auf, weil sich mit jedem Abschlag das hydraulische Gefälle und damit die Fließgeschwindigkeit erhöhen. Dies bedingt einen deutlich höheren Wasseranfall vor Ort, der über das steilere Grundwassergefälle (von 1 : 10 und mehr) auch rechnerisch zu belegen ist.

Unter dickeren Tonsteinlagen kann es unter dem hydraulischen Druck der wenige Zehnermeter benachbart höher stehenden Grundwasseroberfläche zu gespannten Grundwasseraustritten kommen. Auch ein Aufbrechen der undränierten Spritzbetonsohle unter hydraulischem Druck ist beobachtet worden (PRINZ & HOLTZ 1989).

Vorsicht geboten ist auch bei schwebenden Grundwasserstockwerken über Tonsteinbänken wenig über Fristniveau.

In tonsteinreichen Wechselfolgen wirken tektonische Störungszonen häufig grundwasserhemmend. Beim Anfahren solcher Zonen kann für Tage bis Wochen erhöhter Wasseranfall auftreten, der 5 bis 10 l/s vor Ort erreichen kann und in Einzelfällen Absenkbrunnen entweder von der Geländeoberfläche aus oder im Tunnel als Vorbohrung bzw. in der Sohle erforderlich macht (VOERSTE & LINDNER 1986: 947; PRINZ & HOLTZ 1989).

Über 10–20 l/s hinausgehender starker Wasserandrang ist in seicht liegenden Tunnelbauten meist nicht zu erwarten, ausgenommen stark durchlässige Gebirgsarten und Karstgebirge. GEISSLER et al. (1987) und LEICHNITZ & SCHIFFER (1988) berichten über einen wochenlang anhaltenden Wasserandrang von 300 bis 450 l/s aus der verkarsteten Gelbgrenzkalkzone des Unteren Muschelkalkes über Röttonsteinen beim Raueberg-Tunnel der DB AG, der nur mit Hilfe eines Pilotstollens und zahlreicher Entwässerungsbohrungen beherrscht werden konnte.

Bei tiefer liegenden Tunnelbauten sind dem Geologen hinsichtlich der Bewertung des Wasserandrangs meist enge Grenzen gesetzt, außer er kann auf Erfahrungen von Tunnelbauten in vergleichbaren Gebirgsformationen zurückgreifen. Hier liegen aber meist nur Berichte über **Wassereinbrüche** selbst vor und nicht über die im Normalfall an-

gefallenen Wassermengen. MÜLLER (1978: 545) und WEISS (1988: 254) berichten über die bekannten großen Wassereinbrüche vom Bosrucktunnel mit 1100 l/s, Simplontunnel mit 1300 l/s auf 89 Tunnelmeter, Mont d'Or-Tunnel mit 10 000 l/s, den Tauernbahntunnel mit 4000 l/s sowie einige andere starke Wassereinbrüche, die zeitweise zum Erliegen der Vortriebsarbeiten und z. T. zu Trassenänderungen geführt haben. Gerade im Alpengebiet sind die Erfahrungen mit der Abschätzung der zu erwartenden Wassermengen sehr unterschiedlich, wie die von WEISS (1994) zusammengestellten Beispiele zeigen (s. a. HERMANN & KNITTEL 1994; KNOLL et al. 1994; STEYRER et al. 1994).

Das nach dem Abschlag anfallende Wasser ist unmittelbar nach dem Freilegen des Gebirges sorgfältig zu fassen und abzuleiten (Abb. 17.5). Die **Hilfsmittel zur Ableitung von Sicker- und Kluftwasser** sind Dränschläuche (1″ oder 2″bzw. DN 50) ohne oder mit Vliesumhüllung, die eingespritzt werden, Noppenmatten oder Streckmetall zur Fassung von flächenhaften Wasserzutritten oder auch

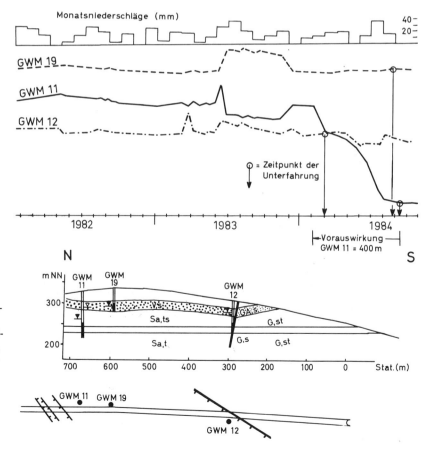

Abb. 17.4 Reaktionen tunnelnaher Grundwassermeßstellen auf den Tunnelvortrieb in der tonsteinreichen Salmünster-Folge (Sa, ts). Das schwebende Grundwasserstockwerk im Volpriehausen-Sandstein (V, s) blieb selbst in Störungsnähe erhalten.

Spritzmörtel zur Flächenabdichtung. Feuchtstellen der Spritzbetonaußenschale sind durch gezielt angesetzte radiale Drän- oder Entlastungsbohrungen anzubohren und das Wasser über Kunststoffschläuche abzuleiten (s. a. WEBER 1988). Im Sohlbereich kann drückendes Wasser auftreten, das über Drängräben bzw. -leitungen zu fassen und über provisorische Pumpensümpfe in die Tunnelentwässerung einzuleiten ist (Abb. 17.5). Bei zu starkem Wasserandrang können auch Absenkbrunnen von der Kalottensohle aus vorgesehen werden.

In wenig durchlässigen Lockergesteinen können während des Vortriebes auch Vakuumlanzen erforderlich werden (Tunnelbautaschenbuch 1982: 245).

Dränmaßnahmen vor dem Vortrieb sind bei großem Wasserandrang oder in wasserempfindlichen bzw. zum Fließen neigenden Gebirgsarten angebracht. Sie werden dann durch Grundwasserabsenkung von über Tage (VOERSTE & LINDNER 1986; SOCHATZY 1988; MÖRSCHER et al. 1989), durch vorlaufende Entwässerungsstollen oder mit-

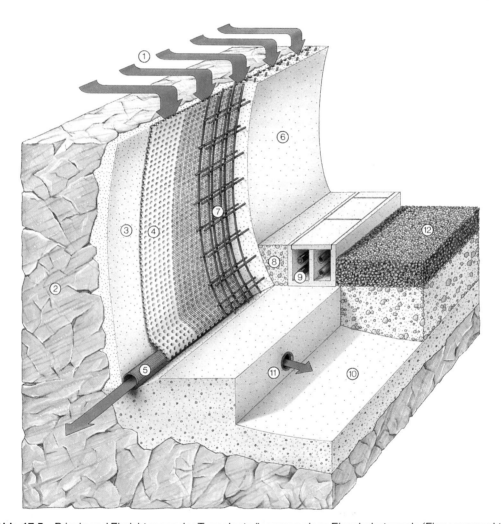

Abb. 17.5 Prinzip und Einrichtungen der Tunnelentwässerung eines Eisenbahntunnels (Firmenprospekt).
①Kluft- und Schichtenwasser
②Fels
③Spritzbeton
④Noppenbahn mit aufgeschweißtem Fadengitter
⑤Ulmendränage
⑥Innenschale
⑦Bewehrung der Innenschale
⑧Füllbeton
⑨Kabelkanäle
⑩Sohlgewölbe
⑪Verbindung zur Sammelleitung
⑫Schotterbett

tels voreilender Entwässerungsbohrungen im Zuge des Vortriebs vorgenommen (HERMANN & KNITTEL 1994). Im schwierig aufzufahrenden Gebirgsarten (z. B. ausgelaugter Gipskeuper oder Tonschieferzersatz) bewirkt eine rechtzeitige Absenkung des Grundwassers meist eine ganz erhebliche Gebirgsverbesserung (KIRSCHKE & PROMMESBERGER 1992).

Die andere Möglichkeit, die besonders in wasserführenden Störungszonen und auch bei Unterwassertunneln Anwendung findet, ist, das Grundwasser durch **Injektionen** (Zement-/Bentonitsuspensionen, Polyurethan-Kunstharzinjektionen) vom Tunnelbauwerk abzuhalten. Als Injektionsverfahren kommen entweder rohrschirmartige Vorausinjektionen in Betracht oder ± radiale Injektionsbohrlöcher vom Vortrieb oder einem Vorstollen aus. Der Abfluß des verdrängten Grundwassers muß nötigenfalls durch Drainagebohrungen sichergestellt werden. Vorlaufende Injektionen im Sohlbereich können auch zum Schutz des Grundwassers während der Bauzeit vorgesehen werden.

Die bei der Durchsickerung der Spritzbetonaußenschale gelösten Stoffe können zu **Ausfällungen im Dränsystem des Tunnels** führen und dieses verstopfen. Um diesen Vorgang zu vermindern, sind besondere Maßnahmen erforderlich. Durch Entlastungsbohrungen und Abschlauchungen kann zumindest ein Teil des anfallenden Wassers direkt in das Dränsystem abgeleitet werden, ohne vorher mit dem Spritzbeton in Berührung zu kommen. Ferner kann durch eine geeignete Wahl des Zements und weiterer Bindemittel sowie eines alkalifreien Erstarrungsbeschleunigers ein dichteres Gefüge erreicht und die Eluierbarkeit des erhärteten Spritzbetons erheblich vermindert werden (BREITENBÜCHER et al. 1992, MICKE 1993; POSCHER 1993).

Die **chemischen Grundlagen** für die Lösung des Calciumhydroxids $Ca(OH)_2$ und seine Ausfällung bei Luftzutritt zu Calciumcarbonat $CaCO_3$ sind:

$$CaCO_3 + H_2CO_3 = Ca(HCO_3)_2$$
$$= Ca(OH)_2 + 2\,CO_2$$
$$Ca(OH)_2 + CO_2 = CaCO_3 + H_2O$$
$$Ca(HCO_3)_2 + Ca(OH)_2 = 2\,CaCO_3 + 2\,H_2O$$

(s. d. SCHRAFT 1988, BREITENBÜCHER et al. 1992 und Abschn. 9.3.2).

Neben dem Calciumhydroxid spielen dabei besonders die leicht wasserlöslichen Alkalihydroxide (KOH, NaOH) eine wesentliche Rolle, welche die in Lösung gehaltene Menge an Calciumhydroxid erheblich herabsetzen und die Ausfällung von $CaCO_3$ verstärken. Ziel der betontechnologischen

Maßnahmen muß daher sein, alkalifreie Beschleuniger zu verwenden. Außer den hier angesprochenen chemischen Ausfällreaktionen sind gegebenenfalls auch Verkrustungen durch Bakterienaggregate in Betracht zu ziehen (s.d. Abschn. 16.3.2.1).

Bis Ende der 80er Jahre wurden Tunnel in der Regel als **gedränte Systeme** geplant. Das Grundwasser wird dabei durch die Dränwirkung des Tunnels abgesenkt und es bildet sich ein mehr oder weniger breiter Streifen abgesenkten Grundwassers aus, so daß in den Standsicherheitsbetrachtungen des Tunnels kein hydrostatischer Druck berücksichtigt werden muß. Bei funktionierender Dränwirkung des Systems sind Restwasser im Kluftsystem oder höhere schwebende Grundwasserstockwerke für den Tunnel mehr oder weniger unerheblich, da der Druck an der gedränten Tunnelwandung abgebaut wird. Nachträglich auftretende nasse Stellen in Spritzbeton können über 2 bis 6 m lange Entspannungsbohrungen beseitigt werden. Diese Bohrungen bewirken, auch wenn sie nur wenig Wasser führen, einen Abbau des Kluftwasserdrucks und verlegen den Strömungsdruck in das Gebirge zurück.

Gedränte Tunnelsysteme erhalten üblicherweise eine Sickerwasser- oder Regenschirmabdichtung gegen nichtdrückendes Wasser. Die Anwendung eines gedränten Systems setzt voraus, daß die Dränung auf Dauer funktioniert und der Wartungsaufwand nicht zu hoch ist. Verliert das Dränsystem seine Wirksamkeit, so steigt der Grundwasserspiegel an und die Tunnelschale wird in nicht vorgesehener Weise belastet. Die nur für Sickerwasser geplante Abdichtung wird umströmt und undicht.

Die hydrostatische Wirkung schwebender Grundwasserstockwerke ist dabei äußerst schwer einzuschätzen. Im Zweifelsfall kann der Wasserdruck in Tunnelnähe mittels Piezometern gemessen werden (s. Abschn. 4.4.4).

Für eine wasserdichte Abdichtung konventioneller **ungedränter Tunnelsysteme** ist eine wasserdruckhaltende Rundumabdichtung erforderlich. (WU-Beton und/oder Kunststoffdichtungsbahnen), die aus abdichtungstechnischen Gründen bisher auf einen Wasserdruck von 30 bar begrenzt waren (DS 853). Bei den neuen druckwasserhaltenden Tunnelabdichtungssystemen mit doppellagigen, gekammerten und mit Vakuum prüfbaren PVC- bzw. PE-Folienabdichtungen sind 50 bis 70 bar in der Diskussion. Über Einzelheiten der Ausführung und erste Erfahrungen mit diesen Systemen berichten KRISCHE et al. (1991), KRISCHE

(1992), KIEL (1992), KRISCHE & PROMMESBERGER (1992) und KUHNHENN (1995). Auch bei ungedränten Tunnelsystemen ist ein vorübergehender Eingriff in das Wasserregime während der Bauzeit nicht zu vermeiden.

Die Ausführung von Tunneln als gedräntes oder abgedichtetes System ist nicht nur eine Frage der Tunnelkonstruktion und der Dichtigkeit der druckwasserhaltenden Abdichtung sondern betrifft auch **wasserwirtschaftliche und wasserrechtliche Belange.** Hinzu kommt, daß Dränsysteme in Tunneln mit Spritzbetonsicherung nicht wartungsfrei sind, sondern einen erheblichen Aufwand gegen Versinterung u.ä. erfordern (KIRSCHKE et al. 1991). Voraussetzung für ein Rückgängigmachen der normalerweise unvermeidlichen Absenkwirkung während der Bauzeit ist allerdings nicht nur eine druckwasserhaltende Abdichtung des Tunnels, sondern auch ein Verschließen der beim Vortrieb erfolgten Gebirgsauflockerung mittels Injektionen. Zur Unterbindung der Längsläufigkeit des Grundwassers werden häufig auch nur sog. Dammringe injiziert (1.5 und 4 m tiefe Kunstharzinjektionen), durch welche der Tunnel in einzelne hydraulische Abschnitte unterteilt wird. Diese Arbeiten können sehr aufwendig werden und sind nicht immer erfolgreich. Tief unter Grundwasser liegende Tunnel können aus technischen und wirtschaftlichen Gründen i.d.R. nicht auf den vollen Wasserdruck bemessen werden (KIRSCHKE et al. 1991; KIRSCHKE & PROMMESBERGER 1992).

Größere Grundwasserabsenkungen bewirken Spannungsumlagerungen im Gebirge, die entsprechende Verformungen und Setzungen an der Geländeoberfläche auslösen können. Schadensfälle dieser Art sind zwar sehr selten, ihre Möglichkeit ist aber im Einzelfall zu bedenken.

Um die Auswirkungen von Tunnelbauwerken auf den Grundwasserhaushalt zu erfassen, werden zunehmend Grundwasserströmungsmodelle und Modellrechnungen eingesetzt. KLEIN & DÜRRWANG (1994) berichten ausführlich über solche Berechnungen an der NBS Nürnberg-Berlin im Thüringer Wald.

Eingriffe in den Grundwasserhaushalt sind bei einem Tunnelbau naturgemäß nicht zu verhindern. Allerdings sind die Auswirkungen meist nicht so groß wie allgemein befürchtet wird bzw. z. T. nur vorübergehender Natur. Die **hydrogeologische Prognose,** d.h. die Auswirkungen des Tunnelbaus auf den Grundwasserhaushalt, ist in hohem Maße vom Zutreffen der erkundeten Lagerungsverhältnisse abhängig. Abweichungen der geologischen Prognose ziehen naturgemäß auch Abweichungen der hydrogeologischen Auswirkungen nach sich.

Im Rahmen von Gutachten für Tunnelprojekte sind die qualitativen und quantitativen Auswirkungen des Tunnelbaus auf das Grundwasser sowie auf nahegelegene Quellen, Grundwassergewinnungsanlagen und Bachläufe zu prüfen und mit den Fachbehörden abzustimmen (s.d. REICHEL & ZOJER 1994; JACOBS & TENSCHERT 1994; GAMERITH 1996). Neben Quellkartierungen und -messungen kommen im Einzelfall auch hydrochemische und isotopenhydrologische Untersuchungen in Betracht. So können z. B. stark wechselnde Temperaturen und niedrige Leitfähigkeiten ($< 100 \mu$ S/cm) als Hinweis auf Schuttquellen angesehen werden, die bei großflächigen Grundwasserabsenkungen anders reagieren als kluftwassergespeiste Systeme. Die Beweissicherung muß einen genügend langen Zeitraum vor Baubeginn, kontinuierliche Messungen während der Bauzeit (s. Abschn. 17.1.6) sowie eine nachlaufende Beweissicherung zur Feststellung vorübergehender Beeinflussungen umfassen (KNOLL et al. 1994; STEYRER et al. 1994).

Außer der Beeinträchtigung von Grundwassergewinnungsanlagen sind auch mögliche ökologische Auswirkungen auf Land- und Forstwirtschaft in die Untersuchungen einzubeziehen. Mit solchen Auswirkungen ist zwar nur zu rechnen, wo die natürliche Grundwasseroberfläche flacher als $4 - 5$ m unter Flur liegt und somit von der Vegetation genutzt werden kann, doch können durch die Absenkung der Grundwasseroberfläche auch tiefer am Hang in Standorten mit Grundwasserzufluß Veränderungen des Bodenwasserhaushalts auftreten. In Hanglage beziehen Waldbestände das für ihr Wachstum erforderliche Wasser aus den Niederschlägen und sind daher selten von Grundwasserabsenkungen betroffen (s.d. KLAGHOFER 1994).

Das in der Bauphase aus dem Tunnel austretende Dränwasser ist außerdem meist deutlich aufgehärtet und weist durch das aus dem Beton ausgewaschene Calciumhydroxid und bes. den Akalien des Schnellbinders pH-Werte bis 13 auf. Reicht die Verdünnungswirkung im Vorfluter nicht aus, muß eine Neutralisation mit Mineralsäuren oder neuerdings auch CO_2-Neutralisationsanlagen, die keine Aufsalzeffekte auslösen, vorgesehen werden. Bei Kalkaggressivität des Grundwassers (s. Abschn. 9.3.2) können diese Reaktionen mit abnehmender Tendenz über Jahre anhalten (SCHRAFT 1988).

17.1.3 Ermittlung geotechnischer Kennwerte

Die geotechnisch-felsmechanischen Untersuchungen sind von der ingenieurgeologischen Erkundung meist nicht streng zu trennen. Ihr Zweck ist die Ermittlung von Gebirgskennwerten als Grundlage für tunnelbautechnische Berechnungen sowie für die Planung des Vortriebsverfahrens, die Bemessung der Stützmaßnahmen und der Tunnelstatik sowie die Ermittlung der zu erwartenden Deformationen.

Bei der Planung des Versuchsprogrammes sollten immer in einer Kosten-Nutzen-Analyse die Verwendbarkeit der Versuchsergebnisse in der Praxis und die zu erwartenden Fehlergrößen kritisch geprüft werden, wobei der Größe der einzelnen Versuchskörper entscheidende Bedeutung zukommt.

Ein geotechnisches Versuchsprogramm kann je nach Erfordernissen folgende Versuche umfassen:

- Versuche in Bohrlöchern
- Laborversuche an Bohrkernen, Gesteinsproben, Trennflächen und Material von Trennflächenbelägen
- Laborversuche an Großproben ($\varnothing\ 0,5 - 1,0$ m)
- in situ-Großversuche in charakteristischen Felsbereichen
- Messungen in Probestollen und Schächten, ggf. mit partieller Aufweitung zum Vollprofil
- Messungen am Bauwerk selbst.

In den Aufschlußbohrungen werden in der Regel geotechnische Bohrlochversuche zur Erkundung des primären Spannungszustandes des Gebirges (4.1.3 und 2.6.7) sowie Bohrlochaufweitungsversuche (Abschn. 2.6.5) zur Ermittlung des Verformungsverhaltens des Gebirges durchgeführt. Letztere Ergebnisse können durch Plattendruckversuche o. ä. ergänzt werden (Abschn. 2.6.4).

Durch Laboruntersuchungen an Gesteinsproben werden die Wichte (Abschn. 2.3.3) und die Gesteinsfestigkeit (Druck-, Zug- und Scherfestigkeit – s. Abschn. 2.6.8) sowie die mineralogische Zusammensetzung, das Mikrogefüge und das Bindemittel, die Beständigkeit gegen Wasser und die Anteile quellfähiger Tonminerale (Abschn. 2.1.8) ermittelt.

Da Laborversuche an Bohrproben immer nur Gesteinskennwerte ergeben, die meist andere Größenordnung haben als für das Gebirge angesetzt werden kann, werden auch Versuche an Großbohrkernen und anderen Großproben sowie in situ-Großscherversuche (Abschn. 2.7.3) durchgeführt.

In einem Probevortrieb mit Aufweitung bis zur vollen Profilgröße können nicht nur Großproben entnommen werden, sondern mittels Nivellement- und Konvergenzmessungen, Extensometern und Druckmeßdosen das tatsächliche Gebirgsverhalten mit den Ergebnissen der geotechnischen Kennwerte und Berechnungen verglichen werden (MÖRSCHER et al. 1985).

Die einzelnen Versuche zur Ermittlung der Gesteins- und Gebirgsfestigkeit sowie der Gebirgsverformbarkeit sind in den o. g. Abschnitten beschrieben und die Ergebnisse diskutiert. Da Versagensfälle im Gebirge fast immer von Scherbrüchen auf vorgegebenen Trennflächen begleitet sind, ist die Gebirgsfestigkeit im räumlichen Spannungszustand im allgemeinen durch die Gebirgsscherfestigkeit bestimmt. Sie ist in hohem Maße vom Einspannungszustand abhängig.

17.1.4 Lösbarkeit und Erweichbarkeit

Im Felsbau unter Tage ist es nicht üblich, die Lösbarkeit in Felsklassen, etwa nach DIN 18 300, anzugeben, sondern die Faktoren, von denen das Verhalten des Gebirges beim Lösen abhängt, werden durch eine möglichst genaue technologische Gesteins- und Gebirgsbeschreibung mitgeteilt, um so dem Unternehmer die Kalkulation zu ermöglichen.

Die **mechanische Lösbarkeit** des Gebirges hängt einerseits ab vom Festigkeitsverhalten, d. h. von dem Widerstand, den das Gestein dem Herauslösen aus dem Gebirgsverband entgegensetzt, und andererseits von der Abrasivität, die sich vor allen Dingen auf die Standzeiten der Bohr- und Schneidwerkzeuge auswirkt (s. a. RAUEN 1990).

Unter **Bohrbarkeit** versteht man in der Bautechnik die Auswirkungen der nachstehenden Faktoren auf den Bohrfortschritt und die Standzeit der Bohrwerkzeuge:

- Gesteinsart, Mineralbestand, Härte
- Quarzgehalt bzw. dem Gehalt an verschleißscharfen Mineralien (Härte > 6 bzw. 6.5, s. Tab. 3.2)
- Struktur und Textur des Mikrogefüges Korngröße, Kornform, Kristallentwicklung Verzahnung des Kornverbandes, Matrix
- Bindemittel (Kornbindung) und sein Raumausfüllungsgrad
- Gesteinsdruckfestigkeit und Elastizitätseigenschaften (Sprödigkeit, Zähigkeit)
- Gesteinswechsel
- Trennflächengefüge, Kluftabstand und -ausbildung (Öffnungsweite, Kluftfüllung)

- Wasserempfindlichkeit und Anteil quellfähiger Tonminerale (s. Abschn. 2.1.7).

Der **Mineralbestand,** das Mikrogefüge und das Bindemittel werden im Dünnschliff ermittelt und ihre Verschleißschärfe nach der Mineralhärte eingestuft. Als hart und verschleißscharf gelten Mineralien, die härter als Stahl sind (Härte > 5, s. Tab. 3.2). Dazu gehören Quarz, frische Feldspäte (Plagioklas, Orthoklas, Mikroklin), Albit, Augit, Hornblende, Olivin, Granat, Epidot, Magnetit, Hämatit, Pyrit u.a.m. (MOOS & QUERVAIN 1948: Tab. 1 und TRÖGER 1982).

Bei harten Gesteinen mit hohen Quarzgehalten kommt es zu einer verstärkten Abnutzung der Hartmetallstifte (s. 17.4.2). Auch bei weniger harten Gesteinen wird durch den quarzhaltigen Bohrschmant der Kronendurchmesser stark abgeschliffen (THURO 1993).

Die **Gesteinsdruckfestigkeit** ist vom Mineralbestand, dem Mikrogefüge und der Kornbindung abhängig (s. Abschn. 2.6.8). Eine Klassifikation der Gesteine nach der Druckfestigkeit ist zwar kein alleiniger Maßstab für die Bohrbarkeit, doch ergibt eine Korrelation der Druckfestigkeit von Gesteinen mit Quarzgehalten von 70–90% mit der Standzeit der Bohrkronen und auch der Bohrgeschwindigkeit recht gute Abhängigkeiten. Nach neueren Untersuchungen (THURO 1993) sind die Standzeit der Bohrkronen und die Bohrgeschwindigkeit aber in hohem Maße vom Mikrogefüge (vernetzte Gefüge mit hoher Verzahnung) und damit auch den Elastizitätseigenschaften abhängig. Bei den Elastizitätseigenschaften reicht hierbei die Definition aus dem Verhältnis σ_D/σ_Z nicht aus, sondern es ist das Bruchverhalten im post-failure-Bereich im Spannungs-Verformungs-Diagramm weggesteuerter einaxialer Druckversuche auszuwerten (THURO 1993 und Abschn. 2.6.8). Bei mittleren und hohen Druckfestigkeiten führt eine hohe Verformbarkeit (Zähigkeit) zu einem deutlichen Abfall der Bohrgeschwindigkeit. Außerdem kommt es bei sehr harten Gesteinsarten (mittlere Druckfestigkeit > 150 MN/m², Gehalt an verschleißscharfen Mineralen > 75%) und ungünstiger Konstellation von Trennflächen leicht zu Reflexionen der Wellenenergie, was einen Prellschlageffekt auslösen kann, der die Leistung von Drehschlagbohrgeräten stark vermindert. In Konglomeraten können harte Gerölle Verklemmungen der Bohrkronen und damit Leistungsminderungen bis hin zum Gestängebruch bewirken (THURO 1993).

Die komplexen Zusammenhänge, die letzten Endes die Leistung bzw. den Werkzeugverschleiß beim mechanisierten Gesteinslösen bestimmen, kommen in den zahlreichen Prüfverfahren zum Ausdruck, die bezüglich der Bearbeitbarkeit und der Bohrbarkeit der Gesteine vorgeschlagen worden sind. Eine ausführliche Zusammenstellung solcher Indexversuche bringen MAIDL (1972) und KUTTER (1983).

Obwohl der Sprengvortrieb hinsichtlich der Bohrbarkeit recht anpassungsfähig ist, bedeuten diese Angaben einen maßgeblichen Beitrag zur Kalkulation, da die Vortriebsleistung wesentlich vom Verschleiß der Bohrgeräte und der Bohrleistung abhängt und auf die gesamten Ausbruchskosten durchschlägt.

Bei Einsatz von Vortriebsmaschinen sind auf jeden Fall spezielle Untersuchungen anzuraten (KUTTER 1983; GEHRING 1995).

Bei der Beurteilung der Lösbarkeit bzw. Gewinnbarkeit eines Gebirges ist auch seine **Erweichbarkeit,** d.h. seine Anfälligkeit gegen Wasser zu berücksichtigen. Als Maß wird in der Regel der Wasserlagerungsversuch nach DIN 4022, Bl. 1 (10.2.3) herangezogen (vgl. auch Abschn. 3.2.1). In erweichbaren Gesteinen können die Spülöffnungen des Bohrgestänges verstopfen. Das Bohrwasser und sonstige Wasseraustritte führen leicht zu einer Aufweichung der Sohle. Besonders anfällig gegen Wasser sind Gesteine mit quellfähigen Tonmineralen (s. Abschn. 2.1.8). Auch mürbe bis feste Sandsteine und Wechselfolgen von Sandsteinen und Tonsteinen führen bei Fahrverkehr und Wassereinfluß rasch zu einer Aufweichung der Sohle.

17.1.5 Gebirgsklassifizierung

Die Gebirgsklassifizierung bildet im Felsbau unter Tage seit Jahrzehnten die Grundlage für die Ausschreibung, für die Kalkulation und für die Abrechnung der Ausbruchs- und der Sicherungsarbeiten. Grundlage der Klassifizierung waren dabei z.T. charakteristische Kennwerte bzw. das Gebirgsverhalten während und nach dem Ausbruch, das vereinfacht mit seiner Standfestigkeit ausgedrückt worden ist (s.a. JOHN 1994). Eine Standfestigkeitsangabe muß aber neben allen anderen Faktoren immer in Abhängigkeit von der Zeit (RABCEWICZ 1944) und der Querschnittsgröße erfolgen. LAUFFER (1958) hat danach eine Gebirgsklassifizierung für den Stollenbau aufgestellt, die neben den althergebrachten vier Gebirgsklassen (standfest, nachbrüchig, stark nachbrüchig, rollig) viele Jahre lang mit gutem Erfolg verwendet wurde.

Diese **Gebirgsklassen** waren Vortriebsklassen und Klassen der Standfestigkeit. Ihr Nachteil war, daß die beiden wichtigsten Parameter, nämlich die Standzeit in Abhängigkeit von der wirksamen Stützzweite nur aus der Erfahrung beurteilt werden konnten. Anfang der 70er Jahre hat sich dann durchgesetzt, die Stützmaßnahmen an die Ausbruchsklassen zu koppeln und damit die Behinderung der Ausbruchsarbeiten in die Klassifikation einzubinden (s. a. SIA 198, 1979). Die Vorgaben in Bezug auf Ausbruch und Sicherung sind dabei seit den ersten Zuordnungen von LINDER (1963) und WÖHLBIER & NATAU (1969) wesentlich verfeinert worden.

PACHER, RABEWICZ & GOLSER (1974) haben 4 Hauptgruppen unterschieden

A: standfest (bis stark nachbrüchig)
B: gebräch (bis sehr gebräch)
C: druckhaft (bis stark druckhaft)
D: Sonderklassen

und 6 Gebirgsgüteklassen (I bis V a + b). Heute ist es üblich, die Vortriebsweise (Vollvortrieb, Kalottenvortrieb, Aufteilung in Teilquerschnitte), die Abschlagslänge, die Sohlschlußzeit (s. Abschn. 17.2.3), die Sicherungsarbeiten und das Verformungsverhalten in die Gebirgsklassifizierung einzubeziehen. Die Zahl der Gebirgsklassen sollte nach der ITA-Empfehlung 11 auf fünf Klassen beschränkt bleiben (s.d. Tunnelbautaschenbuch 1992: 303).

In der Bundesrepublik erfolgt die Einteilung des Gebirges in Ausbruchsklassen auf der Grundlage der VOB DIN 18 312 – Untertagebauarbeiten. Darin sind 7 Vortriebsklassen (Klasse 1 – 7) mit teilweise weiteren Abstufungen (Klasse 4 A, – 7 A) für eine Unterteilung des Ausbruchquerschnitts festgelegt (s. Tab. 17.3). Die Ausbruchsklassen

Tabelle 17.3 Vortriebsklassen für konventionellen (universellen) Vortrieb gemäß Abschn. 17.3.1 (aus Empfehlungen des AK Tunnelbau 1995).

Vortriebs-klasse	Merkmale
	Für die Einteilung der Vortriebsklassen beim universellen Vortrieb sind die Ausbruchart, Art und Umfang der Sicherung sowie der Einbauort (im Querschnitt, in Tunnellängsrichtung) und die Einbaufolge entscheidend.
	Große Ausbruchquerschnitte können aus baubetrieblichen Gründen unterteilt werden.
	Bei der Auffahrung in Teilquerschnitten werden diese als in sich abgeschlossen im Sinne eines Vollausbruchs definiert. Kalotte, Strosse, Sohle, auch Ulmenstollen, können demnach unterschiedlich klassifiziert werden.
1	Ausbruch, der keine Sicherung erfordert.
2	Ausbruch, der eine Sicherung erfordert, die in Abstimmung mit dem Bauverfahren so eingebaut werden kann, daß Lösen und Laden nicht behindert werden.
3	Ausbruch, der eine in geringem Abstand zur Ortsbrust folgende Sicherung erfordert, für deren Einbau Lösen und Laden unterbrochen werden müssen.
4	Ausbruch, der eine unmittelbar jedem Ausbruchvorgang folgende Sicherung erfordert.
4 A	Ausbruch nach Vortriebsklasse 4, der jedoch eine Unterteilung des Ausbruchquerschnitts ausschließlich aus Gründen der Standsicherheit erfordert.
5	Ausbruch, der eine unmittelbar jedem Ausbruchvorgang folgende Sicherung und zusätzlich eine Sicherung der Ortsbrust erfordert.
5 A	Ausbruch nach Vortriebsklasse 5, der jedoch eine Unterteilung des Ausbruchquerschnitts ausschließlich aus Gründen der Standsicherheit erfordert.
6	Ausbruch, der eine unmittelbar jedem Ausbruchvorgang folgende Sicherung und zusätzlich eine voreilende Sicherung erfordert.
6 A	Ausbruch nach Vortriebsklasse 6, der jedoch eine Unterteilung des Ausbruchquerschnitts ausschließlich aus Gründen der Standsicherheit erfordert.
7	Ausbruch, der eine unmittelbar jedem Ausbruchvorgang folgende Sicherung, eine Sicherung der Ortsbrust und zusätzlich eine voreilende Sicherung erfordert.
7 A	Ausbruch nach Vortriebsklasse 7, der jedoch eine Unterteilung des Ausbruchquerschnitts ausschließlich aus Gründen der Standsicherheit erfordert.

sind i.w. nach der Länge des ungesicherten Tunnelabschnitts gestaffelt. Ab Klasse 4 wird eine unmittelbar jedem Ausbruch folgende Sicherung gefordert. Weitere projektbezogene Unterklassen z. B. in 4 A – K für ungünstige einstreichende Trennflächen oder 6 A – U für die Notwendigkeit eines Ulmenstollenvortriebs sind möglich (s.d. auch Empfehlungen des AK Tunnelbau 1995). Den einzelnen Ausbruchsklassen werden in der Ausschreibung Stützmittel zugewiesen (Tab. 17.4). Darüber hinaus ist die Wahl der Stützmittel dem Auftragnehmer überlassen (s.d. a. DS 853, Eisenbahntunnel planen, bauen und instandhalten, 1993).

In Österreich gilt für Untertagebauarbeiten die ÖNORM B 2202 (1994). Die darin enthaltene Vortriebsklassifizierung weist 3 Gebirgstypen (A = standfest – nachbrüchig, B = gebräch – rollig und C = druckhaft – quellend) mit je 2 bis 5 Unterteilungen (z.B. B1 = gebräch, B2 = stark gebräch und B3 = rollig) auf, die mehr auf der Gebirgsqualität und dem Deformationsverhalten aufbauen.

Die VOB DIN 18312 enthält auch Ausbruchklassen für den Vortrieb mit Vollschnittbohrmaschinen (Klasse V 1 bis V 6), die Empfehlungen des AK Tunnelbau (1995) darüber hinaus Vortriebsklassen

für Schildmaschinen (s. a. BAUDENDISTEL 1994). ESTERMANN (1995) bringt auch eine Boden- und Felsklassifizierung für Rohrvortriebsarbeiten.

Die Schweizer SIA-Norm 198, Untertagebau, Ausgabe 1993, behandelt alle Vortriebsarten (Sprengvortrieb Teilschnittmaschinen, Tunnelbohrmaschinen). Maßgebend für die Ausbruchklassen (AK I bis V) sind je nach Vortriebsart (A bis D für Vollausbruch bis Ulmenstollen) die Behinderung für die Ausbruchsicherung (ANDRASKAY 1994).

Die tunnelbautechnischen **Klassifikationskriterien** bauen letztlich auf geologischen und geomechanischen Einflußfaktoren auf, wie die qualitative Beschreibung des Gebirges und seines Trennflächengefüges einschließlich der tektonischen Störungszonen und der Bergwasserverhältnisse. Außerdem werden einige felsmechanische Parameter, meist Gesteinskennwerte, berücksichtigt. Die Beschreibung muß so verständlich erfolgen, daß danach eine eindeutige Festlegung des Gebirgstyps vor Ort möglich ist. Diese Einflußparameter des Gebirges müssen in Wechselbeziehung gesetzt werden mit dem Bauvorgang und dem Verhalten des Gebirges beim Vortrieb (RIEDMÜLLER 1991; DALLER et al. 1994).

Tabelle 17.4 Beispiel einer Gebirgsklassifizierung für einen Kalottenvortrieb mit Stützmittelzuweisung (nach BAUDENDISTEL 1994).

VORTRIEBSKLASSE		K - 4	K - 5	K - 6	K - 7.1	K - 7.2	K - 7.3A	K - 7.4A
AUSBRUCHART				Sprengen			Mechanisch	
QUERSCHNITTS- UNTERTEILUNG		------	------	------	------	------	Ja	Ja / Stützkern
ORTSBRUSTSICHERUNG Spritzbeton		------	3cm	------	3cm	3cm	5cm	5cm
VORAUSEILENDE SICHERUNG		------	-------	• Vermörtelte Spiesse l= 3 - 4m • Injektionsspiesse l= 3 - 4m				
ABSCHLAGSTIEFE (=BOGENABSTAND)		2 - 2.5m	1.75 - 2.25m	1.5 - 2m	1.25 - 1.75m	1 - 1.5m	0.75 - 1.25m	0.5 - 1m
SPRITZBETON B25	AUSSEN	20cm	20 - 25cm	20 - 25cm	25 - 30cm	25 - 30cm	30 - 35cm	30 - 35cm
	SOHLE	------	------	------	25 - 30 n.E.	25 - 30 n.E.	25 - 30cm	25 - 30cm
BEWEHRUNG	AUSSEN	2-lagig	2-lagig	2-lagig	2-lagig	2-lagig	2-lagig	2-lagig
	SOHLE	------	------	------	2-lagig	2-lagig	2-lagig	2-lagig
AUSBAUBÖGEN	z.B.	TH 16 / 48			TH 21 / 58		TH 29 / 58	
ANKER JE lfdm		SN-Anker					Injektionsanker	
		8-10 Stück, 4-6m	10-12 Stück, 4-6m	10-12 Stück, 4-6m	10-12 Stück, 4-6m	12-14 Stück, 4-6m	14-16 Stück, 6-8m	14-16 Stück, 6-8m
BEGRENZUNG DER VORTRIEBSGESCHWINDIGKEIT		------	-------	------	≤ 8m / AT		≤ 6m / AT	
BEMERKUNGEN		Einbau der Sicherung soweit wie möglich bei jedem Abschlag						

Die bisher dargestellten, im deutschsprachigen Raum üblichen Klassifizierungssysteme enthalten zwar Angaben über das zu erwartende Gebirgsverhalten, die geeignete Vortriebsweise und den Sicherungsbedarf, jedoch keine direkten geomechanischen Parameter, wie sie in internationalen Felsklassifizierungssystemen seit BIENIAWSKI (1973) und BARTON et al. (1974) sowie jetzt BIENIAWSKI & ALBER (1994) und BARTON & GRIMSTAD (1994) üblich sind. Eine ausführliche Übersicht über diese Klassifizierungssysteme und die verwendeten Parameter bringen TRUNK & HÖNISCH (1990), BAUDENDISTEL (1994) und JOHN (1994).

BRÄUTIGAM & HESSE (1983) und HESSE (1989) haben dieses sog. „quantitative Klassifizierungssystem" bzw. RMR-Rating mit zahlreichen Einzelparametern auch für hiesige Gebirgstypen angewendet. Die Spezifikation erscheint allerdings sehr weitgehend, besonders wenn die Angaben allein auf Bohrkernaufnahmen beruhen.

Bei größeren Untertageprojekten ist es auch üblich, gebirgsspezifische Klassifizierungen zu entwickeln. Diese Methode hat jedoch den Nachteil, daß projektübergreifende Vergleiche schwer oder nicht möglich sind. Die meisten Gebirgsklassifizierungen im Buntsandsteingebirge der Neubaustrecke Hannover–Würzburg der DB AG gehen z. B. von der Ausbildung des Sandstein-Tonstein-Verhältnisses aus (NIEDERMEYER et al. 1983; BRÄUTIGAM & HESSE 1983; MÖRSCHER et al.

1985; PRINZ & VOERSTE 1988). Diese ingenieurgeologische Grundlage, ausgedrückt durch die Gebirgstypen der Tab. 17.5 oder durch Gebirgsgüteziffern, hat sich im allgemeinen auch als zutreffend erwiesen (BRÄUTIGAM & HESSE 1987). Was trotzdem zu bereichsweise erheblichen Abweichungen von den prognostizierten Gebirgsklassen geführt hat, war die starke Abhängigkeit der Vortriebsarbeiten und der notwenidgen Stützmittel vom Verformungsverhalten des Gebirges (NAUMANN & PRINZ 1988; PRINZ & VOERSTE 1988).

Im Rahmen der Begutachtung eines Projektes wird die Gebirgsklassifizierung und die **Gebirgsklassenverteilung** üblicherweise in einem geologischen Längsschnitt dargestellt und massenmäßig in die Ausschreibung übernommen, wobei eine Differenzierung in wahrscheinlich und möglich zu erwartende Klassen vorgenommen werden kann. Bei der Baudurchführung erfolgt vor Ort gemeinsam eine Überprüfung der Gebirgsklassifizierung und nötigenfalls eine Umklassifizierung. Durch geotechnische Messungen wird kontrolliert, ob bei den der Gebirgsklasse entsprechenden Stützmitteln eine Stabilisierung der Gebirgsdeformationen eintritt.

Nach Abschluß der Arbeiten werden dann die prognostizierten und die angetroffenen Gebirgsklassen gegenübergestellt, wobei nicht selten erhebliche Differenzen auftreten.

Tabelle 17.5   Grundlagen der Gebirgstypisierung für Tunnelprojekte im Buntsandsteingebirge.

Gebirgsart	Stratigraphische Einheit	Abmindernde Faktoren
Sandstein, einzelne Tonsteinlagen (Tst < 10%)	Teile der Solling-Folge (S), des Hardegsener Sandsteins (H,s), des Detfurther Sandsteines (D,s) und des Volpriehausener Sandsteins (V,s) sowie der Gelnhausen-Folge (suG)	a) oberflächige Anwitterungs- und Auflockerungszone b) Schichtfallen steiler als 10–15°, bes. in Hanglagen (Lehnentunnel) c) plastische oder bewegte Tonsteinlagen, Glimmerlagen
sandsteinreiche Wechselfolge (Tst < 30%)	Teile der S-Folge, der Basissandsteine und der Wechselfolgen (insbesondere H,st; D,st)	d) Bindemittelarmut bzw. partielle Entfestigung der Gesteine e) ungünstige Scharung von Mittel- und/oder Großklüften
tonsteinreiche Wechselfolge (Tst > 30%)	Teile der Wechselfolgen, insbesondere H,st; D,st; V,st; Salmünster-Folge (suSA)	f) ungünstige Raumstellung von kleineren Störungen ohne wesentliche Beeinträchtigung des Nebengesteins
Tonstein, wenig Sandsteinlagen	Detfurth-Ton (D,t), Röt-folge (Rö), Bröckelschiefer-Folge (suB)	g) größere Störungszonen mit Entfestigung des Nebengesteins h) Bereiche tektonischer Gebirgsauflockerung und ungünstigen Verformungsverhaltens
Tst = Tonsteinanteil		i) stärkere Wasserzutritte

Die hier diskutierten Gebirgsklassifizierungen beziehen sich in erster Linie auf mechanischen Vortrieb und konventionellen Sprengvortrieb. Beim Schildvortrieb und dem Einsatz von Vollschnittmaschinen gelten andere Kriterien (KRAUSE & SCHREIBER 1972; HABENICHT & GEHRING 1976; JÄGER & REINHARDT 1976; KRAUSE 1976; KUTTER 1983; RAUSCHER 1989; LAUFFER 1995, darin Lit.). Da Prognosen über die Bohrbarkeit des Gebirges mit gewissen Unsicherheiten behaftet sind, empfiehlt es sich, wenn keine direkten Erfahrungen vorliegen, den Geräteanbietern Bohrkernfotos und Bohrkernstücke für firmenbezogene Untersuchungen zur Verfügung zu stellen (s. Abschn. 17.1.4).

17.1.6 Ingenieurgeologische Tunnelkartierung

Wenn das halbempirische Sicherheitskonzept der modernen Tunnelbauweisen (s. Abschn. 17.2.4) auch bei schwierigen Gebirgsverhältnissen funktionieren soll, darf es nicht allein auf geotechnischen Prognosen aufbauen, sondern es muß auch die Richtigkeit der geologischen und geotechnischen Vorgaben aus der Erkundungsphase durch eine systematische **ingenieurgeologische Tunnelkartierung** ständig kontrolliert, dokumentiert und fortgeschrieben werden (s. a. ÖNORM B 2203).

Der im Einzelfall vorzusehende Aufwand ist vom Gebirge abhängig, und zwar weniger von der Schichtenfolge als von der tektonischen Beanspruchung des Gebirges und anderen geologischen Besonderheiten (vgl. Tab. 17.5). In einem tektonisch durchschnittlich stark beanspruchten Gebirge erscheint eine vollständige Ortsbrustaufnahme je Tag, das heißt bei 3 bis 4 Abschlägen etwa alle 6 bis 10 Vortriebsmeter, nötig und angemessen. In tektonisch stärker gestörten Abschnitten verkürzt sich der Abstand der Ortsbrustaufnahmen dabei von selbst auf 2 bis 4 m und weniger. Dies bedeutet, daß von einem Ingenieurgeologen in der Tagschicht je nach Schwierigkeitsgrad 2 bis 3 Vortriebe betreut werden können.

Zu einer systematischen, ingenieurgeologischen Tunnelkartierung und Vortriebsberatung gehören folgende Punkte:

● Eine möglichst lückenlose Aufnahme der generellen Schichtenfolge, der Schichtausbildung und des Trennflächengefüges nach einem dem Gebirge angepaßten Schema. Darstellung der Lagerungsverhältnisse und der Raumstellung der maßgeblichen Trennflächen (Mittel- und Großklüfte, Ver-

werfungs- bzw. Störungszonen). Angaben über Wasserführung, festigkeitsmindernde Faktoren sowie geologische Besonderheiten (s. Tab. 17.4). Schwachstellen des Gebirges und Gefahrensituationen vor Ort müssen rechtzeitig erkannt und mitgeteilt werden.

● Die Ergebnisse werden fortlaufend dokumentiert und übersichtlich dargestellt. Die Abb. 17.6 zeigt ein Aufnahmeschema, wie es bei den Buntsandsteintunneln der Neubaustrecke Hannover–Würzburg der DB AG über weite Strecken angewandt worden ist.

● Eine ständige Kontrolle und übersichtliche Darstellung der Grundwasserstände und gegebenenfalls auch von Quellschüttungen und der Wasserführung von Bachläufen in der Umgebung des Tunnels.

● Die ingenieurgeologische Tunnelaufnahme und das Verformungsverhalten von Ausbau und Gebirge (auch Oberflächensetzungen, Extensometermessungen und anderes) müssen regelmäßig aufgetragen, miteinander verglichen und interpretiert werden. Hierfür ist es sinnvoll, eine übersichtliche zusammenfassende Darstellung anzufertigen, die den Vortrieb, die Stützmittel, die Verformungsmessungen und die Tunnelkartierung enthält. Das gleiche gilt für die Deutung von Rissen in der Spritzbetonschale (NAUMANN & PRINZ 1988: 178).

● Die Modellvorstellung über den Gebirgsbau und über das Tragverhalten des Gebirges beim Vortrieb ist ständig fortzuschreiben und auf Abweichungen von der Prognose zu überprüfen (Abb. 17.7). Dabei muß besonders auf das Einstreichen von spitzwinklig zur Achse verlaufenden Großklüften oder kleinen Verwerfungen geachtet werden und auf die Möglichkeit von, den Tunnel in engen Abständen begleitenden Elementen. Solche Flächen können die Spannungsverteilung im Gebirge maßgeblich beeinflussen und zu Lastkonzentrationen am Ausbruchsrand und damit zu erhöhten Verformungen führen (NAUMANN & PRINZ 1988).

Nach Abschluß der Arbeiten ist ein ingenieurgeologisch-geotechnischer **Schlußbericht** zu fertigen, dessen ingenieurgeologischer Teil folgenden Inhalt haben soll:

● Zusammenfassung der festgestellten geologischen Verhältnisse.

● Gegenüberstellung von ingenieurgeologischer Prognose und angetroffenen Verhältnissen unter Berücksichtigung der maßgeblichen ingenieurgeologischen Faktoren.

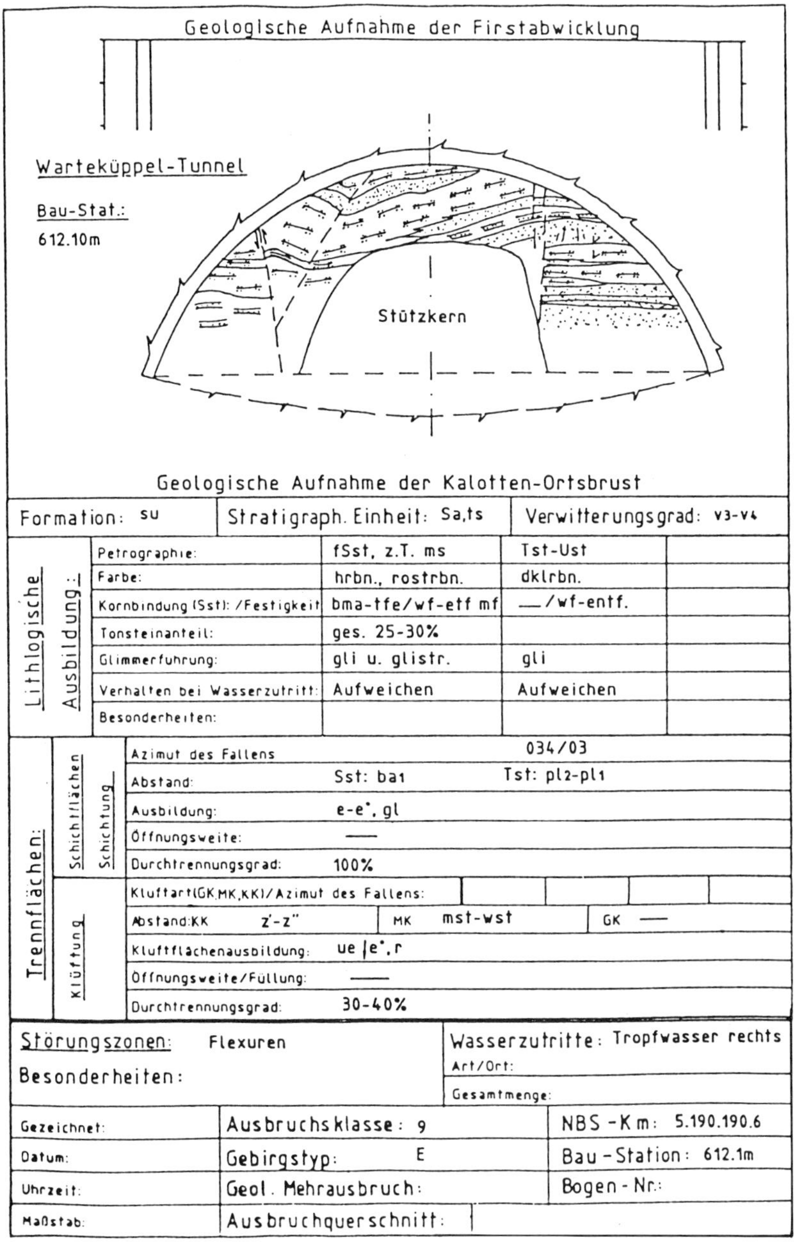
Geologische Aufnahme der Firstabwicklung

Warteküppel-Tunnel

Bau-Stat.:

612.10m

Stützkern

Geologische Aufnahme der Kalotten-Ortsbrust

Formation: su	Stratigraph. Einheit: Sa,ts	Verwitterungsgrad: v3-v4

Lithlogische Ausbildung:	Petrographie:	fSst, z.T. ms	Tst-Ust	
	Farbe:	hrbn., rostrbn.	dklrbn.	
	Kornbindung (Sst): /Festigkeit	bma-tfe/wf-etf mf	—/wf-entf.	
	Tonsteinanteil:	ges. 25-30%		
	Glimmerführung:	gli u. glistr.	gli	
	Verhalten bei Wasserzutritt:	Aufweichen	Aufweichen	
	Besonderheiten:			

Trennflächen: Schichtflächen / Schichtung	Azimut des Fallens	034/03
	Abstand:	Sst: ba1 Tst: pl2-pl1
	Ausbildung:	e-e*, gl
	Öffnungsweite:	—
	Durchtrennungsgrad:	100%
Klüftung	Kluftart(GK,MK,KK)/Azimut des Fallens:	
	Abstand:KK z'-z"	MK mst-wst / GK —
	Kluftflächenausbildung:	ue |e*, r
	Öffnungsweite/Füllung:	—
	Durchtrennungsgrad:	30-40%

Störungszonen: Flexuren	Wasserzutritte: Tropfwasser rechts
Besonderheiten:	Art/Ort:
	Gesamtmenge:

Gezeichnet:	Ausbruchsklasse: 9	NBS-Km: 5.190.190.6
Datum:	Gebirgstyp: E	Bau-Station: 612.1m
Uhrzeit:	Geol. Mehrausbruch:	Bogen-Nr.:
Maßstab:	Ausbruchquerschnitt:	

Abb. 17.6 Aufnahmeschema für eine Kalottenortsbrust (Formblatt Geotechnisches Büro Dr. Bräutigam u. Partner, Olpe).

- Ergänzung und Präzisierung des Gebirgsmodells im Hinblick auf weitere Bauvorhaben in vergleichbaren Gebirgen und
- Empfehlungen für künftige Erkundungsarbeiten, um die Treffsicherheit der geotechnischen Prognose zu verbessern.

Ohne eine solche systematische ingenieurgeologische Begleitung der Baudurchführung in Form von Tunnelkartierungen und Interpretation der Ergebnisse ist Tunnelbau in schwierigem Gebirge mit erheblichem Risiko verbunden. Das Erkennen der kausalen Zusammenhänge zwischen Gebirgsbeschaffenheit und Verformungsverhalten beim Vortrieb schafft die Grundlagen für eine dem jeweiligen Problem angemessene Reaktion. Die Tatsache abklingender oder abgeklungener Verformungen allein ermöglicht nicht immer eine Aussage über

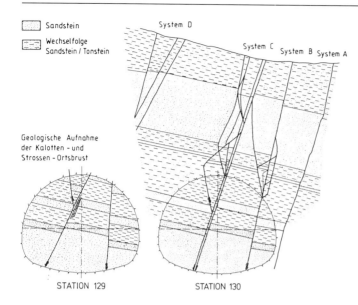

Sandstein

Wechselfolge
Sandstein / Tonstein

System D

System C   System B   System A

Geologische Aufnahme
der Kalotten - und
Strossen - Ortsbrust

STATION 129   STATION 130

Abb. 17.7 Vergleichende Gegenüberstellung der Aussagekraft einer Ortsbrustdarstellung mit der großflächigen Aufnahme der Schachtaufwältigung eines Verbruchs (Aufnahme Lahmeyer Int.).

die tatsächliche Sicherheitsmarge, mit der ja trotz allem noch unerkannte und nicht vorhersehbare Unregelmäßigkeiten abgedeckt werden müssen. Die Erfahrung hat auch gezeigt, daß die geologischen bzw. geotechnischen und vortriebsbedingten Zusammenhänge meist so vielgestalt sind, daß aus einem einzelnen Ergebnis kaum wirklichkeitsnahe, allgemeingültige kausale Zusammenhänge über den Verformungs- bzw. Versagensmechanismus abgeleitet werden können. Häufig ist es erst über vergleichbare Fallstudien von anderer Stelle möglich, die prinzipiellen Zusammenhänge zu erkennen und Arbeitshypothesen aufzustellen. Nötigenfalls müssen auch zusätzliche Erkundungsmaßnahmen bzw. Messungen vorgeschlagen werden (NAUMANN & PRINZ 1988; DUDDECK 1994; DALLER et al. 1994).

17.2 Standfestigkeit und Tragverhalten des Gebirges

Die Standfestigkeit des Gebirges beim Ausbruch eines Fehlshohlraumes hängt ab

- von der Lage des Tunnelbauwerks im Berg und der Ausbruchsrichtung
- von den Abmessungen des Felshohlraumes
- vom Gebirge, besonders dem Trennflächengefüge und der tektonischen Beanspruchung
- vom Spannungszustand im Gebirge

- von der Vortriebsart und der Vortriebsfolge
- und den Sicherungsarbeiten.

17.2.1 Lage, Richtung und Querschnitt des Hohlraumes

Bei der **Lage des Tunnelbauwerks im Berg** sind die Morphologie und die geologischen Gegebenheiten von vornherein zu berücksichtigen. Flache Hänge sind meist ein Anzeichen für wenig standfestes Gebirge. Der Ansatz von Seitentälern oder flachen Rinnen am Hang werden oft von tektonischen Störungszonen geprägt. In solchen Expositionen und bei allen Lehnentunneln ist besonders auf hangparallele Trennflächen, auf fossile Rutschungsformen (SPAUN 1985; SCHOBER 1991; POISEL et al. 1992) und auf Hangzerreißung zu achten (Abb. 17.8 und Abschn. 3.2.4). Im Bereich verstärkter Hangzerreißung ist mit erhöhter Verformungsanfälligkeit des Gebirges zu rechnen. In Tunnelabschnitten mit geringer Überlagerung (< 2fachen Querschnitt) muß auch die mangelhafte Gebirgseinspannung in der oberflächennahen Auflockerungszone beachtet werden, die in tektonischen Störungszonen besonders ausgeprägt sein kann und auch tiefer reicht als außerhalb von Störungszonen (NAUMANN & PRINZ 1988).

Bei der **Querschnittsgestaltung** ist eine Berücksichtigung der geologischen Gegebenheiten nur in seltenen Fällen möglich, doch ist darauf hinzuweisen, daß geologische Strukturen, Schieferung, Schichtung und die Hauptkluftrichtungen letzten

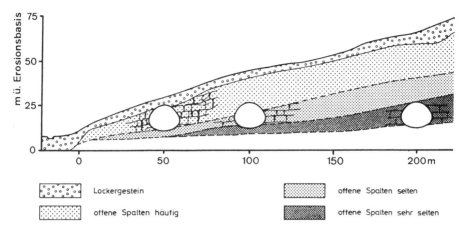

Abb. 17.8 Einflußbereiche der Gebirgsauflockerung anhand der Ergebnisse von Untertageaufschlüssen in dickbankigen Sandsteinen des Unteren Buntsandsteins (aus NIEDERMEYER et al. 1983).

Endes Einfluß auf die Ausbruchsform haben. Aus der Gesamtheit des Trennflächengefüges ergeben sich in Abhängigkeit von der Achsrichtung und der Ausbruchsform Hinweise für eine Beeinträchtigung der Hohlraumgemetrie, wobei die GOODMANN-Auswertung zumindest Tendenzen zu Nachbrüchen und potentiellen Versagensmechanismen geben kann (KNITTEL 1991, RIEDMÜLLER 1991, ANDERLE & TIEDEMANN 1992).

Die günstigste **Ausbruchsrichtung** ist immer senkrecht zu den maßgebenden Trennflächen, was jedoch in der Praxis wegen der Zweckbestimmung des Bauwerks und der Variationsbreite der Trennflächen selten beachtet werden kann. Bei größeren, kavernenartigen Profilen sollten diese Zusammenhänge aber möglichst berücksichtigt werden.

Querschlägige oder stumpfwinklig verlaufende Störungszonen beeinflussen den Tunnelvortrieb nur auf kurze Strecke während spitzwinklig verlaufende Längsstörungen diesen auf große Länge begleiten und besonders die Stabilität der Ulmen schwächen. Längsklüfte können die Standsicherheit des Tunnels beeinträchtigen, auch wenn sie knapp außerhalb des Tunnelquerschnitts liegen.

Beim Einfluß des Trennflächengefüges ist dann zwischen der Maßhaltigkeit des Ausbruchsquerschnitts (Mehrausbruch s. Abschn. 17.4.1) und Nachbrüchen bei den Ausbrucharbeiten zu unterscheiden. Querschlägige Klüftung, besonders engständige Mittel- und Großklüfte, beeinflussen die Standfestigkeit der Ortsbrust sehr stark. Offene oder belegte Klüfte und flach geneigtes Schichteinfallen oder Wasserzulauf können diesen Effekt noch verstärken. Die Gefahr von Firstablösungen

(sog. Sargdeckel) ist bei den heutigen Sicherungsmitteln (Spieße s. Abschn. 17.5.3) nur noch gering. Ein Unterfahren von in Vortriebsrichtung einfallender Schichtung ist im Prinzip günstiger als umgekehrt, doch können querschlägige Klüfte auch hierbei zu Nachfall aus der Ortsbrust führen. Gleiches gilt bei querschlägigem Schichtfallen auch für den Strossenausbruch.

Zu größeren, oft unvermeidbaren Nachbrüchen an der Ortsbrust kommt es bei ungünstigem Verschneiden von größeren Trennflächen mit abgeminderter Scherfestigkeit und mit teilweise offenen Klüften. Besonders gefährdet sind auch hier ungünstig verschneidende Großklüfte und kleinere, oft wenig beachtete Störungszonen.

In sandig verwittertem Gebirge neigen Spaltenfüllungen sowie Störungs- und Zerrüttungszonen bei Wasserzutritt zum Auslaufen (Fließsandeffekt).

17.2.2 Spannungszustand, Spannungsumlagerung, Gebirgsdruck

Vom **Gebirgsdruck** wird heute allgemein nur noch im Rahmen qualitativer Beschreibungen gesprochen. Der Eigen- oder Primärspannungszustand im Gebirge und das häufige Auftreten eines Horizontalspannungsüberschusses, nicht nur in söhlig gelagerten Schichtgesteinen, ist im Abschnitt 2.6.7 ausführlich behandelt. Im Abschnitt 4.1.3 sind die regionaltektonischen Zusammenhänge und die örtlichen Spannungsindizien angesprochen, die bei der Auswertung von Primärspannungsmessungen im Gebirge berücksichtigt werden müssen.

Im Tunnelbau werden drei verschiedene Spannungszustände unterschieden; nämlich primärer, sekundärer und tertiärer Spannungszustand. Beim Auffahren eines unterirdischen Hohlraumes wird der vorhandene, primäre Gleichgewichtszustand des Gebirges durch Spannungsumlagerungen und Zwischenzustände in einen neuen, sekundären Gleichgewichtszustand überführt.

Der **primäre Spannungszustand** beeinflußt sowohl die Gebirgsfestigkeit als auch das Verformungsverhalten. Das Verhältnis Horizontal- zu Vertikalspannung geht über den Ruhedruckbeiwert K_0 (in der älteren Literatur häufig noch als Seitendruckbeiwert λ bezeichnet) in die Tunnelstatik ein. Nach Abschnitt 2.6.7 haben Poissonzahl ν und Ruhedruckbeiwert K_0 im Normalfall etwa folgende Größenordnungen:

	Ruhedruck-beiwert	Poisson-zahl
Wasser bzw. kohäsions-loses, allseitig druck-haftes Gebirge	$K_0 = 1{,}0$	$\nu = 0{,}5$
stark nachbrüchiges Gebirge	$K_0 = 0{,}5$	$\nu = 0{,}35$
nachbrüchiges Gebirge	$K_0 = 0{,}25$	$\nu = 0{,}2$
standfestes Gebirge	$K_0 = 0{,}15$	$\nu = 0{,}1$

Die **sekundäre Spannungsverteilung** im Gebirge ist das Ergebnis aller durch den Ausbruch des Hohlraums ausgelösten Spannungsumlagerungen. Dazu gehören zunächst die aus der Überlagerung resultierenden Spannungen, die, wie in Abb. 17.9 dargestellt, sowohl in Längsrichtung über die Ortsbrust als auch quer zur Tunnelachse tangential um den Hohlraum herum abgetragen werden und sowohl die Tunnelschale als auch das angrenzende Gebirge zusätzlich belasten. Besonders großen Spannungskonzentrationen ist dabei der Bereich vor der Ortsbrust ausgesetzt.

Die **Spannungsumlagerung** bzw. die seitliche Spannungsausbreitung ist in hohem Maße vom Trennflächengefüge und dem Einspannungs- bzw. Auflockerungszustand des Gebirges abhängig. Wirkt auf steilstehenden Trennflächen keine Normalspannung, so ist nicht nur die Spannungsausbreitung stark eingeschränkt, auch die Scherfestigkeit fällt bei ungenügender Normalspannung sehr stark ab und dementsprechend ist auch die Restscherfestigkeit minimal. Lokale Gebirgsauflocke-

rung (s. Abschn. 3.2.6) und ungünstig einstreichende Trennflächen bewirken daher Spannungskonzentrationen am bzw. nahe dem Ausbruchrand, die zusammen mit auflockerungsbedingten niedrigem V-Modul entsprechende Verformungen zur Folge haben und Bruchvorgänge auslösen können. Die von SCHUBERT & MARINKO (1989) beschriebene Entwicklung der Bruchmechanismen (Abb. 17.19) mit Schubrissen im Kämpferbereich und grundbruchartigen Scherbrüchen unter dem Kalottenfuß konnten bei Tunneln in Osthessen in einigen Fällen beobachtet werden.

Die Spannungumlagerung bedarf außerdem einer gewissen Entwicklungshöhe. Reicht bei seichtliegenden Tunneln die Überlagerungshöhe wegen zu niedriger Gebirgsfestigkeit nicht aus, die Spannungstrajektorien weit genug seitlich in das Gebirge umzulenken oder behindern ungünstig verlaufende Großklüfte die seitliche Spannungsausbreitung, so konzentrieren sich die Zusatzspannungen nahe dem Ausbruchsrand, während sie bei voll entwickelter Spannungsumlagerung weiter in das Gebirge hinein umgelenkt werden (NAUMANN & PRINZ 1988, darin Lit.).

Die grundlegenden Gedanken hinsichtlich der Reichweite und Verteilung der seitlichen Spannungsumlagerung gehen schon auf RABCEWICZ (1944) zurück (s. a. SCHUBERT 1994). Allgemein wird auch heute noch eine seitliche Spannungsausbreitung von 0.5 bis 1 D angenommen (WITTKE 1978: 519). Anhaltspunkte über die Spannungen und ihre Verteilung erhält man aus den Verformungs- und Spannungsmessungen beim Tunnelvortrieb (s. Abschn. 17.2.3).

Auf der Tunnelschale selbst lastet auch noch ein gewisser **Auflockerungsdruck** aus der Überlagerung bzw. der spannungsfreien Zone über dem Hohlraum, der sich je nach Gebirgsfestigkeit als leichte bruchlose Deformation oder als einige Meter hohe Entfestigungs- bzw. Auflockerungszone

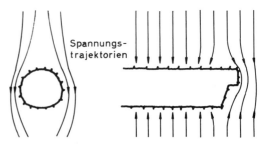

Abb. 17.9 Spannungsumlagerungen und sekundäre Spannungsverteilung beim Tunnelvortrieb.

bemerkbar macht (RABCEWICZ 1944). Die Höhe dieser Auflockerungszone ist von der Querschnittsbreite, dem Trennflächengefüge und in hohem Maße von den Vortriebsarbeiten abhängig (s. Abschn. 17.3).

Der „Baustoff Fels" zeigt sowohl an steilen Böschungen als auch im Fehlshohlraumbau ein mehr oder weniger deutliches zeitabhängiges (rheologisches) Verhalten. Die Spannungszustände, die sich erst im Laufe der Zeit aufbauen bzw. verändern, werden als **tertiärer Spannungzustand** bezeichnet. Dazu gehören in erster Linie Folgen der Gebirgsauflockerung sowie Gebirgsdruckerscheinungen durch Quell- bzw. Schwellverformungen (s. Abschn. 2.6.9).

Im Prinzip wird davon ausgegangen, daß Quell- bzw. Schwellerscheinungen bevorzugt da auftreten, wo der Sekundärspannungszustand kleiner ist als der Primärspannungszustand und wo Wasser an das Gebirge herangeführt wird. Ersteres ist im wesentlichen unter- und oberhalb eines Tunnels der Fall, wobei die Tatsache, daß bei flach lagernden Gesteinsschichten Quellverformungen fast nur in der Sohle beobachtet werden, in erster Linie auf die Wasserführung zurückgeführt wird.

Quellverformungen und Quelldruck sind, wie auch das Quellverhalten der Gesteine, anisotrop (s. Abschn. 2.6.9), so daß in den Ulmenbereichen praktisch nie Quellverformungen beobachtet werden.

Bei Quellvorgängen ist zwischen Tonquellen und dem Umwandlungsdruck bei der Hydratation von Anhydrit zu unterscheiden, insbesondere bei fein verteiltem Anhydrit in Ton- und Mergelsteinen (s. Abschn. 2.6.9).

Quellerscheinungen von Tonen und Tonsteinen sind schon häufig beobachtet worden. MÜLLER (1978: Tafeln 16–13) hat Sohlhebungen in verschiedenen geologischen Formationen vom Muschelkalk bis in das Tertiär zusammengestellt. Besonders bekannt geworden sind solche Erscheinungen im Opalinuston, im Keupermergel und in Molassemergeln, und zwar bereits ab Montmorillonitgehalten von 5 bis 10%. CZURDA & GINTHER (1983) beschreiben die erhöhte Quellneigung bestimmter Mergelzonen der OSM beim Bau des Pfändertunnels, die zu Sohlhebungen bis 30 cm geführt hat. In den Ton- und Mergelsteinen des südwestdeutschen Keupers tritt besonders das Illit-Montmorillonit-Wechsellagerungsmineral Corrensit auf, das zusammen mit fein verteiltem Anhydrit Ursache zahlreicher Bauschäden ist. SCHETELIG (1994) berichtet von Baugruben aus dem

Raum Stuttgart, in denen wenige Stunden nach dem Aushub Sohlhebungen bis zu 10 cm beobachtet worden sind.

Durch **Hydratation des Anhydrits** (s. Abschn. 19.2.2) ausgelöste Sohlhebungserscheinungen werden besonders aus den Schichten des Gipskeupers und des Mittleren Muschelkalkes Südwestdeutschlands und einigen Formationen in der Schweiz beschrieben (s. a. Abschn. 2.6.9 und 6.2.4). Eine Zusammenstellung vor allen Dingen der Schweizer Literatur bringt MÜLLER (1978: 148 ff und 301 ff); dazu sind die Arbeiten von HENKE et al. 1975; BRUDER (1977); KRAUSE (1978) sowie KLEINERT & EINSELE (1978); WITTKE (1978a); SPAUN (1979); EINFALT (1979); FRÖHLICH (1986); FECKER & REIK (1987: 290); KRAUSE (1988); PAUL & WICHTER (1992, 1995); ERICHSEN & KURZ (1992, 1995); BLEICHE et al. (1995) und LOHRSCHNEIDER & DIETZ (1996) zu nennen.

Angaben über langfristige Beobachtungen von Sohlhebungen liegen vom Belchentunnel in der Schweiz, vom Schanztunnel der Bahnstrecke Stuttgart-Nürnberg bei Schwäbisch-Hall (ERICHSEN & KURZ 1995) sowie vom Wagenburg Tunnel in Stuttgart vor. Die Hebungen betragen 0,4 bis 1,6 cm/Jahr und halten über viele Jahrzehnte an. Am Schanztunnel sind von 1880 bis 1972 Hebungen von 1,5 m, d.s. 1,6 cm/Jahr aufgetreten.

Vom Wagenburg-Tunnel in Stuttgart liegen Beobachtungen vor, daß der Schwelldruck höher war als der Überlagerungsdruck von etwa 50 m und sich der Tunnel nur ein Drittel mehr gehoben hat als die Geländeoberfläche (Abb. 17.10 und HENKE et al. 1975; HENKE & HILLER 1982; PAUL & WICHTER 1992, 1995). Dieses Phänomen tritt nach den Erfahrungen vom Heslacher Tunnel (BLEICHE et al. 1995) noch bis 80 m Überlagerungshöhe auf. Die bisher gemessenen radialen Kontaktspannungen an der Tunnelsohle betrugen 0,8 bis 2,2 MN/m^2 (PAUL & WICHTER 1995) bzw. 2,4–3,0 MN/m^2 (FECKER 1995), wobei beim Wagenburg Tunnel die Mitnahme der Tunnelröhre mit den Gebirgshebungen zu berücksichtigen ist.

Die Bedeutung der Sohlhebungen für den Tunnelbau ist durch eine größere Anzahl von Schadensfällen belegt, bei denen die Tunnelschale meist im Sohlbereich gebrochen ist. Wo Tunnel in anhydrithaltigen Gebirgsdeformationen erstellt werden müssen, gilt als erste Forderung Wasser, soweit möglich, fernzuhalten. Dies ist jedoch in der Praxis auch bei raschem und exaktem Sohlschluß und mittels umfangreichen Abdichtungsinjektionen

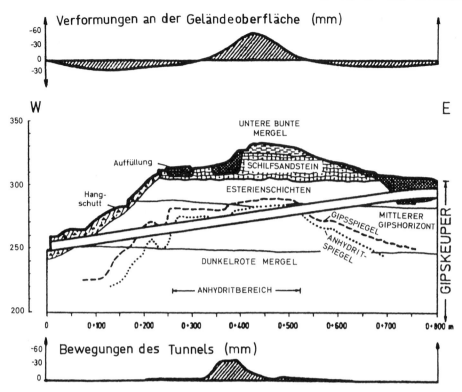

Abb. 17.10   Wagenburg-Tunnel, Stuttgart; Geologischer Längsschnitt mit den Verformungen der Südröhre (unten) und an der Geländeoberfläche (oben) – nach PAUL & WICHTER 1995).

nur mit Einschränkungen möglich. Aufbauend auf Erfahrungen, welche bei Tunnelbauten in anhydrithaltigem Gebirge gemacht wurden, sind heute zwei Konstruktionsprinzipien in der Diskussion, das Widerstandsprinzip und das Ausweichprinzip. Beim klassischen Widerstandsprinzip wird versucht, mit einer extrem dicken kreisförmigen Schale den Schwelldruck zu widerstehen (s.d. BEICHE 1990; LOHRSCHEIDER & DIETZ 1996). Beim Ausweichprinzip wird unter der Tunnelschale eine Zwischenschicht bzw. ein Hohlraum mit nachgiebiger Sohlkonstruktion eingebaut, der Hebungen des Gebirges zuläßt und dadurch die Entwicklung zu großer Drücke verhindert. Beim Freudensteintunnel der Neubaustrecke Mannheim-Stuttgart der DB AG ist dieses Ausweichprinzip angewandt worden (KUHNHENN & PROMMESBERGER 1990; FECKER 1992; PIERAU & KIEHL 1992, 1995; KIRSCHKE & PROMMESBERGER 1990). Eine wichtige Einflußgröße ist in beiden Fällen die Tiefenwirkung der Schwellvorgänge unter Ausbruchsohle, die allgemein mit dem 1,5-fachen Durchmesser angenommen wird, mit nach der Tiefe abnehmender Tendenz (Lit. s. FRÖHLICH 1986:

85; PAUL & WICHTER 1995 und ERICHSEN & KURZ 1995).

17.2.3 Geotechnische Messungen und Verformungsverhalten des Gebirges

Durch die beim Ausbruch eines Hohlraumes stattfindende Spannungsumlagerung wird das Gebirge gegenüber dem primären Spannungszustand in einigen Bereichen entlastet, in anderen zusätzlich belastet (SAUER & JONUSCHEIT 1976; KUHNHENN, BRUDER & LORSCHEIDER 1979; SAUER 1986; NAUMANN & PRINZ 1988). Diese Spannungsumlagerungen lösen Verformungen im Gebirge und am Ausbau aus. Ihre Größenordnung ist bei angepaßten Vortriebsarbeiten und Stützmitteln in erster Linie von der Spannungsverteilung und dem Verformungsmodul des Gebirges abhängig.

Geotechnische Messungen, besonders der Setzungen am Ausbau durch First- und Kalottenfußnivellements, dienen der Kontrolle des Tragverhaltens und sind Standard moderner Tunnelbauwei-

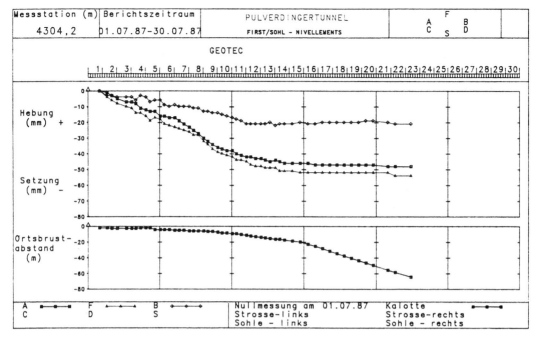

Abb. 17.11   Zeitsetzungsverlauf der First- und Kalottenfußpunkte (Geotec).

sen. Sie werden seit Beginn der 90er Jahre zunehmend über EDV-gestützte Meßdatenerfassungssysteme gewonnen und ausgewertet, die eine schnelle Aufbereitung und anschauliche graphische Darstellungen ermöglichen. Außer den gebräuchlichen Weg-Zeit-Diagrammen des Verformungsverhaltens einzelner Meßpunkte (s. Abb. 17.11) können schnell vortriebsorientierte Darstellungen (VAVROVSKY 1988) oder Interpretationen der Tunnellängsverschiebungen sowie Querschnittdarstellungen (s. Abb. 17.13) und andere Auswertungen abgerufen werden (NAUMANN et al. 1987, BERWANGER et al. 1989).

Das komplette **Meßprogramm** besteht aus Nivellements von First- und Kalotten- bzw. Strossenfußpunkten sowie Konvergenzmessungen im Tunnel und bei oberflächennahen Tunneln auch Geländenivellements und Extensometermessungen. Hinzu kommen in bestimmten Meßquerschnitten Druckmeßdosen zur Feststellung des Radialdruckes in der Fuge Spritzbeton/Gebirge (Gebirgsdruck) bzw. für den Tangentialdruck im Spritzbeton (Betondruck).

Regelmäßige Verformungsmessungen der Spritzbetonschale (Nivellement, Konvergenz) in Abständen von 10 bis 20 m, nötigenfalls auch enger, gehören heute zu den Standardmessungen im modernen Tunnelbau. Die **First- und Kalottenfuß-**

Meßbolzen müssen unmittelbar nach Einbringen der Stützmittel gesetzt werden, um einen möglichst großen Teil der Gesamtverformungen zu erfassen. Die Messungen werden bis zum Abklingen der Bewegungen täglich, später wöchentlich oder monatlich durchgeführt (Abb. 17.11).

Unter **Konvergenz** wird die ausbruchsbedingte Profilverengung eines Hohlraumes (Stauchung)

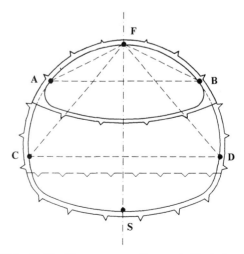

Abb. 17.12   Konvergenzmeßquerschnitt bei einem Kalottenvortrieb.

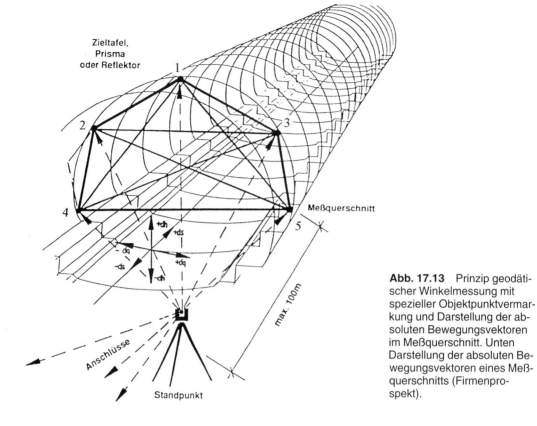

Abb. 17.13 Prinzip geodätischer Winkelmessung mit spezieller Objektpunktvermarkung und Darstellung der absoluten Bewegungsvektoren im Meßquerschnitt. Unten Darstellung der absoluten Bewegungsvektoren eines Meßquerschnitts (Firmenprospekt).

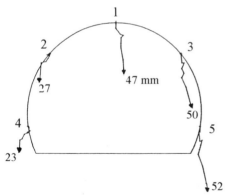

messen (Abb. 15.10). Die Meßgenauigkeit liegt bei 0,1 mm. Konvergenzmessungen dieser Art erfassen nur Relativverformungen.

Die Messungen mit dem Konvergenzmeßband werden zunehmend durch geodätische Winkelmessungen hoher Genauigkeit abgelöst, bei denen mittels spezieller Objektpunktvermarktung (z.B. Leuchtdioden) Absolutbewegungen registriert werden (Abb. 17.13). Mit diesen optischen 3-D Verschiebungsmessungen ist eine Erfassung des räumlichen Verformungsvorganges möglich und es können Horizontalverschiebungen der Tunnelschale an vorgegebenen Flächen erkannt und ihre Auswirkungen gedeutet werden. Die damit mögliche räumliche Verformungsanalyse wird zu einem wichtigen Element der Sicherheit im Tunnelbau, wenn nicht nur Meßdaten produziert und gespeichert werden, sondern mit Problemverständnis und Erfahrung interpretiert werden (s.a. VAVROVSKY 1994; STEINDORFER et al. 1995).

Messungen im Tunnel erfassen immer nur den Verformungsanteil nach Anbringen der Meßbolzen und der Nullmessung. Die dem Ausbruch vorauseilenden Verformungen (Abb. 17.14) können, so-

aufgrund von Lastumlagerungen im umgebenden Gebirge verstanden.

Die Profilaufweitung eines Hohlraumes wird als **Divergenz** (Spreizung) bezeichnet. Beide wurden bisher über unmittelbar nach dem Ausbau gesetzte Konvergenzbolzen mittels spezieller Meßbänder mit Spannfedern in einem bestimmten System geweit sie bis zur Oberfläche durchschlagen, mittels **Oberflächennivellement** in Achsrichtung und in Querprofilen ermittelt werden.

Mit **Extensometermessungen** werden in einem Bohrloch Relativbewegungen zwischen dem Ansatzpunkt (häufig Geländeoberfläche) und bis zu 5 verschiedenen Verankerungspunkten im Gebirge gemessen (Abb. 17.16). Auf diese Art können bei rechtzeitigem Einbau die Verteilung der Verformungen in Bohrlochlängsachse über und neben einen Hohlraum vor, während und nach dem Ausbruch erfaßt werden. Zum Einsatz kommen meist Draht- oder Stangenextensometer (z. T. aus Glasfasermaterial) mit einer Meßgenauigkeit von 0,1 bis 0,01 mm (s. a. Abschn. 4.6.4).

Mit **Inklinometern** (s. Abschn. 4.6.4 und 15.2.5) können Horizontalverformungen quer zur Bohrlochachse gemessen und damit z. B. das räumliche Verformungsverhalten vor der Ortsbrust und neben dem Hohlraum erfaßt werden (Abb. 17.15). Damit können die Entspannungsvorgänge der einzelnen Bauphasen erfaßt und Angaben über die Vorverformungen bzw. den Entspannungsfaktor gemacht werden.

Die in Abb. 17.9 dargestellte **dreidimensionale Spannungsumlagerung** bewirkt einerseits eine Spannungskonzentration an den Ulmen, die zu erhöhten Setzungen und zu Festigkeitsüberschreitungen führen kann und andererseits eine Spannungszunahme vor der Ortsbrust, einen Spannungsabfall im Vortriebsbereich und einen Spannungsanstieg in einem Abstand von 1 bis 1,5 D hinter der Ortsbrust. Die Spannungsausbreitung und damit das Verformungsbild sind sehr stark vom Trennflächengefüge abhängig. Den Vortrieb begleitende Großklüfte oder Störungszonen behindern die Spannungsausbreitung und können einen

vorher schwer erkennbaren Felskeil bilden, der die Firste und den Ulmenbereich belastet. Großklüfte vor der Ortsbrust führen ebenfalls zu einer Spannungskonzentration und erhöhten Verformungen der Ortsbrust, bzw. wenn sie in den Tunnel einstreichen, zu Spannungskonzentrationen und ungünstigen Setzungsunterschieden.

Messungen haben gezeigt, daß sowohl die Spannungsumlagerung als auch die damit verbundenen **Verformungen** dem Ausbruch um 1 bis 2 Tunneldurchmesser vorauseilen, aber etwa im selben Abstand hinter der Ortsbrust weitgehend zum Stillstand kommen (SAUER & JONUSCHEIOT 1976 u. Abb. 17.14). Die voreilenden Gebirgsverformungen sind auf den Spannungsanstieg vor der Ortsbrust zurückzuführen. Sie können 30 % bis 50 % der Gesamtverformungen erreichen. Die Vorausverformungen schlagen auch bei Überlagerungshöhen von 50 bis 100 m teilweise noch bis zur Geländeoberfläche durch. Die Größenordnung dieser Verformungen gibt Hinweise auf die Gebirgsqualität und auf örtliche Schwächezonen.

Die anfängliche Verformungsgeschwindigkeit (mm/d) und die Größenordnung der Verformungen sind Ausdruck des Tragverhaltens des Gebirges. Nach Abklingen der ausbruchsbedingten Spannungsumlagerungen bzw. Verformungen stellt sich ein sekundärer Spannungszustand ein, der zunächst ein Gleichgewicht zwischen dem Ausbauwiderstand und den Umlagerungsspannungen bedeutet.

Ein allgemein **zulässiges Verformungsmaß** kann nicht angegeben werden. Sehr geringe Setzungsbeträge (< 10 mm) lassen auf elastisches Gebirgsverhalten schließen. Große, lange anhaltende Setzungen deuten auf kriechende Gebirgsverschiebungen mit entsprechenden Folgen (s. Abschn. 17.2.4). Ein zu definierendes zulässiges Verformungsmaß hängt wesentlich vom Sprödbruchverhalten bzw. einem mehr zähen (duktilen) Bruchverhalten des Gebirges bzw. Gebirgsbereiches ab (s. Abschn. 2.6.8). Bei einem spröde reagierenden Gebirge können sich bereits ab 5 bis 10 cm (gemessene) Verformungen un-

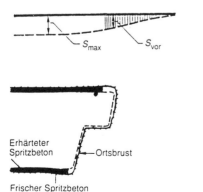

Abb. 17.14 Anteil der Vorausverformungen bei Oberflächennivellements.

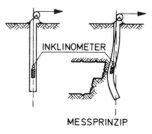

Abb. 17.15 Meßprinzip eines Inklinometers beim Tunnelvortrieb (nach DUDDECK et al. 1981).

mittelbar Bruchvorgänge anschließen, während bei mehr duktilem Gebirgsverhalten Verformungen von 10 bis 15 cm (und mehr) noch nicht zum Versagen führen (s. a. RABCEWICZ 1944).

Bei den Überlegungen über das jeweils zulässige Verformungsmaß ist zu beachten, daß eine beim Kalottenausbruch in der Firste gemessene Setzung N_F von 50 mm zusammen mit Setzungen aus dem Strossen- und Sohlvortrieb von etwa 30 bis 60 % von N_F sowie mit den nicht gemessenen voreilenden Setzungen (die i.a. bei 30–50% von N_F liegen) bereits eine Gesamtsetzung des Gebirges von etwa 80–100 mm ergibt. Als Empfehlung für die Vortriebsarbeiten kann ausgesprochen werden, besonders auf Auffälligkeiten im Setzungsverhalten der einzelnen Meßpunkte zu achten, wobei als kritischer **Verformungszuwachs pro Zeiteinheit** Anfangssetzungen von 0,1% des Tunneldurchmessers pro Tag, über mehr als 3 Tage, auch wenn sie sich durch Ausbauverstärkung beruhigen, als An-

zeichen für ungenügende Tragreserven angesehen werden müssen. Außerdem müssen die Verformungsdifferenzen der First- und Kalottenpunkte auf 20 bis 30 mm begrenzt werden.

Aus dem Spannungsanstieg 1 bis 1,5 D hinter der Ortsbrust ergibt sich bei wenig tragfähigem Gebirge die Notwendigkeit des rechtzeitigen Einbringens der Stützmittel und eines raschen Ringschlusses. Auch der Spritzbeton muß in diesem Abstand zur Ortsbrust eine gewisse Festigkeit erreicht haben, um den erhöhten Ringdruck aufnehmen zu können (SAUER 1986).

Bei Mittelgebirgstunneln zeigen ausreichend tief reichende Extensometer- und auch Gleitmikrometermessungen seitlich der Tunnelröhre Vertikalverformungen bis unter das Aushubniveau, die belegen, daß es sich bei den gemessenen Verformungen größtenteils um **Setzungen infolge Spannungszunahme** handelt (s. Abb. 17.16). Im Entla-

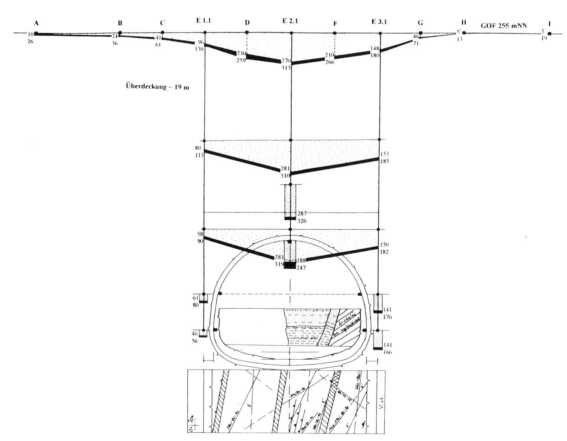

Abb. 17.16 Ergebnisse eines Extensometermeßquerschnitts im Buntsandsteingebirge. Unten Ergebnisse der Tunnelkartierung mit Großklüften und flexurartigen Schichtverbiegungen, die z. T. in Störungszonen übergehen.

stungsbereich unterhalb der Tunnelröhre wurden entsprechend auch leichte Hebungen beobachtet (Swoboda, Laabmayr & Mader 1986).

Die **Senkungsmulde an der Geländeoberfläche** entspricht nach dieser Theorie i.w. der Verteilung der Spannungsumlagerung im Untergrund. Köster & Schetelig (1988) haben dementsprechend bei engständig geklüftetem Gebirge erhebliche Abweichungen der Muldenbreite von der Grenzwinkeltheorie ($\alpha = 45 + \varphi/2$) festgestellt (s. a. Naumann & Prinz 1988: 149). In Kluftgesteinen hängt die Ausbildung der Senkungsmulde sehr stark vom Trennflächengefüge und auch von Auflockerungszonen im Gebirge ab.

Die Vertikalverformungen infolge Spannungszunahme werden überlagert durch einen **Horizontalverformungsanteil** als Folge der freien Höhe des Tunnelausbruchs (s. Abschn. 10). Die Größenordnung dieser Horizontalverformungen ist abhängig von der Gebirgsfestigkeit (insbesondere Gebirgsscherfestigkeit).

Der dem Tunnelausbruch voreilende Horizontalverformungsanteil kann durch vorab eingebaute Inklinometermeßstrecken gemessen werden. Der nach dem Ausbruch anfallende Anteil der Horizontalverformungen wird in den Konvergenzmessungen erfaßt. Die horizontalen Konvergenzen bzw. Divergenzen sind vielfach recht gering (Naumann & Prinz 1988). In Gebirgsbereichen, in denen die Spannungskonzentrationen am Ausbruchrand in die Größenordnung der Gebirgsfestigkeit (auch geringe Scherfestigkeit auf vorgegebenen Flächen) kommt, ist mit Verformungen der Spritzbetonschale und auch mit Konvergenzen von Dezimetern zu rechnen, die besondere Maßnahmen verlangen (Schubert & Markino 1989).

Verformungsmessungen allein geben jedoch noch keine Aussage über den letztlich auf dem Tunnelausbau lastenden Gebirgsdruck. Hierzu werden in bestimmten Meßquerschnitten zu den Verformungsmessungen hydraulische Druckmeßdosen für **Spannungsmessungen Beton/Gebirge und im Beton** installiert (Abb. 17.17), die getrennt den Tangentialdruck im Spritzbeton sowie den Radialdruck am Kontakt Spritzbeton/Gebirge anzeigen.

Die Ergebnisse sind in hohem Maße von der Einbauqualität abhängig und sind häufig erst nach Vorliegen mehrerer Messungen einigermaßen zu deuten. Vielfach sind auch die Ergebnisse der Radialspannungsmessungen nicht mit den tangentialen Umfangsspannungen in der Spritzbetonschale in Einklang zu bringen. Golser et al. (1990) ha-

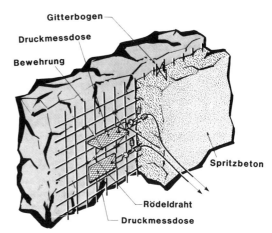

Abb. 17.17   Einbau von Druckmeßdosen für Tangentialdruck (oben) und Radialdruck (unten) im Spritzbeton (Zeichn. Sauer, Salzburg).

ben sich ausführlich mit diesen Problemen auseinandergesetzt.

17.2.4 Verbundwirkung von Gebirge und Spritzbetonausbau

Die heutigen konventionellen Tunnelbaumethoden basieren im wesentlichen auf der Neuen Österreichischen Tunnelbauweise (NÖT, NATM). Dabei handelt es sich um eine Baumethode auf der Grundlage praktischer Erfahrungen und moderner geotechnischer Erkenntnisse unter Verwendung von Spritzbeton, Ankern und sonstigen Ausbaumitteln in Verbindung mit Messungen zur Kontrolle der Dimensionierung (Rokahr 1995, darin Lit.).

Die Neue Österreichische Tunnelbaumethode setzt eine **Verbundwirkung Gebirge/Bauwerk** voraus, die durch einen gebirgsschonenden Ausbruch und eine sofortige Versiegelung mit einer dünnen Spritzbetonschale erreicht wird (s. Abschn. 17.5.1). Diese dünne Spritzbetonschale, gegebenenfalls verstärkt durch Stahlbögen, Bewehrungsmatten und Anker, blockiert die Initialbewegung der Kluftkörper, wodurch die Gebirgsauflockerung i.w. auf eine pseudoelastische Entspannungsbewegung reduziert wird. Es tritt keine weitere Entfestigung und damit keine eigentliche Gebirgsauflockerung auf. Die dünne, schlaffe Spritzbetonschale hat damit nicht die Aufgabe, Gebirgsdruck aufzunehmen, sondern nur die Gebirgsauflockerung zu minimieren und erhält damit die Eigenfestigkeit des Gebirges und seine Fähigkeit zum Mittragen. Andererseits kann die schlaffe Spritzbeton-schale, im Gegensatz zum früheren massiven Holzverbau, die durch die Spannungsumlagerung bedingten Verformungen mitmachen, ohne gleich Schaden zu erleiden oder zu versagen (Abb. 17.18).

Nach dem ursprünglichen Text des österreichi-schen Nationalkommitees wird das den Hohlraum umgebende Gebirge durch „Aktivierung eines Ge-birgstragringes" zu einem tragenden Bauteil. Un-ter **Gebirgstragring** wird dabei neuerdings der den Hohlraum umgebende Gebirgsbereich ver-standen, in welchem die wesentlichen Spannungs-umlagerungen stattfinden. Um diese Tragwirkung zu erhalten, ist es in einem nicht standfestem Ge-birge erforderlich, den Hohlraumrand zu stützen bzw. zu stabilisieren (VAVROVSKY 1994; ROKAHR 1995).

Für die Dimensionierung der Spritzbetonschale und der Stützmittel ist und bleibt das **Tragverhal-ten des Gebirges** von ausschlaggebender Bedeu-tung. Die durch die Spannungsumlagerungen aus-gelösten Verformungen führen zu einer Beanspru-chung des den Tunnel umgebenden Gebirges und der Spritzbetonschale. Überschreiten die vertika-len Verformungen ein bestimmtes Maß, so kann es zunächst zu lokalen Festigkeitsüberschreitungen an größeren und an übereinander liegenden kürze-ren Trennflächen kommen. Hierbei können sich Scherzonen ausbilden, die sich durch fortschrei-tende Überlastung der Nachbarbereiche wie ein progressiver Bruch fortpflanzen (Abb. 17.19 und NAUMANN & PRINZ 1988; SCHUBERT 1995). All-gemein gehen Verbruchereignissen auch zuneh-mend größere Setzungen voraus, welche die oben genannten Vorgänge anzeigen. Werden diese Ver-formungen durch rechtzeitige Unterstützung des Ausbaus mit Stempeln o. a. gebremst, so kann der Verbruchsvorgang trotz verhältnismäßig großer Setzungen noch verhindert werden. In spröde rea-gierenden Gebirgsarten (z.B. von Großklüften durchzogene harte Sandsteinbänke) können Brucherscheinungen auch ohne vorherige größere Setzungen eintreten.

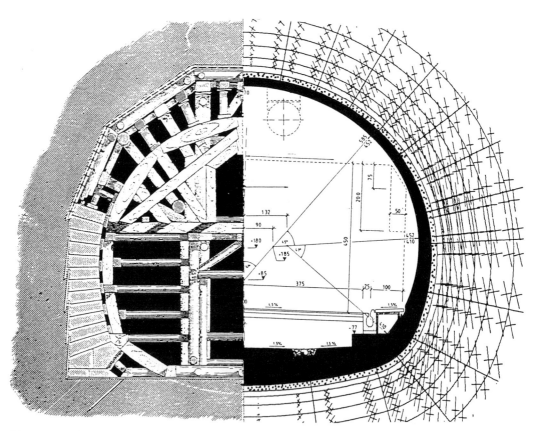

Abb. 17.18 Gegenüberstellung der alten Tunnelbauweisen mit massiven Holzverbau und die zweischali-ge Neue Österreichische Tunnelbauweise (Zeichn. KNITTEL, Hallein).

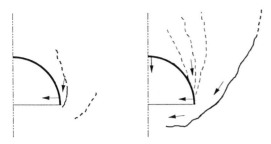

Abb. 17.19 Ausbildung von Scherzonen und Bruchmechanismen im Kalottenstadium (nach SCHUBERT & MARINKO 1988).

Weitere Anzeichen auf unzureichende Standsicherheit, auf die ein Tunnel ständig beobachtet werden muß, sind **Risse im Spritzbeton** und die Verformung von Ankerplatten, die eine Überbeanspruchung der Anker anzeigen. Aus dem Rissebild kann auf die Art der Beanspruchung geschlossen werden. Quer- und Radialrisse an Bögen sind in der Regel Biegebrüche aus unterschiedlichen Beanspruchungen (Verformungen) in Tunnellängsrichtung, während Längsrisse im First- bzw. Kämpferbereich meist eine Schubbeanspruchung der Schale anzeigen, die verschiedene Ursachen haben kann. Die Rissebilder sind zu kartieren und mit den Verformungsmessungen der ingenieurgeologischen Tunnelaufnahme sowie dem Zustand der Ankerköpfe zu vergleichen, was meist weitergehende Schlüsse auf die Beanspruchungsart ermöglicht. Das weitere Verhalten der Risse ist durch zusätzliche Meßbolzen, Gipsplomben und andere Zeitmarken zu kontrollieren. Die weiteren Verformungsmaße bzw. -geschwindigkeiten sind ein wichtiges Beurteilungskriterium (s. d. ROKAHR 1995).

Die Frage, welche Firstsetzungen und Konvergenzen bzw. Divergenzen für eine Spritzbetonschale zulässig sind, ohne daß es infolge von Brucherscheinungen bzw. Rißbildungen zu einem Verlust der Tragfähigkeit kommt, kann nur unter Berücksichtigung der Verformungsentwicklung auf der Grundlage möglichst räumlicher Absolutmessungen (s. Abschn. 17.2.3) diskutiert werden.

Die Auswertung zahlreicher Schadensereignisse zeigt, daß sich Schwachstellen und kritische Bauzustände in der (räumlichen) Verformungsentwicklung ankündigen und durch eine vortriebsbegleitende gründliche Analyse der geotechnischen Messungen im Vergleich zur ingenieurgeologischen Tunnelkartierung rechtzeitig Gegenmaßnahmen ergriffen werden können (NAUMANN &

PRINZ 1988; VAVROVSKY 1994; PURRER & JOHN 1994; SCHUBERT 1995).

17.2.5 Bemessungsannahmen für die Tunnelstatik

Während früher die Spritzbetondicke, die Bewehrung, die Betongüte und die Ausbildung der Innenschale mehr oder weniger nach Erfahrungswerten abgeschätzt wurde, werden heute aus verantwortungsrechtlichen Gründen für die wesentlichen Konstruktionselemente statische Berechnungen gefordert. Unter dem Begriff Tunnelstatik werden sowohl komplizierte Rechenmethoden als auch einfache statische Überlegungen über die Tragwirkung der Tunnelschale verstanden.

Die rechnerischen Nachweise der Standsicherheit von Felsbauwerken beruhen zwangsläufig auf stark idealisierten Modellvorstellungen. Es kann daher nicht erwartet werden, daß Berechnung und Messung genau übereinstimmen. Die Sicherheit im Tunnelbau ist daher nach wie vor auf die Beobachtung und Messung während der Vortriebsarbeiten angewiesen. Die angetroffenen geologischen Verhältnisse müssen mit den der Bauausführung zugrundeliegenden Bemessungsannahmen für die statistischen Berechnungen verglichen und gegebenenfalls die Kennwerte angepaßt werden. Das Problem dabei ist, daß mit den Meßwerten bzw. darauf aufbauenden Rückrechnungen nur der integrale Einfluß sämtlicher Parameter erfaßt werden kann und nicht einzelne Einflußfaktoren (ROKAHR 1995).

Diese Bauweise ist unter dem Begriff **„Beobachtungsbauweise"** erstmalig auch in die DIN V 1054–100 (1996) aufgenommen worden (s.d. auch Empfehlungen des Arbeitskreises Tunnelbau der DGGT 1995). Aufgabe des Ingenieurgeologen ist dabei auch, das Tragverhalten des Gebirges mit einzuschätzen und durch verbale Beschreibung auf mögliche Gefährdungssituationen hinzuweisen, wobei Erfahrungen aus vergleichbaren Gebirgsverhältnissen bei der Risikobewertung durchaus von ähnlichem Gewicht sein sollten, wie Berechnungsergebnisse (DUDDECK 1994).

Auf die **Grundlagen der Tunnelstatik** kann hier nur in groben Zügen eingegangen werden, praktisch nur zu dem Zweck, um die Notwendigkeit und die Verwendung der vom Ingenieurgeologen mitzuliefernden Bemessungsannahmen darzulegen.

Die in der Praxis üblichen klassischen Berechnungsverfahren basieren einerseits auf angenommenen Gewölbebelastungen (sog. Stabwerkssysteme), andererseits auf der Annahme einer elastisch gebetteten Röhre in einer vorbelasteten Scheibe.

Beim **Stabwerksmodell** wird die Tunnelauskleidung als von außen durch die Überlagerung bzw. durch die Auflockerungsglocke und gleichzeitig durch einen gewissen Seitendruck belastetes System betrachtet, bei dem das umgebende Gebirge als Bettung fungiert (Abb. 17.20). Die Wechselwirkung zwischen Gebirge und Ausbau wird durch elastische Federn simuliert. Das Berechnungsverfahren liefert ausschließlich Verformungen und Beanspruchungen des Tunnelausbaues. Die Wechselwirkung von Gebirge und Auskleidung wird über den Bettungsmodul in die Rechnung eingeführt. Der Bettungsmodul k_s wird näherungsweise aus dem Verformungsmodul ermittelt und wird gewöhnlich als oberer und unterer Grenzwert angegeben:

$$k_s = \frac{V\text{-Modul}}{r} \qquad k_s = \frac{E_{Geb.}}{(1 + \nu)\, r} \quad \text{bzw.}$$

$$k_s = C \cdot \frac{V\text{-Modul}}{r} \qquad (\text{in kN/m}^3)$$

ν = Poissonzahl

r = Radius eines kreisförmigen Tunnels, sonst H/2 bzw. D/2

C = eine Konstante, deren Wert von verschiedenen Autoren zwischen 0,66 und 3,0 meist mit 0,5 bis 1,0 angegeben wird (MÜLLER 1978: 221; FLECK, SPANG & SONNTAG 1980: 7).

Die Höhe der in der Berechnung anzusetzenden **Auflockerungsglocke** ist außer vom Gebirge und seinen Trennflächen (Gebirgsscherfestigkeit) vom Querschnitt des Hohlraumes und den Vortriebsarten abhängig. Zur Abschätzung der Auflockerungshöhe stehen verschiedene Verfahren zur Verfügung, die von sehr unterschiedlichen Bruchmechanismen ausgehen (RABCEWICZ 1944; STINI 1950; MÜLLER 1978, darin Lit.).

Nach RABCEWICZ (1944) beträgt die Höhe der Lastglocke im spannungsfreien Raum für lockergesteinsartiges Gebirge

$$H_{max} = \frac{d}{2 \cdot \sin \varphi}$$

d = halbe Ausbruchsbreite

Diese empirische Ableitung liefert recht brauchbare Werte, die auch durch andere Überlegungen erhärtet werden (NAUMANN & PRINZ 1988 und Abb. 17.21). Durch unsachgemäßes Arbeiten kann der Auflockerungsdruck unnötig groß werden. In Gebirgsbereichen, in denen die Spannungsumlagerung behindert ist, können die vollen Überlagerungslasten auf den Ausbau einwirken (s. Abschn. 17.2.2).

Im allgemeinen werden seichtliegende Tunnel auf Verformungen und Überlagerungshöhe dimensioniert. Ab einer Überlagerungshöhe von etwa dem 1,5- bis 2fachen Durchmesser ist dies nicht mehr möglich. Die Dimensionierung erfolgt dann nach einer der Gebirgsklasse entsprechenden Auflockerungsglocke und Begrenzung der zulässigen Ver-

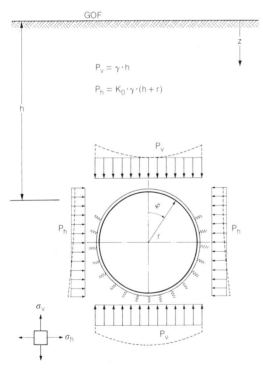

Abb. 17.20 Berechnungsmodell gebetteter Stabzug (aus NAUMANN & PRINZ 1988).
h = Überlagerungshöhe bzw. Höhe der Auflockerungsglocke
K_0 = Ruhedruckbeiwert (s. Abschn. 17.2.2)

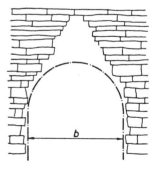

Abb. 17.21
Schematische Darstellung einer den Klufttreppen folgenden Auflockerungs- bzw. Nachbruchglocke (aus MÜLLER 1978).

formungen. Bei tiefliegenden Tunneln ist aufgrund des Spannungsumlagerungsprozeßes mit unvermeidbaren, z. T. relativ großen Verformungen zu rechnen. Die Spritzbetonschale hat auch hier die Aufgabe, den Hohlraumrand zu stabilisieren und nicht die Verformungen zu verhindern bzw. in erheblichen Maße zu behindern.

Der Tunnelausbau erleidet eine kombinierte Biege- und Druckbeanspruchung. Die Ersatzbelastungsannahmen durch den Auflockerungsdruckkörper bzw. die erforderlichen Ausbaumittel werden mit entsprechenden Teilsicherheitsbeiwerten von F = 2.1 für Druckbeanspruchung und F = 1,75 gegenüber Biegezugversagen beaufschlagt. Diese rechnerischen Sicherheiten dürfen jedoch nicht als Sicherheit des Vortriebs verstanden werden (s.d.a. ROKAHR 1995).

In der Praxis wird für die einzelnen Gebirgsklassen häufig mit folgenden **Ersatz-Belastungsannahmen** gearbeitet (Abb. 17.22):

Standfestes Gebirge, das praktisch keinerlei Sicherung des Hohlraumes bedarf, erfordert eine hohe Gebirgsfestigkeit, einschließlich Gebirgszugfestigkeit und eine Gebirgsscherfestigkeit von $\varphi >$ 45° ($K_0 = 0,15 - 0,2$).

Bei ausreichender Gebirgsfestigkeit aber nachbrüchigem Gebirge erfolgt die Dimensionierung häufig nach einer empirisch geschätzten oder nach obigem Verfahren ermittelten Höhe der Auflockerungsglocke ($\varphi = 35°$ bis 30°, $K_0 = 0,35$ bis 0,5). FEDER (1982) empfiehlt für geschichtete Sedimentgesteine eine Mindestbelastung, die etwa der halben Ausbruchsbreite entspricht. Diese Annahme wird durch die einfache Betrachtung des möglichen Bruchkörpers entlang sog. Klufttreppen gestützt (Abb. 17.21).

Bei gebrächem Gebirge wird bei den heutigen Verkehrstunneln als Ersatzlast unabhängig von der Überlagerung ein elliptischer Gebirgskörper von etwa 10 m Höhe angenommen ($\varphi \approx 20°$, $K_0 = 0,66$). Da die Gebirgsfestigkeit häufig gleich groß wie die Druckspannungen in den Ulmen angenommen wird, muß zusätzlich ein einige Meter breiter Bereich berücksichtigt werden, der mit 45° $+ \varphi /2$ abgegrenzt wird (Abb. 17.22).

Bei gebrächem bis leicht druckhaftem Gebirge, bei dem die Druck- oder Scherfestigkeit des Gebirges in den Ulmen überschritten werden kann, muß darüber hinaus geprüft werden, ob die rechnerische lotrechte Spannung am Ausbruchrand die einachsiale Druckfestigkeit des Gebirges übersteigen kann (SCHNEIDER & REH 1984: 180). Die lotrechte Spannung in den Ulmen beträgt nach der sog. Kesselformel, die allerdings streng genommen nur für Kreisquerschnitte gilt:

$\sigma_t = \gamma \cdot H \cdot D/2$
H = Überlagerungshöhe (s. Abb. 17.9)

In tektonischen Störungs- und Zerrüttungszonen ist nach heutigem Kenntnisstand maßgebend, ob es sich um Scherbruchzonen mit Gebirgsauflockerung i.S. von PRINZ (1988) und NAUMANN & PRINZ (1989) und mangelhafter Gebirgseinspannung handelt oder nicht. In solchen Fällen muß mit großen Verformungen und gegebenenfalls mit mehr als 20 m hochreichenden Auflockerungsglocken gerechnet werden. In nicht zu breiten Störungs- und Zerrüttungszonen ohne solche Gebirgsauflockerung werden sich hingegen gewölbeartige Verspannungen einstellen, die den auf den Tunnel wirkenden Druck auf eine Bruchhöhe von 10 bis 20 m begrenzen. In breiten Störungszonen mit zerschertem Gebirge können hohe Spannungen und entsprechend große, allseitige Verformungen auftreten, die schwer zu beherrschen sind.

Mit den **numerischen Berechnungsmethoden** (z. B. Finite-Element-Methode = FE-Berechnung) können zusätzlich Spannungen und Verformungen des Gebirges ermittelt und auch einzelne Bauzustände sowie Stützmittel in Form von Ankern, Spritzbeton und Sohlgewölbe in der Rechnung berücksichtigt werden (Abb. 17.23). Durch Variation einzelner Parameter kann deren Einfluß überprüft werden. Die ebenen Berechnungsverfahren können allerdings die dreidimensionale Spannungsumlagerung an der Ortsbrust auch nicht erfassen bzw. nur durch Einführen von mehr oder weniger willkürlichen Hilfsfaktoren. Eine wirklichkeitsnahe Untersuchung mit einer dreidimensionalen FE-Berechnung ist jedoch in den meisten Fällen wirtschaftlich noch nicht vertretbar.

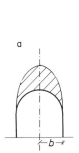
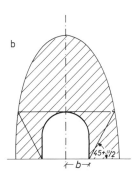

Abb. 17.22 Schematische Darstellung der Ersatzbelastungsannahmen bei nachbrüchigen (a) und gebrächen Gebirge (b).

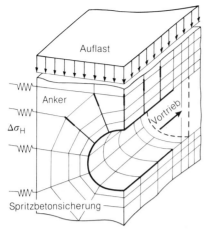

Abb. 17.23 Berechnungsmodell nach der Finite-Element-Methode (aus NAUMANN & PRINZ 1988).

Voraussetzung für die Anwendung numerischer Berechnungsmethoden sind ein möglichst realistisches Gebirgsmodell mit Angabe des Trennflächengefüges und einzelner maßgeblicher Störungszonen sowie der Kenntnis des primären Spannungzustandes, etwaiger Wasserdrücke und nachstehender felsmechanischer Kennwerte:

Wichte des Gebirges	γ (in kN/m³)
Ruhedruckbeiwert bzw.	K_0
Poissonzahl	ν
Verformungsmodul bzw.	E_v (in MN/m²)
Bettungsmodul	k_s (in MN/m³)
Gesteins- bzw. Gebirgsfestigkeit	σ (in MN/m²)
Gebirgsscherfestigkeit	φ , c (°, kN/m²)
Scherfestigkeit auf Trennflächen	ϕ , c (°, kN/m²)
Trennflächengefüge	

Bei Steife- bzw. Verformungsmodulen < 50 MN/m² ist für Verkehrstunnelquerschnitte i.d.R. kein rechnerischer Standsicherheitsnachweis mit realisierbaren Ausbauquerschnitten zu führen. Das Gebirge muß verbessert oder der Ausbruch in Teilquerschnitte aufgelöst werden (z. B. Ulmenstollenvortrieb).

Auch bei der Anwendung numerischer Berechnungsmethoden muß man sich darüber im klaren sein, daß trotz des großen rechnerischen Aufwandes keine absoluten Rechenergebnisse erwartet werden dürfen. Der Grund sind die mehr oder weniger unzureichend bekannten Stoffgesetze, die Streuung der Eingangsparameter sowie das Pro-

blem, das räumliche Tragverhalten und die einzelnen Ausbruchsfolgen rechnerisch zu erfassen.

Wasserdruck wird auf den Spritzbetonausbau i.d.R. nicht angesetzt, es sei denn, an begleitenden Störungszonen ist mit Staueffekten und (seitlichem) Wasserdruck im Gebirge zu rechnen.

Für die **Bemessung der Innenschale** ist in den meisten Fällen davon auszugehen, daß zum Zeitpunkt des Einbaus die Verformungen im Gebirge zur Ruhe gekommen sind und der Grundwasserspiegel abgesenkt ist. Die Belastungen werden allein von der Spritzbetonschale getragen. Die Innenschale bekommt erst Last, wenn das Grundwasser wieder ansteigt und wenn als Langzeitzustand die Spritzbetonschale ihre Tragfähigkeit verliert und die Innenschale den vollen Gebirgsdruck einschließlich erhöhter Gebirgsdrucke als Folge tertiärer Spannungszustände übernehmen muß.

17.3 Vortriebsarten

Im modernen Tunnelbau (s. ÖNORM B 2203) werden konventioneller oder zyklischer Vortrieb sowie maschineller, kontinuierlicher Vortrieb mittels Tunnelbohrmaschinen und Schildvortrieb bzw. Preßvortrieb unterschieden.

17.3.1 Konventioneller Vortrieb

Beim konventionellen oder universellen Vortrieb erfolgen die einzelnen Arbeitsvorgänge des Lösens, Ladens und des Stützmitteleinbaus zeitlich nacheinander mittels Sprengen, Baggerarbeit oder Teilschnittfräseneinsatz. Der Bauvorgang besteht im wesentlichen aus einem schrittweisen Ausbruch mit sofortiger Sicherung der Ausbruchslaibung mit schnell härtendem Spritzbeton, dessen Tragwirkung durch Stahlbögen, Bewehrungsmatten und Anker verstärkt werden kann. Der Vortrieb erfolgt dabei meist durch Unterteilung des Querschnitts in Kalotte, Strosse und Sohle.

Die konventionelle Spritzbetonbauweise (NÖT) beruht auf einem **halbempirischen Sicherheitskonzept** (s. Abschn. 17.2.4). Die Dicke der Spritzbetonschale als vorläufiger Ausbau wird den angetroffenen Gebirgs- bzw. Ausbruchsklassen angepaßt. Die Beschreibung und die Einteilung der Gebirgs- bzw. Ausbruchsklassen sowie die Festlegung der systematischen Stützmaßnahmen erfolgen auf der Grundlage von ingenieurgeologischen und geotechnischen Voruntersuchungen. Die Standsicherheit der Spritzbetonschale wird in einer

Vorbemessung untersucht und beim Vortrieb durch geotechnische Messungen und eine ingenieurgeologische Tunnelkartierung kontrolliert. Entscheidend für die Beurteilung der Standsicherheit ist der Nachweis begrenzter bzw. abklingender Verformungen. Reichen die Regelausbaumittel zur Gewährleistung der erforderlichen Sicherheit nicht aus, können je nach Erfordernis zusätzliche gebirgsverbessernde Maßnahmen, wie z. B. Vorausentwässerung oder Injektionen angeordnet werden. Nach einer gewissen Standzeit des Spritzbetonausbaus wird nach Aufbringen der Isolierung mit einem Schalwagen die Innenschale in Ortbeton nachgezogen.

Das **Ausbruchsschema** ist in Abb. 17.24 dargestellt. Der Vorlauf des Kalottenausbruchs gegenüber dem Strossen- und ggf. Sohlausbruch ist von der Standfestigkeit bzw. vom Verformungsverhalten des Gebirges abhängig. In gebrächem Gebirge wird der Nachlauf des Strossen- und Sohlausbruchs auf 200 bis 100 m begrenzt. In verformungsempfindlichen, wenig standfestem Gebirge ist der Sohlschluß auf möglichst kurze Entfernung herzustellen. Diese Bauweise wird außer bei den kleineren Querschnitten der U-Bahnbauten, besonders in tertiären und anderen Lockergesteinen eingesetzt. Entscheidend ist, daß die Ringschlußzeit in Anpassung an das Tragverhalten des Gebirges möglichst kurz gehalten wird.

Lassen der größere Querschnitt und das Gebirgsverhalten keinen Kalottenausbruch zu, so muß auf kleinere Teilquerschnitte umgestellt werden. Bewährt hat sich in solchen Fällen eine vorlaufende geteilte Kalotte oder der sog. **Ulmenstollenvortrieb** (Abb. 17.25).

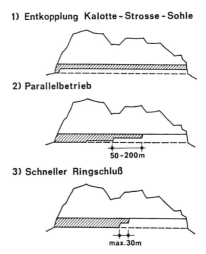

1) Entkopplung Kalotte - Strosse - Sohle

2) Parallelbetrieb

50 - 200 m

3) Schneller Ringschluß

max. 30 m

Abb. 17.24 Schematische Darstellung der Ausbruchfolge bzw. des Bauablaufs bei der NÖT.

Die verhältnismäßig kleinen (rd. 20 m²) und querschnittgünstigen, heute meist spitzbogenförmigen Ulmenstollen können in fast jedem Gebirge vorgetrieben werden und nachfolgend kann das Kalottengewölbe auf durch gebirgsverbessernde Maßnahmen gesicherte Kämpfer abgesetzt werden. Außerdem dienen Ulmenstollen zur Vorausentwässerung des Gebirges für die restlichen Ausbrucharbeiten.

Durch einen solchen Ulmenstollenvortrieb können i.d.R. die Gesamtsetzungen auf ein verträgliches Maß reduziert werden. Ein kritischer Schritt beim Ulmenstollenvortrieb ist der spätere Kalottenausbruch, bei dem es wegen der Entlastung des Kernbereichs zu Hebungen des Kerns bei gleichzeitigen

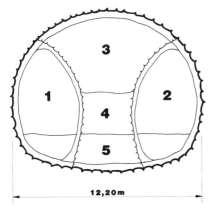

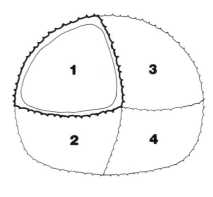

Abb. 17.25 Auflösung des Tunnelquerschnitts in verschiedene Teilquerschnitte. Links Ulmenstollenvortrieb, rechts vorlaufende geteilte Kalotte.

Firstsenkungen kommen kann. Das Ausmaß dieser Verformungen und ihr Abklingen ist sorgfältig zu kontrollieren, damit es nicht zur Ausbildung von kritischen Bauzuständen kommt (Abb. 17.26).

Teilschnittmaschinen weisen einen nach allen Seiten schwenkbaren Arm mit Fräskopf auf, der mit unterschiedlichen Schneid- bzw. Fräswerkzeugen bestückt ist (Tunnelbautaschenbuch 1979: 302, MAIDL & HANDKE 1989). Das entscheidende Einsatzkriterium einer Teilschnittmaschine ist außer der Maschinengröße die Leistung und Standdauer der Bohrkopfwerkzeuge, wobei die Lösbarkeit des Gebirges außer von der meist immer noch an erster Stelle genannten Druckfestigkeit und der Spaltzugfestigkeit sehr stark von der Härte der Mineralkomponente, vom Bindemittel und dem Trennflächengefüge abhängt (s. Abschn. 17.3.6). Die technische Grenze der mit Teilschnittmaschinen noch wirtschaftlich beherrschbaren Gesteinsdruckfestigkeiten liegt bei Gesteinen mit hoher Mineralhärte nach GEHRING & HABENICHT (1976) bei etwa 100 N/mm^2. Hohe Gesteinsfestigkeit von z. T. über 200 N/mm^2 führen auch bei nichtsilikatischen Gesteinen, wie z. B. Massenkalksteinen, zu sinkenden Vortriebsleistungen und hohen Verschleißkosten und können zu einer Umstellung der Vortriebsmethode zwingen (BROCK 1994; REBOCK 1994).

Weitere einschränkende Kriterien für einen Einsatz von Teilschnittmaschinen sind die Beherrschung der Staubentwicklung, besonders bei quarzhaltigen Gesteinen sowie die beim Lösen des Gesteins entstehenden niederfrequenten Dauererschütterungen, die zu deutlichen Körperschalleffekten in Gebäuden mit der Gefahr des Aufschaukelns durch Resonanzschwingungen führen kön-

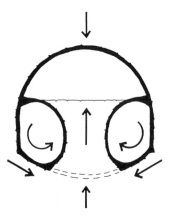

Abb. 17.26 Mögliche Reaktionen eines Ulmenstollenvortriebs beim Kalottenausbruch.

nen (s. Abschn. 6.2.5 und ARNOLD 1995, REHBOCK 1995).

17.3.2 Tunnelvortriebsmaschinen

Der Vortrieb mit Hilfe einer Tunnelbohrmaschine erfolgt kontinuierlich, d. h. die einzelnen Arbeitsvorgänge des Lösens, Ladens und des Stützmitteleinbaus werden im wesentlichen gleichzeitig ausgeführt.

Bezüglich des Einsatzes von Tunnelvortriebsmaschinen (TVM) wird auf die DAUB-Empfehlung „Kriterien zur Auswahl und Bewertung von Tunnelvortriebsmaschinen" (DIETZ & BECKER 1995) sowie auf WAGNER & SCHULTER (1995) und MAIDL et al. (1995) verwiesen. Die ursprüngliche Unterscheidung in Tunnelbohrmaschinen (TBM) für Festgesteine und Schildmaschinen (SM) für Lockergesteine hat durch die Entwicklung der letzten Jahre an Bedeutung verloren. Heute werden **Tunnelbohrmaschinen** ohne und mit Schild unterschieden sowie Ausbau des Tunnels mit Spritzbeton, Bewehrungsmatten und Ankern bzw. mit Tübbingen. Tunnelbohrmaschinen mit Diskenmeißeln können in Gebirgsarten mit Gesteinsdruckfestigkeiten bis 300 MN/m^2 eingesetzt werden. Gleichzeitig ist auch die Beschränkung auf standfestes bis nachbrüchiges Gebirge weitgehend entfallen (DIETZ & BECKER 1995).

Bei den **Schildmaschinen** werden in Abhängigkeit von dem Löse- und Stützvorgang solche mit Vollschnittabbau (SM-V) und mit Teilflächenabbau (SM-T) unterschieden. Die Ortsbrust wird entweder mechanisch durch einen Brustverbau abgestützt oder durch eine Stützflüssigkeit (Betonit-Wasser-Bodengemisch oder Wasser-Bodengemisch) gegen Hereindrücken gesichert (GEHRING & KOGLER 1994).

Die erfolgreiche Anwendung von Diskenmeißeln und nachgeschalteten Steinbrechern zum Abbau von felsartigen Einlagerungen und Findlingen sowie der Umstellung von Naß- auf Trockenabbau hat die Einsatzmöglichkeiten von Schildmaschinen wesentlich erweitert. Die bisherigen Durchmesser von 11,6 m (Grauholz-Tunnel, CH) werden derzeit auf 14,0 m erweitert (Tokyo Bay Highway, Elbtunnel).

Die Tunnelauskleidung erfolgt entweder mit vorgefertigten Beton- oder Stahltübbingen oder mittels extrudiertem Beton, der innerhalb einer Gleitschalung im Schildschwanz erhärtet.

Der Einsatz von Tunnelvortriebsmaschinen setzt, mehr noch als konventionelle Vortriebsmethoden eine sorgfältige und umfassende ingenieurgeologische und geotechnische Untersuchung voraus. Einerseits entfallen bei Einsatz von Tunnelvortriebsmaschinen die geotechnischen Kontrollen beim Vortrieb, insbesondere die ingenieurgeologische Ortsbrustaufnahme und andererseits erfordert ein solcher maschineller Vortrieb eine gewisse Mindestvortriebsgeschwindigkeit, damit sich die Maschine in stärker setzungsfähigen Gebirgsabschnitten nicht verklemmt. Die wichtigsten Angaben für maschinellen Vortrieb sind die Gebirgszerbrechung und Gebirgsauflockerung (Klüftigkeit, Störungszonen), die Gebirgsfestigkeit (Druck- und Zugfestigkeit der Gesteine) sowie die Wasserführung des Gebirges und die Bemessungswasserstände. Schildmaschinen mit Flüssigkeits- oder Erddruckstützung können bei Wasserdrücken bis zu 5 bis 7 bar eingesetzt werden. Die VOB-DIN 18 312 enthält spezielle Ausbruchsklassen für Tunnelbohrmaschinen, die Empfehlungen des AK Tunnelbau (1995) auch solche für Schildmaschinen.

17.4 Ausbrucharbeiten

Das Gebirge wird je nach Festigkeit und Standfestigkeit mechanisch (Tunnelbagger, Teilschnittmaschinen) oder im konventionellen Sprengvortrieb gelöst, wobei das Gebirge so schonend wie möglich zu behandeln ist, um die Verformungen möglichst gering zu halten. Um das festgelegte Ausbruchprofil einzuhalten und Stellen mit Unterprofil zu vermeiden, wird ein gewisses Überprofil (Mehrausbruch) in Kauf genommen.

17.4.1 Profilhaltung und Mehrausbruch

Profilhaltung und Mehrausbruch hängen ab von der petrographischen Gesteinsausbildung, dem Trennflächengefüge und besonders der tektonischen Beanspruchung sowie dem Winkel, unter dem die Haupttrennflächen geschnitten werden und vom Ausbruchverfahren. Je gleichmäßiger und je mürber ein Gestein ist, um so maßhaltiger ist es. Wechselschichtung, Gesteinshärte und ungünstige Trennflächen setzen die Maßhaltigkeit herab und verursachen Mehrausbruch. Die Größe des Mehrausbruchs wird außerdem durch die Art der Vortriebsarbeiten beeinflußt.

Beim **Mehrausbruch** wird zwischen vermeidbarem (z. B. arbeitstechnisch bedingt und mit wirtschaftlichen Mitteln vermeidbar) und nicht vermeidbarem, geologisch bedingtem Mehrausbruch unterschieden sowie zwischen vorhersehbarem und nicht vorhersehbarem Mehrausbruch. Geologisch bedingter Mehrausbruch wird durch geologische Faktoren verursacht, wie Wechselschichtung, große oder wechselnde Gesteinshärte, ungünstig verschneidende Trennflächen und besonders Großklüfte und Zerrüttungszonen sowie Wassereinbrüche oder Karsthohlräume. Er ist, soweit er vorhersehbar ist, in die Ausbruchspreise einzurechnen.

Vermeidbarer Mehrausbruch entsteht durch unsachgemäßes Arbeiten, wie nicht profilgerechtes Bohren, Überladen von Bohrlöchern, zu große Abschlaglängen, Vermessungsfehler u. a. m.

Vergütung erfolgt nur für den nicht vorhersehbaren und nicht vermeidbaren, geologisch bedingten Mehrausbruch.

Um den vorhersehbaren Mehrausbruch abzudekken, wird heute in der Ausschreibung, über das Regelprofil hinaus, ein Überprofil festgelegt, das folgende Definitionen enthält (s. Abb. 17.27):

Das **Übermaß** d ist der Mehrausbruch, der über das Regelausbruchprofil hinaus auszubrechen ist, damit dieses nach der Gebirgsentspannung und den Gebirgsverformungen noch voll zur Verfügung steht. Das Übermaß beträgt je nach den zu erwartenden Gebirgsverformungen 20 cm bis z. T. 50 cm.

Darüber hinaus wird für die einzelnen Gebirgsklassen ein Grenzprofil bzw. **Toleranzmaß** von einigen Dezimetern festgelegt, innerhalb dessen ein Ausbruch als machbar angesehen wird (s. a. Empfehlung 11 der ITA in Tunnelbautaschenbuch 1992: 303; ÖNORM B 2203 von 1994). Innerhalb der Grenzfläche D (s. Abb. 17.27) bzw. des Außentoleranzmaßes ist jeder Mehrausbruch einzukalkulieren und wird nicht gesondert vergütet. Erst darüber hinaus wird geologisch bedingter Mehrausbruch aufgemessen und vergütet. Das Aufmaß wird unterschiedlich gehandhabt und ist in der Ausschreibung unmißverständlich festzulegen (z. B. Abb. 17.27).

17.4.2 Spreng- und Baggervortrieb

In reißbaren, nicht standfesten und verformungsanfälligen Gebirgsarten (s. Abschn. 17.3) ist der Ausbruch von größeren Querschnitten im bergmännischen Vortrieb erst durch den **Einsatz von Tunnelbaggern** wirtschaftlich geworden. Dieser weitgehend erschütterungsfreie Vortrieb hält die Gebirgsauflockerung und den dadurch bedingten Verformungsanteil gering und ermöglicht in vielen

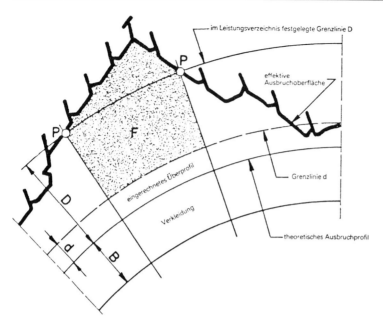

Abb. 17.27 Definition des geologisch bedingtem Mehrausbruchs nach SIA 198 (1975).
B: Theoretische Dicke der Verkleidung
d: im Einheitspreis eingerechnetes Überprofil
D: im Leistungsverzeichnis festgelegte Distanz vom theoretischen Ausbruchprofil zur Bestimmung der Punkte *P* und der Fläche *F* des geologisch bedingten Überprofils
F: Fläche, für die das geologisch bedingte Überprofil vergütet wird.

Fällen erst den bergmännischen Vortrieb. Die Abschlagslängen werden der Gebirgsstandfestigkeit angepaßt (i.d.R. 0,6–1,2 m). In stark nachbrüchigen Gebirgsarten sind auch kleinflächige Teilausbrüche möglich, die sofort zugespritzt werden. Die Grenze zum konventionellen Sprengvortrieb liegt da, wo der Aufwand des mechanischen Lösens zu groß und unwirtschaftlich wird. Gegebenenfalls werden auch partielle Lockerungsschüsse und randliches Nachprofilieren (Tunnelbagger oder Teilschnittmaschine) eingesetzt.

In stark nachbrüchigen bis gebrächen Gebirgsarten muß die Ortsbrust jeweils teilweise oder ganz mit Spritzbeton versiegelt bzw. ihre Standfestigkeit durch Stehenlassen eines Brustkeils verbessert werden.

Beim konventionellen **Sprengvortrieb** werden folgende, sich rhythmisch ablösende Arbeitsphasen unterschieden:

- Bohren
- Laden und Sprengen
- Beräumen und erste Sicherungsarbeiten
- Schuttern
- Einbringen des Spritzbetonausbaues

Das **Bohren von Spreng- und Ankerlöchern** ist nicht nur von den im Abschn. 17.1.4 beschriebenen geologischen Faktoren abhängig, sondern auch von einer auf das Gestein abgestimmten Werkzeug/Meißel-Kombination. Die üblichen Längen der Bohrlöcher betragen bei den axialen

Sprenglöchern bis 4 m und bei den radialen Ankerlöchern 3 bis 12 m. Die Bohrdurchmesser sind vom Verwendungszweck abhängig und liegen allgemein zwischen 43 und 51 mm. Ankerbohrlöcher werden z. B. wegen des Verbrauchs an Ankermörtel mit möglichst engem Durchmesser gebohrt, während allgemein ein etwas größerer Ringraum und eine Optimierung des Spülwasserstromes (6 bis 10 l/min) die Abführung des Bohrkleins und damit die Bohrleistung verbessern.

Das Standardbohrverfahren für den konventionellen Bohr- und Sprengvortrieb ist das hydraulische Drehschlagbohren, das allein von der Technik her sowohl dem Drehbohren als auch dem Schlagbohren überlegen ist (FEISTKORN 1988). In Tonschiefern und Sandsteinen sind Bohrgeschwindigkeiten von 2 bis 4 m/min üblich. In harten granitischen Gesteinen werden Bohrleistungen von 1,0 bis 2,5 m/min erreicht.

Ebenso wie das Bohrverfahren muß auch die **Sprengtechnik** auf die Querschnittsgröße und auf das Gebirge abgestimmt sein (LEINS & THUM 1970; PETZOLD 1996). Im Tunnelbau werden vorwiegend patronierte, gelatinöse Sprengstoffe mit Patronendurchmessern von 30 bis 40 mm verwendet, z. T. auch Emulsionssprengstoffe, die einen geringeren Anteil NOx und CO in den Sprengschwaden aufweisen. Die modernen Zündsysteme arbeiten mit Kurzzeitintervallen von 20 ms, 25 ms und 30 ms sowie Langzeitzünder mit Verzögerungsintervallen von 100 ms und 250 ms (PET-ZOLD 1996).

Um die Verspannung des Gebirges zu überwinden und freie Flächen für die nachfolgenden Ladungen zu schaffen, sind verschiedene **Einbruchsarten** üblich, und zwar Schrägeinbrüche (Kegeleinbruch, Keileinbruch, Fächereinbruch) und die tunnelaxial gebohrten Paralleleinbrüche (Brennereinbruch; s.d. Abb. 17.28 und WILD 1984, 1989 sowie KÖNIG & LUDWIG 1996).

Das Bohr-, Zünd- und Ladeschema sowie die Abschlaglänge und die Lademenge sind den jeweiligen Verhältnissen anzupassen. Der **Bohrlochaufwand,** d.i. die Anzahl der Bohrlöcher je m² Ausbruchsquerschnitt (1/m²) ist abhängig vom Tunnelquerschnitt, der Sprengbarkeit des Gebirges, der Sprengstoffart und dem Patronendurchmesser. Von denselben Faktoren hängt auch der **Sprengstoffbedarf** in kg/m³ Gestein ab (Tab. 17.6 und KÖNIG & LUDWIG 1996).

Um arbeitstechnisch bedingten Mehrausbruch zu vermeiden, werden beim **profilgenauen Spren-gen** die Außenkranzlöcher an der Profillinie enger gebohrt und erhalten eine geringere Vorgabe zum Innenkranz sowie eine schwächere Ladung (häufig nur Sprengschnüre mit 80 oder 100 g Füllgewicht je Meter). Die Profilbohrlöcher werden als letzte Zeitstufe gezündet.

Die **Abschlagstiefen** sind abhängig von der Querschnittsgröße und dem Gebirge. Sie betragen bei großen Querschnitten in standfestem Gebirge in der Regel 2 bis 3 m. Bei größeren Abschlagstiefen nimmt der Sprengstoffverbrauch und die Gebirgszerrüttung stark zu. In stärker nachbrüchigem und gebrächem Gebirge müssen die Abschlagstiefen auf 1 bis 2 m, notfalls auf < 1 m verringert werden.

Nach dem Sprengen und der Bewetterungspause (Sicherheitsaspekte hinsichtlich der Tunnelluft s. KIESER 1996, darin Lit. und Grenzwerte) wird die freigelegte Hohlraumlaibung von einem Hebebühnenbagger aus von lockeren Felsbrocken beräumt. Beim anschließenden Schuttern darf nach den Unfallverhütungsvorschriften außer der Bedienungsmannschaft kein weiteres Personal vor Ort sein.

Tabelle 17.6   Richtzahlen für Bohrlochaufwand und Sprengstoffbedarf (aus WILD 1989).

Gesteinsart	Bohrlochaufwand in 1/m² 30 mm Patronendurchmesser	40 mm Patronendurchmesser	Sprengstoffbedarf (Ammon-Gelit 2) kg/m³
Sehr leicht sprengbar	1,5 bis 2,0	0,5 bis 1,0	0,7 bis 0,8
Leicht sprengbar	2,0 bis 2,5	1,0 bis 1,5	0,8 bis 0,9
Schwer sprengbar	2,5 bis 3,0	1,5 bis 2,0	0,9 bis 1,2
Sehr schwer sprengbar	3,0 bis 3,5	2,0 bis 2,5	1,2 bis 1,5

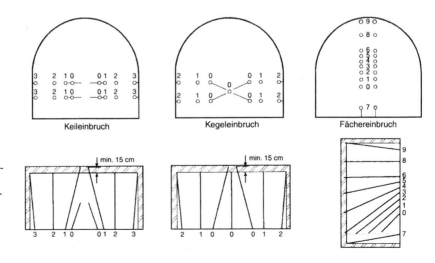

Keileinbruch   Kegeleinbruch   Fächereinbruch

Abb. 17.28 Schematische Darstellung der im Tunnelbau üblichen Einbruchsarten (aus KÖNIG & LUDWIG 1996).

Nach dem **Beräumen bzw. Schuttern** wird als erste Sicherung des freigelegten Hohlraumes häufig eine dünne Spritzbetonversiegelung aufgebracht und anschließend die, der angetroffenen Ausbruchsklasse entsprechenden Stützmittel eingebracht (Abschn. 17.5).

17.5 Sicherungsarbeiten

Ein sicherer und verformungsarmer Vortrieb hängt vom Ansatz der richtigen Gebirgsklasse und dem rechtzeitigen Einbringen der erforderlichen Stützmittel ab. Diese sind je nach Gebirgsklasse Spritzbeton, Baustahlgitter, Ausbaubögen und Anker. In schlechteren Gebirgsklassen kommen als Vorausstützung Spieße bzw. Verzugsdielen und zur Gebirgsverbesserung Injektionsmaßnahmen oder Vereisung zur Anwendung.

In der Ausschreibung werden für jede Gebirgsklasse die Ausbruchdaten (Abschlagtiefe, Begrenzung der Vortriebsgeschwindigkeit) und die erforderlichen Stützmittel ausgewiesen und sind in den Preis für die einzelnen Klassen einzukalkulieren (Tab. 17.4). Soweit erforderlich werden vor Ort zusätzliche Maßnahmen angeordnet.

17.5.1 Spritzbetonsicherung

Spritzbeton stellt eines der wesentlichen Stützmittel im Rahmen der Neuen Österreichischen Tunnelbaumethode dar. Er kann rasch eingebracht und unabhängig oder in Kombination mit anderen Stützmitteln eingesetzt werden (Patentierung und Eigenschaften s. SPANG 1995).

Spritzbeton hat die Aufgabe, nach der ersten Entspannung eine weitere Auflockerung des Gebirges zu verhindern. Er muß baldmöglichst nach dem Ausbruch aufgebracht werden und den Formänderungen des Gebirges einen gewissen Ausbauwiderstand entgegensetzen, der allerdings anfangs, solange der Spritzbeton noch nicht seine volle Druckfestigkeit erreicht hat, nur gering ist (B 25: $\beta_{\cdot w1}$ = 5–10 N/mm²; β_{w28} = 22,5–35 N/mm²). Die wichtigsten Eigenschaften eines solchen dünnschaligen und zunächst biegeschlaffen Ausbaus sind nach MÜLLER (1978: 460) sattes und flächiges Anliegen am Fels, bei gleichzeitiger Dränmöglichkeit, rasches Aufbringen, Anpassungsfähigkeit an wechselnde Gebirgsverhältnisse und die Möglichkeit einer nachträglichen Verstärkung.

Spritzbeton kann in fast allen Gebirgsarten angewendet werden, ausgenommen in kohäsionslosem, rolligem Gebirge (Sande, Kiese) bei Fließ(sand)erscheinungen oder bei zu weicher toniger Oberfläche. Hier müssen Entwässerungsmaßnahmen oder die Oberflächenhaftung verbessernde Hilfsmittel vorgesehen werden (Streckmetall, Matten mit eingeflochtener Holzwolle o. ä.). Der Spritzbeton wird als Versiegelung z. B. der Ortsbrust, in dünnen Lagen von 3 bis 7 cm aufgebracht. Die in nachbrüchigem Gebirge üblichen Spritzbetonstärken betragen 15 bis 30 cm, die ein- oder zweilagig bewehrt in ein bzw. zwei Arbeitsgängen aufgebracht werden. Statt der Stahlbewehrungen kann neuerdings Stahlfaserspritzbeton eingesetzt werden.

Bei **instabiler Ortsbrust** bzw. der Gefahr, daß einzelne Felskeile aus der Ortsbrust herausgleiten, kann auch diese mit einer dünnen Spritzbetonversiegelung gesichert oder durch Stehenlassen eines Brustkerns gestützt werden.

Ausgehärteter Spritzbeton reagiert mehr oder weniger spröd und hat ein begrenztes Verformungsvermögen. **Risse im Spritzbeton** sind ein zusätzliches Frühwarnsystem für örtlich große Verformungen bzw. eine Überbeanspruchung der Spritzbetonschale (s. Abschn. 17.2.4). In druckhaftem, stark verformbaren Gebirge wird die Spritzbetonschale in Abständen von 3 bis 4 m durch Längsschlitze unterbrochen, damit die Verformungen des Gebirges ohne Überbeanspruchung des Spritzbetons aufgenommen werden können (JOHN & BENEDIKT 1994; SCHUBERT et al. 1996). Die Deformationsschlitze werden durch zusätzliche Anker gesichert (Abb. 17.29).

In einem stark nachbrüchigen Gebirge werden gleich nach dem Schuttern in Abständen von 1,5 bis 0,8 m **Ausbaubögen** (Walzprofile oder Gitterträgerböden) gestellt. Danach wird zwischen Gebirge und Bogen die erste Lage Baustahlgitter befestigt und mit einer ersten Lage Spritzbeton eingespritzt. Die zweite Lage Baustahlgitter und die zweite Spritzbetonlage werden in einem späteren Arbeitsgang nachgezogen. Die außenliegende Baustahlmatte dient zunächst als Kopfschutz und Hilfe zum Aufbau der Spritzbetonschale. Der innenliegenden Matte wird dagegen häufig eine statische Funktion als Biegezugbewehrung zugeschrieben. Die Bogenfüße sollen auf ein festes Auflager (Hartholzkeile, Mauersteine, Lastverteilerschiene) gestellt werden. Außerdem werden sie zur Aussteifung des Gesamtsystems verschiedentlich durch Schienen verbunden. Zur Verbesserung der Aufstandsfläche des Verbundsystems Ausbaubogen/Spritzbeton wird gelegentlich eine **Kalottenfußverbreiterung** von 0,6–1,0 m nach außen vorgenommen (Abb. 17.30). Ihre setzungsmin-

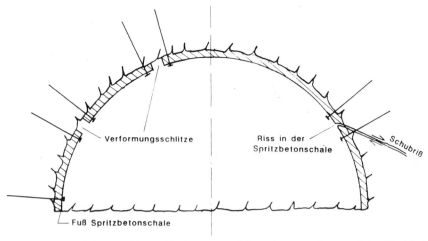

Abb. 17.29 Links durch Anker gesicherte Verformungsschlitze eines Kalottenvortriebs; Rechts Sicherung von Spannungskonzentration bzw. Rissen im Spritzbeton durch Anker (aus LAUFFER 1994).

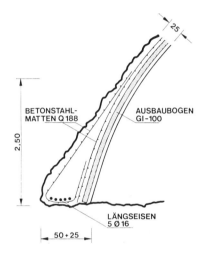

Abb. 17.30 Kalottenfußverbreiterung.

dernde Wirkung ist aber umstritten (BAUDENDISTEL 1988). Durch eine zusätzliche Ankerung ist in der Regel eine bessere Wirkung zu erzielen.

Bei Einbau eines **Kalottensohlgewölbes** aus Spritzbeton wird durch den provisorischen Ringschluß (Abb. 17.35) eine Aussteifung des Hohlraumes erzielt und die Spannungskonzentration im Bereich der Kalottenfüße abgemindert. Hierdurch können die Verformungen meist deutlich gebremst werden. Bei zu ungünstigem Verformungsverhalten des Gebirges (Setzungen > 15–25 cm) können die Kalottenfüße abscheren, was eine schlagartige Schwächung des Tragsystems bedeutet.

Bei Einbau einer Kalottensohle müssen außerdem Sicherungselemente, die im Querschnitt liegen, beim nachfolgenden Strossenausbruch wieder entfernt werden, was in einem Gebirge mit geringer Scherfestigkeit auf flachliegenden Trennflächen eine neue Gefahrensituation bedeuten kann. Ein Strossenvortrieb mit geschlitzter Fahrrampe ist in einem solchen Fall bedenklich.

17.5.2 Ankersicherung

Die Ankersicherung wurde ebenfalls in den 50er Jahren im Stollen- und Tunnelbau eingeführt und ist heute, wie der Spritzbeton, eine nicht mehr wegzudenkende, unverzichtbare Ausbaumethode, die ebenfalls rasch eingebracht werden kann und ein wirkungsvolles und wirtschaftliches Stützmittel darstellt. Nach DIN 21521 sind Gebirgsanker „Bauteile, die durch Aufnahme von Zugkräften oder von Zug- und Scherkräften Gebirgsteile miteinander oder Konstruktionselemente mit dem Gebirge verbinden."

Im Gegensatz zum Felsbau Übertage, wo häufig Tiefenanker Verwendung finden, werden im Tunnelbau fast ausschließlich **Kurzanker** eingesetzt. Ihre Einteilung erfolgt gemäß Vornorm DIN 21521, Teil 1, nach

- Verwendungszweck (Ausbauanker, Sicherungsanker)
- Werkstoff des Ankerschaftes (Stahlanker, glasfaserverstärkte Kunststoffanker u.a.m.)

- Art der Kraftübertragung (mechanisch wirkende Anker, Mörtel- und Kunstharz-Klebeanker, Injektionsanker, Reibungsanker u. a. m.).

Die üblichen Längen von Kurzankern betragen 3 m bis 12 m, meist 4 bis 8 m, die Schaftdurchmesser 16 bis 32 mm, meist 20 bis 24 mm, die Bohrlochdurchmesser entsprechend 32 bis 51 mm. Die Tragkraft beträgt bei den Kurzankern 100 bzw. 250 kN, bei Stabankern hoher Tragkraft bis 600 kN.

Die im Tunnelbau üblichen Kurzanker können auch in stark durchbewegten oder kohäsionslosen Gebirgsarten eingesetzt werden. Nach ihrer Wirkungsweise unterscheidet man

- Verbundanker: Ankerstäbe, die in vermörtelten Bohrlöchern versetzt und nach dem Erhärten des Mörtels angespannt werden (SN-Anker, Rohrinjektionsanker).
- Freispielanker: Ankerstäbe, die nur im Bohrlochtiefsten befestigt werden und die nach dem Erhärten auf $^2/_3$ Tragkraft vorgespannt werden. Sie verbleiben als Freispielanker oder werden später vermörtelt.

Die **Wirkung von Kurzankern** besteht darin, daß der Verbund Spritzbeton/Gebirge und damit die Tragfähigkeit und das Verformungsverhalten der Spritzbetonschale verbessert werden. Durch wirkungsvolle Behinderung der Kluftkörperbeweglichkeit wird die Gebirgsauflockerung reduziert

und die Verbandsfestigkeit des Gebirges im postfailure-Bereich weitgehend erhalten. Außerdem wird die Gebirgsscherfestigkeit verbessert und zwar sowohl durch die Scherkraft der Ankerstäbe (Bewehrungskohäsion) als auch durch Mobilisierung der Normalkraft, so daß im günstigen Fall die Spitzenscherfestigkeit auf Trennflächen aktiviert wird. Eine frühzeitig eingebaute Systemankerung bewirkt, daß die Spannungsumlagerung im Gebirge ohne Festigkeitsverluste ablaufen kann und verhindert, daß vorhandene Trennflächen aktiviert werden und daß sich Verformungen auf diese Trennflächen konzentrieren und es zur Ausbildung durchgehender Versagensflächen kommt. Die Ankerung verhindert außerdem die Neubildung von Bruchflächen durch Unterdrückung der Rißausbreitung (LAUFFER 1994, 1995).

In Gebirgsarten, in denen die Verformungen mit Hilfe der Ankerung kleingehalten werden sollen, kommen zumindest gering vorgespannte Anker zum Einsatz. Nur bei tiefliegenden Tunnelbauten, wo mit größeren und unvermeidbaren Verformungen zu rechnen ist, werden Anker nicht vorgespannt. Sie werden auf Zug- und Scherbelastung ausgelegt, damit auch bei großen Gebirgsverformungen die Tragfähigkeit des Gebirges erhalten bleibt.

Die Eignung der verschiedenen **Kurzankertypen** (Abb. 17.31) ist für die verschiedenen Gebirgsar-

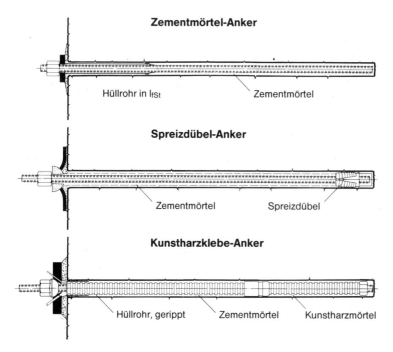

Zementmörtel-Anker

Hüllrohr in l_{fSt}   Zementmörtel

Spreizdübel-Anker

Zementmörtel   Spreizdübel

Kunstharzklebe-Anker

Hüllrohr, gerippt   Zementmörtel   Kunstharzmörtel

Abb. 17.31 Im Tunnelbau verwendete Kurzankertypen (Firmenprospekt).

ten unterschiedlich und notfalls auf der Baustelle durch vergleichende Versuche zu prüfen. Mechanisch wirkende Spreizanker oder Expansionsanker verlangen ausreichende Druck- und Scherfestigkeit des Gesteins, das aber gleichzeitig spröde genug sein muß, daß mit sich die Spreizelemente im Gestein verbeißen können und dieses nicht unter der hohen Dauerbelastung zerbricht. Engständige Klüftung oder offene Klüfte sind ungünstig; Wasserzutritt schadet in nicht erweichbaren Gesteinen nicht.

Mörtelgebettete Verbundanker eignen sich in weniger festen und auch erweichbaren Gesteinen sowie bei engständiger Klüftung bzw. in ausgebrochenen Bohrlöchern. Nasse Bohrlöcher schaden nicht, doch darf keine Ausspülung des Zementleims auftreten. Mörtelanker haben die längste Abbindefrist (24 Stunden), bis ihre Tragwirkung voll erreicht wird. Schnellhärtende Ankermörtel können nach etwa 1 Stunde teilangespannt werden.

Einer der weit verbreitetsten Mörtelanker ist der sog. SN-Anker (benannt nach dem Kraftwerk Store-Norfors in Nordschweden; HANSAGI 1972), bei dem das Bohrloch pneumatisch mit Mörtel gefüllt und der Anker mit einem Preßlufthammer eingetrieben wird.

Klebeanker mit Kunstharzklebepatronen haben eine ähnliche Anwendungsbreite wie Mörtelanker, wirken aber rascher (30 min). In engständig geklüftetem Gebirge und besonders in nassen Bohrlöchern ist ihre Haftung oft unzureichend.

Eine wesentliche Verbesserung der Ankertechnik brachten die Reibungsanker mit sofort wirkendem mechanischen Kraftschluß. Sie können auch in milden Tonschiefern, Tonsteinen und absandenden Gesteinen eingesetzt werden.

Der sog. Swellex-Anker besteht aus einem über seine ganze Länge eingestülpten Stahlrohr, das im Bohrloch mit 300 bar Wasserdruck ausgeformt und mit dem Gebirge in Kontakt gebracht wird. Auf diese Weise trägt der Swellex-Anker über seine ganze Länge Kräfte ab (Abb. 17.32).

Spezielle Ankertypen sind Rohrinjektionsanker (auch Alluvialanker genannt), das sind gelochte Rohre mit Gewindekopf, die mit 2 bis 3 bar verpreßt werden und in aufgelockertem, wenig tragfähigem Gebirge eine gewisse (Injektionswirkung und) Gebirgsverbesserung bringen, sowie die sog. selbstbohrenden Injektionsanker oder Injektionsbohranker, die in stark zerklüfteten, gebrächen Gebirgsarten, in denen die normalen Ankerbohrlöcher nicht über größere Längen stehen, Vorteile bringen. Hierbei wird eine Ankerstange mit verlorener Bohrkrone, die über Muffen auf 8 m bzw. 12 m verlängerbar ist, eingebohrt und mit schnell härtendem Injektionsgut injiziert (Abb. 17.33).

Die **Anordnung von Ankern** ist auch heute noch weitgehend Ermessenssache. Richtung und Länge der Anker hängen ab von dem Zweck, den sie er-

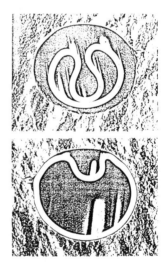

Abb. 17.32   Swellex-Anker im Schnitt (aus KUGELMANN 1989).

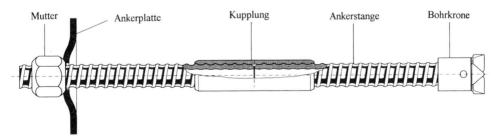

Abb. 17.33   Schema eines Injektionsbohrankers (Firmenprospekt).

füllen sollen, und vom Trennflächengefüge. Anker sollen nie allein auf Zugkraftwirkung ausgerichtet sein, sondern so, daß sie Verbundkontakte und Reibungswiderstände erhöhen. Der zu sichernde Bereich soll möglichst auf kürzestem Wege durchfahren werden. Die Anker sollen dabei möglichst steil auf den Trennflächen, besonders auf der zu sichernden Hauptablösungsfläche stehen (HESSE 1974, 1978). Zur Erhöhung der Gebirgstragfähigkeit, aber auch schon zur Verhinderung von Auflockerung, sollen Anker gleichzeitig möglichst radial gesetzt werden. Außerdem müssen die Ankerplatten rechtwinklig zur Kraftrichtung satt anliegen, was notfalls durch ein Mörtelbett erreicht werden muß.

Im Tunnelbau werden Einzelankerung und Systemankerung unterschieden: **Einzelankerung** zur Blockaufhängung erfordert eine Anpassung an das örtliche Trennflächengefüge (HABENICHT 1976; MÜLLER 1978: 499), wobei versucht werden kann nach der „key-block"-Methode von GOODMAN & SCHI (1987) für jeden Felskeil, der herausfallen kann, die optimale Ankerrichtung zu erreichen. Außer dem Aufhängen von Einzelkluftkörpern kommt auch eine flächenhafte Sicherung lokaler Ablösungen (sog. Sargdeckel) oder sapnnungsloser Gebirgsbereiche in Betracht (Abb. 17.34). Die Sicherung einzelner Kluftkörper, auch der sog. Schlüsselsteine, erfolgt dabei durch die Spritzbetonschale. Auch Spannungskonzentrationen durch Querschnittsänderungen oder an Rissen bzw. Lücken im Spritzbeton können durch Einzelanker abgedeckt werden (s. Abb. 17.28).

Da es im allgemeinen schwierig ist, vorab anzugeben, wo Brüche bzw. welche Art von Brüchen zu erwarten sind und wie tief Brucherscheinungen ins Gebirge reichen können, wird in den meisten Fällen **Systemankerung** angewendet. Eine Systemankerung kann bei entsprechender Ankerdichte und -länge alle Wirkungen gleichzeitig abdecken und bewirkt eine wesentliche Gebirgsvergütung.

Die entscheidende Wirkung einer frühzeitig eingebauten Systemankerung besteht in der Bewehrung des Gebirges, die einer Gebirgsvergütung gleichkommt (LAUFFER 1994). Die Anordnung der Ankerdichte (Anker/m²) oder Anzahl der Anker pro Abschlag (Bogenfeld bzw. Laufmeter Tunnel, mit Skizze für die Ankeraufteilung) sowie der Ankerlänge erfolgt meist empirisch nach den Gebirgsklassen (s. Abschn. 17.1.5). Die Ankerlänge ist dabei so ausreichend zu wählen, daß sowohl mögliche Felskeile als auch nicht direkt erkennbare seitliche Gleitflächen größerer Ausdehnung abgedeckt sind (Abschn. 17.2.4).

Anker sind auch ein schnell einzubringendes und wirksames Mittel zur Ausbauverstärkung, wenn große Anfangsverformungen auftreten. Durch rechtzeitige **Nachankerung** (Erhöhen der Ankerdichte, Einsatz längerer Anker) können die Verformungen meist deutlich gebremst werden. Für Nachankerungen werden häufig Füllmörtelanker mit sofort abbindenden Kunstharzpatronen im Bohrlochtiefsten verwendet.

Bei tiefliegenden Tunneln ist eine Systemankerung mit möglichst langen Ankern unbestritten das wirkungsvollste Mittel, um die Spannungsumlagerung zu beherrschen. Bei seichtliegenden Tunneln in Mittelgebirgen und im städtischen Verkehrswegebau kann man bei kleinen Querschnitten auf eine Ankerung verzichten, wenn die Überlagerungslasten allein vom Spritzbetonausbau aufgenommen werden können. Bei großen Querschnitten empfiehlt sich auf jeden Fall eine Ankerung der Kämpferbereiche. Die Zweckmäßigkeit und Wirkung von Firstankern ist nur bei sofortigem Einbau gegeben. Insgesamt scheint sich in den letzten Jahren die Meinung durchzusetzen, daß eine verstärkte Ankerung einer Kalottenfußverbreiterung und vor allen Dingen dem Einbau eines Kalottensohlgewölbes vorzuziehen ist.

Obwohl es bis heute nicht möglich ist, die Ankerwirkung bzw. die Gebirgsverbesserung durch die Ankerung zu quantifizieren, werden Anker in FE-Berechnungen entweder als gesonderte Stabelemente berücksichtigt oder in der geankerten Zone um die Tunnelschale wird eine erhöhte Scherfestigkeit angesetzt.

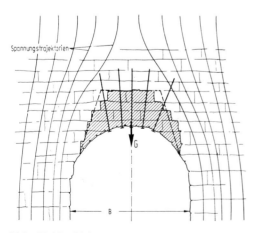

Abb. 17.34 Sicherung spannungsloser Gebirgsbereiche durch Firstanker.

17.5.3 Firstsicherung durch Spieße oder Dielen

In dünnbankigen, stark zerbrochenen oder kohäsionsarmen Gebirgsbereichen (Störungszonen) werden über den Stahlbögen zur Firstsicherung häufig **Spieße** eingerammt bzw. in Bohrlöcher mit oder ohne Zementmörtelfüllung eingetrieben (Abb. 17.35), damit der Vortrieb im Schutze dieser vorauseilenden Sicherung ohne Nachfallgefahr erfolgen kann. Der Abstand der Spieße beträgt allgemein 0,2–0,5 m, ihre Länge meist 3–5 m. Vermörtelte Spieße haben i.a. eine bessere Wirkung als einfach in Bohrlöcher eingesteckte Ankerstäbe. Selbstbohrende Spieße, z.T. mit Injektionsmanschetten, werden bis 8 m Länge eingesetzt. Ohne Bogenauflager haben Spieße wenig Wirkung.

In aufgelockerten, wenig tragfähigen Gebirgsarten werden besser Injektionsrohranker von 4 bis 6 m verwendet. In plastischen Gebirgsarten können auch **Vorpfänddielen** eingetrieben werden.

17.5.4 Gebirgsvergütung durch Injektionen

In aufgelockertem, wenig tragfähigem Gebirge reichen die bisher behandelten Stützmittel manchmal nicht aus, um die Gebirgsverformungen wirksam zu begrenzen. In solchen Fällen muß versucht werden, durch **Injektionen** eine Gebirgsverspannung und damit eine Verbesserung der mittragenden Wirkung des Gebirges sowie des Verformungsverhaltens zu erreichen. Die Injektionstech-

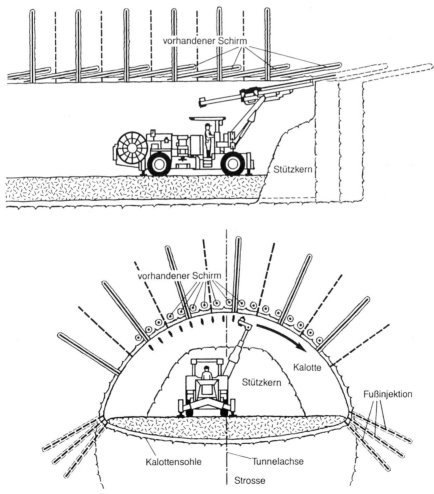

Abb. 17.35 Einbau von Injektionsspießen zur Firstsicherung und von First- und Kalottenfußinjektionen zur Gebirgsvergütung.

nik und die Injektionsmittel sind im Abschn. 7.4.4 beschrieben (s.d. DONEL 1988). Injektionsmaßnahmen müssen nach Möglichkeit den Herd der größten Verformungen verbessern, d.s. häufig die Ulmenbereiche (Abb. 17.35). Zusätzlich können Firstinjektionen zur Verbesserung der Lastabtragung, vorgenommen werden. Kernfrage ist zunächst immer die Injizierbarkeit des Gebirges und die Abschätzung der Vergütungswirkung. Im Zweifelfall sind Probeinjektionen vorzusehen (s. Absch. 7.4.4), am besten mit Kontrolle der Gebirgsverbesserung durch Großversuche (SEMPRICH & WESEMÜLLER 1993; STRAUSS 1994).

Die einfachste **Injektionstechnik** ist die Verwendung der in Abschn. 17.5.2 beschriebenen Injektionsrohranker, die aber nur eine geringe Injektionswirkung aufweisen. Ist damit keine Wirkung zu erzielen, so können in freistehenden Bohrlöchern sog. Gebirgspacker ⌀ 50 mm eingesetzt werden, die aber ebenfalls nur sogenannte Einlochinjektionen darstellen, bei denen im Gebirge nur eine geringe Druckwirkung ankommt. Echte Injektionswirkung ist mit Manschettenrohren und stufenweiser Verpressung zu erreichen. Dabei sollen im Nahbereich des Tunnels (3 bis 4 m) nur Injektionsdrucke von 2 bis 5 bar angewendet werden. Erst im Schutze einer solchen Nahinjektion kann dann ein äußerer Injektionsring mit höheren Drükken (15–30 bar) vorgesehen werden. In Schichtgesteinen reißen dabei allerdings die Schichtflächen auf (s. Abschn. 18.4.3). In einem einigermaßen injektionsfähigen Gebirge wird mit Injektionen außer einer Verbesserung der Gebirgsverformungen meist auch eine deutliche Verminderung der Wasserzutritte im Tunnel erreicht (PRINZ & HOLTZ 1989).

Die verschiedenen Verpreßmethoden und ihre Anwendungsgrenzen sind im Abschn. 7.4.4 beschrie-

ben. In Störungszonen mit Gebirgsauflockerung kommen Verfüllinjektionen, z.T. mit Mörtelspasten und Nachinjektionen mit Zementsuspensionen in Betracht (DONEL 1987). Der Verbrauch an Injektionsgut kann mehrere Prozente (bis 8%) der behandelten Felskubatur erreichen.

In bedingt injektionsfähigem Gebirge wird häufig das **Rock-Fracturing-Verfahren** eingesetzt (s. Abschn. 7.4.4). Dabei wird kein homogener Injektionskörper angestrebt, sondern ein bewußtes Aufreißen vorhandener Trennflächen und eine Verspannung des Gebirges zu Erhöhung der Scherfestigkeit und der Steifigkeit. Das Injektionsraster muß entsprechend eng gewählt werden (1,0 bis 1,5 m). Als Verpreßgut werden meist feststoffreiche Zementsuspensionen mit geringer Bentonitzugabe gewählt (s. Abschn. 7.4.4). Die Bewertung der Ergebnisse anhand des Injektionsvorganges und der Verpreßgutaufnahme ist meist nicht quantifizierbar. In der Regel ist wenig Verpreßgut auffindbar, wobei bevorzugt Schichtflächen aufgerissen werden.

Zur Sicherung der Vortriebsarbeiten können nötigenfalls auch **Injektionsrohrschirme** von 10 bis 30 m Länge hergestellt werden (Abb. 17.36). Außer den einfachen Injektionsrohrschirmen sind in den letzten Jahren verschiedentlich auch Jet-Grouting-Verfahren o.ä. zur Anwendung gekommen (BLINDOW 1986; MÖRSCHER et al. 1989; ROCK & BREM 1996).

Außer der Firstsicherung können mit dem Jet-Grouting-/HDI-Verfahren auch **Ulmenpfähle** zur besseren Lastabtragung hergestellt werden (Abb. 17.36).

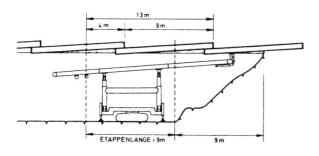
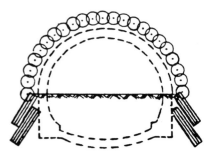

Abb. 17.36 Voreilender Rohrschirm zur Firstsicherung des Kalottenvortriebs und Jet-Grouting-Ulmenpfähle zur besseren Lastabtragung.

17.5.5 Zusammenfassende Beurteilung der Bauhilfsmaßnahmen beim Tunnelvortrieb

Zusammenfassend werden nachfolgend die konstruktiven Maßnahmen zur Verbesserung der Standfestigkeit und Verminderung der Verformungen in der Reihenfolge ihrer möglichen Anwendung und in ihrer Wirkung noch einmal kurz beschrieben. Sie lassen sich entsprechend den aktuellen Gegebenheiten in abgestufter Vorgehensweise und verschiedenen Kombinationen einsetzen (Abb. 17.37):

Im einzelnen stehen folgende Bauhilfsmaßnahmen (Ausbruchmethoden bzw. Stütz- und Sicherungsmittel) zur Verfügung (Abb. 17.37):

- Verkürzen der Abschlagslänge
- Stützen der Ortsbrust mittels Stützkeil (1)
- Ortsbrustsicherung mittels Spritzbeton
- Spieße in verschiedener Ausbildung (vermörtelt, unvermörtelt, gerammt, gebohrt) (3)
- Verstärken des Spritzbetons
- Erhöhen der Ankerdichte, Erhöhen der Ankerlänge (5)
- Kalottenfußverbreiterung, Strossenfußverbreiterung (4)
- Kalottensohlgewölbe aus Spritzbeton (7)
- Verbesserung der Aufstandsfläche unter der Kalottenschale mittels Injektionen oder Injektionsrohrankern (6)
- Vergüten des Gebirges durch Mantelinjektionen, Ulmeninjektionen (1 = 4 bis 6 m)
- Vergüten des Gebirges durch Vorausinjektionen
- Weitere Unterteilung der Ausbruchquerschnitte (geteilter Kalottenvortrieb, ein- oder zweihüftiger Ulmenstollenvortrieb)

- Entwässerungsmaßnahmen bis hin zur Vakuumentwässerung
- Einsatz von Druckluftvortrieb (NÖT unter Druckluft)

Die Wirkung der aufgeführten Maßnahmen ist sehr unterschiedlich, ihre Verwendung demzufolge der jeweiligen Situation anzupassen: Verkürzungen der Abschlagslänge und Ortsbruststützungen der verschiedensten Art mindern die vorauseilenden Gebirgsdeformationen und wirken unerwünschten Entfestigungen des Gebirges entgegen.

Eine engständige Ankerung (bis mehr als 1 Anker pro m² Tunnellaibung) mit Ankerlängen von 0,5 bis 1,0 des Tunnel-Durchmessers verbessert die Lastabtragung. Dadurch entstehen zum einen geringere Auflockerungen, zum anderen sinkt die Empfindlichkeit des geankerten Gebirges gegenüber Deformationen; die Gefahr der in Abschnitt 17.2.4 beschriebenen Entfestigungserscheinungen wird geringer. Die gebirgsverbessernde Wirkung der Ankerung kann bei Einsatz von Injektionsrohrankern (Alluvialanker) noch gesteigert werden.

Eine Kalottenfußverbreiterung ist als erste Maßnahme zur Setzungsminderung einsetzbar. Durch eine zusätzliche sofortige Systemankerung oder eine Injektion des Gebirges unter den Kalottenfüßen wird aber in der Regel eine bessere Abminderung der Verformungen erreicht. Dabei ist eine stufenweise Injektion mittels Packern wirkungsvoller als mit Injektionsrohrankern, allerdings auch um einiges aufwendiger.

Durch den Einbau einer gewölbten Kalottensohle aus Spritzbeton wird durch den provisorischen Ringschluß eine horizontale Aussteifung des Hohlraumes erzielt und es werden Spannungskonzentrationen unter den Kalottenaufstandsflächen verringert. Damit wird zwar eine gewisse Abmin-

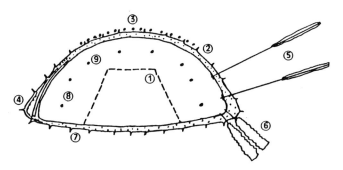

1. Brustkern
2. Spritzbetonverstärkung
3. Spiesse
4. Kalottenfußverbreiterung
5. Anker
6. Fußinjektionen
7. Kalottensohle
8. Vorausentwässerung
9. Vorausinjektion

Abb. 17.37 Zusammenstellung zusätzlicher Stütz- und Sicherungsmittel als Bauhilfsmaßnahmen beim Tunnelvortrieb (aus Leichnitz & Kirschke 1986).

derung der Verformungen erreicht, die Aussteifung bewirkt aber, daß sich etwaige horizontale Schubspannungen nicht durch Konvergenzbewegungen anzeigen und abbauen können. Wenn dann beim nachfolgenden Strossenausbruch das aussteifende Element über längere Erstreckung weggenommen wird, kann es zu Standfestigkeitsproblemen kommen. In einem solchen Fall wird daher ein Strossenvortrieb mit geschlitzter Fahrrampe in Mittel- oder Seitenlage nicht zur Ausführung kommen können. Kalotte und Strosse müssen nacheinander aufgefahren werden. Der endgültige Sohlschluß ist möglichst nahe an die Strossenbrust heranzuführen.

Bei wenig standfestem Gebirge (großen Verformungen) und/oder größerem Wasserandrang können Vorausinjektionen vor der Ortsbrust von 30 bis 50 m Länge zweckmäßig sein. Trotz der eingeschränkten Injizierbarkeit, vor allem von tonsteinreicheren Schichtpaketen, und trotz der begrenzten Möglichkeit, auch nur einigermaßen zuverlässig umgrenzte Injektionszonen zu erzielen, haben sich diese, allerdings recht aufwendigen Maßnahmen

als sehr wirkungsvoll erwiesen (PRINZ & HOLTZ 1989).

Alternativ zu solchen Vorausinjektionen kann auch auf Ulmenstollenvortrieb umgestellt werden. Der Vorteil der Ulmenstollen besteht in dem zunächst kleineren vorauseilenden Ausbruchquerschnitt sowie in der Möglichkeit, das Gebirge vor dem Ausbruch größerer Teilquerschnitte vorauseilend zu entwässern und damit zu stabilisieren. Außerdem kann das Gebirge von den Ulmenstollen aus mit Injektionsankern oder Gebirgsinjektionen gezielt verbessert werden. Des weiteren bilden Ulmenstollen für den anschließenden Kalottenvortrieb ein stabiles Fußauflager, was zu einer Verringerung der Setzungen im Gebirge und am Ausbau führt. Besonders in schlecht injizierbarem Gebirge kommt dieses Verfahren in Betracht. Seine wirtschaftliche Anwendung setzt jedoch voraus, daß längere Streckenabschnitte zu durchörtern sind, da Umstellungen von Kalotten- auf Ulmenstollenvortrieb und umgekehrt einen erheblichen Aufwand erfordern.

18 Talsperrengeologie

Die Talsperrengeologie zählt mit zu den schwierigsten Aufgaben der Ingenieurgeologie und Geotechnik, da eine Stauanlage immer einen massiven Eingriff in das Gleichgewicht der Natur bedeutet. Stauanlagen sind Bauwerke, mit denen ein außerordentlich hohes Energiepotential aufgestaut wird, das tiefreichende Veränderungen im hydraulischen System bewirkt. Hinzu kommt, daß die Wasserwege und die Bewegung des Wassers im Gebirge schwer einzuschätzen und sowohl versuchstechnisch als auch durch Modellrechnung schwierig zu erfassen sind.

In der Bundesrepublik Deutschland gelten für Talsperren die DIN 19700, Teil 10, Stauanlagen, gemeinsame Festlegung (1986) sowie DIN 19702, Richtlinien für die Berechnung der Standsicherheit von Wasserbauten (1986). Je nach Art der Anlage gelten weiterhin DIN 19700, Teil 11 (1986) für Talsperren Teil 12 (1986) für Hochwasserrückhaltebecken und Teil 13 (1986) für Staustufen. Außerdem geben die DVWK-Merkblätter Heft 202 (1983 und Entwurf 1990), Hochwasserrückhaltebecken, Heft 209 (1989), Wahl des Bemessungshochwassers, Heft 210 (1986), Flußdeiche und Heft 215 (1990), Dichtungselemente im Wasserbau, Hinweise für Planung und Bau von Dämmen. Hinzu kommen die DVWK-Regeln 225 Anwendung von Kunststoffdichtungsbahnen im Wasserbau und für den Grundwasserschutz (1992) sowie DVWK 221, Anwendung von Geotextilien im Wasserbau (1992).

Nach Hess. Wassergesetz i. d. F. von 1990 sind Talsperren bzw. große Anlagen solche mit einer Stauwerkshöhe von über 5,0 m und einem Speicherraum von über 100 000 m³. Sofern von kleineren Stauanlagen erhebliche Gefahren für die öffentliche Sicherheit ausgehen können, sind bei diesen ebenfalls die Sicherheitsanforderungen für Talsperren anzuwenden. Bei den Hochwasserrückhaltebecken sind solche mit und ohne Dauerstau zu unterscheiden, wobei bei letzteren nur mit einem kurzzeitigen Einstau (1 bis 7 Tage) in größeren Zeitabständen zu rechnen ist. Wasserverluste sind solange unerheblich, wie der Rückhalteeffekt sowie die Erosions- und Standsicherheit des Absperrbauwerks und der Talflanken gewährleistet sind.

Zu den ingenieurgeologisch relevanten Hauptdaten einer Talsperre gehören:

- Einzugs- und Niederschlagsgebiet, das gegebenenfalls durch Zuleitungen vergrößert werden kann (in ha oder km²)
- Gesamtstauraum bzw. nutzbarer Stauraum (in hm³)
- Wasserfläche (in ha oder km²)
- Feststofffracht
- Größte Länge / größte Breite des Stauraumes
- Damm- bzw. Mauerhöhe (Querschnittsgestaltung)
- Kronenlänge, Kronenbreite
- Böschungsneigungen
- Dichtungskonzept.

Als Kostenvergleich dient in der Regel das Verhältnis Gesamtkosten / nutzbarer Staurauminhalt oder der sog. Speicherkennwert, d. i. das Verhältnis Staurauminhalt / Kubatur des Absperrbauwerks.

Stauanlagen dienen für verschiedene Zwecke: Energiegewinnung, Brauch- oder Trinkwassergewinnung, Hochwasserrückhaltung und Freizeitanlagen.

18.1 Ingenieurgeologische Arbeiten

Stauanlagen sind individuelle Bauwerke mit jeweils eigenen typischen Merkmalen, die nach Art und Umfang angepaßte Untersuchungen der hydrogeologischen und ingenieurgeologischen Situation erfordern.

Die ingenieurgeologischen Untersuchungsarbeiten für ein Talsperrenprojekt werden in der Regel aufgeteilt in

- Voruntersuchung für die Planung (i. e. Standortplanung, Vorplanung und Planung für wasserrechtliche Verfahren)
- Untersuchungen für die Ausführungsplanung

- Mitarbeit bei der Bauausführung einschließlich Probestau
- Kontrolle während des Staubetriebs und bei Unterhaltungsarbeiten

18.1.1 Voruntersuchung für die Planung

Im Rahmen der Voruntersuchung sind anhand vorhandener Unterlagen oder bereits mit Hilfe von ersten Aufschlußarbeiten die geologischen und hydrogeologischen Verhältnisse nicht nur im Bereich der Sperrstelle und des Stauraumes, sondern im gesamten Einzugsgebiet und auch in tiefliegenden Nebentälern zu erkunden. Dazu gehören

- die Schichtenfolge und Gesteinsausbildung, insbesondere erosionsgefährdete oder lösliche Gesteine
- die Verwitterungserscheinungen und Gebirgsauflockerung
- der Gebirgsbau (Tektonik) und das Trennflächengefüge
- die Grundwasserverhältnisse, insbesondere Wasseraustritte oder Schluckstellen und auch Grundwasserverunreinigungen
- Rutschungen, Karsterscheinungen, Bergbau.

Eingehende morphologische Studien, geophysikalische Oberflächenmessungen und eine Luftbildauswertung können wertvolle Hinweise auf Störungs- und Zerrüttungszonen sowie auf Rutschungen und gegebenenfalls auf verdeckte Karstformen geben. Auch der Primärspannungszustand (s. Abschn. 2.6.7) und eine mögliche Erdbebengefährdung (s. Abschn. 4.1.2) sind im Rahmen der Voruntersuchungen zu prüfen und nötigenfalls Sondergutachten zu veranlassen.

Falls keine entsprechenden geologischen Karten zur Verfügung stehen, wird in der Regel eine geologische Spezialkartierung durchgeführt, und zwar für den Stauraum im Maßstab 1:10000 bis 1:5000, für den Bereich der Sperrstelle im Maßstab 1:5000 bis 1:500.

Die Ergebnisse der Voruntersuchung sollen eine generelle Klärung der baugeologischen Verhältnisse bringen, nach welchen zu entscheiden ist, ob das geplante Bauwerk unter Beachtung der technischen und wirtschaftlichen Möglichkeiten durchführbar ist, sowie bejahendenfalls Kriterien für die Wahl des günstigsten Standortes und der Konzeption des Absperrbauwerks. Dazu gehören bereits Angaben über

- die Durchlässigkeit des Untergrundes an der Sperrstelle (Unter- und Umläufigkeit) und im Stauraum

- Abdichtungsmöglichkeiten
- Tragfähigkeit und Setzungsverhalten des Untergrundes an der Sperrstelle
- Standfestigkeit der Flanken des Stauraumes (Rutschungen)
- Dammbaustoffe und Dichtungsmaterial bzw. Betonzuschlagstoffe.

Weiterhin ist aufzuzeigen, welche geologischen Faktoren bzw. Boden- und Felseigenschaften entscheidende Bedeutung für das geplante Bauwerk haben. Außerdem sind Vorschläge über Art und Umfang der weiteren Untersuchungsarbeiten zu geben.

18.1.2 Untersuchung für die Bauausführung

Im Rahmen der Hauptuntersuchungsphase werden die bereits bei den Voruntersuchungen erkannten ingenieurgeologischen Probleme weiter verfolgt und die boden- und felsmechanischen Verhältnisse im einzelnen erkundet. Als wichtigste Eigenschaften seien hier nur die Durchlässigkeit, die Verformbarkeit und die Scherfestigkeit des Gebirges sowie nötigenfalls die Ermittlung des Primärspannungszustandes genannt. Die Untersuchungen müssen in enger Zusammenarbeit zwischen Ingenieurgeologen und Boden- bzw. Felsmechaniker vorgenommen werden, damit die sich teilweise überschneidenden Belange entsprechend berücksichtigt werden.

18.1.3 Mitarbeit bei Bauausführung, Probestau und Betrieb

Während der **Bauausführung** sind Baugruben und Fundamentsohlen abzunehmen sowie sämtliche neuen Aufschlüsse ingenieurgeologisch aufzunehmen und zeichnerisch und (oder) fotografisch festzuhalten, wobei im Fels besonderer Wert auf eine detaillierte Aufnahme des Trennflächengefüges gelegt werden muß.

Die Kontrollen der Grundwassermeßstellen und Quellschüttungen sind fortzuführen.

Die Arbeiten zur Abdichtung bzw. Vergütung des Untergrundes und für die Dränmaßnahmen sind in Zusammenarbeit mit dem Boden- bzw. Felsmechaniker zu überwachen und die nötigen Ergänzungen festzulegen. Besonders die Meßeinrichtungen zur Sickerwasserkontrolle müssen ausreichend bemessen und sorgfältig eingebaut werden, da nachträgliche Reparaturen in der Regel nicht möglich sind.

In Zusammenarbeit mit dem Boden- und Felsmechaniker kann der Ingenieurgeologe nicht nur bei der Baukontrolle (Verdichtungsprüfung, Setzungs- und Verformungsmessungen, Porenwasserdruckmessungen) mitwirken, sondern auch bei den unerläßlichen Kontrollmessungen während des Betriebs einer Stauanlage. Dazu gehören außer den unverzichtbaren visuellen Kontrollen aller Anlagenbereiche vor allen Dingen die

- Wasserstände (Zufluß, Seewasserspiegel, Abfluß, Grundwassermeßstellen) Quellschüttungen, Niederschlag und Temperatur
- Sickerwassermengen im Dränsystem mit Feststellung von Trübungen
- Wasserdruckverlauf im Absperrbauwerk und im Untergrund
- Verformungsmessungen im Damm und im Untergrund und nötigenfalls
- seismische Überwachung

Die erforderliche Meßhäufigkeit ist unterschiedlich. Die visuellen Kontrollen und die Sickerwassermessungen werden täglich durchgeführt, die Wasserdruckmessungen meist wöchentlich und die übrigen Messungen in größeren Zeitabständen (monatlich bis jährlich). Die Meßergebnisse müssen ständig ausgewertet, graphisch dargestellt und in gewissen Zeitabständen überprüft werden.

Der erste planmäßige Anstau einer Talsperre gilt als **Probestau**. Dieser ist gemäß DIN 19 700 stufenweise vorzunehmen. Die Kontroll- und Meßeinrichtungen sind dabei in kurzen Zeitabständen zu beobachten und die Ergebnisse ständig mitzuschreiben, da daß jederzeit ein Überblick über den Belastungszustand des Gesamtbauwerks und des Gebirges, besonders auch über die Dichtungs- und Dräneinrichtungen und über die Grundwasser- und Strömungsverhältnisse gegeben ist. Dem Ingenieurgeologen obliegt dabei besonders die Überwachung der Grundwasser- und Strömungsverhältnisse im Gebirge sowie die Beobachtung der Flanken des Stausees auf sich abzeichnende Rutschungen und Quellaustritte, auch in Nebentälern.

Als Abschluß des Probestaus und dann jeweils nach 3 bis 5 Betriebsjahren werden Stauanlagen bis auf den Totraum abgelassen. Hierbei wird, wenn Schlucklöcher u. ä. zu erwarten sind, der mit Schlammablagerungen bedeckte Seeboden nach solchen abgesucht. Schlucklöcher sind am besten bei noch geringer Wasserüberdeckung von 0,5 bis 1 m zu erkennen, da sie dann unter dem Wasserdruck noch offen stehen, während der weiche Schlamm nach dem Trockenfallen zusammensackt.

18.2 Spezielle Problemstellungen, Untersuchungsmethoden

Die üblichen ingenieurgeologischen Untersuchungsmethoden, einschließlich Luftbildgeologie u. Geophysik, sind in Abschn. 4 ausführlich behandelt. Bei der Ausschreibung und beim Ansetzen von Aufschlußarbeiten ist darauf zu achten, daß abdichtende Deckschichten oder dichtende Schichten im tieferen Untergrund nicht beschädigt werden. Falls dies nicht zu vermeiden ist, muß die Beseitigung dieser Schäden in die Ausschreibung aufgenommen und deren Ausführung überwacht werden. Bohrlöcher sind durch Quellton und Zement-Bentonit-Pfropfen zu verschließen und nötigenfalls zusätzlich zu injizieren.

Die Anzahl und Tiefe von Bohraufschlüssen richten sich nach der geologischen Situation, der Tragfähigkeit und Durchlässigkeit des Untergrundes sowie der Art und Höhe des Absperrbauwerks. Die Abstände der Bohrpunkte sollen nach DIN 4020 (1990) zwischen 25 und 75 m betragen. Für kleinere Objekte wird in der Regel 6 bis 10 m tief in den festen Fels gebohrt. Bei größeren Projekten gilt als Faustregel, so tief zu bohren, wie die Stauhöhe ist und einige Bohrungen bis in größere Tiefe abzuteufen (doppelte Stauhöhe ober bis in den tieferen Untergrund, (s. a. HEITFELD 1984: 488).

Im Gründungsbereich des Absperrbauwerks empfiehlt es sich, zunächst ein mehr oder weniger regelmäßiges Querprofil abzubohren, das nach Bedarf durch zwischengesetzte Bohrungen ergänzt wird. An den Talrändern bzw. zur Erfassung steilstehender Trennflächen oder tektonischer Strukturen werden Schrägbohrungen mit Neigungen von 70°, 60° oder 45° ausgeführt.

Im Bereich des Absperrbauwerks werden die Bohraufschlüsse bei Bedarf durch Schürfe oder Schurfschlitze bis in den Felsuntergrund ergänzt, die einen besseren Einblick in die Gebirgsbeschaffenheit der Gründungssohle erlauben. Bei den Aushubarbeiten darf dabei nicht gesprengt werden. Bei größeren Sperrbauwerken, besonders Staumauern, kann auch ein rechtzeitig vorab ausgeführter Aushub der Baugrube bis 1 m über Gründungsniveau in Betracht gezogen werden, der einen lückenlosen Untergrundaufschluß bietet.

Bei größeren Talsperren und (oder) schwierigen geologischen Verhältnissen werden auch fast immer Erkundungsstollen vorgesehen. Sie sollten nach Möglichkeit so geplant werden, daß sie später als Verpreß- oder Dränstollen verwendet werden können. Erkundungsstollen können für felsmechanische Messungen (Spannungsmessungen, Verformungsmessungen) und andere felsmechanische Feldversuche genutzt werden (s. Abschn. 17.1).

Besonderer Wert ist auf die Erfassung der Grundwasserverhältnisse zu legen. Im Rahmen der Bohrarbeiten sind ausreichend Grundwassermeßstellen einzurichten (s. Abschn. 4.4.4). Mit der Messung der Grundwasserstände sollte mindestens 2 Jahre vor Beginn der Bauarbeiten begonnen werden. Sie dienen nicht nur als Grundlage für die bautechnischen Maßnahmen, sondern vor allen Dingen auch für die Beurteilung der zu erwartenden Änderungen der Grundwasser- und Strömungsverhältnisse beim Einstau und für ihre Kontrolle. Die Grundwassermeßstellen sind so anzuordnen, daß Grundwassergleichenkarten für die Zeit vor, während und nach dem Einstau gezeichnet werden können, und zwar für die gesamte betroffene Umgebung, einschließlich etwaiger Nebentäler.

An Quellaustritten im Stauraum und in der näheren Umgebung, besonders aber in tiefliegenden Nebentälern, sind Schüttungsmessungen vorzunehmen, um später beim Einstau Vergleichswerte zur Beurteilung des Einflusses des Einstaus auf den Wasserhaushalt der näheren Umgebung zur Verfügung zu haben. An möglicherweise betroffenen baulichen Anlagen sind Beweissicherungsverfahren zu veranlassen, um späteren Schadenersatzansprüchen gerecht werden zu können.

Zu den besonderen **Problemstellungen im Talsperrenbau**, die den Ingenieurgeologen betreffen bzw. in enger Zusammenarbeit mit ihm zu bearbeiten sind, gehören

- Durchlässigkeit des Untergrundes
- Sickerwasserverluste
- Raumstellung der wasserleitenden Elemente
- erosionsgefährdetes Gebirge
- veränderlich-feste Gesteine
- Stabilität der Hänge des Stauraumes
- verdeckte Talformen
- tieferes Vorflutniveau von Nebentälern
- großflächiges Anheben der Grundwasseroberfläche
- wasserlösliche Gesteine, Karsthohlräume, Bergbau
- Erdbeben, besonders auch induzierte Seismizität

18.2.1 Durchlässigkeit des Untergrundes

Die Durchlässigkeit des Untergrundes ist meist das entscheidende Kriterium für die Baubarkeit und Wirtschaftlichkeit von Dauerstauanlagen. Eine Durchströmung des Untergrundes bedeutet

- Wasserverluste
- Erosions- bzw. Lösungsgefahr
- Auftrieb bzw. Sohlwasserdruck

Dabei weist jeder dieser Gefahrenmomente eine etwas andere Abhängigkeit hinsichtlich der Gebirgsdurchlässigkeit auf (EWERT 1979, 1985). Für die Ermittlung der Sickerwasserverluste wird ein gemittelter Beiwert der Gesamtdurchlässigkeit verwendet. Für die Abschätzung der Erosionsgefahr und der Sohlwasserdrücke ist dagegen maßgebend, ob die Sickerwasserbewegung auf vielen feinen Klüften stattfindet, auf denen gleichzeitig hohe Fließwiderstände herrschen, die einen großen Druckabbau bewirken, oder auf einzelnen, gut wasserwegsamen Kluftsystemen.

Die Versuche zur Ermittlung der Durchlässigkeit des Gebirges und ihre Auswertung sind im Abschn. 2.8.4 behandelt. Im Talsperrenbau werden seit 50 Jahren bevorzugt **Wasserdruckversuche** (WD-Test) eingesetzt (HEITFELD & HEITFELD 1989). Sie liefern keine k-Werte, sondern Mengenwerte (Wasseraufnahme in l/min · m) bezogen auf einen bestimmten Druck (1,3 oder 5 bar und mehr). Die Darstellung der Ergebnisse von WD-Tests erfolgt in Säulenform für den verpreßten Bohrlochabschnitt unter Angabe des Abpreßdruckes (Abb. 18.1), und zwar in

l/min · m (bei ... bar).

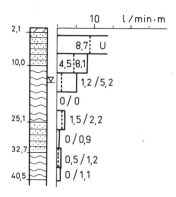

Abb. 18.1 Darstellung der Ergebnisse von WD-Tests in l/min · m (bei 2 oder 4 bar) im Rheinischen Schiefergebirge (Tonschiefer und Grauwackenbänke). U = Umläufigkeit.

Darüber hinaus sind verschiedene Mittelwertbildungen zur Beurteilung von Teilbereichen des Untergrundes auf geologisch-morphologischer Grundlage (HEITFELD 1979: 193) oder nach Tiefenstufen üblich. Die statistische Auswertung nach Tiefenstufen bei einheitlichem Druck (Abb. 18.2) gibt eine Aussage über die erforderliche Tiefe der Dichtungsmaßnahmen.

HEITFELD (1965) hat anhand detaillierter Auswertungen von WD-Tests erkannt, daß die Wasseraufnahmen nicht proportional dem Abpreßdruck sind und daß die Aufnahmemengen bei absteigendem Druck häufig nicht denen bei ansteigendem Druck entsprechen. Diese nichtlineare Abhängigkeit der Aufnahmemenge vom Druck wird in den meisten Fällen auf ein Aufreißen des Gebirges infolge von Crackvorgängen, die bei bestimmten lithologisch-tektonischen Voraussetzungen schon bei Drücken von 2 bis 5 bar einsetzen können, oder auf Erosionsvorgänge von Kluftfüllungen im Gebirge zurückgeführt (s. Abschn. 18.2.4). Mit diesen Erscheinungen haben sich später vor allem KLOPP & SCHIMMER (1977), EWERT (1977, 1979, 1985, 1986); HEITFELD & KOPPELBERG (1981) und HEITFELD & KRAPP (1985, 1986 - darin Lit.) befaßt. Die Vorgänge sind im Detail sehr stark vom Trennflächengefüge und dem Versuchsablauf abhängig, so daß hier nicht im einzelnen darauf eingegangen werden kann, sondern auf die Diskussion in der Literatur verwiesen werden muß. Die Zusammenhänge müssen aber bei der Festlegung der Abdichtungskriterien beachtet werden.

Die Erscheinung des Aufreißens von Trennflächen im Gebirge hängt eng mit der Frage der Maximaldrücke beim WD-Versuch zusammen. Diese werden an der geplanten Stauhöhe orientiert und häufig auf den 1,5–1,3fachen Wasserdruck begrenzt. Bei niedrigen Dämmen kommt es dabei nur in empfindlichen Gebirgstypen zu Aufreißvorgängen. Bei höheren Dämmen und Staumauern befindet man sich dabei jedoch schon in Druckbereichen, in denen auch Gebirgstypen mit mittleren Festigkeitseigenschaften aufreißen (s. Abschn. 18.4.3). EWERT (1979: 196) schlägt als kurzzeitigen Versuchsdruck mindestens den 1,5fachen Staudruck vor und empfiehlt darüber hinaus, die kurzzeitigen Versuchsdrücke möglichst hoch zu fahren und den Verlauf von Aufreißvorgängen möglichst genau zu erfassen, da diese eine Aussage hinsichtlich des Festigkeits- und Verformungsverhaltens des Gebirges ermöglichen.

Die **Angabe einer druckabhängigen Verpreßmenge** wird in der Regel direkt für die Abschätzung der Notwendigkeit und des Umfanges von

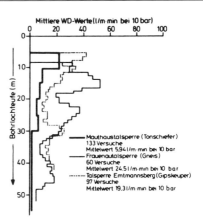

Abb. 18.2 Abhängigkeit der Wasseraufnahme von der Tiefe bei verschiedenen Talsperren (nach SCHADE 1977, aus HEITFELD 1979).

Abdichtungsmaßnahmen verwendet. Verschiedene Autoren haben schon versucht, danach Grenzwerte zu definieren. Grundlage ist dabei meist das Lugeon-Kriterium:

1 Lugeon = 1 l/min · m bei 10 bar,

das auch heute noch für größere Talsperren gerne angewendet wird. Bei mittleren und kleineren Talsperren beträgt jedoch der Wasserdruck keine 10 bar. Eine Umrechnung auf den niedrigeren Bezugsdruck ist nur bei linearem Verlauf der WD-Tests und auch dann nur mit Einschränkungen möglich. In Tabelle 18.1 sind die Abdichtungskriterien verschiedener Autoren mit einer Umrechnung auf einen einheitlichen Bezugsdruck von 3 bar zusammengestellt. Mit diesen Absolutwerten sollte jedoch heute möglichst nicht mehr gearbeitet werden. Abgesehen davon, daß die Werte der verschiedenen Autoren stark voneinander abweichen, wird überhaupt nur von einigen hinsichtlich der Stauhöhe unterschieden. HEITFELD (1965) hat diese Kriterien dann allgemein auf die Stauhöhe bezogen und auch erstmals die geologischen Verhältnisse (stark lösliche Gesteine) berücksichtigt (Abb. 18.3). HOULSBY (1976) stellt bei seinen Kriterien Belange der Wasserwirtschaft (Wasserverluste), die Erosionsgefahr sowie den Bauwerkstyp und die Breite des Dichtungsschleiers in den Vordergrund (s. a. HEITFELD 1979: 211). Weitere Studien für projektspezifische Abdichtungskriterien nach wasserwirtschaftlichen und gebirgsbedingten Faktoren bringt EWERT (1977, 1979 und 1985).

Bei der Festlegung der Grenzwerte für die WD-Ergebnisse sind folgende Faktoren zu beachten:

Tabelle 18.1 Abdichtungskriterien verschiedener Autoren auf der Grundlage von WD-Versuchen (H = Stauhöhe) (aus Ewert 1979).

Verfasser	Angabe des Verfassers		Umrechnung	
	WD-Wert $(l \cdot min^{-1} \cdot m^{-1})$	Druck (bar)	WD-Wert $(l \cdot min^{-1} \cdot min^{-1})$	Druck (bar)
1. Lugeon (1933)				
a) H = 30 m	1	10	0,3	3
b) H = 30 m	3	10	0,9	3
2. Jähde (1953)				
a) Einpreßbohrung	0,1	3	0,1	3
b) Kontrollbohrung	0,5 bis 1,0	3	0,5 bis 1,0	3
3. Terzaghi (1929)	0,05	0,1	1,5	3
4. Keil	0,2	3	0,2	3
5. Blatter	0,33	10	0,1	3
6. USA	3 bis 4	10	0,9 bis 1,2	3
7. UdSSR				
a) H = 10 m	0,05	0,1	1,5	3
b) H = 30 m	0,03	0,1	0,3	3

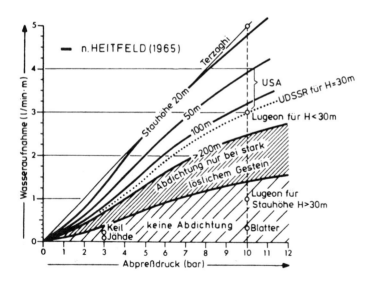

Abb. 18.3 Zulässige Grenzwerte bei der Wasserdruckprüfung (aus Heitfeld 1979).

- Projektbedingungen (Stauhöhe, Wasserverluste)
- Standsicherheit des Absperrbauwerks (einschließlich Sohlwasserdruck und Erosion)
- geologische Verhältnisse
- Injizierbarkeit des Gebirges (s. Abschn. 18.4.3)
- mögliche Auswirkungen auf Dritte, etwa durch weitflächige Anhebung der Grundwasseroberfläche, auch in Nebentälern (Abb. 18.4).

Auf den Ergebnissen der WD-Tests aufbauend werden häufig auch Probeinjektionen vorgenommen, deren Durchführung im Abschn. 18.4.3 behandelt ist.

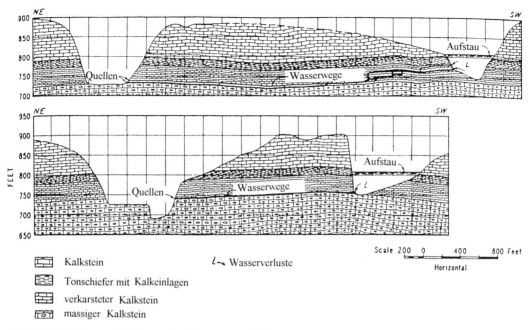

Abb. 18.4 Wasserverluste aus dem Stauraum und Quellaustritte in benachbarten, tiefer gelegenen Tälern (nach GOODMANN 1993).

18.2.2 Ermittlung der Sickerwasserverluste

Die Sickerwasserverluste im Stauraum infolge Unterläufigkeit und Umläufigkeit sind abhängig von der

- überstauten Fläche
- Stauhöhe
- Durchlässigkeit des Untergrundes, ausgedrückt durch den Durchlässigkeitsbeiwerk k
- Grundwasserstand im Staubereich
- Mächtigkeit der abdichtenden Schichten.

Untersuchungen für Talsperrenbauten in den verschiedensten Gebirgstypen haben gezeigt, daß in einer oberflächennahen Auflockerungszone das wirksame Kluftvolumen und damit die Wasserzirkulation durch zusätzliche und aufgeweitete Trennflächen wesentlich größer ist als im tieferen Untergrund. Ihre Intensität und Tiefenwirkung hängen ab von der Entwicklungsgeschichte des Landschaftsreliefs, der Exposition (Tal, Hang, Hochfläche), der tektonischen Beanspruchung und den Lagerungsverhältnissen sowie der Gesteinsausbildung und Verwitterung.

Die Wasserverluste aus dem Becken hängen zunächst davon ab, ob bei tiefliegendem Grundwasserstand eine Vertikalversickerung stattfinden kann (in humiden Klimabereichen selten) und ob sich der Speicherraum zwischen Grundwasseroberfläche und dem Stauniveau auffüllen kann oder ob mit einem ständigen Abfluß zu rechnen ist. Durch die Aufhöhung des Grundwasserstandes treten außerdem Fließvorgänge nach den Seiten, zum Unterwasser und in etwaige tiefer gelegene Nachbartäler auf (Abb. 18.4).

Grundsätzlich ist dabei zu prüfen, ob großflächige Versickerungen vorliegen, die mit einem mittleren Durchlässigkeitsbeiwert erfaßt werden können, oder ob die Versickerung auf einigen wenigen Wasserwegen stattfindet, die gezielt gedichtet werden können. Langfristig kann hierbei auch eine gewisse Selbstdichtung des Beckens, vor allen Dingen des Stauraumbodens, angenommen werden.

Großflächige Sickerwasserverluste können überschlägig nach folgender Formel berechnet werden (Rechenbeispiel s. HOLTZ & SCHOPPE 1978):

$$Q = \frac{k \cdot F \cdot D}{d}$$

Q = Versickerungsmenge (m³/s)
F = Staufläche (m²)
d = Dicke der abdichtend wirksamen Schicht (m)
D = mittlere Stauhöhe + d (m).

Die auf dieser Basis ermittelten Versickerungsverluste sind jedoch nur grobe Anhaltswerte, die mit den später gemessenen Versickerungsraten häufig keine Übereinstimmung zeigen. Sie bilden jedoch zusammen mit der Frage des Druckabbaus und des Erosionsverhaltens die Entscheidungsgrundlage für die nötigen Dichtungsmaßnahmen an einer Stauanlage.

18.2.3 Raumstellung der wasserleitenden Elemente

Die Raumstellung wasserleitender oder wassersperrender Elemente zu dem erwarteten Sickergefälle hat ganz entscheidenden Einfluß auf die Sickerwasserverluste und auch auf die Standsicherheit des Absperrbauwerks. Dazu gehören:

● tektonische Störungs- und Zerrüttungszonen, besonders auch Zonen mit tektonischer Gebirgsauflockerung (s. Abschn. 3.2.6 und 17.1.1).
● Hangzerreißungsklüfte, die zwar fast immer tektonisch vorgegebenen Trennflächen folgen, in ihrer Öffnungsweite aber sehr vom Gestein und der Hangneigung abhängig sind (s. Abschn. 3.2.4 und 17.2.1).
● Wechselschichtung von stärker durchlässigen Gesteinen (Sandstein, Kalkstein) und tonigen Schichten. Die tonigen Schichten wirken normal zur Schichtung wassersperrend, und selbst Klüfte weisen eine erheblich geringere Wasserwegsamkeit auf als in spröden Gesteinsarten. Schichtparallel bietet dagegen eine solche Wechselfolge gute Sickerwege (Abb. 18.5 u. Abschn. 2.8.5).
● unregelmäßige Abfolgen von Sedimenten oder von feinkörnigen Tuffen mit Basaltdecken und -strömen (BENTZ & MARTINI 1969: 1779).

Bei den Überlegungen bezüglich wasserleitender Elemente ist besonders in paläogeographischen Schwellen- oder Rinnenbereichen, aber auch in weiten Schwemmebenen, an einen engräumigen Fazieswechsel in horizontaler Richtung zu denken. Als vertikale durchlässige Einlagerungen kommen z. B. auch Basalt- oder Quarzgänge in Betracht (s. Abschn. 17.1.2).

18.2.4 Erosionsgefährdung durch Sickerwasserströmung

Erosionsvorgänge im Untergrund sind ein maßgebendes Kriterium bei der Frage, welche Durchlässigkeiten bei einer Talsperre noch verträglich sind. Bei Abschätzen des Erosionsverhaltens des Gebirges ist grundsätzlich zu unterscheiden zwischen gebirgsbedingten Faktoren, wie

● Ersosions- bzw. Suffosionsvorgänge in Lockergesteinen und an Schichtgrenzen bzw. Bauwerksfugen
● Erosion von Kluftfüllungen und Störungsmyloniten sowie
● Erosion an Trennflächen wenig verfestigter Gesteine

und den hydraulischen Faktoren, wie dem hydraulischen Gefälle und der wahren Fließgeschwindigkeit (s. Abschn. 2.8) des sich in den Poren bzw. in den Fugen und Klüften bewegenden Wassers.

Im Verhalten der Lockergesteine gegenüber Durchsickerung werden Suffosion und Erosion unterschieden (s. Abschn. 2.1.6 und Abb. 2.7).

Unter (mechanischer) **Suffosion** versteht man die Ausspülung von Feinkorn, wodurch eine Erhöhung der Durchlässigkeit entsteht, ohne daß die Struktur des Bodens zunächst zerstört wird. Als

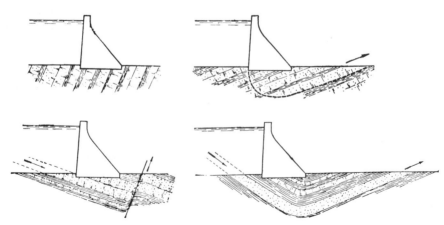

Abb. 18.5   Abhängigkeit der Unterströmung von Stauanlagen von der geologischen Situation (aus ZARUBA & MENCL 1961).

chemische Suffosion wird die Lösung des Bindemittels, z. B. von Sandsteinen, mit darauffolgendem Transport der Sandkörner bezeichnet (REUTER, KLENGEL & PAŠEK 1980: 154).

Bei der **Erosion** werden mehr oder weniger alle feinkörnigen Fraktionen umgelagert. Dabei kommt es zur Ausbildung von Erosionskanälen oder zu einer Umstrukturierung des Bodens (s. Abb. 18.11).

Die Umlagerung von Feinkorn innerhalb des vorhandenen Porenvolumens wird als **Kolmation** bezeichnet. Dabei kann es zu einer Verringerung der Durchlässigkeit kommen.

Die **Suffosions- bzw. Erosionsanfälligkeit der Lockergesteine** ist anhängig von der Korngröße und Korngrößenverteilung (Ungleichförmigkeitszahl U), der Lagerungsdichte und der Größe der Porenkanäle sowie der Dicke der wasserleitenden Schicht und der Filterfestigkeit angrenzender Bodenarten. Von seiten der Bodenmechanik liegen umfangreiche Untersuchungen über Erosionserscheinungen an unterströmten Flußdeichen vor (GÜNTHER 1970; MÜLLER-KIRCHENBAUER 1978; SOMMER 1980 und bes. TRONNEIJCK 1993) sowie auch über Erosionsprobleme bei Talsperren auf stark durchlässigem Buntsandsteinuntergrund (BRETH 1980, ROMBERG 1980).

Am stärksten erosionsgefährdet sind gleichkörnige Bodenarten im Körnungsbereich 0,02 bis 0,6 mm (Grobschluff bis Mittelsand). Suffosion tritt vor allem bei ungleichkörnigen Erdstoffen mit Ausfallkörnung auf (BUSCH & LUCKNER 1974: 129). Stärker bindige Bodenarten sind aufgrund ihrer Kohäsion einigermaßen suffosions- bzw. erosionssicher. Nach DIN 19 700 soll das hydraulische Gefälle im Untergrund bei Böden mit einer Ungleichförmigkeitszahl U ≤ 10 nicht größer als 0,3 und bei Böden mit U ≥ 20 nicht größer als 0,1 sein (s. auch GÜNTHER 1970; FLOSS 1979: 152 und REUTER, KLENGEL & PAŠEK 1980: 153 s. a. Abschn. 5.8.2 und Tab. 18.2).

Die Kluftfüllungen, Störungsmylonite und auch Ruschelzonen im Gebirge sind ebenfalls meist feinkörnige Lockergesteine, deren maßgebende Korngrößen häufig im Schluff- und Fein- bis Mittelsandbereich liegen. Hinzu kommt, daß hier durchaus Sickerwege und damit vorgegebene Erosionskanäle in Form von offenen Kluftabschnitten oder solchen mit gröberkörnigen, besser wasserwegsamen Füllungen vorliegen können. Von diesen ausgehend kann Suffosion bzw. Erosion einsetzen, sobald die Schleppkraft des fließenden Wassers ausreicht, die entsprechenden Korngrößen zu verfrachten, wobei als weitere Voraussetzung für das Anhalten des Erosionsvorganges der Abtransport des Kornmaterials gegeben sein muß.

Bezüglich der für diesen Vorgang nötigen **wahren Fließgeschwindigkeit** ist man bis heute auf Erkenntnisse von Versuchen und Beobachtungen in offenen Gerinnen angewiesen. Danach setzt die Erosion von Fein- bis Mittelsand bei einer Fließgeschwindigkeit von 10 bis 15 cm/s ein (Abb. 18.6).

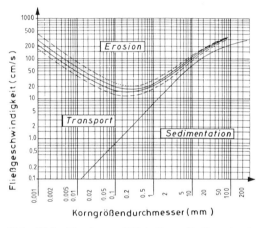

Abb. 18.6 Erosionsanfälligkeit von Sedimenten in offenen Gerinnen (nach HJULSTRÖM, aus EWERT 1985).

Tabelle 18.2 Anhaltswerte für das zulässige Gefälle nach statistischen Untersuchungen an Talsperren (aus TÜRKE 1990, 10/4).

Boden	dichter Ton	schluffiger Ton	Feinsand (min)	Mittelsand	Grobsand Kies
zul i	0,40–0,52	0,20–0,26	0,12–0,16	0,15–0,20	0,25–0,33

gültig für: $D \leqq \frac{1}{2} B$

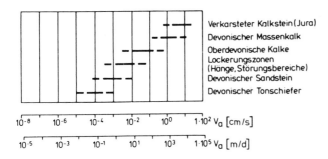

Verkarsteter Kalkstein(Jura)
Devonischer Massenkalk
Oberdevonische Kalke
Lockerungszonen
(Hänge, Störungsbereiche)
Devonischer Sandstein
Devonischer Tonschiefer

10^{-8} 10^{-6} 10^{-4} 10^{-2} 10^0 $1\cdot10^2$ v_a [cm/s]

10^{-5} 10^{-3} 10^{-1} 10^1 10^3 $1\cdot10^5$ v_a [m/d]

Abb. 18.7 Abstandsgeschwindigkeit nach Untersuchungen im Rechtsrheinischen Schiefergebirge (nach Heitfeld 1966, aus Krapp 1979).

Nicht gebundene Schluffkorngrößen werden erfahrungsgemäß schon ab etwa 11 cm/s mitgerissen.

In der Praxis ist es schwierig, die örtlich sehr unterschiedlichen wahren Fließgeschwindigkeiten in den Klüften und Fugen einigermaßen abzuschätzen. Markierungsversuche ergeben nur mittlere Abstandsgeschwindigkeiten. Erfahrungswerte für Abstandsgeschwindigkeiten aus dem Rheinischen Schiefergebirge sind in Abb. 18.7 zusammengestellt. Sie scheinen nach Untersuchungen im nordhessischen Buntsandstein auch auf andere Formationen übertragbar zu sein. Prinz & Holtz (1989) geben für die oberflächennahe, tonsteinreiche Volpriehausener Wechselfolge im Einstauzustand Abstandsgeschwindigkeiten von 0,2 bis 0,7 cm/s an. Im Talsperrenbau werden Abstandsgeschwindigkeiten für das Abschätzen der Erosionsgefahr mit einem Umwegfaktor von 1,5 verwendet, der berücksichtigt, daß das Wasser wegen des verlängerten Fließweges um die Kluftkörper herum tatsächlich schneller fließt (s. Abschn. 2.8.6 und Abb. 2.74).

Unabhängig davon müssen bei allen Stauanlagen die Veränderungen der Wasserdurchlässigkeit des Untergrundes sowie Trübungen u. ä. während des Probestaus und auch in der Betriebszeit ständig verfolgt werden. Sobald örtlich auffällige Änderungen auftreten, ist zu prüfen, inwieweit diese mit Erosionsvorgängen zusammenhängen können.

18.2.5 Veränderlich feste oder erweichbare Gesteine

Veränderlich feste oder erweichbare Gesteine (s. Abschn. 3.2.1) sind für die Anlage einer Talsperre wenig geeignet, wenn sich ihre Eigenschaften unter Wassereinwirkung negativ verändern können (z. B. Aufweichung von Tonsteinen oder Mergeln). Bei mürben Sandsteinen besteht außerdem erhöhte Erosionsgefahr. Hinzu kommt, daß veränderlich-

feste Gesteine sowohl beim WD-Test anders reagieren (Heitfeld & Krapp 1985) als auch nach dem Freilegen der Felsoberfläche innerhalb von Tagen und Wochen zu einem Grus von cm- bis mm-großen Bröckchen zerfallen können.

18.2.6 Erdbebensicherheit und induzierte Seismizität

Für Talsperren ist eine besonders sorgfältige Überprüfung der Erdbebengefährdung eines Standorts (s. Abschn. 4.1.2) notwendig. Dies gilt sowohl für die Standsicherheit des Absperrbauwerks als auch für die Stabilität der Hänge. Falls der Untergrund des Absperrbauwerks von größeren tektonischen Brüchen durchzogen wird, ist auch zu prüfen, ob im Erdbebenfall mit unterschiedlichen Schollenbewegungen zu rechnen ist. Auf dynamisch weichen Talfüllungen über Fels kann es außerdem zu einer Amplitudenerhöhung kommen (s. Absch. 4.1.2). Staudämme sind dabei im allgemeinen gegenüber Erdbebenbeanspruchung weniger empfindlich als Staumauern (Heitfeld 1984; Kolekova et al. 1996).

Außer den natürlichen seismischen Ereignissen sind bei Stauanlagen auch immer durch diese selbst **induzierte seismische Aktivitäten** zu beachten. Dabei handelt es sich meist um kleinere Erdbeben der Magnitude M = 0 bis 3, gelegentlich aber auch um stärkere Ereignisse der Magnitude M = 5 bis 6, die erhebliche Schäden auslösen können. Weltweit sind bisher an über 100 Projekten induzierte Beben aufgetreten (Lu & Krapp 1990).

Die Fragen flüssigkeitsinduzierter Seismizität sind seit Mitte der 60er Jahre in zahlreichen Fachaufsätzen und internationalen Kongressen (Paris 1970, Londen 1973, Banff 1975, Hyderabad 1984) behandelt worden. Ausgehend von den klassischen Beispielen in den USA, wo an dem 1935 aufgestauten Lake Mead (Hoover-Staudamm) am Coloradoriver eine auffallende lokale Erdbebentätigkeit beobachtet worden ist, sind inzwischen zahlreiche Beispiele von flüssigkeitsinduzierter Seismizität bekannt geworden (Tab. 18.3), wobei unterschieden werden muß zwischen Ereignissen an Stauseen und solchen beim Einpressen von Flüssigkeiten in das Gebirge (z. B. Abwasserbeseitigung, Sekundärverfahren bei Erdöl- und Erdgasgewinnung; s. EISBACHER 1991 : 86). Am bekanntesten dürften die Stausee-induzierten Beben mit katastrophalen Ausmaßen von Kremasta (1966 in Griechenland) und Koyna (1967 in Indien) sein.

Als allgemeingültige **Kriterien für die Einschätzung des Risikos** flüssigkeitsinduzierter Seismizität können heute genannt werden:

- Induzierte Seismizität tritt bevorzugt in sprödem, geklüfteten und wasserwegsamen Gesteinsformationen wie Kalksteinen, Graniten, Basalten usw. auf (LU & KRAPP 1990)
- Induzierte Seismizität tritt auch in Gebieten auf, die historisch aseismisch sind oder nur eine geringe Seismizität hatten.
- Sie zeigt eine starke Abhängigkeit von der tektonischen Situation und dem regionalen Spannungsfeld (Primärspannungszustand)
- sowie den hydrologischen Bedingungen (Wasserwegsamkeiten) und der morphologischen Situation.
- Die Ereignisse zeigen häufig eine deutliche Korrelation nicht nur mit der Stau- bzw. Druckhö-

Tabelle 18.3   Auflistung von Talsperren, bei denen induzierte Seismizität aufgetreten ist (aus MÜLLER-SALZBURG & SCHNEIDER 1977).

Sperre		Größte Magnitude	Größte Stauhöhe (m)	Seevolumen (m^3)	Seismische Aktivität vor dem Sperrenbau	Korrelation mit Aufstau
Monteynard	(Europa)	5	130	275×10^6	nein	sicher
Vouglans	(E)	4,5	110	605×10^6	?	sicher
Piastra	(E)	6	93	13×10^6	?	?
Vajont	(E)	1	261	150×10^6	ja	sicher
Bajina Basta	(E)	4,5−5	89	340×10^6	ja	möglich
Grančarevo	(E)	3fache Energiezunahme d. Beben n. Aufstau	120	128×10^6	ja	sicher
Grand Val	(E)	5	78	292×10^6	nein	sicher
Plave di Cadore	(E)	1	112	69×10^6	ja	sicher
Kremasta	(E)	6,3	160	47×10^6	ja	möglich
Marathon	(E)	1−3	63	41×10^6	ja	unsicher
Kariba	(Afrika)	4,7−5,8	120	160×10^6	nein	sicher
Hendrik-Verwoerd Damm	(AF)	2	66	5×10^6	nein	sicher
Nurek-Damm	(Asien)	4−4,5 bei 120 m Stauhöhe	300 (geplant)	11×10^6	ja	sicher
Koyna-Damm	(AS)	6	103	$2,8 \times 10^6$	ja	sicher
Hsinfengxiang	(AS)	6,2	105	$11,5 \times 10^6$	gering	sicher
Talbingo-Stausee	(Australien)	3,5	170	888×10^6	gering	sicher
Benmore-See	(Neuseeland)	3−6	96	$2,04 \times 10^6$	?	sicher
Mead-See	(Amerika)	5	221	$37,5 \times 10^6$	nein	sicher

he, sondern vor allen Dingen mit deren Änderung bzw. Änderungshäufigkeit und -geschwindigkeit.

● Stausee-induzierte Seismizität tritt nicht erst ab Stauhöhen größer als 100 m auf, sondern kann bei ungünstiger regionalgeologisch-tektonischer Situation schon bei Stauhöhen von etwa 50 m einsetzen.

● Teilweise tritt die verstärkte seismische Aktivität kurz nach der ersten Füllung auf und korreliert deutlich mit den Spiegelschwankungen, besonders mit raschem Abstau; größere Ereignisse können aber auch einen deutlichen zeitlichen Abstand und weiter entfernte Bebenherde aufweisen (z. B. Koyna).

Als wahrscheinliche **Ursachen**, die zur Auslösung oder Erhöhung der seismischen Aktivitäten durch Stauanlagen führen können, werden heute diskutiert:

● durch die Wasserauflast werden zusätzliche Spannungen in den Untergrund eingebracht

● rasche Laständerungen (Auf- und Abstau) bewirken elastische Deformationen mit entsprechenden Poren- und Kluftwasserüberdruck bzw. -unterdruck, der die effektiven Normalspannungen verringert und zu einem kurzzeitigen Abfall der Scherfestigkeit führen kann

● bei Vorhandensein eines Primärspannungsüberschusses (s. Abschn. 4.1.3) kann es an Schwächezonen zu einer Überschreitung der Bruchspannungen und zu ruckartigen Ausgleichsbewegungen kommen

● in Zonen besonderer Wasserwegsamkeit können sich die hydraulischen Druckänderungen tief in das Gebirge und auch über größere Entfernungen auswirken (z. B. Koyna).

Obwohl nach den Empfehlungen der UNESCO von 1972 eine seismische Überwachung erst ab Stauhöhen von über 100 m vorzusehen ist, empfiehlt sich in tektonisch stärker gestörten Regionen auch bei niedrigeren Anlagen die rechtzeitige Einrichtung hochempfindlicher seismischer Meßstationen, um über die Erfassung und Auswertung von Mikroerdbeben zusätzliche Informationen über die seismische Empfindlichkeit eines Talsperrenstandorts zu erhalten (STEINWACHS 1988). Außerdem liegen damit für den Bedarfsfall eindeutige Vergleichswerte über den natürlichen Seismizitätspegel eines Gebietes vor.

18.2.7 Stauhaltungen in verkarstungsfähigen Gesteinen

Die Löslichkeit chemischer Sedimentgesteine, wie Salze, Gips, Anhydrit, Kalkstein und Dolomit, unter humiden Klimabedingungen (s. Abschn. 19), in tropischem Klima auch von silikatischen Gesteinen (GENSER & MEHL 1977), ist bei der Planung von Talsperren strengstens zu beachten.

In bzw. unmittelbar über Salzgesteinen sind bis jetzt keine Talsperrenprojekte zur Ausführung gekommen.

Dagegen sind schon eine Reihe von Talsperren in Gebieten mit untergeordneten Anhydrit- und Gipseinlagerungen und vor allen Dingen in Kalksteingebieten errichtet worden. Hier sind sehr sorgfältige und umfangreiche Untersuchungsarbeiten vorzunehmen und die möglichen Folgen bzw. die nötigen Abdichtungsmaßnahmen rechtzeitig aufzuzeigen und auch die Langzeitwirkung der Sperre zu bedenken. Seichter Oberflächenkarst ist noch einigermaßen beherrschbar. Wesentlich schwieriger sind die Probleme in tiefreichendem Karstgebirge und bei fossilen, an der Oberfläche teilweise kaum erkennbaren Karstformen, die oft zu spät erkannt werden.

In Karstgebieten sind schon Talsperren gebaut worden, deren Stauraum nie gefüllt werden konnte. In zahlreichen anderen Fällen ist es nur mit sehr aufwendigen zusätzlichen Maßnahmen gelungen, die Talsperren in Betrieb zu nehmen (KLEINSORGE 1969: 1770 ff, HEITFELD 1967; WITTKE 1973; DIMAS, SAVINI & WEYERMANN 1978; HEITFELD 1981, 1982, 1984, 1991; KRAPP & PANTZARTZIS 1989; PANTZARTZIS 1989; MARIOTTI et al. 1990).

Der Bau von Talsperren in Karstgebieten erfordert einen erhöhten und auf die speziellen Fragestellungen ausgerichteten Untersuchungsaufwand mit verstärktem Einsatz der Geophysik und einem weit erhöhten Bohraufwand. Zu unterscheiden sind einerseits die Auswirkungen vorhandener Hohlräume im Karstgestein im Hinblick auf eine Gefährdung der Absperrbauwerke und von Wasserverlusten bzw. Einbrüchen im Stauraum und damit zusammenhängend die Möglichkeiten einer Untergrundsanierung durch Injektionsmaßnahmen und andererseits die Abschätzung der fortschreitenden Lösung besonders von Gips oder Anhydrit in Abhängigkeit vom Durchfluß und dem Chemismus des Grundwassers (HEITFELD & KRAPP 1991 und Abschn. 19.2.2). Eine ausführliche Behandlung der Zusammenhänge bringt HEITFELD (1982 und 1991). Ein Beispiel, daß auch in Gesteinsserien mit untergeordneten Kalksteineinlagerungen erhebliche Schwierigkeiten und vor allen Dingen Langzeitprobleme auftreten können, zeigen die Erfahrungen bei der Henne-Talsperre im östlichen Sauerland (HEITFELD 1965: 45 ff) sowie die Arbeiten für das Pumpspeicherwerk Rönkhausen im Sauerland (HEITFELD 1968).

In der Bundesrepublik Deutschland sind einige Hochwasser-Rückhaltebecken ohne Dauerstau im Sulfatkarst (HEITFELD & KRAPP 1991) bzw. in Kalksteinen der Kreide Ostwestfalens (WEBER 1977) sowie die Oberbecken der Pumpspeicherwerke Glems (KRAUSE & WEIDENBACH 1966) und Happurg (BRETH 1958) in Kalksteinen des Weißen Jura errichtet worden, letztere allerdings mit totaler Flächenabdichtung.

18.2.8 Stabilität der Hänge

Einige große Talsperrenkatastrophen der letzten Jahrzehnte haben ihre Ursache in der Instabilität der Hänge gehabt. Hier sei nur an die Großrutschung vom Monte Toc in die Vajont-Talsperre erinnert, bei der 1963 mehr als 250 Mill. m³ Felsmassen in den Stausee abrutschten und eine Flutwelle auslösten, welche die 260 m hohe Staumauer übersprang und die Ortschaft Longarone im Piavetal zerstört hat (WEISS 1964; MÜLLER 1967).

Die Beurteilung der Standsicherheit der Talhänge bei wechselndem Stauspiegel erfordert häufig einen hohen Untersuchungsaufwand. Hierbei ist besonders auf alte Bewegungszonen an tektonischen Strukturen, auf fossile Rutschungen, Kriechhänge und auf andere geologische Grenzflächen zu achten (s. Abschn. 15.1.1 und 15.3.4). Die Anzeichen für solche instabilen Hangbereiche und die Untersuchungsmethoden sind im Abschn. 15.2 ausführlich beschrieben, wobei für Talsperrenprojekte häufig auch Erkundungsstollen angeleg werden (s. Abschn. 4.3.4). Besondere Aufmerksamkeit ist auf den Wechselbereich des Stauspiegels zu legen.

Die Reaktionen des Gebirges auf die Wechselstände des Seewasserspiegels in Form von elastischen Hebungen beim Aufstau und ausklingenden Setzungen beim Abstau werden von NEUHAUSER & SCHOBER (1970) ausführlich beschrieben. Diese mehr oder weniger elastischen Deformationen werden in Hanglage und unter dem Einfluß der Porenwasserströmung von einer horizontalen Bewegungskomponente überlagert, die unter Kontrolle gehalten werden muß, um Instabilitäten und ihr Ausmaß rechtzeitig zu erkennen (GILG 1978; KRAPP & PANTZARTZIS 1989). Zum Einsatz kommen sowohl geodätische Bewegungsmessungen als auch Inklinometermessungen in Bohrlöchern (s. Abschn. 15.2.5). Solche Bohrlochmessungen sollten bereits im Zuge der ersten Erkundungsmaßnahmen eingerichtet werden, um geringe Instabilitäten und ihre Tiefenwirkung rechtzeitig zu erfassen. Die Bohrungen müssen bis in den einwandfrei stabilen Untergrund hinuntergeführt werden.

Anhand charakteristischer Querprofile muß untersucht werden, mit welchen Hangbewegungen bei einem Aufstau zu rechnen ist und welche Auswirkungen diese haben können (HEITFELD 1984: 490; KRAPP & PANTZARTZIS 1989, SCHETELIG 1989). In vielen Fällen muß und kann man mit gewissen Rutschungserscheinungen leben (GILG 1978). Die Maßnahmen, um solche Hangbewegungen im Ansatz zu beherrschen, sind Abflachungen in den höheren Hangabschnitten und Vorschüttungen zur Stabilisierung der unteren Hangbereiche sowie Entwässerungsmaßnahmen aller Art, einschl. Dränagestollen (GILG 1978; SCHETELIG 1989 und 1993; KRAPP & PANTZARTZIS 1989; BROWN et al. 1993).

18.3 Absperrbauwerke

Die Aufgabe eines Absperrbauwerkes einer Stauhaltung ist einmal die Sperrung des Talquerschnitts zur Schaffung des Stauraumes, zum anderen den Staudruck des Wassers aufzunehmen und sicher auf den Untergrund zu übertragen. Die Wahl des Absperrbauwerkes und seines günstigsten Querschnitts hängen ab von

- den topographischen Verhältnissen,
- der geologischen Situation,
- der Durchlässigkeit des Untergrundes bzw. den nötigen Dichtungsmaßnahmen,
- der Stauhöhe,
- den zur Verfügung stehenden Dammbaustoffen und
- speicherwirtschaftlichen Bedingungen.

18.3.1 Staumauern

Staumauern erfordern in der Regel eine Engstelle im Talquerschnitt und stellen höchste Anforderungen an die geotechnischen Eigenschaften des Untergrundes. Sie sind deshalb in Mittelgebirgen verhältnismäßig selten anzutreffen, kommen aber überall da in Betracht, wo kein geeignetes Dammschüttmaterial zur Verfügung steht und die Morphologie und Geologie einen Mauerbau zulassen (HEITFELD 1984: 480). Nach der Formgebung und statischen Wirkung werden folgende **Bauarten von Staumauern** unterschieden, die auch in kombinierter Form errichtet werden können:

● Gewichtstaumauern leiten ihre resultierenden Kräfte aus der Mauerlast und dem Wasserdruck unmittelbar in die Gründungssohle ein. Die Abtragung der Horizontalkräfte setzt eine ausreichende Scherfestigkeit in der Sohle voraus.

● Bogenstaumauern übertragen den Druck der Wassermassen vor allem auf die Widerlager in den Talflanken, welche die Kämpferkräfte unter Berücksichtigung der Kluftsysteme und der Gebirgsfestigkeit aufnehmen müssen.

● Pfeilerstaumauern bestehen aus Pfeilern, gegen die sich eine Stauwand aus Platten oder Gewölben stützt. Die Gründung kann auf einer durchgehenden oder auf einzelne Felder beschränkten Grundplatte erfolgen. An das Gebirge in Gründungssohle, besonders seine Scherfestigkeit, werden sehr hohe Anforderungen gestellt. In breiten Talquerschnitten werden auch heute noch Pfeilerstaumauern errichtet.

Die **Gründung von Staumauern** erfolgt in der Regel auf gesundem Fels, der beim Freilegen schonend zu behandeln und mit Druckwasser oder Druckluft zu säubern ist. Die Mauer bildet mit dem Felsuntergrund ein zusammenwirkendes System, dessen gegenseitige Wechselwirkungen und Verformungen berücksichtigt werden müssen (RESCHER 1990). Besondere Anforderungen werden an die Lagerungsverhältnisse und die Scherfestigkeit des Untergrundes sowie des Verformungsverhalten und seine Durchlässigkeit gestellt. Ungünstiges Schichtfallen oder Streichen von Kluftscharen bzw. Diskontinuitäten können die Gleitsicherheit entscheidend herabsetzen (s. a. HEITFELD 1984: 481). Das Spannungs-Verformungsverhalten des Felsuntergrundes unter dem Eigengewicht der Mauer, dem Wasserdruck auf die Mauer und der Sickerwasserströmung im Untergrund kann im ungünstigen Fall zu einer Erhöhung der Durchlässigkeit im oberwasserseitigen Mauerbereich führen (ERICHSEN 1988; RESCHER 1990).

Als besonderes Problem hat sich in den letzten Jahren die **Standsicherheit alter Staumauern** ergeben, die häufig auf sehr kompliziert aufgebautem Untergrund mit erosionsgefährdeten Störungszonen u. ä. stehen. Über die ingenieurgeologischen Probleme bei der Beurteilung der Gründungssituation solcher alter Steinmauern im Rheinischen Schiefergebirge berichten REINHARDT & WEBER (1987), SALVETER (1987) und KLOPP (1989).

18.3.2 Dämme

Staudämme sind weltweit der häufigste Typ von Absperrbauwerken. Die **Anforderungen an den Untergrund** sind geringer. Es gibt heute zahlreiche auch über 100 m hohe Dämme, die auf Lockergesteinen gegründet sind. Maßgebend ist einerseits die Scherfestigkeit in Gründungssohle, über welche die Spreizkräfte aus dem Dammkörper und der horizontale Wasserdruck aufgenommen werden müssen, sowie das Verformungsverhalten des Systems Untergrund - Dammkörper. Letzteres hängt entscheidend ab von

● Aufbau und der Zusammendrückbarkeit des Untergrundes,
● Talform und Talbreite,
● Dammaufbau und Dichtungselement des Dammes
● Art der Untergrundabdichtung.

Dämme haben entweder einen homogenen Dammaufbau, oder sie bestehen aus einem dichtenden und einem stützenden Teil. Die Wahl des Dammaufbaus ist neben anderen Randbedingungen abhängig von dem zur Verfügung stehenden Dammschütt- bzw. Dichtungsmaterial sowie von den Möglichkeiten der Untergrunddichtung. Häufig wird bei kleineren Dämmen einer wasserseitigen Oberflächendichtung der Vorzug gegeben, während bei hohen Dämmen meist Innendichtungen anzutreffen sind.

Homogene Dämme aus einheitlichen feinkörnigen Erdstoffen, die zugleich dichten und stützen, werden in der Regel nur für geringe Stauhöhen < 30 m errichtet. Durch Verzahnung und gute Verdichtung der einzelnen Schüttlagen entsteht ein homogener Dammkörper mit in waagerechter und senkrechter Richtung annähernd gleichen, geringen Durchlässigkeiten ($k \leq 10^{-7}$ m/s), der aber aufgrund der niedrigen Scherfestigkeitswerte flache Dammböschungen erfordert. Dieser Dammtyp ist nur wirtschaftlich, wenn geeigneter Dammbaustoff in ausreichender Menge nahe der Sperrstelle gewonnen werden kann.

Bei einem **gegliederten Dammaufbau** hat der Stützkörper die Aufgabe, den Wasserdruck ohne unzulässige Verformungen auf den Untergrund zu übertragen. Das Stützkörpermaterial muß daher verwitterungsbeständig sein, eine geringe Zusammendrückbarkeit und hohe Scherfestigkeit aufweisen sowie eine ausreichende Durchlässigkeit ($k \geq 10^{-5}$ m/s) besitzen. Geeignet sind dafür gemischtkörnige, nichtbindige Lockergesteine oder gebrochene Festgesteine.

Die Dichtung wird bei unterteiltem Dammaufbau entweder im Damminneren oder auf der wasserseitigen Dammoberfläche angeordnet. Bei hohen Dämmen mit Innendichtung wird der Stützkörper sowohl wasser- als auch luftseitig in mehrere Zonen unterschiedlicher Körnung mit von innen nach außen zunehmender Korngröße aufgebaut (Mehrzonendamm). Innendichtungen aus natürlichen Erdstoffen (Erdkern) werden im Dammquerschnitt senkrecht oder geneigt angeordnet (Abb. 18.8).

Als **Baustoffe für den Dichtungskörper** eignen sich bindige Erdstoffe, die sich auf das erforderliche Maß verdichten lassen und im verdichteten Zustand entsprechend gering durchlässig (k < 10^{-7} m/s), erosionsfest und verformbar sind. Die Kerndichtung ist an der Luft- und Wasserseite durch abgestufte Filter oder (besser) entsprechend zusammengesetzte Übergangszonen vor Erosion zu schützen. Anstelle eines Erdkerns können auch sogenannte künstliche Innendichtungen aus Asphaltbeton, Tonbeton (Erdbeton), Zementbeton oder eine Dichtungswand zur Ausführung kommen. Eine Übersicht über die im Wasserbau üblichen Dichtungselemente enthält das DVWK-Merkblatt 215 (1990).

Bei Dämmen mit Oberflächendichtung auf der wasserseitigen Böschung wirkt der gesamte Dammquerschnitt als Stützkörper, so daß an das Schüttmaterial geringere Anforderungen zu stellen sind. Die Dammsetzungen müssen allerdings bis zum Aufbringen der Oberflächendichtung weitgehend abgeschlossen sein. Als Baustoffe für die Dichtungshaut kommen hauptsächlich Asphaltbeton, natürliche oder verbesserte Erdbaustoffe und, bei niedrigen Dämmen, Zementbeton bzw. Kunststoff-Folien in Betracht (STEFFEN 1980). Auf wiederholt aufgetretene Probleme beim Verlegen von Kunststoff-Folien und deren Anschluß an Bauwer-

ke berichten BRETH (1980) und WEINHOLD (1987). Weitere Literatur über Leckagen in schmalen Damm- und auch Untergrunddichtungen bringen BRAUNS (1978: 28) und BLIND (1987, Abb. 18.9).

Während die **Dammaufstandfläche** bei niedrigen und mittleren Dämmen meist auf bzw. in den Deckschichten liegt und nur extrem weiche oder organische Schichten ausgeräumt werden, erfolgt die Gründung der Dammdichtung bzw. ihrer Anschlußelemente (Herdmauer) sowie der Filter- oder Übergangszonen nach Möglichkeit auf anstehendem Fels oder in einem dichten Horizont.

Bei einer Gründung auf Fels ist die freigelegte Felsoberfläche von Hand zu beräumen und alle Klüfte und Spalten mit Wasser oder Druckluft zu säubern (REINHARD 1970). Anschließend werden alle Unregelmäßigkeiten mit Beton, Zementbrei oder einem Zement-Bentonit-Gemisch verschlossen. Für die Dichtungselemente ist ein abdichtender Anschluß mit steinfreiem, plastischem Ton, einer plastischen Zement-Tonpaste oder mit bituminösem Material herzustellen. Austretende Quellen sind nötigenfalls zu verpressen. Bei klüftigem Fels kann eine mehrere Meter tief reichende Vergütung durch Injektionen nötig werden. Besondere Sorgfalt ist bei veränderlich festen oder erweichbaren Gesteinen erforderlich. Hier muß die geeignete Technik gegebenenfalls durch einen Großversuch an Ort und Stelle gefunden werden (BRETH 1980: 116).

Sofern die Dammdichtung nicht über eine Herdmauer unmittelbar auf Fels oder einen dichten Horizont gegründet werden kann, ist der Anschluß an diese mittels einer Dichtungswand oder eines Injektionsschleiers herzustellen.

Unter der Last der Dammschüttung werden **Setzungen des Untergrundes** auftreten, die von der

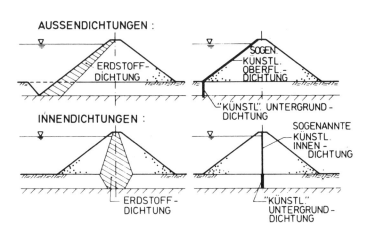

Abb. 18.8 Art und Anordnung von Dammdichtungen (aus BRAUNS 1978).

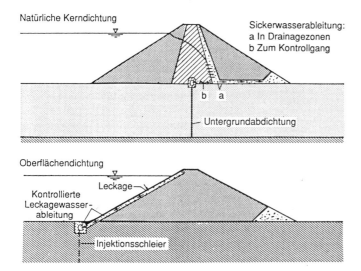

Abb. 18.9 Sickerwasserableitung bei Leckagen in der Dammdichtung (aus BLIND 1987).

Eigenkonsolidation der Dammschüttung einschließlich der mehr oder weniger unvermeidbaren Sättigungssetzung beim Einstau (s. Abschn. 12.2.1) sowie den Deformationen des Dammes infolge Spreizkräften und der Wasserlast überlagert werden. Je nach Untergrundaufbau, Talform sowie Art und Lage der unterschiedlich steifen Dichtungselemente im Damm und im Untergrund sind Setzungsunterschiede zu erwarten, die zu Zugbeanspruchungen und Rissen im Dammkörper und an den Dichtungselementen führen können (BLIND 1987).Um das Deformationsverhalten des Systems Dammkörper - Untergrund vorab zu erfassen, sind entsprechende Aufschlüsse über den Untergrundaufbau und Kennwerte für das Setzungsverhalten erforderlich.

Die Dichtungszonen im Dammbau sind immer nur „relativ dicht". Dies trifft sowohl für die natürlichen, schwach durchlässigen Erdstoffdichtungen zu als auch für die zwar vom Material her praktisch dichten, künstlichen Dichtungsstoffe, die aber aufgrund ihrer dünnen Ausbildung leicht einmal geringfügige Fehl- oder Schadstellen aufweisen können. Hinzu kommen die mögliche Unter- und/oder Umläufigkeit des Dammes. In Dämmen findet daher in der Regel immer eine gewisse **Durchsickerung** statt. Die Sickerströmung oder das Fließgefälle kommt in der Spiegeldifferenz von Ober- und Unterwasser zum Ausdruck.

Das Sickerwasser im Dammkörper und im Aufstandsbereich muß durch entsprechende **Entspannungsmaßnahmen** schadlos abgeführt werden (Abb. 18.10). Dazu gehört in erster Linie, daß die Sickerlinie im Inneren des Dammkörpers gehalten

wird, um Ausspülungen durch austretendes Sikkerwasser zu vermeiden. Außerdem muß das Fließgefälle im Dammkörper und im Untergrund unter den als zulässig erachteten Grenzwerten gehalten werden, um Erosionserscheinungen zu unterbinden (s. Abschn. 18.2.4). Zur Entspannung des Sickerwassers im Damm- bzw. Stützkörper werden außer den schon angesprochenen Filterschichten oder breiteren Übergangszonen an der Dammdichtung im luftseitigen Dammkörper, besonders aber an seiner Sohle, streifen- oder flächenförmige Filter mit Dränleitungen angeordnet. Als Filtermaterial kommen rollige Erdstoffe wie Sand, Kies, Splitt und Schotter in Verbindung mit Kunststoffvliesen in Betracht. Der Kornaufbau des Filters ist nach den Filterregeln (s. Abschn. 2.1.6) auf den Kornaufbau des zu schützenden Materials und auf den Kornaufbau des nachfolgenden Materials abzustimmen. Die Filterfestigkeit kann dabei durch den Einbau eines entsprechenden Vlieses wesentlich verbessert werden.

BRETH (1980: 118) gibt einer breiten gemischtkörnigen Übergangszone bzw. einem stetigen Übergang von der Dammdichtung zur Luftseite, deren

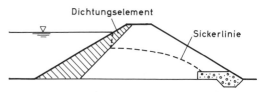

Abb. 18.10 Sickerlinie in einem Zonendamm mit Entspannungsfilter am luftseitigen Dammfuß.

Dammbaustoffe gegeneinander filterfest sind, den Vorzug gegenüber einem Stufenfilter aus engen Kornbereichen. Er weist außerdem auf die Gefahr hin, die von zu weit zur Wasserseite vorgezogenen Flächenfiltern ausgeht. Sie werden bei Undichtheit zu stark angeströmt, so daß es leicht zu Erosionsvorgängen kommen kann. Die Erosionsgefahr wird wesentlich gemildert, wenn der Sohlfilter etwa in Dammmitte endet.

Unter dem Dammkörper bzw. dem Bereich der Dammdichtung findet auch im Untergrund ein Druckabbau vom Oberwasser zum Grundwasserniveau auf der Luftseite statt. Bei geringer Durchlässigkeit erfolgt dieser **Abbau des Sohlwasserdrukkes** linear und die Sickerwassermengen sind gering.

Bei hoher Durchlässigkeit des Untergrundes muß die bei Hochwasserdämmen an Flüssen übliche Unterströmung (Abb. 18.11) verhindert werden. Dies kann bei Stauhaltungen durch einen nötigenfalls in den Stauraum vorgezogenen Dichtungsteppich oder durch ein vertikales Dichtungselement erfolgen. Bei tiefreichend durchlässigem Gebirge wird der Abbau des Sohlwasserdruckes dabei durch die Verlängerung des Fließweges erreicht (s. d. a. EWERT 1986).

Das im Dammuntergrund unter dem luftseitigen Stützkörper austretende Wasser muß vom Flächenfilter, der auch gegen den Untergrund filterfest sein muß, abgeleitet werden. Zur Vermeidung von Wasseraustritten am luftseitigen Dammfuß und im Dammvorland und der damit verbundenen Gefahr rückschreitender Erosion kann am luftseitigen Dammfuß ein Entspannungsgraben angeordnet werden, dessen Wirkung durch tiefreichende Entspannungsbrunnen verbessert werden kann. In manchen Fällen kann auch eine zusätzliche Druckbank mit Drängraben zweckmäßig sein. In allen Fällen muß die Filterfestigkeit der Erd- und Baustoffe beachtet werden.

Die Durchsickerungen im Dammkörper und im Untergrund müssen durch **Kontrolleinrichtungen** überwacht werden. Die Kontrolle der Dammdurchsickerung erfolgt über das luftseitige Dränsystem. Durch Unterteilung in einzelne Abschnitte können etwaige Leckagen sofort nach dem Entstehen geortet und die Wirksamkeit der Sanierung kontrolliert werden.

Der Druckabbau im Damm und im Untergrund wird durch Piezometer oder Grundwassermeßstellen (s. Abschn. 4.4.4) kontrolliert. Dabei darf erfahrungsgemäß in einer Bohrung nur ein Standrohr eingebaut werden, um die Meßstrecke einwandfrei abdichten zu können.

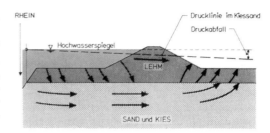

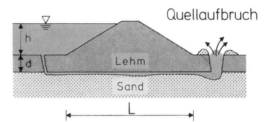

Abb. 18.11 Strömungsverhältnisse an einem Flußdeich bei Hochwasser und Ausbildung eines Erosionskanals (Firmenprospekt).

Über die Meß- und Kontrolleinrichtungen zur Überprüfung der Standsicherheit von Staumauern und Staudämmen liegt ein DVWK-Merkblatt vor.

18.4 Untergrundabdichtung

Sofern der Dammkern bzw. die Herdmauer nicht unmittelbar in einen dichten Horizont eingebunden werden kann, müssen die Talfüllung und nötigenfalls der Felsuntergrund durch eine Dichtungswand und/oder einen Injektionsschleier abgeriegelt werden. Wo keine Vollabriegelung möglich ist, kann auch eine Teilsicherung zur Verlängerung des Fließweges vorgesehen werden, wenn damit die Wasserverluste und das Fließgefälle soweit abgemindert werden, daß die Standfestigkeit des Dammes weder durch einen hydraulischen Grundbruch noch durch Erosion oder Suffosion des Untergrundes gefährdet ist.

18.4.1 Horizontale Dichtungselemente

Bei den Überlegungen über das Ausmaß der Sikkerwasserverluste und über das Strömungspotential des Sickerwassers ist zunächst die abdichtende Wirkung der natürlichen Lehmdecke im Stauraum zu prüfen. Diese muß ausreichend dick sein (min. 10 cm pro Meter Stauhöhe), eine entsprechend geringe Durchlässigkeit aufweisen (k $<10^{-7}$

m/s) und gegenüber dem Untergrund erosionsfest sein.

Die Erfahrungen haben jedoch gezeigt, daß die natürliche Lehmdecke in der Regel zu viele Fehlstellen aufweist und auch weder durch eine besondere Bearbeitung noch durch eine entsprechende Verstärkung auf die nötige Güte verbessert werden kann, da hierzu meist das geeignete Material fehlt. In den meisten Fällen wird daher eine Verbesserung der natürlichen Stauraumabdichtung allein nicht zu dem gewünschten Erfolg führen. Vereinzelt sind solche Wannendichtungen (Abb. 18.12) jedoch bereits mit Erfolg ausgeführt worden (z. B. Nidda-Talsperre bei Schotten/Vogelsberg). Ein Hauptproblem bleiben dabei örtliche Fehlstellen und die oft fehlende Filterfestigkeit zwischen dem Decklehm und den Bachkiesen bzw. dem klüftigen Felsuntergrund, wodurch über lange Zeit Erosionsgefahr gegeben ist und Schlucklöcher unterschiedlicher Größe im Stauraum auftreten können. Der Potentialabbau innerhalb der natürlichen Stauraumabdichtung geht dadurch verloren, und der hydraulische Gradient im Untergrund wächst stark an (ROMBERG 1980: 121).

Die natürliche Lehmdecke im Stauraum wird trotzdem immer Teil des gesamten Dichtungskonzept bleiben. Mit der Zeit wird sich auch eine zunehmende Selbstabdichtung der Stauraumsohle durch Schlammablagerung einstellen. Die Vor- und Nachteile einer solchen Oberflächen- und Wannendichtung, die Baustoffe und die Herstellungsverfahren werden bei SCHETELIG (1977) ausführlich diskutiert. Für den sperrennahen Bereich der eingestauten Hangpartien ist zur Verminderung der Umläufigkeit ein zusätzlich aufgebrachter Dichtungsteppich aus natürlichen Baustoffen oft unerläßlich.

Die Versuche, die natürliche Lehmdecke zumindest im vorderen Teil des Stauraumes durch Verlegen einer Kunststoff-Folie zu verbessern, haben in den 70er Jahren, auch bei kleineren Dämmen, einige Rückschläge gebracht. Der dichte Abschluß der Folie an andere Dichtungselemente und der Kontakt zwischen Folie und Lehm ist in diesen Fällen nicht zufriedenstellend gelungen (ROMBERG & WEINHOLD 1978: 107, BRETH 1980: 119).

18.4.2 Vertikale Dichtungswände

Vertikale Dichtungswände sind überall da, wo in geringer Tiefe und auch zur Seite hin eine Einbindung in ausreichend wasserdichten Untergrund möglich ist, die technisch und wirtschaftlich günstigste Dichtungsmöglichkeit.

Dichtungswände sind aber auch bei tiefreichend durchlässigem Untergrund, sei es eine schlecht injizierbare Talfüllung oder hochdurchlässiger Felsuntergrund, einem Injektionsschleier meist wirtschaftlich überlegen, da ihre Anwendbarkeit vom Kluft- und Porenraum und damit von der Durchlässigkeit unabhängig ist. Das Wandmaterial muß soweit verformbar sein, um Setzungen oder sonstigen Bewegungen des Dammes ohne Schaden standzuhalten, und sie muß gegenüber den zu erwartenden hydraulischen Bedingungen erosionssicher sein.

Zu den vertikalen Dichtungswänden zählen außer den meist als Anschlußelement zwischen Damm und Untergrund errichteten Herdmauern

- Lehmsporne
- Schlitzwände
- Hochdruck-Düsenstrahlwände
- Schmalwände
- Stahlspundwände
- Bohrpfahlwände.

Die Herdmauern werden bei höheren Dämmen oder bei schwierigen Untergrundverhältnissen meist mit einem Kontrollstollen ausgestattet, von dem aus zusätzliche Abdichtungsmaßnahmen (Injektionsschleier) ausgeführt werden können.

Die Verfahren zur Herstellung der verschiedenen Arten von Dichtwänden, die erreichbaren Durchlässigkeiten und die maximalen Ausführungstiefen

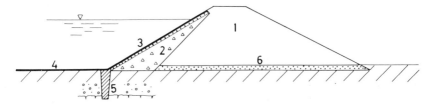

Abb. 18.12 Schema einer Wannendichtung einer Stauanlage auf durchlässigem Untergrund. (1) Stützkörper, (2) Übergangsschicht (ausgesuchtes Felsmaterial), (3) Oberflächendichtung (Asphalt, Folie) mit Ausgleichs- und Filterschicht, (4) Dichtungsteppich (Folie oder Lehm), (5) Herdmauer, (6) Sohlfilter.

sind im Absch. 10.4 und in dem DVWK-Merkblatt 215 „Dichtungselemente im Wasserbau" im einzelnen beschrieben.

18.4.3 Injektionsschleier

Dichtungswänden sind sowohl von der erreichbaren Tiefe als auch vom Gebirge her Grenzen gesetzt. Eine tiefer reichende vertikale Abdichtung muß dann immer als Injektionsschleier ausgeführt werden.

Injektionsarbeiten in Lockergesteinen zur Bodenverfestigung und auch für Abdichtungszwecke wurden schon in Abschn. 7.4.4 behandelt. Im Talsperrenbau kommen zur Abdichtung der Lockergesteins-Deckschichten meistens Dichtwände zur Ausführung.

Bei der Herstellung tiefreichender Injektionsschleier für Abdichtungszwecke im Fels spielen die ingenieurgeologischen Randbedingungen eine erhebliche Rolle. Die Standardwerke für Injektionsarbeiten sind die „Boden-Injektionstechnik" von CAMBEFORT (1969), „Rock Grouting" von EWERT (1985) und KUTZNER (1991). Grundsätzliche Arbeiten liegen u. a. auch von REUTER (1977), KOCKERT & REUTER (1978), HEITFELD & KRAPP (1986), EWERT (1987) vor. Besondere Schwierigkeiten bereitet die Übertragung der Ergebnisse von Wasserabpreßversuchen auf die Fließvorgänge beim Injizieren mit anderen Flüssigkeiten (WIDMANN 1991). Bei der Ausführung von Injektionsarbeiten zu Dichtungszwecken ist eine ständige ingenieurgeologische Auswertung der Einzelergebnisse und Beratung der Gesamtmaßnahmen erforderlich.

In Fels mit k-Werten $\geq 10^{-5}$ m/s werden Zement-Suspensionen mit einem Wasser-Zement-Faktor W/Z = 0,6 : 1 bis 10 : 1 (10 Teile Wasser : 1 Teil Zement) verwendet, denen zur Stabilisierung der Suspension meist Bentonit beigegeben wird (s. Abschn. 7.4.4). Zement-Bentonit-Suspensionen weisen bis 50 % Tonanteile auf. Reine Tonsuspensionen können nur dort angewendet werden, wo keine Sickerströmung und damit keine Ausspülung zu befürchten ist. In aggresivem Grundwasser werden Zement-Bentonit-Suspensionen mit Spezialzementen eingesetzt (s. Abschn. 9.3). Bei höheren Aufnahmen werden Füllstoffe wie Sand, Gesteinsmehl, Flugasche, Kalkmehl, Trass u. a. m. beigegeben, oder es werden Zementpasten verwendet (WITTKE, PIERAU & PLISCHKE 1978; SONDERMANN 1988) bzw. neuerdings auch Zement-Bentonit-Gemische mit Zugabe von aufschäumen-

den Kunststofflösungen, die besonders in verkarstetem Gebirge Vorteile bringen (HAFFEN 1978: 41).

Die Reichweite einer Zementinjektion ist abhängig von der verwendeten Suspension, dem angewandten Injektionsdruck und der Ausbildung der Klüfte (Abb. 18.13) und ist ebenfalls hochgradig anisotrop. In gut durchlässigem Gebirge (k = 10^{-2} bis

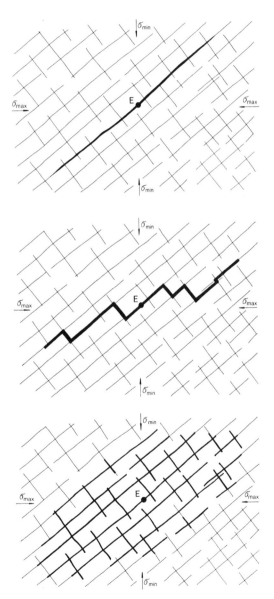

Abb. 18.13 Unterschiedliche Ausbreitung des Injektionsgutes um die Einpreßstelle (E), je nach Ausbildung der Klüftung und dem Spannungszustand (nach EWERT 1985).

10^{-4} m/s) werden allgemein Reichweiten von 1 bis 3 m angenommen, in den Hauptkluftrichtungen 5 bis 10 m und mehr (HEITFELD 1965, KRAUSE 1966: Abb. 33).

Bei einer Vielzahl feiner Klüfte, die insgesamt noch eine erhebliche Durchlässigkeit bringen, jedoch infolge ihrer geringen Spaltweite ($<0,1$ mm) durch Zementinjektion nicht mehr abgedichtet werden können, werden vor oder nach der Zementinjektion chemische Lösungen auf der Basis von Natriumsilikat verpreßt. Die verschiedenen Silikatlösungen sind im Abschn. 7.4.4 beschrieben. Hierbei ist jedoch auf die Umweltverträglichkeit zu achten.

Die Tiefe des Injektionsschleiers sollte nach den Ergebnissen der WD-Tests festgelegt werden (Abb. 18.2), nicht nach empirischen Formeln wie

$t = {}^2/_3 \cdot$ H (für deutsche Talsperren) oder

$t = {}^1/_3 \cdot$ H + C (Bureau for Reclamation),

wobei t die Tiefe des Dichtungsschleiers, H der maximale Wasserdruck bedeuten und C eine Konstante, die je nach Fels zwischen 8 und 25 liegt. Die Mindesttiefe eines Injektionsschleiers sollte bei kleineren Dammhöhen 15 bis 20 m betragen. Nach den Seiten muß der Injektionsschleier soweit in die Talflanken eingebunden werden, daß die stärker durchlässige Oberzone bis in ausreichende Tiefe abgedichtet wird.

Im wenig durchlässigen Fels wird der Injektionsschleier meist einreihig, bei höheren Durchlässigkeiten auch zwei- oder dreireihig ausgeführt. In Lockergesteinen werden grundsätzlich breite, 6 reihige Injektionsschleier und mehr ausgeführt.

Die Wahl des Bohrverfahrens richtet sich nach dem Einsatzort, der Gesteinsart, der Tiefe und der erfor-

derlichen Richtungsgenauigkeit und den Kosten. Soweit möglich, werden Injektionsbohrungen als Vollbohrungen (Rotary- oder Drehschlagbohrungen) ausgeführt. Nur die Anfangsbohrungen und die Kontrollbohrungen sind Kernbohrungen. Der Durchmesser der Injektionsbohrlöcher beträgt üblicherweise 46 bis 64 mm, meist rd. 50 mm.

Die Richtung und Neigung der Bohrungen muß auf das Trennflächengefüge abgestimmt werden. Sie sollen möglichst alle Kluftsysteme aufschließen, am besten aber das Hauptkluftsystem mit der größten mittleren Öffnungsweite (HEITFELD 1965: 165 ff). Injektionsbohrungen werden daher häufig als Schrägbohrungen angesetzt, auch wenn darunter meist die Richtungsgenauigkeit leidet.

Bezüglich der Richtungsgenauigkeit von Injektionsbohrungen werden Abweichungen von 3 % der Bohrtiefe zugelassen. Teilweise werden auch höhere Anforderungen gestellt, um Lücken im tieferen Teil des Schleiers zu vermeiden. In solchen Fällen müssen aber die Bohrtiefen auf 20 bis 30 m begrenzt werden. Wie groß die Bohrlochabweichungen werden können, zeigt Abb. 18.14. Derartige Maße von bis zu 10 % sind nur verträglich, wenn Bohrlochabweichungsmessungen (s. Abschn. 4.5.2) zeigen, daß diese nach Richtung und Größe einigermaßen gleichmäßig sind und es dadurch nur zu einer Verkrümmung des Injektionsschleiers kommt, nicht zu Lücken. Bei zu großen Einzelabweichungen müssen zusätzliche Zwischenbohrungen gesetzt werden.

Die Richtung des Bohrlochabweichung liegt häufig senkrecht zum Streichen, und zwar gegen das Schichtfallen (s. Abschn. 4.5.2). Kernbohrungen sind wesentlich richtungstreuer als Vollkronenbohrungen, bei denen Abweichungen von 10 %

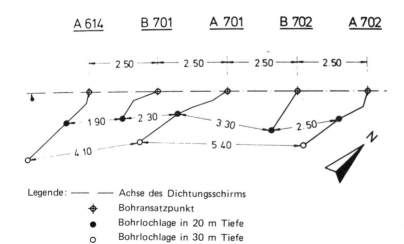

Abb. 18.14 Horizontalprojektion der Ergebnisse von Abweichungsmessungen in Einpreßbohrlöchern (aus SCHADE 1976).

nicht selten sind. Aus diesem Grund sollten in einem Schleier möglichst nicht verschiedene Bohrverfahren eingesetzt werden.

Beim **Injizieren** muß grundsätzlich zwischen nichtverkarstungsfähigen und verkarstungsfähigen Gesteinen unterschieden werden. Außerdem verlangen die oberflächennahe Auflockerungszone (s. Abschn. 3.2.4) und auch veränderlich feste Gesteine nötigenfalls eine besondere Behandlung (HEITFELD & KRAPP 1986). Die Einpressung mittels Packer erfolgt normalerweise in Stufen von 3 bis 10 m Länge entweder von unten nach oben oder von oben nach unten, wobei jeweils stufenweise gebohrt und verpreßt wird. Bei stark klüftigem Gebirge empfiehlt sich, von oben nach unten zu arbeiten, da hierbei Umläufigkeiten weitgehend verhindert werden (HEITFELD 1984: 494).

Beim **Injektionsvorgang** werden der Verlauf des Druckaufbaus und die Aufnahmemenge des Injektionsgutes von Druck- und Mengenschreibern registriert. Dabei können nach HEITFELD (1965) drei Phasen unterschieden werden: In der ersten Füllphase erfolgt bei meist noch geringem Druck eine Auffüllung der größeren Klüfte. Die Pumpenleistung muß groß genug sein, damit genügend Suspension für eine möglichst weitreichende Verfüllung der Klufthohlräume zur Verfügung steht und nach Möglichkeit ein Zusammenschluß der Einpreßbereiche untereinander erreicht wird. Danach setzt ein Druckanstieg ein. In dieser Verpreßphase soll der vorgesehene Maximaldruck erreicht werden, wobei die Aufnahmemenge auf einen vorgegebenen unteren Grenzwert oder auf Null zurückgeht. Der Enddruck muß mindestens 10 Minuten gehalten werden, ohne daß noch Verpreßgut aufgenommen wird.

Das Verhältnis Verpreßdruck/Aufnahmemenge kann durch Variation des Wasser-Zement-Faktors gesteuert werden. Im Normalfall wird mit einer dünnflüssigen Suspension (W/Z = 10 : 1 bis 7 : 1) begonnen. Baut sich dabei kein Druck auf, so wird eine dickflüssigere Konsistenz (W/Z = 5 : 1 bis 1 : 1) verpreßt, die bei Annäherung an den Maximaldruck wieder dünnflüssiger umgestellt werden kann.

Der maximale Injektionsdruck wird in Abhängigkeit von der Art und Mächtigkeit des überlagernden Gebirges festgesetzt. ZARUBA & MENČL (1961) und HEITFELD (1965) sowie BENTZ & MARTINI (1969: 1856 ff) bringen eine ganze Reihe von Formeln und Tabellen für die Festlegung des Injektionsdruckes. DITTRICH & LÜTHKE (1977: 523) und besonders EWERT (1987) diskutieren die unterschiedlichen Auffassungen in Amerika und Europa. In den USA werden im Durchschnitt Steigerungsraten von 0,25 bar pro 1 m Überlagerungshöhe angesetzt, gegebenenfalls mit einer Differenzierung von 0,5 bar/1 m für feste Gesteine und 0,1 bar/1 m für sogenannte „weiche Gesteine", während in Europa Steigerungsraten bis zu 1 bar/1 m üblich sind (Abb. 18.15).

Bei der Festlegung des maximal zulässigen Injektionsdruckes ist zu berücksichtigen, daß der wirksame Druck im Gebirge weniger als die Hälfte des an der Pumpe meist gemessenen Druckes beträgt (s. Abschn. 7.4.4). Im Gebirge selbst pflanzt sich der Flüssigkeitsdruck in leicht geöffneten Trennflächen recht gut fort (HARTMANN 1995, Bild 8.6.1). Leicht verformbare Schichtgesteine, wie z. B. Buntsandstein-Wechselfolgen, können schon bei Verpreßddrücken von 1,5 bis 3 bar aufbrechen. Der kritische Druck wird fast allein durch die Mas-

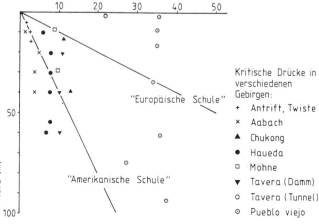

Abb. 18.15 Kritische Drücke bei verschiedenen Talsperren bzw. Gebirgstypen und empfohlene Verpreßdrücke nach der amerikanischen bzw. europäischen Schule (EWERT 1987).

se des überlagernden Gebirges bestimmt. Solche Gebirgstypen lassen schon bei den WD-Versuchen ein auffallendes Aufreißverhalten erkennen und erscheinen durchlässiger, als sie tatsächlich sind (s. Abschn. 2.8.4). Steigerungsraten des Verpreßdruckes ≥ 1 bar/1 m übersteigen von vornherein den Überlagerungsdruck und setzen ein aufreiß-unempfindliches, seitlich eingespanntes Gebirge voraus. In Abb. 18.15 sind die kritischen Verpreßdrücke für verschiedene Gebirgstypen zusammengestellt.

Die endgültigen Injektionsdrücke sollten nach Möglichkeit nach dem Druckverlauf der WD-Tests festgesetzt werden, unter Berücksichtigung der kritischen Verpreßdrücke hinsichtlich des Aufreißens der Schichtfugen (EWERT 1987). Die Erfahrungen haben allerdings auch gezeigt, daß Injektionen mit niedrigeren Drücken als etwa 5 bar in vielen Fällen zu keinem zufriedenstellenden Erfolg geführt haben.

Offensichtlich ist hierbei der sog. Ansprechdruck nicht erreicht worden, der nötig ist, um das Eindringen des Injektionsgutes aus dem Bohrloch in das Gebirge in Gang zu setzen (WIDMANN 1991). Deshalb sollten oberflächennahe Bereiche möglichst nur unter Dammauflast verpreßt werden (HOLTZ & EWERT 1977).

Die Anzahl und der Abstand der Injektionsbohrungen werden halbschematisch in Anpassung an die geologische Situation festgesetzt. Bei einreihiger Anordnung wird die A-Serie zunächst in Abständen von 4 bis 8 m gebohrt und verpreßt. Je nach Aufnahme bzw. dem Ergebnis von zwischengesetzten Kontrollbohrungen wird dann eine B-Serie und nötigenfalls eine C- und D-Serie im jeweils halben Abstand zwischengesetzt (Abb. 18.16). Hierbei können die einzelnen Serien unterschiedliche Tiefen haben.

Je nach Standfestigkeit des Bohrloches erfolgt die Injektion entweder nach Abbohren bis zur Endtiefe in Stufen von unten nach oben oder bei gebrächem Gebirge in Stufen von oben nach unten, wobei die verpreßte Strecke jeweils wieder aufgebohrt werden muß. Die Länge der Einpreßstufen beträgt 5 m, bei hohen Aufnahmen auch weniger. In massigen Gesteinen kann teilweise auch die sog. Einlochmethode, d. h. das einheitliche Verpressen eines Bohrloches ab einer bestimmten Tiefe, angewendet werden.

Die Festlegung, welches Gebirge injiziert werden muß und wie hoch der **Grenzwert der Aufnahme von Injektionsgut** anzusetzen ist, richten sich nach den zulässigen Sickerverlusten, den Ergeb-

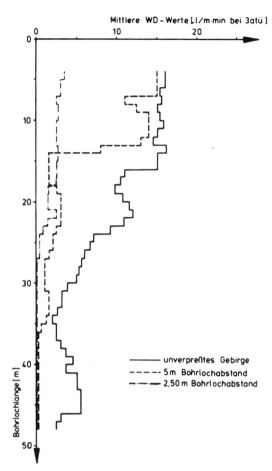

Abb. 18.16 Darstellung der Wasserdurchlässigkeit im Tiefenprofil nach verschiedenen Injektionsstadien (aus SCHADE 1976).

nissen der WD-Tests (Abschn. 18.2.1) und dem gesamten Abdichtungskonzept. Wenn z.B. ein beträchtlicher Teil des hydraulischen Druckes im natürlichen oder verbesserten Dichtungsteppich des Stauraumes abgebaut wird, kann der Grenzwert für die Durchlässigkeit des Injektionsschleiers beträchtlich höher angesetzt werden (HOLTZ & EWERT 1977: 343). Insgesamt ist hierbei jedoch zu bedenken, daß bei geringen Wasseraufnahmen auch die Zementaufnahmen gering sein werden und praktisch kaum eine Verminderung der Durchlässigkeit erreicht wird (EWERT 1979: 275). Wo trotz geringer Wasseraufnahme größere Zementaufnahmen eintreten, besteht der Verdacht, daß durch die höheren Drücke bei der Zementverpressung das Gebirge aufgerissen ist. In Schichtgesteinen läßt sich dies oft nicht ganz vermeiden. Über das Verhältnis Wasseraufnahme/Zementaufnahme liegen ausführliche Studien von HEITFELD (1965) und EWERT (1979) vor, auf die verwiesen wird.

Die Zementaufnahmen betragen meist 50 bis 200 kg Zement/lfd. m. Bei Aufnahmen von über 500 kg/lfd. m sollten besondere Maßnahmen vorgesehen und in oberflächennahen Bereichen andere Abdichtungsmethoden in Erwägung gezogen werden. HERMANN & SCHENK (1978) sowie SONDERMANN (1988) berichten von einem solchen Vergleich Schlitzwand/Injektionsschleier bzw. von einer Kombination Schlitzwand/Injektionsschleier mit Zementpasten und Zementsuspension im Buntsandsteingebirge.

Injektionsversuche zum Zeitpunkt der Baureifplanung sind bei größeren Talsperren durchaus angebracht. Sie dienen sowohl der Erkundung der Abdichtbarkeit des Untergrundes als auch der Feststellung des Aufwandes. In Lockergesteinen wird gewöhnlich mit dreieckigen Versuchsfeldern nach DIN 4093 gearbeitet, im Fels dagegen meist mit Linienanordnung (Abb. 18.17).

Der Abdichtungserfolg wird sowohl bei Injektionsversuchen als auch bei der Ausführung durch Kontrollbohrungen mit WD-Tests kontrolliert, indem die Wasseraufnahmen vor und nach der Injek-

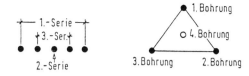

Abb. 18.17 Reihen und Dreiecksanordnung der Bohrungen bei Injektionsversuchen (HEITFELD & KRAPP 1986).

tion verglichen werden, wobei allerdings die unterschiedlichen Bohrlochdurchmesser berücksichtigt werden müssen. HOLTZ & EWERT (1977) berichten über solche Kontrollarbeiten. Ein Injektionsschleier gilt als hydraulisch wirksam, wenn die Durchlässigkeit um mindestens 2 Potenzexponenten verkleinert wurde. HOLTZ & EWERT (1977) berichten von einer Reduktion der Wasseraufnahme bei den WD-Versuchen um 88 % von durchschnittlich 12,2 l/min · m auf 1,6 l/min · m bei einem Injektionsdruck von nur 1,5 bar. Entscheidend für die Beurteilung des Abdichtungserfolges sind nicht Mittelwerte der Gebirgsdurchlässigkeit, sondern die Notwendigkeit, Teilbereiche hoher Durchlässigkeit auf ein erforderliches Maß abzudichten.

19 Bauen in Erdfallgebieten

In Erdfall- und Senkungsgebieten ist die allgemeine Flächennutzung, insbesondere die Errichtung von Bauwerken und Verkehrswegen, stets mit einem besonderen Gefahren- und Schadensrisiko verbunden. Wo solche Gebiete von Bebauung freigehalten werden können, sollte dies angestrebt werden. Übersteigerte Forderungen sind aber volkswirtschaftlich nicht zu vertreten. In vielen Fällen wird der Verkarstungsprozeß und damit die Erdfallaktivität auch anthropogen beeinflußt.

Vom Ingenieurgeologen werden zunehmend nicht nur die Beurteilung von Schadensereignissen verlangt, sondern verantwortliche Aussagen über die Erdfallgefährdung bestimmter Gebiete. Voraussetzung für eine differenzierte Abschätzung des Risikos sind Kenntnisse über die Tiefenlage des verkarsteten Gesteins und die Häufigkeit bzw. zeitliche Einstufung der Erdfallereignisse. Zur Beurteilung möglicher Maßnahmen gehören dann sowohl Erfahrung über die Zusammenhänge und Vorgänge, die zu diesen Ereignissen führen, als auch Kenntnis der speziellen ingenieurgeologischen Untersuchungsmethoden und der möglichen baulichen Gegenmaßnahmen.

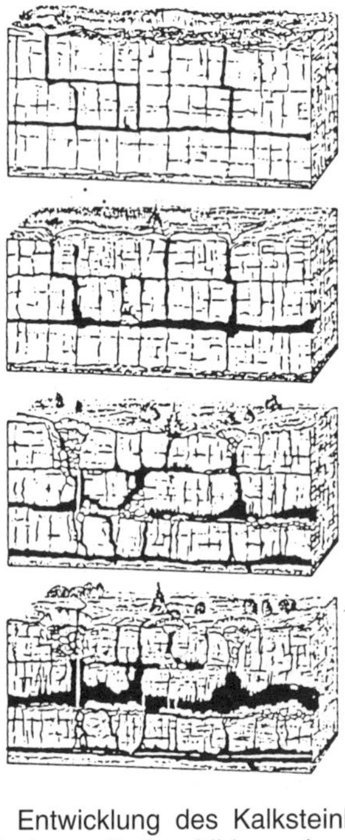

Lösungsfähige Gesteine bzw. Hohlraumbildungen kommen fast in allen Formationen vor, z. B. auch in Vulkangebieten, in denen fließbedingte Lavakanäle von mehreren Quadratmetern Querschnitt und Kilometer Länge auftreten, über denen es gelegentlich zu erdfallartigen Einbrüchen kommen kann. Hinsichtlich der lösungsfähigen Gesteine erfolgt hier, den klimatischen Verhältnissen in Europa entsprechend, eine Beschränkung auf Karsterscheinungen in Kalk-, Gips- und Salzgesteinen, die auch bei Überdeckung durch nicht lösliche Gesteine potentielle Erdfallgebiete darstellen.

Primäre Ursache der Hohlraumbildungen und Erdfälle ist die lösende Wirkung des Wassers. Die wichtigsten, den **Verkarstungsprozeß** bestimmenden Faktoren sind die Karstgunst des Gesteins, die hydrogeologischen Verhältnisse, das Klima, das Relief, die Vegetation und die Zeit sowie Veränderungen durch menschliche Eingriffe.

Die Verkarstung beginnt immer an Gesteinsflächen, vor allem an wasserwegsamen Trennflächen oder primären Großkapillaren, besonders aber in Störungs- und Zerrüttungszonen. Von auffallend linearer Aufreihung von Karstformen an tektonischen Störungszonen berichten BRUNNER & SIMON (1987) und WOLF (1987). Die Verkarstung führt zunächst zu Kluftaufweitungen, kleinen Karren, Schlotten und Hohlräumen, die das Gestein zwar unregelmäßig, meist aber in Anpassung an das Trennflächensystem durchsetzen (Abb. 19.1). Die Tiefenwirkung der Verkarstung ist abhängig von der Mächtigkeit des Karstgesteins, der Lage zur Vorflut und den Strömungsverhältnissen unterhalb der Grundwasseroberfläche. Im Laufe der Erdgeschichte haben sicher auch epirogenetische Hebungen oder tektonische Vorgänge Einfluß auf die Grundwasserdynamik und damit auf die Inten-

Abb. 19.1 Entwicklung des Kalksteinkarstes bis zur Erdfall- bzw. Dolinenbildung (aus WATZLAW 1988).

sität der Verkarstung gehabt (s. EISSMANN 1985 und REUTER et al. 1986). Entscheidende Bedeutung für die Ausformung der Karsterscheinungen hat das Prinzip der Selbstverstärkung (BEHRMANN 1919). Eingetiefte Wasserwege im Fels ziehen das Wasser an, wodurch die Hohlformen ständig vertieft werden. Besonders im Schwankungsbereich des Grundwassers entstehen durch Lösung ausgedehnte Höhlensysteme sowohl in Kalkstein als auch in Gips bzw. Anhydrit. Der größte Lösungshohlraum in Mitteleuropa nördlich der Alpen ist die im Zechstein-Anhydrit angelegte Himmelreichhöhle bei Walkenried/Südharz. Ihre Haupthalle ist 170 m lang, 85 m breit und 15 m hoch.

Die Entwicklung der Karstformen bis zum **Erdfallstadium** hängt dann sehr stark von der Gesteinsbeschaffenheit sowohl des Karstgesteins als auch des Deckgebirges ab. Einerseits können Lösungshohlräume durch wiederholtes Nachbrechen ihrer Decke allmählich nach oben wandern und an der Erdoberfläche Erdfälle verursachen (Abb. 19.1), andererseits wird häufig Lößlehm o. ä. von der Erdoberfläche durch Schlotten oder breite Klüfte in die Hohlräume verfrachtet, wodurch ebenfalls erdfalllähnliche Formen entstehen, sog. Schwunddolinen.

Eine umfassende Bearbeitung der Karst- und Erdfallgebiete der Bundesrepublik Deutschland liegt von GERSTENHAUTER 1969, PFEIFFER & HAHN (1972), PRINZ et al. (1973) und den in den Proceedings veröffentlichten Beiträgen des Symposiums der IAEG „Erdfälle und Bodensenkungen" von 1973 in Hannover vor.

19.1 Karstterminologie

Die Lösungserscheinungen an Chlorid-, Sulfat- und Karbonatgesteinen wurden von PRINZ et al. (1973: 4) unter dem Begriff der Korrosion i. S. von PRIESNITZ (1969) zusammengefaßt, welcher die für den Karbonatkarst übliche Terminologie auch auf die Formen des Sulfat- und Chloridkarstes übernommen hat. Die Korrosion schließt danach Ausdrücke wie Auslaugung, Ablaugung u. a. ein. Der Begriff hat sich aber nicht durchgesetzt, so daß in dieser 3. Auflage wieder verstärkt die allgemein üblichen Ausdrücke verwendet werden.

Mit **Karst** wird eine Landschaft bezeichnet, die wegen der Verbreitung wasserlöslicher Gesteine durch unterirdischen Abfluß geprägt wird. Außerdem wird unter Karst die Gesamtheit aller aktiven und nicht mehr aktiven Lösungserscheinungen und

die sich daraus ergebenden ober- und unterirdischen geomorphologischen Prozesse (PRIESNITZ 1974), sowie ober- und unterirdischen Hohlformen verstanden, sowohl im löslichen Karstgestein als auch im Deckgebirge. Wo das verkarstete Gestein direkt ansteht, spricht man von nacktem Karst, den Gegensatz dazu bildet der bedeckte Karst.

Für die Hohlformen an der Erdoberfläche in Karstgebieten ist der umfassende Begriff die **Doline.** CRAMER (1941) versteht darunter eine in sich geschlossene, oberflächlich abflußlose Bodensenke, die entweder durch Lösung von oben her oder durch Einbruch von Hohlräumen entstanden ist. Je nach Genese sind somit Lösungsdoline, Schwund-, Nachsackungs- oder Einsturzdoline zu unterscheiden. Letztere entspricht dem **Erdfall** i.e.S. Unter diesem, im Bauwesen üblichen Begriff, werden Einbrüche an der Erdoberfläche als Folge von Hohlraumbildungen im Untergrund verstanden.

19.2 Ursachen der Bodensenkungen und Erdfälle sowie ihre hauptsächliche Verbreitung

19.2.1 Karbonatkarst

Die Lösung von Karbonatgesteinen (Kalkstein, Kalkmergelstein, Dolomitstein) ist eine durch zahlreiche Gleichgewichte gesteuerte chemische Reaktion, bei der dem freien Kohlendioxid (CO_2) im Wasser große Bedeutung zukommt.

$$H_2O + CO_2 \rightarrow H_2CO_3 \rightarrow H^+ + HCO_3^- \rightarrow$$
$$CaCO_3 + H^+ + HCO_3^- \rightarrow Ca(HCO_3)_2 \rightarrow$$
$$Ca^{++} + 2\,HCO_3^-$$

Das **Kohlendioxid** wird z. T. von Regenwasser aus der Luft aufgenommen und gelöst, z. T. stammt es aus der Vegetationszone, und zwar biogenes CO_2 der Bodenluft oder aus dem Abbau organischer Substanz (SIMON 1980). Eine bisher unterschätzte Rolle scheint aus der Tiefe aufsteigendes Kohlendioxid postvulkanischer Herkunft zu spielen (s. Abschn. 9.3.2). Lösungsgenossen, die den Vorgang der Lösung beschleunigen, sind Sulfationen und Huminsäuren.

Die Lösung von Karbonatgesteinen kann auch unter der Grundwasseroberfläche stattfinden, und zwar durch sogenannte Mischungskorrosion (BÖGLI 1964). Beim Vermischen zweier Wässer mit unterschiedlichen Kalkgehalten oder verschiedener Temperatur tritt freies CO_2 auf, das sofort wieder Kalkstein löst. Durch Mischungskorrosion können Karsthohlräume tief unter der Grundwasseroberfläche entstehen, wo sie sonst nicht vermutet werden.

Mit steigendem CO_2-Partialdruck nimmt die **Löslichkeit von Kalkstein** zu, mit steigender Temperatur ab (DREYBRODT 1988). Sie beträgt nach HUNDT (1950) in

- CO_2-freiem Grundwasser
  bei 16 °C und Athmosphärendruck   14 mg/l
- Regenwasser   40 mg/l
- Grundwassser mit hohem CO_2-Gehalt
  aus Bodenluft   200 mg/l
- CO_2-gesättigtem Wasser   900 mg/l

Die **Löslichkeit von Dolomit** (Mg Ca $(CO_3)_2$) beträgt im CO_2 freien Grundwasser unter gleichen Bedingungen nur ca. 2,5 mg/l (HEITFELD & KRAPP 1991).

Entscheidend für die **Beurteilung des Karbonatkarstes** ist die geringe Lösungsgeschwindigkeit und die relativ hohe Standfestigkeit fester Karbonatgesteine. Karsthohlräume sind im Kalkstein über geologische Zeiträume standfest und treten in allen Größenordnungen auf, bis hin zu den bekannten großen Schauhöhlen. Erdfälle sind verhältnismäßig selten.

In der Schichtfazies liegt häufig eine systematische Abhängigkeit der Karsthohlräume von einzelnen Schichten vor. Eine starke Verkarstungsanfälligkeit ist meist auch bei diagenetisch umkristallisierten, zuckerkörnigen oder löcherigen Kalk- und Dolomitsteinen z. B. im Grenzdolomit an der Basis des Unteren Muschelkalk (GEISSLER et al. 1987; LEICHNITZ & SCHIFFER 1988) oder in den Dolomitregionen des Fränkischen und Schwäbischen Juras zu beobachten.

Außer den hochprozentigen Kalksteinen sind besonders auch knollige und grusig-mürbe Mergel- und Kalkmergelgesteine des Tertiärs korrosionsanfällig und neigen stärker als z. B. dichte und feste

Tertiärkalksteine zu Erdfallbildung. GOLWER & PRINZ (1969) berichten von zeitweise ausströmendem, lebensfeindlichem Gas aus solchen oberflächennahen verkarsteten Grundwasserleitern bei Hochwasser und dem Brechen von Erdfällen zu Beginn des Hochwassers unter dem Druck der Bodenluft, bei schnellem Anstieg der Grundwasseroberfläche. Bei ablaufendem Hochwasser wirken die Erdfälle als Schwinden.

Karbonatgesteine treten, wie Tabelle 19.1 zeigt, in fast allen geologischen Formationen Deutschlands auf. Eine ausführlichere Übersicht über die **Erscheinungen des Kalksteinkarstes** bringen PRINZ et al. (1973). Wesentliche Einzelbeiträge, besonders über Karsthöhlen, findet man in der Zeitschrift „Karst und Höhle" des Verbandes der Deutschen Höhlen- und Karstforscher e. V., München (z. B. STENGEL-RUTKOWSKI 1985).

In den paläozoischen Kalksteinzügen sind zwar Karsterscheinungen und alte Dolinen weit verbreitet, Erdfälle treten aber sehr selten auf. In den Zechsteinkarbonaten treten Erdfälle nur da häufiger auf, wo sie letzten Endes auf tiefer liegenden Sulfatkarst zurückzuführen sind (s. Abschn. 19.2.2). Ähnlich ist auch die Situation im Oberen Muschelkalk (Abb. 19.2 und 19.3). Teilweise paust sich der Salinar- oder Sulfatkarst direkt durch, zumindest bewirkt das verkarstungsbedingte Zerbrechen des Deckgebirges eine größere Anfälligkeit für den Karbonatkarst (Beispiele s. PRINZ et al. 1973: 20 sowie GROSCHOPF & KOBLER 1973; REIFF 1973; PRIESNITZ 1974; WOLF 1987).

Im süddeutschen Malm sind Karsterscheinungen und Dolinen weit verbreitet, Erdfälle treten dagegen ebenfalls sehr selten auf. Auch im norddeutschen Malm kommen Erdfälle relativ selten vor, ausgenommen der Ausstrichbereich der sog. Münder Mergel mit ebenfalls wieder Chlorid- und Sulfatkarst (s. Abschn. 19.2.2). Die häufigsten Erdfallerscheinungen im Karbonatkarst treten wohl in den Kalksteinen und Mergelkalksteinen der Oberkreide auf. Das bekannteste Erdfallgebiet dieser

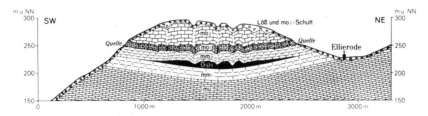

Abb. 19.2 Verstärkte Erdfallbildung im Oberen Muschelkalk, ausgelöst durch Sulfatkarst im Mittleren Muschelkalk, vom Kühler bei Bad Gandersheim (aus PRIESNITZ 1974).

Tabelle 19.1   Die wichtigsten Formationsglieder mit den zu Korrosion und Verkarstung neigenden Gesteinen und deren regionale Verbreitung (aus PRINZ et al. 1973).

Formationen Unterformationen Abteilungen		Gesteine mit Korrosions- und Karsterscheinungen	Regionale Verbreitung
Quartär	Holozän Pleistozän	Löß, Hangschutt	Mittelgebirgsländer
Tertiär	Pliozän Miozän Oligozän Eozän + Paläozän	Kalkmergelstein Nagelfluh	Mainzer Becken Untermaingebiet Albsüdrand (Donaugebiet) Allgäu
Kreide	Oberkreide	Kalkstein	Westfalen, Aachen, Alpen Hannoversches Bergland, Norddeutschland (Einzelvorkommen)
	Unterkreide	Kalkstein	Alpen
Jura	Malm	Kalkstein, Dolomitstein, Gips, Steinsalz	Fränk. u. Schwäb. Alb, Weser-Emsgebiet, Alpen
	Dogger	Kalkstein (Hauptrogenstein)	Oberrheingebiet
	Lias	Kalkstein	Alpen
Trias	Keuper	Gips, Steinsalz, Kalkstein	Süd- u. Südwestdeutschland, Franken, Alpen
	Muschelkalk	Kalkstein, Dolomitstein, Gips, Steinsalz	Mittel-, Süd- u. Südwestdeutschland, Alpen, Werra- und Wesergebiet
	Buntsandstein	Gips und Steinsalz	Werra- und Weserbergland, Thüringen, Nord- und Osthessen, Alpen
Perm	Zechstein	Gips u. Steinsalz, Kalkstein, Dolomitstein	Harzrand, Fulda-Werra-Gebiet, Nordwestdeutschland
	Rotliegendes	Steinsalz	Nordwestdeutschland, Nordseebecken
Karbon	Unterkarbon (Kulm)	Kalkstein	Westdeutschland
Devon	Ober Mittel Unter	Kalkstein Kalkstein	Harz, Rheinisches Schiefergebirge
Silur			
Ordovicium			
Kambrium			

Art ist die Paderborner Hochfläche, aber auch andernorts sind Erdfälle im Ausstrich der Oberkreide nicht selten (PRINZ et al. 1973: 23; KEESE 1985).

Auf einige wenige Erdfallerscheinungen in tertiären Kalkmergelsteinen ist oben schon hingewiesen worden. Im Alpenvorland treten vereinzelt Erdfälle über altpleistozäner karbonatischer Nagelfluh auf. Auch in den Alpen selbst treten im Kalkstein-

karst vorwiegend schacht- und spaltenartige Karstformen oder Dolinen auf, ganz selten Erdfälle. Die größeren bekannten Dolinenfelder sind meist auch wieder auf tieferliegenden Chlorid- oder Sulfatkarst zurückzuführen.

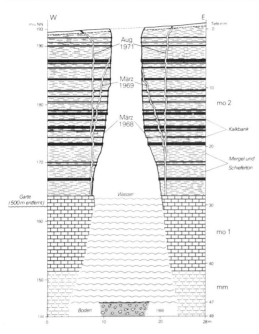

Abb. 19.3 Entwicklung eines tiefen Erdfalls aus dem Mittleren Muschelkalk (aus PRIESNITZ 1974).

19.2.2 Sulfatkarst

Kalziumsulfat tritt in der Natur in zwei Modifikationen auf, wasserfrei als Anhydrit ($CaSO_4$) und hydratisiert als Gips ($Ca\,SO_4 \cdot 2\,H_2O$). Die **Unterscheidung von Anhydrit und Gips** erfolgt nach der Wichte (Anhydrit etwa 2,9 g/cm^3, Gips etwa 2,3 g/cm^3 – mit Zwischenwerten je nach den Mengenverhältnissen von Anhydrit und Gips), nach der

Ritzhärte (Anhydrit 3,0–3,6, Gips 1,5–2,0, d.i. mit dem Fingernagel ritzbar) sowie nötigenfalls Anfärben mit Bleinitrat und Kaliumchromat (AN-RICH 1958).

Auf die Problematik der Sedimentation des Kalziumsulfats und seiner Diagenese soll hier nicht näher eingegangen werden. Nach neuerer Auffassung bildet sich Anhydrit bei Wassertemperaturen ab 42 °C, darunter wird Gips ausgeschieden. Dadurch kann es primär zu Wechsellagerungen von Anhydrit und Gips im cm-Bereich kommen (EIS-BACHER 1991: 26; SCHETELIG 1994).

Der **Hydratisierungsprozeß** von Anhydrit zu Gips wird als ein Lösungs-Fällungsprozeß angesehen (s. REIMANN 1984: 442), der mit einer theoretischen Volumenvergrößerung um etwa 17 % in jeder Richtung, insgesamt 61 % verbunden ist (WITTKE 1978). Besonders anfällig sind feinverteilten Gips führende Ton-Mergelsteinbänke, besonders wenn zusätzliche quellfähige Tonminerale auftreten (s. Abschn. 2.6.9). Folgeerscheinungen der Volumenvergrößerung (Abb. 19.4) findet man in der Regel nur in Oberflächennähe (s. a. REI-MANN 1984: 441) und zwar offensichtlich in Abhängigkeit von der Verfügbarkeit von Wasser (KLEINERT u. EINSELE 1978: 120) sowie dem allseitigen Druck (s. Abschn. 2.6.9 und 17.2.2).

Die Umwandlung von Anhydrit zu Gips geht, ebenso wie die Verkarstung vorwiegend schichtparallel bzw. von Klüften aus (s. REIMANN 1984). Über der Grundwasseroberfläche findet dabei eine Volumenzunahme statt, während unter Grundwasser (und höherem allseitigem Druck) Sulfat in Lösung weggeführt werden kann. Die Hydratisation reicht in Abhängigkeit von der Exposition des

Abb. 19.4   Quellungshöhle durch Hydratisierung von Anhydrit zu Gips im Südharz bei Walkenried.

Sulfatlagers und der Wasserwegsamkeit des Gebirges wenige Meter bis einige Zehnermeter tief. In einigen Fällen liegen bis zu 60 m mächtige Lager völlig als Gips vor.

Der **Gips- und Anhydritspiegel** geben jeweils die Obergrenze des Vorkommens von Gips und Anhydrit im Gebirge an. Die Begriffe sind von der Vorstellung des Salzspiegels (Abschnitt 19.2.3) abgeleitet. Während Salzspiegel eine annähernd ebene Fläche bilden, sind Gips- und Anhydritspiegel oft sehr unregelmäßig ausgebildet. Oberhalb des Gipsspiegels ist das Gestein frei von Gips. Zwischen Gips- und Anhydritspiegel liegt das Sulfat als Gips vor, unterhalb des Anhydritspiegels als Anhydrit und z. T. Gips, da der Umwandlungsprozeß hier in der Regel bereits eingesetzt hat.

Die **Löslichkeit des Gipses** beträgt im Grundwasser bis 2 g/l; meist liegt im Grundwasser allerdings nur eine Teilsättigung von 700 bis 800 mg/l SO_4^{--} vor. Durch Chloride als Lösungsgenossen erhöht sich die Löslichkeit auf bis zu 10 g/l (PRIESNITZ 1972: Abb. 2). Beim Zusammentreffen zweier SO_4-gesättigter Lösungen mit unterschiedlichen NaCl-Gehalt tritt nach REUTER & KOCKERT (1971) ebenfalls der Effekt der Mischungskorrosion auf. Die Lösungsgeschwindigkeit ist in erster Linie vom Wasserdargebot und der Fließgeschwindigkeit abhängig. Bei direktem Kontakt eines Fließgewässers zum anstehenden Gips bei Bad Sachsa/ Südharz ergab sich über einen Zeitraum von mehr als 100 Jahren eine durchschnittliche Ablaugungsrate von 10 cm/Jahr. Zeitweilig betrug die Ablaugung bis zu 30 cm/Jahr. Im süddeutschen Keuper ergeben sich aus Auswertungen der jüngeren Geomorphologie und der Flußgeschichte Auslau-

gungsgeschwindigkeiten von 1 mm/Jahr (SCHETELIG 1994).

Der Gips wird bei massiger Ausbildung in erster Linie von der Oberfläche sowie von Kluft- und Störungszonen her gelöst und zeigt ein ausgeprägtes Relief von Karren, Schlotten und tiefreichenden Orgeln, dessen Ausmaß vom geologischen Alter der Oberfläche und vom Wasserdargebot abhängig ist (Abb. 19.5). Häufig endet die Verkarstung am Anhydritspiegel. In Ausnahmefällen wurden auch innerhalb des Anhydrits Schlotten angetroffen. Bei bankiger Ausbildung des Gipses schreitet die Verkarstung bevorzugt in horizontaler Richtung fort und führt zu einem Nachsacken und Nachbrechen der Hangendschichten (s. a. REUTER et al. 1979). Dabei ist häufig auch ein Ansetzen der Auslaugung von (druck)wasserführenden Liegendschichten her festzustellen (s.d. Abb. 19.6).

Anhydrit- und Gipslager größerer Mächtigkeit sind oberflächennah nur unter Bergrücken erhalten. In Hanglage sind sie bereits meist stark korrodiert und von zahlreichen Schlotten und Schloten durchsetzt. Zum Tal hin dünnen sie häufig aus und fehlen in Tallage teilweise ganz (Abb. 19.9).

Die **Formenentwicklung des seichten und mitteltiefen Sulfatkarstes** hängt sehr stark von der Ausbildung des sulfatführenden Schichtkomplexes ab. Sulfatgesteine treten, unabhängig von den Modifikationen Anhydrit oder Gips, sowohl in Wechselfolgen von unterschiedlich dicken Sulfatlagen (wenige Millimeter bis einige Dezimeter) mit Ton- und Mergel- bzw. Kalkstein oder Sandsteinbänken auf, als auch als massige, mehrere Meter mächtige Sulfatlager von bis zu 25 m Mächtigkeit.

Abb. 19.5 Freigelegte Gipsoberfläche in einem aufgelassenen Gipssteinbruch im Südharz.

N   S

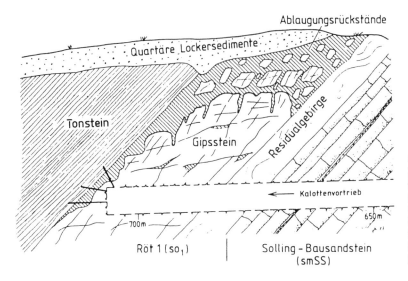

Abb. 19.6 Gipsauslaugung im Hellebergtunnel (DB AG). Das Residualgebirge an Basis so_1 läßt vermuten, daß die Verkarstung hier vor der tektonischen Verstellung der Schichten stattgefunden hat (aus GEISSLER 1994).

Entscheidend für den Auslaugungsvorgang und seine Folgeerscheinungen sind die Dicke der Sulfatlagen und die Kompetenz der nichtlöslichen Bankfolgen. Wechselfolgen von dünnen Sulfatlagen mit tonigen Gesteinen führen bei der Lösung des Sulfates meist zu einem brucharmen, flächigen Nachsacken des Gebirges. Es kommt zur Ausbildung von dünnen Auslaugungszonen mit Residualtonen, z. T. nur in Form von dünnen Schlufflagen. Mit zunehmender Dicke der Sulfatlagen entstehen dabei nachgesackte und in sich zerbrochene Mürbzonen im Gebirgsverband.

Bei Wechsellagerung von Sulfaten und kompetenten Gesteinen entstehen primär verbruchartige, nahezu regellose Gemenge von Gesteinsbrocken in einer tonig-schluffigen Grundmasse, ohne größere Hohlräume.

Bei dickbankigen, massigen Sulfatlagern bilden sich einerseits als unlösliche Reste der Sulfat- und Nebengesteine tonig-schluffig-stückige Residualbildungen, welche die Lösungshohlräume offensichtlich z. T. weitgehend ausfüllen. An der Geländeoberfläche entstehen häufig ebenfalls nur flache Einsenkungen. Andererseits können sich, bevorzugt am Top oder an der Bais der Sulfatlager, bzw. in Kluftzonen größere Lösungshohlräume bilden, in die das überlagernde Gebirge nachbricht und als Residualbrekzie vorliegt.

Im Gelände entstehen zunächst flache Senken in denen sich das Wasser aus der Umgebung sammelt, was die Korrosion weiter beschleunigt. Durch Ausweitung der Hohlräume werden die Ma-

terialbrücken im Gips immer dünner und brechen schließlich zusammen, wobei es zu Erdfällen kommen kann. Ihr Anfangsdurchmesser ist außer von der Größe der unterirdischen Hohlräume auch von der Tiefenlage des Karstgesteins und von der Ausbildung der Deckschichten abhängig. Bei oberflächennahem Gips treten meist viele kleine Erdfälle auf. Bei tiefer liegendem Gipshorizont sind Erdfälle seltener, ihr Anfangsdurchmesser liegt in den meisten Fällen zwischen 3 und 8 m. Die weitere Entwicklung der Erdfallformen ist in Abb. 19.7 schematisch dargestellt. Ältere Erdfälle zeigen dagegen häufig Durchmesser bis 50 m, in Ausnahmefällen bis 100 m. Sie entstehen vor allem im bedeckten Karst durch häufig zu beobachtende Nachbrüche. So ist z. B. ein Erdfall im Bahnhofsgelände

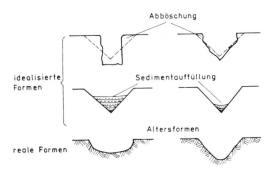

Abb. 19.7 Alterung von Erdfällen durch Abböschen und Sedimentauffüllung (aus REUTER et al. 1986).

von Seesen im Laufe von 100 Jahren 15mal nachgebrochen.

In den mächtigen Zechensteinsulfalten reicht die reguläre Auslaugung bis in Tiefen von rd. 40 bis 120 m, teilweise bis 250 m. Noch tiefere irreguläre Auslaugung ist meist nicht vom Chloridkarst zu trennen.

Die ausgeprägtesten **Erdfallgebiete** im Zechstein liegen im Südharz zwischen Gittelde und Walkenried, wo der Zechstein auf rd. 40 km Länge ausstreicht. In einem durchschnittlich 3 km breiten Streifen sind hier mehr als 10 000 Erdfälle bekannt. Dieser Streifen setzt sich nach Osten fort. Im nackten oder gering bedeckten Karst südwestlich Osterode treten bis zu 1000 Erdfälle je km² auf mit lokalen Häufungen bis zu 100 Erdfällen je ha. Teilweise zeichnen sich die Hauptkluftrichtungen oder Störungen in Erdfallreihen nach. Ihre Größe schwankt in weiten Grenzen, die Mehrzahl hat nur wenige Meter Durchmesser. Mit zunehmender Überlagerung treten kleinere Erdfälle immer mehr zurück. Größere Erdfälle mit Durchmesser von 50 m oder mehr sind oft bis in den unteren Buntsandstein durchgebrochen.

BÜCHNER (1991) hat in der „Erdfallkartei von Niedersachsen" u. a. den gesamten Südharz erfaßt. Eine Übersicht über Karsterscheinungen in diesem Raum haben PRIESNITZ (1969, Abb. 2) und PRINZ et al. (1973: 16) zusammengestellt. Ingenieurgeologische Fallstudien dazu beschreibt HABETHA (1972).

Eine Besonderheit in Norddeutschland sind Erdfälle, die auf Auslaugung des Gipssteins über Salzstöcken zurückzuführen sind (s. Abschn. 19.2.3). Der Gipshut der Salzlagerstätte ist meist stark verkarstet und Ursache zahlreicher Erdfälle über Salzstöcken, bei denen der Salzspiegel generell nicht mehr als 200 m unter Gelände liegt (Abb. 19.8). Eine Übersicht über diese Erscheinungen findet sich bei PRINZ et al. (1973) sowie bei HERRMANN & HOFRICHTER (1973), GRUBE (1973) und ORTLAM & SCHNIER (1981).

Außer diesen Gipskarstlandschaften am Südharz liegen weitere Zechstein-Erdfallgebiete im südlichen Niedersachsen (HERRMANN et al. 1967 und 1968) sowie im nördlichen Hessen zwischen Rotenburg a.d. Fulda und Witzenhausen (PRINZ & LINDSTEDT 1987). Die einzelnen Sulfatlager erreichen hier ebenfalls Mächtigkeiten von 20 bis 30 m, z. T. bis über 100 m. Wo die Gipsvorkommen an den Talrändern und in Seitentälern intensiver Auslaugung ausgesetzt sind, treten gelegentlich, örtlich auch häufiger, Erdfälle auf. Über aktuelle Erdfälle der letzten 50 Jahre in Niedersachsen berichten GEISSLER et al. 1982.

Erdfälle in verkarsteten Zechsteinkarbonaten sind seltener. Sie sind meist auf liegenden Sulfatkarst zurückzuführen. Die bekanntestens sind die Kripplöcher bei Frankershausen am Ostabhang des Meißner, Kreis Eschwege. Hier ist 1958 ein Kuhgespann in einen Erdfall eingebrochen (Anfangsdurchmesser 1,5 bis 2 m, Tiefe 30 m). Die Wände des Erdfalls stehen über 50 m Höhe im Hauptdolo-

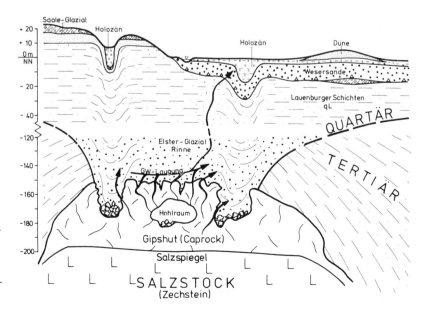

Abb. 19.8 Schematischer Schnitt durch den Gipshut eines Salzstocks mit holozänen Erdfällen (ORTLAM & SCHNIER 1981).

mit, der von 50 bis 100 m mächtigem Werra-Anhydrit unterlagert wird.

Sulfat- und z. T. auch Steinsalzeinschaltungen treten auch in der überwiegend tonig ausgebildeten Abfolge des Röts in Südniedersachsen, Ostwestfalen, Nordhessen und Thüringen in unterschiedlicher Mächtigkeit auf. Im Ausstrich dieser gipsführenden Schichten sind gelegentlich, örtlich auch gehäuft, Erdfälle anzutreffen. Im südlichen Niedersachsen ist die Ursprungstiefe dieser Erdfälle stets kleiner als 100 m. Über einige Ausnahmen von dieser Regel berichteten BÜCHNER & VENZKE (1987). Beim Bau der Bundesbahnneubaustrecke Hannover–Würzburg wurden fossile (vermutlich tertiäre) Erdfälle auch aus erheblich größerer Tiefe angetroffen. Verschiedentlich sind Zechstein-Salze (Chloride und Sulfate) in die jüngeren Salzlager des Röt und des Mittleren Muschelkalkes kilometerweit intrudiert. BÜCHNER (1986) und HEITFELD & KRAPP (1991) berichten, daß in einem Zechstein/Röt 1 Sulfatlager bei Salzderhelden bis 150 m Tiefe große Karsthohlräume erbohrt worden sind.

Im Mittleren Muschelkalk treten Anhydrit- und örtlich auch Steinsalzlager in einer ursprünglichen Mächtigkeit von bis zu 100 m auf. Im Ausstrich in den Talhängen sind Salz und Anhydrit häufig bereits ausgelaugt, was zu einem Nacksacken und Nachbrechen des harten Dolomit- und Kalksteindaches und schließlich zum Abgleiten ganzer Schollen auf den tonigen Residualbildungen mit einer Restmächtigkeit von 30 bis 35 m geführt hat (EISSELE & KOBLER 1973). In tektonisch geschützter Lage oder im Bereich junger Tiefenerosion sind Anhydrit und Gips noch erhalten. Hier ist die Korrosion im Talbereich und besonders im unteren Teil der Hänge noch aktiv, und es treten verhältnismäßig häufig Erdfälle auf (REIFF 1973). Die Anfangsdurchmesser wechseln je nach Tiefenlage des Karstgesteins und Ausbildung der Deckschichten zwischen 1 und 6 m, z. T. auch mehr.

Wo die Gipsauslaugung bereits anfangs des Quartär stattgefunden hat, sind, je nach Ausbildung des sulfatführenden Sichtkomplexes, (s. oben) im Talgrund mächtige Residualbildungen und z. T. auch größere Torfmächtigkeiten verbreitet.

Im südlichen Niedersachsen sind zahlreiche Erdfälle aus dem Mittleren Muschelkalk bekannt, die zu erheblichen Problemen beim Bau der DB-Neubaustrecke Hannover-Würzburg geführt haben (GEISSLER et al. 1982; GEISSLER 1986; DUDDECK et al. 1992). Die Erdfälle weisen teilweise Durchmesser von 50 m und mehr auf. Erdfälle mit großen Durchmessern stammen aus Ursprungstiefen bis

100 m unter Gelände. Ausnahmen von dieser Regel, d. h. eine tiefer reichende irreguläre Auslaugung sind für den Mittleren Muschelkalk jedoch häufiger als für das Röt.

Ähnliche Verhältnisse liegen auch in einigen Gebieten Nordrhein-Westfalens vor (PRINZ et al. 1973: 19).

MAGAR (1993) berichtet von rezenten Senkungen (1990–1993 = 24 bis 60 mm) an einem Gebäudekomplex im Niveau des Unteren Keuper infolge Gipsauslaugung im Mittleren Muschelkalk (Abb. 19.9).

Im unteren Teil des Mittleren Keuper, dem in Württemberg 90 bis 110 m mächtigen Gipskeuper,

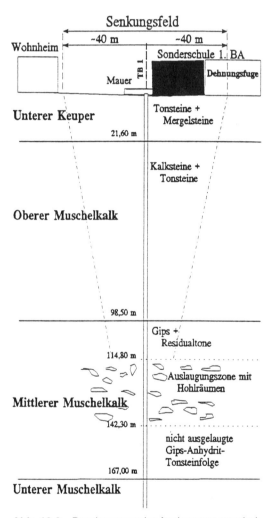

Abb. 19.9 Durchpausen der Auslaugungserscheinungen durch > 100 m Deckgebirge bis in das Niveau des Unteren Keuper (s. d. a. Abb. 19.17).

treten verbreitet Anhydrit- und Gipslagen auf, die im sog. Grundgips eine Mächtigkeit von 10 bis 15 m erreichen. Wo der Gipskeuper an der Keuperrandstufe in Württemberg flächenhaft ausstreicht und als Erosionsrest dem Lettenkeuper aufliegt, ist der Grundgips meist völlig weggelöst. Letzeres gilt auch für breite Täler, z. B. für das Neckartal bei Stuttgart und den Stuttgarter Talkessel sowie auch große Flächen im fränkischen Keupergebiet (z. B. Schweinfurter Mulde mit dem Werntal – HEGENBERGER 1969, Beil. 2). Tiefer im Berg, wo weniger grundwasserführende Klüfte vorliegen als im Hangbereich, sind die Sulfatgesteine wesentlich weniger oder nicht verkarstet (BRUDER 1977; KRAUSE 1988). Im Bereich des Gipshanges (Abb. 19.10) treten zahlreiche Hohlräume auf, die immer wieder zu Erdfällen führen. Die Anfangsdurchmesser betragen meist 1 bis 3 m, selten mehr (SCHÄLICKE 1972, REIFF 1973, STRÖBEL 1973). Ähnlich ist die Situation auch in Franken, wo der Grundgips noch etwa 8 m mächtig ist.

Auch im Oberen Malm Norddeutschlands treten in den sog. Münder Mergeln unterschiedlich mächtige Sulfat- und Steinsalzeinschaltungen auf, die im niedersächsischen Bergland und am Nordrand des Wiehengebirges zu gelegentlich gehäuftem Auftreten von Erdfällen führen (PRINZ et al. 1973). Die Erdfälle sind oft reihenförmig im Ausstrich der Münder Mergel angeordnet (BÜCHNER 1986:

113). Im Jahr 1969 ist bei Osnabrück ein solcher Erdfall mit einem Anfangsdurchmesser von rd. 50 m und einer Tiefe von 9 m eingebrochen (DECHEND & MERKT 1970). Auch im Gebiet des Teutoburger Waldes, des Weserberglandes und am NW-Rand des Ibbenbürener Horstes in Ostwestfalen sind Erdfälle über Chlorid- und Sulfatkarst der Münder Mergel weit verbreitet. LOTZE (1957) beschreibt zahlreiche Erdfälle in der Senkungszone des Heiligen Meeres, wo mehr als 60 Erdfälle zu verzeichnen sind, teilweise als Seen mit Moorbildung. Darunter ist auch der größte Erdfall, der bisher in diesem Jahrhundert in Mitteleuropa aufgetreten ist. Er entstand im Jahre 1913 mit einem Anfangsdurchmesser von 100 m. Während LOTZE diese Erdfälle auf Salzauslaugung in Zechsteinschichten zurückführt, werden sie heute aufgrund von Bohrergebnissen dem Sulfat-und Salinarkarst des Münder Mergel zugeordnet (THIERMANN 1975: 517).

19.2.3 Chloridkarst

Die **Löslichkeit** der in der Natur vorkommenden Chloride liegt weit höher als die der Sulfate und Karbonate (Verhältnis 10000 : 100 : 1). Sie beträgt bei NaCl bis 356 g/l (HUNDT 1950). Im bewegten Grundwasser liegt ebenfalls meist nur eine Teilsättigung von etwa 100 g/l vor.

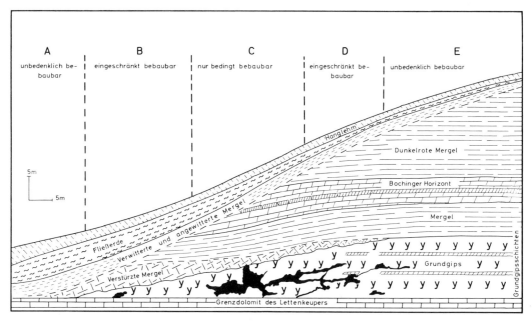

Abb. 19.10 Schematische Darstellung der Gipskorrosion und der Bebaubarkeit eines Gipskeuperhanges (aus SCHÄLICKE 1972).

Die Salze werden daher immer als erstes gelöst und sind unter geringer Überdeckung meistens bereits vollkommen verschwunden. Aber auch unter mehreren 100 m Deckgebirge haben sie vom Ausstrich her oder durch tektonische Bruchbildung Verbindung mit dem Grundwasser erhalten und unterliegen seit geologischen Zeiträumen einer gewissen Auslaugung bzw. Subrosion. Eine umfassende Modellvorstellung über die **Dynamik des Chloridkarstes** bringen KNIESEL (1980) und ELLENBERG (1982). Seit WEBER (1930, 1967) wird die vom Tagesausstrich in Richtung des Schichtfallens fortschreitende Subrosion als „reguläre Salzauslaugung" bezeichnet. Hierbei kommt es zur Ausbildung eines sog. Salzhanges, das ist der Übergang von der unversehrten Salzfolge zum mehr oder weniger salzfreien Gebiet. Die „irreguläre Salzauslaugung" erfaßt dagegen die Lagerstätte innerhalb des geschlossenen Salzgebietes durch Eindringen von Wasser an Störungs- und Zerrüttungszonen. Beide Typen zeigen grundsätzlich denselben Mechanismus und führen zu ähnlichen Auswirkungen an der Erdoberfläche, doch bilden sich bei der irregulären Salzauslaugung i.a. ausgeprägte trichter- und kesselförmige Senken (Subrosionssenken), die von steilen lokalen Salzhängen umgeben sind, während die Formen der regulären Salzauslaugung meist flache, muldenförmige Senken sind, die in der Landschaft kaum auffallen.

Die reguläre Salzauslaugung und die weitergehende Zonengliederung von WEBER (1967) und PRIESNITZ (1972) ist modellhaft am Tagesausstrich der Zechsteinfolge am südlichen Harzrand anzutreffen, wo die Anhydrit- und Salzlager unter wenigen hundert Metern Überdeckung liegen (Abb. 19.11). Bei mächtigerer Überdeckung des Zechsteinsalinars, wie in Osthessen, zeichnen sich die oben genannten Auslaugungsbezirke WEBERS weniger deutlich ab. Die Salzhänge selbst scheinen nach LAEMMLEN, PRINZ & ROTH (1979) und PRINZ (1980a) mehr von der Paläogeographie des Zechsteinmeeres abhängig zu sein als von der fortschreitenden Subrosion (Abb. 19.12). Die verschiedenen Randbecken des Zechsteinmeeres mit 100 bis 300 m mächtigen Steinsalzablagerungen im Zechstein 1, wie z. B. das Werra-Fulda-Becken, werden von Schwellen mit Sulfatfazies begrenzt, die offensichtlich noch heute weitgehend den Salzhangbereich markieren. In diesen, teilweise sehr breiten Übergangsbereichen von der eigentlichen Beckenfazies zu der dann weit verbreiteten Sulfatfazies, verzahnen sich offensichtlich die Chlorid- und Sulfatfazies schichtweise (RICHTER-BERNBURG 1985), und es treten bevorzugt die seit Ende der 60er Jahre durch die Arbeiten von HERMANN aus Südniedersachsen und PRINZ aus Ost- und Nordhessen (Literatur s. PRINZ 1979, 1980a) bekannt gewordenen Einbruchsschlote auf.

Je nach paläogeographischer Position ist also bei flacher Lagerung des Zechsteins an der Erdoberfläche mit unterschiedlichen Folgeerscheinungen des tiefen Salinarkarstes i. S. einer Kombination von Sulfat- und Chloridkarst zu rechnen:

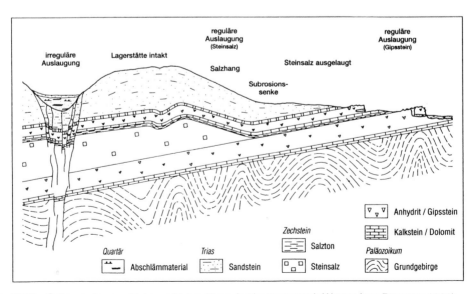

Abb. 19.11   Schema der regulären und irregulären Auslaugung nach WEBER (aus BÜCHNER 1996).

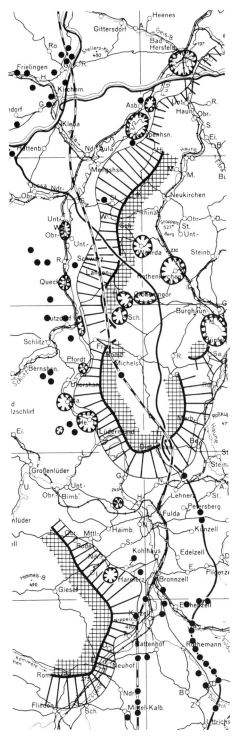

- als Subrosionssenken und -kessel der irregulären Auslaugung i. S. WEBERS mit ihren lokalen Salzhängen in den Steinsalz-Becken (Abb. 19.13)
- als Salzhang am Außenrand der mehr oder weniger geschlossenen Steinsalzlagerstätte zum salzfreien Gebiet
- als fossile Einbruchsschlote über Schwellenbereichen mit mächtiger Sulfatfazies und teilweiser Verzahnung von Steinsalz- und Sulfatfazies.

Als Beispiel seien hier die bekannten größeren **Subrosionssenken** in Osthessen angeführt. Sie sind z. T. auf irreguläre Auslaugung, z. T. auf Auslaugung am Salzhang bzw. auf kleinere vorgelagerte Steinsalzbecken zurückzuführen (PRINZ 1979, 1980 a). Von den seismischen Modellvorstellungen (LOHMANN 1962, 1972, 1979; JENYON 1984) über die Formenentwicklung bei der irregulären Salzauslaugung hat sich in der Praxis nur das Trichter- und Kesselstadium als brauchbar erwiesen. Die Frage, ob dabei das Steinsalz unter diesen Subrosionsformen nur oberflächig oder ganz weggelöst ist, ist mangels ausreichender Aufschlüsse vorläufig offen. Beide Fälle sind denkbar. Ersterer Fall scheint für eine kleinere Subrosionsform geophysikalisch belegt zu sein (AMEELY, HOLTZ & PRINZ 1973; HOLTZ 1977; LOHMANN 1979).

Typisch für die besonders durch irreguläre Auslaugung entstandenen, mehr oder weniger kesselartigen Subrosionssenken sind die starke Gesteinszerrüttung im Zentrum, wo häufig echte Versturzbrekzien, ähnlich den Schlotfüllungen vorliegen, und der meist mehr oder weniger breite Kranz zum Zentrum hin eingekippter Schichten (LAEMMLEN, PRINZ & ROTH 1979: Abb. 8). Diese Schichtverkippungen sind eine Folge der umlaufenden lokalen Salzhänge, an denen deutliche Zerrungserscheinungen im Gebirge auftreten, mit intensiver Hangzerreißung bis zu Spaltenbildung oder grabenartigen Einsenkungen bzw. einzelnen oder

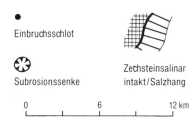

-
Einbruchsschlot

⊛
Subrosionssenke

Zechsteinsalinar
intakt/Salzhang

0   6   12 km

Abb. 19.12 Heutige Salzverbreitung, Salzhang und größere Subrosionssenken sowie bis 1980 bekannte Einbruchsschlote in Osthessen (aus PRINZ 1980 a).

auch Serien von Erdfällen (19.13). Im Senkentiefsten liegen vielfach mächtige junge Sedimente mit Torfbildungen.

In den bekanntesten Subrosionssenken von Rollsdorf und von Vokstadt/Eisleben, im südöstlichen Harzvorland, wurden die natürliche Subrosion und ihre Folgeerscheinungen zunächst durch die Wasserhaltung des Mansfelder Kupferschieferbergbaus und nach seiner Einstellung durch die Auswirkungen des Wiederanstiegs des Grundwassers überlagert. Die Subrosion und ihre Folgeerscheinungen liefen deshalb hier über Jahrzehnte wie im Zeitraffertempo ab und boten günstige Studienobjekte (Abb. 19.14 und REUTER 1973; REUTER, MOLEK & KOCKERT 1977). Weitere Literaturhinweise über Subrosionssenken in der Bundesrepublik Deutschland sind bei PRINZ (1979) und STREITZ (1980) zusammengestellt.

Die seit Ende der 60er Jahre bekannten fossilen **Einbruchsschlote** sind die Durchbruchröhren von Großerdfällen, die während der jüngeren Tertiärzeit und im Pleistozän gebrochen sind und die das mehrere hundert Meter mächtige Deckgebirge vom Buntsandstein bis teilweise zum Keuper steil durchschlagen haben. Ihre Entstehung führt PRINZ (1973, 1979, 1980a) auf das Einbrechen größerer Hohlräume in der Sulfatfazies mit Steinsalzeinlagerungen zurück. Die Füllung der Schlotröhren besteht aus Versturzmassen der zur Zeit ihrer Entstehung überlagernden Schichten. Ihre Durchmesser betragen meist 20 bis 50 m, z. T. über 100 m. Die Grundrißformen sind rund bis elliptisch, z. T. auch

langgestreckt, da die Schlote vielfach an Verwerfungen oder Kreuzungen von tektonischen Strukturen hochgebrochen sind. Die Schlotumgrenzung steht meist steil, in Anpassung an die Klüftung. Das umgebende Gebirge ist im allgemeinen wenig gestört. Die Schlote sind vielfach in mehreren Bewegungsphasen eingebrochen (PRINZ 1980a; JOHN et al. 1987).

Über fossile Einbruchsschlote im südlichen Niedersachsen, in Ostwestfalen und in Nordhessen berichten GRIMM & LEPPER (1973), BERNHARD (1973) und KNAPP (1983). Jung- und nacheiszeitliche Einbrüche mit heute noch erhaltener morphologischer Ausprägung als Großerdfälle sind nur gebietsweise häufiger anzutreffen. Die bekanntesten sind die Wolkenbrüche bei Trendelburg in Nordhessen, die Meere bei Bad Pyrmont sowie zahlreiche Moortrichter in Ostwestfalen (Literatur s. PRINZ 1979; 96). Rezente Nachbrüche treten nur ganz vereinzelt auf. So ereignete sich der letzte Nachbruch in Bad Pyrmont am „Unter Meere" im Jahre 1929 (HERRMANN 1968: 272). Aus Nordhessen ist das „Seeloch von Kathus" bei Bad Hersfeld (PRINZ 1973a, FINKENWIRTH & HOLTZ 1974) bekannt. Bei einem Nachbruch der Erdfallquelle von Bad Seebruch in Ostwestfalen (DEUTLOFF, HAGELSKAMP & MICHEL 1974) kam es auch zu Gebäudeschäden. Im Jahre 1970 ist hier in einem alten, vor mindestens 8000 Jahren entstandenen Erdfall von 50 m Durchmesser plötzlich ein neuer, rd. 25 m tiefer Einbruch entstanden, dessen Durchmesser auf 80 m anwuchs. Einige Stunden nach

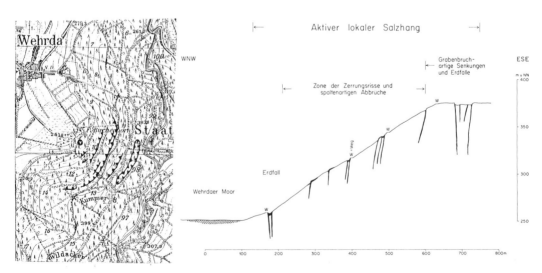

Abb. 19.13 Ostteil der Subrosionssenke von Wehrda (s. Abb. 19.12) mit aktivem Salzhang (s. d. PRINZ 1979).

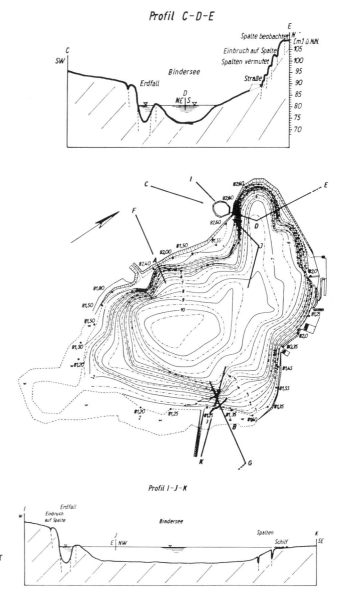

Abb. 19.14 Grundriß und Schnitte durch den Bindersee in der Rollsdorfer Senke, einer aktivierten Subrosionssenke (nach REUTER 1973).

dem Haupteinbruch drang aus der Tiefe mineralisiertes Grundwasser hoch, füllte den Trichter auf und lief schließlich über den Trichterrand aus.

Diese seltenen natürlichen Ereignisse dürfen nicht verwechselt werden mit Einbrüchen über abgesoffenen bergbaulichen Anlagen, wie sie von REUTER (1968: 210), HOFRICHTER (1973) und REUTER & MOLEK (1980) beschrieben werden.

Im Gebiet des nordwestdeutschen Flachlandes ist es im Zechstein zur Ablagerung einer fast 1000 m mächtigen Salinarfolge, vorwiegend aus Steinsalz,

gekommen. Bei den großen Deckgebirgsmächtigkeiten sind diese Salzmassen des Zechsteins und in den Doppelsalinaren im Gebiet der Unterelbe auch des Rotliegenden, mobilisiert worden und als **Salzstöcke** in das Deckgebirge aufgedrungen. Eine Zusammenstellung der umfangreichen Literatur bringt JARITZ (1973). Eine Karte über die Verbreitung und Tiefenlage der Salzstrukturen findet sich bei JARITZ (1972).

An in der Nähe der Erdoberfläche aufgestiegenen Salzstöcken sind die oberen Partien teilweise korrodiert. Bei annähernd horizontaler Ausbildung der Grenzfläche spircht man von einem Salzspiegel, obgleich innerhalb desselben noch erhebliche Niveauunterschiede auftreten können. Bei Lösungsmetamorphosen im Salzspiegelbereich entstehen Gips- und Kainitbildungen, die als Gips- und Kainithut bezeichnet werden (Kainit = $KMgClSO_4 \cdot 2{,}75\ H_2O$). Der Gipshut stellt ein wassererfülltes, hohlraumreiches Gebirge dar, das unter besonderen hydrodynamischen Bedingungen Karstphänomene zeigt (s. Abschn. 19.2.2).

Die natürlichen Senkungsbeträge über Salzstöcken erreichen maximal 3 mm im Jahr, wobei die Senkungszentren sich im Laufe der Zeit verlagern können (SNIEHOTTA 1979). Durch die Förderung natürlicher Sole aus dem Salzspiegelbereich können diese Senkungen beschleunigt werden und erreichen dann Werte bis zu einigen Zentimetern pro Jahr.

Derartige Erscheinungen sind vom Salzstock Stade (HOFRICHTER 1967), von der ehemaligen Saline Schöningen (KOSMAHL 1972) und von Lüneburg (NIEDERMEYER 1957, HAGEL 1959, DRESCHER, HILDEBRAND & SCHMIDEK 1973) bekannt. Bei modernen Tiefsolverfahren sind solche Bodensenkungen kaum noch zu befürchten.

Ein Beispiel für diese Erscheinungen ist die Stadt Lüneburg. Ein Teil ihrer Altstadt liegt über einem Salzstock, dessen Salzspiegel von rd. 1,2 km² Fläche nur 40 bis 70 m unter der Geländeoberfläche liegt und damit der höchstgelegene Salzspiegel Norddeutschlands ist.

Seit über 1000 Jahren hat die Lüneburger Saline aus dem Salzstock ihre Sole mit einem natürlichen NaCl-Gehalt von 270 bis 300 g/l gewonnen. 1961 ist auf Tiefsolung aus 500 m Tiefe umgestellt worden. Die Senkungen erreichten besonders in der östlichen und nördlichen Randzone Beträge von 20 bis 30 cm in 10 Jahren (DRESCHER, HILDEBRAND & SCHMIDEK 1973: Abb. 3). In Zonen stärkerer Senkungen traten auch immer wieder Erdfälle auf. Am Rande der stärkeren Senkungsgebiete sind außerdem erhebliche positive, im Muldentiefsten negative Längenänderungen zu verzeichnen. Ein typisches Beispiel solcher negativen Längenänderungen, die sich auf Gebäude als Pressungen auswirken, zeigt das Gartentor in der Frommestraße 2 im nordöstlichen Senkungsmaximum (Abb. 19.15). Seit 1898 haben sich die Torflügel um 73 cm übereinandergeschoben, bei einer gleichzeitigen Senkung von 195 cm (DRESCHER, HILDEBRAND & SCHMIDEK 1973: Abb. 4 a). Die Hauptschäden in Lüneburg kommen auch weniger durch Erdfälle als durch die Vertikal- und Horizon-

Abb. 19.15 Horizontalverschiebungen an dem unter Denkmalschutz stehenden Gartentor Frommestraße 2 in Lüneburg.

talbewegungen zustande. Seit 1949 mußten mehr als 170 Gebäude abgebrochen werden. Menschen kamen bisher glücklicherweise nicht zu Schaden. Die Lüneburger Saline wurde im Jahr 1980 geschlossen. Seither sind die Senkungsbewegungen über dem Salzstock zurückgegangen.

19.2.4 Erdfälle durch Erosions- und Suffosionserscheinungen

Die Erscheinungen der Erosion und Suffosion von feinkörnigem Substrat in Lockergesteinen sind bereits in den Abschn. 6.2.1 und 18.2.4 behandelt worden. Die wohl bekannteste Form der unterirdischen Erosion ist die sog. **Lößsubrosion** (KARRENBERG & QUITZOW 1956, PRINZ 1969). Sobald im Löß, der aufgrund seiner ablagerungsbedingten porigen Struktur an sich schon wasserdurchlässig ist, eine bevorzugte lineare Wasserbewegung auftritt und die Fließgeschwindigkeit so groß wird, daß die Schleppkraft ausreicht, das vorwiegend mittelbis grobschluffige Lößkorn mitzunehmen und in Schwebe zu halten, werden im Löß leicht Hohlräume ausgespült. Die Subrosion setzt an der Stelle der Fließgeschwindigkeitserhöhung ein und führt rückschreitend zu kubikmetergroßen Hohlräumen. Das weggeführte Lößmaterial wird meist in besser wasserwegsamen Untergrund eingespült. Die Subrosion wird häufig durch menschliche Eingriffe ausgelöst oder beschleunigt (undichte Leitungen, Kanäle, Quellfassungen, alter Bergbau u. a.m.).

Auch aus dem Verbreitungsgebiet eiszeitlicher Beckentone bei Tettnang beschreibt WEIDENBACH (1953) Gruppen von Erdfällen, die auf Ausspülung von Schluff durch unterirdisch abfließende Niederschlagswässer zurückzuführen sind.

Eine der Lößsubrosion verwandte Erscheinung ist die **Suffosion nichtbindiger Lockersedimente,** die sich gelegentlich auch in Form von Ausspülung von schluff- und feinsandhaltigem Solifluktionsschutt infolge verstärkter Sickerwasserbewegung bemerkbar macht. Im Buntsandsteinhangschutt der Rhön und des Odenwaldes sind vereinzelt schon kleine Erdfälle aufgetreten, und zwar bevorzugt nahe von Grundwasserentnahmen oder über gut wasserwegsamen Störungszonen.

19.3 Ingenieurgeologische Untersuchungsmethoden

Die Verfahren zur Erkundung und Beurteilung des Baugrundes in Erdfall- und Senkungsgebieten sind von der Art der zu erwartenden Bewegungen sowie von der Größe und Konstruktion der Bauwerke, insbesondere von ihrer Empfindlichkeit gegenüber Verformungen und Einbrüchen, abhängig. In Erdfall- und Senkungsgebieten muß grundsätzlich mit einem erhöhten Untersuchungsaufwand gerechnet werden, der aber noch in Relation zum Schadensfall bzw. dem Sicherungsaufwand stehen muß.

Die Erkundung darf sich dabei nicht auf Erdfälle beschränken. Auch ohne erkennbare Erdfallerscheinungen können im Untergrund je nach Ausbildung des sulfatführenden Schichtkomplexes unterschiedlich alte und entsprechend z. T. locker gelagerte oder weiche Residualbildungen oder Residualbrekzien bzw. Resthohlräume vorliegen (s. Abschn. 19.2.2), die bei Bauwerksgründungen zu beachten sind. In nacheiszeitlichen Senkungsgebieten können mächtige Torfe oder organogene Sedimente auftreten.

Die ingenieurgeologischen Baugrunduntersuchungen in Karstgebieten bedienen sich geologisch-morphologischer, geophysikalischer und der üblichen geotechnischen Verfahren (PRINZ et al. 1973).

19.3.1 Geologisch-morphologische Verfahren

Die geologisch-morphologische Erkundung ist in erster Linie eine Bestandsaufnahme, wobei nach Möglichkeit ältere Karten, Archivunterlagen und Luftbilder mitverwendet werden sollten. Bei der Luftbildauswertung ist eine Strukturanalyse auf Lineare von Vorteil, da häufig ein Zusammenhang zwischen den tektonischen Linien im Gebirge (Störungen, Großklüfte) und der Verkarstungsintensität besteht.

Diese Unterlagen können jedoch eine Geländebegehung und Befragung der Einwohner nicht ersetzen. Hierbei werden **Erdfalldaten** über vorhandene und nach Möglichkeit auch verfüllte Erdfälle und Senken sowie andere morphologische Auffälligkeiten und auch Schäden an Bauwerken erfaßt.

Die bautechnisch wichtigsten Kriterien von Erdfällen sind die Erdfallhäufigkeit, bezogen auf km^2, und eine Zeitangabe (Jahr, Jahrzehnt, Jahrhundert) sowie der Anfangsdurchmesser (KAMMERER 1962; REUTER & MOLEK 1980). Letzterer ist aus den abgeflachten Formen älterer Erdfälle oft schwer abzuschätzen (Abb. 19.7). Aus Niedersachsen und Sachsen-Anhalt liegen statistische Auswertungen über die Anfangsdurchmesser von Erdfällen vor (BÜCHNER 1996). Danach haben die meisten Erdfälle im Gipskarst Anfangsdurchmesser unter 5 m, meist sogar unter 3 bis 4 m. Erdfälle mit wesentlich größeren Anfangsdurchmessern als 5 bis 6 m sind extrem selten.

Das Alter erkennbarer Erdfälle kann dadurch berücksichtigt werden, indem lange zurückliegenden Erdfallereignissen geringere Bedeutung beigemessen wird, als Erdfällen, die erst in den letzten Jahren aufgetreten sind. In den meisten Fällen ist allerdings das Alter der Erdfälle unbekannt und man ist auf Schätzungen aufgrund der Morphologie angewiesen.

Die statistische Erfassung dieser Erdfalldaten gibt Hinweise für die Verteilung, die Häufigkeit, das Alter, die Fortdauer und Intensität von Senkungserscheinungen und die Wahrscheinlichkeit weiterer Erdfälle. Dabei ist zu beachten, daß Erdfälle in der Nähe von Siedlungen und in der Feldflur meist bald verfüllt werden und nicht mehr ohne weiteres zu erkennen sind, wodurch oft eine größere Erdfallhäufigkeit in Waldgebieten vorgetäuscht wird.

Der **Gefährdungsgrad** eines Gebietes kann aus der Tiefenlage verkastungsfähiger Gesteine und den oben genannten Erdfalldaten abgeschätzt werden. Das Niedersächsische Landesamt für Bodenforschung hat dazu ein Schema mit 8 Gefährdungskategorien entwickelt (BÜCHNER 1991, 1996).

Die Kategorien 0–3 gelten für Gebiete in denen (noch) kein Erdfall aufgetreten ist

Kat 0   kein lösliches Gestein im Untergrund
Kat. 1   lösliches Gestein in großer Tiefe, keine Hinweise auf Verkarstung
Kat. 2   irreguläre Auslaugung möglich
Kat. 3   reguläre Auslaugung wahrscheinlich

Die Gefährdungskategorien 4–6 werden nach Erdfallhäufigkeit festgelegt:

Kat. 4   1–2 Erdfälle in 100 m Umkreis
Kat. 5   3–8 Erdfälle in 100 m Umkreis
Kat. 6   > 8 Erdfälle in 100 m Umkreis

Kategorie 7 ist die Überbauung eines jungen oder aktiven Erdfalls. Dem allgemein geringeren Risiko des Karbonatkarstes wird dadurch Rechnung getragen, daß die Gefährdungskategorie um eine Stufe geringer angesetzt wird.

19.3.2 Geophysikalische Untersuchungsmethoden

Bei den **refraktionsseismischen Verfahren** zeichnen sich Auflockerungszonen durch verminderte Geschwindigkeiten, stark mit Hohlräumen durchsetzte Zonen auch durch Ausbleiben der Refraktionseinsätze ab (MEISSNER, MILITZER & THON 1967, KOERNER 1973 sowie HILDEBRAND & PRINZ 1973). Eine direkte Ortung einzelner Hohlräume ist mit refraktionsseismischen Methoden nicht möglich.

Reflexionsseismik kann dagegen unter günstigen Umständen Hohlräume im Untergrund orten, aber auch nur, wenn der Durchmesser 2–3mal so groß ist wie die Überlagerung.

Seismische **Durchschallungsverfahren,** insbesondere die seismische Tomographie (Abb. 19.16), sind zur Ortung oberflächennaher Hohlräume grundsätzlich geeignet. Von einem erfolgreichen Einsatz, bei dem kritische Zonen lockerer Lagerung erkannt werden konnten, berichten GAY & HENKE (1973), DRESEN (1974), HÄNICHEN (1977) und SCHREWE (1988). Sind die Hohlräume verfüllt, so sind die Laufzeitanomalien weniger deutlich und die Erfahrungen mit der Methode unterschiedlich.

Geoelektrische Widerstandsmessungen sind in Karstgebieten nur unter bestimmten Voraussetzungen erfolgversprechend (BORM 1973). Über eine erfolgreiche Anwendung der geoelektrischen Kartierung nach Abschn. 4.6.3 mit einer Elektroden-Sondenanordnung nach WENNER zum Aufspüren von verdeckten Einbruchsschloten, mit tonigschluffiger Schlotfüllung (Abb. 19.18) berichten HOLTZ (1977) und PRINZ (1979).

Auch **Georadar** wird zur Ortung von Hohlräumen verwendet. Oberhalb des Grundwasserspiegels können Hohlräume von mindestens ein Meter Durchmesser bis in eine Tiefe von rd. 30 m erfaßt werden. Das Verfahren eignet sich nur für Gesteine mit hohem elektrischem Widerstand, also besonders für Karbonate.

Auch **Mikrogal-Gravimetrie** kann zum Auffinden einzelner oberflächennaher Störkörper mit deutlicher Dichtedifferenz (z.B. Hohlräume) eingesetzt werden (BAULE & DRESEN 1973; DRESEN et al. 1981). Über einen Einsatz von milligal-gravimetrischen Untersuchungen zum Aufsuchen von fossilen Einbruchsschloten im Solling (Südniedersachsen) berichten PLAUMANN & LEPPER (1979).

19.3.3 Geotechnische Untersuchungsverfahren

Für größere Bauwerke sind Baugrundaufschlußbohrungen in Erdfall- und Senkungsgebieten unentbehrlich und müssen normalerweise mit größerem Aufwand betrieben und in kleineren Abständen angesetzt werden als sonst. Zweckmäßig ist die Verbindung mit geophysikalischen Vorerkundungen, wodurch in den meisten Fällen die Anzahl und Tiefe der Bohrungen verringert werden kann.

Aufschlußbohrungen müssen immer als Kernbohrungen angesetzt werden. Die auslaugungsgeschädigten, unterschiedlich stark entfestigten und z.T. plastifizierten Ton- und Mergelsteine sowie besonders halbfeste oder plastische Residualbildungen (s. Abschn. 19.2.2) sind schwer zu kernen. Der Konsolidationsgrad solcher entfestigter Tongesteine bzw. Residualbildungen ist je nach Alter des Verkarstungsprozesses sehr unterschiedlich und nimmt auch mit zunehmendem Abstand vom aktiven Auslaugungsbereich zu (BLEICHE et al. 1995). Um die Steifigkeit versuchstechnisch belegen zu können, müssen auch in größeren Bohrtiefen ausreichend Sonderproben entnommen und untersucht werden. Das Verformungsverhalten

Bohrung

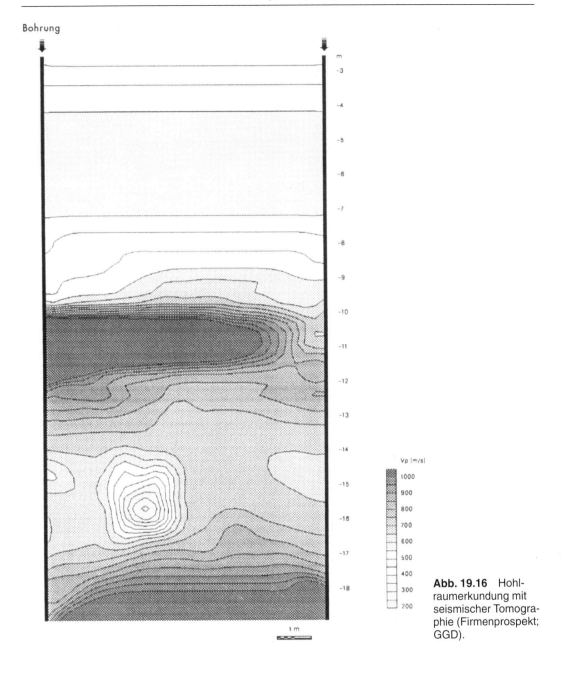

Abb. 19.16 Hohlraumerkundung mit seismischer Tomographie (Firmenprospekt; GGD).

nachgesackter, mürbefester Tongesteine ist praktisch nur mittels in situ-Versuchen zu ermitteln (STRAUSS 1994).

Während des Bohrens müssen der Andruck und der Bohrfortschritt genau verfolgt und möglichst durch Schreiber registriert werden, um weiche Zo-

nen oder Hohlräume zu erfassen. Außerdem ist eine genaue Spülungskontrolle notwendig.

Bei der ingenieurgeologischen **Aufnahme der Bohrkerne** ist besonders auf Lagerungsstörungen, Entfestigungen, nicht profilgerechte Einlagerungen u. a. m. zu achten. Auch der stratigraphischen

Einstufung der Schichtenfolge ist mehr Bedeutung beizumessen als sonst üblich. Bei Bohrprofilen in verkarstungsanfälligen Schichten kommt es sehr darauf an, in welcher Lage zu den einzelnen hohlraum- und erdfallgefährdeten Horizonten der jeweilige Aufschluß liegt. Baugrundaufschlußbohrungen müssen deshalb in solchen Fällen grundsätzlich bis in den nächsttieferen, ungestörten und einwandfrei einzustufenden stratigraphischen Horizont niedergebracht werden. Beispiele hierfür bringen SCHÄLICKE (1972: 22) für den Gipskeuper und PRINZ (1973b) für den Zechstein in Sulfatfazies.

Durch Bohrungen angetroffene Hohlräume können echometrisch vermessen werden (Echo-Log durch Ultraschallmessungen). Beispiele dafür nennen JORDAN et al. (1986: 45–47) sowie HEITFELD & KRAPP (1991).

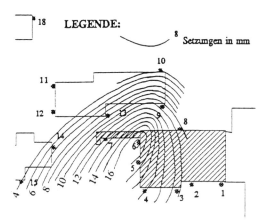

Abb. 19.17 Isolinien der Setzungsmessungen von 04.91 bis 03.92 des Beispiels von Abb. 19.9 (aus MAGAR 1993).

In Gebieten, in denen mit einem Anhalten von Senkungen zu rechnen ist, kann deren Intensität und Verteilung durch ein Beobachtungsnetz von Meßpunkten mit **Nivellements** verfolgt werden (MÜLLER, PRINZ & THEWS 1975; MAGAR 1993 und Abb. 19.17).

19.4 Bautechnische Maßnahmen

Die Forderung nach vollkommener Sicherheit ist in Erdfallgebieten nicht erfüllbar. Wo diese von Bebauung freigehalten werden können, sollte dies angestrebt werden. Die Schadensquote ist jedoch, von Sonderfällen abgesehen, meist nur gering, was vielerorts dazu führt, daß ohne Rücksicht auch auf bekannte Erdfall- und Senkungserscheinungen gebaut wird. Übersteigerte Forderungen sind zwar wirtschaftlich nicht zu vertreten, doch sollte verhindert werden, daß heute noch Siedlungen auf Karstgesteinen entstehen, ohne daß entsprechende Maßnahmen getroffen werden. Bauplanung in potentiellen Erdfallgebieten wird jedoch immer umstritten bleiben.

Wo die Einbruchstrukturen genau genug erkundet sind und das angrenzende Gebirge standfest ist, kann man den einzelnen Strukturen gegebenenfalls durch Anpassung der Bauwerkskonstruktion ausweichen (Abb. 19.18).

Bei den bautechnischen Maßnahmen müssen solche am Bauwerk und solche im Untergrund unterschieden werden. Sie sind fast immer mit finanziellem Mehraufwand verbunden. Eine vollkommene Sicherung ist in vielen Fällen aufgrund der natürlichen Gegebenheiten (Erdfallgröße, Senkungsbetrag) nicht möglich. Bei Teilsicherungen ist von Fall zu Fall zu entscheiden, welcher Siche-

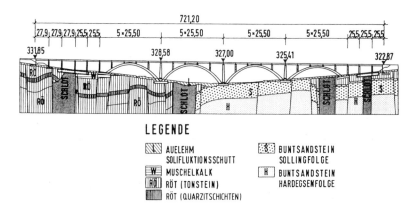

LEGENDE

AUELEHM SOLIFLUKTIONSSCHUTT

MUSCHELKALK

RÖT (TONSTEIN)

RÖT (QUARZITSCHICHTEN)

BUNTSANDSTEIN SOLLINGFOLGE

BUNTSANDSTEIN HARDEGSENFOLGE

Abb. 19.18 Wälsebachtalbrücke der DB AG in Nordhessen; durch die Bogenkonstruktion konnten aufwendige Gründungen in den Einbruchsschloten des tiefen Salinarkarstes vermieden werden (aus KATZENBACH 1994).

rungsgrad erreicht werden soll. Als Maßnahmen für Gründungen in erdfallgefährdeten Gebieten kommen im Einzelfall in Betracht: Hohlraumverschließung, Durchteufen des verkarsteten Horizontes, aber auch starre oder nachgiebige korrigierbare Konstruktionen.

Der Niedersächsische Sozialminister hat in einem Erlaß „Baumaßnahmen in erdfallgefährdeten Gebieten" vom 23.02.1987 festgelegt, daß Sicherungsmaßnahmen in erdfallgefährdeten Gebieten sich auf die Abwehr von Gefahren für Leben und Gesundheit beschränken dürfen. Das Risiko für Schäden an Bauwerken ist dagegen vom Bauherrn zu tragen.

19.4.1 Schäden durch Erdfälle und Senkungen

Der schwerste bisher bekanntgewordene Unfall durch Einbrechen eines Erdfalls ereignete sich 1962 in Südafrika als ein dreistöckiges Gebäude im Untergrund verschwand und 29 Menschen den Tod fanden (WAGENER & DAY 1986). Auch in Deutschland waren schon vereinzelt beim Einbruch von Erdfällen Menschenleben zu beklagen. Beispiele dafür nennen JORDAN et al. (1986: 43) und BÜCHNER (1996).

Sehr viel häufiger sind jedoch Schäden an Bauwerken aller Art. Wegen zahlreicher Schadensfälle ist es z. B. in einigen Staaten der USA üblich Versicherungen gegen Erdfallschäden abzuschließen. In Florida ist 1981 sogar eine Pflichtversicherung für alle Neubauten eingeführt worden. In der Bundes-

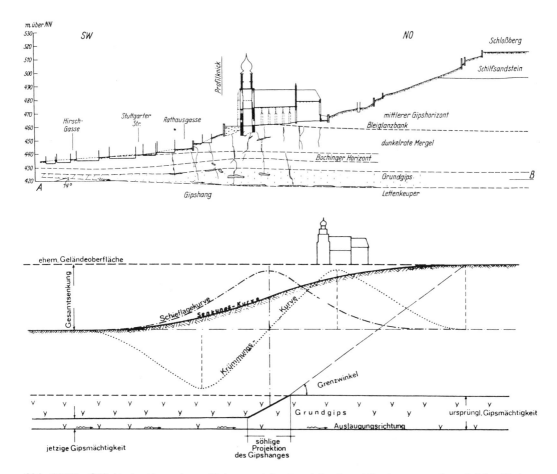

Abb. 19.19 Stiftskirche Herrenberg: Untergrundsituation (oben) und Senkungsvorgänge infolge Verkarstung des Grundgipses (ANKE et al. 1975).

republik Deutschland sind nur in Baden-Württemberg solche Versicherungen möglich.

In der Bundesrepublik sind Schäden durch Erdfälle und Bodensenkungen besonders aus Lüneburg und dem Harzvorland bekannt geworden. Die meisten Schadensfälle sind dabei auf Schiefstellungen und Längenänderungen zurückzuführen. Abb. 19.19 verdeutlicht die unterschiedlichen Bewegungen in einer Senkungsmulde.

Großflächige Bodensenkungen sind immer mit einer gewissen Krümmung verbunden, und zwar außerhalb des Krümmungswendepunktes sattelförmig und innerhalb muldenförmig (s. a. REUTER & MOLEK 1977). Ein Krümmungsradius kann bei Subrosionssenken meist nicht angegeben werden. In der Muldenlage entstehen Druckkräfte, die von Bauwerken weit besser aufgenommen werden (vgl. Abschn. 6.1) als die Zugkräfte bei Sattellage, gegen die Decken und Fundamente zusätzlich bewehrt werden müssen. Ab Längenänderungen von rd. 0,8 % machen sich im Erdboden häufig schon erste Risse bemerkbar (SCHMIDBAUER 1955: 655).

Beim Lastfall Schiefstellung wird in der Regel ein Schiefstellungsmaß bis 5 % toleriert, darüber ist ein Gebäude reif für den Abbruch (s. Abschn. 6.1). Ein flächiges Anheben von Gebäuden ist zwar im Prinzip möglich, erfordert aber einen erheblichen Aufwand und eine gewisse Eigensteifigkeit des Gebäudes. Wenn die Senkungen weitergehen, sind solche Maßnahmen meist zwecklos.

Im westlichen Harzvorland sind von 1987 bis 1990 alle bekannten Erdfälle auf Karten und in Dateien erfaßt worden (BÜCHNER 1991). Mit Hilfe dieser Daten und aufgrund der regionalen geologischen Situation ist eine differenzierte Risikoanalyse möglich (s. Abschn. 19.3.1).

Auslösende Ursache für Schäden durch Erdfälle und auch Bodensenkungen ist häufig das Wasser, sei es durch Leitungsverluste oder durch sonstige Veränderungen der Strömungsverhältnisse im Untergrund (AZZAM & GUNSTER 1995). Ein anschauliches Beispiel für die Auswirkungen von Leitungsverlusten sind die in den 50er und 60er Jahren aufgetretenen Schäden in der Siedlung Cornberg, Krs. Rotenburg-Fulda (PRINZ & LINDSTEDT 1987).

Über dem Salzstock Benthe, südwestlich Hannover, sind 1975 aufgrund eines Wassereinbruchs in ein Salzbergwerk und dadurch bedingter rascher Absenkung des Grundwassers im Gipshut zahlreiche Geländesenkungen und Erdfälle mit insgesamt etwa 500 gemeldeten Schadensfällen aufgetreten (BÜCHNER 1983).

19.4.2 Frühwarneinrichtungen

Der Einbruch von Erdfällen ist bisher nur in einigen wenigen Fällen genau beobachtet und z. T. auch gemessen worden. In allen diesen Fällen, in denen die Karstgesteine von unterschiedlichen mächtigen Lockergesteinen überlagert worden sind, zeichnet sich ein Erdfall meistens schon lange Zeit vorher als zunächst geringfügige Senkung ab. Der Senkungsbetrag nimmt dann exponential beschleunigt zu (BÜCHNER 1984). Die geringste zeitliche Differenz zwischen Voranzeichen und Eintritt des Erdfalls betrug mehrere Stunden. Es kann zwar nicht ausgeschlossen werden, daß Erdfälle auch wesentlich schneller und ohne Vorankündigung, z. B. innerhalb weniger Minuten eintreten, dies muß jedoch als extrem seltener Ausnahmefall angesehen werden.

Eine Überwachung von Bauwerken durch Frühwarneinrichtungen kann also durchaus sinnvoll sein. In Praxis werden solche Verfahren meist angewandt, wenn andere Sicherungsmaßnahmen nicht möglich sind oder zu teuer wären.

Die einfachsten Verfahren sind die Überwachung von Bauwerken durch **Feinnivellement.** Als permanente Überwachung wird die Kontrolle tragender Bauwerksteile durch Laserstrahl angewandt. Dabei sollten die Toleranzen, die zur Auslösung eines Alarms führen, nicht zu klein gewählt werden, weil sonst häufig meist witterungsbedingt Fehlalarm ausgelöst wird.

Etwas aufwendiger ist der Einbau von **Erdfallpegeln** in Bohrlöchern nach KAMMERER (1962). In Abb. 19.20 ist eine weiterentwickelte Bauart dargestellt. Ausgehend von der durch Beobachtungen gestützten Annahme, daß Hohlräume (künftige Erdfälle) im Festgestein mit einer Geschwindigkeit von Dezimeter bis wenige Meter pro Jahr nach oben wandern, kann ein entsprechend tief reichender Erdfallpegel durch Einsinken in den Untergrund das Hochbrechen eines Hohlraumes rechtzeitig anzeigen. Bei einer Einbindetiefe der Erdfallpegel in das Festgestein von 15–20 m verbleibt genügend Zeit für Sicherungsmaßnahmen z. B. Verfüllung. Gegenüber der älteren Bauart, bei der die Pegel fest im Untergrund verankert wurden, hat es sich bewährt, den Pegelstab lose auf einer Betonplombe aus Spezialzement abzusetzen. Dadurch werden die Kontrolle und evtl. Sanierungen erleichtert.

Zur Sicherung von Teilabschnitten der Bundesbahnneubaustrecke Hannover – Würzburg und des Randdeiches am Hochwasserrückhaltebecken Salzderhelden sind Erdfallpegel in großem Um-

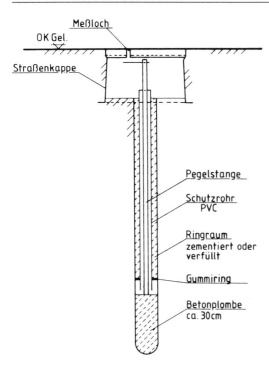

Abb. 19.20 Erdfallpegel (System BÜCHNER, Hannover).

fang eingesetzt worden (BÜCHNER 1986: 103 sowie HEITFELD & KRAPP 1991).

19.4.3 Verbesserung des Untergrundes

Maßnahmen zur Verbesserung des Untergrundes sind besonders im Karbonatkarst wirkungsvoll, wo sie aufgrund der geringen Lösungsgeschwindigkeit in den meisten Fällen als Vollsicherungen betrachtet werden können. Als untergrundverbessernde Maßnahmen kommen hier in Betracht:

● Ausräumen von Karsthohlräumen in Gründungssohle und Verfüllung mit Betonplomben. Nötigenfalls können in die Betonplomben Plastikrohre eingestellt werden, die eine spätere Kontrolle der „Aufstandsfläche" der Plombe, etwa durch einfaches Abstampfen, erlauben
● Karsthohlräume unmittelbar unter Gründungssohle können durch Abrammen der Aushubsohle mit einer Fallbirne von 1,5 bis 3 t aus etwa 1,5 bis 2 m Höhe erkannt und dann ebenfalls ausgeräumt und verfüllt werden
● Tiefgründung bis in einen tragfähigen, nicht verkarsteten Horizont. Nötigenfalls kann, z. B. im

Kalkstein durch kleinkalibrige Vorbohrungen, geprüft werden, ob unter der Aufstandsfläche noch Karsterscheinungen anzutreffen sind (HEITFELD 1969, KLOPP 1969, GROSCHOPF & KOBLER 1973)
● Verpressen von Hohlräumen und Auflockerungszonen mit Zementsuspension.

Im Ausland werden Injektionsverfahren häufig eingesetzt, wobei vor allem dickflüssige Suspensionen (Wasser/Feststoff-Quotient 0,3–0,5) verwendet werden (s. Abschn. 7.4.4). In Deutschland gelten diese Verfahren als sehr aufwendig, so daß ihr Einsatz überwiegend auf größere Projekte beschränkt ist (BERNATZIK 1952; GAY & HENKE 1973; PRINZ 1973b; REIFF 1973; STRÖBEL 1973; GEISSLER 1986 und FRANZIUS 1988).

Häufig wird auch eine Kombination der verschiedenen Sicherungsmaßnahmen angewendet. Eine Abminderung der Bodenpressung bringt davon meist den geringsten Erfolg, höchstens in bezug auf die normalen Konsolidationssetzungen der oft locker gelagerten oder weichen und unterschiedlich mächtigen Senkenfüllungen. Wesentlich ist, besonders bei flach liegenden Karstgesteinen, daß nicht zusätzlich Wasser in den Untergrund eingeleitet, sondern im Gegenteil möglichst sicher abgehalten bzw. abgeführt wird. In einigen Fällen von häufigen Erdfallerscheinungen, besonders auf flach liegendem Sulfatkarst, hat sich eine sichere Neuverlegung der Kanalisation als zweckmäßigste Maßnahme gezeigt, die allein ausgereicht hat, das Schadensrisiko auf ein erträgliches Maß abzumindern.

19.4.4 Konstruktive Maßnahmen

Zur Vermeidung von Schäden an Bauwerken in erdfall- und senkungsgefährdeten Gebieten hat sich in Deutschland die Anwendung von statisch-konstruktiven Sicherungsbauweisen bewährt. Eine Vollsicherung nach dem Ausweich- oder Widerstandprinzip ist meist unwirtschaftlich. Gegen Längenänderung hat sich am besten eine Kombination beider Prinzipien bewährt, d. h. aufgelockerte Bauweise mit kleinen „starren" Baukörpern, die ggf. durch Fugen getrennt werden.

Bisher gibt es in der Bundesrepublik Deutschland keine verbindlichen Regeln oder Vorschriften für das Bauen in Erdfallgebieten. Da in Bergsenkungsgebieten z. T. ähnliche Bauwerksbeanspruchungen auftreten, werden häufig die „Richtlinien für die Ausführung von Bauten im Einflußbereich des untertägigen Bergbaus" (1953) herangezogen (LUETKENS 1957; KRATSCH 1974; Nendza 1992).

In Niedersachsen hat der Sozialminister 1987 in Ergänzung der Bauordnung Grundsätze für die statisch-konstruktiven Anforderungen für freistehende Wohngebäude mit nicht mehr als 2 Vollgeschossen erlassen. Darin werden dem jeweiligen Gefährdungsgrad (s. Abschn. 19.3.1) angemessene Sicherungsbauweisen vorgeschrieben. Die Gründung erfolgt auf einem bewehrten Balkenrost oder einer Platte. Decken werden durch Ringanker gesichert. Bei Ausführung in Stahlbeton werden sie in Längs- und Querrichtung bewehrt. Für die höheren Gefährdungskategorien wird das Kellergeschoß in Stahlbeton ausgeführt, über allen tragenden und aussteifenden Wänden werden Ringbalken angeordnet. Der Bemessungserdfall wird in Niedersachsen mit 5 m Anfangsdurchmesser angenommen. Damit sind 90 % aller zu erwartenden Erdfälle abgedeckt (BÜCHNER 1996).

Bei anderen, z. B. industriellen Bauvorhaben sind diese Regeln nicht praktikabel. In solchen Fällen ist zu empfehlen, die Konstruktion so auszubilden, daß der Ausfall einer Stütze kurzzeitig überbrückt werden kann.

Die Deutsche Bahn AG hat im nördlichen Teil der Neubaustrecke Hannover – Würzburg in stark erdfallgefährdeten Bereichen die Tunnel so bewehrt, daß Erdfälle mit einem Anfangsdurchmesser bis zu 10 m noch schadensfrei überbrückt werden können (GEISSLER et al. 1982; DUDDECK et al. 1984; SCHREWE 1988). Im Mittelabschnitt sind bei Großbrücken die Füllungen von fossilen Einbruchschloten (s. Abschn. 19.2.3) teilweise mit einem überschütteten Balkentragwerk (Schlotbrücke, s. Abb. 19.18) überspannt worden. Gründungen über Schloträndern wurden im Einzelfall mit einseitig tiefreichenden, mantelverpreßten Großbohrpfählen vorgenommen (Abb. 19.21).

An der B 180 bei Eisleben ist Ende der 80er Jahre ein Erdfall mit 8 m Durchmesser mit Bodenmaterial verfüllt und die Fahrbahn mit einem 3-lagig geogitterbewehrten Kiessand-Paket gegen weitere Einsenkungen gesichert worden (Abb. 19.22).

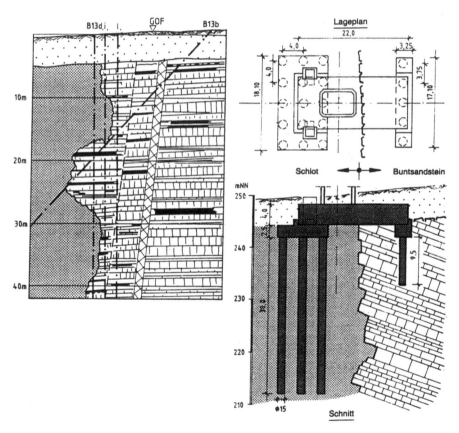

Abb. 19.21 Durch Bohrungen erkundete Ausbildung eines Schlotrandes und Gründung eines Pfeilers über dem Rand eines fossilen Einbruchsschlotes (aus ENGELS & KATZENBACH 1992).

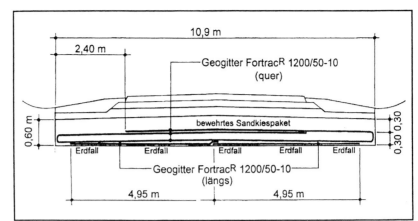

Abb. 19.22 Überbrückung eines Erdfalls (∅ 8 m) mit einem geogitterbewehrtem Kiessandpaket (aus Österreichische Bauwirtschaft 6−7/95).

Anhang

Verzeichnis der einschlägigen Normen einschließlich vorliegender Normenentwürfe[1]

E = Normenentwurf, V = Vornorm

DIN				Ausgabe	Titel
ENV	1997–1	V		1996	Eurocode 7 – Entwurf, Berechnung und Bemessung in der Geotechnik – Teil 1: Allgemeine Regeln – Deutsche Fassung ENV 1997–1: 1994
1054				1976	Zulässige Belastung des Baugrunds (mit Beiblatt)
1054–100		V		1996	Sicherheitsnachweise im Erd- und Grundbau – Teil 100. Berechnung nach dem Konzept mit Teilsicherheitsbeiwerten
1055	T1			1963	Lastannahmen für Bauten; Lagerstoffe, Baustoffe und Bauteile
1055	T2			1976	Lastannahmen für Bauten; Bodenkenngrößen, Wichte, Reibungswinkel, Kohäsion, Wandreibungswinkel
1060				1982	Baukalk (Teil 1 bis 3)
1072				1985	Straßen- und Wegebrücken; Lastannahmen (mit Anhang)
1076				1983	Ingenieurbauwerke im Zuge von Straßen und Wegen; Überwachung und Prüfung
1080	T6			1980	Begriffe, Formelzeichen und Einheiten im Bauingenieurwesen; Bodenmechanik und Grundbau
4014				1990	Bohrpfähle; Herstellung, Bemessung und Tragverhalten
4014–100[2]			E	1994	Bohrpfähle; Herstellung, Bemessung und Tragverhalten
4017	T1			1979	Grundbruchberechnung von lotrecht mittig belasten Flachgründungen (mit Beiblatt 1)
4017	T2			1979	Grundbruchberechnung von schräg und außenmittig belasteten Glachgründungen
4017			E	1988	Berechnung des Grundbruchwiderstandes von Flachgründungen
4017–100				1996	Berechnung des Grundbruchwiderstands von Flachgründungen – Teil 100: Berechnung nach dem Konzept mit Teilsicherheitsbeiwerten
4018				1974	Berechnung der Sohldruckverteilung unter Flachgründungen (mit Beiblatt 1; 1981)

---

1) Auf die Normenzusammenstellungen der DIN-Taschenbücher – Nr. 113, Erkundung und Untersuchung des Baugrundes (6. Aufl. 1993) – Nr. 36, Erd- und Grundbau (8. Aufl. 1991) sowie Bauen in Europa – Geotechnik (1996) wird verwiesen.

2) s. a. Europäische Normen S. 407

DIN			Ausgabe	Titel
4019	T1		1979	Setzungsberechnung bei lotrechter, mittiger Belastung (mit Beiblatt 1)
4019	T2		1981	Setzungsberechnungen bei schräg und bei außermittig wirkender Belastung (mit Beilblatt 1)
4019 – 100		V	1996	Setzungsberechnungen – Teil 100: Berechnung nach dem Konzept mit Teilsicherheitsbeiwerten
4020			1990	Geotechnische Untersuchungen für bautechnische Zwecke
4021			1990	Aufschluß durch Schürfe, Bohrungen sowie Entnahme von Proben
4022	T1		1987	Benennen und Beschreiben von Boden und Fels; Schichtenverzeichnis für Bohrungen ohne durchgehende Gewinnung von gekernten Proben im Boden und im Fels
4022	T2		1981	Benennen und Beschreiben von Boden und Fels; Schichtenverzeichnis für Bohrungen im Fels (Festgestein)
4022	T3		1982	Benennen und Beschreiben von Boden und Fels; Schichtenverzeichnis für Bohrungen mit durchgehender Gewinnung von gekernten Proben im Boden (Lockergestein)
4023			1984	Baugrund- und Wasserbohrungen; Zeichnerische Darstellung der Ergebnisse
4026			1975	Rammpfähle; Herstellung, Bemessung und zulässige Belastung (mit Beiblatt)
4026		E	1994	Verdrängungspfähle; Herstellung und Bauteilbemessung (mit Beiblatt)
4030	T1 u. T2		1991	Beurteilung betonangreifender Wässer, Böden und Gase
4049	T1		1994	Hydrologie; Grundbegriffe
4049	T2			Hydrologie; Begriffe der Gewässerbeschaffenheit
4049	T3		1994	Hydrologie; Begriffe zur quantitativen Hydrologie
4084			1981	Gelände- und Böschungsbruchberechnungen (mit Beiblatt 1 und 2)
4984		E	1990	Böschungs- und Geländebruchberechnungen
4084 – 100		V	1996	Böschungs- und Geländebruchberechnungen – Teil 100: Berechnung nach dem Konzept mit Teilsicherheitsbeiwerten
4085			1987	Berechnung des Erddrucks; Berechnungsgrundlagen (mit Beiblatt 1 und 2)
4085 – 100		V	1996	Berechnung des Erddrucks – Teil 100: Berechnung nach dem Konzept mit Teilsicherheitsbeiwerten
4093			1987	Einpressung in Untergrund; Planung, Ausführung, Prüfung
4094			1990	Erkundung durch Sondierungen mit Beiblatt 1, Anwendungshilfen, Erklärungen
4095			1990	Dränung zum Schutz baulicher Anlagen; Planung, Bemessung und Ausführung
4096			1980	Flügelsondierung; Maße des Gerätes, Arbeitsweise, Auswertung

DIN			Ausgabe	Titel
4107			1978	Setzungsbeobachtungen an entstehenden und fertigen Bauwerken
4123			1972	Gebäudesicherung im Bereich von Ausschachtungen, Gründungen und Unterfangungen
4124			1981	Baugruben und Gräben; Böschungen, Arbeitsraumbreiten, Verbau
4125[2)]			1990	Verpreßanker; Kurzzeitanker und Daueranker; Bemessung, Ausführung und Prüfung
4126[2)]			1986	Ortbeton-Schlitzwände; Konstruktion und Ausführung
4126–100		V	1996	Schlitzwände – Teil 100: Berechnung nach dem Konzept mit Teilsicherheitsbeiwerten
4127			1986	Schlitzwandtone für stützende Flüssigkeiten; Anforderungen, Prüfverfahren, Lieferung, Güteüberwachung
4128			1983	Verpreßpfähle (Ortbetonpfähle und Verbundpfähle) mit kleinem Durchmesser; Herstellung, Bemessung und zulässige Belastung
4149	T1		1981	Bauten in deutschen Erdbebengebieten; Lastanahmen, Bemessung und Ausführung üblicher Hochbauten (mit Beiblatt)
4150	T1	V	1975	Erschütterungen im Bauwesen; Grundsätze, Vorermittlung und Messung von Schwingungsgrößen
4150	T2	V	1992	Erschütterungen im Bauwesen; Einwirkung auf Menschen in Gebäuden
4150	T3	V	1975	Erschütterungen im Bauwesen; Einwirkungen auf bauliche Anlagen
4226	T1		1983	Zuschlag für Beton; Zuschlag mit dichtem Gefüge, Bezeichungen und Anforderungen
4226	T2		1983	Zuschlag für Beton; Zuschlag mit porigem Gefüge (Leichtzuschlag), Begriffe, Bezeichnung und Anforderungen
4226	T3		1983	Zuschlag für Beton; Prüfung von Zuschlag mit dichtem oder porigem Gefüge
4226	T4		1983	Zuschlag für Beton; Überwachung
18035	T3	E	1975	Sportplätze, Entwässerung
18035	T4		1974	Sportplätze; Rasenfläche; Anforderungen, Pflege, Prüfung
18035	T5		1973	Sportplätze; Tennenflächen; Anforderungen, Prüfung, Pflege
18035	T6	E	1975	Sportplätze; Kunststoff-Flächen; Anforderungen, Prüfung, Pflege
18121	T1		1976	Wassergehalt; Bestimmung durch Ofentrocknung
18121	T2		1989	Wassergehalt; Bestimmung durch Schnellverfahren
18122	T1		1976	Zustandsgrenzen (Konsistenzgrenzen); Bestimmung der Fließ- und Ausrollgrenze
18122	T2		1987	Zustandsgrenzen (Konsistenzgrenzen); Bestimmung der Schrumpfgrenze
18123			1983	Bestimmung der Korngrößenverteilung
18124			1989	Bestimmung der Korndichte, Kapillarpyknometer – Weithalspyknometer

DIN			Ausgabe	Titel
18125	T1		1986	Bestimmung der Dichte des Bodens; Laborversuche
18125	T2		1986	Bestimmung der Dichte des Bodens; Feldversuche
18126			1989	Bestimmung der Dichte nichtbindiger Böden bei lockerster und dichtester Lagerung
18127			1993	Proctorversuch
18128			1990	Bestimung des Glühverlustes
18129			1990	Kalkgehaltsbestimmung
18130	T1		1989	Bestimmung des Wasserdurchlässigkeitsbeiwertes, Laborversuche
18132			1995	Bestimmung des Wasseraufnahmevermögens
18134			1993	Plattendruckversuch
18135		E	1996	Eindimensionaler Kompressionsversuch
18136			1987	Bestimmung der einaxialen Druckfestigkeit, Einaxialversuch
18137	T1		1990	Bestimmung der Scherfestigkeit; Begriffe und grundsätzliche Versuchsbedingungen
18137	T2		1990	Bestimmung der Scherfestigkeit; Dreiaxialversuch
18137	T3	E	1996	Bestimung der Scherfestigkeit; direkter Scherversuch
18195	T1		1983	Bauwerksabdichtungen; Allgemeines, Begriffe
18195	T2		1983	Bauwerksabdichtungen, Stoffe
18195	T3		1983	Bauwerksabdichtungen; Verarbeitung der Stoffe
18195	T4		1983	Bauwerksabdichtungen; Abdichtung gegen Bodenfeuchtigkeit, Bemessung und Ausführung
18195	T5		1984	Bauwerksabdichtungen; Abdichtung gegen nichtdrückendes Wasser, Bemessung und Ausführung
18195	T6		1983	Bauwerksabdichtungen; Abdichtung gegen von außen drückendes Wasser, Bemessung und Ausführung
18195	T8		1983	Bauwerksabdichtungen; Abdichtung über Bewegungsfugen
18196			1988	Erd- und Grundbau; Bodenklassifikation für bautechnische Zwecke
18200			1986	Überwachung (Güteüberwachung) von Baustoffen, Bauteilen und Bauarten
18312			1988	Untertagebauarbeiten – Allgemeine Technische Vertragsbedingungen (ATV)
18551			1992	Spritzbeton; Herstellung und Gütenüberwachung
18716	T1		1995	Photogrametrie und Fernerkundung; Teil 1: Grundbegriffe und besondere Begriffe der photogrammetrischen Aufnahme
18716	T2		1996	Photogrammetrie und Fernerkundung; Teil 2: Besondere Begriffe der photogrammmetrischen Auswertung
18716	T3		1995	Photogrammetrie und Fernerkundung; Teil 3: Fernerkundung
18915			1990	Vegetationstechnik im Landschaftsbau; Bodenarbeiten

DIN			Ausgabe	Titel
18918			1990	Vegetationstechnik im Landschaftsbau; Ingenieurbiologische Sicherungsbauweise
18684	T8		1977	Bodenuntersuchungen im Landwirtschaftlichen Wasserbau; Chemische Laboruntersuchungen; Bestimmung der Austauschkapazität des Bodens und den austauschbaren Kationen
19700	T10		1986	Stauanlagen; Gemeinsame Festlegungen
19700	T11		1986	Stauanlagen; Talsperren
19700	T12		1986	Stauanlagen; Hochwasserrückhaltebecken
19700	T13		1986	Stauanlagen; Staustufen
19700	T14	E		Stauanlagen; Pumpspeicherbecken
21521	T1		1990	Gebirgsanker für Bergbau und Tunnelbau; Begriffe
21521	T2		1993	Allgemeine Anforderungen für Gebirgsanker aus Stahl; Prüfungen, Prüfungsverfahren
22024			1989	Rohstoffuntersuchungen im Steinkohlebergbau; Bestimung der Spaltzugfestigkeit von Festgesteinen
52100			1949	Prüfung von Naturstein; Richtlinien zur Prüfung und Auswahl von Naturstein
52101			1965	Prüfung von Naturstein; Probennahme
52102			1965	Prüfung von Naturstein; Bestimmung der Dichte, Rohdichte, Reindichte, Gesamtporosität
52103			1972	Prüfung von Naturstein; Bestimmung der Wasseraufnahme
52104			1976	Prüfung von Naturstein; Frostwechselversuch
52105			1965	Prüfung von Naturstein; Druckversuch
52106			1972	Prüfung von Naturstein; Beurteilungsgrundlagen für die Verwitterungsbeständigkeit
52113			1965	Prüfung von Naturstein; Bestimmung des Sättigungswertes

Europäische Normen des Spezialtiefbaus in deutscher Fassung

DIN EN		Ausgabe	Titel
1536	E	1994	Bohrpfähle (s. d. DIN E 4014–100 (1994)
1537	E	1994	Verpreßanker
1538	E	1994	Schlitzwände

Merkblätter, Richtlinien und techn. Lieferbedingungen der Forschungsgesellschaft für das Straßen- und Verkehrswesen betr. Erd- und Grundbau sowie Mineralstoffe im Straßenbau (teilw.)[3]

– Merkblatt Bodenerkundung im Straßenbau, Teil 1: Richtlinien für die Beschreibung und Beurteilung der Bodenverhältnisse (1968)
– Vorläufiges Merkblatt für die Durchführung von Probeverdichtungen (1968)
– Merkblatt für die Bodenverdichtung im Straßenbau (1972)
– Merkblatt für die Untersuchung von Bodenverdichtern Standard-Gerätetest (1974)
– Merkblatt für die Ebenheitsprüfungen (1976)
– Merkblatt Bodenerkundung im Straßenbau, Teil 2: Richtlinien für die Vergabe von Aufträgen zur Begutachtung der Bodenverhältnisse (1977)
– Merkblatt für die Hinterfüllung von Bauwerken (1977)
– Merkblatt für die Untergrundverbesserung durch Tiefenrüttler (1979)
– Merkblatt für die Bodenverbesserung und Bodenverfestigung mit Kalken (1979)
– Merkblatt für Maßnahmen zum Schutz des Erdplanums (1980)
– Merkblatt für die Herstellung von Tragschichten ohne Bindemittel (1980)
– Richtlinien für bautechnische Maßnahmen an Straßen in Wassergewinnungsgebieten (1982)
– Merkblatt für die Bodenverfestigung mit Zement (1984)
– Merkblatt für die gebirgsschonende Ausführung von Spreng- und Abtragsarbeiten an Felsböschungen (1984)
– Entwässerungsrichtlinien für die Anlage von Straßen (RAS-Ew 1987, mit Ergänzungen)
– Merkblatt für die Anwendung von Geotextilien im Erdbau (1987)
– Merkblatt über Straßenbau auf wenig tragfähigem Untergrund (1988)
– Merkblatt zur Kontrolle und Wartung von Entwässerungseinrichtungen (1989)
– Merkblatt über Einsenkungsmessungen mit dem Benkelmann-Balken (1991)
– Merkblatt für hydraulisch gebundene Tragschichten aus sandreichen Mineralstoffgemischen (1991)

– Merkblatt für die Verhütung von Frostschäden an Straßen (1991)
– Merkblatt für die Felsbeschreibung für den Straßenbau (1992)
– Hinweise für Maßnahmen an bestehenden Straßen in Wasserschutzgebieten (1993)
– Merkblatt über flächendeckende dynamische Verfahren zur Prüfung der Verdichtung im Erdbau (1993)
– Merkblatt über den Einfluß der Hinterfüllung auf Bauwerke (1994)
– Richtlinien für die Güteüberwachung von Mineralstoffen im Straßenbau (RG Min-StB 93)
– Technische Lieferbedingungen für Mineralstoffe im Straßenbau (TL Min-StB 94)
– Technische Lieferbedingungen für Geotextilien und Geogitter für den Erdbau im Straßenbau (TL Geotex E-StB 95)
– Technische Prüfvorschriften für Boden und Fels im Straßenbau (TP BF-StB), Einzelblätter

B 4.3:   Anwendung radiometrischer Verfahren zur Bestimmung der Dichte und des Wassergehaltes von Böden (1988)

B 8.3:   Dynamischer Plattendruckversuch mit Hilfe des leichten Fallgewichtes (1992)

B 11.1:   Eignungsprüfungen bei Bodenverfestigung mit Zement (1986)

B 11.4:   Eignungsprüfungen bei Bodenverfestigung mit Hochhydraulischem Kalk (1977)

B 11.5:   Eignungsprüfungen bei Bodenverbesserung und Bodenverfestigung mit Feinkalk und Kalkhydrat (1991)

E 2:   Flächendeckende dynamische Prüfung der Verdichtung (1994)

---

3) s. d. Veröffentlichungsliste des FGSV-Vlg., Köln

Verzeichnis der Empfehlungen des Arbeitskreises „Versuchstechnik Fels" der DGGT (1979 – 1995)[4]

Nr. 1	Einaxiale Druckversuche (1979)	Nr. 11	Quellversuch (1986)
Nr. 2	Dreiaxialer Druckversuch, Gesteinsprobe (1979)	Nr. 12	Mehrstufenversuchstechnik (1987)
		Nr. 13	Laborscherversuch an Trennflächen (1988)
Nr. 3	Dreiaxialer Druckversuch, Großbohrkern (1979)	Nr. 14	Überbohr-Entlastungsversuch (1990)
Nr. 4	Scherversuch (1980)		
Nr. 5	Punktlastversuch (1982)	Nr. 15	Extensometermessungen (1991)
Nr. 6	Doppel-Lastplattenversuch (1985)	Nr. 16	Ein- und dreiaxialer Kriechversuch
Nr. 7	Schlitzentlastungs- und Druckkissenentlastungsversuch (1984)	Nr. 17	Einaxialer Relaxationsversuch
		Nr. 18	Konvergenz- und Lagemessungen (1986)
Nr. 8	Dilatometerversuch (1984)		
Nr. 9	Wasserdruckversuch (1984)		
Nr. 10	Spaltzugversuch (1985)		

---

[4] (s. d. Abschn. 2 und entsprechende Einzelabschnitte)

Verzeichnis der verwendeten Abkürzungen von Fachverbänden, die Regelwerke oder Merkblätter herausgeben

ATV	Abwassertechnische Vereinigung e. V., St. Augustin (Arbeitsblätter)
BAW	Bundesanstalt für Wasserbau, Karlsruhe (Merkblätter)
CEN	Europäisches Komitee für Normung
DEV	Deutsche Einheitsverfahren zur Wasser-, Abwasser- und Schlammuntersuchung (DEV-Normen, Berlin, Beuth-Vlg.)
DAUB	Deutscher Ausschuß für unterirdisches Bauen (Empfehlungen)
DGGT	Deutsche Gesellschaft für Geotechnik (Geotechnik)
DTK	Deutsches Talsperren Komitee
DVGW	Deutscher Verein des Gas- und Wasserfaches e. V., Eschborn/Ts. (Merkblätter)
DVWK	Deutscher Verband für Wasserwirtschaft und Kulturbau e. V., Bonn (Regeln bzw. Merkblätter zur Wasserwirtschaft)
EAB	Empfehlungen des Arbeitskreises „Baugruben" der DGGT (Empfehlungen 1994)
EAU	Empfehlungen des Arbeitskreises „Ufereinfassungen" der DGGT (Empfehlungen, 1990)
FGSV	Forschungsgesellschaft für Straßen- und Verkehrswesen e. V., Köln (Merkblätter, Richtlinien)
ISO	International Organization for Standardization

ISRM	International Society for Rock Mechanics and Mining Scienses, P-Lisboa (Reference in Rock Mechanics 1977/2 and Int. Journal of Rock Mechanics and Mining Sciences 1977–1989)
ISSMFE	International Society for Soil Mechanics and Foundation Ingineering, Cambridge (ISSMFE-News)
ITA	International Tunneling Association
ITVA	Ingenieurtechnischer Verband Altlasten, e. V., Berlin
LABO	Länderarbeitsgemeinschaft Boden, Bonn
LAGA	Länderarbeitsgemeinschaft Abfall, Bonn (Merkblätter, Richtlinien, Informationsschriften) – s.d. Müll-Handbuch (E. Schmidt-Vlg.)
LAWA	Länderarbeitsgemeinschaft Wasser, Stuttgart (Empfehlungen)
NAGRA	Nationale Genossenschaft für die Lagerung radioaktiver Abfälle, CH-Baden (Nagra-informiert; Nara-aktuell; Neue Technische Berichte der Nagra-NTB)
SI	Système International d'Unites
STUVA	Studiengesellschaft für unterirdische Verkehrsanlagen e. V., Köln
TGL	Technische Güte- und Lieferbestimmungen des Amtes für Standardisierung, Meßwesen und Warenprüfung, Berlin (DDR-Normen, bis 1990)
VOB	Verdingungsordnung für Bauleistungen (Beuth Vlg.)

Literatur

ABELE, G. (1974): Bergstürze in den Alpen – ihre Verbreitung, Morphologie und Folgeerscheinungen. – Wiss. Alpenvereinshefte, H. 25, 165 S., 73 Abb., 4 Tab., 3 Karten, München (Dt. Alpenver.)

ACHLEITNER, P. (1968): Bau eines Straßentunnels bei Neuenbürg (Württ.). – Baumasch. u. Bautechn., 15: 351–358, 22 Bild.; Wiesbaden (Bauverlag)

ACKERMANN, E. (1953): Der aktive Bergrutsch südlich der Mackenröder Spitze in geologischer Sicht. – Nachr. Akad. Wiss. Göttingen, 5: 67–83, 6 Abb.; Göttingen (Vandenhoeck u. Ruprecht)

ACKERMANN, E. (1959): Der Abtragungsmechanismus bei Massenverlagerungen an der Wellenkalk-Schichtstufe. I. Bewegungsarten der Massenverlagerungen und morphologische Formen. II. Massenverlagerungen im Wechsel der klimatischen Veränderungen. – Z. f. Geomorphologie, N. F. 3: 193–226 und 283–304; Stuttgart (Bornträger)

ACKERMANN, E. (1959a): Die Sturzfließung am Schikkeberg. – Notizbl. Hess. L.-Amt Bodenforsch., 87: 172–187, 5 Abb., 1 Tab.; Wiesbaden

ADAMS, P. (1990): Eine (miß-)gelungene Zielbohrung. – Unser Betrieb, Werkzeitschrift der Deilmann-Haniel-Gruppe, 34, S. 13, 1 Abb., Dortmund (Eig. Vlg.)

AHORNER, L. (1968): Erdbeben und jüngste Tektonik im Braunkohlenrevier der Niederrheinischen Bucht. – Z. Dtsch. Geol. Ges., 118: 150–160, 4 Abb., 1 Taf.; Hannover

AHORNER, L. (1972): Erdbebenchronik für die Rheinlande 1964–1970. – Decheniana, 125: 259–283, 12 Abb.; Bonn

AHORNER, L. (1975): Present-Day Stress Field and Seismotectonic Block Movements along Major Fault Zones in Central Europe. – Tectonophysics, 29, 233–249; Amsterdam

AHORNER, L. (1989): Seismologische Untersuchung des Gebirgsschlages am 13. März 1989 im Kalisalzbergbau bei Völkershausen, DDR. – Glückauf-Forschungshefte, 50, 224–230, 11 Bild., 2 Taf.; Essen (Glückauf Vlg.)

AHORNER, L., MURAWSKI, H. & SCHNEIDER, G. (1970): Die Verbreitung von schadenverursachenden Erdbeben auf dem Gebiet der Bundesrepublik Deutschland; Versuch einer seismologischen Regionalisierung. – Z. f. Geophysik, 36: 313–343, 6 Abb.; Würzburg (Physica Verlag)

AHTING, D. & SWATEK, P. (1977): Standfestigkeitsuntersuchungen auf Mülldeponien. – Müll u. Abfall, 9, 1–5, 4 Abb.; Berlin (E. Schmidt)

ALBERTS, D., EISSFELD, F., SCHUPPENER, B. (1986): Beurteilung alter Spundwandbauwerke an den norddeutschen Küsten. – Vortr. Baugrundtagung Nürnberg, 367–384, 12 Bild.; Essen (DGEG)

ALBIKER, B. (1988): Anmerkungen zum Thema: Das Feuchtverhalten mineralischer Schichten in der Basisabdichtung von Deponien (von U. Holzlöhner). – Müll und Abfall, 364–367, 3 Bild.; Berlin (E. Schmidt)

ALTMANN, K., ARMBRUSTER, J., EBHARDT, G., V. EDLINGER, G., EINSELE, G., JOSOPAIT, V., V. KAMP, H., LAMPRECHT, K., LILLICH, W., MULL, R., PETERS, G., SCHEKORR, E., SCHULZ, H. & WROBEL, J.-P. (1977): Methoden zur Bestimmung der Grundwasserneubildungsrate. – Geol. Jb. C 19, 3–98, 30 Abb., 9 Tab.; Hannover

AMANN, P. & BRETH, H. (1972): Das Setzungsverhalten der Böden nach Messungen unter einem Frankfurter Hochhaus. – Vorträge Baugrundtagung Stuttgart: 179–196, 10 Bild.; Essen (DGEG)

AMMANN, M. & SCHENKER, F. (1989): Nachweis von tektonischen Störungen in 2 Bodengasprofilen in der Nordschweiz. – Nagra Technischer Bericht 89–25, 46 S., Anhang I–IV, 6 Beil.; Baden (Eig. Vlg.)

AMPFERER, O. (1939): Über einige Formen der Bergzerreißung. – Sitzungsber. Akad. der Wissenschaften, mathem.-naturw. Klasse, Abt. I, 148, 1–14, 8 Fig.; Wien (Hölder-Pichler-Tempsky Vlg.)

ANDRASKAY, E. (1994): Überlegungen zur Definition der Ausbruchklassen in der SIA-Norm 198 Untertagebau, Ausgabe 1993. – Felsbau 12, 425–427, 1 Abb., 5 Tab.; Essen (Glückauf Vlg.)

ANDRÉ, R. (1989): Der Wilfenbergtunnel – Berechnungen und Messungen der offenen Bauweise. – Geotechnik, 12, 135–141, 17 Bild., 2 Tab.; Essen (DGEG)

ANGERER, H. (1995): Risikozonen als Basismodul für die Landschaftsplanung. – Felsbau, 13, 407–413, 4 Bild., 9 Tab.; Essen (Glückauf Vlg.)

ANKE, G., HABETHA, E., LANGER, M. & MEISTER, D. (1975): Bauen am Hang – Neue Wege zum Erkennen und Erfassen des Kriechverhaltens von Gesteinen an Hängen und Vorschläge für Gegenmaßnahmen. – Berichte aus der Bauforschung, H. 100, 57 S., 45 Abb., 17 Tab.; Berlin (Ernst & Sohn)

ANRICH, H. (1958): Zur Frage der Vergipsung in den Sulfatlagern des Mittleren Muschelkalks und Gipskeupers in Südwestdeutschland. – Neues Jb. Geol. u. Paläont. Abh. 106, 293–338, 12 Abb., 3 Tab., 4 Taf.; Stuttgart

ARMBRUSTER, G. (1987): Ein Bergrutsch bei Gunzesried im Allgäu (1955). – Ber. Naturwiss. Ver. f. Schwaben e. V., 91, 38–44, 3 Abb.; Augsburg

ARNETH, J.-D., KERNDORFF, H., BRILL, V., SCHLEYER, R., MILDE, G. & FRIESEL, P. (1986): Leitfaden für die

Aussonderung grundwassergefährdender Problemstandorte bei Altablagerungen. – WaBoLu-Hefte, 5/1986, 86 S., zahlr. Abb. u. Tab.; Berlin (Eig. Verlag BGA)

ARNOLD, K. (1982): Sprengerschütterungen bei unterirdischen Vortrieben in der Nähe von Wohngebieten. – Nobel-Hefte 48, 23–38, 22 Bild., 2 Taf.; Dortmund (Sprengtechn. Dienst)

ARNOLD, K. (1983): Welche Folgerungen ergeben sich aus dem Gelbdruck DIN 4150, Erschütterungen im Bauwesen, Teil 3 „Einwirkungen auf bauliche Anlagen", für die Durchführung von Sprengarbeiten. – Nobel Hefte 49, 58–62, 1 Bild., 1 Taf.; Dortmund (Sprengtechn. Dienst)

ARNOLD, K. (1984): Neue Regelungen des Sprengerschütterungs-Immissionsschutzes. – Nobel-Hefte, 50, 106–109, 3 Bild.; Dortmund (Sprengtechn. Dienst)

ARNOLD, K. (1986): Zulässige Sprengerschütterungs-Einwirkungen auf bauliche Anlagen im internationalen Vergleich und die Gefahr von Sprengschäden. – Nobel-Hefte, 52, 151–156, 1 Bild, 2 Taf.; Dortmund (Sprengtechn. Dienst)

ARNOLD, K. (1988): Baugrubensprengungen in dichter, erschütterungsempfindlicher Bebauung. – Nobel-Hefte, 54, 129–144, 24 Bilder, 2 Taf.; Dortmund (Sprengtechn. Dienst)

ARNOLD, K. (1993): Einwirkungen von Sprengerschütterungen auf Menschen in Gebäuden – Erläuterungen zur DIN 4150, Teil 2, – Nobelhefte, 59, 31–36, 3 Taf.; Troisdorf (Dynamit Nobel GmbH)

ARNOLD, K. (1995): Sprengvortrieb eines Verkehrstunnels bei extremen Bedingungen für den Immissionsschutz. – Nobel Hefte, 61, 112–120, 9 Bild, 3 Taf.; Troisdorf (Dynamit Nobel GmbH)

ARSLAN, U., KATZENBACH, R., QUICK, H. & GUTWALD; J. (1994): Dreidimensionale Interaktionsberechnung zur Gründung der vier neuen Hochhaustürme in Frankfurt am Main. – Vorträge Baugrundtagung Köln, 425–437, 9 Bild., 1 Tab.; Essen, (DGGT)

ARZ, P. (1988): Dichtwandtechnik für seitliche Umschließungen. – Bauwirtschaft, 42, 831–835, 9 Bilder; Wiesbaden (Bauvlg.)

ARZ, P. & KRUBASIK, K. (1986): Mantel- und Fußverpressung von Bohrpfählen. – Proc. Pfahlsymp. 86 in Darmstadt, 15–20, 6 Abb., Inst. f. Grundbau, Boden- u. Felsmech.; TH Darmstadt (Eig. Vlg.)

ARZ, P., SCHMIDT, H. G., SEITZ, J. & SEMPERICH; S. (1994): Grundbau. – Sonderdruck aus dem Betonkalender 1994, 242 S., zahlr. Abb. u. Tab.; Berlin (Ernst & Sohn)

ATTERBERG, A. (1911): Die Plastizität der Tone. – Int. Mitt. Bodenkde., 1: 10–43, 4 Fig.; Berlin (Verlag für Fachlit.)

AUERSCH, L. (1984): Berechnung des Schwingungsverhaltens von Gebäuden bei Einwirkung von Erschütterungen. – Bauingenieur, 59, 309–317, 19 Bild.; Berlin (Springer)

AUGUST, H. (1985): Untersuchungen zum Permeationsverhalten kombinierter Abdichtungssysteme. – Mitt. Inst. Grundb. u. Bodenmech. TU Braunschweig, 20, 205–219, 7 Bild.; Braunschweig (Eig. Vlg.)

AUGUST, H. (1986): Untersuchungen zur Wirksamkeit von Kombinationsdichtungen. – Fortschritte der Deponietechnik, 16, 103–122, 4 Abb., 4 Tab.; Berlin (E. Schmidt)

AUST, H. & MATUSZCZAK, B. (1990): Statistische Auswertung geowissenschaftlicher Daten von Deponien in der Bundesrepublik Deutschland. – Z. dt. geol. Ges., 141, 201–214, 16 Abb., 6 Tab.; Hannover

AXT, G. (1961): Die Kohlensäuregleichgewichte in Theorie und Praxis. – vom Wasser, XXVIII; 208–226, 5 Abb.; Weinheim/Bergstr.

AZZAM, R. (1984): Experimente und theoretische Untersuchungen zum Quell-, Kompressions- und Scherfestigkeitsverhalten tuffitischer Sedimente und deren Bedeutung für die Standsicherheitsanalyse tiefer Einschnittsböschungen. – Mitt. Ing.- u. Hydrogeol., 18, 148 S., 70 Abb., 1 Tab.; Aachen

AZZAM, R. & GÜNSTER, H. (1995): Gefährdung der Gründung und Bausubstanz des Schlosses Westerholt/ Westfalen durch veränderte (sinkende) Grundwasserstände. – Sonderheft Geotechnik zur 10. Nat. Tag. Ing.-Geol., Freiberg, 26–37, 10 Abb.; Essen (DGGT)

BABENDERERDE, S. (1989): Stand der Technik und Entwicklungstendenzen beim maschinellen Tunnelvortrieb im Lockerboden. – Forschung + Praxis, 33, 78–84, 19 Bild.; Köln (Hba) (Alba)

BABENDERERDE, S. (1989): Fortschritte beim mechanischen Vortrieb großer Tunnelquerschnitte. – Eisenbahn technische Rundschau (ETR) 38, 619–623, 11 Bild.; Darmstadt (Hestra Vlg.)

BACHMANN, G. (1976): Autobahn Bern – Biel. Neue Wege beim Straßenbau auf Torfböden., Straße und Verkehr, 4, 1–15, 25 Abb.; Zürich

BACKHAUS, E. (1963): Der Betonprüfhammer als Hilfsmittel zur Bestimmung der relativen Festigkeit bei Sedimentgesteinen. – Geol. Mitt., 3: 143–152, 1 Abb., 1 Texttaf.; Aachen

BACKHAUS, E. (1970): Baugeologie der Lockergesteine (Mittelgebirge, Alpenvorland, Niederrhein). – In Grundbautaschenbuch Bd. I Ergänzungsband: 55–108, 21 Bild., 4 Taf.; Berlin (Ernst & Sohn)

BAERMANN, A. (1988): Schadstoffausbreitung im geklüfteten Glimmerton unterhalb der Deponie Georgswerder. – Schr. Angew. Geol. Karlsruhe, 4, 81–98, 5 Tab., 6 Abb.; Karlsruhe (Eig. Vlg.)

BALTHAUS, H. (1990): In situ-Hochdruckwäsche kontaminierter Böden. – Vorträge Baugrundtagung Karlsruhe, 121–123, 10 Bild.; Essen (DGEG)

BALTHAUS, H. G. & FRÜCHTENICHT, H. (1983): Modellversuche zur Ermittlung der statischen Tragfähigkeit von Pfählen aus dynamischen Messungen. – Proc. Symp. Meßtechnik im Erd- und Grundbau, 127–134, 10 Bild.; Essen (DGEG)

BANKWITZ, P. (1965): Über Klüfte I. – Geologie 14, 241–253; Berlin (Akad. Vlg.)

BANKWITZ, P. (1966): Über Klüfte; II. Die Bildung der Kluftfläche und eine Systematik ihrer Strukturen. – Geologie, 15: 896–941, 34 Abb., 2 Tab.; Berlin (Akademie Verlag)

BARTELS, K., SCHEU, C. & JOHANNSSEN, K. (1988): Ein neues Dichtungssystem in Sandwichbauweise aus Be-

tonit und mechanisch verfestigten Vliesstoffen. –
1. Kongr. Kunststoffe in der Geotechnik in Hamburg
(K-GEO 88), 193–202, 10 Abb.; Essen (DGEG)

BARTON, N. (1973): Review of a new shear-strength cri-
terion for rock joints. – Eng. Geol., Vol. 7, 287–332;
Amsterdam

BARTON, N. (1986): Deformation Phenomena in Jointed
Rock. – Geotechnique, 36, 147–167; Paris

BARTON, N., LIEN, R. & LUNDE, J. (1974): Engineering
classification of rock masses for the design of tunnel
support. – Rock Mechanics, 6, 189–236; Wien (Springer)

BARTON, N. & CHOUBEY, V. (1977): The Shear Strength
of Rock Joints in Theory and Practice. – Rock Mechanics, 10, 1–54, 20 Fig., 11 Tab.; Wien (Springer)

BARTON, N. & GRIMSTAD, E. (1994): The Q-System fol-
lowing Twenty Years of Application in NMT Support
Selection. – Felsbau, 12, 428–436, 9 Fig., 5 Tab.; Essen (Glückauf Vlg.)

BATEREAU, CH. (1989): Beitrag zur Durchlässigkeit von
Geotextilien normal zur Geotextilebene. – Geotechnik, 11, 5–9, 7 Bild.; Essen (DGEG)

BAUDENDISTEL, M. (1974): Abschätzung der Seiten-
druckziffer und deren Einfluß auf den Tunnel. – Rock.
Mech. 3, 89–96, 7 Abb.; Wien (Springer)

BAUDENDISTEL, M. (1988): Kalottensohle oder Kalottenfußverbreiterung. – Geotechnik Sonderheft 1988,
155–163, 23 Bild.; Essen (DGEG)

BAUDENDISTEL, M. (1994): Zur Vortriebsklassifizierung
in Deutschland. – Felsbau, 12, 418–424, 7 Bild., Essen (Glückauf Vlg.)

BAUER, I., SPRENGER, M. & BOR, J. (1992): Die Berechnung lithogener und geogener Schwermetallgehalte
von Lößböden am Beispiel von Kupfer, Zink und Blei.
– Mainzer geowiss. Mitt., 21, 7–34, 13 Abb., 4 Tab.;
Mainz (Geol. LA)

BAUER, K.-H. (1966): Der Bauer-Injektionsanker und
seine Anwendung. – Baumasch. u. Bautechnik, 13:
1–8, 15 Bild.; Wiesbaden (Bauverlag)

BAUER, K.-H. (1988): Stabilisierung einer rutschgefährdeten Großeinschnittsböschung im Mittleren Buntsandstein des Hessischen Berglandes. – Geotechnik
Sonderheft 1988, 35–30, 4 Bilder; Essen (DGEG)

BAULE, H. & DRESEN, L. (1973): Methoden zur Abgrenzung von Erdfallbereichen und der Lokalisierung unterirdischer Hohlräume. – Proc. Symp. IAEG „Erdfälle und Bodensenkungen", Hannover, G 3: 1–9; Essen
(DGEG)

BAUMANN, H. (1986): Der Hohenzollerngraben – Wir-
kung einer tiefreichenden Störung auf das regionale
Spannungsfeld. – Berichte SFB 108, Spannung und
Spannungsumwandlung in der Lithosphäre. Univ.
Karlsruhe, 15–28, 5 Abb., 1 Tab.; Karlsruhe (Eig.
Vlg.)

BAUMANN, H.-J. (1985): Beobachtungen und Berechnungen zur Böschungsentwicklung bei der Talbildung
im wechselhaften veränderlich festen Gestein. – In
HEITFELD, K.-H. (Hrsg.): Ingeol. Probleme im Grenzbereich zwischen Locker- und Festgesteinen, 266–
279, 7 Abb., 3 Tab.; Berlin (Springer)

BAUMANN, H.-J. (1990): Langzeitbeobachtungen und
geotechnische Untersuchungen im Isartal südlich
München. Ein Beispiel für die Hangentwicklung infolge Erosion in veränderlich festem Gestein. – Geol. Jb.,
C 53, 3–108, 35 Abb., 19 Tab., 13 Taf.; Hannover

BAUMANN, H. J. (1995): Bruch- und Rutschvorgänge in
den Tälern des Alpenvorlandes und des Schichtstufen-
landes. – Beiträge aus der Geotechnik, TU München,
H. 21, (in Druck)

BAUMANN, H. J. & GALLEMANN, TH. (1995): Einwirkung von Rutschmassen auf eine alte Stahlbetonbrük-
ke über die Isar. – Geotechnik Sonderheft v. 10. Nat.
Tag. Ingeol. Freiberg, 260–271, 10 Abb.; Essen
(DGGT)

BAUMANN, V. (1978): Setzungsmessungen an Bauwerken, die durch Tiefenrüttlungen gegründet sind. – Vorträge Baugrundtagung Berlin: 365–392, 25 Abb.; Essen (DGEG)

BAUMANN, V. (1982): Dichten durch Injektionen. – Mitt.
Lehrstuhl f. Grundbau u. Bodenmech. TU Braunschweig, 8, 39–65, 13 Abb.; Braunschweig (Eig. Vlg.)

BAUMANN, V., LOEWNER, H.-G. & SCHULZ-BERENDT,
V. (1994): Sanierung eines Geländeteiles des ehemaligen Ausbesserungswerkes der Deutschen Bahn AG an
der Idsteiner Straße in Frankfurt/Main. – Vorträge
Baugrundtagung Köln, 5–22, 16 Abb.; Essen (DGGT)

BAUMANN, V. & SAMOL, H. (1980): Soilcrete-Verfahren;
Hochdruckinjektionen zur Lastübertragung in fein-
und grobkörnigen Bodenschichten. – Vorträge Baugrundtagung Mainz, 437–463, 22 Abb., 1 Tab.; Essen
(DGEG)

BAUMGÄRTNER, J. (1987): Anwendung des Hydraulic-
Fracturing-Verfahrens für Spannungsmessungen in
geklüfteten Gebirge, dargestellt anhand von Meßer-
gebnissen aus Tiefbohrungen in der Bundesrepublik
Deutschland, Frankreich und Zypern. – Diss. Univ.
Bochum, Ber. Inst. f. Geophysik, Reihe A, VIII
+ 223 S., 77 Abb., 25 Tab.; Bochum (Eig. Vlg.)

BAUMGÄRTNER, J., RUMMEL, F. & ZHOTAN, C. (1987):
Wireline Hydraulic Fracturing Stress Measurements in
the Falkenberg Granite Massif. – Geol. Jb., E 39, 83–
99, 7 Abb., 4 Tab.; Hannover

BAUMGARTL, W. (1986): Ein einfaches Rechenmodell für
negative Mantelreibung (Plastisches Modell PM). –
Proc. Pfahlsymp. 86 in Darmstadt, 71–76, 5 Fig., Eig.
Vlg. Inst. f. Grundbau, Boden- u. Felsmech.; TH
Darmstadt (Eig. Vlg.)

BAUMGARTL, W. (1986a): Gruppenwirkung bei V-Last –
Die Pfahlgruppe als dicker Einzelpfahl. – Proc. Pfahl-
symp. 86, 77–81, 3 Fig., Eig. Vlg. Inst. f. Grundbau,
Boden- und Felsmech.; TH Darmstadt (Eig. Vlg.)

BECK, R.-D. (1993): Halbquantitative Bestimmung des
Lößlehmanteils in Böden und seine Bedeutung als
Quelle geogener Schwermetalle. – Geol. Jb. Hessen,
121, 169–180, 3 Abb., 7 Tab.; Wiesbaden

BECKER, A. (1985): Ein Brückenentwurfsproblem infolge eines instabilen Hanges bei der Talbrücke Obere
Argen der BAB A 96. – Geotechnik, 8, 47–50, 3 Bilder; Essen (DGEG)

BECKER, A. (1986): Resultate der in-situ-Spannungs-
messungen im Tafeljura und ihre Interpretation. – Be-

richt SFB 108, Spannung und Spannungsumwandlung in der Lithosphäre, Univ. Karlsruhe, 29–46, 10 Abb., 3 Tab.; Karlsruhe (Eig. Vlg.)

BECKER, A. (1995): Neotektonik in Nord- und Mitteleuropa – ein Überblick. – N. Jb. Geol. Paläont. Mh., 9–38, 5 Abb.; Stuttgart (Schweizerbarth)

BECKER, A., BLÜMLING, P. & MÜLLER, W. H. (1984): Rezentes Spannungsfeld in der zentralen Nordschweiz. – Nagra Techn. Bericht 84–37, 1–35, 22 Fig.; Baden (CH)

BECKER, L. P. (1993): Überkonsolidierte Schluffe Klasse 6 (leichter Fels) oder Klasse 7 (schwerer Fels). Geotechnik 16, 81–83, 2 Bild.; Essen (DGEG)

BECKER, L. P. & LITSCHER, H. (1988): Der Felssturz vom Monte Zandila, Veltintal. – Felsbau, 6, 75–77, 5 Bilder; Essen (Glückauf)

BECKER, R. E., LINDSTEDT, H. J. & PRINZ, H. (1989): Ingenieurgeologie – in Erl. GK 25 Hessen, Bl. 5023 Ludwigseck, 203–217, Abb. 36–40, Tab. 18–20; Wiesbaden

BECKMANN, U. (1988): Bau- und Sicherheitskonzept von Behälterdeponien nach Standard der TA Abfall. – Bauwirtschaft, 42, 836–841, 4 Abb.; Wiesbanden (Bauvlg.)

BECKMANN, U. & SCHIFFER, W. (1986): Tiefe Behälter-Deponie für Sonderabfälle. – Vorträge Baugrundtagung Nürnberg, 113–127, 5 Bild.; Essen (DGEG)

BEHNKE, C. (1988): 40 Jahre Geowissenschaftliche Gemeinschaftsaufgaben – Erschütterungsmessungen. – Geol. Jb. A 109, 175–184, 3 Abb., 1 Tab.; Hannover

BEHR, H. (1972): Radiometrische Verfahren für Dichte- und Feuchtemessungen. – Vorträge Baugrundtagung Stuttgart, 529–547, 11 Bild., 1 Tab.; Essen (DGEG)

BEHR, H. (1983): Radiometrische Messungen. – Symp. Meßtechnik im Erd- und Grundbau München, 21–27, 5 Bild., 4 Tab.; Essen (DGEG)

BEHRENS, H. (1995): Perkolationsversuche zum Einfluß organischer Schadstofflösungen und Sickerwasser auf Deponietone. – Berliner Geowiss. Abb. (A), 170, 25–44, 7 Abb., 3 Tab., Berlin (Selbstverlag TU)

BEHRENS, W. & FEISER, J. (1995): Die Kunststoffdichtungsbahn – zusätzliches oder überflüssiges Element des Oberflächenabdichtungssystems einer Deponie. – Geotechnik 18, 77–83, 6 Bild.; Essen (DGGT)

BEHRMANN, W. (1919): Der Vorgang der Selbstverstärkung. – Z. Ges. Erdkde.: 153–157; Berlin

BEICHE, H. (1991): Bemessung und Bau eines Tunnels in anhydrithaltigem Gebirge (B 14 – Tunnel in Stuttgart-Heslach). – Geotechnik Sonderheft 1991, 208–215, 19 Abb.; Essen (DGEG)

BEICHE, H. & KAGERER, W. (1989): Realisierung eines innerstädtischen Straßentunnels unter schwierigen Bedingungen der Geologie und der Umwelt (Tunnel B 14 in Stuttgart-Heslach). – Forschung + Praxis, 33, Tunnel und Umwelt: Herausforderung für Technik und Volkswirtschaft, 72–77, 16 Bild.; Köln (STUVA)

BEICHE, H., KAGERER, W. & WITTKE, W. (1987): Geologie, Planung, Berechnung und Ausführung des Straßentunnels B 14 in Stuttgart-Heslach. – Geotechnik Sonderheft 1987, 115–122, 19 Bild.; Essen (DGEG)

BEICHE, H., KAGERER, W. & WITTKE, W. (1995): Geotechnik und Tunnelbau im Stuttgarter Raum – besondere Probleme und Lösungen. – Forschung + Praxis, 36, 298–306, 17 Bild.; Köln (alba)

BEIERSDORF, H. (1969): Druckspannungsindizien in Karbonatgesteinen Süd-Niedersachsens, Ost-Westfalens und Nord-Hessens. – Geol. Mitt., 8, 217–262, 28 Abb.; Aachen (Eig. Vlg.)

BEITINGER, E. & GLÄSER, E. (1986): Thermische Reinigung kontaminierter Böden. – Fortbildungszentrum Gesundheits- und Umweltschutz (FUG); Sanierung kontaminierter Standorte 1986, 27–34, 2 Abb.; Berlin (Eig. Vlg.)

BENDEL, L. (1948): Ingenieurgeologie II. – 832 S., 620 Abb., 252 Tab.; Wien (Springer)

BENDEL, L. (1949): Ingenieurgeologie I. – 2. Aufl., 832 S., 586 Abb., 398 Tab.; Wien (Springer)

BENDER, F. (1985): Angewandte Geowissenschaften. Bd. II, Methoden der angewandten Geophysik und mathematische Verfahren in den Geowissenschaften. – 766 S., 585 Abb., 55 Tab.; Stuttgart (Enke Vlg.)

BENTZ, A. & MARTINI, H.-J. (1969): Lehrbuch der Angewandten Geologie, Bd. II, Teil 2, Hydrogeologie, Ingenieur-, Talsperren- und Wasserbaugeologie, Mathematische Verfahren, Bohrprobenbearbeitung, Luftbildgeologie, Vermessung: 1357–2151, 302 Abb., 101 Tab.; Stuttgart (Enke)

BERGER, E. (1987): Konzeptionelle Überlegungen zum Verhalten von Untertagebauten während Erdbeben. – Nagra informiert, 9. Jhg., 15–20, 8 Abb., 1 Tab.; CH-Baden (Nagra)

BERNHARD, H. (1968): Alte Rutschungserscheinungen an der Grenze Röt/Muschelkalk im nördlichen Hessen. – Mitt. Geol. Inst. TU Hannover, 8: 21–33; Hannover

BERNHARD, H. (1973): Fossile Einbrüche im Muschelkalk Nordhessens. – Proc. Symp. IAEG Erdfälle u. Bodensenkungen Hannover, T 2-H1-H5, 1 Abb.; Essen (DGEG)

BERNATZIK, W. (1952): Anheben des Kraftwerkes Hessigheim am Neckar mit Hilfe von Zementverpressungen. – Bautechnik, 8: 83–92, 20 Abb.; Berlin (Ernst & Sohn)

BERWANGER, W. & LINDNER, E. (1989): EDV-Systeme im Untertagebau. – Tunnelbautaschenbuch 1989, 297–332, 12 Bild.; Essen (Glückauf Vlg.)

BEURER, M. (1981): „Ingenieurgeologie" in Erl. geol. Kt. Hessen 1:25000, Bl. 5518 Butzbach, 149–157, 5 Abb., 1 Tab.; Wiesbaden (HLB)

BEURER, M. & HOLTZ, S. (1988): „Ingenieurgeologie" in: Erl. geol. Kt. Hessen 1:25000, Bl. 5621 Wenings, 218–226 und Abb. 13; Wiesbaden

BEURER, M. & PRINZ, H. (1977): Entlastungsbruch als Ursache von Rutschungen an Böschungen. – Ber. 1. Nat. Tag. Ingenieurgeol., Paderborn: 137–158, 14 Abb.; Essen (DGEG)

BEYER, W. (1964): Die Erfassung von Grundwasserfließvorgängen mittels Farbstoffen in Verbindung mit Pumpversuchen. – Z. Angew. Geol. 10, 295–301; Berlin (Akad. Vlg.)

BICZÓK, I. (1968): Betonkorrosion, Betonschutz. – 659 S., 173 Abb., 78 Taf., Anhang I + II; Wiesbaden (Bauvlg.)

BIEDERMANN, B. (1987): Mineralische Dichtungssysteme für Deponien. – Veröffentl. Grundbauinst. LGA Bayern, H. 49, 123–146, 15 Abb.; Nürnberg (Eig. Vlg.)

BIEDERMANN, B. (1989): Das Zusammenwirken von mineralischer Basisabdichtung, Schutzvlies und Filterschicht am Beispiel der Kombinationsdichtung für die Reststoffdeponie Hopferstadt. – Tagungsband „5. Fachtagung Die sichere Deponie-Kunststoff-Dichtungssysteme – ein wichtiger Beitrag zum Umweltschutz", 248–264, 18 Bild.; Würzburg (Südd. Kunststoff-Zentrum)

BIEDERMANN, B. & MAGAR, K. (1985): Durchlässigkeit von mineralischen Basisdichtungen. – Ber. 5. Nat. Tag. Ing. Geol. Kiel, 133–138, 7 Abb.; Essen (DGEG)

BIENIAWSKI, Z. T. (1976): Rock mass classifications in rock engineering. – Exploration for Rock Engineering, Vol. 1, 97–107; Johannesburg

BIENIAWSKI, Z. T. & ALBER, M. (1994): Effektive Gebirgsklassifizierung durch systematische Entwurfsverfahren. – Felsbau, 12, 437–442, 6 Bild., 1 Tab.; Essen (Glückauf Vlg.)

BIENSTOCK, R. & KUHNHENN, K. (1987): Erkundungsstollen und Probevortrieb für den Burgbergtunnel der NBS M/S – Maximierung exakter Ausschreibung, Minimierung unliebsamer geologischer Überraschungen. – Geotechnik Sonderheft 1987, 123–134, 17 Bild.; Essen (DGEG)

BIESKE, E. & WANDT, U. (1977): Nold-Brunnenfilterbruch. – 5. Aufl. 314 S., 293 Abb., zahlr. Tab., Anhang (DIN); Stockstadt (Fa. J. F. Nold & Co.)

BILZ, P. & VIEWEG, J. (1993): Zur Größe der Kapillarkohäsion von Sanden. – Geotechnik 16, 65–71, 7 Bild., 3 Tab.; Essen (DGEG)

BIRZER, F. (1976): Geologische Exkursion in den Raum Altdorf und Neumarkt. – Exkursionsführer Baugrundtagung Nürnberg (unveröffentlicht)

BISHOP, A. W. (1955): The use of the slip circle in the stability analysis of earth slopes. – Geotechnique, Vol. 5, 7–17; Paris

BJERRUM, L. (1973): Problems of soil mechanics and construction on soft clays and structurally unstable soils. – Proc. 8 th Int. Conf. on Soil Mechanics and Foundation engineering Moskau, Band. 3; Amsterdam

BJÖRNSEN, G. (1982): Meß- und Überwachungsprogramm einer Stauanlage im Buntsandstein bei begrenzter Untergrundabdichtung am Beispiel der Twistetalsperre. – Wasserwirtschaft, 72, 135–139, 6 Bild; Stuttgart (Frank'sche Vlghdlg.)

BLESSING, G. (1977): Anheben eines schiefstehenden Wohnhauses. – Straßen- u. Tiefbau, 31: 34–37, 5 Abb.; Isernhagen (Verlag für Publizität)

BLEY, A. (1976): Sicherung von Hängen und Böschungen durch Tiefdränschlitze. – Vorträge Baugrundtagung Nürnberg: 699–714, 6 Abb.; Essen (DGEG)

BLIND, H. (1980): Ernstbachtalsperre – eine Trinkwassertalsperre für die Rhein-Main-Taunus-Region. – Schriftenreihe des Dt. Verb. f. Wasserwirtschaft u. Kulturbau, 43: 181–213, 18 Bild.; Berlin, Hamburg (Parey)

BLIND, H. (1982): Sicherheit von Talsperren. – Wasserwirtschaft, 72, 84–92, 8 Bild., 4 Taf.; Stuttgart (Frank'sche Vlghdlg.)

BLIND, H. (1987): Staudämme und ihr Untergrund. – Felsbau, 5, 138–143, 17 Bild., Essen (Glückauf Vlg.)

BLINDOW, A. (1986): Anwendung des Rodinjet-Verfahrens am Oswaldiberg-Tunnel. – Unser Betrieb, Werkszeitschrift Deilmann-Haniel-Gruppe, H. 42, 27–29, 6 Abb.; Dortmund (Deilmann-Haniel GmbH)

BLÜMEL, W. & BUCHMANN, K.-I. (1982): Inklinometermeßverfahren für horizontale Bodenverschiebungen. – Tiefbau – Ingenieurbau – Straßenbau, 24; Gütersloh (Bertelsmann)

BLÜMEL, W. & RIZKALLAH, V. (1978): Erkenntnisse über Setzungsgröße und -verlauf bei einer Baugrundverbesserung durch Stopfverdichtung. – Vorträge Baugrundtagung Berlin, 339–410; Essen (DGEG)

BLÜMLING, P. (1983): Bohrlochauskesslungen und ihre Beziehung zum regionalen Spannungsfeld. – Berichtsbd. SFB 108 Univ. Karlsruhe, 303–323; Karlsruhe

BLÜMLING, P. & HUFSCHMIED, P. (1989): Fluid logging in Tiefbohrungen. – Nagra informiert, 11, Nr. 3 + 4, 24–38, 19 Abb., 2 Tab.; Baden (CH)

BLÜMLING, P. & SCHNEIDER, TH. (1986): Bohrlochrandausbrüche in Tiefbohrungen und ihre Beziehung zum rezenten Spannungsfeld. – Bericht SFB 108, Spannung und Spannungsumwandlung in der Lithosphäre, Univ. Karlsruhe, 165–195, 24 Abb.; Karlsruhe (Eig. Vlg.)

BLUM, R. (1982): Erdbeben in Hessen; Entstehung, Wirkung, Verbreitung – Informationsschrift HLB Wiesbaden, 7 S., 4 Abb., 1 Tab.; Wiesbaden

BLUM, R., BOCK, G., MERKLER, G. & FUCHS, K. (1976): Beobachtung von Seismisität an Stauseen und Untersuchung ihrer Ursachen. – Jahresbericht 1975, SFB 77 Felsmechanik, Univ. Karlsruhe, 135–145; Karlsruhe

BLUME, H. & REMMELE, G. (1989): Schollengleitungen an Stufenhängen des Stromberges (Württembergisches Keuperbergland). – Iber. Mitt. oberrhein. geol. Ver. N. F. 71, 225–246, 5 Abb., 3 Tab.; Stuttgart (Schweizerbart)

BLUME, H.-P. (1994): Böden in Ballungsräumen. – in A. KLOKE (Hrsg.) Beurteilung von Schwermetallen in Böden von Ballungsgebieten, 33–58, 4 Abb., 5 Tab.; Frankfurt (DECHEMA)

BLUME, K. H. & HILLMANN; R. (1996): Untersuchungen an geotextilbewehrten Dämmen auf Torf. – Vorträge Baugrundtagung 1996 Berlin, 481–494, 11 Bild., 1 Tab.; Essen (DGGT)

BOCK, H. (1972): Zur Mechanik der Kluftentstehung in Sedimentgesteinen. – Veröffl. Inst. Bodenmech. u. Felsmech. Univ. Karlsruhe, 116 S., 46 Abb., 8 Tab.; Karlsruhe (Eigenvlg.)

BOCK, H. (1976): Einige Beobachtungen und Überlegungen zur Kluftentstehung in Sedimentgesteinen. – Geol. Rundsch. 65, 83–101, 13 Abb., 1 Tab.; Stuttgart (Enke)

BOCK, H. (1980): Das Fundamentale Kluftsystem. – Z. Dtsch. Geol. Ges., 131: 627–650, 13 Abb., 1 Tab.; Hannover

BOCK, H. (1989): Vom Detail des geologischen Spannungszustandes, „welches doch gewiss seine Gesetzmäßigkeit hat", und seinen Auswirkungen auf ein Talsperrenprojekt. – Geologie Felsmechanik Felsbau, Festkolloquium L. Müller-Salzburg 1988, 73–94, 15 Abb.; Clausthal (Trans Tech. Public)

BOCK, H. (1992): Zum Stand der Bohrlochschlitzsonden-Technik – Vergleichsmessungen mit anderen Methoden – Weiterentwicklungen in Hard- und Software – Wann kommt die 3-D Schlitzsonde? – Interfels Nachrichten Nr. 7, Okt. 1992, S. 19–24, 6 Abb.; Bad Bentheim

BOCK, H. & MEDHURST, B. E. (1992): Neuartige Bestimmung der Größe spannungsinduzierter Rißflächen in Bohrlöchern. – Geotechnik Sonderheft 1991 S. 47, Essen (DGEG)

BÖGLI, A. (1964): Mischungskorrosion – ein Beitrag zum Verkarstungsproblem. – Erdkde., 18: 83–92; Bonn (Dümmlers Verlag)

BÖHM, R. (1996): Probleme bei der Bewertung von Altlastenverdachtsflächen. – Mitt. Inst. u. Versuchsanstalt f. Geotechnik d. TH. Darmstadt, 35, 7–15, 1 Bild.; Darmstadt (Eig. Vlg.)

BÖHNKE, B., PÖPPINGHAUS, K. & SCHAAR, N. (1990/91): Technologieregister zur Sanierung von Altlasten (TERESA). – Bundesminister für Forschung und Technologie, Umweltbundesamt, 312 S., 76 Abb., 13 Tab.; Berlin

BÖKE, E. & DIEDERICH, G. (1983): Ursachen und Auswirkungen der Grundwasserabsenkung im Hessischen Ried. – bbr, 34, 281–287, 4 Abb.; Köln (R. Müller Vlg.)

BÖTTCHER, G. & WÜSTENHAGEN, K. (1975): Über die Beurteilung von Sprengerschütterungen und Bauwerksschäden. – Nobel-Hefte, 41, 1–14, 9 Bild., 2 Taf.; Dortmund (Sprengtechn. Dienst)

BOGENRIEDER, W. & KOHLI, J. (1988): Entwurf und Ausführung der Tiefbauarbeiten für die 150 MW Pumpturbine Koepchenwerk. – Geotechnik Sonderheft 1988, 91–97, 9 Bild.; Essen (DGEG)

BORM, G. (1973): Die Grenzen der Ortungsmöglichkeiten von unterirdischen Hohlräumen bei Anwendung geoelektrischer Gleichstromverfahren. – Proc. Symp. IAEG „Erdfälle und Bodensenkungen", Hannover, T 3, J 1–5, 8 Fig.; Essen (DGEG)

BOROWICKA, H. (1963): Der Wiener Routinescherversuch. – Mitt. d. Inst. f. Grundbau u. Bodenmechanik, TH Wien, 5: 7–13, 4 Abb.; Wien

BORRIES, H.-W. (1993): Auf der Suche nach mehr Transparenz – Ausschreibungskriterien für die Altlastenerfassung. – Altlasten, 1/93, 8–18, 6 Abb.; Frankfurt (dfV)

BOUSSINESQ, J. (1885): Applications des potentiels à l'étude de l'équilibre et du mouvement des solides élastiques. – Paris (Gauthier-Villars)

BOUWER, H. & RICE, R. C. (1976): A slug test for determining hydraulic conductivity of unconfined aquifers with completely or partially penetrating wells. – Water Resour, Res., 12, 423–428, Washington (D.C.)

BRÄUER, V. (1991): Analyse des Trennflächengefüges als Grundlage für Durchströmungsversuche im Fels. –

Geotechnik Sonderheft 1991, 134–140, 9 Bild., Essen (DGEG)

BRÄUTIGAM, F. & HESSE, K.-H. (1983): Ingenieurgeologische Gebirgstypisierungen für Tunnelbauten an der DB-Neubaustrecke Hannover–Würzburg in Osthessen. – Ber. 4. Nat. Tag. Ing. Geol. Goslar, 151–165, 6 Bild., 2 Tab.; Essen (DGEG)

BRÄUTIGAM, F. & HESSE, K.-H. (1987): Ingenieurgeologische Erfahrungen beim Vortrieb von Tunnelbauten im Buntsandstein Osthessens für die DB-Neubaustrecke Hannover-Würzburg. – Ber. 6. Nat. Tag. Ing.-Geol. Aachen, 259–281; Essen (DGEG)

BRÄUTIGAM, F., LINSTEDT, H.-J. & PRINZ, H. (1989): Meßtechnische Beobachtung eines Rutschhanges am Nordportal des Schickebergtunnels der Neubaustrecke Hannover – Würzburg der Deutschen Bundesbahn. – Ber. 7. Nat. Tag. Ing. Geol. Bensheim, 23–31, 6 Abb.; Essen (DGEG)

BRÄUTIGAM, F. & PHILIPPEN-LINDT, P. (1989): Vergleichende Betrachtung zu prognostizierten und angetroffenen ingenieurgeologischen Verhältnissen im Planungsabschnitt 15 der DB-Neubaustrecke Hannover–Würzburg. – Ber. 7. Nat. Tag. Ing. Geol. Bensheim, 149–159, 10 Abb.; Essen (DGEG)

BRANDECKER, H. (1971): Die Gestaltung von Böschungen in Lockermassen und in Fels. – Forsch.-Ber. Forschungsges. Straßenwesen im Österreichischen Ingenieur- u. Architektenverein, 3, 59 S., 33 Abb.; Wien

BRANDL, H. (1982): Sicherung von Felsböschungen und Fundierung in diesen. – Rock Mechnics, Suppl. 12, 123–145, 24 Abb.; Wien (Springer)

BRANDL, H. (1987): Konstruktive Hangsicherungen. – In Grundbau-Taschenbuch, Teil 3, 3. Aufl., S. 317–426, 120 Bilder, 2 Tab.; Berlin (Ernst & Sohn)

BRANDL, H. (1989): Zur Standortwahl von (Sonder-) Mülldeponien. – ÖIAZ, 134, 10–20, 14 Abb., 1 Tab.; Wien

BRANDL, H. (1989): Verfahren zur Sicherung und Sanierung von Altlasten. – ÖIAZ, 134, 57–81, 41 Abb., 2 Tab.; Wien

BRANDL, H. (1989): Geotechnische und bauliche Aspekte bei der Neuanlage von Abfalldeponien. – ÖIAZ, 134, 123–162, 69 Abb., 2 Tab.; Wien

BRANDL, H. (1989): Dränsysteme in Deponie-Basisabdichtungen. – Geotechnik, 12, 91–95, 5 Bilder; Essen (DGEG)

BRANDL, H. (1996): Bodenmechanik für funktionstüchtige Deponien. – Österr. Bauwirtschaft 3/96, 20–23, 9 Abb.; Wien

BRANDL, H. & DALMATINER, J. (1988): Geotechnische Baustellenmessungen und (Langzeit-)Überwachung von Hangbrücken und Talübergängen. – Straßenforschung. H. 353, 185 S., 150 Abb., 8 Tab.; Wien (Österr. Min. f. wirtschfl. Angelegenheiten)

BRANDT, E. (1993): Altlasten – Bewertung, Sanierung, Finanzierung. – 3. neu bearb. Aufl., 317 S., einige Bilder und Tab.; Taunusstein (Blottner Vlg.)

BRAUNS, J. (1978): Wasserverluste und Durchsickerung bei Leckagen in schmalen Dammdichtungen. – Schriftenreihe Dt. Verb.-Wasserwirtsch. u. Kulturbau, 43: 27–73, Bild.; Hamburg (Parey)

BRAUNS, J. (1986): Hydraulische Zusammenhänge bei Einkapselungen mit Dichtungswänden. – Beiträge der Interfakultativen Arbeitsgruppe für Grundwasser u. Bodenschutz Univ. Karlsruhe, 4–9, 5 Bilder: Karlsruhe (Eig. Vlg.)

BRAUNS, J. (1980): Spreizsicherheit von Böschungen auf geneigtem Gelände. – Bauingenieur, 55, 433–436, 4 Bild., 2 Tab.; Berlin (Springer)

BRAUNS, J., BLINDE, A. & WITTMANN, L. (1979): Ermittlung bodenphysikalischer Kennwerte für Staudämme am Beispiel der Trinkwassersperre „Kleine Kinzig". – Ber. 2. Nat. Tag. Ing.-Geol., Fellbach 229–242, 18 Abb., 1 Taf.; Essen (DGEG)

BRAUNS, J., DITTMAR, C. & GOTTHEIL, K.-M. (1990): Laborversuche zum Feuchteverhalten thermisch belasteter Kombinationsdichtungen. – Geotechnik, 13, 135–141, 9 Bild.; Essen (DGEG)

BRAUNS, J. & NAGL, H.-J. (1988): Praktische Erfahrungen bei Grundwasserabsenkung für Pumpstationen und Hauptsammler beim Abwasserprojekt Kairo-West. – Vorträge Baugrundtagung Hamburg, 19–34, 14 Abb.; Essen (DGEG)

BRAUSE, H. (1975): Paläodrift – Tektonik in Mitteleuropa. – Z. f. angew. Geol., 21: 338–349, 10 Abb.; Berlin (Akademie Verlag)

BREDDIN, H. (1968): Quantitative Tektonik, 2 Teil, III Faltung. – Geol. Mitt., 7, H. 4, 333–448, 63 Abb., 2 Tab.; Aachen

BREDER, R. (1994): Probennahme und Analytik schwermetallbelasteter Böden. – in A. KLOKE (Hrsg.) Beurteilung von Schwermetallen in Böden von Ballungsgebieten, 105–179, 4 Tab., 9 Abb.: Frankfurt (DECHEMA)

BREITENBÜCHER, R. SPRINGENSCHMIDT, R., DORNER, H. W. HANDKE, D. (1992): Verringerung chemischer Auslaugungen aus Spritzbetonauskleidungen zum Schutz von Tunneldränagen und Umwelt. – Forschung + Praxis, 34, 153–156, 5 Bild., Köln (alba)

BRENDLIN, H. (1962): Die Schubspannungsverteilung in der Sohlfuge von Dämmen und Böschungen. – Veröffentl. Inst. Bodenmech. u. Felsmechanik Univ. Karlsruhe, 10, 86 S., 46 Abb., 14 Anl. ; Karlsruhe

BRETH, H. (1958): Die erdbaumechanischen und erdbautechnischen Untersuchungen für das Pumpspeicherwerk Happurg. – Bautechnik, 35: 228–231; Berlin (Ernst & Sohn)

BRETH, H. (1980): Der Staudammbau, Versuch einer Standortbestimmung anläßlich der Neufassung der DIN 19700. – Wasserwirtschaft, 70: 116–120, 8 Bild.; Stuttgart (Franck'sche Verlagshandlung)

BRETH, H. & ROMBERG, W. (1972): Messungen an einer verankerten Wand. – Vorträge Baugrundtagung Stuttgart: 807–823, 12 Bild.; Essen (DGEG)

BREYMANN, H. (1982): Beurteilung, Prüfung und Kontrolle einer Bodenverbesserung in situ. – Dok. Tauernautobahn Scheitelstrecke, Bd. III, 176–182, 7 Bild.; Salzburg (Vlg. R. Kiesel)

BRILL, V. KERNDORFF, H., SCHLEYER, R., ARNETH, J.-D., MILDE, G. & FRIESEL, P. (1986): Fallbeispiele für die Erfassung grundwassergefährdender Altablagerungen aus der Bundesrepublik Deutschland. – WaBo-

Lu – Hefte, 6/1986, 187 S., zahlr. Abb. u. Tab.; Berlin (Eig. Vlg. BGA)

BROCK, E. (1994): Altstadttunnel Arnsberg. – Unser Betrieb, Werkszeitschrift der Deilmann-Haniel Gruppe Nr. 65, 24–27, 8 Bild., Dortmund (Eig. Vlg.)

BROSCH, F. J. (1983): Zur Interpretation von Morphologie und Intensität der Klüftung von Sandsteinen. – Jb. Geol. B.-A., 126, S. 22, 12 Abb., 1 Tab.: Wien

BROSCH, F. J. & RIEDMÜLLER, G. (1987): Ein Beitrag zur baugeologischen Erfassung von Bodenklassen beim Abbau von Felsböschungen. – ÖIAZ, 132, 19–24, 5 Abb., 1 Tab.; Wien

BROSCH, F. J. & RIEDMÜLLER, G. (1988): Dünne, tonige Trennflächenbeläge als Ursache von Böschungsbewegungen in grobklastischen Sedimenten. – Felsbau, 6, 69–72, 4 Bilder; Essen (Glückauf)

BROSCH, F. J., RIEDMÜLLER, G. & NOHER, H. P. (1990): Großscherversuche beim Bau des Murkraftwerkes Rabenstein. – Felsbau, 8, 38–46, 18 Bild.; Essen (Glückauf Vlg.)

BROSE, F. & BRÜHL, H. K. (1990): Zur Barrierewirkung des Geschiebemergels der Teltow-Hochfläche im Stadtgebiet von Berlin (West) gegenüber Schwermetallen und leichtflüchtigen Chlorkohlenwasserstoffen (LCKW). – Z. dt. geol. Ges., 141, 239–247, 9 Abb., 1 Tab.; Hannover

BROWN, R., GILLON, M. & RIEMER, W. (1993): Sanierung von Rutschungen am Dustan Stausee, Clyde Wasserkraftwerk, Neuseeland. – Ber. 9. Nat. Tag. Ing.-Geol., Garmisch-Partenkirchen 93–102, 8 Abb., 3 Tab.; Essen (DGGT)

BRUCKER, D., FRIEDRICH, K., FROMME, T., REINBECK, V., SCHMIDT, H. G., WACHTER, L. M. & WERLE, H.-E. (1979): Die Krebsbachtalbrücke. – Bauingenieur, 54, 471–481, 21 Bild.; Berlin (Springer)

BRUCKNER, F., HARRES, M. & HILLER, D. (1986): Die Absaugung der Bodenluft – ein Verfahren zur Sanierung von Bodenkontaminationen mit leichtflüchtigen chlorierten Kohlenwasserstoffen. – bbr, 37, 3–8, Köln (R. Müller Vlg.)

BRUDER, J. (1977): Gipsauslaugung im Schönbuchtunnel bei Herrenberg. – Jh. geol. Landesamt Bad.-Württ., 19: 7–16, 1 Abb.; Freiburg i. Br.

BRÜHL, H. K. (1981): Anthropogene Einflüsse auf das Grundwasser (Absenkung und Anstieg). – Wasser '81, 224–238, 9 Abb.; (Colloquium Verlag)

BRUNHOF, W. (1983): Geomechanische Eigenschaften halbfester Tonsteine der Oberen Rötfolge in der westlichen Kuppenrhön. – Diss. Christian Albrecht Univ. Kiel, 204 S., 89 Abb., 30 Tab.; Kiel

BRUNNER, H. & SIMON, TH. (1987): Tektonik und Gipskarst im Bereich des Gründischen Brunnens (Tk 25, Bl 6926 Stimpfach). – Jh. geol. LA Baden-Württemberg, 29, 7–22, 3 Abb., 1 Beil.; Freiburg

BUCHNER, F., STUCKE, W. & WIESNER, W. (1979): Ausgewählte Kapitel zur Oberrheingraben-Tektogenese. – Beitr. naturk. Forsch. Südw.-Dtl., 38, 17–55, 29 Abb.; Karlsruhe

BÜCHNER, K.-H. (1983): Ingenieurgeologische Erfahrungen beim Absaufen des Kalisalzbergwerkes Ronnenberg, Juli 1975. – Ber. 4. Nat. Tag. Ing. Geol. Goslar, 29–36, 2 Bild., 3 Tab.; Essen (DGEG)

BÜCHNER, K.-H. (1984): Gründungen in erdfallgefährdeten Gebieten. – in Bender: „Angewandte Geowissenschaften", Bd. 3, 418–421, 2 Abb.; Stuttgart (Enke)

BÜCHNER, K.-H. (1986): „Baugrund". – in: Erl. Geol. Karte Niedersachsen 1: 25 000, Blatt 4225, Northeim West, 93–105, 1 Abb., 1 Tab.; Hannover

BÜCHNER, K.-H. (1986): „Baugrund". – in: Erl. Geol. Karte, Niedersachsen 1 : 25 000, Blatt, 3514, Vörden, 108–114, 1 Kte; Hannover

BÜCHNER, K.-H. (1991): Die Gefährdung von Bauwerken durch Erdfälle im Vorland des Westharzes. – Geol. Jb., C, 59, 3–40, 3 Tab., 3 Anl. ; Hannover (BGR)

BÜCHNER, K.-H. (1996): Gefährdungsabschätzung für die Planung von Bauwerken in erdfallgefährdeten Gebieten Niedersachsens. – Z. angew. Geol. 42, 14–19, 4 Abb.; Berlin (Akdm. Vlg.)

BÜCHNER, K.-H. & VENZKE, J. F. (1987): Die Erdfälle „Sieben Kuhlen" am Nordhang des Grißemer Berges nordwestlich Bad Pyrmont. – Ber. Naturhist. Ges., Hannover, 129, 125–128, 1 Abb.; Hannover

BÜHMANN, D. & RAMBOW, D. (1979): Der Obere Buntsandstein (Röt) bei Borken/Hessen, Stratigraphie und Tonmineralogie. – Geol. Jb. Hessen, 107: 125–138, 1 Abb., 1 Taf.; Wiesbaden

BÜTOW, E., JORNS, A. C. & LÜHR, H.-P. (1991): Der Pfad   Boden-Untergrund-Grundwasser-Mensch. – IWS-Schriftenreihe, Bd. 13, Ableitung von Sanierungswerten für Kontaminierte Böden, 183–200, 4 Abb.: Berlin (E. Schmidt Vlg.)

BÜTTNER, G. (1987): Der Erdfall von Großbardorf. – Eine Höhle im Hauptmuschelkalk? Statusbericht 1987. – Naturwiss. Jb. Schweinfurt, 5, 29–45, 5 Abb., 3 Bild.: Schweinfurt

BÜTTNER, H. J. (1974): Neue Technik zur Herstellung dünner horizontaler Injektionssohlen. – Die Bautechnik, 51: 62–65, 6 Bild., 1 Tab.; Berlin (Ernst & Sohn)

BUNGE, R. & GÄLLI, R. (1995): Die Behandelbarkeitsprüfung schadstoffbelasteten Bodenmaterials. – Altlastenspektrum, 196–191, 4 Abb., Berlin (E. Schmidt Vlg.)

BUNZA, G., (1976): Systematik und Analyse alpiner Massenbewegungen. – Schriftenreihe Bayer. Landesst. f. Gewässerkunde, 11, 1–84, 59 Abb., 1 Taf., 2 Tab.; München

BUNZA, G. (1993): Massenbewegungen in alpinen Wildbachgebieten und der menschliche Einfluß darauf. – Ber. 9. Nat. Tag. Ing.-Geol., Garmisch-Partenkirchen, 63–69, 6 Abb., 1 Tab.; Essen (DGGT)

BURGER, CH., GRABE, J. & RAKELMANN, U. (1995): Materialuntersuchungen an Klärschlammaschen. – Geotechnik, 19, 162–170, 6 Bild., 2 Tab., Essen – mit Ergänzung Geotechnik, 20, S. 57 (1996)

BURMEIER, N. & EGERMANN, R. (1992): Vorstellung der Richtlinie für Arbeiten in kontaminierten Bereichen. – Altlasten-spektrum, 1, 23–36.; Berlin (E. Schmidt Vlg.)

BUSCH, K.-F. & LUCKNER, L. (1974): Geohydraulik für Studium und Praxis. – 2. Aufl., 442 S., 277 Bild., 58 Tab.; Stuttgart (Enke)

CARL, L. & STROBEL, TH. (1976): Dichtungswände aus einer Zement-Bentonit-Suspension. – Wasserwirtschaft, 66, 246–252, 8 Bild., Stuttgart (Frank'sche Vlghandl.)

CAMBEFORT, H. (1969): Boden-Injektionstechnik (Deutsche Bearbeitung K. Back). – 543 S.; Wiesbaden (Bauverlag)

CARLÉ, W. (1955): Erläuterungen zur Geotektonischen Übersichtskarte der Südwestdeutschen Großscholle. – 31 S., 2 Abb.; Württ. Statistisches Landesamt, Stuttgart

CARLÉ, W. (1979): Subrosions-Erscheinungen in Trias-Gipsen des nördlichen Baden-Württemberg. – Jh. Ges. Naturkunde Württemberg, 134: 34–57, 10 Abb.; Stuttgart

CASAGRANDE, A. (1934): Die Aräometer-Methode zur Bestimmung der Kornverteilung von Böden und anderen Materialien. – 56 S., 20 Abb.; Berlin (Springer)

CASAGRANDE, A. & LOOS, W. (1934): Bodenuntersuchungen im Dienste des neuzeitlichen Straßenbaus. – Der Straßenbau, 25: 25–28; Halle/Salle (Boerner)

ÇEÇEN, K. (1967): Die Ermittlung des Durchlässigkeitsbeiwertes im Zusammenhang mit bautechnischen Bodenuntersuchungen. – Schriftenreihe d. Kuratoriums f. Kulturbauwesen, 17, 76 S., 29 Abb., 23 Taf.; Hamburg (Verlag Wasser und Boden)

CHRISTOW, CHR. K. (1969): Anwendung der Methode „spezifische Setzung" zur Ermittlung der Setzungen infolge einer Grundwasserabsenkung. – Bautechnik, 10: 347–348, 1 Abb.; Berlin (Ernst & Sohn)

CLAR, E. & DEMMER, W.(1982): Baugeologie, Geomechanik und Geotechnik heute. – Rock Mechanics, Suppl. 12, 19–26, 1 Abb.; Wien (Springer)

COLLINS, H.-J. (1988): Die integrierte Basiskonstruktion von Deponien. – Bauingenieur, 63, 405–408, 3 Bilder; Berlin (Springer)

COLLINS, H.-J., SPILLMANN, P. & HERMANSEN, B. (1988): Ist eine Folie auf einer mineralischen Deponieabdichtung vertretbar? – Müll und Abfall, 362–364, 4 Abb.; Berlin (E. Schmidt)

COOPER, H. H., BREDEHOFF, J. D. & PAPADOPOULOS, I. S. (1967): Reponse of finite diameter well to an instantaneons charge of water. – Walter Resources, Vol. 3, Nr. 1, 263–269

COOPER, H. H. & JACOB, C. E. (1946): A generalized graphical method for evaluating formation constants and summarizing well-field history. – Trans. Am. Geophys. Union, 27, 526–534; Richmond

COULOMB, M. (1773): Sur une application des règles de Maximis & Minimis à quelques Problèmes de Statique, relatius à l'Architecture. – Mémoires de Mathematique et de Physique, Paris

CRAMER, H. (1941): Die Systematik der Karstdolinen unter Berücksichtigung der Erdfälle, Erzschlotten und verwandter Erscheinungen. – N. Jb. Mineral. Geol. Paläont. Abt. B, 85: 293–382, 4 Abb., 1 Beil.; Stuttgart (Schweizerbart)

CROTOGINO, F., HEIDER, U. & SCHNEIDER, H.-J. (1987): Baukonzepte und Sicherheitsfragen der Untertage-Sonderabfalldeponien. – Ber. 6. Nat. Tag. Ing. Geol. Aachen, 89–93, 3 Abb.; Essen (DGEG)

CZECH, J. & HUBER, H. (1990): Gesteinskennwerte aus Laborversuchen. – Felsbau, 8, 129–133, 3 Bild., 4 Tab.; Essen (Glückauf)

CZURDA, K. A. (1987): Anforderungen an tonige Barrieregesteine und diesbezügliche Möglichkeiten in Österreich. – Österr. Wasserwirtschaft, 39, 282–289, 5 Abb., 4 Tab.; Wien (Springer)

CZURDA, K. A. & GINTHER, G. (1983): Quellverhalten der Molassemergel im Pfänderstock bei Bregenz, Österreich. – Mitt. österr. geol. Ges., 76, 141–160, 5 Abb.; Wien

CZURDA, K. A. & WAGNER, J.-F. (1986): Diffusion und Sorption von Schwermetallen in tonigen Barrieregesteinen. – Beiträge der Interfakultativen Arbeitsgruppe für Grundwasser u. Bodenschutz Univ. Karlsruhe, 10–19, 6 Abb.; Karlsruhe (Eig. Vlg.)

CZURDA, K. A. & WAGNER, J.-F. (1988): Verlagerung und Festlegung von Schwermetallen in tonigen Barrieregesteinen. – Schr. Angew. Geol. Karlsruhe, 4, 225–245, 2 Tab., 13 Abb.; Karlsruhe (Eig. Vlg.)

CZURDA, K. & XIANG, W. (1993): Der Einfluß der Kationenbelegung auf das Kriechverhalten von Tonen am Beispiel einer Ostalpinen Großhangbewegung. – Ber. 9. Nat. Tag. Ing.-Geol., Garmisch-Partenkirchen. – 33–42, 5 Tab., 9 Abb.; Essen (DGGT)

DAHLE, O. (1990): Leistungsbestimmende Kriterien bei der Auswahl von Bohrköpfen. – Nobel Hefte, 56, 63–68, 9 Bild.; Dortmund (Dynamit Nobel GmbH)

DAHMS, E. (1985): Zur Standortwahl und Abdichtung von Hausmülldeponien in Niedersachsen. – Ber. 5. Nat. Tag. Ing. Geol. Goslar, 99–110; Essen (DGEG)

DALLER, J., RIEDMÜLLER, G. & SCHUBERT, W. (1994): Zur Problematik der Gebirgsklassifizierung im Tunnelbau. Felsbau, 12, 443–447, 11 Bild.; Essen (Glückauf Vlg.)

DAMMER, CH., BUSCH, J. (1993): Sprengarbeiten unter schwierigen Bedingungen beim Auffahren der Tunnels in der Nantenbacher Kurve der zukünftigen Schnellfahrstrecke Würzburg–Frankfurt der Deutschen Bahn AG. – Nobel Hefte, 59, 1–14, 15 Bild., 3 Tab.: Dortmund (Dynamit Nobel GmbH)

DARIMONT, T. (1987): Abschätzung des Verhaltens von Stoffen im Untergrund und Bewertung des Gefährdungspotentials. – IWS-Schriftenreihe, 3, 1. Boden-/Grundwasserforum Berlin 1987.; Berlin (E. Schmidt Vlg.)

DARSCHIN, G., FELDMANN, M., KASTL, H., MÜLLER, U. & SIELSKI, S. (1987): Handbuch Altablagerungen, Teil 2, Orientierende Untersuchungen. Hrsg. Hess. Landesanstalt für Umwelt Wiesbaden, 85 S., 5 Abb., 16 Anl. ; Wiesbaden (Eig. Vlg.)

DEARMANN, W. R. (1991): Engineering Geologica Mapping. – 387 S., zahlr. Abb. u. Tab.; Oxford (Butterworth-Heinemann)

DECHEND, W. & MERKT, J. (1970): Der Erdfall von Diehausen. – Naturwiss. Ver., 33: 48–59, 6 Abb.; Osnabrück

DEFREGGER, F. (1987): Abfallentsorgung in Bayern. – Veröffentl. Grundbauinst. LAG Bayern, H. 49, 3–18, 6 Abb.; Nürnberg (Eig. Vlg.)

DEGEN, W. & HASENPATT, R. (1988): Durchströmung und Diffusion in Tonen. – Schr. Angew. Geol. Karlsruhe, 123–139, 5 Bild.; Karlsruhe (Eig. Vlg.)

DEGRO, W. (1978): Geologische und bodenmechanische Untersuchungen der Entstehungsursachen rezenter und fossiler Hangbewegungen im Saarland. – Diss. Univ. des Saarlandes, 407 S., 12 Tab., 170 Taf.; Saarbrücken (Masch. Schriftl.)

DEMBERG, W. (1991): Über die Ermittlung des Wasseraufnahmevermögens feinkörniger Böden mit dem Gerät nach Enslin/Neff. – Geotechnik, 14, 131–138, 4 Bild., 4 Tab.; Essen (DGEG)

DEMBERG, W. & TISCHER, W. (1988): Erfahrungen über die Ablagerung von gekalktem Klärschlamm am Beispiel einer Monodeponie. – Schriftenreihe des Fachgebietes Siedlungswasserwirtschaft, Univ.-GhK Kassel, H. 2, 390–417; Kassel (Eig. Vlg.)

DEMMERT, S., ASMUS, D. & STEFFEN, H. (1995): Die technische Barriere – wie dick muß sie sein? – Müll und Abfall, 291–298, 3 Bild.; Berlin (E. Schmidt Vlg.)

DENZER, G. & LÄCHLER, W. (1988): BAB A8 Modernisierung des Aichelbergaufstieges. Geotechnische Probleme bei der Gründung der Kunstbauwerke im Braunjura. – Vorträge Baugrundtagung Hamburg, 37–52, 14 Abb.; Essen (DGEG)

DESAULES, A. (1992): Bodenverschmutzung durch den Straßen- und Schienenverkehr in der Schweiz. – Schriftenreihe Umwelt des Bundesamtes für Umwelt, Wald und Landschaft, Nr. 185, 143 S., 65 Fig., 96 Tab.; Bern (BUWAL)

DEUTLOFF, O., HAGELSKAMP, H. & MICHEL, G. (1974): Über die Erdfallquelle von Bad Seebruch in Vlotho, Ostwestfalen. – Fortschr. Geol. Rhld. u. Westf., 20: 27–46, 6 Abb., 1 Taf.; Krefeld

DEUTSCH, R. et al. (1993): Software für Profildarstellungen und Schichtenverzeichnisse. – Erarbeitet durch den Arbeitskreis „EDV-Einsatz bei der ingenieurgeologischen Erkundung und Dokumentation" der DGEG/DGGT; Ausgabe 1993, 66 S.; Essen (DGGT)

DICKMANN, TH. & SANDER, B. K. (1996): Bautechnische Erkenntnisse aus vortriebsbegleitenden TSP-Sondierungsergebnissen an der Großbaustelle Tunnel Vereina Nord und dem Sondierstollen Pioramulde/Gotthard Basis Tunnel. – Felsbau, 14, H. 6, in Dr.; Essen (Glückauf Vlg.)

DIEKMANN, N., HEUSERMANN, ST. & SCHNIER, H. (1991): Geotechnische Untersuchungen bei der Auffahrung eines parallelen Streckensystems in einer Erzgrube. – Geotechnik Sonderheft 1991, 49–59, 13 Bild., 1 Tab.; Essen (DGEG)

DIETZ, W. (1978): Grundwasserdükerung mit Horizontallanzen beim U-Bahn-Bau. – Forschung + Praxis, 21, 110–112, 4 Bild.; Köln (alba)

DIETZ, W. & BECKER, C. (1995): Kriterium zur Auswahl und Bewertung von Tunnelvortriebsmaschinen – Eine Empfehlung des DAUB. – Forschung + Praxis, 36, 102–109, 13 Bild., 4 Schematab.; Köln (alba)

DILLO, M. (1991): Wasserdurchlässigkeit von Trennflächen und ihre Abhängigkeit vom Spannungszustand. – Geotechnik Sonderheft 1991, 115–124, 17 Bild., Essen (DGEG)

DIMAS, J., SAVINI, T. & WEYERMANN, W. (1978): Rock Treatment of the Canelles Dam Foundations. – Publication by Rodio, 42, 37 S., 16 Fig.; Zürich

DITTRICH, E. & LÜTHKE, J. F. (1977): Erfahrungen mit standardisierten Wasserdurchlässigkeitsprüfungen in Bohrungen im Festgebirge. – Neue Bergbautechnik, 7, 522–526, 8 Bild.; Leipzig (Dt. Vlg. f. Grundstoffindustrie)

DITTRICH, F. & LÜTHKE, J. F. (1982): Ein Talzuschub im Thüringischen Schiefergebirge. – Hall. Jb. f. Geowiss., 7, 67–72, 3 Abb.; Gotha (VEB Haak)

DORHÖFER, G. (1986): Die geologische Barriere bei der Lagerung von Abfallstoffen. – Vortr. Baugrundtagung Nürnberg, 5–29, 7 Bild.; Essen (DGEG)

DÖRHÖFER, G. (1987): Geologische Standorttypen für Deponien – Ein Ansatz zur Definition der Geologischen Barriere. – Ber. 6. Nat. Tag. Ing. Geol. Aachen, 21–38, 11 Abb., 3 Tab.; Essen (DGEG)

DÖRHÖFER, G. (1988): Anforderungen an den Deponiestandort als geologische Barriere. – Fortschritte der Deponietechnik, 23, 165–191, 5 Fig., 4 Tab.; Berlin (E. Schmidt)

DÖRHÖFER, G. (1990): Umfang geowissenschaftlicher Untersuchungen an Deponiestandorten. – Abfallwirtschaft in Forschung und Praxis, 36, Fortschritte der Deponietechnik 1990, 305–329, 6 Abb.; Berlin (E. Schmidt)

DÖRHÖFER, G. (1994): Hydrogeologische Standorttypen für Altlasten und Deponien – Erfahrungen und Fortschreibung. – Altlasten spektrum, 3, 144–155, 6 Abb., 3 Tab.; Berlin (E. Schmidt Vlg.)

DÖRHÖFER, G., ASCH, K. & SIEBERT, H. (1991): Verbreitung potentieller Barrieregesteine für die Anlage von Siedlungsabfalldeponien in Niedersachsen – Endbericht Untersuchungsphase I. – Gutachten des NLfB im Auftrag des Niedersächsischen Umweltministeriums vom Dezember 1991, 104 S., 25 Abb.; Hannover (NLfB)

DÖRHÖFER, G. & FRITZ, J. (1991): Synoptische geowissenschaftliche Untersuchungen zur Erkundung der Integrität der Geologischen Barriere in Tonsteinen am Beispiel der Sonderabfalldeponie Münchehagen, Niedersachsen. – Geol. Jb., A 127, 161–194, 19 Abb.; Hannover (BGR)

DOLEZALEK, B. (1968): Beobachtungen in Rutschgebieten des Rheinischen Braunkohlenreviers. – Fortschr. Geol. Rheinld. u. Westf. 15: 347–370, 11 Abb., 5 Taf.; Krefeld

DONEL, M. (1981): Beeinflussung der Wassergüte durch Umströmung von Injektionskörpern. – Tiefbau, 23, 318–328; Gütersloh (Bertelsmann)

DONEL, M. (1987): Zur Vielfalt der Injektionsmöglichkeiten bei der Herstellung von Untertagebauwerken. – BHM, 132, 453–459, Abb. 13; Wien (Springer)

DONIÉ, C. (1993): Bergzerreißungs- und Talzuschubserscheinungen im Helvetikum – zwei Fallbeispiele. – Ber. 9. Nat. Tag. Ing.-Geol., Garmisch-Partenkirchen, 22–32, 14 Abb.; Essen (DGGT)

DOUBINGER, J. & BÜHMANN, D. (1981): Röt bei Borken und bei Schlüchtern (Hessen, Deutschland) – Palynologie und Tonmineralogie. – Z. dt. Geol. Ges. 132, 421–449, 5 Abb., 1 Tab., 3 Taf.; Hannover

DRESCHER, J. (1985): Geowissenschaftliche Aspekte bei der Anlage von Deponien. – Mitt. Inst. f. Grundbau u. Bodenmech. TU Braunschweig, 17, S. 21–35; Braunschweig (Eig. Vlg.)

DRESCHER, J. (1987): Geowissenschaftliche Aspekte bei der Anlage von Deponien mit künstlicher Basisabdichtung. – Beihefte zu Müll und Abfall, 24, 16–19; Berlin (E. Schmidt)

DRESCHER, J. (1988): Deponiedichtungen für Sonderabfalldeponien – Arbeitspapier. – Müll u. Abfall, Teil 1: S. 281–295, 4 Bilder und Teil 2: 338–347, 5 Bilder, 4 Tab.; Berlin (E. Schmidt)

DRESCHER, J. & GEISSLER, H. (1989): Tunnelgeologie – Vergleich zwischen Prognose und Realität. – Ber. 8. Nat. Tag. Ing. Geol., Bensheim, 121–131, 8 Abb.; Essen (DGEG)

DRESCHER, J., HILDENBRAND, G. & SCHMIDEK, R. (1973): Bodensenkungen in der Lüneburger Altstadt: Vorschläge zur baulichen Sanierung. – Proc. Symp. IAEG „Erdfälle und Bodensenkungen", Hannover, T4, G: 1–7, 8 Abb.; Essen (DGEG)

DRESEN, L. (1974): Problematik, Methodik und Möglichkeiten geophysikalischer Verfahren zur Ortung oberflächennaher Hohlräume. – Vorträge der Baugrundtagung 1974 in Frankfurt/M.-Höchst: 147–174, 16 Abb.; Essen (DGEG)

DRESEN, L., FAJKLEWICZ, GÖTZE, H.-J., SOMMER, H. & TE KOOK, J. (1981): Die Ortung oberflächennaher Hohlräume durch die Bestimmung des Vertikalgradienten der Schwere. – Glückauf-Forschungshefte, 42: 84–88, 5 Bild.; Essen (Glückauf Vlg.)

DREYBRODT, W. (1988): Processes in Karst Systems. – 288 S., 184 Fig.; Berlin (Springer)

DÖHL, G. & ROTH, S. (1989): Einbringen von Stahlspundbohlen. – Geotechnik 12, 117–126, 8 Abb.; Essen (DGEG)

DUDDECK, H. (1994): Die wesentliche Herausforderung des Tunnelbauingenieurs: der Baugrund. – Geotechnik 18, 185–196, 14 Bild.; Essen (DGGT)

DUDDECK, H., GEISSLER, H. & SCHREWE, F. (1992): Tunnelbau in Erdfallgebieten. – AET, Archiv für Eisenbahntechnik, 44, 157–165, 11 Bilder.; Darmstadt (Hestra Vlg.)

DUDDECK, H., STÄDING, A. & SCHREWE, F. (1984): Zu den Standsicherheitsuntersuchungen für die Tunnel der Neubaustrecke der Deutschen Bundesbahn. – Felsbau, 2, 143–151, 10 Bild.; Essen (Glückauf Vlg.)

DUDDECK, H. & WESTHAUS, T. (1990): Bauingenieursaufgaben beim Hohlraumbau im Salzgebirge. – Bauingenieur, 65, 389–398, 22 Bild.; Berlin (Springer)

DÜCKER, A. (1951): Ein Untersuchungsverfahren zur Bestimmung der Mächtigkeit des diluvialen Inlandeises. – Mitt. Geol. Staatsinst. Hamburg, 20, 3–14; Hamburg

DÜLLMANN, H. (1985): Geotechnische Anforderungen an mineralische Deponiebasisabdichtungen. – Fortschritte d. Deponietechnik, 15, 39–65; Berlin (E. Schmidt)

DÜLLMANN, H. (1986): Mineralische Deponiebasisabdichtungen – Anforderungen an die Eignungsprüfung und Qualitätskontrolle. – Mitt. Ing.- u. Hydrogeologie, 24, 205–242, 10 Abb., 2 Tab.; Aachen

DÜLLMANN, H. (1987): Geotechnische und baubetriebliche Einflüsse auf die Dichtigkeit von Deponieabdichtungen aus Ton – Ergebnisse von Praxisversuchen. – Fortschritte d. Deponietechnik, 19, 215–245, 20 Abb.; Berlin (E. Schmidt)

DÜLLMANN, H. (1987): Qualitätskriterien für die Beurteilung von Deponieabdichtungen aus natürlichen bindigen Erdstoffen. – Ber. 6. Nat. Tag. Ing. Geol. Aachen, 51–62, 21 Abb.; Essen (DGEG)

DÜLLMANN, H. (1988): Grundsätze der Qualitätssicherung bei mineralischen Deponiedichtungen. – Fortschritte d. Deponietechnik, 23, 111–141, 6 Abb., 2 Tab.; Berlin (E. Schmidt)

DÜLLMANN, H., ECHLE, W. & CEVRIM, M. (1989): Geotechnische und mineralogische Veränderungen in einer Tondichtung nach mehrjährigem Sickerwasserkontakt. – Ber. 7. Nat. Tag. Ing. Geol. Bensheim, 107–114, 6 Abb.; Essen (DGEG)

DÜLLMANN, H. & HEITFELD, K.-H. (1982): Erosionsbeständigkeit von Dichtwänden unterschiedlicher Zusammensetzung. – Vorträge Baugrundtagung Mainz, 317–336, 12 Abb.; Essen (DGEG)

DÜLLMANN, H. & HEITFELD, K.-H. (1985): Geologische und bautechnische Einflüsse von Extensometer- und Ankerkraftmessungen. – Felsbau, 3, 13–20, 16 Bilder; Essen (Glückauf)

DÜLLMANN, H. & HEITFELD, K.-H. (1985): Geotechnische Anforderungen an vertikale Dichtungswände für Mülldeponien. – Ber. 5. Nat. Tag. Ing. Geol. Kiel, 89–97, 9 Abb., 1 Tab.; Essen (DGEG)

DÜLLMANN, H., HEITFELD, K.-H., KECK, O. & VÖLTZ, H. (1977): Maßnahmen zur Sicherung von instabilen Damm- und Böschungsbereichen. – Ber. 1. Nat. Tag. Ingenieurgeol., Paderborn: 49–72, 9 Abb.; Essen (DGEG)

DÜLLMANN, H., HEITFELD, K.-H. & KRAPP, L. (1979): Erfahrungen mit Dichtungswänden für Mülldeponien und Baugruben. – Ber. 2. Nat. Tag. Ing. Geol. Ansbach, 271–282, 13 Abb., 1 Tag.; Essen (DGEG)

DÜLLMANN, H., HEITFELD, K.-H. & KRAPP, L. (1982): Möglichkeiten des Grundwasserschutzes im Bereich von Mülldeponien durch horizontale und vertikale Abdichtungen. – Mitt. Ing. u. Hydrogeol., 13., 173–209, 12 Abb.; Aachen

DÜMMER, M. & MÜLLER, L. (1990): Durchlässigkeitsuntersuchungen zur Erkundung des Untergrundes von Deponien und Altlasten in der Herforder Lias-Mulde. – Z. dt. geol. Ges., 141, 294–300, 6 Abb., 1 Tab.; Hannover

DÜRBAUM, H.-J., MATTHESS, G. & RAMBOW, D. (1969): Untersuchungen der Gesteins- und Gebirgsdurchlässigkeit des Buntsandsteins in Nordhessen. – Notizbl. Hess. L.-Amt. Bodenforsch., 97: 258–274, 10 Abb., 4 Tab.; Wiesbaden

DÜRO, F. (1977): Böschungsbewegungen am Restsee des Braunkohlentagebaus Zülpich-Mitte. – Ber. 1. Nat. Tag. Ingenieurgeol., Paderborn: 113–135, 19 Abb.; Essen (DGEG)

DÜRO, F. (1979): Untersuchung der Standsicherheit von Böschungen im Rheinischen Braunkohlengebiet. – Geotechnik, 2: 117–124, 15 Bild.; Essen (DGEG)

DÜRRWANG, R. (1984): Brückengründungen mit Großbohrpfählen in verwittertem Fels auf der Grundlage von Pfahlversuchen. – Felsbau, 2, 195–199, 7 Bild.; Essen (Glückauf)

DÜRRWANG, R., BRAUNS, J. & KAST, K. (1986): Planung, Schüttstoffuntersuchung und Bauausführung bei Bahndämmen in verwittertem Buntsandstein. – Proc. Donaueuropäische Konferenz über Bodenmech. u. Grundbau in Nürnberg, 189–193, 11 Bild., 1 Tab.; Essen (DGEG)

DÜRRWANG, R. & OTTO, U. (1986): Sanierung von Rutschungen mit Verdübelungen aus Großbohrpfählen und Schlitzwandscheiben. – Proc. Donaueuropäische Konf. über Bodenmech. u. Grundbau, Nürnberg, 325–330, 10 Bild.; Essen (DGEG)

DÜRRWANG, R. & SCHULZ, G. (1991): Sanierung einer Rutschung mittels Großdübel. – Ber. 8. Nat. Tag. Ing. Geol.: 145–152, 18 Abb. Berlin (DGEG)

DUPUIT, J. (1883): Études théoretiqué et pratiques sur le mouvement des eaux dans les canaux découverts et à travers les terrains perméables. – 304 S.; Paris (Dunod)

EBADY, S. B. & KOWALEWSKI, J. B. (1994): In-situ-Untersuchungsmethoden in Bohrlöchern zur Ermittlung der Wasserdurchlässigkeit. – Tunnelbautaschenbuch, 18, 23–70, 17 Bild., 3 Tab.; Essen (Glückauf)

EBENSBERGER, H. & WIEGEL, E. (1968): Zur Aufnahme und Darstellung der Felsverhältnisse in Straßenböschungen des Rheinischen Schiefergebirges, erläutert am Beispiel der Siegtal-Straße zwischen Hennef und Eitorf. – Fortschr. Geol. Rheinld. u. Westf. 15, 387–408, 1 Taf., 7 Abb.; Krefeld

ECHLE, W., CEVERIM, M. & DÜLLMANN, H. (1988): Tonmineralogische, chemische und bodenphysikalische Veränderungen in einer Ton-Versuchsfläche an der Basis der Deponie Geldern-Pont. – Schr. Angew. Geol. Karlsruhe, 4, 99–122, 8 Abb., 5 Tab.; Karlsruhe

EDALAT, B. & GÜNTHER, C. A. (1984): Oberflächendichtung einer Industrieabfalldeponie mit Dichtungsbahnen. – UBA-Texte, 15, 55–69, 8 Bild.; Berlin (Eig. Vlg.)

EGLOFFSTEIN, TH., BURKHARDT, G. & MAINKA, A. (1996): Setzungsbetrachtungen bei Oberflächenabdichtungssystemen von Siedlungsabfalldeponien. – Müll und Abfall, 28, 312–324, 9 Abb.; Berlin (E. Schmidt Vlg.)

EHRIG, H.-J. (1985): Auswirkungen des Deponiebetriebs auf Sickerwasserbelastungen – Messungen an Deponien und Lysimetern. – Veröffentl. Inst. f. Stadtbauwesen TU Braunschweig, 39, 35–66, 14 Abb.; Braunschweig (Eig. Vlg.)

EHRIG, H.-J. & HÖRING, K. (1995): Auswirkungen der veränderten Abfallzusammensetzung auf die Qualität des Sickerwassers. – Wasser-Abwasser-Praxis (WAP), 3, 56–62, 3 Abb., 4 Tab.; Gütersloh (Bertelsmann)

EIKMANN, S., LIESER, U. & EIKMANN, TH. (1993): Umweltmedizinisch-humantoxologisch begründete Sanierungskriterien am Beispiel eines ehemaligen Zechengeländes und zukünftigen Gewerbeparks. – altlastenspektrum, 2, 75–84, 4 Tab.; Berlin (E. Schmidt Vlg.)

EIKMANN, TH. & KLOKE, A. (1993): Nutzungs- und schutzgutbezogene Orientierungswerte für (Schad-)Stoffe in Böden – Eikmann-Kloke-Werte –, 2. überarbeitete und erweiterte Fassung. – BoS 14, Lfg. X/93, 1–26, 2 Abb., 6 Tab.; Berlin

EIKMANN, TH. & KLOKE, A. (1994): Ableitungskriterien für die EIKMANN-KLOKE-Werte.– in A. KLOKE (Hrsg.) Beurteilung von Schwermetallen in Böden von Ballungsgebieten, 469–500, 1 Abb., 5 Tab., 8 Anl.; Frankfurt (DECHAMA)

EIKMANN; TH., KLOKE, A. & LÜHR, H.-P. (1991): Grundlagen und Wege zur Ermittlung von Bodenkennwerten für das Drei-Bereiche-System. – IWS-Schriftenr., Bd. 13, Ableitung von Sanierungswerten für kontaminierte Böden, 279–351, 1 Abb., 1 Tab., Anhang,; Berlin (E. Schmidt Vlg.)

EIKAMNN; TH. & MICHELS, S. (1991): Bewertung von flüchtigen Schadstoffen im Boden im Hinblick auf ihre humantoxikologische Wirkung. – IWS-Schriftenreihe, Bd. 13, Ableitung von Sanierungswerten für Kontaminierte Böden, 231–248, 2 Tab.; Berlin (E. Schmidt Vlg.)

EIKMANN, TH. & MICHELS, S. (1991): Bewertung von nicht- oder schwerflüchtigen Schadstoffen im Boden im Hinblick auf ihre humantoxikologische Wirkung. – IWS-Schriftenr., Bd. 13, Ableitung von Sanierungswerten für kontaminierte Böden, 249–265.; Berlin (E. Schmidt Vlg.)

EINFALT, H.-C. (1979): Umwandlung von Anhydrit in Gips – Mechanismus und Einflußfaktoren. – Ber. 2. Nat. Tag. Ingenieurgeol., Fellbach: 153–158, 6 Abb.; Essen (DGEG)

EINSELE, G. (1979): Tendenzen und Variationsbreite der Durchlässigkeit in einigen Locker- und Festgesteinsaquiferen Süddeutschlands. – Mitt. Ing.- u. Hydrogeol., 9: 283–312, 5 Abb., 1 Tab.; Aachen

EINSELE, G. & GIERER, H. (1976): Entfärbung bei Desintegration und Gleitflächenbildung im Knollenmergel (oberste Trias) SW-Deutschlands. – Geol. Jb., C 16: 3–21, 7 Abb., 2 Taf.; Hannover

EINSELE, G., HEITFELD, K.-H., LEMPP, CH. und SCHETELIG, K. (1985): Auflockerung und Verwitterung in der Ingenieurgeologie: Übersicht, Feldansprache, Klassifikation (Verwitterungsprofile) – Einleitender Beitrag in Heitfeld, K.-H. (Hrsg.): Ingenieur-Geologische Probleme im Grenzbereich zwischen Locker- und Festgesteinen. – S. 2–24, 8 Abb., 1 Tab.; Berlin (Springer)

EINSELE, G. & WALLRAUCH, E. (1964): Verwitterungsgrade bei mesozoischen Schiefertonen und Tonsteinen und ihr Einfluß bei Standsicherheitsproblemen. – Vorträge Baugrundtagung Berlin: 59–83, 12 Abb., 2 Taf.; Essen (DGEG)

EISBACHER, G. H. (1991): Einführung in die Tektonik. – 310 S., 393 Abb.; Stuttgart (Enke Vlg.)

EITNER, V. (1996): Einführung der Europäischen Normen auf dem Gebiet der Geotechnik und deren künftige Entwicklung. – Geotechnik, 19, 221–227, 2 Tab.; Essen (Glückauf Vlg.)

EISENBRAUN, J. & ROMMEL, W. (1986): Rutschungen in Keupergesteinen des Strombergs (Baden-Württemberg). – Jber. Mitt. oberrhein. geol. Ver. N. F. 68, 271–285, 3 Abb., 1 Tab.; Stuttgart (Schweizerbart'sche Verlagsbuchhandlung)

EISSELE, K. (1962): Pleistozäner Bodenfrost und Klüftigkeit im nordschwarzwälder Buntsandstein. – Aldinger Festschrift: 43–50; Stuttgart (Schweizerbart)

EISSELE, K. & KOBLER, H.-U. (1973): Fossile Massenverlagerungen an Muschelkalkhängen des oberen Neckars (Baden-Württemberg) und ihre Bedeutung für die Bebauung. – Proc. Symp. IAEG „Erdfälle und Bodensenkungen", Hannover, T 4, J: 1–7, 4 Abb.; Essen (DGEG)

EISSMANN, L. (1985): 50 Millionen Jahre Subrosion – Über Persistenz und Zyklizität von Auslaugungsprozessen im Weißelsterbecken. – Geophys. u. Geol. Geophys. Veröffentl. d. KMU Leipzig, III, 31–65, 14 Abb., Tab.; Berlin

ELLENBERG, J. (1982): Die Subrosion im Werra-Kaligebiet der DDR, quartärgeologische, geomorphologische und tektonische Aspekte. – Z. geol. Wiss., 10, 61–71, 6 Abb.; Berlin (Akad. Vlg.)

ELLENBERG, J. (1993): Rezente vertikale Krustenbewegungen in Thüringen. – Jenaer Geogr. Schr., 1, 7–22, 10 Abb.; Jena (FSU)

ELLING, W. (1985): Probleme der Vorabschätzung von Sickerwasseremissionen. – Veröffentl. Inst. f. Stadtbauwesen TU Braunschweig, 39, 17–34, 10 Abb., 1 Tab.; Braunschweig (Eig. Vlg.)

ENGELS, W. & KATZENBACH, R. (1992): Wälsebachtalbrücke – Eine außergewöhnliche Brücke im Erdfallgebiet. – ETR, 263–287, 29 Bild., 3 Taf.; Darmstadt (Hestra Vlg.)

ENGELS, W., PRINZ, H. & SOMMER, H. (1985): Großscherversuch zur Baugrunderkundung am Kreuzungsbauwerk Nord in Fulda der Neubaustrecke Hannover–Würzburg. – Eisenbahningenieur, 36, 571–578, 13 Abb., 3 Tab.; Darmstadt (Tetzlaff Vlg.)

ENGELS, W., PRINZ, H. & SOMMER, H. (1986): Das Kreuzungsbauwerk Fulda-Nord der Neubaustrecke Hannover–Würzburg. – Großscherversuche zur Baugrunderkundung. – Bauingenieur, 61, 381–387, 16 Bild., 3 Tab.; Berlin (Springer)

ENGLERT, K. (1996): Spezialfragen des Baugrund- und Tiefbaurechts: Baugrundrisiko – Systemrisiko – Ausschreibungsrisiko. – Mitt. Inst. u. Versuchsanst. f. Geotechnik d. TH Darmstadt, 35, 209–231, Darmstadt (Eig. Vlg.)

ENTENMANN, W. (1992): Das hydrogeologische Beweissicherungsverfahren für Hausmülldeponien; Teil 1, Verfahren, Fallbeispiele, Erkundung und Erfassung hydraulischer Daten. – Clausth. Geol. Abh. 49, 164 S., 93 Abb., 15 Tab., Anhang.; Köln (v. Loga)

ERICHSEN, C. (1988): Änderungen der Wasserdurchlässigkeit als Folge von Beanspruchungen in klüftigen Fels. – Geotechnik Sonderheft 1988, 75–84, 16 Bild.; Essen (DGEG)

ERICHSEN, C. & KEDDI, W. (1991): Das Tragverhalten vermörtelter Anker und Entwicklung eines neuen Ankertyps. Geotechnik Sonderheft 1991, 10–21, 19 Abb.; Essen (DGEG)

ERICHSEN, C. & KURZ, G. (1995): Sanierung eines alten im quellenden Gipskeuper gelegenen Eisenbahntunnels. – Tunnelbautaschenbuch, 183, 202, 15 Bild.; Essen (Glückauf Vlg.)

ERNST, W. (1968): Verteilung und Herkunft von Bodengasen in einigen süddeutschen Störungszonen. – Erdöl und Kohle, 21, 605–610, 2 Abb., und 692–697; Hamburg (v. Hernhausen-Vlg.)

ESCHENBACH, E. v. & KLENGEL, K. J. (1975): Möglichkeiten zur Beurteilung der Standfestigkeit von Felsböschungen und ihre praktische Bedeutung. – Teil 1 und 2. – Die Straße, 15: 420–426 und 473–478; Berlin (Transpress)

ESCHENFELDER, D. (1996): Bauordnungsrecht und Bauordnungspolitik der Länder bei Baugrundrisiken. – Geotechnik, 19, 48–53.; Essen (Glückauf Vlg.)

ESTERMANN, U. (1995): Die Boden- und Felsklassifizierung für Rohrvortriebsarbeiten gemäß DIN 18 319. – Tunnelbautaschenbuch, 19–41, 2 Bild., 4 Tab.; Essen (Glückauf Vlg.)

EWERT, F.-K. (1976): Felduntersuchungen zur Bestimmung der Gebirgsdurchlässigkeit als Voraussetzung für die Entscheidung zur Durchführung von Injektionen. – Ber. techn. Akad. Wuppertal, 13: 21–35, 7 Abb.; Essen

EWERT, F.-K. (1977): Zur Ermittlung eines k_f-Wertes für Fels und Kriterien zur Abdichtung des Untergrundes von Talsperren. – Ber. 1. Nat. Tag. Ingenieurgeol., Paderborn: 393–408, 7 Abb.; Essen (DGEG)

EWERT, F.-K. (1979): Zur Untersuchungsmethodik der Gebirgsdurchlässigkeit bei Talsperren. – Münstersche Forsch. Geol. Paläontol., 49: 149–292, 66 Abb., 6 Tab.; Münster

EWERT, F.-K. (1981): Untersuchungen zu Felsinjektionen, Teil 2. – Münster. Forsch. Geol. Paläont., 53, 316 S., 149 Abb., 13 Tab.; Münster

EWERT, F.-K. (1985): Rock-Grouting with Emphasis on Dam Sites. – 428 S., 225 Fig.; Berlin, Heidelberg (Springer)

EWERT, K. (1986): Untersuchungen der hydrogeologischen Rahmenbedingungen für die Konzeption von Abdichtungsmaßnahmen. – Mitt. Ing.- u. Hydrogeol., 24, 59–91, 28 Abb.; Aachen

EWERT, K. (1987): Betrachtungen zum Verpreßdruck bei Felsinjektionen. – Felsbau, 5, 125–130, 14 Bild.; Essen (DGEG)

EXLER, H. J., FAUTH, H., GOLWER, A. & KÄSS, W. (1980): Untersuchung und Bewertung der Grundwasserbeschaffenheit in der Umgebung von Ablagerungsplätzen. – Müll und Abfall, 33–39; Berlin (E. Schmidt)

FAULSTICH, M. & TIDDEN, F. (1990): Auslaugverfahren für Rückstände. – Abfallwirtschaftsjournal 2, 646–657, 4 Tab.; Berlin (EF-Vlg.)

FECHNER, D. (1980): Polycyclische aromatische Kohlenwasserstoffe in atmosphärischem Staub – Analyse, Vorkommen, Haltbarkeit.; WaBoLu-Berichte 6/1980, 145 S., 48 Abb., 57 Tab.; Berlin (D. Reimer Vlg.)

FECKER, E. (1977): Spitzenreibungswiderstand von Gesteinsklüften. – Ber. 1 Nat. Tag. Ingenieurgeol., Paderborn: 217–232, 8 Abb., 2 Taf.; Essen (DGEG)

FECKER, E. (1995): Untersuchungen von Schwellvorgängen und Erprobung von Auskleidungskonzepten beim Freudensteintunnel. – Tunnelbautaschenbuch, 165–182, 11 Bild.; Essen (Glückauf Vlg.)

FECKER, E. & REIK, G. (1996): Baugeologie. – 429 Seiten, 486 Abb., 69 Tab.; Stuttgart (Enke)

FEESER, V. (1975): Die Bedeutung des Kalziumkarbonats für die bodenphysikalischen Eigenschaften von Löß. – Mitt. Baugrundinst. Stuttgart, 3, 111 S., 37 Abb.; Stuttgart (Univ.)

FEESER, V. (1985): Vorbelastungsbestimmung an eiszeitlich überprägten tonigen Sedimenten. – Ber. 5. Nat. Tag. Ing. Geol. Kiel. 307–314, 9 Abb., 5 Tab.; Essen (DGEG)

FEDDERS, H. (1978): Seitendruck auf Pfähle durch Bewegungen von weichen, bindigen Böden, Empfehlung für Entwurf und Bemessung. – Geotechnik, 1: 100–104, 6 Bild.; Essen (DGEG)

FELDMANN, M., DARSCHIN, G., KASTL, H., MÜLLER, U. & STIELSKI, S. (1987): Handbuch Altablagerungen, Teil 4, Standorte ehemaliger Gaswerke. – Hrsg. Hess. Landesanstalt für Umwelt, Wiesbaden, 93 S., 7 Abb., 13 Anl.; Wiesbaden (Eig. Vlg.)

FEINSTKORN, E. (1988): Bohrtechnik.; Tunnelbautaschenbuch, 217–273, 25 Bild., 2 Tab.; Essen (Glückauf Vlg.)

FELLENIUS, W. (1948): Erdstatische Berechnungen mit Reibung und Kohäsion (Adhäsion) und unter Annahme kreiszylindrischer Gleitflächen. – 4. unveränd. Aufl. 48 S., 38 Abb.; Berlin (ES)

FENSCH, L. (1988): Verbesserte mineralische Dichtungsschichten für Abfalldeponien. – Vorträge Baugrundtagung Hamburg, 113–118, 3 Abb.; Essen (DGEG)

FIEDLER, H. J. & RÖSLER, H. J. (1988): Spurenelemente in der Umwelt. – 278 S., 54 Abb., 139 Tab.; Stuttgart (Enke)

FIERZ, TH., FISCH, H., HERZKLOTZ, K., SCHWAB, K., BIELESCH, H. & KEPPLER, A. (1993): Durchführung eines Tracerversuchs mit Helium und Radon in der ungesättigten Zone im Rahmen einer Bodenluftsanierung eines Altstandortes. – altlasten-spektrum, 2, 189–198, 9 Abb.; Berlin (E. Schmidt Vlg.)

FINKENWIRTH, A. (1968): Böschungsrutschungen bei der Aufschlitzung des Braunhäuser Tunnels (Hauptstrecke Bebra–Göttingen) der Deutschen Bundesbahn. – Fortschr. Geol. Rheinld. u. Westf., 15: 441–462, 3 Abb., 2 Taf.; Krefeld

FINKENWIRTH, A. & HOLTZ, S. (1974): Entstehung und Alter des Erdfalls „Seeloch" bei Bad Hersfeld (Nordhessen). – Notizbl. Hess. L.-Amt. Bodenforsch., 102: 207–214, 1 Abb.; Wiesbaden

FISCHER, J., SCHEELE, D. & STAHLSCHMIDT, H.-W. (1982): Zwischenergebnis zur Beurteilung der Dauerbeständigkeit chemischer Injektionssohlen. – Mitt. Lehrstuhl f. Grundbau u. Bodenmech. TU Braunschweig, 8; 67–71, 3 Bild., Braunschweig, Eigenvlg.

FISCHER, R. & SCHULZ, G. (1995): Ingenieurgeologisch-felsmechanische Laboruntersuchungen für zwei Tunnelbauwerke im Buntsandstein in Sachsen-Anhalt. – Sonderheft Geotechnik zur 10. Nat. Tag. Ing.-Geol., Freiberg, 287–294, 5 Abb.; Essen (DGGT)

FLECK, H., SPANG, J. & SONNTAG, G. (1980): Beitrag zur statischen Berechnung von Tunnelauskleidungen. – Bautechnik, 57: 361–367, 9 Bild.; Berlin (Ernst & Sohn)

FLESCH, R. G. (1996): Erdbebensicherer Entwurf von Gründungen und Stützbauwerken. – Übersicht über die ENV 1998–5. – Felsbau, 14, 264–269,; Essen (Glückauf Vlg.)

FLESCH, R. G. (1996): Erdbebensicherheit im Grundbau – Berechnungsgrundlagen. – Felsbau, 14, 258–263, 5 Bild., 3 Tab.; Essen (Glückauf Vlg.)

FLOSS, R. (1971): Dämme auf weichem Untergrund – Möglichkeiten der Untergrundverbesserung. – Straßen- u. Tiefbau: 67–74, 8 Abb.; Isernhagen (Verlag für Publizität)

FLOSS, R. (1974): Lösen, Einbauen und Verdichten von Fels. – Baumasch. u. Bautechnik, 21: 275–281, 5 Bild., 7 Tab.; Wiesbaden (Bauverlag)

FLOSS, R. (1979): Zusätzliche Technische Vorschriften und Richtlinien für Erdarbeiten im Straßenbau, ZTVE-StB 76, Kommentar. – 454 S., 154 Abb., 84 Tab.; Bonn-Bad Godesberg (Kirschbaum)

FLOSS, R. (1980): Forschungsgesellschaft für das Straßenwesen – Arbeitsgruppe Erd- und Grundbau. – Geotechnik, 3: 196–204, 3 Tab.; Essen (DGEG)

FLOSS, R. & BRÄU, G. (1988): Geotextilien in Baufahrstraßen. – 1. Kongr. Kunststoffe in der Geotechnik in Hamburg (K-GEO 89), 55–68, 20 Bild.; Essen (DGEG)

FOIK, G. (1993): Überprüfung der Dichtwandwirkung von Schmalwänden. – Geotechnik, 17, 10–14, 6 Bild.; Essen (DGEG)

FORMAZIN, J. (1987): Baugrunderkundung mit dem Hohlschnecken-Bohrverfahren. – Geotechnik 9, 1–2, 2 Bild., Essen (DGEG)

FRANK, A. (1982): Ausführung von Dichtungsschlitzwänden. – Mitt. Lehrstuhl f. Grundbau u. Bodenmech. TU Braunschweig, 8, 95–111, 7 Bild.; Braunschweig (Eig. Vlg.)

FRANK, A. & VARASKIN, S. (1977): Verdichtung von Böden durch dynamische Einwirkung mit Fallgewichten über und unter Wasser. – Baumasch. u. Bautechnik, 24: 531–539; Wiesbaden (Bauverlag)

FRANKE, E. (1962): Überblick über den Entwicklungsstand der Erkenntnisse auf dem Gebiet der Elektro-Osmose und einige neue Schlußfolgerungen. – Bautechnik, 39: 187–197 und 334–348, 44 Abb., 2 Tab.; Berlin (Ernst & Sohn)

FRANKE, E. (1973): Ermittlung der Festigkeitseigenschaften von nichtbindigem Baugrund durch Sondierungen. – Baumasch. u. Bautechnik, 20: 417–426, 13 Bild.; Wiesbaden (Bauverlag)

FRANKE, E. (1974): Langfristige Rutschungen von Einschnittböschungen und eines natürlichen Hanges. – Spezialsitzung Baugrundtagung Frankfurt/M.-Höchst: 99–134, 21 Bild.; Essen (DGEG)

FRANKE, E. (1976): Langzeitrutschungen. Drei Beispiele aus der Praxis und kritischer Überblick über die bisherige Entwicklung der Erkenntnisse. – Bautechnik: 97–105, 21 Bild.; Berlin (Ernst & Sohn)

FRANKE, E. (1980): Überlegungen und Bewertungskriterien für zulässige Setzungsdifferenzen. – Geotechnik, 3: 53–59, 11 Bild., Essen (DGEG)

FRANKE, E. (1984): Zuschrift zum Beitrag „Der Einfluß der Lagerungsdichte des Bodens und der Herstellungsart von Großbohrpfählen auf deren Tragverhalten (K. Weiss 1983). – Geotechnik, 7, 101–103, 3 Bild.; Essen

FRANKE, E. (1987): Einige Fragen zur DIN 4094, Teil 2. – Geotechnik, 10, 41–46, 9 Bild., Essen (DGEG)

FRANKE, E. & ELBORG, E. (1986): Zur Tragfähigkeitsvorhersage. – Proc. Pfahlsymp. 86 in Darmstadt, 175–181, 3 Bild., 6 Tab., Inst. für Grundbau, Boden- u. Felsmech. TH Darmstadt (Eig. Vlg.)

FRANKE, E. & HEIBAUM, M. (1988): Ein Beitrag zum Nachweis der Standsicherheit auf der tiefen Gleitfuge. – Bauingenieur, 63, 391–398, 11 Bilder; Berlin (Springer)

FRANKE, E. & KLÜBER, E. (1984): Vertikalpfähle – einzeln und in Gruppen – unter aktiven Horizontal- und Momentbelastungen. Ein Überblick über den Stand der Kenntnisse. – Geotechnik, 7, 7–26, 28 Bilder, 3 Tab.; Essen (DGEG)

FRANKE, E. & MADER, H. (1986): „Zur Durchlässigkeit von Tonen". Geotechnik, 9, 137–146, 8 Bild.; Essen (DGEG)

FRANKE, E., MADER, H., SCHETELIG, K. & SCHNEEWOLF, TH. (1985): Anisotropie des Eigenspannungszustandes der wechsellagernden Locker- und Festgesteinsschichten des Frankfurter Raumes. – In HEITFELD, K.-H. (Hrsg.): Ingenieurgeologische Probleme im Grenzbereich zwischen Locker- und Festgesteinen, 399–416, 11 Abb.; Berlin (Springer)

FRANKE, E. & SCHUPPENER, B. (1982): Horizontalbelastung von Pfählen infolge seitlicher Erdauflasten. – Geotechnik, 5, 189–197, 7 Bild.; Essen (DGEG)

FRANKE, E. & SEITZ, J. M. (1991): Empfehlungen des Arbeitskreises 5 der DGEG für dynamische Pfahlgründungen. – Geotechnik, 14, 139–153, 4 Bild., 3 Anhang.; Essen (DGEG)

FRANZIUS, L. (1988): Verpressung durch Gipsauslaugung bedingter Hohlräume im Untergrund der Staustufe Hessigheim. – Geotechnik Sonderheft 1988, 85–90, 6 Bilder; Essen (DGEG)

FRANZIUS, L. (1990): Verpressung durch Gipsauslaugung bedingter Hohlräume im Untergrund der Staustufe Hessigheim/Neckar. Vorträge Baugrundtagung Karlsruhe, 197–213, 17 Abb.; Essen (DGEG)

FRANZIUS, V. (1987) – Hrsg.: Sanierung kontaminierter Standorte 1987: Untersuchung, Bewertung und Sanierung von Gaswerksgeländen. – Abfallwirtschaft in Forschung und Praxis, 22, 280 S., zahlr. Bild. u. Tab.; Berlin (E. Schmidt)

FRESENIUS, W. & QUENTIN, K.-E. (1970): Untersuchung der Mineral- und Heilwässer. – In Handbuch der Lebensmittelchemie, Bd. VIII, Teil 1 und 2; Berlin, Heidelberg, New York (Springer)

FRIEDE, H. & SCHUBERT, B. (1983): Zur Bestimmung der Dicke der korrodierten Schicht von Beton bei Angriff kalklösender Kohlensäure. – TIZ-Fachberichte, 107, 38–43, 4 Bild.

FRIEDRICH, K. (1991): Einphasendichtwand mit Fräse in der Praxis erprobt. – Bohrpunkt, 21, S. 30, 1 Bild.; Schrobenhausen (Bauer GmbH)

FRIEDRICH, K., PRINZ, H. & WILMERS, W. (1976): Ingenieurgeologie. – In Erl. Geol. Kte. v. Hessen Bl. 5417, Wetzlar: 99–111, 4 Abb., 5 Tab.; Wiesbaden

FRITZ, J. & RÖTTGEN, K. P. (1995): Aspekte hydrogeologischer Untersuchungen zur Sicherung der ehemaligen Sonderabfalldeponie Münchehagen (Nienburg/Weser), Niedersachsen. – Berliner Geowiss. Abh. (A) 170, 87–98, 6 Abb., 3 Tab.; Berlin (Selbstvlg. TU)

FRÖHLICH, B. (1986): Anisotropes Quellverhalten diagenetisch verfestigter Tonsteine. – Veröffentl. Inst. Boden- u. Felsmech. Univ. Karlsruhe, 99, 130 S., 27 Abb., 28 Anl.; Karlsruhe

FRÖHLICH, B. (1989): Geologie und Tunnelbau: Quellverhalten von Tonsteinen. – Geologie Felsmechanik Felsbau, Festkolloquium L. Müller-Salzburg 1988, 295–306, 10 Abb.; Clausthal (Trans Tech Publ.)

GABENER, H. G. (1987): Filtergesetze zur Bestimmung der Durchlässigkeit mineralischer Abdichtungen. – Beihefte zu Müll und Abfall, 24, 43–54, 11 Bild., 2 Tab.; Berlin (E. Schmidt)

GÄHRS, H. J., DONNERHACK, A. & RÖTZHEIM, M. (1988): Biox-s-Verfahren: Biologische „in-situ"-Sanierung von Altlasten. – 177. Seminar des Fortbildungszentrums Gesundheits- und Umweltschutz Berlin e. V. (FUG), Sanierung kontaminierter Standorte 1988, 241–252, 2 Bilder, 4 Taf.; Berlin (Eig. Vlg.)

GÄLLI, R. & MUNZ, C. (1995): Chemische Risikobewertung, Chem Risk®, als Methode zur Festlegung von Sanierungszielen bei Altlasten am Beispiel von Chrom. – altlasten-spektrum, 5, 244–253, 2 Abb.; Berlin (E. Schmidt Vlg.)

GÄSSLER, G., KRAUTER, E. & POLLOCZEK, J. (1989): Praktisches Beispiel einer Hangstabilisierung mit Zement-Boden-Stützkörpern. – Geotechnik, 12, 202–210, 14 Bild.; Essen (DGEG)

GAIDA, K. H., GEDENK, R., KEMPER, E., MICHAELIS, W., SCHEUCH, R., SCHMITZ, N.-H. & ZIMMERLE, W. (1981): Lithologische, mineralogische und organisch-geochemische Untersuchungen an Tonsteinen und Tonmergelsteinen der Unterkreide Nordwestdeutschlands (unter besonderer Berücksichtigung der Schwarzschiefer). – Geol. Jb., A 58, 15–47, 8 Abb., 2 Tab., 2 Taf.; Hannover

GAITZSCH, H. (1995): Besondere technische Aspekte bei der Überwachung und meßtechnischen Begleitung der Felsankerarbeiten an der Edertalsperre. – Proc. int. Symp. Anker in Theorie u. Praxis, 411–420, 12 Abb., Salzburg/Rotterdam (Balkema)

GAMERITH, W. (1996): Die hydrogeologischen Verhältnisse beim Galgenbergtunnel. – Felsbau, 14, 21–25, 4 Bild., Essen (Glückauf Vlg.)

GARTUNG, E. (1982): Punktlastversuche an Gesteinsproben; Empfehlung Nr. 5 des AK 19 – Versuchstechnik Fels – der Deutschen Gesellschaft für Erd- und Grundbau e. V. – Bautechnik 59, 13–15, 6 Bild., 1 Tab.; Berlin (Ernst & Sohn)

GAY, G. C. W. & HENKE, K. F. (1973): Feststellung und Sanierung von unterirdischen Hohlräumen und Verbruchzonen. – Proc. Symp. IAEG „Erdfälle und Bodensenkungen", Hannover, T 3, H: 1–4, 12 Abb.; Essen (DGEG)

GAY, M., HENKE, K. F., RETTENBERGER, G. & TABASARAN, O. (1981): Standsicherheit von Deponien für Hausmüll und Klärschlamm. – Stuttgarter Berichte zur Abfallwirtschaft, 14; Berlin (E. Schmidt)

GEBHARDT, P. & PROCHER, M. (1988): Maßnahmen zur Erhaltung der Grundwasserströmung bei Tunnelbauwerken in offener Bauweise. Teil 3: Erfahrungen bei der Grundwasserkommunikation beim Münchner U-Bahn-Bau. – Tunnelbautaschenbuch, 83–129, 24 Bild., 2 Tab.; Essen (Glückauf Vlg.)

GEHRING, K. (1969): Prallhammermessungen, ein einfaches Mittel zur Bestimmung von Festigkeitswerten. – Berg- u. Hüttenmännische Monatshefte, 114: 249–254, 7 Abb.; Wien (Springer)

GEHRING, K. (1980): Besonderheiten der geologisch-geotechnischen Voruntersuchungen beim Einsatz von Teilschnittmaschinen. – Ber. 4. Nat. Tag. Felsmechanik, Aachen: 115–133, 12 Abb.; Essen (DGEG)

GEHRING, K.-H. (1995): Leistungs- und Verschleißprognosen im maschinellen Tunnelbau. – Felsbau, 13, 439–448, 18 Bild., 6 Tab.; Essen (Glückauf Vlg.)

GEHRING, K.-H. & KOGLER, P. (1994): Der Eisenbahntunnel Eolle in Paris, Projektbedingungen, eingesetztes Schildsystem und erste Betriebsergebnisse. – Mitt. Heft Inst. f. bodenmech. u. Grundbau TU Graz, H. 11, 49–66, 12 Abb., 4 Tab.; Graz (Eig. Vlg.)

GEIL, M. (1982): Entwicklung und Eigenschaften von Dichtwandmassen und ihre Überwachung. – Mitt. Lehrstuhl f. Grundbau u. Bodenmech. TU Braunschweig, 8, 113–144, 13 Bild; Braunschweig (Eig. Vlg.)

GEISSLER, H. (1986): Sulfat im Untergrund von Ingenieurbauwerken sowie Konzepte für Sanierungsmaßnahmen. – Mitt. Ing.- u. Hydrogeol. 24, 93–117, 12 Abb., 2 Tab.; Aachen

GEISSLER, H. (1994): Die Tunnel im Nordabschnitt der Schnellbahnstrecke Hannover–Würzburg. – Beih. Ber. naturhist. Ges. Hannover, 11, 1–73, 7 Abb., 19 Taf., 1 Beil.; Hannover (Eig. Vlg.)

GEISSLER, H., HANISCH, J. & LEICHNITZ, W. (1987): Sanierung des Gebirgstragringes in einem stark wasserführenden Tunnelabschnitt mittels Injektion – Neubaustrecke Hannover–Würzburg der Deutschen Bundesbahn, Rauhebergtunnel. – Ber. 6. Nat. Tag. Ing. Geol. Aachen, 283–289, 8 Abb.; Essen (DGEG)

GEISSLER, H., MÖKER, H., SAUER, G. & SCHREWE, F. (1982): Tunnelplannung der Deutschen Bundesbahn in erdfallgefährdetem Gebiet NBS Hannover–Würzburg, Leinebusch-Tunnel. – Rock Mechanics, Suppl. 12, 63–73, 5 Abb., 1 Tab.; Wien (Springer)

GENSER, H. & MEHL, J. (1977): Einsturzlöcher in silikatischen Gesteinen Venezuelas und Brasiliens. – Z. Geomorph., N.F., 21: 432–444, 3 Fig., 4 Fotos; Stuttgart (Bornträger)

GERDES, K., STEIN, D. & CORNELY, W. (1988): Grundwasserbeeinflussung durch Injektionsmittel bei der Baugrundverfestigung und -abdichtung. – Tunnelbautaschenbuch 1988, 319–325, 1 Abb.; Essen (Glückauf Vlg.)

GERSTENHAUER, A. (1969): Die Karstlandschaften Deutschlands. – Abh. Karst- u. Höhlenkunde, A, H. 5, 1–8, 1 Beil.; München

GERTLOFF, K.-H. (1996): Setzung und Dichte im Innern einer Hausmülldeponie. – Müll u. Abfall 28, 178–185, 4 Abb., 5 Tab.; Berlin (E. Schmidt Vlg.)

GEYER, O. F. & GWINNER, M. P. (1986): Geologie von Baden-Württemberg. – 3 neubearb. Aufl., 472 Seiten, 254 Abb., 26 Tab.; Stuttgart (Schweizerbart)

GILG, B. (1978): Felsrutschungen an den Ufern von Stauseen. – 3. Nat. Tag. Felsmechanik Aachen, 299–319, 10 Bild.; Essen (DGEG)

GILG, B. & GAVARD, M. (1957): Calcul de la perméabilité par des essais d'eau dans les sodages en alluvions. – Bulletin Technique de la Suisse Romande, 83: 45–50, 12 Abb.; Lausanne

GLAWE, U. & MOSER, M. (1993): Meßtechnische und theoretische Bearbeitung von Bergzerreißungen und Blockbewegungen. – Felsbau, 11, 235–250, 20 Bild., 4. Tab.; Essen (Glückauf Vlg.)

GLÜCK, L. (1987): Erfahrungen bei der Herstellung von Kombinationsdichtungen – Auswahl der Kunststoffabdichtungsbahn, Eignungsprüfung und Qualitätssicherung – Beispiel aus der Praxis. – Veröffentl. Grundbauinst. LGA Bayern, H. 49, 169–182, 7 Abb., 3 Tab.; Nürnberg (Eig. Vlg.)

GÖDECKE, H.-J. (1980): Entwicklung eines Fließgesetzes für die Porenwasserdurchströmung feinkörniger Böden unter kleinen Druckgradienten. – Bautechnik, 6, 184–193, 15 Bild., 1 Tab.; Berlin (Springer)

GÖTTNER, J. J. & BRAUN, G. (1989): Das Austrocknungsverhalten des Tons in der Kombinationsdichtung – Folgerungen für das Deponierungs-Konzept. – Müll und Abfall, 534–546, 9 Abb.; Berlin (E. Schmidt)

GÖTZ, H.-P. & FECKER, E. (1983): Verformungs- und Spannungsmessungen im Tunnelbau; ein unentbehrliches Mittel zur Überprüfung des Vortriebs- und Ausbaugeschehens. – VDI-Berichte 472, 37–45, 18 Bild.

GÖTZ, H. P. & VARDAR, M. (1976): Zusammenhänge zwischen der Auflockerung und Gesteinsfestigung im druckhaften Gebirge. – Jahresbericht 1975 SFB 77 Felsmechanik, Univ. Karlsruhe, 171–174, 2 Abb.; Karlsruhe

GOLDSCHEIDER, M. (1979): Standsicherheitsnachweis mit zusammengesetzten Starrkörper-Bruchmechanismen. – Geotechnik, 2, 130–139, 7 Bild., 1 Tab.; Essen (DGEG)

GOLDSCHEIDER, M. (1981): Computerprogramm zur Berechnung von Starrkörper-Bruchmechanismen – Inst. Bodenmech. Felsmech. Univ. Karlsruhe (unveröffentlicht)

GOLDSCHEIDER, M. & GUDEHUS, G. (1974): Verbesserte Standsicherheitsnachweise. – Vorträge Baugrundtagung Ffm-Höchst, 99–127, 13 Abb. (mit Koreferaten); Essen (DGEG)

GOLLUB, P. & KLOBE, B. (1995): Tiefe Baugruben in Berlin: Bisherige Erfahrungen und geotechnische Probleme. – Geotechnik 19, 115–121, 10 Bild:; Essen (DGGT)

GOLSER, J. (1994): Richtigstellungen zu Prof. KOVÁRIS Ansichten über die Neue Österreichische Tunnelbau-methode NÖT. – Felsbau, 12, 295–302; Essen (Glückauf Vlg.)

GOLWAR, A. (1985): Qualitätsaspekte der Versickerung. – Mitt. Inst. f. Wasserwirtschaft, Hydrologie und landw. Wasserbau, H. 57, 175–196, 5 Tab., 4 Abb.; Hannover (Eig. Vlg.)

GOLWER, A. (1986): Auswirkungen von Altablagerungen auf die Grundwasserbeschaffenheit. – DVWK-Schriften Wasser, H. 78, 115–129; Hamburg, Berlin (Parey)

GOLWER, A. (1987): Die Auswirkungen von Straßenverkehr auf das Grundwasser. – Gewässerschutz-Wasser-Abwasser, 29, 463–481, 5 Abb., 2 Tab.; Aachen (RWTH)

GOLWER, A. (1988): Auswirkungen der Versiegelung auf das Grundwasser. – Boden und Wasser, 1, 53–58, 3 Bild., 5 Tab.; Wiesbaden (BWK)

GOLWER, A. (1988): Erfahrungen mit der Versickerung von Regenwasser von befestigten Flächen. – Ber. d. Abwassertechn. Vereinig. 38, 381–394, 1 Abb., 5 Tab.; St. Augustin/Bonn (ATV)

GOLWER, A. (1989): Geogene Gehalte ausgewählter Schwermetalle in mineralischen Böden von Hessen. – Wasser + Boden, 41, 310–311, 1 Tab.; Hamburg (Parey)

GOLWER, A. (1991): Belastung von Böden und Grundwasser durch Verkehrswege. – Forum Städt-Hygiene, 42, 266–275 3 Abb., 8 Tab.; Hannover (Palzer Vlg.)

GOLWER, A. (1992): Orientierungswerte zur Abgrenzung von unbedenklichem und tolerierbarem Bodenaushub. – Bund d. Ingenieure f. Wasserwirtschaft, Abfallwirtschaft und Kulturbau (BWK), Landesverband Hessen, H 3, 81–91, 2 Abb., 2 Tab.; Wiesbaden

GOLWER, A. & PRINZ H. (1969): Korrosionserscheinungen in tertiären Karbonatgesteinen im Untermaingebiet. – Notizbl. Hess. L.-Amt Bodenforsch., 97: 243–257, 5 Abb., 1 Taf.; Wiesbaden

GOODMANN, R. E. (1993): Engineering Geology-Rock in Engineering Construction. – 412 S., zahlr. Fig. u. Tabl., New York (John Wiley & Sons)

GOODMAN, R. E. & SHI, G.-H. (1987): The application of block theory to the design of rock bolt supports for tunnels. – Felsbau 5, 79–86, 20 Fig.; Essen (Glückauf)

GOOM, H., LINDEMANN, N., QUAST, P. & SCHNEIDER, H.-J. (1983): Ingenieurgeologische Kriterien für untertägige Speicher- und Deponiekonzepte in Mitteleuropa. – Ber. 4. Nat. Tag. Ing. Geol. Goslar, 187–194, 4 Bild., 2 Tab.; Essen (DGEG)

GOSSOW, V. (1988): Überdachung von Deponien. – Bauwirtschaft, 42, 205–209, 5 Abb. und 842–844, 5 Abb.; Wiesbaden (Bauvlg.)

GRABE, J. (1992): Experimentelle und theoretische Untersuchungen zur flächendeckenden dynamischen Verdichtungskontrolle. – Veröffentl. Inst. Boden- und Felsmech. Univ. Karlsruhe, H. 124, 175 S., zahlr. Abb. u. Tab., Anhang.; Karlsruhe (Eig. Vlg.)

GRABE, J. (1994): Anwendung der flächendeckenden Verdichtungskontrolle (FDVK) beim Bau von Eisenbahnhochgeschwindigkeitsstrecken. – Mitt. Inst. f. Geotechnik TH Darmstadt, H 33, 63–84, 13 Bild.; Darmstadt (Eig. Vlg.)

GRASSHOFF, H. (1955): Setzungsberechnung starrer Fundamente mit Hilfe des „Kennzeichnenden Punktes". – Bauingenieur, 30: 53–54, 6 Abb.; Berlin (Springer)

GRASSHOFF, H., SIEDEK, P. & FLOSS, R. (1979): Handbuch Erd- und Grundbau, Teil 2, Erdbau und Erddruck. – 286 S.; Düsseldorf (Werner)

GRAU, A. (1987): Möglichkeiten zur dezentralen Versicherung von Regenwasser von befestigten Flächen. – Ber. d. Abwassertechnischen Vereinigung, 38, 363–380, 8 Abb., 4 Tab.; St. Augustin (GFA)

GREINER, G. (1976): In situ Spannungsmessungen und tektonischer Beanspruchungsplan in Südwestdeutschland. – Geol. Rundsch. 65, 55–65, 5 Abb.; Stuttgart (Enke)

GREINER, G. (1978): Spannungen in der Erdkruste – Bestimmung und Interpretation am Beispiel von in-situ-Messungen im süddeutschen Raum. – Diss. Uni Karlsruhe (TH), 192 S., 59 Abb., 6 Tab.; Karlsruhe

GREINER, G. & ILLIES, H. (1976): Spannungsmessungen; Probleme, Methoden, Ergebnisse. – Jahresbericht Sonderforschungsbereich 77, Felsmechanik, Universität Karlsruhe: 133–154, 6 Abb.; Karlsruhe

GREINER, G. & ILLIES, H. (1977): Central Europe: Active or Residual Tectonic Stresses. – Pageoph. Vol. 115: 11–26, 8 Fig.; Basel (Birkhäuser)

GREMMINGER, M. (1988): Untersuchungen zur Bruchbildung beim Punktlast-Versuch unter besonderer Berücksichtigung anisotroper Festgesteine. – Geotechnik, 11, S. 158–163, 8 Bild.; Essen (DGEG)

GRIFFITH, A. A. (1924): Theory of rupture. – Proc. 1st. Internat. Congr. Appl. Mech. Delft, 55–63; Amsterdam

GRONEMEIER, K., HAMER, H. & MAIER, J. (1990): Hydraulische und hydrogeochemische Felduntersuchungen in klüftigen Tonsteinen für die geplante Sicherung einer Sonderabfalldeponie. – Z. dt. geol. Ges., 141, 281–293, 11 Abb.; Hannover

GROSCHOPF, P. & KOBLER, H.-U. (1973): Die Entstehung von Karsthohlformen auf der Schwäbischen Alb und am oberen Neckar. – Proc. Symp. IAEG „Erdfälle und Bodensenkungen", Hannover, T2, G: 1–3; Essen (DGEG)

GROSS, U., MENZEL, W. & MINKLEY, W. (1988): Geomechanische Bedingungen für Standsicherheitsuntersuchungen im Buntsandstein. – Geotechnik Sonderheft 1988, 185–188, 3 Bilder; Essen (DGEG)

GROSS, U., MINKLEY, W. & PENZEL, M. (1986): Ergebnisse zur Untersuchung von Gebirgsspannungszuständen und ihre Anwendung für die Hohlraum- und Ausbaudimensionierung. – Proc. Int. ISRM-Symp. on Rock Stress and Rock Measurements Stockholm, 531–536, 2 Abb.; Stockholm (CENTEX Publ.)

GRUBE, F. (1973): Ingenieurgeologische Erkundung der Erdfälle im Bereich des Salzstockes Othmarschen-Langenfelde (Hamburg). – Proc. Symp. IAEG „Erdfälle und Bodensenkungen", Hannover, T 4, B: 1–7, 4 Abb.; Essen (DGEG)

GRUBE, H. (1982): Wasserundurchlässige Bauwerke aus Beton. – 162 S., 80 Abb., 7 Tab.; Darmstadt (Elsner Vlg.)

GRÜNDER, J. (1980): Über Volumenänderungsvorgänge in überkonsolidierten, diagenetisch verfestigten Tonen und ihre Bedeutung für die Baupraxis. – Geotechnik, 3: 60–66, 9 Bild.; Essen (DGEG)

GRÜNDER, J. (1986): Hydrogeologische Untersuchungen bei Altlasten. – Veröffentl. Grundbauinst. LGA Nürnberg, 47, 83–97, 4 Tab.; Nürnberg (Eig. Vlg.)

GRÜNDER, J. & POLL, K. (1977): Die Bedeutung von Mikro- und Makrostruktur für das geomechanische Verhalten stark überkonsolidierter Tone. – Ber. 1. Nat. Tag. Ingenieurgeol., Paderborn: 201–215, 16 Bild.; Essen (DGEG)

GRÜNDER, J. & PRÜHS, H. (1985): Ein Beitrag zur Problematik der Langzeitstandsicherheit von tiefen Einschnittsböschungen in überkonsolidierten Tonen. – Ber. 5. Nat. Tag. Ing. Geol. Kiel, 279–286, 12 Abb.; Essen (DGEG)

GRÜNDER, J. & STOCKHAUSEN, R. (1985): Standortbeurteilung und Herstellung von Mülldeponien im süddeutschen Raum. – Ber. 5. Nat. Tag. Ing. Geol. Kiel, 315–340, 12 Bilder, 3 Tab.; Essen (DGEG)

GRÜTER, R. (1987): Möglichkeiten, Wirtschaftlichkeit und Aussagekraft von Baugrunduntersuchungen in veränderlich festen Gesteinen. – Geotechnik Sonderheft 1987, Aachen, 99–113, 41 Bild.; Essen (DGEG)

GRÜTER, R. (1988): Erkundung des Spannungszustandes in den Schichten des Schwarzjura durch einen Großversuch bei der S-Bahn zum Flughafen Stuttgart-Echterdingen. – Geotechnik Sonderheft 1988, 99–110, 30 Bilder; Essen (DGEG)

GRUHN, H. (1985): Einfluß von Verwitterungsgrad und Trennflächengefüge auf den maschinentechnischen Lösevorgang an überkonsolidierten Ton- und Mergelsteinen. – In Heitfeld, K.-H. (Hrsg.): Ingenieur-geologische Probleme im Grenzbereich zwischen Locker- und Festgesteinen, 637–657, 18 Abb.; Berlin (Springer)

GUDEHUS, G. (1970): Ein statisch und kinematisch korrekter Standsicherheitsnachweis für Böschungen. – Vortr. Baugrundtagung 1970, 296–307, 4 Bild.; Essen (DGEG)

GUDEHUS, G. (1980): Erddruckermittlung. – Grundbau Taschenbuch, 3. Aufl., Teil 1, 281–406, 81 Abb., zahlr. Tab.; Berlin (Ernst & Sohn)

GUDEHUS, G. (1984): Verdübelung von Kriechhängen. – Der Bohrpunkt, 14, 12–13, 2 Bild.; Schrobenhausen (Eig. Vlg. Fa. Bauer)

GUDEHUS, G. (1987): Sicherheitsnachweise für Grundbauwerke. – Geotechnik, 9, 4–34, 23 Bild., 2 Tab.; Essen (DGEG)

GUDEHUS, G. (1988): Vor- und Nachteile fester Teilsicherheitsbeiwerte im Grundbau. – Festschrift Prof. Dr.-Ing. H. Duddeck, TU Braunschweig, Inst. f. Statik, 403–414; Braunschweig (Eig. Vlg.)

GUDEHUS, G. & GÄSSLER, G. (1980): Zuschrift zu Sommer (1978): Zur Stabilisierung von Rutschungen mit steifen Elementen. – Bautechnik, 57, 251–252; Berlin (Ernst & Sohn)

GUDEHUS, G., GOLDSCHEIDER, M. & LIPPOMANN, R. (1985): Ingenieurgeologische und bodenmechanische Untersuchungen an Kriechhängen. – In HEITFELD, K.

H. (Hrsg.): Ingenieurgeologische Probleme im Grenzbereich zwischen Locker- und Festgesteinen, 316–335, 9 Abb.; Berlin (Springer)

GUDEHUS, G., JAGAU, H. & NEIDHART, T. U. (1990): Verhalten unbelasteter bindiger Böden bei Wechsellasten – zum Schutz historischer Bauwerke vor Verkehr und Baubetrieb. – Vorträge Baugrundtagung Karlsruhe, 231–246, 19 Bild.; Essen (DGEG)

GUDEHUS, G., MEISSNER, H., ORTH, W. & SCHWARZ, W. (1987): Geotechnische Probleme bei der Gründung des Postamtes in Konstanz. – Geotechnik, 10, 105–122, 19 Bild.; Essen (DGEG)

GUDEHUS, G. & WICHTER, L. (1980): Verformungs- und Festigkeitseigenschaften zweier Keupermergel. – 4. Nat. Tag. Felsmechanik Aachen, 199–206, 6 Bild.; Essen (DGEG)

GÜNTENSPERGER, M. (1987): Die Erdbebengefährdung der Schweiz. – Nagra informiert, 9. Jhg., 4–14, 10 Abb., 3 Tab.; CH-Baden (Nagra)

GÜNTENSPERGER, M. (1989): Sedimentäre Wirtgesteinsformationen für ein Endlager. – Nagra informiert. 11. Jhg., 17–30, 3 Abb., 6 Tab.; CH-Baden (Nagra)

GÜNTHER, J. (1995): Schüttelversuche zur Bestimmung des Adsorptionsvermögens von Tonen gegenüber organischen Schadstoffen und deren Auswirkungen auf tonmineralogische und bodenmechanische Parameter. – Berlinger Geo. wiss. Abh., (A), 170, 7.24, 20 Abb., 5 Tab.; Berlin (Selbstvlg. TU)

GÜNTHER, K. (1970): Zur Frage der Erosionssicherheit unterströmter Erdstaudämme. – Mitt. Versuchsanst. f. Bodenmech. u. Grundb. TH Darmstadt, H. 5, 153 S., 55 Bild., 7 Tab.; Darmstadt

GUSSMANN, P. (1987): Böschungsgleichgewicht im Lockergestein – in Grundbau-Taschenbuch Teil 3 (3. Auflage), S. 47–70, 10 Bilder; Berlin (Ernst & Sohn)

GWINNER, M. P. (1965): Geometrische Grundlagen der Geologie. – 154 S., 262 Abb., 10 Tab.; Stuttgart (Schweizerbart)

GWINNER, M. P., MAUS, H. J., PRINZ, H., SCHREINER, A. & WERNER, J. (1974): Erläuterungen zur geologischen Karte von Baden-Württemberg 1:25 000, Bl. 7723 Munderkingen, 107 S., 8 Abb., 4 Taf.; Stuttgart

HAAS, U. (1993): Die Aufnahme von Massenbewegungen im Umfeld von Siedlungsgebieten – Methodik, Ziel und aktueller Stand. – Ber. 9. Nat. Tag. Ing.-Geol., Garmisch-Partenkirchen, 43–51, 2 Abb.; -Essen (DGGT)

HABENICHT, H. (1976): Anker und Ankerungen zur Stabilisierung des Gebirges. – 194 S., 109 Abb.; Wien (Springer)

HABENICHT, H. (1979): Zur Beschreibung des Trennflächengefüges aus Bohrkernen. – Rock Mechanics, Suppl. 9: 217–242, 3 Abb.; Wien (Springer)

HABENICHT, H. & GEHRING, K. (1976): Gebirgseigenschaften und maschineller Vortrieb. – Berg- u. Hüttenmechanische Monatshefte, 121: 506–514, 6 Abb.; Wien (Springer)

HABETHA, E. (1963): Ingenieurgeologische Probleme beim Bau der Autobahn in Niedersachsen. – Z. Dtsch. Geol. Ges., 114: 162–163; Hannover

HABETHA, E. (1972): Ingenieurgeologische Erfahrungen bei Schäden in Erdfallgebieten Südniedersachsens. – Ber. Naturhist. Ges., 116: 95–108, 6 Abb.; Hannover

HACH, G. & LIST, F. (1975): Die Murfangsperre zum Schutz der Stadt Tegernsee. – Wasser u. Boden, 27, 207–211, 5 Bild., 2 Taf.; Hamburg + Berlin (Parey)

HAEFELI, R. (1967): Kriechen und progressiver Bruch in Schnee, Boden, Fels und Eis. – Schweizerische Bauzeitung. 85, 1–9, 23 Bilder; Zürich (Vlg. AG Akad. Techn. V.)

HÄFNER, F. (1983): Meßtechnische Überwachung von Böschungen in Bezug auf gefährdete Bebauung und Verkehrswege. – Proc. Symp. Meßtechnik im Erd- und Grundbau, 257–264, 5 Abb.; Essen (DGEG)

HÄFNER, F. (1993): Gefahrenabwehr bei Steinschlag-Erfordernis, Sicherheitsniveau, Rechtliche Aspekte. – Ber. 9. Nat. Tag. Ing.-Geol., Garmisch-Partenkirchen, 189–195, 7 Abb.; Essen (DGGT)

HÄNICHEN, H. (1977): Ingenieurgeologische Erkundungen von Baustandorten unter Einbeziehung geophysikalischer Untersuchungen. – Neue Bergbautechnik, 7, 114–118; Leipzig (Dt. Vlg. f. Grundstoffindustrie)

HAFFEN, M. (1970): Unterirdische Bauwerke in kohäsionsarmen, körnigen Böden. Vorbehandlung zur Abdichtung und Verfestigung mittels Injektionen. – Bergbau-Wiss., 17: 290–294, 7 Bild.; Goslar (Hübener)

HAFFEN, M. (1978): Spezielle Gründungsprobleme im Dammbau. – Festschr. Prof. Breth: 33–54, 18 Fig.; Darmstadt (Eigenvlg.)

HAGEL, J. (1959): Städte, die das Salz bewegt. – Kosmos, 55 (2): 49–54, 8 Abb.; Stuttgart (Francksche Verlagshandlung)

HAILER, W. & HOFMANN, K. (1995): Bauen und Grundwasserschutz. – Wasser-Abwasser-Praxis (WAP), 3, 16–21, 4 Abb.; Gütersloh (Bertelsmann)

HAMMER, H. (1985): Systematische ingenieurgeologische Untersuchung von Hangrutschungen im Nordbayerischen Deckgebirge. – Veröffentl. Grundbauinst. LGA Bayern, 42, 45–52, Nürnberg (Eig. Vlg.)

HAMMER, H., NIEDERMEYER, S. & NIEDERMEYER, TH. (1995): Untersuchungen zu Gebirgsspannungen und -bewegungen in der Schwäbischen Alb. – Felsbau, 13, 367–373, 7 Bild., 2 Tab.; Essen (Glückauf)

HANSÂGI, I. (1972): Entwicklung des Betonankers in Schweden. – Erzmetall, 25: 287–290, 5 Bild.; Weinheim (Verlag Chemie)

HARDT, G. (1985): Basisabdichtung aus Ton. – Veröffentl. Grundbauinst. LGA Nürnberg, 44, 47–68, 10 Bild.; Nürnberg (Eig. Vlg.)

HARDY, H. R. & JAYARAMAN, N. I. (1970): An Investigation of Methods for the Determination of the Tensile Strength of Rock. – Ber. 2. Kongr. Int. Ges. f. Felsmech. Beograd, 5–12, 85–92, 5 Fig., 3 Tab.

HARRES, H.-P., FRIEDRICH, H., HÖLLWARTH, M. & SEUFFERT, O. (1985): Schwermetallbelastung städtischer Böden und ihre Beziehung zur Bioindikation. – Geol. Jb. Hessen, 113, 251–270, 5 Abb., 5 Tab.; Wiesbaden

HARRES, M. M., REUTER, C.-D. & SCHÖNENBERG, R. (1974): Tektonik und Karstwasser im Oberen Gräu (westlich Tübingen). – Oberrhein, geol. Abh., 23, 55–63, 4 Abb.; Karlsruhe

HARTGE, H. & HORN, R. (1990): Mineralböden als Abdichtungsbarrieren bei Deponiekörpern. – Die Geowissenschaften, 8, 46–50, 5 Abb.; Weinheim (VHC)

HARTMANN, R. M (1995): Auswertung von Wasserabreßversuchen in klüftigen und verformbaren Fels. – Veröffentl. Inst. f. Grundb., Bodenmech., Felsmech. u. Verkehrswasserbau RWTH Aachen, 28, 260 S., zahlr. Bild. u. Formeln.; Aachen (Eig. Vlg.)

HASENPATT, R., DEGEN, W. & KAHR, G. (1988): Durchlässigkeit und Diffussion von Tonen. – Mitt. Inst. Grundbau u. Bodenmech. ETH Zürich, 133, 65–76, 3 Bild., 1 Tab.; Zürich

HATSCH, P. (1994): Bohrlochmessungen. – 145 S., 109 Abb., 9 Tab.; Stuttgart (Enke Vlg.)

HAUPT, W. (1980): Abschirmung von Gebäuden gegen Erschütterungen. – Vorträge Baugrundtagung Mainz, 117–139, 20 Abb.; Essen (DGEG)

HAZEN, A. (1893): Some physical properties of sand and gravel with special reference to their use in filtration. – Ann. Rep. Mass. State, Bd. Health, 24: 541–556; Boston

HECKÖTTER, CHR. (1994): Baugrube eines Krippenmuseums in Telgte. – Mitteilungsheft 11, Inst. f. Bochenmech. u. Grundbau TU Graz, 194–210, 10 Abb.; Graz (Eig. Vlg.)

HECKÖTTER, CHR. & SCHWALD, R. (1994): Recyclingmaterial im Erdbau – Einsatz und Risikobewertung – Vorträge Baugrundtagung Köln, 451–464, 8 Bild., 2 Tab.; Essen (DGGT)

HEERTEN, G. (1988): Leistungsfähige Dränsysteme in Deponie-Basisabdichtungen. – 1. Kongr. Kunststoffe in der Geotechnik in Hamburg (K-GEO 88), 293–302, 8 Abb.; Essen (DGEG)

HEGENBERGER, W. (1969): Erläuterungen zur Geologischen Karte von Bayern 1:25000 Blatt Nr. 5926 Gedersheim mit 14 Abb., 10 Tab., 2 Beil.; München (GLA)

HEIERMANN, W. (1996): Zur Nachtragswürdigkeit von Kostenmehrungen infolge Baugrundrisiko aus der Sicht des Juristen. – Mitt. Inst. u. Vesuchsanst. f. Geotechnik d. TH Darmstadt, 35, 199–207.; Darmstadt (Eig. Vlg.)

HEIL, H., ENTENMANN, W. & DÜMMER, M. (1989): Durchlässigkeitsbestimmungen an Tonsteinen als Grundlage für die Dimensionierung hydraulischer Maßnahmen zur Sanierung der Deponie Bielefeld-Brake. – Ber. 7. Nat. Tag. Ing. Geol. Bensheim, 277–286, 14 Abb.; Essen (DGEG)

HEIM, A. (1932): Bergsturz und Menschenleben. – 218 Seiten; Zürich

HEIMHARD, H.-J. (1986): Schadstoffseparation aus kontaminierten Böden mittels Hochdruck-Bodenwaschverfahren. – Fortbildungszentrum Gesundheits- und Umweltschutz (FUG); Sanierung kontaminierter Standorte 1986, 104–115, 4 Abb.; Berlin (Eig. Vlg.)

HEITFELD, K.-H. (1961): Bedeutung der Verkarstung für den Talsperrenbau (am Beispiel der Hennetalsperre im Einzugsgebiet der Ruhr). – Jhe. für Karst- u. Höhlenkunde, 2: 161–175, 11 Abb.; München

HEITFELD, K.-H. (1965): Hydro- und baugeologische Untersuchungen über die Durchlässigkeit des Untergrundes an Talsperren des Sauerlandes. – Geol. Mitt., 5: 1–210, 75 Abb., 18 Tab.; Aachen

HEITFELD, K.-H. (1966): Zur Frage der oberflächennahen Gebirgsauflockerung. – Proc. 1. Congr. Int. Soc. Rock Mechanics: 15–20, 7 Abb., 1 Tab.; Lissabon

HEITFELD, K.-H. (1967): Hydrogeologische Untersuchungen im Bereich des Kremesta-Stausees in Westgriechenland. – Geol. Mitt., 6: 129–158, 22 Abb.; Aachen

HEITFELD, K.-H. (1968): Geologische Voruntersuchungen für das Pumpspeicherwerk Rönkhausen/Sauerland. – Geol. Mitt., 7: 251–298, 14 Abb.; Aachen

HEITFELD, K.-H. (1969): Ingenieurgeologische Probleme bei der Gründung im Kalkstein. – Mitt. VGB. TH Aachen, 46: 59–86, 8 Abb.; Aachen

HEITFELD, K.-H. (1978): Beispiele von Felsrutschungen im Nordteil des Rheinischen Schiefergebirges. – Ber. 3. Nat. Tag. Felsmech., Aachen: 337–366, 15 Abb.; Essen (DGEG)

HEITFELD, K.-H. (1979): Durchlässigkeitsuntersuchungen im Festgestein mittels WD-Testen. – Mitt. Ing.- u. Hydrogeol., 5: 175–218, 20 Abb., 1 Tab.; Aachen

HEITFELD, K.-H. (1981): Ingenieurgeologische Probleme beim Talsperrenbau in Karstgebieten. – Schriftenreihe Dt. Verb. Wasserwirtsch. u. Kulturbau, 521–547, 18 Abb., 3 Tab.; Berlin

HEITFELD, K.-H. (1982): Untersuchungsmethoden und Sanierungsmaßnahmen bei Talsperrenbauten in Karstgebieten. – Mitt. Ing.- u. Hydrogeol., 12, 129–155, 8 Abb., 4 Tab.; Aachen

HEITFELD, K.-H. (1984): Ingenieurgeologie im Talsperrenbau. – In: Angewandte Geowissenschaften, Band III, 479–494, 7 Bild.; Stuttgart (Enke)

HEITFELD, K.-H., DÜLLMANN, H., KOHLHAAS, W. & VÖLTZ, H. (1977): Ingenieurgeologische Untersuchungen zur Sanierung eines besiedelten Rutschgebietes. – Ber. 1. Nat. Tag. Ingenieurgeol., Paderborn: 23–47, 11 Abb.; Essen (DGEG)

HEITFELD, K.-H., DÜLLMANN, H. & KRAPP, L. (1979): Erfahrungen mit Dichtungswänden für Mülldeponien und Baugruben. – Ber. 2. Nat. Tag. Ingenieurgeol., Fellbach: 271–282, 13 Abb., 2 Tab.; Essen (DGEG)

HEITFELD, K.-H., ECHLE, W., DÜLLMANN, H., AZZAM, R. & HASENPATT, R. (1985): Ingenieurgeologie und Tonmineralogie vulkanogener Sedimente. – In HEITFELD, K.-H. (Hrsg.): Ingenieurgeologische Probleme im Grenzbereich zwischen Locker- und Festgesteinen, 336–355, 18 Abb.; Berlin (Springer)

HEITFELD, K.-H. & HEITFELD, M. (1989): Auswertung von WD-Testen bei speziellen geologischen Verhältnissen. – Ber. 7. Nat. Tag. Ing. Geol. in Bensheim, 185–199, 12 Abb., 1 Tab.; Essen (DGEG)

HEITFELD, K.-H. & HEITFELD, M. (1995): Die Bedeutung tektonischer Störungen für die Beurteilung von Deponiestandorten. – Geotechnik Sonderheft zur 10. Nat. Tag. Ing.-Geol, Freiberg, 163–174, 7 Abb., 2 Tab.; Essen (DGGT)

HEITFELD, K.-H. & HESSE (1974): Ingenieurgeologische Gesichtspunkte bei Felsverankerungen. – Geol. Mitt., 12: 335–348, 6 Abb.; Aachen

HEITFELD, K.-H. & HESSE, K. H. (1982): Zur Methodik ingenieurgeologischer Untersuchungen am Beispiel eines flachliegenden Straßentunnels. – Mitt. Ing.- u. Hydrogeol., 12, 44–83, 5 Abb., 1 Tab.; Aachen

HEITFELD, K.-H., HESSE, K. H. & DÜLLMANN, H. (1982): Ingenieurgeologische Untersuchungen im Festgestein des Rheinischen Schiefergebirges. – Mitt. Ing.- u. Hydrogeol., 12, 84–128, 15 Abb.; Aachen

HEITFELD, K.-H. & KRAPP, L. (1985): Untersuchungen zum Durchlässigkeitsverhalten veränderlich-fester Gesteine mittels WD-Testen. – Geotechnik – Sonderheft 1985, 45–54, 11 Bilder; Essen (DGEG)

HEITFELD, K.-H. & KRAPP, L. (1986): Zum Stand der Injektionstechnik. – Mitt. Ing. u. Hydrogeol., 24, 1–58, 28 Abb.; Aachen

HEITFELD, K.-H. & KRAPP, L. (1991): Bedeutung von Sulfatkarst beim Hochwasserrückhaltebecken Salzdeshelden (HRB). – Wasserwirtschaft, 81 7/8, 6 S., 5 Bild.; Stuttgart (Franckh-Kosmos Vlg.)

HEITFELD, K.-H., KRAPP, L. & DÜLLMANN, H. (1984): Geologische und hydrogeologische Aspekte bei der Planung und beim Betrieb von Haus- und Industriemülldeponien. – Wasser u. Boden, S. 550–554, 4 Bild.; Hamburg (Vlg. Parey)

HEITFELD, K.-H. & OLZEM, R. (1982): Kriterien und Untersuchungen zur Auswahl von Standorten für Sonderabfalldeponien. – Mitt. Ing.- u. Hydrogeol., 13, 153–172, 11 Abb.; Aachen

HEITFELD, K.-H. & KOPPELBERG, W. (1981): Durchlässigkeitsuntersuchungen mittels WD-Versuchen. – Zbl. Geol. Paläontol. Teil 1: 633–660, 11 Abb.; Stuttgart (Schweizerbart)

HEITFELD, K.-H. & RIEMER, W. (1977): Ingenieurgeologische Untersuchungen bei Talsperrenprojekten in der Dominikanischen Republik. – Wasserwirtschaft, 67: 1–8, 6 Abb.; Stuttgart (Francksche Verlagshandlung)

HELD, U. & HÄFNER, F. (1986): Ingenieurgeologische Klassifikation veränderlich-fester Gesteine des Rotliegenden nach ihrem Verwitterungsverhalten. – Mainzer geowiss. Mitt., 15, 183–205, 13 Abb., 1 Tab.; Mainz

HELFERICH, H. K. (1975): Gebirgstechnische Kennziffern mit petrographisch-strukturellem Begriffsinhalt. – Rock Mechanics, Suppl. 4: 21–28, 2 Abb., 3 Tab.; Wien (Springer)

HELLWEG, V., RIZKALLAH, V. (1980): Ein Verfahren zur Abschätzung des Sackungsverhaltens bei gleichförmigen Feinsanden und Maßnahmen zur Verdichtung nichtbindiger Böden durch Sackungen infolge Bewässerung. – Vorträge Baugrundtagung Mainz, 239–261, 14 Abb.; Essen (DGEG)

HENDRIKS, F., PAHNKE, J. & KISTEN, CHR. (1995): Rechtliche, versicherungstechnische und geowissenschaftliche Aspekte der TA Siedlungsabfall unter besonderer Berücksichtigung neuerer Forschungsergebnisse. – Berliner Geowiss. Abh., (A), 170, 1–6, 1 Abb., Berlin (Selbstvlg. FU)

HENKE, G. A. & LISSNER, K. (1988): Einsatz des TERRAFERM-Verfahrens zur biologischen on-site Sanierung. – 177. Seminar des Fortbildungszentrums Gesundheits- und Umweltschutz Berlin e. V. (FUG Berlin), Sanierung kontaminierter Standorte 1988, 173–181, 4 Abb., Berlin (Eig. Vlg.)

HENKE, K. F. (1979): Fragen der Standsicherheit bei der gemeinsamen Ablagerung von Müll und Abwasserschlamm. – Müll u. Abfall, 11, 135–139, 7 Abb.; Berlin (E. Schmidt)

HENKE, K. F. (1985): Standsicherheit von Deponien aus Müll- und Abfallstoffen. – Müll- und Abfallbeseitigung, 1–22, 11 Abb., 2 Tab.; Berlin (E. Schmidt)

HENKE, K. F. & HILLER, M. (1982): Gipskeuper als Baugrund. – Bauverwaltung, 24–30, 7 Abb., Düsseldorf (Werner Vlg.)

HENKE, K. F. & KAISER, W. (1980): Empfehlung Nr. 4 des Arbeitskreises 19 – Versuchstechnik Fels – der Deutschen Gesellschaft für Erd- und Grundbau e. V., Scherversuch in situ. – Bautechnik, 57, 325–328, 10 Bild., 1 Tab.; Berlin (Ernst & Sohn)

HENKE, K. F., KAISER, W. & BEICHE, H. (1979): Verhalten von Tunnelbauwerken in quellfähigen Schichten des Gipskeupers. – Ber. 2. Nat. Tag. Ing. Geol. Fellbach, 135–142, 13 Abb.; Essen (DGEG)

HENKE, K. F., KAISER, W. & NAGEL, D. (1975): Geomechanische Untersuchungen im Gipskeuper. – Straßenbau und Straßenverkehrstechnik, 184, 149–169; Bonn, (BMV)

HENKE, K. F., KRAUSE, H., MÜLLER, L., KIRCHMAIER, M., EINFALT, H. C. & LIPPMANN, F. (1975): Sohlhebungen beim Tunnelbau im Gipskeuper. – Sammelband Ministerium für Wirtschaft, Mittelstand u. Verkehr, 195 S., 82 Abb., 3 Tab.; Stuttgart (Eig. Vlg.)

HENKEL, U. (1990): Zwischenergebnisse aus dem Forschungsprojekt „Gebirgseigenschaften mächtiger Tonsteinserien". – Z. dt. geol. Ges., 141, 275–280, 8 Abb.; Hannover

HENN, P., KRAUTER, E., HÄFNER, F. & WONKA, F. (1980): Felssicherungsarbeiten im Bereich der Felsenkirche Idar-Oberstein. – Werkszeitschrift Deilmann-Haniel, 26: 2–8, 14 Abb.; Dortmund

HERBST, T. F., v. MATT, U. & MARTAK, L. V. (1995): Die Europäische Norm über Verpreßanker prEN 1537, Harmonisierung durch Vielfalt. – Proc. int. Symp. Anker in Theorie u. Praxis, 437–446, 5 Bild., 1 Tab.; Salzburg/Rotterdam (Balkema)

HERMANN, E. & SCHENK, V. (1977): Versuchsschlitzwand und Versuchsinjektionen im Buntsandstein als Großtest zur Wahl der endgültigen Untergrunddichtung des Hochwasserrückhaltebeckens Marbach/Haune bei Fulda. – Ber. 1. Nat. Tag. Ing.-Geol. Paderborn, 445–464, 6 Abb.; Essen (DGEG)

HERMANN, F. & HOFRICHTER, E. (1973): Subrosion, Bodensenkungen und Erdfälle an Salzstöcken NW-Deutschlands am Beispiel des Salzstockes Benthe bei Hannover. – Proc. Symp. IAEG „Erdfälle und Bodensenkungen", Hannover, T 1, F: 1–10, 4 Abb.; Essen (DGEG)

HERMANN, F. & WÜSTENHAGEN, K. (1973): Der Felseinbruch am Kahnstein bei Laugelsheim (Harz) aus ingenieurgeologischer Sicht. – Proc. Symp. IAEG „Erdfälle und Bodensenkungen", Hannover, T 2, O: 1–6, 6 Abb.; Essen (DGEG)

HERMANN, W. & KNITTEL, A. (1994): Bewältigung eines Vortriebs mit Bergwasser am Beispiel des Erkundungsstollens Kaponig. – Felsbau 12, 510–514, 7 Bild.; Essen (Glückauf Vlg.)

HERRMANN, A., HINZE, C., HOFRICHTER, E. & STEIN, V. (1968): Salzbewegungen und Deckgebirge am Nordrand der Sollingscholle (Ahlsburg). – Geol. Jb., 85, 147–164, 2 Abb., 1 Tab.; Hannover

HERRMANN, A., HINZE, C. & STEIN, V. (1967): Die halotektonische Deutung der Elfas-Überschiebung im südniedersächsischen Bergland (mit Beitrag von H. NIELSEN). – Geol. Jb. 84, 407–462, 10 Abb., 2 Tab., 5 Taf.; Hannover

HERRMANN, R. (1968): Auslaugung durch aufsteigende Mineralwässer als Ursache von Erdfällen bei Bad Pyrmont. – Geol. Jb. 25, 265–284, 8 Abb., 1 Taf.; Hannover

HERRMANN, R. (1969): Die Auslaugung der Zechsteinsalze im niedersächsich-westfälischen Grenzgebiet bei Bad Pyrmont. – Geol. Jb. 87, 277–294, 6 Abb., 2 Tab., 1 Taf.; Hannover

HERTH, W. & ARNDTS, E. (1973): Theorie und Praxis der Grundwasserabsenkung. – 270 S., 124 Bild.; Berlin, München, Düsseldorf (Ernst & Sohn)

HESENÀK, J. P. (1986): Analyse eines Schadensfalles. – Proc. Donaueuropäische Konf. über Bodenmech. u. Grundbau Nürnberg 195–199, 4 Bild., 2 Tab.; Essen (DGEG)

HESSE, K.-H. (1972): Ein Beitrag zur Gebirgsklassifizierung und Vortriebssicherung bei Stollenbauten im Rheinischen Schiefergebirge. – Geol. Mitt., 12: 9–18, 4 Abb., 2 Tab.; Aachen

HESSE, K.-H. (1974): Zur Ankersicherung im Stollenbau. – Geol. Mitt., 12: 389–412, 16 Abb.; Aachen

HESSE, K.-H. (1978): Zur ingenieurgeologischen Gebirgscharakteristik und deren Einfluß auf Entwurf und Sicherung von Felsbauwerken im Rheinischen Schiefergebirge. – Mitt. Ing.- u. Hydrogeol., 6, 173 S., 42 Abb.; Aachen (RWTH)

HESSE, K.-H. (1989): Ingenieurgeologische Gebirgstypisierungen für Tunnelbauten im Rheinischen Schiefergebirge. – Mitt. Ing. u. Hydrogeol., 32, 225–250, 3 Tab., 6 Anl.; Aachen

HESSE, K.-H., GÜNTHER, J. & ROSENFELD, M. (1993): Gegenüberstellung der Möglichkeiten ingenieurgeologischer Untersuchungsmethoden zur Ermittlung der Durchlässigkeit geklüfteter Barrieregesteine. – Ber. 9. Nat. Tag. Ing.-Geol., Garmisch-Partenkirchen 164–175, 12 Abb., 4 Tab.; Essen (DGGT)

HESSE, K.-H. & SCHUMACHER, H.-D. (1989): Auswirkungen kontaminierter Sickerwässer auf die Durchlässigkeit toniger Gesteine. – Ber. 7. Nat. Tag. Ing. Geol. Bensheim, 265–276, 10 Abb., 3 Tab.; Essen (DGEG)

HESSE, K.-H., GÜNTHER, J. & ROSENFELD, M. (1991): Vergleichende Untersuchungen zur Bestimmung des Durchlässigkeitsbeiwertes in situ. – Ber. 8. Nat. Tag. Ing. Geol. Berlin: 41–49, 6 Abb., Essen (DGGT)

HESSE, K.-H. & SIMON, A. (1991): Beitrag zu einer ingenieurgeologisch relevanten Trennflächencharakteristik mit Hilfe photogrammetrischer Trennflächenaufnahmen. – Ber. 8. Nat. Tag. Ing. Geol. Berlin: 104–109, 14 Abb., Essen (DGGT)

HESSE, K.-H. & TIEDEMANN, J. (1989): Zur ingenieurgeologischen Beschreibung von Gesteinstrennflächen. – Felsbau, 7, 148–155, 10 Bild., 5 Tab.; Essen (Glückauf)

HETTLER, A. (1989): Zum Sicherheitsfaktor bei Bodennägeln. – Geotechnik, 11, 10–13, 7 Bild.; Essen (DGEG)

HETTLER, A. & BERG, J. (1987): Zulässige Lasten für Betonrüttelsäulen und vermörtelte Stopfsäulen auf statistischer Grundlage. – Geotechnik, 10, 169–179, 13 Bild., 1 Tab.; Essen (DGEG)

HETTLER, A. & MEININGER, W. (1990): Einige Sonderprobleme bei Verpreßankern. – Bauingenieur, 65, 407–412, 15 Bild.; Berlin (Springer)

HEYER, D. & FLOSS, R. (1994): Abdichtungsmaßnahmen zum Grundwasserschutz an Verkehrsflächen. – Vorträge Baugrundtagung Köln, 465–475, 6 Bild.; Essen (DGGT)

HEYNE, K.-H. (1963): Beitrag zur Zugfestigkeit von Gesteinen – Vergleich verschiedener Methoden der Zugfestigkeitsbestimmung. – Bergakademie, 15: 356–366, 15 Abb., 21 Tab.; Leipzig (Dt. Verlag f. Grundstoffindustrie)

HILMER, R. (1991): Schäden im Gründungsbereich. – 358 S., 317 Abb., 13 Tab.; Berlin (Ernst & Sohn)

HINDEL, R. & FLEIGE, H. (1989): Schwermetallverteilung in Bodenprofilen aus verschiedenen Ausgangsgesteinen zur Abgrenzung lithogener, pedogener und anthropogener Anteile. – UBA-Forschungsbericht 91-020, 137 S., 25 Abb., 1 Tab., 3 Anl.; Berlin (UBA)

HIRSCHBERGER, H. (1987): Böschungsherstellung durch Aufspülen. – Im: Grundbau-Taschenbuch, Teil 3, 3. Aufl., S. 495–512, 13 Bilder; Berlin (Ernst & Sohn)

HOBBS, B. E., MEANS, W. D. & WILLIAMS, P. E. (1976): An outline of structural geology. – 571 S.; New York (J. Wiley & Sons)

HÖLL, K. (1986): Wasser, Untersuchung, Beurteilung, Aufbereitung, Chemie, Bakteriologie, Biologie. – 7. Aufl., 592 S., 18 Abb.; Berlin (De Gruyter)

HÖLTING, B. (1981): Hydrogeologische Probleme bei der Wasserschließung in Kluftgrundwasserleitern. – Brunnenbau, Bau von Wasserwerken, Rohrleitungsbau (bbr), 32: 195–198, 3 Abb.; Köln.

HÖLTING, B. (1983): Grundwassergewinnung; Folgen für Landwirtschaft und Bebauung. – Geoökodynamik, Bd. 4, 53–66, 6 Abb.; Darmstadt (Geoöko-Vlg.)

HÖLTING, B. (1996): Hydrogeologie – Einführung in die Allgemeine und Angewandte Hydrogeologie. – 5. überarb. u. erw. Auflage, 441 S., 114 Abb., 46 Tab.; Stuttgart (Enke Vlg.)

HÖTZL, H. & WOHNLICH, S. (1985): Wasserbewegung in einer dreischichtigen Deponieabdeckung. – Z. dt. geol. Ges. 136, 645–657, 8 Abb.; Hannover

HÖTZL, H. & WOHNLICH, S. (1986): Ton-Oberflächenabdichtungen für kontaminierte Standorte – Meßergebnisse der Großlysimeteranlage Dreieich. – Beiträge der Interfakultativen Arbeitsgruppe für Grundwasser u. Bodenschutz, Univ. Karlsruhe, 30–39, 4 Abb., 1 Tab.; Karlsruhe (Eig. Vlg.)

HOFFMANN, E.-W. & POLL, G. (1985): Schwermetallbestimmungen an nicht belasteten Tonsedimenten des Rheintales bei Dinslaken. – Z. Wasser-Abwasser-Forsch., 18, 31–34; Weinheim (VCH Vlg.)

HOFMANN, K. (1993): Gefährdungsabschätzung und Sanierungskonzepte für PAK-kontaminierte Böden. –

altlasten-spektrum, 2, 93–99, 6 Abb., 4 Tab.; Berlin (E. Schmidt Vlg.)

HOFREITER, G. (1977): Ein Gerät zur Entnahme von Grundwasserproben. – gwf-wasser/abwasser, 118, 384–385, 3 Bild.; München (Oldenbourg)

HOFRICHTER, E. (1967): Subrosion und Bodensenkungen am Salzstock von Stade. – Geol. Jb., 84: 327–340, 5 Abb., 1 Tab.; Hannover

HOFRICHTER, E. (1973): Ursache eines Erdfalles bei Vienenburg – Salzauflösung in ersoffenen Grubenräumen. – Proc. Symp. IAEG „Erdfälle und Bodensenkungen", Hannover, T 1, H: 1–6, 5 Abb.; Essen (DGEG)

HOLLMANN, F., HÜLSMANN, K.-H., SCHÖNE-WARNEFELD, G. (1970): Bergbau und Baugrund. Probleme der bergbaulichen Einwirkung auf die Tagesoberfläche am Beispiel des Niedrrheinisch-Westfälischen Industriegebietes (Ruhrgebiet). – Ber. 2 Konf. Int. Ges. f. Felsmechanik, 511–530, 14 Abb., 2 Taf.; Beograd

HOLLSTEGGE, W. (1988): Technische Lösungen und administrative Ziele. Ein Konflikt dargestellt am Beispiel des Deponiekonzeptes der TA Abfall. – Vorträge Baugrundtagung Hamburg, 119–126, 3 Bild.; Essen (DGEG)

HOLLSTEGGE, W. (1988): Technische Lösungen und administrative Ziele am Beispiel des Deponiekonzeptes der TA Abfall. – Bauwirtschaft, 42, 850–856, 2 Tab.; Wiesbaden (Bauvlg.)

HOLTMEIER, E. L. (1982): Rechtliche Fragen beim Grundwasserschutz. – Mitt. Ing.- u. Hydrogeol., 13, 1–18; Aachen

HOLTZ, S. (1977): Geophysikalische und geologische Untersuchungen für das Hochwasserrückhaltebecken Mackenzell/Nüst, Krs. Fulda. – Gießener Geol. Schriften, 12: 123–140, 4 Abb.; Gießen

HOLTZ, S. & EWERT, F. K. (1977): Abdichtungsarbeiten an der Talsperre Antrifttal, Vogelsberg-Kreis, Hessen. – Ber. 1. Nat. Tag. Ingenieurgeol., Paderborn: 429–443, 7 Abb.; Essen (DGEG)

HOLTZ, S. & SCHENK, V. (1978): Engineering Geological Problems of Dams in Highly Permeable Buntsandstein Formation in Hesse, FRG. – Proc. III Int. Congr. IAEG Sec. III, Vol. 1, 133–142, 9 Fig.: Amsterdam

HOLTZ, S. & SCHOPPE, J. (1978): Planung einer Talsperre unter besonderer Berücksichtigung der Versickerung. – Wasser + Boden, 30, 289–291, 4 Bild.; Hamburg (Paray)

HOLZLÖHNER, U. (1988): Das Feuchtverhalten mineralischer Schichten in der Basisabdichtung von Deponien. – Müll und Abfall, 5, 295–302, 5 Abb.; Berlin (E. Schmidt)

HOLZLÖHNER, U. (1990): Austrocknung mineralischer Dichtungsschichten in Kombinationsdichtungen. – Abfallwirtschaft in Forschung und Praxis, 36, Fortschritte der Deponietechnik 1990, 281–303, 16 Bild.; Berlin (E. Schmidt)

HORN, A. (1969): Der Gleichgewichtszustand von Kiesgruben unter Grundwasser. Zulässiger Grenzabstand bei Baggerungen. – Wasser u. Boden: 237–239, 3 Abb.; Hamburg (Parey)

HORN, A. (1986): Bemessung und Prüfung mineralischer Deponie-Basisabdichtungen. – Geotechnik, 9, 79–82, 7 Bilder; Essen (DGEG)

HORN, A. (1987): Mineralische Basisabdichtungen für Abfalldeponien – Planung, Bemessung, Bauausführung, Prüfung. – Mitt. Inst. f. Bodenmech. u. Grundbau, Univ. d. Bundeswehr München, 7, 5–33, 16 Bild.; München (Eig. Vlg.)

HORN, A. (1988): Prüfung der Wasserdurchlässigkeit einer mineralischen Deponie-Basisabdichtung gegenüber chlorierten Kohlenwasserstoffen (CKW). – Mitt. Inst. Bodenmech. u. Grundbau, Univ. d. Bundeswehr München, 8, 23–27, 6 Anl. ; München (Eig. Vlg.)

HORN, A. (1989): In-situ-Dichtigkeitsprüfung von Deponie – Flächendichtungen. – Geotechnik, 12, 16–18, 3 Abb.; Essen (DGEG)

HORN, A. (1989): Zur TA Sonderabfall 1989 – Anmerkungen zum Abschnitt Oberirdische Deponien. – Abfallwirtschafts Journal 1, Nr. 12, 40–43, 1 Bild; Berlin (EF-Vlg.)

HORN, A. & KOHLER, E. (1988): Zur Beständigkeit mineralischer Basisabdichtungen aus quartärem Kies und Bentonit. – Mitt. Inst. f. Bodenmech. u. Grundbau, Univ. d. Bundeswehr München, 7, 43–55, 6 Bild., 2 Tab.; München (Eig. Vlg.)

HORST, P. (1995): Haftung – Damoklesschwert für Altlastengutachter. – altlasten-spektrum, 5, 227–230.; Berlin (E. Schmidt Vlg.)

HOULSBY, A. C. (1976): Routine Interpretation of the Lugeon Water Test. – Q. II. Engng. Geol., 9: 303–313; Belfast

HUDER, J. & AMBERG, G. (1970): Quellung in Mergel, Opalinuston und Anhydrit. – Schweiz. Bauzeitung, 88: 975–980, 10 Abb.; Zürich (Vgl. Akad.-Techn. V.)

HUNDT, R. (1950): Erdfalltektonik. – 145 S., 136 Abb.; Halle a. d. Saale (Knapp)

HUPPER-NIEDER, H.-P. & BASTEN, B. (1993): PAK's – die Grenzen der Grenzwerte: Pragmatik contra Akzeptanz. – Altlasten, 1/93, 12–29, 4 Bild.; Frankfurt (dfV)

HUTH, R. J. & KÜHLING, G. (1991): Injektionen mit Feinstbindemitteln. – Ber. 8. Nat. Tag. Ingenieurgeologie Berlin: 162–166, 13 Abb., Essen (DGEG)

IHLE, F. (1995): Untersuchungen zur Auswertung von Drucksondierungen. – Geotechnik, 18, 65–73, 11 Bild., 1 Tab.; Essen (DGGT)

ILLIES, H. & GREINER, G. (1976): Regionales Streß-Feld und Neotektonik in Mitteleuropa. – Oberrhein. Geol. Abh., 25: 1–40, 12 Abb.; Karlsruhe (C. F. Müller)

ILLIES, H. & GREINER, G. (1977): Eine lebendige Erdnaht entlang dem Lauf des Rheins. – Ber. Naturf., Freiburg i. Br., 67: 91–104, 3 Abb.; Freiburg i. Br.

ISHIJIMA, Y. & ROEGIERS, J.-C. (1996): Slope failure Kills 20 people. – News Journal, Vol. 3, Nr. 3, 28–29, 3 Fig., Lisboa (ISRM)

JAAR, M. & LOOSE; ST. (1995): Stand der Sickerwasserbehandlung in Deutschland. – Wasser-Abwasser-Praxis (WAP), 3, 63–66, 4 Abb., 3 Tab.; Gütersloh (Bertelsmann)

JACOBS, S. & TENTSCHERT, E. (1994): Stollen im Bergwasser – Prognose, Prophezeiung und Realität der Auswirkungen. – Felsbau 12, 466–473, 11 Bild.; Essen (Glückauf Vlg.)

JÄGER, B. (1982): Ursachen eines Felssturzes in Nideggen/Eifel. – Mitt. Ing. u. Hydrogeol., 12, 1–12, 6 Abb.; Aachen

JÄGER, B. (1991): Hangrutschungen im Flurbereinigungsgebiet Siebengebirge. – Ber. 8. Nat. Tag. Ing. Geol. Berlin: 128–135, 12 Abb., Essen (DGGT)

JÄGER, B. & REINHARDT, M. (1976): Ingenieurgeologische Erfahrungen beim maschinellen und bergmännischen Vortrieb eines Stollens im Rheinischen Schiefergebirge. – Bauingenieur, 51: 29–34, 6 Abb., 2 Tab.; Berlin (Springer)

JÄGER, B. & REINHARDT, M. (1990): Die geologische Barriere im Deponiekonzept – Wunsch oder Wirklichkeit. – Z. dt. geol. Ges., 141, 193–200, 6 Abb., 4 Tab.; Hannover

JÄGER, B., OBERMANN, P. & WILKE, F. L. (1991): Studie zur Eignung von Steinkohlebergwerken im rechtsrheinischen Ruhrkohlenbezirk zur Untertageverbringung von Abfall- und Reststoffen – Kurzfassung. – LWA-Materialien Nr. 2/91, 72 S., 3 Abb., 4 Tab.; Düsseldorf (Eig. Vlg.)

JÄGER, B. & SCHETELIG, K., (1993): Eignung geologischer Formationen in Deutschland für die Anlage von Untertagedeponien. – Geotechnik Sonderheft 1993 vom 10. Nat. Felsmech.-Symp. Aachen 1992: 97–102, 4 Abb., 2 Tab., Essen (DGGT)

JÄHNER, C. (1992): Abfallrechtliche und wasserrechtliche Hinweise zur Bewältigung von Boden- und Grundwasserkontaminationen beim Tunnelbau. – Tunnelbautaschenbuch 1992, 323–335.; Essen (Glückauf)

JAHNEL, CH. & KÖSTER, M. (1993): Rutschhang an der B 421 bei Gehlweiler. – Felsbau, 11, 128–133, 11 Bild., Essen (Glückauf)

JAHNEL, CHR. & SCHRÖDER, U. (1996): Standsicherheitsprobleme im Rheinischen Schiefergebirge und im Rotliegend der Saar-Nahe-Senke (Exkursion am 11. und 12. April 1996). – Jber. Mitt. oberrhein. geol. Ver. NF. 78, 12–133, 12 Abb.; Stuttgart (Schweizerbart'sche Vlgb.)

JANBU, N. (1995): Application of Composite Slip circles for Stability Analysis. – Proc. Europ. Conf. on Stability of Earth Slopes Stockholm, Vol. 3, 43–49; Stockholm

JARITZ, W. (1972): Eine Übersichtskarte der Tiefenlage der Salzstöcke in Nordwestdeutschland. – Geol. Jb., 90: 241–244, 1 Taf.; Hannover

JARITZ, W. (1973): Zur Entstehung der Salzstrukturen Nordwestdeutschlands. – Geol. Jb. A, 10, 77 S., 3 Abb., 2 Taf., 1 Tab.; Hannover

JEBE, W. & BARTELS, K. (1983): Entwicklung der Verdichtungsverfahren mit Tiefenrüttlern von 1976–1982. – Europ. Konf. Bodenmech. u. Grundbau Helsinki, 11. S., 18 Bild., 4 Tab.; (Sonderdruck GNK Keller GmbH)

JELINEK, R. & OSTERMAYER, H. (1976): Verpreßanker in Böden. – Bauingenieur, 51: 109–118, 19 Abb.; Berlin (Springer)

JENYON, M. K. (1984): Seismic response to collapse structures in the Southern North Sea. – Marine and Petroleum Geology 1, 27–36, 12 Fig.; Amsterdam

JESSBERGER, H. L. (1980): Bodenfrost und Eisdruck. – Grundbautaschenbuch, Teil 1, 3. Aufl., 489–520, 36 Bild., 3 Tab.; Berlin, München, Düsseldorf (Ernst & Sohn)

JESSBERGER, H. L. (1987): Empfehlungen des Arbeitskreises „Geotechnik der Deponien und Altlasten" der Deutschen Gesellschaft für Erd- und Grundbau e. V. – Bautechnik, 64, S. 289–303, 3 Bild., 6 Tab.; Berlin (Ernst & Sohn)

JESSBERGER, H. L. (1988): Empfehlungen des Arbeitskreises „Geotechnik der Deponien und Altlasten" der Deutschen Gesellschaft für Erd- und Grundbau e. V. – Bautechnik, 65, 289–300, 7 Abb., 2 Tab.; Berlin (Ernst & Sohn)

JESSBERGER, H. L. (1989): Empfehlungen des Arbeitskreises „Geotechnik der Deponien und Altlasten" der Deutschen Gesellschaft für Erd- und Grundbau e. V. Bautechnik, 66, 289–302, 1 Bild, 7 Tab.; Berlin (Ernst & Sohn)

JESSBERGER, L. (1990): Empfehlungen des Arbeitskreises „Geotechnik der Deponien und Altlasten" der Deutschen Gesellschaft für Erd- und Grundbau e. V. – Bautechnik, 67, 289–299, 2 Abb., 3 Tab.; Berlin (Ernst & Sohn)

JESSBERGER, H. L., BEINE, R. A. & EIBEL, W. (1983): Herstellung von Basisabdichtungen für Mülldeponien mit Waschbergen. – Müll u. Abfall, 8, 193–200; Berlin (E. Schmidt)

JIROVEC, P. (1989): Felssicherungsarbeiten Gestern und Heute. – Geologie Felsmechanik Felsbau, Festkolloquium L. Müller-Salzburg 1988, 141–150, 8 Abb.; Clausthal (Trans Tech. Publc.)

JOHN, K.-W. (1977): Geologische und geotechnische Gebirgsklassifizierung im Zusammenhang mit dem Entwurf von Felsgründungen. – Ber. 1. Nat. Tag. Ingenieurgeol. Paderborn: 7–22, 3 Abb.; Essen (DGEG)

JOHN, K. W. (1985): Felsböschungen als Ingenieuraufgabe bei Entwurf und Ausführung von Tiefbauvorhaben. – Felsbau, 3, 91–100, 15 Bild.; Essen (Glückauf Vlg.)

JOHN, K. W. & DEUTSCH, R. (1978): Die Anwendung der Lagenkugel in der Geotechnik. – Müller-Festband, 137–159, 24 Abb.; Karlsruhe

JOHN, M. (1994): Zielsetzung der Gebirgsklassifizierung. – Felsbau 12, 407–413, 11 Bild.; Essen (Glückauf Vlg.)

JOHN, M. & BENEDIKT, J. (1994): Lösung schwieriger Planungsaufgaben für den Inntaltunnel. – Felsbau, 12, 77–86, 12 Bild., 2 Tab.; Essen (Glückauf Vlg.)

JOHN, M., WOGRIN, J. & HEISSEL, G. (1987): Analyse des Verbruches im Landrückentunnel, Baulos Mitte. – Felsbau, 5, 61–67, 14 Bild.; Essen (Glückauf Vlg.)

JOHNSEN, G. (1981): Bewegungsmessen im Bereich von Blockrutschungen an der Röt/Wellenkalk-Schichtstufe Thüringens. – Z. angew. Geol., 27, 386–392, 10 Abb., 2 Tab.; Berlin (Akad. Vlg.)

JOHNSEN, G. (1984): Hangbewegungen vom Block-Typ östlich Berggießhübel. – In: Ingenieurgeologische Untersuchungen im Fels, Vortrags- und Exkursionstagung der GGW 1984 in Freiberg, 29–38, 7 Abb., 2 Anl.; Berlin (GGW)

JOHNSEN, G. & KLENGEL, K. J. (1973): Blockbewegungen an der Wellenkalksteinstufe Thüringens in ingenieurgeologischer Sicht. – Ingeneering Geology, 7, 231–257, 16 Bild.; Amsterdam (Elsevier)

JONECK, M. & PRINZ, R. (1994): PCB- und PAK-Belastung von Böden in industriefernen Regionen Bayerns. – UWSF-Z. Umweltchem. Ökotox., 7, 298–301, 2 Abb., 2 Tab.; Landsberg (ecomed Vlg.)

JORDAN, H., BÜCHNER, K.-H., NIELSEN, H. & PLAUMANN, S. (1986): Halotektonik am Leinetalgraben nördlich Göttingen. – Geol. Jb. A 92, 66 S., 13 Abb., 8 Tab., 2 Taf.; Hannover

KÄSS, W. et al. (1972): Internationale Fachtagung zur Untersuchung unterirdischer Wasserwege mittels künstlicher und natürlicher Markierungsmittel, Freiburg i. Br. 1970; Vorträge, Diskussionen und Beiträge. – Geol. Jb., C 2, 382 S., 132 Abb., 12 Tab., 2 Taf.; Hannover

KÄSS, W. (1978): Eine vielseitig verwendbare Kleinpumpe für hydrologische Zwecke. – gwf-wasser/abwasser, 119, 81–83, 2 Bild.; München (Oldenbourg)

KÄSS, W. (1989): Grundwasser-Entnahmegeräte – Zusammenstellung von Geräten für die Grundwasserentnahme zum Zweck der qualitativen Untersuchung. – DVWK-Schriften, 84, 119–172, 21 Abb.; Hamburg–Berlin (Parey Vlg.)

KALBERLAH, F., FRIJUS, N. & HASSAUER, M. (1995): Toxikologische Kriterien für die Gefährdungsabschätzung von polycyclischen aromatischen Kohlenwasserstoffen (PAK) in Altlasten. – altlasten-spektrum, 5, 231–237, 1 Tab.; Berlin, (E. Schmidt-Vlg.)

KALTERHERBERG, J. (1985): Die Ingenieurgeologische Karte 1:25000 (IK 25) des Geologischen Landesamtes Nordrhein-Westfalen. – Geol. Jb., C 41, 21–68, 22 Abb., 1 Tab., 2 Taf.; Hannover

KALTERHERBERG, J. (1985): Die Ingenieurgeologische Karte 1:25000 des Geologischen Landesamtes Nordrhein-Westfalen. – Ber. 5. Nat. Tag. Ing. Geol. Kiel, 207–217, 6 Abb., 1 Tab.; Essen (DGEG)

KAMMERER, F. (1962): Ingenieurgeologische Methoden in Erdfall- und Senkungsgebieten. – Freiberger Forschungshefte, C 127, Ingenieurgeologie: 49–109, 50 Abb.; Leipzig (Dt. Verlag f. Grundstoffindustrie)

KANY, M. & HAMMER, H. (1985): Statistische Untersuchungen von Rutschungen im Nordbayerischen Deckgebirge. – In HEITFELD, K.-H. (Hrsg.): Ingeol. Probleme im Grenzbereich zwischen Locker- und Festgesteinen. – 256–265, 8 Abb., 2 Tab.; Berlin–Heidelberg (Springer)

KANY, M. & HERRMANN, R. (1982): Die Praxis der Bodenprobenentnahme in weichen bindigen Böden, 1. Teil. – Geotechnik, 5, 178–188, 5 Bild., 37 Tab.; Essen (DGEG)

KAPPELMEYER, O. & GERARD, A. (1987): Production of Heat from Impervious Hot Crystalline Rock Sections – Hot Dry Rock Concept. – Geol. Jb., E 39, 5–22, 9 Fig., 1 Tab.; Hannover

KARRENBERG, H. & QUITZOW, H. W. (1956): Über Hohlraumbildung und Einstürze in Lößböden als Folge unterirdischer Materialwegführung. – Geol. Jb., 71: 631–642, 5 Abb.; Hannover

KAST, K. & BRAUNS, J. (1981): Verdichtungs-, Drucksetzungs- u. Sättigungsverhalten von Granitschüttungen. – Geotechnik, 4, S. 129–136, 7 Bilder, 1 Tab.; Essen (DGEG)

KASTL, H., DARSCHIN, G., FELDMANN, M., MÜLLER, U. & SIELSKI, S. (1987): Handbuch Altablagerungen, Teil 3, Problematik der Bebauung von Altablagerungen. Herausg. Hess. Landesanstalt für Umwelt, Wiesbaden, 101 S., 8 Abb., 10 Anl.; Wiesbaden (Eig. Vlg.)

KATZENBACH, R. (1993): Zur technisch-wirtschaftlichen Bedeutung der Kombinierten Pfahl-Plattengründung, dargestellt am Beispiel schwerer Hochhäuser. – Bautechnik 70, 161–170.; Berlin (Ernst & Sohn)

KATZENBACH, R. (1994): Geotechnische Produktforschung als Grundlage für kostengünstiges Bauen. – Mitt. Inst. u. Versuchsanst. f. Geotechnik d. TH Darmstadt, 33, 9–28, 19 Bild.; Darmstadt (Eig. Vlg.)

KATZENBACH, R. & ARSLAN, U. (1996): Geotechnische Aspekte bei der Grundlagenforschung zum Langzeitverhalten von Fahrwerk, Gleis und Untergrund. – Mitt. Int. u. Versuchsanst. Geotechnik d. TH Darmstadt, 35, 73–81, 6 Bild., Darmstadt (Eig. Vlg.)

KAUTZ, H. (1994): Erfahrungen mit der einschaligen Bauweise. – Mitteilungsheft 11, Inst. für Bodenmech. u. Grundbau TU Graz, 211–221, 5 Abb., Graz (Eig. Vlg.)

KEESE, K. (1985): Zur Verteilung, Form und Genese von Erdfällen in Oberkreide-Karbonatgesteinen am Westrand der Ringelsheimer Mulde (NW Harzvorland). – Dipl.-Arbeit, 62 S., 21 Abb., 9 Tab.; Hannover (maschschr.)

KEMPER, E. (1982): Einige für Geotechnik und Rohstofferkundung wichtige Aspekte der Schichtenfolge hohes Ober-Abt/tiefes Unter-Alb.-Geol. Jb., A 65, 699–703, 1 Abb.; Hannover

KEMPFERT, H. G. (1996): Gründungstechnische Besonderheiten bei der Ausführung von zwei Abschnitten mit Fester Fahrbahn im norddeutschen Raum. – Mitt. Inst. u. Versuchsanst. Geotechnik d. TH Darmstadt, 35, 115–132, 9 Bild., 2 Tab.; Darmstadt (Eig. Vlg.)

KEMPFERT, H.-G. & VOGEL, W. (1992): Bodenmechanische Randbedingungen bei Feste Fahrbahnkonstruktionen im Eisenbahnbau. – Vorträge Baugrundtagung Dresden, 477–496, 11 Bild.; Essen (DGEG)

KENNEY, T. C. (1967): The Influence of Mineral Composition on the Residual Strength of Natural Soils. – Proc. of the Geotechnical Conference, Oslo, Vol. 1: 123–129, 5 Fig.; Oslo

KERNDORFF, H., BRILL, V., SCHLEYER, R., FRIESEL, P. & MILDE, G. (1985): Erfassung grundwassergefährdender Altablagerungen – Ergebnisse hydrochemischer Untersuchungen. – WaBoLu – Hefte, 5/1985, 175 S., zahlr. Abb. u. Taf., Anhang; Berlin (Eig. Vlg. BGA)

KHERA, P. R. & SCHULZ, H. (1985): Vorbelastung und Erdruhedruck eines Kreidetones. – In HEITFELD, K.-H. (Hrsg.): Ingenieurgeologische Probleme in Grenzbereich zwischen Locker- und Festgesteinen, 417–432, 10 Abb.; Berlin (Springer)

KIEHL, R. & PAHL, A. (1990): Empfehlung Nr. 14 des Arbeitskreises 19 – Versuchstechnik Fels – der Deutschen Gesellschaft für Erd- und Grundbau e. V. – Überbohr-Entlastungsversuche zur Bestimmung von Gebirgsspannungen. – Bautechnik, 67, 308–314, 13 Bild.; Berlin (Ernst & Sohn)

KIELBURGER, G. (1995): Reststoffverwertung durch Bergeversatz. – Wasser, Luft, Boden 3, 67–68, 2 Bild., 1 Tab.; Mainz (Verein. Fachvlge.)

KIELE, W. & MÄRZ, K. (1981): Durchlässigkeitsuntersuchungen und ihre Vergleichbarkeit im Buntsandstein von Rhön und Spessart. – Ber. 3. Nat. Tag. Ing. Geol. Ansbach, 101–108, 10 Abb.; Essen (DGEG)

KIESER, D. (1996): Sicherheitsaspekte beim Sprengvortrieb im Tunnelbau. – Nobel Hefte, 62, 87–96, 1 Bild.; Dortmund (Dynamit Nobel GmbH)

KIMMEL, H. (1994): Thermische Bodenreinigung mit dem HOCHTIEF-Verfahren. – altlasten-spektrum, 3, 39–45, 7 Abb., 1 Tab.; Berlin (E. Schmidt Vlg.)

KIND, H.-J. (1991): Untertagedeponie Herfa-Neurode – eine Möglichkeit zur Entsorgung besonders umweltgefährdender Abfälle. – Geotechnik Sonderheft 1991, 92–99, 3 Abb.; Essen (DGEG)

KINNER, U. H., KÖTTER, L. & NICLAUS, M. (1986): Branchentypische Inventarisierung von Bodenkontaminationen – ein erster Schritt zur Gefährdungsabschätzung für ehemalige Betriebsgelände. – UBA-Texte, 31, 67 Seiten, 2 Tab., Anhang; Berlin (Eig. Vlg.)

KINZE, M. & GRAHL, W. (1969): Setzungsverhalten von durchfeuchtetem Steinschüttmaterial. – Bauplanung u. Bautechnik, 23: 283–286, 9 Abb.; Berlin (Verlag f. Bauwesen)

KIRCHHOFF, F. (1930): Untersuchungen über die Ursachen der Böschungsrutschungen in Jura- und Kreidetonen bei Braunschweig. – Geol. u. Bauwesen, 2: 79–133; Wien (Springer)

KIRSCH, K. (1979): Erfahrungen mit der Baugrundverbesserung durch Tiefenrüttler. – Geotechnik, 2: 21–32, 28 Bild.; Essen (DGEG)

KIRSCH, K. (1982): Abdichtung mittels Injektionen. Herstellung von Dichtungssohlen für Baugruben. – Tiefbau, Ingenieurbau, Straßenbau, 257–282, 16 Bild.; Gütersloh (Bertelsmann)

KIRSCH, K. (1994): Auftriebssichere Injektionssohlen zur Abdichtung tiefer Baugruben. – Mitt. Inst. f. Geotechnik Th. Darmstadt, H. 33, 107–135, 13 Bild.; Darmstadt, (Eig. Vlg.)

KIRSCHNER, D. (1992): Dränage und Abdichtung bergmännisch aufgefahrener Tunnel. – Tunnelbautaschenbuch 1992, 113–171.; Essen (Glückauf)

KIRSCHKE, D. (1995): Neue Versuchstechniken und Erkenntnisse zum Anhydritschwellen. – Tunnelbautaschenbuch, 203–225, 12 Bild.; Essen (Glückauf)

KIRSCHKE, D. & PROMMESBERGER, G. (1992): Der Freudensteintunnel – Ein neuer Maßstab für den Stand der Technik. – AET, Archiv für Eisenbahntechnik, 44, 131–157, 22 Bild.; Darmstadt (Hestra Vlg.)

KISTEN, CHR., RÖNSCH, B. & HENDRIKS, F. (1995): Zum Langzeitverhalten von pleistozänen Sedimenten gegenüber angesäuerten Schwermetallchloridlösungen. – Berliner Geowiss. Abh., (A), 170, 69–78, 8 Abb., 3 Tab.; Berlin (Selbstvlg. TU)

KLAGHOFER, E. (1994): Auswirkungen veränderter Bergwasserspiegellagen auf Bodenwasserhaushalt und Vegetation. – Felsbau, 12, 486–489, 3 Bild., 5 Tab.; Essen (Glückauf Vlg.)

KLEIN, D. & DÜRRWANG, R. (1994): Modelltechnisch gestützte Ermittlung von Wasserhaltung und Grundwassereingriff bei Tunnelbauwerken. – Vorträge Baugrundtagung Köln, 405–424, 12 Bild., 3 Tab.; Essen (DGGT)

KLEIN, G. (1990): Bodendynamik und Erdbeben. – Grundbau-Taschenbuch, 4. Aufl., Teil 1, 459–511, 63 Bild., 19 Tab.; Berlin (Ernst & Sohn)

KLEIN, W. & HAUPT, W. (1983): Sprengung eines Glockenturmes und Messungen der dabei auftretenden Erschütterungen. – Nobel Hefte, 49, 73–79, 14 Bild.; Dortmund (Sprengtechn. Dienst)

KLEINA, R. & SCHWARZ, W. (1994): Neue Abdichtungssysteme für Ortbetonschlitzwände und Anker. – Mitteilungsheft 11, Int. f. Bodenmech. u. Grundbau TU Graz, 287–293, 6 Abb.; Graz (Eig. Vlg.)

KLEINERT, K. & EINSELE, G. (1978): Sohlhebungen in Straßeneinschnitten in anhydritführendem Gipskeuper. – Ber. 3. Nat. Tag. Felsmech., Aachen: – 103–124, 9 Abb.; Essen (DGEG)

KLEINSORGE, H. (1969): Die Geologie bei Maßnahmen des Wasserbaus. – In BENTZ, A. & MARTINI, H.: Lehrbuch der angewandten Geologie, Bd. II, Teil 2: 1758–1883, 19 Abb., 11 Tab.; Stuttgart (Enke)

KLENGEL, K.-J. & PASEK, J. (1974): Zur Terminologie von Hangbewegungen. – Z. f. angew. Geol., 20: 128–132, 2 Abb.; Berlin (Akademie Verlag)

KLENGEL, K. J. & RICHTER, H.-C. (1992): Geologischer Aufbau und Baugrundverhältnisse von Dresden und seiner Umgebung. – Vorträge Baugrundtagung Dresden, 3–10, 7 Abb.; Essen (DGGT)

KLINGLER, H. (1990): Felssicherungsarbeiten Brackensteiner Steige. – Unser Betrieb, 56, 32–33, 5 Bild.; Dortmund (Deilmann-Haniel GmbH)

KLÖCKNER, W. & SCHMIDT, H. G. (1974): Gründungen – in Betonkalender 1974, 85–325; Ernst u. Sohn, Berlin

KLOKE, A. (1980): Richtwerte 80', Orientierungsdaten für tolerierbare Gesamtgehalte einiger Elemente in Kulturböden. Mitt. VDUFA, H 1–3, 9–1, Berlin

KLOKE, A. (1994): Entscheidungshilfen zur Bewertung von Arsen, Blei und Cadmium in Böden von Ballungsgebieten. – in A. KLOKE (Hrsg.) Beurteilung von Schwermetallen in Böden von Ballungsgebieten, 1–30, 4 Abb., 3 Tab.; Frankfurt/Main (DECHEMA)

KLOKE, A. & LÜHR, H.-P. (1991): Das Drei-Bereiche-System (DBS) zur Beurteilung von (Schad-)Stoffen in Böden. IWS-Schriftenr., Bd. 13, Ableitung von Sanierungswerten für kontaminierte Böden, 267–278, 2 Abb., 2 Tab.; Berlin (E. Schmidt Vlg.)

KLOPP, R. (1957): Untersuchungen über das Vorhandensein naturgegebener Einflüsse auf die Rutschungsintensität bindiger Gesteine und die Möglichkeit, deren Wirkungsgrad zu bestimmen. – Mitt. u. Arb. Geol. Paläontol. Inst., TH Stuttgart, N. F. 50, 90 S., 5 Beil, 8 Tab., 23 Diagr.; Stuttgart

KLOPP, R. (1969): Baugeologische Probleme bei der Gründung des Biggekraftwerkes auf verkarsteten Devonischen Riffkalken im Sauerland und ihre Lösung. – Rock Mechanics, 1: 145–156, 4 Abb.; Wien (Springer)

KLOPP, R. (1970): Verwendung vorgespannter Felsanker in geklüftetem Gebirge aus ingenieurgeologischer Sicht. – Bauingenieur, 45: 328–331, 3 Abb.; Berlin (Springer)

KLOPP, R. (1989): Ingenieurgeologische Verhältnisse bei Standsicherheitsuntersuchungen alter Gewichtstaumauern. – Mitt. Ing.- u. Hydrogeol., 32, 131–149, 6 Abb.; Aachen

KLOPP, R. & SCHIMMER, R. (1977): Ergebnisse differenzierter Auswertung von WD-Testen bei Abdichtungsarbeiten an der Möhnetalsperre. – Ber. 1. Nat. Tag. Ingenieurgeol., Paderborn: 381–392, 1 Abb.; Essen (DGEG)

KLOTZ, D. (1986): Probleme der Durchlaufsäulen-Versuche in bindigen Materialien. – PTB-Bericht SE 14, 173–183, 4 Abb., 7 Tab.; Braunschweig

KLOTZ, D. (1988): Bestimmungen von Diffusionskoeffizienten in bindigen und sandigen Sedimenten aus der Gegend von Gorleben. GSF-Blatt HY 38/88, 16–20, 2 Tab.; Neuherberg

KLOTZ, D. (1990): Laborversuche mit bindigen Materialien zur Bestimmung der hydraulischen Kenngrößen und der Sorptionseigenschaften ausgewählter Schadstoffe. – Z. dt. geol. Ges., 141, 255–262, 6 Abb., 5 Tab.; Hannover

KLUCKERT, D. (1996): 20 Jahre HDI in Deutschland – Von den Fehlerquellen über die Schäden zur Qualitätssicherung. – Vorträge Baugrundtagung 1996 Berlin, 235–258, 23 Abb.; Essen (DGGT)

KNAPP, G. (1983): Erläuterungen zu Blatt 4321, Borgholz. – 160 S., 17 Abb., 8 Tab., 1 Taf.; Krefeld

KNETSCH, G. (1957): Gravitative Denudation von unter geringer Bedeckung gebildeten Strukturen. – Geol. Rdsch., 46, 557–563, 6 Abb.; Stuttgart (Enke Vlg.)

KNIESEL, J. (1980): Modellvorstellungen zur Dynamik der Auslaugungsprozesse des Zeichsteinsalzes in den Saxoniden der DDR. – Hall. Jb. f. Geowiss. 5, 49–75, 13 Abb.; Gotha/Leipzig (VEB H. Haak)

KNIPSCHILD, F.-W. (1985): Eigenschaften und Prüfung von Kunststoffdichtungsbahnen für den Grundwasserschutz. – Mitt. Inst. Grundbau u. Bodenmech. TU Braunschweig, 20, 153–168, 7 Bild.; Braunschweig

KNITTEL, A. (1991): Computer – Werkzeug des Geotechnikers. – Mitt. Inst. f. Bodenforsch. u. Baugeologie Univ. f. Bodenkultur Wien, Reihe Angew. Geowissensch., H 2, 116–120.; Wien (Eigenvlg.)

KNOLL, P., RAMSPACHER, P. & RIEDMÜLLER, G. (1994): Auswirkungen des Stollenvortriebs Kaponig auf die Bergwasserverhältnisse. – Felsbau, 12, 481–485, 10 Bild.; Essen (Glückauf Vlg.)

KNOLL, P., SCHWANDT, A. & THOMA, K. (1978): Die Bedeutung geologisch-tektonischer Elemente im Gebirge für den Bergbau, dargestellt am Beispiel des Werra-Kalireviers der DDR. – Proc. 6th Symp. on Salt Hamburg, 105–113, 6 Fig., 1 Tab.; Cleveland (North. Ohio Geol. Soc.)

KNOPF, S. (1985): Vergleich zwischen konventionellen und radiometrischen Verfahren zur Bestimmung von Dichte und Wassergehalt in Dammschüttungen. – Ber. 5 Nat. Tag. Ing. Geol. Kiel, 261–266, 4 Abb., 3 Tab.; Essen (DGEG)

KNÜPFER, J. (1990): Schnellverfahren für die Güteüberwachung mineralischer Deponiebasisabdichtungen. – Mitt. IGB TU Braunschweig, 32, 169 S., 104 Bild.; Braunschweig (Eigenvlg.)

KOCH, R. (1989): Umweltchemikalien – Physikalisch-chemische Daten, Toxizitäten, Grenz- und Richtwerte, Umweltverhalten. – 423 S., 1 Abb.; Weinheim (VCH Vlgges.)

KOCKERT, W. & REUTER, F. (1978): Injektionsmittel – Untersuchungsmethoden und Einsatzmöglichkeiten bei der hydraulischen Injektion. – Neue Bergbautechnik, 8: 13–17, 1 Tab.; Leipzig (Verlag f. Grundstoffindustrie)

KÖGLER, F. & LEUSSINK, H. (1938): Setzungen durch Grundwasserabsenkung. – Bautechnik, 16: 409–413, 7 Abb., 2 Tab.; Berlin (Ernst & Sohn)

KÖHLER, M. (1985): Großräumige Massenbewegungen in Quarzphylliten und ihre baugeologischen Auswirkungen. – Geotechnik, 8, 8–14, 6 Bild.; Essen (DGEG)

KÖHN, W. (1968): Katalog der Ortpfahl-Verfahren. – 147 S.; Wiesbaden, Berlin (Bauverlag)

KÖNIG, R. & LURDWIG, M. (1996): Sprengbilder als Grundlage eines leistungsfähigen Tunnelvortriebs. – Nobel Hefte, 62, 23–30, 12 Bild.; Dortmund (Dynamit Nobel GmbH)

KOERNER, U. (1973): Kleinseismische Untersuchungen in erdfallgefährdeten Gebieten. – Problematik bei der Auswertung der Meßergebnisse. – Proc. Symp. IAEG „Erdfälle und Bodensenkungen", Hannover, T3, C: 1–3, 3 Abb.; Essen (DGEG)

KOERNER, U. (1985): Standsicherheitsprobleme beim Straßenbau im Tertiär des Oberrheingrabens. – Geotechnik, 8, 20–26, 4 Bild.; Essen (DGEG)

KÖRNER, H. (1957): Die Prüfung der Durchlässigkeit von Lockergesteinsinjektionen im Bauzustand. – Die Wasserwirtschaft: 199–204, 8 Bild.; Stuttgart (Franckesche Verlagshandlung)

KÖSTER, M. & SCHETELIG, K. (1988): Geländesenkungen über oberflächennahen Tunneln – untersucht anhand zahlreicher ausgeführter Beispiele. – Geotechnik Sonderheft 1988, 145–154, 13 Bilder; Essen (DGEG)

KOHLBECK, F. (1991): Tektonische Spannungen in den Ostalpen und ihr Nachweis durch In-situ-Messungen. – Felsbau, 9, 194–200, 7 Bild., 3 Tab.; Essen (Glückauf)

KOHLBECK, F., ROCH, K.-H. & SCHEIDEGGER, A. E. (1980): In Situ Stress Measurements in Austria. – Rock Mechanics, Suppl. 9, 21–29, 4 Prg., 1 Tab.; Wien (Springer)

KOHLER, E. E. (1985): Mineralogische Veränderungen von Tonen und Tonmineralen durch organische Lösungen. – Mitt. Inst. Grundb. u. Bodenmech. TU Braunschweig, 20, 87–94; Braunschweig (Eig. Vlg.)

KOHLER, E. E. (1989): Beständigkeit mineralischer Dichtungsstoffe gegenüber organischen Prüfflüssigkeiten – Empfehlungen für Deponieplaner und Deponiebetreiber. – Abfallwirtschaft in Forschung und Praxis, 30, Fortschritte der Deponietechnik 1989, 117–124; Berlin (E. Schmidt)

KOHLER, E., EHRLICHER, V. & USTRICH, E. (1987): Mineralogische Untersuchungen an Abdichtungsmaterialien. – Beihefte zu Müll und Abfall, 24, 69–79, 5 Bilder, 1 Tab.; Berlin (E. Schmidt)

KOHLER, E. & WEWER, R. (1980): Gewinnung reiner Tonmineralkonzentrate für die mineralogische Analyse. – Keramische Zeitschrift, 32, 250–252, 3 Tab.; Freiburg (Vlg. Schmidt GmbH)

KOHLER, E. E. & USTRICH, E. (1988): Tonminerale und ihre Wirksamkeit in natürlichen und technischen Schadstoffbarrieren. – Schr. Angew. Geol. Karlsruhe, 4, 1–19, 1 Tab., 4 Abb.; Karlsruhe (Eig. Vgl.)

KOLEKOVA, Y., FLESCH, R. G. & LENHARDT, W. A. (1996): Erdbebensicherheit im Grundbau. – Erfahrungsbereichte. – Felsbau, 14, 248–257, 1 Abb., 1 Tab.; Essen (Glückauf Vlg.)

KOLLBRUNNER, C. F. (1947): Fundation und Konsolidation, Bd. 2. – 534 S., 397 Abb.; Zürich (Schweizer Druck- u. Verlagshaus)

KOMODROMOS, A. & GÖTTNER, J. J. (1986): Beeinflussung von Tonen durch Chemikalien. – Müll und Abfall, 3, 102–108, 3 Abb., 1 Tab.; Berlin (E. Schmidt)

KOMODROMOS, A. & GÖTTNER, J. J. (1988): Beeinflussung von Tonen durch Chemikalien – Teil II: Gefüge- und Festigkeitsuntersuchungen. – Müll und Abfall, 5, 552–562, 10 Abb.; Berlin (E. Schmidt)

KOPP, B. (1985): Konstruktionsmerkmale von Deponienbasisabdichtungen mit Kunststoffdichtungsbahnen. Mitt. Inst. Grund. u. Bodenmech. TU Braunschweig, 20, 169–198, 20 Bild.; Braunschweig (Eig. Vlg.)

KORTMANN, W. (1989): Herstellung von Tonabdichtungen zur Deponierung von Braunkohlenasche und REA-Rückständen. – Braunkohle, 41, 229–234, 8 Abb.; Düsseldorf (Vlg. Die Braunkohle)

KOSMAHL, W. (1972): Die Gewinnung von Rötsalz in der Saline Schöningen. – Geol. Jb., 90: 221–240, 2 Abb., 1 Tab.; Hannover

KOZIOROWSKI, G. (1985): Ermittlung der Transmissivität eines Lockergesteinsaquifers durch Kurzpumpversuche in Grundwassermeßstellen. – Abh. Geol. Landesamt Baden-Württemberg, 11, 45–75, 10 Abb., 2 Tab.; Freiburg

KRABBE, W. (1958): Über die Schrumpfung bindiger Böden. – Mitt. Hann. Vers.-Anst. Grund u. Wasserbau, Franzius Inst., TH Hannover, 13: 256–342, 33 Abb.; Hannover

KRAPP, L. (1979): Gebirgsdurchlässigkeit im Linksrheinischen Schiefergebirge – Bestimmung nach verschiedenen Methoden. – Mitt. Ing.- u. Hydrogeol., 9: 313–347, 18 Abb., 5 Tab.; Aachen

KRAPP, L. & PANTZARTZIS, P. (1989): Besondere ingenieurgeologische und hydrogeologische Aufgaben beim Talsperrenbau in N-Griechenland. – Mitt. Ing. u. Hydrogeol., 32, 77–107, 17 Abb.; Aachen

KRASS, K. (1988): Asphalt – der umweltfreundliche Baustoff. Die Asphaltstraße, 3/1988, 1–7, 5 Bild.; Baden-Baden (Stein Vlg.)

KRATSCH, H. (1974): Bergschadenskunde. – 582 S., 262 Abb.; Berlin-Heidelberg (Springer)

KRAUSE, H. (1966): Oberflächennahe Auflockerungserscheinungen in Sedimentgesteinen Baden-Württembergs. – Jb. Geol. Landesamt Baden-Württemberg, 8: 269–323, 13 Abb., 8 Taf., 1 Tab.; Freiburg i. Br.

KRAUSE, H. (1978): Sohlhebungen in Keupertunnel von Baden-Württemberg. – Ber. 3. Nat. Tag. Felsmechn., Aachen: 83–102, 12 Abb.; Essen (DGEG)

KRAUSE, H. (1988): Zur Ausbildung und Tiefenlage von Gips- und Anhydritspiegel im Gipskeuper Baden-Württembergs. – Jh. geol. Landesamt Baden-Württemberg, 30, 285–299, 15 Abb.; Freiburg

KRAUSE, H. & SCHREIBER, A. (1972): Vorschläge für eine Gebirgsklassifizierung beim Einsatz von Tunnelvortriebsmaschinen (TVM). – Straße-Brücke-Tunnel, 24: 190–192; Isernhagen (Verlag f. Publizität)

KRAUSE, H. & WEIDENBACH, F. (1966): Zur Geologie des Pumpspeicherwerkes Glems. – Z. Dtsch. Geol. Ges., 118: 333–350, 7 Abb.; Hannover

KRAUSS, I. (1974): Die Bestimmung der Transmissivität von Grundwasserleitern aus dem Einschwingverhalten des Brunnen-Grundwasserleitsystems. – J. Geophys., 40: 381–400, 6 Abb., 3 Tab.; Berlin (Springer)

KRAUSS-KALWEIT, I. (1980): Neues Verfahren zur Beweissicherung bei möglicher Beeinflussung der hydrologischen Verhältnisse durch Baumaßnahmen. – Vorträge Baugrundtagung Mainz, 223–238, 10 Bild.; Essen (DGEG)

KRAUSS-KALWEIT, I. (1987): Bestimmung der Durchlässigkeit im Untergrund und im Stauwerk von Talsperren mit dem Einschwingverfahren. – Wasserwirtschaft, 77, 338–341, 5 Bilder; Stuttgart (Franksche Vlghdlg.)

KRAUTER, E. (1973): Bewegungen an Felshängen im Rheinischen Schiefergebirge (BRD, Rheinland-Pfalz). – Veröffentl. Univ. Innsbruck, 86: 217–236, 11 Abb.; Innsbruck

KRAUTER, E. (1978): Formenanalyse und Kinematik einer Felsrutschung im Ruwertal. – 3. Nat. Tag. Felsmechanik Aachen, 321–336, 8 Abb.; Essen (DGEG)

KRAUTER, E. (1987): Phänomenologie natürlicher Böschungen (Hänge) und ihrer Massenbewegungen. – Grundbau-Taschenbuch, Teil 3, 3. Aufl., 1–46, 57 Bilder, 5 Tab.; Berlin (Ernst & Sohn)

KRAUTER, E., FEUERBACH, J. & SCHRÖDER, U. (1993): Felsrutschung Kröv (Mosel) – Kinematik und Gefahrenabwehr. – Ber. 9. Nat. Tag. Ing.-Geol., Garmisch-Partenkirchen 70–78, 12 Abb.; Essen (DGGT)

KRAUTER, E. & HÄFNER, F. (1980): Die Bedeutung der Luftbildauswertung für die Baugrunderkundung. – Vorträge Baugrundtagung, Mainz: 201–222, 15 Abb.; Essen (DGEG)

KRAUTER, E., HÄFNER, F., DILLMANN, W. & FENCHEL, W. (1979): Der Felssturz bei Linz/Rhein am 2. Dezember 1978. – Ber. 2. Nat. Tag. Ingenieurgeol., Fellbach: 175–182, 7 Abb.; Essen (DGEG)

KRAUTER, E. & KÖSTER, M. (1991): Stabilitätsprobleme an Felsböschungen im Rheinischen Schiefergebirge. – Geotechnik Sonderheft 1991, 22–27, 13 Bild.; Essen (DGEG)

KRAUTER, E. & STEINGÖTTER, K. (1983): Die Hangstabilitätskarte des linksrheinischen Mainzer Beckens. – Geol. Jb. C34, 3–31, 12 Abb., 4 Taf.; Hannover

KRAUTER, E. & SCHOLZ, W. (1996): Langzeitverhalten von Schutznetzverhängungen gegen Steinschlag. – Geotechnik, 19, 76–81, 9 Bild.; Essen (Glückauf)

KRAUTER, H., WOSZIDLO, H. & BÜDINGER, H. (1985): Festigkeitsuntersuchungen an Gesteinen und an Gesteinsverbänden mit dem Prallhammer nach Schmidt. – In HEITFELD, K.-H. (Hrsg.): Ingenieurgeologische Probleme im Grenzbereich zwischen Locker- und Festgesteinen, 658–671, 10 Abb., Berlin (Springer)

KRETSCHMER, M. & FLIEGNER, E. (1987): Unterwassertunnel in offener und geschlossener Bauweise. – 356 S., 464 Abb., 33 Tab.; Berlin (Ernst & Sohn)

KREY, H. D. (1926): Erddruck, Erdwiderstand und Tragfähigkeit des Baugrundes. – 3. Aufl.; Berlin (Ernst & Sohn)

KRÜMMLING, H., TORNACK, E., WIEFEL, J. & WUCHER, K. (1975): Massenverlagerungen an der Röt-Muschelkalk-Schichtstufe Nordwest-Thüringens. – Z. f. angew. Geol., 21: 552–558, 2 Abb.; Berlin (Akademie Verlag)

KRUSEMANN, G. P. & DE RIDDER, N. A. (1973): Untersuchung und Anwendung von Pumpversuchsdaten. – Dt. Übersetzung von „Analysis and evaluation of pumping test data" durch A. W. Uehlendahl. – 167 S., 61 Abb., 18 Tab.; Köln (R. Müller)

KÜHLING, G. & WIDMANN, R. (1996): Injektionen in Fels – ein Sachstandsbericht der Arbeitsgruppe Felsinjektion des ISRM. – Geotechnik Sonderheft vom 11. Nat. Felsmech. Symp. Aachen (1994), 124–129, 9 Bild.; Essen (DGGT)

KÜHN-VELTEN, H. & WOLTERS, R. (1968): Die Berücksichtigung von Auswirkungen extremer Witterungsverhältnisse in unserem Klima bei der Baugrundbeurteilung. – Fortschr. Geol. Rheinld. u. Westf., 15: 325–346, 1 Tab., 15 Abb., 4 Tab.; Krefeld

KÜMMERLE, E. (1986): Bemerkungen zur Geologie der „Großen Hub" bei Eltville am Rhein. – Geol. Jb. Hessen, 114, 95–109, 2 Abb.; Wiesbaden

KÜPFER, TH., HUFSCHMIED, P. & PASQUIER, F. (1989): Hydraulische Tests in Tiefbohrungen der Nagra. – Nagra informiert, 11, Nr. 3 + 4, 7–23, 14 Abb., 1 Tab.; Baden (CH)

KUGELMANN, B. (1989): Erfahrungen beim Auffahren des Michaelstunnels in Baden-Baden durch Bohr- und Sprengarbeiten. – Nobel Hefte, 55, 1–16, 20 Bild.; Dortmund (Sprengtechn. Dienst)

KUHNHENN, K. (1995): Ein neues druckwasserhaltendes Tunnelabdichtungssystem. – Forschung und Praxis, 36, 267–273, 12 Bild.; Köln (Alba)

KUHNHENN, K., BRUDER, J. & LORSCHEIDER, W. (1979): Sondierstollen und Probestollen für den Engelberg-Basistunnel. Ber. 2. Nat. Tag. Ingenieurgeol., Fellbach: 25–42, 16 Abb.; Essen (DGEG)

KUHNHENN, K. & PROMMESBERGER, G. (1990): Der Freudensteintunnel – Tunnelaufbau in schwellfähigem Gebirge. – Forschung + Praxis, 33, 137–143, 8 Bild.; Köln (Alba Vlg.)

KUNDE, L., DÜLLMANN, H. & KUNTSCHE, K. (1988): Tonabdichtungen für Deponien – neue Erkenntnisse aus Eignungsuntersuchungen. – Braunkohle, 40, 160–166, 10 Abb.; Düsseldorf (Vlg. Die Braunkohle)

KUNTSCHE, K. (1995): Geotechnische Qualitätssicherung im Deponiebau. – Wasser & Boden, 47, 91–95, 6 Bild.; Hamburg-Berlin (Vlg. Parey)

KUNTSCHE, K. (1996): Empfehlungen zum Einsatz von Meß- und Überwachungssystemen für Hänge, Böschungen und Stützbauwerke. – Geotechnik, 19, 82–98, 13 Bild.; Essen (Glückauf)

KUNTZE, W. & WARMBOLD, U. (1994): Sicherung böschungsnaher setzungsfließgefährdeter Kippenbereiche an Tagebau-Restseen. – Vorträge Baugrundtagung Köln, 331–348, 9 bild., 4 Tab.; Essen (DGGT)

KUTTER, H. K. (1983): Voruntersuchungen für einen Abwasserstollen: Ermittlung der für einen mechanischen Ausbruch maßgeblichen Gesteinsparameter. – Ber. 4. Nat. Tag. Ing.-Geol., Goslar, 75–86, 5 Bild.; Essen (DGEG)

KUTTER, H. K. & OTTO, M. (1990): Bohrlochausbrüche in Abhängigkeit von Zustand und Größe des Bohrlochs – Modelluntersuchungen. – Geotechnik Sonderheft 1991, 28–39, 18 Bild., 1 Tab.; Essen (DGEG)

KUTZNER, CH. (1991): Injektionen im Baugrund. – 370 S., zahlr. Abb. u. Tab.; Stuttgart (Enke)

LACKNER, K. (1991): Schwellen und Schrumpfen im organogenen Ton als Ursache von Gebäudeschäden. – Geotechnik, 14, 118–124, 9 Bild.; Essen (DGEG)

LANG, H.-J. & HUDER, J. (1994): Bodenmechnaik und Grundbau – Das Verhalten von Böden und die wichtigsten grundbaulichen Konzepte. – 5. Aufl. 278 S., 316 Abb., 59 Tab., Anhang.; Berlin (Springer)

LAEMMLEN, M. & KATZENBACH, R. (1986): Baugrund- und Standsicherheitsuntersuchungen für natürliche Hänge im Buntsandsteinbergland, als Grundlage für die Planung von Hangsicherungsmaßnahmen, dargestellt am Hattenberg-Nordhang in Osthessen. – Geol. Jb., C 44, 3–51, 23 Abb., 1 Tab., 2 Taf.; Hannover

LAEMMLEN, M. & PRINZ, H. (1968): Der Heubacher Graben im westlichen Rhönvorland als Teilstück der Grabenzone Heubach-Thalau-Friesenhausen. – Notizbl. Hess. L.-Amt Bodenforsch., 96: 137–156, 1 Abb., 2 Taf.; Wiesbaden

LAEMMLEN, M., PRINZ, H. & ROTH, H. (1979): Folgeerscheinungen des tiefen Salinarkarstes zwischen Fulda und der Spessart-Rhön-Schwelle. – Geol. Jb. Hessen, 107: 207–250, 29 Abb.; Wiesbaden

LAGALY, G. (1988): Grundzüge des rheologischen Verhaltens wäßriger Dispersionen. – Mitt. Inst. Grundbau u. Bodenmech. ETH Zürich, 133, 7–22, 17 Bild.; Zürich (IGB-ETHZ)

LANG, H.-J. (1988): Bedeutung tonmineralogischer Untersuchungen für den Bauingenieur. – Mitt. Inst. Grundbau u. Bodenmech. ETH-Zürich, 133, 1–5, 8 Bild.; Zürich

LANG, H.-J. & HUDER, J. (1984): Bodenmechanik und Grundbau – Das Verhalten von Böden und die wichtigsten grundbaulichen Konzepte. – 2. Aufl., 232 S., 281 Abb., 32 Tab.; Berlin (Springer)

LANGE, W. (1977): Über physikalische Eigenschaften chemisch verfestigter Sande. – Neue Bergbautechnik, 7: 530–536, 8 Bild.; Leipzig (Verlag f. Grundstoffindustrie)

LANGE, W., SCHULTZ, TH., ERBERSBACH, F. & MARK-GRAF, H. (1991): Umweltfreundliche Verfahren in der Injektionstechnik. – Z. geol. Wiss., 19, 59–64, 4 Abb.; Berlin (Akademie Vlg.)

LANGER, M. (1964): Untersuchungen zur Theorie der Wasseraufnahmefähigkeit von Tonen. – Vorträge Baugrundtagung, Berlin: 1–56, 14 Abb.; Essen (DGEG)

LANGER, M. (1990): Empfehlungen des Arbeitskreises „Salzmechanik" der Deutschen Gesellschaft für Erd- und Grundbau e.V. zur Geotechnik der Untertagedeponierung von Sonderabfällen im Salzgebirge – Ablagerung in Kavernen. – Bautechnik, 67, 91–95; Berlin (Ernst & Sohn)

LANGER, M. et al. (1982): Grundbegriffe der Felsmechanik und Ingenieurgeologie; in 260 Kurzkapiteln und 750 Stichwörtern (DGEG) – 426 S., 46 Bild.; Essen (Glückauf)

LANGGUTH, H.-R. & VOIGT, R. 1980): Hydrogeologische Methoden. – 486 S., 156 Abb., 72 Tab., Berlin (Springer)

LASARZWESKI, H. (1988): Angebot der TVA – Datenbank Umwelt-Markt Berlin zur Sanierung kontaminierter Standorte. – 177. Seminar des Fortbildungszentrum Gesundheit- und Umweltschutz Berlin e.V. (FUG), Sanierung kontaminierter Standorte 1988, 1–6, 1 Abb.; Berlin (Eig. Vlg.)

LASSL, M., BEINE, R. A., HOFFMANN, B., EGENOLF, B., GRIESELER, G., KRAKAU, U. & OVERMANN, L. (1993): Bewertung und Auswahl von Sanierungsverfahren unter Berücksichtigung kommunaler Rahmenbedingungen. – altlasten-spektrum, 2, 199–206, 5 Tab.; Berlin (E. Schmidt)

LAUBER, L. (1941): Untersuchungen über die Rutschungen im Tertiär des Mainzer Beckens, speziell die vom Jakobsberg bei Ockenheim (Bingen). – Geol. u. Bauwesen, 13: 27–49; Wien (Springer)

LAUF, H. (1987): Bauausführung von mineralischen Abdichtungen. – Veröffentl. Grundbauinst. LGA Bayern, H. 49, S. 189–203, 2 Abb.; Nürnberg (Eig. Vlg.)

LAUFFER, H. (1958): Gebirgsklassifizierung für den Stollenbau. – Geol. u. Bauwesen, 24: 46–51; Wien (Springer)

LAUFFER, H. (1994): Die Entwicklung der NÖT im Spannungsfeld zwischen Theorie und Praxis. – Felsbau, 12, 307–311, 6 Bild.; Essen (Glückauf Vlg.)

LAUFFER, H. (1995): Die Bedeutung der Verbundanker im Untertagebau. – Proc. int. Symp. Anker in Theorie u. Praxis, 181–187, 8 Bild.; Salzburg/Rotterdam (Balkema)

LAUFFER, H. (1995): Von der Standzeit abhängige Klassifizierung für TBM-Vortriebe nach ÖNORM B 2203. – Felsbau, 13, 433–438, 7 Bild., 6 Tab.; Essen (Glückauf Vlg.)

LEIBLE, O. (1971): Erschütterungsimmissionen auf Bauwerke. – Die Bauverwaltung, 6, 346–351, 2 Bild.; Düsseldorf (Werner Vlg.)

LEICHNITZ, K. (1988): Prüfröhrchen Taschenbuch – Luftuntersuchungen und technische Gasanalyse mit Dräger-Röhrchen. – 7. Ausg. 303 S., zahlr. Abb. u. Tab.; Lübeck (Drägerwerk AG)

LEICHNITZ, W. & KIRSCHKE, D. (1986): Bergmännische Tunnelbauverfahren bei den Neubaustrecken der DB. – Vorträge Baugrundtagung Nürnberg, 499–518, 7 Abb.; Essen (DGEG)

LEICHNITZ, W. & SCHIFFER, W. (1988): Umstellung des Vortriebs- und Ausbauverfahrens infolge unerwartet hohen Grundwasserzuflusses: Beispiel Rauhebergtunnel. – Forschung + Praxis 32, 143–148, 13 Bild.; Düsseldorf (Alba-Vlg.)

LEICHNITZ, W. & SCHREWE, F. (1987): Analyse von Schadensereignissen bei Neubaustrecken-Tunneln der Deutschen Bundesbahn. – Geotechnik Sonderheft 1987, 87–89, 11 Bild.; Essen (DGEG)

LEINENKUGEL, H. J. (1976): Deformations- und Festigkeitsverhalten bindiger Erdstoffe. Experimentelle Ergebnisse und ihre physikalische Deutung. – Veröff. Inst. Bodenmech. u. Felsmech. Univ. Karlsruhe, 66, 139 S., zahlr. Abb.; Karlsruhe

LEINS, W. & THUM, W. (1970): Ermittlung und Beurteilung der Sprengbarkeit von Gestein auf der Grundlage des spezifischen Sprengenergieaufwandes. – Forschungsber. NRW, Nr. 2118, 98 S., 19 Abb., 6 Tab., 18 Anl.; Köln (Westdeutscher Vlg.)

LEISCHNER, A., FISCHER-APPELT, K. DESERY, U. & PÜTTMANN, W. (1995): Analytik von PAK-Kontaminationen unterschiedlicher Herkunft zur Abschätzung der Erfolgsaussichten einer mikrobiellen Bodensanierung. – altlasten-spektrum, 177–185, 9 Abb., 2 Tab.; Berlin (E. Schmidt Vlg.)

LEMCKE, K. (1973): Zur nachpermischen Geschichte des nördlichen Alpenvorlandes. – Geologica Bavarica, 69, 5–48, München

LENHARDT, W. A. (1996): Zur Abschätzung von Erdbebenbelastungen. – Felsbau, 14, 241–247, 5 Bild.; Essen (Glückauf Vlg.)

LEUSSINK, H. (1954): Das seitliche Nichtanliegen der Bodenproben im Kompressionsapparat als Fehlerquelle beim Druck-Setzungsversuch. – Fortschritte und Forschungen im Bauwesen, Reihe D, H 17; Berlin

LEUSSINK, W. (1967): Ergebnisse von Setzungsmessungen an Hochbauten. – Veröffentl. Inst. Bodenmechanik u. Grundbau, TH Fridericiana, Karlsruhe, 25, 81 S., 49 Abb., 1 Taf.; Karlsruhe

LEUSSINK, H., VISWESWARAIYA, T. G. & BRENDLIN, H. (1964): Beitrag zur Kenntnis bodenphysikalischen Eigenschaften von Mischböden. – Veröffentl. Inst. Bodenmech. u. Grundbau TH Karlsruhe, 15, 75 S., 50 Fig., 8 Taf.; Karlsruhe

LEYDECKER, G. (1976): Der Gebirgsschlag vom 23.6.1975 im Kalibergbaugebiet des Werratales. – Geol. Jb. Hessen, 104, 271–277, 2 Abb.; Wiesbaden

LEYDECKER, G. (1980): Erdbeben in Nord-Deutschland. – Z.Dtsch. Geol. Ges., 131: 547–555, 2 Abb., 3 Tab.; Hannover

LIEB, R. W. (1988): Das Felslabor Grimsel von 1983–1990 – Eine Übersicht. – Nagra informiert, 10. Jhg., 5–13, 7 Abb.; Baden (CH)

LIEB, R. W. (1988): Endlagerprogramme und Felslabors in der OECD. – Nagra informiert, 10. Jhg., 53–62, 2 Abb., 1 Tab.; Baden (CH)

LIESCHE, H. & PASCHKE, K. H. (1964): Beton in aggressiven Wässern. – 2. Aufl., 224 S.; Berlin (Ernst & Sohn)

LINDNER, E. & SCHMIEDER, J. (1989): EDV – Einsatz bei der Auswertung und Interpretation geotechnischer Messungen. – Felsbau, 7, 134–136, 4 Bild.; Essen (Glückauf Vlg.)

LINDER, R. (1963): Spritzbeton im Felshohlraumbau. – Bautechnik, 40, 326–331 und 383–388, 30 Bild., 2 Taf.; Berlin (Ernst u. Sohn)

LINK, G. (1988): Sulfidverwitterung und Sulfatneubildung als Ursache für Bodenhebungen und Bauschäden. – Jh. geol. Landesamt Baden-Württemberg, 30, 301–313, 6 Abb.; Freiburg

LINKWITZ, K. (1987): Meßtechnische Überwachung von Hängen, Böschungen, Stützmauern. – In: Grundbau-Taschenbuch, Teil 3, 3. Aufl., S. 115–216, 39 Bild., 2 Tab.; Berlin (Ernst & Sohn)

LIPPMANN, F. (1956): Clay minerals of the Röt member of the Triassic near Göttingen, Germany. – J. Petrogr., 26: 125–139; Oxford (University Press)

LIPPMANN, F. (1976): Corrensite, a swelling clay Mineral and its Influence on Floor Heave in Tunnels in the Keuper Formation. – Bull. IAEG, 13: 65–68, 3 Fig.; Krefeld

LIPPMANN, F. & SAVAŞÇIN, M. Y. (1969): Mineralogische Untersuchungen an Lösungsrückständen eines württembergischen Keupergipsvorkommens. – Tschermaks Mineral u. Petrogr. Mitt., 13: 165–190, 9 Abb., 4 Tab.; Wien (Springer)

LIPPMANN, F. & ZIMMERMANN, M. (1983): Die Petrographie des Knollenmergel. Mittlerer Keuper, Trias. – Geol. Rundsch., 72, 1105–1132, 10 Abb., 7 Tab.; Stuttgart (Enke)

LOCHER, F. W. & SPRUNG, S. (1975): Die Beständigkeit von Beton gegenüber kalklösender Kohlensäure. – Beton, 25, 241–245, 6 Bild., 1 Tab.; Düsseldorf (Beton Vlg.)

LOCHER, F. W., RECHENBERG, W. & SPRUNG, S. (1984): Beton nach 20jähriger Einwirkung von kalklösender Kohlensäure. – Beton 34, 193–198, 5 Bild., 1 Taf.; Düsseldorf (Beton Vlg.)

LOHMANN, H. H. (1962): Zur Formenentwicklung von Salzauslaugungstrichtern. – Notizbl. Hess. L.-Amt Bodenforsch., 90: 319–326, 2 Abb., 1 Taf.; Wiesbaden

LOHMANN, H. H. (1972): Salt dissolution in subsurface of British North Sea as interpreted form seismograms. – AAPG Bull. Vol. 56, 472–479, Oklahoma (Tulsa)

LOHMANN, H. H. (1979): Seismic Recoqution of Salt Diapirs. – AAPG Bull. Vol. 63, 2097–2102, 3 Fig.; Oklahoma (Tulsa)

LORCH, S. (1985): Korrektur von Bohrlocheinflüssen bei der Messung der natürlichen Gammastrahlungen in einer Bohrung. – Geol. Jb., E 32, 3–36, 18 Abb., 6 Tab., 2 Taf.; Hannover

LORENZ, H. & NEUMEUER, H. (1953): Spannungsberechnung infolge Kreislasten unter beliebigen Punkten innerhalb und außerhalb der Lastfläche. – Bautechnik: 127–129; Berlin (Ernst & Sohn)

LOSEN, H. & POMMERENING, J. (1989): Ermittlung von Fließzeiten in Aquiferen unter flächenhaftem Einsatz von Kurzpumpversuchen am Beispiel einer Grundwasserkontamination im Ruhrtal. – Mitt. Ing.- u. Hydrogeol. 32, 349–363, 6 Abb., 2 Tab.; Aachen

LOTZE, F. (1957): Zur Geologie der Senkungszone des Heiligen Meeres (Krs. Tecklenburg). – Abh. Landesmuseum f. Naturkunde, Münster/Westf., 18, 36 S., 10 Abb., 4 Taf.; Münster

LOUIS, C. L. (1967): Strömungsvorgänge in klüftigen Medien und ihre Wirkung auf die Standsicherheit von Bauwerken und Böschungen im Fels. – Veröffentl. Inst. Bodenmechanik u. Felsmechanik d. Univ. Fridericiana, Karlsruhe, 30, 121 S., 68 Abb.; Karlsruhe

LÜHR, H.-P. (1995): Die Sanierung von Altlasten – eine rein wirtschaftliche Entscheidung. – altlasten-spektrum, 4, 39–40.; Berlin (E. Schmidt Vlg.)

LÜHR, H.-P. & HEFER, B. (1991): Grundsätzliches zum Ableiten von Werten im Zusammenhang mit Sanierungsmaßnahmen. – IWS-Schriftenrh., Bd. 13, Ableitung von Sanierungswerten für kontaminierte Böden; 9–15.; Berlin (E. Schmidt Vlg.)

LÜHR, H.-P., HEFER, B. & SCHOLZ, R. W. (1991): Das Donator-Akzeptor-Modell (DAM). – IWS-Schriftenr. Bd. 13, Ableitung von Sanierungswerten für kontaminierte Böden, 17–53, 12 Abb.; Berlin (E. Schmidt Vlg.)

LUETKENS, O. (1957): Bauen im Bergbaugebiet. – 163 S.; Berlin (Springer)

LUND, N.-CH. & GUDEHUS, G. (1990): Biologische in-situ-Sanierung kohlenwasserstoffbelasteter Böden. – Vorträge Baugrundtagung Karlsruhe, 139–155, 13 Abb., 2 Tab.; Essen (DGEG)

LUSZNAT, M. & WIEGEL, E. (1968): Das Felsrutschgebiet am Giller bei Hilchenbach im nördlichen Siegerland. – Fortschr. Geol. Rheinld. u. Westf., 15: 425–440, 6 Abb., 1 Tab.; Krefeld

MAAG, E. (1941): Methode zur feldmäßigen Bestimmung der Wasserdurchlässigkeit. – Straße u. Verkehr, 19: 335–338, 3 Abb.; Solothurn

MAAK, H. (1985): Felsböschungen im Buntsandstein. – Felsbau, 3, 86–90, 16 Bild.; Essen (Glückauf Vlg.)

MADSEN, F. T. & MÜLLER-VONMOOS, M. (1988): Das Quellverhalten der Tone. – Mitt. Inst. Grundbau u. Bodenmech. ETH Zürich, 133, 39–50, 14 Bild., Zürich

MÄLZER, H. & ZIPPELT, K. (1979): Local height changes in the Rhenish Massif area. – AVN, Allgem. Verm. Nachrichten, 86, 402–405, 3 Fig.; Karlsruhe (Wichmann Vlg.)

MÄLZER, H. & ZIPPELT, K. (1986): Kriechende Spannungsumwandlungen: Rezente vertikale und horizontale Bewegungen. – Bericht SFB 109, Spannung und Spannungsumwandlung in der Lithosphäre, Univ. Karlsruhe, 47–97, 14 Abb., 11 Tab., Karlsruhe (Eig. Vlg.)

MAGAR, K. (1993): Verkantung eines Bauwerks durch Karst. Geotechnik Sonderheft, 9. Nat. Tag. Ing. Geol., Garmisch-Partenkirchen, 119–124, 9 Abb.; Essen (DGGT)

MAIDL, B. (1972): Klassifizierung der Gesteine nach der Bohrarbeit. – Rock Mechanics, 4, 25–44, 4 Abb., 5 Tab.; Wien (Springer)

MAIDL, B. (1984): Handbuch des Tunnel- und Stollenbaus; Bd. I: Konstruktionen und Verfahren. – 423 S., 270 Bild., 26 Tab., Anhang; Essen (Glückauf)

MAIDL, B. (1988): Handbuch des Tunnel- und Stollenbaus; Bd. II: Grundlagen und Zusatzleistung für Planung und Ausführung. – 364 S., 216 Bild., 41 Tab., Anhang; Essen (Glückauf)

MAIDL, B. & GIPPERICH, CH. (1994): Entwicklung von Vortriebsmaschinen für Mikrotunnel. – Tunnelbautaschenbuch, 18, 285–313, 18 Bild., 2 Tab.; Essen (Glückauf Vlg.)

MAIDL, R. & HANDKE, D. (1989): Anwendungsbereiche moderner Teilschnittmaschinen verschiedener Größenklassen im Tunnel- und Bergbau. – Tunnel, 202–219, 20 Bild.; Köln (STUVA)

MAIDL, B., HERRENKNECHT, M. & ANHEUSER, L. (1995): Maschineller Tunnelbau im Schildvortrieb. – 471 S., zahlr. Abb. u. Tab.; Berlin (Ernst & Sohn)

MAIER, G. (1987): Abdichtung der Deponie Bornum. – Beihefte zu Müll und Abfall, 24, 89–93, 5 Bilder; Berlin (E. Schmidt)

MALLET, CH. & PACQUANT, J. (1954): Erdstaudämme. – 345 S., 195 Bild.; Berlin (VEB-Vlg. Technik)

MANDL, G. (1983): Tektonomechanik – Stiefkind der Geologie? – Jb. Braunschweigische Wiss. Ges., 27–51, 20 Abb.; Göttingen

MANDL, G. (1989): Vom Riß zur tektonischen Störzone. – Beitrag im Seminar und Fortbildungskurs „Wie bricht Fels?". TU Wien, Inst. f. Mechanik 1989, 23 S., 28 Fig.; Wien (masch.schriftl.)

MANDL, G. (1989): Gebirgsspannungen und Klüfte in undeformiertem Sedimentgestein. – Beitrag im Seminar und Fortbildungskurs „Wie bricht Fels?". TU Wien Inst. f. Mechanik 1989, 16, 6 Abb., 1 Tab.; Wien (masch.schriftl.)

MANDL, G. (1989): Natürliche hydraulische Rißsysteme in Deckschichten. – Beitrag im Seminar und Fortbildungskurs „Wie bricht Fels?". TU Wien, Inst. f. Mechanik 1989, 12 S., 11 Abb.; Wien (masch. schriftl.)

MARIOTTI, P. G. & RONDOT, E. & SPEZIALE, J. (1990): Le Barrage de Casa de Piedra (Argentine) Mise en évidence de conditions de foudations dangereses au cours de la construction, Adaption dui projet. – Mem. Soc. gèol. France, N. S. 1990, n 157, 77–85, 8 Fig.; Paris

MARKL, S. (1980): Mögliche Abgrenzungen von Bau- und Betriebsweisen im Lockergestein. – Erzmetall, 33: 435–441, 6 Abb., 4 Tab.; Weinheim (Verlag Chemie)

MARTINSEN, U. (1990): Boden, der sich gewaschen hat. – Vorträge Baugrundtagung Karlsruhe, 135–138; Essen (DGEG)

MASSARSCH, R. & CORTEN, F. (1988): Bodenvibrationsabschirmung mittels Gasmatten. – Vorträge Baugrundtagung 1988, 161–192, 26 Bilder; Essen (DGEG)

MATSCHULLAT, J., NIEHOFF, N. & PÖRTGE, K.-H. (1991): Zur Element Dispersion an Flußsedimenten der Ocker (Niedersachsen); röntgenfluoreszenz-spektrometrische Untersuchungen. – Z. dt. geol. Ges. 142, 339–349, 2 Abb., 5 Tab.; Hannover/Stuttgart (Enke Vlg.)

MATTIAT, B. (1962): Ein neuer Weg zur Aufbereitung diagenetisch verfestigter bituminöser Tone (Tonsteine). – Geol. Jb. 79, 883–898, 3 Taf., 1 Abb., 4 Tab.; Hannover

MATTHES, B. (1987): Klärschlammdeponien – Betriebliche Erfahrungen und Probleme. – Veröffentl. Grundbauinstitut. LGA Bayern, H. 49, 103–115, 1 Bild; Nürnberg (Eig. Vlg. LGA)

MATULA, M. (1981): Rock and Soil Description and Classification for Engeneering Geological Mapping; Report by the IAEG Commision on Engeneering Geological Mapping. – Bull. IAEG, 24, 235–274, 4 Fig., 37 Tab.; Essen (DGEG)

MATUŠEK, Z. & VAŠEK, J. (1976): Untersuchungen über den Einsatz von Streckenvortriebsmaschinen beim Nachreißen von Gestein. – Glückauf-Forschungshefte, 37: 119–204, 8 Bild., 2 Tab.; Essen (Glückauf Vlg.)

MEIER, D. & KRONBERG, P. (1989): Klüftung in Sedimentgesteinen. – 116 S., 75 Abb.; Stuttgart (Enke)

MEININGER, M., RÖGER, G. & WICHTER, L. (1985): Sicherung eines großen Hanganschnitts mit Stahlbetondübeln und verankerten Bohrpfählen. – Ber. 5. Nat. Tag. Ing. Geol., Kiel, 293–296, 4 Abb.; Essen (DGEG)

MEISER, O., MILITZER, H. & THON, H.-H. (1967): Ein Versuch zum Nachweis oberflächennaher Hohlräume unter einer Straße. – Jb. Geol. 1: 459–479, 17 Abb.; Berlin

MEISTER, D. & STEINWACHS, M. (1983): Beobachtung der Seismoakustischen Emission beim Ersaufen des Kalibergwerkes Ronnenberg bei Hannover im Juli 1975. – Ber. 4. Nat. Tag. Ing. Geol. Goslar, 37–48, 15 Bild., 2 Tab.; Essen (DGEG)

MERKLER, G., FUCHS, K. & BOCK, G. (1979): Untersuchung seismischer Aktivität an Stauseen in den Alpen und in den rumänischen Karpaten. – Jahresbericht 1978, SFB 77 Felsmechanik Univ. Karlsruhe, 43–92, 34 Abb., 1 Tab.; Karlsruhe

MERTENS, V., WALLUSSEK, H. & GEHRKE, J. (1991): Anwendung moderner Zielbohrtechnik im Fels- und Tunnelbau. – Felsbau, 9, 191–193, 7 Bild.; Essen (Glückauf Vlg.)

MERTZENICH, H. (1994): Zur Praxis der Grundwasserabsenkung vornehmlich beim Einsatz von Spülfiltern. – Erfahrungsbericht d. DIA-Pumpenfabrik Hammelrath & Schwenzer GmbH., 1–11, 19 Abb.; Düsseldorf

MESECK, H. (1982): Verfahren zur Abdichtung gegen und zum Schutz des Grundwassers durch mineralische Stoffe. – Mitt. Grundb. u. Bodenmech. TU Braunschweig, 8, 1–38, 26 Bild.; Braunschweig

MESECK, H. (1989): Brautechnische Lösungen für neue Deponien. – TBG Mitteilungsblatt 101, 230–236, 8 Abb.; München (E. Schmidt)

MESECK, H. (1991): Dichtungswände zur Sicherung von Altablagerungen. – Müll-Handbuch (MüA) Lfg. 5/91, 4340, 1–8, 9 Abb.; Berlin (E. Schmidt)

MESECK, H. & KNÜPFER, J. (1985): Neue Technologien zur Abdichtung von Deponien und zur Sanierung von Altlasten. – Mitt. Inst. f. Grundbau u. Bodenmechanik TU Braunschweig, 17, S. 167–186, 17 Bild.; Braunschweig (Eig. Vlg.)

MESECK, H. & SONDERMANN, W. (1987): Eignungsprüfung und Güteüberwachung mineralischer Deponieabdichtungen. – Beihefte zu Müll und Abfall, 24, 34–42, 9 Bild.; Berlin (E. Schmidt)

MESECK, H., RUPPERT, F.-H. & SIMONS, H. (1979): Herstellung von Dichtungsschlitzwänden im Einphasenverfahren. – Der Tiefbau, 19: 601–605, 12 Abb.; Gütersloh (Bertelsmann)

MESU, JR., E. J. (1982): Einflußfaktoren auf den Wasserhaushalt von Mülldeponien. – Veröffentl. Inst. f. Stadtbauwesen TU Braunschweig, 33, 271–288, 5 Abb.; Braunschweig (Eig. Vlg.)

METZNER, I., VOLAND, B. & BOMBACH, G. (1994): Vorkommen und Verteilung von Arsen in Mittelgebirgsböden des Erzgebirges und Vogtlandes. – in A. KLOKE (Hrsg.) Beurteilung von Schwermetallen in Böden von Ballungsgebieten, 97–104, 6 Abb., 2. Tab.; Frankfurt (DECHEMA)

MEUSER, H. (1996): Berücksichtigung der Metalle Beryllium (Be), Cobalt (Co), Antimon (Sb), Selen (Se), Zinn (Su) und Vanadium (V) bei Bodenuntersuchungen auf Altablagerungen. – altlasten-spektrum, 2/96, 82–93, 5 Abb., 6 Tab.; Berlin (E. Schmidt Vlg.)

MEYER-KRAUL, N. (1989): Geomechanische Eigenschaften von Röttonsteinen. – Diss. FB Bauingw. GhK Kassel, 110 S., zahlr. Abb. u. Taf.; Kassel (GhK)

MICHAEL, J. (1994): Bedeutung von Trennflächen im Felsbau. – Felsbau, 12, 382–386, 5 Abb.; Essen (Glückauf Vlg.)

MICHAEL, J. (1996): Tektonomechanik im nordosthessischen Buntsandsteingebirge. – Diss. Phillips-Univ. Marburg, 215 S., zahlr. Abb. u. Tab., Marburg (masch. schriftl.)

MICHEL, G. (1972): Die Grundwasserführung mesozoischer Gesteine Ostwestfalens aufgrund der Erfahrungen beim Brunnenbau. – Symp. ISRM „Durchlässigkeit von klüftigem Fels", Stuttgart, T 3, F1–7, 2 Tab.; Essen (DGEG)

MICKE, H. (1993): Spritzbeton-Technologie 93. – Felsbau 11, Tagungsberichte, 98–100.; Essen (Glückauf Vlg.)

MIEHLING, R. & GARTUNG, E. (1988): Versickerungsanlagen mit Geotextilfiltern. – 1. Kongr. Kunststoffe in der Geotechnik in Hamburg (K-GEO 88), 23–30, 3 Bild.; Essen (DGEG)

MIEMETZ, E. (1972): Ingenieurgeologische Beurteilung von Subrosionserscheinungen im Bereich des Staßfurt-Engelner Sattels. – Z. angew. Geol., 18, 580–588, 8 Abb., 4 Tab.; Berlin (Akad. Vlg.)

MÖBIUS, C. H. (1977): Bentonit-Suspensionen; Eigenschaften, Herstellung und Prüfung. – Österr. Ingenieur-Zeitschr., 20: 73–82, 10 Abb., 6 Tab.; Wien (Springer)

MÖRSCHER, J., BAUDENDISTEL, M. & SCHETELIG, K. (1985): Der Probevortrieb im Dietershan-Tunnel der Bundesbahn-Neubaustrecke Hannover-Würzburg. – Geotechnik Sonderheft 1985, 93–103, 10. u. 11. Bild.; Essen (DGEG)

MÖRSCHER, J., SCHMITT, R. & BAUDENDISTEL, M. (1989): Durchfahren tertiärer Böden bei geringer Überdeckung im Rengershausentunnel der DB-Neubaustrecke Hannover–Würzburg. – Felsbau, 7, 121–127, 10 Bild.; Essen (Glückauf)

MOLEK, H., POHLMANN, S., REUTER, F. & STOYAN, D. (1981): Entwicklung eines komplexen Durchtren-

nungsgrades von Gesteinsverbänden mit Hilfe von stereologischen Methoden. – Neue Bergbautechnik, 11: 221–224, 2 Bild.; Leipzig (Verlag f. Grundstoffindustrie)

MOLEK, H. & REUTER, F. (1979): Probleme bei der Erfassung repräsentativer Kluftparameter als Grundlage für Standsicherheitsbeurteilungen von Felsböschungen. – Z. f. angew. Geol., 25: 494–497, 3 Abb., 2 Tab.; Berlin (Akademie Verlag)

MOLL, G. & KATZENBACH, R. (1985): Hangsicherungsmaßnahmen im Buntsandstein – Beispiel Aula-Talbrücke und Hattenberg-Tunnel. – Die Bundesbahn, 61, 843–846, 9 Bild.; Darmstadt (Hestra Vlg.)

MOLL, G. & KATZENBACH, R. (1987): Entwurf und Bemessung eines Tunnels und einer Brückengründung in einem gleitgefährdeten Felshang. – Geotechnik Sonderheft 1987, 81–88, 9 Bild., 1 Tab.; Essen (DGEG)

MOLL, G. & ROMBERG, W. (1988): Erfahrungen bei der Rückverankerung eines gleitgefährdeten Hanges beim Bau der Neubaustrecke Hannover–Würzburg. – Geotechnik Sonderheft 1988, 51–58, 12 Bilder, Essen (DGEG)

MOOS, A. v. & DE QUERVAIN, F. (1948): Technische Gesteinskunde. – 221 S., 115 Fig., 61 Tab.; Basel (Birkhäuser)

MORGENSTERN, N. R. (1990): Instabilitäts-Mechanismen bei veränderlich festen Gesteinen. – Geotechnik, 13, 123–129, 6 Bild.; Essen (DGEG)

MORTENSEN, H. (1960): Neues über den Bergrutsch südlich der Mackenröder Spitze und über die holozäne Hangformung an Schichtstufen im mitteleuropäischen Klimabereich. – Z. Geomorphologie Suppl. Bd. 1, 114–123, 5 Abb., 1 Beil; Berlin (Gebr. Bornträger)

MOSER, H. (1979): Isotopenhydrologische Methoden zur Bestimmung der Durchlässigkeit des Grundwasserleiters. – Mitt. Ing.- u. Hydrogeol., 9: 79–103, 9 Abb., 2 Tab.; Aachen

MOSER, M. (1993): Was wissen wir über Talzuschübe? – Ber. 9. Nat. Tag. Ing.-Geol., Garmisch-Partenkirchen, 4–14, 9 Abb.; Essen (DGGT)

MOSER, M. & GLUMAC, S. (1982): Geotechnische Untersuchungen zum Massenkriechen in Fels am Beispiel des Talzuschubs Gradenbach (Kärnten): – Verh. Geol. B.-A., H 3, 209–241, 20 Abb., 1 Tab.; Wien

MOSER, P. (1986): Verfahren zur Gebirgsbeschreibung mit Hilfe des RQD-Wertes und andere Kenngrößen. – Berg- u. Hüttenmännische Monatshefte, 131, Teil I: H 10, 372–381, 6 Abb., Teil II: H 12, 501–512, 5 Abb., 17 Tab., 2 Anh.; Wien (Springer)

MUELLER, O. (1990): Möglichkeiten der Aussonderung von Sprengschäden bei komplexen Schadensbildern. – Nobel Hefte, 56, 57–89, 3 Bild.; Dortmund (Dynamit Nobel GmbH)

MÜLLER, B. (1990): Erarbeitung der Sprengtechnologie für verschiedene Festgebirge und die Beurteilung des Sprengergebnisses. – Nobel Hefte, 56, 92–102, 8 Bild.; Dortmund (Dynamit Nobel GmbH)

MÜLLER, B. (1995): Gründungsschäden an historischen Gebäuden durch Grundwasserentspannung und -absenkung. – Geotechnik Sonderheft zur 10. Nat. Tag. Inggeol., Freiberg, 38–48, 8 Abb., 1 Tab.; Essen (DGGT)

MÜLLER, B. & KLENGEL, K. J. (1979): Praktische Ergebnisse bei der Aufnahme und Bestimmung ingenieurgeologisch-felsmechanischer Kennwerte zur Bewertung der Standfestigkeit von Fels. – Z. angw. Geologie, 25, 485–493, 9 Abb., 8 Tab.; Berlin (Akademie Vlg.)

MÜLLER, G. & CASTNER, M. (1971): the „Karbonat-Bombe" as Simple device for the determinations of the carbonate content in sediments soils and other materials. – N. Jb. Miner. Mh., 466–469, 1 Abb.; Stuttgart

MÜLLER, G. & NEGENDANK, J. F. W. (1991): Erdwissenschaftliche Aspekte der Umweltforschung. – Nachr. Dt. Geol. Ges. 45, 32–35; Hannover

MÜLLER, G., NEUBER, H. & PAHL, A. (1985): Empfehlung Nr. 6 des Arbeitskreises 19, Versuchstechnik Fels der DGEG – Doppel-Lastplattenversuch in Fels. – Bautechnik, 62, 102–106, 8 Bild., 2 Tab.; Berlin (Ernst & Sohn)

MÜLLER, K.-H., PRINZ, H. & THEWS, J. (1975): Ursachen und Folgeerscheinungen von Kalksteinkorrosion in Hofheim am Taunus. – Notizbl. Hess. L.-Amt Bodenforsch., 103: 339–348, 3 Abb., 1 Tab., 1 Taf.; Wiesbaden

MÜLLER, L. (1963): Der Felsbau, Bd. I, Theoretischer Teil, Felsbau über Tage, 1. Teil. – 624 S., 307 Abb., 22 Taf.; Stuttgart (Enke)

MÜLLER, L. (1967): New considerations on the Vajont Slide. – Felsmech. u. Ingenieurgeol. 6, 1–91; Wien (Springer)

MÜLLER, L. (1978): Der Felsbau, III. Band, Tunnelbau. – 945 S., 612 Abb., 50 Taf.; Stuttgart (Enke)

MÜLLER, L. (1987): Spezielle geologische und geotechnische Untersuchungen bei der Sanierung von Rutschungen im nördlichen Siebengebirge. – Mitt. Ing.- u. Hydrogeol., 27, 234 S., 90 Abb., 25 Tab., 1 Anl.; Aachen

MÜLLER, L. (1995): Deponien überdachen – deponietechnische und ingenieurgeologische Aspekte am Beispiel eines neuen Überdachungskonzeptes für Deponien. – Geotechnik Sonderheft zur 10. Nat. Tag. Ing.-Geol., Freiberg, 185–193, 12 Abb.; Essen (DGGT)

MÜLLER, P. & WELLMANN, J. (1995): Bestimmung von PAK in Böden; Bestandsaufnahme, Vergleichbarkeit, Zuverlässigkeit. – altlasten-spektrum 6/95, 286–291, 6 Abb., 4 Tab.; Berlin (E. Schmidt Vlg.)

MÜLLER, R. (1993): Kontaminierter Boden: Abfall oder Wirtschaftsgut? – altlasten-spektrum, 2, 131–136, Berlin (E. Schmidt Vlg.)

MÜLLER, ST. (1970): Man-made earthquakes, ein Weg zum Verständnis natürlicher seismischer Aktivität. – Geol. Rundsch., 59: 792–805; Stuttgart (Enke)

MÜLLER, W. (1996): Scherverhalten zwischen Kunststoffdichtungsbahn und Boden. – Geotechnik, 19, 35–42, 1 Abb., 2 Tab.; Essen (Glückauf Vlg.)

MÜLLER, W. H. (1988): Felslabor Grimsel: Geologische Geschichte des Gebietes und spezielle Aspekte der Wasserführung. – Nagra informiert, 10 Jhg., 13–20, 10 Abb., Baden (CH)

MÜLLER-KIRCHENBAUER, H. (1964): Zur Mechanik der Fließsandbildung und des hydraulischen Grundbruches. – Veröffentl. Inst. Bodenmech. u. Grundbau Univ. Karlsruhe, 163 S. 77 Abb., 21 Tag.; Karlsruhe (Eig. Vlg.)

MÜLLER-KIRCHENBAUER, H. (1978): Zum zeitlichen Verlauf der rückschreitenden Erosion in geschichtetem Untergrund unter Dämmen und Stauanlagen. – Schriftenreihe d. Dt. Verb. f. Wasserwirtschaft u. Kulturbau, 43: 1–26, 18 Bild.; Hamburg (Parey)

MÜLLER-KIRCHENBAUER, H., WICHNER, R., FRIEDRICH, W., SCHLOTZER, C. & WESELOH, K. (1996): Zur Bemessung vertikaler und horizontaler Dichtelemente sohlgedichteter Baugruben. – Vorträge Baugrundtagung Berlin, 99–113, 13 Bild.; Essen (DGGT)

MÜLLER-VONMOOS, M. & LØKEN, T. (1988): Das Scherverhalten der Tone. – Mitt. Inst. Grundbau u. Bodenmech. ETH Zürich, 133, 23–37, 8 Bild., 2 Tab.; Zürich

MUHS, H. (1980): Erkennen und Beschreiben von Bodenarten und Fels zur Bodenklassifizierung. – Grundbautaschenbuch, Teil 1.–3. Aufl.: 13–58, 21 Bild., 9 Tab.; Berlin (Ernst & Sohn)

MUHS, H. & KANY, M. (1954): Einfluß von Fehlerquellen beim Kompressionsversuch. – Fortschritte und Forschungen im Bauwesen, Reihe D, H 17; Berlin

NABER, G. (1968): Mechanischer Stollenvortrieb im Hartgestein. – Felsmechanik u. Ingenieurgeol., 4: 209–215, 6 Abb.; Wien (Springer)

NATAU, O. (1989): Leopold Müller und die Entwicklung der Felsmechanik an der Universität Karlsruhe. – Geologie-Felsmechanik-Felsbau, 325–358, 2 Abb.; Clausthal-Zellerfeld (Trans. Tech. Publ.)

NAUMANN, G. & JENEWEIN, G. (1987): Konstruktion von Tunnelbauwerken in Übergangsbereichen zwischen geschlossener und offener Bauweise. – Bauingenieur 62, 101–108, 13 Bild.; Berlin (Springer)

NAUMANN, G. & PRINZ, H. (1988): Tunnelbau im Buntsandsteingebirge mit geringer Überdeckung. – Bautechnik, 65, 145–152, 5 Bild., 2 Tab.; Berlin (Ernst & Sohn)

NAUMANN, G. & PRINZ, H. (1988): Ingenieurgeologische Tunnelkartierung als Bestandteil der NÖT. – Felsbau, 6, 174–183, 8 Bild., 2 Tab.; Essen (Glückauf Vlg.)

NAUMANN, G. & PRINZ, H. (1989): Die Bedeutung richtungsabhängiger tektonischer Gebirgsauflockerung für den Tunnelbau im Buntsandsteingebirge. – Felsbau, 7, 190–197, 10 Bild.; Essen (Glückauf Vlg.)

NEEMANN, W. & BURKANT, F. (1994): In situ Sanierung in einem Boden mit geringer Durchlässigkeit. -altlasten-spektrum, 3, 83–90, 3 Tab., 3 Abb.; Berlin (E. Schmidt Vlg.)

NEFF, H. (1959): Über die Messung der Wasseraufnahme ungleichförmiger, bindiger, anorganischer Bodenarten in einer neuen Ausführung des Enslingerätes. – Bautechnik, 36: 415–421; Berlin (Ernst & Sohn)

NEFF, H. (1988): Der Wasseraufnahme-Versuch in der bodenphysikalischen Prüfung und geotechnische Erfahrungswerte. – Bautechnik, 65, 153–163, 9 Bild., 4 Tab.; Berlin (Ernst & Sohn)

NEFF, H., WALTER, H. & WOHNLICH, S. (1985): Ingenieurgeologische Aspekte bei der Sanierung der Abfalldeponie Dreieich-Buchschlag. – Ber. 5 Nat. Tag. Ing.-Geol., Kiel, 111–120, 10 Abb., 2 Tab.; Essen (DGEG)

NEMČOK, A., PAŠEK, J. & RYBÁŘ, J. (1972): Classification of Landslides and other Mass Movements. – Rock Mechanics, 4: 71–78, 4 Fig.; Wien (Springer)

NENDZA, H. (1992): Gründungen in Bergbaugebieten. – Grundbau-Taschenbuch, Bd. 3, 717–742, 30 Bild., 1 Tab.; Berlin (Ernst & Sohn)

NENDZA, H. & GABENER, H.-G. (1979): Grundwasserbewegung im Lockergestein. – Mitt. Ing.- u. Hydrogeol., 9, 1–28, 18 Abb.; Aachen

NENDZA, H. & GABENER, H.-G. (1983): Messung kleiner Wassermengen zur Bestimmung der Durchlässigkeit bindiger Böden. – Symp. Meßtechnik im Erd- und Grundbau München, 79–84, 6 Bild.; Essen (DGEG)

NENDZA, H. & KLEIN, K. (1973): Bodenverformungen beim Aushub tiefer Baugruben. – Vortragsveröffentl. Haus der Technik, Nr. 314: 4–18, 22 Abb.; Essen (Vulkan Verlag)

NENDZA, H. & PLACZEK, D. (1988): Die Erhöhung der Pfahltragfähigkeit durch gezieltes Nachverpressen – Stand der Erfahrungen. – Vorträge Baugrundtagung Hamburg, 323–339, 16 Bild.; Essen (DGGT)

NEUHAUSER, E. & SCHOBER, W. (1970): Das Kriechen der Talhänge und elastische Hebungen beim Speicher Gepatsch. – 2. Kongr. Int. Ges. für Felsmech., Th. 8, 447–458; Belgrad

NEUMAYR, V. (1981): Verteilungs- und Transportmechanismen von chlorierten Kohlenwasserstoffen in der Umwelt. – WaBoLu-Berichte 3/1981: Gefährdung von Grund- und Trinkwasser durch leichtflüchtige Chlorkohlenwasserstoffe. – S. 24–40, 16 Abb., 10 Tab.; Berlin (Vlg. Reimer)

NGUYEN, V. & PINDER, G. F. (1984): Direct calculation of aquifer parameters in slug test analysis. – in: ROSENHEIM, J. & BENNET, G. D.: Groundwater hydraulics, Water Resources Monograph 9, Americ Geophys. Union, 222–239, Washington (D.C.)

NIEDERMEYER, J. (1957): Beitrag zur Geologie des Salzstockes von Lüneburg unter besonderer Berücksichtigung der Senkungserscheinungen. – Geol. Jb., 74: 211–224, 6 Abb.; Hannover

NIEDERMEYER, S., RAHN, W., REIK, G. & STOLL, R.-D. (1983): Geologische Gegebenheiten im Unteren und Mittleren Buntsandstein und ihre geotechnische Bedeutung für Baumaßnahmen im Fels. – Felsbau, 1, 54–67, 16 Bilder; Essen (Glückauf Vlg.)

NIENHAUS, U. (1989): Spezielle Aspekte zur geologisch-hydrogeologischen Situation im Bereich des südlichen Siebengebirgsgrabens. – Mitt. Ing. u. Hydrogeol. 32, 365–385, 8 Abb., 2 Tab.; Aachen

NIENHAUS, U. (1995): Kriterien für die Planung von standortangepaßten Abdichtungssystemen bei Deponien. Geotechnik Sonderheft zur 10. Nat. Tag. Ing.-Geol., Freiberg, 144–152, 5 Abb., 2 Tab.; Essen (DGGT)

NÖGGENRATH, J. (1847): Der Bergschlupf vom 20. Dezember 1846 an den Unkeler Basaltsteinbrüchen bei Oberwinter. – 57 S., 5 Taf.; Bonn (Henry & Cohen)

NOLD, A. L. (1986): Das internationale Stripa-Projekt. – Nagra informiert, 8. Jhg., 25–32, 8 Abb.; Baden (CH)

NOLD, A. L. (1987): Felslabor Grimsel – Teil des Entsorgungsprojektes für radioaktive Abfälle in der Schweiz. – Tunnel 4/87, 157–170, 2 Abb.; Gütersloh (Bertelsmann)

NORLING, R. G. (1970): Bohren von Gestein mit Diamantwerkzeugen. – Industrie Diamanten Rundschau (IDR), 4, Nr. 2, 7 S., 8 Abb., 2 Tab.; Geldern (L. N. Schaffrath)

NOVACK, F. & GARTUNG, E. (1983): Messungen bei Probebelastungen vertikal und horizontal belasteter Großbohrpfähle. – Geotechnik, 6, 1–10, 14 Bild.; Essen (DGEG)

NOWY, W. (1989): Die Bedeutung der geologischen Betreuung vorauseilender Sondierstollen. – Felsbau, 7, 84–91, 11 Bild.; Essen (Glückauf Vlg.)

NÜTZMANN, G. (1991): Geeignete Modelle zur Erfassung des Pfades „Boden-Untergrund-Grundwasser-Mensch". – IWS. -Schriftenr., Bd. 13, Ableitung von Sanierungswerten für kontaminierte Böden, 201–212, 1 Abb., 1 Tab.; Berlin (E. Schmidt Vlg.)

NUSSBAUMER, M. (1985): Neue Entwicklungen der Bauindustrie zur Abdichtung von Deponien und Altlasten. – Mitt. Inst. Grundbau u. Bodenmech. TU Braunschweig, 20, 103–136; Braunschweig (Eig. Vlg.)

OBONI, F. (1988): General report on „Analysis Methods an Forecasting Behavior". – Proceedings 5. Int. Symp. on Landslides Lausanne, Vol. I; Rotterdam (Balkema Vlg.)

OCHMANN, N. (1988): Tomographische Analyse der Krustenstruktur unter dem Laacher See Vulkan mit Hilfe von teleseismischen Laufzeitresiduen. – Mitt. Ing. u. Hydrogeol. 30, 108 S., 38 Abb., 6 Tab.; Aachen

OELTZSCHNER, H. (1986): Anforderungen an Basisabdichtungen bei Deponien für Hausmüll und hausmüllähnliche Abfälle in Bayern. – Vorträge Baugrundtagung Nürnberg, 33–52, 7 Abb.; Essen (DGEG)

OELTZSCHNER, H. (1988): Die Deponie als technisches Bauwerk. – Veröffentl. Grundbauinst. LGA Bayern, 51, 5–26, 10 Abb.; Nürnberg (Eig. Vlg.)

OELTZSCHNER, H. (1990): Vorschläge der Geologischen Landesämter und der Bundesanstalt für Geowissenschaften und Rohstoffe (BGR) für Anforderungen an die „Geologische Barriere" im Deponiekonzept. – Z. dt. geol. Ges. 141, 215–224, 5 Abb., 4 Tab.; Hannover

OLZEM, R. (1985): Vorstellung eines Dichtigkeitskriteriums für mineralische Deponieabdichtungen. – Ber. 5. Nat. Tag. Ing.-Geol. Kiel, 43–50, 6 Abb.; Essen (DGEG)

ORTLAM, D. & SCHNIER, H. (1981): Erdfälle und Salzwasseraufstieg in Bremen – Typbeispiel für Süßwasserdepressionsgebiete. – N. Jb. Geol. Paläont. Mh., 236–257, 9 Abb.; Stuttgart

OSTERMAYER, H. (1982): „Verpreßanker" in Grundbau Taschenbuch, 3. Aufl., Teil 2, 287–322, 19 Bild., 3 Tab.; Berlin (Ernst & Sohn)

OSTERMAYER, H. & GOLLUB, P. (1996): Baugrube Karstadt in Rosenheim. – Vorträge Baugrundtagung Berlin, 341–360, 17 Bild., Essen (DGGT)

PACHER, F., RABCEWICZ, L. v. & GOLSER, J. (1974): Zum derzeitigen Stand der Gebirgsklassifizierung im Stollen- und Tunnelbau. – Bundesministerium f. Bauten u. Technik, Straßenforschung, 18: 51–58, 2 Taf.; Wien

PAHL, A. (1984): Empfehlung Nr. 8 des Arbeitskreises 19 – Versuchstechnik Fels – der Deutschen Gesellschaft für Erd- und Grundbau e. V.; Dilatometerversuche in Felsbohrungen. – Bautechnik, 61, 109–111, 6 Abb.; Berlin (Ernst & Sohn)

PALUSKA, A. (1985): Verformungsverhalten und Strukturfestigkeit norddeutscher Geschiebemergel. – In HEITFELD, K. H. (Hrsg.): Ingenieurgeologische Probleme im Grenzgebiet zwischen Locker- und Festgestein, 477–493, 11 Abb.; Berlin (Springer)

PANTZARTZIS, P. (1989): Geotechnische Untersuchungen und Beurteilung der geplanten Steno-Bogenstaumauer/West-Griechenland. – Mitt. Ing. u. Hydrogeol., 32, 109–130, 10 Abb.; Aachen

PAPADOPOLOS, S. S., BREDEHOEFT, J. D. & COOPER, H. H. (1973): On the analysis of „slug tests" data. – Water Resour. Res., 9 (4), 1087–1089; Richmond (VA)

PAŠECK, J., RYBÁŘ, J. & ŠPŮREK, M. (1977): Systematic Registration of Slope Deformations in Czechoslovakia. – Bulletin IAEG, 16, 48–51, 1 Fig.; Krefeld

PAUL, A. (1986): Empfehlung Nr. 11 des Arbeitskreises 19 – Versuchstechnik Fels – der Deutschen Gesellschaft für Erd- und Grundbau e. V. – Quellversuche an Gesteinsproben. – Bautechnik 1986, H. 3, 100–104, 8 Bild.; Berlin (Ernst & Sohn)

PAUL, A. (1995): Kriterien der Boden- und Felsklassifizierung. – Informationen-Forschung im Straßen- und Verkehrswesen – Teil: Straßenbau und Verkehrstechnik III, 59 Lfg., 5-27–5-31, 6 Abb., 3 Tag.; Köln (FGSV)

PAUL, A. (1996): Empfehlungen des Arbeitskreises 19 „Versuchstechnik Fels". – Geotechnik Sonderheft vom 11. Nat. Felsmech. Symp. Aachen (1994), 30–38, 13 Bild.; Essen (DGGT)

PAUL, A. & GARTUNG, E. (1991): Empfehlung Nr. 15 des Arbeitskreises 19 – Versuchstechnik Fels – der DGEG: Verschiebungsmessungen längs der Bohrlochachse – Extensometermessungen. – Bautechnik, 68, 41–48, 13 Bild., 1 Tab.; Berlin (Ernst & Sohn)

PAUL, A. & WICHTLER, L. (1995): Das Langzeitverhalten von Tunnelbauwerken im quellenden Gebirge – Neuere Meßergebnisse vom Stuttgarter Wagenburgtunnel. – Tunnelbautaschenbuch, 135–164, 23 Bild; Essen (Glückauf Vlg.)

PERBIX, W, & TEICHERT, H.-D. (1995): Feinstbindemittel für Injektionen in der Geotechnik und im Betonbau. – Tunnelbautaschenbuch, 353–389, 9 Bild., 7 Tab.; Essen (Glückauf Vlg.)

PETZOLD, J, (1996): Sprengstoffe und Zündmittel für die Anforderungen des Tunnelbaus von heute. – Nobel Hefte, 62, 3–13, 12 Bild; Dortmund (Dynamit Nobel GmbH)

PFAFF, TH. (1995): Grundwassermodelle als Werkzeug der Qualitätssicherung des Grundwassers. – WAP, 5/95, 14–16, 3 Abb.; Gütersloh (Bertelsmann)

PFEIFFER, D. & HAHN, J. (1972): Karst of Germany. – In: HERAK & STRINGFIELD, Karst; Important Karst Regions of the Northern Hemisphere: 189–223, 17 Fig.; Amsterdam (Elsevier Publ. Comp.)

PIERAU, B. (1987): Sicherung eines Felshanges mit Hilfe einer rückwärtig verankerten Bohrpfahlwand. – Geotechnik-Sonderheft 1987, 57–64, 16 Bild.; Essen (DGEG)

PIERSCHKE, K.-J. (1985): Geologische bedingte Instabilitäten im Randböschungssystem eines Braunkohlentagebaus. – Ber. 5. Nat. Tag. Ing. Geol. Kiel, 267–277, 16 Abb.; Essen (DGEG)

PIETSCH, M. (1990): Der Punktlastversuch als Mittel zur qualitativen Festigkeitsuntersuchung eines Tonsteins. – Geotechnik, 13, 82–91, 8 Bild., 3 Tab.; Essen (DGEG)

PIETSCH, M. & SCHNEIDER, A. (1982): Zur Frage der Bestimmung organischer Bestandteile in Böden. – Geotechnik, 5, 67–73, 4 Bild., 7 Tab.; Essen (DGEG)

PIETZSCH, W. (1970): Ingenieurbiologie. – 124 S., 92 Bild.; Berlin, München, Düsseldorf (Ernst & Sohn)

PLACZEK, D. (1982): Untersuchungen über das Schwindverhalten bindiger Böden bei der Trocknung unter natürlichen Randbedingungen. – Mitt. Fachgebiet Grundbau u. Bodenmech. Univ. Essen GHS, 3, 204 S., 80 Bild., 14 Tab.; Essen

PLACZEK, D. (1985): Vergleichende Untersuchungen beim Einsatz statischer und dynamischer Sonden. – Geotechnik, 8, 68–75, 13 Bilder, 3 Tab.; Essen (DGEG)

PLACZEK, D., KÖTHER, M. & WILDEN, U. (1996): Zum Tragverhalten verschiedener Pfahlsysteme mit kleinem Durchmesser. – Vorträge Baugrundtagung Berlin, 165–193, 22 Bild.; Essen (DGGT)

PLACZEK, D. & LONDONG, D. (1994): Tragverhalten eines großen, kreisrunden, horizontal nicht gestützten Schlitzwandschachtes. – Vorträge Baugrundtagung Köln, 295–308, 12 Abb.; Essen (DGGT)

PLACZEK, D., SCHMIDT, H. G. & OETJENG, D. (1994): Zum Tragverhalten von Großbohrpfählen mit Fußaufweitung. – Bautechnik 71, 626–633, 13 Bild.; Berlin (Ernst u. Sohn)

PLAUMANN, S. & LEPPER, J. (1979): Gravimetrische Untersuchungen an Erdfällen im Reinhardswald und Solling. – Geol. Jb. Hessen, 107: 251–259, 6 Abb.; Wiesbaden

PIERSCHKE, K. J. & WINTER, K. (1994): Eignung anstehender Tone als Abdichtungsmaterial und Erfahrungen im Deponiebau im Rheinischen Braunkohlebergbau. – Vorträge Baugrundtagung Köln, 97–105, 6 Bild., 3 Tab.; Essen (DGGT)

POHLENZ, R. (1979): Beitrag zur Beurteilung von Felsböschungen im Elbsandsteingebiet. – Z. f. angew. Geologie, 25, 340–345, 5 Abb., Berlin

POHLENZ, R. (1984): Erfahrungen und Ergebnisse langjähriger Felsüberwachung durch mechanische Längenänderungsmessungen. – In: Ingenieurgeologische Untersuchungen im Fels, Vortrags- und Exkursionstagung der GGW 1984 in Freiberg, 10 (Kurzfassung), Berlin (GGW)

PORZIG, R. (1989): Hangsicherung an der Bundesautobahn A 7 Ulm–Würzburg. – Felsbau, 7, 203–207, 11 Bild.; Essen (Glückauf Vlg.)

POSCHER, G. (1993): Zur Umweltverträglichkeit von Spritzbeton im Tunnelbau – Erfahrungen mit Maßnahmen zur Verminderung der Spritzbetoneluation. – Geol. Paläont. Mitt. Innsbruck, 19, 71–92, 13 Abb., 6 Tab.; Innsbruck

POSCHINGER, A. von (1992): Die jüngsten Hangbewegungen bei Hutterer, Gemeinde Inzell, und ihre Bedeutung für die Aufnahme von Hangbewegungen im Bayrischen Alpenraum. – Z. angew. Geol., 38, 21–25, 2 Abb., Stuttgart (Schweizerbart)

POSCHINGER, A. von (1993): Die Wiedmaisrutschung als Beispiel einer Großhangbewegung im Flysch. – Ber. 9 Nat. Tag. Ing.-Geol., Garmisch-Partenkirchen, 15–21, 4 Abb.; Essen (DGGT)

POWELEIT, A. (1987): Beispiele zum Langzeitverhalten von Dränsystemen in Dämmen und Böschungen. – Wasserwirtschaft 77, 358–360, 4 Bild.; Stuttgart (Frank'sche Vlghdlg.)

PREGL, O. (1988): Abfall und Umweltschutz. – Handbuch der Geotechnik, Bd. 19, 457 S., zahlr. Abb. u. Tab.; Wien (Inst. f. Geotechn. u. Verkehrswesen Univ. f. Bodenkultur)

PREGL, O., FUCHS, M., MÜLLER, G., PETSCHL, G., RIEDMÜLLER, G. & SCHWAIGHOFER, B. (1980): Dreiaxiale Schwellversuche an Tonsteinen. – Geotechnik: 1–7, 8 Abb.; Essen (DGEG)

PREINDL, P. (1988): Schlitzwandfräse. – Österr. Bauwirtschaft, 19–21, 12 Bild.; Wien

PRIEBE, H. (1980): Ausführung von Betonrüttelsäulen zur Gründung eines Dammes auf weichem Untergrund. – Vorträge Baugrundtagung Mainz, 329–332, 4 Bild.; Essen (DGEG)

PRIESNITZ, K. (1969): Über die Vergleichbarkeit von Lösungsformen auf Chlorid-, Sulfat- und Karbonatgestein. – Überlegungen zu Fragen der Nomenklatur und Methodik der Karstmorphologie. – Geol. Rundsch., 58: 427–438, 3 Abb.; Stuttgart (Enke)

PRIESNITZ, K. (1972): Formen, Prozesse und Faktoren der Verkarstung und Mineralumbildung im Ausstrich salinarer Serien (am Beispiel des Zechsteins am südlichen Harzrand). – Göttinger Geogr. Abh., 60: 317–339, 9 Abb., 2 Taf.; Göttingen (Goltze)

PRIESNITZ, K. (1974): Beobachtungen an einem bemerkenswerten rezenten Erdfall bei Göttingen. – Neues Archiv für Niedersachsen, 23, 387–397, 5 Bild., 1 Tab.; Göttingen

PRINZ, H. (1959): Die Geologie des unteren Großen Lautertales und des angrenzenden Donaugebietes. – Arb. Geol.-Paläontol. Inst., TH Stuttgart, N. F., 19, 105 S., 2 Abb., 2 Tab.; Stuttgart

PRINZ, H. (1969): Ursachen und Folgeerscheinungen von Lößsubrosion im Straßen- und Kanalbau. – Tiefbau, 7: 609–611, Abb.; Gütersloh (Bertelsmann)

PRINZ, H. (1973 a): Zur Entstehung von Einbruchsschloten und Korrosionskesseln über tiefem Salinarkarst. – Proc. Symp. IAEG „Erdfälle und Bodensenkungen", Hannover, T 2, D: 1–6, 4 Abb.; Essen (DGEG)

PRINZ, H. (1973 b): Gründung eines Bauwerkes in einer Korrosionssenke im Zechsteinsulfat. – Proc. Symp. IAEG „Erdfälle und Bodensenkungen", Hannover, T4, C: 1–3, 2 Abb.; Essen (DGEG)

PRINZ, H. (1974): Gebäudeschäden in Tonböden infolge Austrocknung. – Vorträge Baugrundtagung Frankfurt/M.-Höchst: 23–38, 8 Abb., 1 Tab.; Essen (DGEG)

PRINZ, H. (1977): Grundwasserentnahme als indirekte Ursache von Gebäudeschäden. – Ber. 1. Nat. Tag. Ingenieurgeol., Paderborn: 558–567, 5 Abb., 1 Taf.; Essen (DGEG)

PRINZ, H. (1978): Ursachen der beobachteten negativen Höhenwertänderungen im nördlichen Oberrheingraben. – Z. f. Vermessungswesen, 103: 424–430; Stuttgart (Wittwer)

PRINZ, H. (1979): Ingenieurgeologische Probleme an der DB-Neubaustrecke Hannover–Würzburg in Osthessen. – Ber. 2. Nat. Tag. Ingenieurgeol., Fellbach: 93–101, 13 Abb.; Essen (DGEG)

PRINZ, H. (1980a): Erscheinungsformen des tiefen Salinarkarstes an der Trasse der DB-Neubaustrecke Hannover–Würzburg in Osthessen. – Rock Mechanics, Suppl. 10: 23–33, 9 Abb.; Wien (Springer)

PRINZ, H. (1980b): Tunnelbau im Buntsandstein Ost- und Nordhessens. – Ber. 4. Nat. Tag. Felsmech., Aachen: 135–157, 6 Abb.; Aachen (DGEG)

PRINZ, H. (1986): Zur Kalkaggressivität von Buntsandstein-Grundwasser. – Geotechnik, 30–32, 1 Tab.; Essen (DGEG)

PRINZ, H. (1988): Ein Beitrag zur Kinematik der saxonischen Tektonik anhand der Tunnelaufschlüsse an der DB-Neubaustrecke in Ost- und Nordhessen. – Geol. Jb. Hessen, 116, 169–187, 9 Abb.; Wiesbaden

PRINZ, H. (1990): Grundwasserabsenkung und Baumbewuchs als Ursache von Gebäudesetzungen. – Aachener Bausachverständigentage 1990, 61–68, 7 Abb.; Wiesbaden (Bau-Vlg.)

PRINZ, H. (1990): Grenzen Ingenieurgeologischer Erkundung für Tunnelbauten in Triassischen Schichtgesteinen der Deutschen Mittelgebirge (DB-Neubaustrecke in Ost- und Nordhessen). – Mitt. Ing.- u. Hydrogeol. 41, 29–62, 6 Abb., 4 Tab.; Aachen (RWTH)

PRINZ, H., CRAMER, K., CRAMER, P., DILLMANN, W., EMMERT, U., HERMANN, F., KALTERHERBERG, J., NIEDERMAYER, J., REIFF, W., RESCH, M., REUM, E., RUDOLF, W., TEMMLER, H., TREIBS, W. & WESTRUP, J. (1973): Verbreitung von Erdfällen in der Bundesrepublik Deutschland mit einer Übersichtskarte 1 : 100 000 (Vorläufige Ausgabe). – 36 S., 4 Abb., 2 Taf.; Hannover (BGR)

PRINZ, H. & LINDSTEDT, H.-J. (1987): „Ingenieurgeologie" in Erl. geol. Kt. Hessen 1 : 25 000, Bl. 4925, Sontra 221–229, 5 Abb.; Wiesbaden

PRINZ, H. & HOLTZ, S. (1989): Zur Durchlässigkeit des Buntsandsteingebirges – Erfahrungen aus dem Tunnel- und Talsperrenbau in Hessen. – Mitt. Ing. u. Hydrogeol., 32, 197–224, 5 Abb.; Aachen

PRINZ, H. & TIEDEMANN, J. (1983): Geologisch-Ingenieurgeologische Erkundung tektonischer Strukturen für den Tunnelbau im Buntsandstein. – Ber. 4. Nat. Tag. Ing. Geol. Goslar, 139–150, 3 Bild.; Essen (DGEG)

PRINZ, H. & VOERSTE, R. (1988): Ziele und Grenzen der Baugrunderkundung bei Großbaumaßnahmen. – ETR, 37, 589–598, 7 Bild., 2 Taf.; Darmstadt (Hestra Vlg.)

PRINZ, H. & WESTRUP, J. (1980): Zusammenhänge zwischen den festgestellten Höhenwertänderungen und anthropogenen Einflüssen im nördlichen Oberrheingraben. – Z. f. Vermessungswesen, 105: 377–382; Stuttgart (Wittwer)

PRINZ, J. (1986): Gebirgsschonendes Sprengen. – Vortr. Fachtagung Tiefbau-Berufsgenossenschaft 1986 im Hennef, 49–52, 14 Abb.; München (Eig. Vlg.)

PRÜESS, A. (1994): Vorsorgewerte und Prüfwerte für mobile (NH₄NO3-extrahierbare) Spurenelemente in Mineralböden. In A. KLOKE (Hrsg.) Beurteilung von Schwermetallen in Böden von Ballungsgebieten, 415–467, 30 Abb., 9 Tab.; Frankfurt (DECHEMA)

PRÜHS, H., ALEXIEW, D. & FRANK, PH. (1993): Erddruckmessungen an zwei Kunststoffschächten in einer Hausmülldeponie. – Geotechnik, 16, S. 115–124, 9 Bild., Essen (DGEG)

PURRER, W. & JOHN, M. (1994): Standortbestimmung der geotechnischen Messungen im Tunnelbau. – Felsbau, 12, 333–337, 10 Bild.; Essen (Glückauf Vlg.)

QUADFLIEG, A. & SCHRAFT, A. (1984): Kalkaggressive Kohlensäure in Grundwässern aus dem Buntsandstein Osthessens. – Geol. Jb. Hessen 112, 263–288, 24 Abb., 3 Tab.; Wiesbaden

QUERVAIN, F. DE (1967): Technische Gesteinskunde. – 2. Aufl., 261 S., 124 Fig., 56 Abb.; Basel (Birkhäuser)

QUIGLEY, R. M. et al. (1984): Proc. Int. Symp. on Groundwater Resources, Utilization and Contaminat Hydrogeology. – Montreal, S. 499–506, Montreal

RAABE, E.-W. (1985): Mikrogefüge und bodenmechanische Eigenschaften überkonsolidierter Tone. – In HEITFELD, K.-H. (Hrsg.): Ingenieurgeologische Probleme im Grenzbereich zwischen Locker- und Festgesteinen, 358–374, 9 Abb., 6 Tab.; Berlin (Springer)

RAABE, E. W. (1994): Nachträglicher Einbau einer Silikatgel-Abdichtungsschicht unter einem schadstoffbelasteten Bodenbereich als Bestandteil einer Einkapselung. – Bd. Sicherung von Altlasten von JESSENBERGER (Hrsg.), 187–193, 8 Abb.; Rotterdam (Balkema)

RAABE, E. W. & ESTERS, K. (1986): Injektionstechniken zur Stillsetzung und zum Rückstellen von Bauwerkssetzungen. – Vorträge Baugrundtagung Nürnberg, 337–366, 19 Bild.; Essen (DGEG)

RAABE, E.-W., WEHMEIER, J. & SONDERMANN, W. (1990): Moderne Injektionstechniken für Vortriebssicherung, Bebauungs- und Grundwasserschutz. – Vorträge Baugrundtagung Karlsruhe, 5–26, 21 Abb.; Essen (DGEG)

RAABE, E.-W. & TOTH, S. (1987): Herstellung von Dichtwänden und -sohlen mit dem Soilcreteverfahren. – Mitt. Inst. Grundbau u. Bodenmech. TU Braunschweig, H. 23, 89–109; Braunschweig (Eig. Vlg.)

RABCEWICZ, L. v. (1944): Gebirgsdruck und Tunnelbau. – 86 S., 57 Tab., V, 57 Textabb.; Wien (Springer)

RABCEWICZ, L. v. (1963): Bemessung von Hohlraumbauten. Die „Neue Österreichische Bauweise" und ihr Einfluß auf Gebirgsdruckwirkungen und Dimensionierung. – Felsmech. u. Ingenieurgeol., 1: 224–244; Wien (Springer)

RABCEWICZ, L. v. (1965): Die „Neue Österreichische Tunnelbauweise". Entstehung, Ausführung und Erfahrungen. – Bauingenieur; 40: 289–296; Berlin (Springer)

RADEKE, S. & BAUMANN, H. J. (1993): Fossile Rutschungen in der Trasse des Main-Donau Kanals zwischen Bachhausen und Dietfurt im Sulzbachtal und im

Ottmaringer Tal. – Ber. 9. Nat. Ing. Geol., Garmisch-Partenkirchen 52–62, 7 Abb.; Essen (DGGT)

RAMKE, H.-G. & BRUNE, M. (1991): Untersuchungen zur Funktionsfähigkeit von Entwässerungsschichten in Deponiebasisabdichtungssystemen. – Bundesminister für Forschung und Technologie, Umweltbundesamt, 225 S., 59 Abb. 21 Tab.; Berlin

RAUEN, U. (1990): Erfahrungen mit Widia-Bohrwerkzeugen auf den Tunnelbaustellen der DB-Neubaustrecken. – Felsbau, 8, 118–120, 3 Bild.; Essen (Glückauf Vlg.)

RAUSCHER, W. (1989): Bohrbarkeit und Bohrverhalten beim Einsatz von Tunnelbohrmaschinen. – Geotechnik, 12, 67–76, 10 Bild.; Essen (Glückauf-Vlg.)

REHBOCK, H. (1995): Sprengvortrieb von Tunneln unter schwierigen Rahmenbedingungen. – Nobel Hefte, 61, 100–111, 20 Bild.; Dortmund, (Dynamit Nobel GmbH)

REICHL, P. & ZOJER, H. (1994): Hydrogeologische Voruntersuchungen für den Semmering-Basistunnel. – Felsbau, 12, 458–465, 12 Bild.; Essen (Glückauf Vlg.)

REIFF, W. (1973): Beispiele von Bauschäden und konstruktiven Maßnahmen beim Bauen in Erdfallgebieten Südwestdeutschlands. – Proc. Symp. IAEG „Erdfälle und Bodensenkungen", Hannover, T 4, K: 1–7; Essen (DGEG)

REIK, G. (1985): Primärspannung und Gebirgsdruck. – Felsbau, 3, 101–106, 13 Bild.; Essen (Glückauf Vlg.)

REIK, G. & HESSELMANN, F.-J. (1981): Verfahren zur Ermittlung der Gebirgsfestigkeit aus Sedimentgesteinen. – Rock Mechanics, Suppl. 11: 59–71, 11 Abb.; Wien (Springer)

REIK, G. & SCHNEIDER, J. (1979): Die Bestimmung quantitativer ingenieurgeologisch-felsmechanischer Gebirgskennwerte. – Geol. Jb., C 23: 3–21, 21 Abb.; Hannover

REILÄNDER, W. (1995): Bedeutung von in situ-Untersuchungen bei der Deponiestandorterkundung und ihre Relevanz im Verfahren. – Berliner geowiss. Abh., (A), 170. 79–86; Berlin (Selbstvlg. TU)

REIMANN, M. (1984): Die unterschiedliche Vergipsungsbereitschaft permischer und triadischer Sulfatvorkommen – dargestellt an ausgewählten Beispielen mit neuen Hinweisen auf die Lagerstättenprojektion. – Z. dt. Geol. Ges., 135, 437–460, 10 Abb., 2 Tab.; Hannover

REINHARDT, M. (1970): Gründung von Talsperrenherdmauern. – Vorträge Baugrundtagung, Düsseldorf: 547–567; Essen (DGEG)

REINHARDT, M. (1987): Überlegungen der Geologischen Landesämter der Bundesrepublik Deutschland zu geowissenschaftlichen Rahmenkriterien für Deponiestandorte. – Veröffentl. Grundbauinst. LGA Bayern 49, 19–40, 2 Anl.; Nürnberg (Eig. Vlg.)

REINHARDT, M. & WEBER, P. (1987): Zustand und Verhalten des Gründungsbereiches älterer Staumauern in Nordrhein-Westfalen. – Geotechnik Sonderheft 1987, 203–210, 10 Bild.; Essen (DGEG)

REINKE, L. (1988): Bodenreinigung durch Hochdruck-Bodenwäsche. – 177. Seminar des Fortbildungszentrums Gesundheits- und Umweltschutz Berlin e.V.

(FUG), Sanierung kontaminierter Standorte 1988, 77–81, 1 Abb.; Berlin (Eig. Vlg.)

REITMEIER, W. (1995): Zur Abschätzung der Versickerungsmenge in teilgesättigten Böden. – Geotechnik 18, 73–77, 5 Bild., 1 Tab.; Essen (DGGT)

RENDULIC, L. (1938): Der Erddruck im Straßenbau und Brückenbau. – Forschungarbeiten aus dem Straßenwesen, 10, 84 S., 73 Abb., 1 Taf.; Berlin (Volk u. Reich)

RESCHER, O.-J. (1990): Planung von Gewölbesperren in Tälern mit breitem Talboden. – Wasserwirtschaft, 80, 13–18, 4 Bild.; Stuttgart (Frankh-Kosmos Vlg.)

RETTENBERGER, G. (1989): Setzungsberechnungen für Hausmülldeponien im Zusammenhang mit der Planung von Deponieoberflächen-Abdichtungssystemen und Entgasungsanlagen. – Abfallwirtschaft in Forschung und Praxis, 30, Fortschritte der Deponietechnik 1989, 143–153, 4 Abb.; Berlin (E. Schmidt)

REUTER, E. (1985): Eignungsuntersuchungen von natürlichen Dichtungsmaterialien für Deponien. – Mitt. Inst. f. Grundb. u. Bodenmech. TU Braunschweig, 17, S. 37–69, 25 Bilder; Braunschweig (Eig. Vlg.)

REUTER, E. (1985): Entwurf, Prüfung und Eigenschaften mineralischer Basisabdichtungen. – Mitt. Inst. Grundb. u. Bodenmech. TU Braunschweig, 20, 53–86, 22 Bild.; Braunschweig (Eig. Vlg.)

REUTER, E. (1987): Langzeitverhalten mineralischer Deponieabdichtungen. – Beihefte zu Müll und Abfall, 24, 58–65, 9 Bilder; Berlin (E. Schmidt)

REUTER, E. (1988): Durchlässigkeitsverhalten von Tonen gegenüber anorganischen und organischen Säuren. – Mitt. Inst. Grundbau u. Bodenmech. TU Braunschweig, 26, 1–154, 99 Bilder, 8 Anl. ; Braunschweig (Eig. Vlg.)

REUTER, E. (1988): Einfluß des Wassergehaltes auf die Eigenschaften von Deponiebasisabdichtungen aus Ton. – Wasser + Boden, 40, 500–503, 8 Bilder; Hamburg + Berlin (Vlg. Parey)

REUTER, F. (1968): Ein Beitrag zur Klassifizierung von Karsterscheinungen in Salz- und Gipsgebieten. – Int. Kongr. f. Höhlenkunde: 205–211, 5 Abb.; Ljubljana

REUTER, F. (1973): Bemerkungen zu Senkungs- und Erdfallerscheinungen in Salzkarstgebieten der DDR. – Proc. 6th Int. Congr. Speleology Olomouc (CSSR), II, Ba, 038, 347–352, 4 Abb.

REUTER, F. (1977): Verfestigung und Abdichtungen durch Injektionen – Lehre und Forschung an der Bergakademie Freiberg. – Neue Bergbautechnik, 7: 474–480, 7 Bild., 2 Tab.; Leipzig (Verlag f. Grundstoffindustrie)

REUTER, F. (1982): Ingenieurgeologische Probleme und Aufgaben im Einsatz von Spezialverfahren im Bergbau und Bauwesen. – Neue Bergbautechnik, 12, 179–184, 1 Bild, 2 Tab.; Leipzig (Dt. Vlg. f. Grundstoffindustrie)

REUTER, F., DÖRING, T. & PENZEL, M. (1979): Zur Zusammenarbeit von Geotechnik und Geophysik bei der Untersuchung von Karstproblemen. – Neue Bergbautechnik, 9, 503–507, 5 Bild.; Leipzig (Dt. Vlg. f. Grundstoffindustrie)

REUTER, F. & KLENGEL, K. J. (1989): Die Ingenieurgeologie und ihre Beziehungen zur Umweltproblematik. –

Z. geol. Wiss. 17, 127–138, 5 Tab.; Berlin (Akademie Vlg.)

REUTER, F., KLENGEL, K.-J. & PAŠEK, J. (1980): Ingenieurgeologie – Lizenzausgabe der 2. Aufl., 456 S., 263 Bild., 133 Tab.; Thun, Frankfurt (Deutsch)

REUTER, F. & KOCKERT, W. (1971): Zu einigen Fragen des Karstproblems. – Z. f. angew. Geol., 17: 343–346, 1 Abb.; Berlin (Akademie Verlag)

REUTER, F. & MOLEK, H. (1977): Zu einigen Problemen der ingenieurgeologischen Untersuchungen in Karstgebieten. – Neue Bergbautechnik, 7, 827–832, 3 Bild., 3 Tab.; Leipzig (Dt. Verlag f. Grundstoffindustrie)

REUTER, F. & MOLEK, H. (1980): Ingenieurgeologischstrukturgeologische Grundlagen zur Beschreibung von Objekten des Sulfat- und Chloridkarstes. – Freiberger Forschungshefte, A 622, 78 S., 15 Bild., 11 Tab.; Leipzig (VEB Vlg.)

REUTER, F., MOLEK, H. & KOCKERT, W. (1977): Exkursionsführer zu ausgewählten Objekten des Salz- und Gipskarstes im Subherzynen Becken, in der Mansfelder Mulde und im Südharzgebiet. – Kulturbund der DDR, Bergakademie Freiberg, Sektion Geotechnik u. Bergbau, WB Ingenieurgeologie, 117 S., 42 Abb., 22 Tab.; Freiberg

REUTER, F., MOLEK, H. & MEIER, G. (1971): Beziehungen zwischen Gebirgsfestigkeit und Karsterscheinungen im Salzkarst der DDR. – Neue Bergbautechnik, 1, J: 14–19; Leipzig (Dt. Verlag f. Grundstoffindustrie)

REUTER, F., MOLEK, H. & SCHWERTER, R. (1983): Möglichkeiten einer ingenieurgeologischen Bewertung des verkarsteten Gipsgebirges. – Z. angew. Geol., 29, 361–365; Berlin (Akad. Vlg.)

REUTER, F., MOLEK, H. & STOYAN, D. (1986): Die zeitliche Einstufung geologischer Prozesse für ingenieurgeologische Aufgaben im Bergbau und Bauwesen unter besonderer Berücksichtigung des Karstes. – Z. geol. Wiss., 14, 175–181, 3 Abb., 2 Tab.; Berlin (Akademie Vlg.)

REUTHER, C.-D. (1981): Das Störungsmuster des Hirschberges nordwestlich von Ludwigsburg (Südwestdeutschland) und seine tektonische Deutung. – Z. dt. geol. Ges., 132, 149–157, 5 Abb.; Hannover

RICHTER, H. CH., MOLEK, H. & REUTER, F. (1976): Methodische Probleme bei der Ermittlung strukturgeologischer Primärdaten im Fels und ihrer Weiterverarbeitung zu statistischen Kenngrößen des Gesteinsverbandes. – Z. f. angew. Geol., 22: 238–243, 6 Abb., 3 Tab.; Berlin (Akademie Verlag)

RICHTER, W. & LILLICH, W. (1975): Abriß der Hydrogeologie. – 281 S., 96 Abb., 18 Tab.; Stuttgart (Schweizerbart)

RICHTER-BERNBURG, G. (1985): Zechstein – Anhydrit, Fazies und Genese. – Geol. Jb., A 85, 50 Abb., 7 Taf.; Hannover

RIEDEL, W. (1929): Zur Mechanik geologischer Brucherscheinungen. – Centralbl. Min. etc., B, 354–368, 12 Abb.; Stuttgart (Schweizerbarth)

RIEDMÜLLER, G. (1978): Neoformations and Transformations of Clay Minerals in Tectonic Shear Zones. – TMPM Tschermaks Min. Petr. Mitt., 25, 219–242, 14 Fig.; Wien (Springer)

RIEDMÜLLER, G. (1991): Geologische Aspekte der Gebirgsklassifizierung im Tunnelbau. – Mitt. Inst. f. Bodenforsch. u. Baugeologie Univ. f. Bodenkultur Wien, Reihe Angew. Geowissensch., H 2, 78–94, Wien (Eig. Vlg.)

RIEDMÜLLER, G. & SCHWAIGHOFER, B. (1977): Zur Tonmineralverteilung nachbruchgefährdeter Gesteinsbereiche im Untertagebau. – Verh. Geol. B.-A., 3, S. 387–392; Wien

RIETZLER, J. R. (1990): Transport von stark belasteten Sickerwässern durch eine tonige Sohldichtung. – Z. dt. geol. Ges., 141, 263–269, 7 Abb., 2 Tab.; Hannover

RILLING, B. (1995): Zur Festigkeit bindiger Schüttungen. – Geotechnik 19, 105–115, 13 Bild., 4 Tab.; Essen (DGGT)

RIPPER, P., FRÜCHTENICHT, H. & SCHARPFF, H.-J. (1988): Situationsbeschreibung und Sanierungskonzept Umweltschadensfall Pintsch-Öl Hanau. – Wasser, Luft, Betrieb, (wlb), H. 6, 60–63, 7 Abb.; Mainz (Krauskopf)

RISSLER, P. (1977): Bestimmung der Wasserdurchlässigkeit von klüftigem Fels. – Veröffentl. Inst. Grundbau u. Bodenmech., Felsmech. u. Verkehrswasserbau RWTH Aachen, 5, 144, S., 66 Fig., 2 Tab.; Aachen

RISSLER, P. (1984): Wasserdruckversuche im Fels; Empfehlung Nr. 9 des AK 19 – Versuchstechnik im Fels – der Deutschen Gesellschaft für Erd- und Grundbau e. V. – Bautechnik 61, 109–117, 6 Bild.; Berlin (Ernst & Sohn)

RIZKALLAH, V. & PASCHEN, R. (1978): Einsatz der Elektronenmikroskopie in der Bodenmechanik. – Bautechnik, 55, 276–281, 15 Bilder; Berlin (Ernst & Sohn)

ROCHA, M. (1971): A Method of Integral Sampling of Rock Masses. – Rock Mechanics, 3: 1–12, 16 Fig.; Wien (Springer)

ROCHA, M., LOPES, J. B. & SILVA, J. N. (1966): A new technique for applying the method of the flat jack in the determination of the stresses inside rock masses. – Proc. 1st Congr. Int. Rock Mechanics; Lissabon

ROCK, D. & BREM, G. (1996): Voreilende Gebirgsstabilisierung beim Vortrieb des Bürgerwaldtunnels bei Waldshut und dessen Tragwerkskonzept. – Geotechnik Sonderheft vom 11. Nat. Felsmech. Symp. Aachen (1994), 42–49, 9 Bild.; Essen (DGGT)

RÖSING, F. & WENZEL, B. (1989): Der Bergrutsch am Nordhang der Hörne bei Bad Sooden-Allendorf (Nordhessen) am 21.7.1985. – Geol. Jb. Hessen, 117, 237–250, 7 Abb.; Wiesbaden

ROLLBERG, D. (1982): Bestimmung des Bettungsmoduls horizontal belasteter Pfähle aus Sondierungen. – Bauingenieur, 57, 343–349, 5 Bild., 5 Tab.; Berlin (Springer)

ROMBERG, W. (1980): Dichtungsprobleme bei Talsperren im hessischen Mittelgebirge. – Wasserwirtschaft, 70: 120–123, 5 Bild.; Stuttgart (Franksche Verlagshandlung)

ROMBERG, W. (1986): Besondere Maßnahmen für die Gründung der Talbrücken der Bundesbahn-Neubaustrecke im Buntsandstein Osthessens. – Vorträge Baugrundtagung in Nürnberg, 407–418, 12 Bild.; Essen (DGEG)

ROMBERG, W. & VELTENS, G. (1984): Die anschauliche Darstellung von Bohrprofilen im Fels. – Geotechnik, 7, 138–144, 5 Bild.; Essen (DGEG)

ROMBERG, W. & WEINHOLD, R. (1978): Probleme bei der Abdichtung niedriger Dämme auf durchlässigem Untergrund, gezeigt an zwei Ausführungsbeispielen. – Festschr. Prof. Breth: 103–115, 7 Bild.; Darmstadt (Eigenvlg.)

ROSENFELD, M. (1995): Einsatz von Slug- & Bail-Tests und Pulse Interference Tests zur Durchlässigkeitsbestimmung von geklüfteten Kreidetonsteinen. – Berliner geowiss. Abh., (A), 170, 117–128, 10 Abb., 5 Tab.; Berlin (Eigenvlg. TU)

ROSENFELD, M. (1995): In situ-Infiltrationsversuche zur Durchlässigkeitsbestimmung von geklüfteten Kreidetonsteinen. – Berliner gewiss. Abh., (A), 170, 45–54, 6 Abb., 1 Tab.; Berlin (Eigenvlg. TU)

ROSENFELD, M. & RÖNSCH, B. (1995): Durchführung, Auswertung und Modellierung von Pumpversuchen in geklüfteten Kreidetonsteinen. – Berliner gewiss. Abh. (A), 170, 99–116, 13 Abb., 4 Tab.; Berlin (Eigenvlg. TU)

ROSSBACH, B. & ZENTGRAF, R. (1993): Schwallwellen infolge Massenverlagerungen an Uferhängen – Gefahrenbewertung der Hangrutschung bei Kröv an der Mosel. – Ber. 9 Tag. Ing.-Geol., Garmisch-Partenkirchen 79–85, 10 Abb.; Essen (DGGT)

ROSSMANITH, H.-P. (1989): Felsbruchmechanik – eine kurze Einführung. – Österr. Ing.- u. Architektenzeitschr. (ÖIAZ), 134, 515–527, 21 Abb.; Wien

RUCH, A. (1994): Die Beurteilung von Bodenkontaminationen über den Boden-Kind-Pfad; Kenntnisstand, Bewertung und Empfehlungen zur Berücksichtigung der Bodenaufnahme von Kindern. – In A. KLOKE (Hrsg.) Beurteilung von Schwermetallen in Böden von Ballungsgebieten; 235–273, 8 Tab., 2 Abb.; Frankfurt (DACHEMA)

RUCH, C. (1985): Geotechnische Eigenschaften von überkonsolidierten Schiefertonen bei unterschiedlichen Sand- und Karbonatgehalten. – In HEITFELD, K.-H. (Hrsg.): Ingeol. Probleme im Grenzbereich zwischen Locker- und Festgesteinen, 40–58, 15 Abb., 2 Tab.; Berlin – Heidelberg (Springer)

RUDOLF, C. L. (1967): Die Großbrücken im Zuge des hessischen Teilabschnitts der Bundesautobahnen Bad Hersfeld – Heilbronn. – Schriftenreihe TH Hannover, Lehrstuhl f. Stahlbau, 6: 187–210, 20 Bild., 1 Taf.; Hannover

RÜCKERT, H. (1994): Berechnung der Hebung des Grundwasserspiegels bei Anlagen zur Grundwasserdükerung. – Bautechnik 71, 282–292, 17 Bild.; Berlin (Ernst & Sohn)

RUPPERT, H. & SCHMIDT, F. (1987): Natürliche Grundgehalte und anthropogene Anreicherungen von Schwermetallen in Böden Bayerns. – GLA-Fachber. , 2, 96 S., 3 Abb., 89 Tab.; München

RYBÁŘ, J. (1968): Ein Beispiel von Bewegungsmessungen an Rutschungen. – Z. f. angew. Geol., 14: 138–141, 4 Abb.; Berlin (Akademie Verlag)

RYBÁŘ, J. (1971): Tektonisch beeinflußte Hangdeformationen in Braunkohlebecken. – Rock Mechanics, 3: 139–158, 17 Abb.; Wien (Springer)

RYBÁŘ, J. (1991): Untersuchung der Hangbewegungen in der CSFR. – Felsbau, 9, 178–181, 2 Abb.; Essen (Glückauf)

RYBICKI, R. (1978): Bauschäden an Tragwerken, Analyse und Sanierung, Teil 1, Mauerwerksbauten und Gründungen. – 203 S., 100 Abb., 25 Tab.; Düsseldorf (Werner)

RYBICKI, R. (1985): Setzungsschäden an Gebäuden – Ursachen und Planungshinweise zur Vermeidung. – Aachener Bausachverständigentage 1985, 58–67, 4 Bild., 4 Tab.; Wiesbaden (Bauvlg.)

SADGORSKI, W. (1995): Die Vornorm ENV 1997-1 – Grober allgemeiner Rahmen oder Zeitbombe? Geotechnik 19, 121–131, 6 Bild, 1 Tab.; Essen (DGGT)

SALDEN, D. (1989): Bestimmung der Scherfestigkeit künstlich verdichteter Schüttungen aus Ton- und Schluffsteinen. – Ber. 7. Nat. Tag. Ing. Geol. Bensheim, 99–106, 11 Abb., 1 Tab.; Essen (DGEG)

SALOMO, K.-P. (1985): Probleme bei der Ermittlung der Standsicherheit von Mülldeponien. – Müll und Abfall, 17, 334–341, 3 Abb., 1 Tab.; Berlin (E. Schmidt)

SALVETER, G. (1987): Standsicherheitsbetrachtungen zur Sanierung von Gewichtsstaumauern im Rheinischen Schiefergebirge. – Geotechnik Sonderheft 1987, 197–202, 11 Bild.; Essen (DGEG)

SALZWEDEL, J. (1995): Wasserrechtliche Rahmenbedingungen für die Festlegung von Sanierungszielen. – Wasser-Abwasser-Praxis (WAP), 4, 26–30, Gütersloh (Bertelsmann)

SAMARAS, A. & VOGEL, W. (1992): Flächendeckende dynamische Verdichtungskontrolle. – AET (Archiv f. Eisenbahntechnik) 44, 41–59, 6 Bild.; Darmstadt, (Hestra Vlg.)

SAUER, G. (1986): Theorie und Praxis der NÖT. – Tunnel 4/86, 280–288, 6 Abb.; Gütersloh (Bertelsmann)

SAUER, G. & JONUSCHEIT, P. (1976): Kräfteumlagerungen in der Zwischenwand eines Doppelröhrentunnels im Zuge eines Synchronvortriebs. – Rock Mechanics, 8: 1–22, 10 Abb.; Wien (Springer)

SCHAAK, H. & WAGENPLAST, P. (1985): Ingenieurgeologische Probleme bei der Gründung einer Talbrücke der BAB A 96 über die oberen Argen bei Wangen/Allgäu. – Geotechnik, 8, 52–57, 5 Bild., 1 Tab.; Essen (DGEG)

SCHADE, D. (1976): Ausführung von Untergrundabdichtungen; Erläuterung der Maßnahmen an der Frömnitztalsperre. – Schriftenreihe d. Bayer. LA f. Wasserwirtschaft, 2/77: 87–112, 15 Bild.; München

SCHADE, D. (1977): WD-Versuche in verschiedenen geologischen Formationen. – Ber. 1. Nat. Tag. Ingenieurgeol., Paderborn: 409–427, 15 Bild.; Essen (DGEG)

SCHÄDEL, K. & STOBER, I. (1988): Rezente Großrutschungen an der schwäbischen Alb. – Jh. geol. Landesamt Baden-Württemberg, 30, 413–439, 17 Abb., Freiburg

SCHAEF, H.-J. (1964): Probleme bei der Festlegung der erforderlichen Tiefe von Dichtungsschleiern im Festgestein. – Freiberger Forschungshefte, C 146: 45–56, 3 Bild.; Leipzig (Dt. Verlag f. Grundstoffindustrie)

SCHÄLICKE, W. (1972): Die Bedeutung der Unterscheidung von verwitterten, verstürzten Gipskeuper-Mergeln und Fließerden aus Keupermaterial für die Gründung von Bauwerken. – Geol. Mitt., 12: 19–28, 1 Abb., 1 Tab.; Aachen

SCHÄR, U. (1992): Geologie in der Baupraxis. – 175 S., 172 Abb.; Dietikon (hv-Baufachvlg)

SCHAIBLE, L. (1954): Betonstraße und Untergrund. – Straßen- u. Tiefbau, 8: 319–327, 23 Abb.; Heidelberg (Chemie u. Technik Verlag)

SCHAIBLE, L. (1957): Frost- und Tauschäden an Verkehrswegen und deren Bekämpfung. – 176 S., 225 Bild., 30 Tab.; Berlin (Ernst & Sohn)

SCHARPFF, H. J., RIPPER, P. & FRÜCHTENICHT, H. (1988): Sanierung des Altölraffinerie-Standortes Pintsch-Hanau. – 177. Seminar des Fortbildungszentrums Gesundheits- und Umweltschutz Berlin e. V. (FUG), Sanierung kontaminierter Standorte 1988, 83–96, 8 Bilder; Berlin (Eig. Vlg.)

SCHEIBER, R. (1993): Methoden der deterministischen Sicherheitsanalyse – Endlagerung radioaktiver Abfälle. – Felsbau, 11, 75–80, 8 Bild.; Essen (Glückauf Vlg.)

SCHENK, V., EFFLER, M., KAISER, K., KÖHN, R. & WILHELM, R. (1989): Ingenieurgeologische Erkenntnisse bei Bau flachliegender Tunnel der NBS Hannover–Würzburg im Mittleren Buntsandstein. – Ber. 7. Nat. Tag. Ing. Geol. Bensheim, 133–147, 11 Abb.; Essen (DGEG)

SCHERMANN, O. (1991): Überlegungen zur Langzeitsicherheit von Abfalldeponien aus geologischer Sicht. – Mitt. Inst. f. Bodenforsch. u. Baugeologie, Univ. f. Bodenkultur Wien, Reihe: Angew. Geowissensch. H. 2, 1–37, 10 Abb., Wien (Eig. Vlg.)

SCHETELIG, K. (1977): Ingenieurgeologische Randbedingungen für den erfolgreichen Einsatz horizontaler und vertikaler Dichtungselemente. – Ber. 1. Nat. Tag. Ingenieurgeol., Paderborn: 331–355, 4 Abb.; Essen (DGEG)

SCHETELIG, K. (1989): Eine ausgedehnte Felssackungszone am Mornos-Damm in Griechenland. – Mitt. Ing.- u. Hydrogeol., 32, 31–39, 5 Abb., 3 Tab.; Aachen

SCHETELIG, K. (1990): Horizontalspannungen in der Erdkruste Mitteleuropas im Lichte der geologischen Baus und der erdgeschichtlichen Entwicklung. – Mitt. Inst. f. Grundbau, Bodenmech., Felsmech. u. Verkehrswasserbau RWTH Aachen (Eig. Vlg.)

SCHETELIG, K. (1991): Vergleich von Randbedingungen und Aussagekraft verschiedener Feldversuche zur Ermittlung der Durchlässigkeit in wenig durchlässigem Untergrund. – Ber. 8 Nat. Tag. Ingenieurgeologie Berlin, (8) 98–103, 8 Abb., Essen (DGGT)

SCHETELIG, K. (1993): Große pleistozäne Massenbewegungen am Vounassa (Aliakmon) und im Mornostal in Griechenland. – Ber. 9 Nat. Tag. Ing.-Geol., Garmisch-Partenkirchen, 103–109, 6 Abb., 2 Tab.; Essen (DGGT)

SCHETELIG, K. (1994): Der Quelldruck auf Tunnel in Anhydritgestein und deren geologisch-mineralogischer Hintergrund (am Beispiel des Hasenbergtunnels in Stuttgart). – Veröffentl. Inst. Grundbau, Bodenmech., Felsmechanik u. Verkehrswasserbau RTWH Aachen, H. 26, 113–126, 4 Bild., Aachen

SCHETELIG, K., KLIESCH K. & PETERS, F. (1987): Untersuchungen zum Gefüge und zum Einfluß mineralogischer und chemischer Faktoren auf den Quelldruck überkonsolidierter Tone von Frankfurt/Main. – Ber. 6. Nat. Tag. Ing.-Geol. Aachen, 125 –134; Essen (DGEG)

SCHETELIG, K., SCHENK, V. & HEYBERGER, W. (1978): Neues Meßverfahren für die Durchführung von Wasserabpressungen. – Ber. 3. Nat. Tag. üb. Felsmech., Aachen: 29–45, 5 Abb.; Essen (DGEG)

SCHETELIG, K., SELLNER, R. & DANNENBERG, F. (1985): Untersuchungen an Tonschiefer im Hinblick auf dessen Eignung als Dammschüttmaterial. – In HEITFELD, K.-H. (Hrsg.): Ingeol. Probleme im Grenzbereich zwischen Locker- u. Festgesteinen, 630–636, 9 Abb., 2 Taf.; Berlin (Springer)

SCHETELIG, K. & SEMPRICH, ST. (1988): Ingenieurgeologische Aspekte bei der Ermittlung von Gebirgskennwerten im Buntsandstein. – Geotechnik Sonderheft 1988, 171–177, 9 Bilder; Essen (DGEG)

SCHLARB, W. (1987): Maßnahmen zur Erhaltung der Grundwasserströmung bei Tunnelbauwerken in offener Bauweise. Teil 2: Erfahrungen bei der Grundwasserkommunikation der Stadtbahn in Duisburg. – Tunnelbautaschenbuch 1987, 19–67, 26 Bild.; Essen (Glückauf)

SCHIECHTL, H. M. (1987): Böschungssicherung mit ingenieurbiologischen Bauweisen. – In: Grundbau-Taschenbuch, Teil 3, 3. Aufl., S. 217–315, 107 Bilder, 3 Tab.; Berlin (Ernst & Sohn)

SCHILD, E. (1990): Allgemein anerkannte Regeln der Bautechnik – Aachener Bausachverständigentage 1990, 25–34, 7 Abb.; Wiesbaden (Bau-Vlg)

SCHILDKNECHT, F. & SCHNEIDER, W. (1987): Über die Gültigkeit des Darcy-Gesetzes in bindigen Sedimenten bei kleinen hydraulischen Gradienten – Stand der wissenschaftl. Diskussion. – Geol. Jb., C 48, 3–21, 1 Abb., 3 Tab.; Hannover

SCHIRMER, H. (1980): Sanierung und Erweiterung einer Abfalldeponie durch eine umschließende Dichtungsschlitzwand. – Wasser u. Boden, 32: 507–510, 5 Bild.; Hamburg (Parey)

SCHLEMMER, H. (1982): Drahtextensometer zur Registrierung von horizontalen Bodenbewegungen über größere Entfernung. – AVN. 5, 189–193, 3 Abb.; Karlsruhe

SCHLÜTER, U. (1979): Ingenieurbiologische Baumaßnahmen an Straßen unter besonderer Berücksichtigung von Ansaaten mit Begrünungshilfen. – Straßen- u. Tiefbau, 33: 6–12, 3 Bild.; Isernhagen (Verlag f. Publizität)

SCHMIDBAUER, J. (1954): Fehlerquellen und deren Ausschaltung beim Druck-Setzungs-Versuch (Kompressionsversuch). – Fortschritte und Forschungen im Bauwesen, Reihe D, 14.17; Berlin

SCHMIDBAUER, J. (1955): Verhütung von Bergschäden an Bauten. – VDI-Z., 107: 653–688, 15 Bild.; Düsseldorf (VDI-Verlag)

SCHMIDT, G. (1993): Empfehlungen „Verformungen des Baugrundes bei baulichen Anlagen" EVB. – Erarbeitung durch den Arbeitskreis „Berechnungsverfahren"

der DGEG. – 141 S., zahlr. Abb. u. Tab.; Berlin (Ernst & Sohn)

SCHMIDT, H. G. (1984): Horizontale Gruppenwirkung von Pfahlreihen in nichtbindigen Boden. – Geotechnik, 7, 1–10, 10 Bilder; Essen (DGEG)

SCHMIDT, H. G. (1986): Erfahrungen mit Tonschiefermaterial als Dammbaustoff. – Proc. 8. Donau-Europäische Konf. Bodenmech. u. Grundbau, Bd. I, 217–229, 5 Bild., 1 Tab.; Essen (DGEG)

SCHMIDT, H. G. (1986): Gruppenwirkung bei Pfahlreihen unter horizontaler Belastung im Großversuch. – Proc. Pfahlsymp. 86 in Darmstadt, 91–95, 4 Bilder, Inst. für Grundbau, Boden- u. Felsmech. TH Darmstadt (Eig. Vlg.)

SCHMIDT, S. (1997): Ingenieurgeologische Untersuchung und Bewertung von Rutschungen im Ulstertal (Hess. Rhön). – Diss. Phillips Universität Marburg, i. Dr.

SCHNEIDER, G. (1967): Erdbeben und Tektonik in Südwest-Deutschland. – Tectonophysics, 5: 459–511, 19 Abb., 13 Tab.; Amsterdam (Elsevier Publ.)

SCHNEIDER, G. (1972): Seismizität und Herdmechanik. – In: DFG Forschungsbericht Unternehmen Erdmantel: 143–148, 3 Abb., 3 Tab.; Bonn-Bad Godesberg

SCHNEIDER, G. (1975): Erdbeben; Entstehung-Ausbreitung-Wirkung. – 406 S., 100 Abb., 35 Tab.; Stuttgart (Enke)

SCHNEIDER, G. (1988): Erdbebengefährdung in Südwestdeutschland – Die Anwendung eines tektonophysikalischen Modells – Die Geowissenschaften, 6, 35–41, 10 Abb.; Weinheim (VCH Vlg.)

SCHNEIDER, G. (1988): Ermittlung des Durchlässigkeitsbeiwertes von mineralischen Dichtungsschichten aus in-situ-Versuchen. – Bautechnik, 65, 424–426, 4 Abb.; Berlin (Ernst u. Sohn)

SCHNEIDER, H. & REEH, H. (1984): Zum statischen System bergmännisch vorgetriebener Tunnel. – Beton- u. Stahlbetonbau, 179–183, 3 Bild., und 214–217, 13 Bild.; Berlin (Ernst u. Sohn)

SCHNEIDER, H. J. (1975): Reibungs- und Verformungsverhalten von Trennflächen in Fels. – Veröffentl. Inst. f. Boden- und Felsmechanik Univ. Karlsruhe, H. 65, 166 S., 103 Abb., 11 Tab.; Karlsruhe

SCHNEIDER, H. J. (1977): Der direkte Scherversuch im Labor – Eine Analyse und Bewertung aus felsmechanischer Sicht. – Ber. 1. Nat. Tag. Ing. Geol. Paderborn, 233–252, 13 Abb.; Essen (DGEG)

SCHNEIDER, H. J. (1981): Ausbreitung kontaminierter Wässer im Fels und Konsequenzen für die Kavernenbauweise. – Ber. int. Symp. Unterirdische Bauweise von Kernkraftwerken, Hannover, 277–291, 13 Abb.; Stuttgart (Schweizerbarth)

SCHNEIDER, H. J. (1985): Enddeponierung von Sonderabfällen in Salzkavernen – eine wesentliche Ergänzung zur Obertagedeponie. – Ber. 5. Nat. Tag. Ing. Geol. in Kiel, 75–80, 3 Abb.; Essen (DGEG)

SCHNEIDER, H. J. (1989): Geotechnische Anforderungen an Untertage-Deponien in Bergwerken, Fels- und Salzkavernen zur Zwischen- und Endlagerung von Sonderabfällen. – In: Geologie Felsmechanik Felsbau, Fest-Kolloquium, L. Müller-Salzburg 1988; 127–140, 4 Abb.; Clausthal (Trans Tech P.)

SCHNEIDER, W. & BAERMANN, A. (1991): Transport von wassergelösten organischen Verbindungen in geklüfteten Tonen. – Geotechnik Sonderheft 1991, 125–133, 3 Bild., 5 Tab., Essen (DGEG)

SCHOBER, CH. (1991): Hydrogeologie und rezente Hangbewegungen diktieren aufwendige Vorerkundungen und angepaßte Gründungsmethoden. – Geotechnik, 14, 63–68, 6 Bild.; Essen (DGEG)

SCHOBER, W., GMEINER, P. & TEINDL, H. (1981): Gründung auf weichen Böden beim Bau der Rheintal-Autobahn A 14 in Vorarlberg. – Geotechnik, 4: 9–15, 10 Bild.; Essen (DGEG)

SCHÖNEWIESE, C. D. (1979): Klimaschwankungen. – Verständl. Wissenschaft, 115, 181 S., 54 Abb., 14 Tab., Anhang; Heidelberg (Springer)

SCHOMANN, A. (1983): Erschütterungen durch umstürzende Bauwerke bei Abbruchsprengungen. – Nobel-Hefte, 49, 79–88, 16 Bild.; Dortmund (Sprengtechn. Dienst)

SCHOLZ, S. & DÜRRWANG, R. (1987): Sicherung einer Felsböschung in Buntsandstein-Wechselfolgen mit Ankerung. – Geotechnik Sonderheft 1987, 73–79, 10 Bild.; Essen (DGEG)

SCHRAFT, A. (1986): Die Grundwasserverhältnisse im Mittleren Buntsandstein nördlich von Fulda im Bereich des Dietershan-Tunnels der DB-Neubaustrecke Hannover–Würzburg. – Geol. Jb. Hessen, 114, 257–276, 9 Abb., 4 Tab.; Wiesbaden

SCHRAFT, A. (1988): Beeinflussung der Wassergüte durch den Tunnelbau bei der Spritzbetonbauweise. – Geol. Jb. Hessen, 116, 261–272, 4 Abb.; Wiesbaden

SCHRAFT, A. & RAMBOW, D. (1984): Vergleichende Untersuchungen zur Gebirgsdurchlässigkeit im Buntsandstein Osthessens. – Geol. Jb. Hessen, 112, 235–261, 18 Abb., 3 Tab.; Wiesbaden

SCHREWE, F. (1988): Vortrieb und Ausbau von Neubaustreckentunnel der Deutschen Bundesbahn (DB) in erdfallgefährdeten Gebieten Niedersachsens. – Geotechn. Sonderheft 1988, 189–197, 12 Bild.; Essen (DGEG)

SCHUBERT, P. (1995): Funktion und Grenzen der Geotechnischen Messungen im Tunnelbau. – Felsbau, 13, 374–376, Essen (Glückauf Vlg.)

SCHUBERT, P. & MARINKO, T. (1989): Vortrieb des Karawankentunnels im tektonisch stark beanspruchten Südabschnitt. – Felsbau, 7, 65–68, 10 Bilder; Essen (Glückauf Vlg.)

SCHUBERT, W. (1994): Gebirgsdruck und Tunnelbau – aus der Sicht von RABCEWICZ 1944. – Felsbau, 12, 303–306,: Essen (Glückauf Vlg.)

SCHUBERT, W., GOLSER, J. & SCHWAB, P. (1996): Weiterentwicklung des Ausbaus für stark druckhaftes Gebirge. – Felsbau 14, 36–40, 5 Bild., Essen (Glückauf Vlg.)

SCHULER, G. (1973): Über Durchlässigkeitsbestimmungen durch hydraulische Bohrlochversuche und ihre Ergebnisse in tertiären Flinzsanden (obere Süßwassermolasse) Süddeutschlands. – Bohrtechnik, Brunnenbau, Rohrleitungsbau, 24, 291–299, 6 Abb., 5 Tab.; Berlin (E. Schmidt)

SCHULTZ, E. W. (1994): Eine lange Baugrube im Grundwasser – Erfahrungen beim Bau des 4 km langen S-Bahn-Tunnels in Offenbach. – Mitt. Inst. f. Geotechnik TH Darmstadt, H. 33, 137–161, 25 Bild.; Darmstadt (Eig. Vlg.)

SCHULTZE, E. & HORN, A. (1990): Setzungsberechnungen. – in Grundbautaschenbuch, 4. Aufl. Teil 1, 241–270, 14 Bild, 14 Tab.; Berlin (Ernst & Sohn)

SCHULTZ, TH. & TAHHAN, I. AL. (1989): Erfahrungen mit dem Gerät zur Bestimmung der Punktlastfestigkeit. – Z. angew. Geol., 35, 59–62, 8 Abb., 2 Tab.; Berlin (Akad. Vlg.)

SCHULZ, N. & WIENBERG, R. (1994): Bodenansprache bei Altlastverdächtigen Auffüllungen. – altlastenspektrum, 3, 79–82, 2 Abb.; Berlin (E. Schmidt Vlg.)

SCHULZE, B. (1966): Zulässige Einpreßraten bei der Bodeninjektion. – Geotechnik, 19, 18–26, 4 Bild.; Essen (Glückauf Vlg.)

SCHULTZE, B. & BRAUNS, J. (1990): Ausbreitung von Einpreßmassen im körnigen Untergrund. – Vorträge Baugrundtagung Karlsruhe, 27–46, 20 Abb.; Essen (DGEG)

SCHULTZE, E. (1966): Standsicherheit der Grundbauwerke. – In: Grundbautaschenbuch, Bd. I, 2. Aufl.: 64–90, 40 Bild., 7 Taf.; Berlin (Ernst & Sohn)

SCHULTZE, E. (1968): Die Standsicherheit schiefer Türme. – Vorträge Baugrundtagung Hamburg, 1–33, 12 Abb.; Essen (DGEG)

SCHULTZE, E. (1980): Setzungen. – In: Grundbautaschenbuch, Teil 1, 3. Aufl.: 407–436, 16 Bild., 17 Tab.; Berlin (Ernst & Sohn)

SCHULTZE, E. (1982): Standsicherheit von Böschungen. – Grundbau-Taschenbuch, 3. Aufl., T 2, 257–285, 37 Bild., 3 Tab.; Berlin (Ernst & Sohn)

SCHULTZE, E. (1995): Strukturerkundung von Fels mittels Potentialverfahren. – Felsbau, 13, 278–284, 8 Bild; Essen (Glückauf Vlg.)

SCHULTZE, E. & MUHS, H. (1967): Bodenuntersuchungen für Ingenieurbauten. – 722 S., 782 Abb., 1 Taf.; Berlin (Springer)

SCHULZ, H. & WÜSTENHAGEN, K. (1967): Schonendes Profilsprengen beim Streckenvortrieb und im Tunnelbau. – Nobel Hefte, 33: 12–32, 25 Abb.; Dortmund (Sprengtechn. Dienst)

SCHULZE, W. E. & SIMMER, K. (1974): Grundbau, Teil 1, Bodenmechanik und erdstatische Berechnungen. – 15. Aufl., 242 S., 211 Bild., 43 Taf.; Stuttgart (Teubner)

SCHULZE, W. E. & SIMMER, K. (1978): Grundbau, Teil 2, Baugruben und Gründungen. – 15. Aufl., 478 S., 445 Bild., 52 Taf.; Stuttgart (Teubner)

SCHUPPENER, B. & KIEKBUSCH, M. (1988): Plädoyer für die Abschaffung und den Ersatz der Konsistenzzahl. – Geotechnik, 11, 186–192, 3 Tab., 10 Bild.; Essen (DGEG)

SCHUSTER, A. (1971): Das Bramsche Massiv. Die westliche und südwestliche Umrandung der Ibbenbürener Karbonscholle. – Fortschr. Geol. Rheinld. u. Westf., 18: 293–352, 6 Abb.; Krefeld

SCHWARZ, E. (1980): Exakte Aussagen in der Umweltforschung durch Ingenieur- und Naturwissenschaften. – Z. f. Vermessungswesen, 105: 373–377; Stuttgart (Wittwer)

SCHWARZ, E. (1987): Das Nivellementpunktfeld in Pfungstadt. – Deutsche Geodät. Kommission bei der Bayr. Akad. d. Wissenschaften, Reihe B Angewandte Geodäsie, H. 283, 9–11, 2 Abb., 3 Kartenbeilagen, München (Beck'sche Vlgsbuchhdl.)

SCHWARZ, H. (1972): Permanentverankerung einer 30 m hohen Stützwand im Stuttgarter Tonmergel durch korrosionsgeschützte Injektionsanker, System Duplex. – Bautechnik, 49: 305–312; Berlin (Ernst & Sohn)

SCHWARZ, J. & GRÜNTHAL, G. (1993): Zur Harmonisierung der seismischen Einwirkungen in Erdbebenbaunormen. – Bautechnik, 70, 681–693, 9 Bild.; Berlin (Ernst & Sohn)

SCHWEFER, H. J., WEIRICH, G. & FILIP, Z. (1988): Stand der Entwicklung und kritische Bewertung von Verfahren zur mikrobiologischen in-situ-Sanierung. – 177. Seminar des Fortbildungszentrums Gesundheits- und Umweltschutz Berlin e. V. (FUG), Sanierung kontaminierter Standorte 1988, 225–240, 3 Bild., 1 Tab.; Berlin (Eig. Vlg.)

SCHWENK, H. (1992): Massenbewegungen in Niederösterreich 1953–1990. –Jb. Geol. B.A. 135, H. 2, 597–660, 68 Abb., 23 Tab.; Wien (Eig. Vlg.)

SCHWERTER, R., & KUNZE, M. (1994): Erkundung und Sanierung von Altlasten. – Lehrbrief 3.13 d. Hochschule für Technik, Wirtschaft und Sozialwesen Zittau/Görlitz (FH); Zittau (Eig. Vlg.)

SCHWINGENSCHLÖGL, R. (1990): Felsgleitung in metamorphen Gesteinen des Thayatales. – Felsbau 8, 61–67, 7. Bild.; Essen (Glückauf Vlg.)

SCHWINGENSCHLÖGL, R. & WEISS, E. H. (1985): Ingenieurgeologische Probleme bei der Boden- und Felsklassifikation im Autobahnabschnitt A 2. – Felsbau, 3, 218–224, 8 Bild.; Essen (Glückauf Vlg.)

SEEGER, H. (1980): Beitrag zur Ermittlung des horizontalen Bettungsmoduls in Böden durch Seitendruckversuche im Bohrloch. – Mitt. Baugrundinst. Stuttgart, 13, 107 S., 57 Bild., 11 Anl. ; Stuttgart (Eigenverlag)

SEILER, K.-P. (1994): Arsen und Blei aus der Pyritlösung und Cadmium im Boden und ihre Auswirkungen auf Grundwasser in Kiesen. – In A. KLOKE (Hrsg.) Beurteilung von Schwermetallen in Böden von Ballungsgebieten, 219–233, 8 Abb.; Frankfurt (DECHEMA)

SEMPRICH, ST. (1994): Grundwasserbeherrschung im Tunnelbau und bei der Altlastsanierung mit Hilfe von Druckluft. – Mitteilungsheft 11, Inst. f. Bodenmech. u. Grundbau TU Graz, 1–16, 4 Abb., 4 Tab.; Graz (Eig. Vlg.)

SEMPRICH, ST. & WESEMÜLLER, H. (1993): Versuchsschacht Scheibengerg-Tunnel – Ein Großversuch zur Ermittlung optimaler Injektionsparameter. – Proc. Int. Conf. in Grouting in Rock and Concrete, Salzburg, S. 471–480, 11 Abb.; Rotterdam (Balkema)

SERRANO, J. M. (1988): Tunnels and Water. – Proc. Int. Kongr. über Wasser im Tunnelbau in Madrid 1988, 2 Bände mit insg. 1166 Seiten, Rotterdam (Balkema Vlg.)

SHARP, R. P. & GLAZNER, A. F. (1993): Eighty Seconds of Catastrophe; The Blackhawk Slide. – Vignette 16 in Geology underfoot in Southern California, 147–158,

9 Fig.; Mountain Press Publishing Conp. Missoula, Montana

SICHARDT, W. (1928): Das Fassungsvermögen von Rohrbrunnen und seine Bedeutung für die Grundwasserabsenkung, insbesondere für größere Absenktiefen. – 89 S., 40 Abb., 19 Tab.; Berlin (Springer)

SICHARDT, W. (1952): Kies- und Sandfilter im Grund- und Wasserbau. Bautechnik, 29, 72–76, 8 Bild., 4 Tab.; Berlin (Ernst & Sohn)

SIEBERG, A. (1940): Erdbebenkatalog Deutschlands für die Jahre 1935 bis 1939. – Mitt. Dt. R.-Erdbebendienst, 1, 28 S., 5 Abb.; Berlin

SIEBERG, A. (1940): Beiträge zum Erdbebenkatalog Deutschlands und angrenzender Gebiete für die Jahre 58 bis 1799. – Mitt. Dt. R.-Erdbebendienst, 2, 112 S., 20 Abb., 4 Tab.; Berlin

SIEDEK, P. & VOSS, R. (1970): Die Bodenprüfverfahren bei Straßenbauten. – 5. Aufl., 143 S., 23 Abb., 12 Tab., 16 Anl. ; Düsseldorf (Werner)

SIEMON, H. (1967): Entwässerung der Braunkohlentagebaue im rheinischen Braunkohlenrevier. – Braunkohle, Wärme u. Energie, H. 2, 41–50, Düsseldorf (Vlg. Die Braunkohle)

SIMEONOVA, R. (1984): Instrumente und Methoden zur permanenten Überwachung von Rutschungserscheinungen. – Wiss. Arb. der Fachrichtung Vermessungswesen, Uni. Hannover, 133, 135–144, 13 Abb.; Hannover

SIMON, TH. (1980): Erdfälle im Muschelkalkkarst der westlichen Hohenloher Ebene zwischen Kocher und Jagst. – Geol. Jb., A 56: 45–75, 13 Abb., 7 Tab.; Hannover

SIMON, ST. (1996): Flächenrecycling im Spannungsfeld von Gefahrenbeurteilung und Abfallrecht. – altlastenspektrum, 5–13, 4 Tab.; Berlin (E. Schmidt Vlg.)

SIMONS, H., GEIL, M. & HÄNSEL, W. (1982): Tonige Stoffe zur Dichtung neuer und Sanierung alter Deponien. – Vorträge Baugrundtagung Braunschweig, 279–316, 35 Bilder, 1 Tab.; Essen (DGEG)

SIMONS, H. & HÄNSEL, W. (1983): Eignung und Prüfung toniger Dichtungen für Sonderabfalldeponien. – Ber. 4. Nat. Tag. Ing. Geol. Goslar, 213–226, 33 Bild., 1 Tab.; Essen (DGEG)

SIMONS, H. & REUTER, E. (1985): Entwicklung von Prüfverfahren und Regeln zur Herstellung von Deponieabdichtungen aus Ton zum Schutz des Grundwassers. – Mitt. Inst. f. Grundbau u. Bodenmech. TU Braunschweig, 18, 1–228, 169 Bilder, Braunschweig (Eig. Vlg.)

SIMONS, H., REUTER, E. & SONDERMANN, W. (1984): Erfahrungsstand bei der Abdichtung von Deponien. – Vorträge Baugrundtagung Düsseldorf, 128–181; Essen (DGEG)

SIMONS, H. & TOEPFER, C. A. (1987): Herstellung von Geländeeinschnitten und Böschungen. – In Grundbau-Taschenbuch, 3. Teil, (2. Aufl.), S. 451–494, 25 Bilder, 9 Tab.; Berlin (Ernst & Sohn)

SKEMPTON, A. W. (1953): The Colloidal Activity of Clays. – Proc. 3. Int. Conf. Soil Mech. Found. Eng., Bd. 1: 67–61; Zürich

SKEMPTON, A. W. (1961): Horizontal Stresses in Over-Consolidatet Eocene Clay. – Proc. 5th ISCM, Paris, Vol. 1, 351–357, Paris

SKEMPTON, A. W. (1966): Some observations on the tectonic shear zones. – Proc. 1st. Congr. ISRM Lissabon, Bd. I, 329–335, 7 Fig.; Lisboa (Bertrand)

SKEMPTON, A. W. (1985): Residual Strength of Clays in Landslides, Foldet Strata and the Laboratory. – Geotechnique, 35, 3–18; London

SKEMPTON, A. W. & HENKEL, D. J. (1961): Field Observations on Pore Pressure in London Clay. – Porc. Conf. on „Pore Pressure an Suction in Soils", 61–84; London

SKEMPTON, A. W. & HUTCHINSON, J. (1969): Stability of natural slopes and embankment foundations. – Proc. 7th ICSMFE, Bd. 4, 291 S.; Mexico

SKEMPTON, A. W. & McDONALD (1956): The allowable settlement of buildings. – Proc. Civ. Engrs., Part 3, Vol. 5: 727–768; London

SMOLTCZYK, U. (1962): Grenzen des elektroosmotischen Verfahrens. – Baumasch. u. Bautechnik. IX: 243–247, 3 Bild.; Wiesbaden (Bauverlag)

SMOLTCZYK, U. (1972): Keupermechanik. – Vorträge Baugrundtagung, Stuttgart: 407–419, 6 Bild.; Essen (DGEG)

SMOLTCZYK, U. (1980): Baugrundgutachten. – In: Grundbautaschenbuch, Teil 1, 3. Aufl.: 6–12; Berlin (Ernst & Sohn)

SMOLTCZYK, U. (1982): Sicherheit gegen hydraulischen Grundbruch. – Geotechnik, 5, 55–56, 1 Abb.; Essen (DGEG)

SMOLTCZYK, U. (1985): Neue Erfahrungen mit der Seitendrucksonde. – Geotechnik, 8, 109–114, 6 Bilder; Essen (DGEG)

SMOLTCZYK, U. (1990): Baugrundgutachten. – Grundbautaschenbuch, Teil 1, 4. Aufl. 45–52; Berlin (Ernst & Sohn)

SMOLTCZYK, U. & GUSSMANN, P. (1980): Berechnung von Zeitsetzungen. – In: Grundbautaschenbuch, Teil 1, 3. Aufl., 215–228, 13 Bild., 1 Tab.; Berlin, München, Düsseldorf (Ernst & Sohn)

SMYKATZ-KLOSS, W. & BURCKHARDT, A.-C. (1986): Labor- und Geländeuntersuchungen zur Destabilisierung von Tonen in Deponie-Untergründen unter dem Einfluß schadstoffbelasteter Bodenwässer. – Beiträge der Interfakultativen Arbeitsgruppe für Grundwasser- u. Bodenschutz Univ. Karlsruhe, 72–92, 15 Abb.; Karlsruhe

SNIEHOTTA, M. (1979): Bodenbewegungen von 1945–1974 im Subrosionsbereich des Salzstocks von Benthe (SW Hannover). – Mitt. Geol. Inst. Univ. Hannover, 17, 3–34, 12 Abb., 3 Tab., 2 Taf.; Hannover

SOCHATZY, G. (1988): Verfahren zur Beherrschung der Grundwasserprobleme im Zuge von NÖT-Vortrieben beim U-Bahn-Bau der Stadt Wien. – BHM 133, H. 10, 287–296, 5 Abb.; Wien (Springer)

SOMMER, H. (1978): Neuere Erkenntnisse über zulässige Setzungsunterschiede von Bauwerken, Schadenkriterien. – Vorträge Baugrundtagung, Berlin: 695–724, 34 Abb.; Essen (DGEG)

SOMMER, H. (1978): Zur Stabilisierung von Rutschungen mit steifen Elementen, Berechnungen und Messungen. – Bautechnik, 55: 304–311, 21 Bild.; Berlin (Ernst & Sohn)

SOMMER, H. (1978): Messungen, Berechnungen und Konstruktives bei der Gründung Frankfurter Hochhäuser. – Bauingenieur, 53, 205–211, 20 Bild., 1 Tab.; Berlin (Springer)

SOMMER, H. (1979): Herstellungsschäden bei Bohrpfählen. – Geotechnik: 57–59, 6 Bild.; Essen (DGEG)

SOMMER, H. (1980): Erosionsuntersuchungen bei Brüchen an unterströmten Rheindeichen. – Wasserwirtschaft, 70: 100–103, 9 Bild.; Stuttgart

SOMMER, H. (1987): Kombinierte Pfahl-Plattengründung eines Hochhauses im Ton – Vorträge Baugrundtagung Nürnberg, 391–405, 20 Bild.; Essen (DGEG)

SOMMER, H. & HAMBACH, PH. (1974): Großpfahlversuche im Ton für die Gründung der Talbrücke Alzey. – Bauingenieur, 49, 310–317, 16 Abb.; Berlin (Springer)

SOMMER, H., KATZENBACH, R. & WIEGAND, E. (1988): Tiefe Baugruben neben setzungsempfindlichen Verkehrstunneln im tertiären Ton. – Vorträge Baugrundtagung Hamburg, 421–428, 7 Bild.; Essen (DGEG)

SOMMER, H., MEYER-KRAUL, N. & PRINZ, H. (1989): Festigkeitsverhalten und Plastizität von Röttonsteinen. – 7. Nat. Tag. Ing. Geol. Bensheim, 77–84, 9 Abb.; Essen (DGEG)

SOMMER, H., WITTMANN, P. & RIPPER, P. (1984): Zum Tragverhalten von Pfählen im steif-plastischen Tertiärton. – Vorträge Baugrundtagung Düsseldorf, 501–531, 25 Bild.; Essen (DGEG)

SOMMER, H., WITTMANN, P. & RIPPER, P. (1985): Die Tragfähigkeit von Großbohrpfählen in der Detfurther Wechselfolge des nordhessischen Buntsandsteins. – Geotechnik Sonderheft 1985, 55–62, 15 Bild., 1 Tab.; Essen (DGEG)

SONDERMANN, W. (1985): Ausführungen und Güteüberwachung bei mineralischen Deponieabdichtungen. – Mitt. Inst. f. Grundbau u. Bodenmech. TU Braunschweig, 17, 113–135, 11 Bild.; Braunschweig (Eig. Vlg.)

SONDERMANN, W. (1988): Zementpastenverpressung und Abdichtungsschlitzwand am Beispiel eines Erddammes für ein Rückhaltebecken. – Geotechnik Sonderheft 1988, 67–74, 9 Bild.; Essen (DGEG)

SONDERMANN, W. & JEBE, W. (1996): Methoden zur Baugrundverbesserung für den Neu- und Ausbau von Bahnstrecken auf Hochgeschwindigkeitslinien. – Vorträge Baugrundtagung Berlin, 259–279, 16 Bild.; Essen (DGGT)

SONNEN, H.-D. (1986): Bodenwäsche: Ein chemisch-physikalisches Verfahren zur Behandlung großer Volumen kontaminierten Materials. – Fortbildungszentrum Gesundheits- und Umweltschutz (FUG). Sanierung kontaminierter Standorte 1986, 49–52, 1 Abb., 1 Tab.; Berlin (Eig. Vlg.)

SONNTAG, G. & FLECK, H. (1976): Zum Bettungsmodul bei Tunnelauskleidungen. – Ingenieur-Archiv, 45, 269–273, 1 Abb.; Berlin (Springer)

Soos, P. v. (1980): Eigenschaften von Boden und Fels; ihre Ermittlung im Labor. – In: Grundbautaschenbuch, Teil 1, 3. Aufl.: 59–116, 71 Bild., 6 Tab.; Berlin (Ernst & Sohn)

Späte, A. & Werner, W. (1991): Erfassung und Auswertung der Hintergrundgehalte ausgewählter Schadstoffe in Böden Nordrhein-Westfalens. – Materialien zur Ermittlung und Sanierung von Altlasten, Bd. 4, 109 Texts., 129 Tab., 22 Abb., Düsseldorf (Amt f. Wasser u. Abfall)

Spang, J. (1970/71): Gebirgsdruck beim bergmännischen Tunnel- und Stollenbau. – Straße – Brücke – Tunnel, 22: 141–150, 173–181 und 313–321, sowie 23: 123–132; Isernhagen (Verlag f. Publizität)

Spang, J. (1995): Die Geschichte des Spritzbetons und seine Anwendung beim untertägigen Hohlraumbau. – Tunnelbautaschenbuch, 321–362.; Essen (Vlg. Glückauf)

Spaun, G. (1981): Der Einfluß des Primärspannungszustandes auf den Tunnelbau in veränderlichfesten Sedimentgesteinen. – Ber. 3 Nat. Tag. Ing.-Geol. Ansbach, 147–152, 8 Bild.; Essen (DGEG)

Spaun, G. (1985): Tunnelbau in instabilen Hängen. – Geotechnik, 8, 15–19, 4 Bild.; Essen (DGEG)

Spaun, G. & Thuro, K. (1994): Untersuchungen zur Bohrbarkeit und Zähigkeit des Innsbrucker Quarzphyllit. – Felsbau, 12, 111–120, 20 Bild., 5 Tab., Essen (Glückauf Vlg.)

Spillmann, F. (1985): Senkung der organischen Sickerwasserbelastungen durch Nutzung aerober Abbauvorgänge. – Veröffentl. Inst. f. Stadtbauwesen TU Braunschweig, 39, 83–100, 8 Abb.; Braunschweig (Eig. Vlg.)

Spillmann, P. & Collins, H.-J. (1986): Physikalische Untersuchungen zum Wasser- und Feststoffhaushalt. – DFG Forschungsbericht „Wasser- und Stoffhaushalt von Abfalldeponien und deren Wirkung auf Gewässer", 37–92, 11 Tab., 24 Abb.; Weinheim (VCH Vlg.)

Spurek, M. (1972): Historical catalogue of slide phenomena. Studia geographica, 19, 178 S., zahlr. Abb. u. Tab., Brno

Sponheuer, W. (1952): Erdbebenkatalog Deutschlands und der angrenzenden Gebiete für die Jahre 1800 bis 1899. – Mitt. Dt. Erdbebendienst, 3, 195 S., 32 Abb., 2 Tab.; Berlin

Suderlau, G., Molek, H. & Reuter, F. (1985): Zur Einschätzung der Erdfallgefahr in Subrosionsgebieten unter besonderer Berücksichtigung des Sulfatkarstes. – Neue Bergbautechnik, 15, 224–229, 6 Bild.; Leipzig (Dt. Verlag f. Grundstoffindustrie)

Städing, A., Leichnitz, W. & Schlegel, R. (1988): Entwurf von Tunneln in subrosionsgefährdetem Gebirge. – Festschr. Prof. Dr.-Ing. Duddeck, TU Braunschweig, Inst. f. Statik, 571–584, 7 Bild.; Braunschweig (Eig. Vlg.)

Stamm, J. (1988): Die Mantelreibung von Pfählen, ein Bruchvorgang. – Geotechnik, 11, 98–101, 9 Bilder; Essen (DGEG)

Stede, B. (1995): Neue Gesetze erleichtern die Rechtsfindung? – altlasten-spektrum, 273–282; Berlin (E. Schmidt)

Steffen, H. (1980): Abdichtung von Stauanlagen mit natürlichen und künstlichen Dichtungsmaterialien. – Wasserwirtschaft, 70: 106–110, 4 Bild; Stuttgart

Steffen, H. (1987): Herstellung von mineralischen Basisabdichtungen. – Beihefte zu Müll und Abfall, 24, 21–33, 7 Bild., 1 Tab.; Berlin (E. Schmidt)

Steffen, H. & Stroh, D. (1986): Kombinierte Dichtungssysteme für Deponien. – Vorträge Baugrundtagung Nürnberg, 53–86, 24 Bild., 1 Tab.; Essen (DGEG)

Steffens, K. & Schwefer, H.-J. (1991): Vorgehensweise und Rahmenbedingungen bei der Altlastensanierung in der Bundesrepublik Deutschland. – Bundesminister für Forschung und Technologie, Umweltbundesamt, 189 S., 7 Abb., 40 Tab., Anhang S. 190 –, Berlin

Steiger, A. (1993): Erschütterungswirkung auf Bauwerke. Die neue Schweizer Norm SN 640 312 a. – Nobelheft, 59, 37–47, 6 Bild., 6 Tab.; Dortmund (Dynamit Nobel GmbH)

Stein, D. (1988): Undichte Kanalisationen – ein kommunales Problemfeld der Zukunft aus der Sicht des Gewässerschutzes. – ZAU (Zeitschrift f. angewandte Umweltforschung) Jhg. 1, H. 1, S. 65–74, 4 Abb., 1 Tab.; Berlin (Analytica Vlg.)

Stein, D. & Gerdes, K. (1988): Injektionsverfahren als Vorausmaßnahme für den Tunnelvortrieb bei partiell schwierigem Gebirgsverhalten. – Tunnel 13–23, 11 Abb., 2 Tab.; Gütersloh (Bertelsmann)

Stein, D. & Falk, Chr. (1996): Stand der Technik und Zukunftschancen des Mikrotunnelbaus. – Felsbau, 14, Nr. 6, i. Dr.; Essen (Glückauf Vlg.)

Stein, D., Maidl, B. & Gerdes, K. (1990): Einflüsse auf die Beschaffenheit des Grundwassers bei der Lokkergesteinsinjektion mit Polyurethan- und Organomineralharzen. – Taschenbuch für den Tunnelbau 1990, 73–91, 9 Bild., 2 Tab.; Essen (Glückauf)

Stein, D., Möller, K. & Bielecki, R. (1988): Leitungstunnelbau. – 344 S., 516 Abb., 101 Tab.; Berlin (Ernst & Sohn)

Steinbrenner, W. (1934): Tafeln zur Setzungsberechnung. – Die Straße, 1: 121–124; Berlin (Transpress)

Steindorfer, A. F., Schubert, W. & Rabensteiner, K. (1995): Problemorientierte Auswertung geotechnischer Messungen. – Felsbau 13, 386–390, 9 Bild.; Essen (Glückauf Vlg.)

Steinfeld, K. (1968): Zur Gründung von 60geschossigen Hochhäusern in Hamburg. – Vorträge Baugrundtagung Hamburg, 35–103, 32 und 8 Abb.; Essen (DGEG)

Steinwachs, M. (1983): Die historischen Quellen eines Erdbebens zu Lüneburg anno 1323. – Geol. Jb., E 26, 77–90, 9 Abb.; Hannover

Steinwachs, A. (1988): Angewandte Seismologie. – Geol. Jb., A 109, 185–193, 5 Abb.; Hannover

Stengel-Rutkowski, W. (1985): Karst- und Höhlenbildung in Hessen aus hydrogeologischer Sicht. – Karst und Höhle, 57–69, 9 Abb.; München (Verband Dt. Höhlen- und Karstforscher e. V.)

Stief, K. (1986): Das Multibarrierenkonzept als Grundlage von Planung, Bau, Betrieb und Nachsorge von

Deponien. – Müll + Abfall, 18, 15 – 20; Berlin (E. Schmidt)

STIEF, K. (1987): Zur Wirksamkeit von Deponieabdichtungen. – Beihefte zu Müll und Abfall, 24, 9 – 15; Berlin (E. Schmidt)

STIEF, K. (1992): Gedanken zur geologischen Barriere von Deponien. – Müll u. Abfall, 24, 85 – 94, 4 Abb.; Berlin (E. Schmidt)

STINI, J. (1929): Technische Gesteinskunde. – 2. Aufl. 550 S., 422 Abb., 1 Beiheft; Wien (Springer)

STINI, J. (1941): Unsere Täler wachsen zu. – Geol. u. Bauwesen, 13, 71 – 79, 3 Abb.; Wien (Springer)

STINI, J. (1950): Tunnelbaugeologie. – 366 S., 192 Abb.; Wien (Springer)

STOBER, I. (1986): Strömungsverhalten in Festgesteinsaquiferen mit Hilfe von Pump- und Injektionsversuchen. – Geol. Jb., C 42, 204 S., 57 Abb., 8 Tab., Anhang; Hannover

STOCKER, M. (1980): Vergleich der Tragfähigkeit unterschiedlich hergestellter Pfähle. – Baugrundtagung Mainz, 505 – 590, 26 Bild., 1 Tab.; Essen (DGEG)

STOCKER, M. & LOCHMANN, A. (1990): Schonende Stabilisierung von Gründungen historischer Bauten. – Vorträge Baugrundtagung Karlsruhe, 215 – 230, 22 Bild.; Essen (DGEG)

STOCKER, M. & SCHELLER, P. (1983): Messungen bei statischen Pfahlprobebelastung, Stand der Technik. – Proc. Symp. Meßtechnik im Erd- und Grundbau, 219 – 224, 9 Bild.; Essen (DGEG)

STOCKHAMMER, P. & TRUMMER, F. (1995): Der wiedergewinnbare Litzenanker System Keller. – Proc. int. Symp. Anker in Theorie u. Praxis, 373 – 376, 6 Bild.; Salzburg/Rotterdam (Balkema)

STÖTZNER, U. (1990): Geophysikalische Erkundung für den Tunnelbau. – Z. geol. Wiss., 18, 133 – 142, 6 Abb.; Leipzig

STOCKHAUSEN, R. (1985): Dräns und Sickerwassersammler. – Veröffent. Grundbauinst. LGA Bayern, 44, 69 – 74, 1 Bild; Nürnberg (Eig. Vlg.)

STOLPE, H. (1977): Hydrogeologische Modell- und Geländeuntersuchungen zur Versickerung in Lockergesteinen. – Mitt. Ing.- u. Hydrogeol., 5, 163 S., 58 Abb., 6 Tab.; Aachen

STRAUSS, R. (1994): Geotechnische Untersuchungen an sulfatgeschädigten Tonsteinen der Röt-Folge (Oberer Buntsandstein) in Nordhessen. – Diss. Phillips-Univ. Marburg, 129 S., 41 Abb., 16 Tab., 2 Anhg.; Marburg

STREITZ, B. (1980): Vegetationsgeschichtliche und pflanzensoziologische Untersuchungen an zwei Motoren osthessicher Subrosionssenken. – Diss. TH Darmstadt, 158 S., 15 Abb., 5 Fotos, 29 Tab.; Darmstadt

STRIEGEL, K.-H. (1984): Untersuchungen zur Scherfestigkeit rauher Trennflächen im Ahrtalsattel. – Mitt. Ing.- u. Hydrogeol. 19, 168, S., 83 Abb., 11 Tab.; Aachen

STRIEGLER, W. & WERNER, D. (1969): Dammbau in Theorie und Praxis. – 462 S., 253 Bild., 85 Taf.; Wien (Springer)

STRIEGLER, W. & WERNER, D. (1973): Erdstoffverdichtung. – 372 S., 173 Bild., 79 Taf.; Berlin (Verlag f. Bauwesen)

STROBL, TH. (1987): Einsatz von Dichtwänden an der Brombachtalsperre. – Mitt. Inst. Grundbau- u. Bodenmech. TU Braunschweig, 23, 171 – 184, 11 Abb.; Braunschweig

STRÖBEL, W. (1973): Der Grundgips im Raum Stuttgart als Modell der Gipsauslaugung und Bildung von Erdfällen. – Proc. Symp. IAEG „Erdfälle und Bodensenkungen", Hannover, T 1, G: 1 – 8, 1 Abb.; Essen (DGEG)

STROH, D. (1988): Der Bau des Saddam-Dammes im Irak und Übertragung der Erfahrungen beim Bau von Kerndichtungen in Dämmen auf Deponiedichtungen. Vortrag Baugrundtagung Hamburg, 127 – 158, 54 Bild.; Essen (DGEG)

SWOBODA, D., LAABMAYR, F. & MADER, I. (1986): Grundlagen und Entwicklung bei Entwurf und Berechnung im seichtliegenden Tunnel – Teil 2. – Felsbau, 184 – 187, 11 Bilder; Essen (Glückauf Vlg.)

SZECHY, K. (1963): Der Grundbau – I. Bd. Untersuchung und Festigkeitslehre des Baugrundes. – 465 S., 294 Abb.; Wien (Springer)

SZECHY, K. (1964): Gründungsschäden, 228 S., zahlr. Abb., Wiesbaden (Bauverlag)

SZECHY, K. (1965): Der Grundbau – II. Bd. Gründungen, 1. Teil, die Baugrube. – 358 S., 328 Abb.; Wien (Springer)

SZECHY, K. (1965): Der Grundbau – II. Bd. Gründungen, 2. Teil, Gründungsarten. S. 359 – 789, 385 Abb.; Wien (Springer)

TAHHAN, I. AL. & REUTER, F. (1989): Ingenieurgeologische Beschreibung und Klassifizierung von verwitterten Magmatiten. – Z. angew. Geol. 35, 45 – 50, 10 Abb.; Berlin (Akademie Vlg.)

TAHHAN, I. AL. & REUTER, F. (1989): Ingenieurgeologische Einschätzung von Verwitterungserscheinungen. – Z. geol. Wiss., 17, 147 – 157, 11 Abb., 3 Tab.; Berlin

TANGERMANN, H. (1971): Der Erdrutsch 1966 auf der Gemarkung Achdorf (Landkreis Donaueschingen) im Wutachtal. – Die Wutach: 543 – 562, 16 Abb.; Freiburg i.Br.

TAUBALD, H. (1995): Neue geochemische und isotopengeochemische Untersuchungen zur Karbonatlösung in mineralischen Deponieabdichtungen. – Müll und Abfall. 299 – 308, 5 Abb., 2 Tab., Berlin (E. Schmidt)

TAUSCH, N. & POREMBA, H. (1979): Herstellung von Sohldichtungen mittels Weichgelinjektionen. – Geotechnik, 2, 187 – 195, 8 Bild., 1 Tab.; Essen (DGEG)

TER-SPEPANIAN, G. (1962): Klassifizierung der Erdrutschrisse. – Geologie u. Bauwesen, 28, 43 – 54, 7 Abb.; Wien (Springer)

TER-STEPANIAN, G. (1976): Geodätische Methoden zur Untersuchung der Dynamik von Rutschungen. – 202 S. 57 Bild., 17 Tab.; Leipzig (VEB-Vlg.)

TERZAGHI, K. (1925): Erdbaumechanik auf bodenphysikalischer Grundlage. – 399 S., 65 Fig., 63 Tab.; Leipzig, Wien (Deutike)

TERZAGHI, K. (1934): Die Ursachen der Schiefstellung des Turmes von Pisa. – Bauingenieur, 15, S. 1; Berlin (Springer)

TERZAGHI, K. (1950): Mechanics of landslides. – In: Geol. Soc. of Am., Berkey Vol.: 83 – 124; New York

TERZAGHI, K. (1957): Evaluation of coefficients of subgrade reaction. – Geotechnique, 5: 297 (deutscher Auszug in: Bauingenieur, 32: 312)

TERZAGHI, K. & PECK, R. B. (1948): Soil Mechanics in Engineering Practice. – 566 S., 218 Fig., 28 Tab.; New York (J. Wiley & Sons)

TERZAGHI, K. & PECK, R. B. (1967): Soil mechanics in engineering practice – 2nd edition, 729 S., zahlr. Abb., New York (Wiley)

TESCHEMACHER, P. & STÖTZER, E. (1990): Entwicklung der Fräsen in der Schlitzwandtechnik. – Vorträge Baugrundtagung Karlsruhe, 249–266, 24 Bild.; Essen (DGEG)

THAL, H. & SCHIPPINGER, K. (1989): Hangsicherung mit vorgespannten Dauerankern im Baulos Gloggnitz-Maria Schutz der Semmering Schnellstraße S. 6 – Felsbau, 7, 143–147, 5 Bild.; Essen (Glückauf)

THEISSEN, H. (1988): Mikrobiologische Untergrundsanierung im Bereich der Kongreßhalle, Berlin-Tiergarten. – 177. Seminar des Fortbildungszentrums Gesundheits- und Umweltschutz Berlin e. V., (FUG), Sanierung kontaminierter Standorte 1988, 265–274, 2 Abb.; Berlin (Eig. Vlg.)

THIELICKE, G. (1987): Zusammenstellung einiger wichtiger bodenchemischer und -mechanischer Laboratoriumsmethoden, ihre Anwendungen, Ergebnisdarstellungen und Fehlerquellen. – Geol. Jb. Hessen, 115, 423–448; Wiesbadn

THIEM, A. (1870): Die Ergiebigkeit artesischer Bohrlöcher, Schachtbrunnen und Filtergallerien. – Journal f. Gasbeleuchtung sowie Wasserversorgung, 7, 450–467, 12 Bilder; München (Oldenbourg)

THIEM, G. (1906): Hydrogeologische Methoden. – Diss. TH Stuttgart, 56 S., 23 Fig., 1 Beil., 8 Falttaf.; Leipzig (Gebhards Vlg.)

THIERMANN, A. (1975): Zur Geologie der Erdfälle des „Heiligen Feldes" im Tecklenburger Land/Westfalen. – Mitt. Geol. Pal. Inst. Univ. Hamburg, 44, 517–530, 8 Abb.; Hamburg

THOMAS, G. (1994): Empfehlen sich ergänzende und gesetzliche oder untergesetzliche Regelungen der Altlasten und welchen Inhalt sollten sie haben? – altlastenspektrum, 3, 245–246; Berlin (E. Schmidt)

THURO, K. (1993): Geologisch-felsmechanische Untersuchungen zur Bohrbarkeit von Festgesteinen bei konventionellen Bohr- und Sprengvortrieben anhand von ausgewählten Tunnelprojekten. – Geotechnik-Sonderheft zur 9. Nat. Tag. Ingenieurgeol., Garmisch Partenkirchen, 125–134, 14 Abb.; Essen (DGGT)

TIEDEMANN, J. (1983): Geologisch-ingenieurgeologische Untersuchungen zur Abgrenzung von Homogenbereichen innerhalb der Mittleren Siegener Schichten (Ahrtalsattel). – Mitt. Ing. u. Hydrogeol., 16, 202 S., 70 Abb., 3 Tab.; Aachen

TIEDEMANN, J. (1987): Geometrie und Orientierung von Kluftkörpern innerhalb paläozoischer Falten und ihre daraus resultierenden Bewegungsmöglichkeiten. – Ber. 6. Nat. Tag. Ing. Geol. Aachen, 303–314, 12 Abb.; Essen (DGEG)

TIEDEMANN, J. (1989): Strukturbezogene ingenieurgeologische Untersuchungen als Grundlage einer verbesserten Vorerkundung für große Felsbauprojekte. – Ber. 7. Nat. Tag. Ing. Geol. Bensheim, 213–221, 7 Abb.; Essen (DGEG)

TIEDEMANN, J. (1990): Verfahren zur verbesserten ingenieurgeologischen Gebirgsbeschreibung und deren Anwendung in räumlichen Teilbeweglichkeitsanalysen. – Mitt. Ing.- u. Hydrogeol., 207 S., 97 Abb., 8 Tab.; Aachen

TIEDEMANN, M. (1994): Archivalien als Mittel zur historisch-genetischen Erkundung von Rüstungsaltlasten. – altlasten-spektrum, 3, 5–8.; Berlin (E. Schmidt Vlg.)

TIETZE, R. (1981): Ingenieurgeologische, mineralogische und geochemische Untersuchungen zum Problem der Baugrundhebungen im Lias epsilon (Posidonienschiefer) Baden-Württembergs. – Jahr. geol. L.-Amt Baden-Württemberg, 22: 109–185, 15 Abb., 4 Taf., 5 Tab.; Freiburg (Kommissionsverlag Herder)

TIMM, U. & MAYER, G. (1986): Gründung eines Brückenpfeilers der Schwarzbachtalbrücke im Bereich eines Subrosionsschlotes. – Vorträge Baugrundtagung Nürnberg, 419–449, 30 Bild.; Essen (DGEG)

TITZE, E. (1970): Über den seitlichen Bodenwiderstand bei Pfahlgründungen. – Bauingenieurpraxis, 77, 136 S., 50 Abb., 3 Kurventaf.; Berlin

TONNEIJCK, M. (1993): Bermen auf der Luftseite von Flußdeichen. – Geotechnik 16, 59–64, 10 Bild.; Essen (DGEG)

TOUSSAINT, B. (1987): Grundwasserverunreinigung durch leichtflüchtige chlorierte Kohlenwasserstoffe im Bereich Neu-Isenburg (Hessen).; DGM, 31, 48–59, 13 Abb.,

TRAUZETTEL, G. (1962): Die Rutschungen der Württembergischen Knollenmergel. – Arb. u. Mitt. Geol. Paläontol. Inst., TH Stuttgart, N. F., 32, 182 S., 170 Abb.; Stuttgart

TRISCHLER, J. & DÜRRWANG, R. (1989): Böschungen im Buntsandstein: Standsicherheit, Konstruktives, Erfahrungen. – Felsbau, 7, 208–211, 10 Bilder; Essen (Glückauf Vlg.)

TRISCHLER, J. & KNOPF, S. (1985): Erfahrungen mit der Fernsehsonde in Aufschlußbohrungen für die DB-NBS Hannover–Würzburg. – Geotechnik, 8, S. 61–67, 2 Bilder; Essen (DGEG)

TRÖGER, W. E. (1982): Optische Bestimmung der gesteinsbildenden Minerale, Teil 1 Bestimmungstabellen. – 188 S., 112 Diagramme, 264 Fig., 3 Beil. 5. neu bearb. Aufl.; Stuttgart (Nägele u. Obermüller)

TRUNK, U. & HÖNISCH, K. (1990): Klassifizierungssysteme für den Untertagebau – Analyse und Erfahrungen. – Felsbau, 8, 9–16, 11 Bild., 2 Tab.; Essen (Glückauf Vlg.)

TÜRKE, H. (1990/93): Statik im Erdbau. – Nachdruck der 2. überarb. Auflage, 296 S., 255 Taf., zahlr. Abb. u. Tab.; Berlin (Ernst & Sohn)

TUREKIAN, K. K. & WEDEPOHL, K. H. (1961): Distribution Elements in Sane Major Units of the Earth's Crust. – Bull. Geol. Soc. Amer., 72, 175–192, 2 Tab.; New York (Soc.)

UHDEN, O. (1972): Hochgebirgsmoore und Wasserwirtschaft am Beispiel des Brockenfeldmoores im Oberharz. – Schriftenreihe d. Kuratoriums f. Kulturbauwesen, 21, 175 S.; Hannover

UHLENDORF, H.-J. (1988): Aufgaben und Ziele der TA-Abfall. – Wasser + Boden, 40, 474–478, Hamburg (Parey Vlg.)

ULRICH, G. (1982): Bohrtechnik. – Grundbau Taschenbuch, 3. Aufl., Teil 2, 323–358, 38 Bild., 4 Tab.; Berlin (Ernst & Sohn)

ULRICHS, K. R. (1984): Maßnahmen zur Erhaltung der Grundwasserströmung bei Tunnelbauwerken in offener Bauweise. Teil 1: Allgemeine Grundlagen der Grundwasserkommunikation. – Tunnelbautaschenbuch 1984, 161–202, 22 Bild; Essen (Glückauf Vlg.)

ULRICHS, K. R. & WÄCHTER, H. (1990): Chemische Untersuchungen und Bewertung kontaminierter Böden und Grundwasser. – Taschenbuch für den Tunnelbau 1990, 21–71, 5 Bild., Anhang; Essen (Glückauf)

ULRICHS, K. R. & WIECHERS, H. (1980): Bodenverformungen bei tiefen Baugruben in rolligen Böden. – Vorträge Baugrundtagung, Mainz: 381–407, 9 u. 15 Abb.; Essen (DGEG)

UNTERBERG, J. (1986): Dichtwand mit eingestellter Stahlspundwand und Versuche mit Dichtungsbahnen aus Kunststoff im Bergsenkungsgebiet. – Vorträge Baugrundtagung Nürnberg, 87–112, 24 Bild.; Essen (DGEG)

USTRICH, E. (1991): Geochemische Untersuchungen zur Bewertung der Dauerbeständigkeit mineralischer Abdichtungen in Altlasten und Deponien. – Geol. Jb., C 57, 5–137, 48 Abb., 28 Tab.; Hannover

USTRICH, E. & KOHLER, E. (1989): Mineralogische Untersuchungen zur geotechnischen Eignungsprüfung an tonigen Abdichtungsmaterialien entsprechend den neuen GDA-Empfehlungen. – Ber. 7. Nat. Tag. Ing. Geol. Bensheim, 115–120, 4 Abb., 2 Tab.; Essen (DGEG)

VARDAR, M. & ERIS, I., (1995): Die Auswirkungen der geologischen Unstetigkeiten auf die Deformationen der verankerten Baugrubenwände der U-Bahnstationen Istanbul. – Proc. int. Symp. Anker in Theorie u. Praxis, 257–263, 5 Abb.; Salzburg/Rotterdam (Balkema)

VARNES, D. J. (1978): Slope movement an types and processes. In: SCHUSTER, R. L. & KRIZEK, R. J. (Hrsg.): Landslides – Analysis and Control. – Transp. Res. Board, Nat. Akad. Sci. Spec. Rep. 176, 11–33.; Washington, D. C.

VARNHAGEN, B. (1967): Untersuchungen über den Zusammenhang zwischen Grundwasserabsenkung und Bodensetzung im rheinischen Braunkohlenrevier. – Diss. Fak. Bergbau und Hüttenwesen RWTH Aachen, 84 S., 16 Abb., 8 Tab., 22 Anl. ; Aachen

VAROVSKY, G.-M. (1987): Erfahrungen aus Planung und Ausführung von Felsböschungen beim Bau der Neubaustrecke Hannover–Würzburg. – Schr.-R. Lehrstuhl u. Prüfamt f. Grundbau, Bodenmech. u. Felsmech., 10, 121–131, 6 Abb.; München

VAVROVSKY, G.-M. (1994): Gebirgsdruckentwicklung, Hohlraumverformung und Ausbaudimensionierung. – Felsbau, 12, 312–329, 29 Bild.; Essen (Glückauf Vlg.)

VEDER, CH. (1975): Sanierungsvorschlag für den Schiefen Turm von Pisa. – Bauingenieur, 50, 204–206, 3 Abb.; Berlin (Springer)

VEDER, CH. (1979): Rutschungen und ihre Sanierung. – 231 S., 116 Abb., 4 Tab.; Wien (Springer)

VEES, E. (1987): Baugrundhebungen in bituminenhaltigen Tonmergelstein – Ursachen und konstruktive Lösungen. – Geotechnik, 10, 123–131, 17 Bilder; Essen (DGEG)

VILLINGER, E. (1977): Über Potentialverteilung und Strömungssysteme im Karstwasser der Schwäbischen Alb (Oberer Jura, SW-Deutschland). – Geol. Jb., C 18, 3–93, 9 Abb., 11 Tab., 2 Taf.; Hannover

VÖLTZ, H. (1980): Faktoren der Standsicherheit von Tagebau- und Kippenböschungen. – Braunkohle, H. 8, 252–258, 3 Abb.; Düsseldorf (Vlg. Die Braunkohle)

VÖLTZ, H., DÜLLMANN, H. & HEITFELD, K.-H. (1977): Böschungssicherung in rutschgefährdeten Tuffen und Tuffiten des Oligozäns am Autobahnknoten Bonn-Ramersdorf. – Ber. 1. Nat. Tag. Ingenieurgeol., Paderborn: 73–112, 15 Abb.; Essen (DGEG)

VOERSTE, R. & LINDNER, E. (1986): Tunnelbau in schwierigen Grundwasserverhältnissen. – Die Bundesbahn, 62, 945–948, 7 Bild.; Darmstadt (Hestra)

VOGLER, O. M. (1990): Kalkuliertes Risiko bei der Sicherung von Böschungen im Straßenbau. – Felsbau, 8, 27–37, 15 Bild., 3 Tab., Essen (Glückauf Vlg.)

VOLAND, B., KLUGE, A., SCHENKER, U. HOPPE, TH., METZNER, I. KEMM, W. & BOMBACH, G. (1994): Einschätzung der Schwermetallbelastung der Böden im Freiberger Raum. – in A. KLOKE (Hrsg.) Beurteilung von Schwermetallen in Böden von Ballungsgebieten, 79–96, 14 Abb., 1 Tab.; Frankfurt (DECHEMA)

VORTISCH, W. & BUTZ, R. (1987): Tonlagerstätten des nördlichen Westerwaldes – geologische und tonmineralogische Untersuchungen. – Ziegelindustrie Int., 40, 385–393, 10 Bild.; Wiesbaden (Bauverlag)

WAGENER, F. v. M. & DAY, P. W. (1986): Construction on Dolomite in South Africa., Environ Geol. Water SCI, Vol. 8, 1/2, S., 83–89, 10 Fig.; New York

WAGNER, G. (1929): Junge Krustenbewegungen im Landschaftsbilde Süddeutschlands. – Beiträge zur Flußgeschichte Süddeutschlands. – Erdgesch. u. landeskundl. Abh. Schwaben u. Franken, 10, 300 S., 131 Abb., 16 Taf.; Öhringen

WAGNER, G. & KOCH, A. (1961): Raumbilder zur Erd- und Landschaftsgeschichte Südwestdeutschlands. – 35 S., 16 Bild., 1 Beil.; Schmiden (Repro-Druck)

WAGNER, H. (1968): Verkehrs-Tunnelbau, Bd. I, Planung, Entwurf und Bauausführung. – 321 S., 218 Abb., 35 Tab.; Berlin, München (Ernst & Sohn)

WAGNER, H. & SCHULTER, A. (1995): Tunnel boring machines – Trends in design and construction of mechanized tunneling. – Proc. of the int. lecture series, Hagenberg Castle, Linz, 289 S., Rotterdam Balkema Publ.

WAGNER, J.-F. (1988): Mineralveränderung bei der Migration von Schwermetallösungen durch Tongesteine. – Schr. Angew. Geol. Karlsruhe, 4, 47–62, 6 Abb., 2 Tab.; Karlsruhe (Eig. Vlg.)

WAGNER, J.-F. (1991): Die Doppelte Mineralische Basisabdichtung – ein Deponieabdichtungssystem mit zwei unterschiedlichen Funktionsweisen. – Ber. 8. Nat. Tag. Ing. Geol. Berlin: 75–81, 2 Abb., Essen (DGGT)

WAGNER, J.-F. & CZURDA, K. A. (1987): Schwermetallmigration in jungen Tongesteinen. – Ber. 6 Nat. Tag. Geol. Aachen, 135–141, 8 Abb., 1 Tab.; Essen (DGEG)

WAGNER, J.-F. & BÖHLER, V. (1989): Eignung tertiärer Tone des Rheingrabenrandes (Wiesloch und Eisenberger Becken) als Deponie-Barrieregesteine. – Ber. 7. Nat. Tag. Ing. Geol. Bensheim, 257–264, 7 Bild.; Essen (DGEG)

WAGNER, W. (1941): Bodenversetzungen und Bergrutsche im Mainzer Becken. – Geol. u. Bauwesen, 13: 17–23; Wien (Springer)

WALACH, G. (1996): Untertage-Gravimetrie, eine Methode zur Erkundung und Überwachung des Gebirges im Umfeld von Tunnelbauten. – Felsbau, 14, H. 6, i.Dr.; Essen (Glückauf Vlg.)

WALTHER, W., TEICHGRÄBER, B., SCHÄFER, W. & DÄHNE, M. (1985): Messungen ausgewählter organischer Spurenstoffe in der Bodenzone, eine Bestandaufnahme an einem Ackerbaugebiet. – Z. dt. geol. Ges. 136, 613–625, 3 Abb., 6 Tab.; Hannover

WALLBRECHER, E. (1978): Ein Cluster-Verfahren zur richtungsstatischen Analyse tektonischer Daten. – Geol. Rdsch. 67, 840–857, 12 Abb., 2 Tab.; Stuttgart (Enke)

WALLBRECHER, E. (1986): Tektonische und gefügeanalytische Arbeitsweisen. – 244 S., zahlr. Abb.; Stuttgart (Enke Vlg.)

WALLNER, M. & WITTKE, W. (1972): Wassereinbrüche beim Vortrieb von Felshohlräumen. – Proc. Symp. Durchströmung von klüftigem Fels 1972 in Stuttgart, T 41, 1–9, 7 Fig.; Essen (DGEG)

WARSCHEWSKE, G., HANISCH, B. & KOBEL-BOELKE, J. (1993): Mobile Bestimmungen von PCB-Belastungen – ohne Verzug – altlasten, 29–31, 1 Tab., 4 Abb., Frankfurt (dfv)

WATZLAW, W. (1988): Die Untersuchungen der DB für eine Ausbau-/Neubaustrecke Plochingen-Günzburg unter Berücksichtigung der Besonderheiten der Schwäbischen Alb. – Geotechnik Sonderheft 1988, 13–25, 14 Bild.; Essen (DGEG)

WEBER, H. (1930): Zur Systematik der Auslaugung. – Z. Dtsch. Geol. Ges., 82: 179–186; Berlin

WEBER, H. (1967): Die Oberflächenformen des festen Landes. – 2. Aufl. 367 S., 40 Taf.; Leipzig (Teubner)

WEBER, H. (1988): Möglichkeiten zur Abdichtung und Ableitung von Bergwasser bei Stollen-, Tunnel- und Schachtarbeiten. – BHM 133, H. 6, 264–270, 8 Abb.; Wien (Springer)

WEBER, H. (1994): Analyse geologischer Strukturen mit einem Bohrkernscanner. – Felsbau, 12, 401–403, 5 Bild.; Essen (Glückauf Vlg.)

WEBER, K. (1976): Gefügeuntersuchungen an transversalgeschieferten Gesteinen aus dem östlichen Rheinischen Schiefergebirge. – Geol. Jb., D 15, 3–98, 40 Abb., 12 Taf.; Hannover (BGR)

WEBER, P. (1977): Ingenieurgeologie bei Planung und Bau von Hochwasser-Rückhaltebecken in Ostwestfalen. – Ber. 1. Nat. Tag. Ingenieurgeol., Paderborn: 277–286; Essen (DGEG)

WEHNER, B., SIEDEK, P. & SCHULZE, K.-H. (1977): Handbuch des Straßenbaus, Bd. 2, Baustoffe, Bauweisen, Baudurchführung. – 592 S., 308 Abb.; Berlin (Springer)

WEHNER, B., SIEDEK, P. & SCHULZE, K.-H. (1977a): Handbuch des Straßenbaus, Bd. 3, Bemessungsverfahren und besondere Bauweisen. – 420 S., 265 Abb.; Berlin (Springer)

WEIDENBACH, F. (1953): Erdfälle in eiszeitlichen Beckentonen der Bodenseegegend. – N. Jb. Geol. Paläontol. Abh. 97: 379–390, 5 Abb.; Stuttgart

WEINHOLD, H. (1972): Vertikale und horizontale Belastbarkeit von Bohrpfählen. – Vorträge Baugrundtagung, Stuttgart: 601–634, 8 Abb.; Essen (DGEG)

WEINHOLD, H. (1974): Pfähle im Fels verminderter Festigkeit und in felsähnlichen Böden – Ausführungsbeispiele mit Versuchsergebnissen – Belastbarkeit. – Vorträge Baugrundtagung, Frankfurt/M.: 411–448, 22 Abb., 3 Tab.; Essen (DGEG)

WEINHOLD, H. (1986): Ausführungsfehler bei Bohrpfählen. – Proc. Pfahlsymp. 86, Darmstadt, 183–189, 5 Bild., Inst. f. Grundbau, Boden- u. Felsmech.; TH Darmstadt (Eig. Vlg.)

WEINHOLD, R. (1987): Stauanlagen mit Dichtung aus Kunststoffdichtungsbahnen, Schadensanalyse, Sanierung, Probestau. – Wasserwirtschaft, 77, 405–407, 7 Bild.; Stuttgart (Franksche Vlgshandl.)

WEISS, A. (1988): Über die Abdichtung von Mülldeponien mit Tonen unter besonderer Berücksichtigung organischer Bestandteile im Sickerwasser. – Mitt. Inst. Grundbau u. Bodenmech. ETH Zürich, 77–90, 10 Bild., 2 Tab.; Zürich

WEISS, E. H. (1964): Vajont – Geologische Betrachtungen zur Felsgleitung in den Stausee. – Steirische Beiträge zur Hydrogeologie, 11–36, 10 Abb.; Graz

WEISS, E. H. (1988): Probleme des Bergwassers bei Untertagebauten aus der Sicht des Geologen. – BHM 133, H. 6, 253–263, 10 Abb.; Wien (Springer)

WEISS, E. H. (1994): Einführung in die Problematik der Bergwasserbeeinflussung durch den Vertrieb von Hohlraumbauten. – Felsbau, 12, 448–451, 1 Bild.; Essen (Glückauf Vlg.)

WEISSBACH, G. (1979): Die Veränderlichkeit des Restscherwiderstandes von Gesteinstrennflächen. – Bochumer geol. u. geotechn. Arb., 1, 184 S., 61 Abb.; Bochum

WEISSENBACH, A. (1982): „Baugrubensicherung" in Grundbau Taschenbuch, 3. Aufl., Teil 2, 887–982, 69 Abb., 10 Tab.; Berlin (Ernst & Sohn)

WEISSENBACH, A. (1982): Zuschriften zu Denkanstößen (Hydraulischer Grundbruch). – Geotechnik, 5, 91–93, 3 Abb.; Essen (DGEG)

WENDLAND, F. & LESCHBER, R. (1990): Leichtflüchtige Halogenkohlenwasserstoffe im Untergrund – Biotisch-abiotischer Abbau und Austrag. – WaBoLu Hefge 1/1990, Berlin, (D. Reimer Vlg.)

WERNER, H.-U. (1994): Die Wandlung einer Industrie-brache zum überregionalen attraktiven Einkaufs- und Freizeitpark. – Vorträge Baugrundtagung Köln, 23–49, 19 Bild.; Essen (DGGT)

WERNER, J. (1990): Zur Frage der Gebirgsdurchlässig-keit toniger Gesteinsserien aufgrund von Beobachtun-gen an oberflächennahen und tiefen Grundwässern. – Z. dt. geol. Ges., 141, 301–305, 2 Abb.; Hannover

WESSLING, E. (1988): Sanierung schadstoffbelasteter Böden durch Ozonbehandlung. – 177. Seminar des Fortbildungszentrums Gesundheits- und Umwelt-schutz Berlin e. V. (FUG), Sanierung kontaminierter Standorte 1988, 183–204, 4 Abb., 2 Anl.; Berlin (Eig. Vlg.)

WESTERMAYR, H. (1994): Bau des Brettfalltunnels im Zillertal. – Unser Betrieb, Werkzeitschrift der Deil-mann-Haniel-Gruppe, 64, 22–25, 7 Abb., Dortmund (Eig. Vlg.)

WESTRUP, J. (1979): Nachsetzungen infolge sinkender Grundwasseroberfläche. – Ber. 2. Nat. Tag. Ingenieur-geol., Fellbach: 309–313, 5 Abb.; Essen (DGEG)

WICHTER, L. (1979): Empfehlung Nr. 4 des Arbeitskrei-ses 19 – Versuchstechnik im Fels – der Deutschen Ge-sellschaft für Erd- und Grundbau e. V., Dreiaxiale Druckversuche an geklüfteten Großbohrkernen im La-bor. – Bautechnik, 56, 225–228, 8 Bild.; Berlin (Ernst u. Sohn)

WICHTER, L. (1980): Festigkeitsuntersuchungen an Großbohrkernen von Keupermergel und Anwendung auf eine Böschungsrutschung. – Veröffentl. Inst. Bo-denmech. u. Felsmechanik Univ. Karlsruhe, 140 S., 48 Bild., Tab. Anhang A u. B; Karlsruhe

WICHTER, L. (1987): Mehrstufentechnik bei dreiaxialen Druckversuchen und direkten Scherversuchen – Emp-fehlung Nr. 12 des Arbeitskreises 19, Versuchstechnik im Fels, der Deutschen Gesellschaft für Erd- und Grundbau e. V., – Bautechnik, 11, 382–385, Berlin (Ernst & Sohn)

WICHTLER, L. & GUDEHUS, G. (1976): Ein Verfahren zur Entnahme und Prüfung von geklüfteten Großbohrker-nen. – Ber. 2. Nat. Tag. Felsmech., Aachen: 5–12; Es-sen (DGEG)

WICHTER, L. & GUDEHUS, G. (1982): Ergebnisse von Biaxial- und Triaxialversuchen am Opalinuston. – Geotechnik, 5, 74–82, 10 Bilder, 4 Tab.; Essen

WICHTER, L., KUTSCHER, F.-W. & WALLRAUCH, E. (1989): Empfehlungen für die Anlage und Ausbildung von Bermen. – Geotechnik, 12, 225–227, 5 Bild.; Es-sen (DGGT)

WICHTER, L. & MEININGER, W. (1987): Hangsicherung und Rutschungssanierungen in den Tonstein- und Sandsteinfolgen des Keupers. Geotechnik Sonderheft 1987, 65–71, 19 Bild.; Essen (DGEG)

WIDMANN, R. (1991): Injektionen in Fels und Beton – Zwischenbericht einer Arbeitsgruppe des Verbund-konzerns. – Felsbau 9, 147–154, 10 Bild.; Essen (Glückauf Vlg.)

WIDMANN, R. (1996): Stabilität von Hängen und Bö-schungen bei Erdbeben. – Felsbau 14, 270–272, 6 Bild.; Essen (Glückauf Vlg.)

WIEGEL, W. (1962): Klüftung und Gebirgsauflockerung bei Talsperren des Rheinischen Schiefergebirges. – Z. Dtsch. Geol. Ges., 114: 237–245, 6 Abb., 1 Tab.; Han-nover

WIEGEL, W. (1968): Notizen zur Baugeologie von Was-serüberleitungsstollen im nördlichen Rheinischen Schiefergebirge. – Fortschr. Geol. Rheinld. u. Westf., 15: 463–506, 3 Taf., 8 Abb., 13 Tab.; Krefeld

WIENBERG, R., ESCHENBACH, A., NORDLOHNE, L., KÄSTNER, M. & MAHRO, B. (1995): Zur Erfordernis vollständiger stoffspezifischer Bilanzen bei der biolo-gischen Bodensanierung. – altlasten-spektrum, 5, 238–243, 3 Abb., 1 Tab.; Berlin (E. Schmidt Vlg.)

WIEMER, K. & HARDT, I. (1985): Verhalten des Deponie-körpers. – Veröffentl. Grundbauinst. LGA Bayern, 44, 31–46, 9 Abb., 1 Tab.; Nürnberg (Eig. Vlg.)

WIENBERG, R. (1990): Zum Einfluß organischer Schad-stoffe auf Deponietone – Teil 1: Unspezifische Interak-tionen. – Abfallwirtschaftsjournal 2, 222–230, 7 Bild., 2 Tab.; Berlin (EF-Vlg.)

WIESERT, P., RIPPEN, G. & DÖRR, H. (1996): Die Ver-frachtung von Schadstoffen durch Winderosion – Ver-such einer Quantifizierung. – altlasten-spektrum, 2/96, 79–81.; Berlin (E. Schmidt Vlg.)

WILCZEWSKI, N. (1983): Der Kalbenstein bei Karlstadt – Geologische Analyse einer Rutschung. – Wellenbur-ger Akademie, ERWIN RUTTE – Festschrift, 239–244, 8 Abb.; Kelkheim/Weltenburg

WILD, H. W. (1989): Sprengtechnik. – Tunnelbauta-schenbuch, 13, 199–251, 40 Bild., 6 Tab.; Essen (Glückauf Vlg.)

WOEDE, G. (1994): Geometrische Bohrlochraster und ih-re Verdichtung. – altlasten-spektrum, 3, 46–52, 5 Abb.; Berlin (E. Schmidt Vlg.)

WILMERS, W. (1979): Einfluß der Abtragstechnik auf die Standsicherheit von Felsböschungen. – Ber. 2. Nat. Tag. Ingenieurgeol., Fellbach: 121–125, 3 Abb.; Es-sen (DGEG)

WILMERS, W. (1980): Untersuchungen zur Verwendung von Geotextilien im Erdbau. – Straße u. Autobahn, 31: 69–87, 25 Abb., 4 Tab.; Bonn-Bad Godesberg (Kirschbaum)

WINTER, K. (1989): Erfahrungen mit der Eigenüberwa-chung an Tonabdichtungen der Deponie für Braunkoh-lenkraftwerksrückstände. – Braunkohle, 41, 235–239, 8 Abb.; Düsseldorf (Vlg. Die Braunkohle)

WIRTH, H. (1979): Handbuch der Bohrtechnik, 320 S., Wirth-Maschinen und Bohrgerätefabrik GmbH, Erke-lenz

WITTKE, W. (1972): Generalbericht über das Symposium der ISRM „Durchströmung von klüftigem Fels". – Vorträge Baugrundtagung, Stuttgart: 99–125; Essen (DGEG)

WITTKE, W. (1973): Fallstudien und konstruktive Maß-nahmen beim Bauen in Erdfallgebieten. – Proc. Symp. IAEG „Erdfälle und Bodensenkungen", Hannover G, 4: 1–9; Essen (DGEG)

WITTKE, W. (1978): Grundlagen für die Bemessung und Ausführung von Tunneln in quellendem Gebirge und ihre Anwendung beim Bau der Wendeschleife der S-

Bahn Stuttgart. – Veröffentl. Inst. Grundbau, Boden-mech., Felsmech. u. Verkehrswasserbau, RWTH Aachen, 6, 132 S., 61 Fig., 5 Tab.; Aachen

WITTKE, W. (1984): Felsmechanik – Grundlagen für wirtschaftliches Bauen im Fels. – 1050 S., 798 Abb.; Berlin – Heidelberg (Springer)

WITTKE, W. (1991): Hohe Horizontalspannungen im Unteren und Mittleren Jura und ihre bautechnischen Konsequenzen. – Geotechnik Sonderheft 1991, 174 – 184, 20 Abb.; Essen (DGEG)

WITTKE, W., BREDER, R. & ERICHSEN, L. (1987): Böschungsgleichgewicht im Fels. – Grundbau-Taschenbuch, 3. Aufl., Teil 3, 71 – 153, 80 Bild., 1 Tab.; Berlin (Ernst & Sohn)

WITTKE, W., BREMER, H. & FARWICK, J. (1988): Sanierung eines Rutschhanges beim Bau der B 54 Umgehungsstraße in Herdecke/Ruhr. – Geotechnik Sonderheft 1988, 41 – 49, 30 Bilder; Essen (DGEG)

WITTKE, W., FEISER, J., KRIEGER, J. & RECHTERN, J. (1985): Standsicherheitsnachweise für einen Kalottenvortrieb in einem horizontal geschichteten und vertikal geklüfteten Sedimentgestein. – Forschung + Praxis, 30, Unterirdisches Bauen: Erfahrungen – Perspektiven; 132 – 144, 20 Bild.; Köln (STUVA)

WITTKE, W. & JÜNGLING, H. (1979): Sickerströmungen in klüftigem Fels. – Mitt. Ing.- u. Hydrogeol., 9: 219 – 263, 20 Abb., 1 Tab.; Aachen

WITTKE, W. & KISTER, B. (1990): Grundlagen pneumatischer Bodensanierungsverfahren, eine räumliche Studie. – Vorträge Baugrundtagung Karlsruhe, 169 – 184, 17 Bild.; Essen (DGEG)

WITTKE, W., PFISTERER & RISSLER, P. (1974): Felsmechanische Untersuchungen für die Maschinenkaverne Wehr. – Ber. 1. Nat. Tag. über Felshohlraumbau, 123 – 148, 16 Abb., 1 Tab.; Essen (DGEG)

WITTKE, W., PIERAU, B. & PLISCHKE, B. (1978): Erfahrungen mit Zementpasten bei Injektionen in klüftigem Fels. – Veröffentl. Inst. Grundbau, Bodenmech., Felsmech. u. Verkehrswasserbau, RWTH Aachen, 7: 75 – 166, 59 Fig.; Aachen

WITTMANN, L. (1980): Filtrations- und Transportphänomene in porösen Medien. – Veröffentl. Inst. Bodenmech. u. Felsmech. Univ. Karlsruhe, H. 86, 168 S., zahlr. Abb. u. Tab.; Karlsruhe (Eig. Vlg.)

WITTMANN, L. (1982): Sicherheitsaspekte bei der Filterbemessung. – Wasserwirtschaft, 72, 147 – 151, 5 Bild.; Stuttgart (Franksche Vlghdlg.)

WITTMANN, L. & WITT, K.-J. (1983): Zum Beitrag: „Zur Frage der Filterbemessung" in Geotechnik 1983, S. 34 ff. – Geotechnik, 6, 95 – 97, 1 Bild; Essen (DGEG)

WÖHLBIER, H., NATAU, O. & SCHMUCKER, B. (1969): Problematik und Anwendung von Meßverfahren zur Bestimmung von Gebirgsspannungen. – Bergbau-Wiss., 16, 180 – 184, 9 Bild.; Goslar

WÖSTMANN, U. & ZENTGRAF, CH. (1992): Gefährdungsabschätzungen in Chemischreinigungsbetrieben. – Müll und Abfall, 28 – 36, 5 Abb.; Berlin (E. Schmidt Vlg.)

WOHLRAB, B. (1972): Senkungen und Verformungen der Erdoberfläche. – Z. f. Kulturtechnik: 65 – 78, 13 Abb.; Hamburg (Parey)

WOLF, H.-P. (1983): Zur Frage der Filterbemessung. – Geotechnik, 6, 34 – 36, 2 Bild.; Essen (DGEG)

WOLFF, F. (1989): Mixschildlos U-Bahn Nürnberg. – Bauingenieur 64, 525 – 532, 20 Bild.; Berlin (Springer)

WOLFF, G. (1987): Subrosionserscheinungen im mittleren Kocher-Jagst-Gebiet (Hohenlohe, Nordwürttemberg). – Jh. geol. LA Baden-Württemberg, 29, 269 – 282, 10 Abb.; Freiburg

WOLTERS, R., RHEINHARDT, M. & JÄGER, B. (1972): Beobachtungen über Art, Anordnung und Ausdehnung von Kluftöffnungen. – Proc. Symp. IAEG Durchströmungen von klüftigem Fels, T 1, I 1, 13, 5 Abb.; Essen (DGEG)

WOLTMANN, M. (1988): Mikrobiologische Untergrundsanierung im Bereich der Kongreßhalle, Berlin-Tiergarten. – 177. Seminar des Fortbildungszentrums Gesundheits- und Umweltschutz Berlin e. V. (FUG), Sanierung kontaminierter Standorte 1988, 63 – 69; Berlin (Eig. Vlg.)

WOSZIDLO, H. (1989): Untersuchungen an Festgesteinen mit dem Prallhammer nach SCHMIDT . – Ber. 7. Nat. Tag. Ing. Geol. Bensheim, 287 – 294, 9 Abb.; Essen (DGEG)

WÜSTENHAGEN, K., BAERMANN, A., BRUNS, J., BUSSE, R., GEYH, M., SCHNEIDER, W. & WIENBERG, R. (1990): Glazial geprägter Glimmerton als Schadstoffbarriere im Elbtal des Hamburger Raumes. – Geol. Jb., C 55, 3 – 162, 72 Abb., 38 Tab.; Hannover

WUNDERLICH, TH. A. (1995): Die geodätische Überwachung von Massenbewegungen. – Felsbau, 13, 414 – 419, 5 Bild, 1 Tab., Essen (Glückauf Vlg.)

XIANG, W. (1988): Quantitativer Zusammenhang zwischen dem Tongehalt und der Scherfestigkeit von Tonzwischenschichten. – Schr. Angew. Geol. Karlsruhe, 4, 181 – 198, 8 Abb., 3 Tab.; Karlsruhe

ZARUBA, QU. & MENCL, V. (1961): Ingenieurgeologie. – 606 S., 384 Abb., 14 Tab.; Berlin (Akademie Verlag)

ZARUBA, QU. & MENCL, V. (1969): Landslides and their Control. – 202 S., 155 Fig., 2 Tab., 1 Marp.; Prag (Acadmia)

ZARUBA, QU. & MENCL, V. (1976): Engineering Geology. – 504 S., 380 Abb., 5 Tab.; Amsterdam (Elsevier)

ZELL, S. (1990): Die Dywinex – Anlage zur Reinigung schwermetallbelasteter Böden. – Vorträge Baugrundtagung Karlsruhe, 97 – 104, 5 Bild.; Essen (DGEG)

ZESCHMAR-LAHL, B. (1988): Altlasten-Erfassung, Untersuchung, Sanierung, Überwachung. – Hess. Min. für Umwelt u. Reaktorsicherheit, 67 S., 6 Abb., 3 Tab., Anhang; Wiesbaden (Eig. Vlg.)

ZIEGER, H. (1985): Instabile Hangflächen im Oberen Keuper – Erkundung und Sanierungsmaßnahmen beim Straßenbau. – Ber. 5. Nat. Tag. Ing. Geol. Kiel, 293 – 296, 4 Abb.; Essen (DGEG)

ZIEGLER, M. (1988): Standsicherheitsberechnungen nach dem Gleitkreisverfahren. – Geotechnik 11, 71 – 79, 2 Bild.; Essen (DGEG)

ZIMMERMANN, R. (1981): Einfluß organischer und anorganischer Bestandteile auf die Baugrundhebungen im Lias epsilon (Posidonienschiefer) Baden-Württembergs. – Jh. geol. Landesamt Baden-Württemberg, 22, 187 – 239, 12 Abb., 10 Tab.; Freiburg

ZISCHINSKY, U. (1967): Bewegungsbilder instabiler Talflanken. – Mitt. Ges. Geol. Bergbaustud., 17, 127–168; Wien

ZISCHINSKY, U. (1969): Über Sackungen. – Rock Mechanics, 1, 30–52, 8 Abb.; Wien (Springer)

ZITSCHER, F.-F. (1982): Empfehlungen für die Anwendung von Kunststoffen im Erd- und Wasserbau. – Bautechnik, 59, 145–151, 5 Bild., 2 Tab., und Fortsetzung 181–208, 69 Bild.; Berlin (Ernst & Sohn)

ZITSCHER, F.-F., HEERTEN, G. & SAATHOFF, F. (1987): Geotextilien und Dichtungsbahnen. – In: Grundbau-Taschenbuch, 3. Aufl., Teil 3, 513–551, 37 Bild.; Berlin (Ernst & Sohn)

ZÖLL, J. (1984): Zum Reibungsverhalten von Gebirgstrennflächen mit toniger Lockergesteinsfüllung. – Mitt. Ing.- u. Hydrogeol., 17, 128 S., 57 Abb., 8 Tab.; Aachen

ZÜRL, K. (1985): Geologische Aspekte bei der Standortwahl. – Veröffentl. Grundbauinstitut LGA Bayern, 44, 13–17, 2 Abb.; Nürnberg (Eig. Vlg.)

ZWÖLFER, W. & SENTEK, S. (1989): Ein Altlastenstandort wird saniert: Die Altenbergsiedlung in Essen. – b aktuell, Hauszeitschrift der Bilfinger & Berger AG, 23–25, 9 Bild.; Wiesbaden

Register